TEОРЕТИЧЕСКАЯ ФИЗИКА ТОМ X

ФИЗИЧЕСКАЯ КИНЕТИКА

朗道

理论物理学教程 第十卷

物理动理学（第二版）

高等教育出版社

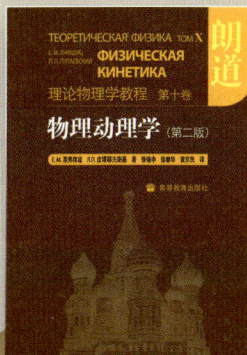

ISBN: 978-7-04-023069-7

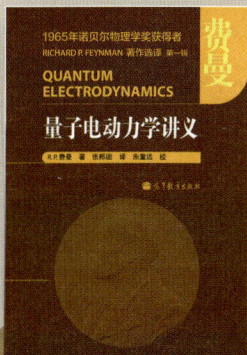

2003年诺贝尔物理学奖获得者

В. Л. ГИНЗБУРГ 著作选译

金兹堡

ТЕОРЕТИЧЕСКАЯ ФИЗИКА И АСТРОФИЗИКА

理论物理学和理论天体物理学

1979年诺贝尔物理学奖获得者

STEVEN WEINBERG 著作选译

温伯格

GRAVITATION AND COSMOLOGY
PRINCIPLES AND APPLICATIONS OF THE GENERAL THEORY OF RELATIVITY

引力论和宇宙论

广义相对论的原理和应用

S. 温伯格 著

高等教育出版社

U0652419

1965年诺贝尔物理学奖获得者

RICHARD P. FEYNMAN 著作选译 第一辑

费曼

QUANTUM ELECTRODYNAMICS

量子电动力学讲义

R.P.费曼 著 张邦固 译 朱重远 校

ISBN: 978-7-04-036960-1

1965年诺贝尔物理学奖获得者

RICHARD P. FEYNMAN 著作选译 第二辑

费曼

QUANTUM MECHANICS AND PATH INTEGRALS

量子力学与路径积分

R.P.费曼 A.R.希布斯 著 张邦固 译

ISBN: 978-7-04-042411-9

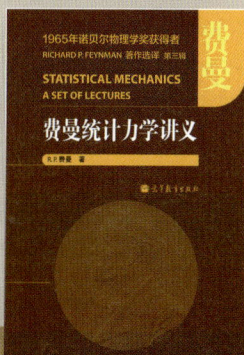

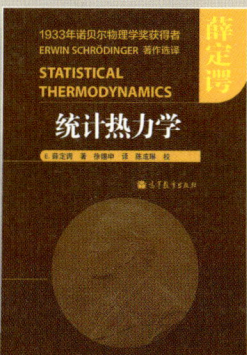

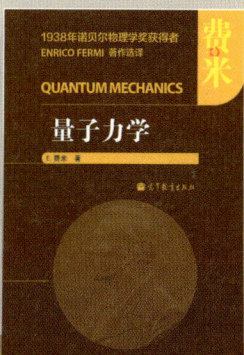

1965年诺贝尔物理学奖获得者

RICHARD P. FEYNMAN 著作选译 第三辑

费曼

STATISTICAL MECHANICS
A SET OF LECTURES

费曼统计力学讲义

R.P.费曼 著

1932年诺贝尔物理学奖获得者

WERNER HEISENBERG 著作选译

海森伯

DIE PHYSIKALISCHEN PRINZIPIEN DER QUANTENTHEORIE

量子论的物理原理

W.海森伯 著

高等教育出版社

1933年诺贝尔物理学奖获得者

ERWIN SCHRÖDINGER 著作选译

薛定谔

STATISTICAL THERMODYNAMICS

统计热力学

E.薛定谔 著 徐锡申 译 陈成琳 校

高等教育出版社

1938年诺贝尔物理学奖获得者

ENRICO FERMI 著作选译

费米

QUANTUM MECHANICS

量子力学

E.费米 著

高等教育出版社

ISBN: 978-7-04-039141-1

1997年诺贝尔物理学奖获得者

C.COHEN-TANNOUDJI 著作选译 第二辑

MÉCANIQUE QUANTIQUE

TOME II

LIANGZI LIXUE (DI ER JUAN)

量子力学 （第二卷）

C.Cohen-Tannoudji　B.Diu　F.Laloë 著　陈星奎 刘家谟 译

高等教育出版社·北京

图字：01-2013-6057 号

Mécanique Quantique II

by Claude Cohen-Tannoudji, Bernard Diu and Franck Laloë

© 1973, Hermann, éditeurs des sciences et des arts, 293 rue Lecourbe, 75015 Paris

图书在版编目（CIP）数据

量子力学 . 第 2 卷 /（法）塔诺季，（法）迪于，（法）拉洛埃著；陈星奎，刘家谟译 . -- 北京：高等教育出版社，2016.1（2021.2 重印）
ISBN 978－7－04－043991－5

Ⅰ . ①量… Ⅱ . ①塔… ②迪… ③拉… ④陈… ⑤刘… Ⅲ . ①量子力学－高等学校－教材 Ⅳ . ① O413.1

中国版本图书馆 CIP 数据核字（2015）第 247107 号

策划编辑 王 超	责任编辑 王 超	封面设计 王 洋	版式设计 杜微言
插图绘制 杜晓丹	责任校对 刘 莉	责任印制 韩 刚	

出版发行	高等教育出版社	咨询电话	400-810-0598
社 址	北京市西城区德外大街 4 号	网 址	http://www.hep.edu.cn
邮政编码	100120		http://www.hep.com.cn
印 刷	涿州市星河印刷有限公司	网上订购	http://www.landraco.com
开 本	787mm×1092mm 1/16		http://www.landraco.com.cn
印 张	39.75	版 次	2016 年 1 月第 1 版
字 数	750 千字	印 次	2021 年 2 月第 4 次印刷
购书热线	010-58581118	定 价	119.00 元

常用单位定义

埃	Angstrom	$1\text{Å}=10^{-10}$ m	(原子尺度)
费米	Fermi	1 F$=10^{-15}$ m	(原子核尺度)
靶恩	Barn	1 b$=10^{-28}$ m$^2=(10^{-4}$ Å$)^2=(10$ F$)^2$	
电子伏特	Electron Volt	1 eV$=1.602\ 189(5)\times10^{-19}$ J	

常用数据

$$\begin{cases} \text{电子静能}: m_\text{e}c^2 \simeq 0.5 \text{ MeV} \quad [0.511\ 003(1) \times 10^6 \text{ eV}] \\ \text{质子静能}: M_\text{p}c^2 \simeq 1\ 000 \text{ MeV} \quad [938.280(3) \times 10^6 \text{ eV}] \\ \text{中子静能}: M_\text{n}c^2 \simeq 1\ 000 \text{ MeV} \quad [939.573(3) \times 10^6 \text{ eV}] \end{cases}$$

1 eV 对应:

$$\begin{cases} \text{频率 } \nu \simeq 2.4 \times 10^{14} \text{ Hz} \quad \text{通过关系式 } E = h\nu \text{ 相联系} \\ \qquad\qquad\qquad\qquad\qquad\qquad\qquad [2.417\ 970(7) \times 10^{14} \text{ Hz}] \\ \text{波长 } \lambda \simeq 12\ 000 \text{ Å} \quad \text{通过关系式 } \lambda = c/\nu \text{ 相联系} \quad [12\ 398.52(4)\text{Å}] \\ \text{波数 } \frac{1}{\lambda} \simeq 8\ 000 \text{ cm}^{-1} \qquad\qquad\qquad\qquad\qquad [8\ 065.48(2)\text{cm}^{-1}] \\ \text{温度 } T \simeq 12\ 000 \text{ K} \quad \text{通过关系式 } E = k_\text{B}T \text{ 相联系} \quad [11\ 604.5(4)\text{K}] \end{cases}$$

在 1 Gs (10^{-4}T) 磁场中:

$$\begin{cases} \text{电子回旋频率} \quad \nu_\text{c} = \omega_\text{c}/2\pi = -qB/2\pi m_\text{e} \\ \qquad\qquad\qquad \simeq 2.8 \text{ MHz} \quad [2.799\ 225(8) \times 10^6 \text{ Hz}] \\ \text{轨道拉莫尔频率 } \nu_\text{L} = \omega_\text{L}/2\pi = -\mu_\text{B}B/h = \nu_\text{c}/2 \\ \qquad\qquad\qquad \simeq 1.4 \text{ MHz} \quad [1.399\ 612(4) \times 10^6 \text{ Hz}] \\ \qquad\qquad \text{(根据定义, 它对应朗德 } g \text{ 因子}:g = 1) \end{cases}$$

部分普适物理常量

普朗克常量
$$\begin{cases} h = 6.626\ 18(4) \times 10^{-34}\ \text{J} \cdot \text{s} \\ \hbar = \dfrac{h}{2\pi} = 1.054\ 589(6) \times 10^{-34}\ \text{J} \cdot \text{s} \end{cases}$$

光速 (真空中) $c = 2.997\ 924\ 58(1) \times 10^8\ \text{m/s}$

电子电荷 $q = -1.602\ 189(5) \times 10^{-19}\ \text{C}$

电子质量 $m_e = 9.109\ 53(5) \times 10^{-31}\ \text{kg}$

质子质量 $M_p = 1.672\ 65(1) \times 10^{-27}\ \text{kg}$

中子质量 $M_n = 1.674\ 95(1) \times 10^{-27}\ \text{kg}$

$$\frac{M_p}{m_e} = 1\ 836.151\ 5(7)$$

电子康普顿波长
$$\begin{cases} \lambda_c = h/m_e c = 2.426\ 309(4) \times 10^{-2}\ \text{Å} \\ \lambdabar_c = \hbar/m_e c = 3.861\ 591(7) \times 10^{-3}\ \text{Å} \end{cases}$$

精细结构常数 (无量纲) $\alpha = \dfrac{q^2}{4\pi\varepsilon_0 \hbar c} = \dfrac{e^2}{\hbar c} = \dfrac{1}{137.036\ 0(1)}$

玻尔半径 $a_0 = \dfrac{\lambdabar_c}{\alpha} = 0.529\ 177\ 1(5)\ \text{Å}$

氢原子电离能 $-E_{I_\infty} = \alpha^2 m_e c^2/2 = 13.605\ 80(5)\ \text{eV}$

(不考虑质子反冲效应)

里德伯常量 $R_\infty = -E_{I_\infty}/hc = 1.097\ 373\ 18(8) \times 10^5\ \text{cm}^{-1}$

"经典" 电子半径 $r_e = \dfrac{q^2}{4\pi\varepsilon_0 m_e c^2} = 2.817\ 938(7)\text{fm}$

玻尔磁子 $\mu_B = q\hbar/2m_e = -9.274\ 08(4) \times 10^{-24}\text{J/T}$

电子自旋 g 因子 $g_e = 2 \times 1.001\ 159\ 657(4)$

核磁子 $\mu_n = -q\hbar/2M_p = 5.050\ 82(2) \times 10^{-27}\ \text{J/T}$

玻尔兹曼常量 $k_B = 1.380\ 66(4) \times 10^{-23}\ \text{J/K}$

阿伏伽德罗常量 $N_A = 6.022\ 05(3) \times 10^{23}$

坐标系

	直角坐标	柱坐标	球坐标
定义	$U = U(x, y, z)$ $A = A_x e_x + A_y e_y + A_z e_z$ $A_x = A_x(x, y, z)$ $A_y = A_y(x, y, z)$ $A_z = A_z(x, y, z)$	$U = U(\rho, \varphi, z)$ $A = A_\rho e_\rho + A_\varphi e_\varphi + A_z e_z$ $A_\rho = A_x \cos\varphi + A_y \sin\varphi$ $A_\varphi = -A_x \sin\varphi + A_y \cos\varphi$	$U = U(r, \theta, \varphi)$ $A = A_r e_r + A_\theta e_\theta + A_\varphi e_\varphi$ $A_r = A_\rho \sin\theta + A_z \cos\theta$ $A_\theta = A_\rho \cos\theta - A_z \sin\theta$ $A_\varphi = -A_x \sin\varphi + A_y \cos\varphi$
梯度	$\nabla U = (\partial U/\partial x)e_x$ $\quad + (\partial U/\partial y)e_y$ $\quad + (\partial U/\partial z)e_z$	$(\nabla U)_\rho = \partial U/\partial \rho$ $(\nabla U)_\varphi = [\partial U/\partial \varphi]/\rho$ $(\nabla U)_z = \partial U/\partial z$	$(\nabla U)_r = \partial U/\partial r$ $(\nabla U)_\theta = [\partial U/\partial \theta]/r$ $(\nabla U)_\varphi = [\partial U/\partial \varphi]/(r \sin\theta)$
拉普拉斯算符	$\Delta U = \dfrac{\partial^2 U}{\partial x^2} + \dfrac{\partial^2 U}{\partial y^2} + \dfrac{\partial^2 U}{\partial z^2}$	$\Delta U = \dfrac{1}{\rho}\dfrac{\partial}{\partial \rho}\left(\rho\dfrac{\partial U}{\partial \rho}\right) + \dfrac{1}{\rho^2}\dfrac{\partial^2 U}{\partial \varphi^2} + \dfrac{\partial^2 U}{\partial z^2}$	$\Delta U = \dfrac{1}{r}\dfrac{\partial^2}{\partial r^2}(rU) + \dfrac{1}{r^2\sin\theta}\dfrac{\partial}{\partial \theta}\left(\sin\theta\dfrac{\partial U}{\partial \theta}\right)$ $\quad + \dfrac{1}{r^2\sin^2\theta}\dfrac{\partial^2 U}{\partial \varphi^2}$
散度	$\nabla \cdot A = \dfrac{\partial A_x}{\partial x} + \dfrac{\partial A_y}{\partial y} + \dfrac{\partial A_z}{\partial z}$	$\nabla \cdot A = \dfrac{1}{\rho}\dfrac{\partial}{\partial \rho}(\rho A_\rho) + \dfrac{1}{\rho}\dfrac{\partial A_\varphi}{\partial \varphi} + \dfrac{\partial A_z}{\partial z}$	$\nabla \cdot A = \dfrac{1}{r^2}\dfrac{\partial}{\partial r}(r^2 A_r) + \dfrac{1}{r\sin\theta}\dfrac{\partial}{\partial \theta}(\sin\theta A_\theta)$ $\quad + \dfrac{1}{r\sin\theta}\dfrac{\partial A_\varphi}{\partial \varphi}$
旋度	$\nabla \times A = (\partial A_z/\partial y - \partial A_y/\partial z)e_x$ $\quad + (\partial A_x/\partial z - \partial A_z/\partial x)e_y$ $\quad + (\partial A_y/\partial x - \partial A_x/\partial y)e_z$	$(\nabla \times A)_\rho = (\partial A_z/\partial \varphi)/\rho - \partial A_\varphi/\partial z$ $(\nabla \times A)_\varphi = \partial A_\rho/\partial z - \partial A_z/\partial \rho$ $(\nabla \times A)_z = [\partial(\rho A_\varphi)/\partial \rho - \partial A_\rho/\partial \varphi]/\rho$	$(\nabla \times A)_r = [\partial(\sin\theta A_\varphi)/\partial \theta - \partial A_\theta/\partial \varphi]/(r \sin\theta)$ $(\nabla \times A)_\theta = [\partial A_r/\partial \varphi - \sin\theta\partial(rA_\varphi)/\partial r]/(r \sin\theta)$ $(\nabla \times A)_\varphi = [\partial(rA_\theta)/\partial r - \partial A_r/\partial \theta]/r$

常用恒等式

U: 标量场; $\boldsymbol{A}, \boldsymbol{B}, \cdots$: 矢量场

$$\nabla \times (\nabla U) = 0 \qquad \nabla \cdot (\nabla U) = \Delta U$$

$$\nabla \cdot (\nabla \times \boldsymbol{A}) = 0 \qquad \nabla \times (\nabla \times \boldsymbol{A}) = \nabla(\nabla \cdot \boldsymbol{A}) - \Delta \boldsymbol{A}$$

$$\boldsymbol{L} = \frac{\hbar}{\mathrm{i}} \boldsymbol{r} \times \nabla$$

$$\nabla = \frac{\boldsymbol{r}}{r} \frac{\partial}{\partial r} - \frac{\mathrm{i}}{\hbar r^2} \boldsymbol{r} \times \boldsymbol{L}$$

$$\Delta = \frac{1}{r} \frac{\partial^2}{\partial r^2} r - \frac{\boldsymbol{L}^2}{\hbar^2 r^2}$$

$$\boldsymbol{A} \times (\boldsymbol{B} \times \boldsymbol{C}) = (\boldsymbol{A} \cdot \boldsymbol{C})\boldsymbol{B} - (\boldsymbol{A} \cdot \boldsymbol{B})\boldsymbol{C}$$

$$\boldsymbol{A} \times (\boldsymbol{B} \times \boldsymbol{C}) + \boldsymbol{B} \times (\boldsymbol{C} \times \boldsymbol{A}) + \boldsymbol{C} \times (\boldsymbol{A} \times \boldsymbol{B}) = \boldsymbol{0}$$

$$(\boldsymbol{A} \times \boldsymbol{B}) \cdot (\boldsymbol{C} \times \boldsymbol{D}) = (\boldsymbol{A} \cdot \boldsymbol{C})(\boldsymbol{B} \cdot \boldsymbol{D}) - (\boldsymbol{A} \cdot \boldsymbol{D})(\boldsymbol{B} \cdot \boldsymbol{C})$$

$$(\boldsymbol{A} \times \boldsymbol{B}) \times (\boldsymbol{C} \times \boldsymbol{D}) = [(\boldsymbol{A} \times \boldsymbol{B}) \cdot \boldsymbol{D}]\boldsymbol{C} - [(\boldsymbol{A} \times \boldsymbol{B}) \cdot \boldsymbol{C}]\boldsymbol{D}$$
$$= [(\boldsymbol{C} \times \boldsymbol{D}) \cdot \boldsymbol{A}]\boldsymbol{B} - [(\boldsymbol{C} \times \boldsymbol{D}) \cdot \boldsymbol{B}]\boldsymbol{A}$$

$$\nabla(UV) = U\nabla V + V\nabla U$$

$$\Delta(UV) = U\Delta V + 2(\nabla U) \cdot (\nabla V) + V\Delta U$$

$$\nabla \cdot (U\boldsymbol{A}) = U\nabla \cdot \boldsymbol{A} + \boldsymbol{A} \cdot \nabla U$$

$$\nabla \times (U\boldsymbol{A}) = U\nabla \times \boldsymbol{A} + (\nabla U) \times \boldsymbol{A}$$

$$\nabla \cdot (\boldsymbol{A} \times \boldsymbol{B}) = \boldsymbol{B} \cdot (\nabla \times \boldsymbol{A}) - \boldsymbol{A} \cdot (\nabla \times \boldsymbol{B})$$

$$\nabla(\boldsymbol{A} \cdot \boldsymbol{B}) = \boldsymbol{A} \times (\nabla \times \boldsymbol{B}) + \boldsymbol{B} \times (\nabla \times \boldsymbol{A}) + \boldsymbol{B} \cdot \nabla \boldsymbol{A} + \boldsymbol{A} \cdot \nabla \boldsymbol{B}$$

$$\nabla \times (\boldsymbol{A} \times \boldsymbol{B}) = \boldsymbol{A}(\nabla \cdot \boldsymbol{B}) - \boldsymbol{B}(\nabla \cdot \boldsymbol{A}) + \boldsymbol{B} \cdot \nabla \boldsymbol{A} - \boldsymbol{A} \cdot \nabla \boldsymbol{B}$$

注意: $\boldsymbol{B} \cdot \nabla \boldsymbol{A}$ 矢量场, 其分量为:

$$(\boldsymbol{B} \cdot \nabla \boldsymbol{A})_i = B_j \partial_j A_i = \sum_j B_j \frac{\partial}{\partial x_j} A_i \quad (i = x, y, z)$$

使用说明

本书由紧密相关而又截然分开的两部分 (即正文与补充材料) 组成.

——正文讲述基本概念. 这一部分相当于攻读物理学硕士的学生的教材, 只是内容有所增补和调整.

正文共十四章, 自成体系, 可以脱离补充材料单独使用.

——补充材料编排在每章之后, 它们的顺序用字母的顺序来表示, 字母的下标是该章的编号 (例如, 第 V 章后面的补充材料顺序记作: A_V, B_V, C_V 等等), 而且在每页的上角印有记号 ⬤, 因此很容易识别. 在每章的正文之后印有补充材料的目录, 材料的数量从两篇到十四篇不等. 目录附有一些评述, 因此, 也可作为阅读指南.

补充材料有各种类型: 有些材料是为了帮助读者理解正文, 或是为了更细致地讨论某些问题; 还有些材料则是简述具体的物理应用, 或是指出通向物理学某些领域的关联之处. 补充材料之一 (通常是最后一篇) 汇集了一些练习.

补充材料的深浅不一; 但学过了正文之后, 每篇材料都是可以为读者所理解的. 有一些材料不过是简单的应用或推广; 也有一些材料是比较困难的 (其中甚至有属于研究生水平的).

我们绝不主张读者将每一章的补充材料按顺序念完. 读者应根据自己的特殊需要和兴趣, 少量选读 (譬如两三篇), 再选作几个练习; 其余的补充材料可以留待以后再看.

最后, 不论在正文中或补充材料中, 凡是初学时可以不看的段落均用小字排印.

作者简介

Claude Cohen-Tannoudji, 法兰西学院教授, 生于 1933 年. 他的科学研究工作开始于 1960 年在巴黎高等师范学院物理研究所由卡斯特勒 (Kastler) 和布罗塞尔 (Brossel) 所领导的研究组, 其主要方向是研究光抽运和物质与辐射的相互作用.[1]
巴黎高等师范学院, 物理研究所, 75005, 巴黎

Bernard Diu, 巴黎第七大学教授, 生于 1935 年. 他的科学研究工作基本上是在理论和高能物理研究所做的, 主要从事粒子间强相互作用的理论研究.
巴黎第七大学, 理论和高能物理研究所, 75005, 巴黎

Franck Laloë, 1940 年生, 相继为巴黎第六大学讲师和国家科学研究中心研究员. 从 1964 年起他在巴黎高等师范学院的卡斯特勒和布罗塞尔研究组工作, 研究贡献主要是稀有气体原子和离子的光抽运.
巴黎高等师范学院, 物理研究所, 75005, 巴黎

---

[1] Kastler 于 1966 年因发明和发展研究原子射频谱的光抽运方法而获得诺贝尔物理学奖; Cohen-Tannoudji 因发展激光冷却与陷俘原子的方法与朱棣文和 W. D. Phillips 共享 1997 年诺贝尔物理学奖. —— 编者注

译者序

原著初版出于 1973 年，第二版出于 1977 年，英译本同时出版. 本书的第一位作者 Claude Cohen-Tannoudji 是法兰西学院的教授，第二位作者 Bernard Diu 是巴黎第七大学教授；第三位作者 Franck Laloë 是巴黎第六大学的讲师. 他们曾多次讲授量子力学，积累了丰富的材料和教学经验，最终写成本书.

本书有三个特点. 第一，它是以学生为读者对象的，因此，文字叙述比较详细，推演步骤很少省略，还对学习方法和参考书的选择提出一些具体建议. 第二，它将基本内容和补充材料分开编排，这既便于初学者抓住要点，又便于适应各类读者的需要. 第三，本书在引论之后就开始讲授态空间和狄拉克符号，使读者尽早掌握数学工具.

译者三年来在量子力学选修课的讲授中，从本书得益不少，希望本书的中文版将对教材改革提供一些参考. 中文版是根据法文第二版译出的. 译者水平有限，译文中不妥或错误之处在所难免，请读者批评指正.

陈星奎　刘家谟

于云南大学物理系

1984 年 10 月

第二版序言

　　在本书的第二版中,我们已对原文进行了一些修改;这一版的英、法文本是同时出版的.除改正了一些印刷上的错误以外,有些段落已经重新写过.这一版与第一版的最大差别是在每卷之末附上了足够详尽的参考书目.在每一章和大部分补充材料之末,我们对阅读参考书提出了一些建议,目的是想更具体地引导那些好学的读者去查阅有关的著作.

　　对于提出各种评论使我们从中受到教益的那些读者以及指出第一版中的错误的那些读者,我们表示感谢.我们要特别提到尼可尔和丹·奥斯特洛夫斯基在英文版的编辑过程中提出的宝贵意见,以志铭谢.我们还要对高等师范学校物理实验室图书管理员奥都安夫人在编辑参考书目时的大力协助表示感谢.

C.Cohen-Tannoudji

B.Diu

F.Laloë

目 录

第二卷

第八章 [901]

势场中的
散射的初等量子理论

[902] # 第八章提纲

§A. 引言
1. 碰撞现象的重要性
2. 势场中的散射
3. 散射的有效截面的定义
4. 本章的内容安排

§B. 散射定态
有效截面的计算
1. 散射定态的定义
 a. 哈密顿算符的本征值方程
 b. 散射定态的渐近形式
 散射振幅
2. 用概率流计算有效截面
 a. 与散射定态相联系的概率流体
 b. 入射流和散射流
 c. 有效截面的表示式
 d. 平面波与散射波之间的干涉
3. 散射的积分方程
4. 玻恩近似
 a. 散射积分方程的近似解
 b. 对公式的解释

§C. 中心场中的散射
分波法
1. 分波法的原理
2. 一个自由粒子的定态
 a. 动量完全确定的定态. 平面波
 b. 角动量完全确定的定态. 自由球面波
 c. 自由球面波的物理性质
 d. 将平面波按自由球面波展开
3. 势场中 $V(r)$ 的分波
 a. 径向方程. 相移
 b. 相移的物理意义
4. 用相移表示有效截面的公式
 a. 怎样用分波构成散射定态
 b. 有效截面的计算

§A. 引言

1. 碰撞现象的重要性

在很多物理实验中, 特别是在高能物理实验中, 人们常将 (例如, 得自加速器的) 第 (1) 类粒子的束流引向由第 (2) 类粒子构成的一个靶, 并研究随之出现的碰撞现象. 人们可以探测处在体系末态, 即碰撞后的态中的各种粒子[①] (见图 8–1), 并测量它们的各种特征参量 (发射方向、能量等). 这类研究的目的显然是要确定参与碰撞的各种粒子间的相互作用.

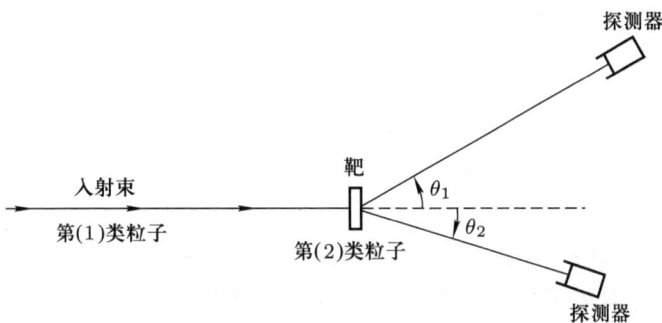

图 8–1 入射束中的第 (1) 类粒子与靶中的第 (2) 类粒子间的碰撞实验的示意图. 图中画出了两个探测器, 它们分别测量在与入射方向成 θ_1 角和 θ_2 角的方向上遭到散射的粒子数.

人们观察到的现象往往是很复杂的. 例如, 假设第 (1)、第 (2) 类粒子由更基本的组分所构成 (如原子核就含有质子和中子), 那么, 在碰撞中, 这些更基本的粒子将会在两个或多个不同于初始粒子的最终复合粒子之间重新分布. 我们称这种情况为 "重排碰撞". 此外, 能量很高时, 还可能出现相对论性的部分能量的 "物质化", 这样便促成了新粒子的产生. 体系的末态就可能含有大量新粒子 (入射束的能量越高, 新粒子数越多). 在一般情况下, 我们说碰撞产生各种反应, 并像在化学中那样, 将这些反应写作:

$$(1) + (2) \rightarrow (3) + (4) + (5) + \cdots \tag{A–1}$$

在给定条件下可能发生的一切反应中[②], 如果末态中的粒子仍然是初态中的第 (1)、第 (2) 类粒子, 我们便称这一类反应为散射. 此外, 如果每一个粒子的

[①] 实际上, 我们并不能探测到被发射出来的所有粒子; 通常, 我们只能满足于取得最终体系的部分讯息.

[②] 由于待研究的过程发生在量子等级上, 一般说来, 人们不能准确预言经过一次给定的碰撞将会出现什么样的末态, 我们只能设法预言各种可能的态出现的概率.

内部状态在碰撞中都没有变化, 我们就称这种散射为弹性散射.

2. 势场中的散射

在这一章里, 我们只讨论入射的第一类粒子遭到靶的第 (2) 类粒子的弹性散射. 如果经典力学规律适用的话, 它的任务就应该是确定在第 (2) 类粒子的作用力的影响下, 入射粒子径迹的偏转程度. 当然, 对于发生在原子或原子核尺度上的过程来说, 不可能用经典力学来处理问题, 而是应该研究在与靶粒子的相互作用的影响下入射粒子的波函数的演变 [由此产生了第 (1) 类粒子遭到第 (2) 类粒子 "散射" 的这种表述]. 此外, 我们不打算探讨这个问题的各个方面, 因此我们引入以下的简化假设:

(i) 假设第 (1)、(2) 类粒子都没有自旋. 这个假设使理论得到很大的简化, 但这并不是说粒子的自旋在散射中无关紧要.

(ii) 我们不考虑第 (1)、(2) 类粒子在某些情况下显得突出的内部结构. 因而下面的论述并不适用于所谓的 "非弹性" 散射; 在这种散射中 [末态仍然只包含第 (1)、(2) 类粒子], 第 (1) 类粒子的一部分动能被第 (1)、(2) 类粒子的内部自由度所吸收 (例如, 可参考 Franck 与 Hertz 的实验). 我们的讨论只限于弹性散射, 它对粒子的可能的内部结构并无影响.

(iii) 假设靶充分薄, 以至于可以忽略多重散射 —— 一个确定的入射粒子在逸出靶之前相继遭到多次的散射.

(iv) 我们将忽略靶中的各个粒子所产生的散射波的一切相干性. 如果与第 (1) 类粒子相联系的波包的展延度小于第 (2) 类粒子的平均间距, 那么这个假设就是合理的. 因此, 我们感兴趣的仅仅是靶中的一个第 (2) 类粒子使入射束中的一个第 (1) 类粒子遭到散射的基元过程. 这样一来, 我们就排除了一些颇为有趣的现象, 诸如晶体所引起的相干散射 (即 Bragg 衍射) 以及固体中的声子所引起的慢中子的相干散射 (慢中子可以提供晶格结构及晶格动力学方面的精确资料). 在这些相干效应可以忽略的情况下, 被探测到的粒子通量其实就是靶内 $\mathscr{N}$ 个粒子中的每一个所引起的散射通量的总和, 也就是任何一个靶粒子所引起的散射通量的 $\mathscr{N}$ 倍 (由于靶的线度甚小于它和探测器之间的距离, 因此被击粒子在靶内的位置是无关紧要的).

[905]

(v) 假设第 (1) 类与第 (2) 类粒子间的相互作用可以表示为势能 $V(r_1-r_2)$, 它只依赖于两粒子间的相对位置 $r = r_1 - r_2$. 根据第七章的 §B, 问题又转化为: 在两个粒子 (1) 和 (2) 的质心系[①] 中势场 $V(r)$ 对单个粒子的散射, 这里的

[①] 为了解释得自散射实验的结果, 当然应当回到实验室参照系. 从一种参照系过渡到另一种参照系, 不过是运动学上的一个简单问题, 我们不在这里讨论. 关于这个问题, 可以参看 Messiah (1.17), 第 I 卷, 第 X 章, §7.

单个粒子就是 "相对粒子", 它的质量 μ 与粒子 (1) 和 (2) 的质量 m_1 和 m_2 之间的关系为:

$$\frac{1}{\mu} = \frac{1}{m_1} + \frac{1}{m_2} \qquad (\text{A-2})$$

3. 散射的有效截面的定义

设质量为 μ 的粒子沿 Oz 轴方向入射 (图 8–2), 势场 $V(\boldsymbol{r})$ 定域在坐标原点 O 的附近 [坐标原点实际上是两个真实粒子 (1) 和 (2) 的质心]. 用 F_i 表示 　　[906] 入射束的粒子通量, 即单位时间内通过垂直于 Oz 轴的单位面积的粒子数, 不过这个单位面积应取在坐标 z 具有很大负值的区域中 (我们还要假设通量 F_i 充分小, 因而可以完全忽略入射束中各粒子间的相互作用).

在极角为 θ, φ 的方向上, 在远离势场作用范围的地方, 我们放置一个探测器, 它的入口对 O 点所张的立体角为 $\mathrm{d}\Omega$ (探测器到 O 点的距离甚大于势场作用范围的线度); 这样就可以测得每单位时间内被散射到 (θ, φ) 方向周围的立体角 $\mathrm{d}\Omega$ 中去的粒子数 $\mathrm{d}n$.

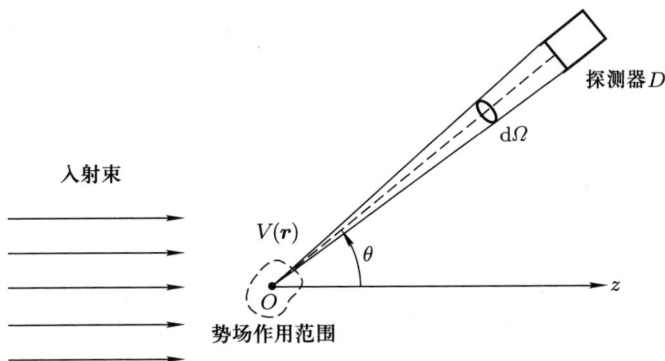

图 8–2　粒子通量为 F_i 的入射束平行于 Oz 轴; 我们假设入射束展布的范围比以 O 点为中心的势场 $V(\boldsymbol{r})$ 的作用范围宽得多. 在远离作用范围的地方, 安置着一个探测器 D, 它可以测出单位时间内被散射到 (θ, φ) 方向周围的立体角 $\mathrm{d}\Omega$ 中去的粒子数 $\mathrm{d}n$. 粒子数 $\mathrm{d}n$ 正比于 F_i 和 $\mathrm{d}\Omega$; 我们将比例系数 $\sigma(\theta, \varphi)$ 定义为 (θ, φ) 方向上的散射 "有效截面".

粒子数 $\mathrm{d}n$ 显然正比于 $\mathrm{d}\Omega$ 和入射束通量 F_i, 我们将 $\mathrm{d}n$ 与 $F_i \mathrm{d}\Omega$ 之间的比例系数记作 $\sigma(\theta, \varphi)$, 则

$$\boxed{\mathrm{d}n = F_i \sigma(\theta, \varphi) \mathrm{d}\Omega} \qquad (\text{A-3})$$

由于 $\mathrm{d}n$ 和 F_i 的量纲分别为 T^{-1} 和 $(L^2 T)^{-1}$, 故 $\sigma(\theta, \varphi)$ 具有面积的量纲, 我们称 $\sigma(\theta, \varphi)$ 为 (θ, φ) 方向上的有效微分散射截面. 通常用靶恩 (barn) 或其十进制分倍数来量度有效截面.

$$1 \text{ barn} = 10^{-24} \text{ cm}^2 \qquad (\text{A-4})$$

我们可以将定义式 (A-3) 解释如下: 单位时间内到达探测器的粒子数等于单位时间内通过取在入射束中并垂直于 Oz 轴的面积 $\sigma(\theta,\varphi)\mathrm{d}\Omega$ 的粒子数.

我们还可以用下列公式来定义总的散射有效截面 σ

$$\sigma = \int \sigma(\theta,\varphi)\mathrm{d}\Omega \tag{A-5}$$

附注:

　　(i) 在 (A-3) 式的定义中, $\mathrm{d}n$ 正比于 $\mathrm{d}\Omega$, 这个公式表明, 它所计入的仅仅是散射粒子, 投射到给定的探测器 D (具有确定的表面积, 并位于 (θ,φ) 方向上) 中的这些粒子的通量反比于 D, O 之间距离的平方 (这是散射通量所特有的性质). 实际上, 入射束的粗细总是受到限制的 (但其截面的线度应始终甚大于 $V(r)$ 的作用范围的线度), 而探测器总是位于入射束的径迹之外, 因此, 它接收到的仅仅是散射粒子. 当然, 这样的装置不能测得 $\theta = 0$ 方向 (正前方向) 上的有效截面, 这个有效截面只能用外插法得自 θ 甚小时的 $\sigma(\theta,\varphi)$ 的数值.

　　(ii) 有效截面的概念并不限于弹性散射, 我们还可按同样的方式去定义反应的有效截面.

[907]　　4. 本章内容的安排

　　§B 对任意势场 $V(r)$ [在无穷远处比 $1/r$ 减小得更快] 中的散射作一扼要的讨论. 我们首先在 §B-1 中引入散射定态和散射振幅的基本概念; 然后 (§B-2) 分析怎样从散射定态波函数的渐近行为去求散射有效截面; 到 §B-3, 我们再从散射的积分方程出发较详细地讨论这些散射定态的存在; 最后 (§B-4), 我们分析该方程的适用于弱势场的近似解怎样导致玻恩近似, 在这种近似中, 有效截面很简单地与势函数的傅氏变换相联系.

　　在势场为中心场 $V(r)$ 的情况下, §B 所述的一般方法当然也可应用, 但通常人们宁肯使用 §C 所述的分波法. 这种方法的根据是一种对比 (§C-1), 即在势场 $V(r)$ 中角动量为确定值的定态 (我们称之为 "分波") 和没有势场时同类定态的对比 ("自由球面波"). 到 §C-2, 我们将着手讨论一个自由粒子的定态的基本性质, 还要特别讨论一下自由球面波的基本性质. 我们要说明 (§C-3), 势场 $V(r)$ 中的一个分波和角动量同为 l 的自由球面波的差别是以 "相移" δ_l 为特征的; 因此, 为了得到通过相移来表示有效截面的公式 (§C-4), 我们只需知道散射定态是怎样由分波构成的就可以了.

§B. 散射定态; 有效截面的计算

　　对于一个特定的入射粒子遭到势场 $V(\boldsymbol{r})$ 散射的过程要进行量子描述, 就必须研究表示该粒子的态的波包在时间进程中的行为. 我们假设在 t 的数值很大而符号为负时, 该波包的特性是已知, 这时粒子在 Oz 轴的负半轴上很远的区域中, 还没有受到势场 $V(\boldsymbol{r})$ 的影响. 如所周知, 只要将波包表示为定态的叠加, 我们就可以立刻求得波包随后的演变情况. 由于这个原因, 我们将首先研究哈密顿算符

$$H = H_0 + V(\boldsymbol{r}) \tag{B-1}$$

的本征值方程, 其中的

$$H_0 = \frac{\boldsymbol{P}^2}{2\mu} \tag{B-2}$$

表示粒子的动能.

　　实际上, 为了使计算简化, 我们将直接用定态而不用波包来进行分析. 早　　[908]
在第一章中, 在讨论一维 "方形" 势 (§D–2 和补充材料 H_I) 时, 我们就曾用过这种方法; 按照这种方法, 一个定态表示稳定流动中的一种概率性流体, 并要研究对应的概率流的结构. 当然, 这种经过简化的推理是不严格的; 本来, 我们还应该证明所得结果和以波包为基础的严格解法所给出的结果一致[①]. 我们姑且容忍某些不严格之处, 这样, 就很容易建立若干一般概念, 而不致将它们淹没在复杂的运算之中.

1. 散射定态的定义

a. 哈密顿算符的本征值方程

　　描述势场 $V(\boldsymbol{r})$ 中的粒子的运动规律的薛定谔方程具有能量 E 为确定值的解 (即定态):

$$\psi(\boldsymbol{r}, t) = \varphi(\boldsymbol{r}) \mathrm{e}^{-\mathrm{i}Et/\hbar} \tag{B-3}$$

其中的 $\varphi(\boldsymbol{r})$ 是本征值方程:

$$\left[-\frac{\hbar^2}{2\mu} \Delta + V(\boldsymbol{r}) \right] \varphi(\boldsymbol{r}) = E\varphi(\boldsymbol{r}) \tag{B-4}$$

的解.

---

　　① 在补充材料 J_I 中, 我们曾就一个简单的一维问题予以证明; 于是可以说我们已经证明: 或者计算与散射定态相联系的概率流, 或者研究描述经历碰撞的粒子的波包的演变, 得到的结果是相同的.

　　我们假设势函数 $V(\boldsymbol{r})$ 在无穷远处比 $1/r$ 减小得更快. 注意, 这个假设排除了库仑势, 这种势需用特殊方法处理, 我们不在这里讨论.

　　我们感兴趣的只是方程 (B–4) 的对应于能量 E 的正值的那些解; E 等于入射粒子在进入势场作用范围以前的动能. 我们令

$$E = \frac{\hbar^2 k^2}{2\mu} \tag{B–5}$$

$$V(\boldsymbol{r}) = \frac{\hbar^2}{2\mu} U(\boldsymbol{r}) \tag{B–6}$$

从而可将 (B–4) 式改写作:

$$[\Delta + k^2 - U(\boldsymbol{r})]\varphi(\boldsymbol{r}) = 0 \tag{B–7}$$

[909]　　对于 k 的 (也就是对于能量 E 的) 每一个值方程 (B–7) 都有无穷多个解 (哈密顿算符的正本征值都是无穷多重简并的). 如同在一维 "方形" 势问题中那样 (参看第一章 §D–2 和补充材料 H_I), 我们应从这无穷多个解中选出对应于所提物理问题的那些解来 (例如, 为了确定能量为给定值的粒子穿过一维势垒的概率, 我们应该选择这样的定态: 它只含有势垒后方区域中的一个透射波). 现在的选择显然要复杂得多, 这是因为粒子在三维空间中运动而且势 $V(\boldsymbol{r})$ 可以具有任意给定的形式. 因此, 我们将直观地引用波包的性质来说明对方程 (B–7) 的解应该提出什么条件, 才能使这些解适于描述散射过程. 哈密顿算符的满足这些条件的本征态就叫做散射的定态, 与之相联系的波函数记作 $v_k^{(\mathrm{diff})}(\boldsymbol{r})$.

b. 散射定态的渐近形式

散射振幅

　　在 t 为很大的负值时, 所要讨论的粒子是自由的 [在离 O 点充分远的地方, $V(\boldsymbol{r})$ 实际上为零], 它的态可以用一个平面波包来表示, 因而待求的定态波函数应该含有一项 e^{ikz}, k 就是方程 (B–7) 中的常数. 这个波包一旦进入势场 $V(\boldsymbol{r})$ 的作用范围, 它的结构将发生深刻的变化, 而其演变也复杂化了. 但在 t 为很大的正值时, 它已脱离势场作用范围, 因而重新呈现简单的形式: 它将分裂为沿 Oz 轴正向传播的透射波包 (故应为 e^{ikz}) 和散射波包. 由此可见, 对应于给定的能量 $E = \hbar^2 k^2/2\mu$ 的散射定态波函数 $v_k^{(\mathrm{diff})}(\boldsymbol{r})$ 应该得自平面波 e^{ikz} 和一个散射波的叠加 (暂不考虑归一化问题).

　　散射波的结构显然依赖于势 $V(\boldsymbol{r})$, 但它的渐近形式 (在远离势场作用范围处有效) 却很简单. 仿照波动光学中的分析方法, 我们知道, 在 r 很大时, 散射波具有下述特点:

(i) 沿着某一指定的 (θ, φ) 方向, 散射波的径向依赖关系应具有 $\mathrm{e}^{\mathrm{i}kr}/r$ 的形式. 实际上, 这是一个能量与入射波相同的发散波 (或 "出射波"). 由于这是三维空间中的现象, 因而出现一个因子 $1/r$; 注意 $(\Delta + k^2)\mathrm{e}^{\mathrm{i}kr}$ 并不为零, 而是:

$$(\Delta + k^2)\frac{\mathrm{e}^{\mathrm{i}kr}}{r} = 0 \quad (\text{对于 } r \geqslant \text{任意正数 } r_0) \tag{B-8}$$

(在光学中, $1/r$ 这个因子保证了在 r 很大时穿过半径为 r 的球面的能量总通量与 r 无关; 在量子力学中, 与 r 无关的则是穿过该球面的概率流的通量).

(ii) 一般说来, 散射并不是各向一致的, 所以出射波的振幅依赖于我们所考虑的方向 (θ, φ).

最后, 按定义, 散射定态 $v_k^{(\mathrm{diff})}(\boldsymbol{r})$ 就是方程 (B-7) 的具有形如 [910]

$$\boxed{v_k^{(\mathrm{diff})}(\boldsymbol{r}) \underset{r\to\infty}{\sim} \mathrm{e}^{\mathrm{i}kz} + f_k(\theta, \varphi)\frac{\mathrm{e}^{\mathrm{i}kr}}{r}} \tag{B-9}$$

的渐近行为的解. 在此式中, 只有 $f_k(\theta, \varphi)$ (我们称此函数为散射振幅) 依赖于势 $V(\boldsymbol{r})$. 可以证明 (参看 §B-3), 对于 k 的每一个值, 方程 (B-7) 确有一个而且只有一个满足条件 (B-7) 的解.

附注:

(i) 我们曾经指出, 为了简捷地得到表示入射粒子的态的波包随时间演变的规律, 应将这个态按总哈密顿算符 H 的本征态展开, 而不是按平面波展开. 我们考虑下列形式的波函数[①]:

$$\psi(\boldsymbol{r}, t) = \int_0^\infty \mathrm{d}k\, g(k) v_k^{(\mathrm{diff})}(\boldsymbol{r}) \mathrm{e}^{-\mathrm{i}E_k t/\hbar} \tag{B-10}$$

其中

$$E_k = \frac{\hbar^2 k^2}{2\mu} \tag{B-11}$$

其中的 $g(k)$, 为简单起见, 取实函数, 它在 $k = k_0$ 处呈现突出的高峰, 而在高峰之外, 它的值实际上为零. $\psi(\boldsymbol{r}, t)$ 是薛定谔方程的解, 因而, 它可以正确地描述粒子的态随时间的演变. 此外, 我们还须证明它确能满足所要讨论的具体物理问题中的边界条件. 在渐近条件下, 根据 (B-9) 式, 我们可将这个函数表示为平面波包与散射波包之和:

$$\psi(\boldsymbol{r}, t) \underset{r\to\infty}{\sim} \int_0^\infty \mathrm{d}k\, g(k) \mathrm{e}^{\mathrm{i}kz} \mathrm{e}^{-\mathrm{i}E_k t/\hbar}$$
$$+ \int_0^\infty \mathrm{d}k\, g(k) f_k(\theta, \varphi)\frac{\mathrm{e}^{\mathrm{i}kr}}{r} \mathrm{e}^{-\mathrm{i}E_k t/\hbar} \tag{B-12}$$

[①] 入射波包在垂于 Oz 轴的诸方向上是受到限制的, 故实际上, 我们仍然应该将对应于方向略有差异的诸波矢 $\boldsymbol{k}$ 的那些平面波叠加起来. 为简单起见, 我们在这里只考虑能量的弥散 (这表现为波包在 Oz 方向上具有有限的展延度).

每一个波包的极大值的位置可以得自稳恒相位条件 (参看第一章 §C-2). 对于平面波包, 简单计算给出:

$$z_M(t) = v_G t \tag{B-13}$$

其中

$$v_G = \frac{\hbar k_0}{\mu} \tag{B-14}$$

[911]　　至于散射波包, 它在 (θ, φ) 方向上的极大值的位置与 O 点的距离为:

$$r_M(\theta, \varphi; t) = -\alpha'_{k_0}(\theta, \varphi) + v_G t \tag{B-15}$$

式中的 $\alpha'_k(\theta, \varphi)$ 是散射振幅 $f_k(\theta, \varphi)$ 的振幅对 k 的导数. 注意, (B-13) 和 (B-15) 两式只在渐近区域中, 即在 $|t|$ 很大时, 才能成立.

若 t 为很大的负值, 则散射波包不存在; 实际上, 根据 (B-15) 式, 构成波包的那些波应在 r 取负值时才是彼此相长地相干的, 但 r 的负值并不在 r 的合理的变化范围之内. 所以这时只有平面波包, 根据 (B-13) 式, 它是以群速度 v_G 向相互作用区域前进的. 若 t 为很大的正值, 两种波包实际上都存在: 平面波包沿着 Oz 轴的正半轴前进, 相当于入射波包的延伸; 散射波包则沿着空间的一切方向发散. 因此, 渐近条件 (B-9) 可以较如实地描述散射过程.

(ii) 波包 (B-10) 的空间展延度 Δz 和动量的弥散程度 $\hbar \Delta k$ 之间有下列关系式:

$$\Delta z \simeq \frac{1}{\Delta k} \tag{B-16}$$

我们假设 Δk 充分小, 以致 Δz 甚大于势场作用范围的线度. 在这些条件下, 以速度 v_G 向 O 点 (图 8-3) 前进的波包通过势场作用范围所需的时间为:

$$\Delta T \simeq \frac{\Delta z}{v_G} \simeq \frac{1}{v_G \Delta k} \tag{B-17}$$

[912]　　我们取入射波包的中心到达 O 点的时刻作为计算时间的起点. 只在 $t \gtrsim -\Delta T/2$ 时, 也就是在入射波包的前沿到达势场作用范围之后, 才会出现散射波; $t = 0$ 时, 散射波包的最远部分与 O 点的距离的数量级为 $\Delta z/2$.

现在我们设想另一个问题, 假设势场是依赖于时间的, 它等于 $V(r)$ 乘以函数 $f(t)$, 此函数在 $t = -\Delta T/2$ 和 $t = 0$ 之间缓慢地从 0 增大到 1; 若 t 甚小于 $-\Delta T/2$, 则势为 0, 我们假设粒子这时的态可以用平面波 (充满整个空间) 来描述. 要到 $t \simeq -\Delta T/2$ 时, 这个平面波才开始变形, 而在 $t = 0$ 时, 散射波的情景就和原来问题中的相似了.

于是我们看到, 在上述两类问题之间有一定的相似性; 一类问题是入射波包遭到恒定势场的散射, 而入射波包在 O 点的振幅是在 $-\Delta T/2$ 与零这段时间内有

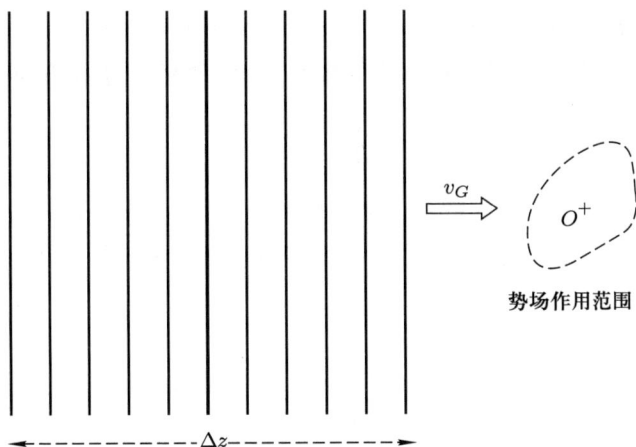

图 8-3 展延度为 Δz 的入射波包以速度 v_G 向势场 $V(r)$ 前进. 在数量级为 $\Delta T = \Delta z/v_G$ 的时间内 (假设势场作用范围的线度和 Δz 相比可以忽略), 入射波包与势场发生相互作用.

规则地增大的; 另一类问题是振幅恒定的平面波遭到势场的散射, 而这个势场是在同一段时间 $[-\Delta T/2, 0]$ 内缓慢地出现或 "接通" 的.

如果 $\Delta k \to 0$, (B-10) 式中的波包就趋向于一个散射定态 $[g(k)$ 趋向于 $\delta(k - k_0)]$; 另一方面, 根据 (B-17) 式, ΔT 变为无穷大, 从而与函数 $f(t)$ 相联系的势场应该被无限缓慢地引入或接通 (由于这个原因人们常称之为 "浸渐接通"). 前面的讨论, 虽然过于定性, 却可以容许我们将散射定态看作是引起自由平面波散射的势场浸渐地接通的结果. 仔细研究初始平面波在势场 $f(t)V(r)$ 中的演变, 我们就可以更深刻地理解上述解释.

2. 用概率流计算有效截面

a. 与散射定态相联系的概率流体

为了计算散射有效截面, 我们本来应该严格探讨入射波包在势场 $V(r)$ 中的散射; 但是, 利用散射定态来进行分析, 我们就很容易得到结果. 我们就用这样的态来描述稳恒流动的概率流体, 并利用入射流和散射流来计算有效截面. 前面已经指出, 这个方法类似于我们在一维 "方形" 势垒问题中用过的方法; 在那里, 反射流 (或透射流) 对入射流之比直接给出了反射系数 (或透射系数).

因而, 我们要计算在一个散射定态中入射波和散射波对概率流的贡献. 提醒一下, 与波函数 $\varphi(r)$ 相联系的概率流 $\boldsymbol{J}(r)$ 的表示式为:

$$\boldsymbol{J}(r) = \frac{1}{\mu}\mathrm{Re}\left[\varphi^*(r)\frac{\hbar}{\mathrm{i}}\nabla\varphi(r)\right] \tag{B-18}$$

b. 入射流和散射流

在 (B–18) 式中, 用平面波 e^{ikz} 代替 $\varphi(\boldsymbol{r})$, 就得到入射流 $\boldsymbol{J}_i$, 因而它是指向 Oz 轴的正方向的, 它的模为:

$$|\boldsymbol{J}_i| = \frac{\hbar k}{\mu} \tag{B–19}$$

在公式 (B–9) 中, 散射波是用球坐标来表示的, 因此我们要算出散射流 $\boldsymbol{J}_d$ 在由这个坐标系所定义的当地坐标轴上的诸分量. 先提醒一下, 算符 ∇ 的诸分量为:

$$(\nabla)_r = \frac{\partial}{\partial r}$$
$$(\nabla)_\theta = \frac{1}{r}\frac{\partial}{\partial \theta}$$
$$(\nabla)_\varphi = \frac{1}{r\sin\theta}\frac{\partial}{\partial \varphi} \tag{B–20}$$

在公式 (B–18) 中, 取函数 $f_k(\theta,\varphi)e^{ikr}/r$ 作为 $\varphi(\boldsymbol{r})$, 就很容易得到渐近区域中的散射流:

$$(\boldsymbol{J}_d)_r = \frac{\hbar k}{\mu}\frac{1}{r^2}|f_k(\theta,\varphi)|^2$$
$$(\boldsymbol{J}_d)_\theta = \frac{\hbar}{\mu}\frac{1}{r^3}\mathrm{Re}\left[\frac{1}{i}f_k^*(\theta,\varphi)\frac{\partial}{\partial\theta}f_k(\theta,\varphi)\right]$$
$$(\boldsymbol{J}_d)_\varphi = \frac{\hbar}{\mu}\frac{1}{r^3\sin\theta}\mathrm{Re}\left[\frac{1}{i}f_k^*(\theta,\varphi)\frac{\partial}{\partial\varphi}f_k(\theta,\varphi)\right] \tag{B–21}$$

由于 r 很大, $(\boldsymbol{J}_d)_\theta$ 和 $(\boldsymbol{J}_d)_\varphi$ 与 $(\boldsymbol{J}_d)_r$ 相比可以略去, 因而散射流实际上是沿径向的.

c. 有效截面的表示式

入射束是由独立粒子组成的, 我们假设这些粒子是由同样方法制备的. 发送出大量的这种粒子, 相当于用一个粒子进行很多次同样的实验, 而在每一次实验中粒子的态都相同. 设这个态是 $v_k^{(\mathrm{diff})}(\boldsymbol{r})$, 我们知道, 单位时间内通过垂直于 Oz 轴的单位面积的入射粒子数, 即入射通量 F_i, 正比于穿过该面积的矢量 $\boldsymbol{J}_i$ 的通量, 根据 (B–19) 式, 这就是说:

$$F_i = C|\boldsymbol{J}_i| = C\frac{\hbar k}{\mu} \tag{B–22}$$

单位时间内通过探测器的有效窗口 (图 8–2) 的粒子数 $\mathrm{d}n$, 同样地, 正比于穿过以窗口为境界的曲面 $\mathrm{d}S$ 的通量 [比例常量 C 与 (B–22) 式中的相同]:

$$\mathrm{d}n = C\boldsymbol{J}_d\cdot\mathrm{d}\boldsymbol{S} = C(\boldsymbol{J}_d)_r r^2\mathrm{d}\Omega$$
$$= C\frac{\hbar k}{\mu}|f_k(\theta,\varphi)|^2\mathrm{d}\Omega \tag{B–23}$$

我们看到, 只要 r 充分大, $\mathrm{d}n$ 便与 r 无关.

　　若将 (B–22) 式和 (B–23) 式代入微分有效截面 $\sigma(\theta,\varphi)$ 的定义 (A–3) 式中, 就得到:

$$\sigma(\theta,\varphi) = |f_k(\theta,\varphi)|^2 \qquad (\text{B–24})$$

于是微分有效截面可以很简单地由散射振幅的模平方给出.

d. 平面波与散射波之间的干涉

　　在前面几节里, 我们略去了平面波 e^{ikz} 与散射波之间的干涉在渐近区域内对于和 $v_k^{(\mathrm{diff})}(\boldsymbol{r})$ 相联系的概率流的贡献; 在 (B–18) 式中用 e^{-ikz} 代替 $\varphi^*(\boldsymbol{r})$, 用 $f_k(\theta,\varphi)e^{ikr}/r$ 代替 $\varphi(\boldsymbol{r})$, 并进行相反的代换就可以算出这一部分贡献.

　　但是可以确信, 如果我们所考虑的是除了正前方 ($\theta = 0$) 以外的其他方向上的散射, 那么这些干涉项是不会出现的. 为了说明这一点, 我们再利用波包的概念来描述碰撞过程 (图 8–4), 并且要考虑到波包实际上总有有限的横向展延度. 最初, 入射波包向着 $V(\boldsymbol{r})$ 的作用范围前进 (图 8–4–a). 碰撞之后 (图 8–4–b), 我们将发现两个波包, 一个是平面波包, 这实际上来源于入射波包的传播 (就好像散射势场不存在一样); 另一个就是从 O 点向各方离去的散射波包. 因此, 透射波是两种类型的波即平面波和球面波干涉的结果. 但在一般情况下, 我们总是将探测器 D 放在入射方向之外, 以使它不会接收到透过势场的粒子; 因此, 我们所观察到的仅仅是散射波包, 从而也就没有必要考虑上面所说的干涉项. [915]

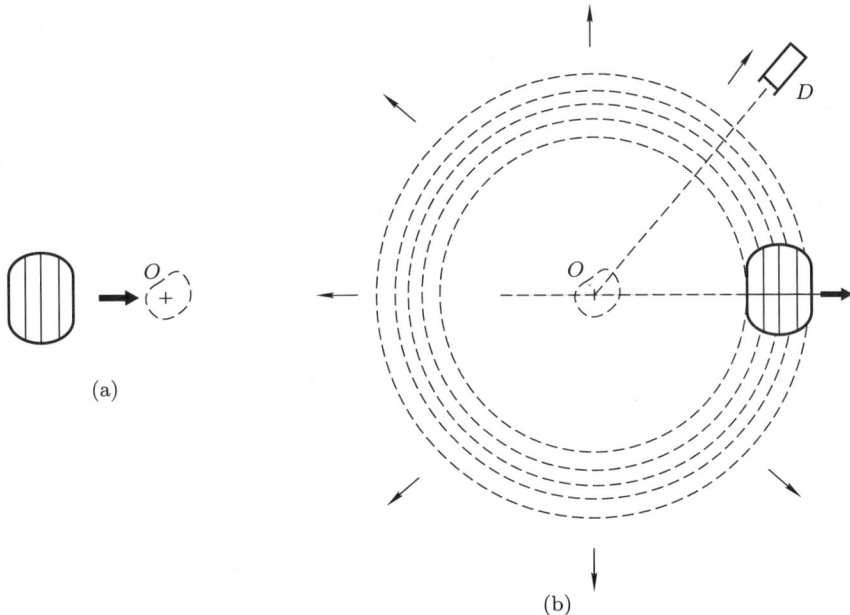

图 8–4　碰撞以前 (图 a), 入射波包向势场作用范围前进. 碰撞以后 (图 b), 我们将发现一个平面波包和一个受势场散射形成的球面波包 (图中的虚线). 在正前方的方向上, 这些波相消地干涉 (总概率守恒). 探测器位于侧边的方向上, 故只感受到散射波.

　　但由图 8-4-b 可以看出, 在正前方的方向上, 平面波包和散射波包占据着空间的同一区域, 它们的干涉是不能忽略的. 透射波包则是干涉的结果. 另一方面, 总概率是守恒的, 也就是说, 粒子数是守恒的: 除了正前方以外, 被散射到所有其他方向的粒子都离开了入射束, 通过靶以后, 粒子束的强度就衰减了; 因此, 透射波包的振幅小于入射波包. 由此可见, 正是平面波包和正前方的散射波包之间的相消相干保证了粒子总数的总体守恒.

3. 散射的积分方程

　　现在我们要用比 §B-1-b 中更精确的方法来分析一下, 怎样才能证明具有 (B-9) 式的渐近行为的定态波函数的存在. 为此, 我们先写出散射的积分方程, 它的解正好就是散射定态波函数.

　　仍然利用 H 的本征值方程 [公式 (B-7)], 并将它写成下列形式

$$(\Delta + k^2)\varphi(\boldsymbol{r}) = U(\boldsymbol{r})\varphi(\boldsymbol{r}) \tag{B-25}$$

　　假设 (往后我们将会看到这样的假设是切合实际的) 我们知道这样一个函数 $G(\boldsymbol{r})$, 它满足:

$$(\Delta + k^2)G(\boldsymbol{r}) = \delta(\boldsymbol{r}) \tag{B-26}$$

$[G(\boldsymbol{r})$ 叫做算符 $\Delta + k^2$ 的 "格林函数"]. 于是, 所有的函数 $\varphi(\boldsymbol{r})$, 只要满足:

$$\varphi(\boldsymbol{r}) = \varphi_0(\boldsymbol{r}) + \int \mathrm{d}^3 r' G(\boldsymbol{r} - \boldsymbol{r}') U(\boldsymbol{r}')\varphi(\boldsymbol{r}') \tag{B-27}$$

一定都满足微分方程 (B-25); 上式中的 $\varphi_0(\boldsymbol{r})$ 是齐次方程

$$(\Delta + k^2)\varphi_0(\boldsymbol{r}) = 0 \tag{B-28}$$

[916]　的解. 实际上若将算符 $\Delta + k^2$ 作用于 (B-27) 式的两端, 并注意到 (B-28) 式, 我们便得到:

$$(\Delta + k^2)\varphi(\boldsymbol{r}) = (\Delta + k^2)\int \mathrm{d}^3 r' G(\boldsymbol{r} - \boldsymbol{r}') U(\boldsymbol{r}')\varphi(\boldsymbol{r}') \tag{B-29}$$

我们承认可以将算符移到积分号下, 由于该算符只对变量 $\boldsymbol{r}$ 起作用, 根据 (B-26) 式, 便可得到:

$$\begin{aligned}
(\Delta + k^2)\varphi(\boldsymbol{r}) &= \int \mathrm{d}^3 r' \delta(\boldsymbol{r} - \boldsymbol{r}') U(\boldsymbol{r}')\varphi(\boldsymbol{r}') \\
&= U(\boldsymbol{r})\varphi(\boldsymbol{r})
\end{aligned} \tag{B-30}$$

反过来, 我们又可以证明 (B–25) 式的所有解都满足 (B–27) 式[①]. 于是, 我们就可以用积分方程 (B–27) 式代替微分方程 (B–25).

我们将会看到, 用积分方程来分析问题往往比较容易. 它的主要优点在于: 只要适当地选择 $\varphi_0(\boldsymbol{r})$ 和 $G(\boldsymbol{r})$, 就可以将我们所预期的渐近行为归并到方程中去; 于是, 单独一个积分方程 (叫做散射的积分方程) 就等价于微分方程 (B–25) 和渐近条件 (B–9).

我们首先来考察方程 (B–26). 此式意味着 $(\Delta + k^2)G(\boldsymbol{r})$ 除原点以外应处处为零 [根据 (B–8) 式 $(\Delta + k^2)\mathrm{e}^{\mathrm{i}kr}/r$[②]也是这样的]; 此外, 根据附录 II 中的公式 (61), 当 r 趋向于零时, $G(\boldsymbol{r})$ 的行为和函数 $-1/4\pi r$ 的行为相同. 其实, 很容易证明函数

$$G_{\pm}(\boldsymbol{r}) = -\frac{1}{4\pi}\frac{\mathrm{e}^{\pm\mathrm{i}kr}}{r} \tag{B–31}$$

是方程 (B–26) 的解. 实际上:

$$\Delta G_{\pm}(\boldsymbol{r}) = \mathrm{e}^{\pm\mathrm{i}kr}\Delta\left(-\frac{1}{4\pi r}\right) - \frac{1}{4\pi r}\Delta(\mathrm{e}^{\pm\mathrm{i}kr}) + 2\left[\nabla\left(-\frac{1}{4\pi r}\right)\right]\cdot[\nabla\mathrm{e}^{\pm\mathrm{i}kr}] \tag{B–32}$$

经过简单的计算便得到 (参看附录 II):

$$\Delta G_{\pm}(\boldsymbol{r}) = -k^2 G_{\pm}(\boldsymbol{r}) + \delta(\boldsymbol{r}) \tag{B–33}$$

这样便证明了上述的论断; G_+ 和 G_- 分别叫做 "向外和向内格林函数".

我们希望得到的渐近行为 (B–9) 式的形式本身提醒我们, 应选择入射平面波 $\mathrm{e}^{\mathrm{i}kz}$ 作为 $\varphi_0(\boldsymbol{r})$, 而选择向外格林函数 $G_+(\boldsymbol{r})$ 作为 $G(\boldsymbol{r})$. 实际上, 我们将证明散射的积分方程可以写作:

$$v_k^{(\mathrm{diff})}(\boldsymbol{r}) = \mathrm{e}^{\mathrm{i}kz} + \int \mathrm{d}^3r' G_+(\boldsymbol{r} - \boldsymbol{r}')U(\boldsymbol{r}')v_k^{(\mathrm{diff})}(\boldsymbol{r}') \tag{B–34}$$

[917]

这就是说, 可以证明 (B–34) 式的解具有 (B–9) 式所示的渐近行为.

为此, 取 M 点 (位置为 $\boldsymbol{r}$) 为观察点, 此点与势场作用范围中的任意点 P (位置为 $\boldsymbol{r}'$) 都相距很远; 用 L[③] 表示势场作用范围的线度 (图 8–5), 则

$$r \gg L$$
$$r' \lesssim L \tag{B–35}$$

---

① 如果将 $U(\boldsymbol{r})\varphi(\boldsymbol{r})$ 看作方程的右端, 就可以直观地理解这一点: 将非齐次方程的一个特解 [(B–27) 式中的第二项] 加到对应的齐次方程的通解上, 便得到方程 (B–25) 的通解.

② 原文为 $\mathrm{e}^{\mathrm{i}kr}/r$ —— 译者.

③ 提醒一下, 我们曾明确假设过 $U(\boldsymbol{r})$ 在无穷远处减小得比 $1/r$ 更快.

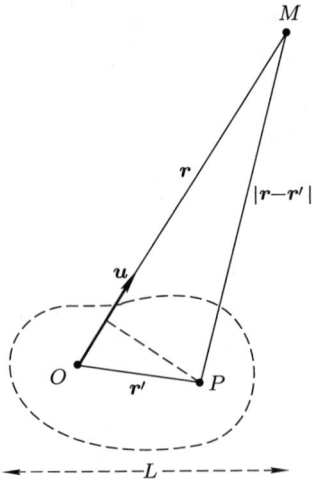

图 8-5　近似计算距 O 点很远的 M 点与势场作用范围内的 P 点间的距离 $|\boldsymbol{r}-\boldsymbol{r}'|$ (势场作用范围的线度的数量级为 L).

由于 MO 与 MP 的夹角很小, 故在很好的近似程度下可将长度 MP, 即 $|\boldsymbol{r}-\boldsymbol{r}'|$, 取作 MP 在 MO 上的投影:

$$|\boldsymbol{r}-\boldsymbol{r}'| \simeq r - \boldsymbol{u}\cdot\boldsymbol{r}' \tag{B-36}$$

其中的 $\boldsymbol{u}$ 表示 $\boldsymbol{r}$ 方向上的单位矢. 由此推知, 当 r 甚大时, 有:

$$G_+(\boldsymbol{r}-\boldsymbol{r}') = -\frac{1}{4\pi}\frac{\mathrm{e}^{\mathrm{i}k|\boldsymbol{r}-\boldsymbol{r}'|}}{|\boldsymbol{r}-\boldsymbol{r}'|} \underset{r\to\infty}{\sim} -\frac{1}{4\pi}\frac{\mathrm{e}^{\mathrm{i}kr}}{r}\mathrm{e}^{-\mathrm{i}k\boldsymbol{u}\cdot\boldsymbol{r}'} \tag{B-37}$$

[918]　将这个式子代入方程 (B-34), 便得到 $v_k^{(\mathrm{diff})}(\boldsymbol{r})$ 的渐近行为:

$$v_k^{(\mathrm{diff})}(\boldsymbol{r}) \underset{r\to\infty}{\sim} \mathrm{e}^{\mathrm{i}kz} - \frac{1}{4\pi}\frac{\mathrm{e}^{\mathrm{i}kr}}{r}\int \mathrm{d}^3r'\mathrm{e}^{-\mathrm{i}k\boldsymbol{u}\cdot\boldsymbol{r}'}U(\boldsymbol{r}')v_k^{(\mathrm{diff})}(\boldsymbol{r}') \tag{B-38}$$

此结果正好具有 (B-9) 式的形式, 这是因为积分不再是距离 $r = OM$ 的函数而 (通过单位矢 $\boldsymbol{u}$) 仅仅是标志矢量 OM 的方向的极角 θ 和 φ 的函数. 为了得到与 (B-9) 式完全相同的形式, 只须令

$$f_k(\theta,\varphi) = -\frac{1}{4\pi}\int \mathrm{d}^3r'\mathrm{e}^{-\mathrm{i}k\boldsymbol{u}\cdot\boldsymbol{r}'}U(\boldsymbol{r}')v_k^{(\mathrm{diff})}(\boldsymbol{r}') \tag{B-39}$$

最后可见, 散射的积分方程 (B-34) 的解就是散射定态①.

---

　　① 要严格证明散射定态的存在性, 就必须证明方程 (B-34) 的确有解.

附注:

引入入射波矢 $\boldsymbol{k}_i$ 往往是很方便的, 这个矢量指向入射方向即 Oz 轴的方向, 它的模为 k, 于是:

$$\mathrm{e}^{\mathrm{i}kz} = \mathrm{e}^{\mathrm{i}\boldsymbol{k}_i \cdot \boldsymbol{r}} \tag{B--40}$$

类似地, 具有与入射波矢相同的模 k 而方向由极角 θ 与 φ 来标识的矢量 $\boldsymbol{k}_d$ 则叫做 (θ, φ) 方向上的散射波矢:

$$\boldsymbol{k}_d = k\boldsymbol{u} \tag{B--41}$$

最后, $\boldsymbol{k}_d$ 与 $\boldsymbol{k}_i$ 之差叫做 (θ, φ) 方向上的转移波矢(图 8–6):

$$\boldsymbol{K} = \boldsymbol{k}_d - \boldsymbol{k}_i \tag{B--42}$$

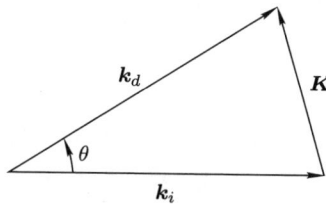

图 8–6　入射波矢 $\boldsymbol{k}_i$, 散射波矢 $\boldsymbol{k}_d$ 和转移波矢 $\boldsymbol{K}$.

4. 玻恩近似

[919]

a. 散射积分方程的近似解

考虑到 (B–40) 式, 我们可将散射积分方程写成下列形式:

$$v_k^{(\mathrm{diff})}(\boldsymbol{r}) = \mathrm{e}^{\mathrm{i}\boldsymbol{k}_i \cdot \boldsymbol{r}} + \int \mathrm{d}^3 r' G_+(\boldsymbol{r} - \boldsymbol{r}') U(\boldsymbol{r}') v_k^{(\mathrm{diff})}(\boldsymbol{r}') \tag{B--43}$$

下面试用迭代法来求此方程的解.

经过简单的符号变换 $(\boldsymbol{r} \Rightarrow \boldsymbol{r}'; \boldsymbol{r}' \Rightarrow \boldsymbol{r}'')$, 我们有:

$$v_k^{(\mathrm{diff})}(\boldsymbol{r}') = \mathrm{e}^{\mathrm{i}\boldsymbol{k}_i \cdot \boldsymbol{r}'} + \int \mathrm{d}^3 r'' G_+(\boldsymbol{r}' - \boldsymbol{r}'') U(\boldsymbol{r}'') v_k^{(\mathrm{diff})}(\boldsymbol{r}'') \tag{B--44}$$

若将此式代入方程 (B–43), 便得到:

$$v_k^{(\mathrm{diff})}(\boldsymbol{r}) = \mathrm{e}^{\mathrm{i}\boldsymbol{k}_i \cdot \boldsymbol{r}} + \int \mathrm{d}^3 r' G_+(\boldsymbol{r} - \boldsymbol{r}') U(\boldsymbol{r}') \mathrm{e}^{\mathrm{i}\boldsymbol{k}_i \cdot \boldsymbol{r}'}$$
$$+ \int \mathrm{d}^3 r' \int \mathrm{d}^3 r'' G_+(\boldsymbol{r} - \boldsymbol{r}') U(\boldsymbol{r}') G_+(\boldsymbol{r}' - \boldsymbol{r}'') U(\boldsymbol{r}'') v_k^{(\mathrm{diff})}(\boldsymbol{r}'')$$

$$\tag{B--45}$$

在 (B-45) 式的右端, 前两项是已知的, 只有第三项包含未知函数 $v_k^{(\mathrm{diff})}(\boldsymbol{r})$. 我们重复迭代: 在 (B-43) 式中将 $\boldsymbol{r}$ 变为 $\boldsymbol{r}''$, 将 $\boldsymbol{r}'$ 变为 $\boldsymbol{r}'''$, 这样就给出了 $v_k^{(\mathrm{diff})}(\boldsymbol{r}'')$, 再将它代入方程 (B-45) 就得到:

$$
\begin{aligned}
v_k^{(\mathrm{diff})}(\boldsymbol{r}) = {} & \mathrm{e}^{\mathrm{i}\boldsymbol{k}_i\cdot\boldsymbol{r}} + \int \mathrm{d}^3 r'\, G_+(\boldsymbol{r}-\boldsymbol{r}')U(\boldsymbol{r}')\mathrm{e}^{\mathrm{i}\boldsymbol{k}_i\cdot\boldsymbol{r}'} \\
& + \int \mathrm{d}^3 r' \int \mathrm{d}^3 r''\, G_+(\boldsymbol{r}-\boldsymbol{r}')U(\boldsymbol{r}')G_+(\boldsymbol{r}'-\boldsymbol{r}'')U(\boldsymbol{r}'')\mathrm{e}^{\mathrm{i}\boldsymbol{k}_i\cdot\boldsymbol{r}''} \\
& + \int \mathrm{d}^3 r' \int \mathrm{d}^3 r'' \int \mathrm{d}^3 r'''\, G_+(\boldsymbol{r}-\boldsymbol{r}')U(\boldsymbol{r}')G_+(\boldsymbol{r}'-\boldsymbol{r}'')U(\boldsymbol{r}'') \\
& \times G_+(\boldsymbol{r}''-\boldsymbol{r}''')U(\boldsymbol{r}''')v_k^{(\mathrm{diff})}(\boldsymbol{r}''')
\end{aligned}
\tag{B-46}
$$

其中的前三项都是已知的; 未知函数 $v_k^{(\mathrm{diff})}(\boldsymbol{r})$ 则被推后到第四项中去了.

逐步做下去, 我们便构成了散射定态波函数的所谓的玻恩展开. 注意, 在这个展开式中, 每项中的势函数总比前项中的多出现一次. 因此, 若势函数的值很小, 则相继各项将越来越小. 如果展开式中的项数足够多, 我们便可以略去右端的末项, 这样便得到了完全由已知函数所表示的 $v_k^{(\mathrm{diff})}(\boldsymbol{r})$.

[920]　　　　若将 $v_k^{(\mathrm{diff})}(\boldsymbol{r})$ 的这个展开式代入 (B-39) 式, 我们便得到散射振幅的玻恩展开式. 特别地, 若只取 U 的一次幂, 那么只需将 (B-39) 式右端的 $v_k^{(\mathrm{diff})}(\boldsymbol{r}')$ 换成 $\mathrm{e}^{\mathrm{i}\boldsymbol{k}_i\cdot\boldsymbol{r}'}$. 所得结果就是玻恩近似:

$$
\begin{aligned}
f_k^{(B)}(\theta,\varphi) &= -\frac{1}{4\pi} \int \mathrm{d}^3 r'\, \mathrm{e}^{-\mathrm{i}k\boldsymbol{u}\cdot\boldsymbol{r}'}U(\boldsymbol{r}')\mathrm{e}^{\mathrm{i}\boldsymbol{k}_i\cdot\boldsymbol{r}'} \\
&= -\frac{1}{4\pi} \int \mathrm{d}^3 r'\, \mathrm{e}^{-\mathrm{i}(\boldsymbol{k}_d-\boldsymbol{k}_i)\cdot\boldsymbol{r}'}U(\boldsymbol{r}') \\
&= -\frac{1}{4\pi} \int \mathrm{d}^3 r'\, \mathrm{e}^{-\mathrm{i}\boldsymbol{K}\cdot\boldsymbol{r}'}U(\boldsymbol{r}')
\end{aligned}
\tag{B-47}
$$

其中的 $\boldsymbol{K}$ 是由 (B-42) 式所定义的转移波矢. 由此可见, 在玻恩近似中, 散射的有效截面非常简单地和势函数的傅里叶变换相联系; 实际上, 如果利用 (B-24) 式和 (B-6) 式, 则由 (B-47) 式可以得到:

$$
\sigma_k^{(B)}(\theta,\varphi) = \frac{\mu^2}{4\pi^2\hbar^4} \left| \int \mathrm{d}^3 r\, \mathrm{e}^{-\mathrm{i}\boldsymbol{K}\cdot\boldsymbol{r}}V(\boldsymbol{r}) \right|^2
\tag{B-48}
$$

按照图 8-6, 转移波矢 $\boldsymbol{K}$ 的方向和模同时依赖于 $\boldsymbol{k}_i$ 与 $\boldsymbol{k}_d$ 的模 k 以及所要考虑的散射方向 (θ,φ). 因此, 对于固定的 θ 和 φ, 玻恩有效截面只随 k 而变, 也就是随入射束的能量而变; 同样地, 对于给定的能量, $\sigma^{(B)}$ 随 θ 和 φ 而变. 现在我们看到, 在玻恩近似的简单框架中, 研究微分有效截面随散射方向和入射能量的变化, 我们便有可能从实验上探索势场 $V(\boldsymbol{r})$.

b. 对公式的解释

我们可以给公式 (B–45) 这样一种物理解释, 它十分清楚地揭示了量子力学和波动光学之间形式上的相似.

试将势场作用范围看作一种散射介质, 并设它的密度与 $U(r)$ 成比例. 函数 $G_+(r - r')$ 表示 [见公式 (B–31)] 从位于点 r' 处的点源向点 r 辐射的波的振幅. 因此, 公式 (B–45) 中的前两项给出了点 r 处的总的波幅, 也就是由散射介质中受入射波诱生的子波源发出的无数个波与入射波 $e^{i k_i \cdot r}$ 叠加的结果; 实际上, 每一个子波源的振幅都正比于在对应的各点 r' 处入射波 ($e^{i k_i \cdot r'}$) 和散射介质的密度 [$U(r')$] 所取的数值. 这种解释 (其示意图见图 8–7) 可以和波动光学中的惠更斯原理相对照.

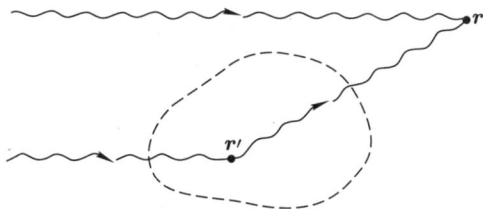

图 8–7 玻恩近似的示意图. 在这里我们只考虑入射波和它与势场相互作用一次而发生的散射波.

实际上, 公式 (B–45) 还含有一个第三项. 我们也可以按同样的方式去解释玻恩展开式中的相继各项. 由于散射介质展布在一定的范围内, 其中的一个子波源不仅受到入射波的激发, 也同样受到来自其他子波源的散射波的激发. 图 8–8 概略地表示玻恩展开式中第三项的意义 [参看公式 (B–46)]. 如果散射介质非常稀疏 [$U(r)$ 很小], 我们就可以忽略各个子波源之间的相互影响.

[921]

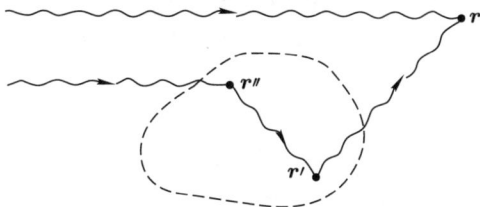

图 8–8 玻恩展开式中 U 的二次项的意义的示意图. 在这里我们还考虑到受势场散射两次的散射波.

附注:

我们刚才提出的对玻恩展开式中的高次项的解释, 丝毫也没有涉及厚靶内部可能发生的多重散射过程. 上面所说的始终是靶中的单个粒子对入射束中的一个粒子的散射, 而多重散射则涉及同一个入射粒子与靶中的很多个粒子间相继的多次相互作用.

§C. 中心场中的散射; 分波法

1. 分波法的原理

[922]

在 $V(r)$ 为中心势的特殊情况下, 粒子的轨道角动量 $\boldsymbol{L}$ 是一个运动常量, 因而存在着角动量完全确定的定态, 也就是 $H, \boldsymbol{L}^2$ 与 L_z 的共同本征态. 与这些定态相联系的波函数叫做分波, 用 $\varphi_{k,l,m}(\boldsymbol{r})$ 来表示, 与此对应, $H, \boldsymbol{L}^2$ 与 L_z 的本征值分别为 $\hbar^2 k^2/2\mu, l(l+1)\hbar^2$ 及 $m\hbar$; 这些分波的角依赖性恒可用球谐函数 $Y_l^m(\theta, \varphi)$ 来表示; 势函数 $V(r)$ 只出现在它们对径向的依赖关系中.

我们可以料到, 对于很大的 r, 这些分波应该非常接近 $H_0, \boldsymbol{L}^2$ 与 L_z 的共同本征函数, 这里的 H_0 是自由粒子的哈密顿算符 [公式 (B–2)]. 由于这个原因, 在 §C–2 中, 我们的讨论就从一个自由粒子的定态开始, 重点是具有确定角动量的那些定态. 对应的波函数 $\varphi_{k,l,m}^{(0)}(\boldsymbol{r})$ 是自由球面波, 它们的角依赖性当然与球谐函数的相同. 我们将会看到, 它们的径向函数的渐近行为就是向内波 e^{-ikr}/r 和具有确定相位差的向外波 e^{ikr}/r 叠加的结果.

分波 $\varphi_{k,l,m}(\boldsymbol{r})$ 在势场 $V(r)$ 中的渐近行为也同样是 (见 §C–3) 一个向内波和一个向外波的叠加结果. 但是这两种波之间的相位差, 这是因为势场 $V(r)$ 引入了附加的相移 δ_l. 这个相移是 $\varphi_{k,l,m}$ 与 $\varphi_{k,l,m}^{(0)}$ 的渐近行为之间仅有的差异; 因而, 对于 k 的固定值, 只要知道了相移 δ_l (对于所有的 l) 就可以算出有效截面.

为了进行这种计算, 我们要将散射定态 $v_k^{(\mathrm{diff})}(\boldsymbol{r})$ 表示为 (见 §C–4) 能量相同而角动量 l 不同的诸分波 $\varphi_{k,l,m}(\boldsymbol{r})$ 的线性组合. 物理上的简单论证提示我们, 这个线性组合的系数应该等同于将平面波 e^{ikz} 按自由球面波展开的那些展开系数; 具体的计算可以确切地证实这一点.

因而, 利用分波就可以将散射振幅, 从而将有效截面, 通过相移 δ_l 来表示. 如果势场的作用距离并不甚大于和粒子运动相联系的波长, 那么, 问题只涉及少数几个相移, 在这种情况下, 分波法特别有价值 (见 §C–3–b–β).

2. 一个自由粒子的定态

在经典力学中, 一个质量为 μ 的自由粒子在直线上作匀速运动. 它的动量 $\boldsymbol{p}$, 能量 $E = \boldsymbol{p}^2/2\mu$ 以及它对于坐标原点的角动量 $\mathscr{L} = \boldsymbol{r} \times \boldsymbol{p}$ 都是运动常量.

在量子力学中, 观察算符 $\boldsymbol{P}$ 和 $\boldsymbol{L} = \boldsymbol{R} \times \boldsymbol{P}$ 是不可对易的. 因此, 它们表

示不相容的量; 这就是说, 一个粒子的动量和角动量是不可能同时测量的.

一个自由粒子的哈密顿算符可以写作:

$$H_0 = \frac{1}{2\mu} \boldsymbol{P}^2 \qquad (\text{C--1})$$

H_0 本身不能单独构成一个 E.C.O.C., 这是因为它的本征值是无穷多重简并的 (见 §2–a). 反之, 下列四个观察算符:

[923]

$$H_0, P_x, P_y, P_z \qquad (\text{C--2})$$

却构成一个 E.C.O.C.. 它们的共同本征态就是动量完全确定的定态.

我们也可以将一个自由粒子看作是处在数值为零的中心势场中的粒子. 于是根据第七章的结果可知, 下列三个观察算符:

$$H_0, \boldsymbol{L}^2, L_z \qquad (\text{C--3})$$

构成一个 E.C.O.C.. 对应的本征态就是角动量完全确定的定态 (更确切地说, $\boldsymbol{L}^2$ 和 L_z 具有确定值, 而 L_x 与 L_y 则不然).

既然 $\boldsymbol{P}$ 和 $\boldsymbol{L}$ 是不相容的量, 则由 E.C.O.C. (C–2) 和 (C–3) 所确定的态空间的基便是不一样的. 我们要研究这两个基, 然后详细说明怎样从一个基过渡到另一个基.

a. 动量完全确定的定态.

平面波

我们已经知道 (参看第二章, §E–2–d), 三个观察算符 P_x, P_y 与 P_z 构成一个 E.C.O.C. (对于一个无自旋粒子). 它们的共同本征态就是 $\{|\boldsymbol{p}\rangle\}$ 表象中的基矢所描述的态:

$$\boldsymbol{P}|\boldsymbol{p}\rangle = \boldsymbol{p}|\boldsymbol{p}\rangle \qquad (\text{C--4})$$

由于 H_0 和这三个观察算符对易, 这些态 $|\boldsymbol{p}\rangle$ 一定也是 H_0 的本征态:

$$H_0|\boldsymbol{p}\rangle = \frac{\boldsymbol{p}^2}{2\mu}|\boldsymbol{p}\rangle \qquad (\text{C--5})$$

因而, H_0 的本征值谱是连续的, 包含零和所有正数. 这些本征值中的每一个都是无穷多重简并的: 如果给能量 E 指定一个正值, 则与之对应的右矢 $|\boldsymbol{p}\rangle$ 有无穷多个, 这是因为长度满足条件

$$|\boldsymbol{p}| = \sqrt{2\mu E} \qquad (\text{C--6})$$

的普通矢量 $\boldsymbol{p}$ 有无穷多个.

与诸右矢 $|\boldsymbol{p}\rangle$ 相联系的波函数就是平面波 (参看第二章, §E–1–a):

$$\langle \boldsymbol{r}|\boldsymbol{p}\rangle = \left(\frac{1}{2\pi\hbar}\right)^{3/2} \mathrm{e}^{\mathrm{i}\boldsymbol{p}\cdot\boldsymbol{r}/\hbar} \tag{C–7}$$

为了描述一个平面波的特征, 现在引入波矢 $\boldsymbol{k}$:

$$\boldsymbol{k} = \frac{\boldsymbol{p}}{\hbar} \tag{C–8}$$

[924]　并令:

$$|\boldsymbol{k}\rangle = (\hbar)^{3/2}|\boldsymbol{p}\rangle \tag{C–9}$$

右矢 $|\boldsymbol{k}\rangle$ 就是动量完全确定的定态:

$$H_0|\boldsymbol{k}\rangle = \frac{\hbar^2 \boldsymbol{k}^2}{2\mu}|\boldsymbol{k}\rangle \tag{C–10–a}$$

$$\boldsymbol{P}|\boldsymbol{k}\rangle = \hbar\boldsymbol{k}|\boldsymbol{k}\rangle \tag{C–10–b}$$

它们是广义地正交归一的:

$$\langle \boldsymbol{k}|\boldsymbol{k}'\rangle = \delta(\boldsymbol{k}-\boldsymbol{k}') \tag{C–11}$$

而且它们构成态空间的一个基:

$$\int \mathrm{d}^3 k |\boldsymbol{k}\rangle\langle \boldsymbol{k}| = 1 \tag{C–12}$$

对应的波函数仍是平面波, 不过归一化的方式略有不同:

$$\langle \boldsymbol{r}|\boldsymbol{k}\rangle = \left(\frac{1}{2\pi}\right)^{3/2} \mathrm{e}^{\mathrm{i}\boldsymbol{k}\cdot\boldsymbol{r}} \tag{C–13}$$

b. 角动量完全确定的定态

自由球面波

为了求得 H_0, $\boldsymbol{L}^2$ 与 L_z 的共同本征函数, 只需解出恒等于零的中心势场中的径向方程. 求解的细节可参看补充材料 A_{VIII}, 在这里我们只给出结果.

自由球面波就是与具有确定角动量的自由粒子的定态 $|\varphi_{k,l,m}^{(0)}\rangle$ 相联系的波函数; 可将它们写作:

$$\varphi_{k,l,m}^{(0)}(\boldsymbol{r}) = \sqrt{\frac{2k^2}{\pi}}\, j_l(kr) \mathrm{Y}_l^m(\theta,\varphi) \tag{C–14}$$

其中的 j_l 是球贝塞尔函数, 其定义是:

$$j_l(\rho) = (-1)^l \rho^l \left(\frac{1}{\rho}\frac{\mathrm{d}}{\mathrm{d}\rho}\right)^l \frac{\sin\rho}{\rho} \tag{C–15}$$

H_0, $\boldsymbol{L}^2$ 与 L_z 的对应本征值分别为 $\hbar^2 k^2/2\mu$, $l(l+1)\hbar^2$ 与 $m\hbar$.

(C–14)式中的自由球面波是广义地正交归一的: [925]

$$\langle \varphi^{(0)}_{k,l,m} | \varphi^{(0)}_{k',l',m'} \rangle = \frac{2}{\pi} k k' \int_0^\infty j_l(kr) j_{l'}(k'r) r^2 \mathrm{d}r \times \int \mathrm{d}\Omega \mathrm{Y}_l^{m*}(\theta,\varphi) \mathrm{Y}_{l'}^{m'}(\theta,\varphi)$$
$$= \delta(k-k')\delta_{ll'}\delta_{mm'} \qquad (C–16)$$

而且它们构成态空间的一个基:

$$\int_0^\infty \mathrm{d}k \sum_{l=0}^\infty \sum_{m=-l}^{+l} | \varphi^{(0)}_{k,l,m} \rangle \langle \varphi^{(0)}_{k,l,m} | = 1 \qquad (C–17)$$

c. 自由球面波的物理性质

α. 角依赖性

自由球面波 $\varphi^{(0)}_{k,l,m}(\boldsymbol{r})$ 的角依赖性已完全包含在球谐函数 $\mathrm{Y}_l^m(\theta,\varphi)$ 中, 因而完全决定于 $\boldsymbol{L}^2$ 和 L_z 的本征值 (即决定于指标 l 和 m) 而不决定于能量. 例如, 自由球面波 $s(l=0)$ 永远是各向同性的.

β. 在原点附近的行为

围绕着方向 (θ_0,φ_0), 我们取定一个无限小的立体角 $\mathrm{d}\Omega_0$; 若粒子的态为 $|\varphi^{(0)}_{k,l,m}\rangle$, 则在该立体角中在 r 到 $r+\mathrm{d}r$ 的间隔内找到粒子的概率正比于:

$$r^2 j_l^2(kr) |\mathrm{Y}_l^m(\theta_0,\varphi_0)|^2 \mathrm{d}r \mathrm{d}\Omega_0 \qquad (C–18)$$

我们可以证明 (参看补充材料 A_{VIII}, §2–C–α), 对趋向于零的 ρ 而言有:

$$j_l(\rho) \underset{\rho\to 0}{\sim} \frac{\rho^l}{(2l+1)!!} \qquad (C–19)$$

由此结果 (根据第七章 §A–2–C 的一般论证, 这个结果是可以预期的) 可以推知, (C–18) 式中的概率在原点附近的行为和 r^{2l+2} 的行为相同, 因而 l 越大, 概率增加得越缓慢.

函数 $\rho^2 j_l^2(\rho)$ 的变化情况示于图 8–9. 只要

$$\rho < \sqrt{l(l+1)} \qquad (C–20)$$

函数就将保持在很小的数值. 因此, 如果

$$r < \frac{1}{k}\sqrt{l(l+1)} \qquad (C–21)$$

我们可以认为概率 (C–18) 实际上等于零. 这个结果在物理上是十分重要的, [926] 因为它告诉我们, 处在 $|\varphi^{(0)}_{k,l,m}\rangle$ 态的一个粒子对于以 O 点为球心, 以

$$b_l(k) = \frac{1}{k}\sqrt{l(l+1)} \qquad (C–22)$$

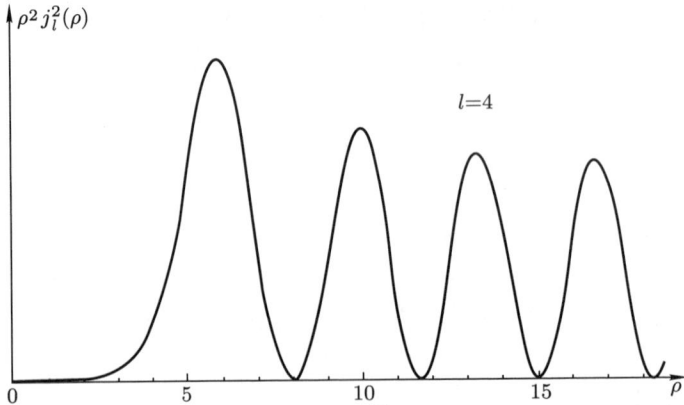

图 8-9　函数 $\rho^2 j_l^2(\rho)$ 的变化情况, 它表示在 $|\varphi_{k,l,m}^{(0)}\rangle$ 这个态粒子出现的概率的径向依赖关系. 此函数在原点附近的行为与 ρ^{2l+2} 的相同; 只要 $\rho < \sqrt{l(l+1)}$, 函数值实际上等于零.

为半径的球内所发生的过程实际上毫无反应. 在 §C–3–b–β, 我们还要回到这个问题上来.

附注:

在经典力学中, 动量为 $\boldsymbol{p}$, 角动量为 $\mathscr{L}$ 的一个自由粒子的径迹为一条直线, 该直线与 O 点间的距离 b (见图 8-10) 由下式给出:

$$b = \frac{|\mathscr{L}|}{|\boldsymbol{p}|} \tag{C-23}$$

b 叫做粒子对于 O 点的 "碰撞参数"; $|\mathscr{L}|$ 的值越大, 动量 (或能量) 的值越小, 则 b 的值就越大. 在 (C-23) 式中, 若用 $\hbar\sqrt{l(l+1)}$ 代替 $|\mathscr{L}|$, 并用 $\hbar k$ 代替 $|\boldsymbol{p}|$, 我们便又得到表示 $b_l(k)$ 的 (C-22) 式, 这样我们就给出了这个量的一个半经典的解释.

[927]　　γ. 渐近行为

可以证明 (参看补充材料 A_{VIII}, §2–C–β), 对趋向无穷大的 ρ, 我们有:

$$j_l(\rho) \underset{\rho\to\infty}{\sim} \frac{1}{\rho}\sin\left(\rho - l\frac{\pi}{2}\right) \tag{C-24}$$

因此, 自由球面波 $\varphi_{k,l,m}^{(0)}(\boldsymbol{r})$ 的渐近行为应如下式所示:

$$\varphi_{k,l,m}^{(0)}(r,\theta,\varphi) \underset{r\to\infty}{\sim} -\sqrt{\frac{2k^2}{\pi}}Y_l^m(\theta,\varphi)\frac{e^{-ikr}e^{il\frac{\pi}{2}} - e^{ikr}e^{-il\frac{\pi}{2}}}{2ikr} \tag{C-25}$$

由此可见, 在无穷远处, $\varphi_{k,l,m}^{(0)}$ 是一个向内波 e^{-ikr}/r 和一个向外波 e^{ikr}/r 的叠加结果, 两波的振幅之间的相位差为 $l\pi$.

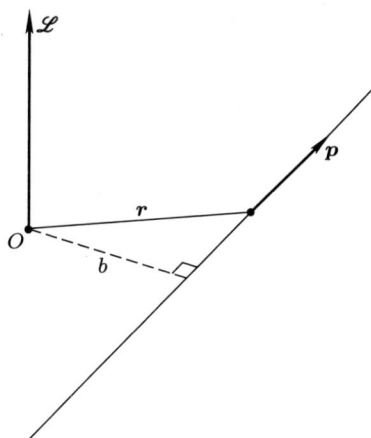

图 8–10 动量为 $\boldsymbol{p}$, 关于 O 点的角动量为 $\mathscr{L}$ 的粒子的经典碰撞参数 b 的定义.

附注:

假设我们用对应于相同的 l 和 m 值的自由球面波构成一个波包; 类似于 §B–1–b 的附注 (i) 中的分析也可以应用于这种波包. 我们得到的结果如下: 若 t 为很大的负值, 则只存在一个向内波包, 若 t 为很大的正值, 则只存在一个向外波包. 因此, 我们可以将一个自由球面波概略地想象如下: 首先, 有一个向 O 点会聚的向内波, 它在向该点会聚的过程中逐渐变形, 在与该点相距约为 $b_l(k)$ [公式 (C–22)] 的地方, 它反向进行, 于是形成一个相移为 $l\pi$ 的向外波.

d. 将平面波按自由球面波展开

现在我们知道了由 H_0 的本征态所构成的两个不同的基, 一个是 $\{|\boldsymbol{k}\rangle\}$, 与平面波相联系, 一个是 $\{|\varphi_{k,l,m}^{(0)}\rangle\}$, 与自由球面波相联系. 我们可以将一个基中的任一右矢按另一个基中的基右矢展开.

作为特例, 我们来考虑右矢 $|0,0,k\rangle$, 与此相联系的是波矢 $\boldsymbol{k}$ 指向 Oz 轴方向的一个平面波:

$$\langle \boldsymbol{r}|0,0,k\rangle = \left(\frac{1}{2\pi}\right)^{3/2} \mathrm{e}^{\mathrm{i}kz} \tag{C–26}$$

$|0,0,k\rangle$ 表示能量和动量都具有确定值的一个态 ($E = \hbar^2 k^2/2\mu$; $\boldsymbol{p}$ 指向 Oz 方向, 其模为 $\hbar k$). 但

$$\mathrm{e}^{\mathrm{i}kz} = \mathrm{e}^{\mathrm{i}kr\cos\theta} \tag{C–27}$$

与 φ 无关; 由于 L_z 在 $\{|\boldsymbol{r}\rangle\}$ 表象中的作用相当于 $\dfrac{\hbar}{\mathrm{i}}\dfrac{\partial}{\partial\varphi}$, 故右矢 $|0,0,k\rangle$ 也是

[928]

L_z 的本征矢, 属于本征值零, 即:

$$L_z|0,0,k\rangle = 0 \tag{C-28}$$

利用封闭性关系式 (C–17), 我们可以写:

$$|0,0,k\rangle = \int_0^\infty \mathrm{d}k' \sum_{l=0}^\infty \sum_{m=-l}^{+l} |\varphi_{k',l,m}^{(0)}\rangle\langle\varphi_{k',l,m}^{(0)}|0,0,k\rangle \tag{C-29}$$

由于 $|0,0,k\rangle$ 和 $|\varphi_{k',l,m}^{(0)}\rangle$ 都是 H_0 的本征态, 若对应的本征值不相等, 则它们必是正交的; 于是它们的标量积应该正比于 $\delta(k'-k)$. 同样, 它们又都是 L_z 的本征态, 则它们的标量积应正比于 δ_{m0} [参看 (C–28) 式]. 于是, 公式 (C–29) 将取下列形式:

$$|0,0,k\rangle = \sum_{l=0}^\infty c_{k,l}|\varphi_{k,l,0}^{(0)}\rangle \tag{C-30}$$

诸系数 $c_{k,l}$ 都可以具体计算出来 (参看补充材料 A_{VIII}, §3). 最后, 我们得到:

$$\boxed{\mathrm{e}^{\mathrm{i}kz} = \sum_{l=0}^\infty \mathrm{i}^l \sqrt{4\pi(2l+1)}\, j_l(kr) \mathrm{Y}_l^0(\theta)} \tag{C-31}$$

由此可见, 一个动量完全确定的态是对应于一切可能的角动量的诸态的叠加.

[929]　　**附注:**

　　球谐函数 $\mathrm{Y}_l^0(\theta)$ 正比于勒让德多项式 $\mathrm{P}_l(\cos\theta)$ (见补充材料 A_{VI}, §2–e–α):

$$\mathrm{Y}_l^0(\theta) = \sqrt{\frac{(2l+1)}{4\pi}}\,\mathrm{P}_l(\cos\theta) \tag{C-32}$$

因此, 我们常将展开式 (C–31) 写成下列形式:

$$\mathrm{e}^{\mathrm{i}kz} = \sum_{l=0}^\infty \mathrm{i}^l (2l+1) j_l(kr)\mathrm{P}_l(\cos\theta) \tag{C-33}$$

3. 势场 $V(r)$ 中的分波

现在我们来考察 H (总哈密顿算符)、$\boldsymbol{L}^2$ 与 L_z 的共同本征函数, 也就是分波 $\varphi_{k,l,m}(\boldsymbol{r})$.

a. 径向方程、相移

对于任何中心势 $V(r)$, 分波 $\varphi_{k,l,m}(\boldsymbol{r})$ 都具有下列形式:

$$\varphi_{k,l,m}(\boldsymbol{r}) = R_{k,l}(r)\mathrm{Y}_l^m(\theta,\varphi) = \frac{1}{r}u_{k,l}(r)\mathrm{Y}_l^m(\theta,\varphi) \tag{C-34}$$

其中的 $u_{k,l}(r)$ 满足径向方程:

$$\left[-\frac{\hbar^2}{2\mu}\frac{\mathrm{d}^2}{\mathrm{d}r^2} + \frac{l(l+1)\hbar^2}{2\mu r^2} + V(r) \right] u_{k,l}(r) = \frac{\hbar^2 k^2}{2\mu} u_{k,l}(r) \qquad \text{(C-35)}$$

的解, 而且在原点处满足下列条件:

$$u_{k,l}(0) = 0 \qquad \text{(C-36)}$$

现在的情况就像这样一个一维问题: 一个质量为 μ 的粒子处在下列的势场 (图 8–11) 中:

$$\begin{aligned} V_{\text{eff}}(r) &= V(r) + \frac{l(l+1)\hbar^2}{2\mu r^2} \quad (r > 0) \\ V_{\text{eff}}(r) &\text{ 无穷大} \qquad\qquad\quad (r < 0) \end{aligned} \qquad \text{(C-37)}$$

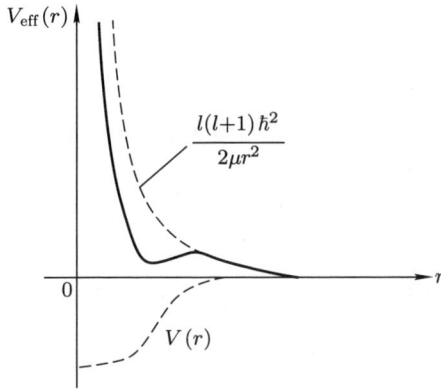

图 8–11 有效势 $V_{\text{eff}}(r)$ 为势函数 $V(r)$ 与离心项 $\dfrac{l(l+1)\hbar^2}{2\mu r^2}$ 的和.

当 r 很大时, 方程 (C-35) 变为:

$$\left[\frac{\mathrm{d}^2}{\mathrm{d}r^2} + k^2 \right] u_{k,l}(r) \underset{r\to\infty}{\simeq} 0 \qquad \text{(C-38)}$$

它的通解为:

[930]

$$u_{k,l}(r) \underset{r\to\infty}{\sim} Ae^{ikr} + Be^{-ikr} \qquad \text{(C-39)}$$

由于 $u_{k,l}(r)$ 必须满足条件 (C-36), 故常数 A, B 不可能是任意的. 在等价的一维问题中 [公式 (C-37)], 方程 (C-36) 与下述事实有关: 对于负的 r, 势函数为无穷大; 而 (C-39) 式则表示这样两个波的叠加: 一个是 (沿着所研究的假想粒子在其上运动的轴线) 来自右边的 "入射" 平面波 e^{-ikr}, 一个是从左向右传播的 "反射" 平面波 e^{ikr}; 在这里不会出现 "透射波" [因为在负半轴上 $V(r)$ 为无穷大], 所以 "反射" 流应等于 "入射" 流. 于是我们看到, 由条件 (C-36) 可以推知, 在渐近表示式 (C-39) 中, 应有:

$$|A| = |B| \tag{C-40}$$

从而:

$$u_{k,l}(r) \underset{r \to \infty}{\sim} |A|[e^{ikr}e^{i\varphi_A} + e^{-ikr}e^{i\varphi_B}] \tag{C-41}$$

我们还可以将它写作下列形式:

$$u_{k,l}(r) \underset{r \to \infty}{\sim} C\sin(kr - \beta_l) \tag{C-42}$$

在 (C-42) 式和 (C-35) 式的解 (它在原点处趋向于零) 之间应用函数的连续性, 便可完全确定实相位 β_l. 在势函数 $V(r)$ 恒为零的情况下, 我们在 §C-2-c-γ 中已经看到, β_l 等于 $l\pi/2$; 取这个值作为参考, 也就是令:

$$u_{k,l}(r) \underset{r \to \infty}{\sim} C\sin\left(kr - l\frac{\pi}{2} + \delta_l\right) \tag{C-43}$$

[931]　是比较方便的. 如此确定的数 δ_l 就叫做分波 $\varphi_{k,l,m}(\boldsymbol{r})$ 的相移, 它显然依赖于 k, 即依赖于能量.

b. 相移的物理意义

α. 分波和自由球面波的对比

考虑到 (C-34) 式和 (C-43) 式, $\varphi_{k,l,m}(\boldsymbol{r})$ 的渐近行为可以写作:

$$\varphi_{k,l,m}(\boldsymbol{r}) \underset{r \to \infty}{\sim} C\frac{\sin(kr - l\pi/2 + \delta_l)}{r}Y_l^m(\theta, \varphi)$$
$$\underset{r \to \infty}{\sim} -CY_l^m(\theta, \varphi)\frac{e^{-ikr}e^{i\left(l\frac{\pi}{2} - \delta_l\right)} - e^{ikr}e^{-i\left(l\frac{\pi}{2} - \delta_l\right)}}{2ir} \tag{C-44}$$

在这里, 和自由球面波 [公式 (C-25)] 的情况相似, 我们看到分波 $\varphi_{k,l,m}(\boldsymbol{r})$ 也是一个向内波和一个向外波叠加的结果.

为了确切地对比分波和自由球面波, 我们可以将 (C-44) 式中的向内波改写一下, 使之全同于 (C-25) 式中的向内波. 为此, 我们定义一个新的分波 $\widetilde{\varphi}_{k,l,m}(\boldsymbol{r})$, 它等于 $\varphi_{k,l,m}(\boldsymbol{r})$ 与 $e^{i\delta_l}$ 的乘积 (从物理的角度看, 这个总的相位因子是无关紧要的), 并且选择常数 C, 使得:

$$\widetilde{\varphi}_{k,l,m}(\boldsymbol{r}) \underset{r \to \infty}{\sim} -Y_l^m(\theta, \varphi)\frac{e^{-ikr}e^{il\pi/2} - e^{ikr}e^{-il\pi/2}e^{2i\delta_l}}{2ikr} \tag{C-45}$$

这个式子的意义可解释如下 (参看 §C-2-c-γ 的附注): 最初, 有一个向内波, 和自由粒子情况中的向内波相同 (除归一化常数 $\sqrt{2k^2/\pi}$ 以外); 这个向内波在逐渐接近势场作用范围的过程中, 逐渐受到势场的扰动; 在倒转传播方向之后, 当它转化为向外波时, 它已经积累了一个相移 $2\delta_l$ (相对于势场 $V(r)$ 恒为零时应该出现的自由向外波的相移). 因此 $e^{2i\delta_l}$ 这个因子 (它随 l 和 k 变化) 最终地纳入了势场对角动量为 l 的粒子的全部影响.

附注:

实际上, 只有当我们所指的是下述波包时, 上面的讨论才能成立, 这种波包是由 l 值相同、m 值相同而 k 值略有差异的一些分波 $\varphi_{k,l,m}(\boldsymbol{r})$ 叠加而成. 当 t 为很大的负值时, 只存在一个向内波包, 我们在上面所分析的就是这个向势场作用范围逼近的波包此后的演变.

我们也未尝不可以采用 §B–1–b 的附注 (ii) 中的观点, 即讨论缓慢 "接通" 的势场 $V(r)$ 对一个稳定的自由球面波的影响. 同样的分析应该也可以证明, 对一个自由球面波 $\varphi_{k,l,m}^{(0)}(\boldsymbol{r})$, 浸渐地接通势场 $V(r)$, 就可以得到分波 $\varphi_{k,l,m}(\boldsymbol{r})$.

β. 有限射程的势场   [932]

假设我们所研究的势场 $V(r)$ 具有有限射程 r_0, 也就是说:

$$V(r) = 0, \quad 若 r > r_0 \tag{C–46}$$

在前面 (§C–2–c–β), 我们曾经指出, 自由球面波 $\varphi_{k,l,m}^{(0)}$ 实际上不能穿透到以 O 点为中心, 以 $b_l(k)$ [公式 (C–22)] 为半径的球域内. 因此, 如果仍然采用刚才对公式 (C–45) 的解释, 那么我们将会看到, 对于满足条件:

$$b_l(k) \gg r_0 \tag{C–47}$$

的那些波, 由 (C–46) 式所定义的势场实际上不起作用; 这是因为对应的向内波在到达 $V(r)$ 的作用范围以前就反向传播了. 于是, 对能量的每一个值都存在着角动量的一个临界值 l_M, 根据 (C–22) 式, 其近似值决定于:

$$\sqrt{l_M(l_M + 1)} \simeq kr_0 \tag{C–48}$$

只当 l 的值小于或接近于 l_M 时, 相移 δ_l 才有显著的影响.

势场的射程越短, 入射能量越低, l 的值就越小[①]. 因此, 可能出现这样的情况, 不等于零的分波只有前几个, 即: 能量很低的 s 波 ($l = 0$), 然后是能量稍高的 s 波和 p 波, 等等.

---

① l_M 的数量级为 kr_0, 即大约等于势场射程 r_0 与入射粒子的波长之比.

4. 用相移表示有效截面的公式

角动量完全确定的定态的渐近行为受到势场的修正,这种修正的特点由相移来描述,所以知道了相移就应该可以确定有效截面. 要证明这一点,只须用分波来表示散射定态 $v_k^{(\text{diff})}(r)$[①],然后计算散射振幅.

a. 怎样用分波构成散射定态

我们设法构成分波的一种线性组合, 使它具有公式 (B-9) 的渐近行为. 由于散射定态是哈密顿算符 H 的本征态, 故 $v_k^{(\text{diff})}(r)$ 的展开式只包含同一能量 $\hbar^2 k^2/2\mu$ 的诸分波. 我们还要注意, 在中心势场 $V(r)$ 中, 待研究的散射问题具有关于入射束方向 (Oz 轴) 的旋转对称性; 因而, 散射定态波函数 $v_k^{(\text{diff})}(r)$ 与方位角 φ 无关, 于是它的展开式只包含 m 为零的那些分波. 最后, 我们将得到下列的展开式:

[933]

$$v_k^{(\text{diff})}(r) = \sum_{l=0}^{\infty} c_l \widetilde{\varphi}_{k,l,0}(r) \tag{C-49}$$

剩下的问题就是确定全体系数 c_l.

α. 直观的分析

若 $V(r)$ 恒等于零, 则函数 $v_k^{(\text{diff})}(r)$ 退化为平面波 e^{ikz}, 而诸分波退化为自由球面波 $\varphi_{k,l,m}^{(0)}(r)$. 在这种情况下, 展开式 (C-49) 是已知的, 就是公式 (C-31).

若 $V(r)$ 不为零, 则 $v_k^{(\text{diff})}(r)$ 中除平面波以外还包含一个发散的散射波. 另一方面, 我们已经看到, $\widetilde{\varphi}_{k,l,0}(r)$, 就其渐近行为而言, 与 $\varphi_{k,l,m}^{(0)}(r)$ 只相差一个向外波, 后者的径向依赖性和散射波的相同. 因此, 我们可以料想到展开式 (C-49) 中的系数 c_l 应该和公式 (C-31)[②]中的相同, 即:

$$v_k^{(\text{diff})}(r) = \sum_{l=0}^{\infty} i^l \sqrt{4\pi(2l+1)}\,\widetilde{\varphi}_{k,l,0}(r) \tag{C-50}$$

附注:

根据 §B-1-b 的附注 (ii) 和 §C-3-b-α 中的附注所提出的解释, 我们也可以理解 (C-50) 式. 对于展开式为 (C-31) 式的一个平面波, 如果浸渐地接通势场 $V(r)$, 那么这个波将转化为一个散射定态; 于是 (C-31) 式的左端应为 $v_k^{(\text{diff})}(r)$ 所取代. 此外, (C-31) 式右端的每一个自由球面波 $j_l(kr)Y_l^0(\theta)$, 在势场接通的过程中, 都将

---

① 如果在势场 $V(r)$ 中存在着粒子的束缚态 (对应于负能量的定态), 那么, 全体分波并不构成态空间的一个基. 为了构成一个基, 在全体分波以外还须加入诸束缚态的波函数.

② 注意, 展开式 (C-31) 含有 $j_l(kr)Y_l^0(\theta)$, 这就是将自由球面波 $\varphi_{k,l,0}^{(0)}$ 除以归一化因子 $\sqrt{2k^2/\pi}$; 正是由于这个原因, 我们在前面仍用同一因子去除 (C-25) 式, 以此来定义 $\widetilde{\varphi}_{k,l,m}(r)$ [公式 (C-45)].

转化为一个分波 $\widetilde{\varphi}_{k,l,0}(\boldsymbol{r})$. 注意到薛定谔方程是线性的, 最终我们就得到 (C-50) 式.

β. 详细的证明

现在考虑公式 (C-50), 这是问题的物理意义提示给我们的. 下面我们要证明这个公式确实就是待求的展开式.

首先, (C-50) 式的右端是 H 的属于同一能值 $\hbar^2 k^2/2\mu$ 的诸本征态的叠加, 叠加结果仍是一个定态.

下面, 我们只须证实总和 (C-50) 确实具有 (B-9) 式那样的渐近行为. 为此, 利用 (C-45) 式, 便有:

[934]

$$\sum_{l=0}^{\infty} \mathrm{i}^l \sqrt{4\pi(2l+1)}\widetilde{\varphi}_{k,l,0}(\boldsymbol{r}) \underset{r\to\infty}{\sim} -\sum_{l=0}^{\infty} \mathrm{i}^l \sqrt{4\pi(2l+1)}\mathrm{Y}_l^0(\theta)$$
$$\times \frac{1}{2\mathrm{i}kr}\left[\mathrm{e}^{-\mathrm{i}kr}\mathrm{e}^{\mathrm{i}l\frac{\pi}{2}} - \mathrm{e}^{\mathrm{i}kr}\mathrm{e}^{-\mathrm{i}l\frac{\pi}{2}}\mathrm{e}^{2\mathrm{i}\delta_l}\right] \quad \text{(C-51)}$$

为了明显地得到展开式 (C-31) 的渐近形式, 我们写:

$$\mathrm{e}^{2\mathrm{i}\delta_l} = 1 + 2\mathrm{i}\mathrm{e}^{\mathrm{i}\delta_l}\sin\delta_l \quad \text{(C-52)}$$

再将与 δ_l 无关的诸项归并起来, 便有:

$$\sum_{l=0}^{\infty} \mathrm{i}^l \sqrt{4\pi(2l+1)}\widetilde{\varphi}_{k,l,0}(\boldsymbol{r}) \underset{r\to\infty}{\sim} -\sum_{l=0}^{\infty} \mathrm{i}^l \sqrt{4\pi(2l+1)}\mathrm{Y}_l^0(\theta)$$
$$\times \left[\frac{\mathrm{e}^{-\mathrm{i}kr}\mathrm{e}^{\mathrm{i}l\pi/2} - \mathrm{e}^{\mathrm{i}kr}\mathrm{e}^{-\mathrm{i}l\pi/2}}{2\mathrm{i}kr} - \frac{\mathrm{e}^{\mathrm{i}kr}}{r}\frac{1}{k}\mathrm{e}^{-\mathrm{i}l\frac{\pi}{2}}\mathrm{e}^{\mathrm{i}\delta_l}\sin\delta_l\right] \quad \text{(C-53)}$$

注意到 (C-25) 式和 (C-31) 式, 不难看出, 此式右端第一项就是平面波 $\mathrm{e}^{\mathrm{i}kz}$ 的渐近展开, 最后得到:

$$\sum_{l=0}^{\infty} \mathrm{i}^l \sqrt{4\pi(2l+1)}\widetilde{\varphi}_{k,l,0}(\boldsymbol{r}) \underset{r\to\infty}{\sim} \mathrm{e}^{\mathrm{i}kz} + f_k(\theta)\frac{\mathrm{e}^{\mathrm{i}kr}}{r} \quad \text{(C-54)}$$

其中[1]

$$\boxed{f_k(\theta) = \frac{1}{k}\sum_{l=0}^{\infty} \sqrt{4\pi(2l+1)}\mathrm{e}^{\mathrm{i}\delta_l}\sin\delta_l\mathrm{Y}_l^0(\theta)} \quad \text{(C-55)}$$

这样, 我们便证明了展开式 (C-50) 是正确的, 同时又得到了以相移 δ_l 来表示散射振幅 $f_k(\theta)$ 的公式.

---

[1] 由于 $\mathrm{e}^{-\mathrm{i}l\frac{\pi}{2}} = (-\mathrm{i})^l = \left(\dfrac{1}{\mathrm{i}}\right)^l$, 故抵消了因子 i^l.

b. 有效截面的计算

散射的微分有效截面可以得自公式 (B–24):

$$\sigma(\theta) = |f_k(\theta)|^2 = \frac{1}{k^2} \left| \sum_{l=0}^{\infty} \sqrt{4\pi(2l+1)} \mathrm{e}^{i\delta_l} \sin\delta_l Y_l^0(\theta) \right|^2 \qquad (\text{C–56})$$

[935] 将此式对角度积分就得到总的散射有效截面:

$$\sigma = \int \mathrm{d}\Omega \, \sigma(\theta) = \frac{1}{k^2} \sum_{l,l'} 4\pi \sqrt{(2l+1)(2l'+1)} \mathrm{e}^{i(\delta_l - \delta_{l'})} \sin\delta_l \sin\delta_{l'}$$

$$\times \int \mathrm{d}\Omega Y_{l'}^{0*}(\theta) Y_l^0(\theta) \qquad (\text{C–57})$$

由于球谐函数是正交归一的 [见第六章公式 (D–33)], 最后, 我们得到:

$$\boxed{\sigma = \frac{4\pi}{k^2} \sum_{l=0}^{\infty} (2l+1) \sin^2\delta_l} \qquad (\text{C–58})$$

由此可见, 总有效截面不再含有角动量不同的诸波之间的干涉项; 不论 $V(r)$ 为任何势函数, 与 l 的一个确定值相联系的项 $\frac{4\pi}{k^2}(2l+1)\sin^2\delta_l$ 的贡献总是正的, 而且, 对于确定的能量, 这项贡献不会超过 $\frac{4\pi}{k^2}(2l+1)$.

从原则上说, 公式 (C–56) 和 (C–58) 都要求我们知道所有的相移 δ_l. 我们应当记得 (参看 §C–3–a), 如果已经知道势函数 $V(r)$, 则相移可以由径向方程算出; 而这个方程又应针对 l 的每一个值分别求解 (通常, 我们还必须求助于数值解法的技巧). 从实用的观点看, 这就是说, 只有在非零的相移为有限多个而且数值很小的时候, 分波法才有意义. 在 §C–3–b–β 中我们已经看到, 对具有有限射程的势场 $V(r)$ 来说, 只要 $l > l_M$, 相移 δ_l 就可以忽略, 这里的临界值 l_M 由公式 (C–48) 所定义.

如果势场 $V(r)$ 最初是未知的, 我们试探性地引入少数几个非零相移, 据此来复制能量为一个确定值的微分有效截面的实验曲线. 此外, 表示有效截面随 θ 变化的曲线的形状, 往往给我们提示了必需相移的最少个数. 例如, 若只考虑 s 波, 则公式 (C–56) 给出的微分有效截面是各向均匀的 (Y_0^0 是个常数); 因此, 如果实验表明 $\sigma(\theta)$ 确实随着 θ 变化, 那就意味着, 除了 s 波的相移以外, 其他相移都不等于零. 根据对应于不同能量值的实验结果, 一旦确定了对有效截面有实际贡献的那些相移, 我们就可以找到势场的这样一种理论模型, 此模型所给出的正是那些相移和它们对能量的依赖关系.

附注:

有效截面对入射粒子的能量 $E = \hbar^2 k^2/2\mu$ 的依赖关系和 $\sigma(\theta)$ 对 θ 的依赖关系是同样重要的. 特别地, 在某些情况下, 我们会观察到总有效截面 σ 在某些能量值的邻域中有迅速的变化. 例如, 当 $E = E_0$ 时, 某一个相移 δ_l 通过数值 $\pi/2$, 那么, 对 σ 的对应贡献将达到它的上界, 有效截面就会在 $E = E_0$ 处呈现一个尖锐的极大值. 这个现象叫做 "散射共振". 我们可以将这个现象和在第一章 (§D–2–c–β) 中求得的一维 "方形" 势阱的透射系数的行为作一个对比.

[936]

参考文献和阅读建议:

Dicke 和 Wittke (1.14), 第 16 章; Messiah (1.17), 第 X 章; Schiff (1.18), 第 5 章和第 9 章.

程度较深的参考文献:

库仑散射: Messiah (1.17), 第 XI 章; Schiff (1.18), §21; Davydov (1.20), 第 XI 章, §100.

碰撞的形式理论和 S 矩阵: Merzbacher (1.16), 第 19 章; Roman (2.3), 第 II 卷, 第 4 章; Messiah (1.17), 第 XIX 章; Schweber (2.16), 第 3 卷, 第 11 章.

用波包来描述碰撞: Messiah (1.17), 第 X 章, §4, §5, §6; Goldberger 和 Watson (2.4), 第 3、4 章.

根据相移来确定势 (逆问题): Wu 和 Ohmura (2.1), §G.

应用: Davydov (1.20), 第 XI 章; Sobel'man (11.12), 第 11 章; Mott 和 Massey (2.5); Martin 和 Spearman (16.18).

粒子体系引起的散射的玻恩近似及空 – 时相关函数: Van Hove (2.39).

[937] # 第八章补充材料　　　　阅读指南

按照大纲的规定, 第八章是专门用作其他课程, 如核物理, 的参考材料的. 读者若要知道碰撞理论在物理上的应用, 可参考上述其他课程的教材.

A_{VIII}: 自由粒子: 角动量完全确定的定态	A_{VIII}: 提供具有确定角动量的自由粒子的定态波函数的一些数学上的细节. 利用算符 L_+ 和 L_-, 可以引入球贝塞尔函数并可证明在第八章 §C 中用到的这类函数的一些性质.
B_{VIII}: 对伴有吸收的碰撞的唯象描述	B_{VIII}: 本文采用与补充材料 K_{III} 原则上相似的唯象观点将第八章的理论推广到伴有吸收的碰撞过程, 从而建立了 "光学定理". 若读者已掌握了第八章的内容, 阅读此文不会有太大的困难.
C_{VIII}: 散射理论的应用简例	C_{VIII}: 通过几个具体例子来说明第八章的结果. 建议读者先看第 1 节, 在这里, 通过简单的方法就可得到物理上的重要结果 (卢瑟福公式). 第 2 节可以看作是一个已经解出的练习. 第 3 节是习题.

补充材料 A_VIII

[938]

自由粒子: 角动量完全确定的定态

1. 径向方程
2. 自由球面波
   a. 递推关系
   b. 自由球面波的计算
   c. 性质
3. 自由球面波和平面波之间的关系

自由粒子 (无自旋) 的哈密顿算符为

$$H_0 = \frac{\boldsymbol{P}^2}{2\mu} \tag{1}$$

在第八章的 §C–2 中, 我们已经引入了由这种粒子的定态构成的两个不同的基. 第一个基是由 H_0 和动量 $\boldsymbol{P}$ 的三个分量的共同本征态构成的, 与它们对应的波函数是平面波. 第二个基则包含角动量完全确定的诸定态, 也就是 H_0, $\boldsymbol{L}^2$ 与 L_z 的共同本征态, 它们的主要性质已在第八章的 §C–2–b, c 及 d 中讨论过. 在这篇材料里, 我们要更详细地研究第二个基, 特别是要证明一些在第八章中已经用到过的结果.

1. 径向方程

(1) 式中的哈密顿算符与粒子的轨道角动量 $\boldsymbol{L}$ 的三个分量对易, 即

$$[H_0, \boldsymbol{L}] = \boldsymbol{0} \tag{2}$$

因此, 我们可以将已在第七章 §A 中建立的普遍理论应用到这个具体问题. 于是我们知道, 自由球面波 (即 H_0、$\boldsymbol{L}^2$ 与 L_z 的共同本征函数) 一定具有下列形式:

$$\varphi_{k,l,m}^{(0)}(\boldsymbol{r}) = R_{k,l}^{(0)}(r) Y_l^m(\theta, \varphi) \tag{3}$$

径向函数 $R_{k,l}^{(0)}(r)$ 是下列方程的解

$$\left[-\frac{\hbar^2}{2\mu}\frac{1}{r}\frac{\mathrm{d}^2}{\mathrm{d}r^2}r+\frac{l(l+1)\hbar^2}{2\mu r^2}\right]R_{k,l}^{(0)}(r)=E_{k,l}R_{k,l}^{(0)}(r) \tag{4}$$

[939] 其中的 $E_{k,l}$ 是 H_0 的本征值, 对应于 $\varphi_{k,l,m}^{(0)}(\boldsymbol{r})$. 若令

$$R_{k,l}^{(0)}(r)=\frac{1}{r}u_{k,l}^{(0)}(r) \tag{5}$$

则函数 $u_{k,l}^{(0)}$ 应决定于下列方程:

$$\left[\frac{\mathrm{d}^2}{\mathrm{d}r^2}-\frac{l(l+1)}{r^2}+\frac{2\mu E_{k,l}}{\hbar^2}\right]u_{k,l}^{(0)}(r)=0 \tag{6}$$

对此方程还应附加一个条件:

$$u_{k,l}^{(0)}(0)=0 \tag{7}$$

首先, 我们可以证明, 从 (6), (7) 两式可以重新求得哈密顿算符 H_0 的本征值谱, 这是在讨论平面波时已经得到的结果 [第八章公式 (C–5)]. 为此, 我们注意势能的极小值为零 (实际上恒等于零). 因此, 不存在能量为负值的定态 (参看补充材料 M_{III}). 于是, 对于方程 (6) 中的常数 $E_{k,l}$, 我们只考虑它的任意一个正值, 并令:

$$k=\frac{1}{\hbar}\sqrt{2\mu E_{k,l}} \tag{8}$$

当 r 趋向无穷大时, 离心项 $l(l+1)/r^2$ 和方程 (6) 中的常数项相比可以忽略, 我们可将该方程近似地写作:

$$\left[\frac{\mathrm{d}^2}{\mathrm{d}r^2}+k^2\right]u_{k,l}^{(0)}(r)\underset{r\to\infty}{\simeq}0 \tag{9}$$

因此, 方程 (6) 的所有的解都具有物理上可以接受的渐近行为 (即 $\mathrm{e}^{\mathrm{i}kr}$ 与 $\mathrm{e}^{-\mathrm{i}kr}$ 的线性组合). 唯一的限制来自条件 (7): 我们知道 (参看第七章的 §A–3–b), 对于 $E_{k,l}$ 的一个给定值, 必有一个而且只有一个函数 (除常数因子以外) 满足 (6)、(7) 两式. 因此, 对于 $E_{k,l}$ 的任意正值, 径向方程都有一个而且只有一个合理的解.

由此可见, H_0 的本征值谱包含所有的正能值. 我们还可以看出, $E_{k,l}$ 的所有的可能值都不依赖于 l; 于是我们可以从能量的指标中删去 l. 至于指标 k, 我们可以令它全同于 (8) 式所定义的常数. 这样一来, 就可以写:

$$E_k=\frac{\hbar^2 k^2}{2\mu};\quad k\geqslant 0 \tag{10}$$

这些能量中的每一个都是无穷多重简并的. 实际上, 若将 k 的值固定, 那么, 与能量 E_k 对应的径向方程对于 l 的每一个值 (零或正整数) 都有一个合理的解 $u_{k,l}^{(0)}(r)$; 此外, 根据公式 (3), 共有 $(2l+1)$ 个独立的波函数 $\varphi_{k,l,m}^{(0)}(\boldsymbol{r})$ 与一个确定的径向函数 $u_{k,l}^{(0)}(r)$ 相联系. 于是, 在这种特殊情况下, 我们又得到了在第七章 §A–3–b 中证明过的一般结论: 在 $\mathscr{E}_{\boldsymbol{r}}$ 空间中, H_0、$\boldsymbol{L}^2$ 与 L_z 构成一个 E.C.O.C., 而且给出了三个指标 k、l 与 m 便足以唯一确定相应的基中的一个函数. [940]

2. 自由球面波

直接解出方程 (6) 或 (4), 我们就可以得到径向函数 $R_{k,l}^{(0)}(r) = \dfrac{1}{r} u_{k,l}^{(0)}(r)$. 其实后一个方程很容易变换成所谓的 "球贝塞尔方程" (参看下面 §2–c–β 的附注), 它的解已在其他学科中详细探讨过. 我们不直接引用已有的这些结果, 而是试图证明怎样从算符 $\boldsymbol{L}^2$ 的属于本征值 0 的本征函数导出 H_0、$\boldsymbol{L}^2$ 与 L_z 的诸共同本征函数.

a. 递推关系

我们用动量 $\boldsymbol{P}$ 的分量 P_x 和 P_y 来定义一个算符:

$$P_+ = P_x + \mathrm{i} P_y \tag{11}$$

我们知道, P 是一个矢量性的观察算符 (参看补充材料 B$_{\mathrm{VI}}$ 的 §5–c), 这一点可以由这些分量与角动量 $\boldsymbol{L}$ 的诸分量之间的对易关系式[①]:

$$[L_x, P_x] = 0$$
$$[L_x, P_y] = \mathrm{i}\hbar P_z$$
$$[L_x, P_z] = -\mathrm{i}\hbar P_y \tag{12}$$

以及指标 x, y, z 经循环置换后得到的其他关系式所证实. 利用这些关系式, 经过简单的代数运算, 就可以得到 L_z 和 $\boldsymbol{L}^2$ 分别与算符 P_+ 构成的对易子:

$$[L_z, P_+] = \hbar P_+ \tag{13-a}$$

$$[\boldsymbol{L}^2, P_+] = 2\hbar(P_+ L_z - P_z L_+) + 2\hbar^2 P_+ \tag{13-b}$$

现在我们来考虑 H_0、$\boldsymbol{L}^2$ 与 L_z 的任意一个共同本征函数 $\varphi_{k,l,m}^{(0)}(\boldsymbol{r})$, 对应的本征值为 E_k, $l(l+1)\hbar^2$ 与 $m\hbar$. 应用算符 L_+ 和 L_-, 我们就可以得到对应于

[①] 由定义 $\boldsymbol{L} = \boldsymbol{R} \times \boldsymbol{P}$ 和正则对易法则就可以直接得到这些关系式.

同一能量值 E_k 和同一个 l 值的其他 $2l$ 个本征函数. 例如, 由于 H_0 与 $\boldsymbol{L}$ 对易, 便有:

$$H_0 L_+ \varphi_{k,l,m}^{(0)}(\boldsymbol{r}) = L_+ H_0 \varphi_{k,l,m}^{(0)}(\boldsymbol{r}) = E_k L_+ \varphi_{k,l,m}^{(0)}(\boldsymbol{r}) \tag{14}$$

[941]　　可见 $L_+ \varphi_{k,l,m}^{(0)}(\boldsymbol{r})$(只要 m 不同于 l, 此函数即不为零) 也是 H_0 的本征函数, 与 $\varphi_{k,l,m}^{(0)}(\boldsymbol{r})$ 属于同一本征值. 于是有:

$$L_\pm \varphi_{k,l,m}^{(0)}(\boldsymbol{r}) \propto \varphi_{k,l,m\pm 1}^{(0)}(\boldsymbol{r}) \tag{15}$$

　　现将算符 P_+ 作用于 $\varphi_{k,l,m}^{(0)}(\boldsymbol{r})$. 首先, 由于 H_0 与 $\boldsymbol{P}$ 对易, 前面的推理可以重复应用于 $P_+ \varphi_{k,l,m}^{(0)}$. 此外, 根据 (13–a) 式, 我们有:

$$\begin{aligned} L_z P_+ \varphi_{k,l,m}^{(0)}(\boldsymbol{r}) &= P_+ L_z \varphi_{k,l,m}^{(0)} + \hbar P_+ \varphi_{k,l,m}^{(0)} \\ &= (m+1)\hbar P_+ \varphi_{k,l,m}^{(0)}(\boldsymbol{r}) \end{aligned} \tag{16}$$

可见 $P_+ \varphi_{k,l,m}^{(0)}$ 也是 L_z 的本征函数, 属于本征值 $(m+1)\hbar$. 如果应用 (13–b) 式, 我们就会看到, $P_z L_+$ 这一项的存在就意味着在一般情况下 $P_+ \varphi_{k,l,m}^{(0)}$ 并不是 $\boldsymbol{L}^2$ 的本征函数; 但是, 如果 $m = l$, 这一项的贡献便等于零, 这时有:

$$\begin{aligned} \boldsymbol{L}^2 P_+ \varphi_{k,l,l}^{(0)} &= P_+ \boldsymbol{L}^2 \varphi_{k,l,l}^{(0)} + 2\hbar P_+ L_z \varphi_{k,l,l}^{(0)} + 2\hbar^2 P_+ \varphi_{k,l,l}^{(0)} \\ &= [l(l+1) + 2l + 2]\hbar^2 P_+ \varphi_{k,l,l}^{(0)} \\ &= (l+1)(l+2)\hbar^2 P_+ \varphi_{k,l,l}^{(0)} \end{aligned} \tag{17}$$

由此可见, $P_+ \varphi_{k,l,l}^{(0)}$ 是 H_0, $\boldsymbol{L}^2$ 与 L_z 的共同本征函数, 属于各对应的本征值 E_k, $(l+1)(l+2)\hbar^2$ 与 $(l+1)\hbar$. 由于这三个观察算符构成一个 E.C.O.C. (见 §1), 因此, 除一个常因子以外[①], 存在着一个唯一的与此本征值组相联系的本征函数:

$$P_+ \varphi_{k,l,l}^{(0)}(\boldsymbol{r}) \propto \varphi_{k,l+1,l+1}^{(0)}(\boldsymbol{r}) \tag{18}$$

　　函数 $\varphi_{k,0,0}^{(0)}(\boldsymbol{r})$ 对应于 $\boldsymbol{L}^2$ 和 L_z 的本征值零[②], 为了从这些函数出发来构成基 $\{\varphi_{k,l,m}^{(0)}(\boldsymbol{r})\}$, 我们将利用递推关系 (15) 和 (18).

---

　　① 以后 (§2–b), 我们再具体计算保证使基 $\{\varphi_{k,l,m}^{(0)}(\boldsymbol{r})\}$ 正交归一化的系数 (由于 k 是一个连续指标, 这里指广义的正交归一化).

　　② 不要以为算符 $P_- = P_x - iP_y$ 能使 l 从任意值 "下降" 到零. 因为进行与前面相似的推理, 我们很容易证明:

$$P_- \varphi_{k,l,-l}^{(0)}(\boldsymbol{r}) \propto \varphi_{k,l+1,-(l+1)}^{(0)}(\boldsymbol{r})$$

b. 自由球面波的计算

α. $l = 0$ 时径向方程的解

为了确定函数 $\varphi_{k,0,0}^{(0)}(\boldsymbol{r})$, 我们再回到径向方程 (6), 在其中令 $l = 0$; 考虑到 (10) 式中的定义, 可将此方程写作:

$$\left[\frac{\mathrm{d}^2}{\mathrm{d}r^2} + k^2\right] u_{k,0}^{(0)}(r) = 0 \tag{19}$$

在原点处的值为零的解 [条件 (7)] 具有下列形式: [942]

$$u_{k,0}^{(0)}(r) = a_k \sin kr \tag{20}$$

我们这样来选择常数 a_k, 使得诸函数 $\varphi_{k,0,0}^{(0)}(\boldsymbol{r})$ 广义地正交归一化, 也就是使

$$\int \mathrm{d}^3 r \varphi_{k,0,0}^{(0)*}(\boldsymbol{r})\varphi_{k',0,0}^{(0)}(\boldsymbol{r}) = \delta(k - k') \tag{21}$$

很容易证明 (见下面), 如果

$$a_k = \sqrt{\frac{2}{\pi}} \tag{22}$$

则条件 (21) 就可得到满足; 上式给出 (由于 Y_0^0 等于 $1/\sqrt{4\pi}$):

$$\varphi_{k,0,0}^{(0)}(\boldsymbol{r}) = \sqrt{\frac{2k^2}{\pi}} \frac{1}{\sqrt{4\pi}} \frac{\sin kr}{kr} \tag{23}$$

我们来证明函数族 (23) 满足正交归一关系式 (21). 为此, 只须计算:

$$\begin{aligned}
\int \mathrm{d}^3 r \varphi_{k,0,0}^{(0)*}(\boldsymbol{r})\varphi_{k',0,0}^{(0)}(\boldsymbol{r}) &= \frac{2}{\pi} k k' \frac{1}{4\pi} \int_0^\infty r^2 \mathrm{d}r \frac{\sin kr}{kr} \frac{\sin k'r}{k'r} \int \mathrm{d}\Omega \\
&= \frac{2}{\pi} \int_0^\infty \mathrm{d}r \sin kr \sin k'r
\end{aligned} \tag{24}$$

用虚指数函数去代替正弦函数并将积分区间扩展为从 $-\infty$ 到 $+\infty$, 便得到:

$$\frac{2}{\pi} \int_0^\infty \mathrm{d}r \sin kr \sin k'r = \frac{2}{\pi} \left(-\frac{1}{4}\right) \int_{-\infty}^{+\infty} \mathrm{d}r [\mathrm{e}^{\mathrm{i}(k+k')r} - \mathrm{e}^{\mathrm{i}(k-k')r}] \tag{25}$$

由于 k 和 k' 都是正数, 故 $k + k'$ 永远不能为零, 从而括号中第一项的贡献恒为零; 根据附录 II 中的公式 (34), 第二项最后给出

$$\begin{aligned}
\int \mathrm{d}^3 r \varphi_{k,0,0}^{(0)*}(\boldsymbol{r})\varphi_{k',0,0}^{(0)}(\boldsymbol{r}) &= \frac{2}{\pi} \left(-\frac{1}{4}\right)(-2\pi)\delta(k - k') \\
&= \delta(k - k')
\end{aligned} \tag{26}$$

β. 用递推关系构成其他的波

现将 (11) 式所定义的算符 P_+ 应用于刚才求得的函数 $\varphi_{k,0,0}^{(0)}(\boldsymbol{r})$. 根据 (18) 式有:

$$\varphi_{k,1,1}^{(0)}(\boldsymbol{r}) \propto P_+\varphi_{k,0,0}^{(0)}(\boldsymbol{r})$$
$$\propto P_+\frac{\sin kr}{kr} \tag{27}$$

[943]   在我们一开始就使用的表象 $\{|\boldsymbol{r}\rangle\}$ 中, P_+ 是一个微分算符:

$$P_+ = \frac{\hbar}{\mathrm{i}}\left(\frac{\partial}{\partial x} + \mathrm{i}\frac{\partial}{\partial y}\right) \tag{28}$$

在公式 (27) 中, 这个算符作用在只与 r 有关的函数上. 但是:

$$P_+f(r) = \frac{\hbar}{\mathrm{i}}\left(\frac{x}{r} + \mathrm{i}\frac{y}{r}\right)\frac{\mathrm{d}}{\mathrm{d}r}f(r)$$
$$= \frac{\hbar}{\mathrm{i}}\sin\theta \mathrm{e}^{\mathrm{i}\varphi}\frac{\mathrm{d}}{\mathrm{d}r}f(r) \tag{29}$$

于是我们得到:

$$\varphi_{k,1,1}^{(0)}(\boldsymbol{r}) \propto \sin\theta \mathrm{e}^{\mathrm{i}\varphi}\left[\frac{\cos kr}{kr} - \frac{\sin kr}{(kr)^2}\right] \tag{30}$$

实际上, 我们见到的是函数 $\mathrm{Y}_1^1(\theta,\varphi)$ 的角依赖性 [见补充材料 $\mathrm{A_{VI}}$ 的公式 (32)]; 通过算符 L_- 的作用, 我们就可以计算 $\varphi_{k,1,0}^{(0)}(\boldsymbol{r})$ 和 $\varphi_{k,1,-1}^{(0)}(\boldsymbol{r})$.

虽然 $\varphi_{k,1,1}^{(0)}(\boldsymbol{r})$ 依赖于 θ 和 φ, 但算符 P_+ 对这个函数的作用却仍然非常简单. 实际上, 正则对易关系式直接表明:

$$[P_+, X + \mathrm{i}Y] = 0 \tag{31}$$

因而, $\varphi_{k,2,2}^{(0)}(\boldsymbol{r})$ 由下式给出:

$$\varphi_{k,2,2}^{(0)}(\boldsymbol{r}) \propto P_+^2\frac{\sin kr}{kr}$$
$$\propto P_+\frac{x + \mathrm{i}y}{r}\frac{\mathrm{d}}{\mathrm{d}r}\frac{\sin kr}{kr}$$
$$\propto (x + \mathrm{i}y)P_+\frac{1}{r}\frac{\mathrm{d}}{\mathrm{d}r}\frac{\sin kr}{kr}$$
$$\propto (x + \mathrm{i}y)^2\frac{1}{r}\frac{\mathrm{d}}{\mathrm{d}r}\left[\frac{1}{r}\frac{\mathrm{d}}{\mathrm{d}r}\frac{\sin kr}{kr}\right] \tag{32}$$

一般地, 有:

$$\varphi_{k,l,l}^{(0)}(\boldsymbol{r}) \propto (x + \mathrm{i}y)^l\left(\frac{1}{r}\frac{\mathrm{d}}{\mathrm{d}r}\right)^l\frac{\sin kr}{kr} \tag{33}$$

$\varphi_{k,l,l}^{(0)}$ 的角依赖性包含在下列因子中:

$$(x+\mathrm{i}y)^l = r^l(\sin\theta)^l \mathrm{e}^{\mathrm{i}l\varphi} \tag{34}$$

这个因子刚好正比于 $Y_l^l(\theta,\varphi)$.

于是, 我们可以令:

$$j_l(\rho) = (-1)^l \rho^l \left(\frac{1}{\rho}\frac{\mathrm{d}}{\mathrm{d}\rho}\right)^l \frac{\sin\rho}{\rho} \tag{35}$$

像这样定义的 j_l 就是 l 阶的球贝塞尔函数. 上面的计算表明, $\varphi_{k,l,l}^{(0)}(\boldsymbol{r})$ 正比于 $Y_l^l(\theta,\varphi)$ 与 $j_l(kr)$ 的乘积. 我们取 (参看下面的归一化问题): [944]

$$R_{k,l}^{(0)}(r) = \sqrt{\frac{2k^2}{\pi}} j_l(kr) \tag{36}$$

于是, 我们可将自由球面波写作:

$$\varphi_{k,l,m}^{(0)}(\boldsymbol{r}) = \sqrt{\frac{2k^2}{\pi}} j_l(kr) Y_l^m(\theta,\varphi) \tag{37}$$

这些函数满足正交归一关系式:

$$\int \mathrm{d}^3 r\, \varphi_{k,l,m}^{(0)*}(\boldsymbol{r}) \varphi_{k',l',m'}^{(0)}(\boldsymbol{r}) = \delta(k-k')\delta_{ll'}\delta_{mm'} \tag{38}$$

和封闭性关系式:

$$\int_0^\infty \mathrm{d}k \sum_{l=0}^\infty \sum_{m=-l}^{+l} \varphi_{k,l,m}^{(0)}(\boldsymbol{r}) \varphi_{k,l,m}^{(0)*}(\boldsymbol{r}') = \delta(\boldsymbol{r}-\boldsymbol{r}') \tag{39}$$

现在我们来考察函数族 (37) 的归一性. 为此, 我们首先确定递推关系式 (15) 和 (18) 中的比例因子. 根据球谐函数的性质 (参看补充材料 A_{VI}), 我们已经知道前一式中的比例因子; 故有:

$$L_\pm \varphi_{k,l,m}^{(0)}(\boldsymbol{r}) = \hbar\sqrt{l(l+1)-m(m\pm 1)}\, \varphi_{k,l,m\pm 1}^{(0)}(\boldsymbol{r}) \tag{40}$$

至于 (18) 式, 利用 $Y_l^l(\theta,\varphi)$ 的显式 [补充材料 A_{VI} 的公式 (4) 和 (14)]、(31) 式和 (29) 式, 以及 (35) 式的定义, 并注意到 (37) 式, 我们很容易证明 (18) 式可以写为:

$$P_+ \varphi_{k,l,l}^{(0)}(\boldsymbol{r}) = \frac{\hbar k}{\mathrm{i}}\sqrt{\frac{2l+2}{2l+3}}\, \varphi_{k,l+1,l+1}^{(0)}(\boldsymbol{r}) \tag{41}$$

正交归一关系式 (38) 右端的因子 $\delta_{ll'}, \delta_{mm'}$ 来源于对角度的积分和球谐函数的正交归一性. 因此, 为了建立 (38) 式, 只需证明下列积分:

$$I_l(k,k') = \int \mathrm{d}^3 r\, \varphi_{k,l,l}^{(0)*}(\boldsymbol{r}) \varphi_{k',l,l}^{(0)}(\boldsymbol{r}) \tag{42}$$

等于 $\delta(k - k')$. 根据 (26) 式, 我们已经知道 $I_0(k, k')$ 正好等于这个积分, 因此, 我们应该证明: 如果

$$I_l(k, k') = \delta(k - k') \tag{43}$$

[945]　　则 $I_{l+1}(k, k')$ 也是这样. 利用 (41) 式, 我们可将 $I_{l+1}(k, k')$ 写成下列形式:

$$
\begin{aligned}
I_{l+1}(k, k') &= \frac{1}{\hbar^2 kk'} \frac{2l+3}{2l+2} \int \mathrm{d}^3 r [P_+ \varphi_{k,l,l}^{(0)}(\boldsymbol{r})]^* [P_+ \varphi_{k',l,l}^{(0)}(\boldsymbol{r})] \\
&= \frac{1}{\hbar^2 kk'} \frac{2l+3}{2l+2} \int \mathrm{d}^3 r \varphi_{k,l,l}^{(0)*}(\boldsymbol{r}) P_- P_+ \varphi_{k',l,l}^{(0)}(\boldsymbol{r})
\end{aligned}
\tag{44}
$$

其中的 $P_- = P_x - \mathrm{i} P_y$ 是 P_+ 的伴随算符. 注意:

$$P_- P_+ = P_x^2 + P_y^2 = \boldsymbol{P}^2 - P_z^2 \tag{45}$$

$\varphi_{k',l,l}^{(0)}$ 是 $\boldsymbol{P}^2$ 的本征函数; 此外, 由于 P_z 是厄米算符, 故有:

$$I_{l+1}(k, k') = \frac{1}{\hbar^2 kk'} \frac{2l+3}{2l+2} \left\{ \hbar^2 k'^2 I_l(k, k') - \int \mathrm{d}^3 r [P_z \varphi_{k,l,l}^{(0)}(\boldsymbol{r})]^* [P_z \varphi_{k',l,l}^{(0)}(\boldsymbol{r})] \right\} \tag{46}$$

现在还需要计算 $P_z \varphi_{k,l,l}^{(0)}(\boldsymbol{r})$. 注意 $\mathrm{Y}_l^l(\theta, \varphi)$ 正比于 $(x + \mathrm{i} y)^l / r^l$, 利用这一点并根据补充材料 A_{VI} 的公式 (35), 很容易求得:

$$
\begin{aligned}
P_z \varphi_{k,l,l}^{(0)}(\boldsymbol{r}) &= -\frac{\hbar k}{\mathrm{i}} \sqrt{\frac{2k^2}{\pi}} \cos\theta \, \mathrm{Y}_l^l(\theta, \varphi) j_{l+1}(kr) \\
&= -\frac{\hbar k}{\mathrm{i}} \frac{1}{\sqrt{2l+3}} \varphi_{k,l+1,l}^{(0)}(\boldsymbol{r})
\end{aligned}
\tag{47}
$$

将此结果代入 (46) 式, 最后, 我们得到:

$$I_{l+1}(k, k') = \frac{2l+3}{2l+2} \frac{k'}{k} I_l(k, k') - \frac{1}{2l+2} I_{l+1}(k, k') \tag{48}$$

因此, (43) 式中的假设导致:

$$I_{l+1}(k, k') = \delta(k - k') \tag{49}$$

于是按归纳法的证明便告结束.

c. 性质

α. 在原点处的行为

当 ρ 趋向零时, 函数 $j_l(\rho)$ 的行为如下 (见后):

$$j_l(\rho) \underset{\rho \to 0}{\sim} \frac{\rho^l}{(2l+1)!!} \tag{50}$$

因此, 在原点的邻域中, $\varphi_{k,l,m}^{(0)}(\boldsymbol{r})$ 正比于 r^l:

$$\varphi_{k,l,m}^{(0)}(\boldsymbol{r}) \underset{r \to 0}{\sim} \sqrt{\frac{2k^2}{\pi}} \mathrm{Y}_l^m(\theta, \varphi) \frac{(kr)^l}{(2l+1)!!} \tag{51}$$

为了按 (35) 式中的定义来证明公式 (50), 只需将 $\sin\rho/\rho$ 展开成 ρ 的幂级数：　　　　　[946]

$$\frac{\sin\rho}{\rho} = \sum_{p=0}^{\infty}(-1)^p \frac{\rho^{2p}}{(2p+1)!} \tag{52}$$

然后, 我们应用算符 $\left(\dfrac{1}{\rho}\dfrac{\mathrm{d}}{\mathrm{d}\rho}\right)^l$, 便可得到：

$$j_l(\rho) = (-1)^l\rho^l\left(\frac{1}{\rho}\frac{\mathrm{d}}{\mathrm{d}\rho}\right)^{l-1}\sum_{p=0}^{\infty}(-1)^p\frac{2p}{(2p+1)!}\rho^{2p-1-1}$$

$$= (-1)^l\rho^l\sum_{p=0}^{\infty}(-1)^p\frac{2p(2p-2)(2p-4)\cdots[2p-2(l-1)]}{(2p+1)!}\rho^{2p-2l} \tag{53}$$

累加号下的前 l 项 (从 $p=0$ 到 $l-1$) 的系数为零, 而第 $(l+1)$ 项可以写作：

$$j_l(\rho) \underset{\rho\to 0}{\sim} (-1)^l\rho^l(-1)^l\frac{2l(2l-2)(2l-4)\cdots 2}{(2l+1)!} \tag{54}$$

这样便证明了 (50) 式.

β. 渐近行为

　　在宗量趋向无穷大时, 球贝塞尔函数可与三角函数相联系：

$$j_l(\rho) \underset{\rho\to\infty}{\sim} \frac{1}{\rho}\sin\left(\rho - l\frac{\pi}{2}\right) \tag{55}$$

因而自由球面波的渐近行为是：

$$\varphi_{k,l,m}^{(0)}(\boldsymbol{r}) \underset{r\to\infty}{\sim} \sqrt{\frac{2k^2}{\pi}}\,\mathrm{Y}_l^m(\theta,\varphi)\frac{\sin(kr-l\pi/2)}{kr} \tag{56}$$

　　如果第一次将算符 $\dfrac{1}{\rho}\dfrac{\mathrm{d}}{\mathrm{d}\rho}$ 作用于函数 $\dfrac{\sin\rho}{\rho}$, 我们便可将 $j_l(\rho)$ 写成下列形式：

$$j_l(\rho) = (-1)^l\rho^l\left(\frac{1}{\rho}\frac{\mathrm{d}}{\mathrm{d}\rho}\right)^{l-1}\left[\frac{\cos\rho}{\rho^2} - \frac{\sin\rho}{\rho^3}\right] \tag{57}$$

括号中的第二项当 ρ 趋向无穷大时, 相对于第一项可以略去. 此外, 若第二次运用算符 $\dfrac{1}{\rho}\dfrac{\mathrm{d}}{\mathrm{d}\rho}$, 则占优势的项仍然得自余弦函数的微商. 于是, 我们看到：

$$j_l(\rho) \underset{\rho\to\infty}{\sim} (-1)^l\rho^l\frac{1}{\rho^l}\frac{1}{\rho}\left(\frac{\mathrm{d}}{\mathrm{d}\rho}\right)^l\sin\rho \tag{58}$$

由于　　　　　　　　　　　　　　　　　　　　　　　　　　　　　　　　　　　[947]

$$\left(\frac{\mathrm{d}}{\mathrm{d}\rho}\right)^l\sin\rho = (-1)^l\sin\left(\rho - l\frac{\pi}{2}\right) \tag{59}$$

这样我们便得到了公式 (55).

附注:

如果我们令:

$$kr = \rho \tag{60}$$

[k 由公式 (10) 定义], 则径向方程 (4) 变为:

$$\left[\frac{\mathrm{d}^2}{\mathrm{d}\rho^2} + \frac{2}{\rho} \frac{\mathrm{d}}{\mathrm{d}\rho} + \left(1 - \frac{l(l+1)}{\rho^2} \right) \right] R_l(\rho) = 0 \tag{61}$$

这就是 l 阶的球贝塞尔方程. 它有两个线性无关的解, 我们可以利用, 例如, 它们在原点处的行为来区别它们. 两者中的一个是球贝塞尔函数 $j_l(\rho)$, 它满足 (50) 式和 (55) 式. 我们可将另一个解选择为 "l 阶球诺依曼函数" 记作 $n_l(\rho)$, 它们满足:

$$n_l(\rho) \underset{\rho \to 0}{\sim} \frac{(2l-1)!!}{\rho^{l+1}} \tag{62-a}$$

$$n_l(\rho) \underset{\rho \to \infty}{\sim} \frac{1}{\rho} \cos \left(\rho - l\frac{\pi}{2} \right) \tag{62-b}$$

3. 自由球面波和平面波之间的关系

我们知道 H_0 的本征态可以构成两个不同的基; 平面波 $v_{\boldsymbol{k}}^{(0)}(\boldsymbol{r})$ 是动量 $\boldsymbol{P}$ 的三个分量的本征函数; 自由球面波 $\varphi_{k,l,m}^{(0)}(\boldsymbol{r})$ 是 $\boldsymbol{L}^2$ 和 L_z 的本征函数. 由于 $\boldsymbol{P}$ 不能和 $\boldsymbol{L}^2$ 及 L_z 对易, 所以这两个基是不同的.

一个基中的一个已给的函数当然可以在另一个基中展开. 例如, 我们将把一个平面波 $v_{\boldsymbol{k}}^{(0)}(\boldsymbol{r})$ 表示为自由球面波的线性叠加. 为此, 我们在普通空间中固定一个矢量 $\boldsymbol{k}$. 由这个矢量所描述的平面波 $v_{\boldsymbol{k}}^{(0)}(\boldsymbol{r})$ 是 H_0 的本征函数, 属于本征值 $\hbar^2 \boldsymbol{k}^2/2\mu$, 因此, 它的展开式只包含对应于这同一个能量值, 亦即对应于

$$k = |\boldsymbol{k}| \tag{63}$$

的那些函数 $\varphi_{k,l,m}^{(0)}(\boldsymbol{r})$. 于是, 展开式将具有下列形式:

$$v_{\boldsymbol{k}}^{(0)}(\boldsymbol{r}) = \sum_{l=0}^{\infty} \sum_{m=-l}^{+l} c_{l,m}(\boldsymbol{k}) \varphi_{k,l,m}^{(0)}(\boldsymbol{r}) \tag{64}$$

[948] 其中的自由指标 $\boldsymbol{k}$ 和 k 由 (63) 式所联系. 实际上, 利用球谐函数的性质 (参看补充材料 A_{VI}) 和球贝塞尔函数的性质, 不难证明:

$$\mathrm{e}^{\mathrm{i}\boldsymbol{k}\cdot\boldsymbol{r}} = 4\pi \sum_{l=0}^{\infty} \sum_{m=-l}^{+l} \mathrm{i}^l Y_l^{m*}(\theta_k, \varphi_k) j_l(kr) Y_l^m(\theta, \varphi) \tag{65}$$

其中的 θ_k 和 φ_k 是标志矢量 $\boldsymbol{k}$ 的方向的极角. 如果 $\boldsymbol{k}$ 的方向与 Oz 轴一致, 则展开式 (65) 就变为:

$$
\begin{aligned}
\mathrm{e}^{\mathrm{i}kz} &= \sum_{l=0}^{\infty} \mathrm{i}^l \sqrt{4\pi(2l+1)} j_l(kr) \mathrm{Y}_l^0(\theta) \\
&= \sum_{l=0}^{\infty} \mathrm{i}^l (2l+1) j_l(kr) P_l(\cos\theta)
\end{aligned}
\tag{66}
$$

其中的 P_l 是 l 阶的勒让德多项式 [参看补充材料 A_{VI} 中的 (57) 式].

首先证明 (66) 式, 为此, 我们假设已选定的矢量 $\boldsymbol{k}$ 与 Oz 轴共线, 即

$$
k_x = k_y = 0
\tag{67}
$$

并且两者的指向一致. 在这种情况下, (63) 式变为:

$$
k_z = k
\tag{68}
$$

我们要在基 $\{\varphi_{k,l,m}^{(0)}(\boldsymbol{r})\}$ 中展开函数:

$$
\mathrm{e}^{\mathrm{i}kz} = \mathrm{e}^{\mathrm{i}kr\cos\theta}
\tag{69}
$$

这个函数与角 φ 无关, 因此, 它将是 $m=0$ 的那些基函数的线性组合:

$$
\begin{aligned}
\mathrm{e}^{\mathrm{i}kr\cos\theta} &= \sum_{l=0}^{\infty} a_l \varphi_{k,l,0}^{(0)}(\boldsymbol{r}) \\
&= \sum_{l=0}^{\infty} c_l j_l(kr) \mathrm{Y}_l^0(\theta)
\end{aligned}
\tag{70}
$$

为了计算诸系数 c_l, 我们可以将 $\mathrm{e}^{\mathrm{i}kr\cos\theta}$ 看作变量 θ 的函数, 而将 r 看作参变量. 对于 θ 和 φ 的函数来说, 球谐函数就构成一个正交归一基, 所以 "系数" $c_l j_l(kr)$ 可以写作:

$$
c_l j_l(kr) = \int \mathrm{d}\Omega \, \mathrm{Y}_l^{0*}(\theta) \mathrm{e}^{\mathrm{i}kr\cos\theta}
\tag{71}
$$

将 Y_l^0 换成由 $\mathrm{Y}_l^l(\theta,\varphi)$ 导出的表示式 [见补充材料 A_{VI} 的公式 (25)], 便有:

$$
\begin{aligned}
c_l j_l(kr) &= \frac{1}{\sqrt{(2l)!}} \int \mathrm{d}\Omega \left[\left(\frac{L_-}{\hbar}\right)^l \mathrm{Y}_l^l(\theta,\varphi) \right]^* \mathrm{e}^{\mathrm{i}kr\cos\theta} \\
&= \frac{1}{\sqrt{(2l)!}} \int \mathrm{d}\Omega \, \mathrm{Y}_l^{l*}(\theta,\varphi) \left[\left(\frac{L_+}{\hbar}\right)^l \mathrm{e}^{\mathrm{i}kr\cos\theta} \right]
\end{aligned}
\tag{72}
$$

注意其中的 L_+ 是 L_- 的伴随算符. 根据补充材料 A_{VI} 的公式 (16) 应有: [949]

$$
\begin{aligned}
\left(\frac{L_+}{\hbar}\right)^l \mathrm{e}^{\mathrm{i}kr\cos\theta} &= (-1)^l \mathrm{e}^{\mathrm{i}l\varphi} (\sin\theta)^l \frac{\mathrm{d}^l}{\mathrm{d}(\cos\theta)^l} \mathrm{e}^{\mathrm{i}kr\cos\theta} \\
&= (-1)^l \mathrm{e}^{\mathrm{i}l\varphi} (\sin\theta)^l (\mathrm{i}kr)^l \mathrm{e}^{\mathrm{i}kr\cos\theta}
\end{aligned}
\tag{73}
$$

但是, 除常因子以外, $(\sin\theta)^l e^{il\varphi}$ 就是 $Y_l^l(\theta,\varphi)$ [参看补充材料 A_{VI} 的公式 (4) 和 (14)]. 因而有:

$$c_l j_l(kr) = (\mathrm{i}kr)^l \frac{2^l l!}{\sqrt{(2l)!}} \sqrt{\frac{4\pi}{(2l+1)!}} \int \mathrm{d}\Omega |Y_l^l(\theta,\varphi)|^2 e^{\mathrm{i}kr\cos\theta} \tag{74}$$

于是, 为了能够算出 c_l, 我们只要选择 kr 的一个特殊值, 与它对应的函数值 $j_l(kr)$ 须是已知的. 例如, 可以令 kr 趋向于零; 我们知道, 这时 $j_l(kr)$ 的行为和 $(kr)^l$ 的相同, 其实, (74) 式右端也具有这样的行为. 具体地说, 利用 (50) 式, 我们便得到:

$$c_l \frac{1}{(2l+1)!!} = \mathrm{i}^l \frac{2^l l!}{\sqrt{(2l)!}} \sqrt{\frac{4\pi}{(2l+1)!}} \int \mathrm{d}\Omega |Y_l^l(\theta,\varphi)|^2 \tag{75}$$

由于 Y_l^l 已归一化为 1, 因此有:

$$c_l = \mathrm{i}^l \sqrt{4\pi(2l+1)} \tag{76}$$

这样便证明了公式 (66).

普遍关系式 (65) 可以作为球谐函数加法定理 [补充材料 A_{VI} 的公式 (70)] 的结果而导出. 实际上, 若 $\boldsymbol{k}$ 具有任意的方向 (极角为 θ_k 和 φ_k), 通过坐标轴的旋转, 我们总可以将问题转化为刚才讨论过的情况; 因此, 只要将 kz 换成 $\boldsymbol{k} \cdot \boldsymbol{r}$, 将 $\cos\theta$ 换为 $\cos\alpha$ (α 为 $\boldsymbol{k}$ 与 r 之间的夹角), 那么展开式 (66) 仍然成立:

$$e^{\mathrm{i}\boldsymbol{k}\cdot\boldsymbol{r}} = \sum_{l=0}^{\infty} \mathrm{i}^l (2l+1) j_l(kr) P_l(\cos\alpha) \tag{77}$$

根据球谐函数的加法定理, 我们可以将 $P_l(\cos\alpha)$ 表示为角度 (θ,φ) 和 (θ_k,φ_k) 的函数, 这样便最终证明了公式 (65).

展开式 (65) 和 (66) 表明, 一个动量完全确定的态涉及一切可能的轨道角动量.

为了得到一个给定函数 $\varphi_{k,l,m}^{(0)}(\boldsymbol{r})$ 按平面波的展开式, 只需利用 θ_k 与 φ_k 的球谐函数的正交归一关系式将公式 (65) 颠倒过来; 这样便有:

$$\int \mathrm{d}\Omega_k Y_l^m(\theta_k,\varphi_k) e^{\mathrm{i}\boldsymbol{k}\cdot\boldsymbol{r}} = 4\pi \mathrm{i}^l j_l(kr) Y_l^m(\theta,\varphi) \tag{78}$$

[950]　　于是我们求得:

$$\varphi_{k,l,m}^{(0)}(\boldsymbol{r}) = \frac{(-1)^l}{4\pi} \mathrm{i}^l \sqrt{\frac{2k^2}{\pi}} \int \mathrm{d}\Omega_k Y_l^m(\theta_k,\varphi_k) e^{\mathrm{i}\boldsymbol{k}\cdot\boldsymbol{r}} \tag{79}$$

由此可见, 算符 $\boldsymbol{L}^2$ 和 L_z 的一个本征函数表现为同一能量的一切平面波的线性叠加; 也就是说, 一个角动量完全确定的态涉及动量的一切可能的方向.

参考文献和阅读建议:

Messiah (1.17), 附录 B, §6; Arfken (10.4), §11.6; Butkov (10.8), 第 9 章, §9; 参看参考书目第 10 节中关于特殊函数及数表的小标题.

补充材料 B$_{VIII}$

[951]

对伴有吸收的碰撞的唯象描述

　　1. 本方法的原理
　　2. 有效截面的计算
　　　　a. 弹性散射的有效截面
　　　　b. 吸收的有效截面
　　　　c. 总有效截面. 光学定理

　　第八章中的讨论只限于势场对粒子的弹性散射[①]. 但是, 我们曾在引言里指出, 在某些情况下 (特别是在入射粒子能量很大的情况下), 碰撞很容易转化为非弹性的, 并导致各种反应, 其中包括粒子的产生和湮没. 如果这些反应可能发生, 而我们又只限于探测弹性散射, 那么我们就可以证实入射束中的某些粒子 "消失了"; 也就是说, 我们既不能在透射束中也不能在受到弹性散射的那些粒子中发现它们; 我们说这些粒子在相互作用中被吸收了. 实际上, 它们已参加到除简单弹性散射以外的其他反应中去了. 如果我们感兴趣的只是弹性散射, 那么, 我们可以设法对 "吸收" 进行总的描述, 而不必涉及各种可能反应的细节. 下面, 我们要证明分波法正好为这种唯象的描述提供了一套很方便的框架.

1. 本方法的原理

　　假设导致入射粒子消失的那些相互作用不会因为围绕 O 点的旋转而有所改变. 于是散射振幅总可以按诸分波分解, 每一个分波各自对应于角动量的一个确定值.
　　在这一段里, 我们将会看到, 为了将可能的吸收考虑在内, 应该怎样对分波法进行修正. 为此, 我们仍然采用第八章 §C–3–b–α 提出的对于分波的解释: 一个自由的向内波进入势场作用范围时就产生一个向外波, 势场的影响表现在: 这个向外波应乘以 $e^{2i\delta_l}$. 由于这个因子的模为 1 (相移 δ_l 是实数), 故向外

　　[①] 如果一种碰撞既不改变参与碰撞的各粒子的性质, 也不改变它们的内部状态, 这就是弹性碰撞. 与此相反的碰撞则是非弹性碰撞.

波的振幅与向内波的相等, 因而 (参看下面 §2-b 中的计算), 向内波的总通量和向外波的相等, 即在散射过程中, 概率是守恒的, 也就是说, 粒子总数是守恒的. 这些想法提示我们: 在发生吸收现象的情况下, 如果给相移一个虚数部分, 使得

$$|e^{2i\delta_l}| < 1 \tag{1}$$

[952]　　就可以很简单地将吸收考虑在内. 于是, 角动量为 l 的向外波的振幅将甚小于此波所由之产生的向内波的振幅; 向外波的概率通量将小于向内波的概率通量, 这就表示一些粒子 "消失了".

我们还要将这个概念具体化, 并由此导出散射的和吸收的有效截面的表示式. 但是, 我们要强调指出, 这里所说的是一种纯粹的唯象方法, 我们将用来描述吸收的那些参数 (每个分波中的 $e^{2i\delta_l}$ 的模) 掩盖了往往十分复杂的实质. 还要注意, 如果总概率不再守恒, 我们也就不可能用简单的势来描述相互作用了. 对碰撞过程中产生的一系列现象的正确处理需要一套比第八章所讲的更为精致的理论.

2. 有效截面的计算

下面我们再来考虑第八章 §C–4 中的计算, 现令:

$$\eta_l = e^{2i\delta_l} \tag{2}$$

产生弹性散射以外的其他反应的可能性总是表现为弹性散射粒子数的减少, 因此, 应有:

$$|\eta_l| \leqslant 1 \tag{3}$$

(式中的等号对应于只能发生弹性散射的情况). 于是, 描述弹性散射的波函数的渐近形式为 [参看第八章的公式 (C–51)]:

$$v_k^{(\mathrm{diff})}(\boldsymbol{r}) \underset{r\to\infty}{\sim} -\sum_{l=0}^{\infty} i^l \sqrt{4\pi(2l+1)} Y_l^0(\theta) \frac{e^{-ikr}e^{il\frac{\pi}{2}} - \eta_l e^{ikr}e^{-il\frac{\pi}{2}}}{2ikr} \tag{4}$$

a. 弹性散射的有效截面

第八章 §C–4–a 中的推证仍然有效, 由此得到的散射振幅 $f_k(\theta)$ 的形式如下:

$$f_k(\theta) = \frac{1}{k} \sum_{l=0}^{\infty} \sqrt{4\pi(2l+1)} Y_l^0(\theta) \frac{\eta_l - 1}{2i} \tag{5}$$

由此可以导出弹性散射的微分有效截面:

$$\sigma_{\mathrm{el}}(\theta) = \frac{1}{k^2} \left| \sum_{l=0}^{\infty} \sqrt{4\pi(2l+1)} Y_l^0(\theta) \frac{\eta_l - 1}{2i} \right|^2 \tag{6}$$

以及弹性散射的总有效截面:

$$\sigma_{el} = \frac{\pi}{k^2} \sum_{l=0}^{\infty} (2l+1)|1-\eta_l|^2 \tag{7}$$

附注:　　　　　　　　　　　　　　　　　　　　　　　　　　　　[953]

根据 §1 中的分析, 当 $|\eta_l|$ 为零时, 亦即当

$$\eta_l = 0 \tag{8}$$

时, (l) 分波的吸收为极大. 然而, 公式 (7) 表明, 即使在这种极端情况下, (l) 分波对弹性散射有效截面的贡献也并不为零[①]. 换句话说, 即使相互作用区域是完全吸收性的, 也仍然会发生弹性散射. 这个重要现象纯粹是一种量子效应. 我们可以将它和投射到吸收介质上的光波的行为进行比较: 即使吸收是完全的 (全黑的球或圆盘), 我们仍然会观察到衍射波 (而且, 圆盘的表面越大, 衍射波将集中在越小的立体角中). 因此之故, 由完全吸收的相互作用所产生的弹性散射, 叫做 "阴影散射".

b. 吸收的有效截面

按照第八章 §A–3 中的原理, 我们将吸收有效截面 σ_{abs} 定义为单位时间内被吸收的粒子数与入射通量之比.

为了计算这个有效截面, 像在第八章 §B–2 中那样, 我们只需算出单位时间内 "消失了的" 概率的总量 $\Delta\mathscr{P}$. 我们可以从与 (4) 式中的波函数相联系的概率流 $\boldsymbol{J}$ 求得这个概率: 取半径 R_0 非常大的球面 (S), 则 $\Delta\mathscr{P}$ 就是穿入此曲面的向内波的通量与穿出此曲面的向外波的通量之差, 也就是矢量 $\boldsymbol{J}$ 向外穿过此曲面的代数通量的负值. 于是有:

$$\Delta\mathscr{P} = -\int_{(S)} \boldsymbol{J} \cdot \mathrm{d}\boldsymbol{S} \tag{9}$$

其中的

$$\boldsymbol{J} = \mathrm{Re}\left[v_k^{(\mathrm{diff})^*}(\boldsymbol{r}) \frac{\hbar}{\mathrm{i}\mu} \nabla v_k^{(\mathrm{diff})}(\boldsymbol{r}) \right] \tag{10}$$

只有概率流的径向分量 J_r 对 (9) 式中的积分有贡献, 即:

$$\Delta\mathscr{P} = -\int_{r=R_0} J_r r^2 \mathrm{d}\Omega \tag{11}$$

[①] 只当 $\eta_l = 1$ 时, 也就是说, 只当相移为实数而且等于 π 的整数倍时, 这部分贡献才等于零 [从第八章的公式 (C–58) 就已经可以看出这一点了].

其中

$$J_r = \mathrm{Re}\left[v_k^{(\mathrm{diff})*}(\boldsymbol{r})\frac{\hbar}{\mathrm{i}\mu}\frac{\partial}{\partial r}v_k^{(\mathrm{diff})}(\boldsymbol{r})\right] \tag{12}$$

[954]　在公式 (12) 中构成 $v_k^{(\mathrm{diff})}(\boldsymbol{r})$ 的各项 [见公式 (4)] 对角度的依赖性不会因求导运算而有变化. 因此, 根据球谐函数的正交性, $v_k^{(\mathrm{diff})}(\boldsymbol{r})$ 中的 (l) 分波与 $v_k^{(\mathrm{diff})*}(\boldsymbol{r})$ 中的另一个 (l') 分波构成的交叉乘积项对 (11) 式中的积分没有贡献. 于是我们有:

$$\Delta\mathscr{P} = -\sum_{l=0}^{\infty}\int_{r=R_0}J_r^{(l)}r^2\mathrm{d}\Omega \tag{13}$$

其中的 $J_r^{(l)}$ 是与 (l) 分波相联系的概率流的径向分量. 经过简单计算, 可以得到:

$$J_r^{(l)}\underset{r\to\infty}{\sim}-\frac{\hbar k}{\mu}\frac{\pi(2l+1)}{k^2r^2}[1-|\eta_l|^2]|\mathrm{Y}_l^0(\theta)|^2 \tag{14}$$

由于 $\mathrm{Y}_l^0(\theta)$ 已经归一化, 最后, 我们得到:

$$\Delta\mathscr{P} = \frac{\hbar k}{\mu}\frac{\pi}{k^2}\sum_{l=0}^{\infty}(2l+1)[1-|\eta_l|^2] \tag{15}$$

吸收有效截面 σ_{abs} 等于概率 $\Delta\mathscr{P}$ 除以入射概率流 $\hbar k/\mu$, 即:

$$\sigma_{\mathrm{abs}} = \frac{\pi}{k^2}\sum_{l=0}^{\infty}(2l+1)[1-|\eta_l|^2] \tag{16}$$

可以明显看出, 如果所有的 η_l 的模都等于 1, 按照 (2) 式, 这也就是说, 如果所有的相移都是实数, 那么, σ_{abs} 等于零. 在这种情况下, 只会发生弹性散射, 而且从半径 R_0 很大的球面向外的概率流的总通量在任何时刻都等于零; 这就是说, 与向内波相联系的总概率完全转化为与向外波相联系的总概率. 反之, 若 η_l 为零, 则 (l) 分波对吸收有效截面的贡献便达到极大值.

附注:

(15) 式的计算表明 $\frac{\hbar k}{\mu}\frac{\pi}{k^2}(2l+1)$ 是来自 (l) 分波的单位时间内向内的概率的大小. 如果用入射概率流去除这个数, 就得到一个面积, 我们可将它称做 "(l) 分波的向内的有效截面":

$$\sigma_l = \frac{\pi}{k^2}(2l+1) \tag{17}$$

我们可对这个公式作一个经典的解释. 实际上, 我们可以认为入射平面波所描述的是动量 $\hbar k$ 平行于 Oz 轴的一束粒子, 而且其密度是均匀的. 那么, 在这些粒子中, 以角动量 $\hbar\sqrt{l(l+1)}$ 进入散射势场的粒子占多大的比例? 我们曾经提到过在经典力学中角动量和碰撞参量之间的关系 [参看第八章的公式 (C–23)]:

$$|\mathscr{L}| = b|\boldsymbol{p}| = \hbar kb \tag{18}$$

于是, 我们只要在通过 O 点并垂于 Oz 轴的平面上作一个中心在 O 点的圆环, 使 [955]
其平均半径 b_l 满足:

$$\hbar\sqrt{l(l+1)} = \hbar k b_l \tag{19}$$

并取其宽度 Δb_l 对应于公式 (19) 中的 l 的增量 $\Delta l = 1$ (图 8–12). 穿过这个圆环
的所有粒子都能够以角动量 $\hbar\sqrt{l(l+1)}$ (所差不过 $\hbar$) 进入散射势场. 若 $l \gg 1$, 则
从 (19) 式我们得到:

$$b_l = \frac{1}{k}\sqrt{l(l+1)} \simeq \frac{1}{k}\left(l + \frac{1}{2}\right) \tag{20}$$

因而

$$\Delta b_l = \frac{1}{k} \tag{21}$$

于是图 8–12 中的圆环面积等于:

$$2\pi b_l \Delta b_l \simeq \frac{\pi}{k^2}(2l+1) \tag{22}$$

这样一来, 我们很简单地又得到了 σ_l.

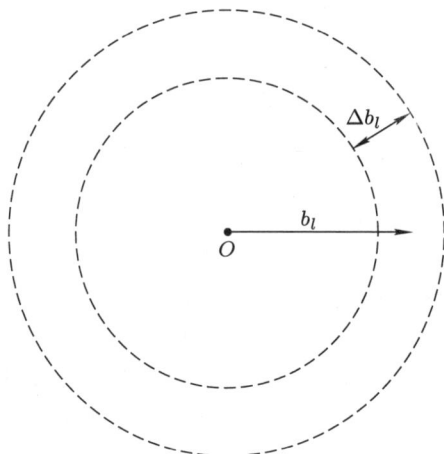

图 8–12   入射粒子应该以 b_l (所差不过 Δb_l) 这样的碰撞参量进入势场, 只有如此, 它们
的经典角动量才会等于 $\hbar\sqrt{l(l+1)}$ (所差不过 $\hbar$)

[956]

c. 总有效截面, 光学定理

如果一种碰撞可以引起多种反应或不同的散射, 我们就将对应于各个过
程的有效截面 (对空间的所有方向积分之后) 的总和定义为总有效截面 σ_{tot}.
由此可见, 总有效截面就是单位时间内参与各种可能反应的粒子的数目 (即受
待研究的各种相互作用影响的粒子) 对入射通量之比.

如果像上面那样, 我们对除去弹性散射以外的所有反应作总的处理, 那
么, 很简单, 我们应有:

$$\sigma_{tot} = \sigma_{el} + \sigma_{abs} \tag{23}$$

于是公式 (7) 和 (16) 给出:

$$\sigma_{\text{tot}} = \frac{2\pi}{k^2} \sum_{l=0}^{\infty} (2l+1)(1 - \operatorname{Re}\eta_l) \tag{24}$$

但是, $(1 - \operatorname{Re}\eta_l)$ 就是出现在弹性散射振幅 [公式 (5)] 中的 $(1 - \eta_l)$ 的实部; 此外, 我们又知道 $\theta = 0$ 时函数 $\mathrm{Y}_l^0(\theta)$ 的值:

$$\mathrm{Y}_l^0(0) = \sqrt{\frac{2l+1}{4\pi}} \tag{25}$$

[参看补充材料 $\mathrm{A_{VI}}$ 的公式 (57) 和 (60)]; 因此, 如果我们利用 (5) 式来计算正前方的弹性散射振幅的虚部, 将会得到:

$$\operatorname{Im}f_k(0) = \frac{1}{k} \sum_{l=0}^{\infty} (2l+1)\frac{1 - \operatorname{Re}\eta_l}{2} \tag{26}$$

将这个式子和公式 (24) 比较, 我们看到:

$$\sigma_{\text{tot}} = \frac{4\pi}{k}\operatorname{Im}f_k(0) \tag{27}$$

总有效截面和正前方的弹性散射振幅的虚部之间的这个关系式是普遍成立的, 叫做光学定理.

附注:

在纯弹性散射 ($\sigma_{\text{abs}} = 0$; $\sigma_{\text{tot}} = \sigma_{\text{el}}$) 情况下, 光学定理显然是成立的. 根据第八章 §B-2-d 中的讨论就可以预见 $f_k(0)$ (即正前方向散射波) 是与总有效截面相关的: 正是入射平面波和散射波在正前方的相干才能说明因粒子沿空间所有方向散射所引起的透射束的衰减.

参考文献和阅读建议:

光学模型: Valentin (16.1), §X–3.

高能质子–质子碰撞: Amaldi (16.31).

补充材料 C$_\text{VIII}$
散射理论的应用简例

　　没有这样的势场, 其中的散射问题只用简单的解析计算就可以精确解出[①]. 在下面要讨论的例子中, 我们也只好满足于应用已在第八章中引入的近似方法.

1. 汤川势情况下的玻恩近似

　　我们来考察下列形式的势:

$$V(\boldsymbol{r}) = V_0 \frac{\mathrm{e}^{-\alpha r}}{r} \tag{1}$$

其中的 V_0 和 α 都是实常数, 而且 α 为正. 这是吸引势还是推斥势, 那要看 V_0 是负的还是正的; $|V_0|$ 愈大, 这个势就愈强. 此外, 描述其射程的标志是下列长度:

$$r_0 = \frac{1}{\alpha} \tag{2}$$

这是因为, 如图 8–13 所示, r 一旦超过 $2r_0$ 或 $3r_0$, $V(r)$ 实际上等于零.

　　(1) 式中的势叫做汤川势, 汤川想把这个势和射程约为一个费米的核力联系起来; 为了解释这个势的起因, 他不得不假设 π 介子的存在; 后来, 人们确实发现了这种粒子. 注意, 若 $\alpha = 0$, 则又得到库仑势, 因此, 我们可以将库仑势看作射程为无限大的汤川势.

---

　　① 实际上, 库仑势的情况是可以精确解出的, 不过, 正如我们在第八章 (§B–1) 中曾经指出的那样, 这需要一种特殊的方法.

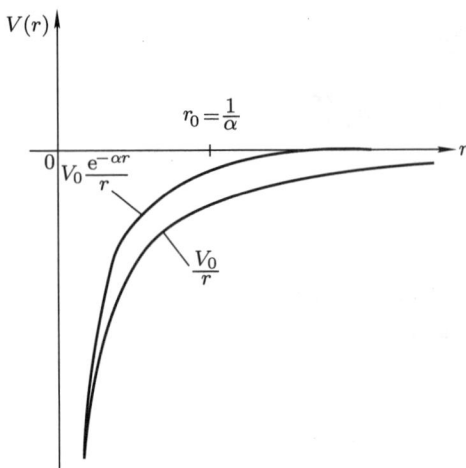

图 8-13　汤川势和库仑势. $e^{-\alpha r}$ 这个因子使汤川势在 $r \gg r_0 = 1/\alpha$ (射程) 时非常迅速地趋近于零.

[958]　　a. 散射振幅和散射有效截面的计算

　　我们假设 $|V_0|$ 充分小, 以致玻恩近似 (第八章 §B-4) 保持有效. 根据第八章的公式 (B-47), 散射振幅 $f_k^{(B)}(\theta, \varphi)$ 可由下式给出:

$$f_k^{(B)}(\theta, \varphi) = -\frac{1}{4\pi} \frac{2\mu V_0}{\hbar^2} \int \mathrm{d}^3 r \, e^{-i\boldsymbol{K} \cdot \boldsymbol{r}} \frac{e^{-\alpha r}}{r} \tag{3}$$

其中的 $\boldsymbol{K}$ 是 (θ, φ) 方向上的转移动量, 由第八章 (B-42) 式所定义.

　　(3) 式包含着汤川势的傅里叶变换. 由于汤川势只依赖于变量 r, 我们很容易计算对角度的积分 (参看附录 I 的 §2-e), 从而可将散射振幅写成下列形式:

$$f_k^{(B)}(\theta, \varphi) = -\frac{1}{4\pi} \frac{2\mu V_0}{\hbar^2} \frac{4\pi}{|\boldsymbol{K}|} \int_0^\infty r\mathrm{d}r \sin|\boldsymbol{K}|r \frac{e^{-\alpha r}}{r} \tag{4}$$

于是, 经过简单计算后得到:

$$f_k^{(B)}(\theta, \varphi) = -\frac{2\mu V_0}{\hbar^2} \frac{1}{\alpha^2 + |\boldsymbol{K}|^2} \tag{5}$$

[959]　　从图 8-6 可以看出:

$$|\boldsymbol{K}| = 2k \sin\frac{\theta}{2} \tag{6}$$

式中的 k 是入射波矢的模, θ 是散射角.

　　因而, 在玻恩近似中, 散射的微分有效截面可以写作:

$$\sigma^{(B)}(\theta) = \frac{4\mu^2 V_0^2}{\hbar^4} \frac{1}{[\alpha^2 + 4k^2 \sin^2 \theta/2]^2} \tag{7}$$

此式与方位角 φ 无关, 这是可以料到的, 因为中心势场中的散射问题具有关于入射束方向的旋转对称性. 但是对于给定的能量 (即对于确定的 k 值), 上式却依赖于散射角; 特别地, 正前方向上 ($\theta = 0$) 的有效截面甚大于正后方向上 ($\theta = \pi$) 的有效截面. 最后, 对于固定的 θ 值, $\sigma^{(B)}(\theta)$ 是能量的减函数. 此外, 我们还要注意, V_0 的符号对散射是无关紧要的, 至少在玻恩近似中如此.

经过积分, 我们很容易得到散射的总有效截面:

$$\sigma^{(B)} = \int \mathrm{d}\Omega\,\sigma^{(B)}(\theta) = \frac{4\mu^2 V_0^2}{\hbar^4} \frac{4\pi}{\alpha^2(\alpha^2 + 4k^2)} \tag{8}$$

b. 无限射程的极限情况

在上面我们已经看到, 当 α 趋向于零时, 汤川势就趋向于库仑势. 在这种极限情况下, 刚才导出的公式应有什么变化呢?

为了得到电荷为 $Z_1 q$ 和 $Z_2 q$ (q 为电子电荷) 的两个粒子之间的库仑相互作用势, 我们令:

$$\alpha = 0$$
$$V_0 = Z_1 Z_2 e^2 \tag{9}$$

其中

$$e^2 = \frac{q^2}{4\pi\varepsilon_0} \tag{10}$$

于是公式 (7) 给出:

$$\begin{aligned}
\sigma^{(C)}(\theta) &= \frac{4\mu^2}{\hbar^4} \frac{Z_1^2 Z_2^2 e^4}{16k^4 \sin^4 \dfrac{\theta}{2}} \\
&= \frac{Z_1^2 Z_2^2 e^4}{16E^2 \sin^4 \dfrac{\theta}{2}}
\end{aligned} \tag{11}$$

(在这里 k 已通过能量表出).

[960]

(11) 式实际上正是库仑散射的有效截面公式 (卢瑟福公式). 当然, 我们得到这个公式的过程并不是一种证明, 这是因为前面用到的理论并不适用于库仑势. 但有趣的是, 我们看到汤川势情况下的玻恩近似在势场的射程无限大的极限情况下正好给出了卢瑟福公式.

附注:

在库仑势情况下, 散射的总有效截面为无穷大, 这是因为对于很小的 θ 值, 对应的积分是发散的 [α 趋向于零时, (8) 式实际上为无穷大]. 这里的原因在于库仑势的射程为无穷大; 即使粒子离开 O 点已经很远, 它仍然受到势场的影响, 因此, 我们不难理解散射的有效截面将变为无穷大. 但实际上, 直到无限远处都保持为绝对纯粹的库仑相互作用是永远也观察不到的, 这是因为一个荷电粒子所产生的势一定会受到其他或近或远的带异性电荷的粒子的影响 (即所谓的屏蔽效应).

2. 刚性球的低能散射

我们来考虑下列的中心势

$$
\begin{aligned}
V(r) &= 0 \quad r > r_0 \\
&= \infty \quad r < r_0
\end{aligned}
\tag{12}
$$

我们称这种情况为半径等于 r_0 的 "刚性球" 式的势. 假设入射粒子的能量充分小, 以致 kr_0 小于 1; 于是我们可以 (参看第八章的 §C–3–b–β 和后面的练习 3–a) 略去除 S 波 $(l = 0)$ 此外的其他诸分波的相移. 在这些条件下, 散射振幅 $f_k(\theta)$ 可以写作:

$$
f_k(\theta) = \frac{1}{k} e^{i\delta_0(k)} \sin \delta_0(k)
\tag{13}
$$

(注意 $Y_0^0 = 1/\sqrt{4\pi}$); 微分有效截面则是各向均匀的:

$$
\sigma(\theta) = |f_k(\theta)|^2 = \frac{1}{k^2} \sin^2 \delta_0(k)
\tag{14}
$$

所以总有效截面就简单地等于:

$$
\sigma = \frac{4\pi}{k^2} \sin^2 \delta_0(k)
\tag{15}
$$

[961] 为了计算相移 $\delta_0(k)$, 我们必须解出对应于 $l = 0$ 的径向方程. 此方程可以写作 [参看第八章的公式 (C–35)]:

$$
\left[\frac{d^2}{dr^2} + k^2 \right] u_{k,0}(r) = 0 \quad \text{对于 } r > r_0
\tag{16}
$$

而且对此方程还应附以条件:

$$
u_{k,0}(r_0) = 0
\tag{17}
$$

这是因为在 $r = r_0$ 处势变为无穷大. (16) 式和 (17) 式的解 $u_{k,0}(r)$ 除常因子以外, 是唯一的:

$$
\begin{aligned}
u_{k,0}(r) &= C \sin k(r - r_0) \quad \text{对于 } r > r_0 \\
&= 0 \qquad\qquad\qquad \text{对于 } r < r_0
\end{aligned}
\tag{18}
$$

按定义, 相移 δ_0 由 $u_{k,0}(r)$ 的渐近形式给出:

$$u_{k,0}(r) \underset{r \to \infty}{\sim} \sin(kr + \delta_0) \tag{19}$$

于是由解 (18) 我们得到:

$$\delta_0(k) = -kr_0 \tag{20}$$

如果将这个结果代入表示总有效截面的 (15) 式, 我们便得到:

$$\sigma = \frac{4\pi}{k^2} \sin^2 kr_0 \simeq 4\pi r_0^2 \tag{21}$$

这是因为已设 kr_0 小于 1; 由此可见, σ 与能量无关, 而且等于沿入射方向看到的刚性球表观面积的 4 倍. 根据经典力学进行计算, 所得的有效截面就是这个表观面积 πr_0^2, 这是因为只有在刚性球上发生弹性反射的那些粒子才会改变方向. 但在量子力学中, 我们所研究的是与入射粒子相联系的波的演变, 而在 $r = r_0$ 处 $V(r)$ 的跃变所产生的现象则类似于光波的衍射现象.

附注:

即使在入射粒子的波长和 r_0 相比可以忽略时 (即 $kr_0 \gg 1$ 时), 量子的有效截面也不会趋向于 πr_0^2; 实际上, 当 k 值很大时, 我们可以求出以相移表示总有效截面的那个级数 [第八章的公式 (C–58) 的和], 结果是:

$$\sigma \underset{k \to \infty}{\sim} 2\pi r_0^2 \tag{22}$$

由此可见, 在波长很短的极限情况下, 仍然存在着波动效应, 这是因为我们所研究的势在 $r = r_0$ 处是不连续的, 它在小于粒子波长的区间内总有很显著的变化 (参看第一章 §D–2–a).

3. 练习 [962]

a. 刚性球对 p 波的散射

试考察刚性球在 p 波 ($l = 1$) 中产生的相移 $\delta_1(k)$. 特别地, 试证实在低能情况下它对于 $\delta_0(k)$ 而言是可以忽略的.

α. 试写出关于函数 $u_{k,1}(r)$, $r > r_0$ 的径向方程; 试证此方程的通解是

$$u_{k,1}(r) = C \left[\frac{\sin kr}{kr} - \cos kr + a \left(\frac{\cos kr}{kr} + \sin kr \right) \right]$$

其中的 C 与 a 都是常数.

β. 试证从 $\delta_1(k)$ 的定义可以导致

$$a = \tan \delta_1(k)$$

γ. 试从 $u_{k,1}(r)$ 在 $r = r_0$ 处所应满足的条件确定常数 a.

δ. 试证: 当 k 趋向零时, $\delta_1(k)$ 的行为和 $(kr_0)^3$ 的相同[1], 正因为如此, 前者对于 $\delta_0(k)$ 而言是可以忽略的.

b. "球形方势阱": 束缚态和散射共振

我们来考虑如下的中心势 $V(r)$:

$$V(r) = -V_0 \quad \text{对于 } r < r_0$$
$$= 0 \quad \text{对于 } r > r_0$$

这里的 V_0 为一正常数. 现令

$$k_0 = \sqrt{\frac{2\mu V_0}{\hbar^2}}$$

下面我们只考虑 S 波 $(l = 0)$.

α. 束缚态 $(E < 0)$

(i) 写出两个区域 $r > r_0$ 和 $r < r_0$ 中的径向方程, 以及在原点处的条件. 试证: 若令

$$\rho = \sqrt{\frac{-2\mu E}{\hbar^2}}$$
$$K = \sqrt{k_0^2 - \rho^2}$$

[963]　则函数 $u_0(r)$ 必具有下列形式:

$$u_0(r) = Ae^{-\rho r} \quad \text{对于 } r > r_0$$
$$= B\sin Kr \quad \text{对于 } r < r_0$$

(ii) 试写出 $r = r_0$ 处的衔接条件; 并由此证明: 只有满足下列方程

$$\tan Kr_0 = -\frac{K}{\rho}$$

的 ρ 值才是 ρ 的可能值.

(iii) 试讨论上面的方程并将束缚态 S 的数目通过势阱深度 (r_0 的值固定) 表出; 特别地, 试证若此深度非常小, 则束缚态不存在.

β. 散射共振 $(E > 0)$

---

[1] 这个结果是普遍的: 对于有限射程为 r_0 的任意势场, 相移 $\delta_l(k)$ 在低能时的行为都和 $(kr_0)^{2l+1}$ 的相同.

(i) 重新写出径向方程, 现令:

$$k = \sqrt{\frac{2\mu E}{\hbar^2}}$$

$$K' = \sqrt{k_0^2 + k^2}$$

试证 $u_{k,0}(r)$ 具有下列形式:

$$u_{k,0}(r) = A\sin(kr + \delta_0) \quad \text{对于 } r > r_0$$
$$= B\sin K'r \qquad \text{对于 } r < r_0$$

(ii) 选择 $A = 1$, 试利用 $r = r_0$ 处的连续条件证明常数 B 和相移 δ_0 可由下式给出:

$$B^2 = \frac{k^2}{k^2 + k_0^2\cos^2 K'r_0}$$
$$\delta_0 = -kr_0 + \alpha(k)$$

其中

$$\tan\alpha(k) = \frac{k}{K'}\tan K'r_0$$

(iii) 试绘出 B^2 随 k 变化的关系曲线. 这个曲线明显地呈现出共振现象, 在共振点 B^2 达到极大值. 与共振点相联系的 k 值如何? 函数 $\alpha(k)$ 的值又如何? 试证: 如果在能量很小时 ($kr_0 \ll 1$ 时) 出现这样的共振, 则 S 分波对于总有效截面的对应贡献实际上达到极大值.

γ. 束缚态与散射共振之间的关系　　　　　　　　　　　　　　　　　　　　[964]

假设 k_0r_0 非常接近 $(2n+1)\dfrac{\pi}{2}$, 这里的 n 为整数; 现令:

$$k_0r_0 = (2n+1)\frac{\pi}{2} + \varepsilon \quad |\varepsilon| \ll 1$$

(i) 试证: 若 ε 是正的, 则存在着这样一个束缚态, 对应的结合能 $E = -\hbar^2\rho^2/2\mu$ 决定于:

$$\rho \simeq \varepsilon k_0$$

(ii) 试证: 若与上面相反, ε 是负的, 则在能量 $E = \hbar^2k^2/2\mu$ 时发生散射共振, 这里的 k 决定于:

$$k^2 \simeq -\frac{2k_0\varepsilon}{r_0}$$

(iii) 由此证明: 若逐渐减小势阱的深度 (r_0 固定), 则当 k_0r_0 的值通过 $\pi/2$ 的奇数倍时便会消失的束缚态将导致低能下的散射共振.

参考文献和阅读建议:

Messiah (1.17), 第 IX 章, §10 和第 X 章, §3、§4; Valentin (16.1), 附录 II.

第九章

电子的自旋

[966]
第九章提纲

§A. 电子自旋的引入

　1. 实验证据
　　a. 谱线的精细结构
　　b. "反常" 塞曼效应
　　c. 半整数角动量的存在
　2. 量子描述: 泡利理论的基本假定

§B. 1/2 角动量的特殊性质

**§C. 对自旋 1/2 的粒子的
非相对论描述**

　1. 观察算符和态矢量
　　a. 态空间
　　b. 表象 $\{|\boldsymbol{r},\varepsilon\rangle\}$
　2. 物理预言的计算

以前, 我们一直把电子当作一个质点看待, 它具有与其坐标 x、y、z 相联 [967]
系的三个自由度; 因而, 已经建立的量子理论是以这样的假设为基础的, 即在
给定的时刻, 电子的态是由只依赖于 x、y 及 z 的波函数 $\psi(x, y, z)$ 来描述的.
在这一范畴内, 我们研究过一些物理体系, 尤其是在第七章中, 我们研究了氢
原子, 这个体系特别有意义, 因为我们可以从实验上得到精确的验证. 实际上,
我们知道, 在那里已经得到的结果很好地说明了氢的吸收光谱和发射光谱, 而
且正确地给出了各个能级, 还可以利用对应的波函数去解释选择定则 (这个定
则告诉我们, 在先验地看来是可能的所有玻尔频率中, 哪些频率会出现在光谱
中). 此外, 我们还可以按类似的方法去处理多电子原子 (不过要借助于近似
方法, 这是因为, 即使对于只含两个电子的氦原子, 薛定谔方程的复杂性也不
能使问题得到精确的解析解), 在这方面, 理论与实验的符合程度还是令人满
意的.

但是, 如果对原子光谱进行更详细的研究, 那么, 我们往后就要看到, 将会
出现一些在过去建立的理论范畴内无法解释的现象. 这一点并不奇怪. 实际上
我们很清楚, 对前面的理论还应该补充一些相对论校正, 即必须考虑相对论运动
学所引起的一些修正 (质量随速度的变化, 等等) 以及一直未予考虑的磁效应.
此外, 我们知道, 这些校正都是很小的 (参看第七章 §C-4-a), 但它们确实存在,
而且实验测量也能精确到足以将它们检验出来.

实际上, 在相对论量子力学中, 我们是用狄拉克方程来描述电子的. 这个
方程的形式本身就包含了对电子性质的量子描述受到的深刻修正, 即除了前
面提到的涉及位置变量的修正之外, 还出现了电子的一个新的特征, 这就是它
的自旋. 更普遍地说, 洛伦兹群 (相对论的空 – 时变换群) 的结构使得自旋作为
各种粒子的固有特征 (正如它们的静止质量一样) 而表现出来①. [968]

从历史上看, 早在狄拉克方程建立之前, 就从实验上发现了电子的自旋.
此外, 泡利建立过一种理论, 按照他的理论, 通过一些附加的假设, 就很容易将
自旋引入非相对论量子力学②, 由此, 我们曾得到一些关于原子光谱的理论预
言, 这些预言和实验符合得非常好③.

在这一章里, 我们将要建立的, 是比狄拉克理论简单得多的泡利理论. 一
开始, 我们在 §A 里描述显示电子自旋存在的一些实验结果, 然后再确切陈述

---

① 但这并不意味着自旋的起源纯粹是相对论性的, 在伽利略群 (非相对论变换群)
的范畴内自旋也同样会出现.

② 此外, 如果电子的速度甚小于光速, 那么, 泡利理论可以作为狄拉克理论的极限
情况而导出.

③ 利用第十一章所讲的微扰的普遍理论, 我们将会看到 (例如在第十二章中), 相
对论校正和自旋的存在如何定量地说明了氢原子光谱的细节 (如果局限在第七章的理
论中, 我们就不能解释这些细节).

泡利理论以之为基础的那些假定. 在 §B 中, 我们将考察 1/2 角动量的特殊性质. 最后, 在 §C 中, 我们再说明怎样同时考虑一个粒子, 诸如电子, 的位置变量和自旋变量.

§A. 电子自旋的引入

1. 实验证据

显示电子自旋存在的实验证据为数很多, 而且出现在各种重要的物理现象中. 例如, 如果不考虑自旋, 那么, 我们就无法解释很多物体的磁性, 特别是铁磁性金属的磁性. 但是, 在下面, 我们只考虑实验上观察到的原子物理方面的一些简单现象: 谱线的精细结构, 塞曼效应以及银原子在施特恩 – 格拉赫实验中的行为.

a. 谱线的精细结构

对原子 (例如氢原子) 光谱的精密的实验研究揭示了一种精细结构, 即每一条谱线实际上都包含着频率非常靠近的若干组分[①], 但分辨率很高的仪器却可以将它们清楚地区分开来. 这就说明存在着一些原子能级组, 彼此非常接近但并不混同; 可是, 第七章 §C 的计算虽给出了氢原子的诸能级组的平均能量, 却不能解释在每一组内部能级的间隔.

[969]

b. "反常" 塞曼效应

当一个原子处在均匀磁场中时, 它的每一条谱线 (即精细结构中的每一个组分) 都被分裂为若干条等距离的谱线, 它们之间的间隔正比于磁场; 这就是塞曼效应. 根据第六和第七章 (补充材料 D_{VII}) 的结果, 塞曼效应的起因是不难理解的; 对它的解释是以下述事实为根据的, 即一个电子的轨道角动量 L 对应着一个磁矩:

$$M = \frac{\mu_B}{\hbar} L \tag{A-1}$$

其中的 μ_B 是 "玻尔磁子":

$$\mu_B = \frac{q\hbar}{2m_e} \tag{A-2}$$

可是, 这种理论虽然在某些情况下为实验 (即所谓的 "正常" 塞曼效应) 所证实, 但在另一些情况下, 却不能定量地说明所观察到的现象 (即所谓的 "反常" 塞曼效应). 最明显的 "反常性" 表现于原子序数 Z 为奇数的原子 (这就是说特

---

① 例如, 氢原子的共振线 ($2p \longleftrightarrow 1s$ 跃迁) 实际上是双线, 两个成分的间隔约为 10^{-4} eV 这就是说, 比 $2p \longleftrightarrow 1s$ 跃迁的平均能量, 10.2 eV, 大约小 10^5 倍.

别是氢原子): 它们的能级分裂为偶数个塞曼次能级, 然而, 根据上述理论, 由于在 $(2l+1)$ 中 l 是整数, 那么, 这个数就应该永远是奇数!

c. 半整数角动量的存在

在第四章 §A–1 描述过的施特恩 – 格拉赫实验中, 我们还会遇到同样的困难: 原子注中的银原子分布在两个对称的斑点中. 这些结果向我们暗示, j 的半整数值 (在第六章 §C–2 中, 我们知道这些值在概念上是可能的) 是确实存在的. 但是, 这样一来, 就出现了一个严重的问题, 因为同样是在第六章中, 在 §D–1–b 中, 我们又证明过一个粒子, 诸如电子, 的轨道角动量只可能取整数值 (具体地说, 这就是取整数值的量子数 l). 即使在多电子原子中, 每一个电子仍然具有整数值的轨道角动量, 到第十章我们将证明, 在这些情况下, 原子的总轨道角动量一定是整数. 由此可见, 没有补充的假设, 我们就不能解释半整数角动量的存在.

附注:

利用施特恩 – 格拉赫装置不可能直接测量电子的角动量, 这是因为, 和银原子不同, 电子具有电荷 q, 由于它的磁矩和非均匀磁场的相互作用而产生的力将完全被拉普拉斯力 (即洛伦兹力 —— 译者) $q\boldsymbol{v} \times \boldsymbol{B}$ 所淹没.

2. 量子描述: 泡利理论的基本假定 [970]

为了解决上述困难, 乌伦贝克和古德斯密特 (1925) 提出了下述假设: 电子 "绕其自身旋转"(在英语中叫做 spin), 这种运动赋予电子一种固有的角动量, 我们称之为自旋; 为了解释前面说过的那些结果, 我们不得不进一步承认与这个角动量 $\boldsymbol{S}$ 联系着一个磁矩 $\boldsymbol{M}_S$ [1]

$$\boldsymbol{M}_S = 2\frac{\mu_{\mathrm{B}}}{\hbar}\boldsymbol{S} \tag{A-3}$$

注意, 在 (A–3) 式中, 角动量和磁矩之间的比例系数为 (A–1) 式中的两倍; 我们说, 自旋旋磁比是轨道旋磁比的两倍.

后来泡利将这两个假设精确化了, 并给自旋提出了一种在非相对论极限下有效的量子描述. 对于第三章所述的量子力学的一般假定, 还应该补充一些关于自旋的假定, 下面我们将确切地陈述这些假定.

直到现在, 我们只讲过轨道变量的量子化; 我们曾给一个粒子, 诸如电子的位置 $\boldsymbol{r}$ 和动量 $\boldsymbol{p}$ 联系上观察算符 $\boldsymbol{R}$ 和 $\boldsymbol{P}$, 它们在与波函数空间 $\mathscr{F}$ 同构的

---

[1] 实际上, 如果我们考虑到电子和量子化电磁场之间的耦合 (量子电动力学), 那么就会发现, $\boldsymbol{M}_S$ 与 $\boldsymbol{S}$ 之间的比例系数并不刚好等于 $2\mu_{\mathrm{B}}/\hbar$. 所差之量, 就相对大小而言约为 10^{-3}, 这在实验上是很容易观察到的; 这个差异通常叫做电子的 "反常磁矩".

态空间 $\mathscr{E}_r$ 中起作用; 所有的物理量都是基本变量 r 与 p 的函数, 而量子化规则可以给这些物理量各联系上一个在空间 $\mathscr{E}_r$ 中起作用的观察算符. 我们以后称 $\mathscr{E}_r$ 为轨道态空间.

除了这些轨道变量以外, 我们再增添一个自旋变量, 它满足下述假定:

(i) 自旋算符 S 是一个角动量算符. 这就是说 (参看第六章 §B–2), 它的三个分量是满足下列对易关系的观察算符:

$$[S_x, S_y] = i\hbar S_z \tag{A–4}$$

还有两个公式, 可以经过指标 x, y, z 的循环置换而得到.

(ii) 自旋算符在一个新空间, "自旋态空间" $\mathscr{E}_s$ 中起作用, 在此空间中 S^2 和 S_z 构成一个 E.C.O.C. 因此, $\mathscr{E}_s$ 空间是由 S^2 和 S_z 的全体共同本征态 $|s, m\rangle$ 所张成的:

$$S^2|s, m\rangle = s(s+1)\hbar^2|s, m\rangle \tag{A–5–a}$$

$$S_z|s, m\rangle = m\hbar|s, m\rangle \tag{A–5–b}$$

根据角动量的普遍理论 (第 VI 章 §C), 我们知道, s 只能为整数或半整数, 而 m 则为 $-s$ 与 $+s$ 之间的并与此两数相差整数 (及零) 的一切数值. 一个给定的粒子由 s 的唯一的一个数值来描述, 我们说这个粒子的自旋为 s. 因此, 自旋态空间 $\mathscr{E}_s$ 永远是有限的 $(2s+1)$ 维空间, 而所有的自旋态都是 S^2 的本征矢, 属于同一本征值 $s(s+1)\hbar^2$.

[971]　　　　(iii) 待研究的粒子的态空间 $\mathscr{E}$ 是空间 $\mathscr{E}_r$ 和空间 $\mathscr{E}_s$ 的张量积:

$$\mathscr{E} = \mathscr{E}_r \otimes \mathscr{E}_s \tag{A–6}$$

因此 (参看第二章 §F), 每一个自旋算符都可以和每一个轨道算符对易. 由此可知, 除了 $s = 0$ 的特殊情况以外, 只给出空间 $\mathscr{E}_r$ 中的一个右矢 (也就是说, 只给出一个平方可积波函数) 并不足以描述粒子的一个态; 换句话说, 观察算符 X、Y、Z 不能构成粒子的态空间 $\mathscr{E}$ 中的一个 E.C.O.C. (P_x、P_y、P_z 或空间 $\mathscr{E}_r$ 中的任何其他 E.C.O.C. 都不行), 我们还必须知道粒子的自旋态, 这就是说, 还应给空间 $\mathscr{E}_r$ 中的 E.C.O.C. 加上空间 $\mathscr{E}_s$ 中的由自旋观察算符, 例如 S^2 和 S_z (或 S^2 和 S_x), 所构成的一个 E.C.O.C. 粒子的任意态是空间 $\mathscr{E}_r$ 中的一个右矢与空间 $\mathscr{E}_s$ 中的一个右矢的张量积右矢的线性组合 (见下面的 §C).

(iv) 电子是自旋为 1/2 $(s = 1/2)$ 的粒子, 它的内禀磁矩由公式 (A–3) 给出. 显然, 电子的自旋态空间 $\mathscr{E}_s$ 的维数是 2.

附注:

(i) 核的组分, 质子和中子, 也都是自旋为 1/2 的粒子, 但它们的旋磁比与电子的不同. 目前, 已知有自旋为 $0, 1/2, 3/2, 2, \cdots\cdots$ 直到高达 11/2 的粒子.

(ii) 为了解释自旋的存在, 我们似乎可以认为, 一个粒子, 如电子, 不是点状的而是有一定大小的; 正是电子绕其自身的旋转, 才导致内禀磁矩的概念. 但要注意, 为了描述比质点更复杂的结构, 我们必须引入三个以上的位置变量 (例如电子, 如果它的行为有如刚体, 那就需要六个变量: 为了标定其上一个选定点 —— 如质心的位置, 需要三个坐标; 为了确定它在空间的取向, 需要三个角度). 这里所介绍的理论与上述想法根本不同; 我们仍然把电子看作质点 (仍用三个坐标束标定它的位置), 而自旋角动量既不导自任何位置变量, 也不导自动量[①]. 这就是说, 自旋是没有经典类比的.

§B. 1/2 角动量的特殊性质

[972]

下面我们只考虑电子, 自旋为 1/2 的粒子. 根据前面几章, 我们已经知道怎样处理粒子的轨道变量. 现在我们要详细考察粒子的自旋自由度.

现在自旋态空间 $\mathscr{E}_s$ 是二维的. 在此空间中, 我们取 S^2 和 S_z 的共同本征矢的正交归一集合 $\{|+\rangle, |-\rangle\}$ 作为基, 这些矢量满足下列各式:

$$\begin{cases} S^2|\pm\rangle = \dfrac{3}{4}\hbar^2|\pm\rangle & \text{(B–1–a)} \\ S_z|\pm\rangle = \pm\dfrac{1}{2}\hbar|\pm\rangle & \text{(B–1–b)} \end{cases}$$

$$\begin{cases} \langle +|-\rangle = 0 & \text{(B–2–a)} \\ \langle +|+\rangle = \langle -|-\rangle = 1 & \text{(B–2–b)} \end{cases}$$

$$|+\rangle\langle +| + |-\rangle\langle -| = 1 \tag{B–3}$$

一般的自旋态由空间 $\mathscr{E}_s$ 中的任意矢量

$$|\chi\rangle = c_+|+\rangle + c_-|-\rangle \tag{B–4}$$

来描述, 这里的 c_+ 和 c_- 都是复数. 根据 (B–1–a) 式, 空间 $\mathscr{E}_s$ 中的所有右矢都是 S^2 的本征矢, 属于同一本征值 $3\hbar^2/4$, 由此可以推知, S^2 正比于空间 $\mathscr{E}_s$ 中的恒等算符:

$$S^2 = \frac{3}{4}\hbar^2 \tag{B–5}$$

[①] 果其如此, 自旋角动量就应该是整数.

按定义, S 是一个角动量, 所以它具有在第六章 §C 中证明过的所有的普遍性质. 下列算符:

$$S_{\pm} = S_x \pm \mathrm{i}S_y \tag{B-6}$$

作用于基 $|+\rangle$ 和 $|-\rangle$ 所得的结果由第六章的普遍公式 (C-50) 给出, 现在只需令该式中的 $j = s = 1/2$, 即得:

$$S_+|+\rangle = 0 \qquad S_+|-\rangle = \hbar|+\rangle \tag{B-7-a}$$

$$S_-|+\rangle = \hbar|-\rangle \quad S_-|-\rangle = 0 \tag{B-7-b}$$

在空间 $\mathscr{E}_s$ 中起作用的一切算符, 以 $\{|+\rangle, |-\rangle\}$ 为基, 都可以被表示为一个 2×2 矩阵. 我们特别提醒一下, 根据 (B-1-b) 式和 (B-7) 式, 可以求得对应于 S_x, S_y 与 S_z 的矩阵, 它们的形式如下:

$$(\boldsymbol{S}) = \frac{\hbar}{2}\boldsymbol{\sigma} \tag{B-8}$$

[973]　　其中的 $\boldsymbol{\sigma}$ 表示三个泡利矩阵:

$$\sigma_x = \begin{pmatrix} 0 & 1 \\ 1 & 0 \end{pmatrix} \quad \sigma_y = \begin{pmatrix} 0 & -\mathrm{i} \\ \mathrm{i} & 0 \end{pmatrix} \quad \sigma_z = \begin{pmatrix} 1 & 0 \\ 0 & -1 \end{pmatrix} \tag{B-9}$$

的集合.

泡利矩阵具有下列性质, 根据它们的显式 (B-9), 这些性质是不难证明的 (还可参看补充材料 A_{IV}):

$$\sigma_x^2 = \sigma_y^2 = \sigma_z^2 = 1 \tag{B-10-a}$$

$$\sigma_x\sigma_y + \sigma_y\sigma_x = 0 \tag{B-10-b}$$

$$[\sigma_x, \sigma_y] = 2\mathrm{i}\sigma_z \tag{B-10-c}$$

$$\sigma_x\sigma_y = \mathrm{i}\sigma_z \tag{B-10-d}$$

(对于后三个公式, 还应补充通过指标 x、y、z 的循环置换而得的其他公式). 从公式 (B-9) 还可以导出:

$$\mathrm{Tr}\,\sigma_x = \mathrm{Tr}\,\sigma_y = \mathrm{Tr}\,\sigma_z = 0 \tag{B-11-a}$$

$$\mathrm{Det}\,\sigma_x = \mathrm{Det}\,\sigma_y = \mathrm{Det}\,\sigma_z = -1 \tag{B-11-b}$$

此外, 任何一个 2×2 矩阵都可以写作三个泡利矩阵和单位矩阵的系数为复数的线性组合; 其所以如此, 原因很简单: 一个 2×2 矩阵只有四个元素. 最后, 不难证明 (参看补充材料 A_{IV}) 下列恒等式:

$$(\boldsymbol{\sigma} \cdot \boldsymbol{A})(\boldsymbol{\sigma} \cdot \boldsymbol{B}) = \boldsymbol{A} \cdot \boldsymbol{B} + \mathrm{i}\boldsymbol{\sigma} \cdot (\boldsymbol{A} \times \boldsymbol{B}) \tag{B-12}$$

其中的 $\boldsymbol{A}$ 和 $\boldsymbol{B}$ 是两个任意的矢量, 或是两个矢量性算符, 它们的三个分量可以和自旋 $\boldsymbol{S}$ 的三个分量对易 (如果 $\boldsymbol{A}$、$\boldsymbol{B}$ 两者不能对易, 则恒等式仍然成立, 不过两者在等号右端的顺序和它们在等号左端的顺序一致).

与电子的自旋相联系的算符除了具有得自角动量普遍理论的性质以外, 还具有与 s 的 (亦即 j 的) 特殊值相联系的一些性质, 这个特殊值是 (除零以外的) 最小可能值. 从 (B–8) 式和 (B–10) 式可以立即导出这些特殊的性质

$$S_x^2 = S_y^2 = S_z^2 = \frac{\hbar^2}{4} \tag{B–13–a}$$

$$S_x S_y + S_y S_x = 0 \tag{B–13–b}$$

$$S_x S_y = \frac{\mathrm{i}}{2}\hbar S_z \tag{B–13–c}$$

$$S_+^2 = S_-^2 = 0 \tag{B–13–d}$$

§C. 对自旋 1/2 的粒子的非相对论描述 [974]

至此, 我们已经知道如何分别描述电子的外部 (即轨道的) 自由度和内部 (即自旋的) 自由度. 在这一节里, 我们要把这些不同的概念结合成一套统一的体系.

1. 观察算符的态矢量

a. 态空间

当我们要考虑一个电子的所有自由度时, 它的量子态应该用属于 $\mathscr{E}_r$ 和 $\mathscr{E}_s$ 的张量积空间 $\mathscr{E}$ 中的一个右矢来描述 (§A–2).

按照第二章 §F–2–b 中所讲的方法, 我们将定义在空间 $\mathscr{E}_r$ 中的算符和最初在空间 $\mathscr{E}_s$ 中起作用的算符延伸到空间 $\mathscr{E}$ 中去 (我们仍然用那些算符原来的符号来表示它们的延伸算符). 于是, 将空间 $\mathscr{E}_r$ 中的一个 E.C.O.C. 和空间 $\mathscr{E}_s$ 中的一个 E.C.O.C. 并列起来, 我们就得到空间 $\mathscr{E}$ 中的一个 E.C.O.C. 例如, 在空间 $\mathscr{E}_s$ 中, 我们取 $\boldsymbol{S}^2$ 和 S_z (或 $\boldsymbol{S}^2$ 与 $\boldsymbol{S}$ 的任意一个分量); 在空间 $\mathscr{E}_r$ 中可以取 $\{X, Y, Z\}$ 或 $\{P_x, P_y, P_z\}$, 若 H 表示与中心势相联系的哈密顿算符则可以取 $\{H, \boldsymbol{L}^2, L_z\}$, 等等; 由这些算符集合我们就可以构成空间 $\mathscr{E}$ 中的各种 E.C.O.C.

$$\{X, Y, Z, \boldsymbol{S}^2, S_z\} \tag{C–1–a}$$

$$\{P_x, P_y, P_z, \boldsymbol{S}^2, S_z\} \tag{C–1–b}$$

$$\{H, \boldsymbol{L}^2, L_z, \boldsymbol{S}^2, S_z\} \tag{C–1–c}$$

等等. 由于空间 $\mathscr{E}$ 中的所有右矢都是 S^2 的属于同一本征值的本征矢 [公式 (B-5)], 因此, 在观察算符的这些集合中, 可以删去 S^2.

下面, 我们将特别选用这些 E.C.O.C. 中的第一个, 即 (C-1-a). 作为空间 $\mathscr{E}$ 中的基, 我们取空间 $\mathscr{E}_r$ 中的右矢 $|r\rangle \equiv |x, y, z\rangle$ 与空间 $\mathscr{E}_s$ 中的右矢 $|\varepsilon\rangle$ 的张量积右矢

$$|r, \varepsilon\rangle \equiv |x, y, z, \varepsilon\rangle = |r\rangle \otimes |\varepsilon\rangle \tag{C-2}$$

的集合, 式中的 x, y, z 是矢量 r 的分量, 可以从 $-\infty$ 变到 $+\infty$ 连续指标), 而 ε 则为 + 或 $-$ (离散指标). 按定义, $|r, \varepsilon\rangle$ 是 X, Y, Z, S^2 与 S_z 的共同本征矢, 即:

$$X|r, \varepsilon\rangle = x|r, \varepsilon\rangle$$
$$Y|r, \varepsilon\rangle = y|r, \varepsilon\rangle$$
$$Z|r, \varepsilon\rangle = z|r, \varepsilon\rangle$$
$$S^2|r, \varepsilon\rangle = \frac{3}{4}\hbar^2|r, \varepsilon\rangle$$
$$S_z|r, \varepsilon\rangle = \varepsilon\frac{\hbar}{2}|r, \varepsilon\rangle \tag{C-3}$$

[975] 既然 X、Y、Z, S^2 与 S_z 构成一个 E.C.O.C. 则每一个右矢 $|r, \varepsilon\rangle$, 除常因子以外, 都是唯一的. 由于集合 $\{|r\rangle\}$ 和集合 $\{|+\rangle, |-\rangle\}$ 分别为 $\mathscr{E}_r$ 和 $\mathscr{E}_s$ 空间中的正交归一集, 故集合 $\{|r, \varepsilon\rangle\}$ 也是 (广义) 正交归一的:

$$\langle r', \varepsilon'|r, \varepsilon\rangle = \delta_{\varepsilon'\varepsilon}\delta(r' - r) \tag{C-4}$$

(按 ε' 和 ε 相同或不相同, $\delta_{\varepsilon'\varepsilon}$ 的值为 1 或 0). 这个集合还满足空间 $\mathscr{E}$ 中的闭合性关系式:

$$\sum_\varepsilon \int \mathrm{d}^3r|r, \varepsilon\rangle\langle r, \varepsilon| = \int \mathrm{d}^3r|r, +\rangle\langle r, +| + \int \mathrm{d}^3r|r, -\rangle\langle r, -| = 1 \tag{C-5}$$

b. 表象 $\{|r, \varepsilon\rangle\}$

α. 态矢量

空间 $\mathscr{E}$ 中的一个任意态 $|\psi\rangle$ 可以按基 $\{|r, \varepsilon\rangle\}$ 展开, 为此, 只需利用闭合性关系式 (C-5):

$$|\psi\rangle = \sum_\varepsilon \int \mathrm{d}^3r|r, \varepsilon\rangle\langle r, \varepsilon|\psi\rangle \tag{C-6}$$

因此, 矢量 $|\psi\rangle$ 在基 $\{|r, \varepsilon\rangle\}$ 中可以用它的坐标集合来表示, 也就是用下列的数来表示:

$$\langle r, \varepsilon|\psi\rangle = \psi_\varepsilon(r) \tag{C-7}$$

这些数依赖于三个连续指标 x、y、z (缩并为 $\boldsymbol{r}$) 和离散指标 ($+$ 或 $-$). 由此可见, 要完全描述一个电子的态, 必须给出空间变量 x、y 与 z 的两个函数:

$$\psi_+(\boldsymbol{r}) = \langle \boldsymbol{r}, + | \psi \rangle$$
$$\psi_-(\boldsymbol{r}) = \langle \boldsymbol{r}, - | \psi \rangle \tag{C-8}$$

我们常将这两个函数写成二分量旋量 $[\psi](\boldsymbol{r})$ 的形式:

$$[\psi](\boldsymbol{r}) = \begin{pmatrix} \psi_+(\boldsymbol{r}) \\ \psi_-(\boldsymbol{r}) \end{pmatrix} \tag{C-9}$$

与右矢 $|\psi\rangle$ 相联系的左矢 $\langle\psi|$, 可以用 (C-6) 式的伴式来表示:

$$\langle\psi| = \sum_{\varepsilon} \int \mathrm{d}^3 r \langle \psi | \boldsymbol{r}, \varepsilon \rangle \langle \boldsymbol{r}, \varepsilon | \tag{C-10}$$

考虑到 (C-7) 式, 这也就是: [976]

$$\langle\psi| = \sum_{\varepsilon} \int \mathrm{d}^3 r \, \psi_{\varepsilon}^*(\boldsymbol{r}) \langle \boldsymbol{r}, \varepsilon | \tag{C-11}$$

于是左矢 $\langle\psi|$ 可以用两个函数 $\psi_+^*(\boldsymbol{r})$ 和 $\psi_-^*(\boldsymbol{r})$ 来表示, 我们可以将它们表示为 (C-9) 式的伴随旋量:

$$[\psi]^\dagger(\boldsymbol{r}) = \begin{pmatrix} \psi_+^*(\boldsymbol{r}) & \psi_-^*(\boldsymbol{r}) \end{pmatrix} \tag{C-12}$$

两个态矢量 $\langle\psi|$ 和 $|\varphi\rangle$ 的标量积, 根据 (C-5) 式, 等于:

$$\langle\psi|\varphi\rangle = \sum_{\varepsilon} \int \mathrm{d}^3 r \langle \psi | \boldsymbol{r}, \varepsilon \rangle \langle \boldsymbol{r}, \varepsilon | \varphi \rangle$$
$$= \int \mathrm{d}^3 r [\psi_+^*(\boldsymbol{r}) \varphi_+(\boldsymbol{r}) + \psi_-^*(\boldsymbol{r}) \varphi_-(\boldsymbol{r})] \tag{C-13}$$

采用旋量的符号, 便可将上式写作:

$$\langle\psi|\varphi\rangle = \int \mathrm{d}^3 r [\psi]^\dagger(\boldsymbol{r}) [\varphi](\boldsymbol{r}) \tag{C-14}$$

这个公式非常类似于利用两个波函数来计算空间 $\mathscr{E}_{\boldsymbol{r}}$ 中的两个对应右矢的标量积的那个公式; 但是必须注意, 在此式中, 遍及空间积分之前, 应先作旋量 $[\psi]^\dagger(\boldsymbol{r})$ 与 $[\varphi](\boldsymbol{r})$ 的矩阵乘法. 特别地, 矢量 $|\psi\rangle$ 的归一化条件可表示为:

$$\langle\psi|\psi\rangle = \int \mathrm{d}^3 r [\psi]^\dagger(\boldsymbol{r}) [\psi](\boldsymbol{r}) = \int \mathrm{d}^3 r [|\psi_+(\boldsymbol{r})|^2 + |\psi_-(\boldsymbol{r})|^2] = 1 \tag{C-15}$$

在属于空间 $\mathscr{E}$ 的矢量中, 有一些矢量是空间 $\mathscr{E}_r$ 中的一个右矢和空间 $\mathscr{E}_s$ 中的一个右矢的张量积 (例如, 基矢量就属于这种情况). 如果我们所考虑的态矢量属于下列类型:

$$|\psi\rangle = |\varphi\rangle \otimes |\chi\rangle \tag{C-16}$$

其中

$$|\varphi\rangle = \int \mathrm{d}^3 r \varphi(\boldsymbol{r})|\boldsymbol{r}\rangle \in \mathscr{E}_r$$
$$|\chi\rangle = c_+|+\rangle + c_-|-\rangle \in \mathscr{E}_s \tag{C-17}$$

[977]　则与这个态矢量相联系的旋量便具有下列简单形式:

$$[\psi](\boldsymbol{r}) = \begin{pmatrix} \varphi(\boldsymbol{r})c_+ \\ \varphi(\boldsymbol{r})c_- \end{pmatrix} = \varphi(\boldsymbol{r}) \begin{pmatrix} c_+ \\ c_- \end{pmatrix} \tag{C-18}$$

实际上, 在这种情况下, 按照空间 $\mathscr{E}$ 中的标量积的定义, 我们应有:

$$\psi_+(\boldsymbol{r}) = \langle \boldsymbol{r}, +|\psi\rangle = \langle \boldsymbol{r}|\varphi\rangle\langle +|\chi\rangle = \varphi(\boldsymbol{r})c_+ \tag{C-19-a}$$

$$\psi_-(\boldsymbol{r}) = \langle \boldsymbol{r}, -|\psi\rangle = \langle \boldsymbol{r}|\varphi\rangle\langle -|\chi\rangle = \varphi(\boldsymbol{r})c_- \tag{C-19-b}$$

从而, $|\psi\rangle$ 的模的平方由下式给出:

$$\langle \psi|\psi\rangle = \langle \varphi|\varphi\rangle\langle \chi|\chi\rangle = (|c_+|^2 + |c_-|^2) \int \mathrm{d}^3 r|\varphi(\boldsymbol{r})|^2 \tag{C-20}$$

β. 算符

用 $|\psi'\rangle$ 表示线性算符 A 作用于空间 $\mathscr{E}$ 中的右矢 $|\psi\rangle$ 而得的右矢. 根据前一段的结果, $|\psi'\rangle$ 和 $|\psi\rangle$ 都可以表示为具有两个分量的旋量 $[\psi'](\boldsymbol{r})$ 和 $[\psi](\boldsymbol{r})$. 下面将要证明, 我们可以给算符 A 联系上一个 2×2 的矩阵 $[\![A]\!]$, 使得:

$$[\psi'](\boldsymbol{r}) = [\![A]\!][\psi](\boldsymbol{r}) \tag{C-21}$$

而它的矩阵元在一般情况下仍然是对变量 $\boldsymbol{r}$ 的微分算符.

(i) 自旋算符　这种运算最初是定义在 $\mathscr{E}_s$ 空间中的. 因此, 它们只对基矢 $|\boldsymbol{r}, \varepsilon\rangle$ 中的指标 ε 起作用, 它们的矩阵形式则是我们在 §B 中曾经给出的形式. 在这里我们只考察一个例子, 例如算符 S_+ 的矩阵. 将这个算符作用在已按 (C-6) 式展开的矢量 $|\psi\rangle$ 上, 便得到如下的矢量 $|\psi'\rangle$:

$$|\psi'\rangle = \hbar \int \mathrm{d}^3 r \psi_-(\boldsymbol{r})|\boldsymbol{r}, +\rangle \tag{C-22}$$

这是因为算符 S_+ 作用于任何右矢 $|\boldsymbol{r}, +\rangle$, 结果都为零, 作用于右矢 $|\boldsymbol{r}, -\rangle$ 则得 $\hbar|\boldsymbol{r}, +\rangle$. 根据 (C–22) 式, 在基 $\{|\boldsymbol{r}, \varepsilon\rangle\}$ 中, $|\psi'\rangle$ 的分量为:

$$\langle \boldsymbol{r}, +|\psi'\rangle = \psi'_+(\boldsymbol{r}) = \hbar\psi_-(\boldsymbol{r})$$
$$\langle \boldsymbol{r}, -|\psi'\rangle = \psi'_-(\boldsymbol{r}) = 0 \tag{C–23}$$

因此, 表示 $|\psi'\rangle$ 的旋量为:

$$[\psi'](\boldsymbol{r}) = \hbar \begin{pmatrix} \psi_-(\boldsymbol{r}) \\ 0 \end{pmatrix} \tag{C–24}$$

这个结果正是用下列矩阵

$$[\![S_+]\!] = \frac{\hbar}{2}(\sigma_x + \mathrm{i}\sigma_y) = \hbar \begin{pmatrix} 0 & 1 \\ 0 & 0 \end{pmatrix} \tag{C–25}$$

与旋量 $[\psi](\boldsymbol{r})$ 作矩阵乘法所得的结果.

　　(ii) 轨道算符　与上述情况相反, 这种算符总是保持基矢 $|\boldsymbol{r}, \varepsilon\rangle$ 中的指标 ε 不变; 作为 2×2 矩阵, 它们总是与单位矩阵成正比. 此外, 它们对旋量中依赖于 $\boldsymbol{r}$ 的函数的作用全同于它们对普通波函数的作用. 例如, 考察右矢 $|\psi'\rangle = X|\psi\rangle$ 和右矢 $|\psi''\rangle = P_x|\psi\rangle$. 在基 $\{|\boldsymbol{r}, \varepsilon\rangle\}$ 中, 它们的分量分别为: [978]

$$\psi'_\varepsilon(\boldsymbol{r}) = \langle \boldsymbol{r}, \varepsilon|X|\psi\rangle = x\psi_\varepsilon(\boldsymbol{r}) \tag{C–26–a}$$

$$\psi''_\varepsilon(\boldsymbol{r}) = \langle \boldsymbol{r}, \varepsilon|P_x|\psi\rangle = \frac{\hbar}{\mathrm{i}} \frac{\partial}{\partial x}\psi_\varepsilon(\boldsymbol{r}) \tag{C–26–b}$$

因此, 用下面的 2×2 矩阵:

$$[\![X]\!] = \begin{pmatrix} x & 0 \\ 0 & x \end{pmatrix} \tag{C–27–a}$$

$$[\![P_x]\!] = \frac{\hbar}{\mathrm{i}} \begin{pmatrix} \dfrac{\partial}{\partial x} & 0 \\ 0 & \dfrac{\partial}{\partial x} \end{pmatrix} \tag{C–27–b}$$

便可以从旋量 $[\psi](\boldsymbol{r})$ 得到旋量 $[\psi'](\boldsymbol{r})$ 和 $[\psi''](\boldsymbol{r})$.

　　(iii) 混合算符　在空间 $\mathscr{E}$ 中起作用的最普遍的算符, 若用矩阵来表示, 就是一个 2×2 矩阵, 它的元素是对变量 $\boldsymbol{r}$ 求导的微分算符. 例如:

$$[\![L_z, S_z]\!] = \frac{\hbar}{2} \begin{pmatrix} \dfrac{\hbar}{\mathrm{i}} \dfrac{\partial}{\partial \varphi} & 0 \\ 0 & -\dfrac{\hbar}{\mathrm{i}} \dfrac{\partial}{\partial \varphi} \end{pmatrix} \tag{C–28}$$

或

$$[\![S\cdot P]\!] = \frac{\hbar}{2}(\sigma_x P_x + \sigma_y P_y + \sigma_z P_z) = \frac{\hbar^2}{2\mathrm{i}}\begin{pmatrix} \dfrac{\partial}{\partial z} & \dfrac{\partial}{\partial x} - \mathrm{i}\dfrac{\partial}{\partial y} \\ \dfrac{\partial}{\partial x} + \mathrm{i}\dfrac{\partial}{\partial y} & -\dfrac{\partial}{\partial z} \end{pmatrix} \qquad (\text{C--29})$$

附注:

(i) 旋量表象 $\{|r,\varepsilon\rangle\}$ 类似于空间 $\mathscr{E}_r$ 中的 $\{|r\rangle\}$ 表象; 空间 $\mathscr{E}$ 中的一个任意算符 A 的矩阵元 $\langle\psi|A|\varphi\rangle$ 由下列公式给出:

$$\langle\psi|A|\varphi\rangle = \int \mathrm{d}^3 r[\psi]^\dagger(r)[\![A]\!][\varphi](r) \qquad (\text{C--30})$$

其中的 $[\![A]\!]$ 是表示算符 A 的 2×2 矩阵 (我们应先作矩阵乘法, 再对全空间积分). 只有当这种表象可以简化推理和计算时, 我们才使用它; 正如在空间 $\mathscr{E}_r$ 中那样, 我们应尽可能使用矢量和算符本身.

[979]

(ii) 显然, 还有一种 $\{|p,\varepsilon\rangle\}$ 表象, 它的基矢是 $\{P_x,P_y,P_z,S^2,S_z\}$. 这个 E.C.O.C. 的共同本征矢. 空间 $\mathscr{E}$ 中的标量积的定义给出:

$$\langle r,\varepsilon|p,\varepsilon'\rangle = \langle r|p\rangle\langle\varepsilon|\varepsilon'\rangle = \frac{1}{(2\pi\hbar)^{3/2}}\mathrm{e}^{\mathrm{i}p\cdot r/\hbar}\delta_{\varepsilon\varepsilon'} \qquad (\text{C--31})$$

在 $\{|p,\varepsilon\rangle\}$ 表象中, 我们给 $\mathscr{E}$ 空间中的每一个矢量 $|\psi\rangle$ 联系上一个具有二分量的旋量:

$$[\overline{\psi}](p) = \begin{pmatrix} \overline{\psi}_+(p) \\ \overline{\psi}_-(p) \end{pmatrix} \qquad (\text{C--32})$$

其中

$$\begin{aligned} \overline{\psi}_+(p) &= \langle p,+|\psi\rangle \\ \overline{\psi}_-(p) &= \langle p,-|\psi\rangle \end{aligned} \qquad (\text{C--33})$$

根据 (C--31) 式, $\overline{\psi}_+(p)$ 和 $\overline{\psi}_-(p)$ 就是 $\psi_+(r)$ 和 $\psi_-(r)$ 的傅里叶变换:

$$\begin{aligned} \overline{\psi}_\varepsilon(p) &= \langle p,\varepsilon|\psi\rangle = \sum_{\varepsilon'}\int \mathrm{d}^3 r\langle p,\varepsilon|r,\varepsilon'\rangle\langle r,\varepsilon'|\psi\rangle \\ &= \frac{1}{(2\pi\hbar)^{3/2}}\int \mathrm{d}^3 r\,\mathrm{e}^{-\mathrm{i}p\cdot r/\hbar}\psi_\varepsilon(r) \end{aligned} \qquad (\text{C--34})$$

算符仍然用 2×2 矩阵来表示; 对应于自旋算符的矩阵仍然和 $\{|r,\varepsilon\rangle\}$ 表象中的相同.

2. 物理预言的计算

在前面说明过的理论体系中, 利用在第三章中陈述过的各假定, 可以求得关于我们可能设想施行于一个电子的各种测量和预言. 下面举几个与此有关的例子.

假设态矢量 $|\psi\rangle$ 已经归一化 [公式 (C-15)], 首先, 我们要确切地说明 $|\psi\rangle$ 的两个分量 $\psi_+(\boldsymbol{r})$ 和 $\psi_-(\boldsymbol{r})$ 的概率性含义. 为此, 我们设想同时测量电子的位置及其自旋在 Oz 轴上的分量. 由于 X, Y, Z 和 S_z 构成一个 E.C.O.C., 故对应于给定的测量结果 x, y, z 和 $\pm\hbar/2$, 只存在一个态矢量. 在点 $\boldsymbol{r}(x, y, z)$ 周围的体积元 $\mathrm{d}^3 r$ 中发现电子而且其自旋 "向上" (即自旋在 Oz 方向上的分量为 $+\hbar/2$) 的概率 $\mathrm{d}^3\mathscr{P}(\boldsymbol{r}, +)$ 等于:

$$\mathrm{d}^3\mathscr{P}(\boldsymbol{r}, +) = |\langle \boldsymbol{r}, + | \psi \rangle|^2 \mathrm{d}^3 r = |\psi_+(\boldsymbol{r})|^2 \mathrm{d}^3 r \tag{C-35}$$

[980]

与此类似:

$$\mathrm{d}^3\mathscr{P}(\boldsymbol{r}, -) = |\langle \boldsymbol{r}, - | \psi \rangle|^2 \mathrm{d}^3 r = |\psi_-(\boldsymbol{r})|^2 \mathrm{d}^3 r \tag{C-36}$$

则为在上述体积元中发现电子而且其自旋 "向下" (即自旋在 Oz 方向上的分量为 $-\hbar/2$) 的概率.

如果与位置同时测量的自旋分量是沿 Ox 轴的分量, 那么, 可以使用第四章中的公式 (A-20). 观察算符 X, Y, Z 与 S_x 仍然构成一个 E.C.O.C., 与测量结果 $\{x, y, z, \pm\hbar/2\}$ 对应, 只存在一个态矢量:

$$|\boldsymbol{r}\rangle|\pm\rangle_x = \frac{1}{\sqrt{2}}[|\boldsymbol{r}, +\rangle \pm |\boldsymbol{r}, -\rangle] \tag{C-37}$$

于是, 在点 $\boldsymbol{r}$ 周围的体积元 $\mathrm{d}^3 r$ 中发现电子而且其自旋在 Ox 正方向上的概率等于:

$$\mathrm{d}^3 r \times \left| \frac{1}{\sqrt{2}}[\langle \boldsymbol{r}, +|\psi\rangle + \langle \boldsymbol{r}, -|\psi\rangle] \right|^2 = \frac{1}{2}|\psi_+(\boldsymbol{r}) + \psi_-(\boldsymbol{r})|^2 \mathrm{d}^3 r \tag{C-38}$$

当然, 取代电子的位置, 我们也可以测量其动量. 这时, 我们使用 $|\psi\rangle$ 在基矢 $|\boldsymbol{p}, \varepsilon\rangle$ 上的分量 [参看 §1 的附注 (ii)]; 也就是说, 使用 $\psi_\pm(\boldsymbol{r})$ 的傅里叶变换 $\overline{\psi}_\pm(\boldsymbol{p})$. 于是, 电子的动量为 $\boldsymbol{p}$, 误差不超过 $\mathrm{d}^3 p$, 而且其自旋在 Oz 轴上的分量为 $\pm\hbar/2$ 的概率 $\mathrm{d}^3\mathscr{P}(\boldsymbol{p}, \pm)$ 由下式给出:

$$\mathrm{d}^3\mathscr{P}(\boldsymbol{p}, \pm) = |\langle \boldsymbol{p}, \pm | \psi \rangle|^2 \mathrm{d}^3 p = |\overline{\psi}_\pm(\boldsymbol{p})|^2 \mathrm{d}^3 p \tag{C-39}$$

到此为止, 我们所设想的各种测量都是 "完全的", 也就是说, 那些测量每一次都是针对一个 E.C.O.C. 进行的. 在 "不完全" 的测量中, 将会有若干个互相正交的态对应于同一个测量结果, 这时我们应将对应的各概率幅的模平方加起来.

　　例如, 如果我们不打算测量电子的自旋, 那么, 在点 r 周围的体积元 d^3r 中找到电子的概率 $\mathrm{d}^3\mathscr{P}(r)$ 为:

$$\mathrm{d}^3\mathscr{P}(r) = [|\psi_+(r)|^2 + |\psi_-(r)|^2]\mathrm{d}^3r \tag{C--40}$$

实际上, 与测量结果 $\{x, y, z\}$ 联系着两个正交的态矢量 $|r, +\rangle$ 和 $|r, -\rangle$ 对应的概率幅为 $\psi_+(r)$ 与 $\psi_-(r)$.

　　最后, 我们来计算电子的自旋在 Oz 轴上的分量为 $+\hbar/2$ (而不问轨道变量之值如何) 的概率 $\mathscr{P}_+$. 与这样的测量结果相对应, 存在着无穷多个正交态, 诸如所有的右矢 $|r, +\rangle$, 其中的 r 是任意的. 因此, 我们应该取概率幅 $\langle r, +|\psi\rangle = \psi_+(r)$ 的模平方对 r 的一切可能值相加, 这样便得到:

[981]

$$\mathscr{P}_+ = \int \mathrm{d}^3r |\psi_+(r)|^2 \tag{C--41}$$

当然, 如果问题涉及自旋在 Ox 轴上而不是在 Oz 轴上的分量, 那么, 我们就应该计算 (C--38) 式遍及整个空间的积分. 上面的讨论推广了第四章 §B--2 中的结果, 在那里, 鉴于轨道变量可以用经典方法处理, 我们所关注的仅仅是自旋观察算符.

参考文献和阅读建议:

　　发现自旋的历史和原始文献索引: Jammer (4.8), §3--4.

　　在原子物理中自旋的显示: Eisberg 和 Resnick (1.3), 第 8 章; Born (11.4), 第 VI 章; Kuhn (11.1), 第 III 章, §§A.5, A.6 和 F; 见第四章中关于施特恩--格拉赫实验的参考文献.

　　电子的自旋磁矩: Cagnac 和 Pebay-Peyroula (11.2), 第 XII 章; Crane (11.16).

　　狄拉克方程: Schiff (1.18), 第 13 章; Messiah (1.17), 第 XX 章; Bjorken 和 Drell (2.6), 第 1 至第 4 章.

　　洛伦兹群: Omnès (16.13), 第 4 章; Bacry (10.31), 第 7、8 章.

　　自旋为 1 的粒子: Messiah (1.17), §XIII. 21.

第九章补充材料

阅读指南

[982]

在第四章后面有很多篇补充材料都涉及自旋 1/2 的性质; 所以第九章只有两篇补充材料.

A$_{IX}$: 自旋 1/2 粒子的旋转算符	A$_{IX}$: 这是补充材料 B$_{VI}$ 的续篇, 详细探讨自旋 1/2 的角动量与此自旋的几何旋转之间的关系; 属于中等难度, 初读时可以略去.
B$_{IX}$: 练习	B$_{IX}$: 练习 4 已经详细解出, 此题的内容是自旋 1/2 的粒子束在已磁化的铁磁性介质上反射时发生的偏振现象; 这是在某些实验中实际使用的方法.

[983]
补充材料 A_{IX}
自旋 1/2 粒子的旋转算符

---

　　1. 态空间中的旋转算符
　　　a. 总角动量
　　　b. 旋转算符分解为张量积
　　2. 自旋态的旋转
　　　a. 空间 $\mathscr{E}_s$ 中的旋转算符的具体计算
　　　b. 与角度为 2π 的旋转相联系的算符
　　　c. S 的矢量特性与自旋态在旋转中的行为之间的关系
　　3. 二分量旋量的旋转

　　现在我们要将已在补充材料 B_{VI} 中引入的关于旋转的概念应用到自旋 1/2 的粒子. 首先, 我们要考察旋转算符在这种情况下所取的形式, 然后, 再考察表示粒子的态的右矢以及与之相联系的二分量旋量在旋转中的行为.

1. 态空间中的旋转算符

a. 总角动量

　　一个自旋 1/2 的粒子具有轨道角动量 L 和自旋角动量 S. 自然地, 我们可以将这两种角动量的和定义为粒子的总角动量:

$$J = L + S \tag{1}$$

　　这个定义和我们在补充材料 B_{VI} 中提出的普遍想法完全一致; 这个定义保证了不仅 R 和 P 而且还有 S 都是矢量性的观察算符 (为了证实这一点, 只需计算这些观察算符的诸分量和 J 的诸分量之间的对易子; 参看补充材料 B_{VI} 的 §5–c).

b. 旋转算符分解为张量积

　　用 $\mathscr{R}_u(\alpha)$ 表示围绕单位矢 u 转过角度 α 的几何旋转, 在所考虑的粒子的态空间中, 与此旋转联系着一个旋转算符 (参看补充材料 B_{VI} 的 §4):

$$R_u(\alpha) = e^{-\frac{i}{\hbar}\alpha J \cdot u} \tag{2}$$

式中的 J 是 (1) 式中的总角动量.

由于 L 只在空间 $\mathscr{E}_r$ 中起作用, 而 S 只在空间 $\mathscr{E}_s$ 中起作用 (特别地, 由此 [984] 可以推知, L 的所有分量都可以和 S 的所有分量对易), 我们可以将 $\mathscr{R}_u(\alpha)$ 写成下面的张量积形式:

$$R_u(\alpha) = {}^{(r)}R_u(\alpha) \otimes {}^{(s)}R_u(\alpha) \tag{3}$$

式中

$$^{(r)}R_u(\alpha) = \mathrm{e}^{-\frac{\mathrm{i}}{\hbar}\alpha L \cdot u} \tag{4}$$

和

$$^{(s)}R_u(\alpha) = \mathrm{e}^{-\frac{\mathrm{i}}{\hbar}\alpha S \cdot u} \tag{5}$$

是在空间 $\mathscr{E}_r$ 和 $\mathscr{E}_s$ 中分别与 $\mathscr{R}_u(\alpha)$ 相联系的旋转算符.

假设一个自旋 1/2 粒子的态由下面的张量积右矢来描述:

$$|\psi\rangle = |\varphi\rangle \otimes |\chi\rangle \tag{6}$$

其中

$$\begin{aligned} |\varphi\rangle &\in \mathscr{E}_r \\ |\chi\rangle &\in \mathscr{E}_s \end{aligned} \tag{7}$$

若使这个粒子发生旋转 $\mathscr{R}_u(\alpha)$, 则旋转之后它的态将为:

$$|\psi'\rangle = R_u(\alpha)|\psi\rangle = [^{(r)}R_u(\alpha)|\varphi\rangle] \otimes [^{(s)}R_u(\alpha)|\chi\rangle] \tag{8}$$

由此可见, 粒子的自旋态也受到了旋转的影响; 这是我们将在 §2 中详细探讨的问题.

2. 自旋态的旋转

我们已经 (在补充材料 B_{VI} 的 §3 中) 研究过空间 $\mathscr{E}_r$ 中的旋转算符 $^{(r)}R$. 下面我们来考察在自旋态空间 $\mathscr{E}_s$ 中起作用的算符 $^{(s)}R$.

a. 空间 $\mathscr{E}_s$ 中的旋转算符的具体计算

如同在第九章中那样, 我们令:

$$S = \frac{\hbar}{2}\sigma \tag{9}$$

现在我们要计算算符:

$$^{(s)}R_u(\alpha) = \mathrm{e}^{-\frac{\mathrm{i}}{\hbar}\alpha S \cdot u} = \mathrm{e}^{-\mathrm{i}\frac{\alpha}{2}\sigma \cdot u} \tag{10}$$

为此, 可以利用算符的指数式定义:

$$^{(s)}R_{\boldsymbol{u}}(\alpha) = 1 - \frac{\mathrm{i}\alpha}{2}\boldsymbol{\sigma}\cdot\boldsymbol{u} + \frac{1}{2!}\left(-\mathrm{i}\frac{\alpha}{2}\right)^2(\boldsymbol{\sigma}\cdot\boldsymbol{u})^2 + \cdots + \frac{1}{n!}\left(-\mathrm{i}\frac{\alpha}{2}\right)^n(\boldsymbol{\sigma}\cdot\boldsymbol{u})^n + \cdots \quad (11)$$

[985] 但是利用第九章的恒等式 (B–12), 我们立即看出:

$$(\boldsymbol{\sigma}\cdot\boldsymbol{u})^2 = \boldsymbol{u}^2 = 1 \tag{12}$$

由此推知:

$$(\boldsymbol{\sigma}\cdot\boldsymbol{u})^n = \begin{cases} 1 & \text{若 } n \text{ 为偶数} \\ \boldsymbol{\sigma}\cdot\boldsymbol{u} & \text{若 } n \text{ 为奇数} \end{cases} \tag{13}$$

因而, 分别归并偶次项和奇次项后, 可将 (11) 式写作:

$$\begin{aligned} ^{(s)}R_{\boldsymbol{u}}(\alpha) = {} & \left[1 - \frac{1}{2!}\left(\frac{\alpha}{2}\right)^2 + \cdots + \frac{(-1)^p}{(2p)!}\left(\frac{\alpha}{2}\right)^{2p} + \cdots\right] \\ & - \mathrm{i}\boldsymbol{\sigma}\cdot\boldsymbol{u}\left[\frac{\alpha}{2} - \frac{1}{3!}\left(\frac{\alpha}{2}\right)^3 + \cdots + \frac{(-1)^p}{(2p+1)!}\left(\frac{\alpha}{2}\right)^{2p+1} + \cdots\right] \end{aligned} \quad (14)$$

此式即

$$\boxed{^{(s)}R_{\boldsymbol{u}}(\alpha) = \cos\frac{\alpha}{2} - \mathrm{i}\boldsymbol{\sigma}\cdot\boldsymbol{u}\sin\frac{\alpha}{2}} \tag{15}$$

利用这种形式, 我们就很容易计算算符 $^{(s)}R$ 对任意自旋态的作用.

由于表示 σ_x、σ_y 和 σ_z 的矩阵是已知的 [第九章的公式 (B–9)], 利用上列公式, 我们便可以写出旋转矩阵 $R_{\boldsymbol{u}}^{(1/2)}(\alpha)$ 在基 $\{|+\rangle, |-\rangle\}$ 中的具体形式; 于是得到:

$$R_{\boldsymbol{u}}^{(1/2)}(\alpha) = \begin{pmatrix} \cos\dfrac{\alpha}{2} - \mathrm{i}u_z\sin\dfrac{\alpha}{2} & (-\mathrm{i}u_x - u_y)\sin\dfrac{\alpha}{2} \\[2mm] (-\mathrm{i}u_x + u_y)\sin\dfrac{\alpha}{2} & \cos\dfrac{\alpha}{2} + \mathrm{i}u_z\sin\dfrac{\alpha}{2} \end{pmatrix} \tag{16}$$

其中的 u_x、u_y 与 u_z 是矢量 $\boldsymbol{u}$ 在直角坐标系中的分量.

b. 与角度为 2π 的旋转相联系的算符

如果将旋转的角度 α 取作 2π, 那么, 不论矢量 $\boldsymbol{u}$ 如何, 几何旋转 $\mathscr{R}_{\boldsymbol{u}}(2\pi)$ 将与恒等旋转完全符合. 但是, 我们若在公式 (15) 中令 $\alpha = 2\pi$, 就会得到:

$$^{(s)}R_{\boldsymbol{u}}(2\pi) = -1 \tag{17}$$

然而

$$^{(s)}R_{\boldsymbol{u}}(0) = 1 \tag{18}$$

[986] 与转角为 2π 的旋转相联系的算符不是恒等算符, 而是符号与之相反的算符; 因此, 在几何旋转与空间 $\mathscr{E}_s$ 中的旋转算符之间的对应关系中, 群的规律只是

局部地保持有效 [参看补充材料 B_{VI} 中 §3–c–γ 的附注 (iii) 中的讨论]; 其所以如此, 原因在于我们所考虑的粒子的自旋角动量为半整数.

在角度为 2π 的旋转中, 自旋态的符号发生变化, 这对我们并无妨碍, 这是因为只差一个总的相位因子的两个态矢量具有同样的物理性质. 更重要的是, 我们应该研究在这样的旋转中, 一个观察算符 A 是怎样变换的. 很容易证实:

$$A' = {}^{(s)}R_{\boldsymbol{u}}(2\pi)A^{(s)}R_{\boldsymbol{u}}^{\dagger}(2\pi) = A \tag{19}$$

从物理上看, 这个结果是令人满意的: 角度为 2π 的旋转不会更改对 A 进行测量的仪器; 因此 A' 的谱应该保持与 A 的谱一致.

附注:

在补充材料 B_{VI} 中 [§3–c–γ 的附注 (iii)] 我们证明过:

$$ {}^{(r)}R_{\boldsymbol{u}}(2\pi) = 1 \tag{20}$$

因而, 在总的态空间 $\mathscr{E} = \mathscr{E}_{\boldsymbol{r}} \otimes \mathscr{E}_s$ 中, 如同在空间 $\mathscr{E}_s$ 中, 我们有:

$$R_{\boldsymbol{u}}(2\pi) = {}^{(r)}R_{\boldsymbol{u}}(2\pi) \otimes {}^{(s)}R_{\boldsymbol{u}}(2\pi) = -1 \tag{21}$$

c. $\boldsymbol{S}$ 的矢量特性与自旋态在旋转中的行为之间的关系

我们来考虑任意的自旋态 $|\chi\rangle$. 在第四章 (§B–1–c) 中, 我们证明过, 一定存在着这样的角度 θ 和 φ 使得 $|\chi\rangle$ 可以被写为 (除去一个没有物理意义的总的相位因子):

$$|\chi\rangle = \mathrm{e}^{-\mathrm{i}\varphi/2}\cos\frac{\theta}{2}|+\rangle + \mathrm{e}^{\mathrm{i}\varphi/2}\sin\frac{\theta}{2}|-\rangle \tag{22}$$

于是 $|\chi\rangle$ 表现为自旋 $\boldsymbol{S}$ 在极角 θ 和 φ 所确定的单位矢 $\boldsymbol{v}$ 方向上的分量 $\boldsymbol{S}\cdot\boldsymbol{v}$ 的本征矢, 属于本征值 $+\hbar/2$. 现在对态 $|\chi\rangle$ 施行一次给定的旋转. 因 $\boldsymbol{S}$ 是一个矢量性观察算符, 故旋转后的态 $|\chi'\rangle$ 应该是 $\boldsymbol{S}$ 的分量 $\boldsymbol{S}\cdot\boldsymbol{v}'$ 的本征矢, 属于本征值 $+\hbar/2$, 这里的 $\boldsymbol{v}'$ 是 $\boldsymbol{v}$ 经过旋转后而变换成的单位矢 (参看补充材料 B_{VI} 的 §5):

$$|\chi\rangle = |+\rangle_{\boldsymbol{v}} \Longrightarrow |\chi'\rangle = R|\chi\rangle \propto |+\rangle_{\boldsymbol{v}'} \tag{23}$$

其中

$$\boldsymbol{v}' = \mathscr{R}\boldsymbol{v} \tag{24}$$

下面我们只就一种特殊情况 (参看图 9–1) 来证明结果确实如此: 我们取 Oz 轴上的单位矢 $\boldsymbol{e}_z$ 作为 $\boldsymbol{v}$, 取任意单位矢作为 $\boldsymbol{v}'$, 其极角为 θ 和 φ; 假设单位矢 $\boldsymbol{u}$ 的极角为:

$$\theta_u = \frac{\pi}{2}$$
$$\varphi_u = \varphi + \frac{\pi}{2} \tag{25}$$

那么, $\boldsymbol{v}'$ 就是从 $\boldsymbol{v} = \boldsymbol{e}_z$ 出发围绕单位矢 $\boldsymbol{u}$ 转过一个角度 θ 的旋转而得的单位矢. 于   [987]

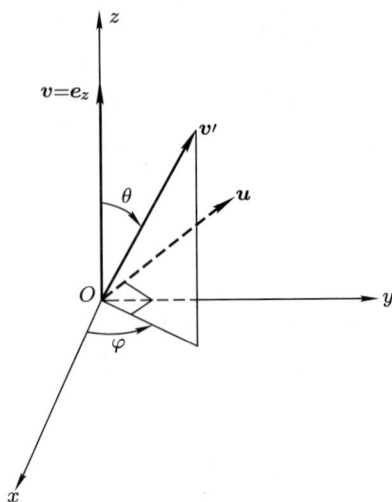

图 9–1　令矢量 $\boldsymbol{v} = \boldsymbol{e}_z$ 围绕矢量 $\boldsymbol{u}$ 转过角度 θ 便得到单位矢 $\boldsymbol{v}'$，其极角为 θ 和 φ.

是，我们应该得到：

$$^{(s)}R_{\boldsymbol{u}}(\theta)|+\rangle \propto |+\rangle_{v'} \tag{26}$$

矢量 $\boldsymbol{u}$ 在直角坐标系中的分量为：

$$u_x = -\sin\varphi$$
$$u_y = \cos\varphi$$
$$u_z = 0 \tag{27}$$

因此，按公式 (15)，可将算符 $^{(s)}R_{\boldsymbol{u}}(\theta)$ 写作：

$$
\begin{aligned}
^{(s)}R_{\boldsymbol{u}}(\theta) &= \cos\frac{\theta}{2} - \mathrm{i}\boldsymbol{\sigma}\cdot\boldsymbol{u}\sin\frac{\theta}{2} \\
&= \cos\frac{\theta}{2} - \mathrm{i}(-\sigma_x\sin\varphi + \sigma_y\cos\varphi)\sin\frac{\theta}{2} \\
&= \cos\frac{\theta}{2} - \frac{1}{2}(\sigma_+\mathrm{e}^{-\mathrm{i}\varphi} - \sigma_-\mathrm{e}^{\mathrm{i}\varphi})\sin\frac{\theta}{2}
\end{aligned} \tag{28}
$$

其中

$$\sigma_\pm = \sigma_x \pm \mathrm{i}\sigma_y \tag{29}$$

但是，我们知道 [参看第九章的公式 (B–7)]：

$$\sigma_+|+\rangle = 0$$
$$\sigma_-|+\rangle = 2|-\rangle \tag{30}$$

于是右矢 $|+\rangle$ 经算符 $^{(s)}R_{\boldsymbol{u}}(\theta)$ 变换后成为：

$$^{(s)}R_{\boldsymbol{u}}(\theta)|+\rangle = \cos\frac{\theta}{2}|+\rangle + \mathrm{e}^{\mathrm{i}\varphi}\sin\frac{\theta}{2}|-\rangle \tag{31}$$

实际上, 不难看出, 除一个相位因子外, 这就是右矢 $|+\rangle_{v'}$ [参看公式 (22)], 故   [988]

$$^{(s)}R_{\boldsymbol{u}}(\theta)|+\rangle = \mathrm{e}^{\mathrm{i}\varphi/2}|+\rangle_{v'} \tag{32}$$

3. 二分量旋量的旋转

现在我们已具备必要的基础来研究自旋 1/2 的粒子在旋转中的总的行为, 也就是说, 要同时考虑粒子的外部和内部自由度.

我们考虑一个自旋 1/2 的粒子, 它的态由态空间 $\mathscr{E} = \mathscr{E}_{\boldsymbol{r}} \otimes \mathscr{E}_s$. 中的右矢 $|\psi\rangle$ 来描述, 这个右矢 $|\psi\rangle$ 可以用分量为

$$\psi_\varepsilon(\boldsymbol{r}) = \langle \boldsymbol{r}, \varepsilon | \psi \rangle \tag{33}$$

的旋量 $[\psi](\boldsymbol{r})$ 来表示. 我们对此粒子施行一次给定的几何旋转 $\mathscr{R}$, 于是它的态变为:

$$|\psi'\rangle = R|\psi\rangle \tag{34}$$

其中

$$R = {}^{(\boldsymbol{r})}R \otimes {}^{(s)}R \tag{35}$$

是在 $\mathscr{E}$ 空间中与几何旋转 $\mathscr{R}$ 相联系的算符. 现在要问: 怎样从 $[\psi][\boldsymbol{r}]$ 求得对应于态 $|\psi'\rangle$ 的旋量 $[\psi'](\boldsymbol{r})$ 呢?

为了回答这个问题, 我们将 $[\psi']$ 的分量 $\psi'_\varepsilon(\boldsymbol{r})$ 写作:

$$\psi'_\varepsilon(\boldsymbol{r}) = \langle \boldsymbol{r}, \varepsilon | \psi' \rangle = \langle \boldsymbol{r}, \varepsilon | R | \psi \rangle \tag{36}$$

在 R 与 $|\psi\rangle$ 之间插入基 $\{|\boldsymbol{r}', \varepsilon'\rangle\}$ 中的闭合性关系式:

$$\psi'_\varepsilon(\boldsymbol{r}) = \sum_{\varepsilon'} \int \mathrm{d}^3 r' \langle \boldsymbol{r}, \varepsilon | R | \boldsymbol{r}', \varepsilon' \rangle \langle \boldsymbol{r}', \varepsilon' | \psi \rangle \tag{37}$$

这样就使 $[\psi](\boldsymbol{r})$ 的分量出现在公式中了. 但是, 基 $\{|\boldsymbol{r}, \varepsilon\rangle\}$ 中的矢量是张量积, 故算符 R 在这个基中的矩阵元可以分解为下列形式:

$$\langle \boldsymbol{r}, \varepsilon | R | \boldsymbol{r}', \varepsilon' \rangle = \langle \boldsymbol{r} |^{(\boldsymbol{r})} R | \boldsymbol{r}' \rangle \langle \varepsilon |^{(s)} R | \varepsilon' \rangle \tag{38}$$

我们已经知道 [参看补充材料 $\mathbf{B}_{\text{VI}}$ 的公式 (26)]:

$$\langle \boldsymbol{r} |^{(\boldsymbol{r})} R | \boldsymbol{r}' \rangle = \langle \mathscr{R}^{-1} \boldsymbol{r} | \boldsymbol{r}' \rangle = \delta[\boldsymbol{r}' - (\mathscr{R}^{-1} \boldsymbol{r})] \tag{39}$$

因此, 如果令:

$$\langle \varepsilon |^{(s)} R | \varepsilon' \rangle = R_{\varepsilon \varepsilon'}^{(1/2)} \tag{40}$$

则可将 (37) 式最后写成:

$$\psi'_\varepsilon(\boldsymbol{r}) = \sum_{\varepsilon'} R^{(1/2)}_{\varepsilon\varepsilon'} \psi_{\varepsilon'}(\mathscr{R}^{-1}\boldsymbol{r}) \tag{41}$$

[989]　　写成显式, 这就是:

$$\begin{pmatrix} \psi'_+(\boldsymbol{r}) \\ \psi'_-(\boldsymbol{r}) \end{pmatrix} = \begin{pmatrix} R^{(1/2)}_{++} & R^{(1/2)}_{+-} \\ R^{(1/2)}_{-+} & R^{(1/2)}_{--} \end{pmatrix} \begin{pmatrix} \psi_+(\mathscr{R}^{-1}\boldsymbol{r}) \\ \psi_-(\mathscr{R}^{-1}\boldsymbol{r}) \end{pmatrix} \tag{42}$$

　　于是我们得到了下述结果: 在点 $\boldsymbol{r}$ 处的新旋量 $[\psi']$ 的每一个分量都是在点 $\mathscr{R}^{-1}\boldsymbol{r}$ (旋转将该点映射到 $\boldsymbol{r}$ 点)[①] 处的原旋量 $[\psi]$ 的两个分量的线性组合; 这些线性组合中的系数是在空间 $\mathscr{E}_s$ 的基 $\{|+\rangle, |-\rangle\}$ 中表示 $^{(s)}R$ 的 2×2 矩阵的元素 [参看公式 (16)].

参考文献和阅读建议:

　　Feynman III (1.2), 第 6 章; 第 18 章, §18–4 和附文 1; Messiah (1.17), 附录 C; Edmonds (2.21), 第四章.

　　旋转群和 SU(2): Bacry (10.31), 第 6 章; Wigner (2.23), 第 15 章; Meijer 和 Bauer (2.18), 第 5 章.

　　关于自旋 1/2 的旋转的实验: Werner 等的论文 (11.18).

---

　　① 注意, 这种行为和矢量场在旋转中的行为非常相似.

补充材料 B_{IX}

练习

[990]

1. 考虑自旋 $1/2$ 的粒子. 用 $\boldsymbol{S}$ 表示它的自旋, 用 $\boldsymbol{L}$ 表示它的轨道角动量, 用 $|\psi\rangle$ 表示它的态矢量. 函数 $\psi_+(\boldsymbol{r})$ 和 $\psi_-(\boldsymbol{r})$ 的定义是:

$$\psi_\pm(\boldsymbol{r}) = \langle \boldsymbol{r}, \pm | \psi \rangle$$

假设

$$\psi_+(\boldsymbol{r}) = R(r) \left[Y_0^0(\theta, \varphi) + \frac{1}{\sqrt{3}} Y_1^0(\theta, \varphi) \right]$$

$$\psi_-(\boldsymbol{r}) = \frac{R(r)}{\sqrt{3}} [Y_1^1(\theta, \varphi) - Y_1^0(\theta, \varphi)]$$

其中的 r, θ, φ, 是粒子的坐标, $R(r)$ 是 r 的已知函数.

a. 为了使 $|\psi\rangle$ 归一化, 函数 $R(r)$ 应满足什么条件?

b. 在粒子处于态 $|\psi\rangle$ 时, 我们测量 S_z, 问测量的结果如何, 此结果出现的概率又如何? 对于 L_z, 再对于 S_x, 试回答同样的问题.

c. 在粒子处于态 $|\psi\rangle$ 时, 我们测量 $\boldsymbol{L}^2$, 得到的结果为零; 问刚测量之后粒子处于什么态? 若测量 $\boldsymbol{L}^2$ 所得结果为 $2\hbar^2$, 试回答同样的问题.

2. 考虑自旋 $1/2$ 的粒子; $\boldsymbol{P}$ 和 $\boldsymbol{S}$ 表示与粒子的动量和自旋相联系的观察算符. 我们取 P_x, P_y, P_z 的共同本征矢 (分别对应于本征值 P_x, P_y, P_z 与 $\pm\hbar/2$) 为态空间的正交归一基矢量 $|p_x, p_y, p_z, \pm\rangle$

算符 A 的定义是:

$$A = \boldsymbol{S} \cdot \boldsymbol{P}$$

我们要解出 A 的本征值方程.

a. A 是厄米算符吗?

b. 试证: 我们可以找到由 A 的本征矢 (它们也是 P_x, P_y, P_z 的本征矢) 所构成的一个基. 在由诸右矢 $|p_x, p_y, p_z, \pm\rangle$ (p_x, p_y, p_z 的值是固定的) 所张成的子空间中, 表示 A 的是什么矩阵?

c. 求 A 的本征值和它们的简并度. 举出 A 与 P_x, P_y, P_z 的共同本征矢的一个集合.

[991] **3. 泡利的哈密顿算符**

电磁场的矢势为 $\boldsymbol{A}(\boldsymbol{r}, t)$, 标势为 $U(\boldsymbol{r}, t)$; 处在场中的电子的质量为 m, 电荷为 q, 自旋为 $\frac{\hbar}{2}\boldsymbol{\sigma}(\sigma_x, \sigma_y, \sigma_z$ 为泡利矩阵); 这个电子的哈密顿算符可以写作:

$$H = \frac{1}{2m}[\boldsymbol{P} - q\boldsymbol{A}(\boldsymbol{R}, t)]^2 + qU(\boldsymbol{R}, t) - \frac{q\hbar}{2m}\boldsymbol{\sigma} \cdot \boldsymbol{B}(\boldsymbol{R}, t)$$

最后一项表示自旋磁矩 $\frac{q\hbar}{2m}\boldsymbol{\sigma}$ 与磁场 $\boldsymbol{B}(\boldsymbol{R}, t) = \nabla \times \boldsymbol{A}(\boldsymbol{R}, t)$. 之间的相互作用.

试利用泡利矩阵的性质证明: 上面的哈密顿算符还可以写成下列形式 ("泡利的哈密顿算符"):

$$H = \frac{1}{2m}\{\boldsymbol{\sigma} \cdot [\boldsymbol{P} - q\boldsymbol{A}(\boldsymbol{R}, t)]\}^2 + qU(\boldsymbol{R}, t)$$

4. 本题试图研究单能中子束垂直投射到铁磁性物质上时发生的反射. 以入射束的传播方向为 Ox 轴, 以铁磁性物质的表面为 yOz 平面, 假设这块物质占据了整个 $x > 0$ 的区域 (见图 9-2). 用 E 表示每个入射中子的能量, 用 m 表示中子的质量. 中子的自旋 $S = 1/2$ 磁矩为 $\boldsymbol{M} = \gamma\boldsymbol{S}$ (γ 表示旋磁比, $\boldsymbol{S}$ 表示自旋算符).

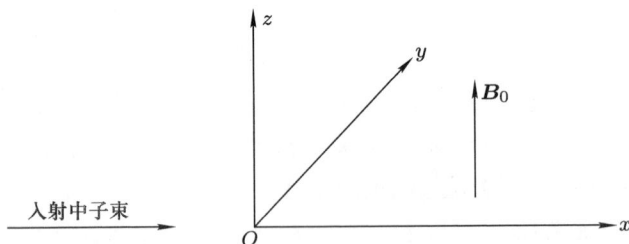

图 9-2

中子的势能为下述两部分能量之和:

—— 第一部分是中子与物质中的核子的相互作用能, 我们唯象地将它表示为函数 $V(x)$, 若 $x \leqslant 0, V(x) = 0$; 若 $x > 0, V(x) = V_0 > 0$.

—— 第二部分是每一个中子的磁矩与物质的内磁场 $\boldsymbol{B}_0$ 的相互作用能 (设 $\boldsymbol{B}_0$ 是均匀的, 方向平行于 Oz 轴). 于是, 若 $x \leqslant 0, W = 0$; 若 $x > 0, W = \omega_0 S_z$

(这里的 $\omega_0 = -\gamma B_0$). 在本题中, 我们始终只考虑

$$0 < \frac{\hbar\omega_0}{2} < V_0$$

的情况.

a. 对应于入射动量为正, 而自旋平行或反平行于 Oz 轴的情况, 试确定粒 子的定态. [992]

b. 在这个小题中, 假设 $V_0 - \hbar\omega_0/2 < E < V_0 + \hbar\omega_0/2$. 入射中子束是非偏振的. 试计算反射束的偏振比. 试举出这个问题的一项实际应用.

c. 现在考虑能量 E 具有任意正值的一般情况. 假设入射中子的自旋指向 Ox 轴的方向. 问反射粒子的自旋取向如何 (根据 E 和 $V_0 \pm \hbar\omega_0/2$ 的相对大小, 可区分为三种情况来讨论)?

练习 4 的解答

a. 粒子的哈密顿算符为:

$$H = \frac{\boldsymbol{P}^2}{2m} + V(X) + W \tag{1}$$

其中的 $V(X)$ 只对轨道变量起作用, 故与 S_z 对易; 而 W 正比于 S_z, 故两者对易. 此外, $V(X)$ 可以和 P_y 及 P_z 对易; W 当然也可以和 P_y, P_z 对易, 因为它只对自旋起作用. 于是, 我们可以找到由 H, S_z, P_y, P_z 的共同本征矢所构成的一个基, 基矢量可以写作:

$$|\varphi_{E,p_y,p_z}^{\pm}\rangle = |\varphi_E^{\pm}\rangle \otimes |p_y\rangle \otimes |p_z\rangle \otimes |\pm\rangle \tag{2}$$

其中

$$\begin{aligned}
&|\varphi_E^{\pm}\rangle \in \mathscr{E}_x \\
&|p_y\rangle \in \mathscr{E}_y; P_y|p_y\rangle = p_y|p_y\rangle \\
&|p_z\rangle \in \mathscr{E}_z; P_z|p_z\rangle = p_z|p_z\rangle \\
&|\pm\rangle \in \mathscr{E}_s; S_z|\pm\rangle = \pm\frac{\hbar}{2}|\pm\rangle
\end{aligned} \tag{3}$$

而右矢 $|\varphi_E^{\pm}\rangle$ 则是本征值方程

$$\left[\frac{P_x^2}{2m} + V(X) + \frac{1}{2m}(p_y^2 + p_z^2) \pm \frac{\hbar\omega_0}{2}\right]|\varphi_E^{\pm}\rangle = E|\varphi_E^{\pm}\rangle \tag{4}$$

的解. 在前面, 我们假设过入射束是垂直投射的, 因此, 可以令 $p_y = p_z = 0$. 用 $\varphi_E^{\pm}(x) = \langle x|\varphi_E^{\pm}\rangle$ 表示与态 $|\varphi_E^{\pm}\rangle$ 相联系的波函数, 它满足下列方程:

$$\left[-\frac{\hbar^2}{2m}\frac{\mathrm{d}^2}{\mathrm{d}x^2} + V(x) \pm \frac{\hbar\omega_0}{2}\right]\varphi_E^{\pm}(x) = E\varphi_E^{\pm}(x) \tag{5}$$

这样一来, 我们又回到了一维 "方形势" 的经典问题, 即 "势阶" 上的反射问题 (参看补充材料 H_I).

[993]　　在 $x < 0$ 的区域中, $V(x)$ 为零, 总能量 E (正值) 超过了势能; 我们知道在这种情况下, 波函数是振荡型的虚指数函数的叠加:

$$\varphi_E^{\pm}(x) = A_{\pm} e^{ikx} + B_{\pm} e^{-ikx} \quad \text{若 } x < 0 \tag{6}$$

其中

$$k = \sqrt{\frac{2m}{\hbar^2} E} \tag{7}$$

$A_{\pm}$ 给出与入射粒子 (自旋平行或反平行于 Oz 轴) 相联系的波的振幅, $B_{\pm}$ 给出与反射粒子 (自旋平行或反平行于 Oz 轴) 相联系的波的振幅.

　　在 $x > 0$ 的区域中, $V(x)$ 等于 V_0, 根据 E 和 $V_0 \pm \hbar\omega_0/2$ 的相对大小, 波函数或许具有振荡型指数函数的行为, 或许具有衰减型指数函数的行为. 我们区分下面三种情况:

(i) 若 $E > V_0 + \dfrac{\hbar\omega_0}{2}$, 则我们令:

$$k'_{\pm} = \sqrt{\frac{2m}{\hbar^2} \left(E - V_0 \mp \frac{\hbar\omega_0}{2} \right)} \tag{8}$$

这时透射波具有振荡型指数函数的行为:

$$\varphi_E^{\pm}(x) = C_{\pm} e^{ik'_{\pm}x} \quad \text{若 } x > 0. \tag{9}$$

另一方面, 从波函数及其导数的连续性条件可以推出 [参看补充材料 H_I 的 (13) 式和 (14) 式]:

$$\frac{B_{\pm}}{A_{\pm}} = \frac{k - k'_{\pm}}{k + k'_{\pm}} \quad \frac{C_{\pm}}{A_{\pm}} = \frac{2k}{k + k'_{\pm}} \tag{10}$$

(ii) 反之, 若 $E < V_0 - \dfrac{\hbar\omega_0}{2}$, 则须引入两个量 $\rho_{\pm}$:

$$\rho_{\pm} = \sqrt{\frac{2m}{\hbar^2} \left(V_0 \pm \frac{\hbar\omega_0}{2} - E \right)} \tag{11}$$

这时在 $x > 0$ 的区域中的波是衰减型的实指数函数 (即隐失波):

$$\varphi_E^{\pm}(x) = D_{\pm} e^{-\rho_{\pm}x} \quad \text{若 } x > 0. \tag{12}$$

在这种情况下, 还有下列关系式 [参看补充材料 H_I 的 (22) 式和 (23) 式]:

$$\frac{B_{\pm}}{A_{\pm}} = \frac{k - i\rho_{\pm}}{k + i\rho_{\pm}}; \quad \frac{D_{\pm}}{A_{\pm}} = \frac{2k}{k + i\rho_{\pm}} \tag{13}$$

(iii) 最后考虑中间情况 $V_0 - \hbar\omega_0/2 < E < V_0 + \hbar\omega_0/2$, 我们有:

$$\varphi_E^+(x) = D_+ e^{-\rho_+ x} \quad \text{若 } x > 0. \tag{14-a}$$

$$\varphi_E^-(x) = C_- e^{ik'_- x} \quad \text{若 } x > 0. \tag{14-b}$$

[对于这里的 k'_- 和 ρ_+ (8) 式和 (11) 式中的定义仍然有效]; 现在的波函数或是 [994] 衰减型的指数函数, 或是振荡型的指数函数, 这要视自旋的取向而定. 于是, 我们有:

$$\frac{B_+}{A_+} = \frac{k - i\rho_+}{k + i\rho_+}; \quad \frac{D_+}{A_+} = \frac{2k}{k + i\rho_+} \tag{15-a}$$

$$\frac{B_-}{A_-} = \frac{k - k'_-}{k + k'_-}; \quad \frac{C_-}{A_-} = \frac{2k}{k + k'_-} \tag{15-b}$$

b. 当 $V_0 - \hbar\omega_0/2 < E < V_0 + \hbar\omega_0/2$ 时, 情况和上面的第 (iii) 种相同. 如果入射中子的自旋在 Oz 轴上的投影为 $\hbar/2$, 则对应的反射系数为:

$$R_+ = \left|\frac{B_+}{A_+}\right|^2 = \left|\frac{k - i\rho_+}{k + i\rho_+}\right|^2 = 1 \tag{16}$$

反之, 若自旋在 Oz 轴上的投影为 $-\hbar/2$, 则反射系数不再等于 1, 因为这时其值由下式给出:

$$R_- = \left|\frac{B_-}{A_-}\right|^2 = \left(\frac{k - k'_-}{k + k'_-}\right)^2 < 1 \tag{17}$$

现在, 我们就可以看出反射束何以是偏振的, 这是因为自旋的取向不同, 中子被反射的概率也就不同. 非偏振的入射束可以看作是由这样一些中子组成的: 它们的自旋态为 $|+\rangle$ 的概率等于 $1/2$, 自旋态为 $|-\rangle$ 的概率也等于 $1/2$. 考虑到 (16) 式和 (17) 式, 我们可以看出, 反射束中的一个粒子的自旋态为 $|+\rangle$ 的概率是 $\frac{1}{1+R_-}$, 自旋态为 $|-\rangle$ 的概率是 $\frac{R_-}{1+R_-}$; 因此, 反射束的偏振比为:

$$T = \frac{1 - R_-}{1 + R_-} = \frac{2kk'}{k^2 + k'^2_-} \tag{18}$$

在实验室中, 我们可以具体利用在饱和铁磁性介质上的反射束获得偏振中子束. 为了提高所得的偏振比, 我们使中子束倾斜地投射到铁磁镜面上, 所以上面得到的理论结果不能直接应用; 但实验的原理则是相同的. 作为铁磁性介质, 我们通常选用钴; 当这种材料磁化到饱和时, 可以得到较高的偏振比 $T(T \gtrsim 80\%)$. 此外, 还要指出, 同一个中子束反射装置, 对于自旋取向来说, 既可以用作 "起偏器", 又可以用作 "检偏器"; 这种可能性在对中子磁矩进行精确测量时就已为人们所利用.

[995]   c. 现在考虑这样的中子: 动量平行于 Ox 轴, 模为 $p = \hbar k$, 自旋投影 $\langle S_x \rangle$ 为 $\hbar/2$; 这个中子的态为 [参看第四章的 (A–20) 式]:

$$|\psi\rangle = |p\rangle \otimes \frac{1}{\sqrt{2}}[|+\rangle + |-\rangle] \tag{19}$$

注意

$$\langle \boldsymbol{r}|p\rangle = \frac{1}{(2\pi\hbar)^{3/2}} \mathrm{e}^{ipx/\hbar} \tag{20}$$

设入射波具有 (19) 式的形式, 应怎样构成粒子的定态? 不难看出, 我们只需考虑下面的态:

$$|\psi_s\rangle = \frac{1}{\sqrt{2}}[|\varphi_{E,0,0}^+\rangle + |\varphi_{E,0,0}^-\rangle] \tag{21}$$

这也就是 (2) 式中的哈密顿算符的属于同一本征值 $E = p^2/2m$ 的两个本征右矢的线性组合. 于是, 在右矢 $|\psi_s\rangle$ 中描述反射波的部分为:

$$|-p\rangle \otimes \frac{1}{\sqrt{2}}[B_+|+\rangle + B_-|-\rangle] \tag{22}$$

其中的 B_+ 和 B_- 按不同的情况由 (10), (13) 或 (15) 式给出 (A_+ 和 A_- 已换成 1). 对于形如 (22) 式这样的态, 我们来计算平均值 $\langle \boldsymbol{S} \rangle$. 这个态是张量积, 自旋变量和轨道变量互不相干; 从而 $\langle \boldsymbol{S} \rangle$ 可以很简单地得自自旋态矢量 $B_+|+\rangle + B_-|-\rangle$, 这样就得到:

$$\langle S_x \rangle = \frac{\hbar}{2} \frac{B_+^* B_- + B_-^* B_+}{|B_+|^2 + |B_-|^2} \tag{23-a}$$

$$\langle S_y \rangle = \frac{\hbar}{2} \frac{\mathrm{i}(B_-^* B_+ - B_+^* B_-)}{|B_+|^2 + |B_-|^2} \tag{23-b}$$

$$\langle S_z \rangle = \frac{\hbar}{2} \frac{|B_+|^2 - |B_-|^2}{|B_+|^2 + |B_-|^2} \tag{23-c}$$

现在可以分三种情况来讨论:

    (i) 若 $E > V_0 + \dfrac{\hbar\omega_0}{2}$, 从 (10) 式我们可以看出, B_+ 和 B_- 都是实数. 于是 (23) 式表明, $\langle S_x \rangle$ 和 $\langle S_z \rangle$ 都不等于零, 但 $\langle S_y \rangle = 0$. 这就是说, 粒子反射时, 其自旋绕着 Oy 轴发生了旋转. 从物理上看, 正是自旋平行或反平行于 Oz 轴的中子的反射比之间的差异说明了分量 $\langle S_z \rangle$ 为什么变为正的.

[996]   (ii) 若 $E < V_0 - \dfrac{\hbar\omega_0}{2}$, 则 (13) 式表明 B_+ 和 B_- 都不是实数, 而是相位不同而模相同的两个复数. 根据 (23) 式, 这时 $\langle S_z \rangle = 0$, 但 $\langle S_x \rangle \neq 0$, 而且 $\langle S_y \rangle \neq 0$. 这就是说, 粒子反射时, 其自旋绕着 Oz 轴发生了旋转; 其物理上的原因在于:

因为存在着隐失波, 中子在 $x > 0$ 的区域中要花费一定的时间; 它们围绕 $\boldsymbol{B}_0$ 的拉莫尔进动说明了自旋的旋转.

(iii) 若 $V_0 - \hbar\omega_0/2 < E < V_0 + \hbar\omega_0/2$. 则 B_+ 为复数而 B_- 为实数, 两者的大小不相等. 这时自旋的任何一个分量 $\langle S_x \rangle$, $\langle S_y \rangle$ 或 $\langle S_z \rangle$ 都不为零; 粒子反射时, 自旋的旋转应由上面的 (i) 和 (ii) 中的效应结合起来解释.

第十章

角动量的耦合

[998]

第十章提纲

§A. 引言	1. 经典力学中的总角动量
	2. 量子力学中的总角动量的意义
§B. 两个自旋 1/2 的耦合; **　　初等方法**	1. 问题的梗概 　　a. 态空间 　　b. 总自旋 S. 对易关系式 　　c. 有待进行的基的变换 2. S_z 的本征值及其简并度 3. S^2 的对角化 　　a. 表示 S^2 的矩阵的计算 　　b. S^2 的本征值和本征矢 4. 结果: 三重态和单态
§C. 两个任意角动量的耦合; **　　普遍方法**	1. 复习角动量的普遍理论 2. 问题的梗概 　　a. 态空间 　　b. 总角动量. 对易关系式 　　c. 有待进行的基的变换 3. J^2 和 J_z 的本征值 　　a. 两个自旋 1/2 的特例 　　b. J_z 的本征值及其简并度 　　c. J^2 的本征值 4. J^2 和 J_z 的共同本征矢 　　a. 两个自旋 1/2 的特例 　　b. 一般情况 (j_1 和 j_2 是任意的) 　　c. 克莱布希–高登系数

§A. 引言

1. 经典力学中的总角动量

我们考虑经典力学中的 N 粒子体系, 这个体系对于定点 O 的总角动量 $\mathscr{L}$ 等于 N 个粒子中每个粒子对于 O 点的角动量的矢量和:

$$\mathscr{L} = \sum_{i=1}^{N} \mathscr{L}_i \tag{A-1}$$

其中

$$\mathscr{L}_i = \boldsymbol{r}_i \times \boldsymbol{p}_i \tag{A-2}$$

$\mathscr{L}$ 对时间的导数等于外力对于 O 点的矩. 因此, 若所有的外力都等于零 (即孤立体系), 或所有的力都指向同一个中心, 则体系的总角动量 (在前一情况下是对任意点而言, 在后一情况下是对力心而言) 是一个运动常量. 如果存在着内力, 也就是说, 如果体系中的各粒子间有相互作用, 那么, 每一个个别的角动量 $\mathscr{L}_i$ 并不是运动常量.

我们通过一个例子来说明这一点. 设体系由粒子 (1) 和 (2) 构成, 两者处在同一个中心力场中 (这个场可以是由第三个粒子所产生的, 但我们假设这个粒子足够重, 以致它在坐标原点处保持不动). 如果这两个粒子相互之间没有任何作用力, 那么, 它们对于力心 O 点的角动量 $\mathscr{L}_1$ 和 $\mathscr{L}_2$ 都是运动常量. 实际上, 譬如, 作用于粒子 (1) 上的唯一的力是指向 O 点的, 这个力对于该点的矩因而等于零, 于是 $\dfrac{\mathrm{d}}{\mathrm{d}t}\mathscr{L}_1$ 也等于零. 反之, 如果粒子 (1) 还受到因粒子 (2) 的存在而出现的力的作用, 那么, 这个力对 O 点的矩, 一般说来, 不等于零, 因而 $\mathscr{L}_1$ 也不再是一个运动常量. 但是, 如果两个粒子之间的相互作用力服从作用与反作用原理, 那么, 粒子 (1) 施于粒子 (2) 的力对于 O 点的矩刚好抵消了粒子 (2) 施于粒子 (1) 的力对于 O 点的矩; 所以, 总角动量 $\mathscr{L}$ 对时间是守恒的.

由此可见, 在有相互作用的粒子体系中, 只有总角动量是运动常量; 这是因为体系中的诸内力引起角动量从一个粒子到另一个粒子的传输. 这样, 我们就可以体会到研究总角动量的性质的意义了.

2. 量子力学中的总角动量的意义

我们仍举上节中的例子, 现在用量子力学来处理它. 在两个粒子没有相互作用的情况下, 在表象 $\{|\boldsymbol{r}_1, \boldsymbol{r}_2\rangle\}$ 中, 体系的哈密顿算符可简单地写作

$$H_0 = H_1 + H_2 \tag{A-3}$$

其中

$$H_1 = -\frac{\hbar^2}{2\mu_1}\Delta_1 + V(r_1)$$

$$H_2 = -\frac{\hbar^2}{2\mu_2}\Delta_2 + V(r_2) \tag{A-4}$$

[μ_1 和 μ_2 为两粒子的质量, 它们所在的中心场的势为 $V(r)$, Δ_1 和 Δ_2 分别表示粒子 (1) 和 (2) 的坐标的拉普拉斯算符]. 根据第七章 (§A–2–a), 我们知道, 与粒子 (1) 的角动量 $\mathscr{L}_1$ 相联系的算符 $\boldsymbol{L}_1$ 的三个分量可以和 H_1 对易:

$$[\boldsymbol{L}_1, H_1] = \boldsymbol{0} \tag{A-5}$$

此外, 涉及一个粒子的所有观察算符可以和涉及另一个粒子的所有观察算符对易, 特别地, 有:

$$[\boldsymbol{L}_1, H_2] = \boldsymbol{0} \tag{A-6}$$

从 (A–5) 式与 (A–6) 式可以推知, $\boldsymbol{L}_1$ 的三个分量都是运动常量. 显然, 类似的推理也适用于 $\boldsymbol{L}_2$.

现在假设两粒子间有相互作用, 而且对应的势能 $v(|\boldsymbol{r}_1 - \boldsymbol{r}_2|)$ 只依赖于两粒子间的距离 $|\boldsymbol{r}_1 - \boldsymbol{r}_2|$[①] :

$$|\boldsymbol{r}_1 - \boldsymbol{r}_2| = \sqrt{(x_1 - x_2)^2 + (y_1 - y_2)^2 + (z_1 - z_2)^2} \tag{A-7}$$

在这种情况下, 体系的哈密顿算符为:

$$H = H_1 + H_2 + v(|\boldsymbol{r}_1 - \boldsymbol{r}_2|) \tag{A-8}$$

其中的 H_1 和 H_2 由公式 (A–4) 给出. 根据 (A–5) 式与 (A–6) 式, $\boldsymbol{L}_1$ 和 H 的对易子可以化简为:

$$[\boldsymbol{L}_1, H] = [\boldsymbol{L}_1, v(|\boldsymbol{r}_1 - \boldsymbol{r}_2|)] \tag{A-9}$$

也就是说, 例如, 对于分量 L_{1z}, 我们有:

$$[L_{1z}, H] = [L_{1z}, v(|\boldsymbol{r}_1 - \boldsymbol{r}_2|)] = \frac{\hbar}{\mathrm{i}}\left(x_1\frac{\partial v}{\partial y_1} - y_1\frac{\partial v}{\partial x_1}\right) \tag{A-10}$$

[1001]　一般地说, (A–10) 式并不为零; 因而 $\boldsymbol{L}_1$ 也不再是运动常量. 但是, 如果我们以类似于 (A–1) 式的公式来定义总角动量算符 $\boldsymbol{L}$:

$$\boldsymbol{L} = \boldsymbol{L}_1 + \boldsymbol{L}_2 \tag{A-11}$$

① 因而, 对应的经典力一定服从作用与反作用原理.

那么, 所得的这个算符的三个分量都是运动常量. 为了证明这一点, 例如, 我们来计算

$$[L_z, H] = [L_{1z} + L_{2z}, H] \tag{A-12}$$

根据 (A-10)式, 这个对易子应为:

$$\begin{aligned}[L_z, H] &= [L_{1z} + L_{2z}, H] \\ &= \frac{\hbar}{\mathrm{i}} \left(x_1 \frac{\partial v}{\partial y_1} - y_1 \frac{\partial v}{\partial x_1} + x_2 \frac{\partial v}{\partial y_2} - y_2 \frac{\partial v}{\partial x_2} \right)\end{aligned} \tag{A-13}$$

但是, 因为 v 只依赖于 (A-7) 式所给出的 $|\boldsymbol{r}_1 - \boldsymbol{r}_2|$ 故有:

$$\frac{\partial v}{\partial x_1} = v' \frac{\partial |\boldsymbol{r}_1 - \boldsymbol{r}_2|}{\partial x_1} = v' \frac{x_1 - x_2}{|\boldsymbol{r}_1 - \boldsymbol{r}_2|}. \tag{A-14-a}$$

$$\frac{\partial v}{\partial x_2} = v' \frac{\partial |\boldsymbol{r}_1 - \boldsymbol{r}_2|}{\partial x_2} = v' \frac{x_2 - x_1}{|\boldsymbol{r}_1 - \boldsymbol{r}_2|} \tag{A-14-b}$$

关于 $\dfrac{\partial v}{\partial y_1}, \dfrac{\partial v}{\partial y_2}, \dfrac{\partial v}{\partial z_1}, \dfrac{\partial v}{\partial z_2}$, 也有类似的式子 ($v'$ 是将 v 看作单元函数时的导数). 将这些式子代入 (A-13) 式, 便有:

$$\begin{aligned}[L_z, H] = \frac{\hbar}{\mathrm{i}} \frac{v'}{|\boldsymbol{r}_1 - \boldsymbol{r}_2|} &\Big\{ x_1(y_1 - y_2) - y_1(x_1 - x_2) \\ &+ x_2(y_2 - y_1) - y_2(x_2 - x_1) \Big\} = 0\end{aligned} \tag{A-15}$$

这样, 我们就得到了与经典力学相同的结论.

到此为止, 我们暗自假设了所考虑的这些粒子并无自旋. 现在, 我们来考察另一个重要的例子, 即单独一个粒子, 但有自旋. 首先, 我们假设, 这个粒子仅仅受到一个中心势 $V(r)$ 的作用. 于是, 它的哈密顿算符就是我们在第七章 §A 中讲过的那种算符. 我们知道, 轨道角动量 $\boldsymbol{L}$ 的三个分量可以和这个哈密顿算符对易; 此外, 由于自旋算符可以和轨道算符对易, 所以自旋 $\boldsymbol{S}$ 的三个分量也都是运动常量. 但是, 到第十二章我们将会看到, 经过相对论校正, 在哈密顿算符中将出现一个自旋–轨道耦合项, 其形式如下:

$$H_{S0} = \xi(r) \boldsymbol{L} \cdot \boldsymbol{S} \tag{A-16}$$

式中的 $\xi(r)$ 是单变量 r 的已知函数 (这个耦合项的物理意义将在第十二章中讨论). 如果考虑到这一项, $\boldsymbol{L}$ 和 $\boldsymbol{S}$ 就不再与总的哈密顿算符对易了. 实际上, 我们有, 例如[①]: [1002]

$$\begin{aligned}[L_z, H_{S0}] &= \xi(r)[L_z, L_x S_x + L_y S_y + L_z S_z] \\ &= \xi(r)(\mathrm{i}\hbar L_y S_x - \mathrm{i}\hbar L_x S_y)\end{aligned} \tag{A-17}$$

---

① 为了建立 (A-17) 式和 (A-18) 式, 我们利用这一事实: 只对角变量 θ 与 φ 起作用的 $\boldsymbol{L}$ 可以和只依赖于 r 的 $\xi(r)$ 对易.

同样地, 还有:

$$[S_z, H_{S0}] = \xi(r)[S_z, L_xS_x + L_yS_y + L_zS_z]$$
$$= \xi(r)(i\hbar L_xS_y - i\hbar L_yS_x) \tag{A-18}$$

然而, 如果我们令:

$$\boldsymbol{J} = \boldsymbol{L} + \boldsymbol{S} \tag{A-19}$$

那么, $\boldsymbol{J}$ 的三个分量便都是运动常量. 为了看出这一点, 我们只需将 (A-17) 式和 (A-18) 式中的各对应项相加, 这样便得到:

$$[J_z, H_{S0}] = [L_z + S_z, H_{S0}] = 0 \tag{A-20}$$

(对于 $\boldsymbol{J}$ 的其他分量, 亦可用同法证明). 因此, 我们说由 (A-19) 式所定义的算符 $\boldsymbol{J}$ 是自旋粒子的总角动量.

在刚才讨论过的两种情况中, 出现了两个部分角动量 $\boldsymbol{J}_1$ 和 $\boldsymbol{J}_2$, 两者是对易的. 我们已经知道 $\boldsymbol{J}_1^2, J_{1z}, \boldsymbol{J}_2^2, J_{2z}$ 的共同本征矢构成态空间的一个基. 虽然 $\boldsymbol{J}_1$ 和 $\boldsymbol{J}_2$ 并不是运动常量, 但是总角动量

$$\boldsymbol{J} = \boldsymbol{J}_1 + \boldsymbol{J}_2 \tag{A-21}$$

的三个分量却可以和体系的哈密顿算符对易. 因此, 我们希望根据上述的基, 以 $\boldsymbol{J}^2$ 和 J_z 的本征矢来构成一个新的基. 这样提出的问题, 用一般的术语来说, 就是两个角动量 $\boldsymbol{J}_1$ 和 $\boldsymbol{J}_2$ 的耦合 (或相加) 的问题.

由 $\boldsymbol{J}^2$ 和 J_z 的本征矢构成的新的基, 它的意义是不难理解的: 为了确定体系的定态, 即 H 的本征态, 在这个新的基中要将表示 H 的矩阵对角化是比较简单的. 实际上, H 可以和 $\boldsymbol{J}^2$ 及 J_z 对易, 因此, 与 $\boldsymbol{J}^2$ 和 J_z 的各本征值组相联系的本征子空间有多少个, 这个矩阵就可以分解为多少个子块 (参看第二章的 §D-3-a); 这个矩阵的结构比前一个基 (由 $\boldsymbol{J}_1^2, J_{1z}, \boldsymbol{J}_2^2, J_{2z}$ 的共同本征矢构成) 中的 H 的矩阵要简单得多; 这是因为, 一般说来 J_{1z} 或 J_{2z} 都不能和 H 对易.

在由 $\boldsymbol{J}^2$ 和 J_z 的共同本征矢所构成的基中如何将 H (严格地或近似地) 对角化的问题, 暂且置而不论; 我们还是集中精力来研究怎样利用以 $\boldsymbol{J}_1^2, J_{1z}, \boldsymbol{J}_2^2, J_{2z}$ 的本征矢所构成的基来组成这种新的基. 一些物理上的应用 (如多电子原子, 谱线的精细结构和超精细结构, 等等) 将放在微扰理论以后来讨论 (第十一章和第十二章的补充材料).

[1003]　　　一开始 (§B), 我们用初等的方法来处理一个简单的问题, 在这里待相加的两个部分角动量都是自旋 1/2. 在讨论两个任意角动量的耦合 (§C) 之前, 这个简单例子可以使我们熟悉问题的各个方面.

§B. 两个自旋 1/2 的耦合; 初等方法

1. 问题的梗概

我们来考虑包含两个自旋 1/2 的粒子 (例如电子或基态银原子) 的体系, 而且我们感兴趣的仅仅是它们的自旋自由度; 两粒子的自旋算符分别为 S_1 和 S_2.

a. 态空间

我们已经定义过这种体系的态空间; 提醒一下, 这是一个四维空间, 得自两个粒子各自的态空间的张量积. 我们已经知道该空间中的一个正交归一基, 可将它记作 $\{|\varepsilon_1, \varepsilon_2\rangle\}$, 具体地写出来, 这就是:

$$\{|\varepsilon_1, \varepsilon_2\rangle\} = \{|+, +\rangle, |+, -\rangle, |-, +\rangle, |-, -\rangle\} \tag{B-1}$$

这些矢量是观察算符 $S_1^2, S_{1z}, S_2^2, S_{2z}$ (更确切地说, 应该是定义在每个自旋态空间中的算符在张量积空间中的延伸) 的本征矢:

$$S_1^2|\varepsilon_1, \varepsilon_2\rangle = S_2^2|\varepsilon_1, \varepsilon_2\rangle = \frac{3}{4}\hbar^2|\varepsilon_1, \varepsilon_2\rangle \tag{B-2-a}$$

$$S_{1z}|\varepsilon_1, \varepsilon_2\rangle = \varepsilon_1 \frac{\hbar}{2}|\varepsilon_1, \varepsilon_2\rangle \tag{B-2-b}$$

$$S_{2z}|\varepsilon_1, \varepsilon_2\rangle = \varepsilon_2 \frac{\hbar}{2}|\varepsilon_1, \varepsilon_2\rangle \tag{B-2-c}$$

S_1^2, S_2^2, S_{1z} 和 S_{2z} 构成一个 E.C.O.C. (它们当中的前两个实际上是恒等算符的倍数, 可以将它们除去, 这并不有损于算符集合的完全性).

b. 总自旋 S. 对易关系

我们将体系的总自旋定义为:

$$S = S_1 + S_2 \tag{B-3}$$

知道了 S_1 和 S_2 是角动量, 就很容易证明 S 也是一个角动量; 实际上, 例如, 我们来计算 S_x 和 S_y 的对易子:

$$\begin{aligned}
[S_x, S_y] &= [S_{1x} + S_{2x}, S_{1y} + S_{2y}] \\
&= [S_{1x}, S_{1y}] + [S_{2x}, S_{2y}] \\
&= i\hbar S_{1z} + i\hbar S_{2z} \\
&= i\hbar S_z \tag{B-4}
\end{aligned}$$

　　　　取定义式 (B–3) 的标量平方, 并注意 S_1, S_2 可以对易, 我们便可得到算符 S^2:

$$S^2 = (S_1 + S_2)^2 = S_1^2 + S_2^2 + 2S_1 \cdot S_2 \tag{B–5}$$

标量积 $S_1 \cdot S_2$ 可以通过算符 $S_{1\pm}, S_{1z}$ 和 $S_{2\pm}, S_{2z}$ 来表示; 实际上, 很容易证实:

$$S_1 \cdot S_2 = S_{1x}S_{2x} + S_{1y}S_{2y} + S_{1z}S_{2z}$$
$$= \frac{1}{2}(S_{1+}S_{2-} + S_{1-}S_{2+}) + S_{1z}S_{2z} \tag{B–6}$$

　　注意, 由于 S_1 和 S_2 分别与 S_1^2 及 S_2^2 对易, 故 S 的三个分量也具有这样的性质; 特别地, S^2 和 S_z 可以与 S_1^2 及 S_2^2 对易:

$$[S_z, S_1^2] = [S_z, S_2^2] = 0 \tag{B–7–a}$$

$$[S^2, S_1^2] = [S^2, S_2^2] = 0 \tag{B–7–b}$$

此外, S_z 显然与 S_{1z} 及 S_{2z} 对易:

$$[S_z, S_{1z}] = [S_z, S_{2z}] = 0 \tag{B–8}$$

但是, S^2 既不能与 S_{1z} 也不能与 S_{2z} 对易. 实际上, 根据 (B–5) 式, 有:

$$[S^2, S_{1z}] = [S_1^2 + S_2^2 + 2S_1 \cdot S_2, S_{1z}]$$
$$= 2[S_1 \cdot S_2, S_{1z}]$$
$$= 2[S_{1x}S_{2x} + S_{1y}S_{2y}, S_{1z}]$$
$$= 2i\hbar(-S_{1y}S_{2x} + S_{1x}S_{2y}) \tag{B–9}$$

[这里的计算类似于我们在 (A–17) 式和 (A–18) 式中所作的计算]. 当然, S^2 和 S_{2z} 的对易子正好和上式反号, 所以, $S_z = S_{1z} + S_{2z}$ 和 S^2 对易.

c. 有待进行的基的变换

　　我们已经看到, (B–1) 式中的基是由下列 E.C.O.C.:

$$\{S_1^2, S_2^2, S_{1z}, S_{2z}\} \tag{B–10}$$

的共同本征矢构成的. 此外, 我们刚才证明过下列四个观察算符:

$$S_1^2, S_2^2, S^2, S_z \tag{B–11}$$

互相对易. 在下面, 我们将会看到, 它们也构成一个 E.C.O.C..

　　要将两个自旋 S_1 和 S_2 相加, 就是要构成算符集合 (B–11) 的共同本征矢的一个正交归一集合. 因 S^2 不能和 S_{1z} 及 S_{2z} 对易, 故这个集合将不同于

(B–1) 式中的集合. 我们将把这种新的基矢量记作 $|S, M\rangle$, 而 $\boldsymbol{S}_1^2$ 和 $\boldsymbol{S}_2^2$ 的本征值的符号 (和以前相同) 略去不写. 于是, 矢量 $|S, M\rangle$ 满足下列诸方程:

$$\boldsymbol{S}_1^2|S, M\rangle = \boldsymbol{S}_2^2|S, M\rangle = \frac{3}{4}\hbar^2|S, M\rangle \qquad \text{(B–12–a)} \qquad [1005]$$

$$\boldsymbol{S}^2|S, M\rangle = S(S+1)\hbar^2|S, M\rangle \qquad \text{(B–12–b)}$$

$$S_z|S, M\rangle = M\hbar|S, M\rangle \qquad \text{(B–12–c)}$$

我们知道 $\boldsymbol{S}$ 是一个角动量, 因此, S 只能是正的整数或半整数, 而 M 的值则在 $-S$ 与 $+S$ 之间变化, 每次改变一个单位. 于是, 上面提出的问题是: S 和 M 实际上可能取哪些数值, 怎样用已知的那个基的矢量来表示基 $\{|S, M\rangle\}$ 中的矢量?

在这一节里, 我们只限于用初等方法来解决这个问题, 也就是要算出在基 $\{|\varepsilon_1, \varepsilon_2\rangle\}$ 中表示 $\boldsymbol{S}^2$ 和 S_z 的 4×4 矩阵, 并将它们对角化. 在 §C 中, 我们将以这里的结果为线索, 使用一种更为优美的方法来解决问题, 并要将这种方法推广到两个任意的角动量.

2. S_z 的本征值及其简并度

对于 $\boldsymbol{S}_1^2$ 和 $\boldsymbol{S}_2^2$ 这两个算符, 我们不曾特别关注, 这是因为态空间的所有矢量都是它们的本征矢, 而且属于同一本征值 $3\hbar^2/4$, 所以, 不论 $|S, M\rangle$ 为任何右矢, 方程 (B–12–a) 都会自动得到满足.

我们在上面已经指出 [公式 (B–7) 和 (B–8)], S_z 可以和 E.C.O.C. (B–10) 中的四个观察算符对易. 因此, 我们可以预料, 基 $\{|\varepsilon_1, \varepsilon_2\rangle\}$ 中的矢量本来就是 S_z 的本征矢. 我们可以用 (B–2–b) 和 (B–2–c) 式实际检验一下:

$$S_z|\varepsilon_1, \varepsilon_2\rangle = (S_{1z} + S_{2z})|\varepsilon_1, \varepsilon_2\rangle = \frac{1}{2}(\varepsilon_1 + \varepsilon_2)\hbar|\varepsilon_1, \varepsilon_2\rangle \qquad \text{(B–13)}$$

由此可见, $|\varepsilon_1, \varepsilon_2\rangle$ 是 S_z 的本征矢, 属于本征值:

$$M = \frac{1}{2}(\varepsilon_1 + \varepsilon_2) \qquad \text{(B–14)}$$

由于 ε_1 和 ε_2 中的每一个都可以等于 ± 1, 从而推知 M 可取的数值为 $+1$, 0 和 -1.

$M=1$ 和 $M=-1$ 这两个值是非简并的, 因为对应于前者的本征矢只有 $|+, +\rangle$, 对应于后者的只有 $|-, -\rangle$. 反之, $M=0$ 是二重简并的, 因为有两个正交的本征矢 $|+, -\rangle$ 和 $|-, +\rangle$ 与之相联系; 这两个矢量的一切线性组合都是 S_z 的本征矢, 属于本征值 0.

[1006] 　　从基 $\{|\varepsilon_1, \varepsilon_2\rangle\}$ 中表示 S_z 的矩阵来看, 这个结果是很明显的; 如果我们按 (B–1) 式中的顺序来安排基矢量, 那么这个矩阵可以写作:

$$(S_z) = \hbar \begin{pmatrix} 1 & 0 & 0 & 0 \\ 0 & 0 & 0 & 0 \\ 0 & 0 & 0 & 0 \\ 0 & 0 & 0 & -1 \end{pmatrix} \tag{B–15}$$

3. S^2 的对角化

　　现在, 剩下的工作仅仅是计算在基 $\{|\varepsilon_1, \varepsilon_2\rangle\}$ 中表示 S^2 的矩阵, 再将它对角化. 事先, 我们就知道这个矩阵并不是对角的, 因为 S^2 不能与 S_{1z} 及 S_{2z} 对易.

a. 表示 S^2 的矩阵的计算

　　我们将把算符 S^2 作用于每一个基矢量. 为此, 我们利用公式 (B–5) 和 (B–6):

$$S^2 = S_1^2 + S_2^2 + 2S_{1z}S_{2z} + S_{1+}S_{2-} + S_{1-}S_{2+} \tag{B–16}$$

四个矢量 $|\varepsilon_1, \varepsilon_2\rangle$ 都是 S_1^2, S_2^2, S_{1z} 及 S_{2z} 的本征矢 [见公式 (B–2)], 而算符 $S_{1\pm}$ 和 $S_{2\pm}$ 的作用可以从第九章的公式 (B–7) 导出. 这样, 我们得到:

$$S^2|+,+\rangle = \left(\frac{3}{4}\hbar^2 + \frac{3}{4}\hbar^2 \right) |+,+\rangle + \frac{1}{2}\hbar^2|+,+\rangle$$
$$= 2\hbar^2|+,+\rangle \tag{B–17–a}$$

$$S^2|+,-\rangle = \left(\frac{3}{4}\hbar^2 + \frac{3}{4}\hbar^2 \right) |+,-\rangle - \frac{1}{2}\hbar^2|+,-\rangle + \hbar^2|-,+\rangle$$
$$= \hbar^2[|+,-\rangle + |-,+\rangle] \tag{B–17–b}$$

$$S^2|-,+\rangle = \left(\frac{3}{4}\hbar^2 + \frac{3}{4}\hbar^2 \right) |-,+\rangle - \frac{1}{2}\hbar^2|-,+\rangle + \hbar^2|+,-\rangle$$
$$= \hbar^2[|-,+\rangle + |+,-\rangle] \tag{B–17–c}$$

$$S^2|-,-\rangle = \left(\frac{3}{4}\hbar^2 + \frac{3}{4}\hbar^2 \right) |-,-\rangle + \frac{1}{2}\hbar^2|-,-\rangle$$
$$= 2\hbar^2|-,-\rangle \tag{B–17–d}$$

[1007] 　　于是, 在四个矢量 $|\varepsilon_1, \varepsilon_2\rangle$ [按 (B–1)式中的顺序] 组成的基中, 表示 S^2 的矩阵可以写作:

$$(S^2) = \hbar^2 \begin{pmatrix} 2 & 0 & 0 & 0 \\ 0 & 1 & 1 & 0 \\ 0 & 1 & 1 & 0 \\ 0 & 0 & 0 & 2 \end{pmatrix} \tag{B–18}$$

附注:

出现在这个矩阵中的那些零, 即使不计算, 也是可以预想到的. 实际上, S^2 与 S_z 对易, 所以, 只有在 S_z 的属于同一本征值的诸本征矢之间, 才有 S^2 的非零矩阵元; 根据 §2 的结果, 只有在 $|+, -\rangle$ 与 $|-, +\rangle$ 之间的那些元素才是 S^2 的可能不为零的非对角元.

b. S^2 的本征值和本征矢

矩阵 (B-18) 可以分为三个子矩阵 (已用虚线划分出来); 其中的两个是一阶的, 这就是说, $|+, +\rangle$ 和 $|-, -\rangle$ 都是 S^2 的本征矢, (B-17-a) 式和 (B-17-d) 式也证实了这一点, 和它们对应的两个本征值都等于 $2\hbar^2$.

现在还要将 2×2 子矩阵

$$(S^2)_0 = \hbar^2 \begin{pmatrix} 1 & 1 \\ 1 & 1 \end{pmatrix} \tag{B-19}$$

对角化. 这个子矩阵在 $|+, -\rangle$ 和 $|-, +\rangle$ 所张的二维子空间 (即 S_z 的对应于 $M = 0$ 的本征子空间) 内部表示 S^2. 矩阵 (B-19) 的本征值 $\lambda\hbar^2$ 可以得自下列特征方程:

$$(1 - \lambda)^2 - 1 = 0 \tag{B-20}$$

的解. 此方程的根为 $\lambda = 0$ 和 $\lambda = 2$, 它们给出了 S^2 的另外两个本征值: 0 和 $2\hbar^2$. 经过简单计算就可以得到对应的本征矢:

$$\frac{1}{\sqrt{2}}[|+, -\rangle + |-, +\rangle] \quad \text{对应于本征值 } 2\hbar^2 \tag{B-21-a}$$

$$\frac{1}{\sqrt{2}}[|+, -\rangle - |-, +\rangle] \quad \text{对应于本征值 } 0 \tag{B-21-b}$$

(当然, 这些矢量只能确定到差一个总相位因子的程度, 系数 $1/\sqrt{2}$ 保证了它们的归一化).

可见算符 S^2 有两个不同的本征值: 0 和 $2\hbar^2$. 第一个是非简并的, 和它对应的矢量是 (B-21-b); 第二个本征值是三重简并的, 在与它相联系的本征子空间中, 矢量 $|+, +\rangle$, $|-, -\rangle$, 和 (B-21-a) 构成一个正交归一基.

4. 结果: 三重态和单态

[1008]

我们已经得到了 S^2 和 S_z 的本征值, 以及这两个观察算符的共同本征矢的集合. 下面我们将改用方程 (B-12) 中的符号, 同时将已有的结果归纳一下.

公式 (B-12-b) 中的量子数 S 可以取两个值: 0 和 1. 第一个值仅仅对应着一个矢量 (B-21-b), 它也是 S_z 的属于本征值 0 的本征矢, 这是因为它是 $|+, -\rangle$

和 $|-,+\rangle$ 的一种线性组合; 因此, 我们将它记作矢量 $|0,0\rangle$:

$$|0,0\rangle = \frac{1}{\sqrt{2}}[|+,-\rangle - |-,+\rangle] \tag{B-22}$$

与 $S=1$ 这个值联系着三个矢量, 它们的区别在于 M 的值:

$$\begin{cases} |1,1\rangle \ \ = |+,+\rangle \\ |1,0\rangle \ \ = \frac{1}{\sqrt{2}}[|+,-\rangle + |-,+\rangle] \\ |1,-1\rangle = |-,-\rangle \end{cases} \tag{B-23}$$

很容易证实, (B-22) 式和 (B-23) 式给出的四个矢量 $|S,M\rangle$ 构成一个正交归一基. 给定了 S 和 M 的值, 就可以唯一地确定这个基中的一个矢量; 由此可以推知, $\boldsymbol{S}^2$ 和 S_z 构成一个 E.C.O.C. (我们还可以给它添上 $\boldsymbol{S}_1^2$ 和 $\boldsymbol{S}_2^2$, 不过在这里无此必要).

现在, 我们知道: 耦合两个自旋 $1/2$ ($s_1 = s_2 = 1/2$) 时, 标志着观察算符 $\boldsymbol{S}^2$ 的本征值 $S(S+1)\hbar^2$ 的数 S 或为 1, 或为 0. 与 S 的这两个值中的每一个联系着 $(2S+1)$ 个正交矢量 ($S=1$ 时, 有三个; $S=0$ 时, 有一个), 它们对应于与 S 的值相容的 M 的 $(2S+1)$ 个值.

附注:

(i) (B-23) 式中的三个矢量 $|1,M\rangle(M=1,0,-1)$ 的集合构成所谓的三重态, 矢量 $|0,0\rangle$ 叫做单态.

(ii) 三重态对于两个自旋的交换是对称的, 而单态则是反对称的; 这就是说, 如果将每一个矢量 $|\varepsilon_1,\varepsilon_2\rangle$ 都换成矢量 $|\varepsilon_2,\varepsilon_1\rangle$ 则 (B-23) 式保持不变, 而 (B-22) 式的符号将变得和原来的相反. 到第十四章, 当我们要耦合其自旋的两个粒子是全同粒子的时候, 我们就会看到这个性质的重要意义. 在任何情况下, 根据这个性质, 我们就可以立即看出, 除了 $|+,+\rangle$ 和 $|-,-\rangle$ 这两个 (显然是对称的) 态之外, 还应该添加 $|+,-\rangle$ 态和 $|-,+\rangle$ 态的什么样的线性组合, 才能构成一个三重态, 与此相反, 单态则是 $|+,-\rangle$ 态和 $|-,+\rangle$ 态的反对称的线性组合, 它正交于前一个线性组合.

[1009] §C. 两个任意角动量的耦合; 普遍方法

1. 复习角动量的普遍理论

我们考虑一个任意的体系, 其态空间为 $\mathscr{E}$, 与此体系相关的角动量为 $\boldsymbol{J}$ ($\boldsymbol{J}$ 可以是体系的总角动量, 也可以是部分角动量). 我们在第六章 ($\S$C-3) 中已

经证明, 我们总可以用 $\boldsymbol{J}^2$ 和 J_z 的共同本征矢

$$\boldsymbol{J}^2|k,j,m\rangle = j(j+1)\hbar^2|k,j,m\rangle \tag{C-1-a}$$

$$J_z|k,j,m\rangle = m\hbar|k,j,m\rangle \tag{C-1-b}$$

来构成一个标准基 $\{|k,j,m\rangle\}$, 使得算符 J_+ 和 J_- 的作用服从下列关系:

$$J_\pm|k,j,m\rangle = \hbar\sqrt{j(j+1)-m(m\pm1)}|k,j,m\pm1\rangle \tag{C-2}$$

我们用 $\mathscr{E}(k,j)$ 表示对应于固定的 k 值和 j 值的那些标准基矢量所张成的空间, 那些矢量共有 $(2j+1)$ 个, 而且根据 (C-1) 式和 (C-2) 式, 通过算符 $\boldsymbol{J}^2, J_z, J_+$ 和 J_- 的作用, 它们可以互相转化. 态空间可以看作是两两正交的诸子空间 $\mathscr{E}(k,j)$ 的直和, 这些子空间具有下述性质:

(i) $\mathscr{E}(k,j)$ 是 $(2j+1)$ 维的

(ii) $\mathscr{E}(k,j)$ 在 $\boldsymbol{J}^2, J_z, J_\pm$ 的作用下, 以及, 更普遍地说, 在一切函数 $F(\boldsymbol{J})$ 的作用下, 具有整体不变性; 换句话说, 这些算符只在每一个子空间 $\mathscr{E}(k,j)$ 内才有非零矩阵元.

(iii) 在一个子空间 $\mathscr{E}(k,j)$ 内, 角动量 $\boldsymbol{J}$ 的任意函数 $F(\boldsymbol{J})$ 的矩阵元与 k 无关.

附注:

正如我们在第六章 §C-3-a 中曾经指出的那样, 如果选择 $\boldsymbol{J}^2, J_z$ 以及一个或多个与 $\boldsymbol{J}$ 的三分量对易并与 $\boldsymbol{J}^2, J_z$ 构成 E.C.O.C. 的观察算符的共同本征矢的集合作为标准基, 那么, 我们就可以给指标 k 一个具体的物理意义. 例如, 假设

$$[A,\boldsymbol{J}] = \boldsymbol{0} \tag{C-3}$$

再设集合 $\{A,\boldsymbol{J}^2,J_z\}$ 是一个 E.C.O.C. , 现在矢量 $|k,j,m\rangle$ 应为 A 的本征矢:

$$A|k,j,m\rangle = a_{k,j}|k,j,m\rangle \tag{C-4}$$

在这种情况下, 关系式 (C-1), (C-2) 和 (C-4) 便确定了标准基 $\{|k,j,m\rangle\}$; 每一个 $\mathscr{E}(k,j)$ 都是 A 的本征子空间, 这时指标 k 可以用来区别与 j 的每一个值相联系的诸本征值 $a_{k,j}$. [1010]

2. 问题的梗概

a. 态空间

我们考虑一个物理体系, 它包含两个子体系 (例如一个双粒子体系). 我们给这两个子体系的各个量分别附以指标 1 和 2.

在子体系 (1) 的态空间 $\mathscr{E}_1$ 中, 我们假设已经知道一个标准基 $\{|k_1, j_1, m_1\rangle\}$, 它由 $\boldsymbol{J}_1^2$ 和 J_{1z} 的共同本征矢构成, 这里的 $\boldsymbol{J}_1$ 是子体系 (1) 的角动量算符:

$$\boldsymbol{J}_1^2|k_1, j_1, m_1\rangle = j_1(j_1 + 1)\hbar^2|k_1, j_1, m_1\rangle \tag{C-5-a}$$

$$J_{1z}|k_1, j_1, m_1\rangle = m_1\hbar|k_1, j_1, m_1\rangle \tag{C-5-b}$$

$$J_{1\pm}|k_1, j_1, m_1\rangle = \hbar\sqrt{j_1(j_1 + 1) - m_1(m_1 \pm 1)}|k_1, j_1, m_1 \pm 1\rangle \tag{C-5-c}$$

同样, 子体系 (2) 的态空间 $\mathscr{E}_2$ 和另一个标准基 $\{|k_2, j_2, m_2\rangle\}$ 相联系:

$$\boldsymbol{J}_2^2|k_2, j_2, m_2\rangle = j_2(j_2 + 1)\hbar^2|k_2, j_2, m_2\rangle \tag{C-6-a}$$

$$J_{2z}|k_2, j_2, m_2\rangle = m_2\hbar|k_2, j_2, m_2\rangle \tag{C-6-b}$$

$$J_{2\pm}|k_2, j_2, m_2\rangle = \hbar\sqrt{j_2(j_2 + 1) - m_2(m_2 \pm 1)}|k_2, j_2, m_2 \pm 1\rangle \tag{C-6-c}$$

总体系的态空间是 $\mathscr{E}_1$ 和 $\mathscr{E}_2$ 的张量积:

$$\mathscr{E} = \mathscr{E}_1 \otimes \mathscr{E}_2 \tag{C-7}$$

我们已经知道这个空间中的一个基, 它由 $\mathscr{E}_1$ 和 $\mathscr{E}_2$ 中已选定的基的张量积构成, 可将这个基中的矢量记作:

$$|k_1, k_2; j_1, j_2; m_1, m_2\rangle$$
$$|k_1, k_2; j_1, j_2; m_1, m_2\rangle = |k_1, j_1, m_1\rangle \otimes |k_2, j_2, m_2\rangle \tag{C-8}$$

我们可将空间 $\mathscr{E}_1$ 和 $\mathscr{E}_2$ 分别看作具有 §C-1 中所述的那些性质的子空间 $\mathscr{E}_1(k_1, j_1)$ 的直和与子空间 $\mathscr{E}_2(k_2, j_2)$ 的直和:

$$\mathscr{E}_1 = \sum_{\oplus} \mathscr{E}_1(k_1, j_1) \tag{C-9-a}$$

$$\mathscr{E}_2 = \sum_{\oplus} \mathscr{E}_2(k_2, j_2) \tag{C-9-b}$$

因而, 空间 $\mathscr{E}$ 就是得自一个子空间 $\mathscr{E}_1(k_1, j_1)$ 和一个子空间 $\mathscr{E}_2(k_2, j_2)$ 的张量积的子空间 $\mathscr{E}(k_1, k_2; j_1, j_2)$ 的直和:

$$\mathscr{E} = \sum_{\oplus} \mathscr{E}(k_1, k_2; j_1, j_2) \tag{C-10}$$

[1011]　其中

$$\mathscr{E}(k_1, k_2; j_1, j_2) = \mathscr{E}_1(k_1, j_1) \otimes \mathscr{E}_2(k_2, j_2) \tag{C-11}$$

子空间 $\mathscr{E}(k_1, k_2; j_1, j_2)$ 的维数是 $(2j_1 + 1)(2j_2 + 1)$; 它在 $\boldsymbol{J}_1$ 和 $\boldsymbol{J}_2$ 的任意函数的作用下, 具有整体不变性 (这里的 $\boldsymbol{J}_1$ 和 $\boldsymbol{J}_2$ 表示原来分别定义在空间 $\mathscr{E}_1$ 和 $\mathscr{E}_2$ 中的角动量算符在空间 $\mathscr{E}$ 中的延伸).

b. 总角动量. 对易关系式

所考虑的体系的总角动量由下式定义:

$$\boldsymbol{J} = \boldsymbol{J}_1 + \boldsymbol{J}_2 \tag{C-12}$$

这里的 $\boldsymbol{J}_1$ 和 $\boldsymbol{J}_2$ 是在不同的空间 $\mathscr{E}_1$ 和 $\mathscr{E}_2$ 中起作用的算符的延伸, 因而是对易的. 当然, $\boldsymbol{J}_1$ 的诸分量, $\boldsymbol{J}_2$ 的诸分量都满足作为角动量特征的那些对易关系式. 很容易验证, $\boldsymbol{J}$ 同样满足那些关系式 [计算和 (B-4) 式中的相同].

由于 $\boldsymbol{J}_1$ 与 $\boldsymbol{J}_2$ 分别和 $\boldsymbol{J}_1^2$ 与 $\boldsymbol{J}_2^2$ 对易, $\boldsymbol{J}$ 也是这样; 特别地, $\boldsymbol{J}^2$ 与 J_z 可以和 $\boldsymbol{J}_1^2$ 与 $\boldsymbol{J}_2^2$ 对易:

$$[J_z, \boldsymbol{J}_1^2] = [J_z, \boldsymbol{J}_2^2] = 0 \tag{C-13-a}$$

$$[\boldsymbol{J}^2, \boldsymbol{J}_1^2] = [\boldsymbol{J}^2, \boldsymbol{J}_2^2] = 0 \tag{C-13-b}$$

另一方面, J_{1z} 与 J_{2z} 显然可以和 J_z 对易:

$$[J_{1z}, J_z] = [J_{2z}, J_z] = 0 \tag{C-14}$$

但不能和 $\boldsymbol{J}^2$ 对易. 实际上, $\boldsymbol{J}^2$ 可以通过 $\boldsymbol{J}_1$ 与 $\boldsymbol{J}_2$ 来表示:

$$\boldsymbol{J}^2 = \boldsymbol{J}_1^2 + \boldsymbol{J}_2^2 + 2\boldsymbol{J}_1 \cdot \boldsymbol{J}_2 \tag{C-15}$$

而且, 如同在 (B-9) 式中那样, J_{1z} 与 J_{2z} 不能和 $\boldsymbol{J}_1 \cdot \boldsymbol{J}_2$ 对易. 在这里, 我们也可以将 $\boldsymbol{J}^2$ 的表示式变换为:

$$\boldsymbol{J}^2 = \boldsymbol{J}_1^2 + \boldsymbol{J}_2^2 + 2J_{1z}J_{2z} + J_{1+}J_{2-} + J_{1-}J_{2+} \tag{C-16}$$

c. 有待进行的基的变换

基 (C-8) 中的一个矢量 $|k_1, k_2; j_1, j_2; m_1, m_2\rangle$ 同时是观察算符:

$$\boldsymbol{J}_1^2, \boldsymbol{J}_2^2, J_{1z}, J_{2z} \tag{C-17}$$

的本征矢, 分别对应于本征值 $j_1(j_1+1)\hbar^2, j_2(j_2+1)\hbar^2, m_1\hbar, m_2\hbar$. (C-8) 式中的基适用于研究两个子体系的各自的角动量 $\boldsymbol{J}_1$ 和 $\boldsymbol{J}_2$.

根据 (C-13) 式, 观察算符: [1012]

$$\boldsymbol{J}_1^2, \boldsymbol{J}_2^2, \boldsymbol{J}^2, J_z \tag{C-18}$$

互相对易. 我们要构成这些观察算符的共同本征矢的一个正交归一集合; 这个新的基将适用于研究体系的总角动量. 要注意, 这个基和前面那个基是不相同的, 因为 $\boldsymbol{J}^2$ 不能和 J_{1z} 与 J_{2z} 对易 (上面的 §b).

附注:

为了赋予指标 k_1 和 k_2 具体的意义, 我们假设 (参看 §C-1 的附注), 在空间 $\mathscr{E}_1$ 中, 有一个 E.C.O.C. $\{A_1, \boldsymbol{J}_1^2, J_{1z}\}$, 其中的 A_1 可以和 $\boldsymbol{J}_1$ 的三个分量对易, 在空间 $\mathscr{E}_2$ 中, 有一个 E.C.O.C. $\{A_2, \boldsymbol{J}_2^2, J_{2z}\}$, 其中的 A_2 可以和 $\boldsymbol{J}_2$ 的三个分量对易. 于是, 我们可以选择 $A_1, \boldsymbol{J}_1^2$ 和 J_{1z} 的共同本征矢的正交归一集合作为一个标准基 $\{|k_1, j_1, m_1\rangle\}$; 选择 $A_2, \boldsymbol{J}_2^2$ 和 J_{2z} 的共同本征矢的正交归一集合作为另一个标准基 $\{|k_2, j_2, m_2\rangle\}$. 这样一来, 算符集合:

$$\{A_1, A_2; \boldsymbol{J}_1^2, \boldsymbol{J}_2^2; J_{1z}, J_{2z}\} \tag{C-19}$$

便构成空间 $\mathscr{E}$ 中的一个 E.C.O.C., 它的本征矢就是 (C-8) 式中的右矢. 因 A_1 分别和 $\boldsymbol{J}_1$ 的诸分量及 $\boldsymbol{J}_2$ 的诸分量对易, 故它也可以和 $\boldsymbol{J}$ 对易, 特别地, 它可以和 $\boldsymbol{J}^2$ 及 J_z 对易. A_2 的情况当然与此相似. 因此, 观察算符:

$$A_1, A_2, \boldsymbol{J}_1^2, \boldsymbol{J}_2^2, \boldsymbol{J}^2, J_z \tag{C-20}$$

互相对易. 我们将会看到, 这些算符实际上构成一个 E.C.O.C., 有待确定的那个新的基就是这个 E.C.O.C. 的本征矢的正交归一集合.

由 (C-11) 式定义的 $\mathscr{E}$ 的子空间 $\mathscr{E}(k_1, k_2; j_1, j_2)$, 在 $\boldsymbol{J}_1$ 和 $\boldsymbol{J}_2$ 的一切算符函数的作用下, 具有整体不变性, 因而在总角动量 $\boldsymbol{J}$ 的一切函数的作用下也具有整体不变性. 由此推知, 我们想要对角化的观察算符 $\boldsymbol{J}^2$ 和 J_z, 只在同一子空间 $\mathscr{E}(k_1, k_2; j_1, j_2)$ 的诸矢量之间, 才有非零矩阵元; 在 (C-8) 式的基中, 表示 $\boldsymbol{J}^2$ 和 J_z 的矩阵 (一般是无限多阶的) 是 "分块对角化的", 也就是说, 这种矩阵被分解为一系列子矩阵, 其中的每一个对应于一个确定的子空间 $\mathscr{E}(k_1, k_2; j_1, j_2)$. 于是, 问题归结为每一个子空间 $\mathscr{E}(k_1, k_2; j_1, j_2)$ 内部的基的变换, 这些子空间的维数 $(2j_1+1)(2j_2+1)$ 是有限的.

此外, 在 (C-8) 式的基中, $\boldsymbol{J}_1$ 和 $\boldsymbol{J}_2$ 的一个任意函数的矩阵元与 k_1 及 k_2 无关; 当然, $\boldsymbol{J}^2$ 和 J_z 的矩阵元也是这样的. 因而, $\boldsymbol{J}^2$ 和 J_z 的对角化问题, 在对应于同一个 j_1 和同一个 j_2 的一切子空间 $\mathscr{E}(k_1, k_2; j_1, j_2)$ 中, 是完全相同的. 正是由于这个原因, 我们通常总是说, 将角动量 j_1 和 j_2 相加, 而不指明其他量子数. 为书写简明起见, 今后我们略去指标 k_1 和 k_2; 用 $\mathscr{E}(j_1, j_2)$ 表示子空间 $\mathscr{E}(k_1, k_2; j_1, j_2)$, 用 $|j_1, j_2; m_1, m_2\rangle$ 表示在 (C-8) 式的基中属于这个子空间的诸矢量:

$$\mathscr{E}(j_1, j_2) \equiv \mathscr{E}(k_1, k_2; j_1, j_2) \tag{C-21-a}$$

$$|j_1, j_2; m_1, m_2\rangle \equiv |k_1, k_2; j_1, j_2; m_1, m_2\rangle \tag{C-21-b}$$

[1013]　　由于 $\boldsymbol{J}$ 是一个角动量, 而且在 $\boldsymbol{J}$ 的任意函数的作用下 $\mathscr{E}(j_1, j_2)$ 具有整体不变性, 在前面 (§C-1) 复习过的第六章的那些结果仍是适用的; 因而, $\mathscr{E}(j_1, j_2)$

是两两正交的诸子空间 $\mathscr{E}(k, J)$ 的直和, 其中的每一个在算符 $\boldsymbol{J}^2, J_z, J_+$ 和 J_- 的作用下, 都具有整体不变性:

$$\mathscr{E}(j_1, j_2) = \sum_{\oplus} \mathscr{E}(k, J) \tag{C-22}$$

归结起来, 我们要解决的是两方面的问题:

(i) 假设已知 j_1 和 j_2, 问公式 (C-22) 中的 J 的值如何? 与每一个值相联系的不同的子空间 $\mathscr{E}(k, J)$ 有多少个?

(ii) 怎样将 $\boldsymbol{J}^2$ 和 J_z 的属于子空间 $\mathscr{E}(j_1, j_2)$ 的本征矢在基 $\{|j_1, j_2; m_1, m_2\rangle\}$ 中展开?

下面的 §C-3 提供第一个问题的答案, §C-4 提供第二个问题的答案.

附注:

(i) 前面假设 $\boldsymbol{J}_1$ 和 $\boldsymbol{J}_2$ 是两个互异子体系的角动量. 实际上, 我们知道 (§A-2), 可能有必要将同一个粒子的轨道角动量和自旋相加. 这一节的全部推理和结果都可以应用于这一情况, 只需将 $\mathscr{E}_1$ 和 $\mathscr{E}_2$ 换成 $\mathscr{E}_r$ 和 $\mathscr{E}_s$ 即可.

(ii) 若要耦合很多个角动量, 我们可以先耦合头两个, 再将所得结果与第三个耦合, 如此进行下去直到最后一个.

3. $\boldsymbol{J}^2$ 和 J_z 的本征值

a. 两个自旋 1/2 的特例

首先, 我们仍然考虑在 §B 中讨论过的简单问题. 在这种情况下, 空间 $\mathscr{E}_1$ 和 $\mathscr{E}_2$ 分别只包含一个不变子空间; 张量积空间 $\mathscr{E}$ 也只包含一个子空间 $\mathscr{E}(j_1, j_2)$, 在这里 $j_1 = j_2 = 1/2$.

根据 §C-1 中提到过的那些结果, 我们可以很简单地再次求得与总自旋相联系的量子数 S 的值. 实际上, 空间 $\mathscr{E} = \mathscr{E}(1/2, 1/2)$ 应该是 $(2S+1)$ 维的诸子空间 $\mathscr{E}(k, S)$ 的直和; 在每一个这样的子空间中, 与 M 的每一个值 $|M| \leqslant S$ 对应的 S_z 的本征矢只有一个. 我们已经知道 (参看 §B-2), M 所取的值只有 1, –1 和 0, 前两个是非简并的, 第三个是二重简并的. 由此可以直接推知下述结论:

(i) 大于 1 的 S 值应予排除; 例如, 如果 $S = 2$ 是可能的话, 那么, S_z 必至少有一个本征矢属于本征值 $2\hbar$.

(ii) $S = 1$ 是切合实际的 (因为 $M = 1$ 是容许的), 而且只出现一次: $M = 1$ 是非简并的.

(iii) $S = 0$ 的情况也一样; 以 $S = 1$ 为标志的子空间只包含一个对应于 $M = 0$ 的矢量, 而 M 的这个值在空间 $\mathscr{E}(1/2, 1/2)$ 中是二重简并的.

于是, 四维空间 $\mathscr{E}(1/2, 1/2)$ 分解为与 $S = 1$ 相联系的一个子空间 (三维的) 以及与 $S = 0$ 相联系的一个子空间 (一维的).

我们将要在任意的 j_1 和 j_2 的一般情况下去确定 J 的可能值, 所用的方法和上面的完全相似.

b. J_z 的本征值及其简并度

按照前面 §2–c 中的结论, 我们将在 $(2j_1 + 1)(2j_2 + 1)$ 维的一个确定的子空间 $\mathscr{E}(j_1, j_2)$ 的内部来分析问题. 下面假设 j_1 和 j_2 的相对大小符合不等式:

$$j_1 \geqslant j_2 \tag{C–23}$$

诸矢量 $|j_1, j_2; m_1, m_2\rangle$ 本来就是 J_z 的本征矢:

$$
\begin{aligned}
J_z|j_1, j_2; m_1, m_2\rangle &= (J_{1z} + J_{2z})|j_1, j_2; m_1, m_2\rangle \\
&= (m_1 + m_2)\hbar|j_1, j_2; m_1, m_2\rangle
\end{aligned} \tag{C–24}
$$

对应的本征值 $M\hbar$ 应该取这样的值, 使得:

$$M = m_1 + m_2 \tag{C–25}$$

因而, M 应取下列的数值:

$$j_1 + j_2, j_1 + j_2 - 1, j_1 + j_2 - 2, \cdots, -(j_1 + j_2) \tag{C–26}$$

为了求得这些数值的简并度 $g_{j_1, j_2}(M)$, 我们可以采用下述的几何方法. 对于每一个矢量 $|j_1, j_2; m_1, m_2\rangle$, 我们用平面上的一个点来和它对应, 点的横坐标为 m_1, 纵坐标为 m_2. 所有这些都落在一个矩形的内部或其边缘上, 这个矩形的顶点的坐标是: (j_1, j_2), $(j_1, -j_2)$, $(-j_1, -j_2)$ 和 $(-j_1, j_2)$. 例如, 取 $j_1 = 2, j_2 = 1$; 那么, 对应于基矢量的 15 个点的位置见图 10–1 (m_1 和 m_2 的值标记在各点的旁边). 对应于 $M = m_1 + m_2$ 的同一个值的诸点都在平行于第二分角线 (即二、四象限的等分角线) 的同一条直线上; 因而, 这些点的个数就是那个 M 值的简并度 $g_{j_1, j_2}(M)$.

下面再来考察 M 的各个值 (我们将把这些值按递减的顺序分类), 并作出每个值所确定的平行于第二分角线的诸直线 (见图 10–1); $M = j_1 + j_2$ 是非简并的, 因为它所确定的直线仅仅通过矩形的右上顶点 (j_1, j_2), 即:

$$g_{j_1, j_2}(j_1 + j_2) = 1 \tag{C–27}$$

$M = j_1 + j_2 - 1$ 是二重简并的, 因为对应的直线通过点 $(j_1, j_2 - 1)$ 和点 $(j_1 - 1, j_2)$, 即:

$$g_{j_1, j_2}(j_1 + j_2 - 1) = 2 \tag{C–28}$$

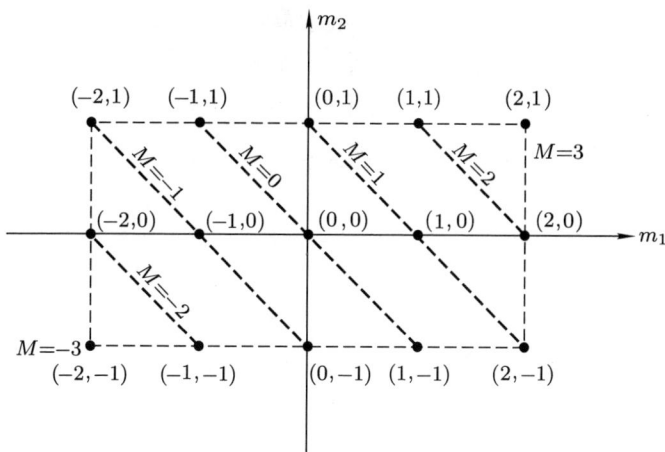

图 10-1 对于右矢 $|j_1, j_2; m_1, m_2\rangle$ 而言, (m_1, m_2) 的可能值组; 我们取 $j_1 = 2, j_2 = 1$. 对应于 $M = m_1 + m_2$ 的一个给定值的诸点都在平行于第二分角线的一条直线上 (虚线).

像这样, M 的值每减小一个单位, 简并度就增加一个单位, 这个过程一直进行 [1015] 到矩形的右下顶点 $(m_1 = j_1, m_2 = -j_2)$ 即直到 $M = j_1 - j_2$; 于是这条直线上的点的个数达到极大值, 即:

$$g_{j_1, j_2}(j_1 - j_2) = 2j_2 + 1 \tag{C-29}$$

如果 M 的值减到小于 $j_1 - j_2$, 则 $g_{j_1, j_2}(M)$ 首先保持其极大值不变, 一直保持到与 M 对应的直线以矩形的整个宽度与之相割, 即一直保持到该直线通过矩形的左上顶点 $(m_1 = -j_1, m_2 = j_2)$; 这时: [1016]

$$g_{j_1, j_2}(M) = 2j_2 + 1, \quad 对于 \ -(j_1 - j_2) \leqslant M \leqslant j_1 - j_2 \tag{C-30}$$

最后, 若 M 的值小于 $-(j_1 - j_2)$, 则对应的直线不能再与矩形的水平上边相交, 于是, M 的值减小一个单位, $g_{j_1, j_2}(M)$ 的值也减小一个单位, 以致当 $M = -(j_1 + j_2)$ 时, 简并度重新回到 1 (矩形的左下顶点); 因而:

$$g_{j_1, j_2}(-M) = g_{j_1, j_2}(M) \tag{C-31}$$

对于 $j_1 = 2, j_2 = 1$ 的情况, 全部结果都已归结在图 10-2 中, 此图描绘出 $g_{2,1}(M)$ 随 M 变化的情况.

c. $\boldsymbol{J}^2$ 的本征值

首先我们注意列举 M 的值的 (C-26) 式, 如果 j_1 和 j_2 都是整数或都是半整数, 则 M 的值都是整数; 如果 j_1 和 j_2 中, 一个是整数, 一个是半整数, 则 M

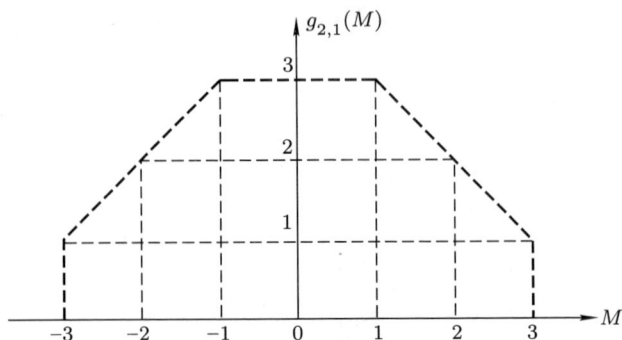

图 10-2　简并度的大小 $g_{j_1,j_2}(M)$ 随 M 变化的情况. 如图 10-1 那样, 这里表示的情况是 $j_1 = 2$ 和 $j_2 = 1$. 只要数出图 10-1 中一条虚线上的点的个数, 就可直接得到简并度 $g_{j_1,j_2}(M)$

的值都是半整数. 因而 J 的对应数值, 在前一种情况下也将都是整数, 而在后一种情况下, 也将都是半整数.

　　由于 M 所达到的极大值为 $j_1 + j_2$, 故 J 的每一个大于 $j_1 + j_2$ 的值在空间 $\mathscr{E}(j_1, j_2)$ 中都不能实现, 于是也不会出现在直和 (C-22) 中. 与 $J = j_1 + j_2$ 联系着一个不变子空间 (因为 $M = j_1 + j_2$ 这个值存在), 而且只联系着这样一个 (因为 $M = j_1 + j_2$ 是非简并的). 在这个子空间 $\mathscr{E}(J = j_1 + j_2)$ 中, 有一个而且只有一个矢量, 它所对应的 $M = j_1 + j_2 - 1$ 但 M 的这个值在空间 $\mathscr{E}(j_1, j_2)$ 中是二重简并的; 于是 $J = j_1 + j_2 - 1$ 也是可以实现的, 而且与它对应着一个唯一的不变子空间 $\mathscr{E}(J = j_1 + j_2 - 1)$.

　　更普遍一些, 我们用 $p_{j_1,j_2}(J)$ 表示空间 $\mathscr{E}(j_1, j_2)$ 中与 J 的一个给定值相联系的子空间 $\mathscr{E}(k, J)$ 的数目; 也就是对于 J 的这个值, k 的互异值的个数 (j_1 和 j_2 的值一开始就已固定); 这个 $p_{j_1,j_2}(J)$ 与 $g_{j_1,j_2}(M)$ 之间有一个简单的关系. 实际上, 我们来考虑 M 的一个特殊值; 在符合 $J \geqslant |M|$ 的每一个子空间 $\mathscr{E}(k, J)$ 中, 都有一个而且只有一个矢量与 M 的那个值对应, 于是那个值在空间 $\mathscr{E}(j_1, j_2)$ 中的简并度 $g_{j_1,j_2}(M)$ 可以写作:

$$
\begin{aligned}
g_{j_1,j_2}(M) = &\ p_{j_1,j_2}(J = |M|) + p_{j_1,j_2}(J = |M| + 1) \\
&+ p_{j_1,j_2}(J = |M| + 2) + \cdots
\end{aligned}
\tag{C-32}
$$

由此式, 可以反过来用 $g_{j_1,j_2}(M)$ 来表示 $p_{j_1,j_2}(J)$:

$$
\begin{aligned}
p_{j_1,j_2}(J) &= g_{j_1,j_2}(M = J) - g_{j_1,j_2}(M = J + 1) \\
&= g_{j_1,j_2}(M = -J) - g_{j_1,j_2}(M = -J - 1)
\end{aligned}
\tag{C-33}
$$

　　于是, §C-3-b 中的结果可以用来直接确定在空间 $\mathscr{E}(j_1, j_2)$ 中量子数 J 实

际可取的那些值以及与它们相联系的不变子空间 $\mathscr{E}(k, J)$ 的数目. 首先, 我们显然有:

$$p_{j_1, j_2}(J) = 0 \quad \text{对于 } J > j_1 + j_2 \tag{C-34}$$

这是因为对于 $|M| > j_1 + j_2, g_{j_1, j_2}(M)$ 为零. 此外, 根据 (C–27) 式和 (C–28) 式, 有: 　　　　　　　　　　　　　　　　　　　　　　　　　　　　[1017]

$$p_{j_1, j_2}(J = j_1 + j_2) = g_{j_1, j_2}(M = j_1 + j_2) = 1 \tag{C-35-a}$$

$$p_{j_1, j_2}(J = j_1 + j_2 - 1) = g_{j_1, j_2}(M = j_1 + j_2 - 1) - g_{j_1, j_2}(M = j_1 + j_2) = 1 \tag{C-35-b}$$

这样, 我们可以逐个地求得 $p_{j_1, j_2}(J)$ 的全体数值:

$$p_{j_1, j_2}(J = j_1 + j_2 - 2) = 1, \cdots, \tag{C-36-a}$$

$$\cdots, p_{j_1, j_2}(J = j_1 - j_2) = 1 \tag{C-36-b}$$

最后, 据 (C–30) 式, 有:

$$p_{j_1, j_2}(J) = 0, \text{ 对于 } J < j_1 - j_2 \tag{C-37}$$

对于 j_1 和 j_2 的固定值 [这就是说, 在一个确定的空间 $\mathscr{E}(j_1, j_2)$ 的内部], $\boldsymbol{J}^2$ 的本征值中的 J 应为[①]:

$$J = j_1 + j_2, j_1 + j_2 - 1, j_1 + j_2 - 2, \cdots, |j_1 - j_2| \tag{C-38}$$

与每一个这样的值联系着唯一的一个不变子空间 $\mathscr{E}(J)$, 于是, (C–22) 式中的指标 k 实际上没有用了. 特别地, 由此推知, 如果在 (C–38) 式的集合中, 取定 J 的一个值, 随之取定与它相容的一个 M 的值, 那么, 在空间 $\mathscr{E}(j_1, j_2)$ 中, 与它们对应的矢量只有一个; 实际上, J 的数值就足以确定子空间 $\mathscr{E}(J)$, 在这个空间中, M 的数值就确定了一个唯一的矢量. 换句话说, $\boldsymbol{J}^2$ 和 J_z 构成 $\mathscr{E}(j_1, j_2)$ 空间中的一个 E.C.O.C..

附注:

我们可以证明, 在空间 $\mathscr{E}(j_1, j_2)$ 中可以实现的 (J, M) 值的组数正好等于该空间维数 $(2j_1 + 1)(2j_2 + 1)$. 实际上, 这个数等于 (例如设 $j_1 \geqslant j_2$):

$$\sum_{J = j_1 - j_2}^{j_1 + j_2} (2J + 1) \tag{C-39}$$

---

① 我们一直假设 $j_1 \geqslant j_2$; 在 $j_1 < j_2$ 的相反情况下, 重新推证也很容易, 只需将指标 1 和 2 颠倒一下.

如果令

$$J = j_1 - j_2 + i \tag{C-40}$$

那么, 我们就很容易算出 (C–39) 式中的和:

$$\sum_{J=j_1-j_2}^{j_1+j_2} (2J+1) = \sum_{i=0}^{2j_2} [2(j_1 - j_2 + i) + 1]$$

$$= [2(j_1 - j_2) + 1](2j_2 + 1) + 2\frac{2j_2(2j_2 + 1)}{2}$$

$$= (2j_2 + 1)(2j_1 + 1) \tag{C-41}$$

[1018]　4. $\boldsymbol{J}^2$ 和 J_z 的共同本征矢

我们将 $\boldsymbol{J}^2$ 和 J_z 的属于空间 $\mathscr{E}(j_1, j_2)$ 的共同本征矢记作 $|J, M\rangle$. 严格地说, 本来应该在这个记号中注明 j_1 和 j_2 的值, 但我们没有注明, 因为它们的值和矢量 (C–21–b) 中的相同, 而 $|J, M\rangle$ 不过是那些矢量的线性组合. 当然, 指标 J 和 M 的值与 $\boldsymbol{J}^2$ 和 J_z 的本征值相联系:

$$\boldsymbol{J}^2 |J, M\rangle = J(J+1)\hbar^2 |J, M\rangle \tag{C-42-a}$$

$$J_z |J, M\rangle = M\hbar |J, M\rangle \tag{C-42-b}$$

而矢量 $|J, M\rangle$, 正如空间 $\mathscr{E}(j_1, j_2)$ 中所有的这些矢量一样, 都是 $\boldsymbol{J}_1^2$ 和 $\boldsymbol{J}_2^2$ 的本征矢, 分别属于本征值 $j_1(j_1 + 1)\hbar^2$ 和 $j_2(j_2 + 1)\hbar^2$.

a. 两个自旋 1/2 的特例

首先, 我们说明怎样利用关于角动量的一般结论很简单地求出在 §B–3 中已经得到的矢量 $|S, M\rangle$ 的表示式, 而不必将表示 $\boldsymbol{S}^2$ 的矩阵对角化. 这里的方法, 经过推广, 即可在下面 (§4–b) 用来构成当 j_1 和 j_2 为任意数值时的矢量 $|J, M\rangle$.

α. 子空间 $\mathscr{E}(S = 1)$

在态空间 $\mathscr{E} = \mathscr{E}(1/2, 1/2)$ 中, 右矢 $|+, +\rangle$ 是 S_z 的对应于 $M = 1$ 的唯一的一个本征矢. 由于 $\boldsymbol{S}^2$ 和 S_z 对易, 而且 $M = 1$ 这个值是非简并的, 故右矢 $|+, +\rangle$ 一定也是 $\boldsymbol{S}^2$ 的本征矢 (参看第二章的 §D–3–a). 根据 §C–3–a 中的分析, S 的对应值只可能等于 1; 因此, 我们可以如此选择矢量 $|S = 1, M = 1\rangle$ 的相位, 使得:

$$|1, 1\rangle = |+, +\rangle \tag{C-43}$$

然后, 三重态中的其他态就很容易求得了. 实际上, 根据角动量的普遍理论, 我们知道:

$$S_-|1,1\rangle = \hbar\sqrt{1(1+1)-1(1-1)}|1,0\rangle$$
$$= \hbar\sqrt{2}|1,0\rangle \tag{C-44}$$

因此:

$$|1,0\rangle = \frac{1}{\hbar\sqrt{2}}S_-|+,+\rangle \tag{C-45}$$

在基 $\{|\varepsilon_1,\varepsilon_2\rangle\}$ 中, 为了具体算出矢量 $|1,0\rangle$, 只须注意由总自旋 $\boldsymbol{S}$ 的定义 (B-3) 式可知:

$$S_- = S_{1-} + S_{2-} \tag{C-46}$$

于 是, 可以求得:

[1019]

$$|1,0\rangle = \frac{1}{\hbar\sqrt{2}}(S_{1-}+S_{2-})|+,+\rangle$$
$$= \frac{1}{\hbar\sqrt{2}}[\hbar|-,+\rangle + \hbar|+,-\rangle]$$
$$= \frac{1}{\sqrt{2}}[|-,+\rangle + |+,-\rangle] \tag{C-47}$$

最后, 我们可以再将算符 S_- 应用于 $|1,0\rangle$, 也就是将算符 $(S_{1-}+S_{2-})$ 应用于 (C-47) 式; 这样便得到:

$$|1,-1\rangle = \frac{1}{\hbar\sqrt{2}}S_-|1,0\rangle$$
$$= \frac{1}{\hbar\sqrt{2}}(S_{1-}+S_{2-})\frac{1}{\sqrt{2}}[|-,+\rangle + |+,-\rangle]$$
$$= \frac{1}{2\hbar}[\hbar|-,-\rangle + \hbar|-,-\rangle]$$
$$= |-,-\rangle \tag{C-48}$$

当然, 仿照上面对右矢 $|+,+\rangle$ 所作的推理, 本来也可以直接得到最后这个结果. 但是, 上面这种算法有一点方便之处: 这种方法可以 (与第六章 §C-3-a 中的一般惯例一致) 确定由于在 (C-43) 式中已经给右矢 $|+,+\rangle$ 选定了相位而可能出现在右矢 $|1,0\rangle$ 和 $|1,-1\rangle$ 中的那些相位因子.

β. 态 $|S=0,M=0\rangle$

子空间 $\mathscr{E}(S=0)$ 中独一无二的矢量 $|S=0,M=0\rangle$ 必须与刚才求得的三个矢量 $|1,M\rangle$ 正交, 根据这个简单条件就可以确定 (除常因子以外) 这个矢量.

实际上, 矢量 $|0,0\rangle$ 既然正交于 $|1,1\rangle = |+,+\rangle$ 和 $|1,-1\rangle = |-,-\rangle$, 那么, 它只可能是 $|+,-\rangle$ 和 $|-,+\rangle$ 的线性组合:

$$|0,0\rangle = \alpha|+,-\rangle + \beta|-,+\rangle \tag{C-49}$$

为将它归一化, 须使

$$\langle 0,0|0,0\rangle = |\alpha|^2 + |\beta|^2 = 1 \tag{C-50}$$

它与右矢 $|1,0\rangle$ [参看 (C-4) 式] 的标量积等于零, 即应有:

$$\frac{1}{\sqrt{2}}(\alpha + \beta) = 0 \tag{C-51}$$

[1020] 因此, 系数 α 和 β 的符号相反, 这个条件, 并结合 (C-50) 式, 便可确定 (除相位因子以外):

$$\alpha = -\beta = \frac{1}{\sqrt{2}}e^{i\chi} \tag{C-52}$$

式中的 χ 为任意实数. 我们不妨选择 $\chi = 0$, 这样便得到:

$$|0,0\rangle = \frac{1}{\sqrt{2}}[|+,-\rangle - |-,+\rangle] \tag{C-53}$$

至此, 我们已经求得四个矢量 $|S,M\rangle$, 而并不需要在基 $\{|\varepsilon_1,\varepsilon_2\rangle\}$ 中表示 $\boldsymbol{S}^2$ 的矩阵的显式.

b. 一般情况 (j_1 和 j_2 是任意的)

在 §C-3-c 中, 我们已经证明过, $\mathscr{E}(j_1,j_2)$ 作为不变子空间 $\mathscr{E}(J)$ 的直和的分解式为:

$$\mathscr{E}(j_1,j_2) = \mathscr{E}(j_1+j_2) \oplus \mathscr{E}(j_1+j_2-1) \oplus \cdots \oplus \mathscr{E}(|j_1-j_2|) \tag{C-54}$$

下面我们将说明怎样确定张成这些子空间的诸矢量 $|J,M\rangle$.

α. 子空间 $\mathscr{E}(J = j_1 + j_2)$

在空间 $\mathscr{E}(j_1,j_2)$ 中, 右矢 $|j_1,j_2;m_1=j_1,m_2=j_2\rangle$ 是 J_z 的对应于 $M = j_1+j_2$ 的唯一的一个本征矢. 由于 $\boldsymbol{J}^2$ 和 J_z 对易, 而且 $M = j_1+j_2$ 这个值是非简并的, 故矢量 $|j_1,j_2;m_1=j_1,m_2=j_2\rangle$ 一定也是 $\boldsymbol{J}^2$ 的本征矢. 根据 (C-54) 式, J 的对应值只可能是 j_1+j_2. 我们可以如此选择矢量

$$|J = j_1+j_2, M = j_1+j_2\rangle$$

的相位, 使得:

$$|j_1+j_2, j_1+j_2\rangle = |j_1,j_2;j_1,j_2\rangle \tag{C-55}$$

根据这个公式, 重复应用算符 J_-, 就可以求得符合 $J = j_1 + j_2$ 的全体矢量 $|J, M\rangle$. 于是, 根据第六章的普遍公式 (C-50), 有:

$$J_-|j_1 + j_2, j_1 + j_2\rangle = \hbar\sqrt{2(j_1 + j_2)}|j_1 + j_2, j_1 + j_2 - 1\rangle \qquad \text{(C--56)}$$

现将算符 $J_- = J_{1-} + J_{2-}$ 应用于矢量 $|j_1, j_2; j_1, j_2\rangle$, 我们便可以求得对应于 $J = j_1 + j_2$ 和 $M = j_1 + j_2 - 1$ 的矢量:

$$
\begin{aligned}
|j_1 + j_2, j_1 + j_2 - 1\rangle &= \frac{1}{\hbar\sqrt{2(j_1 + j_2)}}J_-|j_1 + j_2, j_1 + j_2\rangle \\
&= \frac{1}{\hbar\sqrt{2(j_1 + j_2)}}(J_{1-} + J_{2-})|j_1, j_2; j_1, j_2\rangle \\
&= \frac{1}{\hbar\sqrt{2(j_1 + j_2)}}[\hbar\sqrt{2j_1}|j_1, j_2; j_1 - 1, j_2\rangle \\
&\quad + \hbar\sqrt{2j_2}|j_1, j_2; j_1, j_2 - 1\rangle]
\end{aligned}
\qquad \text{(C--57)}
$$

[1021]

也就是说:

$$
\begin{aligned}
|j_1 + j_2, j_1 + j_2 - 1\rangle &= \sqrt{\frac{j_1}{j_1 + j_2}}|j_1, j_2; j_1 - 1, j_2\rangle \\
&\quad + \sqrt{\frac{j_2}{j_1 + j_2}}|j_1, j_2; j_1, j_2 - 1\rangle
\end{aligned}
\qquad \text{(C--58)}
$$

注意, 按这种方式, 我们求得了对应于 $M = j_1 + j_2 - 1$ 的两个基矢量的线性组合, 而且这个组合本身已经是归一化的.

然后, 我们重复下面的步骤: 将算符 J_- 作用于 (C-58) 式两端 (在右端, 将此算符写作 $J_{1-} + J_{2-}$ 的形式), 以构成矢量 $|j_1 + j_2, j_1 + j_2 - 2\rangle$, 像这样逐步进行下去, 直到矢量 $|j_1 + j_2, -(j_1 + j_2)\rangle$, 我们将会看到它等于矢量 $|j_1, j_2; -j_1, -j_2\rangle$.

这样一来, 我们便能算出基 $\{|J, M\rangle\}$ 中的前 $[2(j_1 + j_2) + 1]$ 个矢量, 它们对应于 $J = j_1 + j_2$ 和 $M = j_1 + j_2, j_1 + j_2 - 1, \cdots, -(j_1 + j_2)$, 并张成空间 $\mathscr{E}(j_1, j_2)$ 中的子空间 $\mathscr{E}(J = j_1 + j_2)$.

β. 其他子空间 $\mathscr{E}(J)$

现在我们来考虑在空间 $\mathscr{E}(j_1, j_2)$ 中和 $\mathscr{E}(j_1 + j_2)$ 互补的空间 $\mathscr{S}(j_1 + j_2)$. 根据 (C-54) 式, 空间 $\mathscr{S}(j_1 + j_2)$ 分解为:

$$\mathscr{S}(j_1 + j_2) = \mathscr{E}(j_1 + j_2 - 1) \oplus \mathscr{E}(j_1 + j_2 - 2) \oplus \cdots \oplus \mathscr{E}(|j_1 - j_2|) \qquad \text{(C--59)}$$

这样, 我们便可将与 §α 中相同的推理应用于它.

在空间 $\mathscr{S}(j_1 + j_2)$ 中, M 的一个给定值的简并度 $g'_{j_1,j_2}(M)$ 比 $g_{j_1,j_2}(M)$ 小 1, 这是因为空间 $\mathscr{E}(j_1 + j_2)$ 仅仅包含与 M 的这个值相联系的一个矢量:

$$g'_{j_1,j_2}(M) = g_{j_1,j_2}(M) - 1 \tag{C-60}$$

这一点特别表明, $M = j_1 + j_2$ 这个值在空间 $\mathscr{S}(j_1 + j_2)$ 中不复存在, 而且新的极大值 $M = j_1 + j_2 - 1$ 是非简并的. 如同在 §α 中一样, 由此可以推知, 对应的矢量一定正比于 $|J = j_1 + j_2 - 1, M = j_1 + j_2 - 1\rangle$. 我们不难求得那个矢量在基 $\{|j_1, j_2; m_1, m_2\rangle\}$ 中的展开式; 实际上, 由于 M 的值, 展开式一定具有下列形式:

$$|j_1 + j_2 - 1, j_1 + j_2 - 1\rangle = \alpha|j_1, j_2; j_1, j_2 - 1\rangle$$
$$+ \beta|j_1, j_2; j_1 - 1, j_2\rangle \tag{C-61}$$

[1022] 其中的系数须满足

$$|\alpha|^2 + |\beta|^2 = 1 \tag{C-62}$$

以保证矢量的归一化. 此外, 它还应该正交于空间 $\mathscr{E}(j_1 + j_2)$ 中的矢量 $|j_1 + j_2, j_1 + j_2 - 1\rangle$, 后者的表示式已由 (C-58) 式给出; 因此, 系数 α 和 β 应该满足:

$$\alpha\sqrt{\frac{j_2}{j_1 + j_2}} + \beta\sqrt{\frac{j_1}{j_1 + j_2}} = 0 \tag{C-63}$$

(C-62) 式和 (C-63) 式便确定了 (除相位因子以外) α 和 β; 我们将 α 和 β 选作实数, 并且 (例如) 选 α 为正的; 按照这些规定, 便得到

$$|j_1 + j_2 - 1, j_1 + j_2 - 1\rangle = \sqrt{\frac{j_1}{j_1 + j_2}}|j_1, j_2; j_1, j_2 - 1\rangle$$
$$- \sqrt{\frac{j_2}{j_1 + j_2}}|j_1, j_2; j_1 - 1, j_2\rangle \tag{C-64}$$

这个矢量以 $J = j_1 + j_2 - 1$ 为标志的一族新矢量中的第一个. 如同在 §α 中那样, 将算符 J_- 作用所需的那么多次, 便可由这个矢量得到其他矢量. 如此, 我们可以得到 $[2(j_1 + j_2 - 1) + 1]$ 个矢量 $|J, M\rangle$, 它们对应于:

$$J = j_1 + j_2 - 1 \ \text{和} \ M = j_1 + j_2 - 1, j_1 + j_2 - 2, \cdots, -(j_1 + j_2 - 1),$$

并且张成子空间 $\mathscr{E}(J = j_1 + j_2 - 1)$.

然后, 我们来考虑空间 $\mathscr{S}(j_1 + j_2, j_1 + j_2 - 1)$, 它是 $\mathscr{E}(j_1, j_2)$ 空间中的直和 $\mathscr{E}(j_1 + j_2) \oplus \mathscr{E}(j_1 + j_2 - 1)$ 的补空间①:

$$\mathscr{S}(j_1 + j_2, j_1 + j_2 - 1) = \mathscr{E}(j_1 + j_2 - 2) \oplus \cdots \oplus \mathscr{E}(|j_1 - j_2|) \tag{C-65}$$

---

① 当然, 只当 $j_1 + j_2 - 2$ 不小于 $|j_1 - j_2|$ 时, $\mathscr{S}(j_1 + j_2, j_1 + j_2 - 1)$ 才存在.

在空间 $\mathscr{S}(j_1+j_2, j_1+j_2-1)$ 中, M 的每一个值的简并度和空间 $\mathscr{S}(j_1+j_2)$ 中的相比, 仍然小 1. 特别地, 现在的极大值为 $M = j_1+j_2-2$ 而且这是非简并的; 因此, 属于空间 $\mathscr{S}(j_1+j_2, j_1+j_2-1)$ 的对应矢量一定是 $|J = j_1+j_2-2, M = j_1+j_2-2\rangle$ 为了在基 $\{|j_1, j_2; m_1, m_2\rangle\}$ 中求出这个矢量, 我们只须注意, 它是三个矢量 $|j_1, j_2; j_1, j_2-2\rangle$, $|j_1, j_2; j_1-1, j_2-1\rangle$, $|j_1, j_2; j_1-2, j_2\rangle$ 的线性组合; 组合系数 (除相位因子之外) 决定于三个条件, 即此组合应是归一化的并正交于 $|j_1+j_2, j_1+j_2-2\rangle$ 和 $|j_1+j_2-1, j_1+j_2-2\rangle$ (这些矢量是已知的). 然后, 应用算符 J_-, 便可以求得张成空间 $\mathscr{E}(j_1+j_2-2)$ 的第三组矢量中的其他矢量.

这个过程很容易继续进行下去, 直到针对 M 的大于或等于 $|j_1-j_2|$ 的一切数值 [因此, 根据 (C–31) 式, 也就是针对小于或等于 $-|j_1-j_2|$ 的一切数值] 都已计算完毕. 这样一来, 我们就知道了待求的全体矢量 $|J, M\rangle$. 我们将在补充材料 A_X 中, 通过两个具体例子来演示这个方法.

[1023]

c. 克莱布希-高登系数

在每一个空间 $\mathscr{E}(j_1, j_2)$ 中, J^2 和 J_z 的本征矢都是原来的基 $\{|j_1, j_2; m_1, m_2\rangle\}$ 中的矢量的线性组合:

$$|J, M\rangle = \sum_{m_1=-j_1}^{j_1} \sum_{m_2=-j_2}^{j_2} |j_1, j_2; m_1, m_2\rangle\langle j_1, j_2; m_1, m_2|J, M\rangle \tag{C–66}$$

这个展开式中的系数 $\langle j_1, j_2; m_1, m_2|J, M\rangle$ 就叫做克莱布希-高登系数.

附注:

严格说来, 我们本来应该分别将矢量 $|j_1, j_2; m_1, m_2\rangle$ 和矢量 $|J, M\rangle$ 记作 $|k_1, k_2; j_1, j_2; m_1, m_2\rangle$ 和 $|k_1, k_2; j_1, j_2; J, M\rangle$ [k_1 和 k_2 的值, 如同 j_1 和 j_2 的值那样, 在等式 (C–66) 的两端是一样的]. 然而, 我们并不在表示克莱布希-高登系数的符号中记入 k_1 和 k_2, 这是因为, 我们知道, 这些系数与 k_1 和 k_2 无关 (§C–2–c).

虽然不可能给出克莱布希-高登系数的一般表达式, 但是, 对于 j_1 和 j_2 的任意值, 我们总可以用 §C–4–b 中所述的方法逐个地将它们计算出来. 在实际工作中, 有克莱布希-高登系数的数值表可资利用.

实际上, 为了唯一地确定克莱布希-高登系数, 我们必须提出几条关于相位的约定 [在我们写出公式 (C–55) 和 (C–64) 时, 就曾经指出过这一点]: 我们总是将克莱布希-高登系数取作实数, 只是其中的某些系数的符号还有待选择 (显然, 在同一个矢量 $|J, M\rangle$ 的展开式中, 诸系数的相对符号关系是固定的, 只有展开式的总符号是可以任意选择的).

§C–4–b 的结果表明, 系数 $|j_1, j_2; m_1, m_2|J, M\rangle$ 只有在:

$$M = m_1 + m_2 \tag{C–67–a}$$

$$|j_1 - j_2| \leqslant J \leqslant j_1 + j_2 \tag{C–67–b}$$

时才不等于零; 这里的 J 和 $j_1 + j_2$ 以及 $|j_1 - j_2|$ 属于同一类型 (整数或半整数). 条件 (C–67–b) 通常叫做"三角形法则": 长度等于 j_1, j_2 和 J 的三个线段, 应该构成一个三角形.

诸矢量 $|J, M\rangle$ 同样也构成 $\mathscr{E}(j_1, j_2)$ 空间中的一个正交归一基, 与 (C–66) 式相反的公式可以写作:

$$|j_1, j_2; m_1, m_2\rangle = \sum_{J=|j_1-j_2|}^{j_1+j_2} \sum_{|M|=-J}^{J} |J, M\rangle\langle J, M|j_1, j_2; m_1, m_2\rangle \tag{C–68}$$

此外, 因为所有的克莱布希–高登系数都已被选为实数, 故 (C–68) 式中的标量积应该满足:

$$\langle J, M|j_1, j_2; m_1, m_2\rangle = \langle j_1, j_2; m_1, m_2|J, M\rangle \tag{C–69}$$

[1024] 因此,这些数仍然是克莱布希–高登系数,通过它们可以将原基 $\{|j_1, j_2; m_1, m_2\rangle\}$ 中的矢量表示为新基 $\{|J, M\rangle\}$ 中的矢量的线性组合.

克莱布希–高登系数具有一些很有意思的性质, 部分性质将放在补充材料 B_X 中去讨论.

参考文献和阅读建议

Messiah (1.17), 第 XIII 章, §V; Rose (2.19), 第 III 章. Edmonds (2.21), 第 3、6 章.

与群论的关系, Meijer 和 Bauer (2.18), 第 5 章, §5 和该章的附录 III; Bacry (10.31), 第 6 章; Wigner (2.23), 第 14、15 章.

矢量性球谐函数: Edmonds (2.21), §5–10; Jackson (7.5) 第 16 章; Berestetskii 等 (2.8), §§6、7; Akhiezer 和 Berestetskii (2.14), §4.

第十章补充材料

阅读指南

A$_X$: 角动量耦合的例子

A$_X$: 本文通过例子来说明第十章的结果; 这些例子是在正文中未曾详细讨论过的最简单的情况, 如: 两个角动量 1, 角动量 l 与自旋 1/2. 本文很容易看懂, 建议读者将它作为理解角动量耦合方法的一个练习.

B$_X$: 克莱布希–高登系数
C$_X$: 球谐函数的加法

B$_X$, C$_X$: 是建立一些有用的数学公式的技术性补充材料, 作为数学上的参考.

B$_X$: 本文研究克莱布希–高登系数; 这种系数经常出现在涉及角动量和旋转不变性的物理问题中.

C$_X$: 本文证明关于球谐函数之积的一个公式, 此公式在下面的补充材料和练习中将要用到.

D$_X$: 矢量算符; 维格纳–埃克特定理
E$_X$: 电多极矩

D$_X$, E$_X$: 引入 (在很多领域中都具有重要意义的) 一些物理概念 (矢量观察算符, 多极矩).

D$_X$: 研究矢量算符; 证明维格纳–埃克特定理, 同时建立这些算符的矩阵元之间的比例关系. 理论性稍强, 因应用较广, 故仍向读者推荐. 本文特别有助于学习原子物理 (矢量模型, 朗德因子的计算, 等等).

E$_X$: 定义一个经典体系或量子体系的电多极矩并讨论其性质; 研究它们的选择定则 (在原子物理或核物理中, 经常用到这些多极矩). 本文属于中等难度.

F$_X$: 由相互作用 $aJ_1 \cdot J_2$ 耦合的两个角动量 J_1 和 J_2 的演变

F$_X$: 可以看作是一个已经解出的练习, 文中讨论以原子的矢量模型为基础的问题: 通过相互作用 $W = aJ_1 \cdot J_2$ 耦合的两个角动量 J_1 和 J_2 随时间的演变. 这种动力学观点可以说补充了正文中关于 W 的本征态的那些结果. 本文很容易阅读.

[1026] G_X: 练习

G_X: 练习 7 到 10 比其他练习更困难一些; 练习 7、8、9 是补充材料 D_X 和 F_X 的延伸, 它们推广了这两篇材料中的一些结果 (标准分量和不可约张量算符的概念, 以及维格纳–埃克特定理); 练习 10 涉及三个角动量的不同的耦合方式.

补充材料 A$_X$
角动量耦合的例子

1. $j_1 = 1$ 和 $j_2 = 1$ 的耦合
  a. 子空间 $\mathscr{E}(J = 2)$
  b. 子空间 $\mathscr{E}(J = 1)$
  c. 矢量 $|J = 0, M = 0\rangle$
2. 轨道角动量 l (整数) 和自旋 $1/2$ 的耦合
  a. 子空间 $\mathscr{E}(J = l + 1/2)$
  b. 子空间 $\mathscr{E}(J = l - 1/2)$

　　为了举例说明第十章所讲的角动量耦合的一般方法, 下面我们将它应用于两个具体例子.

1. $j_1 = 1$ 和 $j_2 = 1$ 的耦合

　　我们先考虑 $j_1 = j_2 = 1$ 的情况. 这种情况出现在下述问题中, 例如: 一个双粒子体系, 两个粒子的轨道角动量都等于 1, 于是每个粒子都处在 p 态, 我们说这是一个"p^2 组态".

　　我们所要考察的空间 $\mathscr{E}(1,1)$ 的维数是 $3 \times 3 = 9$. 在其中, 我们假设已知由 $\boldsymbol{J}_1^2, \boldsymbol{J}_2^2, J_{1z}$ 和 J_{2z} 的共同本征矢所构成的一个基:

$$\{|1,1;m_1,m_2\rangle\} \quad \text{其中的 } m_1, m_2 = 1, 0, -1 \tag{1}$$

现在我们试图确定由 $\boldsymbol{J}_1^2, \boldsymbol{J}_2^2, \boldsymbol{J}^2$ 和 J_z 的共同本征矢所构成的基 $\{|J, M\rangle\}$; 这里的 $\boldsymbol{J}$ 是总角动量.

　　根据第十章的 §C-3, 量子数 J 的可能值为:

$$J = 2, 1, 0. \tag{2}$$

因此, 我们必须构成 $|J, M\rangle$ 类的三个矢量族, 它们分别包含新基中的五个, 三个和一个矢量.

a. 子空间 $\mathscr{E}(J=2)$

右矢 $|J=2, M=2\rangle$ 可以简单地取作:

$$|2,2\rangle = |1,1;1,1\rangle \tag{3}$$

[1028] 将算符 J_- 作用于这个矢量, 我们便求得矢量 $|J=2, M=1\rangle$:

$$\begin{aligned}
|2,1\rangle &= \frac{1}{2\hbar} J_- |2,2\rangle \\
&= \frac{1}{2\hbar} (J_{1-} + J_{2-}) |1,1;1,1\rangle \\
&= \frac{1}{2\hbar} [\hbar\sqrt{2}|1,1;0,1\rangle + \hbar\sqrt{2}|1,1;1,0\rangle] \\
&= \frac{1}{\sqrt{2}} [|1,1;1,0\rangle + |1,1;0,1\rangle]
\end{aligned} \tag{4}$$

要计算 $|J=2, M=0\rangle$ 我们再次应用算符 J_-, 经过简单计算, 得到:

$$|2,0\rangle = \frac{1}{\sqrt{6}} [|1,1;1,-1\rangle + 2|1,1;0,0\rangle + |1,1;-1,1\rangle] \tag{5}$$

然后得到:

$$|2,-1\rangle = \frac{1}{\sqrt{2}} [|1,1;0,-1\rangle + |1,1;-1,0\rangle] \tag{6}$$

最后得到:

$$|2,-2\rangle = |1,1;-1,-1\rangle \tag{7}$$

b. 子空间 $\mathscr{E}(J=1)$

现在, 我们过渡到子空间 $\mathscr{E}(J=1)$. 矢量 $|J=1, M=1\rangle$ 一定是两个基右矢 $|1,1;1,0\rangle$ 和 $|1,1;0,1\rangle$ (对应于 $M=1$ 的仅有的两个矢量) 的线性组合:

$$|1,1\rangle = \alpha|1,1;1,0\rangle + \beta|1,1;0,1\rangle \tag{8}$$

附以条件:

$$|\alpha|^2 + |\beta|^2 = 1 \tag{9}$$

为了使这个矢量正交于 $|2,1\rangle$, 必须使 [参看 (4) 式]:

$$\alpha + \beta = 0 \tag{10}$$

我们将 α 和 β 选作实数, 并按约定, 取 α 为正[①], 在这些条件下:

$$|1,1\rangle = \frac{1}{\sqrt{2}} [|1,1;1,0\rangle - |1,1;0,1\rangle] \tag{11}$$

[①] 一般地说, 我们通常约定将右矢 $|J,J\rangle$ 在右矢 $|j_1,j_2; m_1=j_1, m_2=J-j_1\rangle$ 上的分量选作正实数 (参看补充材料 B_x 的 §2).

在这里, 应用算符 J_- 也可以由此算出 $|1,0\rangle$ 和 $|1,-1\rangle$, 按照与上面相同的算 [1029]
法, 不难得到:

$$|1,0\rangle = \frac{1}{\sqrt{2}}[|1,1;1,-1\rangle - |1,1;-1,1\rangle] \tag{12}$$

$$|1,-1\rangle = \frac{1}{\sqrt{2}}[|1,1;0,-1\rangle - |1,1;-1,0\rangle] \tag{13}$$

值得注意的是, 展开式 (12) 并不包括矢量 $|1,1;0,0\rangle$, 虽然它也对应于 $M=0$;
这是因为对应的克莱布希–高登系数恰好等于零:

$$\langle 1,1;0,0|1,0\rangle = 0 \tag{14}$$

c. 矢量 $|J=0, M=0\rangle$

现在有待计算的是基 $\{|J,M\rangle\}$ 中的最后一个, 即对应于 $J=M=0$ 的矢
量. 这个矢量是对应于 $M=0$ 的三个基右矢的线性组合:

$$|0,0\rangle = a|1,1;1,-1\rangle + b|1,1;0,0\rangle + c|1,1;-1,1\rangle \tag{15}$$

附以条件:

$$|a|^2 + |b|^2 + |c|^2 = 1 \tag{16}$$

此外, 这个矢量还应该正交于矢量 $|2,0\rangle$ [公式 (5)] 和矢量 $|1,0\rangle$ [公式 (12)]; 这
样就出现了两个条件:

$$a + 2b + c = 0 \tag{17-a}$$

$$a - c = 0 \tag{17-b}$$

这些关系导致:

$$a = -b = c \tag{18}$$

我们还是取 a, b 和 c 为实数, 并约定选择 a 为正数 (参看 124 页的脚注), 由 (16)
式和 (18) 式, 我们得到:

$$|0,0\rangle = \frac{1}{\sqrt{3}}[|1,1;1,-1\rangle - |1,1;0,0\rangle + |1,1;-1,1\rangle] \tag{19}$$

于是, 在 $j_1 = j_2 = 1$ 的情况下, 基 $\{|J,M\rangle\}$ 的组成便告结束.

附注:

如果我们所要研究的物理问题是双粒子体系的 p^2 组态, 那么在原基
中表示态的波函数具有下列形式:

$$\langle \boldsymbol{r}_1, \boldsymbol{r}_2|1,1;m_1,m_2\rangle = R_{k_1,1}(r_1)R_{k_2,1}(r_2)Y_1^{m_1}(\theta_1,\varphi_1)Y_1^{m_2}(\theta_2,\varphi_2) \tag{20}$$

[1030]　　其中的 $\boldsymbol{r}_1(r_1,\theta_1,\varphi_1)$ 和 $\boldsymbol{r}_2(r_2,\theta_2,\varphi_2)$ 标志两个粒子的位置. 由于径向函数与量子数 m_1 和 m_2 无关, 决定与右矢 $|J,M\rangle$ 相联系的波函数的那些线性组合就仅仅涉及角依赖性. 例如, 在表象 $\{|\boldsymbol{r}_1,\boldsymbol{r}_2\rangle\}$ 中, 公式 (19) 可以写作:

$$\langle \boldsymbol{r}_1,\boldsymbol{r}_2|0,0\rangle = R_{k_1,1}(r_1)R_{k_2,1}(r_2)\frac{1}{\sqrt{3}}[\mathrm{Y}_1^1(\theta_1,\varphi_1)\mathrm{Y}_1^{-1}(\theta_2,\varphi_2)$$

$$-\mathrm{Y}_1^0(\theta_1,\varphi_1)\mathrm{Y}_1^0(\theta_2,\varphi_2)+\mathrm{Y}_1^{-1}(\theta_1,\varphi_1)\mathrm{Y}_1^1(\theta_2,\varphi_2)] \tag{21}$$

2. 轨道角动量 l (整数) 与自旋 1/2 的耦合

　　现在假设我们要耦合一个轨道角动量 ($j_1 =$ 整数 l) 和一个自旋 ($j_2 = 1/2$). 每当我们要研究自旋 1/2 的粒子 (诸如电子) 的总角动量时, 就会遇到这个问题.

　　在这里我们所要考虑的空间 $\mathscr{E}(l,1/2)$ 的维数是 $2(2l+1)$. 在此空间中, 我们知道一个基[①]:

$$\{|l,1/2;m,\varepsilon\rangle\}\quad 其中\ m=l,l-1,\cdots,-l\ 且\ \varepsilon=\pm \tag{22}$$

这是由观察算符 $\boldsymbol{L}^2, \boldsymbol{S}^2, L_z$ 和 S_z 构成的, $\boldsymbol{L}$ 和 $\boldsymbol{S}$ 就是待研究的轨道角动量和自旋. 用 $\boldsymbol{J}$ 表示体系的总角动量:

$$\boldsymbol{J}=\boldsymbol{L}+\boldsymbol{S} \tag{23}$$

现在我们要构成 $\boldsymbol{J}^2$ 和 J_z 的本征矢 $|J,M\rangle$.

　　首先, 我们注意, 若 l 为零, 则问题的解就是明显的; 这时很容易证实矢量 $|0,1/2;0,\varepsilon\rangle$ 就是 $\boldsymbol{J}^2$ 和 J_z 的本征矢, 属于诸如 $J=1/2, M=\varepsilon/2$ 这样的本征值. 另一方面, 若 l 不为零, 则 J 有两个可能的值:

$$J=l+\frac{1}{2}, l-\frac{1}{2} \tag{24}$$

a. 子空间 $\mathscr{E}(J=l+1/2)$

　　应用第十章中的普遍方法, 就可以求出张成子空间 $\mathscr{E}(J=l+1/2)$ 的 $(2l+2)$ 个矢量 $|J,M\rangle$. 首先, 我们有:

$$\left|l+\frac{1}{2}, l+\frac{1}{2}\right\rangle = \left|l,\frac{1}{2};l,+\right\rangle \tag{25}$$

[1031]　　通过算符 J_-([②])的作用, 可以得到 $\left|l+\frac{1}{2}, l-\frac{1}{2}\right\rangle$:

---

　　① 如果要严格符合于第十章的符号, 我们应该在基右矢中写明 $\pm 1/2$ 而不是写 ε; 但是在第四章和第九章中, 我们曾经约定在自旋态空间中, 用 $|+\rangle$ 和 $|-\rangle$ 表示 S_z 的本征矢.

　　② 为了更容易求得下列诸式中的系数值, 我们可以利用关系式: $j(j+1)-m(m-1)=(j+m)(j-m+1)$.

$$\left|l+\frac{1}{2}, l-\frac{1}{2}\right\rangle = \frac{1}{\hbar\sqrt{2l+1}} J_-\left|l+\frac{1}{2}, l+\frac{1}{2}\right\rangle$$

$$= \frac{1}{\hbar\sqrt{2l+1}}(L_- + S_-)\left|l,\frac{1}{2}; l,+\right\rangle$$

$$= \frac{1}{\hbar\sqrt{2l+1}}\left[\hbar\sqrt{2l}\left|l,\frac{1}{2}; l-1,+\right\rangle + \hbar\left|l,\frac{1}{2}; l,-\right\rangle\right]$$

$$= \sqrt{\frac{2l}{2l+1}}\left|l,\frac{1}{2}; l-1,+\right\rangle + \frac{1}{\sqrt{2l+1}}\left|l,\frac{1}{2}; l,-\right\rangle \quad (26)$$

再用算符 J_- 作用一次, 类似的计算给出:

$$\left|l+\frac{1}{2}, l-\frac{3}{2}\right\rangle = \frac{1}{\sqrt{2l+1}}\left[\sqrt{2l-1}\left|l,\frac{1}{2}; l-2,+\right\rangle + \sqrt{2}\left|l,\frac{1}{2}; l-1,-\right\rangle\right] \quad (27)$$

更普遍地说, 矢量 $|l+1/2, M\rangle$ 是与 M 相联系的仅有的两个基矢量 $|l, 1/2; M-1/2, +\rangle$ 和 $|l, 1/2; M+1/2, -\rangle$ 的线性组合 (当然, M 是半整数). 通过对比公式 (25), (26) 和 (27), 我们可以想到, 这个线性组合应该是:

$$\left|l+\frac{1}{2}, M\right\rangle = \frac{1}{\sqrt{2l+1}}\left[\sqrt{l+M+\frac{1}{2}}\left|l,\frac{1}{2}; M-\frac{1}{2}, +\right\rangle \right.$$
$$\left. + \sqrt{l-M+\frac{1}{2}}\left|l,\frac{1}{2}; M+\frac{1}{2}, -\right\rangle\right] \quad (28)$$

其中

$$M = l+\frac{1}{2}, l-\frac{1}{2}, l-\frac{3}{2}, \cdots, -l+\frac{1}{2}, -\left(l+\frac{1}{2}\right) \quad (29)$$

采用递推法, 即可证明这个公式. 其实将算符 J_- 作用于 (28) 式两端, 便有:　[1032]

$$\left|l+\frac{1}{2}, M-1\right\rangle = \frac{1}{\hbar\sqrt{\left(l+M+\frac{1}{2}\right)\left(l-M+\frac{3}{2}\right)}} J_-\left|l+\frac{1}{2}, M\right\rangle$$

$$= \frac{1}{\hbar\sqrt{\left(l+M+\frac{1}{2}\right)\left(l-M+\frac{3}{2}\right)}} \frac{1}{\sqrt{2l+1}} \times$$

$$\times \left[\sqrt{l+M+\frac{1}{2}}\hbar\sqrt{\left(l+M-\frac{1}{2}\right)\left(l-M+\frac{3}{2}\right)}\left|l,\frac{1}{2}; M-\frac{3}{2}, +\right\rangle\right.$$

$$+ \sqrt{l+M+\frac{1}{2}}\hbar\left|l,\frac{1}{2}; M-\frac{1}{2}, -\right\rangle$$

$$+ \sqrt{l-M+\frac{1}{2}}\,\hbar\sqrt{\left(l+M+\frac{1}{2}\right)\left(l-M+\frac{1}{2}\right)}\left|l,\frac{1}{2};M-\frac{1}{2},-\right\rangle\Bigg]$$

$$= \frac{1}{\sqrt{2l+1}}\Bigg[\sqrt{l+M-\frac{1}{2}}\left|l,\frac{1}{2};M-\frac{3}{2},+\right\rangle$$

$$+ \sqrt{l-M+\frac{3}{2}}\left|l,\frac{1}{2};M-\frac{1}{2},-\right\rangle\Bigg] \tag{30}$$

于是我们得到了与 (28) 式相同的式子, 不过 M 被换成了 $M-1$.

b. 子空间 $\mathscr{E}(J=l-1/2)$

现在我们来求与 $J=l-1/2$ 相联系的 $2l$ 个矢量 $|J,M\rangle$ 的表示式. 在这些矢量中, 与 M 的极大值 $l-1/2$ 对应的矢量是 $|l,1/2;l-1,+\rangle$ 和 $|l,1/2;l,-\rangle$ 的归一化的线性组合, 而且它应该正交于 $|l+1/2,l-1/2\rangle$ [见公式 (26)]. 若将 $|l,1/2;l,-\rangle$ 的系数选作正实数 (参看 124 页的脚注), 就很容易求得:

$$\left|l-\frac{1}{2},l-\frac{1}{2}\right\rangle = \frac{1}{\sqrt{2l+1}}\left[\sqrt{2l}\left|l,\frac{1}{2};l,-\right\rangle - \left|l,\frac{1}{2};l-1,+\right\rangle\right] \tag{31}$$

应用算符 J_- 就可以由此顺次求得对应于 $J=l-1/2$ 的矢量族中的其他诸矢量. 因为对应于 M 的一个给定值, 只有两个基矢量, 而且 $|l-1/2,M\rangle$ 正交于 $|l+1/2,M\rangle$, 根据 (28) 式, 我们预期可以求得:

$$\left|l-\frac{1}{2},M\right\rangle = \frac{1}{\sqrt{2l+1}}\Bigg[\sqrt{l+M+\frac{1}{2}}\left|l,\frac{1}{2};M+\frac{1}{2},-\right\rangle$$

$$-\sqrt{l-M+\frac{1}{2}}\left|l,\frac{1}{2};M-\frac{1}{2},+\right\rangle\Bigg] \tag{32}$$

[1033]　　其中 M 的值为:

$$M = l-\frac{1}{2}, l-\frac{3}{2}, \cdots, -l+\frac{3}{2}, -\left(l-\frac{1}{2}\right) \tag{33}$$

这个公式也可以用递推法来证明, 其推理过程与上面 §2-a 中的相似.

附注:

(i) 一个自旋 1/2 的粒子的态 $|l,1/2;m,\varepsilon\rangle$ 可以用下列形式的二分量旋量来表示:

$$\left[\psi_{l,\frac{1}{2};m,+}\right](\boldsymbol{r}) = R_{k,l}(r)\mathrm{Y}_l^m(\theta,\varphi)\begin{pmatrix}1\\0\end{pmatrix} \tag{34-a}$$

$$\left[\psi_{l,\frac{1}{2};m,-}\right](\boldsymbol{r}) = R_{k,l}(r)\mathrm{Y}_l^m(\theta,\varphi)\begin{pmatrix}0\\1\end{pmatrix} \tag{34-b}$$

于是，前面的计算表明，对应于态 $|J, M\rangle$ 的旋量可以写作:

$$[\psi_{l+\frac{1}{2}, M}](\boldsymbol{r}) = \frac{1}{\sqrt{2l+1}} R_{k,l}(r) \begin{pmatrix} \sqrt{l + M + \frac{1}{2}} Y_l^{M-\frac{1}{2}}(\theta, \varphi) \\ \sqrt{l - M + \frac{1}{2}} Y_l^{M+\frac{1}{2}}(\theta, \varphi) \end{pmatrix} \quad \text{(35-a)}$$

$$[\psi_{l-\frac{1}{2}, M}](\boldsymbol{r}) = \frac{1}{\sqrt{2l+1}} R_{k,l}(r) \begin{pmatrix} -\sqrt{l - M + \frac{1}{2}} Y_l^{M-\frac{1}{2}}(\theta, \varphi) \\ \sqrt{l + M + \frac{1}{2}} Y_l^{M+\frac{1}{2}}(\theta, \varphi) \end{pmatrix} \quad \text{(35-b)}$$

(ii) 在 $l = 1$ 的特殊情况下，公式 (25)、(28)、(31) 和 (32) 给出:

$$\left|\frac{3}{2}, \frac{3}{2}\right\rangle = \left|1, \frac{1}{2}; 1, +\right\rangle$$

$$\left|\frac{3}{2}, \frac{1}{2}\right\rangle = \sqrt{\frac{2}{3}} \left|1, \frac{1}{2}; 0, +\right\rangle + \frac{1}{\sqrt{3}} \left|1, \frac{1}{2}; 1, -\right\rangle$$

$$\left|\frac{3}{2}, -\frac{1}{2}\right\rangle = \frac{1}{\sqrt{3}} \left|1, \frac{1}{2}; -1, +\right\rangle + \sqrt{\frac{2}{3}} \left|1, \frac{1}{2}; 0, -\right\rangle$$

$$\left|\frac{3}{2}, -\frac{3}{2}\right\rangle = \left|1, \frac{1}{2}; -1, -\right\rangle \quad \text{(36-a)}$$

和:

$$\left|\frac{1}{2}, \frac{1}{2}\right\rangle = \sqrt{\frac{2}{3}} \left|1, \frac{1}{2}; 1, -\right\rangle - \frac{1}{\sqrt{3}} \left|1, \frac{1}{2}; 0, +\right\rangle \qquad [1034]$$

$$\left|\frac{1}{2}, -\frac{1}{2}\right\rangle = \frac{1}{\sqrt{3}} \left|1, \frac{1}{2}; 0, -\right\rangle - \sqrt{\frac{2}{3}} \left|1, \frac{1}{2}; -1, +\right\rangle \quad \text{(36-b)}$$

参考文献和阅读建议:

角动量 l 和角动量 $S = 1$ 的耦合: 见第十章的参考书目中关于"矢量性球谐函数"的部分.

[1035]

补充材料 B_X

克莱布希-高登系数

1. 克莱布希-高登系数的一般性质
   - a. 选择定则
   - b. 正交关系式
   - c. 递推关系式
2. 关于相位的惯例. 克莱布希-高登系数的实数性
   - a. 系数 $\langle j_1, j_2; m_1, m_2 | J, J \rangle$; 右矢 $|J, J\rangle$ 的相位
   - b. 其他的克莱布希-高登系数
3. 几个有用的关系式
   - a. 某些系数的符号
   - b. j_1 与 j_2 的顺序的交换
   - c. M, m_1 及 m_2 的符号的变换
   - d. 系数 $\langle j, j; m, -m | 0, 0 \rangle$

克莱布希-高登系数已在第十章中引入 [参看 (C–66) 式]: 这是指系数 $\langle j_1, j_2; m_1, m_2 | J, M \rangle$, 它们出现在右矢 $|J, M\rangle$ 在基 $\{|j_1, j_2; m_1, m_2\rangle\}$ 内的下列展开式中:

$$|J, M\rangle = \sum_{m_1=-j_1}^{j_1} \sum_{m_2=-j_2}^{j_2} \langle j_1, j_2; m_1, m_2 | J, M \rangle |j_1, j_2; m_1, m_2\rangle \tag{1}$$

在这篇材料中, 我们要导出克莱布希-高登系数的一些有趣的性质, 其中的一些已在第十章中简略地说明过.

我们可以指出, 为了完全确定诸系数 $\langle j_1, j_2; m_1, m_2 | J, M \rangle$, 只有 (1) 式是不够的. 实际上, 根据本征值 $J(J+1)\hbar^2$ 和 $M\hbar$ 的给定值, 只能初步将对应的归一化的矢量 $|J, M\rangle$ 确定到相差一个相位因子; 要最终地确定这个矢量, 我们还必须提出关于相位的约定. 在第十章中, 为了确定对应于 J 的同一个值的 $(2J+1)$ 个右矢 $|J, M\rangle$ 的相对相位, 我们曾利用算符 J_+ 和 J_- 的作用. 在这篇材料中, 我们将为右矢 $|J, J\rangle$ 的相位约定一个惯例, 据此来完成相位的选择. 特别地, 根据这个惯例, 我们可以证明, 所有的克莱布希-高登系数都是实数.

克莱布希–高登系数的某些性质在量子力学中非常有用, 而且与相位的约定没有关系; 在 §1 里, 我们先讨论这些性质. 在 §2 里, 我们讨论如何选择系数 $\langle j_1, j_2; m_1, m_2 | J, M \rangle$ 的相位. 最后, 在 §3 里, 我们再归结一下在其他补充材料里将会用到的各种关系式.

1. 克莱布希–高登系数的一般性质

a. 选择定则

从第十章中关于角动量耦合的结果可以直接导出两个重要的选择定则, 这已在该章中给出 [参看 (C–67–a) 式和 (C–67–b) 式]. 在这里我们只复习一下: 如果下列两个条件:

[1036]

$$M = m_1 + m_2 \tag{2}$$

$$|j_1 - j_2| \leqslant J \leqslant j_1 + j_2 \tag{3-a}$$

不能同时得到满足, 那么, 克莱布希–高登系数 $\langle j_1, j_2; m_1, m_2 | J, M \rangle$ 一定等于零. 不等式 (3–a) 通常叫做“三角形选择定则”, 这是因为, 这个不等式表示长度为 j_1, j_2 和 J 的三个线段可以构成一个三角形 (见图10–3). 从而, 这三个数具有对称性, 故 (3–a) 式也可以写成下列形式:

$$|J - j_1| \leqslant j_2 \leqslant J + j_1 \tag{3-b}$$

或下列形式:

$$|J - j_2| \leqslant j_1 \leqslant J + j_2 \tag{3-c}$$

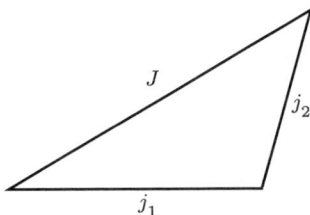

图 10–3　三角形选择定则. 只当长度为 j_1, j_2 和 J 的三个线段可以构成一个三角形时, 系数 $\langle j_1, j_2; m_1, m_2 | J, M \rangle$ 才可能不等于零.

此外, 从角动量的一般性质可以推知, 只当 M 取下列数值:

$$M = J, J - 1, J - 2, \cdots, -J \tag{4-a}$$

之一时, 右矢 $|J, M\rangle$, 因而系数 $\langle j_1, j_2; m_1, m_2 | J, M \rangle$, 才会存在. 同时, 还必须有下列关系:

$$m_1 = j_1, j_1 - 1, \cdots, -j_1 \tag{4-b}$$

$$m_2 = j_2, j_2 - 1, \cdots, -j_2 \tag{4-c}$$

如果不是这样, 诸克莱布希–高登系数都将是不确定的. 但是以后为方便起见, 我们可以这样考虑: 不论 m_1, m_2 和 M 的值如何, 这些系数都存在, 但是只要 (4) 式中的条件至少有一个不能满足, 这些系数就等于零; 于是, 最后这些条件就表现为克莱布希–高登系数的新的选择定则.

[1037]

b. 正交关系式

将封闭性关系式 ①:

$$\sum_{m_1=-j_1}^{j_1} \sum_{m_2=-j_2}^{j_2} |j_1, j_2; m_1, m_2\rangle\langle j_1, j_2; m_1, m_2| = 1 \tag{5}$$

插入诸右矢 $|J, M\rangle$ 的正交关系式:

$$\langle J, M | J', M'\rangle = \delta_{JJ'}\delta_{MM'} \tag{6}$$

我们就得到:

$$\sum_{m_1=-j_1}^{j_1} \sum_{m_2=-j_2}^{j_2} \langle J, M | j_1, j_2; m_1, m_2\rangle\langle j_1, j_2; m_1, m_2 | J', M'\rangle = \delta_{JJ'}\delta_{MM'} \tag{7-a}$$

我们将会看到 [参看 (18–b) 式], 克莱布希–高登系数都是实数, 因此, 这个式子可以写成下列形式:

$$\sum_{m_1=-j_1}^{j_1} \sum_{m_2=-j_2}^{j_2} \langle j_1, j_2; m_1, m_2 | J, M\rangle\langle j_1, j_2; m_1, m_2 | J', M'\rangle = \delta_{JJ'}\delta_{MM'} \tag{7-b}$$

这样, 我们就得到了诸克莱布希–高登系数之间的第一个"正交关系式". 此外, 我们可以看出, 上式中的求和运算实际上只涉及一个指标; 这是因为, 若要使左端的诸系数不等于零, 那么, m_1 和 m_2 就必须由 (2) 式联系起来.

同样地, 将封闭性关系式:

$$\sum_{J=|j_1-j_2|}^{j_1+j_2} \sum_{M=-J}^{J} |J, M\rangle\langle J, M| = 1 \tag{8}$$

插入诸右矢 $|j_1, j_2; m_1, m_2\rangle$ 之间的正交关系式, 便有:

$$\sum_{J=|j_1-j_2|}^{j_1+j_2} \sum_{M=-J}^{J} \langle j_1, j_2; m_1, m_2 | J, M\rangle\langle J, M | j_1, j_2; m_1', m_2'\rangle = \delta_{m_1 m_1'}\delta_{m_2 m_2'} \tag{9-a}$$

---

① 对一个给定的子空间 $\mathscr{E}(k_1, k_2; j_1, j_2)$, 这个封闭性关系式是有效的 (参看第十章的 §C–2).

考虑到 (18-b) 式, 这就是:

$$\sum_{J=|j_1-j_2|}^{j_1+j_2} \sum_{M=-J}^{J} \langle j_1, j_2; m_1, m_2 | J, M \rangle \langle j_1, j_2; m_1', m_2' | J, M \rangle = \delta_{m_1 m_1'} \delta_{m_2 m_2'} \quad \text{(9-b)}$$

这里的求和运算仍然只涉及一个指标, 这是因为必须有 $M = m_1 + m_2$, 于是对 M 求和化简为单独的一项.

c. 递推关系式　　　　　　　　　　　　　　　　　　　　　　　　　　　[1038]

在这一节里, 我们要利用一个事实, 即诸右矢 $|j_1, j_2; m_1, m_2\rangle$ 构成一个标准基, 由此推知:

$$J_{1\pm} |j_1, j_2; m_1, m_2\rangle = \hbar \sqrt{j_1(j_1+1) - m_1(m_1 \pm 1)} |j_1, j_2; m_1 \pm 1, m_2\rangle$$

$$J_{2\pm} |j_1, j_2; m_1, m_2\rangle = \hbar \sqrt{j_2(j_2+1) - m_2(m_2 \pm 1)} |j_1, j_2; m_1, m_2 \pm 1\rangle \quad \text{(10)}$$

同样地, 诸右矢 $|J, M\rangle$, 按其结构, 应满足:

$$J_{\pm} |J, M\rangle = \hbar \sqrt{J(J+1) - M(M \pm 1)} |J, M \pm 1\rangle \quad \text{(11)}$$

现将算符 J_- 作用于 (1) 式, 由于 $J_- = J_{1-} + J_{2-}$, 我们可以得到 (如果 $M > -J$):

$$\sqrt{J(J+1) - M(M-1)} |J, M-1\rangle$$

$$= \sum_{m_1'=-j_1}^{j_1} \sum_{m_2'=-j_2}^{j_2} \langle j_1, j_2; m_1', m_2' | J, M \rangle$$

$$\times \left[\sqrt{j_1(j_1+1) - m_1'(m_1'-1)} |j_1, j_2; m_1'-1, m_2'\rangle \right.$$

$$\left. + \sqrt{j_2(j_2+1) - m_2'(m_2'-1)} |j_1, j_2; m_1', m_2'-1\rangle \right] \quad \text{(12)}$$

用左矢 $\langle j_1, j_2; m_1, m_2 |$ 乘此式, 则得:

$$\sqrt{J(J+1) - M(M-1)} \langle j_1, j_2; m_1, m_2 | J, M-1 \rangle$$

$$= \sqrt{j_1(j_1+1) - m_1(m_1+1)} \langle j_1, j_2; m_1+1, m_2 | J, M \rangle$$

$$+ \sqrt{j_2(j_2+1) - m_2(m_2+1)} \langle j_1, j_2; m_1, m_2+1 | J, M \rangle \quad \text{(13)}$$

如果 M 的值等于 $-J$, 便有 $J_- |J, -J\rangle = 0$; 如果我们利用前面 §1-b 中的惯例, 则 (13) 式仍然成立. 这是因为, 按照惯例, 如果 $|M| > J$, 则 $\langle j_1, j_2; m_1, m_2 | J, M \rangle$ 等于零.

与上面相似, 若将算符 $J_+ = J_{1+} + J_{2+}$ 作用于 (1) 式, 便得到:

$$\sqrt{J(J+1) - M(M+1)}\langle j_1, j_2; m_1, m_2 | J, M+1 \rangle$$

$$= \sqrt{j_1(j_1+1) - m_1(m_1-1)}\langle j_1, j_2; m_1-1, m_2 | J, M \rangle$$

$$+ \sqrt{j_2(j_2+1) - m_2(m_2-1)}\langle j_1, j_2; m_1, m_2-1 | J, M \rangle \qquad (14)$$

(若 $M = J$, 此式的左端为零); (13) 式和 (14) 式就是克莱布希-高登系数之间的递推关系式.

[1039]

2. 关于相位的惯例. 克莱布希-高登系数的实数性

正如我们在上面所看到的, (12) 式确定了与 J 的同一个值相联系的诸右矢 $|J, M\rangle$ 的相对相位; 为了完全确定 (1) 式中的克莱布希-高登系数, 我们只须选定诸右矢 $|J, J\rangle$ 的相位. 为此目的, 我们先研究系数 $\langle j_1, j_2; m_1, m_2 | J, J \rangle$ 的几个性质.

a. 系数 $\langle j_1, j_2; m_1, m_2 | J, J \rangle$; 右矢 $|J, J\rangle$ 的相位

在系数 $\langle j_1, j_2; m_1, m_2 | J, J \rangle$ 中, m_1 的极大值为 $m_1 = j_1$; 根据选择定则 (2), m_2 的值就等于 $J - j_1$ [按 (3-b) 式, 它的模甚小于 j_2]. 若 m_1 从它的极大值 j_1 开始每次减小一个单位, 则 m_2 就增大, 一直增到它的极大值 $m_2 = j_2$ [于是 m_1 的值等于 $J - j_2$, 根据 (3-c) 式, 它的模甚小于 j_1]. 因此, 我们可以料想到共有 $(j_1 + j_2 - J + 1)$ 个非零的克莱布希-高登系数 $\langle j_1, j_2; m_1, m_2 | J, J \rangle$, 我们将证明这些系数中的每一个实际上都永远不为零.

在 (14) 式中, 令 $M = J$, 则有:

$$\langle j_1, j_2; m_1-1, m_2 | J, J \rangle = -\sqrt{\frac{j_2(j_2+1) - m_2(m_2-1)}{j_1(j_1+1) - m_1(m_1-1)}}\langle j_1, j_2; m_1, m_2-1 | J, J \rangle \qquad (15)$$

只要此式中的克莱布希-高登系数满足定则 (4-b) 和 (4-c), 则右端的根式将永远不为零, 也不为无穷大. 因此, (15) 式表明, 如果系数 $\langle j_1, j_2; j_1, J - j_1 | J, J \rangle$ 等于零, 则系数 $\langle j_1, j_2; j_1-1, J - j_1+1 | J, J \rangle$ 也等于零; 逐步类推, 所有的系数 $\langle j_1, j_2; m_1, J - m_1 | J, J \rangle$ 都将如此. 但这是不可能的, 这是因为已经归一化的右矢 $|J, J\rangle$ 不可能为零. 由此可见, 所有的系数 $\langle j_1, j_2; m_1, J - m_1 | J, J \rangle$ (其中的 $j_1 \geqslant m_1 \geqslant J - j_2$) 都不等于零.

特别地, 系数 $\langle j_1, j_2; j_1, J - j_1 | J, J \rangle$ (其中 m_1 取其极大值) 不等于零. 为了确定右矢 $|J, J\rangle$ 的相位, 我们规定此系数满足下列条件:

$$\langle j_1, j_2; j_1, J - j_1 | J, J \rangle \quad \text{为正实数} \qquad (16)$$

于是从 (15) 式递推下去便知道所有的系数 $\langle j_1, j_2; m_1, J - m_1 | J, J \rangle$ 都是实数 [它们的符号是 $(-1)^{j_1 - m_1}$].

附注:

我们为右矢 $|J,J\rangle$ 规定的相位惯例对于 $\boldsymbol{J}_1$, $\boldsymbol{J}_2$ 这两个角动量来说是不对称的. 事实上, 这个惯例依赖于量子数 j_1 和 j_2 在克莱布希-高登系数中的顺序. 我们若将 j_1 和 j_2 交换一下, 则右矢 $|J,J\rangle$ 的相位将决定于下列条件:

$$\langle j_2, j_1; j_2, J - j_2 | J, J\rangle \quad \text{为正实数} \tag{17}$$

可以预先指出, 这个条件和 (16) 式并不等价 [即由 (16) 式和 (17) 式确定的右矢 $|J,J\rangle$ 的相位可能是不相同的]. 在 §3-b 中, 我们再回到这个问题上来.

b. 其他的克莱布希-高登系数   [1040]

利用关系式 (13) 我们可以将所有的系数 $\langle j_1, j_2; m_1, m_2 | J, J - 1\rangle$ 通过 $\langle j_1, j_2; m_1, m_2 | J, J\rangle$ 来表示, 然后再表示出系数 $\langle j_1, j_2; m_1, m_2 | J, J - 2\rangle$, ……. 从这个不含任何虚数的关系式, 可以推知所有的克莱布希-高登系数都是实数:

$$\langle j_1, j_2; m_1, m_2 | J, M\rangle^* = \langle j_1, j_2; m_1, m_2 | J, M\rangle \tag{18-a}$$

此式又可以写作:

$$\langle j_1, j_2; m_1, m_2 | J, M\rangle = \langle J, M | j_1, j_2; m_1, m_2\rangle \tag{18-b}$$

但是, 若 $M \neq J$, 则系数 $\langle j_1, j_2; m_1, m_2 | J, M\rangle$ 的符号并无简单的规律可循.

3. 几个有用的关系式

在这一节里, 我们要给出一些有用的关系式, 它们是 §1 中那些关系式的补充. 为了建立这些关系式, 我们先研究某些特殊的克莱布希-高登系数的符号.

a. 某些系数的符号

α. 系数 $\langle j_1, j_2; m_1, m_2 | j_1 + j_2, M\rangle$

惯例 (16) 使得系数 $\langle j_1, j_2; j_1, j_2 | j_1+j_2, j_1+j_2\rangle$ 为正实数, 而其值为 1 (参看第十章的 §C-4-b-α). 在 (13) 式中, 令 $M = J = j_1 + j_2$, 我们就可以看出系数 $\langle j_1, j_2; m_1, m_2 | j_1 + j_2, j_1 + j_2 - 1\rangle$ 都是正的; 递推下去, 就不难建立下列不等式:

$$\langle j_1, j_2; m_1, m_2 | j_1 + j_2, M\rangle \geqslant 0 \tag{19}$$

β. m_1 取极大值的那些系数

现在考虑系数 $\langle j_1, j_2; m_1, m_2 | J, M\rangle$. 我们知道 m_1 的极大值为 $m_1 = j_1$; 这时便有 $m_2 = M - j_1$, 从 (4-c) 式看来, 只当 $M - j_1 \geqslant -j_2$ 时, 也就是当

$$M \geqslant j_1 - j_2 \tag{20}$$

时, 这才是可能的. 反之, 如果

$$M \leqslant j_1 - j_2 \tag{21}$$

那么, m_1 的极大值便对应于 m_2 的极小值 $(m_2 = -j_2)$ 而等于 $m_1 = M + j_2$.

现在我们证明, 凡是 m_1 取其极大值的克莱布希–高登系数都不为零而为正数. 为此, 我们在 (13) 式中令 $m_1 = j_1$, 则有:

[1041]

$$\sqrt{J(J+1) - M(M-1)}\langle j_1, j_2; j_1, m_2 | J, M-1 \rangle$$
$$= \sqrt{j_2(j_2+1) - m_2(m_2+1)}\langle j_1, j_2; j_1, m_2 + 1 | J, M \rangle \tag{22}$$

从 (16) 式开始进行递推, 并注意到上列等式, 便可以证明所有的系数 $\langle j_1, j_2; j_1, M - j_1 | J, M \rangle$ 都是正的 [若 M 满足 (20) 式, 这些系数也不为零]. 类似地, 在 (14) 式中令 $m_2 = -j_2$, 我们就可以证明 [若 M 满足 (21) 式] 所有的系数 $\langle j_1, j_2; M + j_2, -j_2 | J, M \rangle$ 都是正的.

γ. 系数 $\langle j_1, j_2; m_1, m_2 | J, J \rangle$ 和系数 $\langle j_1, j_2; m_1, m_2 | J, -J \rangle$

在 §2–a 中我们已经看到, 系数 $\langle j_1, j_2; m_1, m_2 | J, J \rangle$ 的符号是 $(-1)^{j_1 - m_1}$, 特别地:

$$系数 \ \langle j_1, j_2; J - j_2, j_2 | J, J \rangle = (-1)^{j_1 + j_2 - J} \tag{23}$$

要知道系数 $\langle j_1, j_2; m_1, m_2 | J, -J \rangle$ 的符号, 我们可在 (13) 式中令 $M = -J$, 则该式的左端变为零; 于是我们便看到, 每当 m_1 (或 m_2) 改变了 ± 1, 系数 $\langle j_1, j_2; m_1, m_2 | J, J \rangle$ 就变号. 根据上面的 §β, 由于系数 $\langle j_1, j_2; j_2 - J, -j_2 | J, -J \rangle$ 是正的, 由此可以推知系数 $\langle j_1, j_2; m_1, m_2 | J, -J \rangle$ 的符号是 $(-1)^{m_2 + j_2}$, 特别地, 可以推知:

$$系数 \ \langle j_1, j_2; -j_1, -J + j_1 | J, -J \rangle = (-1)^{j_1 + j_2 - J} \tag{24}$$

b. j_1 与 j_2 的顺序的交换

按照我们已经约定的惯例, 右矢 $|J, J\rangle$ 的相位依赖于两个角动量 j_1 和 j_2 在克莱布希–高登系数中的顺序 (参看 §2–a 的附注). 如果它们的顺序是 j_1, j_2, 则右矢 $|J, J\rangle |j_1, j_2; j_1, J - j_1\rangle$ 上的分量是正的, 由此可以推知, 该右矢 $|j_1, j_2; J - j_2, j_2\rangle$ 上的分量的符号为 $(-1)^{j_1 + j_2 - J}$, 一如 (23) 式所示. 反之, 如果我们安排的顺序是 j_2, j_1, 那么, (17) 式表明, 后一个分量是正的. 因此, 如果我们将 j_1, j_2 交换一下, 则右矢 $|J, J\rangle$ 就应被乘以 $(-1)^{j_1 + j_2 - J}$. 右矢 $|J, M\rangle$ 的情况也是这样, 这些矢量是算符 J_- 作用于右矢 $|J, J\rangle$ 而构成的, 在这一过程中, j_1 和 j_2 的顺序无关紧要. 最后, j_1 和 j_2 的交换导致下列关系式:

$$\langle j_2, j_1; m_2, m_1 | J, M \rangle = (-1)^{j_1 + j_2 - J}\langle j_1, j_2; m_1, m_2 | J, M \rangle \tag{25}$$

c. M, m_1 及 m_2 的符号的变换

在第十章和本文中, 我们从右矢 $|J, J\rangle$ 开始, 通过算符 J_- 的作用, 构成了所有的右矢 $|J, M\rangle$ (从而得到诸克莱布希–高登系数). 我们也可以遵循相反的途径, 即从右矢 $|J, -J\rangle$ 开始而对它应用算符 J_+. 推理的过程完全相同, 而且对于右矢 $|J, -M\rangle$, 我们所求得的它在诸右矢 $|j_1, j_2; -m_1, -m_2\rangle$ 上的展开系数, 将全同于右矢 $|J, M\rangle$ 在诸右

矢 $|j_1, j_2; m_1, m_2\rangle$ 上的展开系数. 可能出现的仅有的差别与右矢 $|J, M\rangle$ 的相位惯例有关, 这是因为, 只当 $\langle j_1, j_2; -j_1, -J+j_1|J, -J\rangle$ 为正实数时, 与 (16) 式类似的式子才能成立. 但据 (24) 式, 这个系数的符号实际上是 $(-1)^{j_1+j_2-J}$. 因此:

$$\langle j_1, j_2; -m_1, -m_2|J, -M\rangle = (-1)^{j_1+j_2-J}\langle j_1, j_2; m_1, m_2|J, M\rangle \tag{26}$$

特别地, 若令 $m_1 = m_2 = 0$, 则我们可以看出, 当 $j_1 + j_2 - J$ 为奇数时, 系数 $\langle j_1, j_2; 0, 0|J, 0\rangle$ 等于零.

d. 系数 $\langle j, j; m, -m|0, 0\rangle$

根据 (3–a) 式, 只当 j_1 与 j_2 相等时, J 才会等于零. 现将 $j_1 = j_2 = j, m_1 = m, m_2 = -m-1$ 和 $J = M = 0$ 代入 (13) 式, 这样便有:

$$\langle j, j; m+1, -(m+1)|0, 0\rangle = -\langle j, j; m, -m|0, 0\rangle \tag{27}$$

[1042]

由此可见, 所有的系数 $\langle j, j; m, -m|0, 0\rangle$ 的模是相等的; m 的值每改变一个单位, 这些系数的符号就改变一次; 由于 $\langle j, j; j, -j|0, 0\rangle$ 为正, 可将符号记作 $(-1)^{j-m}$. 正交关系式 (7–6) 表明:

$$\sum_{m=-j}^{j} \langle j, j; m, -m|0, 0\rangle^2 = 1 \tag{28}$$

考虑到这个关系式, 便有:

$$\langle j, j; m, -m|0, 0\rangle = \frac{(-1)^{j-m}}{\sqrt{2j+1}} \tag{29}$$

参考文献和阅读建议:

Messiah (1.17), 附录 C; Rose (2.19), 第 Ⅲ 章和附录 I; Edmonds (2.21), 第 3 章; Sobel'man (11.12), 第 4 章, §13.

克莱布希–高登系数表: Condon 和 Shortley (11.13), 第 Ⅲ 章, §14; Bacry (10.31), 附录 C.

3j 和 6j 系数表: Edmonds (2.21), 表 2; Rotenberg 等, (10.48).

[1043] # 补充材料 C_X
球谐函数的加法

1. 函数 $\Phi_J^M(\Omega_1; \Omega_2)$

2. 函数 $F_l^m(\Omega)$

3. 球谐函数的乘积的分解; 三个球谐函数的乘积的积分

在这篇材料里, 我们将利用克莱布希-高登系数的性质来建立关于球谐函数加法的一些关系式; 以后, 特别是在补充材料 E_X 和 $A_{XⅢ}$ 中, 这些公式都很有用. 为此目的, 我们先引入并研究极角的两个集合 Ω_1 和 Ω_2 的函数 $\Phi_J^M(\Omega_1; \Omega_2)$

1. 函数 $\Phi_J^M(\Omega_1; \Omega_2)$

我们来考虑两个粒子 (1) 和 (2), 态空间各为 $\mathscr{E}_r^1$ 和 $\mathscr{E}_r^2$, 轨道角动量各为 $\boldsymbol{L}_1$ 和 $\boldsymbol{L}_2$. 在 $\mathscr{E}_r^1$ 中取一个标准基 $\{|\varphi_{k_1, l_1, m_1}\rangle\}$, 其中的基右矢的对应波函数为:

$$\varphi_{k_1, l_1, m_1}(\boldsymbol{r}_1) = R_{k_1, l_1}(r_1) Y_{l_1}^{m_1}(\Omega_1) \tag{1}$$

(Ω_1 表示第一个粒子的极角 $\{\theta_1, \varphi_1\}$ 的集合). 同样, 我们在空间 $\mathscr{E}_r^2$ 中取一个标准基 $\{|\varphi_{k_2, l_2, m_2}\rangle\}$. 在下文中, 我们将两个粒子的态限制在子空间 $\mathscr{E}(k_1, l_1)$ 和 $\mathscr{E}(k_2, l_2)$ 中, 这里的 k_1, l_1, k_2 和 l_2 都是固定的, 从而径向函数 $R_{k_1, l_1}(r_1)$ 和 $R_{k_2, l_2}(r_2)$ 都是无关紧要的.

总体系 (1)+(2) 的角动量为:

$$\boldsymbol{J} = \boldsymbol{L}_1 + \boldsymbol{L}_2 \tag{2}$$

根据第十章中的结果, 我们可以利用 $\boldsymbol{J}^2$ [本征值为 $J(J+1)\hbar^2$] 和 J_z (本征值为 $M\hbar$) 的共同本征矢 $|\Phi_J^M\rangle$ 构成空间 $\mathscr{E}(k_1, l_1) \otimes \mathscr{E}(k_2, l_2)$ 中的一个基; 这些基矢量具有下列形式:

$$|\Phi_J^M\rangle = \sum_{m_1=-l_1}^{l_1} \sum_{m_2=-l_2}^{l_2} \langle l_1, l_2; m_1, m_2|J, M\rangle |\varphi_{k_1, l_1, m_1}(1)\rangle \otimes |\varphi_{k_2, l_2, m_2}(2)\rangle \tag{3-a}$$

基的逆变换由下式给出:

$$|\varphi_{k_1,l_1,m_1}(1)\rangle \otimes |\varphi_{k_2,l_2,m_2}(2)\rangle = \sum_{J=|l_1-l_2|}^{l_1+l_2} \sum_{M=-J}^{J} \langle l_1,l_2;m_1,m_2|J,M\rangle |\Phi_J^M\rangle \quad (3\text{-b})$$

等式 (3–a) 表明, 态 $|\Phi_J^M\rangle$ 的角依赖性由下列函数来表示:

[1044]

$$\Phi_J^M(\Omega_1;\Omega_2) = \sum_{m_1}\sum_{m_2} \langle l_1,l_2;m_1,m_2|J,M\rangle Y_{l_1}^{m_1}(\Omega_1)Y_{l_2}^{m_2}(\Omega_2) \quad (4\text{-a})$$

同样, 由等式 (3–b) 可以推知:

$$Y_{l_1}^{m_1}(\Omega_1)Y_{l_2}^{m_2}(\Omega_2) = \sum_{J=|l_1-l_2|}^{l_1+l_2}\sum_{M=-J}^{J} \langle l_1,l_2;m_1,m_2|J,M\rangle \Phi_J^M(\Omega_1;\Omega_2) \quad (4\text{-b})$$

就波函数而言, 与观察算符 $\boldsymbol{L}_1$ 和 $\boldsymbol{L}_2$ 对应的是关于变量 $\Omega_1 = \{\theta_1,\varphi_1\}$ 和 $\Omega_2 = \{\theta_2,\varphi_2\}$ 的微分算符; 特别地:

$$L_{1z} \Longrightarrow \frac{\hbar}{i}\frac{\partial}{\partial\varphi_1} \quad (5\text{-a})$$

$$L_{2z} \Longrightarrow \frac{\hbar}{i}\frac{\partial}{\partial\varphi_2} \quad (5\text{-b})$$

按定义, 右矢 $|\Phi_J^M\rangle$ 是算符 $J_z = L_{1z} + L_{2z}$ 的本征矢, 故我们可以写出

$$\frac{\hbar}{i}\left(\frac{\partial}{\partial\varphi_1} + \frac{\partial}{\partial\varphi_2}\right)\Phi_J^M(\theta_1,\varphi_1;\theta_2,\varphi_2) = M\hbar\Phi_J^M(\theta_1,\varphi_1;\theta_2,\varphi_2) \quad (6)$$

同样, 我们有:

$$J_\pm|\Phi_J^M\rangle = \hbar\sqrt{J(J+1)-M(M\pm1)}|\Phi_J^{M\pm1}\rangle \quad (7)$$

考虑到第六章的公式 (D–6), 可以由上式推知:

$$\begin{aligned}
&\left\{e^{\pm i\varphi_1}\left[\pm\frac{\partial}{\partial\theta_1} + i\cot g\,\theta_1\frac{\partial}{\partial\varphi_1}\right]\right.\\
&\left.+e^{\pm i\varphi_2}\left[\pm\frac{\partial}{\partial\theta_2} + i\cot g\,\theta_2\frac{\partial}{\partial\varphi_2}\right]\right\}\Phi_J^M(\theta_1,\varphi_1;\theta_2,\varphi_2)\\
&= \sqrt{J(J+1)-M(M\pm1)}\,\Phi_J^{M\pm1}(\theta_1,\varphi_1;\theta_2,\varphi_2)
\end{aligned} \quad (8)$$

2. 函数 $F_l^m(\Omega)$

现在我们引入一个函数 F_l^m, 其定义是:

$$F_l^m(\theta,\varphi) \equiv F_l^m(\Omega) = \Phi_{J=l}^{M=m}(\Omega_1 = \Omega;\Omega_2 = \Omega) \quad (9)$$

F_l^m 仅仅是极角的一个集合 $\Omega = \{\theta, \varphi\}$ 的函数, 可以用来描述态空间为 $\mathscr{E}_r$、角动量为 $\boldsymbol{L}$ 的一个粒子的波函数的角依赖性. 实际上, 我们将会看到, F_l^m 并不是一个新的函数, 而只是一个正比于球谐函数 Y_l^m 的函数.

[1045]　　　为了建立这个结果, 我们要证明 F_l^m 是 $\boldsymbol{L}^2$ 和 L_z 的本征函数, 对应于本征值 $l(l+1)\hbar^2$ 和 $m\hbar$. 因此, 我们先来计算 L_z 对 F_l^m 作用的结果. 根据 (9) 式, F_l^m 是通过 $\Omega_1 = \{\theta_1, \varphi_1\}$ 和 $\Omega_2 = \{\theta_2, \varphi_2\}$ (现在两者都等于 Ω) 依赖于 θ 和 φ 的; 应用隐函数的求导法则, 我们有:

$$L_z F_l^m(\theta, \varphi) = \frac{\hbar}{i} \frac{\partial}{\partial \varphi} F_l^m(\theta, \varphi)$$
$$= \frac{\hbar}{i} \left\{ \left[\frac{\partial}{\partial \varphi_1} + \frac{\partial}{\partial \varphi_2} \right] \Phi_{J=l}^{M=m}(\Omega_1; \Omega_2) \right\}_{\Omega_1 = \Omega_2 = \Omega} \tag{10}$$

于是由 (6) 式得到:

$$L_z F_l^m(\theta, \varphi) = m\hbar F_l^m(\theta, \varphi) \tag{11}$$

这就是待求的部分结果. 为了计算 $\boldsymbol{L}^2$ 的作用结果, 可以利用下列关系式:

$$\boldsymbol{L}^2 = \frac{1}{2}(L_+ L_- + L_- L_+) + L_z^2 \tag{12}$$

根据导出 (10) 式和 (11) 式时所据之同样理由, 从 (8) 式可以导出:

$$L_\pm F_l^m(\theta, \varphi) = \hbar \sqrt{l(l+1) - m(m \pm 1)} F_l^{m\pm 1}(\theta, \varphi) \tag{13}$$

注意到这个关系, 便可以由 (12) 式得到:

$$\boldsymbol{L}^2 F_l^m(\theta, \varphi) = \frac{\hbar^2}{2} \Big\{ [l(l+1) - m(m-1)]$$
$$+ [l(l+1) - m(m+1)] + 2m^2 \Big\} F_l^m(\theta, \varphi)$$
$$= l(l+1)\hbar^2 F_l^m(\theta, \varphi) \tag{14}$$

按照 (11) 式, F_l^m 是算符 L_z 的本征函数, 属于本征值 $m\hbar$, 现在我们看到, 它也是 $\boldsymbol{L}^2$ 的本征函数, 属于本征值 $l(l+1)\hbar^2$. 在只依赖于 θ 和 φ 的函数构成的函数空间中, $\boldsymbol{L}^2$ 和 L_z 构成一个 E.C.O.C., 因此, F_l^m 一定正比于球谐函数 Y_l^m. 利用 (13) 式很容易证明, 比例系数不依赖于 m, 最后, 我们有:

$$F_l^m(\theta, \varphi) = \lambda(l) Y_l^m(\theta, \varphi) \tag{15}$$

　　　下面的问题是计算比例系数 $\lambda(l)$. 为此, 我们要在空间选定一个特殊的方向, 即 Oz 轴的方向 ($\theta = 0$, φ 不确定)、在这个方向上, 除了对应于 $m = 0$ 的球谐函数以外, 所有其他的球谐函数 Y_l^m 都等于零 [由于 Y_l^m 正比于 $e^{im\varphi}$, 为了

能够唯一地确定 Y_l^m 在 Oz 方向上的数值, 这里所说的"等于零"是必需的; 要确信这一点, 只须在补充材料 A$_{VI}$ 的公式 (66), (67) 和 (69) 中令 $\theta = 0$]. 当 $m = 0$ 时, 球谐函数 $Y_l^m(\theta = 0, \varphi)$ 的值由下式给出 [参看补充材料 A$_{VI}$ 的 (57) 式和 (60) 式]: [1046]

$$Y_l^0(\theta = 0, \varphi) = \sqrt{\frac{2l+1}{4\pi}} \tag{16}$$

将这些结果代入 (4–a) 式和 (9) 式, 我们得到:

$$F_l^{m=0}(\theta = 0, \varphi) = \langle l_1, l_2; 0, 0 | l, 0 \rangle \frac{\sqrt{(2l_1+1)(2l_2+1)}}{4\pi} \tag{17}$$

另一方面, 根据 (15) 式和 (16) 式:

$$F_l^{m=0}(\theta = 0, \varphi) = \lambda(l) \sqrt{\frac{2l+1}{4\pi}} \tag{18}$$

于是我们得到:

$$\lambda(l) = \sqrt{\frac{(2l_1+1)(2l_2+1)}{4\pi(2l+1)}} \langle l_1, l_2; 0, 0 | l, 0 \rangle \tag{19}$$

3. 球谐函数的乘积的分解; 三个球谐函数的乘积的积分

考虑到 (9), (15) 及 (19) 式, 可以由 (4–a) 式及 (4–b) 式得到:

$$Y_l^m(\Omega) = \left[\sqrt{\frac{(2l_1+1)(2l_2+1)}{4\pi(2l+1)}} \langle l_1, l_2; 0, 0 | l, 0 \rangle \right]^{-1}$$
$$\times \sum_{m_1} \sum_{m_2} \langle l_1, l_2; m_1, m_2 | l, m \rangle Y_{l_1}^{m_1}(\Omega) Y_{l_2}^{m_2}(\Omega) \tag{20}$$

以及

$$Y_{l_1}^{m_1}(\Omega) Y_{l_2}^{m_2}(\Omega) = \sum_{l=|l_1-l_2|}^{l_1+l_2} \sum_{m=-l}^{l} \sqrt{\frac{(2l_1+1)(2l_2+1)}{4\pi(2l+1)}} \langle l_1, l_2; 0, 0 | l, 0 \rangle$$
$$\times \langle l_1, l_2; m_1, m_2 | l, m \rangle Y_l^m(\Omega) \tag{21}$$

后一个公式 (其中对 m 的求和其实并无必要, 因为仅有的那些非零项一定满足 $m = m_1 + m_2$) 叫做球谐函数的加法公式.[①]根据补充材料 B$_X$ 的公式 (26), 上式中的克莱布希–高登系数 $\langle l_1, l_2; 0, 0 | l, 0 \rangle$ 只在 $l_1 + l_2 - l$ 为偶数时才不等于 [1047]

---

① 若 $l_2 = 1, m_2 = 0$ [$Y_1^0(\theta, \varphi) \propto \cos \theta$], 在此特殊情况下, 可以由这个公式导出补充材料 A$_{VI}$ 中的公式 (35).

零; 因此, 乘积 $Y_{l_1}^{m_1}(\Omega)Y_{l_2}^{m_2}(\Omega)$ 只能分解成阶数为

$$l = l_1 + l_2, l_1 + l_2 - 2, l_1 + l_2 - 4, \cdots, |l_1 - l_2| \tag{22}$$

的那些球谐函数. 于是在 (21) 式中, 右端展开式中所有项的宇称 $(-1)^l$ 便正好等于左端的乘积的宇称 $(-1)^{l_1+l_2}$.

我们可以利用球谐函数的加法公式来计算下列积分:

$$I = \int Y_{l_1}^{m_1}(\Omega)Y_{l_2}^{m_2}(\Omega)Y_{l_3}^{m_3}(\Omega)\mathrm{d}\Omega \tag{23}$$

若将 (21) 式代入 (23) 式, 则我们遇到的实际上将是下列形式的积分:

$$K(l, m; l_3, m_3) = \int Y_l^m(\Omega)Y_{l_3}^{m_3}(\Omega)\mathrm{d}\Omega \tag{24}$$

注意到球谐函数的复共轭关系式和它们的正交关系式 [参看补充材料 A_{VI} 的 (55) 式及 (45) 式], 上面的积分等于

$$K(l, m; l_3, m_3) = (-1)^m \delta_{ll_3} \delta_{m,-m_3} \tag{25}$$

于是 I 的值为:

$$\int Y_{l_1}^{m_1}(\Omega)Y_{l_2}^{m_2}(\Omega)Y_{l_3}^{m_3}(\Omega)\mathrm{d}\Omega = (-1)^{m_3}\sqrt{\frac{(2l_1+1)(2l_2+1)}{4\pi(2l_3+1)}}$$
$$\times \langle l_1, l_2; 0, 0|l_3, 0\rangle\langle l_1, l_2; m_1, m_2|l_3, -m_3\rangle \tag{26}$$

由此可见, 只在下列情况下, 这个积分才不等于零:

(i) $m_1 + m_2 + m_3 = 0$ (这是可以直接预见到的, 因为在 (23) 式中对于 φ 的积分为 $\int_0^{2\pi} \mathrm{d}\varphi\, \mathrm{e}^{\mathrm{i}(m_1+m_2+m_3)\varphi} = \delta_{0,m_1+m_2+m_3}$.

(ii) 长度为 l_1, l_2 和 l_3 的三个线段构成一个三角形.

(iii) $l_1 + l_2 - l_3$ 为偶数 (为了使 $\langle l_1, l_2; 0, 0|l_3, 0\rangle$ 不等于零, 这个条件是必需的), 这相当于说, 三个球谐函数 $Y_{l_1}^{m_1}, Y_{l_2}^{m_2}$ 与 $Y_{l_3}^{m_3}$ 的乘积是一个偶函数 (为了使这个乘积沿空间一切方向的积分都不等于零, 这个条件是必需的).

实际上 (26) 式是一个更普遍的定理, 即所谓的维格纳–埃克特定理, 在球谐函数这一特殊情况下的表示式.

补充材料 D_X

矢量算符; 维格纳–埃克特定理

[1048]

1. 矢量算符的定义; 例子

2. 关于矢量算符的维格纳–埃克特定理

    a. 在标准基中 V 的非零矩阵元

    b. 在子空间 $\mathscr{E}(k,j)$ 中 J 与 V 的矩阵元之间的比例关系

    c. 比例常数的计算; 投影定理

3. 应用: 一个原子能级的朗德因子 g_J 的计算

    a. 旋转的简并性: 多重态

    b. 简并因磁场的消除; 能级图

补充材料 B_{VI} (参看 §5–b) 中, 我们曾提出过标量算符的概念, 这是指一个算符 A, 它可以和待研究的体系的角动量 J 对易. 随后 (参看该文的 § 6–c–β), 我们又给出了这种算符的一个重要性质: 在标准基 $\{|k,j,m\rangle\}$ 中, 一个标量算符的非零矩阵元 $\langle k,j,m|A|k',j',m'\rangle$ 一定满足条件 $j=j'$ 和 $m=m'$; 而且这些矩阵元与 m 无关①, 因此我们可以写出:

$$\langle k,j,m|A|k',j',m'\rangle = a_j(k,k')\delta_{jj'}\delta_{mm'} \tag{1}$$

特别地, 如果我们固定 k 的值和 j 的值, 这等于考虑算符 A 在 $(2j+1)$ 个右矢 $|k,j,m\rangle(m=-j,-j+1,\cdots,+j)$ 所张成的子空间 $\mathscr{E}(k,j)$ 中的"限制算符" (参看补充材料 B_{II} 的 §3), 那么, 我们就会得到一个很简单的 $(2j+1)\times(2j+1)$ 矩阵: 它是对角的, 而且所有元素都相等.

现在, 我们来考虑另一个标量算符 B, 在子空间 $\mathscr{E}(k,j)$ 中, 与它对应的矩阵具有同样的性质: 正比于单位矩阵. 于是对应于 B 的矩阵便很容易得自对应于 A 的矩阵: 用同一常数去乘所有的 (对角) 元素即可. 这样, 我们便看到, 两个标量算符 A 和 B 在一个子空间 $\mathscr{E}(k,j)$ 中的限制算符永远是成比例的. 用 $P(k,j)$ 表示子空间 $\mathscr{E}(k,j)$ 上的投影算符, 我们可将上述结果写成下列形

---

① 在补充材料 B_{VI} 中, 我们曾经粗略地证明过这些性质. 在本文 (§3–a) 中, 讨论到标量型哈密顿算符的矩阵元时, 我们还要回到这个问题上来.

式①:

$$P(k,j)BP(k,j) = \lambda(k,j)P(k,j)AP(k,j) \tag{2}$$

本文的目的是研究另一类算符,即矢量算符,其性质与刚才所说的这些性质相似. 我们将会看到, 如果 V 和 V' 是矢量算符, 则它们的矩阵元同样服从下面所要建立的选择定则; 此外, 我们将证明, V 和 V' 在子空间 $\mathscr{E}(k,j)$ 中的限制算符永远是成比例的:

$$P(k,j)\boldsymbol{V}'P(k,j) = \mu(k,j)P(k,j)\boldsymbol{V}P(k,j) \tag{3}$$

这些结果便构成了矢量算符维格纳–埃克特定理.

[1049] 　　**附注**:

　　　　实际上, 维格纳–埃克特定理是一个非常普遍的定理. 例如, 利用这个定理, 我们可以得到 V 在属于互异子空间 $\mathscr{E}(k,j)$ 和 $\mathscr{E}(k',j')$ 的两右矢之间的矩阵元的选择定则, 我们还可以将这些矩阵元和 V' 的对应矩阵元联系起来. 我们同样可以将维格纳–埃克特定理应用于更广泛的一类算符 (标量算符或矢量算符不过是这类算符的特例) 如不可约张量算符 (参看补充材料 G_x 的练习 8); 然而, 这个问题已超出了本文的范围.

1. 矢量算符的定义; 例子

　　在补充材料 B_{VI} 的 §5-c 中, 我们曾经指出, 一个观察算符 V 在直角坐标系 $Oxyz$ 中的三个分量 V_x, V_y 和 V_z 如果满足下列对应关系式:

$$[J_x, V_x] = 0 \tag{4-a}$$

$$[J_x, V_y] = \mathrm{i}\hbar V_z \tag{4-b}$$

$$[J_x, V_z] = -\mathrm{i}\hbar V_y \tag{4-c}$$

以及经指标 x, y 和 z 的循环置换而由此得到的诸关系式, 那么, V 就是一个矢量算符.

　　为了明确这些概念, 我们举出矢量算符的几个例子.

　　(i) 角动量 $\boldsymbol{J}$ 本身就是一个矢量算符; 实际上, 若在 (4) 的诸式中, 用 $\boldsymbol{J}$ 代替 V, 所得结果正是定义角动量的那些关系式 (参看第六章).

---

　　① 对于给定的算符 A 和 B 来说, 比例系数一般依赖于被选定的子空间 $\mathscr{E}(k,j)$, 因此, 我们将它写作 $\lambda(k,j)$.

(ii) 对于一个态空间为 $\mathscr{E}_r$ 的无自旋粒子, 我们有 $\boldsymbol{J} = \boldsymbol{L}$. 于是, 很容易证明 $\boldsymbol{R}$ 和 $\boldsymbol{P}$ 都是矢量算符. 实际上, 例如, 我们有:

$$[L_x, X] = [YP_z - ZP_y, X] = 0$$

$$[L_x, Y] = [-ZP_y, Y] = \mathrm{i}\hbar Z \tag{5}$$

$$[L_x, Z] = [YP_z, Z] = -\mathrm{i}\hbar Y$$

(iii) 对于一个自旋为 $\boldsymbol{S}$ 的粒子, 它的态空间 $\mathscr{E}_r \otimes \mathscr{E}_s$ 角动量为 $\boldsymbol{J} = \boldsymbol{L} + \boldsymbol{S}$. 在这种情况下, $\boldsymbol{L}, \boldsymbol{S}, \boldsymbol{R}$ 和 $\boldsymbol{P}$ 都是矢量算符; 只需注意到 (只在空间 $\mathscr{E}_s$ 中起作用的) 所有自旋算符都可以和 (只在空间 $\mathscr{E}_r$ 中起作用的) 轨道算符对易, 那么, 这个结论的证明立即可以得自 (i) 和 (ii).

反之, 如 $\boldsymbol{L}^2, \boldsymbol{L} \cdot \boldsymbol{S}$ 等类型的算符则不是矢量型的而是标量型的 [参看补充材料 B$_{VI}$ 的 §5−c 的附注 (i)]. 此外, 利用刚才列举过的那些算符, 我们也可以构成其他矢量算符: $\boldsymbol{R} \times \boldsymbol{S}, (\boldsymbol{L} \cdot \boldsymbol{S})\boldsymbol{P}$ 等等.

(iv) 我们来考虑一个总体系 (1)+(2), 它由态空间为 $\mathscr{E}_1$ 的体系 (1) 和态空间为 $\mathscr{E}_2$ 的体系 (2) 构成. 假设 $\boldsymbol{V}(1)$ 是只在空间 $\mathscr{E}_1$ 中起作用的算符, 如果这是一个矢量算符 [这就是说, 它和第一个体系的角动量 $\boldsymbol{J}_1$ 满足对易关系 (4)], 那么, $\boldsymbol{V}(1)$ 在空间 $\mathscr{E}_1 \otimes \mathscr{E}_2$ 中的延伸算符也是矢量型的. 例如, 对于双电子体系来说, $\boldsymbol{L}_1, \boldsymbol{R}_1, \boldsymbol{S}_2$ 等算符都是矢量型的.

2. 关于矢量算符的维格纳−埃克特定理

[1050]

a. 在标准基中 $\boldsymbol{V}$ 的非零矩阵元

我们引入算符 V_+, V_-, J_+ 及 J_-, 它们的定义是:

$$V_{\pm} = V_x \pm \mathrm{i}V_y$$

$$J_{\pm} = J_x \pm \mathrm{i}J_y \tag{6}$$

利用 (4) 式很容易证明:

$$[J_x, V_{\pm}] = \mp\hbar V_z \tag{7-a}$$

$$[J_y, V_{\pm}] = -\mathrm{i}\hbar V_z \tag{7-b}$$

$$[J_z, V_{\pm}] = \pm\hbar V_{\pm} \tag{7-c}$$

由此不难导出 $J_{\pm}$ 和 $V_{\pm}$ 之间的对易关系式:

$$[J_+, V_+] = 0 \tag{8-a}$$

$$[J_+, V_-] = 2\hbar V_z \tag{8-b}$$

$$[J_-, V_+] = -2\hbar V_z \tag{8-c}$$

$$[J_-, V_-] = 0 \tag{8-d}$$

下面我们来考虑 V 在一个标准基中的矩阵元, 我们将会看到, V 为矢量算符这一前提将导致许多矩阵元等于零. 我们首先证明, 只要 $m \neq m'$, 矩阵元 $\langle k, j, m|V_z|k', j', m' \rangle$ 一定等于零. 为此, 只需注意, V_z 和 J_z 是对易的 [经指标 x, y 和 z 的循环置换, 即可由 (4–a) 式证实这一点]; 因此, 在对应于 J_z 的互异本征值 $m\hbar$ 的两个矢量 $|k, j, m\rangle$ 之间, V_z 的矩阵元都等于零 (参看第六章的 §D–3–a–β).

至于 $V_\pm$ 的矩阵元 $\langle k, j, m|V_\pm|k', j', m' \rangle$, 我们可以证明, 只当 $m - m' = \pm 1$ 时, 它们才不等于零. 实际上, 关系 (7–c) 表明:

$$J_z V_\pm = V_\pm J_z \pm \hbar V_\pm \tag{9}$$

将此式两端作用于右矢 $|k', j', m'\rangle$, 便有:

$$\begin{aligned} J_z(V_\pm|k', j', m'\rangle) &= V_\pm J_z|k', j', m'\rangle \pm \hbar V_\pm|k', j', m'\rangle \\ &= (m' \pm 1)\hbar V_\pm|k', j', m'\rangle \end{aligned} \tag{10}$$

这个关系式表明, $V_\pm|k', j', m'\rangle$ 是 J_z 的本征矢, 属于本征值 $(m' \pm 1)\hbar$[①]; 但属于厄米算符 J_z 的互异本征值的两个本征矢是正交的, 于是推知, 如果 $m \neq m' \pm 1$, 标量积 $\langle k, j, m|V_\pm|k', j', m' \rangle$ 便等于零.

[1051]　　　归结一下, 上面得到的关于 V 的矩阵元的选择定则是:

$$V_z \implies \Delta m = m - m' = 0 \tag{11-a}$$

$$V_+ \implies \Delta m = m - m' = +1 \tag{11-b}$$

$$V_- \implies \Delta m = m - m' = -1 \tag{11-c}$$

从这些结果很容易推知在子空间 $\mathscr{E}(k, j)$ 内, 表示 V 的诸分量的限制算符的矩阵具备什么形式: 表示 V_z 的矩阵是对角的; 在表示 $V_\pm$ 的矩阵中, 只在主对角线的紧上侧和紧下侧才有矩阵元.

---

① 不能由此推断 $V_\pm|k, j, m\rangle$ 一定正比于 $|k, j, m \pm 1\rangle$. 实际上, 刚才的推理仅仅证明了

$$V_\pm|k, j, m\rangle = \sum_{k'} \sum_{j'} c_{k', j'}|k', j', m \pm 1\rangle.$$

譬如, 为了取消对于 j' 的求和, 则 $V_\pm$ 必须与 J^2 对易; 一般说来, 这是不可能的.

b. 在子空间 $\mathscr{E}(k,j)$ 中 $\boldsymbol{J}$ 与 $\boldsymbol{V}$ 的矩阵元之间的比例关系

α. V_+ 和 V_- 的矩阵元

我们知道对易子 (8-a) 在左矢 $\langle k,j,m+2|$ 与右矢 $|k,j,m\rangle$ 之间的矩阵元等于零, 即有:

$$\langle k,j,m+2|J_+V_+|k,j,m\rangle = \langle k,j,m+2|V_+J_+|k,j,m\rangle \tag{12}$$

在此式的两端, 在算符 J_+ 与 V_+ 之间, 插入封闭性关系式:

$$\sum_{k',j',m'} |k',j',m'\rangle\langle k',j',m'| = 1 \tag{13}$$

这样一来, 就出现了 J_+ 的矩阵元 $\langle k,j,m|J_+|k',j',m'\rangle$; 根据标准基 $\{|k,j,m\rangle\}$ 的结构, 只当 $k=k', j=j'$ 和 $m=m'+1$ 时, 这些矩阵元才不等于零. 在这种情况下, 对 k', j' 及 m' 求和实际上已没有意义, 故可将 (12) 式写作:

$$\langle k,j,m+2|J_+|k,j,m+1\rangle\langle k,j,m+1|V_+|k,j,m\rangle$$
$$= \langle k,j,m+2|V_+|k,j,m+1\rangle\langle k,j,m+1|J_+|k,j,m\rangle \tag{14}$$

也就是说:

$$\frac{\langle k,j,m+1|V_+|k,j,m\rangle}{\langle k,j,m+1|J_+|k,j,m\rangle} = \frac{\langle k,j,m+2|V_+|k,j,m+1\rangle}{\langle k,j,m+2|J_+|k,j,m+1\rangle} \tag{15}$$

(只要出现在此式中的左矢和右矢都存在, 也就是说, 只要 $j-2 \geqslant m \geqslant -j$, 我们立即可以证明, 任何一个分母都不会等于零). 已得的等式在 $m = -j, -j+1, \cdots j-2$ 的条件下成为: [1052]

$$\frac{\langle k,j,-j+1|V_+|k,j,-j\rangle}{\langle k,j,-j+1|J_+|k,j,-j\rangle} = \frac{\langle k,j,-j+2|V_+|k,j,-j+1\rangle}{\langle k,j,-j+2|J_+|k,j,-j+1\rangle} = \cdots$$
$$= \frac{\langle k,j,m+1|V_+|k,j,m\rangle}{\langle k,j,m+1|J_+|k,j,m\rangle} = \cdots$$
$$= \frac{\langle k,j,j|V_+|k,j,j-1\rangle}{\langle k,j,j|J_+|k,j,j-1\rangle} \tag{16}$$

若用 $\alpha_+(k,j)$ 表示这些比式的公共值, 则得:

$$\langle k,j,m+1|V_+|k,j,m\rangle = \alpha_+(k,j)\langle k,j,m+1|J_+|k,j,m\rangle \tag{17}$$

其中 $\alpha_+(k,j)$ 依赖于 k 和 j, 但不依赖于 m.

另一方面, 选择定则 (11-b) 提示我们: 如果 $\Delta m = m - m' \neq +1$, 则所有的矩阵元 $\langle k,j,m|V_+|k,j,m'\rangle$ 和 $\langle k,j,m|J_+|k,j,m'\rangle$ 都等于零. 因此, 不论 m 和 m' 的值如何, 恒有:

$$\langle k,j,m|V_+|k,j,m'\rangle = \alpha_+(k,j)\langle k,j,m|J_+|k,j,m'\rangle \tag{18-a}$$

这个结果表明: 在子空间 $\mathscr{E}(k,j)$ 内, V_+ 的所有矩阵元都正比于 J_+ 的矩阵元.

由于对易子 (8-d) 在左矢 $\langle k,j,m-2|$ 与右 $|k,j,m\rangle$ 之间的矩阵元等于零, 我们可以由此进行类似的推理, 最后导致:

$$\langle k,j,m|V_-|k,j,m'\rangle = \alpha_-(k,j)\langle k,j,m|J_-|k,j,m'\rangle \tag{18-b}$$

这个等式表明, 在子空间 $\mathscr{E}(k,j)$ 内, V_- 和 J_- 的矩阵元成正比.

β. V_z 的矩阵元

为了将 V_z 的矩阵元和 J_z 的矩阵元联系起来, 我们将关系式 (8-c) 置于左矢 $\langle k,j,m|$ 与右矢 $|k,j,m\rangle$ 之间:

$$\begin{aligned}
&-2\hbar\langle k,j,m|V_z|k,j,m\rangle \\
&= \langle k,j,m|(J_-V_+ - V_+J_-)|k,j,m\rangle \\
&= \hbar\sqrt{j(j+1)-m(m+1)}\langle k,j,m+1|V_+|k,j,m\rangle \\
&\quad -\hbar\sqrt{j(j+1)-m(m-1)}\langle k,j,m|V_+|k,j,m-1\rangle
\end{aligned} \tag{19}$$

[1053]　注意到 (18-a) 式, 便有:

$$\begin{aligned}
&\langle k,j,m|V_z|k,j,m\rangle \\
&= -\frac{1}{2}\alpha_+(k,j)\Big\{\sqrt{j(j+1)-m(m+1)}\langle k,j,m+1|J_+|k,j,m\rangle \\
&\quad -\sqrt{j(j+1)-m(m-1)}\langle k,j,m|J_+|k,j,m-1\rangle\Big\} \\
&= -\frac{\hbar}{2}\alpha_+(k,j)\{j(j+1)-m(m+1)-j(j+1)+m(m-1)\}
\end{aligned} \tag{20}$$

也就是:

$$\langle k,j,m|V_z|k,j,m\rangle = m\hbar\alpha_+(k,j) \tag{21}$$

同样, 从 (8-b) 式和 (18-b) 式开始进行类似的推理, 最后导致:

$$\langle k,j,m|V_z|k,j,m\rangle = m\hbar\alpha_-(k,j) \tag{22}$$

(21)式和 (22) 式表明, $\alpha_+(k,j)$ 和 $\alpha_-(k,j)$ 一定相等, 从现在起, 我们将用 $\alpha(k,j)$ 来表示它们的共同值:

$$\alpha(k,j) = \alpha_+(k,j) = \alpha_-(k,j) \tag{23}$$

此外, 从这些等式又可以推知:

$$\langle k,j,m|V_z|k,j,m'\rangle = \alpha(k,j)\langle k,j,m|J_z|k,j,m'\rangle \tag{24}$$

γ. 推广到 $\boldsymbol{V}$ 的任意分量

$\boldsymbol{V}$ 的任何一个分量都是 V_+, V_- 和 V_z 的线性组合. 由于建立了 (23) 式, 以后就可以将 (18–a), (18–b) 和 (24) 式缩并地写作:

$$\langle k,j,m|\boldsymbol{V}|k,j,m'\rangle = \alpha(k,j)\langle k,j,m|\boldsymbol{J}|k,j,m'\rangle \tag{25}$$

由此可见, 在子空间 $\mathscr{E}(k,j)$ 内 $\boldsymbol{V}$ 的所有矩阵元都正比于 $\boldsymbol{J}$ 的矩阵元. 这个结果就是特殊情况下的维格纳–埃克特定理. 引入 $\boldsymbol{V}$ 与 $\boldsymbol{J}$ 在子空间 $\mathscr{E}(k,j)$ 内的"限制算符" (参看补充材料 B$_{II}$ 的 §3), 我们还可以写出:

$$P(k,j)\boldsymbol{V}P(k,j) = \alpha(k,j)P(k,j)\boldsymbol{J}P(k,j) \tag{26}$$

附注:

因为 $\boldsymbol{J}$ 和 $P(k,j)$ 对易 [参看 (27) 式], 又因为 $[P(k,j)]^2 = P(k,j)$

故我们可以省去 (26) 式右端两个投影算符 $P(k,j)$ 中的任何一个.

c. 比例常数的计算; 投影定理 [1054]

我们来考虑算符 $\boldsymbol{J}\cdot\boldsymbol{V}$, 它在子空间 $\mathscr{E}(k,j)$ 中的限制算符是 $P(k,j)\boldsymbol{J}\cdot\boldsymbol{V}P(k,j)$, 为了变换此式, 我们可以利用下列关系:

$$[\boldsymbol{J}, P(k,j)] = \boldsymbol{0} \tag{27}$$

此式很容易证明, 为此只要注意, 将对易子 $[J_z, P(k,j)]$ 和 $[J_\pm, P(k,j)]$ 作用于基 $\{|k,j,m\rangle\}$ 中的所有右矢上的结果都为零. 注意到 (26) 式, 我们就可以得到:

$$\begin{aligned} P(k,j)\boldsymbol{J}\cdot\boldsymbol{V}P(k,j) &= \boldsymbol{J}\cdot[P(k,j)\boldsymbol{V}P(k,j)] \\ &= \alpha(k,j)\boldsymbol{J}^2 P(k,j) \\ &= \alpha(k,j)j(j+1)\hbar^2 P(k,j) \end{aligned} \tag{28}$$

由此可见, 算符 $\boldsymbol{J}\cdot\boldsymbol{V}$ 在子空间 $\mathscr{E}(k,j)$ 内的限制算符等于 $\alpha(k,j)j(j+1)\hbar^2$ 与恒等算符[1]的乘积. 于是, 如果 $|\psi_{k,j}\rangle$ 表示子空间 $\mathscr{E}(k,j)$ 内的任意一个归一化的态, 那么, 算符 $\boldsymbol{J}\cdot\boldsymbol{V}$ 的平均值 $\langle\boldsymbol{J}\cdot\boldsymbol{V}\rangle_{k,j}$ 与被选定的右矢 $|\psi_{k,j}\rangle$ 无关, 这是因为:

$$\langle\boldsymbol{J}\cdot\boldsymbol{V}\rangle_{k,j} = \langle\psi_{k,j}|\boldsymbol{J}\cdot\boldsymbol{V}|\psi_{k,j}\rangle = \alpha(k,j)j(j+1)\hbar^2 \tag{29}$$

若将此式代入 (26) 式, 我们将会看到, 在子空间 $\mathscr{E}(k,j)$ 内[2]有:

$$\boldsymbol{V} = \frac{\langle\boldsymbol{J}\cdot\boldsymbol{V}\rangle_{k,j}}{\langle\boldsymbol{J}^2\rangle_{k,j}}\boldsymbol{J} = \frac{\langle\boldsymbol{J}\cdot\boldsymbol{V}\rangle_{k,j}}{j(j+1)\hbar^2}\boldsymbol{J} \tag{30}$$

---

[1] 由于 $\boldsymbol{J}\cdot\boldsymbol{V}$ 是标量, 它的限制算符正比于恒等算符是可以预见的.

[2] 如果一个等式只对于所考虑的算符在某一子空间中的限制算符才能成立, 我们就说这个算符关系式只在该子空间内部才能成立. 因此, 严格说来, 我们应该将 (30) 式的两端都分别置于两个投影算符 $P(k,j)$ 之间.

这个结果通常叫做 "投影定理": 不论所研究的物理体系如何, 只要我们感兴趣的仅仅是属于同一子空间 $\mathscr{E}(k,j)$ 的那些态, 那么, 我们可以认为所有的矢量算符都正比于 $\boldsymbol{J}$.

对这个性质, 我们可以给它一个经典物理的解释如下: 如果 j 是任何一个孤立的物理体系的总角动量, 则该体系的所有物理量都围绕着 $\boldsymbol{J}$ 旋转, 而这个矢量是恒定的 (参看图 $10-4$); 特别地, 对于矢量 $\boldsymbol{v}$, 就其对时间的平均值而言, 只存在它在 j 方向的投影 $\boldsymbol{v}_{/\!/}$, 即只存在一个平行于 j 的矢量, 它由下式给出:

$$\boldsymbol{v}_{/\!/} = \frac{\boldsymbol{j}\cdot\boldsymbol{v}}{\boldsymbol{j}^2}\boldsymbol{j} \tag{31}$$

这个公式和 (30) 式非常相似.

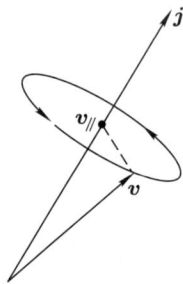

图 10-4　投影定理的经典解释: 矢量 $\boldsymbol{v}$ 非常迅速地围绕着总角动量 j 旋转, 因此, 我们只需考虑它的静态分量 $\boldsymbol{v}_{/\!/}$.

[1055]　　　**附注:**

(i) 我们不可能从 (30) 式推出, 在总的态空间 [所有子空间 $\mathscr{E}(k,j)$ 的直和] 中, $\boldsymbol{V}$ 也与 $\boldsymbol{J}$ 成比例. 实际上, 我们必须注意, 比例常数 $\alpha(k,j)$ (或 $\langle\boldsymbol{J}\cdot\boldsymbol{V}\rangle_{k,j}$) 依赖于被选定的子空间 $\mathscr{E}(k,j)$. 此外, 一个任意的矢量算符 $\boldsymbol{V}$ 在属于互异子空间 $\mathscr{E}(k,j)$ 的右矢之间可以具有非零矩阵元, 而 $\boldsymbol{J}$ 的对应矩阵元则永远为零.

(ii) 考虑另一个矢量算符 $\boldsymbol{W}$. 它在子空间 $\mathscr{E}(k,j)$ 内的限制算符正比于 $\boldsymbol{J}$, 因而也正比于 $\boldsymbol{V}$ 的限制算符. 因此, 在一个子空间 $\mathscr{E}(k,j)$ 内, 所有的矢量算符都是成正比的.

但是, 为了计算 $\boldsymbol{V}$ 与 $\boldsymbol{W}$ 之间的比例系数, 我们不能满足于在 (30) 式中用 $\boldsymbol{W}$ 去代替 $\boldsymbol{J}$, 这种做法给出的系数将是 $\langle\boldsymbol{V}\cdot\boldsymbol{W}\rangle_{k,j}/\langle\boldsymbol{W}^2\rangle_{k,j}$. 这是因为, 在导出 (30) 式的证明中, 我们曾在 (28) 式中利用了 $\boldsymbol{J}$ 和 $P(k,j)$ 的对易性, 这对于 $\boldsymbol{W}$ 来说, 一般并不成立. 为了正确地算出这个比例系数, 应该写出在子空间 $\mathscr{E}(k,j)$ 内的下列关系式:

$$\boldsymbol{W} = \frac{\langle\boldsymbol{J}\cdot\boldsymbol{W}\rangle_{k,j}}{\langle\boldsymbol{J}^2\rangle_{k,j}}\boldsymbol{J} \tag{32}$$

考虑到 (30) 式, 便可由此得到:

$$V = \frac{\langle \boldsymbol{J} \cdot \boldsymbol{V} \rangle_{k,j}}{\langle \boldsymbol{J} \cdot \boldsymbol{W} \rangle_{k,j}} \boldsymbol{W} \tag{33}$$

3. 应用: 一个原子能级的朗德因子 g_J 的计算

在这一节里, 我们需要用维格纳–埃克特定理来计算磁场 $\boldsymbol{B}$ 对一个原子的诸能级的影响. 我们将会看到这个定理大大简化了计算, 并可使我们普遍地预见到, 由于磁场消除了简并, 将会出现等间隔 (限于 B 的一次幂) 能级; 这些能级之间的能量间隔正比于 B 和一个常量 g_J (朗德因子), 这就是我们要计算的量.

设 L 为一个原子中诸电子的总轨道角动量 (即各个电子的轨道角动量 $\boldsymbol{L}_i$ 的总和), S 为总的自旋角动量 (即各个电子的自旋 $\boldsymbol{S}_i$ 的总和). 原子的总的内部角动量 (设核的自旋等于零) 为: [1056]

$$\boldsymbol{J} = \boldsymbol{L} + \boldsymbol{S} \tag{34}$$

我们用 H_0 表示没有磁场时原子的哈密顿算符; H_0 可以和 $\boldsymbol{J}$ 对易[①]. 假设 $H_0, \boldsymbol{L}^2, \boldsymbol{S}^2, \boldsymbol{J}^2$ 和 J_z 构成一个 E.C.O.C. 用 $|E_0, L, S, J, M\rangle$ 表示它们的共同本征矢, 它对应于各算符的本征值 $E_0, L(L+1)\hbar^2, S(S+1)\hbar^2, J(J+1)\hbar^2$ 和 $M\hbar$.

这个假设对于某几类轻原子来说是符合实际的, 在这些原子中角动量的耦合属于 $\boldsymbol{L} \cdot \boldsymbol{S}$ 耦合 (参看补充材料 B_{XIV}). 但是就属于其他耦合类型的原子而言 (例如, 除氦以外的稀有气体), 情况就不同了; 我们仍可以进行以维格纳–埃克特定理为根据的、与这里所讲的算法相似的计算, 而且物理概念的实质仍然是一样的. 为简单起见, 下面我们只考虑这种情况: L 和 S 对于待研究的原子能级来说是好量子数.

a. 旋转的简并性; 多重态

我们考虑右矢 $J_\pm |E_0, L, S, J, M\rangle$. 根据上面的假设, $J_\pm$ 和 H_0 对易; 因此, $J_\pm |E_0, L, S, J, M\rangle$ 是 H_0 的本征矢, 属于本征值 E_0. 此外, 根据角动量的一般性质和角动量的耦合, 我们有:

$$J_\pm |E_0, L, S, J, M\rangle = \hbar \sqrt{J(J+1) - M(M \pm 1)}\, |E_0, L, S, J, M \pm 1\rangle \tag{35}$$

这个等式表明, 我们可以从态 $|E_0, L, S, J, M\rangle$ 开始构成能量相同的其他态, 即满足 $-J \leqslant M \leqslant J$ 的那些态. 由此可见本征值 E_0 一定至少是 $(2J+1)$ 重

[①] 这个一般性质得自下述事实: 当所有电子围绕通过原点 (不动的核所在处) 的轴线旋转时, 原子的能量具有不变性; 因 H_0 具有旋转不变性, 故它和 $\boldsymbol{J}$ 对易 (H_0 是一个标量算符, 参看补充材料 B_{VI} 的 §5–b).

简并的. 这种简并是实质简并, 因为它与 H_0 的旋转不变性相关 (也许会有附加的偶然简并). 在原子物理学中, 我们称对应的 $(2J+1)$ 重简并的能级为多重态; 与此相联系的本征子空间, 即诸右矢 $|E_0, L, S, J, M\rangle$ $(M = J, J-1, \cdots, -J)$ 所张成的子空间, 记作 $\mathscr{E}(E_0, L, S, J)$.

b. 简并因磁场而消除; 能级图

假设有一个平行于 Oz 轴的磁场 $\boldsymbol{B}$, 则哈密顿算符变为 (参看补充材料 D_{VII}):

$$H = H_0 + H_1 \tag{36}$$

[1057]　　　其中

$$H_1 = \omega_L(L_z + 2S_z) \tag{37}$$

(S_z 前的因子 2 来源于电子自旋的旋磁比); 电子的 "拉莫尔角频率" ω_L 是通过其质量 m 和电荷 q 来定义的:

$$\omega_L = -\frac{qB}{2m} = -\frac{\mu_{\mathrm{B}}}{\hbar}B \tag{38}$$

(式中的 $\mu_{\mathrm{B}} = q\hbar/2m$ 为玻尔磁子).

为了计算磁场对原子能级的影响, 我们只考虑 H_1 在所研究的多重态相联系的子空间 $\mathscr{E}(E_0, L, S, J)$ 内的矩阵元. 第十一章的微扰理论可以证明在 B 不大时这种做法是正确的.

在子空间 $\mathscr{E}(E_0, L, S, J)$ 内, 根据投影定理 (§2–c), 我们有:

$$\boldsymbol{L} = \frac{\langle \boldsymbol{L} \cdot \boldsymbol{J} \rangle_{E_0, L, S, J}}{J(J+1)\hbar^2} \boldsymbol{J} \tag{39–a}$$

$$\boldsymbol{S} = \frac{\langle \boldsymbol{S} \cdot \boldsymbol{J} \rangle_{E_0, L, S, J}}{J(J+1)\hbar^2} \boldsymbol{J} \tag{39–b}$$

其中 $\langle \boldsymbol{L} \cdot \boldsymbol{J} \rangle_{E_0, L, S, J}$ 和 $\langle \boldsymbol{S} \cdot \boldsymbol{J} \rangle_{E_0, L, S, J}$ 分别表示算符 $\boldsymbol{L} \cdot \boldsymbol{J}$ 和 $\boldsymbol{S} \cdot \boldsymbol{J}$ 在子空间 $\mathscr{E}(E_0, L, S, J)$ 内的态中的平均值. 但是, 我们可以写出:

$$\boldsymbol{L} \cdot \boldsymbol{J} = \boldsymbol{L} \cdot (\boldsymbol{L} + \boldsymbol{S}) = \boldsymbol{L}^2 + \frac{1}{2}(\boldsymbol{J}^2 - \boldsymbol{L}^2 - \boldsymbol{S}^2) \tag{40–a}$$

以及

$$\boldsymbol{S} \cdot \boldsymbol{J} = \boldsymbol{S} \cdot (\boldsymbol{L} + \boldsymbol{S}) = \boldsymbol{S}^2 + \frac{1}{2}(\boldsymbol{J}^2 - \boldsymbol{L}^2 - \boldsymbol{S}^2) \tag{40–b}$$

由此便得到:

$$\langle \boldsymbol{L} \cdot \boldsymbol{J} \rangle_{E_0, L, S, J} = L(L+1)\hbar^2 + \frac{\hbar^2}{2}[J(J+1) - L(L+1) - S(S+1)] \tag{41–a}$$

和

$$\langle \boldsymbol{S} \cdot \boldsymbol{J} \rangle_{E_0,L,S,J} = S(S+1)\hbar^2 + \frac{\hbar^2}{2}[J(J+1) - L(L+1) - S(S+1)] \quad (41\text{–}b)$$

将 (41) 式代入 (39) 式, 再代入 (37) 式后, 便可看出, 在子空间 $\mathscr{E}(E_0,L,S,J)$ 内, 算符 H_1 由下式给出:

$$H_1 = g_J \omega_L J_z \quad (42)$$

式中的 g_J 就是所讨论的多重态的朗德因子, 其值为:

[1058]

$$g_J = \frac{3}{2} + \frac{S(S+1) - L(L+1)}{2J(J+1)} \quad (43)$$

(42) 式的含意是: 在本征子空间 $\mathscr{E}(E_0,L,S,J)$ 内算符 H_1 的本征矢实际上就是基矢 $|E_0,L,S,J,M\rangle$, 属于本征值

$$E_1(M) = g_J M \hbar \omega_L \quad (44)$$

我们看出, 磁场的影响在于完全消除了多重态的简并. 如图 10–5 所示, 现在出现了 $(2J+1)$ 个等间隔的能级, 它们分别对应于 M 的每一个可能值. 以前, 我们曾就只有一个无自旋电子的假想原子研究过它发出的光线的极化和频率 ("正常"塞曼效应; 参看补充材料 D_{VII}), 具备了这个能级图的知识, 我们就可以将上述研究推广到多电子原子的情况和必须计入自旋的情况.

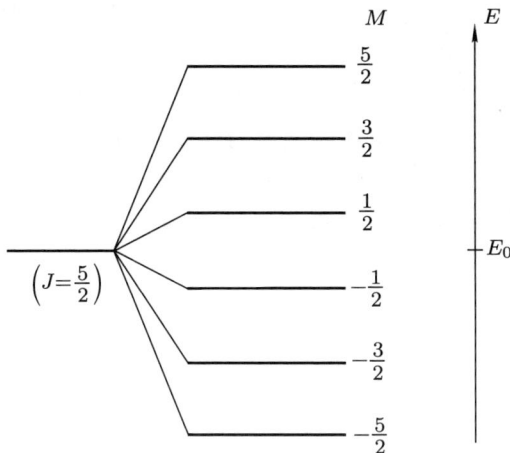

图 10–5 这个能级图表示, 在静磁场 $\boldsymbol{B}$ 的影响下, 多重态 (这里 $J = 5/2$) 的 $(2J+1)$ 重简并的消除; 相邻两个能级间的距离正比于 $|\boldsymbol{B}|$ 和朗德因子 g_J.

参考文献和阅读建议:

张量算符: Schiff (1.18), §28; Messiah (1.17), 第 XIII 章, §VI; Edmonds (2.21), 第 5 章; Rose (2.19), 第 5 章; Meijer 和 Bauer (2.18), 第 6 章.

　　我们来考虑处在给定的静电势场 $U(r)$ 中的一个体系 $\mathscr{S}$, 其中有 N 个带电粒子. 本文要阐明: 引入了 $\mathscr{S}$ 的电多极矩, 我们应怎样计算体系 $\mathscr{S}$ 与势场 $U(r)$ 的相互作用能. 我们首先复习一下在经典物理学中这些矩是用什么方式引入的. 然后, 我们将构成量子力学中的对应算符, 我们将会看到, 在大多数情况下, 利用这些算符怎样大大简化了对一个量子体系的电特性的研究. 实际上, 这些算符具有一些与特定体系无关的性质, 并满足一些选择定则; 特别地, 如果待研究的体系 $\mathscr{S}$ 处在角动量为 j 的一个态 [即 $\boldsymbol{J}^2$ 的一个本征态, 属于本征值 $j(j+1)\hbar^2$], 那么, 我们将会看到, 凡是阶数高于 $2j$ 的所有多极算符的平均值一定等于零.

1. 多极矩的定义

a. 势函数按球谐函数的展开

　　为简单起见, 我们先讨论处在势场 $U(r)$ 中而只含一个粒子的体系 $\mathscr{S}$, 设粒子的电荷为 q、位置为 r. 然后, 我们再将所得结果推广到 N 个粒子的体系.

α. 一个粒子的情况

　　在经典物理中, 粒子的势能为:

$$V(\boldsymbol{r}) = qU(\boldsymbol{r}) \tag{1}$$

对于 θ 和 φ 的函数来说, 球谐函数构成一个基, 因此, 我们可以将 $U(\boldsymbol{r})$ 展开成下列形式:

$$U(\boldsymbol{r}) = \sum_{l=0}^{\infty} \sum_{m=-l}^{l} f_{l,m}(r) \mathrm{Y}_l^m(\theta, \varphi) \tag{2}$$

下面, 我们假设, 产生静电势的电荷位于待研究的粒子所在的空间区域之外, 故在该区域中, 我们有:

$$\Delta U(\boldsymbol{r}) = 0 \tag{3}$$

但是我们知道 [参看第七章的 (A–15) 式], 拉普拉斯算符 Δ 与作用于角变量 θ 及 φ 的微分算符 $\boldsymbol{L}^2$ 之间有下列关系:

$$\Delta = \frac{1}{r} \frac{\partial^2}{\partial r^2} r - \frac{\boldsymbol{L}^2}{\hbar^2 r^2} \tag{4}$$

另一方面, 由球谐函数的定义可以推知:

$$\boldsymbol{L}^2 \mathrm{Y}_l^m(\theta, \varphi) = l(l+1)\hbar^2 \mathrm{Y}_l^m(\theta, \varphi) \tag{5}$$

现在我们就很容易计算拉普拉斯算符对展开式 (2) 的作用结果了. 注意到 (3) 式, 只须写下如此得到的每一项都是零, 即:

$$\left[\frac{1}{r} \frac{\partial^2}{\partial r^2} r - \frac{l(l+1)}{r^2} \right] f_{l,m}(r) = 0 \tag{6}$$

这个方程有两个线性无关的解 r^l 和 $r^{-(l+1)}$. 由于 $U(\boldsymbol{r})$ 在 $r = 0$ 处并不是无限大, 我们应该取:

$$f_{l,m}(r) = \sqrt{\frac{4\pi}{2l+1}} c_{l,m} r^l \tag{7}$$

式中的 $c_{l,m}$ 是系数, 它们依赖于问题中的势函数 (引入一个因子 $\sqrt{4\pi/(2l+1)}$, 纯粹是为了方便, 到下面就可以看出这一点).

现在可将 (2) 式写成下列形式:

$$V(\boldsymbol{r}) = qU(\boldsymbol{r}) = \sum_{l=0}^{\infty} \sum_{m=-l}^{l} c_{l,m} \mathscr{Q}_l^m(\boldsymbol{r}) \tag{8}$$

这里的函数 $\mathscr{Q}_l^m(\boldsymbol{r})$ 由它们在球坐标系中的表示式来定义:

$$\mathscr{Q}_l^m(\boldsymbol{r}) = q\sqrt{\frac{4\pi}{2l+1}} r^l \mathrm{Y}_l^m(\theta, \varphi) \tag{9}$$

在量子力学中, 同样类型的展开也是可能的; 实际上, 粒子的势能算符为 $V(\boldsymbol{R}) = qU(\boldsymbol{R})$, 它在表象 $\{|\boldsymbol{r}\rangle\}$ 中的矩阵元为 (参看补充材料 B_{II} 的 §4–6):

$$\langle \boldsymbol{r} | qU(\boldsymbol{R}) | \boldsymbol{r}' \rangle = qU(\boldsymbol{r})\delta(\boldsymbol{r} - \boldsymbol{r}') \tag{10}$$

[1060]

于是展开式 (8) 给出:

$$V(\boldsymbol{R}) = qU(\boldsymbol{R}) = \sum_{l=0}^{\infty} \sum_{m=-l}^{l} c_{l,m} Q_l^m \tag{11}$$

[1061]　　其中算符 Q_l^m 由下式定义:

$$\begin{aligned} \langle \boldsymbol{r} | Q_l^m | \boldsymbol{r}' \rangle &= \mathscr{Q}_l^m(\boldsymbol{r}) \delta(\boldsymbol{r} - \boldsymbol{r}') \\ &= q\sqrt{\frac{4\pi}{2l+1}} r^l \mathrm{Y}_l^m(\theta, \varphi) \delta(\boldsymbol{r} - \boldsymbol{r}') \end{aligned} \tag{12}$$

这些 Q_l^m 就叫做 "电多极算符".

β. 推广到 N 个粒子的情况

　　现在我们考虑 N 个粒子, 位置各为 $\boldsymbol{r}_1, \boldsymbol{r}_2, \cdots, \boldsymbol{r}_N$; 电荷各为 $q_1, q_2, \cdots, q_N$. 它们与外加势场 $U(\boldsymbol{r})$ 耦合的能量为:

$$V(\boldsymbol{r}_1, \boldsymbol{r}_2, \cdots, \boldsymbol{r}_N) = \sum_{n=1}^{N} q_n U(\boldsymbol{r}_n) \tag{13}$$

直接推广前一段的推理, 便可证明:

$$V(\boldsymbol{r}_1, \boldsymbol{r}_2, \cdots, \boldsymbol{r}_N) = \sum_{l=0}^{\infty} \sum_{m=-l}^{l} c_{l,m} \mathscr{Q}_l^m(\boldsymbol{r}_1, \boldsymbol{r}_2, \cdots, \boldsymbol{r}_N) \tag{14}$$

式中的系数 $c_{l,m}$ [它们依赖于势函数 $U(\boldsymbol{r})$] 的数值与前段中的相同, 而诸函数 $\mathscr{Q}_l^m$ 则由它们在极坐标中的数值来定义:

$$\mathscr{Q}_l^m(\boldsymbol{r}_1, \boldsymbol{r}_2, \cdots, \boldsymbol{r}_N) = \sqrt{\frac{4\pi}{2l+1}} \sum_{n=1}^{N} q_n(r_n)^l \mathrm{Y}_l^m(\theta_n, \varphi_n) \tag{15}$$

(θ_n 和 φ_n 是 $\boldsymbol{r}_n$ 的极角). 可见总体系的多极矩实际上就是与每一个粒子相联系的矩的总和.

　　同样, 在量子力学中, N 个粒子与外加势场耦合的能量, 由下列算符来描述:

$$V(\boldsymbol{R}_1, \boldsymbol{R}_2, \cdots, \boldsymbol{R}_N) = \sum_{l=0}^{\infty} \sum_{m=-l}^{l} c_{l,m} Q_l^m \tag{16}$$

算符 Q_l^m 适合下式:

$$\begin{aligned} &\langle \boldsymbol{r}_1, \boldsymbol{r}_2, \cdots, \boldsymbol{r}_N | Q_l^m | \boldsymbol{r}_1', \boldsymbol{r}_2', \cdots, \boldsymbol{r}_N' \rangle \\ &= \mathscr{Q}_l^m(\boldsymbol{r}_1, \boldsymbol{r}_2, \cdots, \boldsymbol{r}_N) \delta(\boldsymbol{r}_1 - \boldsymbol{r}_1') \delta(\boldsymbol{r}_2 - \boldsymbol{r}_2') \cdots \delta(\boldsymbol{r}_N - \boldsymbol{r}_N') \end{aligned} \tag{17}$$

b. 多极算符的物理意义

α. 算符 Q_0^0; 体系的总电荷

由于 Y_0^0 是一个常数 ($Y_0^0 = 1/\sqrt{4\pi}$), 由定义式 (15) 可以推出:

$$\mathscr{Q}_0^0 = \sum_{n=1}^N q_n \tag{18}$$

可见算符 Q_0^0 实际上是一个常量, 等于体系的总电荷.

[1062]

于是, 展开式 (14) 的第一项近似地给出了, 在全体粒子都位于原点 O 处的假设下, 体系与势场 $U(\mathbf{r})$ 耦合的能量; 显然, 在可以和诸粒子到 O 点的距离相比拟的一段距离上 (如果体系 $\mathscr{S}$ 的中心在 O 点, 则这段距离接近于 $\mathscr{S}$ 的线度), 如果 $U(\mathbf{r})$ 的相对变化很小, 那么, 我们取第一项就可以得到较好的近似. 此外, 还有一个特殊情况, 即展开式 (14) 严格地只有第一项, 也就是 $U(\mathbf{r})$ 为均匀势场的情况, 这时与 $\mathbf{r}$ 无关的 $U(\mathbf{r})$ 正比于 $l = 0$ 的球谐函数.

β. 算符 Q_1^m; 电偶极矩

根据 (15) 式及球谐函数 Y_1^m 的表示式 [参看补充材料 A_{VI} 的 (32) 式], 我们有:

$$\begin{cases} \mathscr{Q}_1^1 = -\dfrac{1}{\sqrt{2}} \sum_n q_n(x_n + \mathrm{i}y_n) \\ \mathscr{Q}_1^0 = \sum_n q_n z_n \\ \mathscr{Q}_1^{-1} = \dfrac{1}{\sqrt{2}} \sum_n q_n(x_n - \mathrm{i}y_n) \end{cases} \tag{19}$$

这三个量可以看作是一个矢量在三个矢量 $\mathbf{e}_1, \mathbf{e}_0$ 和 $\mathbf{e}_{-1}$ 组成的复基中的分量:

$$\mathscr{D} = -\mathscr{Q}_1^{-1}\mathbf{e}_1 + \mathscr{Q}_1^0\mathbf{e}_0 - \mathscr{Q}_1^1\mathbf{e}_{-1} \tag{20}$$

其中

$$\mathbf{e}_1 = -\frac{1}{\sqrt{2}}(\mathbf{e}_x + \mathrm{i}\mathbf{e}_y); \quad \mathbf{e}_0 = \mathbf{e}_z; \quad \mathbf{e}_{-1} = \frac{1}{\sqrt{2}}(\mathbf{e}_x - \mathrm{i}\mathbf{e}_y) \tag{21}$$

(式中的 $\mathbf{e}_x, \mathbf{e}_y, \mathbf{e}_z$ 是 Ox, Oy 与 Oz 轴上的单位矢); 于是, 这个矢量 $\mathscr{D}$ 在坐标系 $Oxyz$ 中的分量是:

$$\mathscr{Q}_1^x = \frac{1}{\sqrt{2}}[\mathscr{Q}_1^{-1} - \mathscr{Q}_1^1] = \sum_n q_n x_n$$

$$\mathscr{Q}_1^y = \frac{\mathrm{i}}{\sqrt{2}}[\mathscr{Q}_1^{-1} + \mathscr{Q}_1^1] = \sum_n q_n y_n$$

$$\mathscr{Q}_1^z = \mathscr{Q}_1^0 = \sum_n q_n z_n \tag{22}$$

我们可以看出, 它们是体系 $\mathscr{S}$ 对于原点 O 的总的电偶极矩:

$$\mathscr{D} = \sum_{n=1}^{N} q_n \boldsymbol{r}_n \tag{23}$$

[1063]　　的三个分量. 从而, 诸算符 Q_1^m 实际上就是电偶极矩 $\boldsymbol{D} = \sum_n q_n \boldsymbol{R}_n$ 的诸分量.

利用 (19) 式, 我们还可将展开式 (14) 中的 $l = 1$ 的项写成下列形式:

$$\sum_{m=-1}^{+1} c_{1,m} \mathscr{Q}_1^m = -\frac{1}{\sqrt{2}}(c_{1,1} - c_{1,-1}) \sum_n q_n x_n$$
$$- \frac{\mathrm{i}}{\sqrt{2}}(c_{1,1} + c_{1,-1}) \sum_n q_n y_n + c_{1,0} \sum_n q_n z_n \tag{24}$$

但是, 出现在此式中的系数 $c_{1,m}$ 的那些组合正好就是势函数 $U(\boldsymbol{r})$ 的梯度在 $\boldsymbol{r} = 0$ 处的诸分量. 实际上, 如果取 $U(\boldsymbol{r})$ 的展开式 (8) 的梯度, 则 $l = 0$ 的项 (一个常数项) 消失了; 至于 $l = 1$ 的项, 我们可将它写成与 (24) 式相似的形式, 结果得到:

$$[\nabla U(\boldsymbol{r})]_{\boldsymbol{r}=0} = -\frac{1}{\sqrt{2}}(c_{1,1} - c_{1,-1})\boldsymbol{e}_x - \frac{\mathrm{i}}{\sqrt{2}}(c_{1,1} + c_{1,-1})\boldsymbol{e}_y + c_{1,0}\boldsymbol{e}_z \tag{25}$$

至于 (8) 式中的 $l > 1$ 的那些项, 它们都是 x, y, z 的高于一次的多项式 [参看下面的 γ 段和 δ 段], 故对 $\boldsymbol{r} = 0$ 处的梯度并无贡献. 于是, 考虑到 (23) 式和 (25) 式, 我们可将展开式 (14) 中的 $l = 1$ 的项写作:

$$\left(\sum_{n=1}^{N} q_n \boldsymbol{r}_n\right) \cdot (\nabla U)_{\boldsymbol{r}=0} = -\mathscr{D} \cdot \mathscr{E}(\boldsymbol{r} = 0) \tag{26}$$

其中

$$\mathscr{E}(\boldsymbol{r}) = -\nabla U(\boldsymbol{r}) \tag{27}$$

是点 $\boldsymbol{r}$ 处的电场. 这样一来, 在 (26) 式中, 我们又得到了一个电偶极子与电场 $\mathscr{E}$ 耦合的能量的众所周知的表示式.

附注:

(i) 在物理学中, 我们常常遇到总电荷为零的体系 (例如原子就是这样的体系); 这时 $\mathscr{Q}_0^0$ 等于零, 而出现在展开式 (14) 中的第一个多极算符就是电偶极矩. 通常, 我们可以在这个展开式中只保留 $l = 1$ 的那些项 [这样就得到 (26) 式], 这是因为 $l \geqslant 2$ 的那些项往往非常小 (例如, 在可以和粒子到原点的距离相比拟的距离上, 如果电场变化很小, 情况就是这样; 此外, $l \geqslant 2$ 的那些项, 在均匀电场这一特殊情况下, 严格地等于零; 参看下面的 γ 段和 δ 段).

(ii) 如果体系 $\mathscr{S}$ 由带异性电荷 $+q$ 和 $-q$ 的两个粒子组成 (电偶极子), 则电偶极矩 $\mathscr{D}$ 可以写成:

$$\mathscr{D} = q(\boldsymbol{r}_1 - \boldsymbol{r}_2) \tag{28}$$

它的数值关系到与体系 $\mathscr{S}$ 相联系的 "相对粒子" (参看第七章的 §B) 的位置, 故与坐标原点 O 的选择无关. 实际上, 这是一个普遍的性质; 不难证明: 总电荷为零的任何体系 $\mathscr{S}$ 的电偶极矩都不依赖于原点 O 的选择.

γ. 算符 Q_2^m; 电四极矩

利用 Y_2^m 的显式 [参看补充材料 A$_\mathrm{VI}$ 的 (33) 式], 很容易证明:

$$\begin{cases} \mathscr{Q}_2^{\pm 2} = \dfrac{\sqrt{6}}{4} \sum_n q_n (x_n \pm \mathrm{i} y_n)^2 \\[2mm] \mathscr{Q}_2^{\pm 1} = \mp \dfrac{\sqrt{6}}{2} \sum_n q_n z_n (x_n \pm \mathrm{i} y_n) \\[2mm] \mathscr{Q}_2^0 = \dfrac{1}{2} \sum_n q_n (3 z_n^2 - r_n^2) \end{cases} \tag{29}$$

这样, 我们就得到了体系 $\mathscr{S}$ 的电四极矩的五个分量. 体系 $\mathscr{S}$ 的总电荷是一个标量, 它的偶极矩是一个矢量 $\mathscr{D}$; 我们可以证明, 它的四极矩则是一个二阶张量. 此外, 仿照与 β 相似的推理, 我们可将展开式 (14) 中 $l = 2$ 的那些项写成下列形式:

$$\sum_{m=-2}^{+2} c_{2,m} \mathscr{Q}_2^m = \frac{1}{2} \sum_{i,j} \left[\frac{\partial^2 U}{\partial x^i \partial x^j} \right]_{\boldsymbol{r}=\boldsymbol{0}} \sum_{n=1}^N q_n x_n^i x_n^j \tag{30}$$

(式中的 $x^i, x^j = x, y$ 或 z). 这些项描述体系的电四极矩与电场 $\mathscr{E}(\boldsymbol{r})$ 的梯度 (在 $\boldsymbol{r} = \boldsymbol{0}$ 处的值) 之间的耦合.

δ. 推广: 电 l 极矩

我们未尝不可以推广前面的推理, 并利用球谐函数的一般表示式 [参看补充材料 A$_\mathrm{VI}$ 的 (26) 式或 (30) 式] 证明:

— 诸函数 $\mathscr{Q}_l^m$ 是 x, y, z 的 l 次齐次多项式.

— 指标为 l 的那些项对展开式 (14) 的贡献含有势函数 $U(\boldsymbol{r})$ 的 l 阶导数在 $\boldsymbol{r} = \boldsymbol{0}$ 处的值.

于是, 势能的展开式 (14) 表现为原点邻域中的泰勒级数. 势函数 $U(\boldsymbol{r})$ 在体系 $\mathscr{S}$ 所在的空间区域中的变化越复杂, 我们就应该将展开式延伸到更高次的项; 例如, 若 $U(\boldsymbol{r})$ 是常量, 则我们已经看到这时仅仅涉及 $l = 0$ 的项; 若电场

$\mathscr{E}(\boldsymbol{r})$ 是均匀的, 则在展开式中就应添入 $l = 1$ 的那些项; 若电场 $\mathscr{E}$ 的梯度是均匀的, 则 l 的值应为 0, 1, 2; 等等.

c. 多极算符的宇称

最后我们来考察算符 Q_l^m 的宇称. 我们知道, Y_l^m 的宇称是 $(-1)^l$ [参看第六章的 (D–28) 式]. 于是 (参看补充材料 F_{II} 的 §2–a) 电多极算符 Q_l^m 具有确定的宇称, 即 $(-1)^l$, 而与 m 无关. 后面, 我们要用到这个性质.

d. 引入多极矩的另一种形式

我们仍然考虑 §1–a 中的 N 个带电粒子的集合. 但现在我们感兴趣的不是该体系与给定的外加势场 $U(\boldsymbol{r})$ 的相互作用能, 而是怎样计算这些电荷在远处某点 $\boldsymbol{\rho}$ 所产生的电势 $W(\boldsymbol{\rho})$ (参看图 10–6). 为简单起见, 我们仍在经典力学的范畴内进行分析. 这样, 势函数 $W(\boldsymbol{\rho})$ 为:

$$W(\boldsymbol{\rho}) = \frac{1}{4\pi\varepsilon_0} \sum_{n=1}^{N} \frac{q_n}{|\boldsymbol{\rho} - \boldsymbol{r}_n|} \tag{31}$$

但在 $|\boldsymbol{\rho}| \gg |\boldsymbol{r}_n|$ 时, 我们可以证明:

$$\frac{1}{|\boldsymbol{\rho} - \boldsymbol{r}_n|} = \frac{1}{\rho} \sum_{l=0}^{\infty} \left(\frac{r_n}{\rho}\right)^l P_l(\cos\alpha_n) \tag{32}$$

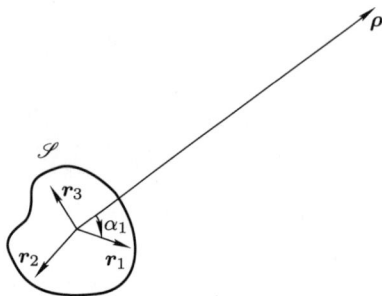

图 10-6　由 N 个带电粒子 (位置分别为 $\boldsymbol{r}_1, \boldsymbol{r}_2, \cdots$) 所构成的体系 $\mathscr{S}$ 在远处某点产生的势 $W(\boldsymbol{\rho})$ 可以用 $\mathscr{S}$ 的多极矩来表示.

式中的 α_n 表示角 $(\boldsymbol{\rho}, \boldsymbol{r}_n)$, P_l 是 l 阶勒让德多项式. 利用球谐函数的加法定理 (参看补充材料 A_{VI}, §2–e–γ), 我们可以写出:

$$P_l(\cos\alpha_n) = \frac{4\pi}{2l+1} \sum_{m=-l}^{+l} (-1)^m Y_l^{-m}(\theta_n, \varphi_n) Y_l^m(\Theta, \Phi) \tag{33}$$

(其中 Θ 和 Φ 表示 $\boldsymbol{\rho}$ 的极角). 将 (32) 式与 (33) 式代入 (31) 式, 我们最后得到:

$$W(\boldsymbol{\rho}) = \frac{1}{4\pi\varepsilon_0} \sum_{l=0}^{\infty} \sum_{m=-l}^{l} \sqrt{\frac{4\pi}{2l+1}} (-1)^m \mathcal{Q}_l^{-m} \frac{1}{\rho^{l+1}} Y_l^m(\Theta, \Phi) \tag{34}$$

其中 $\mathcal{Q}_l^m(\boldsymbol{r}_1, \boldsymbol{r}_2, \cdots, \boldsymbol{r}_N)$ 由 (15) 式定义.

(34) 式表明, 知道了诸 $\mathcal{Q}_l^m$ 就可完全确定粒子集合在体系 $\mathscr{S}$ 以外的空间区域中所产生的势. 这个势表现为无穷多项之和:

(i) $l = 0$ 的项给出体系的总电荷的贡献. 这一项是各向同性的 (它与 Θ 及 Φ 无关) 并可写作:

$$W_0(\boldsymbol{\rho}) = \frac{1}{4\pi\varepsilon_0} \frac{1}{\rho} \sum_n q_n \tag{35}$$

这就是设想全体电荷集中于 O 点时所应产生的 $1/\rho$ 型的势; 若整个体系呈电中性, 则这个势等于零.

(ii) $l = 1$ 的项给出体系的电偶极矩 $\mathscr{D}$ 的贡献. 进行类似于前面 §b-β 中的变换, 不难证明这个贡献可以写作:

$$W_1(\boldsymbol{\rho}) = \frac{1}{4\pi\varepsilon_0} \frac{\mathscr{D} \cdot \boldsymbol{\rho}}{\rho^3} \tag{36}$$

当 ρ 增大时, 这个势随 $1/\rho^2$ 减小.

(iii) $l = 2, 3, \cdots$ 的诸项按同样的方式给出所论体系的相继各阶多极矩对于势 $W(\boldsymbol{\rho})$ 的贡献. 当 ρ 增大时, 指标为 l 的项的贡献随着 $1/\rho^{l+1}$ 减小, 而这部分贡献的角依赖性则可由 l 阶的球谐函数来表示. 此外, 从 (34) 式和定义 (15), 我们可以看出, 多极矩 $\mathcal{Q}_l$ 所产生的势, 就其极大值而言, 数量级为 $W_0(\rho) \times (d/\rho)^l$, 这里的 d 是从体系 $\mathscr{S}$ 的诸粒子到原点的最大距离. 如果我们感兴趣的是满足 $\rho \gg d$ 的 $\boldsymbol{\rho}$ 点处的势 (很远处的势), 则当 l 增大时, 各个 $W_l(\boldsymbol{\rho})$ 项都减小得很快, 因此, 若在 (34) 式中只取最小的 l 值, 也不会形成很大的误差.

附注:

如果我们希望计算运动中的电荷集合所产生的磁场, 那么可以按类似的方式引入体系的磁多极矩, 即磁偶极矩[①]、磁四极矩等等. 磁矩的宇称和对应的电矩的宇称相反: 磁偶极矩具有偶宇称, 磁四极矩具有奇宇称, 以下类推. 这个性质的起因在于: 电场是极矢量, 而磁场是轴矢量.

2. 电多极算符的矩阵元   [1067]

下面, 为简单起见, 我们还是分析只含一个无自旋粒子的体系. 要将所得

[①] $l = 0$ 的磁多极矩 (即磁单极) 是不存在的. 这个结果与下述事实有关: 按麦克斯韦方程组, 磁场的散度等于零, 故磁场的通量是守恒的.

结果推广到含有 N 个粒子的体系, 原则上并无困难.

粒子的态空间 $\mathscr{E}_r$ 中的正交归一基 $\{|\chi_{n,l,m}\rangle\}$ 由 $\boldsymbol{L}^2$ [属于本征值 $l(l+1)\hbar^2$ 的与 L_z (属于本征值 $m\hbar$) 的共同本征矢构成. 我们来计算多极算符 Q_l^m 在这个基中的矩阵元.

a. 矩阵元的一般表示式

α. 矩阵元的分解

根据第七章的普遍结果, 我们知道, 与态 $|\chi_{n,l,m}\rangle$ 相联系的波函数一定具有下列形式:

$$\chi_{n,l,m}(\boldsymbol{r}) = R_{n,l}(r)Y_l^m(\theta,\varphi) \tag{37}$$

于是, 注意到 (12) 式, 即可将算符 Q_l^m 的矩阵元写作:

$$\langle\chi_{n_1,l_1,m_1}|Q_l^m|\chi_{n_2,l_2,m_2}\rangle =$$
$$= \int_0^\infty r^2 dr \int_0^\pi \sin\theta d\theta \int_0^{2\pi} d\varphi\,\chi_{n_1,l_1,m_1}^*(r,\theta,\varphi)\mathscr{Q}_l^m(r,\theta,\varphi)\chi_{n_2,l_2,m_2}(r,\theta,\varphi)$$
$$= q\sqrt{\frac{4\pi}{2l+1}}\int_0^\infty r^2 dr\,R_{n_1,l_1}^*(r)R_{n_2,l_2}(r)r^l \int_0^\pi \sin\theta d\theta$$
$$\times \int_0^{2\pi} d\varphi\,Y_{l_1}^{m_1*}(\theta,\varphi)Y_l^m(\theta,\varphi)Y_{l_2}^{m_2}(\theta,\varphi) \tag{38}$$

这样一来, 在所考察的矩阵元中就出现了一个径向积分和一个角向积分. 后一个积分还可进一步化简; 利用球谐函数的共轭复式 [参看第六章的 (D–29) 式] 和补充材料 C_x 的 (26) 式 (关于球谐函数的维格纳–埃克特定理), 我们可以证明, 这个积分将转化为:

$$(-1)^{m_1}\int_0^\pi \sin\theta d\theta \int_0^{2\pi} d\varphi\,Y_{l_1}^{-m_1}(\theta,\varphi)Y_l^m(\theta,\varphi)Y_{l_2}^{m_2}(\theta,\varphi) =$$
$$= \sqrt{\frac{(2l+1)(2l_2+1)}{4\pi(2l_1+1)}}\langle l_2,l;0,0|l_1,0\rangle\langle l_2,l;m_2,m|l_1,m_1\rangle \tag{39}$$

最后, 我们得到:

$$\langle\chi_{n_1,l_1,m_1}|Q_l^m|\chi_{n_2,l_2,m_2}\rangle =$$
$$= \frac{1}{\sqrt{2l_1+1}}\langle\chi_{n_1,l_1}\|Q_l\|\chi_{n_2,l_2}\rangle\langle l_2,l;m_2,m|l_1,m_1\rangle \tag{40}$$

[1068]   其中 $\langle\chi_{n_1,l_1}\|Q_l\|\chi_{n_2,l_2}\rangle$ 是 l 阶的电多极算符的 "约化矩阵元", 其定义是:

$$\langle\chi_{n_1,l_1}\|Q_l\|\chi_{n_2,l_2}\rangle = q\sqrt{2l_2+1}\langle l_2,l;0,0|l_1,0\rangle$$
$$\times \int_0^\infty dr\,r^{l+2}R_{n_1,l_1}^*(r)R_{n_2,l_2}(r) \tag{41}$$

等式 (40) 表示在电多极算符这一特殊情况下的一个普遍定理, 即维格纳–埃克特定理; 我们曾见到该定理在另一情况, 即矢量算符情况下的应用 (参看补充材料 D_X).

附注:

这里的讨论局限在只含一个无自旋粒子的体系 $\mathscr{S}$. 如果体系包含 N 个可能有自旋的粒子, 那么, 我们可以将已经得到的结果加以推广. 为此, 必须引入体系的总角动量 $\boldsymbol{J}$ (即 N 个粒子的轨道角动量以及自旋之和), 并用 $|\chi_{n,j,m}\rangle$ 表示算符 $\boldsymbol{J}^2$ 和 J_z 的共同本征矢; 这样, 我们就可以导出一个类似于 (40) 式的等式, 不过 l_1 和 l_2 应换成 j_1 和 j_2 (参看补充材料 G_X, 练习 8). 但是, 量子数 j_1, j_2, m_1 和 m_2 则可能是整数或半整数, 视所要考察的物理体系而异.

β. 约化矩阵元

约化矩阵元 $\langle\chi_{n_1,l_1}\|Q_l\|\chi_{n_2,l_2}\rangle$ 与 m, m_1 及 m_2 无关. 它含有波函数 $\chi_{n,l,m}(r, \theta, \varphi)$ 的径向部分 $R_{n,l}(r)$; 因此, 它的值依赖于所选用的基 $\{|\chi_{n,l,m}\rangle\}$, 于是, 我们几乎不能归纳出它们的普遍性质. 但是, 可以指出, 如果 $l_1 + l_2 + l$ 为奇数, 则 (41) 式中的克莱布希–高登系数 $\langle l_2, l; 0, 0|l_1, 0\rangle$ 等于零 (参看补充材料 B_X 的 §3–c); 由此可见约化矩阵元也有同样性质.

附注:

这个性质和电多极矩算符 Q_l^m 的宇称 $(-1)^l$ 有关. 对于磁多极算符, 上面已经指出它们的宇称是 $(-1)^{l+1}$; 所以, 应在 $l_1 + l_2 + l$ 为偶数时, 它们的矩阵元才等于零.

γ. 矩阵元的角向部分

(40) 式中的克莱布希–高登系数 $\langle l_2, l; m_2, m|l_1, m_1\rangle$ 仅仅来源于 Q_l^m 的矩阵元公式中对角变量的积分 [参看 (38) 式]; 这个系数只依赖于和所要考察的能级的角动量相联系的那些量子数, 而不依赖于波函数的径向部分 $R_{n,l}(r)$. 这就说明了为什么只要我们选择 $\boldsymbol{L}^2$ 和 L_z 的共同本征矢构成的基 (对于可能有自旋的 N 个粒子的体系来说, 则是选择 $\boldsymbol{J}^2$ 和 J_z 的共同本征矢构成的基, 参看上面 §α 的附注), 这个系数就会出现在多极算符的矩阵元中. 我们知道, 这样的基在量子力学中是常用的, 特别是, 我们可以用这种基来描述处在中心势场 $W(r)$ 中的一个粒子的定态. 因此, 与定态相联系的径向函数 $R_{n,l}(r)$ 依赖于所选定的势 $W(r)$; 当然, 约化矩阵元 $\langle\chi_{n_1,l_1}\|Q_l\|\chi_{n_2,l_2}\rangle$ 也是这样. 反之, 波函数的角依赖性却并不如此, 不论 $W(r)$ 如何, 都会出现同样的克莱布希–高登系数, 这种系数因此而具有普遍意义.

[1069]

b. 选择定则

根据克莱布希-高登系数的性质 (参看补充材料 B_x 的 §1), 只当

$$m_1 = m_2 + m \tag{42}$$

$$|l_1 - l_2| \leqslant l \leqslant l_1 + l_2 \tag{43}$$

同时成立时, 系数 $\langle l_2, l; m_2, m | l_1, m_1 \rangle$ 才不等于零. 因此, 由 (40) 式可以推知, 这些条件中只要有一个得不到满足, 矩阵元 $\langle \chi_{n_1,l_1,m_1} | Q_l^m | \chi_{n_2,l_2,m_2} \rangle$ 一定等于零. 这样一来, 我们就得到了选择定则, 根据这些定则, 不经计算就很容易找出表示任何多极算符 Q_l^m 的矩阵.

另一方面, 我们在 §2-a-β 中已经看到, 一个多极算符的约化矩阵元还遵从另一个选择定则:

— 对于电多极算符:

$$l_1 + l_2 + l = 偶数 \tag{44-a}$$

— 对于磁多极算符:

$$l_1 + l_2 + l = 奇数 \tag{44-b}$$

c. 物理的结果

α. 一个多极算符在一个确定的角动量态中的平均值

假设粒子的态 $|\psi\rangle$ 是由某一基矢 $|\chi_{n_1,l_1,m_1}\rangle$ 表示的态. 于是算符 Q_l^m 的平均值为:

$$\langle Q_l^m \rangle = \langle \chi_{n_1,l_1,m_1} | Q_l^m | \chi_{n_1,l_1,m_1} \rangle \tag{45}$$

现在可将条件 (42) 和 (43) 写作:

$$m = 0 \tag{46}$$

$$0 \leqslant l \leqslant 2l_1 \tag{47}$$

这样一来, 我们就得到了下述的重要定则:

— 如果 $m \neq 0$, 则所有算符 Q_l^m 在态 $|\chi_{n_1,l_1,m_1}\rangle$ 中的平均值都等于零:

$$\langle Q_l^m \rangle = 0, \quad 若 \ m \neq 0 \tag{48}$$

[1070]　　　— 阶数 l 高于 $2l_1$ 的所有算符在态 $|\chi_{n_1,l_1,m_1}\rangle$ 中的平均值都等于零:

$$\langle Q_l^m \rangle = 0, \quad 若 \ l > 2l_1 \tag{49}$$

现在假设, 态 $|\psi\rangle$ 不是态 $|\chi_{n_1,l_1,m_1}\rangle$, 而是对应于 l_1 的同一个值的那些态的任意的线性组合, 那么, 不难证明, 定则 (49) 仍然有效 [但定则 (48) 不成立,

因为这时在平均值 $\langle Q_l^m \rangle$ 中一般将会出现 $m_1 \neq m_2$ 的矩阵元]. 由此可见, (49) 式是非常普遍的, 只要体系处在算符 $\boldsymbol{L}^2$ 的一个本征态中, 这个公式都可应用.

另一方面, 由 (44) 式可以推知, 只当:

— 对电多极算符:

$$l = 偶数 \tag{50-a}$$

— 对磁多极算符:

$$l = 奇数 \tag{50-b}$$

时, 一个 l 阶的多极算符的平均值才不等于零.

利用上述定则, 我们可以不经计算就很容易得到一些简单的物理结果. 例如, 在 $l = 0$ 的态中 (譬如, 氢原子的基态), 偶极矩 (电的或磁的)、四极矩 (电的或磁的), 等等, 永远都等于零. 对于 $l = 1$ 的态, 只有阶数为 $0, 1, 2$ 的多极算符不为零; 宇称定则 (50) 表明, 它们就是体系的总电荷和电四极矩以及体系的磁偶极矩.

附注:

我们已经得到的物理预言可以推广到更为复杂的体系 (譬如多电子原子). 如果这种体系的角动量为 j (整数或半整数), 那么, 我们可以证明, 这时只须在 (49) 式中将 l_1 换为 j.

例如, 我们要将定则 (49) 和 (50) 用来研究一个原子核的电磁性质. 我们知道, 这是一个束缚体系, 其中含有以核力相互作用的质子和中子. 在基态①, 角动量平方算符的本征值是 $I(I+1)\hbar^2$, 量子数 I 叫做核自旋. 上面讲过的定则表明:

— 如果 $I = 0$, 那么, 核的电磁相互作用由它的总电荷来描述, 因为这时其他的多极矩都等于零. 例如, 核 ^{4}He ("α 粒子"), 核 ^{20}Ne, 等等, 都属于这种情况.

— 如果 $I = 1/2$, 这时核具有电荷及磁偶极矩 [这是因为宇称定则 (50-a) 排除了电偶极矩]. 核 ^{3}He, 核 ^{1}H (也就是质子), 以及自旋为 $1/2$ 的所有粒子 (电子, 介子, 中子, ⋯), 都属于这种情况.　　　　　　　　　　　[1071]

— 如果 $I = 1$, 这时除了电荷和磁偶极矩外, 还有电四极矩. 核 ^{2}H (氘), 核 ^{6}Li, ⋯, 都属于这种情况.

我们可以将这样的分析推广到 I 的任意值. 实际上, 自旋大于 3 或 4 的核是很少的.

---

① 在原子物理中, 一般说来, 我们的兴趣只在于核的基态. 实际上, 即使能量大到足以激发原子中的电子云, 但对于核的激发来说, 这样的能量还是太小.

β. 量子数不相同的诸态之间的矩阵元

对于任意的 l_1, l_2, m_1 和 m_2, 我们应该使用选择定则的普遍公式 (42), (43) 和 (44). 例如, 我们考虑处在中心势场 $V_0(r)$ 中的一个粒子, 其电荷为 q, 其定态为态 $|\chi_{n,l,m}\rangle$. 然后, 我们设想还有一个附加的均匀电场 $\mathscr{E}$, 其方向平行于 Oz 轴. 在对应的有耦合的哈密顿算符中, 唯一的非零项就是电偶极项 (参看 §1–b–β):

$$V(\boldsymbol{R}) = -\boldsymbol{D} \cdot \mathscr{E}$$
$$= -D_z \mathscr{E} \tag{51}$$

如我们在 (22) 式中已经见到的, 算符 D_z 等于算符 Q_1^0; 于是, 选择定则 (42) 和 (43) 表明:

— 由附加的哈密顿算符 $V(\boldsymbol{R})$ 所耦合的态 $|\chi_{n,l,m}\rangle$ 一定对应于 m 的同一个值.

— 两个态的 l 的值一定相差 ± 1 [根据 (44–a) 式, 它们不可能相等]. 因此, 不经计算, 我们就可以预见到 $V(\boldsymbol{R})$ 的很多矩阵元都等于零. 这一点就大大简化了 (譬如) 对斯塔克效应的研究 (参看补充材料 E_{XII}) 以及对于支配原子发光的那些选择定则的研究 (参看补充材料 A_{XIII}).

参考文献和阅读建议:

Cagnac 和 Pebay-Peyroula (11.2), 附录 IV; Valentin (16.1), 第 VIII 章; Jackson (7.5), 第 4 和第 16 章.

补充材料 F_X

[1072]

由相互作用 $aJ_1 \cdot J_2$ 耦合的两个角动量 J_1 和 J_2 的演变

1. 经典知识的复习
   a. 运动方程
   b. $\mathscr{J}_1$ 和 $\mathscr{J}_2$ 的运动
2. 量子力学的平均值 $\langle J_1 \rangle$ 和 $\langle J_2 \rangle$ 的运动方程
   a. $\dfrac{\mathrm{d}}{\mathrm{d}t}\langle J_1 \rangle$ 和 $\dfrac{\mathrm{d}}{\mathrm{d}t}\langle J_2 \rangle$ 的计算
   b. 讨论
3. 两个自旋 1/2 的特例
   a. 两个自旋的体系的定态
   b. $\langle S_1 \rangle(t)$ 的计算
   c. 讨论. 磁偶极跃迁的极化
4. 两个自旋 1/2 之间的碰撞的简单模型
   a. 对模型的描述
   b. 碰撞后体系的态
   c. 讨论. 两个自旋之间的碰撞所引入的相关性

在物理学中, 我们常常有必要研究一个体系的两个部分角动量 J_1 和 J_2 之间的耦合效应; 譬如, J_1 和 J_2 可以是一个原子的两个电子的角动量, 也可以是一个电子的轨道角动量和自旋角动量. 如果存在着这种耦合, J_1 和 J_2 就不再是运动常量了, 只有

$$J = J_1 + J_2 \tag{1}$$

才能和体系的总哈密顿算符对易.

我们假设在哈密顿算符中, 表示 J_1 和 J_2 之间的耦合的项具有下列形式:

$$W = aJ_1 \cdot J_2 \tag{2}$$

其中 a 是一个实常数. 上述情况在原子物理学中是经常遇到的. 在第十二章中, 我们将应用微扰理论去研究与电子自旋或质子自旋有关的相互作用对氢原子光谱的影响, 那时, 我们还会遇到上述情况的很多例子. 如果耦合具有 (2)

式的形式, 经典理论就已经预见到, 经典角动量 $\mathscr{J}_1$ 和 $\mathscr{J}_2$ 是围绕着它们的总和 $\mathscr{J}$ 以正比于常数 a 的角速度而进动的 (参看 §1). 这个结果就是原子的 "矢量模型" 的基础, 而这个模型在原子物理学的发展中具有极其重要的历史意义. 在这篇材料中, 我们将要阐明, 知道了 J^2 和 J_z 的共同本征态, 怎样研究平均值 $\langle J_1 \rangle$ 和 $\langle J_2 \rangle$ 的演变, 并且我们将再次求得, 至少是部分地求得, 原子矢量模型的一些结果 (§2 和 §3). 此外, 这方面的研究使得我们可以在简单情况下精确地描述在磁偶极跃迁过程中被发射或被吸收的电磁波的极化. 最后 (§4), 我们再讨论一种情况: 两个角动量 J_1 和 J_2 之间没有永久性的耦合, 而只在碰撞持续的时间内才有耦合; 这方面的研究使得我们可以通过一个非常简单的例子来说明两体系间的相关性这一重要概念.

[1073]

1. 经典知识的复习

a. 运动方程

用 θ 表示经典角动量 $\mathscr{J}_1$ 和 $\mathscr{J}_2$ 之间的夹角 (图 10–7), 我们可将耦合能量写作:

$$\mathscr{W} = a\mathscr{J}_1 \cdot \mathscr{J}_2 = a\mathscr{J}_1\mathscr{J}_2\cos\theta \tag{3}$$

用 $\mathscr{H}_0$ 表示无耦合时总体系的能量 [例如, $\mathscr{H}_0$ 可以表示体系 (1) 和体系 (2) 的转动能之和], 我们假设:

$$\mathscr{W} \ll \mathscr{H}_0 \tag{4}$$

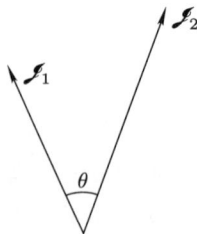

图 10–7　两个经典角动量 $\mathscr{J}_1$ 和 $\mathscr{J}_2$ 通过相互作用 $\mathscr{W} = a\mathscr{J}_1 \cdot \mathscr{J}_2 = a\mathscr{J}_1\mathscr{J}_2\cos\theta$ 耦合起来.

我们来计算作用于体系 (1) 上的力的矩 $\mathscr{M}_1$. 假设 u 是一个单位矢, $\mathrm{d}\mathscr{W}$ 是令体系围绕 u 旋转一个角度 $\mathrm{d}\alpha$ 时耦合能量的变化. 我们知道 (据虚功原理) 有:

$$\mathscr{M}_1 \cdot u = -\frac{\mathrm{d}\mathscr{W}}{\mathrm{d}\alpha} \tag{5}$$

由 (3) 式和 (5) 式, 经过简单计算就得到:

$$\mathscr{M}_1 = -a\mathscr{J}_1 \times \mathscr{J}_2 \tag{6-a}$$

$$\mathscr{M}_2 = -a\mathscr{J}_2 \times \mathscr{J}_1 \tag{6-b}$$

因而有:

$$\frac{\mathrm{d}\mathscr{J}_1}{\mathrm{d}t} = -a\mathscr{J}_1 \times \mathscr{J}_2 \tag{7-a}$$

$$\frac{\mathrm{d}\mathscr{J}_2}{\mathrm{d}t} = -a\mathscr{J}_2 \times \mathscr{J}_1 \tag{7-b}$$

b. $\mathscr{J}_1$ 和 $\mathscr{J}_2$ 的运动 [1074]

将 (7-a) 与 (7-b) 两式相加, 我们便得到:

$$\frac{\mathrm{d}}{\mathrm{d}t}(\mathscr{J}_1 + \mathscr{J}_2) = \mathbf{0} \tag{8}$$

此式明确表示总角动量 $\mathscr{J}_1 + \mathscr{J}_2$ 是一个运动常量. 此外, 从 (7-a) 式与 (7-b) 式很容易导出:

$$\mathscr{J}_1 \cdot \left(\frac{\mathrm{d}\mathscr{J}_1}{\mathrm{d}t}\right) = \mathscr{J}_2 \cdot \left(\frac{\mathrm{d}\mathscr{J}_2}{\mathrm{d}t}\right) = 0 \tag{9}$$

和

$$\mathscr{J}_1 \cdot \left(\frac{\mathrm{d}}{\mathrm{d}t}\mathscr{J}_2\right) + \left(\frac{\mathrm{d}}{\mathrm{d}t}\mathscr{J}_1\right) \cdot \mathscr{J}_2 = \frac{\mathrm{d}}{\mathrm{d}t}(\mathscr{J}_1 \cdot \mathscr{J}_2) = 0 \tag{10}$$

由此可见, $\mathscr{J}_1$ 与 $\mathscr{J}_2$ 之间的夹角 θ, 和 $\mathscr{J}_1$ 与 $\mathscr{J}_2$ 的模一样, 都不随时间变化. 最后, 有:

$$\frac{\mathrm{d}}{\mathrm{d}t}\mathscr{J}_1 = a\mathscr{J}_2 \times \mathscr{J}_1 = a(\mathscr{J} - \mathscr{J}_1) \times \mathscr{J}_1 = a\mathscr{J} \times \mathscr{J}_1 \tag{11}$$

由于 $\mathscr{J} = \mathscr{J}_1 + \mathscr{J}_2$ 是不变的, 上式表明 $\mathscr{J}_1$ 是围绕着 $\mathscr{J}$ 以角速度 $a|\mathscr{J}|$ 而进动的 (图10-8).

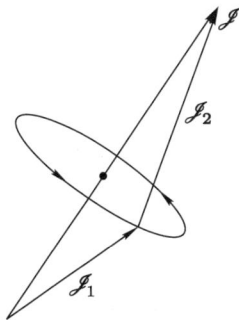

图 10-8　在耦合 $\mathscr{W} = a\mathscr{J}_1 \cdot \mathscr{J}_2$ 的影响下, 角动量 $\mathscr{J}_1$ 和 $\mathscr{J}_2$ 围绕着它们的和 $\mathscr{J}$ (一个运动常量) 而进动.

因此, 在耦合的影响下, $\mathscr{J}_1$ 和 $\mathscr{J}_2$ 围绕着它们的和 $\mathscr{J}$ 而进动, 角速度正比于 $|\mathscr{J}|$ 和耦合常数 a.

2. 量子力学的平均值 $\langle \boldsymbol{J}_1 \rangle$ 和 $\langle \boldsymbol{J}_2 \rangle$ 的运动方程

a. $\dfrac{\mathrm{d}}{\mathrm{d}t}\langle \boldsymbol{J}_1 \rangle$ 和 $\dfrac{\mathrm{d}}{\mathrm{d}t}\langle \boldsymbol{J}_2 \rangle$ 的计算

首先, 我们提醒一下, 设一个量子体系的哈密顿算符为 H, A 是该体系的一个观察算符, 则有 (参看第三章的 §D–1–d):

$$\frac{\mathrm{d}}{\mathrm{d}t}\langle A \rangle(t) = \frac{1}{\mathrm{i}\hbar}\langle [A, H] \rangle(t) \tag{12}$$

[1075]　　　　在目前情况下, 哈密顿算符 H 等于:

$$H = H_0 + W \tag{13}$$

这里的 H_0 是体系 (1) 和 (2) 的能量的总和, W 是 $\boldsymbol{J}_1$ 和 $\boldsymbol{J}_2$ 之间的耦合, 由 (2) 式给出. 没有这种耦合时, $\boldsymbol{J}_1$ 和 $\boldsymbol{J}_2$ 都是运动常量 (它们都与 H_0 对易); 因此, 有耦合时, 我们很简单地就得到:

$$\frac{\mathrm{d}}{\mathrm{d}t}\langle \boldsymbol{J}_1 \rangle = \frac{1}{\mathrm{i}\hbar}\langle [\boldsymbol{J}_1, W] \rangle = \frac{a}{\mathrm{i}\hbar}\langle [\boldsymbol{J}_1, \boldsymbol{J}_1 \cdot \boldsymbol{J}_2] \rangle \tag{14}$$

对于 $\dfrac{\mathrm{d}}{\mathrm{d}t}\langle \boldsymbol{J}_2 \rangle$ 也有类似的关系式. (14) 式中的对易子是不难算出的; 实际上, 我们有 (例如):

$$\begin{aligned}
[J_{1x}, \boldsymbol{J}_1 \cdot \boldsymbol{J}_2] &= [J_{1x}, J_{1y}J_{2y}] + [J_{1x}, J_{1z}J_{2z}] \\
&= \mathrm{i}\hbar J_{1z}J_{2y} - \mathrm{i}\hbar J_{1y}J_{2z} \\
&= -\mathrm{i}\hbar(\boldsymbol{J}_1 \times \boldsymbol{J}_2)_x
\end{aligned} \tag{15}$$

最后, 便得到:

$$\frac{\mathrm{d}}{\mathrm{d}t}\langle \boldsymbol{J}_1 \rangle = -a\langle \boldsymbol{J}_1 \times \boldsymbol{J}_2 \rangle \tag{16-a}$$

$$\frac{\mathrm{d}}{\mathrm{d}t}\langle \boldsymbol{J}_2 \rangle = -a\langle \boldsymbol{J}_2 \times \boldsymbol{J}_1 \rangle \tag{16-b}$$

b. 讨论

我们注意到 (7–a) 式与 (7–b) 式非常相似, 另一方面, (16–a) 式与 (16–b) 式也非常相似. 将 (16–a) 式和 (16–b) 式相加, 我们就可以看出 $\boldsymbol{J}$ 是一个运动常量, 这是因为:

$$\frac{\mathrm{d}}{\mathrm{d}t}\langle \boldsymbol{J}_1 \rangle + \frac{\mathrm{d}}{\mathrm{d}t}\langle \boldsymbol{J}_2 \rangle = \frac{\mathrm{d}}{\mathrm{d}t}\langle \boldsymbol{J} \rangle = \boldsymbol{0} \tag{17}$$

但是, 必须注意, 一般说来:

$$\langle \boldsymbol{J}_1 \times \boldsymbol{J}_2 \rangle \neq \langle \boldsymbol{J}_1 \rangle \times \langle \boldsymbol{J}_2 \rangle \tag{18}$$

因此, 平均值的运动不一定全同于经典运动. 为了具体地说明这一点, 下面我们将详细研究一个特例, 即 $\boldsymbol{J}_1$ 和 $\boldsymbol{J}_2$ 都是自旋 1/2 的情况, 以后将它们记作 $\boldsymbol{S}_1$ 和 $\boldsymbol{S}_2$.

3. 两个自旋 1/2 的特例

采用一个量子体系的哈密顿算符的本征态所构成的基, 我们就很容易计算该体系的演变. 因此, 我们先来确定两个自旋的体系的定态.

a. 两个自旋的体系的定态

[1076]

总自旋为:

$$\boldsymbol{S} = \boldsymbol{S}_1 + \boldsymbol{S}_2 \tag{19}$$

取此式两端的平方, 便有:

$$\boldsymbol{S}^2 = \boldsymbol{S}_1^2 + \boldsymbol{S}_2^2 + 2\boldsymbol{S}_1 \cdot \boldsymbol{S}_2 \tag{20}$$

利用这个关系式, 我们可将 W 写成下列形式:

$$W = a\boldsymbol{S}_1 \cdot \boldsymbol{S}_2 = \frac{a}{2}[\boldsymbol{S}^2 - \boldsymbol{S}_1^2 - \boldsymbol{S}_2^2] = \frac{a}{2}\left[\boldsymbol{S}^2 - \frac{3}{2}\hbar^2\right] \tag{21}$$

(态空间的所有矢量都是 $\boldsymbol{S}_1^2$ 算符和 $\boldsymbol{S}_2^2$ 算符的本征矢, 属于本征值 $3\hbar^2/4$).

没有耦合时, 体系的哈密顿算符 H_0 在 $\boldsymbol{S}^2$ 和 S_z 的本征态构成的基 $\{|S,M\rangle\}(S = 0$ 或 $1, -S \leqslant M \leqslant +S)$ 中, 是对角的; 在 S_{1z} 和 S_{2z} 的本征态构成的基 $\{|\varepsilon_1, \varepsilon_2\rangle\}(\varepsilon_1 = \pm, \varepsilon_2 = \pm)$ 中, 也是对角的. 不同的矢量 $|\varepsilon_1, \varepsilon_2\rangle$ 或 $|S,M\rangle$ 都是 H_0 的本征矢, 属于同一本征值; 我们将取这个值作为能量的零点.

考虑到耦合 W 的时候, 我们从公式 (21) 可以看出, 总哈密顿算符 $H = H_0 + W$ 在基 $\{|\varepsilon_1, \varepsilon_2\rangle\}$ 中不再是对角的. 但是, 我们可以写出:

$$(H_0 + W)|S,M\rangle = \frac{a\hbar^2}{2}\left[S(S + 1) - \frac{3}{2}\right]|S,M\rangle \tag{22}$$

由此可见, 两个自旋的体系的定态分裂为两个能级 (图 10–9); $S = 1$ 的能级是三重简并的, 能量值 $E_1 = a\hbar^2/4$; $S = 0$ 的能级是非简并的, 能量值 $E_0 = -3a\hbar^2/4$. 此两能级之间的间隔等于 $a\hbar^2$. 若令:

[1077]

$$a\hbar^2 = \hbar\Omega \tag{23}$$

则 $\Omega/2\pi$ 就是两个自旋的体系的唯一的非零玻尔频率.

b. $\langle \boldsymbol{S}_1 \rangle(t)$ 的计算

为了考察 $\langle \boldsymbol{S}_1 \rangle(t)$ 的运动, 我们首先应该在定态构成的基 $\{|S,M\rangle\}$ 中计算表示算符 S_{1x}, S_{1y} 和 S_{1z} (或更简单一些 S_{1z} 和 $S_{1+} = S_{1x} + \mathrm{i}S_{1y}$) 的矩阵. 第十章的 (B–22) 式和 (B–23) 式给出了将右矢 $|S,M\rangle$ 在基 $\{|\varepsilon_1, \varepsilon_2\rangle\}$ 中展开的

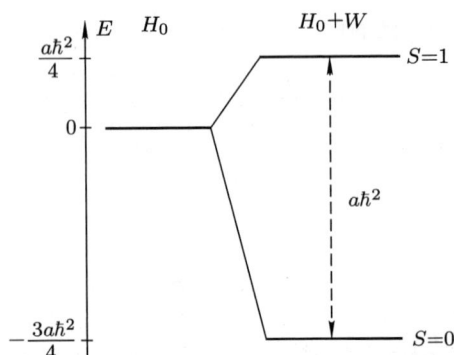

图 10-9 两个自旋 1/2 的体系的能级. 图的左边表示没有耦合时, 我们只得到一个四重简并的能级. 在耦合 $W = aS_1 \cdot S_2$ 的影响下, 出现了两个不同的能级: 一个是三重能级 ($S = 1$, 三重简并), 一个是单重能级 ($S = 0$, 非简并), 它们的能量间隔是 $a\hbar^2$.

表示式, 利用这些公式, 便很容易算出算符 S_{1z} 或 S_{1+} 作用于右矢 $|S, M\rangle$ 的结果; 这样, 可以得到:

$$
\begin{cases}
S_{1z}|1, 1\rangle \quad = \dfrac{\hbar}{2}|1, 1\rangle \\[2mm]
S_{1z}|1, 0\rangle \quad = \dfrac{\hbar}{2}|0, 0\rangle \\[2mm]
S_{1z}|1, -1\rangle = -\dfrac{\hbar}{2}|1, -1\rangle \\[2mm]
S_{1z}|0, 0\rangle \quad = \dfrac{\hbar}{2}|1, 0\rangle
\end{cases}
\tag{24}
$$

和

$$
\begin{cases}
S_{1+}|1, 1\rangle = 0 \\[2mm]
S_{1+}|1, 0\rangle = \dfrac{\hbar}{\sqrt{2}}|1, 1\rangle \\[2mm]
S_{1+}|1, -1\rangle = \dfrac{\hbar}{\sqrt{2}}(|1, 0\rangle + |0, 0\rangle) \\[2mm]
S_{1+}|0, 0\rangle = -\dfrac{\hbar}{\sqrt{2}}|1, 1\rangle
\end{cases}
\tag{25}
$$

从这些公式, 我们立即可以得到在四个态 $|S, M\rangle$ 按 $|1, 1\rangle, |1, 0\rangle, |1, -1\rangle, |0, 0\rangle$ 的顺序构成的基中表示 S_{1z} 和 S_{1+} 的矩阵:

$$
(S_{1z}) = \frac{\hbar}{2}
\begin{pmatrix}
1 & 0 & 0 & 0 \\
0 & 0 & 0 & 1 \\
0 & 0 & -1 & 0 \\
0 & 1 & 0 & 0
\end{pmatrix}
\tag{26}
$$

$$(S_{1+}) = \frac{\hbar}{\sqrt{2}} \begin{pmatrix} 0 & 1 & 0 & -1 \\ 0 & 0 & 1 & 0 \\ 0 & 0 & 0 & 0 \\ 0 & 0 & 1 & 0 \end{pmatrix} \tag{27}$$

附注:　[1078]

我们很容易证实, 矩阵 S_{1z} 和 S_{1+} 在 $S = 1$ 的子空间中的子块分别 (以相同的比例常数) 正比于在同一子空间中表示 S_z 和 S_+ 的矩阵. 从有关矢量算符的维格纳–埃克特定理 (参看补充材料 D_X) 就可以预见到这个结果.

假设 $t = 0$ 时, 体系的态为:

$$|\psi(0)\rangle = \alpha|0,0\rangle + \beta_{-1}|1,-1\rangle + \beta_0|1,0\rangle + \beta_1|1,1\rangle \tag{28}$$

我们可以由此导出 $|\psi(t)\rangle$ (除倍乘因子 $e^{3ia\hbar t/4}$ 以外):

$$|\psi(t)\rangle = \alpha|0,0\rangle + [\beta_{-1}|1,-1\rangle + \beta_0|1,0\rangle + \beta_1|1,1\rangle]e^{-i\Omega t} \tag{29}$$

于是从 (26) 式和 (27) 式很容易得到:

$$\begin{aligned} \langle S_{1z}\rangle(t) &= \langle\psi(t)|S_{1z}|\psi(t)\rangle \\ &= \frac{\hbar}{2}[|\beta_1|^2 - |\beta_{-1}|^2 + e^{i\Omega t}\alpha\beta_0^* + e^{-i\Omega t}\alpha^*\beta_0] \end{aligned} \tag{30}$$

$$\begin{aligned} \langle S_{1+}\rangle(t) &= \langle\psi(t)|S_{1+}|\psi(t)\rangle \\ &= \frac{\hbar}{\sqrt{2}}[\beta_1^*\beta_0 + \beta_0^*\beta_{-1} - e^{i\Omega t}\beta_1^*\alpha + e^{-i\Omega t}\alpha^*\beta_{-1}] \end{aligned} \tag{31}$$

$\langle S_{1x}\rangle(t)$ 和 $\langle S_{1y}\rangle(t)$ 可以通过 $\langle S_{1+}\rangle(t)$ 来表示:

$$\langle S_{1x}\rangle(t) = \mathrm{Re}\langle S_{1+}\rangle(t) \tag{32}$$

$$\langle S_{1y}\rangle(t) = \mathrm{Im}\langle S_{1+}\rangle(t) \tag{33}$$

通过类似的计算, 我们也可以得到 $\langle \boldsymbol{S}_2\rangle(t)$ 的三个分量.

c. 讨论. 磁偶极跃迁的极化

研究 $\langle \boldsymbol{S}_1\rangle(t)$ 的运动, 不但可以对比原子矢量模型和量子力学的预言, 而且可以具体说明由于 $\langle \boldsymbol{S}_1\rangle(t)$ 的运动而发射的电磁波的极化.

在 $\langle \boldsymbol{S}_1\rangle(t)$ 的演变中, 出现玻尔频率 $\Omega/2\pi$, 这是因为在态 $|0,0\rangle$ 和任何一个态 $|1,M\rangle(M = -1,0,+1)$ 之间存在着 S_{1x}, S_{1y} 或 S_{1z} 的非零矩阵元. 在 (28) 式或 (29) 式中, 我们将假设 α 不等于零, 三个系数 β_{-1}, β_0 或 β_1 中, 只有一个

不等于零. 于是, (在三种对应的情况中) 研究 $\langle S_1 \rangle(t)$ 的运动, 就可以具体说明和三种磁偶极跃迁

$$|0,0\rangle \longleftrightarrow |1,0\rangle, |0,0\rangle \longleftrightarrow |1,1\rangle \text{ 和 } |0,0\rangle \longleftrightarrow |1,-1\rangle$$

[1079]　　**相联系的辐射的极化.** 我们总可以取 α 为实数, 并令:

$$\beta_M = |\beta_M| e^{i\varphi_M} \quad (M = -1, 0, 1) \tag{34}$$

附注:

　　实际上, 电磁波是由与 S_1 和 S_2 相联系的磁矩 M_1 和 M_2 发射的 (因此叫做磁偶极跃迁); M_1 和 M_2 分别正比于 S_1 和 S_2. 严格说来, 我们应该研究 $\langle M_1 + M_2 \rangle(t)$ 的演变. 现在我们假设 $\langle M_1 \rangle \gg \langle M_2 \rangle$. 这种情况, 譬如, 可以在氢原子的基态中实现: 这个态的超精细结构就是由电子自旋和质子自旋之间的耦合所引起的 (参看第十二章的 §D); 但是, 电子的自旋磁矩比质子的大得多, 因此, 超精细跃迁频率的电磁波的发射和吸收基本上决定于电子自旋的运动. 再将 $\langle M_2 \rangle$ 考虑在内, 将使计算复杂化, 但对结论并无影响.

α. 跃迁 $|0,0\rangle \longleftrightarrow |1,0\rangle$ $(\beta_1 = \beta_{-1} = 0)$

　　我们若在公式 (30), (31), (32) 和 (33) 中取 $\beta_1 = \beta_{-1} = 0$, 便有:

$$\langle S_{1x} \rangle(t) = \langle S_{1y} \rangle(t) = 0$$
$$\langle S_{1z} \rangle(t) = \hbar\alpha|\beta_0| \cos(\Omega t - \varphi_0) \tag{35}$$

此外, 很容易证明:

$$\langle S_x \rangle(t) = \langle S_y \rangle(t) = \langle S_z \rangle(t) = 0 \tag{36}$$

因此, $\langle S_1 \rangle(t)$ 和 $\langle S_2 \rangle(t)$ 永远相反, 并以频率 $\Omega/2\pi$ 沿 Oz 轴振动 (图10–10).

　　由此可见, $\langle S_1 \rangle$ 所发射的电磁波具有沿 Oz 轴线性极化 ("π 极化") 的磁场.[①]

[1080]　　在这个例子中我们看到, $(\langle S_1 \rangle)^2$ 是随时间变化的, 因而并不等于 $\langle S_1^2 \rangle$ (这是常量 $3\hbar^2/4$). 这里的情况和前面 §1 中讨论过的经典情况相比有一个重要的差异: 前面的 $\mathscr{S}_1$ 在演变中是保持其长度不变的.

β. 跃迁 $|0,0\rangle \longleftrightarrow |1,1\rangle (\beta_0 = \beta_{-1} = 0)$

---

　　① 这里涉及的是磁偶极跃迁, 故我们感兴趣的只是被辐射的波中的磁矢量. 在电偶极跃迁的情况下 (参看补充材料 D_{VII} 的 §2–c), 我们感兴趣的就是被辐射的电场.

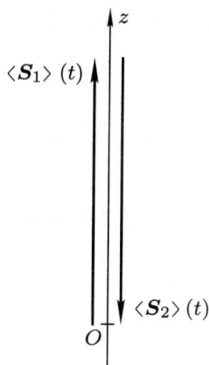

图 10–10 如果两个自旋的体系的态只是两个定态 $|0,0\rangle$ 与 $|1,0\rangle$ 的叠加, 则 $\langle \boldsymbol{S}_1 \rangle$ 与 $\langle \boldsymbol{S}_2 \rangle$ 永远相反并以频率 $\Omega/2\pi$ 沿 Oz 轴振动.

在这种情况下, 我们可以求得:

$$
\begin{cases}
\langle S_{1z} \rangle(t) = \dfrac{\hbar}{2}|\beta_1|^2 \\[2mm]
\langle S_{1x} \rangle(t) = -\dfrac{\hbar}{\sqrt{2}}\alpha|\beta_1|\cos(\Omega t - \varphi_1) \\[2mm]
\langle S_{1y} \rangle(t) = -\dfrac{\hbar}{\sqrt{2}}\alpha|\beta_1|\sin(\Omega t - \varphi_1)
\end{cases}
\tag{37}
$$

此外, 很容易证明:

$$
\begin{cases}
\langle S_z \rangle(t) = \hbar|\beta_1|^2 \\[2mm]
\langle S_x \rangle(t) = \langle S_y \rangle(t) = 0
\end{cases}
\tag{38}
$$

由此, 我们可以推知 (图10–11), $\langle \boldsymbol{S}_1 \rangle(t)$ 和 $\langle \boldsymbol{S}_2 \rangle(t)$ 在进动, 即围绕着平行于 Oz 轴的总和 $\langle \boldsymbol{S} \rangle$ 以角速度 Ω 沿右旋方向进动. 在这个情况下, $\langle \boldsymbol{S}_1 \rangle(t)$ 所发射的电磁波是右旋极化的 ("σ_+ 极化").

我们注意, 在这里得到的平均值 $\langle \boldsymbol{S}_1 \rangle$ 和 $\langle \boldsymbol{S}_2 \rangle$ 的运动就是经典的运动.

γ. 跃迁 $|0,0\rangle \longleftrightarrow |1,-1\rangle$ $(\beta_0 = \beta_1 = 0)$

现在的计算和前一段的非常相似, 并导致下述结果 (图10–12): $\langle \boldsymbol{S}_1 \rangle(t)$ 和 $\langle \boldsymbol{S}_2 \rangle(t)$ 恒以角速度 Ω 围绕着 Oz 轴沿左旋方向进动. 我们应该注意, $\langle S_z \rangle = -\hbar|\beta_{-1}|^2$ 现在是负的, 因此, $\langle \boldsymbol{S}_1 \rangle$ 和 $\langle \boldsymbol{S}_2 \rangle$ 对 Oz 轴而言的进动方向虽然和前一情况中的相反, 但对 $\langle \boldsymbol{S} \rangle$ 而言, 进动方向仍然相同. 现在 $\langle \boldsymbol{S}_1 \rangle$ 所发射的电磁波是左旋极化的 ("σ_- 极化"). [1081]

δ. 一般情况

在一般情况下 $(\alpha, \beta_{-1}, \beta_0$ 及 β_1 都是任意的), 我们从公式 (30), (31), (32) 和 (33) 可以看出, $\langle \boldsymbol{S}_1 \rangle(t)$ 在三个轴上的分量都含有一个静态部分和一个受到

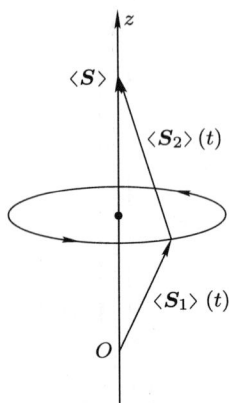

图 10–11 如果两个自旋的体系的态只是定态 $|0,0\rangle$ 和 $|1,1\rangle$ 的叠加, 则 $\langle \boldsymbol{S}_1 \rangle$ 和 $\langle \boldsymbol{S}_2 \rangle$ 以角速度 Ω 围绕着它们的总和 $\langle \boldsymbol{S} \rangle$ 沿正向进动.

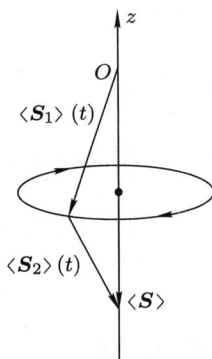

图 10–12 如果两个自旋的体系的态只是定态 $|0,0\rangle$ 和 $|1,-1\rangle$ 的叠加, 则 $\langle \boldsymbol{S}_1 \rangle$ 和 $\langle \boldsymbol{S}_2 \rangle$ 仍然以角速度 Ω 围绕着它们的总和 $\langle \boldsymbol{S} \rangle$ 沿正向进动; 不过现在 $\langle \boldsymbol{S} \rangle$ 的方向与 Oz 轴相反.

调制的部分, 调制频率为 $\Omega/2\pi$. 由于三个投影的运动都是同一频率的正弦型运动, 故 $\langle \boldsymbol{S}_1 \rangle(t)$ 的端点在空间描绘出一个椭圆. 总和

$$\langle \boldsymbol{S}_1 \rangle(t) + \langle \boldsymbol{S}_2 \rangle(t) = \langle \boldsymbol{S} \rangle$$

保持为一常量, 因此, $\langle \boldsymbol{S}_2 \rangle(t)$ 的端点也在椭圆上 (图 10–13).

[1082]   由此可见, 在一般情况下, 我们只能重新得到原子矢量模型的部分结果, 即耦合常数 a 越大, 则 $\langle \boldsymbol{S}_1 \rangle(t)$ 和 $\langle \boldsymbol{S}_2 \rangle(t)$ 围绕 $\langle \boldsymbol{S} \rangle$ 的进动也越快. 但是, 正如我们在上面的特例 α 中已经明显见到的那样, $|\langle \boldsymbol{S}_1 \rangle(t)|$ 并非常量, 而且一般说来, $\langle \boldsymbol{S}_1 \rangle(t)$ 的端点并不描绘出一个圆.

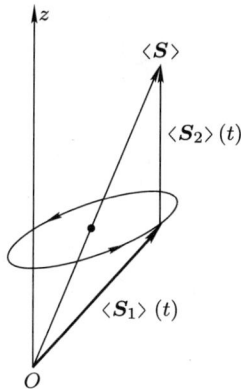

图 10–13　在一般情况下, 即在两个自旋的体系的态是四个定态 $|0,0\rangle, |1,1\rangle, |1,0\rangle$ 及 $|1,-1\rangle$ 的叠加的情况下, $\langle S_1 \rangle(t)$ 及 $\langle S_2 \rangle(t)$ 的运动. 总和 $\langle S \rangle$ 永远为常量, 但不一定在 Oz 轴的方向上, $\langle S_1 \rangle$ 和 $\langle S_2 \rangle$ 的长度不再是恒定的, 它们的端点描绘出一个椭圆.

4. 两个自旋 1/2 之间的碰撞的简单模型的研究

a. 对模型的描述

　　现在考虑自旋为 1/2 的两个粒子, 我们按经典方式处理它们的外部自由度, 而按量子力学的方式处理它们的自旋自由度. 假设它们的径迹都是直线 (图 10–14), 并设两个自旋 S_1 和 S_2 之间的相互作用的形式为 $W = aS_1 \cdot S_2$, 耦合常数 a 随着两粒子间距离 r 的增大而迅速减小.

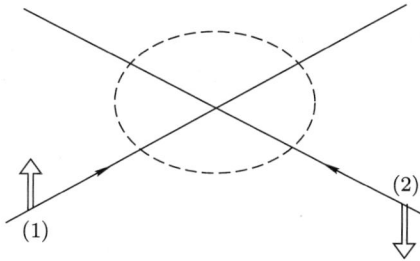

图 10–14　两个自旋为 1/2 的粒子 (1) 和 (2) 之间的碰撞, 它们的轨道变量可以按经典方式来处理; 每个粒子的自旋态形象地用双箭头来表示.

　　由于 r 是随时间而变的, 故 a 也是随时间而变的. a 随 t 变化的情况示于图 10–15; 曲线的极大值出现在两粒子间的距离为极小值的时刻. 为了简化分析过程, 我们将用图 10–16 的曲线代替图 10–15 的曲线.

　　我们所提的问题可以叙述如下: 在碰撞以前, 即在 $t = -\infty$ 时, 两粒子体系的自旋态为:　　　　　　　　　　　　　　　　　　　　　　　　　　　　[1083]

$$|\psi(-\infty)\rangle = |+, -\rangle \qquad (39)$$

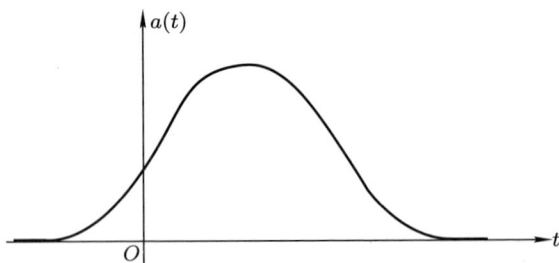

图 10-15　耦合常数 $a(t)$ 在碰撞过程中的变化情况.

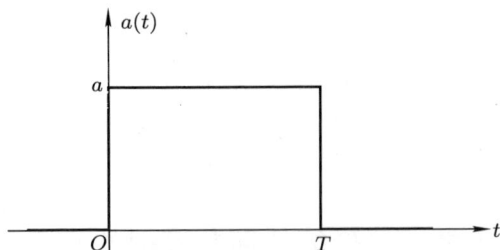

图 10-16　经过简化的曲线, 概略地表示耦合常数 $a(t)$ 在碰撞过程中的变化.

问碰撞以后体系的态 $|\psi(+\infty)\rangle$ 如何?

b. 碰撞后体系的态

由于 $t < 0$ 时, 哈密顿算符为零, 我们有:

$$\begin{aligned}|\psi(0)\rangle = |\psi(-\infty)\rangle &= |+, -\rangle \\ &= \frac{1}{\sqrt{2}}[|1, 0\rangle + |0, 0\rangle]\end{aligned} \tag{40}$$

我们可以将前一节中关于 $W = a\boldsymbol{S}_1 \cdot \boldsymbol{S}_2$ 的本征态和本征值的那些结果应用于 0 时刻和 T 时刻之间, 算出 $|\psi(T)\rangle$:

$$|\psi(T)\rangle = \frac{1}{\sqrt{2}}[|1, 0\rangle e^{-iE_1 T/\hbar} + |0, 0\rangle e^{-iE_0 T/\hbar}] \tag{41}$$

用物理上无关紧要的总相位因子 $e^{i(E_0 + E_1)T/2\hbar}$ 遍乘 (41) 式, 令 $E_1 - E_0 = \hbar\Omega$ [参看公式 (23)], 再回到基 $\{|\varepsilon_1, \varepsilon_2\rangle\}$ 中, 我们便得到:

$$|\psi(T)\rangle = \cos\frac{\Omega T}{2}|+, -\rangle - i\sin\frac{\Omega T}{2}|-, +\rangle \tag{42}$$

最后, 由于 $t > T$ 时, 哈密顿算符也等于零, 故有:

$$|\psi(+\infty)\rangle = |\psi(T)\rangle \tag{43}$$

附注:

　　我们也未尝不可以用图 10–15 所示的任意函数 $a(t)$ 来进行计算, 如果这样, 我们就应该在上面的公式中用 $\displaystyle\int_{-\infty}^{+\infty} a(t)\mathrm{d}t$ 去代替 $aT = \dfrac{\Omega T}{\hbar}$ (参看补充材料 $\mathrm{E_{XIII}}$ 的练习 2).

[1084]

c. 讨论. 两个自旋之间的碰撞所引入的相关性

　　如果下列条件

$$\frac{\Omega T}{2} = \frac{\pi}{2} + k\pi \quad \text{整数 } k \geqslant 0 \tag{44}$$

得以满足, 则从 (42) 式可以看出:

$$|\psi(+\infty)\rangle = |-, +\rangle \tag{45}$$

在这种情况下, 两个自旋的取向在碰撞过程中互相交换.

　　反之, 如果

$$\frac{\Omega T}{2} = k\pi \quad \text{整数 } k \geqslant 0 \tag{46}$$

那以, 可以求得:

$$|\psi(+\infty)\rangle = |+, -\rangle = |\psi(-\infty)\rangle \tag{47}$$

在这种情况下, 碰撞对自旋取向没有任何影响.

　　对于 T 的其他值, 我们有:

$$|\psi(+\infty)\rangle = \alpha|+, -\rangle + \beta|-, +\rangle \tag{48}$$

这里的 α 和 β 都不为零. 由于碰撞, 两个自旋的体系的态被变换为态 $|+, -\rangle$ 和态 $|-, +\rangle$ 的线性组合; 于是, $|\psi(+\infty)\rangle$ 不再是一个张量积了, 而 $|\psi(-\infty)\rangle$ 却是张量积; 这就是说, 两个自旋的相互作用在它们两者之间引入了相关性.

　　为了看出这一点, 我们来分析这样一个实验: 一个观察者 [观察者 (1)] 在碰撞以后去测量 S_{1z}. 根据给出 $|\psi(+\infty)\rangle$ 的公式 (48), 测得 $+\hbar/2$ 的概率是 $|\alpha|^2$, 测得 $-\hbar/2$ 的概率是 $|\beta|^2$ [根据 (42) 式, $|\alpha|^2 + |\beta|^2 = 1$]; 我们假设他测得的结果是 $-\hbar/2$. 紧接着这次测量之后, 根据波包收缩的假定, 总体系的态应是 $|-, +\rangle$. 在这个时刻, 如果另一个观察者 [观察者 (2)] 去测量 S_{2z}, 那么, 他一定得到 $+\hbar/2$. 同样, 不难证明, 如果观察者 (1) 得到的结果是 $+\hbar/2$, 那么观察者 (2) 随后一定得到 $-\hbar/2$. 由此可见, 在进行这两次测量的时刻, 即使两个粒子已相距十分遥远, 观察者 (1) 得到的结果, 对观察者 (2) 随后得到的结果都有重大的影响. 表面看来似乎反常的这个结果 (爱因斯坦– 博多尔斯基–罗申悖论) 反映了在两个自旋之间存在着强烈的相关性, 这种相关性是在碰撞过程中由两者的相互作用而引起的.

　　最后, 注意, 如果我们感兴趣的只是两个自旋中的某一个, 那么, 它在碰撞以后的态就不能由态矢量来描述, 这是因为, 根据公式 (48), $|\psi(+\infty)\rangle$ 并不是一个张量积. 实际上, 在这种情况下, 譬如自旋 (1) 就只能由一个密度算符来描述 (参看补充材料 E_{III})

设

$$\rho = |\psi(+\infty)\rangle\langle\psi(+\infty)| \tag{49}$$

[1085] 是两个自旋的总体系的密度算符. 根据补充材料 E_{III} (§5-b)的结果, 对于自旋 (2) 的变量取 ρ 的部分迹, 就可以得到自旋 (1) 的密度算符:

$$\rho(1) = \text{Tr}_2\rho \tag{50}$$

同样地, 可得:

$$\rho(2) = \text{Tr}_1\rho \tag{51}$$

利用 $|\psi(+\infty)\rangle$ 的表示式 (48), 不难算出在四个态按顺序 $\{|+,+\rangle, |+,-\rangle, |-,+\rangle, |-,-\rangle\}$ 构成的基中表示 ρ 的矩阵, 结果是:

$$\rho = \begin{pmatrix} 0 & 0 & 0 & 0 \\ 0 & |\alpha|^2 & \alpha\beta^* & 0 \\ 0 & \beta\alpha^* & |\beta|^2 & 0 \\ 0 & 0 & 0 & 0 \end{pmatrix} \tag{52}$$

利用 (50) 式和 (51) 式, 我们便得到:

$$\rho(1) = \begin{pmatrix} |\alpha|^2 & 0 \\ 0 & |\beta|^2 \end{pmatrix} \tag{53}$$

$$\rho(2) = \begin{pmatrix} |\beta|^2 & 0 \\ 0 & |\alpha|^2 \end{pmatrix} \tag{54}$$

利用 (53) 式和 (54) 式, 可以构成:

$$\rho' = \rho(1) \otimes \rho(2) \tag{55}$$

表示这个算符的矩阵为:

$$\rho' = \begin{pmatrix} |\alpha|^2|\beta|^2 & 0 & 0 & 0 \\ 0 & |\alpha|^4 & 0 & 0 \\ 0 & 0 & |\beta|^4 & 0 \\ 0 & 0 & 0 & |\alpha|^2|\beta|^2 \end{pmatrix} \tag{56}$$

由此可见, ρ' 不同于 ρ, 这就清楚地反映了两个自旋之间存在着相关性.

参考文献和阅读建议:

　　原子的矢量模型: Eisberg 和 Resnick (1.3), 第 8 章, §5; Cagnac 和 Pebay-Peyroula (11.2), 第 XVI 章, §§3B 和 XVII 章, §§3E 和 4C.

　　爱因斯坦–博多尔斯基–罗申悖论: 补充材料 D_{III} 的参考文献.

补充材料 Gₓ

练习

[1086]

1. 我们考虑一个氚原子 (由自旋 $I = 1$ 的核与一个电子构成). 电子的角动量为 $\boldsymbol{J} = \boldsymbol{L} + \boldsymbol{S}$, 这里的 $\boldsymbol{L}$ 是电子的轨道角动量, $\boldsymbol{S}$ 是它的自旋. 原子的总角动量是 $\boldsymbol{F} = \boldsymbol{J} + \boldsymbol{I}$, 其中 $\boldsymbol{I}$ 是核的自旋. 我们用 $J(J+1)\hbar^2$ 和 $F(F+1)\hbar^2$ 分别表示算符 $\boldsymbol{J}^2$ 和 $\boldsymbol{F}^2$ 的本征值.

a. 对于基态 $1s$ 中的氚原子, 量子数 J 与 F 的可能值如何?

b. 对于激发态 $2p$ 中的氚原子, 回答同一问题.

2. 氢原子核就是自旋 $I = 1/2$ 的质子.

a. 沿用上题中的符号, 对于 $2p$ 态的氢原子, 量子数 J 与 F 的可能值如何?

b. 假设 $\{|n, l, m\rangle\}$ 是在第七章的 §C 中研究过的氢原子的哈密顿算符 H_0 的定态.

再设将 $\boldsymbol{L}$ 和 $\boldsymbol{S}$ 相加以构成 $\boldsymbol{J}$ 时所得的基为 $\{|n, l, s, J, M_J\rangle\}$ ($M_J\hbar$ 是 J_z 的本征值); 将 $\boldsymbol{J}$ 和 $\boldsymbol{I}$ 相加以构成 $\boldsymbol{F}$ 时所得的基为 $\{|n, l, s, J, I, F, M_F\rangle\}$. ($M_F\hbar$ 是 F_z 的本征值).

电子的磁矩算符为:

$$\boldsymbol{M} = \mu_{\mathrm{B}}(\boldsymbol{L} + 2\boldsymbol{S})/\hbar$$

在 $2p$ 态中, 与 J 和 F 的固定值对应的 $2F+1$ 个矢量

$$|n = 2, l = 1, s = \frac{1}{2}, J, I = \frac{1}{2}, F, M_F\rangle$$

张成子空间 $\mathscr{E}(n = 2, l = 1, s = 1/2, J, I = 1/2, F)$; 在每一个这样的子空间 $\mathscr{E}$ 中, 根据投影定理 (参看补充材料 Dₓ 的 §2-c 和 §3), 我们可以写出:

$$\boldsymbol{M} = g_{JF}\mu_{\mathrm{B}}\boldsymbol{F}/\hbar$$

试计算对应于 $2p$ 态的朗德因子 g_{JF} 的诸可能值.

3. 设体系由两个自旋 1/2 的粒子所构成, 粒子的轨道变量可以不考虑. 体系的哈密顿算符为:

$$H = \omega_1 S_{1z} + \omega_2 S_{2z}$$

这里的 S_{1z} 和 S_{2z} 是两粒子的自旋 S_1 与 S_2 在 Oz 轴上的投影, ω_1 与 ω_2 为实常数.

[1087]　　　　a. 在 $t = 0$ 时, 体系的初态为:

$$|\psi(0)\rangle = \frac{1}{\sqrt{2}}[|+\ -\rangle + |-\ +\rangle]$$

(即第十章 §B 中的符号). 我们于时刻 t 测量 $S^2 = (S_1 + S_2)^2$. 问可能得到的结果如何? 它们出现的概率如何?

b. 如果体系的初态是任意的, 问在 $\langle S^2 \rangle$ 的演变中, 可能出现哪些玻尔频率? 对于 $S_x = S_{1x} + S_{2x}$, 试回答同样的问题.

4. 我们考虑自旋为 3/2 的一个粒子 (a), 它可以衰变为两个粒子: 自旋为 1/2 的粒子 (b) 和自旋为零的粒子 (c). 在我们所取的参考系中, 粒子 (a) 是静止的; 在衰变过程中, 总角动量是守恒的.

a. 最后的两个粒子的相对轨道角动量可能取哪些值? 如果相对的轨道态的宇称是确定的, 试证这样的可能值只有一个. 如果粒子 (a) 的自旋大于 3/2, 上面的结果是否还成立?

b. 假设粒子 (a) 最初的自旋态可以用 Oz 轴上的自旋分量的本征值 $m_a\hbar$ 来描述. 我们知道, 最后的轨道态具有确定的宇称. 如果知道了粒子 (b) 处于态 $|+\rangle$ 或处于态 $|-\rangle$ 的概率, 是否可以确定这个宇称 (可以利用补充材料 A_x 的 §2 中的普遍公式)?

5. 假设 $S = S_1 + S_2 + S_3$ 是自旋为 1/2 的三个粒子的总角动量 (它们的轨道变量可以不予考虑), $|\varepsilon_1, \varepsilon_2, \varepsilon_3\rangle$ 是算符 S_{1z}, S_{2z}, S_{3z} 的共同本征态, 分别属于本征值 $\varepsilon_1\hbar/2, \varepsilon_2\hbar/2, \varepsilon_3\hbar/2$. 试用右矢 $|\varepsilon_1, \varepsilon_2, \varepsilon_3\rangle$ 来表示以 S^2 和 S_z 的共同本征矢构成的一个基. 这两个算符是否构成一个 E.C.O.C. (先耦合三个自旋中的两个, 再将所得的部分角动量与第三个耦合)?

6. S_1 与 S_2 是自旋为 1/2 的两个粒子的内禀角动量, R_1 与 R_2 是它们的位置观察算符, m_1 与 m_2 是它们的质量 $\left(\mu = \dfrac{m_1 m_2}{m_1 + m_2}\right.$ 是约化质量$\left.\right)$. 我们假

设两粒子间的相互作用 W 具有下列形式:

$$W = U(R) + V(R)\frac{\boldsymbol{S}_1 \cdot \boldsymbol{S}_2}{\hbar^2}$$

其中 $U(R)$ 和 $V(R)$ 只依赖于两粒子间的距离 $R = |\boldsymbol{R}_1 - \boldsymbol{R}_2|$.

a. 两粒子的总自旋为 $\boldsymbol{S} = \boldsymbol{S}_1 + \boldsymbol{S}_2$ [1088]

α. 试证:

$$P_1 = \frac{3}{4} + \frac{\boldsymbol{S}_1 \cdot \boldsymbol{S}_2}{\hbar^2}$$
$$P_0 = \frac{1}{4} - \frac{\boldsymbol{S}_1 \cdot \boldsymbol{S}_2}{\hbar^2}$$

分别表示在总自旋态 $S = 1$ 和 $S = 0$ 上的投影算符.

β. $W_1(R)$ 和 $W_0(R)$ 是 R 的两个函数, 它们可以通过 $U(R)$ 和 $V(R)$ 来表示; 试从上题结果证明 $W = W_1(R)P_1 + W_0(R)P_0$

b. 试写出质心坐标系中 "相对粒子" 的哈密顿算符; 用 $\boldsymbol{P}$ 表示这个相对粒子的动量. 试证: H 可以和 $\boldsymbol{S}^2$ 对易并且与 S_z 无关. 据此证明: 我们可以分别研究 H 的对应于 $S = 1$ 和 $S = 0$ 的本征态.

试证: 我们可求得 H 的属于本征值 E 的下列本征态:

$$|\psi_E\rangle = \lambda_{00}|\varphi_E^0\rangle|S = 0, M = 0\rangle + \sum_{M=-1}^{+1} \lambda_{1M}|\varphi_E^1\rangle|S = 1, M\rangle$$

式中 λ_{00} 和 λ_{1M} 都是常数, $|\varphi_E^0\rangle$ 和 $|\varphi_E^1\rangle$ 是相对粒子的态空间 $\mathscr{E}_r$ 中的右矢 ($M\hbar$ 是 S_z 的本征值). 试写出 $|\varphi_E^0\rangle$ 和 $|\varphi_E^1\rangle$ 所满足的本征值方程.

c. 现在研究上述两粒子之间的碰撞. 设体系在质心坐标系中的能量为 $E = \hbar^2 k^2 / 2\mu$. 在下面, 我们假设碰撞以前一个粒子处于自旋态 $|+\rangle$; 另一个粒子处于自旋态 $|-\rangle$. 用 $|\psi_k^{\uparrow\downarrow}\rangle$ 表示对应的散射定态 (参看第八章的 §B). 试证:

$$|\psi_k^{\uparrow\downarrow}\rangle = \frac{1}{\sqrt{2}}|\varphi_k^0\rangle|S = 0, M = 0\rangle + \frac{1}{\sqrt{2}}|\varphi_k^1\rangle|S = 1, M = 0\rangle$$

其中 $|\varphi_k^0\rangle$ 和 $|\varphi_k^1\rangle$ 分别表示一个质量为 μ 的无自旋粒子受到势场 $W_0(R)$ 和 $W_1(R)$ 散射时的散射定态.

d. 设 $f_0(\theta)$ 和 $f_1(\theta)$ 是对应于 $|\varphi_k^0\rangle$ 和 $|\varphi_k^1\rangle$ 的散射振幅. 如果两个自旋同时反向 (即自旋态 $|+\rangle$ 变为自旋态 $|-\rangle$, 并反之), 试用 $f_0(\theta)$ 和 $f_1(\theta)$ 计算两粒子沿 θ 方向上的散射有效截面 $\sigma_b(\theta)$.

e. 设 δ_l^0 和 δ_l^1 是分别与 $W_0(R)$ 和 $W_1(R)$ 相联系的 l 分波的相移 (参看第八章的 §C–3). 试证: 两个自旋若同时反向, 则总散射有效截面 σ_b 为:

$$\sigma_b = \frac{\pi}{k^2} \sum_{l=0}^{\infty} (2l+1)\sin^2(\delta_l^1 - \delta_l^0)$$

[1089]

7. 我们称下列三个算符

$$\begin{cases} V_1^{(1)} = -\dfrac{1}{\sqrt{2}}(V_x + \mathrm{i}V_y) \\ V_0^{(1)} = V_z \\ V_{-1}^{(1)} = -\dfrac{1}{\sqrt{2}}(V_x - \mathrm{i}V_y) \end{cases}$$

为矢量算符 $\boldsymbol{V}$ 的标准分量. 利用两个矢量算符 $\boldsymbol{V}$ 和 $\boldsymbol{W}$ 的标准分量 $V_p^{(1)}$ 和 $W_q^{(1)}$ 构成下列算符:

$$[V^{(1)} \otimes W^{(1)}]_M^{(K)} = \sum_p \sum_q \langle 1, 1; p, q | K, M \rangle V_p^{(1)} W_q^{(1)}$$

其中 $\langle 1, 1; p, q | K, M \rangle$ 是在两个角动量 1 耦合时出现的克莱布希–高登系数 (这些系数可以得自补充材料 $\mathrm{A_x}$ 的 §1 中的结果).

　　a. 试证: $[V^{(1)} \otimes W^{(1)}]_0^{(0)}$ 正比于两个矢量算符的标积 $\boldsymbol{V} \cdot \boldsymbol{W}$.

　　b. 试证: 三个算符 $[V^{(1)} \otimes W^{(1)}]_M^{(1)}$ 正比于矢量算符 $\boldsymbol{V} \times \boldsymbol{W}$ 的三个标准分量.

　　c. 试将五个分量 $[V^{(1)} \otimes W^{(1)}]_M^{(2)}$ 通过 $V_z, V_\pm = V_x \pm \mathrm{i}V_y, W_z, W_\pm = W_x \pm \mathrm{i}W_y$ 表示出来.

　　d. 现在取 $\boldsymbol{V} = \boldsymbol{W} = \boldsymbol{R}$, 这里 $\boldsymbol{R}$ 是粒子的位置观察算符. 试证: 五个算符 $[R^{(1)} \otimes R^{(1)}]_M^{(2)}$ 正比于粒子的电四极矩算符的五个分量 Q_2^M [参看补充材料 $\mathrm{E_x}$ 的公式 (29)].

　　e. 现在取 $\boldsymbol{V} = \boldsymbol{W} = \boldsymbol{L}$, 这里的 $\boldsymbol{L}$ 是粒子的轨道角动量. 试将五个算符 $[L^{(1)} \otimes L^{(1)}]_M^{(2)}$ 通过 L_z, L_+, L_- 表示出来. 这五个算符在由 $\boldsymbol{L}^2$ 和 L_z 的共同本征矢构成的标准基 $\{|k, l, m\rangle\}$ 中所应满足的选择定则是什么 (换言之, 在什么条件下, 矩阵元

$$\langle k, l, m | [L^{(1)} \otimes L^{(1)}]_M^{(2)} | k', l', m' \rangle$$

不等于零)?

8. 不可约张量算符; 维格纳–埃克特定理

　　如果 $2K + 1$ 个算符 $T_Q^{(K)}$ (整数 $K \geqslant 0$ 而 $Q = -K, -K+1, \cdots, +K$) 与待研究的物理体系的总角动量 $\boldsymbol{J}$ 满足下列对易关系式:

[1090]

$$[J_z, T_Q^{(K)}] = \hbar Q T_Q^{(K)} \tag{1}$$

$$[J_+, T_Q^{(K)}] = \hbar \sqrt{K(K+1) - Q(Q+1)}\, T_{Q+1}^{(K)} \tag{2}$$

$$[J_-, T_Q^{(K)}] = \hbar \sqrt{K(K+1) - Q(Q-1)}\, T_{Q-1}^{(K)} \tag{3}$$

那么, 我们就称这些算符是 K 阶不可约张量算符的 $2K+1$ 个分量.

a. 试证: 一个标量算符就是阶数 $K=0$ 的不可约张量算符, 而一个矢量算符的三个标准分量 (参看练习 7) 就是阶数 $K=1$ 的不可约张量算符的分量.

b. 设 $\{|k,J,M\rangle\}$ 是由 $\boldsymbol{J}^2$ 和 J_z 的共同本征矢构成的一个标准基. 注意到 (1) 式的两端在 $|k,J,M\rangle$ 与 $|k',J',M'\rangle$ 之间具有相同的矩阵元, 试证: 若 M 不等于 $Q+M'$, 则 $\langle k,J,M|T_Q^{(K)}|k',J',M'\rangle$ 等于零.

c. 同样地考虑到 (2) 式和 (3) 式, 试证: 与 k,J,K,k',J' 的固定值对应的 $(2J+1)(2K+1)(2J'+1)$ 个矩阵元 $\langle k,J,M|T_Q^{(K)}|k',J',M'\rangle$ 满足这样一些递推关系式, 它们就是与 J,K,J' 的固定值对应的 $(2J+1)(2K+1)(2J'+1)$ 个克莱布希-高登系数 $\langle J',K;M',Q|J,M\rangle$ 所满足的那些递推关系式 (参看补充材料 B_X 的 §1-c 与 §2).

d. 从上面的结果导出:

$$\langle k,J,M|T_Q^{(K)}|k',J',M'\rangle = \alpha\langle J',K;M',Q|J,M\rangle \tag{4}$$

其中 α 是一个常量, 只依赖于 k,J,K,k',J'; 通常将它写作

$$\alpha = \frac{1}{\sqrt{2J+1}}\langle k,J\|T^{(K)}\|k',J'\rangle$$

e. 试证相反的命题: 对于任意 $|k,J,M\rangle$ 和 $|k',J',M'\rangle$, 如果 $(2K+1)$ 个算符 $T_Q^{(K)}$ 满足 (4) 式, 那么, 它们必须满足 (1), (2) 及 (3) 式, 这就是说, 它们构成一个 K 阶不可约张量算符的 $(2K+1)$ 个分量.

f. 试证: 对于一个无自旋粒子, 在补充材料 E_X 中引入的电多极矩算符 Q_l^m 就是该粒子的态空间 $\mathscr{E}_r$ 中的 l 阶不可约张量算符. 试进一步证明, 将自旋自由度考虑在内, 算符 Q_l^m 就是态空间 $\mathscr{E}_r \otimes \mathscr{E}_s$ ($\mathscr{E}_s$ 为自旋态空间) 中的不可约张量算符.

g. 在耦合粒子的轨道角动量 $\boldsymbol{L}$ 与自旋 $\boldsymbol{S}$ 以获得总角动量 $\boldsymbol{J} = \boldsymbol{L} + \boldsymbol{S}$ 时 $[l(l+1)\hbar^2, J(J+1)\hbar^2, M_J\hbar$ 分别为算符 $\boldsymbol{L}^2, \boldsymbol{J}^2, J_z$ 的本征值$]$, 可以得到一个标准基 $\{|k,l,J,M_J\rangle\}$; 试从上面的结果导出在这个基中 Q_l^m 所满足的选择定则.

9. 设 $A_{Q_1}^{(K_1)}$ 是在态空间 $\mathscr{E}_1$ 中起作用的 K_1 阶不可约张量算符 [参看练习 8], $B_{Q_2}^{(K_2)}$ 是在态空间 $\mathscr{E}_2$ 中起作用的 K_2 阶不可约张量算符. 利用 $A_{Q_1}^{(K_1)}$ 和 $B_{Q_2}^{(K_2)}$ 可以构成下列算符:

$$C_Q^{(K)} = [A^{(K_1)} \otimes B^{(K_2)}]_Q^{(K)} = \sum_{Q_1 Q_2} \langle K_1,K_2;Q_1,Q_2|K,Q\rangle A_{Q_1}^{(K_1)} B_{Q_2}^{(K_2)}$$

[1091]　　　　a. 利用克莱布希–高登系数的递推关系式 (参看补充材料 B_x), 试证: $C_Q^{(K)}$ 和体系的总角动量 $\boldsymbol{J} = \boldsymbol{J}_1 + \boldsymbol{J}_2$ 满足练习 8 中的对易关系式 (1), (2) 和 (3); 从这个结果证明: $C_Q^{(K)}$ 就是一个 K 阶不可约张量算符的诸分量.

　　　　b. 证明: 算符 $\sum\limits_{Q}(-1)^Q A_Q^{(K)} B_{-Q}^{(K)}$ 是一个标量算符 (可以利用补充材料 B_x 的 §3–d 中的结果).

10. 三个角动量的耦合

　　设 $\mathscr{E}(1), \mathscr{E}(2), \mathscr{E}(3)$ 是角动量为 $\boldsymbol{J}_1, \boldsymbol{J}_2, \boldsymbol{J}_3$ 的三个体系 (1), (2), (3) 的态空间. 我们将总角动量记作 $\boldsymbol{J} = \boldsymbol{J}_1 + \boldsymbol{J}_2 + \boldsymbol{J}_3$. 设 $\{|k_a, j_a, m_a\rangle\}, \{|k_b, j_b, m_b\rangle\}, \{|k_c, j_c, m_c\rangle\}$ 分别为 $\mathscr{E}(1), \mathscr{E}(2), \mathscr{E}(3)$ 中的标准基. 为了简化符号, 我们将像第十章中那样, 略去指标 k_a, k_b, k_c.

　　我们感兴趣的是在下列右矢

$$\{|j_a m_a\rangle |j_b m_b\rangle |j_c m_c\rangle\}$$
$$-j_a \leqslant m_a \leqslant j_a, \ -j_b \leqslant m_b \leqslant j_b, \ -j_c \leqslant m_c \leqslant j_c \tag{1}$$

所张成的子空间 $\mathscr{E}(j_a, j_b, j_c)$ 中总角动量的本征态和本征值. 我们要耦合 j_a, j_b, j_c, 以便构成算符 $\boldsymbol{J}^2$ 和 J_z 的以量子数 j_f 和 m_f 为标志的本征态. 我们用

$$|j_a, (j_b j_c) j_e; j_f m_f\rangle \tag{2}$$

表示一个归一化的本征态, 它是这样求得的: 首先耦合 j_b 与 j_c, 构成角动量 j_e, 然后耦合 j_a 与 j_e, 构成态 $|j_f m_f\rangle$. 我们也可以先耦合 j_a 与 j_b, 构成 j_g, 然后耦合 j_g 与 j_c, 构成已归一化的态 $|j_f m_f\rangle$, 我们可将这个态记作:

$$|(j_a j_b) j_g, j_c; j_f m_f\rangle \tag{3}$$

　　　　a. 试证: 与 j_e, j_f, m_f 的各可能值对应的诸右矢 (2) 的集合构成空间 $\mathscr{E}(j_a, j_b, j_c)$ 中的一个正交归一基. 再考虑与 j_g, j_f, m_f 的各可能值对应的诸右矢 (3) 的集合, 试证明同样的结论.

　　　　b. 利用算符 $J_\pm$ 证明: 标量积 $\langle(j_a j_b) j_g, j_c; j_f m_f | j_a, (j_b j_c) j_e; j_f m_f\rangle$ 与 m_f 无关. 我们可将这样的标量积记作 $\langle(j_a j_b) j_g, j_c; j_f | j_a, (j_b j_c) j_e; j_f\rangle$

　　　　c. 试证:

$$|j_a, (j_b j_c) j_e; j_f m_f\rangle = \sum_{j_g} \langle(j_a j_b) j_g, j_c; j_f | j_a, (j_b j_c) j_e; j_f\rangle |(j_a j_b) j_g, j_c; j_f m_f\rangle \tag{4}$$

d. 利用克莱布希–高登系数, 写出矢量 (3) 在基(1) 中的展开式, 从而导出:

[1092]

$$\sum_{m_e} \langle j_b, j_c; m_b, m_c | j_e, m_e \rangle \langle j_a, j_e; m_a, m_e | j_f, m_f \rangle$$
$$= \sum_{j_g m_g} \langle j_a, j_b; m_a, m_b | j_g, m_g \rangle \langle j_g, j_c; m_g, m_c | j_f, m_f \rangle$$
$$\times \langle (j_a j_b) j_g, j_c; j_f | j_a, (j_b j_c) j_e; j_f \rangle \tag{5}$$

e. 利用克莱布希–高登系数的正交关系式证明下式:

$$\sum_{m_a m_b m_e} \langle j_b, j_c; m_b, m_c | j_e, m_e \rangle \langle j_a, j_e; m_a, m_e | j_f, m_f \rangle \langle j_d, m_d | j_a, j_b; m_a, m_b \rangle$$
$$= \langle j_d, j_c; m_d, m_c | j_f, m_f \rangle \langle (j_a j_b) j_d, j_c; j_f | j_a, (j_b j_c) j_e; j_f \rangle \tag{6}$$

以及

$$\langle (j_a j_b) j_d, j_c; j_f | j_a, (j_b j_c) j_e; j_f \rangle = \frac{1}{2j_f + 1} \sum_{m_a m_b m_c m_d m_e m_f} \langle j_b, j_c; m_b, m_c | j_e, m_e \rangle$$
$$\times \langle j_a, j_e; m_a, m_e | j_f, m_f \rangle \langle j_d, m_d | j_a, j_b; m_a, m_b \rangle \langle j_f, m_f | j_d, j_c; m_d, m_c \rangle \tag{7}$$

练习 8 和 9:

参考文献: 见补充材料 D_X 的参考文献.

练习 10:

参考文献: Edmonds (2.21), 第 6 章; Messiah (1.17), XIII, §29 和附录 C; Rose (2.19), 附录 I.

第十一章 [1093]
定态微扰理论

[1094]
第十一章提纲

§A. 方法概述　　　　　　　　　1. 问题的梗概
　　　　　　　　　　　　　　　　2. $H(\lambda)$ 的本征值方程的近似解法

§B. 非简并能级的微扰　　　　　1. 一级修正
　　　　　　　　　　　　　　　　　a. 能量的修正
　　　　　　　　　　　　　　　　　b. 本征矢的修正
　　　　　　　　　　　　　　　　2. 二级修正
　　　　　　　　　　　　　　　　　a. 能量的修正
　　　　　　　　　　　　　　　　　b. 本征矢的修正
　　　　　　　　　　　　　　　　　c. ε_2 的上限

§C. 简并能级的微扰

在量子力学中研究保守的物理体系 (即哈密顿算符不明显地依赖于时间 [1095]
的体系) 是以哈密顿算符的本征值方程为基础的. 在前面几章中, 我们已经遇
到过物理体系的两个重要例子 (谐振子和氢原子), 它们的哈密顿算符非常简
单, 故该算符的本征值方程可以准确解出. 但是, 只在极少数问题中才会出现
这种情况. 在一般情况下, 方程式过于复杂, 以致无法求得其解析形式的解.[1]
例如, 多电子原子, 即使是氦原子, 我们都不能严格处理. 此外, 我们在第七章
(§C) 中建立的氢原子理论只考虑了质子和电子之间的静电相互作用, 如果在
这个主要的相互作用之外, 再加上来源于相对论的校正 (如磁力), 那么, 即使
就氢原子得到的方程也不能用解析方法求解了. 于是, 我们只好求助于数值
解法, 这通常要使用电子计算机. 但是, 有一些近似方法, 在某些情况下, 用这些
方法可以解析地求得基本的本征值方程的近似解. 本章介绍这些方法中的一
种, 我们称之为 "定态微扰理论"[2] (往后, 在第十三章中, 我们再介绍 "含时微
扰理论"; 在那里将处理这样一类体系, 它们的哈密顿算符中有明显地依赖于
时间的项).

定态微扰理论在量子物理中的应用极其广泛, 这是因为这种方法与物理
学家们惯用的步骤十分吻合: 在对一个现象或一个给定的物理体系的研究工
作中, 我们首先要突出主要的效应, 也就是决定该现象或该体系的全貌的那些
效应; 理解了这些问题之后, 再考虑在一级近似中忽略了的次要效应, 并尝试
着去解释更 "精细的" 细节; 正是在处理这些次要效应时, 我们需经常应用微
扰理论. 在第十二章中, 例如, 我们将会看到微扰理论在原子物理学中的重要
意义: 应用这种理论我们可以计算氢原子的相对论校正. 专门讨论氢原子的补
充材料 B$_{XIV}$ 将阐述如何应用微扰理论去处理多电子原子. 在本章和以后各章
的补充材料中还有很多应用微扰理论的其他例子.

最后, 我们还要提到一种很有用的近似方法, 即变分法, 这将在补充材料 [1096]
E$_{XI}$ 中介绍. 我们还将介绍这种方法在固体物理 (补充材料 F$_{XI}$) 和分子物理
(补充材料 G$_{XI}$) 中的应用的概况.

§A. 方法概述

1. 问题的梗概

微扰理论可应用于下述情况, 即待研究的体系的哈密顿算符 H 可以写成

---

[1] 当然, 这种情况并不是量子力学所特有的; 在物理学的各个领域中, 我们能用解
析方法完全求解的问题为数极少.

[2] 经典力学中也有微扰理论, 它的原理和我们下面要介绍的非常相似.

下列形式:

$$H = H_0 + W \tag{A-1}$$

其中 H_0 的本征态和本征值都是已知的, 而 W 则小于 H_0. 与时间无关的算符 H_0 叫做 "未微扰哈密顿算符", W 叫做 "微扰". 如果 W 与时间无关, 则说我们处理的是 "定态微扰", 这就是我们在本章中要考察的情况 (含时微扰的情况将在第十三章中研究). 因此, 现在的问题是: 增添了微扰 W 之后, 试求出体系的能级和定态所受到的修正.

我们说 W 小于 H_0, 其含意是说 W 的矩阵元小于 H_0 的矩阵元[①]. 为了表明这一点, 下面假设 W 正比于一个实参数 λ, 它没有量纲, 而且甚小于 1:

$$W = \lambda \hat{W}$$
$$\lambda \ll 1 \tag{A-2}$$

($\hat{W}$ 是一个算符, 它的矩阵元可以和 H_0 的矩阵元相比拟). 微扰理论的要点在于将 H 的本征值和本征态按 λ 的幂次展开并且只保留此展开式中的有限多项 (通常只是一项或两项).

我们假设未微扰哈密顿算符 H_0 的本征态和本征值都是已知的. 我们还要假设未微扰能量构成离散谱, 因而可以用整指标 p 来标记它们: E_p^0. 对应的本征态记作 $|\varphi_p^i\rangle$, 附加指标 i, 在本征值 E_p^0 有简并的情况下, 可以用来区别在相关的本征子空间中一个正交归一基中的诸矢量. 因此, 我们有:

$$H_0|\varphi_p^i\rangle = E_p^0|\varphi_p^i\rangle \tag{A-3}$$

[1097]　　其中矢量 $|\varphi_p^i\rangle$ 的集合构成态空间的一个正交归一基, 即有:

$$\langle\varphi_p^i|\varphi_{p'}^{i'}\rangle = \delta_{pp'}\delta_{ii'} \tag{A-4-a}$$

$$\sum_p \sum_i |\varphi_p^i\rangle\langle\varphi_p^i| = 1 \tag{A-4-b}$$

若将 (A-2) 式代入 (A-1) 式, 我们便可认为体系的哈密顿算符连续地依赖于描述微扰强度的参数 λ:

$$H(\lambda) = H_0 + \lambda\hat{W} \tag{A-5}$$

当 $\lambda = 0$ 时, $H(\lambda)$ 便与未微扰哈密顿算符 H_0 一致. 算符 $H(\lambda)$ 的本征值 $E(\lambda)$ 一般依赖于 λ, 它们随 λ 变化的可能情况示于图 11-1.

_____

① 更精确地说, 重要的是: W 的矩阵元应小于 H_0 的诸本征值之差 (参看 §B-1-b 的注).

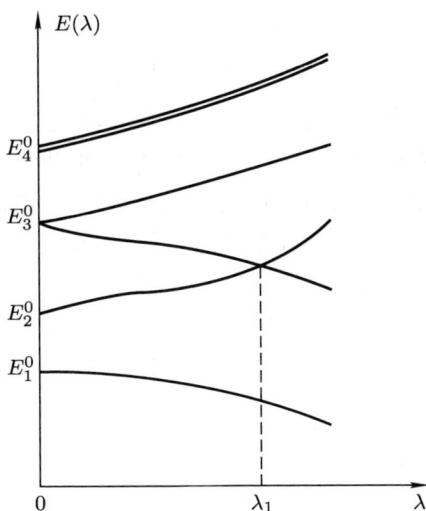

图 11–1 哈密顿算符 $H(\lambda) = H_0 + \lambda \hat{W}$ 的本征值 $E(\lambda)$ 随 λ 变化的情况. 每一条曲线对应于 $H(\lambda)$ 的一个本征态. 若 $\lambda = 0$, 便得到 H_0 的谱. 在图中我们假设本征值 E_3^0 和 E_4^0 是二重简并的; 微扰 $\lambda \hat{W}$ 消除了 E_3^0 的简并, 但未消除 E_4^0 的简并. 在 $\lambda = \lambda_1$ 时, 出现二重的附加简并.

在图 11–1 中的每一条曲线都联系着 $H(\lambda)$ 的一个本征矢. 对于 λ 的一个给定值, 这些矢量构成态空间的一个基 [$H(\lambda)$ 是一个观察算符]. 若 λ 甚小于 1, 则 $H(\lambda)$ 的本征值 $E(\lambda)$ 和本征矢 $|\psi(\lambda)\rangle$ 就非常靠近 (而在 $\lambda \to 0$ 时则无限逼近) $H_0 = H(\lambda = 0)$ 的本征值和本征矢.

当然, $H(\lambda)$ 也可能有一个或多个简并本征值. 例如, 在图 11–1 中, 一条双线, 不论 λ 之值如何, 便表示对应于一个二维本征子空间的二重简并的能量 (即在 $\lambda \to 0$ 时以 E_4^0 为极限的能量). 几个不同的本征值 $E(\lambda)$ 在 $\lambda \to 0$ 时[①] 也可能趋向同一个未微扰能量 E_p^0 (图中的 E_3^0 便属于这种情况), 这时我们说微扰的影响就是消除了 H_0 的对应本征值的简并.

在下一段中, 我们将在 $\lambda \ll 1$ 的条件下近似地求解 $H(\lambda)$ 的本征值方程 [1098] [当然, 这里假设我们不能严格地求解这个方程, 不然的话, 就没有必要借助微扰理论去找 $H = H(\lambda)$ 的本征态和本征值了].

2. $H(\lambda)$ 的本征值方程的近似解法

现在我们来求厄米算符 $H(\lambda)$ 的本征态 $|\psi(\lambda)\rangle$ 的本征值 $E(\lambda)$:

$$H(\lambda)|\psi(\lambda)\rangle = E(\lambda)|\psi(\lambda)\rangle \tag{A-6}$$

---

① 这并不排除对于 λ 的某些非零特殊值还会出现附加的简并 (图 11–1 中在 $\lambda = \lambda_1$ 处的交叉). 这里我们假设 λ 的值充分小, 以致这种可能性并未出现.

我们承认[①] $E(\lambda)$ 和 $|\psi(\lambda)\rangle$ 都可以按 λ 的幂次展开成下列形式:

$$E(\lambda) = \varepsilon_0 + \lambda\varepsilon_1 + \cdots + \lambda^q\varepsilon_q + \cdots \tag{A--7-a}$$

$$|\psi(\lambda)\rangle = |0\rangle + \lambda|1\rangle + \cdots + \lambda^q|q\rangle + \cdots \tag{A--7-b}$$

将这些展开式以及 $H(\lambda)$ 的定义 (A--5) 代入方程 (A--6):

$$(H_0 + \lambda\hat{W})\left[\sum_{q=0}^{\infty}\lambda^q|q\rangle\right] = \left[\sum_{q'=0}^{\infty}\lambda^{q'}\varepsilon_{q'}\right]\left[\sum_{q=0}^{\infty}\lambda^q|q\rangle\right] \tag{A--8}$$

我们假设这个方程可以为数值虽小但都可任意的 λ 所满足. 现在, 令上式两端各同幂项的系数相等, 便得到:

— 对于 λ 的零次幂

$$H_0|0\rangle = \varepsilon_0|0\rangle \tag{A--9}$$

— 对于 λ 的一次幂

$$(H_0 - \varepsilon_0)|1\rangle + (\hat{W} - \varepsilon_1)|0\rangle = 0 \tag{A--10}$$

— 对于 λ 的二次幂

$$(H_0 - \varepsilon_0)|2\rangle + (\hat{W} - \varepsilon_1)|1\rangle - \varepsilon_2|0\rangle = 0 \tag{A--11}$$

— 对于 λ 的 q 次幂

$$(H_0 - \varepsilon_0)|q\rangle + (\hat{W} - \varepsilon_1)|q-1\rangle - \varepsilon_2|q-2\rangle \cdots - \varepsilon_q|0\rangle = 0 \tag{A--12}$$

[1099]　　下面, 我们只研究前三个方程式, 这就是说, 在展开式 (A--7) 中, 我们略去了 λ 的幂次高于 2 的那些项.

　　我们知道, 本征值方程 (A--6) 只能将 $|\psi(\lambda)\rangle$ 确定到差一个相位因子. 因此, 我们可以选择 $|\psi(\lambda)\rangle$ 的模和它的相位: 我们规定 $|\psi(\lambda)\rangle$ 是归一化的并如此选择其相位, 使标量积 $\langle 0|\psi(\lambda)\rangle$ 为实数. 在零级情况下, 这就是说, 记作 $|0\rangle$ 的这个矢量是归一化的:

$$\langle 0|0\rangle = 1 \tag{A--13}$$

但它的相位仍然是任意的; 在 §B 和 §C 中, 我们将会看到, 在各种特殊情况下, 应如何进行选择. 在一级情况下, 可将 $|\psi(\lambda)\rangle$ 的模方写作:

$$\begin{aligned}\langle\psi(\lambda)|\psi(\lambda)\rangle &= [\langle 0| + \lambda\langle 1|][|0\rangle + \lambda|1\rangle] + O(\lambda^2)\\ &= \langle 0|0\rangle + \lambda[\langle 1|0\rangle + \langle 0|1\rangle] + O(\lambda^2)\end{aligned} \tag{A--14}$$

[①] 从数学的观点看来, 这是不清楚的, 主要问题在于级数 (A--7) 的收敛性.

注意到 (A–13) 式, 如果含 λ 的项等于零, 则这个表示式直到第一级应等于 1; 但相位的选择要求标量积 $\langle 0|1 \rangle$ 为实数 (因为 λ 是实数), 于是我们得到:

$$\langle 0|1 \rangle = \langle 1|0 \rangle = 0 \tag{A–15}$$

对于 λ 的二次项, 同样的分析给出:

$$\langle 0|2 \rangle = \langle 2|0 \rangle = -\frac{1}{2}\langle 1|1 \rangle \tag{A–16}$$

对于 λ 的 q 次项, 则有

$$\begin{aligned}
\langle 0|q \rangle &= \langle q|0 \rangle \\
&= -\frac{1}{2}[\langle q-1|1 \rangle + \langle q-2|2 \rangle + \cdots \\
&\quad + \langle 2|q-2 \rangle + \langle 1|q-1 \rangle]
\end{aligned} \tag{A–17}$$

如果我们只保留到 λ 的二次项, 则微扰方程就是 (A–9), (A–10) 和 (A–11) 式; 考虑到我们已经提出的惯例, 还应给这些方程附以条件 (A–13), (A–15) 及 (A–16).

方程 (A–9) 表明, $|0\rangle$ 是 H_0 的本征矢, 属于本征值 ε_0; 因此, ε_0 属于 H_0 的谱; 这一点本来就是明显的, 这是因为 $H(\lambda)$ 的每一个本征值在 $\lambda \to 0$ 时都各自趋向某一个未微扰能量值. 既然如此, 我们可以选择 ε_0 的一个确定值, 即 H_0 的一个本征值 E_n^0. 如图 11–1 所示, 在 $\lambda \to 0$ 时, 可能有 $H(\lambda)$ 的一个或几个不同的能量值 $E(\lambda)$ 趋向 E_n^0.

现在我们来考察 $H(\lambda)$ 的这样一些本征态的集合, 这些态所对应的诸本征值 $E(\lambda)$ 在 $\lambda \to 0$ 时都趋向 E_n^0. 这些态张成一个矢量子空间, 它的维数, 当 λ 在零值附近变化时, 不应该发生跃变, 因此, 这个维数应等于 E_n^0 的简并度 g_n. 特别地, 若 E_n^0 是非简并的, 则它只会导致一个能量 $E(\lambda)$, 从而这个能量也是非简并的. [1100]

为了研究微扰 W 的影响, 我们将分别考察 H_0 的非简并能级和简并能级.

§B. 非简并能级的微扰

我们考虑未微扰哈密顿算符 H_0 的一个特定的非简并本征值 E_n^0, 与它相联系的本征矢 $|\varphi_n\rangle$ (除相位因子外) 只有一个. 我们试图确定在哈密顿算符之外增添微扰 W 之后, 这个未微扰能量和对应的定态所受到的修正.

为此, 我们可以利用微扰方程 (A–9) 到 (A–12) 以及 (A–13) 与 (A–15) 到 (A–17) 等条件. 对于在 $\lambda \to 0$ 时趋向于 E_n^0 的 $H(\lambda)$ 的本征值而言, 有

$$\varepsilon_0 = E_n^0 \tag{B–1}$$

注意到 (A-9) 式, 即可由此式推知 $|0\rangle$ 应正比于 $|\varphi_n\rangle$. 矢量 $|0\rangle$ 和 $|\varphi_n\rangle$ 都是归一化的 [参看 (A-13) 式], 因而我们取:

$$|0\rangle = |\varphi_n\rangle \qquad\qquad\qquad\qquad (B\text{-}2)$$

这就是说, 当 $\lambda \to 0$ 时, 我们仍然得到未微扰态 $|\varphi_n\rangle$ (相位也随之确定).

　　$H(\lambda)$ 的本征值, 当 $\lambda \to 0$ 时, 若趋向 H_0 的本征值 E_n^0, 我们就称之为 $E_n(\lambda)$. 下面假设 λ 的值充分小, 以致这个本征值保持为非简并的, 也就是说, 与它对应的本征矢 $|\psi_n(\lambda)\rangle$ 是唯一的 (在图 11-1 中, 就 $n=2$ 的能级而言, 只要 $\lambda < \lambda_1$, 这种情况就可以实现). 现在, 我们来计算 $E_n(\lambda)$ 和 $|\psi_n(\lambda)\rangle$ 对 λ 的各次幂的展开式中的前几项.

1. 一级修正

　　首先根据微扰方程 (A-10) 和条件 (A-15) 来确定 ε_1 和矢量 $|1\rangle$.

a. 能量的修正

　　将方程 (A-10) 投影到矢量 $|\varphi_n\rangle$ 上, 得到:

$$\langle\varphi_n|(H_0 - \varepsilon_0)|1\rangle + \langle\varphi_n|(\hat{W} - \varepsilon_1)|0\rangle = 0 \qquad\qquad (B\text{-}3)$$

第一项等于零, 这是因为 $|\varphi_n\rangle = |0\rangle$ 是厄米算符 H_0 的本征矢, 属于本征值 $E_n^0 = \varepsilon_0$. 考虑到 (B-2) 式, 可由方程 (B-3) 得到:

$$\varepsilon_1 = \langle\varphi_n|\hat{W}|0\rangle = \langle\varphi_n|\hat{W}|\varphi_n\rangle \qquad\qquad (B\text{-}4)$$

[1101]　　　　由此可见, 在非简并能级 E_n^0 的情况下, 到微扰 $W = \lambda\hat{W}$ 的第一级, 算符 H 的对应于 E_n^0 的本征值 $E_n(\lambda)$ 可以写作:

$$\boxed{E_n(\lambda) = E_n^0 + \langle\varphi_n|W|\varphi_n\rangle + O(\lambda^2)} \qquad\qquad (B\text{-}5)$$

非简并能量 E_n^0 的一级修正值简单地等于微扰项 W 在未微扰态 $|\varphi_n\rangle$ 中的平均值.

b. 本征矢的修正

　　投影式 (B-3) 显然并没有充分利用微扰方程 (A-10) 所包含的内容; 我们还要将这个方程投影到基 $\{|\varphi_p^i\rangle\}$ 中除 $|\varphi_n\rangle$ 以外的所有矢量上. 这样一来, 注意到 (B-1) 和 (B-2) 式, 便得到:

$$\langle\varphi_p^i|(H_0 - E_n^0)|1\rangle + \langle\varphi_p^i|(\hat{W} - \varepsilon_1)|\varphi_n\rangle = 0 \quad (p \neq n) \qquad (B\text{-}6)$$

(E_n^0 以外的其他本征值 E_p^0 可能是简并的, 所以在这里仍须保留简并指标 i). 算符 H_0 的属于互异本征值的本征矢是正交的, 因此, 最后一项 $\varepsilon_1\langle\varphi_p^i|\varphi_n\rangle$ 等

于零. 此外, 在第一项中, 我们可将 H_0 向左作用于 $\langle\varphi_p^i|$; 于是 (B-6) 式变为:

$$(E_p^0 - E_n^0)\langle\varphi_p^i|1\rangle + \langle\varphi_p^i|\hat{W}|\varphi_n\rangle = 0 \tag{B-7}$$

此式给出了待求的展开系数 (矢量 $|1\rangle$ 在除 $|\varphi_n\rangle$ 以外的所有未微扰态矢量上的投影)

$$\langle\varphi_p^i|1\rangle = \frac{1}{E_n^0 - E_p^0}\langle\varphi_p^i|\hat{W}|\varphi_n\rangle \quad (p \neq n) \tag{B-8}$$

我们所缺的最后一个系数是 $\langle\varphi_n|1\rangle$, 它实际上等于零, 根据我们尚未使用的条件 [$|\varphi_n\rangle$ 和 $|0\rangle$ 一致, 见 (B-2) 式]:

$$\langle\varphi_n|1\rangle = 0 \tag{B-9}$$

这样, 通过在基 $\{|\varphi_p^i\rangle\}$ 中的展开式, 我们求得了矢量 $|1\rangle$:

$$|1\rangle = \sum_{p \neq n}\sum_i \frac{\langle\varphi_p^i|\hat{W}|\varphi_n\rangle}{E_n^0 - E_p^0}|\varphi_p^i\rangle \tag{B-10}$$

由上可知, 到微扰 $W = \lambda\hat{W}$ 的第一级, 算符 H 的对应于未微扰态 $|\varphi_n\rangle$ 的本征矢 $|\psi_n(\lambda)\rangle$ 可以写作:

$$|\psi_n(\lambda)\rangle = |\varphi_n\rangle + \sum_{p \neq n}\sum_i \frac{\langle\varphi_p^i|W|\varphi_n\rangle}{E_n^0 - E_p^0}|\varphi_p^i\rangle + O(\lambda^2) \tag{B-11}$$

此式表明, 态矢量的一级修正是除 $|\varphi_n\rangle$ 以外的所有未微扰态的线性叠加; 我们说微扰 W 使 $|\varphi_n\rangle$ 这个态受到 H_0 的其他本征态的 "沾染". 如果微扰 W 在 $|\varphi_n\rangle$ 态和 $|\varphi_p^i\rangle$ 态之间没有矩阵元, 则 $|\varphi_p^i\rangle$ 这个态的贡献等于零. 一般说来, 微扰 W 在 $|\varphi_n\rangle$ 态和 $|\varphi_p^i\rangle$ 态之间引入的耦合 (以矩阵元 $\langle\varphi_p^i|W|\varphi_n\rangle$ 为特征) 越强, 能级 E_p^0 越靠近待研究的能级 E_n^0, 那么, $|\varphi_p^i\rangle$ 这个态造成的 "沾染" 也更突出. [1102]

附注:

　　　前面已经假设微扰 W 小于未微扰哈密顿算符 H_0, 这就是说, W 的矩阵元小于 H_0 的矩阵元. 现在看来, 这个假设并不充分, 这是因为, 只当 W 的非对角矩阵元小于对应的两个未微扰能量之差时, 态矢量的一级修正才是微小的.

2. 二级修正

　　从微扰方程 (A-11) 出发, 并附以条件 (A-16), 采用和上面相同的方法, 便可进行二级修正.

a. 能量的修正

为了计算 ε_2, 将方程 (A–11) 投影到矢量 $|\varphi_n\rangle$ 上, 并利用 (B–1) 和 (B–2) 式, 便得到:

$$\langle\varphi_n|(H_0 - E_n^0)|2\rangle + \langle\varphi_n|(\hat{W} - \varepsilon_1)|1\rangle - \varepsilon_2\langle\varphi_n|\varphi_n\rangle = 0 \qquad (B–12)$$

根据和 §B–1–a 中相同的理由, 第一项等于零; 再根据 (B–9) 式, 态 $|1\rangle$ 和态 $|\varphi_n\rangle$ 正交, 故 $\varepsilon_1\langle\varphi_n|1\rangle$ 也等于零; 这样便得到:

$$\varepsilon_2 = \langle\varphi_n|\hat{W}|1\rangle \qquad (B–13)$$

代入矢量 $|1\rangle$ 的表示式 (B–10), 上式变为:

$$\varepsilon_2 = \sum_{p\neq n}\sum_i \frac{|\langle\varphi_p^i|\hat{W}|\varphi_n\rangle|^2}{E_n^0 - E_p^0} \qquad (B–14)$$

利用这个结果可将到微扰 $W = \lambda\hat{W}$ 的第二级的能量 $E_n(\lambda)$ 写作:

$$E_n(\lambda) = E_n^0 + \langle\varphi_n|W|\varphi_n\rangle + \sum_{p\neq n}\sum_i \frac{|\langle\varphi_p^i|W|\varphi_n\rangle|^2}{E_n^0 - E_p^0} + O(\lambda^3) \qquad (B–15)$$

　　　　附注:

　　　　由于能级 $|\varphi_p^i\rangle$ 的存在而引起的对能级 $|\varphi_n\rangle$ 的二级修正具有差 $E_n^0 - E_p^0$ 的符号, 因此, 我们可以说, 到第二级, 能级 $|\varphi_p^i\rangle$ 和能级 $|\varphi_n\rangle$ 相距越近, "耦合" $|\langle\varphi_p^i|W|\varphi_n\rangle|$ 越强, 则这两个能级越是互相 "排斥".

b. 本征矢的修正

将方程 (A–11) 投影到除 $|\varphi_n\rangle$ 以外的所有基矢量 $|\varphi_p^i\rangle$ 上, 并利用条件 $(A - 16)$, 我们同样可以得到右矢 $|2\rangle$ 的表示式, 从而求得直到第二级的本征矢. 这样的计算并无原则上的困难, 此处从略.

　　　　附注:

　　　　在 (B–4) 式中, 能量的一级修正是通过零级本征矢表示的; 类似地, 在 (B–13) 式中, 能量的二级修正则包含着一级本征矢 [这说明了 (B–10) 式和 (B–14) 式有一些相似之处]. 这个结果是一般的: 若将 (A–12) 式投影到 $|\varphi_n\rangle$ 上, 去掉第一项, 我们便得到 ε_q, 它是通过本征矢的第 $q - 1$ 级修正, 第 $q - 2$ 级修正, ……, 来表示的. 我们通常在能量展开式中比在本征矢展开式中多保留一项, 原因就在这里; 例如, 我们给出二级的能量和一级的本征矢.

c. ε_2 的上限

如果在能量展开式中只保留到 λ 的一次项, 要对所犯的误差有一个粗略的概念, 可以估算二次项; 我们将会看到这种估算是很容易得到的.

我们考虑 ε_2 的表示式 (B–14), 它是分子为零或正数的一些项的总和 (通常为无穷大). 用 ΔE 表示待研究的能级 E_n^0 和与它最接近的能级之差的绝对值; 显然, 不论 n 的值如何, 我们有:

$$|E_n^0 - E_p^0| \geqslant \Delta E \tag{B–16}$$

有了这个量, 就可以通过下式来估算 ε_2 的绝对值的上限:

$$|\varepsilon_2| \leqslant \frac{1}{\Delta E} \sum_{p \neq n} \sum_i |\langle \varphi_p^i | \hat{W} | \varphi_n \rangle|^2 \tag{B–17}$$

此式又可以写作:

$$
\begin{aligned}
|\varepsilon_2| &\leqslant \frac{1}{\Delta E} \sum_{p \neq n} \sum_i \langle \varphi_n | \hat{W} | \varphi_p^i \rangle \langle \varphi_p^i | \hat{W} | \varphi_n \rangle \\
&\leqslant \frac{1}{\Delta E} \langle \varphi_n | \hat{W} \left[\sum_{p \neq n} \sum_i |\varphi_p^i \rangle \langle \varphi_p^i| \right] \hat{W} | \varphi_n \rangle
\end{aligned}
\tag{B–18}
$$

括号中的算符与恒等算符只差在 $|\varphi_n\rangle$ 态上的投影, 这是因为由未微扰态构成 [1104] 的基满足封闭性关系式:

$$|\varphi_n\rangle\langle\varphi_n| + \sum_{p \neq n} \sum_i |\varphi_p^i\rangle\langle\varphi_p^i| = 1 \tag{B–19}$$

于是不等式 (B–18) 变得很简单:

$$
\begin{aligned}
|\varepsilon_2| &\leqslant \frac{1}{\Delta E} \langle \varphi_n | \hat{W}[1 - |\varphi_n\rangle\langle\varphi_n|] \hat{W} | \varphi_n \rangle \\
&\leqslant \frac{1}{\Delta E} [\langle \varphi_n | \hat{W}^2 | \varphi_n \rangle - (\langle \varphi_n | \hat{W} | \varphi_n \rangle)^2]
\end{aligned}
\tag{B–20}
$$

用 λ^2 乘 (B–20) 式两端, 我们便得到 $E_n(\lambda)$ 的展开式中二次项的上限, 其形式为:

$$|\lambda^2 \varepsilon_2| \leqslant \frac{1}{\Delta E} (\Delta W)^2 \tag{B–21}$$

其中 ΔW 是微扰 W 在未微扰态 $|\varphi_n\rangle$ 中的方均根偏差. 此式给出了只取能量的一级修正时所犯误差的数量级.

§C. 简并能级的微扰

现在假设我们要研究其微扰的能级 E_n^0 是 g_n 重简并的 (g_n 是大于 1 的有限值),并用 $\mathscr{E}_n^0$ 表示算符 H_0 的对应本征子空间. 现在选择

$$\varepsilon_0 = E_n^0 \tag{C-1}$$

便不足以确定矢量 $|0\rangle$,这是因为方程 (A–9) 显然可以为 g_n 个矢量 $|\varphi_n^i\rangle$($i = 1, 2, \cdots, g_n$) 的任意线性组合所满足; 我们只知道矢量 $|0\rangle$ 属于这些矢量所张成的本征子空间 $\mathscr{E}_n^0$.

我们将会看到, 在这种情况下, 由于微扰 W 的作用, 能级 E_n^0 一般将产生若干个不同的 "次能级", 它们的数目 f_n 可以在 1 与 g_n 之间, 视情况而异. 如果 f_n 小于 g_n, 则某几个次能级仍是简并的, 这是因为, 与 f_n 个次能级相联系的 H 的正交本征矢的总数仍然等于 g_n. 为了计算总哈密顿算符 H 的本征值和本征矢, 我们将按通常的做法, 对能量只考虑到 λ 的一次项, 对本征矢只考虑到零级.

为了确定 ε_1 和 $|0\rangle$, 可将方程 (A–10) 投影到 g_n 个基右矢 $|\varphi_n^i\rangle$ 上. 由于 $|\varphi_n^i\rangle$ 都是 H_0 的本征矢, 属于本征值 $E_n^0 = \varepsilon_0$, 于是我们得到 g_n 个等式:

$$\langle \varphi_n^i | \hat{W} | 0 \rangle = \varepsilon_1 \langle \varphi_n^i | 0 \rangle \tag{C-2}$$

[1105]　现将基 $\{|\varphi_p^i\rangle\}$ 的封闭性关系式插入算符 $\hat{W}$ 和矢量 $|0\rangle$ 之间:

$$\sum_p \sum_{i'} \langle \varphi_n^i | \hat{W} | \varphi_p^{i'} \rangle \langle \varphi_p^{i'} | 0 \rangle = \varepsilon_1 \langle \varphi_n^i | 0 \rangle \tag{C-3}$$

与 E_n^0 相联系的本征子空间中的矢量 $|0\rangle$ 和所有 ($p \neq n$) 的基矢量 $|\varphi_p^{i'}\rangle$ 正交, 因此, 在 (C–3) 式的左端, 对指标 p 的求和变为 $p = n$ 的一项, 于是得到:

$$\sum_{i'=1}^{g_n} \langle \varphi_n^i | \hat{W} | \varphi_n^{i'} \rangle \langle \varphi_n^{i'} | 0 \rangle = \varepsilon_1 \langle \varphi_n^i | 0 \rangle \tag{C-4}$$

我们将 g_n^2 个数 $\langle \varphi_n^i | \hat{W} | \varphi_n^{i'} \rangle$ (n 值固定, $i, i' = 1, 2, \cdots, g_n$) 排列成一个 $g_n \times g_n$ 的矩阵, 其行指标为 i, 列指标为 i'. 我们将这个方阵记作 $(\hat{W}^{(n)})$, 它可以说是从 $\hat{W}$ 在基 $\{|\varphi_p^i\rangle\}$ 中的矩阵表示中划分出来的, 即 $(\hat{W}^{(n)})$ 是该矩阵中对应于 $\mathscr{E}_n^0$ 的子块. 于是, 方程 (C–4) 表示元素为 $\langle \varphi_n^i | 0 \rangle$($i = 1, 2, \cdots, g_n$) 的列矢量是 $(\hat{W}^{(n)})$ 的本征矢, 属于本征值 ε_1.

我们还可以将方程组 (C–4) 变换为空间 $\mathscr{E}_n^0$ 内部的一个矢量方程. 为此, 只须定义算符 $\hat{W}^{(n)}$, 即 $\hat{W}$ 在子空间 $\mathscr{E}_n^0$ 内的限制算符: $\hat{W}^{(n)}$ 只在空间 $\mathscr{E}_n^0$ 中起作

用, 在这个子空间内它由元素为 $\langle \varphi_n^i | \hat{W} | \varphi_n^{i'} \rangle$ 的矩阵来表示, 也就是由 $(\hat{W}^{(n)})$ 来表示[1]. 因此, 方程组 (C-4) 等价于下列矢量方程:

$$\hat{W}^{(n)}|0\rangle = \varepsilon_1 |0\rangle \tag{C-5}$$

[我们强调一下, 算符 $\hat{W}^{(n)}$ 不同于算符 $\hat{W}$, 前者是后者的限制算符; 方程 (C-5) 不是整个空间内的而只是子空间 $\mathscr{E}_n^0$ 内的本征值方程].

综上所述可知, 为了计算哈密顿算符 H 的对应于未微扰简并能级 E_n^0 的本征值 (到一级) 和本征矢 (到零级), 应将在与 E_n^0 相联系的本征子空间 $\mathscr{E}_n^0$ 内表示微扰 W 的矩阵 $(W^{(n)})$ 对角化.[2]

下面更细致地考察一下微扰 W 对简并能级 E_n^0 的第一级效应. 用 $\varepsilon_1^j (j = 1, 2, \cdots, f_n^{(1)})$ 表示矩阵 $(\hat{W}^{(n)})$ 的特征方程的各互异根. 由于 $(\hat{W}^{(n)})$ 是厄米矩阵, 它的本征值都是实数, 它们的简并度的总和等于 g_n (注意 $f_n^{(1)} \leqslant g_n$). 每一个本征值都对能量引入不同的修正. 这就是说, 在微扰 $W = \lambda \hat{W}$ 的影响下, 简并能级, 经过一级修正, 分裂为 $f_n^{(1)}$ 个不同的次能级, 它们的能量为:

$$E_{n,j}(\lambda) = E_n^0 + \lambda \varepsilon_1^j \quad j = 1, 2, \cdots, f_n^{(1)} \leqslant g_n \tag{C-6}$$

如果 $f_n^{(1)} = g_n$, 我们就说微扰 W 完全消除了能级 E_n^0 的简并; 如果 $f_n^{(1)} < g_n$, 则在一级修正中, 简并只是部分地被消除 (如果 $f_n^{(1)} = 1$, 则完全没有被消除).

[1106]

现在我们选定算符 $\hat{W}^{(n)}$ 的一个本征值 ε_1^j. 如果这个本征值是非简并的, 则对应的本征矢 $|0\rangle$ 便由 (C-5) 式 [或等价的方程组 (C-4)] 唯一地 (除相位因子外) 确定了; 这时算符 $H(\lambda)$ 有一个单独的本征值 $E(\lambda)$, 在第一级修正中, 其值为 $E_n^0 + \lambda \varepsilon_1^j$, 而且这个本征值是非简并的[3]. 反之, 如果算符 $\hat{W}^{(n)}$ 的被选定的本征值 ε_1^j 是 q 重简并的, 则 (C-5) 式仅仅表明矢量 $|0\rangle$ 属于对应的 q 维子空间 $\mathscr{F}_j^{(1)}$.

ε_1^j 的这一性质具体反映了两种极不相同的情况. 为了区分这些情况, 我们必须将计算推进到 λ 的高次项, 以便确知简并是否被消除了. 这两种情况是:

(i) 第一种可能的情况是: 在一级修正中, 一个确切的能量 $E(\lambda)$ 等于 $E_n^0 + \lambda \varepsilon_1^j$, 但 $E(\lambda)$ 是 q 重简并的 (在图 11-1 中, 当 $\lambda \to 0$ 时趋向 E_4^0 的能量 $E(\lambda)$, 不论 λ 之值如何, 是二重简并的). 因此, 有一个 q 维本征子空间与本征值 $E(\lambda)$ 对应; 这表明不论将微扰推进到 λ 的多高次项, 本征值的简并也永远消除不了.

在这种情况下, 不可能将本征右矢 $|0\rangle$ 完全确定到零级修正, 这是因为它所遵从的唯一条件就是它应属于一个子空间, 即 $H(\lambda)$ 的、与 $E(\lambda)$ 相联系的 q 维本征子空间在

---

① 若用 P_n 表示子空间 $\mathscr{E}_n^0$ 上的投影算符, 则可将 $\hat{W}^{(n)}$ 写作 (参看补充材料 B_{II} 的 §3): $\hat{W}^{(n)} = P_n \hat{W} P_n$.

② 矩阵 $(W^{(n)})$ 实际上等于 $\lambda(\hat{W}^{(n)})$, 因此它的本征值直接等于修正值 $\lambda \varepsilon_1$.

③ 前面证明过 (参看 §A-2 的末尾), H_0 的一个非简并能级导致 $H(\lambda)$ 的一个非简并能级; 用与此类似的方法即可证明这里的结论.

$\lambda \to 0$ 时的极限空间, 而这个极限正是矩阵 $(\hat{W}^{(n)})$ 的与所选定的本征值相联系的本征子空间 $\mathscr{F}_j^{(1)}$.

当 H_0 和 W 具有共同的对称性时, 上述情况经常发生, 对 $H(\lambda)$ 来说这将导致实质简并; 在所有各级的微扰计算中, 这种简并始终存在.

(ii) 相反的情况是几个不同的能量 $E(\lambda)$, 在一级修正中, 都等于 $E_n^0 + \lambda \varepsilon_1^j$. 于是这些不同的能量 $E(\lambda)$ 之间的差别至少是第二级的, 因而将出现在更高级的微扰计算中.

在这种情况下, 通过矩阵 $(\hat{W}^{(n)})$ 的对角化而得到的子空间 $\mathscr{F}_j^{(1)}$ 仅仅是一些子空间的直和, 这些子空间是 $H(\lambda)$ 的、与问题中的各个能量 $E(\lambda)$ 相联系的本征子空间在 $\lambda \to 0$ 时的极限. 换句话说, $H(\lambda)$ 的、与这些能量中的某一个相联系的本征右矢一定趋向空间 $\mathscr{F}_j^{(1)}$ 中的一个右矢; 反之, 空间 $\mathscr{F}_j^{(1)}$ 中的一个任意右矢不一定是 $H(\lambda)$ 的一个本征右矢的极限 $|0\rangle$.

在具有上述特点的情况中, 若将微扰计算进行到较高级, 我们不但可以改善关于能量的知识而且还可以使右矢 $|0\rangle$ 更精确一些. 不过, 在实际工作中, 我们通常都满足于 (C-5) 式所提供的不够完备的知识.

附注:

(i) 如果用微扰法去处理 H_0 的谱中的所有能量[1], 那么, 我们就不得不在对应于这些能量的每一个本征子空间 $\mathscr{E}_n^0$ 内将微扰 W 对角化. 我们应该知道, 这个问题比起在整个态空间中将哈密顿算符完全对角化的原始问题来, 要简单得多了. 实际上, 在微扰理论中, 可以完全不考虑 W 在互异本征子空间 $\mathscr{E}_n^0$ 的矢量之间的矩阵元. 因此, 我们不是要将一般为无穷阶的一个矩阵对角化, 而是针对每一个我们感兴趣的能量 E_n^0, 将一般为有限的低阶矩阵对角化.

[1107]

(ii) 矩阵 $(\hat{W}^{(n)})$ 显然依赖于最初在子空间 $\mathscr{E}_n^0$ 中选择的基 $\{|\varphi_n^i\rangle\}$ (虽然 $\hat{W}^{(n)}$ 的本征值和本征右矢并不依赖于这个基). 因此, 在进行微扰计算之前, 有利的办法是在这个子空间中取这样一个基, 以使 $(W^{(n)})$ 的形式得到最大可能的简化, 从而也使其本征值和本征矢的计算大为简化 (这个矩阵若能直接具备对角的形式, 那显然是最简单的情况). 为了找到这样一个基, 我们常常利用同时和 H_0 及 W 对易的观察算符[2]. 假设我们知道了和 H_0 及 W 对易的一个观察算符 A, 由于 H_0 和 A 对易, 我们可以选择 H_0 和 A 的共同本征矢作为基矢量 $|\varphi_n^i\rangle$; 另一方面, 由于 W 和 A 对易, 它在算符 A 的属于互异本征值的本征矢之间的矩阵元等于零; 因此, 矩阵 $(W^{(n)})$ 中有很多元素为零, 这使它的对角化更为容易.

(iii) 和非简并能级的情况 (参看 §B-1-b 的附注) 相似, 我们在 §C 中

---

[1] 在 §B 中讲过的非简并能级的微扰表现简并能级的微扰的一个特例.
[2] 提醒一下, 这并不意味着 H_0 和 W 互相对易.

建立的方法只在下述情况下才是有效的: 微扰 W 的矩阵元小于待研究能级的能量与其他能级的能量之差 (只要计算高级的修正, 这个结论就会明显地出现). 这种方法也可以推广到靠得很近但不互相混杂而且与所考察的体系的所有其他能级相距很远的一组非简并能级 (当然, 这意味着微扰 W 的矩阵元应与组内的能量之差同数量级, 但与组内能级和组外能级之差相比, 又是可以忽略的). 将这组能级的算符 $H = H_0 + W$ 的矩阵对角化, 我们便可近似地计算微扰 W 的影响. 在某些情况下, 正是依靠这种近似方法, 我们才可以将一个物理问题转化为第四章 (§C) 讲过的双能级体系来研究.

参考文献和阅读建议:

关于其他微扰方法, 可以参看:

Brillouin-Wigner 级数 (到任意级的简单展开式, 但能量分母中含有受微扰能量): Ziman (2.26), §3.1.

预解法 (一种算符方法, 可有效地用于计算高级修正): Messiah (1.17), 第 XVI 章, §111; Roman (2.3), §4-5-d.

Dalgarno 和 Lewis 方法 (可将中间态的求和换为微分方程): Borowitz (1.7), §14–5; Schiff (1.18), 第 8 章, §33. 原始文献: (2.34), (2.35), (2.36).

W. K. B. 方法, 可应用于准经典情况: Landau 和 Lifschitz (1.19), 第 7 章; Messiah (1.17), 第 VI 章, §II; Merzbacher (1.16), 第 VII 章; Schiff (1.18), §34; Borowitz (1.7), 第 8、9 章. [1108]

Hartree 和 Hartree-Fock 方法: Messiah (1.17), 第 XVII 章, §II; Slater (11.8), 第 8、9 (Hartree) 和 17 (Hartree-Fock) 章; Bethe 和 Jackiw (1.21), 第 4 章; 还可参看补充材料 A_{XIV} 中的参考文献.

[1109] # 第十一章补充材料　　　　　阅读指南

A_{XI}: 在 x 型、x^2 型、x^3 型微扰势场中的一维谐振子

$A_{XI}, B_{XI}, C_{XI}, D_{XI}$: 选用了一些有物理意义的简单例子, 通过这些例子来说明定态微扰理论.

A_{XI}: 研究受到 x 型、x^2 型、x^3 型势场微扰的一维谐振子. 这些材料很容易, 建议读者先行学习. 最后一个例子 (x^3 型微扰势场) 可以用来研究双原子分子振动的非谐性 (补充材料 A_V 所述的模型的改进).

B_{XI}: 两个自旋 $1/2$ 的粒子的磁偶极子之间的相互作用

B_{XI}: 可以说是一个已经解出的练习, 用以说明微扰理论, 不仅涉及非简并能级也涉及简并能级. 本文可使读者熟悉两个自旋 $1/2$ 的粒子的磁矩之间的偶极–偶极相互作用, 很容易阅读.

C_{XI}: 范德瓦尔斯力

C_{XI}: 应用微扰理论来研究两个中性原子之间的长程作用力 (范德瓦尔斯力). 重点在于对结果的物理解释. 和上面两篇材料相比, 本文稍难一些, 可以留待以后学习.

D_{XI}: 体积效应: 核的体积对原子能级的影响

D_{XI}: 简单地研究核的体积对类氢原子的能级的影响. 本文不难, 可以看作是补充材料 A_{VII} 的续篇.

E_{XI}: 变分法

E_{XI}: 简单介绍另一种近似方法, 即变分法. 因变分法的应用很多, 故本文很重要.

F_{XI}: 固体中电子的能带: 简单模型

F_{XI}, G_{XI}: 变分法的两个重要应用.

F_{XI}: 是一篇引论, 在紧束缚近似的范畴内, 介绍固体中电子的容许能带的概念, 由于应用很广, 这是一篇基础性的材料. 本文属于中等难度, 其重点在于对结果的讨论. 这里的观点不同于补充材料 O_{III} 中的观点, 在一定程度上, 更简单一些.

G_{XI}: 化学键的简单例子: H_2^+ 离子

G_{XI}: 就可能最简单的情况, 即 (已电离的) 分子 H_2^+ 的情况, 研究化学键现象; 并说明量子力学怎样解释两个原子 (它们的电子波函数互相覆盖) 之间的吸引力. 从物理化学的观点来看, 这是一篇基础性材料, 属于中等难度.

H_{XI}: 练习

补充材料 A$_{XI}$

[1110]

在 x 型、x^2 型、x^3 型微扰势场中的一维谐振子

1. 线性势场的微扰

   a. 准确解

   b. 微扰的展开式

2. 二次势场的微扰

3. x^3 型势场的微扰

   a. 非谐振子

   b. 微扰的展开式

   c. 应用: 双原子分子的振动的非谐性

    为了通过简单例子来说明第十一章中的一般原理, 本文将应用定态微扰理论来研究 x 型、x^2 型和 x^3 型微扰势场对一维谐振子的能级 (任一能级都是非简并的, 参看第五章) 的影响.

    前两种情况 (x 型和 x^2 型微扰势场) 都是可以准确解出的. 随后, 通过这两个例子, 我们就可以证明微扰展开式和准确解对于标志微扰强度的参变量的有限展开式完全一致. 最后一种情况 (x^3 型微扰势场) 在实际问题中十分重要. 我们考虑一个势 $V(x)$, 它的极小值在 $x = 0$ 处, 在一级近似中, 可将 $V(x)$ 换为它的泰勒级数中的第一项 (x^2 项), 这相当于考察一个谐振子, 即一个可以准确解出的问题. 对这样的近似而言, $V(x)$ 的展开式中的下一项, 即正比于 x^3 的项, 便成为第一级修正. 因此, 每当我们要研究一个物理体系振动的非谐性时, 就必须计算 x^3 项的影响. 这种计算, 譬如, 可以用来估计双原子分子的振动谱和补充材料 A$_V$ 的 (纯谐性) 模型所提供的预言有多大偏差.

1. 线性势场的微扰

    沿用第五章中的符号, 已知

$$H_0 = \frac{P^2}{2m} + \frac{1}{2}m\omega^2 X^2 \tag{1}$$

为一谐振子的哈密顿算符, 它的本征矢为 $|\varphi_n\rangle$, 本征值为[①]

$$E_n^0 = \left(n + \frac{1}{2}\right)\hbar\omega \tag{2}$$

[1111]

其中 $n = 0, 1, 2, \cdots$.

我们给这个哈密顿算符增添一个微扰:

$$W = \lambda\hbar\omega\widehat{X} \tag{3}$$

其中 λ 是一个无量纲的实常数, 其值甚小于 1, 算符 $\widehat{X}$ 由第五章的公式 (B-1) 给出 (由于 $\widehat{X}$ 与 1 同级, $\hbar\omega\widehat{X}$ 与 H_0 同级, 故它的地位相当于第十一章中的算符 $\widehat{W}$). 现在的问题是求哈密顿算符

$$H = H_0 + W \tag{4}$$

的本征态 $|\psi_n\rangle$ 和本征值 E_n.

a. 准确解

我们已经研究过线性地依赖于 X 的微扰的例子: 当一个带电的振子处在均匀电场 $\mathscr{E}$ 中时, 我们应给 H_0 增添一个静电哈密顿算符:

$$W = -q\mathscr{E}X = -q\mathscr{E}\sqrt{\frac{\hbar}{m\omega}}\widehat{X} \tag{5}$$

式中 q 是振子的电荷. 在补充材料 F_V 中, 我们曾详细研究过这一项对谐振子的定态的影响. 因此, 可以利用该文中的结果来确定 (4) 式中的哈密顿算符的本征态和本征值, 不过要进行下面的代换:

$$\lambda\hbar\omega \leftrightarrow -q\mathscr{E}\sqrt{\frac{\hbar}{m\omega}} \tag{6}$$

补充材料 F_V 中的公式 (39) 立即给出:

$$E_n = \left(n + \frac{1}{2}\right)\hbar\omega - \frac{\lambda^2}{2}\hbar\omega \tag{7}$$

同样, 从 F_V 的公式 (40) (先用产生算符 $a^\dagger$ 和湮没算符 a 表示 P) 可以导出:

$$|\psi_n\rangle = \mathrm{e}^{-\frac{\lambda}{\sqrt{2}}(a^\dagger - a)}|\varphi_n\rangle \tag{8}$$

指数函数的有限展开给出:

$$
\begin{aligned}
|\psi_n\rangle &= \left[1 - \frac{\lambda}{\sqrt{2}}(a^\dagger - a) + \cdots\right]|\varphi_n\rangle \\
&= |\varphi_n\rangle - \lambda\sqrt{\frac{n+1}{2}}|\varphi_{n+1}\rangle + \lambda\sqrt{\frac{n}{2}}|\varphi_{n-1}\rangle + \cdots
\end{aligned} \tag{9}
$$

---

① 确切地说, 这是未微扰哈密顿算符, 仍然像在第十一章中那样, 我们给 H_0 的本征值添上指标 0.

b. 微扰的展开式 [1112]

在 (3) 式中, 用 $\dfrac{1}{\sqrt{2}}(a^\dagger + a)$ 代替 $\widehat{X}$[参看第五章公式 (B–7–a)], 便有:

$$W = \lambda \frac{\hbar\omega}{\sqrt{2}}(a^\dagger + a) \tag{10}$$

可见算符 W 只将 $|\varphi_n\rangle$ 态和两个态 $|\varphi_{n+1}\rangle$ 及 $|\varphi_{n-1}\rangle$ 联系起来. 因此, W 仅有的非零矩阵元为:

$$\langle\varphi_{n+1}|W|\varphi_n\rangle = \lambda\sqrt{\frac{n+1}{2}}\,\hbar\omega$$

$$\langle\varphi_{n-1}|W|\varphi_n\rangle = \lambda\sqrt{\frac{n}{2}}\,\hbar\omega \tag{11}$$

根据第十一章的一般公式 (B–15), 我们有:

$$E_n = E_n^0 + \langle\varphi_n|W|\varphi_n\rangle + \sum_{n'\neq n}\frac{|\langle\varphi_{n'}|W|\varphi_n\rangle|^2}{E_n^0 - E_{n'}^0} + \cdots \tag{12}$$

将 (11) 式代入 (12) 式, 并将 $E_n^0 - E_{n'}^0$ 换成 $(n-n')\hbar\omega$, 便可立即得到:

$$\begin{aligned}
E_n &= E_n^0 + 0 - \frac{\lambda^2(n+1)}{2}\hbar\omega + \frac{\lambda^2 n}{2}\hbar\omega + \cdots\\
&= \left(n + \frac{1}{2}\right)\hbar\omega - \frac{\lambda^2}{2}\hbar\omega + \cdots
\end{aligned} \tag{13}$$

这个结果表明, 本征值的微扰展开式, 直到 λ 的二次项, 和准确解 (7) 式完全一致[①]

同样, 第十一章的一般公式 (B–11):

$$|\psi_n\rangle = |\varphi_n\rangle + \sum_{n'\neq n}\frac{\langle\varphi_{n'}|W|\varphi_n\rangle}{E_n^0 - E_{n'}^0}|\varphi_{n'}\rangle + \cdots \tag{14}$$

现在给出:

$$|\psi_n\rangle = |\varphi_n\rangle - \lambda\sqrt{\frac{n+1}{2}}|\varphi_{n+1}\rangle + \lambda\sqrt{\frac{n}{2}}|\varphi_{n-1}\rangle + \cdots \tag{15}$$

此式和准确解的展开式 (9) 全同.

2. 二次势场的微扰 [1113]

现在假设 W 具有下列形式:

$$W = \frac{1}{2}\rho\hbar\omega\widehat{X}^2 = \frac{1}{2}\rho m\omega^2 X^2 \tag{16}$$

---

① 可以证明, 微扰级数中高于 2 次的所有项都等于零.

其中 ρ 为无量纲的实参数, 其值甚小于 1; 于是可将 H 写作:

$$H = H_0 + W = \frac{P^2}{2m} + \frac{1}{2}m\omega^2(1+\rho)X^2 \tag{17}$$

在这种情况下, 微扰的影响仅仅是改变了谐振子的弹性常数. 若令

$$\omega'^2 = \omega^2(1+\rho) \tag{18}$$

我们就可以看出, H 仍然是谐振子的哈密顿算符, 振子的角频率现在是 ω'.

在这一节里我们只研究 H 的本征值. 根据 (17) 和 (18) 式, 可将本征值简单地写作:

$$E_n = \left(n + \frac{1}{2}\right)\hbar\omega' = \left(n + \frac{1}{2}\right)\hbar\omega\sqrt{1+\rho} \tag{19}$$

若将根式展开, 此式变为:

$$E_n = \left(n + \frac{1}{2}\right)\hbar\omega\left[1 + \frac{\rho}{2} - \frac{\rho^2}{8} + \cdots\right] \tag{20}$$

下面将从定态微扰理论出发重新求出 (20) 式的结果. (16) 式还可以写作:

$$\begin{aligned}
W &= \frac{1}{4}\rho\hbar\omega(a^\dagger + a)^2 = \frac{1}{4}\rho\hbar\omega(a^{\dagger 2} + a^2 + aa^\dagger + a^\dagger a) \\
&= \frac{1}{4}\rho\hbar\omega[a^{\dagger 2} + a^2 + 2a^\dagger a + 1]
\end{aligned} \tag{21}$$

由此可以导出 W 的对应于 $|\varphi_n\rangle$ 态的仅有的非零矩阵元:

$$\begin{aligned}
\langle\varphi_n|W|\varphi_n\rangle &= \frac{1}{2}\rho\left(n + \frac{1}{2}\right)\hbar\omega \\
\langle\varphi_{n+2}|W|\varphi_n\rangle &= \frac{1}{4}\rho[(n+1)(n+2)]^{1/2}\hbar\omega \\
\langle\varphi_{n-2}|W|\varphi_n\rangle &= \frac{1}{4}\rho[n(n-1)]^{1/2}\hbar\omega
\end{aligned} \tag{22}$$

[1114] 如果利用这个结果去计算 (12) 式中的各项, 便得到:

$$\begin{aligned}
E_n &= E_n^0 + \frac{\rho}{2}\left(n + \frac{1}{2}\right)\hbar\omega - \frac{\rho^2}{16}(n+1)(n+2)\frac{\hbar\omega}{2} + \frac{\rho^2}{16}n(n-1)\frac{\hbar\omega}{2} + \cdots \\
&= E_n^0 + \left(n + \frac{1}{2}\right)\hbar\omega\frac{\rho}{2} - \left(n + \frac{1}{2}\right)\hbar\omega\frac{\rho^2}{8} + \cdots \\
&= \left(n + \frac{1}{2}\right)\hbar\omega\left[1 + \frac{\rho}{2} - \frac{\rho^2}{8} + \cdots\right]
\end{aligned} \tag{23}$$

这个结果与展开式 (20) 完全一致.

3. x^3 型势场的微扰

现在我们给 H_0 增添一个微扰项

$$W = \sigma\hbar\omega\widehat{X}^3 \tag{24}$$

其中 σ 是一个无量纲的实数, 其值甚小于 1.

a. 非谐振子

图 11-2 表示粒子所在的总势场 $\frac{1}{2}m\omega^2x^2 + W(x)$ 随 x 变化的情况; 虚线表示 "未微扰" 谐振子的抛物型势 $\frac{1}{2}m\omega^2x^2$. 我们取 $\sigma < 0$, 因此, 总的势 (图中的实线) 在 $x > 0$ 的区域中比在 $x < 0$ 的区域中增长得较慢.

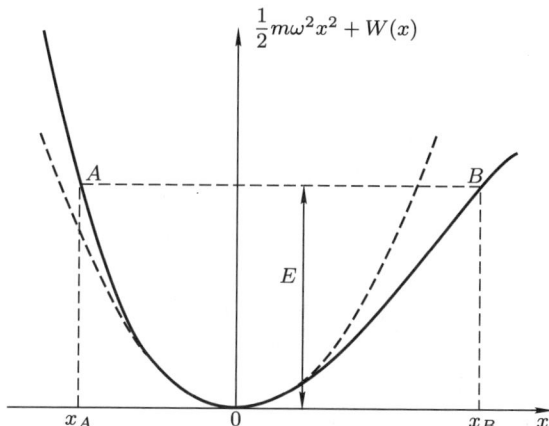

图 11-2　与非谐振子相联系的势随 x 变化的情况. 我们要作为微扰来处理的是实际的势 (实线) 和未微扰哈密顿量中的谐性势 (虚线) 之间的差 (x_A 和 x_B 是能量为 E 的经典运动的极限).

如果用经典力学来处理这个问题, 我们就知道总能量为 E 的粒子在坐标为 x_A 和 x_B 的两点之间振动 (图 11-2), 这两个端点对于原点不再是对称的. 这种运动是周期性的都不是正弦型的; 函数 $x(t)$ 的傅里叶展开将是基频的各次谐波的一个级数. 由于这个原因, 通常我们称这种体系 (其运动不是谐性的) 为 "非谐振子". 最后还要指出, 和谐振子的情况不一样, 这种运动的周期是依赖于能量 E 的.

[1115]

b. 微扰展开式

α. 微扰 W 的矩阵元

在 (24) 式中, 用 $\frac{1}{\sqrt{2}}(a^\dagger + a)$ 代替 $\widehat{X}$, 利用第五章的 (B-9) 和 (B-17) 式, 经

过简单计算便得到:

$$W = \frac{\sigma\hbar\omega}{2^{3/2}}[a^{\dagger 3} + a^3 + 3Na^\dagger + 3(N+1)a] \tag{25}$$

其中 $N = a^\dagger a$ 在第五章 [公式 (B-13)] 中定义过.

由此便可立即导出 W 的与 $|\varphi_n\rangle$ 态相联系的仅有的非零矩阵元

$$\langle\varphi_{n+3}|W|\varphi_n\rangle = \sigma\left[\frac{(n+3)(n+2)(n+1)}{8}\right]^{\frac{1}{2}}\hbar\omega$$

$$\langle\varphi_{n-3}|W|\varphi_n\rangle = \sigma\left[\frac{n(n-1)(n-2)}{8}\right]^{\frac{1}{2}}\hbar\omega$$

$$\langle\varphi_{n+1}|W|\varphi_n\rangle = 3\sigma\left(\frac{n+1}{2}\right)^{\frac{3}{2}}\hbar\omega$$

$$\langle\varphi_{n-1}|W|\varphi_n\rangle = 3\sigma\left(\frac{n}{2}\right)^{\frac{3}{2}}\hbar\omega \tag{26}$$

β. 能 量 的 计 算

现将 (26) 式的结果代入 E_n 的微扰展开式 (公式 12). 由于 W 的对角元等于零, 没有一级修正. (26) 式中的四个矩阵元都参与确定二级修正值. 经过简单计算, 便得到

$$E_n = \left(n + \frac{1}{2}\right)\hbar\omega - \frac{15}{4}\sigma^2\left(n + \frac{1}{2}\right)^2\hbar\omega - \frac{7}{16}\sigma^2\hbar\omega + \cdots \tag{27}$$

[1116]　　　　由此可见, W 的影响就是各能级向下偏移 (不论 σ 的符号如何), 而且 n 越大, 偏移也越大 (图 11-3). 两个相邻能级之间的偏离为:

$$E_n - E_{n-1} = \hbar\omega\left[1 - \frac{15}{2}\sigma^2 n\right] \tag{28}$$

这个偏离, 和谐振子的情况不一样, 是依赖于 n 的. 各能级不再是等间隔的, 而且 n 增大时, 它们互相靠得更近.

γ. 本 征 态 的 计 算

将 (26) 式代入展开式 (14), 不难得到:

$$\begin{aligned}
|\psi_n\rangle = {}& |\varphi_n\rangle - 3\sigma\left(\frac{n+1}{2}\right)^{\frac{3}{2}}|\varphi_{n+1}\rangle + 3\sigma\left(\frac{n}{2}\right)^{\frac{3}{2}}|\varphi_{n-1}\rangle \\
& - \frac{\sigma}{3}\left[\frac{(n+3)(n+2)(n+1)}{8}\right]^{\frac{1}{2}}|\varphi_{n+3}\rangle \\
& + \frac{\sigma}{3}\left[\frac{n(n-1)(n-2)}{8}\right]^{\frac{1}{2}}|\varphi_{n-3}\rangle + \cdots
\end{aligned} \tag{29}$$

由此可见, 在微扰 W 的影响下, 态 $|\varphi_n\rangle$ 被 $|\varphi_{n+1}\rangle$, $|\varphi_{n-1}\rangle$, $|\varphi_{n+3}\rangle$, $|\varphi_{n-3}\rangle$ 四个态所 "沾染".

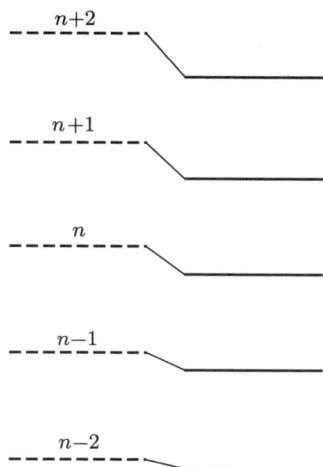

图 11–3　H_0 的能级 (虚线) 和 H 的能级 (实线). 在微扰 W 的影响下, H_0 的每个能级都向下偏移, n 的值越大, 偏移也越大.

c. 应用: 双原子分子的振动的非谐性

[1117]

在补充材料 A_V 中, 我们曾经证明, 一个异极双原子分子可以吸收或发射电磁波, 其频率等于分子的两个核围绕它们的平衡位置而振动的频率. 用 x 表示两个核相对于它们的平衡位置 r_e 的位移 $r - r_e$, 则可将分子的电偶极矩写作:

$$D(x) = d_0 + d_1 x + \cdots \tag{30}$$

这个偶极子的振动频率就是可能出现在 $\langle X \rangle(t)$ 的表示式中的玻尔频率. 就一个谐振子而言, X 所满足的选择定则是只有一个玻尔频率, 即频率 $\omega/2\pi$ (参看补充材料 A_V).

考虑到微扰 W, 振子的态 $|\varphi_n\rangle$ 是受 "沾染" 的 [参看 (29) 式], X 关联着态 $|\psi_n\rangle$ 和态 $|\psi_{n'}\rangle$), 这里 $n' - n \neq \pm 1$; 因此, 分子可以吸收或发射新的频率.

为了更详细地分析这个现象, 我们假设最初分子处在其振动基态 $|\psi_0\rangle$ (实际情况总是这样的, 因为对于常温 T, $\hbar\omega \gg kT$). 利用 (29) 式, 我们可以算出 $\widehat{X}$ 在态 $|\psi_0\rangle$ 和任意态 $|\psi_n\rangle$ 之间的矩阵元到 σ 的一次幂[①]. 简单的计算给出下列矩阵元 (到 σ 的一次幂, 其他矩阵元都等于零):

$$\langle \psi_1 | \widehat{X} | \psi_0 \rangle = \frac{1}{\sqrt{2}} \tag{31-a}$$

$$\langle \psi_2 | \widehat{X} | \psi_0 \rangle = \frac{1}{\sqrt{2}} \sigma \tag{31-b}$$

---

① 在计算中保留高于一次的项是不合理的, 因为展开式 (29) 只对 σ 的一次幂才能成立.

$$\langle \psi_0 | \widehat{X} | \psi_0 \rangle = -\frac{3}{2}\sigma \tag{31-c}$$

由此可以算出在吸收中观察到的从基态开始的跃迁频率. 当然, 我们又得到:

$$\nu_1 = \frac{E_1 - E_0}{h} \tag{32-a}$$

这个频率是以最大的强度出现的, 这是因为, 按 (31-a) 式, $\langle \psi_1 | \widehat{X} | \psi_0 \rangle$ 对 σ 而言是零级的; 另一个频率为:

$$\nu_2 = \frac{E_2 - E_0}{h} \tag{32-b}$$

它的强度非常微弱 [参看 (31-b) 式], 我们通常称它为二次谐波 (虽然它并不严格等于 ν_1 的二倍).

[1118]　　　**附注:**

(31-c) 式表明, $\widehat{X}$ 在基态的平均值并不为零. 这个结果很容易从图 11-2 来理解. 实际上, 振动对于 O 点不再是对称的. 若 σ 是负的 (即图 11-2 的情况), 振子在 $x > 0$ 的区域中比在 $x < 0$ 的区域中耗费更多的时间, 而 X 的平均值应该是正的; 这样便可以理解 (31-c) 式中的符号.

前面的计算只在吸收谱中揭示出一条新的谱线. 其实, 我们还可以将微扰计算推进到 σ 的高次幂, 并且考虑到偶极矩 $D(x)$ 的展开式 (30) 中的以后各项, 以及势函数在 $x = 0$ 附近的展开式中的 x^4 项、x^5 项、$\cdots$. 这样, 我们将会发现所有的频率:

$$\nu_n = \frac{E_n - E_0}{h} \tag{33}$$

(其中 $n = 3, 4, 5, \cdots$) 都出现在分子的吸收谱中 (n 越大, 强度越弱). 这个结果最终给出图 11-4 中的谱, 这也是我们实际观察到的情况. 我们注意, 图 11-4 中的各条谱线并不是间距的; 根据公式 (28), 有:

[1119]
$$\nu_1 - 0 = \frac{E_1 - E_0}{h} = \frac{\omega}{2\pi}\left(1 - \frac{15}{2}\sigma^2\right) \tag{34}$$

$$\nu_2 - \nu_1 = \frac{E_2 - E_1}{h} = \frac{\omega}{2\pi}(1 - 15\sigma^2) \tag{35}$$

$$\nu_3 - \nu_2 = \frac{E_3 - E_2}{h} = \frac{\omega}{2\pi}\left(1 - \frac{45}{2}\sigma^2\right) \tag{36}$$

由此得到下列关系:

$$(\nu_2 - \nu_1) - \nu_1 = (\nu_3 - \nu_2) - (\nu_2 - \nu_1) = -\frac{15\omega}{4\pi}\sigma^2 \tag{37}$$

从此式可以看出, 精确研究吸收谱中各谱线的位置有助于确定参变量 σ.

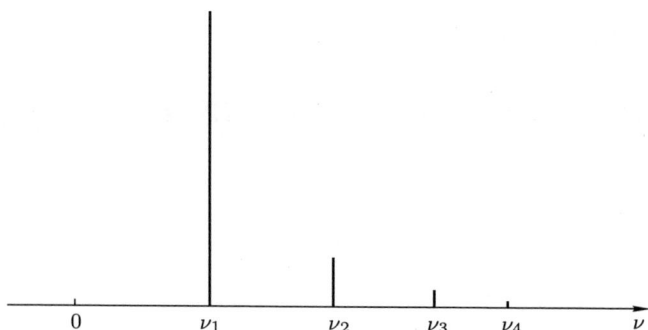

图 11-4 异极双原子分子的振动谱. 由于势的非谐性以及分子的偶极矩 $D(x)$ 按 x (两原子间的距离) 的幂次的展开式中的高次项, 除了基频 ν_1 之外, 还出现一系列 "谐波" 频率 $\nu_2, \nu_3, \cdots, \nu_n, \cdots$. 但对应的各条谱线并不是等间距的, 它们的强度随 n 的增大而迅速减小.

附注:

(i) 补充材料 F$_{VII}$ 的 (52) 式中的常数 ξ 可以用本文的 (27) 式来估算. 比较这两个公式 [在 (27) 式中须用 v 代替 n], 便得到:

$$\xi = -\frac{15}{4}\sigma^2 \tag{38}$$

但是 F$_{VII}$ 中的微扰势为 $-gx^3$, 而在本文中则为 $\sigma\hbar\omega\hat{x}^3$, 这就是:

$$\sigma\left(\frac{m^3\omega^5}{\hbar}\right)^{\frac{1}{2}} x^3 \tag{39}$$

于是可知:

$$\sigma = -g\left(\frac{\hbar}{m^3\omega^5}\right)^{\frac{1}{2}} \tag{40}$$

将此式代入 (38) 式, 最后得到:

$$\xi = -\frac{15}{4}\frac{g^2\hbar}{m^3\omega^5} \tag{41}$$

(ii) 在势函数于 $x = 0$ 附近的展开式中, x^4 项比 x^3 项小得多, 但它却导致能量的一级修正, 而 x^3 项仅导致二级修正 (参看上面的 §3-b-β). 因此, 若要精确研究图 11-4 中的谱, 我们就必须同时估算这两种修正 (它们是可以比拟的).

参考文献和阅读建议:

双原子分子的振动的非谐性: Herzberg (12.4), 第 I 卷, 第 III 章, §2.

[1120]
补充材料 B_{XI}

两个自旋 1/2 的粒子的磁偶极子之间的相互作用

本文打算利用定态微扰理论来研究一个体系的能级, 此体系是处在静磁场 B_0 中的两个自旋 1/2 的粒子, 两者间有磁偶极–偶极相互作用.

这一类体系是实际存在的. 例如, 在石膏 ($CaSO_4, 2H_2O$) 单晶中, 每个结晶水分子中的两个质子在空间占据着固定的位置, 它们之间的偶极–偶极相互作用导致核磁共振谱的精细结构.

在氢原子中, 电子自旋与质子自旋之间也存在着偶极–偶极相互作用. 但在这种体系中, 一个粒子有相对于另一个粒子的位移, 我们将会看到, 在基态 $1s$ 中, 由于对称, 偶极–偶极相互作用的影响为零. 因此, 在这个态, 我们观察到超精细结构是因别的相互作用 (接触相互作用; 参看第十二章 §B-2 和 §D-2 以及补充材料 A_{XII}) 产生的.

1. 相互作用哈密顿算符 W

a. 哈密顿算符 W 的形式. 物理解释

设 S_1 和 S_2 是粒子 (1) 和 (2) 的自旋, M_1 和 M_2 是对应的磁矩:

$$M_1 = \gamma_1 S_1$$
$$M_2 = \gamma_2 S_2 \qquad (1)$$

[γ_1 和 γ_2 是粒子 (1) 和 (2) 的旋磁比].

我们将磁矩 M_2 与它所在处的磁场 (由 M_1 所产生) 之间的相互作用记作 W, 用 n 表示两粒子间联结线上的单位矢, 用 r 表示两粒子间的距离 (图 11–5), 则可将 W 写作:

$$W = \frac{\mu_0}{4\pi}\gamma_1\gamma_2\frac{1}{r^3}[\boldsymbol{S}_1 \cdot \boldsymbol{S}_2 - 3(\boldsymbol{S}_1 \cdot \boldsymbol{n})(\boldsymbol{S}_2 \cdot \boldsymbol{n})] \tag{2}$$

导出此式的计算和补充材料 C_{XI} 中的计算完全相同, 不过那里的结果是两个电偶极子之间的相互作用 (见 224 页).　　　　　　　　　　　　　　　[1121]

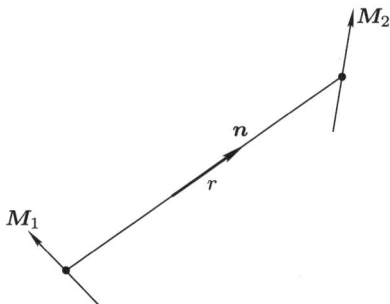

图 11–5　粒子 (1) 和粒子 (2) 的磁矩 M_1 和 M_2 的相对布局 (r 是两粒子间的距离, n 是两粒子间联结线上的单位矢).

b. W 的等价表示式

用 θ 和 φ 表示 n 的极角. 若令

$$\xi(r) = -\frac{\mu_0}{4\pi}\frac{\gamma_1\gamma_2}{r^3} \tag{3}$$

便很容易得到:

$$
\begin{aligned}
W &= \xi(r)\{3[S_{1z}\cos\theta + \sin\theta(S_{1x}\cos\varphi + S_{1y}\sin\varphi)] \\
&\quad \times [S_{2z}\cos\theta + \sin\theta(S_{2x}\cos\varphi + S_{2y}\sin\varphi)] - \boldsymbol{S}_1 \cdot \boldsymbol{S}_2\} \\
&= \xi(r)\Big\{3\left[S_{1z}\cos\theta + \frac{1}{2}\sin\theta(S_{1+}\mathrm{e}^{-\mathrm{i}\varphi} + S_{1-}\mathrm{e}^{\mathrm{i}\varphi})\right] \\
&\quad \times \left[S_{2z}\cos\theta + \frac{1}{2}\sin\theta(S_{2+}\mathrm{e}^{-\mathrm{i}\varphi} + S_{2-}\mathrm{e}^{\mathrm{i}\varphi})\right] - \boldsymbol{S}_1 \cdot \boldsymbol{S}_2\Big\}
\end{aligned}
\tag{4}
$$

此式又可写作:

$$W = \xi(r)[T_0 + T_0' + T_1 + T_{-1} + T_2 + T_{-2}] \tag{5}$$

其中

$$\begin{cases}
T_0 = (3\cos^2\theta - 1)S_{1z}S_{2z} \\
T_0' = -\dfrac{1}{4}(3\cos^2\theta - 1)(S_{1+}S_{2-} + S_{1-}S_{2+}) \\
T_1 = \dfrac{3}{2}\sin\theta\cos\theta e^{-i\varphi}(S_{1z}S_{2+} + S_{1+}S_{2z}) \\
T_{-1} = \dfrac{3}{2}\sin\theta\cos\theta e^{i\varphi}(S_{1z}S_{2-} + S_{1-}S_{2z}) \\
T_2 = \dfrac{3}{4}\sin^2\theta e^{-2i\varphi}S_{1+}S_{2+} \\
T_{-2} = \dfrac{3}{4}\sin^2\theta e^{2i\varphi}S_{1-}S_{2-}
\end{cases} \tag{6}$$

[1122]　　　　(5) 式中的每一个 T_q 项 (或 T_q' 项), 按 (6) 式, 都是两个因子的乘积, 前一个因子是 θ 与 φ 的函数, 正比于二阶球谐函数 Y_2^q, 后一个因子是只对自旋自由度起作用的算符 [(6) 式中的空间算符和自旋算符都是二阶张量, 因此, 我们常称 W 为 "相互作用张量"].

c. 选择定则

r, θ 和 φ 是与粒子 (1) 和 (2) 的体系相联系的相对粒子的球坐标, 算符 W 只作用于这些变量及两粒子的自旋自由度. 假设 $\{|\varphi_{n,l,m}\rangle\}$ 是相对粒子的态空间 $\mathscr{E}_r$ 中的一个标准基, $\{|\varepsilon_1, \varepsilon_2\rangle\}$ 是自旋态空间中由 S_{1z} 和 S_{2z} 的共同本征矢构成的一个基 $(\varepsilon_1 = \pm, \varepsilon_2 = \pm)$. 我们可以取 $\{|\varphi_{n,l,m}\rangle \otimes |\varepsilon_1, \varepsilon_2\rangle\}$ 作为算符 W 在其中起作用的态空间中的基, 在这个基中, 利用 (5) 式和 (6) 式, 很容易求得 W 的矩阵元所应满足的选择定则.

α. 自旋自由度

—T_0 既不改变 ε_1 也不改变 ε_2.

—T_0' 使两个自旋反向:

$$|+, -\rangle \to |-, +\rangle \quad \text{和} \quad |-, +\rangle \to |+, -\rangle$$

—T_1 使两个自旋之一指向上:

$$|-, \varepsilon_2\rangle \to |+, \varepsilon_2\rangle \quad \text{或} \quad |\varepsilon_1, -\rangle \to |\varepsilon_1, +\rangle$$

—T_{-1} 使两个自旋之一指向下:

$$|+, \varepsilon_2\rangle \to |-, \varepsilon_2\rangle \quad \text{或} \quad |\varepsilon_1, +\rangle \to |\varepsilon_1, -\rangle$$

— 最后, T_2 和 T_{-2} 分别使两个自旋向上和向下:

$$|-, -\rangle \to |+, +\rangle \quad \text{和} \quad |+, +\rangle \to |-, -\rangle$$

β. 轨道自由度

计算 $\xi(r)T_q$ 在态 $|\varphi_{n,l,m}\rangle$ 和态 $|\varphi_{n',l',m'}\rangle$ 之间的矩阵元时, 我们将会遇到角向积分:

$$\int Y_{l'}^{m'*}(\theta,\varphi)Y_2^q(\theta,\varphi)Y_l^m(\theta,\varphi)\mathrm{d}\Omega \tag{7}$$

根据补充材料 C_X 中的结果, 这个积分只在:

$$l' = l, l-2, l+2 \tag{8-a}$$

$$m' = m + q \tag{8-b}$$

时, 才不等于零. 注意, $l = l' = 0$ 的情况虽然与 (8) 式并不抵触, 但却应予排除; [1123] 这是因为, 我们应该能够以 $l, l', 2$ 为边构成一个三角形, 这在 $l = l' = 0$ 时是做不到的; 可见一定要取:

$$l, l' \geqslant 1 \tag{8-c}$$

2. 偶极–偶极相互作用对两个固定粒子的塞曼次能级的影响.

在这一段中, 我们假设两个粒子在空间固定, 于是只需将自旋自由度量子化而将 r, θ, φ 看作给定的参变量.

假设两粒子处在平行于 Oz 轴的静磁场 $\boldsymbol{B}_0$ 中, 于是可将描述两个自旋磁矩与 $\boldsymbol{B}_0$ 之间的相互作用的塞曼哈密顿算符 H_0 写作:

$$H_0 = \omega_1 S_{1z} + \omega_2 S_{2z} \tag{9}$$

其中

$$\omega_1 = -\gamma_1 B_0$$
$$\omega_2 = -\gamma_2 B_0 \tag{10}$$

存在着偶极–偶极相互作用 W 时, 体系的总哈密顿算符 H 变为:

$$H = H_0 + W \tag{11}$$

我们假设磁场 B_0 充分强, 从而可将 W 作为微扰来处理.

a. 两粒子具有不同磁矩的情况

α. 塞曼能级和没有相互作用时的磁共振谱

根据 (9) 式, 我们有:

$$H_0|\varepsilon_1,\varepsilon_2\rangle = \frac{\hbar}{2}(\varepsilon_1\omega_1 + \varepsilon_2\omega_2)|\varepsilon_1,\varepsilon_2\rangle \tag{12}$$

图 11-6-a 表示没有偶极–偶极相互作用时两个自旋的体系的能级 (设 $\omega_1 > \omega_2 > 0$). 由于 $\omega_1 \neq \omega_2$, 这些能级都是非简并的.

如果给体系施加一个平行于 Ox 轴的射谱磁场 $\boldsymbol{B}_1 \cos \omega t$, 我们将观察到一系列磁共振线. 这些共振频率对应于在 $\langle \gamma_1 S_{1x} + \gamma_2 S_{2x} \rangle$ 的演变中可能出现的玻尔频率 (射频场实际上是与总磁矩在 Ox 轴上的分量相互作用). 图 11-6-a 中的实 (虚) 线箭头所联系的是 $S_{1x}(S_{2x})$ 在其间具有非零矩阵元的能级. 我们看到 (图 11-7-a), 出现两个不同的玻尔角频率 ω_1 和 ω_2, 它们实际上对应于自旋 (1) 和自旋 (2) 各自的共振.

[1124]

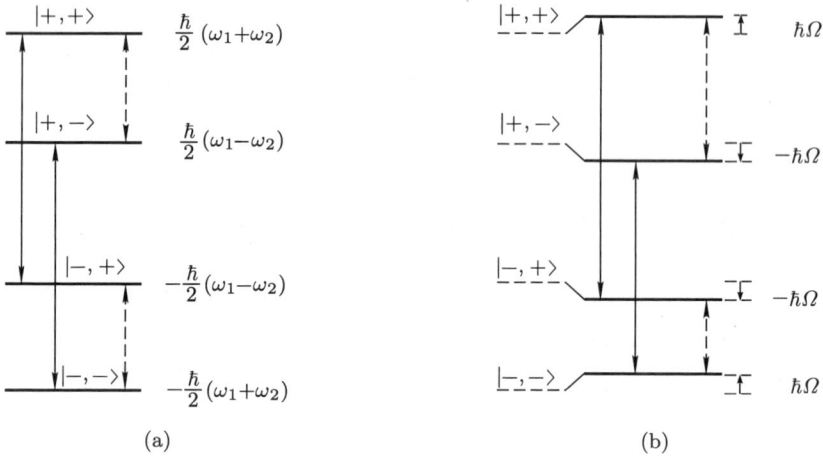

(a)　　　　　　　　　　　　　　　(b)

图 11-6　在平行于 Oz 轴的静磁场 $\boldsymbol{B}_0$ 中的两个自旋 1/2 的粒子的能级. 假设两个拉莫尔角频率 $\omega_1 = -\gamma_1 B_0$ 和 $\omega_2 = -\gamma_2 B_0$ 不相等.

图 a 中的能级是不考虑两个自旋间的偶极–偶极相互作用 W 时算出的.

图 b 表示考虑到这种相互作用后的结果. 各能级都发生了偏移, 这些偏移的近似值 (计算到 W 的第一级) 标记在图的右侧. 实线箭头所联系的是 S_{1x} 在其间具有非零矩阵元的能级, 虚线箭头所联系的是 S_{2x} 在其间具有非零矩阵元的能级.

[1125]　　β. 相互作用引起的修正

图 11-6-a 中的各能级都是非简并的, 因此, 计算 W 的对角元 $\langle \varepsilon_1, \varepsilon_2 | W | \varepsilon_1, \varepsilon_2 \rangle$ 就可以得到 W 在一级修正中的影响. 由 (5) 式和 (6) 式可以明显看出, 只有 T_0 项对此矩阵元的贡献不等于零, 结果为:

$$\langle \varepsilon_1, \varepsilon_2 | W | \varepsilon_1, \varepsilon_2 \rangle = \xi(r)(3\cos^2\theta - 1)\frac{\varepsilon_1 \varepsilon_2 \hbar^2}{4} = \varepsilon_1 \varepsilon_2 \hbar \Omega \tag{13}$$

其中

$$\Omega = \frac{\hbar}{4}\xi(r)(3\cos^2\theta - 1) = \frac{-\hbar \mu_0}{16\pi}\frac{\gamma_1 \gamma_2}{r^3}(3\cos^2\theta - 1) \tag{14}$$

(a)

(b)

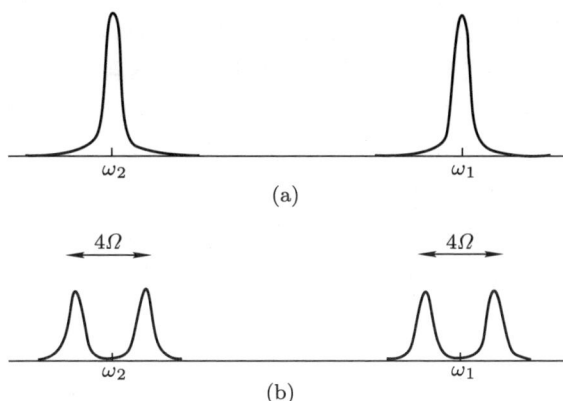

图 11-7　在 $\langle S_{1x} \rangle$ 和 $\langle S_{2x} \rangle$ 的演变中出现的玻尔频率确定了在两个自旋的体系中观察到的磁共振线的位置 (对应于图 11-6 中的箭头所标志的跃迁).

没有偶极–偶极相互作用时, 出现两条共振线, 各对应于一个自旋 (图 a). 偶极–偶极相互作用使这两条线都变成了双线 (图 b).

因为 W 甚小于 H_0, 故有:

$$\Omega \ll \omega_1 - \omega_2 \tag{15}$$

由此可以立即算出 (到 W 的第一级) 各能级的偏移: 对于 $|+, +\rangle$ 和 $|-, -\rangle$, 偏移为 $\hbar\Omega$; 对于 $|+, -\rangle$ 和 $|-, +\rangle$, 偏移为 $-\hbar\Omega$ (图 11-6-b).

现在, 图 11-7-a 的磁共振谱有什么变化呢? 如果我们所考察的只是强度对 W 而言属于零级的那些谱线 (也就是这样一些谱线, 它们在 $W \to 0$ 时趋向图 11-6-a 中的谱线), 那么, 为了计算在 $\langle S_{1x} \rangle$ 中和 $\langle S_{2x} \rangle$ 中出现的玻尔频率, 只需使用零级本征矢的表示式[①]. 因此, 这里涉及的仍是同样的跃迁 (试对比图 11-6-a 和 b 中的箭头). 但是, 我们看到, 无耦合时对应于角频率 ω_1 的两条谱线 (实线箭头标志的跃迁) 现在却具有不同的角频率: $\omega_1 + 2\Omega$ 和 $\omega_1 - 2\Omega$; 类似地, 对应于 ω_2 的两条谱线 (虚线箭头标志的谱线) 现在则具有角频率 $\omega_2 + 2\Omega$ 和 $\omega_2 - 2\Omega$. 于是, 磁共振谱现在分裂为以 ω_1 和 ω_2 为中心的两条 "双线", 每条双线中的两个成分之间的间隔都等于 4Ω (图 11-7-b).

由此可见, 由于偶极–偶极相互作用, 磁共振谱出现精细结构, 对此我们可给予简单的物理解释. 与自旋 S_1 相联系的磁矩 M_1 在粒子 (2) 的位置上产生一个 "局部场" b. 我们已假设 B_0 很强, 因此, S_1 围绕着 Oz 轴高速地进动, 既然如此, 我们可以只用 S_{1z} 来进行分析 (其他分量产生的局部场振荡速度太高以致没有显著的影响). 从而, 视自旋态为 $|+\rangle$ 或 $|-\rangle$, 也就是说, 视自旋向上

　　[①] 如果使用对于 W 的更高级的本征矢表示式, 那么, 将会出现强度更弱的其他谱线 (当 $W \to 0$ 时, 这些谱线消失).

[1126]　或是向下, 局部场 $\boldsymbol{b}$ 不会指向同一个方向. 由此可以推知, 粒子 (2) 所 "看到" 的总的场, 即 $\boldsymbol{B}_0$ 与 $\boldsymbol{b}$ 之和, 可以取两个可能值[1]. 这就说明了对于自旋 (2) 为什么会出现两个共振频率. 同样的理由当然也可以说明以 ω_1 为中心的双线的成因.

b. 两粒子具有相等磁矩的情况

α. 没有相互作用时的塞曼能级和磁共振谱

在 ω_1 与 ω_2 相等的情况下, 公式 (12) 仍然有效, 于是可以令:

$$\omega_1 = \omega_2 = \omega = -\gamma B_0 \tag{16}$$

[1127]　这种情况下的能级示于图 11–8–a. 上面的能级 $|+, +\rangle$ 和下面的能级 $|-, -\rangle$ (能量分别为 $\hbar\omega$ 和 $-\hbar\omega$) 都是非简并的. 反之, 能量为 0 的中间能级则是二重简并的, 与它对应着两个本征态 $|+, -\rangle$ 和 $|-, +\rangle$.

求出在 $\langle S_{1x} + S_{2x} \rangle$ 的演变中出现的玻尔频率, 就可以得到磁共振线的频率 (现在, 总磁矩正比于总自旋 $\boldsymbol{S} = \boldsymbol{S}_1 + \boldsymbol{S}_2$). 我们不难得到图 11–8–a 中用箭头标志的四种跃迁, 它们对应于唯一的角频率 ω; 据此, 最后便得到图 11–9–a 中的谱.

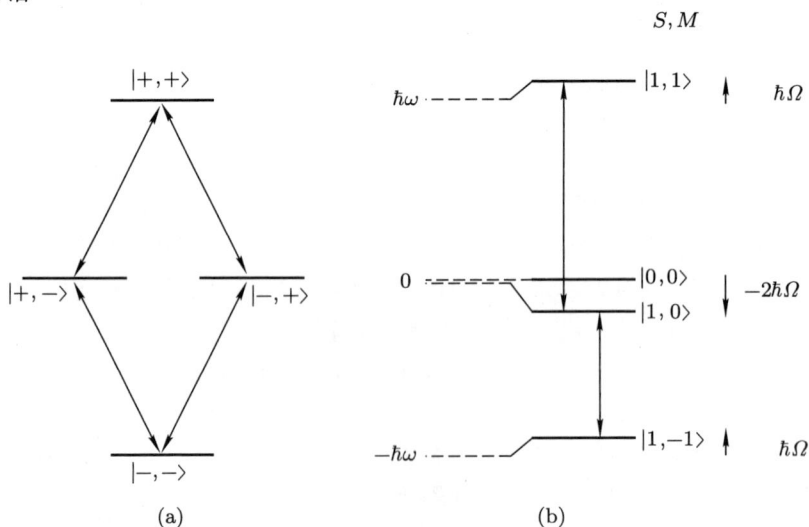

(a)　　　　　　　　　　　　　(b)

图 11–8　假设自旋 1/2 的两个粒子具有相同的磁矩, 因而也具有同一个拉莫尔角频率 $\omega = -\gamma B_0$.

没有偶极–偶极相互作用时, 有三个能级, 其中之一是二重简并的 (图 a). 在偶极–偶极相互作用的影响下 (图 b), 上述能级都发生偏移; 偏移的近似值 (计算到 W 的第一级) 标记在图的右侧. 就 W 的零级而言, 诸定态都是总自旋的本征态 $|S, M\rangle$. 箭头所联系的是 $S_{1x} + S_{2x}$ 在其间具有非零矩阵元的能级.

[1] 由于 $|\boldsymbol{B}_0| \gg |\boldsymbol{b}|$, 只有 $\boldsymbol{b}$ 在 $\boldsymbol{B}_0$ 方向上的分量才是重要的.

(a)   (b)

图 11–9 设体系为处在静磁场 B_0 中的旋磁比相同的两个自旋 1/2, 从此体系可观察到的磁共振谱.

没有偶极–偶极相互作用时, 只有一条共振线 (图 a). 存在着偶极–偶极相互作用时 (图 b), 上述谱线分裂为双线, 其中两个成分之间的间隔 6Ω 正比于 $3\cos^2\theta - 1$, 此处 θ 为静磁场 B_0 与两粒子联线之间的夹角.

β. 相互作用引起的修正

非简并能级 $|+, +\rangle$ 和 $|-, -\rangle$ 的偏移可用上面的方法求出, 结果都是 $\hbar\Omega$ [但在 Ω 的表示式 (14) 中须用 γ 去代替 γ_1 和 γ_2].

中间能级是二重简并的, 因此, 须将在子空间 $\{|+, -\rangle, |-, +\rangle\}$ 内表示 W 的限制算符的矩阵对角化, 才能求得 W 对这个能级的影响, 对角元的计算方法和上面的相同, 结果是:

$$\langle +, -|W|+, -\rangle = \langle -, +|W|-, +\rangle = -\hbar\Omega \tag{17}$$

至于非对角元 $\langle +, -|W|-, +\rangle$, 从 (5) 式和 (6) 式不难看出, 只有 T'_0 项对它有贡献:

$$\begin{aligned} \langle +, -|W|-, +\rangle &= -\frac{\xi(r)}{4}(3\cos^2\theta - 1) \\ &\quad \times \langle +, -|(S_{1+}S_{2-} + S_{1-}S_{2+})|-, +\rangle \\ &= -\xi(r)\frac{\hbar^2}{4}(3\cos^2\theta - 1) = -\hbar\Omega \end{aligned} \tag{18}$$

于是, 现在应将矩阵 [1128]

$$-\hbar\Omega \begin{pmatrix} 1 & 1 \\ 1 & 1 \end{pmatrix} \tag{19}$$

对角化, 此矩阵的本征值为 $-2\hbar\Omega$ 和 0, 与它们相联系的本征矢分别为 $|\psi_1\rangle = \frac{1}{\sqrt{2}}(|+, -\rangle + |-, +\rangle)$ 和 $|\psi_2\rangle = \frac{1}{\sqrt{2}}(|+, -\rangle - |-, +\rangle)$.

图 11–8–b 表示两个耦合自旋的体系的能级, 能量值确定到 W 的第一级, 本征态是零级的.

我们注意到, 这些本征态正是 S^2 和 S_z 的共同本征态 $|S, M\rangle$, 这里 $S = S_1 + S_2$ 总自旋. 和 S^2 对易的算符 S_x 只能耦合三重态中的 $|1, 0\rangle$ 和 $|1, 1\rangle$ 以

及 $|1,0\rangle$ 和 $|1,-1\rangle$, 于是形成图 11-8-b 中箭头所示的两种跃迁, 与此对应的玻尔频率为 $\omega+3\Omega$ 和 $\omega-3\Omega$. 因此, 磁共振谱中有一条中心在 ω 的双线, 它的两个成分之间的间隔等于 6Ω (图 11-9-b).

c. 应用: 石膏的磁共振谱

上面 §b 中研究的情况对应于石膏单晶 $(CaSO_4, 2H_2O)$ 的一个结晶水分子中的两个质子的情况: 这两个质子的磁矩是全同的, 我们可以认为两者在晶体中占据着固定的空间位置. 此外, 这两个质子间的距离比它们到别的水分子中的质子的距离小得多, 而偶极-偶极相互作用则随距离的增加而迅速减小 (按 $1/r^3$ 的规律), 因此, 不同的水分子的质子之间的相互作用可以忽略不计.

我们实际观察到的磁共振谱中有一条双线[1], 它的两个成分的间隔依赖于磁场 B_0 和两质子联线之间的夹角 θ. 如果使晶体相对于磁场 B_0 旋转, 则角度 θ 就要改变, 双线的两成分的间隔也将随着改变. 因此, 研究这个间隔的变化, 我们就可以确定水分子相对于晶轴的位置.

如果我们研究的样品不是单晶, 而是具有多种取向的微小单晶的粉末, 则 θ 可取一切可能的数值. 于是我们将观察到一条宽线, 这是间隔不等的许多双线叠加的结果.

3. 束缚态中相互作用的影响

现在假设粒子 (1) 和 (2) 并未固定, 可以有相对运动.

例如, 我们来考察一个质子和一个电子构成的氢原子. 如果只考虑静电力, 则该原子 (在质心系中) 的基态由用量子数 $n=1, l=0, m=0$ 为标志的右矢 $|\varphi_{1,0,0}\rangle$ 来描述 (参看第七章). 质子和电子都是自旋为 $1/2$ 的粒子. 因此, 基态能级是四重简并的, 在对应的子空间中, 一个可能的基由下列四个矢量

[1129]

$$\{|\varphi_{1,0,0}\rangle \otimes |\varepsilon_1, \varepsilon_2\rangle\} \tag{20}$$

构成, 其中 ε_1 和 ε_2 (等于 + 或 −) 分别为算符 S_z 和 I_z 的本征值 (S 是电子的自旋, I 是质子的自旋).

对于这个基态, S 和 I 之间的偶极-偶极相互作用有什么影响呢? 和 $1s$ 态与激发态之间的能量差相比, W 的矩阵元是很小的, 因此, 我们可以用微扰理论来计算 W 的影响. 将矩阵元为 $\langle\varphi_{1,0,0}\varepsilon'_1\varepsilon'_2|W|\varphi_{1,0,0}\varepsilon_1\varepsilon_2\rangle$ 的 4×4 矩阵对角化, 就可以得到结果. 根据 (5) 式和 (6) 式, 这些矩阵元的计算涉及下列形式的角向积分:

$$\int Y_0^{0*}(\theta,\varphi)Y_2^q(\theta,\varphi)Y_0^0(\theta,\varphi)\mathrm{d}\Omega \tag{21}$$

---

[1] 实际上, 石膏单晶中有取向不同的两种水分子, 因此, 对应于 θ 的两个可能值, 存在着两条双线.

根据前面 §1–c 中建立的选择定则, 这个积分等于零 [在这里的特殊情况下, 要证明积分 (21) 等于零是很简单的; 实际上, Y$_0^0$ 是个常数, 故 (21) 式正比于 Y$_2^q$ 和 Y$_0^0$ 的标量积, 根据球谐函数的正交关系, 结果为零].

由此可见, 就一级修正而言, 偶极 – 偶极相互作用对基态能量没有影响. 但这种相互作用却影响到 $l \geqslant 1$ 的激发态的 (超精细) 结构. 因为这时我们应该计算矩阵元 $\langle \varphi_{n,l,m'} \varepsilon_1' \varepsilon_2' | W | \varphi_{n,l,m} \varepsilon_1 \varepsilon_2 \rangle$, 也就是要计算积分:

$$\int Y_l^{m'*}(\theta, \varphi) Y_2^q(\theta, \varphi) Y_l^m(\theta, \varphi) \mathrm{d}\Omega$$

根据 (8–c) 式, 只要 $l \geqslant 1$, 它并不等于零.

参考文献和阅读建议:

刚性晶格中两个自旋间的偶极相互作用在核磁共振实验中的显示: Abragam (14.1), 第 IV 章, §II 和第 VII 章, §IA; Slichter (14.2), 第 3 章; Pake (14.6).

[1130]　　# 补充材料 C_{XI}

范德瓦尔斯力

　　两个中性原子间的作用力是随着两原子间的距离 R 的数量级改变的.

　　例如, 我们来考虑两个氢原子, 当 R 大约等于原子线度时 (即具有玻尔半径 a_0 的数量级时), 电子波函数互相覆盖, 两个氢原子互相吸引, 因为它们倾向于结合成分子 H_2, 也就是说, 在距离 R 为某一数值 R_e 时, 体系的势能为极小值①. 这种吸引力的物理原因, 即化学键的物理原因在于: 电子可在两原子间振荡 (参看第四章的 §C–2–c 和 §C–3–d), 也就是说, 两个电子的定态波函数不再仅仅定域在哪一个核的周围, 这样将使基态能量降低 (参看补充材料 G_{XI}).

　　距离较大时, 现象就完全改观了: 电子不再可能从一个原子过渡到另一个原子, 这是因为这种过程的概率幅是随波函数的覆盖程度一起减小的, 也就是按指数规律随距离增大而减小. 因此, 占优势的影响来自两个中性原子的电偶极矩之间的静电相互作用, 它导致一个总的吸引能, 这个能量不是按指数规律而是按 $1/R^6$ 的规律减小. 这就是本文打算用定态微扰理论来研究的范德瓦尔斯力的起因 (为简单起见, 我们只讨论两个氢原子的情况).

　　必须明确, 范德瓦尔斯力和相应于化学键的力本质上是一致的: 基本的哈密顿算符都是静电性的. 足以确定和区分这两种力的因素只有一个, 就是两个原子的体系的量子定态能量值随 R 变化的规律.

---

　　① 距离太短, 总是两核之间的斥力占优势.

在物理化学中, 特别是在所考虑的两原子没有价电子的情况下, 范德瓦尔 [1131]
斯力具有重要意义 (稀有气体原子间的力, 稳定分子间的力等等). 实际气体的
行为和理想气体的行为之间的差异也部分地与这种力有关. 最后, 我们曾经说
过, 这是一种远程力, 由于这个原因, 胶体的稳定性也与这种力有关.

我们首先 (§1) 确定两个中性氢原子之间的偶极 – 偶极相互作用哈密顿算
符的表示式. 利用这个算符就可以研究 $1s$ 态的两个原子之间 (§2) 或一个 $2p$
态原子和一个 $1s$ 态原子之间 (§3) 的范德瓦尔斯力. 最后 (§4), 我们将证明, 一
个 $1s$ 态的氢原子受到它在理想导体壁中的电像的吸引.

1. 两个氢原子间的静电相互作用哈密顿算符

a. 符号

假设两个氢原子中的两个质子固定在 A 点和 B 点 (图 11–10).

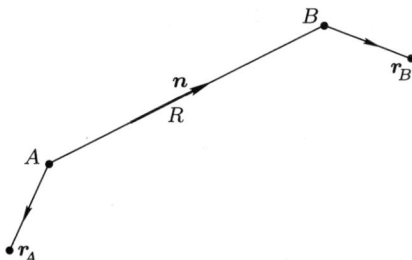

图 11–10　两个氢原子的相对位置. R 是位于 A 点和 B 点处的两个质子之间的距离, 两
质子联线上的单位矢为 n; r_A 和 r_B 分别表示两个电子相对于 A 点和 B 点的位置矢.

现令:

$$R = OB - OA \tag{1}$$

$$R = |R| \tag{2}$$

$$n = \frac{R}{|R|} \tag{3}$$

R 是两原子间的距离, n 是两原子联线上的单位矢, r_A 表示原子 (A) 的电子 [1132]
对于 A 点的位置矢, r_B 表示原子 (B) 的电子对于 B 点的位置矢. 我们用:

$$\mathscr{D}_A = q r_A \tag{4}$$

$$\mathscr{D}_B = q r_B \tag{5}$$

表示两原子的电偶极矩 (q 是电子的电荷).

在本文中, 假设

$$R \gg |r_A|, |r_B| \tag{6}$$

因此两原子中的电子 (虽是全同粒子) 相距也很远, 它们的波函数没有交叠, 于是也不必应用对称化假定 (参看第十四章 §D–2–b).

b. 静电相互作用能的计算

原子 (A) 在原子 (B) 处产生一个静电势 U, 于是 (B) 的电荷与它有相互作用, 这样便出现一个相互作用能 $\mathscr{W}$.

在补充材料 $\mathrm{E_X}$ 中我们已经看到, 可以通过原子 (A) 的多极矩以及 R 和 $\boldsymbol{n}$ 来计算 U. 由于 (A) 是中性的, 对于 U 的最重要的贡献来自电偶极矩 $\mathscr{D}_A$. 同样, 由于 (B) 是中性的, $\mathscr{W}$ 中最重要的项来自 (B) 的偶极矩 $\mathscr{D}_B$ 和主要由 $\mathscr{D}_A$ 产生的电场 $\boldsymbol{E} = -\nabla U$ 之间的相互作用, 这就说明了为什么将 $\mathscr{W}$ 中最重要的项叫做 "偶极–偶极相互作用". 当然, 还有一些较小的项 (偶极–四极项, 四极–四极项等等), 实际上, 应将 $\mathscr{W}$ 写作:

$$\mathscr{W} = \mathscr{W}_{dd} + \mathscr{W}_{dq} + \mathscr{W}_{qd} + \mathscr{W}_{qq} + \cdots \tag{7}$$

为了计算 $\mathscr{W}_{dd}$, 我们的出发点是 $\mathscr{D}_A$ 产生在 (B) 处的静电势表示式:

$$U(\boldsymbol{R}) = \frac{1}{4\pi\varepsilon_0} \frac{\mathscr{D}_A \cdot \boldsymbol{R}}{R^3} \tag{8}$$

由此可以导出:

$$\boldsymbol{E} = -\nabla_{\boldsymbol{R}} U = -\frac{q}{4\pi\varepsilon_0} \frac{1}{R^3}[\boldsymbol{r}_A - 3(\boldsymbol{r}_A \cdot \boldsymbol{n})\boldsymbol{n}] \tag{9}$$

从而有:

$$\mathscr{W}_{dd} = -\boldsymbol{E} \cdot \mathscr{D}_B = \frac{e^2}{R^3}[\boldsymbol{r}_A \cdot \boldsymbol{r}_B - 3(\boldsymbol{r}_A \cdot \boldsymbol{n})(\boldsymbol{r}_B \cdot \boldsymbol{n})] \tag{10}$$

这里已令 $e^2 = q^2/4\pi\varepsilon_0$, 并利用了 $\mathscr{D}_A$ 和 $\mathscr{D}_B$ 的表示式 (4) 和 (5). 在本文中我们取 Oz 轴平行于 $\boldsymbol{n}$, 这样便可将 (10) 式写作:

$$\mathscr{W}_{dd} = \frac{e^2}{R^3}(x_A x_B + y_A y_B - 2z_A z_B) \tag{11}$$

[1133]　　　在量子力学中 $\mathscr{W}_{dd}$ 变为算符 W_{dd}; 在 (11) 式中, 将 $x_A, y_A, \cdots, z_B$ 换为在两个氢原子的态空间 $\mathscr{E}_A$ 和 $\mathscr{E}_B$ 中起作用的对应观察算符 $X_A, Y_A, \cdots, Z_B$[①], 便得到:

$$W_{dd} = \frac{e^2}{R^3}(X_A X_B + Y_A Y_B - 2Z_A Z_B) \tag{12}$$

---

① 在这里并不将两原子平移的外部自由度量子化, 为简单起见, 假设两个质子非常重, 固定不动. 于是 (12) 式中的 R 只是一个参变量而不是观察算符.

2. 两个基态 $1s$ 的氢原子间的范德瓦尔斯力

a. 吸引能 $-C/R^6$ 的存在

α. 计算的原理

体系的哈密顿算符为:

$$H = H_{0A} + H_{0B} + W_{dd} \tag{13}$$

其中 H_{0A} 和 H_{0B} 是孤立原子 (A) 和 (B) 的能量.

没有 W_{dd} 项时, H 的本征态由下列方程:

$$(H_{0A} + H_{0B})|\varphi_{n,l,m}^A; \varphi_{n',l',m'}^B\rangle = (E_n + E_{n'})|\varphi_{n,l,m}^A; \varphi_{n',l',m'}^B\rangle \tag{14}$$

给出, 其中 $|\varphi_{n,l,m}\rangle$ 和 E_n 已经在第七章 §C 中算出. 特别地, 算符 $H_{0A} + H_{0B}$ 的基态为 $|\varphi_{1,0,0}^A; \varphi_{1,0,0}^B\rangle$, 对应于非简并能量 $-2E_I$ (这里不考虑自旋).

现在的问题是要计算这个基态由于 W_{dd} 引起的偏移, 特别是偏移对 R 的依赖关系. 可以说, 这个偏移就代表了两个基态原子的相互作用势能.

由于 W_{dd} 小于 H_{0A} 和 H_{0B}. 我们可以用定态微扰理论来计算它的影响.

β. 一级修正中的偶极–偶极相互作用的影响

一级修正:

$$\varepsilon_1 = \langle \varphi_{1,0,0}^A; \varphi_{1,0,0}^B|W_{dd}|\varphi_{1,0,0}^A; \varphi_{1,0,0}^B\rangle \tag{15}$$

等于零. 实际上, 根据 W_{dd} 的表示式 (12), ε_1 含有形如 $\langle \varphi_{1,0,0}^A|X_A|\varphi_{1,0,0}^A\rangle$ $\langle \varphi_{1,0,0}^B|X_B|\varphi_{1,0,0}^B\rangle$ 的乘积 (以及将 X_A 换成 Y_A, Z_A, 将 X_B 换成 Y_B, Z_B 所得的类似乘积), 但其值为零, 这是因为位置算符的诸分量在原子定态中的平均值都等于零.

附注: [1134]

展开式 (7) 中的其他各项 $W_{dq}, W_{qd}, W_{qq}, \cdots$ 都含有两个多极矩的乘积. 两者之一属于 (A), 另一个属于 (B), 而且两者中至少有一个是高于一级的. 在一级修正中, 这些项的贡献都等于零. 这是因为各项的贡献要通过阶级等于或高于 1 的多极算符在基态的平均值来表示, 但我们知道 (参看补充材料 E$_x$ 的 §2-c), 对于 $l = 0$ 的态, 这样的平均值都等于零 ($C - G$ 系数的三角形法则). 于是, 我们应该计算 W_{dd} 在二级修正中的影响, 这就是对能量的最重要的修正.

γ. 二级修正中的偶极–偶极相互作用的影响

根据第十一章的结果, 可将能量的二级修正写作:

$$\varepsilon_2 = \sum_{\substack{nlm \\ n'l'm'}}{}' \frac{|\langle \varphi_{n,l,m}^A; \varphi_{n',l',m'}^B|W_{dd}|\varphi_{1,0,0}^A; \varphi_{1,0,0}^B\rangle|^2}{-2E_I - E_n - E_{n'}} \tag{16}$$

其中符号 $\sum'$ 表示在求和时应排除 $|\varphi_{1,0,0}^A; \varphi_{1,0,0}^B\rangle$ 这个态①.

由于 W_{dd} 正比于 $1/R^3$, ε_2 便正比于 $1/R^6$. 此外, 因为计算是从基态开始的, 故所有的能量分母都是负的. 由此可见, 由于偶极-偶极相互作用, 出现一个按 $1/R^6$ 变化的负能:

$$\varepsilon_2 = -\frac{C}{R^6} \tag{17}$$

因此, 范德瓦尔斯力是吸引力并按 $1/R^7$ 的规律变化.

最后, 我们来计算基态直到 W_{dd} 的第一级的展开式, 根据第十一章的公式 (B–11), 有:

$$|\psi_0\rangle = |\varphi_{1,0,0}^A; \varphi_{1,0,0}^B\rangle$$
$$+ \sum_{\substack{nlm\\n'l'm'}}' |\varphi_{n,l,m}^A; \varphi_{n',l',m'}^B\rangle \frac{\langle\varphi_{n,l,m}^A; \varphi_{n',l',m'}^B|W_{dd}|\varphi_{1,0,0}^A; \varphi_{1,0,0}^B\rangle}{-2E_I - E_n - E_{n'}} + \cdots \tag{18}$$

附注:

(16) 式和 (18) 式中的矩阵元都含有 $\langle\varphi_{n,l,m}^A|X_A|\varphi_{1,0,0}^A\rangle\langle\varphi_{n',l',m'}^B|X_B|\varphi_{1,0,0}^B\rangle$ 这样的量 (以及将 X_A 和 X_B 换成 Y_A 和 Y_B 或换成 Z_A 和 Z_B 所得的类似的量), 只当 $l=1$ 和 $l'=1$ 时, 这些量才不等于零. 实际上, 这些量正比于角向积分的乘积:

$$\left[\int Y_l^{m*}(\Omega_A)Y_1^q(\Omega_A)Y_0^0(\Omega_A)\mathrm{d}\Omega_A\right] \times \left[\int Y_{l'}^{m'*}(\Omega_B)Y_1^{q'}(\Omega_B)Y_0^0(\Omega_B)\mathrm{d}\Omega_B\right]$$

根据补充材料 C_X 中的结果, 假若 $l \neq 1$ 或 $l' \neq 1$, 这些乘积便等于零; 因此, 我们可以在 (16) 式和 (18) 式中将 l 和 l' 都换成 1.

b. 常数 C 的近似计算

根据 (16) 式和 (12) 式, (17) 式中的常数 C 由下式给出:

$$C = e^4 \sum_{\substack{nlm\\n'l'm'}}' \frac{|\langle\varphi_{n,l,m}^A; \varphi_{n',l',m'}^B|(X_AX_B + Y_AY_B - 2Z_AZ_B)|\varphi_{1,0,0}^A; \varphi_{1,0,0}^B\rangle|^2}{2E_I + E_n + E_{n'}} \tag{19}$$

我们必须取 $n \geqslant 2$ 和 $n' \geqslant 2$. 对于束缚态, $|E_n| = E_I/n^2$ 小于 E_I, 因此, 在 (19) 式中, 将 E_n 和 $E_{n'}$ 换成 0, 也不致带来重大的误差. 对于连续谱中的态, E_n 可从零变到 $+\infty$; 一旦 E_n 取得显著的数值, 分子上的矩阵元将变得很小, 这是因为在 $\varphi_{1,0,0}(\boldsymbol{r})$ 不等于零的空间区域中波函数的振荡次数很多.

为了对 C 的数量级有一个概念, 可将 (19) 式中所有的能量分母都换成 $2E_I$; 利用封闭性关系式, 并注意 W_{dd} 的对角元等于零 (§2–a–β), 我们便可得到:

$$C \simeq \frac{e^4}{2E_I}\langle\varphi_{1,0,0}^A; \varphi_{1,0,0}^B|(X_AX_B + Y_AY_B - 2Z_AZ_B)^2|\varphi_{1,0,0}^A; \varphi_{1,0,0}^B\rangle \tag{20}$$

---

① 这里不仅要对束缚态求和, 还要对算符 $H_{0A} + H_{0B}$ 的谱中的连续部分求和.

此式的值很容易算出: 由于 $1s$ 态具有球对称性, 故诸如 $X_A Y_A, X_B Y_B, \cdots$ 这样的交叉乘积项的平均值都等于零; 此外, 根据同样的理由, 下列各量:

$$\langle \varphi_{1,0,0}^A | X_A^2 | \varphi_{1,0,0}^A \rangle, \langle \varphi_{1,0,0}^A | Y_A^2 | \varphi_{1,0,0}^A \rangle, \cdots, \langle \varphi_{1,0,0}^B | Z_B^2 | \varphi_{1,0,0}^B \rangle$$

彼此相等, 它们的共同值等于算符 $\boldsymbol{R}_A^2 = X_A^2 + Y_A^2 + Z_A^2$ 的平均值的三分之一; 利用波函数 $\varphi_{1,0,0}(\boldsymbol{r})$ 的表示式, 最后, 我们得到:

$$C \simeq \frac{e^4}{2E_I} \times 6 \left| \left\langle \varphi_{1,0,0}^A \left| \frac{\boldsymbol{R}_A^2}{3} \right| \varphi_{1,0,0}^A \right\rangle \right|^2 = 6 e^2 a_0^5 \tag{21}$$

(其中 a_0 是玻尔半径), 从而得到:

$$\varepsilon_2 \simeq -6 e^2 \frac{a_0^5}{R^6} = -6 \frac{e^2}{R} \left(\frac{a_0}{R} \right)^5 \tag{22}$$

只当 $a_0 \ll R$ 时 (没有波函数的交叠时) 上面的结果才能成立. 于是, 就数量级 [1136] 而言, 可将 ε_2 看作两个电荷 q 和 $-q$ 的静电相互作用能与缩减因子 $(a_0/R)^5 \ll 1$ 的乘积.

c. 讨论

α. 范德瓦尔斯力的 "动力学的" 解释

在一个确定的时刻, 每一个原子的电偶极矩 (或简称为偶极子) 在基态 $|\varphi_{1,0,0}^A\rangle$ 或 $|\varphi_{1,0,0}^B\rangle$ 中的平均值都等于零. 但这并不是说, 单独对偶极子的一个分量进行测量, 结果也等于零. 如果进行这样的测量, 一般说来, 将得到不等于零的数值, 而且我们将以同样的概率得到相反的数值. 因此, 我们宁可想象基态氢原子的偶极子在不断地进行着随机涨落.

我们先不考虑一个偶极子对另一个偶极子的运动的影响, 于是两者进行的随机涨落便是彼此无关的, 因此, 它们的平均相互作用等于零. 这样, 我们便从物理上说明了为什么 W_{dd} 在一级修正中没有影响.

但实际上两个偶极子并不是独立的. 现在我们来考虑偶极子 (A) 产生在偶极子 (B) 处的静电场, 这个场随着偶极子 (A) 的涨落而涨落. 于是, 这个场在 (B) 处感生的偶极子和偶极子 (A) 是相关的, 从而, "回到" (A) 的静电场就不能不受到偶极子 (A) 的运动引起的修正. 由此可见, 虽然偶极子 (A) 的运动是随机的, 但它和它自身的 [被偶极子 (B) "反射" 到它所在处的] 场之间的相互作用的平均值并不等于零. 这样就从物理上解释了 W_{dd} 在二级修正中的影响.

动力学的观点有助于我们理解范德瓦尔斯力的起因. 如果我们将两个基态氢原子想象为球状的负电云, 并且是 "静态的"(即在每个球心有正的点电荷), 那么, 我们将得到相互作用严格为零的结论.

β. 两个偶极矩之间的关系

现在我们更详细地说明两个偶极子之间存在着相关性.

考虑到 W_{dd}, 体系的基态不再是 $|\varphi^A_{1,0,0}; \varphi^B_{1,0,0}\rangle$, 而是 $|\psi_0\rangle$ [参看 (18) 式]. 简单计算给出 (到 W_{dd} 的第一级):

$$\langle\psi_0|X_A|\psi_0\rangle = \cdots = \langle\psi_0|Z_B|\psi_0\rangle = 0 \tag{23}$$

例如, 我们来分析 $\langle\psi_0|X_A|\psi_0\rangle$. 零级项 $\langle\varphi^A_{1,0,0}; \varphi^B_{1,0,0}|X_A|\varphi^A_{1,0,0}; \varphi^B_{1,0,0}\rangle$ 等于零, 因为这是 X_A 在基态 $|\varphi^A_{1,0,0}\rangle$ 中的平均值. 第一级则应该包含公式 (18) 中的和. 由于 W_{dd} 只包含形如 $X_A X_B$ 的乘积, 故在这个和中, 右矢 $|\varphi^A_{1,0,0}; \varphi^B_{n',l',m'}\rangle$ 和 $|\varphi^A_{n,l,m}; \varphi^B_{1,0,0}\rangle$ 的系数等于零; 于是, 可能不等于零的一级项正比于 $\langle\varphi^A_{n,l,m}; \varphi^B_{n',l',m'}|X_A|\varphi^A_{1,0,0}; \varphi^B_{1,0,0}\rangle$ 其中 $l \neq 0$ 并且 $l' \neq 0$; 但这些项都等于零, 这是因为 X_A 并不作用于 $|\varphi^B_{1,0,0}\rangle$), 而且 $l' \neq 0$ 时 $\langle\varphi^B_{n',l',m'}|\varphi^B_{1,0,0}\rangle = 0$

[1137]

由此可见, 即使有相互作用, 每一偶极子的各分量的平均值仍为零, 这个结果并不奇怪; 在 §2-c-α 的解释中, 偶极子 (A) 的场在 (B) 处所感生的偶极子也如同 (A) 那样随机地涨落, 从而平均值等于零.

但是我们可以证明, 在偶极子 (A) 的一个分量和偶极子 (B) 的一个分量之积的平均值的计算中, 两个偶极子是相关的. 例如, 我们来计算 $\langle\psi_0|(X_A X_B + Y_A Y_B - 2Z_A Z_B)|\psi_0\rangle$, 根据 (12) 式, 这也就是 $\dfrac{R^3}{e^2}\langle\psi_0|W_{dd}|\psi_0\rangle$. 利用 (18) 式, 并注意到 (15) 和 (16) 式, 可立即得到:

$$\langle\psi_0|(X_A X_B + Y_A Y_B - 2Z_A Z_B)|\psi_0\rangle = 2\varepsilon_2 \frac{R^3}{e^2} \neq 0 \tag{24}$$

由此可见, 乘积 $X_A X_B, Y_A Y_B$ 与 $Z_A Z_B$ 的平均值并不等于零. 这很清楚地证明了两个偶极子之间存在着相关性.

γ. 对远距离处的范德瓦尔斯力的修正

从上面 §2-c-α 中建立的图像, 我们就可以看出, 如果两个原子相距很远, 前面的那些计算将不再有效. 这是因为, 由 (A) 发出再经 (B) "反射" 后回到 (A) 处的场, 由于 $(A) \to (B) \to (A)$ 的传播需要时间, 而出现一定的延迟; 但在前面的分析中却将相互作用看作是瞬时的.

我们知道, 如果这个传播时间接近原子演变中的特征时间, 即若接近 $2\pi/\omega_{n1}$ [这里 $\omega_{n1} = (E_n - E_1)/\hbar$ 是一个玻尔角频率], 它就不再是可以忽略的了. 换句话说, 在本文的计算中, 应假设两原子间的距离 R 甚小于这些原子的光谱中的波长 $2\pi c/\omega_{n1}$ (约为 1 000Å).

实际上, 若计入传播效应, 求得的相互作用能在远处将是按 $1/R^7$ 的规律减小的. 因此, 前面求得的 $1/R^6$ 的规律适用于既不太长 (由于延迟效应) 也不太短 (避免波函数的交叠) 的中等距离.

3. 一个 $1s$ 态氢原子和一个 $2p$ 态氢原子间的范德瓦尔斯力　　　　　[1138]

a. 两个原子的体系的定态能量. 共振效应

　　未微扰哈密顿算符 $H_{0A} + H_{0B}$ 的第一激发态是八重简并的: 对应的本征子空间由下面八个态矢量张成: $\{|\varphi_{1,0,0}^A; \varphi_{2,0,0}^B\rangle; |\varphi_{2,0,0}^A; \varphi_{1,0,0}^B\rangle; |\varphi_{1,0,0}^A; \varphi_{2,1,m}^B\rangle$, 其中 $m = -1, 0, +1; |\varphi_{2,1,m'}^A; \varphi_{1,0,0}^B\rangle$, 其中 $m' = -1, 0, +1$; 这种情况相当于一个原子处于基态, 另一个原子处于 $n = 2$ 的某一个态.

　　根据简并能级的微扰理论, 为了求得 W_{dd} 在一级修正中的影响, 我们必须将在上述本征子空间内表示 W_{dd} 的限制算符的 8×8 矩阵对角化. W_{dd} 的仅有的非零矩阵元是在态 $|\varphi_{1,0,0}^A; \varphi_{2,1,m}^B\rangle$ 和态 $|\varphi_{2,1,m}^A; \varphi_{1,0,0}^B\rangle$ 之间的那些矩阵元. 实际上, W_{dd} 的表示式中的算符 X_A, Y_A, Z_A 都是奇性的, 它们只能将态 $|\varphi_{1,0,0}^A\rangle$ 和 $|\varphi_{2,1,m}^A\rangle$ 中的某一个态联系起来; 就 X_B, Y_B, Z_B 而言, 也是这样. 最后, 若令两原子围绕它们联线上的 OZ 轴旋转, 则偶极–偶极相互作用是不变的, 于是 W_{dd} 可以和 $L_{Az} + L_{Bz}$ 对易, 而且它只能联系这样两个态: L_{Az} 与 L_{Bz} 在这两个态中的本征值之和相等.

　　这样一来, 上述的 8×8 矩阵就可以分解为四个 2×2 矩阵, 其中的一个 (涉及 $2s$ 态的) 等于零, 其他三个具有下列形式:

$$\begin{pmatrix} 0 & k_m/R^3 \\ k_m/R^3 & 0 \end{pmatrix} \tag{25}$$

其中已令

$$\langle \varphi_{1,0,0}^A; \varphi_{2,1,m}^B | W_{dd} | \varphi_{2,1,m}^A; \varphi_{1,0,0}^B \rangle = \frac{k_m}{R^3} \tag{26}$$

k_m 是一个常数, 可以完全算出, 其数量级为 $e^2 a_0^2$, 对此我们不再详细计算.

　　矩阵 (25) 的对角化很简单, 我们可以得到本征值 $+k_m/R^3$ 和 $-k_m/R^3$, 它们分别对应于本征矢:

$$\frac{1}{\sqrt{2}}(|\varphi_{1,0,0}^A; \varphi_{2,1,m}^B\rangle + |\varphi_{2,1,m}^A; \varphi_{1,0,0}^B\rangle)$$

和

$$\frac{1}{\sqrt{2}}(|\varphi_{1,0,0}^A; \varphi_{2,1,m}^B\rangle - |\varphi_{2,1,m}^A; \varphi_{1,0,0}^B\rangle)$$

由此可以看出下述重要结果:

　　— 相互作用能按 $1/R^3$ 而不是按 $1/R^6$ 的规律变化, 这是因为现在 W_{dd} 对　　[1139]
能量有一级修正. 从而可知, 和两个 $1s$ 态的氢原子之间的情况相比, 现在情况下的范德瓦尔斯力更为重要 (在总体系的属于同一未微扰能量的两个不同的态之间的共振效应).

　　— 相互作用的符号可以为正也可以为负 (本征值为 $+k_m/R^3$ 和 $-k_m/R^3$). 由此可见, 在双原子体系的某些态中出现吸引力, 在另一些态中出现排斥力.

b. 激发态从一个原子转移到另一个原子

态 $|\varphi_{1,0,0}^A; \varphi_{2,1,m}^B\rangle$ 和 $|\varphi_{2,1,m}^A; \varphi_{1,0,0}^B\rangle$ 具有同一个未微扰能量, 它们通过非对角微扰而耦合. 根据第四章 (双能级体系) §C 中的普遍结果, 我们知道, 体系可在一个能级和另一个能级之间振荡, 其频率正比于耦合强度.

因此, 如果 $t = 0$ 时体系处在态 $|\varphi_{1,0,0}^A; \varphi_{2,1,m}^B\rangle$ 那么, 过一段时间 (R 越大, 这段时间越长), 体系将处在态 $|\varphi_{2,1,m}^A; \varphi_{1,0,0}^B\rangle$, 这表明激发态从 (B) 转移到了 (A); 然后再回到 (B), 此后, 不断重复.

附注:

如果两个原子不是固定的, 而是, 譬如, 进行碰撞, 则 R 将随时间变化, 激发态从一个原子到另一个原子的转移将不再是周期性的. 与此对应的碰撞, 叫做共振碰撞, 在谱线增宽的现象中十分重要.

4. 一个基态氢原子和导体壁之间的相互作用

现在我们考虑一个氢原子 (A), 它与一个理想导电壁之间的距离为 d. 沿壁的法向并通过 A 点取 Oz 轴 (图 11–11). 设距离 d 甚大于原子的线度, 因此, 我们可以不考虑壁的微观结构而考虑原子和它在壁对侧的电像之间的相互作用 (也就是和带异性电荷的对称原子间的相互作用).

我们不难求得原子和导电壁之间的偶极相互作用能, 为此, 可在 W_{dd} 的表示式 (12) 中进行下列代换:

$$\begin{cases} e^2 \to -e^2 \\ R \to 2d \\ X_B \to X'_A = X_A \\ Y_B \to Y'_A = Y_A \\ Z_B \to Z'_A = -Z_A \end{cases} \tag{27}$$

(e^2 变为 $-e^2$ 是由于像电荷的符号的变化). 这样, 我们可以得到:

[1140]
$$W = -\frac{e^2}{16d^3}(X_A^2 + Y_A^2 + 2Z_A^2) \tag{28}$$

此式表示原子和壁之间的相互作用能 [算符 W 只作用于 (A) 的自由度].

若原子处于基态, 则能量的修正值 (到 W 的第一级) 为:

$$\varepsilon'_1 = \langle \varphi_{1,0,0} | W | \varphi_{1,0,0} \rangle \tag{29}$$

利用 $1s$ 态的球对称性, 我们得到:

$$\varepsilon'_1 = -\frac{e^2}{16d^3} 4 \left\langle \varphi_{1,0,0} \left| \frac{\boldsymbol{R}_A^2}{3} \right| \varphi_{1,0,0} \right\rangle = -\frac{e^2 a_0^2}{4d^3} \tag{30}$$

我们看到, 原子受到壁的吸引; 吸引能按 $1/d^3$ 的规律变化, 从而, 吸引力按 $1/d^4$ 的规律变化.

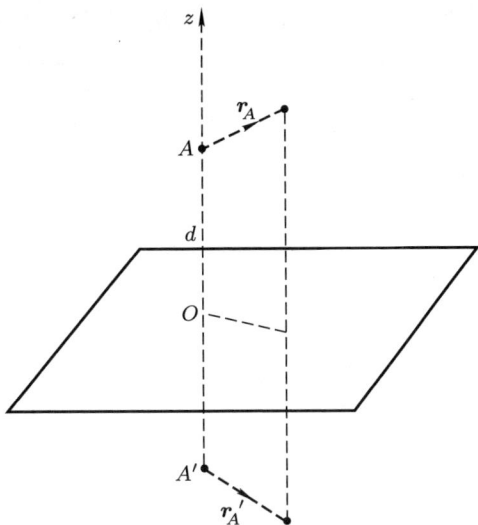

图 11–11   为了计算一个氢原子和理想导电壁之间的相互作用能, 我们可以设想原子的电偶极矩 qr_A 和它在壁对侧的电像 $-qr'_A$ 之间发生相互作用 (d 是质子 A 和壁之间的距离).

从第一级修正开始, W 的影响就已表现出来, 根据前面 §2–c 的讨论, 这是不难理解的: 在现在的问题中, 两个偶极子之间存在着完全的相关性, 这是因为两者中的任何一个都是另一个的像.

参考文献和阅读建议:

Kittel (13.2), 第 3 章, 第 82 页; Davydov (1.20), 第 XII 章 §124 和 §125; Langbein (12.9),

对延迟效应的讨论, 参看: Power (2.11), §7.5 和 §8.4 (量子电动力学方法); Landau 和 Lifshitz (7.12), 第 XIII 章, §90 (电磁涨落方法).

还可参看 Derjaguin 的论文 (12.12).

[1141] # 补充材料 D_{XI}

体积效应: 核的体积对原子能级的影响

1. 能量的一级修正
   a. 修正值的计算
   b. 讨论
2. 在一些类氢体系中的应用
   a. 氢原子和类氢离子
   b. μ^- 原子

  氢原子的能级和定态已在第七章中研究过, 在那里, 我们将质子看作一个点电荷, 它产生的库仑静电势按 $1/r$ 的规律变化. 实际情况完全不是这样, 质子电荷并不是严格的点电荷, 它分布在一定的体积中 (体积的线度约为 $1F = 10^{-13}$cm). 当电子非常靠近质子的中心时, 它所 "看到" 的势不再是 $1/r$ 型的, 而是与质子电荷的空间分布有关的. 就所有的原子而言, 情况都是如此, 在核的体积内, 静电势依赖于电荷分布的方式. 不难理解, 由电子所在的空间各点的势所决定的原子能级对这种分布是很敏感的, 我们称这种现象为 "体积效应". 对这一效应的实验研究和理论研究都是很重要的, 因为由此可以得到关于核的内部结构的信息.

  本文将对类氢原子的体积效应进行简单的处理. 为了对这一效应引起的能量偏移有一个数量级的概念, 我们只考虑这样一个模型: 核是半径为 ρ_0 的球, 电荷 $-Zq$ 在球中均匀分布. 在这种模型中, 核所产生的势 (参看补充材料 A_V 的 §4–b) 为:

$$V(r) = \begin{cases} -\dfrac{Ze^2}{r} & \text{当 } r \geqslant \rho_0 \text{ 时} \\[3mm] \dfrac{Ze^2}{2\rho_0}\left[\left(\dfrac{r}{\rho_0}\right)^2 - 3\right] & \text{当 } r \leqslant \rho_0 \text{ 时} \end{cases} \tag{1}$$

已令 $e^2 = q^2/4\pi\varepsilon_0$; $V(r)$ 随 r 变化的情况示于图 11–12.

  对于处在这种势场中的电子, 求薛定谔方程的准确解是一个很复杂的问题. 在这里我们只满足于用微扰理论来求近似解. 在一级近似中, 将势看作库
[1142] 仑型的 [这相当于在 (1) 式中令 $\rho_0 = 0$], 于是氢原子的能级就是在第七章 §C 中

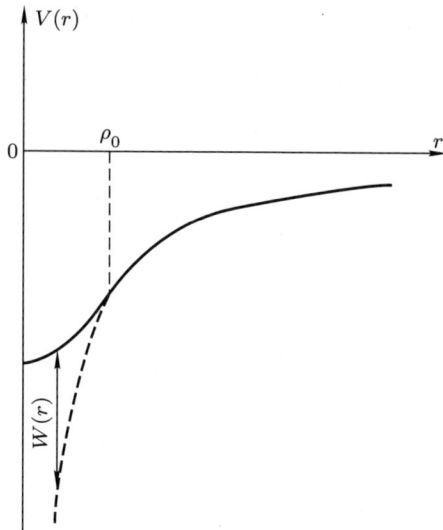

图 11-12   静电势 $V(r)$ 随 r 变化的情况, 这个势由均匀分布在半径为 ρ_0 的球域中的核电荷 $-Zq$ 所产生. 若 $r \leqslant \rho_0$, 势是抛物型的; 若 $r \geqslant \rho_0$, 势是库仑型的 [库仑势在 $r \leqslant \rho_0$ 的区域中的延伸部分用虚线绘出; $W(r)$ 则是 $V(r)$ 与库仑势之差.

求得的那些能级. 然后, 我们将 (1) 式中的势 $V(r)$ 和库仑势之差 $W(r)$ 当作微扰来处理, 当 r 大于核的半径 ρ_0 时, 这个差等于零, 由此可见, 这个差将引起原子能级的微小偏移 (实际上, 对应的波函数的延伸范围的线度约为 $a_0 \gg \rho_0$), 这说明了只限于一级微扰理论的处理是合理的.

1. 能量的一级修正

a. 修正值的计算

由 $W(r)$ 的定义, 得到

$$W(r) = \begin{cases} \dfrac{Ze^2}{2\rho_0} \left[\left(\dfrac{r}{\rho_0} \right)^2 + \dfrac{2\rho_0}{r} - 3 \right] & \text{当 } 0 \leqslant r \leqslant \rho_0 \text{ 时} \\ 0 & \text{当 } r \geqslant \rho_0 \text{ 时} \end{cases} \tag{2}$$

设 $|\varphi_{n,l,m}\rangle$ 是没有微扰 W 时类氢原子的定态. 为了计算 W 在一级修正中的影响, 我们计算下列矩阵元:

$$\langle \varphi_{n,l,m} | W | \varphi_{n,l',m'} \rangle = \int \mathrm{d}\Omega \mathrm{Y}_l^{m*}(\Omega) \mathrm{Y}_{l'}^{m'}(\Omega)$$

$$\times \int_0^\infty r^2 \mathrm{d}r R_{n,l}^*(r) R_{n,l'}(r) W(r) \tag{3}$$

在这个式子中, 角向积分的结果很简单, 即 $\delta_{ll'}\delta_{mm'}$. 为了简化径向积分, 我们   [1143]

进行近似计算; 假设①

$$\rho_0 \ll a_0 \tag{4}$$

这就是说, $W(r)$ 在其中不为零的区域 $r \leqslant \rho_0$ 甚小于函数 $R_{n,l}(r)$ 的变化范围; 故当 $r \leqslant \rho_0$ 时, 有:

$$R_{n,l}(r) \simeq R_{n,l}(0) \tag{5}$$

于是便可将径向积分写作:

$$I = \frac{Ze^2}{2\rho_0} |R_{n,l}(0)|^2 \int_0^{\rho_0} r^2 dr \left[\left(\frac{r}{\rho_0} \right)^2 + \frac{2\rho_0}{r} - 3 \right] \tag{6}$$

经过简单计算便得到:

$$I = \frac{Ze^2}{10} \rho_0^2 |R_{n,l}(0)|^2 \tag{7}$$

和

$$\langle \varphi_{n,l,m} | W | \varphi_{n,l',m'} \rangle = \frac{Ze^2}{10} \rho_0^2 |R_{n,l}(0)|^2 \delta_{ll'} \delta_{mm'} \tag{8}$$

我们看到, 在对应于未微扰哈密顿算符的第 n 能级的本征子空间 $\mathscr{E}_n$ 中, 表示 W 的矩阵是对角的; 于是, 与任一态 $|\varphi_{n,l,m}\rangle$ 对应的能量的一级修正值可简单地写作:

$$\Delta E_{n,l} = \frac{Ze^2}{10} \rho_0^2 |R_{n,l}(0)|^2 \tag{9}$$

这个修正值不依赖于 m②; 再注意, 除 $l = 0$ 的情况以外, $R_{n,l}(0)$ 都等于零 (参看第七章的 §C–4–c), 因此, 只有 s 态 ($l = 0$ 的态) 发生偏移, 偏移的大小为:

$$\Delta E_{n,0} = \frac{Ze^2}{10} \rho_0^2 |R_{n,0}(0)|^2$$
$$= \frac{2\pi Ze^2}{5} \rho_0^2 |\varphi_{n,0,0}(0)|^2 \tag{10}$$

(这里已利用 $Y_0^0 = 1/\sqrt{4\pi}$).

[1144]   b. 讨论

我们可将 $\Delta E_{n,0}$ 写作:

$$\Delta E_{n,0} = \frac{3}{10} w \mathscr{P} \tag{11}$$

其中

$$w = \frac{Ze^2}{\rho_0} \tag{12}$$

---

① 对于氢原子, (4) 式已得到广泛的证明; 到 §2, 我们再回过来详细讨论这个条件.
② 这个结果是可以预见的, 实际上, 具有旋转不变性的微扰 W 是一个标量.

是电子位于距核心 ρ_0 远处时的势能的绝对值, 而

$$\mathscr{P} = \frac{4}{3}\pi\rho_0^3|\varphi_{n,0,0}(0)|^2 \tag{13}$$

是电子在核内出现的概率. (11) 式含有 $\mathscr{P}$ 和 w 的原因在于: 微扰 $W(r)$ 只在核内表现其影响.

如果希望导出 (10) 式和 (11) 式的方法有意义, 则修正值 $\Delta E_{n,0}$ 就必须甚小于未微扰能级之间的能量差. 由于 w 很大 (电子和质子相距很近时, 吸引力非常强), 因此, $\mathscr{P}$ 应该非常小. 在做 §2 中的详细计算之前, 我们估计一下这些量的数量级. 核的总电荷为 $-Zq$ 时, 玻尔半径为:

$$a_0(Z) = \frac{\hbar^2}{Zme^2} \tag{14}$$

若 n 的值不很大, 则波函数 $\varphi_{n,0,0}(\boldsymbol{r})$ 实际上定域在体积约为 $[a_0(Z)]^3$ 的空间区域中; 至于核, 它的体积约为 ρ_0^3, 于是:

$$\mathscr{P} \simeq \left[\frac{\rho_0}{a_0(Z)}\right]^3 \tag{15}$$

现在, 可由 (11) 式得到:

$$\begin{aligned}\Delta E_{n,0} &\simeq \frac{Ze^2}{\rho_0}\left[\frac{\rho_0}{a_0(Z)}\right]^3 \\ &= \frac{Ze^2}{a_0(Z)}\left[\frac{\rho_0}{a_0(Z)}\right]^2\end{aligned} \tag{16}$$

但就数量级而言, $Ze^2/a_0(Z)$ 就是未微扰原子的结合能 $E_I(Z)$, 因此, 用相对大小来表示, 修正值为:

$$\frac{\Delta E_{n,0}}{E_I(Z)} \simeq \left[\frac{\rho_0}{a_0(Z)}\right]^2 \tag{17}$$

如果条件 (4) 得到满足, 这个修正值实际上是非常小的. 下面, 我们再针对一些特殊情况进行详细计算. [1145]

2. 在一些类氢体系中的应用

a. 氢原子和类氢离子

对于氢原子的基态, 我们有 [参看第七章的 (C–39–a) 式]:

$$R_{1,0}(r) = 2(a_0)^{-3/2}\mathrm{e}^{-r/a_0} \tag{18}$$

[在 (14) 式中令 $Z = 1$, 得 a_0]. 现在可由 (10) 式得到:

$$\Delta E_{1,0} = \frac{2}{5}\frac{e^2}{a_0}\left(\frac{\rho_0}{a_0}\right)^2 = \frac{4}{5}E_I\left(\frac{\rho_0}{a_0}\right)^2 \tag{19}$$

对于氢原子, 我们知道:

$$a_0 \simeq 0.53 \text{ Å} = 5.3 \times 10^{-11}\text{m} \tag{20}$$

此外, 质子半径 ρ_0 的数量级为:

$$\rho_0 \text{ (质子)} \simeq 1 \text{ F} = 10^{-15}\text{m} \tag{21}$$

将这些数据代入 (19) 式便得到:

$$\Delta E_{1,0} \approx 4.5 \times 10^{-10} E_1 \approx 6 \times 10^{-9}\text{eV} \tag{22}$$

可见这个结果是很小的.

对于类氢离子, 核电荷为 $-Zq$, 故可利用 (10) 式, 这相当于在 (19) 式中将 e^2 换为 Ze^2, 将 a_0 换为 $a_0(Z) = a_0/Z$; 于是得到:

$$\Delta E_{1,0}(Z) = \frac{2}{5} \frac{Z^2 e^2}{a_0} \left[\frac{\rho_0(A, Z)}{a_0} \times Z \right]^2 \tag{23}$$

其中 $\rho_0(A, Z)$ 是含有 A 个核子 (质子或中子) 的核的半径. 就实际的核来说, 核子数与 $2Z$ 所差不多; 此外,"核密度饱和" 的性质可近似地表示为:

$$\rho_0(A, Z) \propto A^{1/3} \propto Z^{1/3} \tag{24}$$

因此, 能量的修正值随 Z 变化的关系为:

$$\Delta E_{1,0}(Z) \propto Z^{14/3} \tag{25}$$

还可写作:

$$\frac{\Delta E_{1,0}(Z)}{E_I(Z)} \propto Z^{8/3} \tag{26}$$

[1146] Z 增大时, a_0 减小但 ρ_0 增大; 由此可见, 在这些互相协调的因素的影响下, $\Delta E_{1,0}(Z)$ 随着 Z 十分迅速地变化. 因此, 体积效应对重的类氢离子来说, 比对氢原子重要得多.

附注:

对所有的原子来说, 都存在着体积效应, 发射谱线的同位素偏移就与此有关. 实际上, 对同一化学元素的两种不同的同位素来说, 核内的质子数 Z 相同, 但中子数 $A - Z$ 不同, 因此, 对这两种核来说, 核电荷的空间分布并不完全相同.

就较轻原子而言, 同位素偏移的主要原因是核的有限质量效应 (参看补充材料 A_{VII} 的 §1-a-α). 反之, 就重原子而言 (其约化质量对于不同的同位素来说差别极小), 核的有限质量效应很微弱, 而随 Z 增大的体积效应则变为主要的.

b. μ^- 原子

以前我们曾讨论过 μ^- 原子的一些简单性质 (参看补充材料 A_V 的 §4 和 A_{VII} 的 §2–a). 我们特别指出, 这种原子的玻尔半径比普通原子的显然小得多 (这是由于 μ^- 子的质量约为电子质量的 207 倍). 根据 §1–b 中的定性讨论, 我们可以料到体积效应在 μ^- 原子中应很显著. 下面将针对两种极端情况来计算这种效应: 较轻的 μ^- 原子 (氢) 和较重的 μ^- 原子 (铅).

α. 氢的 μ^- 原子

玻尔半径为:

$$a_0(\mu^-, p^+) \simeq \frac{a_0}{207} \tag{27}$$

其值约为 250F, 它在这种情况下仍然甚大于 ρ_0. 若在 (19) 式中, 将 a_0 换为 $a_0/207$, 则得:

$$\Delta E_{1,0}(\mu^-, p^+) \approx 1.9 \times 10^5 \times E_I(\mu^-, p^+) \approx 5 \times 10^{-2} \text{eV} \tag{28}$$

虽然现在体积效应比普通氢原子的情况突出得多, 但它使能级受到的修正仍然很小.

β. 铅的 μ^- 原子

铅的 μ^- 原子的玻尔半径为 [参看补充材料 A_V 的 (25) 式]:

$$a_0(\mu^-, \text{Pb}) \approx 3\text{F} = 3 \times 10^{-15} \text{m} \tag{29}$$

可见 μ^- 子非常靠近铅核, 而与铅核相距甚远的诸电子对 μ^- 子的排斥力则很小. 据此, 我们也许以为前面为类氢的原子和离子建立的公式 (10) 可以直接应用到现在的问题中, 其实并非如此, 这是因为铅核的半径为:

[1147]

$$\rho_0(\text{Pb}) \approx 8.5\text{F} = 8.5 \times 10^{-15} \text{m} \tag{30}$$

它并不比 $a_0(\mu^-, \text{Pb})$ 小. 公式 (10) 将会导致很大的修正 (若干 MeV), 与能量 $E_I(\mu^-, \text{Pb})$ 同数量级. 于是, 我们看到, 在现在的情况下, 不能再将体积效应当作微扰来处理了 (参看补充材料 A_V 的 §A 中的讨论); 为了计算能级, 应该准确知道势 $V(r)$, 并求解对应的薛定谔方程.

从上面的讨论可以看出, μ^- 子更大的可能是在核内而不是在核外, 也就是说, 从 (1) 式看来, 它处在抛物型势的区域中. 此外, 在一级近似中, 我们可以将各处的势都看作抛物型的 (这就是补充材料 A_V 中的做法), 而在 $r \geqslant \rho_0$ 的区域中, 将实际的势和抛物型势之间的差当作微扰来处理. 实际上, 与这种势对应的波函数的空间展延度和 ρ_0 相比并不很小, 因此, 用这种近似方法并不能得到精确的结果; 唯一有效的方法还是求解与实际的势对应的薛定谔方程.

参考文献和阅读建议:

同位素的体积效应: Kuhn (11.1), 第 VI 章, §C–3; Sobel'man (11.12), 第 6 章, §24.

μ^- 原子 (有时又叫做介子原子): Cagnac 和 Pebay-Peyroula (11.2), 第 XIX 章, §7–c; De Benedetti (11.21); Wiegand (11.22); Weissenberg (16.19), §4–2.

补充材料 E_{XI}

变分法

1. 方法的原理
   a. 一个体系的基态的性质
   b. 推广: 里兹定理
   c. 特例: 构成一个子空间的试探族
2. 在一个简单例子中的应用
   a. 指数型试探函数
   b. 有理型试探函数
3. 讨论

　　第十一章所述的微扰理论并不是可应用于保守体系的唯一的普遍近似法. 本文将简单介绍其他方法中的一种, 这种方法也有很多应用, 特别是在原子物理、分子物理、核物理和固体物理中. 首先 (§1), 我们介绍变分法的原理; 然后 (§2), 我们只通过一个简单的例子 (一维谐振子) 来引申这个方法的要点; 到 §3, 我们再简略地讨论这些要点. 补充材料 F_{XI} 和 G_{XI} 将变分法应用于一些简单模型, 这些模型有助于我们理解固体中电子的行为和化学键现象.

1. 方法的原理

　　我们考虑一个任意的物理体系, 它的哈密顿算符与时间无关. 为简化符号起见, 假设 H 的谱完全是离散的和非简并的:

$$H|\varphi_n\rangle = E_n|\varphi_n\rangle; \quad n = 0, 1, 2, \cdots \tag{1}$$

在不知道如何准确计算 E_n 和 $|\varphi_n\rangle$ 时, 变分法可以给出它们的近似结果.

a. 一个体系的基态的性质

　　我们在体系的态空间中任取一个右矢 $|\psi\rangle$, 哈密顿算符 H 在 $|\psi\rangle$ 态中的平均值应该满足:

$$\langle H \rangle = \frac{\langle\psi|H|\psi\rangle}{\langle\psi|\psi\rangle} \geqslant E_0 \tag{2}$$

(其中 E_0 是 H 的本征值中的最小者), 当而且只当 $|\psi\rangle$ 是 H 的属于本征值 E_0 的本征矢时, 等号才能成立.

[1149]　　　为了证明不等式 (2), 可将右矢 $|\psi\rangle$ 在 H 的本征态构成的基中展开:

$$|\psi\rangle = \sum_n c_n |\varphi_n\rangle \tag{3}$$

从而便有:

$$\langle\psi|H|\psi\rangle = \sum_n |c_n|^2 E_n \geqslant E_0 \sum_n |c_n|^2 \tag{4}$$

当然, 此处

$$\langle\psi|\psi\rangle = \sum_n |c_n|^2 \tag{5}$$

这样便建立了 (2) 式. 为使不等式 (4) 变成等式, 必须而且只须除 c_0 以外所有的系数 c_n 都等于零; 因而这时 $|\psi\rangle$ 就是 H 的本征矢, 属于本征值 E_0.

这个性质可以作为近似确定 E_0 的一种方法的基础. 我们选择 (原则上可以任意选择, 但实际上要利用物理判据) 依赖于若干个参变量的一个右矢族 $|\psi(\alpha)\rangle$ (这里用 α 概括地表示这些参变量), 计算哈密顿算符在这些态中的平均值 $\langle H\rangle(\alpha)$, 然后对诸参变量 α 求 $\langle H\rangle(\alpha)$ 的极小值, 这样求得的极小值就是体系的基态能级 E_0 的一个近似值. 右矢 $|\psi(\alpha)\rangle$ 叫做试探右矢, 这种方法叫做变分法.

附注:

上面的证明不难推广到 H 的谱有简并或有部分简并的情况.

b. 推广: 里兹定理

我们将一般地证明: 哈密顿算符的平均值在其离散的本征值附近是稳定的.

我们将 H 在态 $|\psi\rangle$ 中的平均值:

$$\langle H\rangle = \frac{\langle\psi|H|\psi\rangle}{\langle\psi|\psi\rangle} \tag{6}$$

看作态矢量 $|\psi\rangle$ 的泛函, 现在计算它在 $|\psi\rangle$ 变为 $|\psi\rangle + |\delta\psi\rangle$ (设 $|\delta\psi\rangle$ 无限小) 时的增量 $\delta\langle H\rangle$. 为方便起见, 将 (6) 式写成下列形式:

$$\langle H\rangle\langle\psi|\psi\rangle = \langle\psi|H|\psi\rangle \tag{7}$$

再微分此式两端, 则有:

$$\langle\psi|\psi\rangle\delta\langle H\rangle + \langle H\rangle[\langle\psi|\delta\psi\rangle + \langle\delta\psi|\psi\rangle] = \langle\psi|H|\delta\psi\rangle + \langle\delta\psi|H|\psi\rangle \tag{8}$$

[1150]　　　注意到 $\langle H\rangle$ 并非算符, 故可将上式写作:

$$\langle\psi|\psi\rangle\delta\langle H\rangle = \langle\psi|[H - \langle H\rangle]|\delta\psi\rangle + \langle\delta\psi|[H - \langle H\rangle]|\psi\rangle \tag{9}$$

如果

$$\delta\langle H\rangle = 0 \tag{10}$$

则平均值 $\langle H\rangle$ 是稳定的, 根据 (9) 式, 这将导致:

$$\langle\psi|[H - \langle H\rangle]|\delta\psi\rangle + \langle\delta\psi|[H - \langle H\rangle]|\psi\rangle = 0 \tag{11}$$

令

$$|\varphi\rangle = [H - \langle H\rangle]|\psi\rangle \tag{12}$$

于是便可将 (11) 式简单地写作:

$$\langle\varphi|\delta\psi\rangle + \langle\delta\psi|\varphi\rangle = 0 \tag{13}$$

此式应为所有的无限小右矢 $|\delta\psi\rangle$ 所满足, 特别地, 如果我们选择:

$$|\delta\psi\rangle = \delta\lambda|\varphi\rangle \tag{14}$$

(其中 $\delta\lambda$ 为一无限小实数), 则 (13) 式变为:

$$2\langle\varphi|\varphi\rangle\delta\lambda = 0 \tag{15}$$

由此可见右矢 $|\varphi\rangle$ 的模方等于零, 故它必为零矢; 再考虑到定义 (12), 便得到:

$$H|\psi\rangle = \langle H\rangle|\psi\rangle \tag{16}$$

因此, 平均值 $\langle H\rangle$, 当而且只当它所对应的态矢量 $|\psi\rangle$ 为 H 的本征矢时, 才是稳定的; 而 $\langle H\rangle$ 的稳定值就是哈密顿算符的本征值.

于是, 我们可将变分法推广, 用它来近似地确定哈密顿算符 H 的本征值: 如果从试探右矢 $|\psi(\alpha)\rangle$ 得到的函数 $\langle H\rangle(\alpha)$ 具有若干个极值, 那么, 它们便提供了某些能量 E_n 的近似值 (参看补充材料 H$_{XI}$ 的练习 10)

c. 特例: 构成一个子空间的试探族

如果将空间 $\mathscr{E}$ 中的一个子空间 $\mathscr{F}$ 中的右矢集合取作试探右矢, 那么, 变分法就归结为在 $\mathscr{F}$ 内求解哈密顿算符的本征值方程, 而不再涉及整个空间 $\mathscr{E}$.

为了说明这一点, 我们只需在右矢 $|\psi\rangle$ 取自子空间 $\mathscr{F}$ 的条件下来应用 §1-b 中的方法. $\langle H\rangle$ 的极值 (满足 $\delta\langle H\rangle = 0$) 是当 $|\psi\rangle$ 为 H 在 $\mathscr{F}$ 中的本征矢时求得的, 对应的本征值就是变分法给出的 H 在空间 $\mathscr{E}$ 中的真实本征值的近似值.

我们要强调一点, 将 H 的本征值方程限制在态空间 $\mathscr{E}$ 的一个子空间 $\mathscr{F}$ [1151]

内, 可能使该方程更容易求解; 但是如果 $\mathscr{F}$ 选择不当, 这种限制给出的结果也可能远离 H 在 $\mathscr{E}$ 空间中的真实本征值和本征矢 (参看 §3). 子空间 $\mathscr{F}$ 的选择应能使问题得以简化到可以求解的程度而不至于过分损害物理结果. 因此, 在某些情况下, 我们可以将一个复杂的体系的问题演变为一个双能级体系的问题 (参看第四章), 或至少演变为能级数不多的问题. 这种方法的另一个重要例子是广泛应用于分子物理的原子轨道线性组合法. 这种方法 (参看补充材料 G_{XI}) 实际上是将分子中的各原子看作是孤立的, 而用它们的本征函数的线性组合作为分子中诸电子的波函数; 这相当于将分子态的研究限制在根据物理思想所选定的子空间中. 与此类似, 在补充材料 F_{XI} 中, 我们将选取相对于固体中诸离子的原子轨道的线性组合作为固体中一个电子的试探波函数.

附注:

应该指出, 变分法的这种特殊情况, 已经包含了一级微扰论: $\mathscr{F}$ 就是未微扰哈密顿算符 H_0 的一个本征子空间.

2. 在一个简单例子中的应用

为了举例说明 §1 中的原理并使读者对得自变分法的近似值的有效程度有一个概念, 我们将这种方法应用于一维谐振子, 它的本征值和本征态是已知的 (参看第五章). 现在考虑哈密顿算符:

$$H = -\frac{\hbar^2}{2m}\frac{\mathrm{d}^2}{\mathrm{d}x^2} + \frac{1}{2}m\omega^2 x^2 \tag{17}$$

下面用变分法求此算符的本征值方程的近似解.

a. 指数型试探函数

(17) 式中的哈密顿算符是一个偶算符, 不难证明它的基态一定可以用一个偶波函数来表示. 为了确定基态的特征, 我们可以取偶函数作为试探函数, 例如, 我们选取含有一个参变量的函数族:

$$\psi_\alpha(x) = \mathrm{e}^{-\alpha x^2}; \quad \alpha > 0 \tag{18}$$

[1152] 右矢 $|\psi_\alpha\rangle$ 的模方为:

$$\langle\psi_\alpha|\psi_\alpha\rangle = \int_{-\infty}^{+\infty} \mathrm{d}x\,\mathrm{e}^{-2\alpha x^2} \tag{19}$$

不难求出:

$$\begin{aligned}
\langle\psi_\alpha|H|\psi_\alpha\rangle &= \int_{-\infty}^{+\infty} \mathrm{d}x\,\mathrm{e}^{-\alpha x^2}\left[-\frac{\hbar^2}{2m}\frac{\mathrm{d}^2}{\mathrm{d}x^2} + \frac{1}{2}m\omega^2 x^2\right]\mathrm{e}^{-\alpha x^2} \\
&= \left[\frac{\hbar^2}{2m}\alpha + \frac{1}{8}m\omega^2\frac{1}{\alpha}\right]\int_{-\infty}^{+\infty}\mathrm{d}x\,\mathrm{e}^{-2\alpha x^2}
\end{aligned} \tag{20}$$

结果得到：

$$\langle H \rangle(\alpha) = \frac{\hbar^2}{2m}\alpha + \frac{1}{8}m\omega^2\frac{1}{\alpha} \tag{21}$$

函数 $\langle H \rangle(\alpha)$ 的导数等于零的条件是：

$$\alpha = \alpha_0 = \frac{1}{2}\frac{m\omega}{\hbar} \tag{22}$$

从而得到：

$$\langle H \rangle(\alpha_0) = \frac{1}{2}\hbar\omega \tag{23}$$

由此可见，$\langle H \rangle(\alpha)$ 的极小值准确地等于谐振子的基态能量. 其所以得到这个结果，是因为我们所研究的问题很简单：基态波函数正好是试探函数族 (18) 中的一个，即参变量 α 取 (22) 式的值的那一个；在这种情况下，变分法给出了问题的准确解 (这就证实了 §1 中证明的定理).

如果希望 (近似地) 计算 (17) 式的哈密顿算符的第一激发能级 E_1，则我们将选择正交于基态波函数的试探函数族. 实际上，§1-a 中的分析表明，如果系数 c_0 等于零，则 $\langle H \rangle$ 将以 E_1，而不是以 E_0，为下界. 因此，我们取奇的试探函数族：

$$\psi_\alpha(x) = x\mathrm{e}^{-\alpha x^2} \tag{24}$$

在这种情况下

$$\langle \psi_\alpha | \psi_\alpha \rangle = \int_{-\infty}^{+\infty} \mathrm{d}x\, x^2 \mathrm{e}^{-2\alpha x^2} \tag{25}$$

而

$$\langle \psi_\alpha | H | \psi_\alpha \rangle = \left[\frac{\hbar^2}{2m} \times 3\alpha + \frac{1}{2}m\omega^2 \times \frac{3}{4\alpha} \right] \int_{-\infty}^{+\infty} \mathrm{d}x\, x^2 \mathrm{e}^{-2\alpha x^2} \tag{26}$$

此式给出 [1153]

$$\langle H \rangle(\alpha) = \frac{3\hbar^2}{2m}\alpha + \frac{3}{8}m\omega^2\frac{1}{\alpha} \tag{27}$$

对于上面的同一个值 α_0[(22) 式]，这个函数的极小值等于：

$$\langle H \rangle(\alpha_0) = \frac{3}{2}\hbar\omega \tag{28}$$

在这里我们又得到了准确的能量 E_1 和对应的本征态，这是因为试探函数族包含了正确的波函数.

b. 有理型试探函数

前面 §2-a 的计算使我们熟悉了变分法，但不能使我们切实评判这种方法作为一种近似方法的效能如何，这是因为前面选择的函数族每次都含有准确

的波函数. 下面我们将选择完全属于另一种类型的试探函数族, 例如:[①]

$$\psi_a(x) = \frac{1}{x^2 + a}; \quad a > 0 \tag{29}$$

简单的计算给出:

$$\langle \psi_a | \psi_a \rangle = \int_{-\infty}^{+\infty} \frac{\mathrm{d}x}{(x^2 + a)^2} = \frac{\pi}{2a\sqrt{a}} \tag{30}$$

于是得到:

$$\langle H \rangle(a) = \frac{\hbar^2}{4m} \frac{1}{a} + \frac{1}{2} m\omega^2 a \tag{31}$$

这个函数在

$$a = a_0 = \frac{1}{\sqrt{2}} \frac{\hbar}{m\omega} \tag{32}$$

时具有极小值, 其值为:

$$\langle H \rangle(a_0) = \frac{1}{\sqrt{2}} \hbar\omega \tag{33}$$

这个极小值等于准确基态能量 $\hbar\omega/2$ 的 $\sqrt{2}$ 倍. 为了估计所犯的误差, 可以计算一下 $\langle H \rangle(a_0) - \hbar\omega/2$ 对能量子 $\hbar\omega$ 的比值:

$$\frac{\langle H \rangle(a_0) - \frac{1}{2}\hbar\omega}{\hbar\omega} = \frac{\sqrt{2} - 1}{2} \simeq 20\% \tag{34}$$

[1154]　## 3. 讨论

§2-b 的例子表明, 利用任意选择的试探右矢, 可以求得一个体系的基态能量而不致带来过大的误差. 这就是变分法的主要优点之一. 此外, 准确本征值是平均值 $\langle H \rangle$ 的一个极小值, 因此, 平均值 $\langle H \rangle$ 在该极小值附近变化不大, 这是完全可以理解的.

反之, 经过类似的分析还可以看出, "近似" 态可能和真实本征值相差很远. §2-b 的例子就是这样的, 波函数 $1/(x^2 + a_0)$ [此处 a_0 由 (32) 式给出] 在 x 的值很小时减小得很快, 但在 x 的值很大时, 却减小得非常慢; 表 I 定量地揭示了这个结论. 对于 x^2 的不同值, 表中列出了归一化的准确波函数

$$\varphi_0(x) = (2\alpha_0/\pi)^{1/4} \mathrm{e}^{-\alpha_0 x^2}$$

的值 [此处 α_0 由 (22) 式给出] 和归一化的近似波函数

$$\sqrt{\frac{2}{\pi}} (a_0)^{3/4} \psi_{a_0}(x) = \sqrt{\frac{2}{\pi}} \frac{(a_0)^{3/4}}{x^2 + a_0} = \sqrt{\frac{2}{\pi}} (2\sqrt{2}\alpha_0)^{1/4} \frac{1}{1 + 2\sqrt{2}\alpha_0 x^2} \tag{35}$$

的值.

---

① 这样的选择是为了使所需的积分可以用解析方法算出; 当然, 在大多数实际情况下, 须求助于数值积分.

表 I

$x\sqrt{\alpha_0}$	$\left(\dfrac{2}{\pi}\right)^{1/4} e^{-\alpha_0 x^2}$	$\sqrt{\dfrac{2}{\pi}} \dfrac{(2\sqrt{2})^{1/4}}{1+2\sqrt{2}\alpha_0 x^2}$
0	0.893	1.034
1/2	0.696	0.605
1	0.329	0.270
3/2	0.094	0.140
2	0.016	0.083
5/2	0.002	0.055
3	0.000 1	0.039

由此可见, 以后若要利用变分法所提供的近似态去计算除体系能量以外的物理性质, 我们应十分谨慎. 实际上, 所得结果的可靠程度视所论物理量的不同而大不相同. 在刚才讨论的这个特殊问题中, 譬如, 就算符 X^2 而言[①], 我们发现它的近似平均值和准确值相差并不大, 这是因为:

$$\frac{\langle \psi_{a_0}|X^2|\psi_{a_0}\rangle}{\langle \psi_{a_0}|\psi_{a_0}\rangle} = \frac{1}{\sqrt{2}}\frac{\hbar}{m\omega} \tag{36}$$

其值与 $\hbar/2m\omega$ 可以比拟. 反之, 对于 (35) 式中的波函数, 算符 X^4 的平均值为无穷大, 但对于真实的波函数, 其值当然是有限的. 一般地说, 从表 I 可以看出, 若 $x \gtrsim 2/\sqrt{\alpha_0}$, 对于紧密地依赖于波函数行为的各种物理性质, 我们都将得到很坏的近似. 如果我们不知道问题的准确解 (当然我们应用变分法, 正因为这个准确解是不知道的), 那么, 要估计变分计算带来的误差虽则不是不可能的, 也是十分困难的; 这时, 刚才所说的缺陷就更为严重了.   [1155]

由此看来, 变分法是一种很灵活的近似方法, 适用于各种很不相同的情况, 而且在选择试探右矢时, 可以广泛应用物理直观. 我们很容易用这种方法得到能量的较好结果, 但近似态矢量却带有某些完全错误的特征, 对此, 我们既不能在事先有所预见, 也不能检验所犯的误差. 如果经过物理上的分析, 我们对解的特征已有一个定性的或半定量的概念, 那么, 这种方法就特别有用.

参考文献和阅读建议:

在物理学中常用的哈特里–福克法是变分法的一种应用, 参看第十一章的参考文献.

变分法是分子物理学的基本方法, 参看补充材料 G$_{XI}$ 的参考文献.

变分原理在物理学中的应用简介, 参看 Feynman II (7.2), 第 19 章.

---

① 算符 X 的平均值自动等于零, 这是正确的, 因为我们已选取偶的试探函数.

[1156]

补充材料 F_{XI}

固体中电子的能带: 简单模型

 晶体由规则地排列在空间以致形成三维周期格子的众多原子所构成. 由于为数极多的粒子 (核与电子) 在其中活动, 对晶体性质的理论研究所遇到的问题十分复杂, 以致不可能进行严格的处理; 因此, 我们须求助于各种近似方法.

 这些方法中的第一种类同于玻恩–奥本海默近似法 (这已见于补充材料 A_V 的 §1), 其要点在于: 首先将核的位置看作是固定的, 这样就可以研究处在核的势场中的电子的定态; 然后, 根据电子能量的知识再去计算核的运动[1]. 在本文中, 我们只对第一阶段的计算感兴趣, 我们将假设所有的核都固定在晶格的格点上.

 这样提出的问题仍然极其复杂, 这是因为我们应该算出位于周期势场中并有相互作用的电子体系的能量. 于是, 再考虑第二种近似法: 我们假设位置为 r_i 的每一个电子都处在势场 $V(r_i)$ 的作用下, 这个势场不但包括诸核对该电子的吸引作用, 而且包含所有其他电子推斥该电子的平均作用[2]. 这样一来, 我们又回到了在晶格的周期势场中运动的独立粒子的问题.

 由此可见, 晶体的物理性质, 在一级近似下, 依赖于处在周期势场中的独立电子的行为. 我们可以先验地设想, 如同在孤立原子中那样, 每一个电子都

---

[1] 提醒一下, 考虑到核的运动, 将导致晶体振动的简正模式即声子的引入 (参看补充材料 J_V).

[2] 这种近似法和用于孤立原子的 "中心场" 近似法属于同一类型 (参看补充材料 A_{XIV} §1).

始终与一个给定的核相联系. 我们将会看到, 实际上完全是另外一种情况. 这
是因为, 即使一个电子最初位于一个给定的核的附近, 由于隧道效应, 它可以
通过一个紧邻的核的引力范围, 然后再通过下一个核的引力范围, 并如此继续
下去. 其实, 电子的定态并不定域在任何一个核的附近, 而完全是退定域的; 也
就是说, 与定态相联系的概率密度对于所有的核是均匀分布的[①]. 因此, 周期
势场中的性质比较接近整个晶体中的自由电子的性质, 而与某一特定原子中
的束缚电子的性质相差较大. 这种现象在经典力学中是不存在的: 穿越晶体的
一个粒子, 由于势的变化的影响 (例如, 穿越一个离子的邻域时), 随时都在改
变自己的方向. 在量子力学中, 由于各个核所散射的波互相干涉, 电子才能在
晶体内前进.

　　在 §1 里, 我们完全定性地分析一下当我们使很多原子逐个地依次靠近以
构成一条长链时, 孤立原子的能级将怎样受到修正. 在 §2 里, 为简单起见, 我
们只就长链的情况稍微精确地计算一下能量和定态波函数. 我们将在 "紧束
缚近似" 的范畴内进行计算. 当电子位于某一格点上时, 由于隧道效应, 它可
以迁移到两个邻近格点中的一个上去, 紧束缚近似相当于假设这种迁移的概
率十分微小. 这样, 我们将得到一些结果 (定态的退定域性, 容许能带和禁止
能带的出现, 布洛赫函数的形式), 对于更接近实际的模型 (三维晶体, 任意的
束缚力) 而言, 这些结果仍然有效.

　　"微扰法" 是根据定域在各离子附近的原子波函数去构成电子的定态, 我
们在这里采用这种方法的好处在于它可以说明怎样从原子能级逐渐过渡到固
体的能带. 还应指出, 根据电子处在其中的结构的周期性, 就可以直接证实能
带的存在 (例如, 参看补充材料 O$_{III}$, 该文讨论了一维周期势场中能量的量子
化).

　　最后还要强调一点, 我们在这里只着重于电子的单个定态的性质. 为了
利用这些单个的定态去构成 N 个电子的集合的定态, 我们必须引用对称化假
定 (参看第十四章), 因为这里涉及全同粒子体系. 在补充材料 C$_{XIV}$ 中, 我们再
回到这个问题上来, 并要阐述泡利的不相容原理对固体中电子集合的物理行
为的重大影响.

1. 第一种方法: 定性讨论

　　我们再次考虑第四章 §C–2–c 和 §C–3–d 中讨论过的电离分子 H$_2^+$ 的例子.
现在设想有位置固定的两个质子 P_1 和 P_2, 它们对一个电子施以静电吸引力.

[1157]

[1158]

[①] 这里的现象类似于我们研究氢分子时遇到的现象 (参看补充材料 G$_{IV}$): 由于隧
道效应, 氢原子可以从氢原子所在平面的一侧过渡到另一侧, 因此, 定态所确定的在两
个对应位置中的每一个位置上找到氢原子的概率是相等的.

这个电子处在形如图 11-13 所示的势场 $V(\boldsymbol{r})$ 中. 以 P_1 和 P_2 间的距离 R 为参变量, 可能的能量如何, 对应的定态又如何?

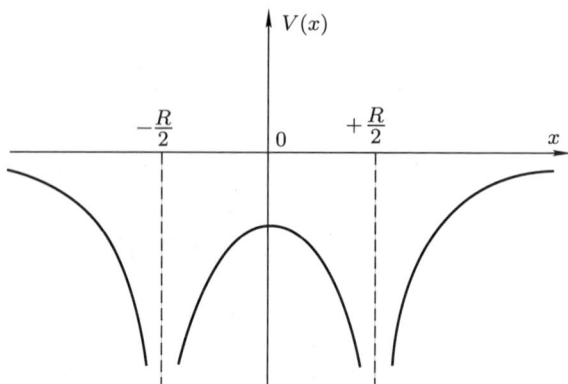

图 11-13　在电离分子 H_2^+ 中, 沿着两质子所定的 Ox 轴, 电子所 "看到" 的势. 这里出现的是被一个势垒隔开的两个势阱. 在某一给定时刻, 如果电子处在某一势阱中, 则由于隧道效应, 它将穿过势垒进入另一个势阱.

　　我们首先考虑 $R \gg a_0$ 的极限情况 (a_0 是氢原子的玻尔半径). 在这种情况下, 基态能级是二重简并的, 这是因为电子可以与 P_1 或 P_2 构成一个氢原子, 该电子对远距离处的那个质子的吸引力实际上是不敏感的. 换言之, 在第四章中考虑过的态 $|\varphi_1\rangle$ 和 $|\varphi_2\rangle$ (P_1 附近或 P_2 附近的定域态, 见图 11-13) 之间的耦合可以忽略, 于是 $|\varphi_1\rangle$ 和 $|\varphi_2\rangle$ 实际上都是定态.

　　现在, 如果 R 的值可以和 a_0 相比拟, 那么, 来自这个质子或那个质子的吸引力就不再可以忽略了. 实际上, 在初始时刻, 如果电子定域在某一个质子的附近, 即使其能量小于 P_1 和 P_2 之间的势垒高度 (参看图 11-13), 由于隧道效应, 它仍然可以达到另一质子的附近. 在第四章中, 我们还研究过态 $|\varphi_1\rangle$ 和态 $|\varphi_2\rangle$ 之间的耦合效应. 并证明了这种耦合引起体系在这两个态之间的振荡 (动态方面); 我们还曾看到 (静态方面), 这种耦合消除了基态能级的简并, 而且对应的定态都是 "退定域的"(就这些态而言, 在 P_1 或 P_2 附近找到电子的概率是相等的). 图 11-14 表示体系的可能的能量随 R 变化的情况[①].

[1159]

　　当 P_1 和 P_2 之间的距离 R 减小时, 出现两种效应. 一种效应是 $R = \infty$ 时的能量值, 在 R 减小时, 变成两个不同的能量值 (当距离 R 固定在给定值 R_0 时, 若态 $|\varphi_1\rangle$ 和态 $|\varphi_2\rangle$ 之间的耦合越强, 这两个能量之差 Δ 就越大); 另一种效应是定态都具有退定域性.

　　不难想象若电子受到的吸引力不是来自两个而是来自三个全同粒子 (质子或正离子) 时发生的现象, 我们假设三者在一直线上, 间隔为 R. 当 R 很大

[①] 在补充材料 G_{XI} 中, 还要详细讨论离子分子 H_2^+.

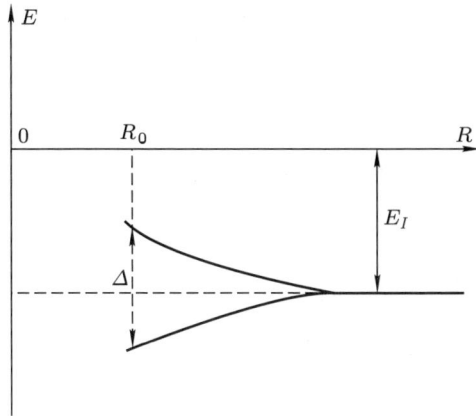

图 11–14　电子的定态能量随离子分子 H$_2^+$ 中两质子间的距离 R 变化的情况. 当 R 很大时, 我们得到两个实际上是简并的能级, 能量为 $-E_I$; 当 R 减小时, 简并被消除, R 越小, 而能级的差别越大.

时, 能级是三重简并的, 电子的定态可以定域在固定粒子中的任何一个的附近. 若减小 R, 每一个能量都将变成三个能量, 它们一般不相等, 而且, 在定态时, 在三个势阱中找到电子的概率是可以比拟的. 此外, 在初始时刻, 假设电子定域在某一个, 例如右端的一个, 势阱中, 那么, 在此后的演变过程中, 它将进入其他势阱[①].

对于吸引一个电子的 $\mathscr{N}$ 个 (任意多个) 离子构成的长链而言, 同样的概念仍然有效. 电子所 "看到" 的势场为间隔相等的 $\mathscr{N}$ 个全同势阱 (在 $\mathscr{N} \to \infty$ 的极限情况下, 这就是一个周期势场). 当离子间距 R 很大时, 能级是 $\mathscr{N}$ 重简并的; 若令诸离子互相靠近, 简并将会消失: 每一个能级都将分裂为 $\mathscr{N}$ 个不同的能级, 它们分布在宽度为 $\varDelta$ 的能量间隔中, 如图 11–15 所示. 如果 $\mathscr{N}$ 的值非常大, 情况将会怎样呢? 在每一个区间 $\varDelta$ 中, 很多可能的能量彼此非常靠近, 以致实际上构成了一个连续统; 这样就出现了一些 "容许能带", 它们被一些 "禁止能带" 所隔开. 每一个容许能带含有 $\mathscr{N}$ 个能级 (如果考虑到电子的自旋, 则应是 $2\mathscr{N}$ 个), 促使电子从一个势阱进入下一个势阱的耦合作用越强, 能带的宽度就越大 (由此可以料到, 最低的能带应是最窄的, 这是因为, 能量越小, 导致电子渡越的隧道效应就越微弱). 电子的各个定态都是退定域的. 和补充材料 M$_{III}$ 中的图 3–26 类似的图形绘于图 11–16, 此图概略地表示各能级和对应的波函数.

最后注意, 在初始时刻, 如果电子定域在长链的一端, 则在此后的演变过程中, 它将沿着长链迁移.

[1160]

[1161]

———————————
　　[①] 参看补充材料 J$_{IV}$ 的练习 8.

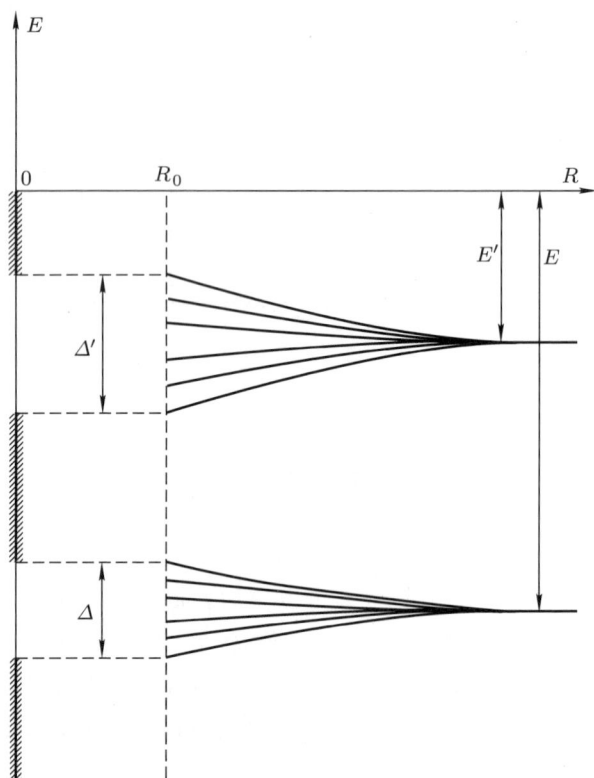

图 11-15　在 $\mathscr{N}$ 个等间隔的全同离子的作用下, 一个电子的能级. 当 R 很大时, 波函数定域在不同的离子周围, 而且能级就是原子能级, 其简并度为 $\mathscr{N}$ (电子可以和 $\mathscr{N}$ 个离子中的任何一个构成原子); 图中画出了这些能级中的两个, 能量分别为 $-E$ 和 $-E'$. 当 R 减小时, 电子可因隧道效应从一个离子过渡到另一个离子, 于是能级的简并消失了. R 越小, 能级的分裂越显著. 当 R 等于晶体中的实际数值 R_0 时, 最初的两个原子能级中的每一个都分裂 $\mathscr{N}$ 个非常靠近的能级. 若 $\mathscr{N}$ 很大, 这些能级将如此靠近以致形成一个能带, 宽度各为 Δ 和 Δ', 两者被一禁止能带所隔开.

2. 根据一种简单模型作更精确的研究

a. 能量与定态的计算

作为前段的定性分析的补充, 我们采用一种简单模型, 对这个问题作更精确的研究. 我们将要进行的计算和第四章 §C 中的相似, 不过现在要将这些计算应用于这样的体系, 它不是由两个离子构成, 而是由等间隔的无穷多个离子排成的长链.

[1162]　　α. 对模型的描述; 简化假设

我们来考察由等间隔正离子构成的一条无穷长直链. 如同在第四章中那样, 假设在电子被束缚于一个给定的离子时, 它只有一个可能的态; 当电子与

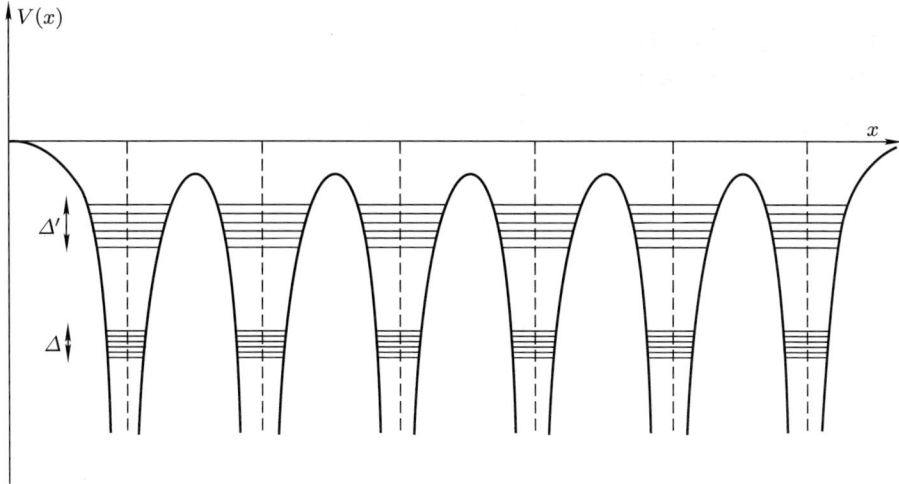

图 11-16 在等间隔的多个势阱构成的势场中的能级略图. 图中画出了两个能带, 宽度各为 Δ 和 Δ'. 能带越深, 其宽度越窄, 这是因为电子通过隧道效应穿越势垒将更为困难.

长链中的第 n 个离子构成一个原子时, 我们将它的态记作 $|v_n\rangle$. 为简单起见, 假设与邻近原子相联系的波函数 $v_n(x)$ 的互相覆盖可以忽略, 并假设基 $\{|v_n\rangle\}$ 是正交归一的:

$$\langle v_n|v_p\rangle = \delta_{np} \tag{1}$$

此外, 下面只考虑由诸右矢 $|v_n\rangle$ 张成的态空间的一个子空间. 像这样, 局限在电子可以进入的子空间, 这显然是进行一种近似计算. 这种近似的合理性可以得自变分法 (参看补充材料 E$_{\mathrm{XI}}$); 不在总空间中, 而在诸右矢所张成的空间中, 将哈密顿算符 H 对角化, 就可以证明, 我们将会得到电子的真实能量的较好的近似.

现在我们来写在基 $|v_n\rangle$ 中表示哈密顿算符 H 的矩阵. 所有离子的作用是等价的, 因此矩阵元 $\langle v_n|H|v_n\rangle$ 一定都等于同一个能量 E_0. 除了这些对角元以外, H 也有非对角元 $\langle v_n|H|v_p\rangle$ (即不同的态 $|v_n\rangle$ 之间的耦合, 它标志电子从一个离子渡越到另一个离子的可能性). 对远处的离子而言, 这种耦合显然是很微弱的, 因此, 我们只考虑矩阵元 $\langle v_n|H|v_{n\pm 1}\rangle$, 并将它取作实常数 $-A$. 在这些条件下, 可将表示 H 的 (无穷阶的) 矩阵写作:

$$(H) = \begin{pmatrix} \ddots & & & & \\ & E_0 & -A & 0 & 0 \\ & -A & E_0 & -A & 0 \\ & 0 & -A & E_0 & -A \\ & 0 & 0 & -A & E_0 \\ & & & & \ddots \end{pmatrix} \tag{2}$$

为了求得可能的能量和对应的定态, 须将这个矩阵对角化.

β. 可能的能量; 能带的概念

设 $|\varphi\rangle$ 是 H 的一个本征矢, 我们可将它写作:

$$|\varphi\rangle = \sum_{q=-\infty}^{+\infty} c_q |v_q\rangle \tag{3}$$

将本征值方程

$$H|\varphi\rangle = E|\varphi\rangle \tag{4}$$

[1163] 投影到 $|v_q\rangle$ 上, 并注意到 (2) 式, 便有:

$$E_0 c_q - A c_{q+1} - A c_{q-1} = E c_q \tag{5}$$

当 q 取遍所有的正、负整数时, 便得到无穷多个联立的线性方程式, 从某些方面看, 它使我们想起补充材料 J_V 中的方程组 (5), 如同在该文中那样, 我们要寻求如下形式的简单解:

$$c_q = e^{ikql} \tag{6}$$

其中 l 是相邻两离子间的距离. k 是一个常数, 其量纲为长度的倒数; 我们规定 k 的值属于 "第一布里渊区", 也就是说, 令它满足条件:

$$-\frac{\pi}{l} \leqslant k < +\frac{\pi}{l} \tag{7}$$

这总是可行的, 因为 k 有两个值 (相差 $2\pi/l$) 可以使任何系数 c_q 取同一值. 将 (6) 式代入 (5) 式, 得到:

$$E_0 e^{ikql} - A[e^{ik(q+1)l} + e^{ik(q-1)l}] = E e^{ikql} \tag{8}$$

用 e^{ikql} 遍除之, 便得:

$$E = E(k) = E_0 - 2A \cos kl \tag{9}$$

如果这个条件得到满足, 则由 (3) 式和 (6) 式所决定的右矢 $|\varphi\rangle$ 就是 H 的本征右矢; 如 (9) 式所示, 能量是依赖于参变量 k 的.

图 11–17 表示 E 随 k 变化的情况. 曲线表明, 可能的能量值位于区间 $[E_0 - 2A, E_0 + 2A]$ 内; 这样我们便得到了一个容许能带, 它的宽度 $4A$ 正比于耦合强度.

[1164] γ. 定态; 布洛赫函数

我们来计算与能量为 $E(k)$ 的定态 $|\varphi_k\rangle$ 相联系的波函数 $\varphi_k(x) = \langle x|\varphi_k\rangle$; (3)、(6) 两式给出:

$$|\varphi_k\rangle = \sum_{q=-\infty}^{+\infty} e^{ikql} |v_q\rangle \tag{10-a}$$

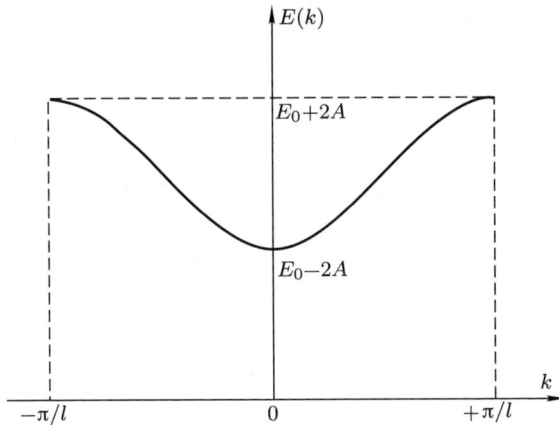

图 11–17 电子的可能能量依赖于参变量 k 的情况 (k 在第一布里渊区内变化). 这里出现一个能带, 它的宽度 $4A$ 正比于邻近原子间的耦合.

从而

$$\varphi_k(x) = \sum_{q=-\infty}^{+\infty} \mathrm{e}^{\mathrm{i}kql} v_q(x) \tag{10–b}$$

其中

$$v_q(x) = \langle x | v_q \rangle \tag{11}$$

是与态 $|v_q\rangle$ 相联系的波函数. 由于态 $|v_q\rangle$ 可以通过幅度为 ql 的平移而导自态 $|v_0\rangle$, 我们有:

$$v_q(x) = v_0(x - ql) \tag{12}$$

于是便可将 (10–b) 式写作:

$$\varphi_k(x) = \sum_{q=-\infty}^{+\infty} \mathrm{e}^{\mathrm{i}kql} v_0(x - ql) \tag{13}$$

我们再来计算 $\varphi_k(x + l)$:

$$\varphi_k(x + l) = \sum_{q=-\infty}^{+\infty} \mathrm{e}^{\mathrm{i}kql} v_0[x - (q-1)l]$$

$$= \mathrm{e}^{\mathrm{i}kl} \sum_{q=-\infty}^{+\infty} \mathrm{e}^{\mathrm{i}k(q-1)l} v_0[x - (q-1)l]$$

$$= \mathrm{e}^{\mathrm{i}kl} \varphi_k(x) \tag{14}$$

为了将这个值得注意的性质表示得简单一些, 我们令:

$$\varphi_k(x) = \mathrm{e}^{\mathrm{i}kx} u_k(x) \tag{15}$$

于是, 这样定义的函数 $u_k(x)$ 满足下式:

$$u_k(x+l) = u_k(x), \tag{16}$$

由此可见, 波函数 $\varphi_k(x)$ 是一个具有晶格的周期 l 的周期函数与 e^{ikx} 的乘积. (15) 式这种类型的函数叫做布洛赫函数. 注意, 如果 n 是一个任意整数, 则有:

$$|\varphi_k(x+nl)|^2 = |\varphi_k(x)|^2 \tag{17}$$

这个结果清楚地表明了电子的退定域性, 即在 Ox 轴上任意点找到电子的概率是 x 的一个周期函数.

附注:

在这里, 公式 (15) 和 (16) 是在一种简单模型的范畴内建立起来的. 实际上, 这个结果是比较普遍的而且可以根据哈密顿算符的对称性直接予以证明 (布洛赫定理). 我们用 $S(a)$ 表示一个幺正算符, 它与 Ox 轴上平移一个量 a 的操作相联系 (参看补充材料 E_{II} 的 §3). 对于保持离子长链不变的一切平移, 问题都是不变的, 因此应有:

$$[H, S(l)] = 0 \tag{18-a}$$

[1165]

于是我们可以用算符 $S(l)$ 和 H 的共同本征矢构成一个基. 但方程 (14) 实际上就是定义算符 $S(-l)$ 的本征函数的方程 [由于这个算符是幺正的, 我们总可以将它的本征值写作 e^{ikl} 的形式, k 满足条件 (7); 参看补充材料 C_{II}, §1-d]; 从而, 可像上面那样, 很容易由 (14) 式导出 (15) 及 (16) 式.

注意, 若 a 是任意的, 则一般有:

$$[H, S(a)] \neq 0 \tag{18-b}$$

这与自由粒子 (或恒定势场中的粒子) 的情况相反. 对于自由粒子, H 与所有算符 $S(a)$ (也就是与动量算符 P_x; 参看补充材料 E_{II} 的 §3) 的对易性给出下列形式的定态波函数:

$$w_k(x) \propto e^{ikx} \tag{19}$$

在本文所讨论的问题中, (18-b) 式只对 a 的某些值才能成立, 这个事实说明了为什么 (15) 式所受的限制比 (19) 式少.

δ. 周期边界条件

对于区间 $[-\pi/l, +\pi/l]$ 中的每一个 k 值, 都对应着 H 的一个本征态 $|\varphi\rangle$, 它的展开式 (3) 中的系数则由方程 (6) 给出. 这样我们将得到连续的无穷多的定态, 其所以如此, 是因为我们所考察的直链含有无穷多个离子. 如果我们考虑很多个 ($\mathscr{N}$ 个) 离子构成的有限直长链 (长度为 L), 结果又将如何呢?

§1 中的定性分析表明, 能带中应有 $\mathscr{N}$ 个能级 (考虑到自旋, 则有 $2\mathscr{N}$ 个). 要准确地确定对应的 $\mathscr{N}$ 个定态是一个困难的问题, 因为这时我们必须考虑直链端点处的边界条件. 但是不难想见, 离端点充分远的电子的行为受 "边缘效应"[①] 的影响很小. 因此, 在固体物理学中, 人们通常宁肯用新的边界条件去代替真实的边界条件, 前者虽含有人为的因素, 但却具有使计算大大简化的优点, 同时, 为理解除边缘效应以外的其他效应所必需的性质在实质上并无变化.

　　这些新的边界条件叫做周期边界条件, 或叫做 "玻恩–冯卡门条件" (B.V.K. 条件), 这种条件就是规定波函数在直链的两端取相同的值. 我们还可以设想将长度都是 L 的无穷多条直链首尾相接, 那么, 电子的波函数就应该是以 L 为周期的周期函数. 方程组 (5) 仍然有效, 它们的解, (6) 式, 也成立, 但波函数的周期性现在要求: [1166]

$$e^{ikL} = 1 \tag{20}$$

从而, k 仅有的可能值具有下列形式:

$$k_n = n\frac{2\pi}{L} \tag{21}$$

其中 n 为零或正、负整数. 现在我们来证明, 就能带中所含定态的个数而言, B. V. K. 条件仍然给出正确的结果. 为此, 我们应计算第一布里渊区中有多少个容许值 k_n; 为求得此数, 可将这个区的宽度 $2\pi/l$ 除以 k 的相邻两值之间的距离 $2\pi/L$, 这样便再次得到:

$$\frac{2\pi}{l}\bigg/\frac{2\pi}{L} = \frac{L}{l} = \mathscr{N} - 1 \simeq \mathscr{N} \tag{22}$$

　　我们还应该证明, 用 B.V.K. 条件求得的这 $\mathscr{N}$ 个定态在容许能带中分布的密度[②] $\rho(E)$ 与真实的 (对应于实际边界条件的) 定态的分布密度相同. 对于理解固体的物理性质来说, 态密度 $\rho(E)$ 是十分重要的 (在补充材料 C$_{XIV}$ 中我们还将讨论这个问题). 可见, 至关紧要的是, 新的边界条件不使态密度受到修正. 我们将在补充材料 C$_{XIV}$ (§1-c) 中, 通过封闭在 "刚盒" 内的自由电子气这一简单例子去证明, 用 B.V.K. 条件求得的态密度是正确的; 实际上, 在那个例子中, 我们可以算出真实的定态, 并将它们和利用盒子内壁上的周期边界条件求得的结果进行比较 (还可参看补充材料 O$_{III}$ 的 §3).

b. 讨论

　　从孤立原子的一个离散的非简并能级 (例如基态能级) 出发, 我们得到了上述离子链的一系列可能的能级, 它们集中在宽度为 $4A$ 的容许能带中. 如果从原子的另一能级 (例如第一激发能级) 出发, 我们将得到另一个能带, 如此类推. 每一个能级都演变为一个能带, 于是如图 11-18 所示, 将出现一系列容许能带, 它们为一些禁止能带所隔开.

---

① 对于三维晶体, 这就等于将 "体积效应" 和 "表面效应" 区分开来.
② $\rho(E)\mathrm{d}E$ 是能量在 E 和 $E + \mathrm{d}E$ 之间的不同的定态的数目.

容许能带

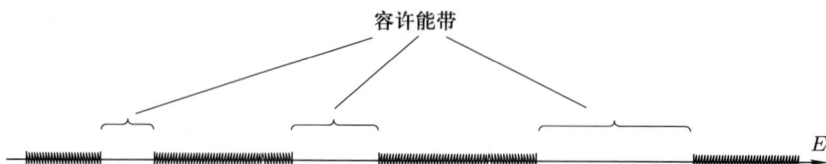

图 11-18　能量轴上的容许能带 (括号内) 和禁止能带 (阴影区).

(6) 式表明, 对于一个定态, 发现电子处在态 $|v_q\rangle$ 的概率幅是 q 的振荡型函数, 它的模与 q 无关; 这一点使我们回想起声子的性质 (互相耦合的无穷多个振子都以相同的振幅但各以不同的相移参与集体振荡, 这种振荡的简正模式就是声子, 参看补充材料 J_V).

[1167]　　　　怎样才能求得并非完全退定域的电子态呢? 对于自由电子, 我们在第一章中已经见到, 应将平面波叠加起来以构成一个自由 "波包":

$$\widehat{\psi}(x,t) = \frac{1}{\sqrt{2\pi}} \int \mathrm{d}k \widehat{g}(k) \mathrm{e}^{\mathrm{i}[kx - E(k)t/\hbar]} \tag{23}$$

这个波包传播的群速度是 (参看第一章 §C):

$$\widehat{V}_{\mathrm{G}} = \frac{1}{\hbar} \left[\frac{\mathrm{d}E}{\mathrm{d}k} \right]_{k=k_0} = \frac{\hbar k_0}{m} \tag{24}$$

[其中 k_0 是函数 $\widehat{g}(k)$ 呈现尖峰处的 k 值]. 在这里, 我们应将形如 (15) 式的波函数叠加起来, 对应的右矢可以写作:

$$|\psi(t)\rangle = \frac{1}{\sqrt{2\pi}} \int \mathrm{d}k g(k) \mathrm{e}^{-\mathrm{i}E(k)t/\hbar} |\varphi_k\rangle \tag{25}$$

其中 $g(k)$ 是 k 的函数, 它在 $k = k_0$ 处呈现尖峰. 我们来计算发现电子处在态 $|v_q\rangle$ 的概率幅; 考虑到 (10-a) 式和 (1) 式, 可将它写作:

$$\langle v_q|\psi(t)\rangle = \frac{1}{\sqrt{2\pi}} \int \mathrm{d}k g(k) \mathrm{e}^{\mathrm{i}[kql - E(k)t/\hbar]} \tag{26}$$

在此式中用 x 代替 ql, 便得到 x 的函数:

$$\chi(x,t) = \frac{1}{\sqrt{2\pi}} \int \mathrm{d}k g(k) \mathrm{e}^{\mathrm{i}[kx - E(k)t/\hbar]} \tag{27}$$

实际上, 只有这个函数在点 $x = 0, \pm ql, \pm 2ql, \cdots$ 等处的值才有意义并给出所求的概率幅.

　　　　(27) 式完全类似于 (23) 式; 应用公式 (24), 我们可以证明, 函数 $\chi(x,t)$ 只[1168]　在 x 轴上的一个有限区段内才具有显著的数值, 曲线中心移动的速度是:

$$V_G = \frac{1}{\hbar} \left[\frac{dE(k)}{dk} \right]_{k=k_0} \tag{28}$$

由此推知, 概率幅 $\langle v_q | \psi(t) \rangle$ 只对 q 的某些值才是显著的; 因此, 电子不再是退定域的, 它将以 (28) 式给出的速度 V_G 在晶体中迁移.

利用 (9) 式可以明显地算出这个速度:

$$V_G = \frac{2Al}{\hbar} \sin k_0 l \tag{29}$$

这个函数示于图 11–19, 在 $k_0 = 0$ 时, 也就是能量极小时, 函数值等于零; 于是我们再次得到自由电子的性质. 但当 k_0 不为零时, 与自由电子的行为有重大差异的性质就表现出来了. 例如, 一旦 $k_0 > \pi/2l$, 群速度就不再是能量的增函数了. 在 $k_0 = \pm\pi/l$ 时 (即在第一布里渊区的端点). 群速度甚至为零. 这就是说, 如果电子的能量非常接近图 11–17 中的极大值 $E_0 + 2A$, 电子就不能在晶体中迁移了. 这种情况的光学类比就是布拉格反射: 波长等于晶格常数的 X 射线不能在晶体中传播, 这是因为每个离子所散射的波的互相干涉导致全反射.

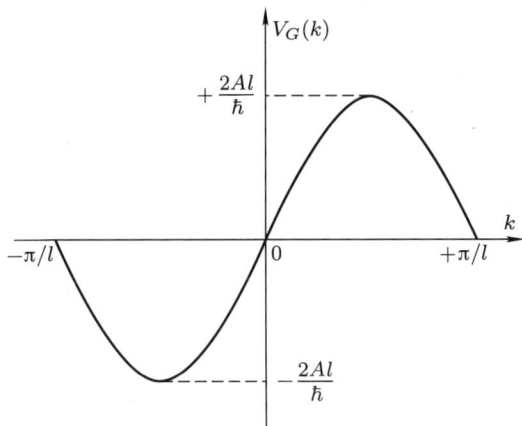

图 11–19 电子的群速度随参变量 k 变化的情况. 这个速度不仅在 $k = 0$ 时 (如同自由电子的情况) 而且在 $k = \pm\pi/l$ 时 (即在能带的边缘) 都等于零.

参考文献和阅读建议:

Feynman III (1.2), 第 13 章; Mott 和 Jones (13.7) 第 II 章, §4; 以及参考书目第 13 节中的参考文献.

[1169] # 补充材料 G_{XI}

化学键的简单例子: H_2^+ 离子

1. 引言

在本文中我们希望说明量子力学怎样解释化学键的存在和性质. 化学键是孤立原子构成较为复杂的分子的原因. 当然, 本文只能说明现象的概貌而不能涉及细节, 那该属于分子物理专著的内容了. 因此, 下面我们要讨论的是可能最简单的分子, 即 H_2^+ 离子, 它由两个质子和一个电子构成. 实际上在第四章 (§C–2–c) 和补充材料 K_I 的练习 5 中, 我们已经接触到这个问题的某些方面, 本文将对此作比较实际和系统的讨论.

a. 一般方法

如果两个质子相距很远, 那么其中的一个与电子结合成氢原子, 另一个保持孤立, 处于 H^+ 离子的形态. 如果令两个质子靠近, 那么电子就可以从一个质子 "跳到" 另一个质子, 将使情况发生根本的变化 (参看第四章 §C–2). 因此, 我们要研究体系的定态能量随两质子间距的变化. 我们将会看到, 对于这个间距的某一个值, 基态能级的能量将通过一个极小值, 这一点可以解释 H_2^+ 分子的稳定性.

若要严格处理这个问题, 就应该写出三个粒子的体系的哈密顿算符, 并解出其本征值方程. 但是, 如果采用玻恩–奥本海默近似 (参看补充材料 A_V 的 §1–a), 那么这个问题就可大为简化. 由于分子中电子的运动比质子的运动快得多, 后者在一级近似下可以忽略; 于是问题就归结为求解在两个固定质子的引力作用下的电子的哈密顿算符的本征值方程. 换句话说. 两质子间的距离 R 不是作为量子力学变量而是作为一个参变量来处理的, 电子的哈密顿算符和体系的总能量都依赖于这个量.

[1170]

对于 H_2^+ 离子, 这样简化了的方程恰好可对 R 的一切值严格解出. 但对其他较复杂的分子而言, 情况就不是这样的了. 那时, 我们将求助于补充材料 E_{XI} 所讲的变分法. 虽然本文只研究 H_2^+ 离子, 我们仍将应用变分法, 因为这种方法还可推广到其他分子.

b. 符号

用 R 表示位于 P_1 和 P_2 处的两个质子间的距离, 用 r_1 和 r_2 分别表示电子与各质子间的距离 (图 11–20). 我们将以玻尔半径 a_0 为自然原子单位来量度这些长度 (参看第七章 §C–2), 也就是令:

$$\rho = R/a_0$$
$$\rho_1 = r_1/a_0 \quad \rho_2 = r_2/a_0 \tag{1}$$

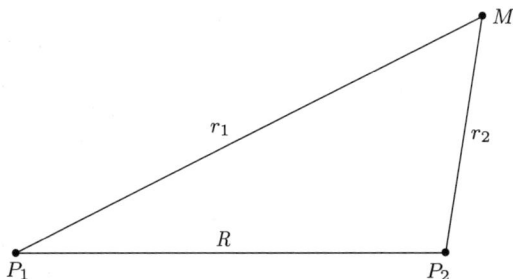

图 11–20　用 r_1 表示电子 (M) 和质子 P_1 间的距离, 用 r_2 表示电子和质子 P_2 间的距离, 用 R 表示核间距离 $P_1 P_2$.

若电子与质子 P_1 构成氢原子, 则与其 $1s$ 态相联系的归一化波函数为:

$$\varphi_1 = \frac{1}{\sqrt{\pi a_0^3}} \mathrm{e}^{-\rho_1} \tag{2}$$

我们同样以自然单位 $E_I = e^2/2a_0$ 来表示能量, 这里的 E_I 是氢原子的电离能.

[1171]　　　以后采用椭圆坐标系比较方便. 在这种坐标系中, 空间一点 M (此处的电子) 是用

$$\mu = \frac{r_1 + r_2}{R} = \frac{\rho_1 + \rho_2}{\rho}$$
$$\nu = \frac{r_1 - r_2}{R} = \frac{\rho_1 - \rho_2}{\rho} \tag{3}$$

以及角度 φ 来标记的; 这个角表示平面 MP_1P_2 围绕轴线 P_1P_2 的取向, 以该平面的某一选定位置作为原始位置起算 (在以 P_1P_2 为 Oz 轴的极坐标系中也有这个角). 如果固定 μ 和 ν, 而令 φ 从 0 变到 2π, 则 M 点描绘以 P_1P_2 为轴的一个圆; 若将 μ (或 ν) 与 φ 固定, 而令 ν (或 μ) 变化, 则 M 点描绘以 P_1 和 P_2 为焦点的一个椭圆 (或双曲线). 不难证明, 在这个坐标系中, 体积元为:

$$\mathrm{d}^3 r = \frac{R^3}{8}(\mu^2 - \nu^2)\mathrm{d}\mu\mathrm{d}\nu\mathrm{d}\varphi \tag{4}$$

若要证明, 只需计算变换

$$\{x, y, z\} \Longrightarrow \{\mu, \nu, \varphi\} \tag{5}$$

的雅可比式 J. 若将 P_1P_2 取作 Oz 轴, 将原点 O 取在 P_1P_2 的中点, 则可立即看出:

$$r_1^2 = x^2 + y^2 + \left(z - \frac{R}{2}\right)^2$$
$$r_2^2 = x^2 + y^2 + \left(z + \frac{R}{2}\right)^2$$
$$\tan\varphi = \frac{y}{x} \tag{6}$$

于是可以算出:

$$\frac{\partial \mu}{\partial x} = \frac{1}{R}\left(\frac{\partial r_1}{\partial x} + \frac{\partial r_2}{\partial x}\right) = \frac{1}{R}\left(\frac{x}{r_1} + \frac{x}{r_2}\right) = \frac{\mu x}{r_1 r_2}$$
$$\frac{\partial \nu}{\partial x} = \frac{1}{R}\left(\frac{\partial r_1}{\partial x} - \frac{\partial r_2}{\partial x}\right) = -\frac{\nu x}{r_1 r_2}$$
$$\frac{\partial \mu}{\partial y} = \frac{\mu y}{r_1 r_2}$$

$$\frac{\partial \nu}{\partial y} = -\frac{\nu y}{r_1 r_2}$$

$$\frac{\partial \mu}{\partial z} = \frac{1}{R}\left[\frac{z - R/2}{r_1} + \frac{z + R/2}{r_2}\right] = \frac{\mu z + \nu R/2}{r_1 r_2}$$

$$\frac{\partial \nu}{\partial z} = \frac{1}{R}\left[\frac{z - R/2}{r_1} - \frac{z + R/2}{r_2}\right] = -\frac{\nu z + \mu R/2}{r_1 r_2}$$

$$\frac{\partial \varphi}{\partial x} = -\frac{y}{x^2 + y^2}$$

$$\frac{\partial \varphi}{\partial y} = \frac{x}{x^2 + y^2}$$

$$\frac{\partial \varphi}{\partial z} = 0 \tag{7}$$

雅可比式可以写作 [1172]

$$J = \frac{1}{(r_1 r_2)^2}\begin{vmatrix} \mu x & \mu y & \mu z + \nu R/2 \\ -\nu x & -\nu y & -\nu z - \mu R/2 \\ -y/(x^2 + y^2) & x/(x^2 + y^2) & 0 \end{vmatrix}$$

$$= \frac{1}{(r_1 r_2)^2}\frac{R}{2}(\mu^2 - \nu^2) \tag{8}$$

由于

$$\mu^2 - \nu^2 = \frac{4 r_1 r_2}{R^2} \tag{9}$$

最后得到:

$$J = \frac{8}{R^3(\mu^2 - \nu^2)} \tag{10}$$

c. 准确计算的原理

在玻恩–奥本海默近似中, 为求得电子在两个固定质子的库仑场中的能级, 应解出的方程为:

$$\left[-\frac{\hbar^2}{2m}\Delta - \frac{e^2}{r_1} - \frac{e^2}{r_2} + \frac{e^2}{R}\right]\varphi(\boldsymbol{r}) = E\varphi(\boldsymbol{r}) \tag{11}$$

过渡到 (3) 式所定义的椭圆坐标, 便可分离变量 μ, ν 及 φ. 解出这样得到的诸方程, 我们就可对于 R 的每一个值求得可能的能量值的离散谱. 在这里, 我们不进行这种计算, 下面仅给出基态能量随 R 变化的情况 (图 11–21 中的实线); 这样, 我们就可以将得自变分法的结果和 (11) 式的准确解给出的数据进行比较.

2. 能量的变分计算

a. 一个试探右矢族的选择

假设 R 甚大于 a_0; 如果我们要考察 r_1 与 a_0 同数量级的情况, 则实际上

$$\frac{e^2}{r_2} \simeq \frac{e^2}{R} \quad \text{当 } R, r_2 \gg a_0 \text{ 时} \tag{12}$$

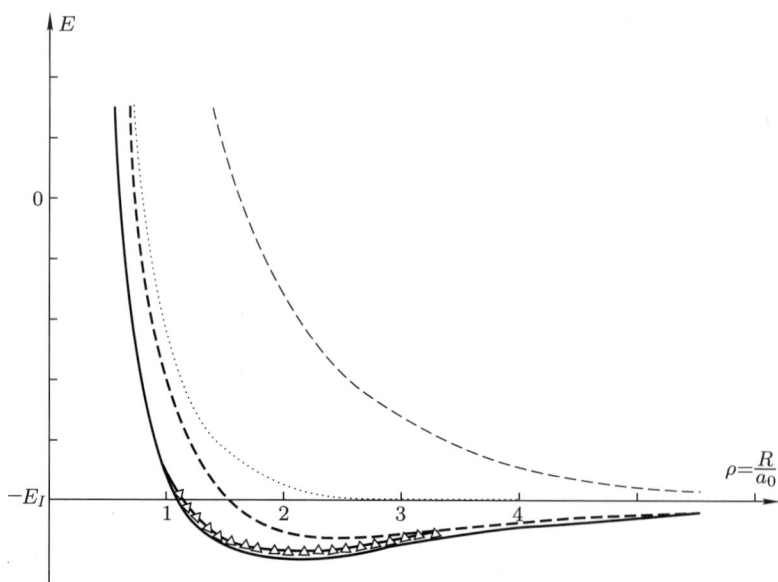

图 11–21　分子型离子 H_2^+ 的能量 E 随两质子的间距 R 变化的情况.

● 实线: 基态的准确总能量 (H_2^+ 离子的稳定性取决于这条曲线上存在一个极小值).

● 点虚线: 哈密顿算符的矩阵的对角元 $H_{11} = H_{22}$ (这个矩阵元的变化不能解释化学键).

● 虚线: 对于键合态和反键合态, 用 §2 的简单变分计算得到的结果 (虽是近似的, 但这种计算却能说明 H_2^+ 离子的稳定性).

● 三角形区段: 用 §3–a 的较复杂的变分计算得到的结果 (采用半径可调的原子轨道大大改善了精确度, 特别是在短距离时).

于是哈密顿算符

$$H = \frac{\boldsymbol{P}^2}{2m} - \frac{e^2}{r_1} - \frac{e^2}{r_2} + \frac{e^2}{R} \tag{13}$$

非常接近以质子 P_1 为核心的氢原子的哈密顿算符, 当然, 同样的想法也适用于 R 甚大于 a_0 而 r_2 与 a_0 同数量级的情况. 因此, 当两质子相距很远时, 哈密顿算符 (13) 的本征函数实际上就是氢原子的定态波函数.

[1173]　　　如果与 R 相比, a_0 不可忽略, 则上述结论当然不再成立. 可是, 我们知道, 不论 R 之值如何, 选取以两质子中的每一个为核心的原子态构成的一个试探右矢族. 总是很方便的. 这种选择实际上就是名为原子轨道线性组合法的一种

[1174]　普遍方法在 H_2^+ 离子这一特殊情况下的应用. 更确切地说, 我们用 $|\varphi_1\rangle$ 和 $|\varphi_2\rangle$ 表示描述两个氢原子的 $1s$ 态的右矢, 则有:

$$\langle \boldsymbol{r} | \varphi_1 \rangle = \frac{1}{\sqrt{\pi a_0^3}} e^{-\rho_1}$$

$$\langle \boldsymbol{r} | \varphi_2 \rangle = \frac{1}{\sqrt{\pi a_0^3}} e^{-\rho_2} \tag{14}$$

作为试探右矢族, 我们取这两个右矢所张成的态空间中的一个矢量子空间 $\mathscr{F}$, 也就是这样的右矢 $|\psi\rangle$

$$|\psi\rangle = c_1 |\varphi_1\rangle + c_2 |\varphi_2\rangle \tag{15}$$

的集合. 变分法 (补充材料 E_{XI}) 要求

$$\langle H \rangle = \frac{\langle \psi | H | \psi \rangle}{\langle \psi | \psi \rangle} \tag{16}$$

在这个试探族内具有稳定值. 这里涉及的是一个矢量子空间. 因此, 当 $|\psi\rangle$ 是算符 H 在这个子空间 $\mathscr{F}$ 内的本征矢时, 平均值 $\langle H \rangle$ 就是极值, 而对应的本征值就是 H 在总的态空间中的真实本征值的近似值.

b. 在试探右矢构成的矢量子空间 $\mathscr{F}$ 中哈密顿算符 H 的本征值方程

由于 $|\varphi_1\rangle$ 和 $|\varphi_2\rangle$ 并不正交, H 在子空间 $\mathscr{F}$ 内的本征值方程的解略微复杂一些.

子空间 $\mathscr{F}$ 中的任意矢量 $|\psi\rangle$ 具有 (15) 式的形式, 为使这个矢量确为 H 在 $\mathscr{F}$ 中的本征矢并属于本征值 E, 必须而且只需:

$$\langle \varphi_i | H | \psi \rangle = E \langle \varphi_i | \psi \rangle \quad i = 1, 2 \tag{17}$$

这也就是:

$$\sum_{j=1}^{2} c_j \langle \varphi_i | H | \varphi_j \rangle = E \sum_{j=1}^{2} c_j \langle \varphi_i | \varphi_j \rangle \tag{18}$$

现令

$$\begin{aligned} S_{ij} &= \langle \varphi_i | \varphi_j \rangle \\ H_{ij} &= \langle \varphi_i | H | \varphi_j \rangle \end{aligned} \tag{19}$$

于是我们应该解出两个线性齐次方程式:

$$\begin{aligned} (H_{11} - E S_{11}) c_1 + (H_{12} - E S_{12}) c_2 &= 0 \\ (H_{21} - E S_{21}) c_1 + (H_{22} - E S_{22}) c_2 &= 0 \end{aligned} \tag{20}$$

这个方程组有非零解的条件是: [1175]

$$\begin{vmatrix} H_{11} - E S_{11} & H_{12} - E S_{12} \\ H_{21} - E S_{21} & H_{22} - E S_{22} \end{vmatrix} = 0 \tag{21}$$

由此可见, 可能的本征值 E 是一个二次方程的根.

c. 重叠积分、库仑积分和共振积分

$|\varphi_1\rangle$ 和 $|\varphi_2\rangle$ 都是归一化的, 因而有:

$$S_{11} = S_{22} = 1 \tag{22}$$

但 $|\varphi_1\rangle$ 和 $|\varphi_2\rangle$ 并不正交. 与这两个右矢相联系的波函数 (14) 是实函数, 故有:

$$S_{12} = S_{21} = S \tag{23}$$

这里

$$S = \langle \varphi_1 | \varphi_2 \rangle = \int \mathrm{d}^3 r \varphi_1(\boldsymbol{r}) \varphi_2(\boldsymbol{r}) \tag{24}$$

S 叫做重叠积分, 这是因为只在两个原子波函数 φ_1 和 φ_2 都不为零的那些点, 这个积分才不等于零 (如果这两个原子轨道部分地 "重叠", 那些点就一定存在). 简单计算给出:

$$S = \mathrm{e}^{-\rho} \left[1 + \rho + \frac{1}{3}\rho^2 \right] \tag{25}$$

为了得到这个结果, 可以利用 (3) 式中的椭圆坐标, 这样便有:

$$\begin{aligned} \rho_1 &= \frac{\mu + \nu}{2}\rho \\ \rho_2 &= \frac{\mu - \nu}{2}\rho \end{aligned} \tag{26}$$

根据波函数的表示式 (14) 和体积元的表示式 (4), 我们应计算:

$$\begin{aligned} S &= \frac{1}{\pi a_0^3} \int_1^{+\infty} \mathrm{d}\mu \int_{-1}^{+1} \mathrm{d}\nu \int_0^{2\pi} \mathrm{d}\varphi \frac{\rho^3 a_0^3}{8}(\mu^2 - \nu^2)\mathrm{e}^{-\mu\rho} \\ &= \frac{\rho^3}{2} \int_1^{+\infty} \mathrm{d}\mu \left(\mu^2 - \frac{1}{3} \right) \mathrm{e}^{-\mu\rho} \end{aligned} \tag{27}$$

由此便很容易得到 (25) 式.

由于对称性, 有:

$$H_{11} = H_{22} \tag{28}$$

[1176]　　根据哈密顿算符 H 的表示式 (13), 应有

$$H_{11} = \langle \varphi_1 | \left[\frac{\boldsymbol{P}^2}{2m} - \frac{e^2}{r_1} \right] |\varphi_1\rangle - \langle \varphi_1 | \frac{e^2}{r_2} |\varphi_1\rangle + \frac{e^2}{R} \langle \varphi_1 | \varphi_1 \rangle \tag{29}$$

但 $|\varphi_1\rangle$ 就是算符 $\dfrac{\boldsymbol{P}^2}{2m} - \dfrac{e^2}{r_1}$ 的归一化的本征右矢, 故 (29) 式的第一项等于氢原子的基态能量 $-E_I$, 第三项等于 e^2/R; 于是

$$H_{11} = -E_I + \frac{e^2}{R} - C \tag{30}$$

其中

$$C = \langle \varphi_1 | \frac{e^2}{r_2} | \varphi_1 \rangle = \int d^3 r \frac{e^2}{r_2} [\varphi_1(\boldsymbol{r})]^2 \qquad (31)$$

C 叫做库仑积分. 它表示 (除符号以外) 质子 P_2 与电子的电荷分布之间的静电相互作用, 这里指的是电子在质子 P_1 附近处于原子态 $1s$ 时, 与之相联系的电荷分布. 不难求得:

$$C = E_I \times \frac{2}{\rho} [1 - e^{-2\rho}(1 + \rho)] \qquad (32)$$

为求得此结果, 只需再次利用椭圆坐标:

$$\begin{aligned} C &= \frac{e^2}{a_0 \rho} \frac{1}{\pi a_0^3} \frac{\rho^3 a_0^3}{8} \int (\mu^2 - \nu^2) d\mu d\nu d\varphi \frac{2}{\mu - \nu} e^{-(\mu+\nu)\rho} \\ &= E_I \rho^2 \int_1^{+\infty} d\mu \int_{-1}^{+1} d\nu (\mu + \nu) e^{-(\mu+\nu)\rho} \end{aligned} \qquad (33)$$

这些初等积分可导至 (32) 式的结果.

在公式 (30) 中, 我们可将 C 看作是对两质子互相排斥的能量 e^2/R 的一个修正量; 这是因为, 当电子处在态 $|\varphi_1\rangle$ 时, 对应的电荷分布便在质子 P_1 周围 "形成屏蔽". 由于 $|\varphi_1(\boldsymbol{r})|^2$ 对于点 P_1 是球对称的, 如果质子 P_2 完全处在这个电荷分布的外面, 那么, 这种电荷分布对于 P_2 来说就相当于位置在点 P_1 的一个负的点电荷 e, 这样一来, 质子 P_1 的电荷就完全被抵消了; 实际上, 这种现象只发生在 R 甚大于 a_0 的时候, 所以:

$$\lim_{R \to \infty} \left[\frac{e^2}{R} - C \right] = 0 \qquad (34)$$

若 R 是有限大的, 那就只有不完全的屏蔽效应, 这时应有:

$$\frac{e^2}{R} - C > 0 \qquad (35)$$

能量 $\dfrac{e^2}{R} - C$ 随 R 变化的情况有如图 11–21 中的点虚线; 显然, H_{11} (或 H_{22}) 随 R 的变化并不能解释化学键, 因为这条曲线没有极小值. [1177]

最后, 我们来计算 H_{12} 和 H_{21}. 由于波函数 $\varphi_1(\boldsymbol{r})$ 和 $\varphi_2(\boldsymbol{r})$ 都是实函数, 故有:

$$H_{12} = H_{21} \qquad (36)$$

哈密顿算符的表示式 (13) 给出:

$$H_{12} = \langle \varphi_1 | \left[\frac{\boldsymbol{P}^2}{2m} - \frac{e^2}{r_2} \right] | \varphi_2 \rangle + \frac{e^2}{R} \langle \varphi_1 | \varphi_2 \rangle - \langle \varphi_1 | \frac{e^2}{r_1} | \varphi_2 \rangle \qquad (37)$$

根据 S 的定义 (24) 式, 上式即

$$H_{12} = -E_I S + \frac{e^2}{R} S - A \tag{38}$$

其中

$$A = \langle \varphi_1 | \frac{e^2}{r_1} | \varphi_2 \rangle = \int d^3 r \varphi_1(\boldsymbol{r}) \frac{e^2}{r_1} \varphi_2(\boldsymbol{r}) \tag{39}$$

我们称 A 为共振积分[1], 其结果是:

$$A = E_I \times 2e^{-\rho}(1 + \rho) \tag{40}$$

实际上变换到椭圆坐标, 便可将 A 写成下列形式:

$$
\begin{aligned}
A &= \frac{e^2}{a_0} \frac{1}{\pi a_0^3} \frac{\rho^3 a_0^3}{8} \int (\mu^2 - \nu^2) d\mu d\nu d\varphi \frac{2e^{-\mu\rho}}{(\mu + \nu)\rho} \\
&= \rho^2 E_I \int_1^{+\infty} d\mu 2\mu e^{-\mu\rho}
\end{aligned} \tag{41}
$$

　　H_{12} 不为零这个事实表明, 电子有从一个质子的邻域 "跳到" 另一个质子的邻域的可能性; 这是因为, 如果电子在初始时刻处于态 $|\varphi_1\rangle$ (或 $|\varphi_2\rangle$), 那么此后, 在非对角元 H_{12} 的影响下, 它将在两个位置之间振荡. 由此可见, H_{12} 是量子共振现象的原因; 我们曾在第四章 §C–2–c 中定性地描述过这种共振现象 (积分 A 也因此而得名).

　　归结起来, 确定能量近似值 E 的方程 (21) 所含的参变量 (R 的函数) 的表示式如下:

$$
\begin{aligned}
&S_{11} = S_{22} = 1 \qquad S_{12} = S_{21} = S \\
&H_{11} = H_{22} = -E_I + \frac{e^2}{R} - C \\
&H_{12} = H_{21} = \left(-E_I + \frac{e^2}{R}\right) S - A
\end{aligned} \tag{42}
$$

[1178]　　其中 S, C 和 A 由公式 (25), (32) 和 (40) 给出, 它们的曲线绘于图 11–22. 注意, 在方程 (21) 的行列式中的非对角元只在轨道 $\varphi_1(\boldsymbol{r})$ 和 $\varphi_2(\boldsymbol{r})$ 部分地重叠时才有显著的值, 这是因为在 A 的定义 (39) 式中, 如同在 S 的定义中一样, 都含有乘积 $\varphi_1(\boldsymbol{r})\varphi_2(\boldsymbol{r})$.

---

　　[1] 有些作者称 A 为 "交换积分". 我们还宁可将这个名称留给另一类型的积分, 在研究多粒子体系时 (补充材料 B_{XIV}, §2–c–β), 我们将会遇到这类积分.

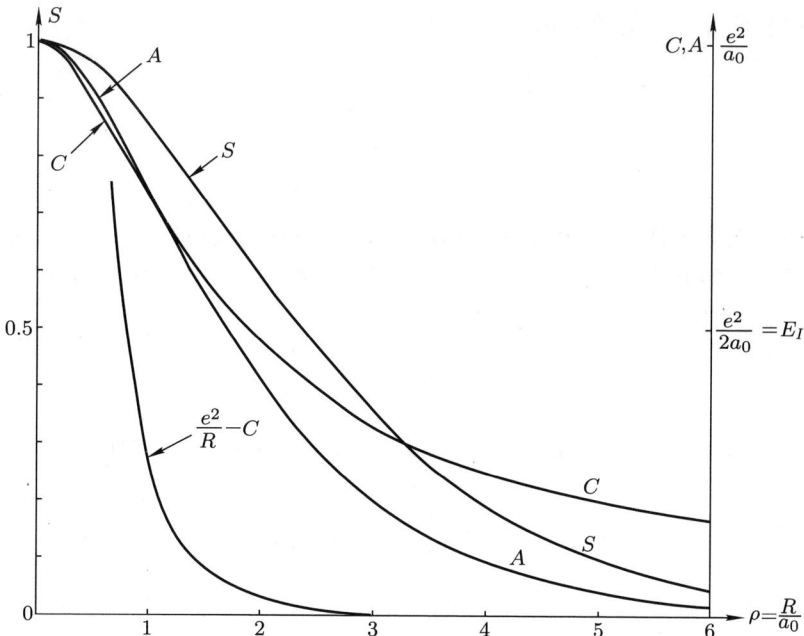

图 11-22　S (重叠积分), C (库仑积分) 和 A (共振积分) 随 $\rho = R/a_0$ 变化的情况. 当 $R \to \infty$ 时, S 和 A 按指数规律趋向于零, 但 C 只是按 e^2/R 的规律减小 (质子 P_1 和以 P_2 为核心的原子之间的 "受屏蔽" 的相互作用 $\frac{e^2}{R} - C$ 却仍是按指数规律减小的).

d. 键合态和反键合态
α. 能量近似值的计算

我们令:

$$E = \varepsilon E_I$$
$$A = \alpha E_I$$
$$C = \gamma E_I \tag{43}$$

于是可将方程 (21) 写作: [1179]

$$\begin{vmatrix} -1 + \dfrac{2}{\rho} - \gamma - \varepsilon & \left(-1 + \dfrac{2}{\rho}\right) S - \alpha - \varepsilon S \\ \left(-1 + \dfrac{2}{\rho}\right) S - \alpha - \varepsilon S & -1 + \dfrac{2}{\rho} - \gamma - \varepsilon \end{vmatrix} = 0 \tag{44}$$

或写作:

$$\left[\gamma + \varepsilon + 1 - \frac{2}{\rho}\right]^2 = \left[\alpha + \left(\varepsilon + 1 - \frac{2}{\rho}\right) S\right]^2 \tag{45}$$

由此式不难得到 ε 的两个值:

$$\varepsilon_+ = -1 + \frac{2}{\rho} + \frac{\alpha - \gamma}{1 - S} \tag{46-a}$$

$$\varepsilon_- = -1 + \frac{2}{\rho} - \frac{\alpha + \gamma}{1 + S} \tag{46-b}$$

当 ρ 趋向无穷大时, ε_+ 和 ε_- 都趋向 -1; 这表明两个能量近似值 $E_\pm$ 都趋向孤立氢原子的基态能量 $-E_I$, 这正是我们所预期的 (§2-a). 下面, 取这个值作为能量的原点是方便的, 也就是令:

$$\Delta E = E(\rho) - E(\infty) = E + E_I \tag{47}$$

注意到 (25), (32) 及 (40) 式, 可将能量近似值 ΔE_+ 和 ΔE_- 写作:

$$\Delta E_\pm = E_I \left\{ \frac{2}{\rho} \pm \frac{2\mathrm{e}^{-\rho}(1+\rho) \mp \frac{2}{\rho}[1 - \mathrm{e}^{-2\rho}(1+\rho)]}{1 \mp \mathrm{e}^{-\rho}(1 + \rho + \rho^2/3)} \right\} \tag{48}$$

$\Delta E_\pm / E_I$ 随 ρ 变化的情况见图 11–21 中的虚线. 可以验证, 对于两质子的间距 R 的某一个值, ΔE_- 通过负的极小值. 这个结果虽是近似的 (见图 11–21), 却可以说明化学键现象.

我们在前面已经指出, 行列式 (21) 中的对角元 H_{11} 和 H_{22} 随 R 的变化并不具有任何极小值 (图 11–21 中的点虚线). 可见 ΔE_- 的极小值来源于非对角元 H_{12} 和 S_{12}. 这表明只当参与键合的两个原子的电子轨道充分地重叠时, 才会出现化学键现象.

β. 算符 H 在子空间 $\mathscr{F}$ 内的本征态

对应于 E_- 的本征态叫做键合态, 对应于 E_+ 的叫做反键合态, 这是因为 E_+ 始终大于一个基态氢原子和一个无限远处的质子所构成的体系的能量 $-E_I$.

[1180]

根据 (45) 式, 有:

$$\gamma + \varepsilon + 1 - \frac{2}{\rho} = \pm \left[\alpha + \left(\varepsilon + 1 - \frac{2}{\rho} \right) S \right] \tag{49}$$

于是方程 (20) 给出:

$$c_1 \pm c_2 = 0 \tag{50}$$

由此可见, 键合态与反键合态就是 $|\varphi_1\rangle$ 和 $|\varphi_2\rangle$ 的对称与反对称的线性组合; 为了将它们归一化, 须注意 $|\varphi_1\rangle$ 和 $|\varphi_2\rangle$ 并非正交的 (两者的标量积等于 S), 这样便可得到:

$$|\psi_+\rangle = \frac{1}{\sqrt{2(1-S)}}[|\varphi_1\rangle - |\varphi_2\rangle] \tag{51-a}$$

$$|\psi_-\rangle = \frac{1}{\sqrt{2(1+S)}}[|\varphi_1\rangle + |\varphi_2\rangle] \tag{51-b}$$

注意, 与 E_- 相联系的键合态 $|\psi_-\rangle$, 对于 $|\varphi_1\rangle$ 与 $|\varphi_2\rangle$ 的交换, 是对称的, 而反键合态则是反对称的.

附注:

算符 H 在子空间 $\mathscr{F}$ 的内部的本征态是 $|\varphi_1\rangle$ 和 $|\varphi_2\rangle$ 的对称的和反对称的组合, 这个事实是可以先验地预见的: 对于两个质子的给定位置, 存在着对于线段 P_1P_2 的垂直平分面的对称性, 而且如果交换两个质子, H 仍保持不变.

键合态和反键合态是所研究的体系的近似定态; 而且我们在补充材料 E$_\text{XI}$ 中曾经指出, 变分法给出的近似结果, 对能量来说是成立的, 但对本征函数来说, 却是靠不住的. 但是为了给出关于化学键的机理的概念, 颇有教益的做法就是用图形来表示与键合态和反键合态相联系的波函数, 人们常称这些函数为键合的与反键合的分子轨道. 为此, 我们可以, 譬如, 描出 $|\psi|$ 的等值面 (波函数的模 $|\psi|$ 等于一个给定值的空间诸点的位置); 若 ψ 是实函数, 我们在它取正 (或负) 值的区域标以 $+$ (或 $-$) 号. 在图 11–23 中, 对 ψ_+ 和 ψ_-, 就是采用这种做法 ($|\psi|$ 的等值面是围绕轴线 P_1P_2 的旋转曲面, 图 11–23 只表示这些曲面在包含 P_1P_2 的一个平面上的截口). 键合轨道与反键合轨道之间的差别是明显的: 在第一种图形中, "电子云" 同时包围着两个质子, 而在第二种图形中, 在线段 P_1P_2 的垂直平分面上, 电子出现的概率等于零.

附注:

不难算出在态 $|\psi_-\rangle$ 中的势能平均值, 考虑到 (51-b), (31) 和 (39) 式, 我们有:

[1181]

$$\begin{aligned}
\langle V\rangle &= \langle\psi_-|\left[\frac{e^2}{R} - \frac{e^2}{r_1} - \frac{e^2}{r_2}\right]|\psi_-\rangle \\
&= \frac{e^2}{R} - \frac{1}{1+S}\left[\langle\varphi_1|\frac{e^2}{r_1}|\varphi_1\rangle + \langle\varphi_1|\frac{e^2}{r_1}|\varphi_2\rangle + \langle\varphi_1|\frac{e^2}{r_2}|\varphi_1\rangle + \langle\varphi_1|\frac{e^2}{r_2}|\varphi_2\rangle\right] \\
&= E_I\left[\frac{2}{\rho} - \frac{1}{1+S}(2 + 2\alpha + \gamma)\right] \tag{52}
\end{aligned}$$

取 (46-b) 式与此式之差, 便得到动能:

$$\begin{aligned}
\langle T\rangle &= \left\langle\frac{\boldsymbol{P}^2}{2m}\right\rangle = \langle H - V\rangle \\
&= E_I\frac{1}{1+S}(1 - S + \alpha) \tag{53}
\end{aligned}$$

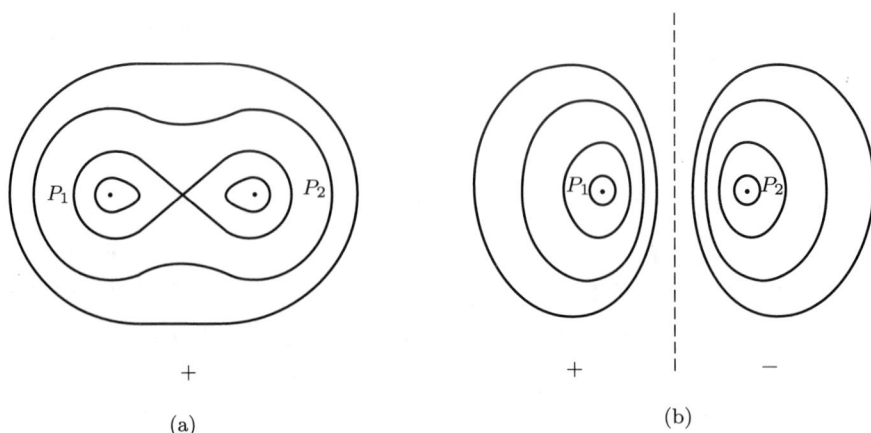

图 11–23　H_2^+ 离子的键合分子轨道 (图 a) 和反键合分子轨道 (图 b) 的示意图. 这里绘出的是波函数的模 $|\psi|$ 取某些常数值而得的曲面族与包含线段 $P_1 P_2$ 的一个平面的截口, 它们是围绕 $P_1 P_2$ 旋转的曲面 (图中绘出 4 个曲面, 分别对应于 $|\psi|$ 的 4 个不同的值). 图中的 + 号与 − 号是 (实的) 波函数在对应区域中的符号. 虚直线是 $P_1 P_2$ 的垂直平分面的迹, 它是反键合轨道的节平面.

后面 (§5), 我们再讨论 (52) 和 (53) 式给出的动能和势能的近似程度如何.

3. 对前面的模型的评论. 可能的改进

a. R 很小时的结果

当 $R \to 0$ 时, 键合态的能量和对应的波函数怎么样?

[1182]　　从图 11–22 可以看出, 当 $\rho \to 0$ 时, S, A 和 C 分别趋向于 $1, 2E_I$ 和 $2E_I$. 如果减去两质子间的相互作用能 e^2/R, 这将给出电子能量, 我们得到:

$$E_- - \frac{e^2}{R} \xrightarrow[R \to 0]{} -3E_I \tag{54}$$

此外, 由于 $|\varphi_1\rangle$ 趋向于 $|\varphi_2\rangle$, $|\psi_-\rangle$ 将变为 $|\varphi_1\rangle$ (氢原子的基态 $1s$).

这个结果显然不对. 当 $R = 0$ 时, 体系相当于一个氦离子 He^+①. 对于 $R = 0$ 的情况, H_2^+ 的基态电子能量应该等于 He^+ 的基态电子能量. 对于氦核, $Z = 2$, 这个能量为 (参看补充材料 A_{VII}):

$$-Z^2 E_I = -4E_I \tag{55}$$

而不是 $-3E_I$. 此外, 波函数 $\psi_-(\boldsymbol{r})$ 不应该趋向于 $\varphi_1(\boldsymbol{r}) = (\pi a_0^3)^{-1/2} e^{-\rho_1}$, 而应该趋于 $(\pi a_0^3/Z^3)^{-1/2} e^{-Z\rho_1}$, 此处 $Z = 2$ (玻尔轨道缩小两倍). 这样, 我们就可以理解, 准确结果和前面 §2 中的结果之间的差异为什么在 R 很小时变得如此突出, 这是因为, 对于非常靠近的两个质子而言, 我们所使用的原子轨道的空间展延度太大了.

---

① 除两个质子以外, 氦核中当然还有一个或两个中子.

于是, 一种可能的改进就是根据这些物理上的理由, 将试探右矢族放宽, 并使用下列形式的右矢:

$$|\psi\rangle = c_1|\varphi_1(Z)\rangle + c_2|\varphi_2(Z)\rangle \tag{56}$$

其中 $|\varphi_1(Z)\rangle$ 和 $|\varphi_2(Z)\rangle$ 分别对应于以 P_1 和 P_2 为核心的半径为 a_0/Z 的 $1s$ 原子轨道. 由于对称性, 基态总是对应于 $c_1 = c_2$. 对于 R 的每一个值, 在我们寻求使能量为极小值的 Z 时, 应将 Z 看作一个变分参量.

在椭圆坐标系中可以将计算进行到底. 我们得知 (图 11–24), Z 的最佳值从 $R = 0$ 时的 $Z = 2$ 减小到 $R \to \infty$ 时的 $Z = 1$; 这个结果在物理上是完全令人满意的.

[1183]

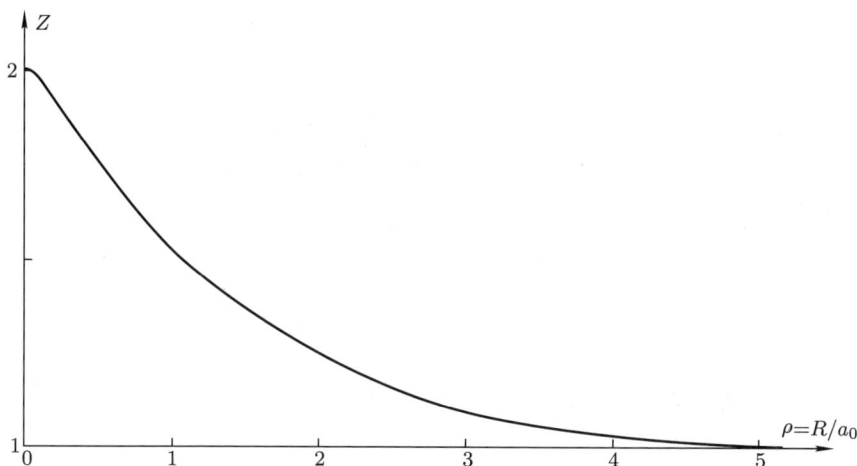

图 11–24　对于核间距的每一个值, 算出使能量极小的 Z 值. 对于 $R = 0$, 体系相当于 He^+ 离子, 我们实际得到 $Z = 2$. 对于 $R \gg a_0$, 体系实际上是孤立的氢原子, 这使 $Z = 1$. 在这两种极端情况之间, Z 是 ρ 的减函数; 对应的最佳能量值已用三角形标记在图 11–21 中.

对于 ΔE_-, 所得曲线非常接近准确的曲线 (参看图 11–21). 表 I 列出了 ΔE_- 的极小值的横坐标和纵坐标的值, 这些结果都得自本文所设想的各种模型. 从这个表可以明显看出, 得自变分法的能量总是大于基态的准确能量; 此外, 还可看出, 试探右矢族的放宽可以改善所得的能量值.

b. R 很大时的结果

在 $R \to \infty$ 时, 由 (48) 式即可证实, E_+ 和 E_- 趋向同一个值 $-E_I$, 而且这种趋势是指数型的. 其实, 两者不应该如此迅速地逼近这个极限. 为了看出这一点, 我们用微扰法来处理这个问题, 如同在补充材料 C_{XI} (范德瓦尔斯力) 或 E_{XII} (氢原子的斯塔克效应) 中那样. 我们来估计: 由于在甚大于 $a_0(\rho \gg 1)$ 的距离 R 上存在着一个质子 P_1 而使 P_2 处的 $1s$ 态氢原子的能量受到微扰. 质子 P_1 在 P_2 附近产生一个电场 E (按 $1/R^2$ 的规律变化), 它使氢原子极化, 以致出现一个正比于 E 的偶极矩 D; 于是电子波函数发生畸变, 电子电荷分布的重心向 P_1 靠近 (图 11–25). E, D 两者都正比于 $1/R^2$, 而且符号相同. 因此, 质子 P_1 与 P_2 处的原子之间的静电相互作用将产生一个能量的减小量, 此量正比于 $-\boldsymbol{E}\cdot\boldsymbol{D}$, 按 $-1/R^4$ 的规律变化[1]. 从而, ΔE_+ 和 ΔE_- 的渐近行为不应该是指数规律的, 而应该是 $-a/R^4$ 规律的 (其中 a 为正常数).

表 I

	两质子间的平衡距离 (ΔE_- 的极小值的横坐标)	势阱的深度 (ΔE_- 的极小值)
§2 的变分法 ($Z=1$ 的 $1s$ 轨道)	$2.50a_0$	1.76 eV
§3-a 的变分法 (Z 可变的 $1s$ 轨道)	$2.00a_0$	2.35 eV
§3-b 的变分法 (Z, Z' 及 σ 可变的 杂化轨道)	$2.00a_0$	2.73 eV
准确值	$2.00a_0$	2.79 eV

图 11-25　在质子 P_1 所产生的电场 $\boldsymbol{E}$ 的作用下, 以 P_2 为核心的氢原子的电子云发生畸变, 这个原子得到一个电偶极矩 $\boldsymbol{D}$. 因此而产生的相互作用能, 在 R 增大时, 随 $1/R^4$ 减小.

[1184]　　　其实用变分法也可以得到这个结果. 不用以 P_1 和 P_2 为中心的 $1s$ 轨道进行线性叠加, 而将对于 P_1 和 P_2 不再具备球对称性的杂化轨道 χ_1 和 χ_2 叠加起来. χ_2 可以得自, 例如, 都以 P_2 为中心的一个 $1s$ 轨道和一个 $2p$ 轨道[2]:

$$\chi_2(\boldsymbol{r}) = \varphi_{1s}^2(\boldsymbol{r}) + \sigma\varphi_{2p}^2(\boldsymbol{r}) \tag{57}$$

它的图形与图 11-25 中的类似. 现在来考察行列式 (21). 非对角元 $H_{12} = \langle\chi_1|H|\chi_2\rangle$ 和 $S_{12} = \langle\chi_1|\chi_2\rangle$, 在 $R\to\infty$ 时, 总是按指数规律趋向于零. 实际上, 对应的积分含有乘积 $\chi_1(\boldsymbol{r})\chi_2(\boldsymbol{r})$. 轨道 $\chi_1(\boldsymbol{r})$ 和 $\chi_2(\boldsymbol{r})$, 虽然已有畸变, 仍然分别定域在 P_1 和 P_2 附近, 从而, 在 $R\to\infty$ 时, 两者的重叠按指数律趋向于零. 两个本征值 E_+ 和 E_-, 在 $R\to\infty$ 时, 都趋向于 $H_{11} = H_{22}$, 这是因为行列式 (21) 变成对角的了.

　　那么, H_{22} 又表示什么呢? 在前面 (参看 §2-c) 我们看到, 这是质子 P_1 微扰下的位于 P_2 处的氢原子的能量. §2 的计算完全忽略了在 P_1 所生的电场影响下 $1s$ 电子轨道的极化, 因此, 我们求得的能量修正量才会随 R 的增大按指数律减小. 反之, 如果采取这里的做法, 将电子轨道的极化考虑在内, 那么, 我们将得到的修正量是按 $-a/R^4$ 的规

―――――――――――

[1] 更精确地说, 能量的减小量等于 $-\dfrac{1}{2}\boldsymbol{E}\cdot\boldsymbol{D}$ (参看补充材料 $\mathrm{E_{XII}}$, §1).

[2] 选择两质子间的连线为 $2p$ 轨道的对称轴.

律变化的. 在 (57) 式中我们只考虑了 $2p$ 态的影响, 由此可以想见, 变分法给出的 a 的值是近似的 (而用微扰理论来计算 a 时, 就要涉及所有的激发态, 参看补充材料 E_{XII}).

ΔE_+ 和 ΔE_- 这两条曲线的确按指数律互相逼近, 这是因为 E_+ 和 E_- 之间的差异只涉及非对角元 H_{12} 和 S_{12}, 但是它们的共同值, 在 R 很大时, 是按 $-a/R^4$ 的规律趋向于零的 (图 11-26). [1185]

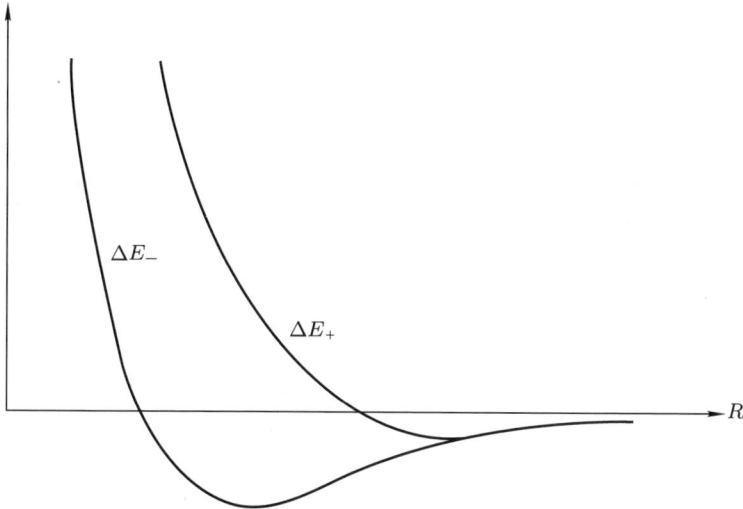

图 11-26 $\rho \to \infty$ 时, 键合态和反键合态的能量按指数律互相逼近; 但是, 两者 (按 $1/R^4$ 的规律) 较慢地逼近它们的极限值.

前面的讨论还提示我们, 不但对较大的 R 值, 甚至对所有的 R 值, 都可像 (57) 式那样, 利用已极化的轨道. 这样做, 实际上是放宽了试探右矢族, 因而可以改进精确度. 因此, 在 (57) 式中, 我们可将 σ 看作一个变分参量, 如参变量 Z (它确定与 $1s$ 和 $2p$ 轨道相联系的玻尔半径 a_0/Z). 为使这种方法更灵活一些, 对于 φ_{1s} 和 φ_{2p}, 我们甚至可以取不同的参变量 Z 和 Z'. 然后, 对于 R 的每一个值, 寻求 H 在态 $|\chi_1\rangle + |\chi_2\rangle$ (由于对称性, 这总是基态) 中的平均值的极小值, 这样, 便可确定 σ, Z 及 Z' 的最佳值. 如此得到的解与准确解符合得很好 (参看表 I).

4. H_2^+ 离子的其他分子轨道

在前面几段中, 我们已按变分法构成了一个键合分子轨道和一个反键合分子轨道, 所使用的是可能以两质子为核心构成的两个氢原子的 $1s$ 基态. 我们取 $1s$ 态的原因如下: 事先就可以明显看出, 为了得到两个质子和一个电子的体系的基态的近似结果, 这是最好的选择. 在原子轨道线性组合法 (§2-a) 的范畴内, 我们显然可以考虑使用氢原子的激发态以得到能量更高的其他分子轨道. 在这里, 这些激发轨道的主要优点是可以由此形成关于一些现象的概念, 这些现象可能出现在比 H_2^+ 离子更复杂的分子中. 例如, 为了理解多电子的双原子分子的性质, 在一级近似下, 我们可以个别地处理这些电子, 就好像它们之间并无相互作用; 这样, 对于处在核的库仑场中的一个孤立电子, 我们就可以确定那些可能的定态, 然后将分子的诸电子放入这些态中, 与此同时要考虑到泡利原理 (第十四章, §D–1), 并且要首先填充能量最低的态 (这种做法类似于补充材料 A_{XIV} 中针对多电子原子所述的方法). 这一节将说明 H_2^+ 离子的这些激发分子轨道的主要性质, 同时也关注推广到更复杂的分子的可能性.

[1186]

a. 对称性与量子数. 光谱学符号

　　(i) 两个质子所产生的势 V 具有关于 P_1P_2 (被取作 Oz 轴) 的旋转对称性. 这表明 V, 从而电子的哈密顿算符 H, 并不依赖于角变量 φ, 这个角标记通过 Oz 轴及空间一点 M 的平面 MP_1P_2 围绕 Oz 轴的取向. 由此可以推知, H 和电子的轨道角动量分量 L_z 对易 [在 $\{|r\rangle\}$ 表象中, L_z 是微分算符 $\dfrac{\hbar}{i}\dfrac{\partial}{\partial\varphi}$, 它和一切与 φ 无关的算符对易]. 于是我们可以找到 H 的一个本征态族, 它们又是 L_z 的本征态, 并可将它们按 L_z 的本征值 $m\hbar$ 分类.

　　(ii) 对于包含 P_1P_2 (即 Oz 轴) 的任意平面进行反射, 势 V 保持不变. 在这样一次反射中, L_z 的属于本征值 $m\hbar$ 的本征态被变换为 L_z 的属于本征值 $-m\hbar$ 的本征态 (反射改变了电子绕 Oz 轴旋转的指向). 由于 V 的不变性, 一个定态的能量只依赖于 $|m|$.

　　采用光谱学符号, 我们给每一个分子轨道附加一个希腊字母, 以便指出 $|m|$, 对应关系如下:

$$|m| = 0 \leftrightarrow \sigma$$
$$|m| = 1 \leftrightarrow \pi$$
$$|m| = 2 \leftrightarrow \delta \tag{58}$$

(注意, 它们类似于原子的光谱学符号: σ, π, δ 使我们回想起 s, p, d). 例如, 氢原子的基态 $1s$ 的轨道角动量为零, 因此, 前面几节里研究过的两个轨道都是 σ 轨道 (我们还可以证明, 这一点对于准确的定态波函数也是正确的, 只对于得自变分法的近似态, 才不如此).

　　此符号没有使用 H_2^+ 离子的两个质子电荷相等这个条件, 因此, 分子轨道的 σ, π, δ 分类对于极性双原子分子依然适用.

　　(iii) 对于 H_2^+ 离子 (更广泛一些, 对于同极双原子分子), 在对于 P_1P_2 的中点 O 的反射中, 势 V 是不变的. 因此, 我们可以这样选择哈密顿算符 H 的本征函数, 使它们对 O 点具有确定的宇称. 对于偶轨道, 我们给标志 $|m|$ 的希腊字母附加下标 g (取自 "偶" 的德文 "gerade"), 对于奇轨道, 下标为 u (取自

"奇" 的德文 "ungerade"). 这样一来, 前面得自原子态 $1s$ 的键合轨道是一个 σ_g 轨道, 而对应的反键合轨道是 σ_u 轨道.

(iv) 最后, 我们可以利用算符 H 在对于 P_1P_2 的垂直平分面的反射中的不变性, 以便获得在这种操作中具有确定宇称 (也就是对于变量 z 的符号变换具有确定宇称) 的定态波函数. 我们给这种反射中的奇函数附以星号. 这些函数在 P_1P_2 的垂直平分面上的所有点都等于零, 如图 11–23–b 中的轨道那样, 这些都是反键合轨道.

附注:

对于 P_1P_2 的垂直平分面的反射, 相当于先对 O 点进行反射再围绕 Oz 轴转过角度 π. 因此, 第 (iv) 点中的宇称和前面那些对称性并不是无关的 (附有下标 "g" 的态, 在 $|m|$ 为奇数时, 应带星号, 在 $|m|$ 为偶数时, 则不带星号; 对于附有下标 "u" 的态, 情况正相反). 考虑这种宇称比较方便, 因为它有助于我们立即确定反键合轨道.

b. 用原子轨道 $2p$ 构成的分子轨道

如果从氢原子的 $2s$ 激发态出发, 仿照前面几段进行分析, 我们将得到一个键合轨道 $\sigma_g(2s)$ 和一个反键合轨道 $\sigma_u^*(2s)$, 它们的形式与图 11–23 中的相似. 因此, 我们还是来研究得自原子的 $2p$ 激发态的分子轨道.

α. 得自 $2p_z$ 的轨道

下面用 $|\varphi_{2p_z}^1\rangle$ 和 $|\varphi_{2p_z}^2\rangle$ 分别表示以 P_1 和 P_2 为中心的 $2p_z$ 原子态 (参看补充材料 E$_{VII}$, §2–b). 对应的轨道形式概略地绘于图 11–27 (注意图中符号的选择).

应用与 §2 中类似的变分法, 我们可以用这两个原子态构成哈密顿算符 (13) 的两个近似本征态; 前面 §4–a 中所述的那些对称性提示我们, 除归一化因子以外, 可将这些分子态写成:

$$|\varphi_{2p_z}^1\rangle + |\varphi_{2p_z}^2\rangle \tag{59–a}$$

$$|\varphi_{2p_z}^1\rangle - |\varphi_{2p_z}^2\rangle \tag{59–b}$$

如此得到的两个分子轨道的形式很容易得自图 11–27, 结果见图 11–28.

这两个原子态 $2p_z$ 都是 L_z 的本征态, 对应的本征值为零; 因此, (59) 式中的两个态也是这样的. 与 (59–a) 式相联系的分子轨道是偶的, 应将它记作 $\sigma_g(2p_z)$; 与 (59–b) 式相联系的分子轨道在对于 O 点的反射中以及对于 P_1P_2 的垂直平分面的反射中是奇的. 故应将它记作 $\sigma_u^*(2p_z)$.

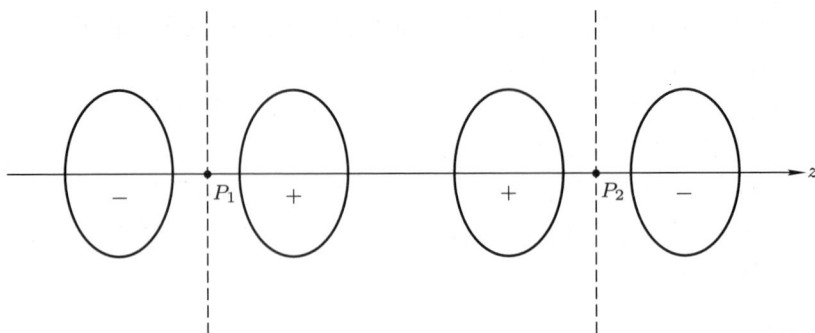

图 11–27　以 P_1 和 P_2 为中心的 $2p_z$ 原子轨道的概略表示 (沿 P_1P_2 取 Oz 轴), 以它们为基础概成的激发分子轨道 $\sigma_{\mathrm{g}}(2p_z)$ 和 $\sigma_{\mathrm{u}}^*(2p_z)$ 绘于图 11–28 (注意图中所选用的符号惯例).

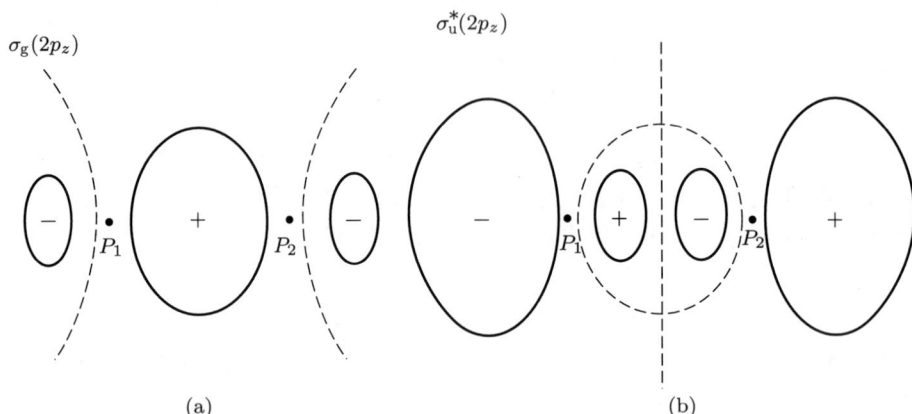

图 11–28　键合激发分子轨道 $\sigma_{\mathrm{g}}(2p_z)$ (图 a) 与反键合激发分子轨道 $\sigma_{\mathrm{u}}^*(2p_z)$ (图 b) 的概略表示. 和在图 11–27 中一样, 图中画出的是波函数的模 $|\psi|$ 取给定常数值的一个曲面与包含 P_1P_2 的一个平面的截口. 该曲面是围绕 P_1P_2 的旋转曲面. 图中的符号是 (实的) 波函数的符号. 虚线表示图平面与节曲面 ($|\psi| = 0$) 的截口.

β. 得自 $2p_x$ 或 $2p_y$ 的轨道

　　现在从原子轨道 $|\varphi_{2p_x}^1\rangle$ 和 $|\varphi_{2p_x}^2\rangle$ 开始, 与它们相联系的波函数是实的 (参看补充材料 $\mathrm{E_{VII}}$, §2–b), 其形状概略地绘于图 11–29 (注意, 此图是 $|\psi|$ 的等值面与 xOz 平面的截口, 这些等值面都是旋转曲面, 但不是围绕 Oz 轴形成的, 而是围绕平行于 Ox 轴并通过 P_1 和 P_2 的轴线形成的). 提醒一下, 原子轨道 $2p_x$ 得自算符 L_z 的对应于本征值 $m = 1$ 和 $m = -1$ 的本征态的线性组合. 因此, 用这些原子轨道构成的分子轨道对应于 $|m| = 1$, 这就是 π 轨道.

　　现在, 用原子轨道 $2p_x$ 构成的近似分子轨道也是对称的和反对称的线性

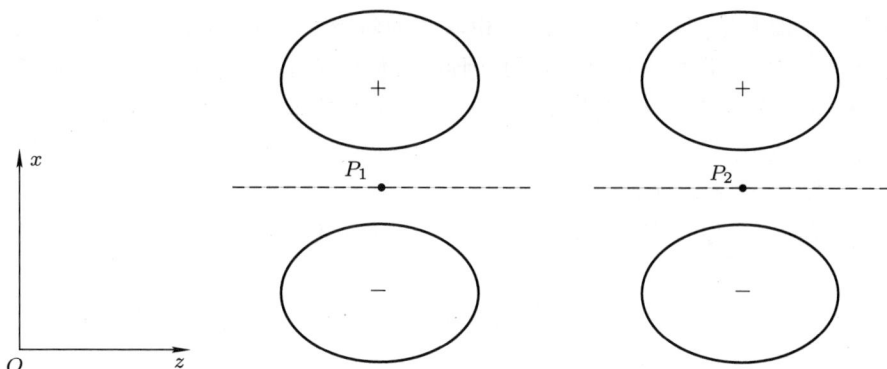

图 11-29 以 P_1 和 P_2 为中心的 $2p_x$ 原子轨道的概略表示 (沿 P_1P_2 取 Oz 轴), 以它们为基构成的激发分子轨道 $\pi_u(2p_x)$ 和 $\pi_g^*(2p_x)$ 绘于图 11-30. 对于每一个轨道, 图中绘出的是 $|\psi|$ 的等值面与 xOz 平面的截口, 这些等值面都是旋转曲面, 但不是以 Oz 为轴, 而是以平行于 Ox 轴并且或通过 P_1 或通过 P_2 的直线为轴.

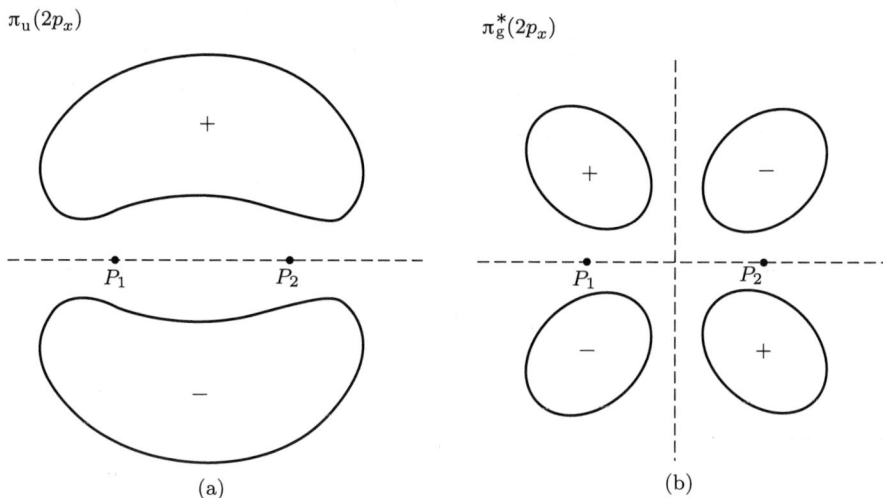

图 11-30 键合激发分子轨道 $\pi_u(2p_x)$ (图 a) 和反键合激发分子轨道 $\pi_g^*(2p_x)$ (图 b) 的概略表示. 对于每一个这样的轨道, 图中绘出的是 xOz 平面与 $|\psi|$ 等于给定常数值的一个曲面的截口. 该曲面不再是旋转曲面, 它仅仅以 xOz 平面为对称面. 符号与虚线的意义和图 11-23, 27, 28, 29 中的相同.

组合:

$$|\varphi_{2p_x}^1\rangle + |\varphi_{2p_x}^2\rangle \tag{60-a}$$

$$|\varphi_{2p_x}^1\rangle - |\varphi_{2p_x}^2\rangle \tag{60-b}$$

这些分子轨道的形式很容易定性地得自图 11-29: $|\psi|$ 的等值面并不是围绕 Oz 轴的旋转曲面, 而仅仅对称于 xOz 平面; 曲面与此平面的截口绘于图 11-30. [1189]

由图可立即看出, 与 (60-a) 式的态相联系的轨道对于 P_1P_2 的中点 O 是奇的, 但对于 P_1P_2 的垂直平分面是偶的; 因此, 我们将它记作 $\pi_u(2p_x)$. 反之, 对应于 (60-b) 式的轨道对于 O 点是偶的, 但对于 P_1P_2 的垂直平分面是奇的; 这是一个反键合轨道, 记作 $\pi_g^*(2p_x)$. 需要强调的是: 这些 π 轨道具有对称面, 而不像 σ 轨道那样, 具有旋转轴.

当然, 得自原子态 $2p_y$ 的分子轨道可以从前述的轨道经过围绕 P_1P_2 旋转角度 $\pi/2$ 而导出.

π 轨道, 和前述的轨道类似, 出现在诸如碳原子的双重键合或三重键合中 (参看补充材料 E_{VII}, §3–c 和 §4–c).

附注:

在前面 (§2–d) 我们已经看到, 键合能级与反键合能级之间的能量间隔来源于原子波函数之间的覆盖. 但是, 对同一距离 R 来说, 轨道 $\varphi_{2p_z}^1$ 和 $\varphi_{2p_z}^2$ (两者并存在同一轴线上) 之间的覆盖更大于轨道 $\varphi_{2p_x}^1$ 和 $\varphi_{2p_x}^2$ (两条轴线互相平行) 之间的覆盖 (见图 11–27, 29). 由此可见, $\sigma_g(2p_z)$ 和 $\sigma_u^*(2p_z)$ 之间的间隔大于 $\pi_u(2p_x)$ 和 $\pi_g^*(2p_x)$ [或 $\pi_u(2p_y)$ 和 $\pi_g^*(2p_y)$] 之间的间隔. 对应的诸能级的顺序见图 11–31.

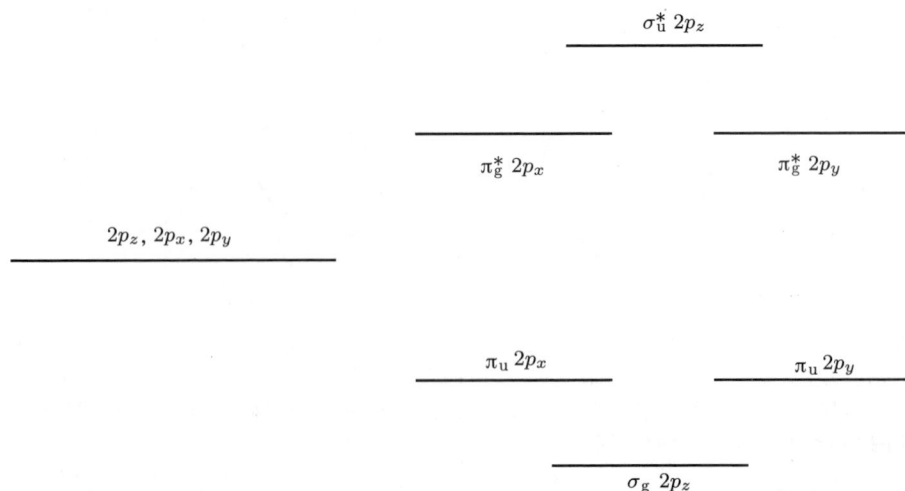

图 11–31　标示各激发分子轨道的能量的简图. 这些轨道是用中心为 P_1 和 P_2 (选取 P_1P_2 为 Oz 轴) 的原子轨道 $2p_z, 2p_x$ 和 $2p_y$ 构成的. 由于对称性, 得自原子轨道 $2p_x$ 的分子轨道和得自原子轨道 $2p_y$ 的分子轨道简并在同一能量. 键合与反键合分子轨道 $\pi_u(2p_{x,y})$ 和 $\pi_g^*(2p_{x,y})$ 之间的间隔较小于分子轨道 $\sigma_g(2p_z)$ 和 $\sigma_u^*(2p_z)$ 之间的间隔, 其原因在于两个 $2p_z$ 轨道之间的覆盖更大一些.

5. 化学键的起因; 位力定理

[1191]

a. 问题的梗概

当两质子的间距 R 减小时, 它们的静电排斥作用 e^2/R 增强. 当 R 从很大的值开始减小的过程中, 键合态的总能量 $E_-(R)$ 也减小, 随后通过一个极小值; 这个事实表明, 在初始阶段电子能量减小的速度比 e^2/R 增加的速度还要快 (当然, 由于 $R \to 0$ 时这项是发散的, 在短距离上, 两质子间的排斥作用才是主要的). 现在, 我们可以提出这样的问题: 导致化学键形成的电子能量的降低, 起因于电子势能的降低, 还是其动能的降低, 还是两种能量的同时降低?

我们已在 (52) 和 (53) 式中算出 (总) 势能和动能的近似表示式, 于是, 下面可以着手研究这些表示式随 R 的变化. 但这种方法是靠不住的, 这是因为, 如前面已指出的, 变分法所提供的本征函数的精确度比能量的差得多. 到后面的 §5–d–β, 我们再详细讨论这个问题.

"位力定理" 提供了 $E(R)$ 和平均动能、平均势能之间的准确关系式, 依靠这个定理, 我们可以严格解答上面所提的问题. 在这一段里, 我们将证明这个定理, 并讨论它的物理意义; 所得结果完全是普遍的, 不但可应用于离子分子 H$_2^+$, 也可应用于一切分子. 在讨论这个定理本身之前, 我们导出几个以后有用的结果.

b. 几个有用的定理

α. 欧拉定理

提醒一下: 如果用 λ 乘多元函数 $f(x_1, x_2, \cdots, x_n)$ 的所有变量 $x_1, x_2, \cdots, x_n$, 结果相当于用 λ^s 乘该函数, 则称该函数是 s 次的齐次函数:

$$f(\lambda x_1, \lambda x_2, \cdots, \lambda x_n) = \lambda^s f(x_1, x_2, \cdots, x_n) \tag{61}$$

例如, 三维谐振子的势

$$V(x, y, z) = \frac{1}{2} m\omega^2 (x^2 + y^2 + z^2) \tag{62}$$

就是二次齐次函数. 又如, 两个粒子间的静电相互作用能:

$$\frac{e_a e_b}{r_{ab}} = \frac{e_a e_b}{\sqrt{(x_a - x_b)^2 + (y_a - y_b)^2 + (z_a - z_b)^2}} \tag{63}$$

是 -1 次齐次函数.

欧拉定理断言, 一切 s 次齐次函数 f 满足下列恒等式:

[1192]

$$\sum_{i=1}^{n} x_i \frac{\partial f}{\partial x_i} = s f(x_1, \cdots, x_i, \cdots, x_n) \tag{64}$$

我们将 (61) 式两端对 λ 求导数, 根据隐函数求导法则, 左端的导数为:

$$\sum_i \frac{\partial f}{\partial x_i}(\lambda x_1, \cdots, \lambda x_n) \times \frac{\partial}{\partial \lambda}(\lambda x_i) = \sum_i x_i \frac{\partial f}{\partial x_i}(\lambda x_1, \cdots, \lambda x_n) \tag{65}$$

右端的导数为:

$$s\lambda^{s-1} f(x_1, \cdots, x_n) \tag{66}$$

令 (65) 与 (66) 式相等, 同时取 $\lambda = 1$, 便得到 (64) 式.

就 (62) 式和 (63) 式两例, 很容易验证欧拉定理.

β. 赫尔曼–费曼 (Hellmann-Feynman) 定理

设 $H(\lambda)$ 是依赖于实参数 λ 的一个厄米算符, $|\psi(\lambda)\rangle$ 是它的一个归一化的本征矢, 属于本征值 $E(\lambda)$, 即有:

$$H(\lambda)|\psi(\lambda)\rangle = E(\lambda)|\psi(\lambda)\rangle \tag{67}$$

$$\langle \psi(\lambda)|\psi(\lambda)\rangle = 1 \tag{68}$$

Hellmann-Feynman 定理为:

$$\frac{\mathrm{d}}{\mathrm{d}\lambda}E(\lambda) = \langle \psi(\lambda)|\frac{\mathrm{d}}{\mathrm{d}\lambda}H(\lambda)|\psi(\lambda)\rangle \tag{69}$$

这是因为, 据 (67) 和 (68) 式, 应有:

$$E(\lambda) = \langle \psi(\lambda)|H(\lambda)|\psi(\lambda)\rangle \tag{70}$$

将此式对 λ 求导, 便有:

$$\begin{aligned}\frac{\mathrm{d}}{\mathrm{d}\lambda}E(\lambda) = &\langle \psi(\lambda)|\frac{\mathrm{d}}{\mathrm{d}\lambda}H(\lambda)|\psi(\lambda)\rangle \\ &+ \left[\frac{\mathrm{d}}{\mathrm{d}\lambda}\langle \psi(\lambda)|\right]H(\lambda)|\psi(\lambda)\rangle + \langle \psi(\lambda)|H(\lambda)\left[\frac{\mathrm{d}}{\mathrm{d}\lambda}|\psi(\lambda)\rangle\right]\end{aligned} \tag{71}$$

考虑到 (67) 式及其伴式 [$H(\lambda)$ 是厄米算符, 故 $E(\lambda)$ 为实数], 上式变为:

$$\begin{aligned}\frac{\mathrm{d}}{\mathrm{d}\lambda}E(\lambda) = &\langle \psi(\lambda)|\frac{\mathrm{d}}{\mathrm{d}\lambda}H(\lambda)|\psi(\lambda)\rangle \\ &+ E(\lambda)\left\{\left[\frac{\mathrm{d}}{\mathrm{d}\lambda}\langle \psi(\lambda)|\right]|\psi(\lambda)\rangle + \langle \psi(\lambda)|\left[\frac{\mathrm{d}}{\mathrm{d}\lambda}|\psi(\lambda)\rangle\right]\right\}\end{aligned} \tag{72}$$

[1193]　　在右端, 大括号中的表示式就是 $\langle \psi(\lambda)|\psi(\lambda)\rangle$ 的导数, 因 $|\psi(\lambda)\rangle$ 已归一化, 此导数为零, 于是便得到 (69) 式.

γ. 对易子 $[H, A]$ 在 H 的本征态中的平均值

设 $|\psi\rangle$ 是厄米算符 H 的一个归一化的本征矢, 属于本征值 E, 则不论 A 为任何算符, 都有:

$$\langle \psi|[H, A]|\psi\rangle = 0 \tag{73}$$

这是因为 $H|\psi\rangle = E|\psi\rangle, \langle\psi|H = E\langle\psi|$, 故知

$$\langle\psi|(HA - AH)|\psi\rangle = E\langle\psi|A|\psi\rangle - E\langle\psi|A|\psi\rangle = 0 \tag{74}$$

c. 应用于分子的位力定理

α. 体系的势能

现在考虑由 N 个核与 Q 个电子构成的任意分子. 用 $\boldsymbol{r}_k^n(k = 1, 2, \cdots, N)$ 表示核的经典位置, 用 $\boldsymbol{r}_i^e$ 和 $\boldsymbol{p}_i^e(i = 1, 2, \cdots, Q)$ 表示电子的经典位置和经典动量; 这些矢量的分量则记作 x_k^n, y_k^n, z_k^n, 等等.

现在采用玻恩–奥本海默近似, 我们将 $\boldsymbol{r}_k^n$ 看作已给的经典参变量, 在量子力学计算中, 只有 $\boldsymbol{r}_i^e$ 和 $\boldsymbol{p}_i^e$ 变成算符 $\boldsymbol{R}_i^e$ 和 $\boldsymbol{P}_i^e$. 因此, 问题在于求解下面的本征值方程:

$$H(\boldsymbol{r}_1^n, \cdots, \boldsymbol{r}_N^n)|\psi(\boldsymbol{r}_1^n, \cdots, \boldsymbol{r}_N^n)\rangle = E(\boldsymbol{r}_1^n, \cdots, \boldsymbol{r}_N^n)|\psi(\boldsymbol{r}_1^n, \cdots, \boldsymbol{r}_N^n)\rangle \tag{75}$$

其中哈密顿算符 H 依赖于参变量 $\boldsymbol{r}_1^n, \cdots, \boldsymbol{r}_N^n$, 并在电子的态空间中起作用. H 的表示式为:

$$H = T_e + V(\boldsymbol{r}_1^n, \cdots, \boldsymbol{r}_N^n) \tag{76}$$

其中 T_e 是电子的动能算符:

$$T_e = \sum_{i=1}^{Q} \frac{1}{2m}(\boldsymbol{P}_i^e)^2 \tag{77}$$

而 $V(\boldsymbol{r}_1^n, \cdots, \boldsymbol{r}_N^n)$ 则是将经典势能表示式中的 $\boldsymbol{r}_i^e$ 换成算符 $\boldsymbol{R}_i^e$ 而得的算符. 经典势能等于电子间的排斥能 V_{ee}、电子与核的吸引能 V_{en} 以及核间的排斥能 V_{nn} 的总和, 即:

$$V(\boldsymbol{r}_1^n, \cdots, \boldsymbol{r}_N^n) = V_{ee} + V_{en}(\boldsymbol{r}_1^n, \cdots, \boldsymbol{r}_N^n) + V_{nn}(\boldsymbol{r}_1^n, \cdots, \boldsymbol{r}_N^n) \tag{78}$$

实际上, V_{nn} 只与 $\boldsymbol{r}_k^n$ 有关, 并不包含 $\boldsymbol{R}_i^e$, 因此, V_{nn} 是一个数而不是在电子的态空间中起作用的算符, 它的作用仅仅使所有的能量一齐偏移, 从而 (75) 式便等价于:

[1194]

$$H_e(\boldsymbol{r}_1^n, \cdots, \boldsymbol{r}_N^n)|\psi(\boldsymbol{r}_1^n, \cdots, \boldsymbol{r}_N^n)\rangle = E_e(\boldsymbol{r}_1^n, \cdots, \boldsymbol{r}_N^n)|\psi(\boldsymbol{r}_1^n, \cdots, \boldsymbol{r}_N^n)\rangle \tag{79}$$

其中

$$H_e(\boldsymbol{r}_1^n, \cdots, \boldsymbol{r}_N^n) = T_e + V_{ee} + V_{en}(\boldsymbol{r}_1^n, \cdots, \boldsymbol{r}_N^n) = H - V_{nn}(\boldsymbol{r}_1^n, \cdots, \boldsymbol{r}_N^n) \tag{80}$$

而电子能量 E_e 和总能量 E 之间的关系为:

$$E_e(\boldsymbol{r}_1^n, \cdots, \boldsymbol{r}_N^n) = E(\boldsymbol{r}_1^n, \cdots, \boldsymbol{r}_N^n) - V_{nn}(\boldsymbol{r}_1^n, \cdots, \boldsymbol{r}_N^n) \tag{81}$$

我们可将欧拉定理应用于经典势能, 因为它是电子坐标与核坐标的集合的 -1 次齐次函数. 诸算符 $\boldsymbol{R}_i^e$ 彼此对易, 据此, 我们可以导出量子力学算符之间的一个关系式:

$$\sum_{k=1}^{N} \boldsymbol{r}_k^n \cdot \nabla_k^n V + \sum_{i=1}^{Q} \boldsymbol{R}_i^e \cdot \nabla_i^e V = -V \tag{82}$$

其中 ∇_k^n 和 ∇_i^e 是在势能的经典表示式中对 $\boldsymbol{r}_k^n$ 和对 $\boldsymbol{r}_i^e$ 的梯度中, 用 $\boldsymbol{R}_i^e$ 代替 $\boldsymbol{r}_i^e$ 所得的算符. (82) 式将作为我们证明位力定理的基础.

β. 位力定理的证明

我们将把 (73) 式用于一种特殊情况, 其中

$$A = \sum_{i=1}^{Q} \boldsymbol{R}_i^e \cdot \boldsymbol{P}_i^e \tag{83}$$

为此先计算 H 与 A 的对易子:

$$\begin{aligned}
\left[H, \sum_{i=1}^{Q} \boldsymbol{R}_i^e \cdot \boldsymbol{P}_i^e\right] &= \sum_{i=1}^{Q} \sum_{x,y,z} \{[H, X_i^e] P_{xi}^e + X_i^e [H, P_{xi}^e]\} \\
&= \mathrm{i}\hbar \sum_{i=1}^{Q} \left\{ -\frac{(\boldsymbol{P}_i^e)^2}{m} + \boldsymbol{R}_i^e \cdot \nabla_i^e V \right\}
\end{aligned} \tag{84}$$

(这里, 应用了动量函数和坐标的对易关系式, 或相反的关系式; 参看补充材料 B_{II}, §4–c). 大括号中的第一项正比于动能 T_e; 据 (82) 式, 第二项等于

$$-V - \sum_{k=1}^{N} \boldsymbol{r}_k^n \cdot \nabla_k^n V \tag{85}$$

因而, 由 (73) 式得到:

$$2\langle T_e \rangle + \langle V \rangle + \sum_{k=1}^{N} \boldsymbol{r}_k^n \cdot \langle \nabla_k^n V \rangle = 0 \tag{86}$$

由于哈密顿算符 H 只能通过 V 而依赖于参变量 $\boldsymbol{r}_k^n$, 上式也就是:

$$2\langle T_e \rangle + \langle V \rangle = -\sum_{k=1}^{N} \boldsymbol{r}_k^n \cdot \langle \nabla_k^n H \rangle \tag{87}$$

[1195]　变量 $\boldsymbol{r}_k^n$ 在这里的地位相当于 (69) 式中的参变量 λ; 将 Hellmann-Feynman 定理应用于 (87) 式的右端, 便得到:

$$2\langle T_e \rangle + \langle V \rangle = -\sum_{k=1}^{N} \boldsymbol{r}_k^n \cdot \nabla_k^n E(\boldsymbol{r}_1^n, \cdots, \boldsymbol{r}_k^n, \cdots, \boldsymbol{r}_N^n) \tag{88}$$

此外, 显然有:

$$\langle T_e \rangle + \langle V \rangle = E(\boldsymbol{r}_1^n, \cdots, \boldsymbol{r}_N^n) \tag{89}$$

从 (88) 和 (89) 式不难导出下列等式:

$$\boxed{\begin{aligned} \langle T_e \rangle &= -E - \sum_{k=1}^{N} \boldsymbol{r}_k^n \cdot \nabla_k^n E \\ \langle V \rangle &= 2E + \sum_{k=1}^{N} \boldsymbol{r}_k^n \cdot \nabla_k^n E \end{aligned}} \tag{90}$$

这样, 我们就得到了一个很简单的结果, 它就是可应用于分子的位力定理; 如果知道了总能量随核坐标变化的规律, 就可以用这个定理来计算平均动能和平均势能.

附注:

总电子能量 E_e 和电子势能 $\langle V_e \rangle$ 之间也有类似的关系:

$$\langle V_e \rangle = 2E_e + \sum_{k=1}^{N} \boldsymbol{r}_k^n \cdot \nabla_k^n E_e \tag{91}$$

此式可以这样证明: 将 (81) 式及表示为 $\boldsymbol{r}_k^n$ 的函数的 V_{nn} 的显式代入 (90) 式中的第二式. 然而, 不难看出, 电子势能 $V_e = V_{ee} + V_{en}$, 如同总势能 V 一样, 是粒子集合的坐标的 -1 次齐次函数; 因此, 前面的推导不仅适用于 H, 也适用于 H_e, 从而, 我们可在 (90) 式的两式中, 将 E 换成 E_e, 同时将 V 换成 V_e.

γ. 特例: 双原子分子

如果核的数目等于 2, 则能量只依赖于核间距 R; 这就进一步简化了位力定理, 使之成为:

$$\boxed{\begin{aligned} \langle T_e \rangle &= -E - R\frac{\mathrm{d}E}{\mathrm{d}R} \\ \langle V \rangle &= 2E + R\frac{\mathrm{d}E}{\mathrm{d}R} \end{aligned}} \tag{92}$$

实际上, E 只能通过 R 依赖于核的坐标, 我们有: [1196]

$$\frac{\partial E}{\partial x_k^n} = \frac{\mathrm{d}E}{\mathrm{d}R}\frac{\partial R}{\partial x_k^n} \tag{93}$$

从而

$$\sum_{k=1,2}\sum_{x,y,z} x_k^n \frac{\partial E}{\partial x_k^n} = \frac{\mathrm{d}E}{\mathrm{d}R}\sum_{k=1,2}\sum_{x,y,z} x_k^n \frac{\partial R}{\partial x_k^n} \tag{94}$$

但核间距 R 是核坐标的一次齐次函数, 将欧拉定理应用于这个函数, 便可将 (94) 式右端的双重和换为 R, 于是该式变为:

$$\sum_{k=1,2} \boldsymbol{r}_k^n \cdot \nabla_k^n E = R\frac{\mathrm{d}E}{\mathrm{d}R} \tag{95}$$

再将这个结果代入 (90) 式, 便得到 (92) 式.

如同在 (90) 式中一样, 我们也可将 (92) 式中的 E 换成 E_e, 将 V 换成 V_e.

d. 讨论

α. 化学键的成因是电子势能的降低

假设诸核彼此相距无限远时, 体系的总能量 E 的值为 E_∞. 诸核相互靠近时之所以能形成一个稳定的分子, 那是因为存在着这些核的某种相对配置, 在这种配置中能量 E 通过一个极小值 $E_0 < E_\infty$; 于是, 对应于 r_k^n 的值, 我们有:

$$\nabla_k^n E = \mathbf{0} \tag{96}$$

于是由 (90) 式可知, 在这个平衡位置上, 动能和势能为:

$$\langle T_e \rangle_0 = -E_0$$
$$\langle V \rangle_0 = 2E_0 \tag{97}$$

此外, 当诸核相距无限远时, 体系由一定数目的无相互作用的原子或离子构成 (能量不再依赖于 r_k^n); 对于这些体系中的每一个, 位力定理表明, $\langle T_e \rangle = -E$, $\langle V \rangle = 2E$, 而且对于整个体系同样也有:

$$\langle T_e \rangle_\infty = -E_\infty$$
$$\langle V \rangle_\infty = 2E_\infty \tag{98}$$

(98) 式与 (97) 式之差给出:

$$\langle T_e \rangle_0 - \langle T_e \rangle_\infty = -(E_0 - E_\infty) > 0$$
$$\langle V \rangle_0 - \langle V \rangle_\infty = 2(E_0 - E_\infty) < 0 \tag{99}$$

[1197]　由此可见, 一个稳定分子的形成, 总是伴随着电子动能的增加和总势能的减小; 此外, 电子势能还应减少得更多, 这是因为在无限远处为零的平均值 $\langle V_{nn} \rangle$ (核间的排斥作用) 总是正的. 这样看来, 电子势能 $\langle V_{ee} + V_{en} \rangle$ 的降低才是化学键的成因, 平衡时它的降低应该超过 $\langle T_e \rangle$ 和 $\langle V_{nn} \rangle$ 的增加.

β. H_2^+ 离子的特例

(i) 将位力定理应用于变分近似的能量

现在针对 H_2^+ 离子, 我们再来考察 $\langle T_e \rangle$ 和 $\langle V \rangle$ 的变化, 下面, 先考察 §2 的变分模型所提供的预言, 前面已利用这个模型得到了近似表示式 (52) 和 (53). 从它们当中的第二个, 可以导出:

$$\Delta T_e = \langle T_e \rangle - \langle T_e \rangle_\infty = \frac{1}{1+S}(A - 2SE_I) \tag{100}$$

[1198]　由于 S 总是大于 $A/2E_I$ (参看图 11–22), 这种计算倾向于表明 ΔT_e 总是负的. 这一点

也出现在图 11–32 中, 在此图中我们用虚线表示近似表示式 (52) 和 (53) 的变化情况. 在此图中特别可以看到, 根据变分计算, ΔT_e 在平衡时 ($\rho \simeq 2.5$) 是负的, 而 ΔV 是正的; 根据 (99) 式, 这两个结果都不对. 在这里我们看到变分计算的局限性: 对于总能量 $\langle T_e + V \rangle$, 它提供的数据是可接受的, 但分别地对于 $\langle T_e \rangle$ 和 $\langle V \rangle$, 则是不可接受的; 这两个平均值与波函数紧密相关.

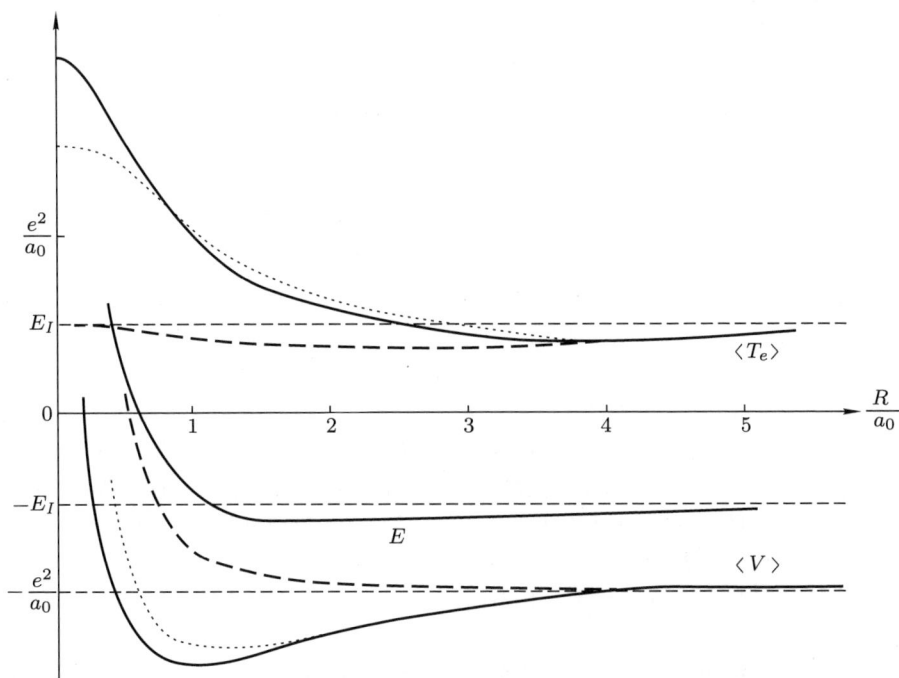

图 11–32   H$_2^+$ 离子的电子动能 $\langle T_e \rangle$ 和势能 $\langle V \rangle$ 随 $\rho = R/a_0$ 的变化情况 (为了比较, 图中还绘出了总能量 $E = \langle T_e \rangle + \langle V \rangle$).
- 实线: 准确值 (化学键的成因在于 $\langle V \rangle$ 减小的速度比 $\langle T_e \rangle$ 增加的速度稍快一些).
- 长虚线: 用 §2 的简单变分法提供的键合波函数算出的平均值.
- 短虚线: 将位力定理应用于同样的变分计算所提供的能量而求得的数值.

不必求助于 §1–c 中所述的严格计算, 应用位力定理就可以得到 $\langle T_e \rangle$ 和 $\langle V \rangle$ 的较好近似值. 实际上, 只需将准确的关系式 (92) 应用于得自变分法的能量 E, 这样, 我们可以预期求得一个可接受的结果, 这是因为变分近似只用来提供总能量 E. 如此求得的 $\langle T_e \rangle$ 的值和 $\langle V \rangle$ 的值在图 11–32 中以短虚线表示, 为了比较, 图中还以实线绘出了 $\langle T_e \rangle$ 和 $\langle V \rangle$ 的真实值 (这是将位力定理应用于图 11–21 的实际曲线所得的结果). 首先我们可以证实, 对于 $\rho = 2.5$, 短虚线表明 ΔT_e 是正的, 而 ΔV 是负的, 正如我们所预期的. 此外, 这些曲线的总趋势相当如实地重现了实线曲线的总趋势: 只要 $\rho \gtrsim 1.5$, 应用于变分能量的位力定理实际上给出了很接近实际的数值, 比之于直接计算近似态中的平均值, 这是一个相当大的改进.

(ii) $\langle T \rangle$ 和 $\langle V \rangle$ 的行为

图 11–32 中的实线曲线 (准确曲线) 表明, 当 $R \to 0$ 时, $\langle T_e \rangle \to 4E_I$ 而 $\langle V \rangle \to +\infty$. 实际上, 若 $R = 0$, 我们的体系相当于 He^+ 离子, 对这个体系来说, 电子动能为 $4E_I$; $\langle V \rangle$ 的发散性来源于 $\langle V_{nn} \rangle = e^2/R$ 项, 当 $R \to 0$ 时, 这项变为无穷大 (电子势能 $\langle V_e \rangle = \langle V \rangle - e^2/R$ 保持有限并趋向于 $-8E_I$, 这正是 He^+ 离子中电子势能的值).

R 很大时的行为值得更详细地讨论. 在前面 (§3–b), 我们已经看到, 基态能量 E_- 在 $R \gg a_0$ 时的行为有如:

$$E_- \simeq -E_I - \frac{a}{R^4} \tag{101}$$

其中 a 是一个常数, 正比于氢原子的极化. 将此结果代入 (92) 式, 我们得到:

$$\langle T_e \rangle \simeq E_I - \frac{3a}{R^4}$$
$$\langle V \rangle \simeq -2E_I + \frac{2a}{R^4} \tag{102}$$

在 R 从很大的数值开始减小的过程中, 起初 $\langle T_e \rangle$ 从它的渐近值 E_I 开始, 随 $1/R^4$ 减小, $\langle V \rangle$ 则从 $-2E_I$ 开始增大. 随后, 这些变化就改变了符号 (这势必如此, 因为 $\langle T_e \rangle_0$ 大于 $\langle T_e \rangle_\infty$, $\langle V \rangle_0$ 则小于 $\langle V \rangle_\infty$): 在 R 继续减小时 (参看图 11–32), $\langle T_e \rangle$ 通过一个极小值, 随后再增大, 直到它在 $R = 0$ 时的值 $4E_I$; 至于势能 $\langle V \rangle$, 它通过了极大值, 随后减小, 再通过一个极小值, 最后在 $R \to 0$ 时, 它趋向无穷大. 我们怎样解释这些变化呢?

[1199] 我们曾多次指出, $R \to \infty$ 时, 行列式 (21) 的非对角元 H_{12} 和 H_{21} 按指数律趋向于零; 因此, 为了讨论核间距很大时 H_2^+ 离子的能量变化, 我们只需分析 H_{11} 或 H_{22}. 这样, 我们又回到了以 P_2 为核的氢原子受质子 P_1 的电场微扰的问题. 这个电场倾向于朝着 P_1 方向拉长电子轨道而使之畸变 (参看图 11–25). 从而, 波函数将展延到更宽的范围, 根据海森伯不确定度关系式, 这将使动能减小, 并可说明 R 很大时 $\langle T_e \rangle$ 的行为.

为了解释 $\langle V \rangle$ 的渐近行为, 我们可对 H_{22} 进行同样的分析. §3–b 中的讨论表明, 对于 $R \gg a_0$, P_2 处的氢原子的极化使得它与 P_1 的相互作用能 $\left\langle -\dfrac{e^2}{r_1} + \dfrac{e^2}{R} \right\rangle$ 具有微小的负值 (随 $-1/R^4$ 变化); $\langle V \rangle$ 所以是正的; 那是因为当 P_1 靠近 P_2 时 P_2 处的原子势能 $\left\langle -\dfrac{e^2}{r_2} \right\rangle$ 的增加比 $\left\langle -\dfrac{e^2}{r_1} + \dfrac{e^2}{R} \right\rangle$ 的减小更快. $\left\langle -\dfrac{e^2}{r_2} \right\rangle$ 的增加是由于 P_1 的吸引力使电子略微远离 P_2 并使它进入这样的空间区域, 其中 P_2 所产生的势的负值稍小一些.

若 $R \simeq R_0$ (H_2^+ 离子的平衡位置), 键合态的波函数将高度定域在两质子间的区域中; $\langle V \rangle$ 的减小 (不管 e^2/R 的增加) 是因为电子处在受到两质子同时吸引的区域中, 这就降低了它的势能 (参看图 11–33). 两质子的同时吸引也表现为电子波函数在空间展延度的减小, 它展延在中间区域; 因此, 对于接近 R_0 的 R 来说, 若 R 减小, $\langle T_e \rangle$ 就增大.

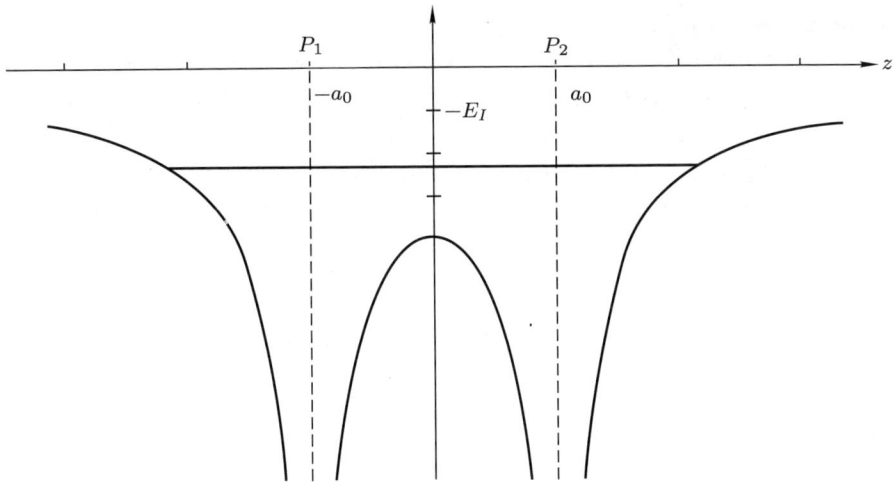

图 11-33   在两个质子 P_1 和 P_2 的共同吸引下, 电子势能 V_e 沿直线 P_1P_2 的变化. 在键合态, 波函数集中在 P_1 和 P_2 之间的区域, 电子受到两质子的同时吸引.

参考文献和阅读建议:

参考文献和阅读建议 (H_2^+ 离子, H_2 分子, 化学键的性质等):

Pauling (12.2); Pauling 和 Wilson (1.9), 第 XII 章和第 XIII 章; Levine (12.3) , 第 13, 14 章; Karplus 和 Porter (12.1), 第 5 章, §6; Slater (1.6), 第 8, 9 章; Eyring 等 (12.5), 第 XI, XII 章; Coulson (12.6), 第 IV 章; Wahl (12.13).

补充材料 $\mathbf{H_{XI}}$
练习

1. 质量为 m 的粒子处在宽度为 a 的一维无限深势阱中:

$$V(x) = 0 \qquad 若 0 \leqslant x \leqslant a 时$$
$$V(x) = +\infty \qquad 在所有其他点$$

它受到由势

$$W(x) = aw_0 \delta \left(x - \frac{a}{2} \right)$$

构成的微扰 W 的作用, 这里 w_0 是一个实常数, 具有能量的量纲.

　　a. 试求 $W(x)$ 引起的粒子能级的修正, 计算到 w_0 的第一级.

　　b. 这个问题实际上是可以准确解出的. 令 $k = \sqrt{2mE/\hbar^2}$, 试证: 能量的可能值可由两方程之一: $\sin(ka/2) = 0$ 或 $\tan(ka/2) = -\hbar^2 k/maw_0$ 给出 (如同在补充材料 $\mathrm{L_I}$ 的练习 2 中那样, 应注意在 $x = a/2$ 处波函数的导数的间断).

　　从符号及 w_0 的大小两方面来讨论所得结果. 在 $w_0 \to 0$ 的极限情况下, 再求上述问题的结果.

2. 质量为 m 的粒子处在宽度为 a 的二维无限深势阱中 (参看补充材料 $\mathbf{G_{II}}$):

$$V(x, y) = 0 \qquad 若 0 \leqslant x \leqslant a 和 0 \leqslant y \leqslant a$$
$$V(x, y) = +\infty \qquad 在所有其他点$$

此粒子还受到一个微扰 W 的作用, 构成此微扰的势为:

$$W(x, y) = w_0 \qquad 若 0 \leqslant x \leqslant \frac{a}{2} 和 0 \leqslant y \leqslant \frac{a}{2}$$
$$W(x, y) = 0 \qquad 在所有其他点$$

　　a. 试求基态能级的微扰能量, 计算到 w_0 的第一级.

　　b. 对第一激发能级, 求解同样的问题, 给出对应的波函数 (到 w_0 的零级).

3. 质量为 m 的粒子被限制在 xOy 平面上运动, 其哈密顿算符为: [1201]

$$H_0 = \frac{P_x^2}{2m} + \frac{P_y^2}{2m} + \frac{1}{2}m\omega^2(X^2 + Y^2)$$

(角频率为 ω 的二维谐振子). 我们要考察微扰 W 对此粒子的影响, 现在

$$W = \lambda_1 W_1 + \lambda_2 W_2$$

其中 λ_1 和 λ_2 为常数, W_1 和 W_2 的表示式为:

$$W_1 = m\omega^2 XY$$
$$W_2 = \hbar\omega\left(\frac{L_z^2}{\hbar^2} - 2\right)$$

(L_z 是粒子的轨道角动量在 Oz 轴上的分量).

在微扰计算中, 我们始终局限于能量的第一级和态矢量的零级.

a. 不经计算, 试给出 H_0 的本征值, 它们的简并度以及对应的本征矢.

下面所要研究的只是 H_0 的第二激发能级, 对应的能量为 $3\hbar\omega$, 它是三重简并的.

b. 试求: 在 H_0 的本征值 $3\hbar\omega$ 的本征子空间中表示 W_1 和 W_2 的限制算符的矩阵.

c. 设 $\lambda_2 = 0$ 及 $\lambda_1 \ll 1$

应用微扰理论计算 $\lambda_1 W_1$ 这一项对 H_0 的第二激发能级的影响.

d. 将题 c 的结果和准确解的有限展开式作一比较, 后者可借助于补充材料 H$_V$ (两个耦合谐振子的振动的简正模式) 中所述的方法求得.

e. 设 $\lambda_2 \ll \lambda_1 \ll 1$, 将题 c 的结果看作未微扰的新情况, 试计算 $\lambda_2 W_2$ 这一项的影响.

f. 现设 $\lambda_1 = 0$ 和 $\lambda_2 \ll 1$

试用微扰理论计算 $\lambda_2 W_2$ 这一项对 H_0 的第二激发态的影响.

g. 根据补充材料 D$_{VI}$ 中的想法可以导出一个准确解, 试将这样的准确解与题 f 的解作一些比较.

h. 最后设 $\lambda_1 \ll \lambda_2 \ll 1$. 将题 f 的结果看作未微扰的新情况, 试计算 $\lambda_1 W_1$ 这一项的影响.

4. 质量为 μ 的一个粒子 P 被限制在 xOy 平面上的一个圆周上运动, 圆心 [1202] 在 O 点, 固定半径为 ρ (二维转子). 因此体系的唯一变量是角度 $\alpha = (Ox, OP)$,

粒子的量子态决定于波函数 $\psi(\alpha)$ (它表示在圆周上以角度 α 来标记的点找到粒子的概率幅). 在圆周上的每一点, $\psi(\alpha)$ 只取一个值, 因而

$$\psi(\alpha + 2\pi) = \psi(\alpha)$$

如果

$$\int_0^{2\pi} |\psi(\alpha)|^2 \mathrm{d}\alpha = 1$$

$\psi(\alpha)$ 便是归一化的.

　　a. 考察算符 $M = \dfrac{\hbar}{\mathrm{i}} \dfrac{\mathrm{d}}{\mathrm{d}\alpha}$. 问 M 是不是厄米算符. 试求 M 的本征值和归一化的本征函数. M 的物理意义是什么?

　　b. 粒子的动能可以写作:

$$H_0 = \frac{M^2}{2\mu\rho^2}$$

试求 H_0 的本征值和本征函数. 所得的能量有无简并?

　　c. 在时刻 $t = 0$, 粒子的波函数为 $N\cos^2\alpha$ (N 是归一化系数). 试讨论在此后的某时刻 t 粒子在圆周上的定域情况.

　　d. 设粒子带有电荷 q, 它与平行于 Ox 轴的均匀电场 $\mathscr{E}$ 相互作用. 因此, 应给哈密顿算符 H_0 加上一个微扰:

$$W = -q\mathscr{E}\rho\cos\alpha$$

　　试求新的基态波函数 (计算到 $\mathscr{E}$ 的第一级). 试求粒子得到的平行于 Ox 轴的电偶极矩和电场 $\mathscr{E}$ 之间的比例系数 (线性极化率)χ.

　　e. 现在考虑乙烷分子 $CH_3 - CH_3$, 我们所关注的是一个 CH_3 集团相对于另一个集团围绕两个碳原子间的联线的旋转.

　　在一级近似下, 可以认为这个旋转是自由的, 于是题 b 中引入的哈密顿算符 H_0 便表示一个 CH_3 集团相对于另一个集团的转动能 (但应以 λI 代替 $2\mu\rho^2$, 这里的 I 表示一个 CH_3 集团对于转动轴的转动惯量, λ 为一常数). 为了计入两个 CH_3 集团之间的静电相互作用能, 我们给 H_0 添加如下一项:

[1203]

$$W = b\cos 3\alpha$$

其中 b 是一个实常数.

　　从物理上证实 W 依赖于 α 是合理的. 试计算新的基态的能量与波函数 (对于波函数, 计算到 b 的第一级, 对于能量计算到第二级). 试从物理上解释所得结果.

5. 考虑角动量为 $\boldsymbol{J}$ 的一个体系. 本题只涉及一个三维子空间, 它由三个右矢 $|+1\rangle, |0\rangle, |-1\rangle$ 所张成, 它们是算符 $\boldsymbol{J}^2$ 的 (属于本征值 $2\hbar^2$) 和算符 J_z 的 (属于本征值 $+\hbar, 0, -\hbar$) 共同本征态. 体系的哈密顿算符为:

$$H_0 = aJ_z + \frac{b}{\hbar}J_z^2$$

其中 a 和 b 是两个正常数, 具有角频率的量纲.

　　a. 体系有哪些能级? 比值 b/a 取什么值, 才会出现简并?

　　b. 施加一静磁场 $\boldsymbol{B}_0$, 其方向 $\boldsymbol{u}$ 的极角为 θ 和 φ. 体系的磁矩

$$\boldsymbol{M} = \gamma\boldsymbol{J}$$

(γ 是旋磁比, 设它是负的) 与 $\boldsymbol{B}_0$ 的相互作用可用哈密顿算符

$$W = \omega_0 J_u$$

来描述, 其中 $\omega_0 = -\gamma|\boldsymbol{B}_0|$ 是磁场 $\boldsymbol{B}_0$ 中的拉莫尔角频率, J_u 是 $\boldsymbol{J}$ 在 $\boldsymbol{u}$ 方向上的分量:

$$J_u = J_z\cos\theta + J_x\sin\theta\cos\varphi + J_y\sin\theta\sin\varphi$$

试写出在以 H_0 的三个本征态构成的基中表示 W 的矩阵.

　　c. 设 $b = a$, 并设方向 $\boldsymbol{u}$ 平行于 Ox 轴; 此外, 还有 $\omega_0 \ll a$.

试求体系的能量与本征态, 对于能量计算到 ω_0 的第一级, 对于本征态计算到零级.

　　d. 设 $b = 2a$, 并恒有 $\omega_0 \ll a$, 现在 $\boldsymbol{u}$ 表示任意的方向.

在基 $\{|+1\rangle, |0\rangle, |-1\rangle\}$ 中, 求算符 $H_0 + W$ 的基态 $|\psi_0\rangle$ 的展开式, 计算到 ω_0 的第一级.

试计算体系的磁矩 $\boldsymbol{M}$ 在态 $|\psi_0\rangle$ 中的平均值 $\langle\boldsymbol{M}\rangle$; 问 $\langle\boldsymbol{M}\rangle$ 和 $\boldsymbol{B}_0$ 是否　　[1204]
平行?

试证明下式:

$$\langle M_i\rangle = \sum_j \chi_{ij}B_j$$

其中 $i, j = x, y, z$. 试计算系数 χ_{ij} (极化率张量的分量).

　　6. 我们考虑由一个电子自旋 $\boldsymbol{S}$ 和两个核自旋 $\boldsymbol{I}_1$ 与 $\boldsymbol{I}_2$ 构成的体系 ($\boldsymbol{S}$, 譬如, 是顺磁性双原子分子中的一个不配对的电子的自旋, $\boldsymbol{I}_1$ 和 $\boldsymbol{I}_2$ 是该分子的两个核的自旋).

假设 S, I_1, I_2 三者都是自旋 1/2; 三个自旋的体系的态空间中的正交归一基共有八个右矢 $|\varepsilon_S, \varepsilon_1, \varepsilon_2\rangle$; 它们是 S_z, I_{1z} 和 I_{2z} 的共同本征矢, 分别对应于本征值 $\varepsilon_S\hbar/2, \varepsilon_1\hbar/2, \varepsilon_2\hbar/2$ ($\varepsilon_S = \pm, \varepsilon_1 = \pm, \varepsilon_2 = \pm$). 例如, 右矢 $|+, -, +\rangle$ 对应于 S_z 的本征值 $+\hbar/2, I_{1z}$ 的本征值 $-\hbar/2, I_{2z}$ 的本征值 $+\hbar/2$.

a. 首先, 不考虑自旋之间的一切耦合. 假设三个自旋处在平行于 Oz 轴的均匀磁场 $\boldsymbol{B}$ 中. I_1 和 I_2 的旋磁比是相等的, 故可将体系的哈密顿算符 H_0 写作:

$$H_0 = \Omega S_z + \omega I_{1z} + \omega I_{2z}$$

其中 Ω 和 ω 都是正的实常数, 且正比于 $|\boldsymbol{B}|$. 假设 $\Omega > 2\omega$.

三自旋体系的可能的能量如何? 简量的简并度如何? 试绘出能量图.

b. 现在计入三自旋之间的一种耦合, 它可表示为哈密顿算符:

$$W = a\boldsymbol{S} \cdot \boldsymbol{I}_1 + a\boldsymbol{S} \cdot \boldsymbol{I}_2$$

其中 a 是一个正的实常数 ($\boldsymbol{I}_1$ 与 $\boldsymbol{I}_2$ 之间的直接耦合可以忽略).

如果 $a\boldsymbol{S} \cdot \boldsymbol{I}_1$ 在 $|\varepsilon_S, \varepsilon_1, \varepsilon_2\rangle$ 与 $|\varepsilon_S', \varepsilon_1', \varepsilon_2'\rangle$ 之间具有非零矩阵元, 问 $\varepsilon_S, \varepsilon_1, \varepsilon_2, \varepsilon_S', \varepsilon_1', \varepsilon_2'$ 应满足什么条件? 对于 $a\boldsymbol{S} \cdot \boldsymbol{I}_2$, 回答同样的问题.

c. 假设

$$a\hbar^2 \ll \hbar\Omega, \hbar\omega$$

以致 W 相对于 H_0 可以作为微扰处理. 总哈密顿算符 $H = H_0 + W$ 的本征值如何 (计算到 W 的第一级)? H 的本征态又如何 (计算到 W 的零级)? 试绘出能量图.

[1205]　　　　d. 在上题的近似程度内, 若计入诸自旋之间的耦合 W, 试确定在 $\langle S_x \rangle$ 的演变中可能出现的玻尔频率.

在 E.P.R (电子顺磁共振) 实验中, 被观察到的共振线的频率等于上面的玻尔频率. 对三自旋体系, 观察到的 E.P.R 谱的形状如何? 怎样从这个谱确定耦合常数 a?

e. 现在假设磁场 $\boldsymbol{B}$ 为零, 所以 $\Omega = \omega = 0$, 哈密顿算符则变为 W.

α. 用 $\boldsymbol{I} = \boldsymbol{I}_1 + \boldsymbol{I}_2$ 表示总的核自旋. 算符 $\boldsymbol{I}^2$ 的本征值如何? 它们的简并度如何? 试证: 在 $\boldsymbol{I}^2$ 的属于互异本征值的本征态之间 W 没有矩阵元.

β. 用 $\boldsymbol{J} = \boldsymbol{S} + \boldsymbol{I}$ 表示总自旋. 算符 $\boldsymbol{J}^2$ 的本征值如何? 它们的简并度如何? 试求三自旋体系的能量本征值和它们的简并度. 算符集合 $\{\boldsymbol{J}^2, J_z\}$ 是否构成一个 E.C.O.C.? 对 $\{\boldsymbol{I}^2, \boldsymbol{J}^2, J_z\}$, 回答同一问题.

7. 考虑自旋 $I = 3/2$ 的一个核, 它的态空间由四个矢量 $|m\rangle$ ($m = +3/2$,

$+1/2, -1/2, -3/2$) 所张成, 它们是 $\boldsymbol{I}^2$ 的 (属于本征值 $15\hbar^2/4$) 和 I_z 的 (属于本征值 $m\hbar$) 共同本征矢.

这个核位于非均匀电场中的坐标原点, 该电场可以导自势 $U(x, y, z)$. 我们这样选取各坐标轴的方向, 使得在原点处有:

$$\frac{\partial^2 U}{\partial x \partial y} = \frac{\partial^2 U}{\partial y \partial z} = \frac{\partial^2 U}{\partial z \partial x} = 0$$

提醒一下, 函数 U 满足拉普拉斯方程:

$$\Delta U = 0$$

我们承认, 原点处的电场梯度与核所具有的电四极矩之间的相互作用哈密顿算符可以写作:

$$H_0 = \frac{qQ}{2I(2I-1)} \frac{1}{\hbar^2} [a_x I_x^2 + a_y I_y^2 + a_z I_z^2]$$

其中 q 是电子电荷, Q 是一个常数, 具有面积的量纲并正比于核的四极矩, 此外:

$$a_x = \left(\frac{\partial^2 U}{\partial x^2}\right)_0; \quad a_y = \left(\frac{\partial^2 U}{\partial y^2}\right)_0; \quad a_z = \left(\frac{\partial^2 U}{\partial z^2}\right)_0$$

(指标 0 表示取导数在原点处的值).

　　a. 试证: 若函数 U 具有对 Oz 轴的旋转对称性, 则 H_0 的形式为: 　　[1206]

$$H_0 = A[3I_z^2 - I(I+1)\hbar^2]$$

其中 A 是一个待求的常数. 试求 H_0 的本征值和它们的简并度以及对应的本征态.

　　b. 试证: 在一般情况下, H_0 可以写作:

$$H_0 = A[3I_z^2 - I(I+1)\hbar^2] + B(I_+^2 + I_-^2)$$

其中 A 和 B 是常数, 应将它们通过 a_x 和 a_y 表示出来.

　　在基 $\{|m\rangle\}$ 中, 表示 H_0 的矩阵如何? 试证: 该矩阵可分解为两个 2×2 的子矩阵. 试求 H_0 的本征值和它们的简并度以及对应的本征态.

　　c. 除四极矩以外, 这个核还具有磁矩 $\boldsymbol{M} = \gamma \boldsymbol{I}$ (γ 是旋磁比); 我们给静电场叠加一个指向任意方向 $\boldsymbol{u}$ 的磁场 $\boldsymbol{B}_0$, 并令 $\omega_0 = -\gamma |\boldsymbol{B}_0|$.

　　为了计入 $\boldsymbol{M}$ 和 $\boldsymbol{B}_0$ 之间的耦合, 应该给 H_0 添加一个什么项 W? 试求体系的能量, 计算到 B_0 的第一级.

d. 假设 $\boldsymbol{B}_0$ 平行于 Oz 轴, 而且其强度充分弱, 以致在题 b 中求得的本征态和在题 c 中求得的能量 (计算到 ω_0 的第一级) 都是好的近似.

试求在 $\langle I_x \rangle$ 的演变中可能出现的玻尔频率. 试由此导出附加一个沿 Ox 轴振荡的射频场后可以观察到的核磁共振谱的形状.

8. 质量为 m 的粒子处在宽度为 a 的一维无限深势阱中:

$$
\begin{cases}
V(x) = 0 & \text{若 } 0 \leqslant x \leqslant a \\
V(x) = +\infty & \text{在所有其他点}
\end{cases}
$$

假设粒子的电荷为 $-q$, 它受到均匀电场 $\mathscr{E}$ 的作用, 与此对应的微扰 W 可以写作:

$$
W = q\mathscr{E}\left(X - \frac{a}{2}\right)
$$

a. 用 ε_1 和 ε_2 分别表示基态能级的计算到 $\mathscr{E}$ 的第一级和第二级的修正量.

试证 ε_1 为零. 试求 ε_2 的级数表示式, 其中的各项应通过 $q, \mathscr{E}, m, a, \hbar$ 表示出来 (可以利用本题末所附的积分).

[1207] 　　b. 试确定 ε_2 的级数中各项的上限, 从而确定 ε_2 的上限 (参看第十一章, §B–2–c). 只保留级数中的优势项, 试确定 ε_2 的下限.

上面的两个极端值以多大的精确度将 ΔE 包含在它们之间? 这里 ΔE 是直到 $\mathscr{E}$ 的第二级的基态能级偏移的准确值.

c. 现在我们打算用变分法来计算能级偏移 ΔE, 作为试探函数, 我们选择

$$
\psi_\alpha(x) = \sqrt{\frac{2}{a}} \sin\left(\frac{\pi x}{a}\right) \left[1 + \alpha q\mathscr{E}\left(x - \frac{a}{2}\right)\right]
$$

其中 α 是变分参量. 试解释对波函数的这种选择.

试求基态中的能量平均值 $\langle H \rangle(\alpha)$, 计算到 $\mathscr{E}$ 的第二级 [实际上, 我们假设 $\mathscr{E}$ 足够小, 因此, 只需取 $\langle H \rangle(\alpha)$ 的有限展开式, 到 $\mathscr{E}$ 的第二级为止]. 试确定 α 的最佳值. 由此导出结果 ΔE_{var}, 即变分法给出的基态能级偏移 (计算到 $\mathscr{E}$ 的第二级).

将 ΔE_{var} 和题 b 的结果作一比较, 试估计将变分法应用于这个例子时的精确度.

下面给出几个积分

$$\frac{2}{a}\int_0^a \left(x - \frac{a}{2}\right)\sin\left(\frac{\pi x}{a}\right)\sin\left(\frac{2n\pi x}{a}\right)\mathrm{d}x = -\frac{16na}{\pi^2}\frac{1}{(1-4n^2)^2}$$
$$n = 1, 2, 3, \cdots$$
$$\frac{2}{a}\int_0^a \left(x - \frac{a}{2}\right)^2 \sin^2\left(\frac{\pi x}{a}\right)\mathrm{d}x = \frac{a^2}{2}\left(\frac{1}{6} - \frac{1}{\pi^2}\right)$$
$$\frac{2}{a}\int_0^a \left(x - \frac{a}{2}\right)\sin\left(\frac{\pi x}{a}\right)\cos\left(\frac{\pi x}{a}\right)\mathrm{d}x = -\frac{a}{2\pi}$$

在所有的数值计算中, 取 $\pi^2 = 9.87$.

9. 我们打算用变分法来计算氢原子的基态能量, 作为试探函数, 我们选择具有球对称性的函数 $\varphi_\alpha(\boldsymbol{r})$, 它对 r 的依赖关系为:

$$\begin{cases} \varphi_\alpha(r) = C\left(1 - \dfrac{r}{\alpha}\right) & \text{若 } r \leqslant \alpha \\ \varphi_\alpha(r) = 0 & \text{若 } r > \alpha \end{cases}$$

其中 C 是归一化常数, α 是变分参量.

a. 计算在态 $|\varphi_\alpha\rangle$ 中电子的动能和势能的平均值. 试以 $\nabla\varphi$ 来表示动能平均值以避免出现在 $\Delta\varphi$ 中的 "δ 函数"($\nabla\varphi$ 实际上是间断的).　　　　[1208]

b. 试由上题结果导出 α 的最佳值 α_0, 试比较 α_0 与玻尔半径 a_0.

c. 试将求得的基态能量近似值与准确值 $-E_I$ 进行比较.

10. 应用变分法来确定一个质量为 m 的粒子的能量, 它处在一个无限深势阱中:

$$V(x) = 0 \quad \text{若 } -a \leqslant x \leqslant a$$
$$V(x) = \infty \quad \text{在所有其他点}$$

a. 首先, 作为基态波函数在区间 $[-a, +a]$ 上的近似, 我们取在 $x = \pm a$ 处为零的最简单的偶次多项式

$$\psi(x) = a^2 - x^2 \quad \text{若 } -a \leqslant x \leqslant a$$
$$\psi(x) = 0 \quad \text{在所有其他点}$$

(即简化为一个函数的试探函数族).

计算哈密顿算符 H 在这个态中的平均值, 试比较所得结果与真实值, 估计所犯的误差.

b. 现将试探函数族放宽: 我们取在 $x = \pm a$ 处为零的四次偶多项式:

$$\psi_\alpha(x) = (a^2 - x^2)(a^2 - \alpha x^2) \quad 若 \; -a \leqslant x \leqslant a$$
$$\psi_\alpha(x) = 0 \qquad\qquad\qquad 在所有其他点$$

(即依赖于实参变量 α 的试探函数族).

(α) 试证 H 在态 $\psi_\alpha(x)$ 中的平均值为:

$$\langle H \rangle(\alpha) = \frac{\hbar^2}{2ma^2} \frac{33\alpha^2 - 42\alpha + 105}{2\alpha^2 - 12\alpha + 42}$$

(β) 由此证明, 使 $\langle H \rangle(\alpha)$ 为极值的 α 的值由方程

$$13\alpha^2 - 98\alpha + 21 = 0$$

的根所确定.

(γ) 试证: 此方程的一个根, 在将它代入 $\langle H \rangle(\alpha)$ 之后, 给出的基态能量比题 a 的结果精确得多.

(δ) 利用题 $b-\beta$ 中的方程的第二个根可以得到什么样的另一个近似本征值? 此结果在事先可否预见? 试估计此结果的精确度.

c. 可以作为第一激发能级的近似波函数的最简单的多项式为 $x(a^2 - x^2)$, 这是为什么?

这样求得的该能级的能量近似值如何?

第十二章

微扰理论的应用:
氢原子的精细和超精细结构

[1210]

第十二章提纲

§A. 引言

§B. 哈密顿算符中的附加项

1. 精细结构哈密顿算符
  a. 在弱相对论范围内的狄拉克方程
  b. 精细结构哈密顿算符中各项的物理意义
2. 与质子自旋相关的磁相互作用: 超精细结构哈密顿算符
  a. 质子的自旋和磁矩
  b. 磁的超精细结构哈密顿算符 W_{hf}
  c. W_{hf} 中各项的物理意义
  d. 数量级

§C. 能级 $n = 2$ 的精细结构

1. 问题的梗概
  a. 能级 $n = 2$ 的简并
  b. 微扰哈密顿算符
2. 在能级 $n = 2$ 内表示精细结构哈密顿算符 W_f 的矩阵
  a. 普遍性质
  b. 在次壳层 $2s$ 中表示 W_f 的矩阵
  c. 在次壳层 $2p$ 中表示 W_f 的矩阵
3. 结果: 能级 $n = 2$ 的精细结构
  a. 光谱学符号
  b. 能级 $2s_{1/2}, 2p_{1/2}, 2p_{3/2}$ 的位置

§D. 能级 $n = 1$ 的超精细结构

1. 问题的梗概
  a. 能级 $1s$ 的简并
  b. 能级 $1s$ 没有精细结构
2. 在能级 $1s$ 中表示 W_{hf} 的矩阵
  a. 接触项以外的各项
  b. 接触项
  c. 接触项的本征态和本征值
3. 能级 $1s$ 的超精细结构
  a. 能级的位置
  b. 能级 $1s$ 的超精细结构的重要性

§E. 基态能级 $1s$ 的超精细
　　结构的塞曼效应

1. 问题的梗概
　　a. 塞曼哈密顿算符 W_Z
　　b. 能级 $1s$ 受到的微扰
　　c. 磁场强弱的区分
2. 弱磁场中的塞曼效应
　　a. 在基 $\{|F, m_F\rangle\}$ 中表示 S_z 的矩阵
　　b. 弱磁场中的本征态和本征值
　　c. 在 $\langle \boldsymbol{F} \rangle$ 和 $\langle \boldsymbol{S} \rangle$ 的演变中出现的玻尔频率. 与原子矢量模型的比较
3. 强磁场中的塞曼效应
　　a. 塞曼项的本征态和本征值
　　b. 作为微扰处理的超精细项的效应
　　c. 在 $\langle S_z \rangle$ 的演变中出现的玻尔频率
4. 中等磁场中的塞曼效应
　　a. 在基 $\{|F, m_F\rangle\}$ 中表示总微扰的矩阵
　　b. 任意磁场中的能量值
　　c. 部分的超精细耦合

[1211]

[1212]

§A. 引言

在原子内部, 最重要的力就是库仑静电力. 在第七章中我们曾考虑过这种力, 那时, 我们将氢原子的哈密顿算符写作:

$$H_0 = \frac{\boldsymbol{P}^2}{2\mu} + V(R) \tag{A--1}$$

第一项表示原子在质心坐标中的动能 (μ 是约化质量), 第二项

$$V(R) = -\frac{q^2}{4\pi\varepsilon_0}\frac{1}{R} = -\frac{e^2}{R} \tag{A--2}$$

是电子和质子之间的静电相互作用能 (q 是电子的电荷). 在第七章 §C 中, 我们详细计算过 H_0 的本征态和本征值.

实际上 (A–1) 式只是一个近似表示式, 它并不包括任何相对论效应; 特别是, 与电子自旋有关的全部磁效应在其中被忽略了. 此外, 我们并未引入质子的自旋以及对应的磁相互作用. 但所犯的误差实际上却非常小; 这是因为氢原子是一个弱相对论性的体系 (提醒一下, 在玻尔模型中, 在 $n = 1$ 的第一轨道上, 速度 $v/c = e^2/\hbar c = 1/137 \ll 1$); 同样, 质子的磁矩也很小.

然而, 原子物理实验的相当高的精确度却轻易地揭示出一些效应, 它们并不能由 (A–1) 式的哈密顿算符得到解释. 因此, 下面将计入刚才提到的这些修正, 我们将氢原子的完整的哈密顿算符写成下列形式:

$$H = H_0 + W \tag{A--3}$$

其中 H_0 由 (A–1) 式给出, W 则代表迄今被忽略了的所有各项. 由于 W 甚小于 H_0, 我们可以用第十一章讲述的微扰理论来计算这些效应. 这就是我们打算在这一章里进行的工作. 下面将证明, W 将使第七章算出的诸能级出现 "精细结构" 和 "超精细结构"; 此外, 人们能以极高的精确度在实验上测量这些结构 (氢原子的基态 $1s$ 的超精细结构是现在已知的有效数字位数最多的一个物理量). 在本章的正文和补充材料中, 我们还将研究外加静磁场或静电场对氢原子的诸能级的影响 (塞曼效应和斯塔克效应).

这一章有两个目的. 一方面, 我们要通过一种具体而又实际的情况来说明前一章建立的定态微扰的一般理论; 另一方面, 从这样的论述 (它是针对物理学中最基本的体系之一即氢原子的) 还可以引申出原子物理学的若干基本概念. 譬如, §B 就是这样的, 其中我们深刻地讨论了原子内部的各种相对论修正和磁学的修正. 从这个角度来看, 这一章可以看作是一篇重要的补充材料, 是通向原子物理的窗口, 对阅读下面两章并非是必要的.

[1213]

§B. 哈密顿算符中的附加项

有待解决的第一个问题显然是求出 W 的表示式.

1. 精细结构哈密顿算符

a. 在弱相对论范围内的狄拉克方程

在第九章中我们曾经指出, 如果我们试图为电子建立一个方程式, 它既能满足狭义相对论的假定, 又能满足量子力学的假定, 那么, 自旋这个概念就会自然地出现. 这样的方程确实存在, 这就是狄拉克方程, 它可以将很多现象 (电子自旋, 氢的精细结构等) 考虑在内并可预言正电子的存在.

要得到所有的相对论修正 [(A–3) 式的 W 中的各部分] 的表示式, 最严格的方法就是针对处在质子所产生的势场 $V(r)$ 中的电子写出狄拉克方程 (假设质子无限重并固定在坐标原点), 然后, 对于弱相对论体系 (前面已经指出, 氢原子正属于这种情况), 求出该方程所取的有限形式. 这样, 我们就可以证实, 对电子态的描述需要二分量旋量 (参看第九章 §C–1); 在第九章中引入的自旋算符 S_x, S_y, S_z 将会自然地出现; 最后我们将得到哈密顿算符 H 的一个形如 (A–3) 式的表示式, 其中 W 的形式将为完全可以计算的对于 v/c 的各次幂的展开式.

显然, 这里并无必要去研究狄拉克方程并导出它在弱相对论范围内所具备的形式, 我们将满足于给出 W 的对于 v/c 的各次幂的展开式中的前几项并说明它们的物理意义:

$$H = m_e c^2 + \underbrace{\frac{\boldsymbol{P}^2}{2m_e} + V(R)}_{H_0} \underbrace{- \frac{\boldsymbol{P}^4}{8m_e^3 c^2}}_{W_{mv}} + \underbrace{\frac{1}{2m_e^2 c^2} \frac{1}{R} \frac{\mathrm{d}V(R)}{\mathrm{d}R} \boldsymbol{L} \cdot \boldsymbol{S}}_{W_{SO}} + \underbrace{\frac{\hbar^2}{8m_e^2 c^2} \Delta V(R)}_{W_D} + \cdots$$

$$\text{(B–1)}$$

在此式中可以看出, 有电子的静止能量 $m_e c^2$ (第一项), 有非相对论哈密顿算符 H_0 (第二、三项)[1], 以下各项叫做精细结构项.

[1214]

附注:

我们指出, 对于库仑势场中的电子, 狄拉克方程是可以严格解出的. 这样, 我们就可以求得氢原子的诸能级, 而不必将 H 的本征态和本征值按 v/c 的幂次作有限的展开. 然而, 为了引申出存在于原子内部的各种相互作用的形式和物理意

---

[1] (B–1) 式是在质子无限重的假设下得到的, 因此, 式中出现电子的质量 m_e, 而不如在 (A–1) 式中那样出现原子的约化质量 μ. 就 H_0 来说, 将 m_e 换成 μ, 就可以计入质子的有限质量效应. 但是, 在 H 的以下各项 (它们已经是修正项) 我们将忽略这种效应; 此外, 这种效应是很难估计的, 因为对于有相互作用的双粒子体系的相对论描述遇到一些严重问题 [我们特别指出, 在 (B–1) 式的后面各项中, 用 μ 代替 m_e 仍是不够的].

义, 这里所采用的 "微扰的" 观点是很有用的. 以后还可将这种方法推广到多电子原子 (对这种体系, 我们不知道怎样列出和狄拉克方程相当的方程).

b. 精细结构哈密顿算符中各项的物理意义

α. 质量随速度的变化 (W_{mv} 项)

(i) 物理的起因

W_{mv} 这一项的物理起因很简单. 静止质量为 m_e、动量为 $\boldsymbol{p}$ 的经典粒子的能量的相对论表示式为:

$$E = c\sqrt{\boldsymbol{p}^2 + m_e^2 c^2} \tag{B-2}$$

将 E 按 $|\boldsymbol{p}|/m_e c$ 的幂次进行有限的展开, 我们得到:

$$E = m_e c^2 + \frac{\boldsymbol{p}^2}{2m_e} - \frac{\boldsymbol{p}^4}{8m_e^3 c^2} + \cdots \tag{B-3}$$

除静止能量 ($m_e c^2$) 和非相对论动能 ($\boldsymbol{p}^2/2m_e$) 以外, 我们又得到了出现在 (B-1) 式中的项 $-\boldsymbol{p}^4/8m_e^3 c^2$. 可见这一项表示对能量的第一种修正, 这是因为质量随速度的相对论变化引起的.

(ii) 数量级

为了估计这一修正的重要性, 我们来计算比值 W_{mv}/H_0 的数量级:

$$\frac{W_{mv}}{H_0} \simeq \frac{\dfrac{\boldsymbol{p}^4}{8m_e^3 c^2}}{\dfrac{\boldsymbol{p}^2}{2m_e}} = \frac{\boldsymbol{p}^2}{4m_e^2 c^2} = \frac{1}{4}\left(\frac{v}{c}\right)^2 \simeq \alpha^2 \simeq \left(\frac{1}{137}\right)^2 \tag{B-4}$$

这是因为前面曾经指出, 对于氢原子, $v/c \simeq \alpha$. 由于 $H_0 \simeq 10$ eV, 于是推知 $W_{mv} \simeq 10^{-3}$ eV.

[1215]　β. 自旋 – 轨道耦合项 (W_{SO} 项)

(i) 物理的起因

在质子所产生的静电场 $\boldsymbol{E}$ 中, 电子以速度 $\boldsymbol{v} = \boldsymbol{p}/m_e$ 运动. 狭义相对论表明, 在电子的自身参照系中, 出现一个磁场 $\boldsymbol{B}'$, 它由下式给出 (到 v/c 的第一级):

$$\boldsymbol{B}' = -\frac{1}{c^2}\boldsymbol{v} \times \boldsymbol{E} \tag{B-5}$$

电子具有内禀磁矩 $\boldsymbol{M}_S = q\boldsymbol{S}/m_e$, 因此, 它与磁场 $\boldsymbol{B}'$ 相互作用, 对应的相互作用能可写作:

$$W' = -\boldsymbol{M}_S \cdot \boldsymbol{B}' \tag{B-6}$$

现将 W' 写得更明显一些. (B–5) 式中的静电场 $\boldsymbol{E}$ 等于 $-\dfrac{1}{q}\dfrac{\mathrm{d}V(r)}{\mathrm{d}r}\dfrac{\boldsymbol{r}}{r}$, 其中 $V(r)=-\dfrac{e^2}{r}$ 是电子的静电能. 由此可以导出:

$$\boldsymbol{B}'=\frac{1}{qc^2}\frac{1}{r}\frac{\mathrm{d}V(r)}{\mathrm{d}r}\frac{\boldsymbol{p}}{m_e}\times\boldsymbol{r} \tag{B–7}$$

在对应的量子力学算符中, 有:

$$\boldsymbol{P}\times\boldsymbol{R}=-\boldsymbol{L} \tag{B–8}$$

最后得到:

$$W'=\frac{1}{m_e^2c^2}\frac{1}{R}\frac{\mathrm{d}V(R)}{\mathrm{d}R}\boldsymbol{L}\cdot\boldsymbol{S}=\frac{e^2}{m_e^2c^2}\frac{1}{R^3}\boldsymbol{L}\cdot\boldsymbol{S} \tag{B–9}$$

这样, 除了因子 $1/2$[①], 我们又得到了 (B–1) 式中的自旋 – 轨道项 W_{SO}. 可见, 这一项在物理上表示电子的自旋磁矩和一个磁场之间的相互作用, 后者指的是由于电子在质子的静电场中的运动而使电子 "感受到" 的磁场.

(ii) 数量级

由于 $\boldsymbol{L}$ 和 $\boldsymbol{S}$ 的数量级都是 $\hbar$, 于是有:

$$W_{SO}\simeq\frac{e^2}{m_e^2c^2}\frac{\hbar^2}{R^3} \tag{B–10}$$

将 W_{SO} 与数量级为 e^2/R 的 H_0 相比: [1216]

$$\frac{W_{SO}}{H_0}\simeq\frac{\dfrac{e^2\hbar^2}{m_e^2c^2R^3}}{\dfrac{e^2}{R}}=\frac{\hbar^2}{m_e^2c^2R^2} \tag{B–11}$$

R 的数量级相当于玻尔半径 $a_0=\hbar^2/m_e e^2$. 因而得到:

$$\frac{W_{SO}}{H_0}\simeq\frac{e^4}{\hbar^2c^2}=\alpha^2=\left(\frac{1}{137}\right)^2 \tag{B–12}$$

γ. 达尔文项 W_D

(i) 物理的起因

在狄拉克方程中, 电子与核的库仑场之间的相互作用是 "当地的", 也就是说, 场是通过它在电子所在点 $\boldsymbol{r}$ 处的数值发生影响的. 但是, 非相对论近似

[①] 可以证明, 这个因子 1/2 的起因在于: 电子在质子附近的运动并不是匀速直线运动. 这将引起电子自旋相对于实验室参照系的旋转 [即托马斯进动. 参看: Jackson (7.5) 第 11–8 节, Omnès (16.13) 第 4 章 §2, 或 Bacry (10.31) 第 7 章 §5–d].

(对 v/c 的幂的展开) 却导至这样一个方程式 (对描述电子态的二分量旋量而言), 其中电子和场之间的相互作用并不是当地的, 也就是说, 影响电子的是中心在点 r 的一个区域中各点的电场数值, 而这个区域的线度大约是电子的康普顿波长 $\hbar/m_ec$. 这就是达尔文项所表示的修正的起因.

为了更精确地理解这一点, 假设电子的势能不是 $V(r)$ 而是形如下式的一个势:

$$\int \mathrm{d}^3\rho f(\rho)V(r+\rho) \tag{B-13}$$

其中 $f(\rho)$ 是积分值等于 1 的一个函数, 它只依赖于 $|\rho|$, 而且只在以 $\rho = 0$ 为中心、数量级为 $(\hbar/m_ec)^3$ 的区域中, 它才有显著的数值.

如果可以忽略 $V(r)$ 在数量级为 $\hbar/m_ec$ 的距离上的变化, 则在 (B–13) 式中, 我们就可以用 $V(r)$ 代替 $V(r+\rho)$ 并将 $V(r)$ 提到积分号外, 于是积分等于 1; 这时 (B–13) 式就简化为 $V(r)$.

一种较好的近似就是在 (B–13) 式中将 $V(r+\rho)$ 换为它在 $\rho = 0$ 的邻域中的泰勒展开式. 零级项就给出 $V(r)$; 一级项为零; 因为 $f(\rho)$ 是球对称的; 二级项含有点 r 处的势能 $V(r)$ 的二阶导数和 ρ 的诸分量的二次函数, 它们都以 $f(\rho)$ 为权重, 再对 $\mathrm{d}^3\rho$ 积分; 由此得到的结果的数量级为:

$$(\hbar/m_ec)^2 \Delta V(r)$$

不难看出, 这个二级项就是达尔文项.

[1217]　　(ii) 数量级

将 $V(r)$ 换为 $-e^2/R$, 即可将达尔文项写成下列形式:

$$-e^2\frac{\hbar^2}{8m_e^2c^2}\Delta\left(\frac{1}{R}\right) = \frac{\pi e^2\hbar^2}{2m_e^2c^2}\delta(R) \tag{B-14}$$

[这里使用了拉普拉斯算符作用于 $1/R$ 的表示式, 见附录 II 的公式 (61)].

如果取 (B–14) 式在一个原子态中的平均值, 我们便得到一项贡献, 其值为:

$$\frac{\pi e^2\hbar^2}{2m_e^2c^2}|\psi(0)|^2$$

其中 $\psi(0)$ 是波函数在原点处的值. 由此可见, 达尔文项只影响到 s 电子, 因为仅仅对 s 电子而言 $\psi(0) \neq 0$ (参看第七章, §C–4–c). 令波函数的模平方在数量级为 a_0^3 (a_0 为玻尔半径) 的区域中的积分等于 1, 便可求得 $|\psi(0)|^2$ 的数量级; 这样便有:

$$|\psi(0)|^2 \simeq \frac{1}{a_0^3} = \frac{m_e^3 e^6}{\hbar^6} \tag{B-15}$$

由式给出达尔文项的数量级:

$$W_D \simeq \frac{\pi e^2\hbar^2}{2m_e^2c^2}|\psi(0)|^2 \simeq m_ec^2\frac{e^8}{\hbar^4c^4} = m_ec^2\alpha^4 \tag{B-16}$$

由于 $H_0 \simeq m_e c^2 \alpha^2$, 现在我们仍然得到:

$$\frac{W_D}{H_0} \simeq \alpha^2 = \left(\frac{1}{137}\right)^2 \tag{B-17}$$

这样看来, 和第七章的非相对论哈密顿算符相比, 所有的精细结构项大约小 10^4 倍.

2. 与质子自旋相关的磁相互作用: 超精细结构哈密顿算符

a. 质子的自旋和磁矩

直到现在我们都把质子看作一个质量为 M_p、电荷为 $q_p = -q$ 的质点. 实际上, 质子也如电子一样是一个自旋为 $1/2$ 的粒子. 下面用 $\boldsymbol{I}$ 来表示对应的自旋观察算符.

与质子的自旋 $\boldsymbol{I}$ 联系着一个磁矩 $\boldsymbol{M}_I$. 但旋磁比和电子的不同:

$$\boldsymbol{M}_I = g_p \mu_n \boldsymbol{I}/\hbar \tag{B-18}$$

其中 μ_n 是核玻尔磁子: [1218]

$$\mu_n = \frac{q_p \hbar}{2M_p} \tag{B-19}$$

而对于质子, 因子 $g_p \simeq 5.585$. 由于质子质量出现在 (B-19) 式的分母中, μ_n 大约比玻尔磁子 μ_B ($\mu_B = q\hbar/2m_e$) 小 $2\,000$ 倍. 虽然, 质子和电子的角动量相同, 但由于质量的差异, 核的磁性远不如电子的磁性重要. 质子自旋 $\boldsymbol{I}$ 所引起的磁相互作用是非常微弱的.

b. 磁的超精细结构哈密顿算符 W_{hf}

电子不但在质子的静电场中运动, 也在 $\boldsymbol{M}_I$ 所产生的磁场中运动. 如果薛定谔方程[①]中引入对应的矢势, 我们将会发现, 应给 (B-1) 式中的哈密顿算符添加一系列附加项, 其表示式为 (参看补充材料 A_{XII}):

$$W_{hf} = -\frac{\mu_0}{4\pi}\left\{\frac{q}{m_e R^3}\boldsymbol{L}\cdot\boldsymbol{M}_I + \frac{1}{R^3}[3(\boldsymbol{M}_S\cdot\boldsymbol{n})(\boldsymbol{M}_I\cdot\boldsymbol{n}) - \boldsymbol{M}_S\cdot\boldsymbol{M}_I]\right.$$
$$\left. + \frac{8\pi}{3}\boldsymbol{M}_S\cdot\boldsymbol{M}_I\delta(\boldsymbol{R})\right\} \tag{B-20}$$

$\boldsymbol{M}_S$ 是电子的自旋磁矩, $\boldsymbol{n}$ 是从质子到电子的连线上的单位矢 (图 12-1).

我们将会看到, W_{hf} 所引起的能量偏移比 W_f 所引起的小, 因此, 我们称 W_{hf} 为 "超精细结构哈密顿算符".

[①] 超精细相互作用都是很小的修正项, 我们可满足于从非相对论薛定谔方程将它们导出.

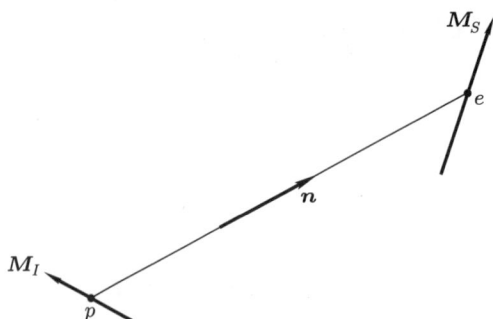

图 12-1　质子磁矩 $\boldsymbol{M}_I$ 和电子磁矩 $\boldsymbol{M}_S$ 的相对配置. $\boldsymbol{n}$ 是两粒子连线上的单位矢.

[1219]　　c. W_{hf} 中各项的物理意义

　　W_{hf} 的第一项表示核磁矩 $\boldsymbol{M}_I$ 与因电子电荷的旋转而产生于质子所在处的磁场 $(\mu_0/4\pi)q\boldsymbol{L}/m_e r^3$ 之间的相互作用.

　　第二项表示电子磁矩与核磁矩之间的偶极 – 偶极相互作用, 也就是电子的自旋磁矩和 $\boldsymbol{M}_I$ 所产生的磁场之间的相互作用 (参看补充材料 B$_{XI}$), 或反之.

　　最后一项叫做费米的 "接触项", 它来源于质子磁矩所产生的场在 $r = 0$ 处的奇异性. 实际的质子并非点状的. 我们可以证明 (参看补充材料 A$_{XII}$), 质子内部的磁场和 $\boldsymbol{M}_I$ 在它外部产生的磁场具有不同的形式 ($\boldsymbol{M}_I$ 是参与偶极 – 偶极相互作用的). 接触项所描述的是电子的自旋磁矩和存在于质子内部的磁场之间的相互作用 (δ 函数正好表明, 这个接触项, 顾名思义, 只当电子波函数和质子波函数互相覆盖时才会存在).

　　d. 数量级

　　不难证明, W_{hf} 的前两项的数量级为:

$$\frac{q^2 \hbar^2}{m_e M_p R^3} \frac{\mu_0}{4\pi} = \frac{e^2 \hbar^2}{m_e M_p c^2} \frac{1}{R^3} \tag{B–21}$$

利用 (B–10) 式即可看出, 这些项比 W_{SO} 大约小 2 000 倍.

　　至于 (B–20) 式的后一项, 它比同样含有 $\delta(\boldsymbol{R})$ 的达尔文项大约也小 2 000 倍.

§C. 能级 $n = 2$ 的精细结构

1. 问题的梗概

a. 能级 $n = 2$ 的简并

在第七章中我们已经见到, 氢原子的能量只依赖于量子数 n; $2s$ 态 $(n = 2, l = 0)$ 和 $2p$ 态 $(n = 2, l = 1)$ 具有相同的能量, 其值为:

$$-\frac{E_I}{4} = -\frac{1}{8}\mu c^2 \alpha^2$$

如果不考虑自旋, 则 $2s$ 次壳层只由一个态构成, $2p$ 次壳层由三个不同的态构成, 它们的区别在于轨道角动量 $\boldsymbol{L}$ 的分量 L_z 的本征值 $m_L \hbar (m_L = 1, 0, -1)$. 由于电子自旋和质子自旋的存在, $n = 2$ 这个能级的简并度比第七章中算出的更高. 两种自旋的分量 S_z 和 I_z 各取两个值: $m_S = \pm 1/2$, $m_I = \pm 1/2$. 因此, 对于 $n = 2$ 这个能级, 一个可能的正交归一基为:

[1220]

$$\left\{ \left| n = 2; l = 0; m_L = 0; m_S = \pm\frac{1}{2}; m_I = \pm\frac{1}{2} \right\rangle \right\} \tag{C-1}$$

(4 维的 $2s$ 次壳层)

$$\left\{ \left| n = 2; l = 1; m_L = -1, 0, +1; m_S = \pm\frac{1}{2}; m_I = \pm\frac{1}{2} \right\rangle \right\} \tag{C-2}$$

(12 维的 $2p$ 次壳层)

可见, $n = 2$ 这个壳层的总简并度是 16.

根据第十一章 (§C) 的结果, 为了计算微扰 W 对能级 $n = 2$ 的影响, 必须将表示限制算符 (将 W 限制在这个壳层内的算符) 的 16×16 的矩阵对角化. 这个矩阵的本征值将是计算到 W 的第一级的能量修正值, 对应的本征态则是哈密顿算符的计算到零级 W 的本征态.

b. 微扰哈密顿算符

在这一段里, 我们假设原子不受任何外界的作用. 准确的哈密顿算符 H 与第七章 (§C) 的哈密顿算符 H_0 之差 W 包含前面 §B–1 中所述的各精细结构项:

$$W_f = W_{mv} + W_{SO} + W_D \tag{C-3}$$

以及 §B–2 所述的超精细结构项 W_{hf}. 因此:

$$W = W_f + W_{hf} \tag{C-4}$$

由于 W_f 大约比 W_{hf} 大 2 000 倍 (参看 §B-2-d), 显然, 在研究 W_{hf} 的影响之前, 我们应先研究 W_f 对能级 $n=2$ 的影响. 我们将会看到, 这个能级的 16 重简并将部分地被 W_f 消除, 因此而出现的结构叫做 "精细结构".

W_{hf} 还可能消除残存于精细结构能级中的简并, 从而在每一个这样的能级中又出现 "超精细结构".

在 §C 中, 我们只讨论能级 $n=2$ 的精细结构. 这里的计算不难推广到其他能级.

[1221] ## 2. 在能级 $n=2$ 内表示精细结构哈密顿算符 W_f 的矩阵

a. 普遍性质

如我们将会看到的, 利用 W_f 的性质可以证明, 在能级 $n=2$ 内表示该算符的 16×16 的矩阵可以分解为一系列低阶方阵, 这样就大大简化了该矩阵的本征矢和本征值的计算.

α. W_f 并不作用于质子的自旋变量

从 (B-1) 式可以看出, 精细结构项与 I 无关. 因此, 研究精细结构时, 质子的自旋可以不予考虑 (以后应给求得的所有简并度乘以 2). 这样一来, 有待对角化的矩阵便从 16 阶的降低为 8 阶的.

β. W_f 并不联结 $2s$ 和 $2p$ 次壳层

首先, 我们证明 L^2 与 W_f 对易: 实际上, L^2 与 L 的诸分量对易, 与 R 对易 (因 L^2 只作用于角变量), 与 P^2 对易 [参看第七章公式 (A-16), 与 S 对易 (L^2 并不作用于自旋变量); 可见, L^2 与 W_{mv} (它正比于 P^4) 对易, 与 W_{SO} (它只依赖于 R, L, S) 对易, 与 W_D (它只依赖于 R) 对易.

$2s$ 态和 $2p$ 态是 L^2 的本征态, 属于不同的本征值 (0 和 $2\hbar^2$); 因此, 与 L^2 对易的 W_f 在一个 $2s$ 态和一个 $2p$ 态之间没有矩阵元. 从而, 在能级 $n=2$ 中表示 W_f 的 8×8 矩阵可以分解为对于 $2s$ 态的一个 2×2 矩阵和对于 $2p$ 态的一个 6×6 矩阵:

附注:

我们可将上述性质看作 W_f 为偶算符的结果: 在空间的反射中, $\boldsymbol{R}$ 变成 $-\boldsymbol{R}$ ($R = |\boldsymbol{R}|$ 保持不变), $\boldsymbol{P}$ 变成 $-\boldsymbol{P}$, $\boldsymbol{L}$ 仍为 $\boldsymbol{L}$, $\boldsymbol{S}$ 仍为 $\boldsymbol{S}$; 据此不难证明, W_f 保持不变. 因此, 在宇称相反的 $2s$ 态和 $2p$ 态之间, W_f 没有矩阵元 (参看补充材料 F_{II}).

b. 在次壳层 $2s$ 中表示 W_f 的矩阵 [1222]

次壳层 $2s$ 的维数 2 来源于 S_z 的两个可能值 $m_s = \pm 1/2$ (因为我们暂时不考虑 I_z).

W_{mv} 和 W_D 与 $\boldsymbol{S}$ 无关. 因此, 在次壳层 $2s$ 中表示这两个算符的矩阵是单位矩阵的倍数, 比例系数分别等于纯轨道矩阵元:

$$\langle n = 2; l = 0; m_L = 0 \left| -\frac{\boldsymbol{P}^4}{8m_e^3 c^2} \right| n = 2; l = 0; m_L = 0 \rangle$$

和

$$\langle n = 2; l = 0; m_L = 0 \left| \frac{\hbar^2}{8m_e^2 c^2} \Delta V(R) \right| n = 2; l = 0; m_L = 0 \rangle$$

因为 H_0 的本征函数是已知的, 所以这些矩阵元的计算没有什么原则性的困难. 可以求得 (参看补充材料 B_{XII}):

$$\langle W_{mv} \rangle_{2s} = -\frac{13}{128} m_e c^2 \alpha^4 \tag{C-5}$$

$$\langle W_D \rangle_{2s} = \frac{1}{16} m_e c^2 \alpha^4 \tag{C-6}$$

最后计算 W_{SO} 的矩阵元, 涉及形如 $\langle l = 0, m_L = 0 | L_{x,y,z} | l = 0, m_L = 0 \rangle$ 的 "角向" 矩阵元, 它们因量子数 $l = 0$ 而等于零. 于是

$$\langle W_{SO} \rangle_{2s} = 0 \tag{C-7}$$

归结起来, 在精细结构项的影响下, 相对于第七章算出的位置, 次壳层 $2s$ 整体地移动了一个量 $-5m_e c^2 \alpha^4 / 128$.

c. 在次壳层 $2p$ 中表示 W_f 的矩阵

α. W_{mv} 项和 W_D 项

W_{mv} 项和 W_D 项与 $\boldsymbol{L}$ 的诸分量对易; 这是因为: $\boldsymbol{L}$ 只作用于角变量, 从而与 R 及 $\boldsymbol{P}^2$ 对易 (由第七章可知, $\boldsymbol{P}^2$ 只能通过 $\boldsymbol{L}^2$ 依赖于这些变量); 于是, $\boldsymbol{L}$ 与 W_{mv} 及 W_D 对易. 由此可见, W_{mv} 和 W_D 对于轨道变量来说是标量算符 (参看补充材料 B_{VI}, §5–b). W_{mv} 和 W_D 并不作用于自旋变量, 由此推知, 在次

壳层 $2p$ 内表示 W_{mv} 和 W_D 的矩阵是单位矩阵的倍数. 比例系数的计算见补充材料 B_{XII}, 结果是:

$$\langle W_{mv} \rangle_{2p} = -\frac{7}{384} m_e c^2 \alpha^4 \tag{C-8}$$

$$\langle W_D \rangle_{2p} = 0 \tag{C-9}$$

[1223]　　得到(C–9) 式的原因在于, W_D 正比于 $\delta(\boldsymbol{R})$, 因而只能在 s 态中具有非零平均值 (若 $l \geqslant 1$, 波函数在原点的值等于零).

β. W_{SO} 项

我们需要计算下列各矩阵元:

$$\langle n=2; l=1; s=\frac{1}{2}; m'_L; m'_S | \xi(R) \boldsymbol{L} \cdot \boldsymbol{S} | n=2; l=1; s=\frac{1}{2}; m_L; m_S \rangle \tag{C-10}$$

其中

$$\xi(R) = \frac{e^2}{2m_e^2 c^2} \frac{1}{R^3} \tag{C-11}$$

如果在 $\{|\boldsymbol{r}\rangle\}$ 表象中计算, 我们可将矩阵元 (C–10) 的径向部分从角向部分以及自旋部分分开, 这样便得到:

$$\xi_{2p} \langle l=1; s=\frac{1}{2}; m'_L; m'_S | \boldsymbol{L} \cdot \boldsymbol{S} | l=1; s=\frac{1}{2}; m_L; m_S \rangle \tag{C-12}$$

其中 ξ_{2p} 是一个数, 等于径向积分:

$$\xi_{2p} = \frac{e^2}{2m_e^2 c^2} \int_0^\infty \frac{1}{r^3} |R_{21}(r)|^2 r^2 \mathrm{d}r \tag{C-13}$$

$2p$ 态的径向函数 $R_{21}(r)$ 是已知, 因此, 可以计算 ξ_{2p}, 结果为 (参看补充材料 B_{XII}):

$$\xi_{2p} = \frac{1}{48\hbar^2} m_e c^2 \alpha^4 \tag{C-14}$$

可见径向变量已经消失, 根据 (C–12) 式, 我们应转向算符 $\xi_{2p} \boldsymbol{L} \cdot \boldsymbol{S}$ 的对角化, 该算符也只作用于角变量和自旋变量.

为了用一个矩阵来表示算符 $\xi_{2p} \boldsymbol{L} \cdot \boldsymbol{S}$, 我们可以选择几种不同的基:

— 首先, 上面一直使用的基:

$$\left\{ \left| l=1; s=\frac{1}{2}; m_L; m_S \right\rangle \right\} \tag{C-15}$$

它是由 $\boldsymbol{L}^2, \boldsymbol{S}^2, L_z, S_z$ 的共同本征矢构成的;

— 若引入总角动量

$$\boldsymbol{J} = \boldsymbol{L} + \boldsymbol{S} \tag{C-16}$$

则还有下列的基:

$$\left\{\left|l = 1; s = \frac{1}{2}; J; m_J\right\rangle\right\} \tag{C-17}$$

它是由 $\boldsymbol{L}^2, \boldsymbol{S}^2, \boldsymbol{J}^2, J_z$ 的共同本征矢构成的. 根据第十章的结果, 由于 $l = 1$ 和 [1224]
$s = 1/2$, J 可以取两个值: $J = 1 + 1/2 = 3/2$ 和 $J = 1 - 1/2 = 1/2$. 此外, 我
们知道, 怎样借助于克莱布希 – 高登系数从一种基过渡到另一种基 [补充材料
A_X 的公式 (36)].

现在证明, 对于这里所研究的问题来说, 第二种基 (C–17) 比第一种基更
合适, 这是因为在基 (C–17) 中, 算符 $\xi_{2p}\boldsymbol{L}\cdot\boldsymbol{S}$ 是对角的. 为了看出这一点, 可将
(C–16) 式两端平方; 由于 $\boldsymbol{L}$ 与 $\boldsymbol{S}$ 对易, 便有:

$$\boldsymbol{J}^2 = (\boldsymbol{L} + \boldsymbol{S})^2 = \boldsymbol{L}^2 + \boldsymbol{S}^2 + 2\boldsymbol{L}\cdot\boldsymbol{S} \tag{C-18}$$

此式给出:

$$\xi_{2p}\boldsymbol{L}\cdot\boldsymbol{S} = \frac{1}{2}\xi_{2p}(\boldsymbol{J}^2 - \boldsymbol{L}^2 - \boldsymbol{S}^2) \tag{C-19}$$

基 (C–17) 中的每一个矢量都是 $\boldsymbol{L}^2, \boldsymbol{S}^2, \boldsymbol{J}^2$ 的本征矢, 于是有:

$$\xi_{2p}\boldsymbol{L}\cdot\boldsymbol{S}|l = 1; s = \frac{1}{2}; J; m_J\rangle$$
$$= \frac{1}{2}\xi_{2p}\hbar^2\left[J(J+1) - 2 - \frac{3}{4}\right]|l = 1; s = \frac{1}{2}; J; m_J\rangle \tag{C-20}$$

从 (C–20) 式可以看出, 算符 $\xi_{2p}\boldsymbol{L}\cdot\boldsymbol{S}$ 的本征值只依赖于 J, 而不依赖于
m_J, 它们的值如下:

对于 $J = 1/2$, 有:

$$\frac{1}{2}\xi_{2p}\left[\frac{3}{4} - 2 - \frac{3}{4}\right]\hbar^2 = -\xi_{2p}\hbar^2 = -\frac{1}{48}m_e c^2\alpha^4 \tag{C-21}$$

对于 $J = 3/2$, 有:

$$\frac{1}{2}\xi_{2p}\left[\frac{15}{4} - 2 - \frac{3}{4}\right]\hbar^2 = +\frac{1}{2}\xi_{2p}\hbar^2 = \frac{1}{96}m_e c^2\alpha^4 \tag{C-22}$$

能级 $2p$ 的 6 重简并已部分地被 W_{SO} 消除; 这是因为, 我们得到对应于
$J = 3/2$ 的一个能级, 它是 4 重简并的, 以及对应于 $J = 1/2$ 的一个能级, 它是
2 重简并的. 每一个能级 J 的简并度 $2J + 1$ 都是与 W_f 的旋转不变性相关的
实质简并.

附注:

(i) 在子空间 $2s(l = 0, s = 1/2)$ 中, J 只能取一个值 $J = 0 + 1/2 = 1/2$.

(ii) 在子空间 $2p$ 中, W_{mv} 和 W_D 是用单位矩阵的倍数来表示的. 这个性质在任何一种基中都成立, 这是因为单位矩阵对基的变换是不变的. 基 (C–17) 的选择, 虽是 W_{SO} 项所要求的, 也适用于 W_{mv} 项和 W_D 项.

[1225] ## 3. 结果: 能级 $n = 2$ 的精细结构

a. 光谱学符号

除量子数 n, l (和 s) 以外, 前面的研究还涉及量子数 J, 这是因为自旋 – 轨道耦合项产生的能量修正值依赖于 J.

对于能级 $2s$, $J = 1/2$; 对于能级 $2p$, $J = 1/2$ 或 $J = 3/2$. 为了表示与 n, l, J 的一套值相联系的能级, 通常在表示 (n, l) 次壳层的光谱学符号 (参看第七章 §C–4–b) 中加一个下标 J:

$$nl_J \tag{C–23}$$

其中的 l 在 $l = 0$ 时应为字母 s, 在 $l = 1$ 时应为 p, 在 $l = 2$ 时应为 d, 在 $l = 3$ 时应为 f, $\cdots\cdots$. 于是, 氢原子的能级 $n = 2$ 产生了能级 $2s_{1/2}, 2p_{1/2}, 2p_{3/2}$.

b. 能级 $2s_{1/2}, 2p_{1/2}, 2p_{3/2}$ 的位置

将前面 §2 中的结果集中起来, 现在就可以计算能级 $2s_{1/2}, 2p_{1/2}, 2p_{3/2}$ 相对于能级 $n = 2$ 的 "未微扰" 能量的位置, 后者已在第七章中算出, 其值为 $-\mu c^2 \alpha^2 / 8$.

根据 §2–b 的结果, 能级 $2s_{1/2}$ 降低了一个量:

$$-\frac{5}{128} m_e c^2 \alpha^4 \tag{C–24}$$

根据 §2–c 的结果, 能级 $2p_{1/2}$ 降低了一个量:

$$\left(-\frac{7}{384} - \frac{1}{48} \right) m_e c^2 \alpha^4 = -\frac{5}{128} m_e c^2 \alpha^4 \tag{C–25}$$

可见能级 $2s_{1/2}$ 和 $2p_{1/2}$ 具有相同的能量. 在上述理论的范畴内, 应将这种简并看作是偶然简并, 这与每个能级 J 的实质简并度 $2J + 1$ 完全不同.

最后, 能级 $2p_{3/2}$ 降低了一个量

$$\left(-\frac{7}{384} + \frac{1}{96} \right) m_e c^2 \alpha^4 = -\frac{1}{128} m_e c^2 \alpha^4 \tag{C–26}$$

上列全部结果都已绘于图 12–2 中.

附注:

(i) 因为 W_{mv} 和 W_D 使能级 $2p$ 整体地偏移, 所以只有自旋 – 轨道耦合才是分开能级 $2p_{1/2}$ 和 $2p_{3/2}$ 的原因.

(ii) 氢原子可以从 $2p$ 态跃迁到 $1s$ 态, 同时放出一个莱曼 α 光子 ($\lambda = 1\,216$ Å). 这一章的研究表明, 由于自旋 – 轨道耦合, 莱曼 α 线实际上包含两条邻近的谱线[1], $2p_{1/2} \longrightarrow 1s_{1/2}$ 和 $2p_{3/2} \longrightarrow 1s_{1/2}$, 两线间的能量间隔为:

$$\frac{4}{128} m_e c^2 \alpha^4 = \frac{1}{32} m_e c^2 \alpha^4$$

如果以充分高的分辨率进行观察, 氢光谱便呈现 "精细结构".

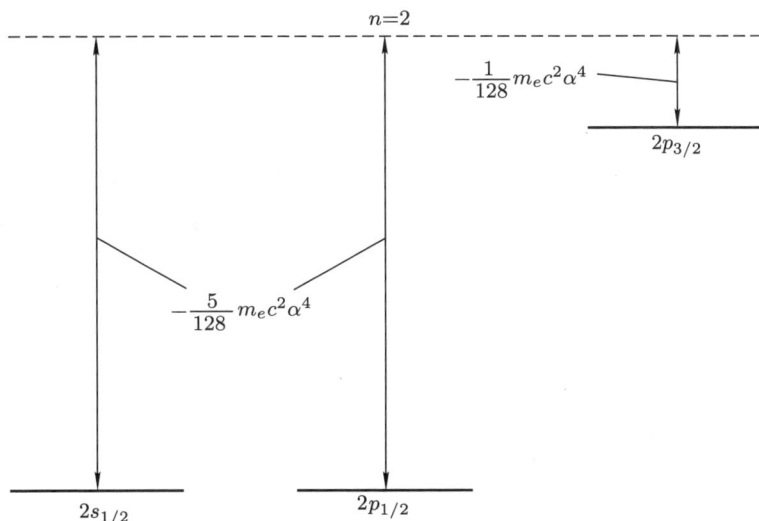

图 12–2 氢原子的能级 $n=2$ 的精细结构. 在精细结构哈密顿算符 W_f 的影响下, 能级 $n=2$ 分裂为三个精细结构能级, 记作 $2s_{1/2}, 2p_{1/2}, 2p_{3/2}$. 图中标出了偏移的代数值 (计算到 W_f 的第一级): 能级 $2s_{1/2}$ 和 $2p_{1/2}$ 的偏移相等 (计算到 W_f 的任意级, 这个结果都成立). 如果考虑到电磁场的量子特性, 我们就会发现, 能级 $2s_{1/2}$ 和 $2p_{1/2}$ 之间的简并将会消失 (兰姆位移, 见图 12–4).

(iii) 从图 12–2 可以证实, J 的值相等的两个能级具有相等的能量. 这个结果不仅到 W_f 的第一级是正确的, 到任意级都是正确的. 其实, 对于以量子数 n, l, s, J 为特征的能级的能量, 狄拉克方程的准确解给出:

$$E_{n,J} = m_e c^2 \left[1 + \alpha^2 \left(n - J - \frac{1}{2} + \sqrt{(J+1/2)^2 - \alpha^2} \right)^{-2} \right]^{-1/2} \tag{C–27}$$

由此可以明显看出, 能量只依赖于 n 和 J, 不依赖于 l.

若将 (C–27) 式按 α 的幂次作有限的展开, 便得到:

---

[1] 在基态, 有 $l=0$ 和 $s=1/2$, 以致 J 只能取一个值 $J=1/2$; 于是 W_f 并未消除 $1s$ 态的简并, 精细结构能级只有一个, 即能级 $1s_{1/2}$. 这是一个特殊情况, 因为基态是 l 只为零的唯一的一个态, 正是由于这个原因, 我们才在这里选择激发能级 $n=2$ 进行研究.

[1226]
[1227]

$$E_{n,J} = m_e c^2 - \frac{1}{2} m_e c^2 \alpha^2 \frac{1}{n^2} - \frac{m_e c^2}{2n^4} \left(\frac{n}{J + 1/2} - \frac{3}{4} \right) \alpha^4 + \cdots \qquad \text{(C--28)}$$

第一项是电子的静止能量, 第二项来自第七章的理论, 第三项是本章算出的到 W_f 的第一级的修正值.

　　(iv) 即使不存在任何外场和任何入射光子, 我们仍应考虑在空间存在着一种涨落的电磁场 (参看补充材料 K_V, §3–d–δ). 这种现象与电磁场的量子特性有关, 在上面我们并未考虑这种特性. 原子与电磁场的涨落相耦合, 结果消除了 $2s_{1/2}$ 和 $2p_{1/2}$ 之间的简并: 相对于能级 $2p_{1/2}$, 能级 $2s_{1/2}$ 升高了一个量, 我们称之为 "兰姆位移", 其值约为 1060 MHz (见图 12–4).

　　对 1949 年发现的这个现象已进行了大量的理论研究和实验研究, 这些研究构成了近代量子电动力学发展的起点.

§D. 能级 $n = 1$ 的超精细结构

　　现在, 合乎逻辑的是研究 W_{hf} 对精细结构能级 $2s_{1/2}, 2p_{1/2}$ 和 $2p_{3/2}$ 的影响, 以便证实与质子自旋 $\boldsymbol{I}$ 有关的相互作用是否会在每一个这样的能级中引起超精细结构. 然而, 由于 W_f 并未消除基态能级 $1s$ 的简并, 更简单的问题就是研究 W_{hf} 对基态能级的影响. 在这一特例中得到的结果很容易推广到 $2s_{1/2}, 2p_{1/2}$ 和 $2p_{3/2}$ 这些能级.

1. 问题的梗概

a. 能级 $1s$ 的简并

　　能级 $1s$ 并无轨道简并 $(l = 0)$. 但是, $\boldsymbol{S}$ 与 $\boldsymbol{I}$ 的分量 S_z 和 I_z 各自都可取两个值: $m_S = \pm 1/2$ 和 $m_I = \pm 1/2$. 因此, 能级 $1s$ 的简并度等于 4, 对于这个能级, 一种可能的基由下列矢量构成:

$$\left\{ \left| n = 1; l = 0; m_L = 0; m_S = \pm \frac{1}{2}; m_I = \pm \frac{1}{2} \right\rangle \right\} \qquad \text{(D--1)}$$

b. 能级 $1s$ 没有精细结构

　　我们将证明, W_f 项并未消除能级 $1s$ 的简并.

[1228]　　W_{mv} 项和 W_D 项并不作用于 m_S 和 m_I, 在子空间 $1s$ 中, 它们是用若干倍的单位矩阵来表示的, 我们可以求得 (参看补充材料 B_{XII}):

$$\langle W_{mv} \rangle_{1s} = -\frac{5}{8} m_e c^2 \alpha^4 \qquad \text{(D--2)}$$

$$\langle W_D \rangle_{1s} = \frac{1}{2} m_e c^2 \alpha^4 \qquad \text{(D--3)}$$

最后, W_{SO} 项的矩阵元的计算涉及 "角向" 矩阵元 $\langle l=0, m_L=0|L_{x,y,z}|l=0, m_L=0\rangle$, 它们显然为零 $(l=0)$; 故有:

$$\langle W_{SO}\rangle_{1s} = 0 \tag{D-4}$$

归结起来, W_f 仅仅能使 $1s$ 能级整体地偏移一个量:

$$\left(-\frac{5}{8}+\frac{1}{2}\right) m_e c^2 \alpha^4 = -\frac{1}{8} m_e c^2 \alpha^4 \tag{D-5}$$

而不会在其中引起精细结构. 此外, 这个结果是可以预见到的: 既然 $l=0, s=1/2$, 则 J 只能取一个值 $J=1/2$, 因此, 能级 $1s$ 只含有一个精细结构能级 $1s_{1/2}$.

因为哈密顿算符 W_f 不会在能级 $1s$ 中引起任何结构, 下面, 我们就转而研究 W_{hf} 项的影响. 为此, 我们首先应求出在能级 $1s$ 中表示 W_{hf} 的矩阵.

2. 在能级 $1s$ 中表示 W_{hf} 的矩阵

a. 接触项以外的各项

W_{hf} 中的前两项 [见公式 (B–20)] 的贡献为零.

计算第一项 $-\dfrac{\mu_0}{4\pi}\dfrac{q}{m_e R^3}\boldsymbol{L}\cdot\boldsymbol{M}_I$ 的贡献, 实际上涉及 "角向" 矩阵元 $\langle l=0, m_L=0|\boldsymbol{L}|l=0, m_L=0\rangle$, 它们显然为零 $(l=0)$.

同样可以证明 (参看补充材料 B_{XI}, §3), 由于 $1s$ 态的球对称性, 第二项 (偶极 – 偶极相互作用项) 的矩阵元也等于零.

b. 接触项

(B–20) 式中的最后一项, 即接触项, 的矩阵元具有下列形式:

$$\langle n=1; l=0; m_L=0; m_S'; m_I'|$$
$$-\frac{2\mu_0}{3}\boldsymbol{M}_S\cdot\boldsymbol{M}_I\delta(\boldsymbol{R})|n=1; l=0; m_L=0; m_S; m_I\rangle \tag{D-6}$$

若采用 $\{|\boldsymbol{r}\rangle\}$ 表象, 我们可将这个矩阵元的轨道部分和自旋部分分开, 从而将它写成下列形式: [1229]

$$\mathscr{A}\langle m_S'; m_I'|\boldsymbol{I}\cdot\boldsymbol{S}|m_S; m_I\rangle \tag{D-7}$$

其中 $\mathscr{A}$ 是一个数, 其值为:

$$\mathscr{A} = \frac{q^2}{3\varepsilon_0 c^2}\frac{g_p}{m_e M_p}\langle n=1; l=0; m_L=0|\delta(\boldsymbol{R})|n=1; l=0; m_L=0\rangle$$
$$= \frac{q^2}{3\varepsilon_0 c^2}\frac{g_p}{m_e M_p}\frac{1}{4\pi}|R_{10}(0)|^2$$
$$= \frac{4}{3}g_p\frac{m_e}{M_p}m_e c^2 \alpha^4\left(1+\frac{m_e}{M_p}\right)^{-3}\frac{1}{\hbar^2} \tag{D-8}$$

在这里, 我们利用了联系 M_S 与 M_I 和 S 与 I 的关系式 [参看 (B–18)], 以及第七章 §C–4–c 给出的径向函数 $R_{10}(r)$ 的表示式①.

由此可见, 轨道变量完全消失, 我们又回到了这样的问题: 体系含有两个自旋 1/2, 即 I 和 S, 将两者耦合起来的相互作用具有如下形式:

$$\mathscr{A} \boldsymbol{I} \cdot \boldsymbol{S} \tag{D–9}$$

其中 $\mathscr{A}$ 是一个常数.

c. 接触项的本征态和本征值

为了表示算符 $\mathscr{A} \boldsymbol{I} \cdot \boldsymbol{S}$, 直到现在我们只考虑过这样的基:

$$\left\{ \left| s = \frac{1}{2}; I = \frac{1}{2}; m_S; m_I \right\rangle \right\} \tag{D–10}$$

它由 $\boldsymbol{S}^2, \boldsymbol{I}^2, S_z, I_z$ 的共同本征矢构成. 引入总角动量②:

$$\boldsymbol{F} = \boldsymbol{S} + \boldsymbol{I} \tag{D–11}$$

后, 我们也可以使用下列的基:

$$\left\{ \left| s = \frac{1}{2}; I = \frac{1}{2}; F; m_F \right\rangle \right\} \tag{D–12}$$

它由 $\boldsymbol{S}^2, \boldsymbol{I}^2, \boldsymbol{F}^2, F_z$ 的共同本征矢构成. 由于 $s = I = 1/2$, F 只能取两个值: $F = 0$ 和 $F = 1$. 借助于第十章的 (B–22) 式和 (B–23) 式, 不难从一个基过渡到另一个基.

[1230]　　　　对于算符 $\mathscr{A} \boldsymbol{I} \cdot \boldsymbol{S}$ 来说, 基 $\{|F, m_F\rangle\}$ 比基 $\{|m_S, m_I\rangle\}$ 更为合适, 这是因为, 在基 $\{|F, m_F\rangle\}$ 中, 该算符可表示为一个对角矩阵 (为简单起见, 不再写出 $s = 1/2$ 和 $I = 1/2$). 实际上, 根据 (D–11) 式, 有:

$$\mathscr{A} \boldsymbol{I} \cdot \boldsymbol{S} = \frac{\mathscr{A}}{2} (\boldsymbol{F}^2 - \boldsymbol{I}^2 - \boldsymbol{S}^2) \tag{D–13}$$

由此可以推知, 诸态 $\{|F, m_F\rangle\}$ 都是算符 $\mathscr{A} \boldsymbol{I} \cdot \boldsymbol{S}$ 的本征态:

$$\mathscr{A} \boldsymbol{I} \cdot \boldsymbol{S} |F, m_F\rangle = \frac{\mathscr{A} \hbar^2}{2} [F(F+1) - I(I+1) - S(S+1)] |F, m_F\rangle \tag{D–14}$$

由 (D–14) 式可以看出, 本征值只依赖于 F 而不依赖于 m_F; 若 $F = 1$, 本征值为:

$$\frac{\mathscr{A} \hbar^2}{2} \left[2 - \frac{3}{4} - \frac{3}{4} \right] = \frac{\mathscr{A} \hbar^2}{4} \tag{D–15}$$

---

① (D–8) 式中的因子 $(1 + m_e/M_p)^{-3}$ 来源于下述事实: 出现在 $R_{10}(0)$ 中的正是约化质量 μ; 很凑巧, 对于接触项来说, 以这种方式计入核的有限质量效应是正确的.

② 总角动量实际上是 $\boldsymbol{F} = \boldsymbol{L} + \boldsymbol{S} + \boldsymbol{I}$, 也就是 $\boldsymbol{F} = \boldsymbol{J} + \boldsymbol{I}$, 但对于基态, 轨道角动量为零, 于是 $\boldsymbol{F}$ 就简化为 (D–11) 式.

若 $F=0$, 本征值为:

$$\frac{\mathscr{A}\hbar^2}{2}\left[0-\frac{3}{4}-\frac{3}{4}\right]=-\frac{3\mathscr{A}\hbar^2}{4} \tag{D-16}$$

于是, W_{hf} 部分地消除了能级 $1s$ 的四重简并: 我们得到一个能级 $F=1$, 这是三重简并的, 一个能级 $F=0$, 这是非简并的. 能级 $F=1$ 的 $2F+1$ 重简并是实质简并, 并与 W_{hf} 对总体系而言的旋转不变性有关.

3. 能级 $1s$ 的超精细结构

a. 能级的位置

在 W_f 的影响下, 能级 $1s$ 的能量, 相对于第七章中算出的值 $-\mu c^2\alpha^2/2$ 而言, 下降了一个量 $m_e c^2\alpha^4/8$; 然后, W_{hf} 将能级 $1s_{1/2}$ 分裂为两个超精细能级, 它们之间的能量间隔为 $\mathscr{A}\hbar^2$ (见图 12-3). $\mathscr{A}\hbar^2$ 通常叫做 "基态的超精细结构".

[1231]

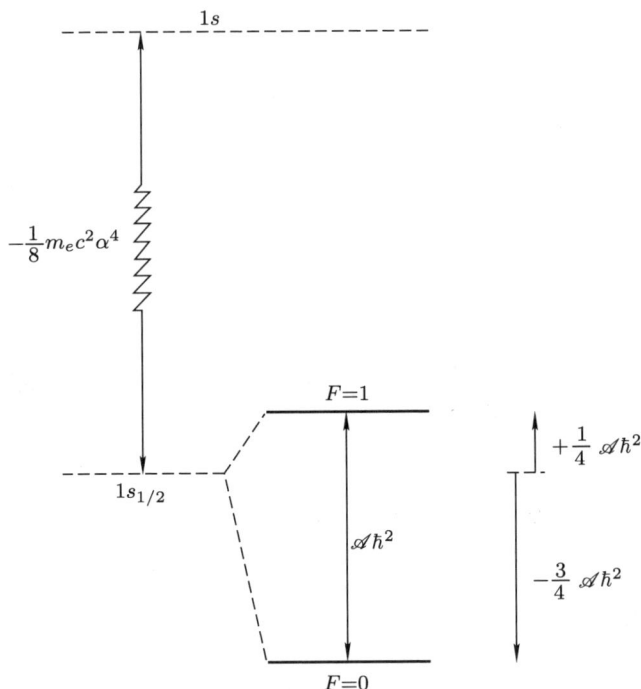

图 12-3　氢原子的能级 $n=1$ 的超精细结构. 在 W_f 的影响下, 能级 $n=1$ 整体地偏移了一个量 $-m_e c^2\alpha^4/8$; J 只能取一个值, $J=1/2$. 若考虑到超精细耦合 W_{hf} 能级 $1s_{1/2}$ 便分裂为两个超精细能级 $F=1$ 和 $F=0$. 超精细跃迁 $F=1 \longleftrightarrow F=0$ (射电天文研究中的一条谱线, 波长 21 cm) 的频率已由实验测得 12 位有效数字 [归功于氢微波激射器 (maser) 的实现].

附注:

我们同样可以发现, W_{hf} 将每一个精细结构能级 $2s_{1/2}, 2p_{1/2}, 2p_{3/2}$ 分解为一系列超精细能级, 它们对应于 F 的所有值 (在 $J+I$ 和 $|J-I|$ 之间彼此相差 1 的各值). 对于能级 $2s_{1/2}$ 和 $2p_{1/2}$, 有 $J = 1/2$; 因此, F 取两个值: $F = 1$ 和 $F = 0$. 对于能级 $2p_{3/2}, J = 3/2$, 因此 $F = 2$ 和 $F = 1$ (见图 12–4).

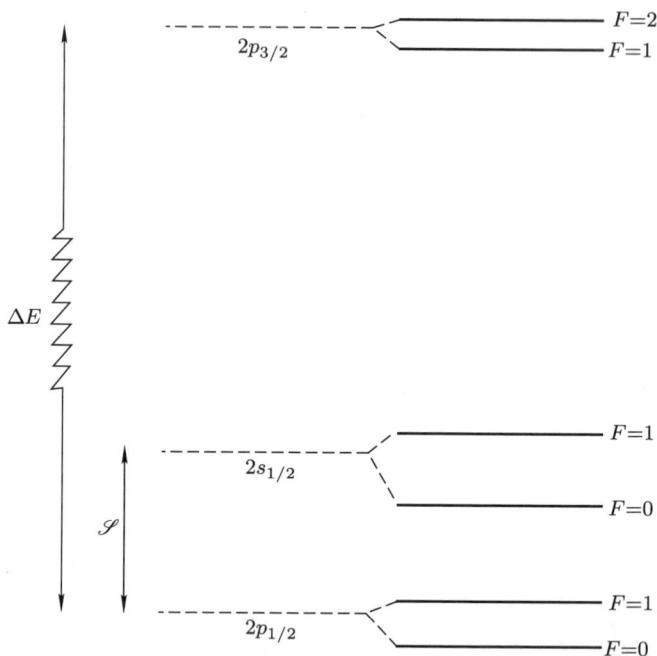

图 12–4　氢原子的能级 $n = 2$ 的超精细结构. 能级 $2s_{1/2}$ 和 $2p_{1/2}$ 之间的间隔 $\mathscr{S}$ 就是兰姆位移, 它比能级 $2p_{1/2}$ 和 $2p_{3/2}$ 之间的精细结构间隔 ΔE 约小十倍 ($\mathscr{S} \simeq 1\,057.8$ MHz; $\Delta E \simeq 10\,969.1$ MHz). 若考虑到超精细耦合 W_{hf}, 每一个能级都分裂为两个超精细次能级 (量子数 F 的对应值已标明在图的右侧). 能级 $2p_{3/2}$ 的超精细间隔为 23.7 MHz, 能级 $2s_{1/2}$ 的为 177.56 MHz, 能级 $2p_{1/2}$ 为 59.19 MHz (为醒目起见, 图中未附尺度).

[1232]　**b. 能级 $1s$ 的超精细结构的重要性**

氢原子的基态能级的超精细结构是目前实验上测得的有效数字位数最多的一个物理量. 以 Hz 为单位, 其值为[①]:

$$\frac{\mathscr{A}\hbar}{2\pi} = 1\,420\,405\,751.768 \pm 0.001 \text{ Hz} \tag{D–17}$$

[①] 本章所介绍的计算显然根本不能提供所有这些有效数字. 此外, 最先进的理论目前也只能说明 (D–17) 式中的前五位或前六位数字.

这样高的实验精确度之所以可能, 应归功于 1963 年实现的 "氢微波激射器 (maser)". 简单地说, 这个仪器的原理如下: 将事先 (经过施特恩 – 格拉赫型的磁选择器) 筛选出的处于上一个超精细能级 $F = 1$ 的氢原子贮存在一个玻璃容器中 (简图类似于补充材料 F_{IV} 的图 4-23). 这样我们就得到了一个频率等于超精细频率 $\dfrac{E(F = 1) - E(F = 0)}{h}$ 的介质放大器. 如果将容器放在调谐到超精细频率的谐振腔中, 并设谐振腔的损耗充分小以致介质的增益超过损耗, 则体系将变成不稳定的, 可以发生振荡; 这就成为一个 "原子振荡器"(maser). 振荡器的频率十分稳定, 而且其频谱的纯度极高. 测量它的频率便可直接得到超精细间隔的数值 (以 Hz 为单位).

最后, 我们指出, 在射电天文学中所以能探测到星际空间的氢原子, 就是依靠它们从基态的超精细能级 $F = 1$ 自发跃迁到超精细能级 $F = 0$ 时发出的辐射 (这种跃迁对应于 21 cm 的波长). 我们所具有的关于星际氢云的大部分知识都来源于对这条 21 cm 谱线的研究.

§E. 基态能级 $1s$ 的超精细结构的塞曼效应

1. 问题的梗概

a. 塞曼哈密顿算符 W_Z

现在假设原子处在平行于 Oz 轴的均匀静磁场 $\boldsymbol{B}_0$ 中. 这个场将与原子所具有的各种磁矩相互作用, 其中有电子的轨道磁矩和自旋磁矩, $\boldsymbol{M}_L = \dfrac{q}{2m_e}\boldsymbol{L}$ 和 $\boldsymbol{M}_S = \dfrac{q}{m_e}\boldsymbol{S}$; 核的磁矩 $\boldsymbol{M}_I = -\dfrac{qg_p}{2M_p}\boldsymbol{I}$[参看 (B-18) 式].

于是, 描述原子与磁场 $\boldsymbol{B}_0$ 的相互作用能的塞曼哈密顿算符 W_Z 可以写作:

[1233]

$$W_Z = -\boldsymbol{B}_0 \cdot (\boldsymbol{M}_L + \boldsymbol{M}_S + \boldsymbol{M}_I)$$
$$= \omega_0(L_z + 2S_z) + \omega_n I_z \tag{E-1}$$

其中 ω_0 (磁场 $\boldsymbol{B}_0$ 中的拉莫尔角频率) 与 ω_n 的定义为:

$$\begin{cases} \omega_0 = -\dfrac{q}{2m_e}B_0 & \text{(E-2)} \\[2mm] \omega_n = \dfrac{q}{2M_p}g_p B_0 & \text{(E-3)} \end{cases}$$

由于 $M_p \gg m_e$, 当然有:

$$|\omega_0| \gg |\omega_n| \tag{E-4}$$

附注:

严格说来, W_Z 还含有一个 B_0 的二次项 (反磁项). 这一项并不作用于电子和核的自旋变量, 故它仅仅能使能级 $1s$ 整体地偏移, 而不致修正后面所讲的塞曼图. 此外, 这一项比 (E–1) 式中的各项小得多. 关于反磁项的效应, 我们已在补充材料 D_{VII} 中详细讨论过.

b. 能级 $1s$ 受到的微扰

在 §E 中, 我们打算研究 W_Z 对氢原子基态能级 $1s$ 的影响 (能级 $n = 2$ 的情况要稍微复杂一些, 因为在没有磁场时, 该能级同时具有精细和超精细结构, 而能级 $n = 1$ 却只有超精细结构; 但计算的原理相同). 即使在实验室可以实现的最强的磁场中, W_Z 也比能级 $1s$ 与其他能级之间的间隔小得多, 因此, 我们可以按微扰理论来处理它的影响.

磁场对一个原子能级的影响叫做 "塞曼效应", 若以磁场 B_0 为横坐标, 以它所产生的各个次能级的能量为纵坐标, 我们便得到一个塞曼图.

如果 B_0 足够强, 则塞曼哈密顿算符 W_Z 等于或大于超精细哈密顿算符 W_{hf}[①]; 反之, 如果 B_0 很弱, 则 $W_Z \ll W_{hf}$. 因此, 一般说来, 不可能在 W_Z 和 W_{hf} 之间划分等级, 从而, 为了得到各个次能级的能量, 我们应将 $W_Z + W_{hf}$ 整个地在能级 $1s$ 内对角化.

[1234]　在 §D–2 中, 我们已经证明, W_{hf} 在能级 $n = 1$ 内的限制算符可以写成 $\mathscr{A} \boldsymbol{I} \cdot \boldsymbol{S}$ 的形式. 利用 W_Z 的表示式 (E–1). 可以看出我们还应计算下列形式的矩阵元:

$$\langle n = 1; l = 0; m_L = 0; m'_S; m'_I | \omega_0(L_z + 2S_z) + \omega_n I_z$$
$$|n = 1; l = 0; m_L = 0; m_S; m_I\rangle \qquad \text{(E–5)}$$

因为 l 与 m_L 都是零, 故 $\omega_0 L_z$ 的贡献为零. 由于 $2\omega_0 S_z + \omega_n I_z$ 只作用于自旋变量, 对于这两项算符来说, 可将其矩阵元的轨道部分

$$\langle n = 1; l = 0; m_L = 0 | n = 1; l = 0; m_L = 0\rangle = 1 \qquad \text{(E–6)}$$

与自旋部分分开.

归结起来, 撇开量子数 n, l, m_L, 我们应将算符

$$\mathscr{A} \boldsymbol{I} \cdot \boldsymbol{S} + 2\omega_0 S_z + \omega_n I_z \qquad \text{(E–7)}$$

对角化, 这个算符也只作用于自旋自由度. 为此, 可利用基 $\{|m_S, m_I\rangle\}$ 或基 $\{|F, m_F\rangle\}$.

---

① 提醒一下, W_f 整体地偏移能级 $1s$, 它当然也整体地偏移塞曼图.

根据 (E-4) 式, (E-7) 式的最后一项甚小于第二项; 为了简化讨论, 在下文中我们将略去 $\omega_n I_z$ 这一项 (但要考虑这一项也是可能的 [①]). 于是, 能级 $1s$ 受到的微扰最终可以写作:

$$\mathscr{A} \boldsymbol{I} \cdot \boldsymbol{S} + 2\omega_0 S_z \tag{E-8}$$

c. 磁场强弱的区分

改变 B_0, 我们就可以按连续的方式来描述塞曼项 $2\omega_0 S_z$ 的重要性. 我们将根据超精细项和塞曼项的数量级来区分磁场的三个区段:

(i) $\hbar\omega_0 \ll \mathscr{A}\hbar^2$: 弱磁场

(ii) $\hbar\omega_0 \gg \mathscr{A}\hbar^2$: 强磁场

(iii) $\hbar\omega_0 \simeq \mathscr{A}\hbar^2$: 中等磁场

后面, 我们将会看到, (E-8) 式中的算符是可以准确对角化的. 但是, 为了通过一个特别简单的例子来说明微扰理论, 在第 (i) 和第 (ii) 种情况中, 我们将应用一种稍微不同的方法: 在第 (i) 种情况下, 相对于 $\mathscr{A} \boldsymbol{I} \cdot \boldsymbol{S}$, 将 $2\omega_0 S_z$ 当作微扰处理; 反之, 在第 (ii) 种情况下, 相对于 $2\omega_0 S_z$, 将 $\mathscr{A} \boldsymbol{I} \cdot \boldsymbol{S}$ 当作微扰处理. 而两者之和的准确对角元 [这是第 (iii) 种情况下必需的] 则可用来检验前面的结果.

2. 弱磁场中的塞曼效应

算符 $\mathscr{A} \boldsymbol{I} \cdot \boldsymbol{S}$ 的本征态和本征值已在 §D-2 中求出. 我们得到两个能级; 下列能级

$$\{|F = 1; m_F = -1, 0, +1\rangle\}$$

是三重简并的, 能量为 $\mathscr{A}\hbar^2/4$; 能级 $\{|F = 0; m_F = 0\rangle\}$ 是非简并的, 能量为 $-3\mathscr{A}\hbar^2/4$. 既然相对于 $\mathscr{A} \boldsymbol{I} \cdot \boldsymbol{S}$, 将 $2\omega_0 S_z$ 当作微扰处理, 那么, 就应该在对应于 $\mathscr{A} \boldsymbol{I} \cdot \boldsymbol{S}$ 的两个互异本征值的能级 $F = 1$ 和 $F = 0$ 中表示 $2\omega_0 S_z$ 的两个矩阵分别对角化. [1235]

a. 在基 $\{|F, m_F\rangle\}$ 中表示 S_z 的矩阵

考虑到后面的需要, 我们先求出在基 $\{|F, m_F\rangle\}$ 中表示 S_z 的矩阵 (对于这里要解决的问题, 只需写出对应于子空间 $F = 1$ 和 $F = 0$ 的两个子矩阵).

[①] 在补充材料 C_{XII} 中我们就将这样做, 在该文中我们将研究类氢体系 (μ- 原子, 正子素), 对于这类体系, 不可能忽略两粒子之一的磁矩.

利用第十章的公式 (B-22) 和 (B-23)，不难得到：

$$
\begin{cases}
S_z|F=1;m_F=1\rangle & = \dfrac{\hbar}{2}|F=1;m_F=1\rangle \\[2mm]
S_z|F=1;m_F=0\rangle & = \dfrac{\hbar}{2}|F=0;m_F=0\rangle \\[2mm]
S_z|F=1;m_F=-1\rangle & = -\dfrac{\hbar}{2}|F=1;m_F=-1\rangle \\[2mm]
S_z|F=0;m_F=0\rangle & = \dfrac{\hbar}{2}|F=1;m_F=0\rangle
\end{cases}
\tag{E-9}
$$

由此可得在基 $\{|F,m_F\rangle\}$ 中表示 S_z 的矩阵 (基矢的顺序为 $|1,1\rangle,|1,0\rangle,|1,-1\rangle$, $|0,0\rangle$)

$$
(S_z) = \frac{\hbar}{2} \times
\begin{array}{|c c c|c|}
\hline
1 & 0 & 0 & 0 \\
0 & 0 & 0 & 1 \\
0 & 0 & -1 & 0 \\
\hline
0 & 1 & 0 & 0 \\
\hline
\end{array}
\tag{E-10}
$$

附注：

将上面的矩阵和在同一基中表示 F_z 的矩阵对比一下是很有教益的，后者是：

$$
(F_z) = \hbar \times
\begin{array}{|c c c|c|}
\hline
1 & 0 & 0 & 0 \\
0 & 0 & 0 & 0 \\
0 & 0 & -1 & 0 \\
\hline
0 & 0 & 0 & 0 \\
\hline
\end{array}
\tag{E-11}
$$

[1236]　　首先可以看出，这两个矩阵并不成比例：矩阵 (F_z) 是对角的，而矩阵 (S_z) 则不是对角的。

但是，如果我们只看此两矩阵在子空间 $F=1$ 中的子块 [在 (E-10) 和 (E-11) 式中用粗线条围起来的部分]，那么便可发现两者是成比例的；若用 P_1 表示子空间 $F=1$ 上的投影算符 (参看补充材料 B_{II})，则有：

$$
P_1 S_z P_1 = \frac{1}{2} P_1 F_z P_1
\tag{E-12}
$$

不难证实，在 S_x 和 F_x 之间，以及在 S_y 和 F_y 之间也存在着同样的关系。

这样，我们便在一种特殊情况下得到了维格纳 – 埃克特定理 (见补充材料 D_X)，根据这个定理，在总角动量的一个给定的本征子空间中，表示矢量算符的所有矩阵是互成比例的。在这个例子中，我们可以清楚地看到，不是对于这些算符本身，而是对于它们在总角动量的一个给定的本征子空间内的限制算符，才存在这种比例关系。

此外，(E-12) 式中的比例系数 1/2 也可从投影定理直接得到。根据补充材料 D_X 的公式 (30)，这个系数实际上等于：

$$
\frac{\langle \boldsymbol{S} \cdot \boldsymbol{F} \rangle_{F=1}}{\langle \boldsymbol{F}^2 \rangle_{F=1}} = \frac{F(F+1) + s(s+1) - I(I+1)}{2F(F+1)}
\tag{E-13}
$$

由于 $s = I = 1/2$, (E–13) 式显然等于 $1/2$.

b. 弱磁场中的本征态和本征值

根据前面 §a 中的结果, 在能级 $F = 1$ 中表示 $2\omega_0 S_z$ 的矩阵可以写作:

$$\begin{array}{|c|c|c|}
\hline
\hbar\omega_0 & 0 & 0 \\
\hline
0 & 0 & 0 \\
\hline
0 & 0 & -\hbar\omega_0 \\
\hline
\end{array} \qquad (\text{E–14})$$

在能级 $F = 0$ 中, 对应的矩变成一个数 0.

因为这两个矩阵是对角的, 我们立即由此得到弱磁场中的本征态 (到 ω_0 的零级) 和本征值 (到 ω_0 的第一级):

$$\begin{array}{ccc}
\text{本征态} & & \text{本征值} \\[2mm]
|F = 1; m_F = 1\rangle & \longleftrightarrow & \dfrac{\mathscr{A}\hbar^2}{4} + \hbar\omega_0 \\[3mm]
|F = 1; m_F = 0\rangle & \longleftrightarrow & \dfrac{\mathscr{A}\hbar^2}{4} + 0 \\[3mm]
|F = 1; m_F = -1\rangle & \longleftrightarrow & \dfrac{\mathscr{A}\hbar^2}{4} - \hbar\omega_0 \\[3mm]
|F = 0; m_F = 0\rangle & \longleftrightarrow & -3\dfrac{\mathscr{A}\hbar^2}{4} + 0
\end{array} \qquad (\text{E–15})$$

在图 12–5 中, 横坐标是 $\hbar\omega_0$, 纵坐标是四个塞曼次能级的能量 (这就是塞曼图). 磁场为零时, 我们得到两个超精细能级 $F = 1$, 和 $F = 0$. 加上磁场 B_0, 非简并的次能级 $|F = 0, m_F = 0\rangle$ 发生斜率为零的移动; 能级 $F = 1$ 的三重简并则完全被消除: 我们将得到三个等间隔的次能级, 它们随 $\hbar\omega_0$ 线性地变化, 斜率分别为 $+1, 0, -1$. [1237]

只要能级 $F = 1$ 中的两个相邻的塞曼次能级之间的间隔 $\hbar\omega_0$ 始终小于没有磁场时超精细结构能级 $F = 1$ 和 $F = 0$ 之间的间隔, 上述结果就能成立.

附注:

利用上面提到的维格纳 – 埃克特定理可以证明, 在总角动量的一个给定的本征子空间 F 中, 表示塞曼哈密顿算符 $\omega_0(L_z + 2S_z)$ 的矩阵与 F_z 成正比. 于是, 用 P_F 表示本征子空间 F 上的投影算符, 我们便可写出:

$$P_F[\omega_0(L_z + 2S_z)]P_F = g_F \omega_0 P_F F_z P_F \qquad (\text{E–16})$$

其中 g_F 叫做能级 F 的朗德因子. 在这里所讨论的情况下, $g_{F=1} = 1$.

c. 在 $\langle \boldsymbol{F} \rangle$ 和 $\langle \boldsymbol{S} \rangle$ 的演变中出现的玻尔频率. 与原子矢量模型的比较

在这一段里, 我们要确定在 $\langle \boldsymbol{F} \rangle$ 和 $\langle \boldsymbol{S} \rangle$ 的演变中出现的各玻尔频率, 并要证明, 已经得到的结果在某些方面使我们联想起原子矢量模型的一些结果 (参看补充材料 F_X).

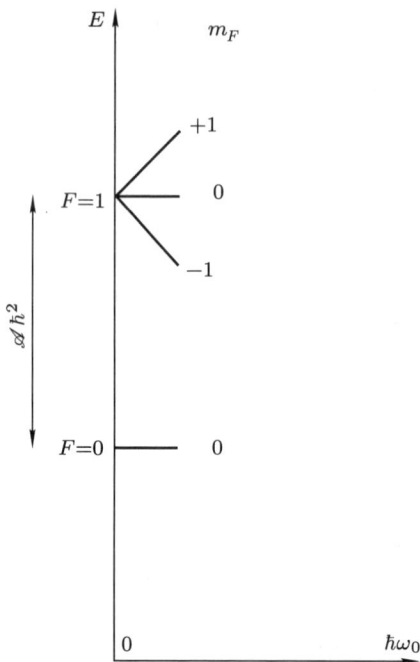

图 12-5 氢原子的能级 $1s$ 在弱磁场中的塞曼图. 超精细能级 $F=1$ 分裂为三个等间隔的能级, 其中的每一个对应于量子数 m_F 的一个确定值. 能级 $F=0$, 直到零级的 ω_0, 并无任何偏离.

[1238]   首先, 我们从 I 与 S 之间的超精细耦合着眼, 简略地回顾一下原子矢量模型的预言 (在此模型中, 各种角动量都被视为经典矢量). 没有磁场时, $F = I + S$ 是一个运动常量; I 与 S 围绕着它们的矢量和 F 进动, 进动角速度正比于 I 与 S 之间的耦合常数 $\mathscr{A}$. 如果体系处在平行于 Oz 轴的微弱静磁场 B_0 中, 那么, 在 I 与 S 围绕 F 的快速进动之上, 还叠加了一个 F 围绕 Oz 轴的慢速进动 (即拉莫尔进动, 见图 12-6).

由此可见, F_z 是一个运动常量, 而 S_z 则包含一个静态部分 (S 在 F 上的分量在 Oz 轴上的投影) 和一个受超精细进动频率调制的部分 [S 在垂于 F 方向上的分量 (它围绕着 F 进动) 在 Oz 轴上的投影].

现在将这些半经典结果和 §E 中所述的量子理论的结果作一比较. 为此必须研究平均值 $\langle F_z \rangle$ 和 $\langle S_z \rangle$ 随时间的演变. 根据第三章 §D-2-d 中的讨论, 我们知道, 一个物理量 G 的平均值 $\langle G \rangle (t)$ 含有一系列分量, 它们以体系的不同的玻尔频率 $(E - E')/h$ 进行振荡; 另一方面, 一个给定的玻尔频率, 只当 G 在对应于两个能量的态之间的矩阵元不为零时, 才会出现在 $\langle G \rangle(t)$ 中. 在我们现在所讨论的问题中, 在弱磁场中哈密顿算符的本征态是 $|F, m_F\rangle$ 诸态. 我们来考察在这个基中表示 S_z 和 F_z 的两个矩阵 (E-10) 和 (E-11). 由于 F_z 只有对角元, 在 $\langle F_z \rangle(t)$ 中就不会出现任何非零的玻尔频率; 因此 $\langle F_z \rangle$ 是静态的. 反之, S_z 不仅有对角元 (与这些对角元相联系的是 $\langle S_z \rangle$ 的一个静态分量),

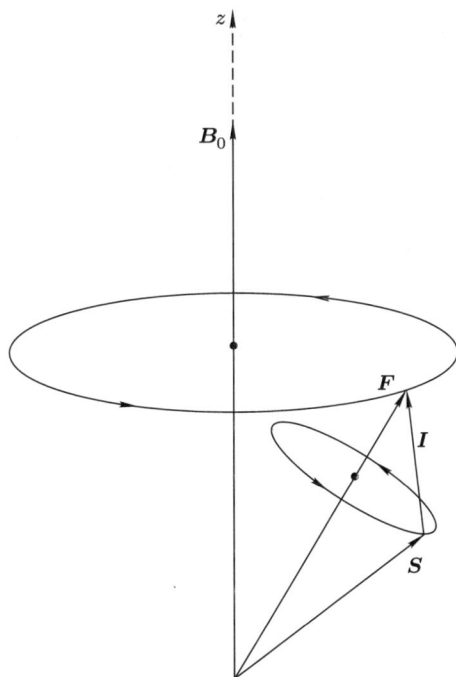

图 12-6　在原子矢量模型中, S, I 与 F 的运动. 在弱磁场中, S 与 I 在超精细耦合的影响下围绕着 F 快速进动, 而 F 则围绕着 B_0 慢速进动 (即拉莫尔进动).

而且在态 $|F = 1; m_F = 0\rangle$ 与态 $|F = 0; m_F = 0\rangle$ 之间有非对角元; 根据表 (E–15)(或图 12–5), 这两个态之间的能量间隔为 $\mathscr{A}\hbar^2$. 由此推知, $\langle S_z \rangle$ 除一个静态分量之外, 还有一个受角频率 $\mathscr{A}\hbar$ 调制的分量; 这个结果使我们联想到原子矢量模型的结果[1]. [1239]

附注:

我们可以在微扰理论和原子矢量模型之间建立一种联系. 实际上, 在塞曼哈密顿算符 $2\omega_0 S_z$ 中, 只保留能级 $F = 1$ 和 $F = 0$ 上的矩阵元, 就可以求得弱磁场 B_0 对这两个能级的影响, 也就是说, 可以不考虑 S_z 在 $|F = 1; m_F = 0\rangle$ 和 $|F = 0; m_F = 0\rangle$ 之间的矩阵元. 如此类推, 我们也可以不考虑 $\langle S_z \rangle$ 的受调制的分量, 因为它是和那个矩阵元成正比的. 因此, 我们只需保留 $\langle S \rangle$ 的平行于 $\langle F \rangle$ 的分量.

但是, 当我们要计算与磁场 B_0 的相互作用能时, 在原子矢量模型中的做法正是如此. 在弱磁场中, F 围绕 B_0 的进动实际上比 S 围绕 F 的进动要慢得多. 因此, B_0 和 S 的垂直于 F 的分量之间的相互作用的效应平均说来等于零, 从而

---

[1]　我们同样可以在 $\langle F_x \rangle, \langle S_x \rangle, \langle F_y \rangle, \langle S_y \rangle$ 的演变之间建立平行的关系, 还可以对图 12-6 中的矢量 F 与 S 在 Ox 轴或 Oy 轴上的投影进行类似的分析. 但须指出, $\langle F \rangle$ 和 $\langle S \rangle$ 的运动并不完全和经典角动量的运动一致; 特别地, $\langle S \rangle$ 的模不一定是常数 (在量子力学中, $\langle S^2 \rangle \neq \langle S \rangle^2$); 参看补充材料 F_X 的讨论.

只有 S 在 F 上的投影需要考虑. 例如, 朗德因子就是这样算出的.

3. 强磁场中的塞曼效应

现在, 我们首先将塞曼项对角化.

a. 塞曼项的本征态和本征值

这一项在基 $\{|m_S, m_I\rangle\}$ 中是对角的:

$$2\omega_0 S_z |m_S, m_I\rangle = 2m_S \hbar \omega_0 |m_S, m_I\rangle \tag{E-17}$$

由于 $m_S = \pm 1/2$, 本征值等于 $\pm \hbar \omega_0$; 每一个本征值都是二重简并的, 这是因为 m_I 有两个可能值. 于是, 我们有[①]:

$$\begin{cases} 2\omega_0 S_z |+, \pm\rangle = +\hbar \omega_0 |+, \pm\rangle \\ 2\omega_0 S_z |-, \pm\rangle = -\hbar \omega_0 |-, \pm\rangle \end{cases} \tag{E-18}$$

[1240]　　### b. 作为微扰处理的超精细项的效应

将算符 $\mathscr{A} \boldsymbol{I} \cdot \boldsymbol{S}$ 在对应于 $2\omega_0 S_z$ 的两个互异本征值的两个子空间 $\{|+, \pm\rangle\}$ 和 $\{|-, \pm\rangle\}$ 中的限制算符对角化, 便可以求得计算到 $\mathscr{A}$ 的第一级的修正量.

首先注意, 在每一个这样的子空间中, 基矢量 $|+, +\rangle$ 和 $|+, -\rangle$ (或 $|-, +\rangle$ 和 $|-, -\rangle$) 也是算符 F_z 的本征矢, 但并不对应于 $m_F = m_S + m_I$ 的同一个值. 由于算符 $\mathscr{A} \boldsymbol{I} \cdot \boldsymbol{S} = \dfrac{\mathscr{A}}{2}(\boldsymbol{F}^2 - \boldsymbol{I}^2 - \boldsymbol{S}^2)$ 和 F_z 对易, 前者在 $|+, +\rangle$ 和 $|+, -\rangle$ 这两个态之间, 或在 $|-, +\rangle$ 和 $|-, -\rangle$ 这两个态之间, 没有矩阵元; 由此可见, 在两个子空间 $\{|+, \pm\rangle\}$ 和 $\{|-, \pm\rangle\}$ 内表示算符 $\mathscr{A} \boldsymbol{I} \cdot \boldsymbol{S}$ 的两个矩阵都是对角的, 它们的本征值其实就是对角元 $\langle m_S; m_I | \mathscr{A} \boldsymbol{I} \cdot \boldsymbol{S} | m_S; m_I \rangle$; 现在引用关系式:

$$\boldsymbol{I} \cdot \boldsymbol{S} = I_z S_z + \frac{1}{2}(I_+ S_- + I_- S_+) \tag{E-19}$$

将这个对角元写成下列形式:

$$\begin{aligned} \langle m_S, m_I | \mathscr{A} \boldsymbol{I} \cdot \boldsymbol{S} | m_S, m_I \rangle &= \langle m_S, m_I | \mathscr{A} I_z S_z | m_S, m_I \rangle \\ &= \mathscr{A} \hbar^2 m_S m_I \end{aligned} \tag{E-20}$$

归结起来, 在强磁场中, 本征态 (到 $\mathscr{A}$ 的零级) 和本征值 (到 $\mathscr{A}$ 的第一

[①] 为简化符号起见, 我们常用 $|\varepsilon_S, \varepsilon_I\rangle$ 代替 $|m_S, m_I\rangle$; ε_S 和 ε_I 等于 $+$ 或 $-$, 视 m_S 和 m_I 的符号而定.

级) 为:

$$\begin{array}{cc} \text{本征态} & \text{本征值} \\[4pt] |+,+\rangle \longleftrightarrow \hbar\omega_0 + \dfrac{\mathscr{A}\hbar^2}{4} & \\[8pt] |+,-\rangle \longleftrightarrow \hbar\omega_0 - \dfrac{\mathscr{A}\hbar^2}{4} & \\[8pt] |-,+\rangle \longleftrightarrow -\hbar\omega_0 - \dfrac{\mathscr{A}\hbar^2}{4} & \\[8pt] |-,-\rangle \longleftrightarrow -\hbar\omega_0 + \dfrac{\mathscr{A}\hbar^2}{4} & \end{array} \tag{E–21}$$

在图 12-7 中, 右侧 (对应于 $\hbar\omega_0 \gg \mathscr{A}\hbar^2$) 的实线表示强磁场中的能级, 我们得到的是两条斜率为 +1 的平行线, 能量间隔为 $\mathscr{A}\hbar^2/2$, 以及斜率为 −1 的两条平行线, 能量间隔也是 $\mathscr{A}\hbar^2/2$. 由此可见, 这一段和前一段所述的微扰处理给出了强磁场情况下的渐近线和能级的开端 (起点处的切线方向).

附注: [1241]

对于强磁场情况下, 两能级 $|+,+\rangle$ 和 $|+,-\rangle$, 或 $|-,+\rangle$ 和 $|-,-\rangle$, 之间的间隔 $\mathscr{A}\hbar^2/2$, 可以解释如下. 我们已经看到, 在超精细耦合相对于塞曼项而言被当作微扰来处理时, 在强磁场情况下, 只需考虑 $\boldsymbol{I}\cdot\boldsymbol{S}$ 的表示式 (E–19) 中的 $I_z S_z$ 项. 因此, 总哈密顿算符 (E–8) 在强磁场中可以写作:

$$2\omega_0 S_z + \mathscr{A} I_z S_z = 2\left(\omega_0 + \frac{\mathscr{A}}{2} I_z\right) S_z \tag{E–22}$$

由此可见, 现在的情况相当于除外场 $\boldsymbol{B}_0$ 以外, 电子自旋还 "看到" 一个较弱的 "内场". 它来源于 $\boldsymbol{I}$ 与 $\boldsymbol{S}$ 之间的超精细耦合, 视核自旋向上还是向下, 它有两个可能值. 这个场加强或削弱 $\boldsymbol{B}_0$, 从而导致 $|+,+\rangle$ 和 $|+,-\rangle$, 或 $|-,+\rangle$ 和 $|-,-\rangle$ 之间的能量差异.

c. 在 $\langle S_z \rangle$ 的演变中出现的玻尔频率 [1242]

在强磁场中, $\boldsymbol{S}$ 与 $\boldsymbol{B}_0$ 之间的塞曼耦合比 $\boldsymbol{S}$ 与 $\boldsymbol{I}$ 之间的超精细耦合重要得多. 首先, 我们如果略去超精细耦合, 那么, 从原子矢量模型就可以预见到: $\boldsymbol{S}$ 围绕 $\boldsymbol{B}_0$ 的方向 Oz 轴而进动 (由于 $|\boldsymbol{B}_0|$ 很大, 进动很快), $\boldsymbol{I}$ 则保持不动 (这是因为我们已经假设 ω_n 可以忽略如图 12–8).

超精细耦合的分解式 (E–19) 对于经典矢量仍然成立. 由于 $\boldsymbol{S}$ 的高速进动, S_+ 项和 S_- 项也在高速地振荡, 它们的平均效应等于零, 从而, 只有 $I_z S_z$ 这一项是重要的. 因此, 超精细耦合的效应就是增添了一个微弱的场, 其方向平行于 Oz 轴, 其数值正比于 I_z (参看前段的附注), 这个场使 $\boldsymbol{S}$ 围绕 Oz 轴的进动受到加速或减速, 视 I_z 的符号而异. 于是原子矢量模型预见到 S_z 在强磁场中处于静态.

我们可以证明, 量子理论对于观察算符 S_z 的平均值 $\langle S_z \rangle$ 给出类似的结果. 实际上, 如我们已经看到的, 在强磁场中确定的能态为 $|m_S, m_I\rangle$. 但是在这个基中, 算符 S_z

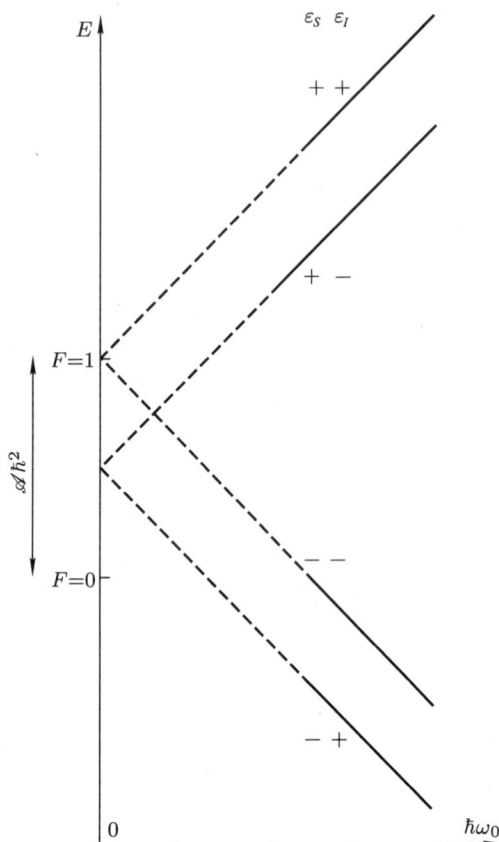

图 12-7　氢原子的能级 $1s$ 在强磁场中的塞曼图. 对于电子自旋的每一种取向 ($\varepsilon_S = +$ 或 $\varepsilon_S = -$), 我们都得到两条平行线, 它们的能量间隔为 $\mathscr{A}\hbar^2/2$, 两线各自对应于质子自旋的一种取向 ($\varepsilon_I = +$ 或 $\varepsilon_I = -$).

只有对角元. 因此, 在 $\langle S_z \rangle$ 的演变中不可能出现任何异于零的玻尔频率, 从而, $\langle S_z \rangle$ 是一个静态的量[①], 这与弱磁场中的情况相反 (参看 §E–2–c).

4. 中等磁场中的塞曼效应

a. 在基 $\{|F, m_F\rangle\}$ 中表示总微扰的矩阵

态 $|F, m_F\rangle$ 是算符 $\mathscr{A}\boldsymbol{I} \cdot \boldsymbol{S}$ 的本征态. 因此, 在基 $\{|F, m_F\rangle\}$ 中表示这个算符的矩阵是对角的. 对应于 $F = 1$ 的对角元是 $\mathscr{A}\hbar^2/4$, 对应于 $F = 0$ 的对角元是 $-3\mathscr{A}\hbar^2/4$. 此外, 我们已在 (E-10) 式中写出在同一个基中表示 S_z 的矩

---

　　① 对 $\langle S_x \rangle$ 和 $\langle S_y \rangle$ 的研究并无任何困难. 我们可以求得两个玻尔角频率: 一个是 $\omega_0 + \mathscr{A}\hbar/2$, 略大于 ω_0, 另一个是 $\omega_0 - \mathscr{A}\hbar/2$, 略小一些; 它们对应于 I_z 所产生的 "内场" 的两种可能的取向, 这个场将叠加在外场 B_0 上.
　　我们将同样发现 $\boldsymbol{I}$ 围绕 S_z 所产生的 "内场" 进动.

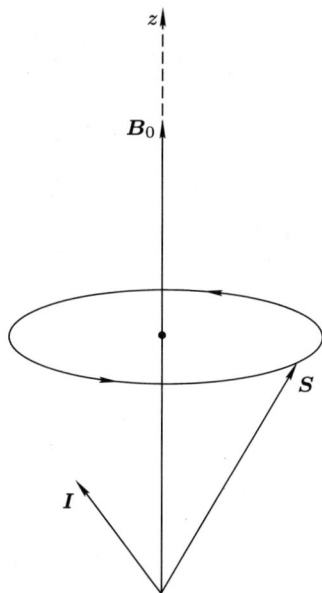

图 12-8　在原子矢量模型中 S 的运动. 在强磁场中, S 围绕 B_0 很快地进动 (在这里我们同时略去了 I 与 B_0 之间的塞曼耦合以及 I 与 S 之间的超精细耦合, 从而 I 是固定不动的).

阵. 于是, 我们很容易写出表示总微扰 (E–8) 的矩阵. 将基矢量的顺序排列为 $|1,1\rangle, |1,-1\rangle, |1,0\rangle, |0,0\rangle$, 便可得到:

$$
\begin{pmatrix}
\dfrac{\mathscr{A}\hbar^2}{4} + \hbar\omega_0 & 0 & 0 & 0 \\[2ex]
0 & \dfrac{\mathscr{A}\hbar^2}{4} - \hbar\omega_0 & 0 & 0 \\[2ex]
0 & 0 & \dfrac{\mathscr{A}\hbar^2}{4} & \hbar\omega_0 \\[2ex]
0 & 0 & \hbar\omega_0 & -\dfrac{3\mathscr{A}\hbar^2}{4}
\end{pmatrix}
\tag{E–23}
$$

附注:

　　S_z 与 F_z 对易, 故 $2\omega_0 S_z$ 只能在 m_F 相同的两个态之间才能有非零矩阵元. 这样, 我们就可以事先看出矩阵 (E–23) 中所有的零.

b. 任意磁场中的能量值

　　矩阵 (E–23) 可分解为两个 1×1 矩阵和一个 2×2 矩阵. 两个 1×1 矩阵

立即给出两个本征值:

$$\begin{cases} E_1 = \dfrac{\mathscr{A}\hbar^2}{4} + \hbar\omega_0 \\[2mm] E_2 = \dfrac{\mathscr{A}\hbar^2}{4} - \hbar\omega_0 \end{cases} \tag{E-24}$$

它们分别对应于态 $|1,1\rangle$ (或态 $|+,+\rangle$) 和态 $|1,-1\rangle$ (或态 $|-,-\rangle$). 在图 12-9 中, 斜率为 $+1$ 和 -1 并通过纵坐标为 $+\mathscr{A}\hbar^2/4$ 的零磁场点的两条直线 (对此进行微扰处理只能给出直线的开端和渐近行为) 便表示两个塞曼次能级, 而不问 B_0 之值如何.

[1244]　　剩下的 2×2 矩阵的本征值方程可以写作:

$$\left(\frac{\mathscr{A}\hbar^2}{4} - E \right)\left(-\frac{3\mathscr{A}\hbar^2}{4} - E \right) - \hbar^2\omega_0^2 = 0 \tag{E-25}$$

不难算出这方程的两个根为:

$$E_3 = -\frac{\mathscr{A}\hbar^2}{4} + \sqrt{\left(\frac{\mathscr{A}\hbar^2}{2} \right)^2 + \hbar^2\omega_0^2} \tag{E-26}$$

$$E_4 = -\frac{\mathscr{A}\hbar^2}{4} - \sqrt{\left(\frac{\mathscr{A}\hbar^2}{2} \right)^2 + \hbar^2\omega_0^2} \tag{E-27}$$

[1245]　　当 $\hbar\omega_0$ 变化时, 以 $\hbar\omega_0$ 为横坐标、以 E_3 和 E_4 为纵坐标的两点将描绘出双曲线的两支 (图 12-9). 此双曲线的渐近线就是前面 §3 中求得的两条直线, 方程为 $E = -(\mathscr{A}\hbar^2/4) \pm \hbar\omega_0$. 双曲线的两个顶点的横坐标为 $\omega_0 = 0$, 纵坐标为 $-(\mathscr{A}\hbar^2/4) \pm \mathscr{A}\hbar^2/2$, 也就是 $\mathscr{A}\hbar^2/4$ 和 $-3\mathscr{A}\hbar^2/4$. 这两点的切线沿水平方向. 于是我们再次得到 §2 中关于态 $|F=1; m_F=0\rangle$ 和态 $|F=0; m_F=0\rangle$ 的结果.

前面的全部结果都集中在图 12-9 中, 这就是基态能级 $1s$ 的塞曼图.

c. 部分的超精细耦合

在弱磁场中, 完全确定的能态是 $|F, m_F\rangle$; 在强磁场中, 是态 $|m_S, m_I\rangle$; 在中等磁场中, 是矩阵 (E-23) 的本征态, 它们是态 $|F, m_F\rangle$ 和态 $|m_S, m_I\rangle$ 的中间态.

因此, 我们可以从 $\boldsymbol{I}$ 与 $\boldsymbol{S}$ 间的强耦合 (耦合基) 经过部分耦合连续地过渡到完全退耦合 (非耦合基).

　　　附注:
　　　　类似的现象也存在于精细结构的塞曼效应中. 为简单起见, 略去 W_{hf}, 我们知道 (§C), 没有磁场时, 哈密顿算符的本征态是 $|J, m_J\rangle$ 态, 它们对应于 $\boldsymbol{L}$ 与 $\boldsymbol{S}$ 间的强耦合 (自旋 - 轨道耦合). 只要 $W_Z \ll W_f$, 这个性质就能成立. 反之, 如果磁场 B_0 充分大, 以致 $W_Z \gg W_f$, 我们将会发现 H

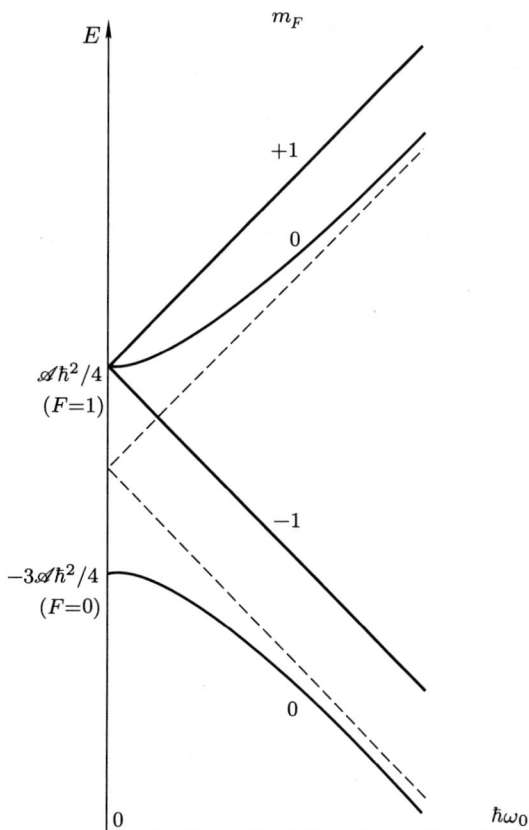

图 12-9 氢原子的基态能级 $1s$ 在任意磁场中的塞曼图; 对磁场的所有值, m_F 都是一个好量子数. 我们得到两条直线, 两者的相反的斜率对应于 m_F 的值 +1 和 −1; 还得到一条双曲线, 它的两支与 $m_F = 0$ 的两个能级相联系. 图 12-5 和图 12-7 分别给出了此图所表示的能级在起点处的切线方向及渐近线.

的本征态是 $|m_L, m_S\rangle$ 态, 它们对应于 $\boldsymbol{L}$ 与 $\boldsymbol{S}$ 间的完全退耦合. 中间区段 $(W_Z \simeq W_f)$ 则对应于 $\boldsymbol{L}$ 与 $\boldsymbol{S}$ 间的部分耦合. 例如, 参看补充材料 D_{XII}, 该文讨论 $2p$ 能级的塞曼效应 (但不计入 W_{hf}).

参考文献和阅读建议:

氢原子光谱: Series (11.7); Bethe 和 Salpeter (11.10). 狄拉克方程: 参考书目第 2 节中相对论量子力学的小节, 以及 Messiah (1.17), 第 XX 章, 特别是 §V 和 §IV-27.

能级 $n = 2$ 的精细结构, 兰姆位移: Lamb 和 Retherford (3.11); Frisch (3.13); Series (11.7), 第 VI, VII 和 VIII 章.

基态能级的超精细结构: Crampton 等 (3.12).

塞曼效应和原子的矢量模型: Cagnac 和 Pebay-Peyroula (11.2), 第 XVII 章, §3E 和 §4C; Born (11.4), 第 6 章, §2.

星际氢: Roberts (11.17); Encrenaz (12.11), 第 IV 章.

第十二章补充材料 阅读指南 [1246]

A_{XII}: 磁的超精细哈密顿算符

A_{XII}: 建立已在第十二章中使用过的超精细哈密顿算符的表示式. 说明该式中各项, 特别是接触项, 的物理意义. 本文较难.

B_{XII}: 精细结构哈密顿算符在态 $1s, 2s$ 与 $2p$ 中的平均值的计算

B_{XII}: 在第十二章中, 用以计算能级偏移的公式中含有一些径向积分, 这里介绍这些积分的算法. 本文没有原则性的困难.

C_{XII}: $\mu-$ 原子和电子偶素的超精细结构及塞曼效应

C_{XII}: 将第十二章 §D 和 §E 的内容扩展到两种重要的类氢体系, 即补充材料 A_{VII} 中介绍过的 $\mu-$ 原子和正子素; 简略描述研究这两种体系的实验方法. 如果理解了第十二章 §D 和 §E 的计算, 本文就很容易学习.

D_{XII}: 电子自旋对氢的共振线的塞曼效应的影响

D_{XII}: 研究电子自旋对氢共振线的塞曼分量的频率及偏振的影响. 改进了在补充材料 D_{VII} 中已经得到的结果, 在该文中我们并未考虑电子的自旋 (但这里要用到该文中的一些结果). 本文属于中等难度.

E_{XII}: 氢原子的斯塔克效应

E_{XII}: 研究静电场对氢原子基态能级 ($n = 1$) 和第一激发能级 ($n = 2$) 的影响 (斯塔克效应); 阐述了对于斯塔克效应而言宇称不同的两能级间的简并的存在的重要性. 本文浅显易懂.

[1247] # 补充材料 $A_{X\!I\!I}$

磁的超精细哈密顿算符

本文的目的是要证明我们在第十二章中给出的超精细哈密顿算符的表示式 [(B-20) 式] 是合理的. 如正文那样, 我们将通过只含一个电子和一个质子的氢原子进行分析, 但大部分概念对任意原子仍能成立. 前面曾经说过, 超精细哈密顿算符的起因是电子与质子产生的电磁场间的耦合, 因此, 我们用 $\boldsymbol{A}_I(\boldsymbol{r})$ 和 $U_I(\boldsymbol{r})$ 来表示与这个电磁场相联系的矢势和标势, 下面首先研究受这些势作用的电子的哈密顿算符.

1. 电子和质子产生的标势与矢势的相互作用

设 $\boldsymbol{R}$ 和 $\boldsymbol{P}$ 是电子的位置和动量, $\boldsymbol{S}$ 为其自旋, m_e 为其质量, q 为其电荷; $\mu_B = q\hbar/2m_e$ 是玻尔磁子.

对于处在质子的场中的电子, 其哈密顿算符 H 可以写作:

$$H = \frac{1}{2m_e}[\boldsymbol{P} - q\boldsymbol{A}_I(\boldsymbol{R})]^2 + qU_I(\boldsymbol{R}) - 2\mu_B\left(\frac{\boldsymbol{S}}{\hbar}\right) \cdot \nabla \times \boldsymbol{A}_I(\boldsymbol{R}) \qquad (1)$$

此算符是这样导出的: 给无自旋粒子的哈密顿算符 [第三章 (B-46) 式] 加上自旋磁矩 $2\mu_B\boldsymbol{S}/\hbar$ 与磁场 $\nabla \times \boldsymbol{A}_I(\boldsymbol{r})$ 之间的耦合能量.

首先, 我们研究 (1) 式中来源于标势 $U_I(\boldsymbol{r})$ 的那些项. 根据补充材料 E_X, 我们知道, 这个势是多种贡献叠加的结果, 而每一种贡献都与核的电多极矩中的某一个相联系. 对于一个任意的核, 应该考虑:

(i) 核的总电荷 $-Zq$ (阶数 $k = 0$ 的矩), 它给出一个势能: [1248]

$$V_0(\boldsymbol{r}) = qU_0(\boldsymbol{r}) = -\frac{Zq^2}{4\pi\varepsilon_0 r} \tag{2}$$

(对于质子, $Z = 1$), 但在第七章中研究氢原子的时候, 我们所取的哈密顿算符正好是:

$$H_0 = \frac{\boldsymbol{P}^2}{2m_e} + V_0(\boldsymbol{R}) \tag{3}$$

这就是说, 在主要的哈密顿算符 H_0 已经纳入了 $V_0(\boldsymbol{R})$.

(ii) 核的电四极矩 ($k = 2$). 我们应将与此对应的势添加到势 V_0 上, 从而得到超精细哈密顿算符中的一项, 即所谓电四极项. 应用补充材料 E$_X$ 的结果不难写出这一项; 但在氢原子中这一项为零, 因为质子, 一个自旋为 $1/2$ 的粒子, 没有电四极矩 (参看补充材料 E$_X$ 的 §2-c-α).

(iii) 阶数等于 $4, 6, \cdots$ 的电多极矩, 在 $k \leqslant 2I$ 时, 原则上都会出现; 但就质子而言, 它们都等于零.

最后, 对于氢原子, (2) 式中的势就是电子实际上 "看到" 的势[①], 不必再对此进行修正 (所谓氢原子, 我们指的就是电子 – 质子体系, 不包括各同位素如氘, 氘核的自旋 $I = 1$, 对此, 我们应该考虑电四极超精细哈密顿算符; 参看本文末尾的附注 (i)).

现在考虑 (1) 式中来源于矢势 $\boldsymbol{A}_I(\boldsymbol{r})$ 的那些项. 用 $\boldsymbol{M}_I$ 表示质子的磁偶极矩 (根据和上面相同的理由, 质子不可能具有阶数 $k > 1$ 的磁多极矩), 我们有:

$$\boldsymbol{A}_I(\boldsymbol{r}) = \frac{\mu_0}{4\pi} \frac{\boldsymbol{M}_I \times \boldsymbol{r}}{r^3} \tag{4}$$

于是, 保留 (1) 式中 $\boldsymbol{A}_I$ 的线性项, 便可得到超精细哈密顿算符 W_{hf}:

$$W_{hf} = -\frac{q}{2m_e}[\boldsymbol{P} \cdot \boldsymbol{A}_I(\boldsymbol{R}) + \boldsymbol{A}_I(\boldsymbol{R}) \cdot \boldsymbol{P}] - 2\mu_{\mathrm{B}}\left(\frac{\boldsymbol{S}}{\hbar}\right) \cdot \nabla \times \boldsymbol{A}_I(\boldsymbol{R}) \tag{5}$$

再将其中的 $\boldsymbol{A}_I$ 换成它的表示式 (4) 即可 (由于 W_{hf} 已经对 H_0 的能级进行了微小的修正, 略去含 $\boldsymbol{A}_I^2$ 的二阶项完全是合理的); 下一段我们进行代换.

2. 超精细哈密顿算符的详细形式

[1249]

a. 质子的磁矩和电子的轨道磁矩的耦合

[①] 在这里我们只考虑核外的势, 在核外多极矩展开是可行的. 在核内, 我们知道, 势并不具有 (2) 式的形式, 这将导致原子能级的偏移, 即所谓 "体积效应"; 我们已在补充材料 D$_{XI}$ 中研究过这个效应, 在这里不再考虑.

我们首先计算 (5) 式中的第一项; 考虑到 (4) 式, 便有:

$$\boldsymbol{P} \cdot \boldsymbol{A}_I(\boldsymbol{R}) + \boldsymbol{A}_I(\boldsymbol{R}) \cdot \boldsymbol{P} = \frac{\mu_0}{4\pi} \left\{ \boldsymbol{P} \cdot (\boldsymbol{M}_I \times \boldsymbol{R}) \frac{1}{R^3} + \frac{1}{R^3} (\boldsymbol{M}_I \times \boldsymbol{R}) \cdot \boldsymbol{P} \right\} \quad (6)$$

我们可以将矢量的混合积法则应用于这些矢量算符, 但不可交换两个不对易算符的顺序. $\boldsymbol{M}_I$ 的诸分量和 $\boldsymbol{R}$ 及 $\boldsymbol{P}$ 对易, 因此有:

$$(\boldsymbol{M}_I \times \boldsymbol{R}) \cdot \boldsymbol{P} = (\boldsymbol{R} \times \boldsymbol{P}) \cdot \boldsymbol{M}_I = \boldsymbol{L} \cdot \boldsymbol{M}_I \quad (7)$$

其中

$$\boldsymbol{L} = \boldsymbol{R} \times \boldsymbol{P} \quad (8)$$

是电子的轨道角动量. 不难证明:

$$\left[\boldsymbol{L}, \frac{1}{R^3} \right] = \boldsymbol{0} \quad (9)$$

($|\boldsymbol{R}|$ 的任何函数都是标量算符), 从而:

$$\frac{1}{R^3} (\boldsymbol{M}_I \times \boldsymbol{R}) \cdot \boldsymbol{P} = \frac{\boldsymbol{L} \cdot \boldsymbol{M}_I}{R^3} \quad (10)$$

类似地有:

$$\boldsymbol{P} \cdot (\boldsymbol{M}_I \times \boldsymbol{R}) \frac{1}{R^3} = -\boldsymbol{M}_I \cdot (\boldsymbol{P} \times \boldsymbol{R}) \frac{1}{R^3} = \frac{\boldsymbol{M}_I \cdot \boldsymbol{L}}{R^3} \quad (11)$$

这是因为

$$-\boldsymbol{P} \times \boldsymbol{R} = \boldsymbol{L} \quad (12)$$

最后, (5) 式的第一项对 W_{hf} 提供一份贡献 W_{hf}^L, 其值为:

$$W_{hf}^L = -\frac{\mu_0}{4\pi} \frac{q}{2m_e} 2 \frac{\boldsymbol{M}_I \cdot \boldsymbol{L}}{R^3} = -\frac{\mu_0}{4\pi} 2\mu_{\mathrm{B}} \frac{\boldsymbol{M}_I \cdot (\boldsymbol{L}/\hbar)}{R^3} \quad (13)$$

从物理上看, 这一项对应于核磁矩 $\boldsymbol{M}_I$ 与一个磁场

$$\boldsymbol{B}_L = \frac{\mu_0}{4\pi} \frac{q\boldsymbol{L}}{m_e r^3}$$

之间的耦合, 这里 $\boldsymbol{B}_L$ 是与电子的旋转相联系的环流所产生的磁场 (参看图 12–10).

附注:

　　(13) 式含有 $1/R^3$, 这可能使人以为在原点将出现发散, 而且 W_{hf}^L 的某些矩阵元将是无穷大. 实际情况并非如此. 我们来考虑矩阵元 $\langle \varphi_{k,l,m} | W_{hf}^L | \varphi_{k',l',m'} \rangle$, 其中 $|\varphi_{k,l,m}\rangle$ 和 $|\varphi_{k',l',m'}\rangle$ 是第七章求得的氢原子的定态. 在 $\{|\boldsymbol{r}\rangle\}$ 表象中有:

$$\langle \boldsymbol{r} | \varphi_{k,l,m} \rangle = \varphi_{k,l,m}(\boldsymbol{r}) = R_{k,l}(r) \mathrm{Y}_l^m(\theta, \varphi) \quad (14)$$

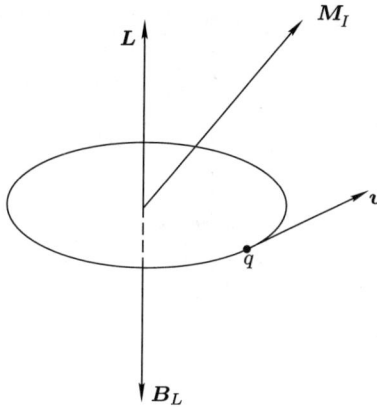

[1250]

图 12–10 质子磁矩 M_I 与磁场 B_L 的相对关系; 这个磁场是电荷为 q、速度为 v 的电子运动时形成的环流所产生的 (B_L 与电子的轨道角动量 L 反平行).

其中 [参看第七章 (A–28) 式]:

$$R_{k,l}(r) \underset{r \to 0}{\sim} Cr^l \tag{15}$$

考虑到积分的体积元中有 $r^2 \mathrm{d}r$ 的项, 应对 r 积分的函数在原点的行为有如函数 $r^{l+l'+2-3} = r^{l+l'-1}$. 此外, (13) 式中有一个厄米算符 L, 这将使矩阵元

$$\langle \varphi_{k,l,m} | W_{hf}^L | \varphi_{k',l',m'} \rangle$$

在 l 或 l' 等于零时为零. 于是应有 $l + l' \geqslant 2$, 从而 $r^{l+l'-1}$ 在原点保持有限.

b. 与电子自旋的耦合

我们将会看到, 对于 (5) 式中的最后一项而言, 与 (4) 式中的矢势在原点的奇异性相关的问题是很重要的. 因此之故, 在考察这一项时, 我们将取一个线度为有限大的质子, 而在计算的末尾再令其半径趋向零. 此外从物理观点来看, 现在人们知道质子确实具有一定的空间展延度, 而且它的磁性是分布在一定体积中的. 但是质子的线度和玻尔半径 a_0 相比是很小的, 这说明在计算的最后结果中再把质子当作质点来处理是合理的.

α. 与质子相联系的磁场

将质子看作一个半径为 ρ_0 的粒子 (见图 12–11), 其位置在原点. 质子内部的磁分布在外面产生一个场 B, 我们给质子联系上一个平行于 Oz 轴的磁矩 M_I, 便可计算这个场. 若 $r \gg \rho_0$, 算出 (4) 式中的矢势的旋度, 就可以得到 B 的诸分量:

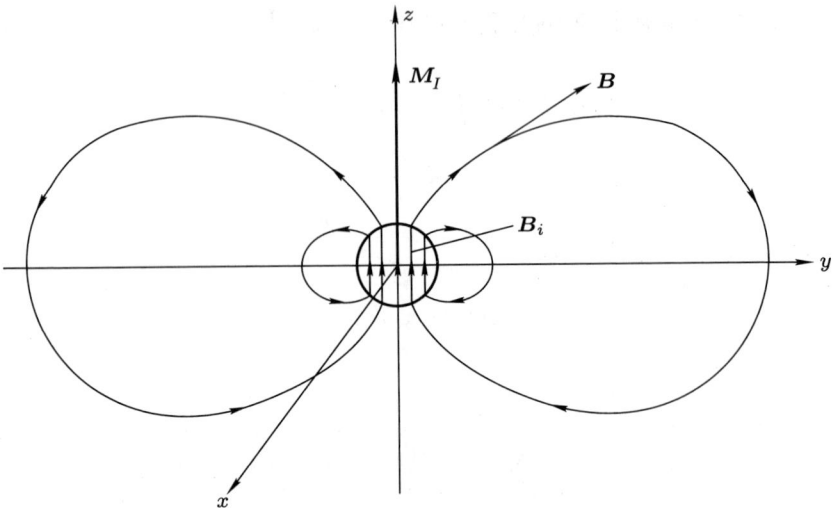

图 12-11　质子产生的场. 在质子外面, 这个场就是偶极子的场; 在内部, 这个场依赖于质子磁性的准确分布, 但在一级近似下, 我们可将它看作是均匀分布的. 接触项对应于电子的自旋磁矩与质子内部这个均匀场 $\boldsymbol{B}_i$ 之间的相互作用.

[1251]

$$
\begin{cases}
B_x = \dfrac{\mu_0}{4\pi} 3 M_I \dfrac{xz}{r^5} \\[2mm]
B_y = \dfrac{\mu_0}{4\pi} 3 M_I \dfrac{yz}{r^5} \\[2mm]
B_z = \dfrac{\mu_0}{4\pi} M_I \dfrac{3z^2 - r^2}{r^5}
\end{cases}
\tag{16}
$$

即使 r 并不甚大于 ρ_0, (16) 式也仍然是正确的. 实际上, 前面已经强调过, 由于质子是一个自旋 $1/2$ 的粒子, 它没有阶数 $k > 1$ 的磁多极矩. 因此, 质子外部的场纯粹是偶极场.

[1252]　　　　在质子内部, 磁场依赖于磁性的准确分布. 我们假设这个场 $\boldsymbol{B}_i$ 是均匀的①(由于对称性, 它一定平行于 $\boldsymbol{M}_I$, 即平行于 Oz 轴).

　　　　为了计算质子内部的场 $\boldsymbol{B}_i$, 我们令穿过一个闭合曲面的磁通量等于零, 该闭合曲面由 xOy 平面和球心在 O 点、半径为无穷大的上半球面所构成. 由于 $r \to \infty$ 时, $|\boldsymbol{B}|$ 是随 $1/r^3$ 减小的, 穿过上面球面的通量等于零; 于是, 若用 $\Phi_i(\rho_0)$ 表示穿过 xOy 平面上圆心在 O 点、半径为 ρ_0 的圆的通量, 用 $\Phi_e(\rho_0)$ 表示穿过 xOy 平面上其他部分的通量, 则有:

$$
\Phi_i(\rho_0) + \Phi_e(\rho_0) = 0
\tag{17}
$$

---

　　① 但下面的分析可以推广到 $\boldsymbol{B}_i$ 在质子内部有变化的情况 [参看本文末尾的附注 (ii)].

利用 (16) 式, 不难算出 $\Phi_e(\rho_0)$, 我们得到:

$$\Phi_e(\rho_0) = 2\pi \int_{\rho_0}^{+\infty} r\mathrm{d}r \left[-\frac{\mu_0}{4\pi} M_I \frac{1}{r^3} \right]$$
$$= -\frac{\mu_0}{4\pi} M_I \frac{2\pi}{\rho_0} \tag{18}$$

至于 B_i 的通量 $\Phi_i(\rho_0)$, 则有:

$$\Phi_i(\rho_0) = \pi \rho_0^2 B_i \tag{19}$$

于是, (17) 和 (18) 式给出:

$$B_i = \frac{\mu_0}{4\pi} M_I \frac{2}{\rho_0^3} \tag{20}$$

这样我们便知道了质子产生在空间各点的场的数值, 下面就可以来计算 W_{hf} 中与电子自旋 S 相关的部分.

β. 磁偶极项

若将 (16) 式代入 $-2\mu_B \left(\dfrac{S}{\hbar} \right) \cdot \nabla \times A_I$ 这一项, 便得到一个算符

$$W_{hf}^{\mathrm{dip}} = -\frac{\mu_0}{4\pi} \frac{2\mu_B M_I}{\hbar} \left\{ 3Z \frac{X S_x + Y S_y + Z S_z}{R^5} - \frac{S_z}{R^3} \right\} \tag{21}$$

据假设 M_I 是平行于 Oz 轴的, 考虑到这一点, 上式成为:

$$W_{hf}^{\mathrm{dip}} = \frac{\mu_0}{4\pi} \frac{2\mu_B}{\hbar} \frac{1}{R^3} \left\{ S \cdot M_I - 3 \frac{(S \cdot R)(M_I \cdot R)}{R^2} \right\} \tag{22}$$

这样一来, 我们又得到了两个磁矩 M_I 和 $M_S = 2\mu_B S/\hbar$ 之间的偶极 – 偶极相 [1253] 互作用的哈密顿算符 (参看补充材料 B_{XI}, §1).

　　实际上质子产生的磁场的表示式 (16) 只适用于 $r \geqslant \rho_0$ 的情况, 从而 (22) 式原则上也只适用于波函数中满足这个条件的部分. 但是当我们令 ρ_0 趋向于零时, (22) 式在原点处并无任何奇异性, 因此, 该式适用于整个空间.

　　我们来考虑矩阵元:

$$\langle \varphi_{k,l,m,\varepsilon} | W_{hf}^{\mathrm{dip}} | \varphi_{k',l',m',\varepsilon'} \rangle$$

(现在给前面考虑过的态 $|\varphi_{k,l,m}\rangle$ 加上指标 ε 和 ε', 是为了标出 S_z 的本征值 $\varepsilon\hbar/2$ 和 $\varepsilon'\hbar/2$), 并着重考虑与它对应的径向积分. 在原点, 待积分的 r 的函数的行为有如函数 $r^{l+l'+2-3} = r^{l+l'-1}$; 但据补充材料 B_{XI} 的条件 (8-c) 在 $l+l' \geqslant 2$ 时, 才会得到非零矩阵元; 因此, 在原点不会出现任何发散. 在 $\rho_0 \to 0$ 的极限情况下, 对 r 的积分变成从 0 到无穷大的积分, 故 (22) 式在整个空间都成立.

γ. 接触项

现将 (20) 式代入 (5) 式的最后一项, 以便求得质子的内磁场对 W_{hf} 的贡献. 这样, 我们将得到一个算符 W_{hf}^c, 叫做接触项, 在表象 $\{|\varphi_{k,l,m,\varepsilon}\rangle\}$ 中, 它的矩阵元为:

$$
\begin{aligned}
&\langle\varphi_{k,l,m,\varepsilon}|W_{hf}^c|\varphi_{k',l',m',\varepsilon'}\rangle \\
&= -\frac{\mu_0}{4\pi}\frac{2\mu_{\mathrm{B}}M_I}{\hbar}\langle\varepsilon|S_z|\varepsilon'\rangle\frac{2}{\rho_0^3}\iiint_{r\leqslant\rho_0}\mathrm{d}^3r\,\varphi_{k,l,m}^*(\boldsymbol{r})\varphi_{k',l',m'}(\boldsymbol{r})
\end{aligned}\tag{23}
$$

现令 ρ_0 趋向于零, 则对 r 的积分区域 $4\pi\rho_0^3/3$ 也趋向于零, 于是 (23) 式的右端变为:

$$
-\frac{\mu_0}{4\pi}\frac{2\mu_{\mathrm{B}}M_I}{\hbar}\langle\varepsilon|S_z|\varepsilon'\rangle\frac{8\pi}{3}\varphi_{k,l,m}^*(\boldsymbol{r}=\boldsymbol{0})\varphi_{k',l',m'}(\boldsymbol{r}=\boldsymbol{0})\tag{24}
$$

可见接触项就是:

$$
W_{hf}^c = -\frac{\mu_0}{4\pi}\frac{8\pi}{3}\boldsymbol{M}_I\cdot\left(\frac{2\mu_{\mathrm{B}}\boldsymbol{S}}{\hbar}\right)\delta(\boldsymbol{R})\tag{25}
$$

这就是说, 在 $\rho_0\to 0$ 时, (20) 式的内磁场所支配的区域虽然趋于零, 但 W_{hf}^c 却保持有限值, 这是因为, 内磁场随 $1/\rho_0^3$ 趋向无穷大.

附注:

(i) 在 (25) 式中, 算符 $\boldsymbol{R}$ 的函数 $\delta(\boldsymbol{R})$ 其实就是投影算符:

$$
\delta(\boldsymbol{R}) = |\boldsymbol{r}=\boldsymbol{0}\rangle\langle\boldsymbol{r}=\boldsymbol{0}|\tag{26}
$$

[1254]　　(ii) 只当 $l=l'=0$ 时, 这也就是 $\varphi_{k,l,m}(\boldsymbol{r}=\boldsymbol{0})$ 和 $\varphi_{k',l',m'}(\boldsymbol{r}=\boldsymbol{0})$ 不等于零的必要条件 [参看第七章 §C-4-c-β], (25) 式的算符的矩阵元才不等于零; 可见接触项只出现在 s 态.

(iii) 在 §2-a 中为了研究 $\boldsymbol{M}_I$ 与电子轨道磁矩间的耦合, 我们曾假设 $\boldsymbol{A}_I(\boldsymbol{r})$ 的表示式 (4) 在空间处处成立, 这相当于忽略了一个事实, 即磁场 $\boldsymbol{B}$ 在质子内部实际上具有 (20) 式的形式. 人们可能怀疑这种做法是否正确, 在 W_{hf}^L 中是否也不存在轨道接触项.

实际情况完全不是这样. 对于磁场 $\boldsymbol{B}_i$ 来说, 含有 $\boldsymbol{P}\cdot\boldsymbol{A}_I+\boldsymbol{A}_I\cdot\boldsymbol{P}$ 的这一项将导至一个算符, 它正比于:

$$
\boldsymbol{B}_i\cdot\boldsymbol{L} = \frac{\mu_0}{4\pi}M_I\frac{2}{\rho_0^3}L_z\tag{27}
$$

我们来计算这个算符在 $\{|\varphi_{k,l,m}\rangle\}$ 表象中的矩阵元. 和前面一样, 算符 L_z 的存在要求 $l, l'\geqslant 1$; 应在 0 到 ρ_0 之间积分的径向函数在原点的行为有如 $r^{l+l'+2}$, 因而它至少像 r^4 一样迅速地趋于零. 尽管 (27) 式中有 $1/\rho_0^3$ 的项, 但在 $r=0$ 和 $r=\rho_0$ 之间的积分在 $\rho_0\to 0$ 的极限情况下将等于零.

3. 结论: 超精细结构的哈密顿算符

现在将算符 $W_{hf}^{L}, W_{hf}^{\mathrm{dip}}$ 及 W_{hf}^{c} 相加, 并引用质子的磁偶极矩 M_I 与它的角动量 I 之间的比例关系:

$$M_I = g_p \mu_n \left(\frac{I}{\hbar} \right) \tag{28}$$

(参看第十二章的 §B–2–a), 我们得到:

$$W_{hf} = -\frac{\mu_0}{4\pi} \frac{2\mu_B \mu_n g_p}{\hbar^2} \left\{ \frac{I \cdot L}{R^3} + 3\frac{(I \cdot R)(S \cdot R)}{R^5} - \frac{I \cdot S}{R^3} + \frac{8\pi}{3} I \cdot S \delta(R) \right\} \tag{29}$$

这个算符同时在电子的态空间和质子的态空间中起作用; 我们可以立即证实这就是在第十二章 [参看 (B–20) 式] 中引入的算符.

附注:

(i) 人们也许要问, 如何将公式 (29) 推广到核自旋 $I > 1/2$ 的原子.

首先, 若 $I = 1$, 我们在前面已经指出, 这时核可以具有电四极矩, 它将把自己的贡献增添到 (2) 式中的 $V_0(r)$ 中去. 于是在超精细哈密顿算符中, 除 (29) 式中的磁偶极项以外, 还有一个电四极超精细项. 由于电相互作用不会直接影响电子自旋, 这个四极项只作用于 (诸) 电子的轨道变量. [1255]

若 $I > 1$, 就会出现其他电的或磁的核多极矩, I 的值越大, 矩的数目越多. 来源于电矩的超精细项只作用于电子的轨道变量, 来源于磁矩的超精细项则作用于两类变量, 即轨道的和自旋的. 若 I 的值很大, 则超精细哈密顿算符的结构将十分复杂. 但在实际问题中, 在绝大多数情况下, 我们可以只考虑磁偶极和电四极超精细哈密顿算符. 其实, 阶数大于 2 的核多极矩对原子的超精细结构的贡献非常小, 因而这些贡献在实验上是很难观察到的. 从物理上看, 这是由于, 和电子波函数的空间展延度 a_0 相比较, 核的线度实在是太小了.

(ii) 我们对质子产生的场 $B(r)$ 所作的简化假设 (在一个球内是严格的均匀场, 在球外是偶极场) 并不是必要的, 这是因为, 即使核的磁性是按任意方式分布的, 磁偶极哈密顿算符的形式, (25) 式, 也能成立, 从而导至变化更为复杂的内场 $B_i(r)$ (但在这里我们始终假设核的空间展延度和 a_0 相比是可以忽略的, 参看下面的注). 证明的方法就是将本文所提供的方法直接推广. 我们可以考虑包含核在内的一个球 S_ε, 球心在原点, 半径为 $\varepsilon \ll a_0$.

若 $I = \frac{1}{2}$, 则 S_ε 外面的场具有 (16) 式的形式, 由于 ε 甚小于 a_0, 这个场的贡献直接导致 (13) 式和 (22) 式中的项. 至于 S_ε 内部的场 $B(r)$ 的贡献, 它只依赖于电子波函数在原点处的值和 $B(r)$ 在 S_ε 中的积分. 考虑到 $B(r)$ 穿过任意封闭曲面的通量等于零, $B(r)$ 的每一个分量在 S_ε 中的积分都可以变换为在 S_ε 之外的积分, 而在 S_ε 之外 $\boldsymbol{B}(\boldsymbol{r})$ 具有 (16) 式的形式; 简单的计算仍然准确地给出 (25) 式, 因此, 这个公式和前面提出的简化假设无关.

若 $I > 1/2$, 则核对于 S_ε 外面的电磁场的贡献将导致多极超精细哈密顿算符, 上面的附注 (i) 对此已有讨论. 但是, 不难证明, S_ε 内部的场的贡献并不产生任何新的项, 这时只有磁偶极子具有接触项.

(iii) 到此所作的全部分析都假设和电子波函数的空间展延度相比核的线度完全可略 (我们已经取极限 $\rho_0/a_0 \to 0$). 这个假设显然不能完全实现, 特别是对于重原子, 它们的核具有较大的空间展延度. 如果我们来研究这些 "体积效应"(例如, 保留 ρ_0/a_0 的最低级项), 那么, 我们将会看到, 在电子与核的相互作用哈密顿算符中会出现一系列新的项. 我们曾在补充材料 D_{XI} 中见到过这种效应, 在该文中我们研究的是核电荷的径向分布的效应 (阶数 $k = 0$ 的核多极矩). 讨论到核的磁性的空间分布时, 类似的现象也会出现, 而且使超精细哈密顿算符 (29) 中的各项受到修正. 特别是当电子波函数在核内的变化不可忽略时, 将有一个新的项增添到 (25) 式的接触项上, 这个新的项并不简单地正比于 $\delta(\boldsymbol{R})$, 也不正比于核的总磁矩; 它依赖于核的磁性的空间分布. 从实际的观点看, 这个项有下述的意义: 通过重原子的超精细结构的精确测量, 它可以使我们获得在对应的核内部磁性变化的讯息.

[1256]

参考文献和阅读建议:

包括电四极相互作用的超精细哈密顿算符: Abragam (14.1), 第 VI 章; Kuhn (11.1), 第 VI 章, §B; Sobel'man (11.12), 第 6 章.

补充材料 B$_{XII}$

[1257]

精细结构哈密顿算符在态 $1s, 2s$ 与 $2p$ 中的平均值的计算

1. $\langle 1/R \rangle, \langle 1/R^2 \rangle$ 和 $\langle 1/R^3 \rangle$ 的计算
2. 平均值 $\langle W_{mv} \rangle$
3. 平均值 $\langle W_D \rangle$
4. 计算在能级 $2p$ 中与 W_{SO} 相联系的系数 ξ_{2p}

对于氢原子, 精细结构哈密顿算符 W_f 是三项之和:

$$W_f = W_{mv} + W_{SO} + W_D \tag{1}$$

这已在第十二章 §B–1 中详细研究过.

本文的目的是计算这三个算符在氢原子的态 $1s$, $2s$ 和 $2p$ 中的平均值, 在第十二章中, 为简明起见, 未曾进行这些计算. 为此, 我们先计算在这些态中的平均值 $\langle 1/R \rangle, \langle 1/R^2 \rangle$ 和 $\langle 1/R^3 \rangle$.

1. $\langle 1/R \rangle, \langle 1/R^2 \rangle$ 和 $\langle 1/R^3 \rangle$ 的计算

与氢原子的定态相联系的波函数为 (参看第七章, §C).

$$\varphi_{n,l,m}(\boldsymbol{r}) = R_{n,l}(r) Y_l^m(\theta, \varphi) \tag{2}$$

$Y_l^m(\theta, \varphi)$ 是球谐函数; 与态 $1s$, $2s$, $2p$ 对应的径向函数 $R_{n,l}(r)$ 的表示式为:

$$\begin{cases} R_{1,0}(r) = 2(a_0)^{-3/2} e^{-r/a_0} \\ R_{2,0}(r) = 2(2a_0)^{-3/2} \left(1 - \dfrac{r}{2a_0} \right) e^{-r/2a_0} \\ R_{2,1}(r) = (2a_0)^{-3/2} (3)^{-1/2} \dfrac{r}{a_0} e^{-r/2a_0} \end{cases} \tag{3}$$

其中 a_0 是玻尔半径:

$$a_0 = 4\pi\varepsilon_0 \frac{\hbar^2}{m_e q^2} = \frac{\hbar^2}{m_e e^2} \tag{4}$$

诸 Y_l^m 是作为 θ 与 φ 的函数归一化的, 因此, 与 $r = |\boldsymbol{r}|$ 相联系的算符 R 的 q [1258]

次幂 (q 为正或负整数) 在态 $|\varphi_{n,l,m}\rangle$ 中的平均值 $\langle R^q \rangle$ 可以写作[①]:

$$\langle R^q \rangle_{n,l,m} = \int_0^\infty r^{q+2} |R_{n,l}(r)|^2 \mathrm{d}r \tag{5}$$

可见它与 m 无关. 若将 (3) 式代入 (5) 式, 便会出现下列形式的积分:

$$I(k,p) = \int_0^\infty r^k \mathrm{e}^{-pr/a_0} \mathrm{d}r \tag{6}$$

其中 p 和 k 都是整数; 下面假设 $k \geqslant 0$, 也就是说, $q \geqslant -2$. 进行分部积分, 立即得到:

$$I(k,p) = \left[-\frac{a_0}{p} \mathrm{e}^{-pr/a_0} r^k \right]_0^\infty + \frac{ka_0}{p} \int_0^\infty r^{k-1} \mathrm{e}^{-pr/a_0} \mathrm{d}r$$

$$= \frac{ka_0}{p} I(k-1, p) \tag{7}$$

此外, 由于:

$$I(0,p) = \int_0^\infty \mathrm{e}^{-pr/a_0} \mathrm{d}r = \frac{a_0}{p} \tag{8}$$

递推下去, 便得到:

$$I(k,p) = k! \left(\frac{a_0}{p} \right)^{k+1} \tag{9}$$

现在将这个结果应用于待求的平均值, 则有:

$$\langle 1/R \rangle_{1s} = \frac{4}{a_0^3} \int_0^\infty r \mathrm{e}^{-2r/a_0} \mathrm{d}r$$

$$= \frac{4}{a_0^3} I(1,2) = \frac{1}{a_0} \tag{10-a}$$

$$\langle 1/R \rangle_{2s} = \frac{4}{8a_0^3} \int_0^\infty r \left[1 - \frac{r}{2a_0} \right]^2 \mathrm{e}^{-r/a_0} \mathrm{d}r$$

$$= \frac{1}{2a_0^3} \left[I(1,1) - \frac{1}{a_0} I(2,1) + \frac{1}{4a_0^2} I(3,1) \right] \tag{10-b}$$

$$= \frac{1}{4a_0}$$

[1259]

$$\langle 1/R \rangle_{2p} = \frac{1}{8a_0^3} \frac{1}{3} \int_0^\infty r \left(\frac{r}{a_0} \right)^2 \mathrm{e}^{-r/a_0} \mathrm{d}r$$

$$= \frac{1}{24a_0^5} I(3,1) = \frac{1}{4a_0} \tag{10-c}$$

---

① 当然, 只在 q 的值可以使积分 (5) 收敛时, 这个平均值才存在.

类似地, 还有:

$$\langle 1/R^2 \rangle_{1s} = \frac{4}{a_0^3} I(0,2) = \frac{2}{a_0^2} \tag{11-a}$$

$$\langle 1/R^2 \rangle_{2s} = \frac{1}{2a_0^3} \left[I(0,1) - \frac{1}{a_0} I(1,1) + \frac{1}{4a_0^2} I(2,1) \right] = \frac{1}{4a_0^2} \tag{11-b}$$

$$\langle 1/R^2 \rangle_{2p} = \frac{1}{24a_0^5} I(2,1) = \frac{1}{12a_0^2} \tag{11-c}$$

关于 $1/R^3$ 的平均值, 不难看出, 它在态 $1s$ 和 $2s$ 中并无意义 [积分 (5) 发散]. 在态 $2p$ 中, 这个平均值为:

$$\langle 1/R^3 \rangle_{2p} = \frac{1}{24a_0^5} I(1,1) = \frac{1}{24a_0^3} \tag{12}$$

2. 平均值 $\langle W_{mv} \rangle$

设

$$H_0 = \frac{\boldsymbol{P}^2}{2m_e} + V \tag{13}$$

是库仑势场中的电子的哈密顿算符. 我们有:

$$\boldsymbol{P}^4 = 4m_e^2 [H_0 - V]^2 \tag{14-a}$$

其中

$$V = -\frac{e^2}{R} \tag{14-b}$$

所以

$$W_{mv} = -\frac{1}{2m_e c^2} [H_0 - V]^2 \tag{15}$$

我们取此式两端在态 $|\varphi_{n,l,m}\rangle$ 中的平均值. 因为 H_0 和 V 都是厄米算符, 故有:

$$\langle W_{mv} \rangle_{n,l,m} = -\frac{1}{2m_e c^2} [(E_n)^2 + 2E_n e^2 \langle 1/R \rangle_{n,l} + e^4 \langle 1/R^2 \rangle_{n,l}] \tag{16}$$

在此式中已令:

[1260]

$$E_n = -\frac{E_I}{n^2} = -\frac{1}{2n^2} \alpha^2 m_e c^2 \tag{17}$$

其中

$$\alpha = \frac{e^2}{\hbar c} \tag{18}$$

是精细结构常数.

现将 (16) 式应用于态 $1s$, 注意到 (10-a) 和 (11-a) 式便有:

$$\langle W_{mv}\rangle_{1s} = -\frac{1}{2m_ec^2}\left[\frac{1}{4}\alpha^4m_e^2c^4 - \alpha^2m_ec^2\frac{e^2}{a_0} + 2\frac{e^4}{a_0^2}\right] \tag{19}$$

根据 (4) 和 (18) 式, $e^2/a_0 = \alpha^2m_ec^2$, 于是上式变为:

$$\langle W_{mv}\rangle_{1s} = -\frac{1}{2}\alpha^4m_ec^2\left[\frac{1}{4} - 1 + 2\right] = -\frac{5}{8}\alpha^4m_ec^2 \tag{20}$$

对于能级 $2s$, 同类型的计算给出:

$$\langle W_{mv}\rangle_{2s} = -\frac{1}{2}\alpha^4m_ec^2\left[\left(\frac{1}{8}\right)^2 - 2\frac{1}{8}\frac{1}{4} + \frac{1}{4}\right] = -\frac{13}{128}\alpha^4m_ec^2 \tag{21}$$

对于能级 $2p$, 则得:

$$\langle W_{mv}\rangle_{2p} = -\frac{1}{2}\alpha^4m_ec^2\left[\left(\frac{1}{8}\right)^2 - 2\frac{1}{8}\frac{1}{4} + \frac{1}{12}\right] = -\frac{7}{384}\alpha^4m_ec^2 \tag{22}$$

3. 平均值 $\langle W_D\rangle$

考虑到 (14-b) 式, 并注意 $\Delta(1/r) = -4\pi\delta(\boldsymbol{r})$, 便可将 W_D 在态 $|\varphi_{n,l,m}\rangle$ 中的平均值写作 [参看第十二章公式 (B-14)]:

$$\langle W_D\rangle_{n,l,m} = \frac{\hbar^2}{8m_e^2c^2}4\pi e^2|\varphi_{n,l,m}(\boldsymbol{r}=\boldsymbol{0})|^2 \tag{23}$$

如果 $\varphi_{n,l,m}(\boldsymbol{r}=\boldsymbol{0}) = 0$, 也就是说, 如果 $l\neq 0$, 则上式等于零. 因此:

$$\langle W_D\rangle_{2p} = 0 \tag{24-a}$$

对于能级 $1s$ 和 $2s$, 利用 (2) 与 (23) 式, 并注意 $Y_0^0 = 1/\sqrt{4\pi}$, 可以得到:

$$\langle W_D\rangle_{1s} = \frac{\hbar^2}{8m_e^2c^2}e^2|R_{1,0}(0)|^2 = \frac{1}{2}\alpha^4m_ec^2 \tag{24-b}$$

以及

$$\langle W_D\rangle_{2s} = \frac{\hbar^2}{8m_e^2c^2}e^2|R_{2,0}(0)|^2 = \frac{1}{16}\alpha^4m_ec^2 \tag{24-c}$$

[1261] ## 4. 计算在能级 $2p$ 中与 W_{SO} 相联系的系数 ξ_{2p}

在第十二章 §C-2-c-β 中, 我们曾定义系数:

$$\xi_{2p} = \frac{e^2}{2m_e^2c^2}\int_0^\infty \frac{|R_{2,1}(r)|^2}{r}\mathrm{d}r \tag{25}$$

根据 (3) 式, 应有:

$$\xi_{2p} = \frac{e^2}{2m_e^2 c^2} \frac{1}{24a_0^5} I(1,1) \tag{26}$$

于是 (9) 式给出:

$$\xi_{2p} = \frac{e^2}{2m_e^2 c^2} \frac{1}{24a_0^3} = \frac{1}{48\hbar^2} \alpha^4 m_e c^2 \tag{27}$$

参考文献和阅读建议:

类氢原子中的几个径向积分见 Bethe 和 Salpeter (11.10).

[1262]

补充材料 C_{XII}
μ–原子和电子偶素的超精细结构及塞曼效应

1. 基态能级 $1s$ 的超精细结构
2. 基态能级 $1s$ 的塞曼效应
   a. 塞曼哈密顿算符
   b. 定态的能量
   c. μ–原子的塞曼图
   d. 电子偶素的塞曼图

在补充材料 A_{VII} 中, 我们研究过一些类氢体系, 它们如氢原子那样包含两个带异性电荷、互相以静电力吸引的粒子. 这些体系中有两个特别有意义, 即 μ–原子 (它有一个电子 e^- 和一个正 μ 子 $μ^+$) 和电子偶素 (即电子偶素. 它有一个电子 e^- 和一个正电子 e^+). 它们的重要意义在于, 在其中起作用的各种粒子 (电子、正电子和 $μ^+$ 子) 对强相互作用并不直接敏感 (质子则不然). 因此, 对 μ–原子和电子偶素的理论研究和实验研究都可以直接证实量子电动力学的正确性.

目前人们所具有的关于这两个体系的最精确的知识来源于对它们的基态能级 $1s$ 的超精细结构的研究 [连接基态 $1s$ 和其他激发能级的光谱线还是最近才从实验上观察到的, 参看参考文献 (11.25)]. 这种超精细结构、如同氢原子的那样, 来源于两粒子的自旋之间的磁相互作用. 本文打算描述 μ–原子和电子偶素的超精细结构及塞曼效应的一些有意义的特点.

1. 基态能级 $1s$ 的超精细结构

设 S_1 是电子的自旋, S_2 是另一个粒子 ($μ^+$ 子或正电子, 两者都是自旋 1/2 的粒子) 的自旋. 于是基态能级 $1s$ 的简并度, 如同在氢原子中那样, 等于 4.

[1263]

我们可以利用定态微扰理论来研究 S_1 与 S_2 之间的磁相互作用对基态能级 $1s$ 的影响. 下面的计算和第十二章 §D 中的非常相似; 我们又回到这样的问题: 两个自旋 1/2 的粒子, 通过形如

$$\mathscr{A} S_1 \cdot S_2 \tag{1}$$

的相互作用耦合, 式中 $\mathscr{A}$ 是依赖于待研究的体系的常数. 我们用 $\mathscr{A}_H, \mathscr{A}_M$ 和 $\mathscr{A}_P$ 分别表示对应于氢原子, μ− 原子和电子偶素的 $\mathscr{A}$ 的值.

不难想见:

$$\mathscr{A}_H < \mathscr{A}_M < \mathscr{A}_P \tag{2}$$

这是因为, 粒子 (2) 的质量越小, 它的磁矩就越大; 正电子约比 μ$^+$ 子轻 200 倍, 而 μ$^+$ 子又比质子大约轻 10 倍.

附注:

如果我们要对氢原子, μ−原子和电子偶素的超精细结构进行十分精确的研究, 那么, 第十二章的理论是不够的. 特别是, 这一章 §B−2 中给出的超精细哈密顿算符 W_{hf} 只能描述存在于粒子 (1) 和 (2) 之间的相互作用的一部分. 例如, 电子和正电子互为反粒子 (它们在湮没的同时产生光子), 这个事实在电子和正电子之间产生附加的耦合, 与此相当的耦合却并不存在于氢原子和 μ−原子中. 此外, 我们还必须考虑一系列修正 (相对论的, 辐射的, 反冲效应的等等), 它们的计算都很复杂而且属于量子电动力学的范畴. 最后, 就氢原子而论, 还涉及与质子的结构及极化相关的核修正. 但是可以证明, $\boldsymbol{S}_1$ 和 $\boldsymbol{S}_2$ 之间形如 (1) 式的耦合仍然有效, 常数 $\mathscr{A}$ 则由一个比第十二章公式 (D−8) 复杂得多的公式给出. 正是 $\mathscr{A}$ 的理论值与实验值的对比才使本文所研究的类氢体系具有重要意义.

算符 $\mathscr{A}\boldsymbol{S}_1 \cdot \boldsymbol{S}_2$ 的本征态是 $|F, m_F\rangle$, 其中 F 和 m_F 是与总角动量

$$\boldsymbol{F} = \boldsymbol{S}_1 + \boldsymbol{S}_2 \tag{3}$$

相联系的量子数. 如同在氢原子中那样, F 可以取两个值, $F = 1$ 和 $F = 0$; 对应于能级 $F = 1$ 和 $F = 0$ 的能量分别为 $\mathscr{A}\hbar^2/4$ 和 $-3\mathscr{A}\hbar^2/4$, 它们之间的间隔 $\mathscr{A}\hbar^2$ 就是基态能级 $1s$ 的超精细结构. 用 MHz 来表示, 这个间隔对于 μ−原子为:

$$\frac{\hbar}{2\pi}\mathscr{A}_M = 4\,463.317 \pm 0.021 \text{ MHz} \tag{4}$$

对于电子偶素为:

$$\frac{\hbar}{2\pi}\mathscr{A}_P = 203\,403 \pm 12 \text{ MHz} \tag{5}$$

2. 基态能级 $1s$ 的塞曼效应

[1264]

a. 塞曼哈密顿算符

如果施加一个平行于 Oz 轴的静磁场 $\boldsymbol{B}_0$, 那么, 就应该给超精细哈密顿算符 (1) 增添一个描述两自旋磁矩与 $\boldsymbol{B}_0$ 的耦合的塞曼哈密顿算符. 这两个自旋磁矩是:

$$\boldsymbol{M}_1 = \gamma_1 \boldsymbol{S}_1 \tag{6}$$

和

$$\boldsymbol{M}_2 = \gamma_2 \boldsymbol{S}_2 \tag{7}$$

其中 γ_1 和 γ_2 是旋磁比. 若令

$$\omega_1 = -\gamma_1 B_0 \tag{8}$$

$$\omega_2 = -\gamma_2 B_0 \tag{9}$$

则可将塞曼哈密顿算符写作:

$$\omega_1 S_{1z} + \omega_2 S_{2z} \tag{10}$$

在氢原子的情况下, 质子的磁矩比电子的磁矩小得多. 在第十二章 §E-1 中, 我们根据这个性质保留了电子的塞曼耦合[①]而略去了质子的塞曼耦合. 对于 μ- 原子来说, 这种近似不太合理, 因为 μ+ 子的磁矩比质子的大. 于是, 我们将顾及 (10) 式中的两项. 对于电子偶素来说, 这两项同样重要, 因为电子和正电子具有相同的质量而电荷相反, 从而:

$$\gamma_1 = -\gamma_2 \tag{11}$$

并有

$$\omega_1 = -\omega_2 \tag{12}$$

b. 定态的能量

在 $\boldsymbol{B}_0$ 不为零时, 为了求得定态能量, 我们应在任意一个正交归一基, 例如, 基 $\{|F, m_F\rangle\}$ 中, 将表示总哈密顿算符

$$\mathscr{A} \boldsymbol{S}_1 \cdot \boldsymbol{S}_2 + \omega_1 S_{1z} + \omega_2 S_{2z} \tag{13}$$

的矩阵对角化. 将四个基矢量的顺序排列为 $\{|1,1\rangle, |1,-1\rangle, |1,0\rangle, |0,0\rangle\}$, 那么, 和第十二章 §E-4 中的计算非常相似的计算给出下列矩阵:

$$\begin{pmatrix} \dfrac{\mathscr{A}\hbar^2}{4} + \dfrac{\hbar}{2}(\omega_1 + \omega_2) & 0 & 0 & 0 \\[3mm] 0 & \dfrac{\mathscr{A}\hbar^2}{4} - \dfrac{\hbar}{2}(\omega_1 + \omega_2) & 0 & 0 \\[3mm] 0 & 0 & \dfrac{\mathscr{A}\hbar^2}{4} & \dfrac{\hbar}{2}(\omega_1 - \omega_2) \\[3mm] 0 & 0 & \dfrac{\hbar}{2}(\omega_1 - \omega_2) & -\dfrac{3\mathscr{A}\hbar^2}{4} \end{pmatrix} \tag{14}$$

[1265]

---

① 提醒一下, 电子自旋的旋磁比是 $\gamma_1 = 2\mu_B/\hbar$ (μ_B 是玻尔磁子), 因此, 如果令 $\omega_0 = -\mu_B B_0/\hbar$ (拉莫尔角频率), 则 (8) 式所定义的常数 ω_1 将等于 $2\omega_0$ (此外, 这是第十二章 §E 中使用的符号, 要再次得到那一节里的结果, 只需将本文中的 ω_1 换成 $2\omega_0$ 而将 ω_2 换成 0).

这个矩阵可以分解为两个 1×1 的子矩阵和一个 2×2 的子矩阵. 于是, 两个本征值是明显的:

$$
\begin{cases}
E_1 = \dfrac{\mathscr{A}\hbar^2}{4} + \dfrac{\hbar}{2}(\omega_1 + \omega_2) & (15) \\[4mm]
E_2 = \dfrac{\mathscr{A}\hbar^2}{4} - \dfrac{\hbar}{2}(\omega_1 + \omega_2) & (16)
\end{cases}
$$

两者分别对应于态 $|1,1\rangle$ 和 $|1,-1\rangle$; 在以 S_{1z} 和 S_{2z} 的共同本征矢构成的基 $\{|\varepsilon_1, \varepsilon_2\rangle\}$ 中, 这两个态就是 $|+,+\rangle$ 和 $|-,-\rangle$. 将剩下的那个 2×2 矩阵对角化, 便可求得其他两个本征值, 它们是:

$$
E_3 = -\frac{\mathscr{A}\hbar^2}{4} + \sqrt{\left(\frac{\mathscr{A}\hbar^2}{2}\right)^2 + \frac{\hbar^2}{4}(\omega_1 - \omega_2)^2} \tag{17}
$$

$$
E_4 = -\frac{\mathscr{A}\hbar^2}{4} - \sqrt{\left(\frac{\mathscr{A}\hbar^2}{2}\right)^2 + \frac{\hbar^2}{4}(\omega_1 - \omega_2)^2} \tag{18}
$$

在弱磁场中, 它们分别对应于态 $|1,0\rangle$ 和 $|0,0\rangle$; 在强磁场中, 则对应于态 $|+,-\rangle$ 和 $|-,+\rangle$.

c. μ– 原子的塞曼图

和第十二章 §E–4 中的结果相比, 仅有的差别来源于这样的事实: 现在我们计入了粒子 (2) 的塞曼耦合. 这些差别只在充分强的磁场中才表现出来.

因此, 我们来研究在 $\hbar(\omega_1 - \omega_2) \gg \mathscr{A}\hbar^2$ 时能量 E_3 和 E_4 所取的形式, 这时有:

$$
E_3 \simeq -\frac{\mathscr{A}\hbar^2}{4} + \frac{\hbar}{2}(\omega_1 - \omega_2) \tag{19}
$$

$$
E_4 \simeq -\frac{\mathscr{A}\hbar^2}{4} - \frac{\hbar}{2}(\omega_1 - \omega_2) \tag{20}
$$

现将 (19) 式与 (15) 式对比, 对 (20) 式与 (16) 式对比. 我们看到, 在强磁场中诸能级不能再像第十二章 §E–3 中的情况那样用两两平行的直线来表示了. 能级 E_1 和 E_3 的渐近线的斜率分别为 $-\dfrac{\hbar}{2}(\gamma_1 + \gamma_2)$ 和 $-\dfrac{\hbar}{2}(\gamma_1 - \gamma_2)$; 对于能级 E_2 [1266] 和 E_4, 则分别为 $\dfrac{\hbar}{2}(\gamma_1 + \gamma_2)$ 和 $\dfrac{\hbar}{2}(\gamma_1 - \gamma_2)$. 由于粒子 (1) 和粒子 (2) 的电荷相反, γ_1 和 γ_2 的符号也相反, 可见斜率 $-\dfrac{\hbar}{2}(\gamma_1 - \gamma_2)$ 大于斜率 $-\dfrac{\hbar}{2}(\gamma_1 + \gamma_2)$, 因此, 在充分强的磁场中, 能级 E_3 (与此对应的态是 $|+,-\rangle$) 将位于能级 E_1 (与此对应的态是 $|+,+\rangle$) 之上.

两能级 E_1 和 E_3 之间的距离按下述方式随 B_0 变化 (见图 12–12): 这个距离从 0 开始增大, 在 B_0 的值使得函数:

$$
E_1 - E_3 = \frac{\mathscr{A}\hbar^2}{2} + f(B_0) \tag{21}
$$

其中

$$f(B_0) = -\frac{\hbar}{2}(\gamma_1 + \gamma_2)B_0 - \sqrt{\left(\frac{\mathscr{A}\hbar^2}{2}\right)^2 + \frac{\hbar^2 B_0^2}{4}(\gamma_1 - \gamma_2)^2} \tag{22}$$

的导数为零时, 这个距离达到极大值, 然后, 它再减小到零, 最后又无限增大. 至于能级 E_2 和 E_4 之间的距离, 它从 $\mathscr{A}\hbar^2$ 这个值开始减小, 在 B_0 的值使得函数

$$E_2 - E_4 = \frac{\mathscr{A}\hbar^2}{2} - f(B_0) \tag{23}$$

的导数为零时, 它达到极小值, 然后无限增大.

由于在 (21) 式和 (23) 式中出现的是同一个函数 $f(B_0)$, 由此可以推知, 对 B_0 的同一个值 [使 $f(B_0)$ 的导数为零的那一个值]. 能级 E_1 和 E_3 间的距离, 以及 E_2 和 E_4 间的距离, 同时通过极值. 最近, 这个性质已被用来改善从实验上确定 μ–原子的超精细结构的精确度.

将极化 μ^+ 子 (例如处在态 $|+\rangle$ 的) 阻挡在稀有气体的靶内, 我们便可在强磁场中制备 μ–原子, 它们主要处于态 $|+, +\rangle$ 和态 $|-, +\rangle$. 若同时施加两个射频场, 频率分别接近 $(E_1 - E_3)/h$ 和 $(E_2 - E_4)/h$, 我们便可诱发从 $|+, +\rangle$ 到 $|+, -\rangle$ 以及从 $|-, +\rangle$ 到 $|-, -\rangle$ 的共振跃迁 (图 12–12 中的箭头). 我们在实验上探测到的就是这些跃迁, 因为它们对应于 μ^+ 子自旋的反向, 这是通过在 μ^+ 子的 β 衰变中放出的正电子的各向异性的变化表现出来的. 即使我们所建立的是 $f(B_0)$ 的导数为零的磁场 B_0, 静磁场的非均匀性 (在存贮稀有气体的容器内的各点之间可能也会存在这些非均匀性) 也不会有所妨碍, 这是因为, 对于 B_0 的改变量的第一级而言, μ– 原子的共振频率 $(E_1 - E_3)/h$ 和 $(E_2 - E_4)/h$ 几乎不变 [见参考文献 (11.24)].

附注:

对氢原子的基态, 如果考虑到质子自旋和 $\boldsymbol{B}_0$ 之间的塞曼耦合, 便可得到类似于图 12–12 的塞曼图.

[1268]　　**d. 电子偶素的塞曼图**

在公式 (15) 和 (16) 中, 若令 $\omega_1 = -\omega_2$ (这个性质是正电子为电子的反粒子这一事实的直接结果), 我们便可看出, 能级 E_1 和 E_2 是不依赖于 B_0 的:

$$E_1 = E_2 = \frac{\mathscr{A}\hbar^2}{4} \tag{24}$$

但是, 由 (17) 和 (18) 式则得到:

$$E_3 = -\frac{\mathscr{A}\hbar^2}{4} + \sqrt{\left(\frac{\mathscr{A}\hbar^2}{2}\right)^2 + \hbar^2 \gamma_1^2 B_0^2} \tag{25}$$

$$E_4 = -\frac{\mathscr{A}\hbar^2}{4} - \sqrt{\left(\frac{\mathscr{A}\hbar^2}{2}\right)^2 + \hbar^2 \gamma_1^2 B_0^2} \tag{26}$$

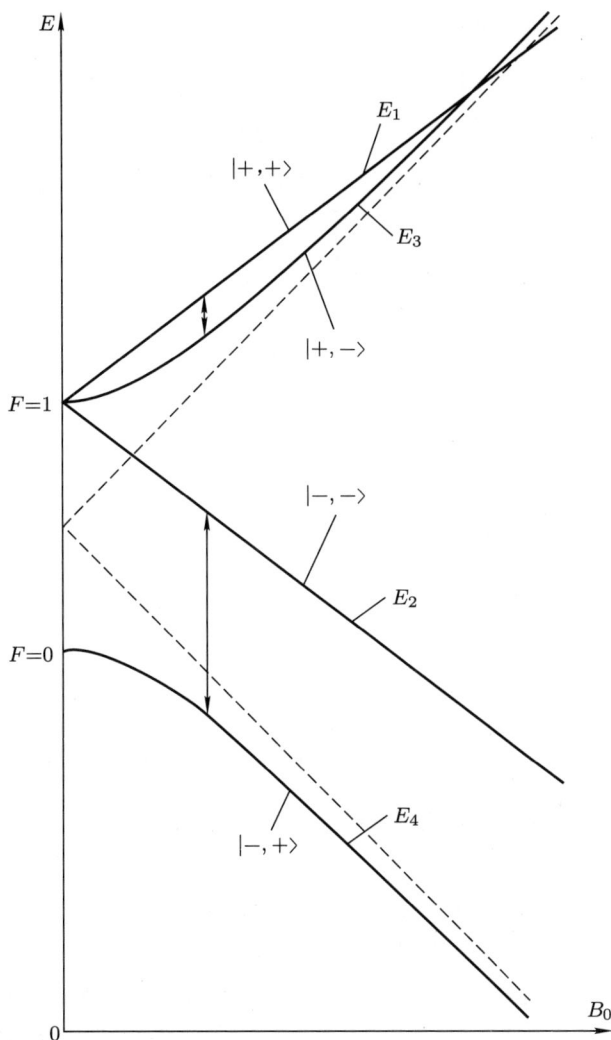

图 12-12 μ− 原子的基态能级 $1s$ 的塞曼图. 在这里我们并未忽略 μ+ 子的磁矩与静磁场 B_0 之间的塞曼耦合, 故两条直线 (在强磁场中, 对应于电子自旋的同一取向和 μ+ 子自旋的两个不同的取向) 不再平行, 这和氢原子的情况不相同 (绘制图 12-9 的塞曼图时, 并未考虑质子的拉莫尔角频率 ω_n). 对于静磁场的同一个值 B_0, 能级 E_1 和 E_3 之间的距离以及能级 E_2 和 E_4 之间的距离, 同时通过极值; 图中的箭头表示在磁场等于这个值 B_0 时, 实验上观察到的跃迁.

因此, 电子偶素的塞曼图应具有图 12-13 所示的趋向. 它包含两条平行于 B_0 轴的重合的直线及一条双曲线.

实际上, 电子偶素是不稳定的. 它在放出光子的同时, 自己衰变. 没有磁场时, 从对 [1269] 称性的考虑可以证明, 态 $F = 0$ (自旋的单态, 或叫做 "仲电子偶素") 衰变时放出两个光子, 它的半衰期约为 $\tau_0 \simeq 1.25\ 10^{-10}$ s. 反之, 态 $F = 1$ (自旋的三重态, 或叫做 "正态

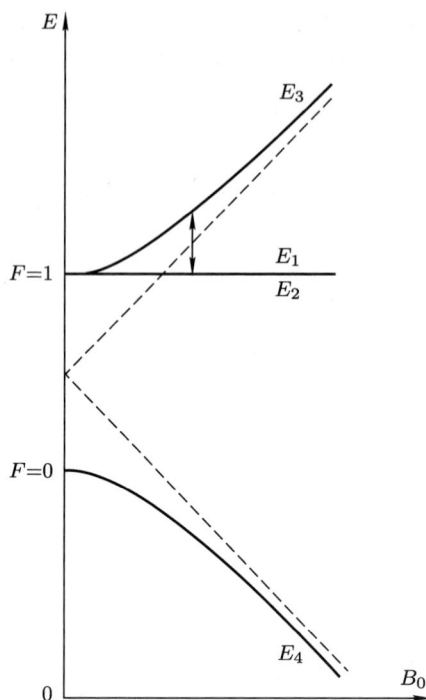

图 12–13　电子偶素的基态能级 $1s$ 的塞曼图. 和氢原子及 μ– 原子的情况相同, 此图共有一条双曲线和两条直线. 但是, 电子和正电子的旋磁比相反, 故两条直线的斜率为零, 因而两者重合 (在与此对应的两个能态 E_1 和 E_2 中, 总磁矩等于零. 这是因为电子自旋和正电子自旋平行). 图中的箭头表示实验上观察到的跃迁.

电子偶素") 要放出三个光子才能衰变 (二光子跃迁是被禁止的). 这个过程发生的可能性极小, 故三重态的半衰期很长, 约为 $\tau_1 \simeq 1.4 \times 10^{-7}$ s.

　　施加静磁场之后, 能级 E_1 和 E_2 的寿命不变, 这是因为对应的本征态并不依赖于 B_0. 可是, 态 $|1,0\rangle$ 却受到了态 $|0,0\rangle$ 的 "沾染", 反之亦然. 类似于补充材料 H_{IV} 中的计算, 可以用来证明, 能级 E_3 的寿命, 和它在磁场为零时的数值 τ_1 相比, 是缩短了 (能级 E_4 的寿命和数值 τ_0 相比, 是延长了). 于是, 处在态 E_3 的电子偶素放出两个光子而衰变的概率具有一定的数值.

　　B_0 不等于零时, 三个能态 E_1, E_2, E_3 的寿命不相等, 这正是确定电子偶素的超精细结构的方法的基础. 一个电子俘获一个正电子而构成电子偶素, 这样构成的很多原子通常均等地布居在四个能态 E_1, E_2, E_3, E_4. 在不为零的磁场 B_0 中, E_1 和 E_2 这两个态衰变得比态 E_3 慢一些, 所以在定态时, 前两个态的布居数大一些. 如果施加一个射频电场, 其频率为 $(E_3 - E_1)/h = (E_3 - E_2)/h$, 我们就可以诱发从态 E_1 和 E_2 到态 E_3 的共振跃迁 (图 12–13 中的箭头). 这样就提高了发射两个光子的衰变率, 如果改变振荡场的频率 (B_0 固定), 我们就可以探测到共振跃迁. 对于 B_0 的一个给定值, 测定了差 $E_3 - E_1$, 就可以利用公式 (24) 和 (25) 计算常数 $\mathscr{A}$.

在磁场为零时, 我们还可以诱发布居数不相等的两个能级 $F = 1$ 和 $F = 0$ 之间的共振跃迁. 但是, 由 (5) 式给出的对应的共振频率变大了, 从而在实验上不便实现. 因此之故, 我们通常宁肯使用图 12–13 中箭头所示的 "低频" 跃迁.

参考文献和阅读建议:

见参考书目第 11 节中 "奇异原子" 的小节. 电子偶素的湮没在 Feynman III (1.2) §18–3 中有所讨论.

[1270]

补充材料 D_{XII}

电子自旋对氢的共振线的塞曼效应的影响

1. 引言

如果考虑到电子自旋和它所引起的附加的磁相互作用, 那么, 补充材料 D_{VII} 中关于氢原子光谱共振线 ($1s \leftrightarrow 2p$ 跃迁) 的塞曼效应的结论就应该受到修正. 在本文中, 我们就打算利用第十二章中已得的结果来解决这个问题.

为了简化讨论, 我们不考虑与核的自旋有关的效应 (这比与电子自旋有关的效应微弱得多). 因此, 我们不考虑超精细耦合 W_{hf} (第十二章, §B–2), 而将哈密顿算符 H 取作下列形式:

$$H = H_0 + W_f + W_Z \tag{1}$$

其中 H_0 是第七章 (§C) 研究过的静电哈密顿算符, W_f 是诸精细结构项的总和 (第十二章, §B–1):

$$W_f = W_{mv} + W_D + W_{SO} \tag{2}$$

W_Z 是塞曼哈密顿算符 (第十二章, §E–1), 它描述原子和平行于 Oz 轴的磁场 B_0 之间的相互作用:

$$W_Z = \omega_0(L_z + 2S_z) \tag{3}$$

其中拉莫尔角频率 ω_0 由下式给出:

$$\omega_0 = -\frac{q}{2m_e}B_0 \tag{4}$$

[和 ω_0 相比, 略去 ω_n, 参看第十二章公式 (E–4)].

求 H 的本征值和本征矢, 可以遵循和第十二章 §E 中类似的方法, 即将 W_f [1271]
和 W_Z 作为 H_0 的微扰来处理. 能级 $2s$ 和 $2p$, 虽然具有相同的未微扰能量, 可
以分开来研究, 因为两者既不通过 W_f (第十二章, §C–2–a–β) 也不通过 W_Z 相
联系. 在本文中, 我们称 $\boldsymbol{B}_0$ 为弱磁场或强磁场, 要看 W_Z 是小于还是大于 W_f.
必须注意, 在这里看作是 "弱的" 磁场, 是指 W_Z 小于 W_f 但却大于被略去的
W_{hf}, 因此, 这些 "弱磁场" 比第十二章 §E 中所考虑的磁场强得多.

一旦求得 H 的本征态和本征值, 就可以研究原子的电偶极矩的三分量的
平均值的演变. 类似的计算已在补充材料 D_{VII} 中详细给出, 故这里不再重复.
我们将满足于指出对于弱磁场和强磁场, 氢原子的共振线 (莱曼 α 线) 的各塞
曼分量的频率和极化态.

2. 能级 $1s$ 和 $2s$ 的塞曼图

在第十二章 §D–1–b 中我们已经看到, W_f 使能级 $1s$ 整体地偏移, 从而只
产生一个精细结构能级 $1s_{1/2}$. 能级 $2s$ 也是这样, 它变成 $2s_{1/2}$. 对于这两个能
级中的每一个, 我们都可以取 $H_0, \boldsymbol{L}^2, L_z, S_z, I_z$ 的共同本征矢所构成的基:

$$\left\{ \left| n; l = 0; m_L = 0; m_S = \pm\frac{1}{2}; m_I = \pm\frac{1}{2} \right\rangle \right\} \tag{5}$$

(符号与第十二章中的相同; 由于 H 并不作用于质子自旋, 在下面我们略去
m_I).

(5) 式中的矢量显然也是 W_Z 的本征矢, 属于本征值 $2m_S\hbar\omega_0$, 因此, 能级
$1s_{1/2}$ 或 $2s_{1/2}$ 在磁场 $\boldsymbol{B}_0$ 中将分裂为两个塞曼次能级, 它们的能量是:

$$E(n; l = 0; m_L = 0; m_S) = E(ns_{1/2}) + 2m_S\hbar\omega_0 \tag{6}$$

其中 $E(ns_{1/2})$ 是磁场为零时能级 $ns_{1/2}$ 的能量, 其值已在第十二章 §C–2–b 和
§D–1–b 中算出. 由此可见, 能级 $1s_{1/2}$ 的 (以及能级 $2s_{1/2}$ 的) 塞曼图包含两条
直线, 斜率各为 $+1$ 和 -1 (图 12–14), 它们分别对应于自旋相对于 $\boldsymbol{B}_0$ 的两种
可能的取向 ($m_S = +1/2$ 或 $m_S = -1/2$).

比较图 12–14 和图 12–9, 可以清楚地看到, 忽略与核自旋有关的效应 (如
这里所做的那样), 相当于将磁场 $\boldsymbol{B}_0$ 看得充分强, 以致 $W_Z \gg W_{hf}$; 于是现在
的情况相当于图 12–9 中的渐近区段, 我们可以忽略因质子自旋和超精细耦合
所引起的能级的一分为二.

3. 能级 $2p$ 的塞曼图

在 6 维子空间 $2p$ 中, 我们可以选择下列两个基中的一个:

$$\{ |n = 2; l = 1; m_L; m_S\rangle \} \tag{7}$$

[1272]

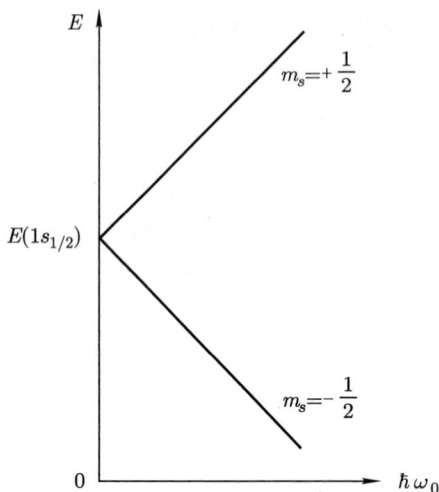

图 12-14　忽略超精细耦合 W_{hf} 时, 能级 $1s_{1/2}$ 的塞曼图. 两能级 $m_S = \pm 1/2$ 的交点的纵坐标是能级 $1s_{1/2}$ 的能量 (H_0 的本征值 $-E_I$, 但经过精细结构哈密顿算符 W_f 引起的整体平移的修正). 图 12-9 则是 W_{hf} 所产生的对本图的修正的结果.

或

$$\{|n = 2; l = 1; J; m_J\rangle\} \tag{8}$$

前者适合于个别的角动量 $\boldsymbol{L}$ 和 $\boldsymbol{S}$, 后者适合于总角动量 $\boldsymbol{J} = \boldsymbol{L} + \boldsymbol{S}$[参看补充材料 A_X 的公式 (36–a) 和 (36–b)].

W_f 的表示式 (2) 中的 W_{mv} 项和 W_D 项, 使能级 $2p$ 整体地偏移. 因此, 为了研究能级 $2p$ 的塞曼图, 我们只需将在 (7) 或 (8) 式的基中表示 $W_{SO} + W_Z$ 的 6×6 矩阵对角化. 因为 W_Z 和 $W_{SO} = \xi_{2p} \boldsymbol{L} \cdot \boldsymbol{S}$ 都和 $J_z = L_z + S_z$ 对易, 所以, m_J 有多少个不同的值, 那个 6×6 矩阵就可以分解为多少个子矩阵. 于是, 应有两个一阶子矩阵 (分别对应于 $m_J = +3/2$ 和 $m_J = -3/2$), 两个 2 阶子矩阵 (分别对应于 $m_J = +1/2$ 和 $m_J = -1/2$). 本征值和对应本征矢的计算 (和第十二章 §E–4 中的计算非常相近) 没有什么困难, 结果导致图 12–15 的塞曼图, 此图包含两条直线和双曲线的四支.

磁场为零时, 能量只依赖于 J. 我们得到在第十二章 §C 中研究过的两个精细结构能级 $2p_{3/2}$ 和 $2p_{1/2}$, 它们的能量为:

$$E(2p_{3/2}) = \widetilde{E}(2p) + \frac{1}{2}\xi_{2p}\hbar^2 \tag{9}$$

$$E(2p_{1/2}) = \widetilde{E}(2p) - \xi_{2p}\hbar^2 \tag{10}$$

$\widetilde{E}(2p)$ 是能级 $E(2p)$ 的能量经过 W_{mv} 和 W_D 所引起的整体平移的修正而得的值 [参看第十二章的 (C–8) 和 (C–9) 式]; ξ_{2p} 是算符 W_{SO} 在能级 $2p$ 内的限制

[1273]

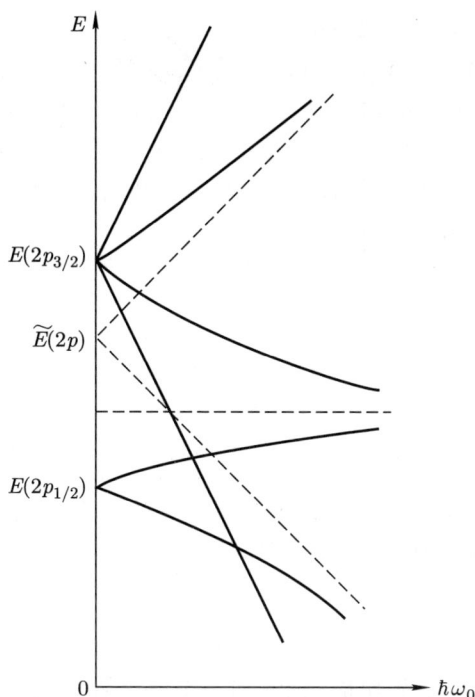

图 12–15　忽略超精细耦合 W_{hf} 时, 能级 $2p$ 的塞曼图. 若磁场为零, 我们仍得到精细结构能级 $2p_{1/2}$ 和 $2p_{3/2}$. 塞曼图包含两条直线和两条双曲线 (图中用虚线表示它们的渐近线). 只在 $\omega_0 = 0$ 的附近超精细耦合 W_{hf} 才对此图进行重大修正. $\widetilde{E}(2p)$ 是能级 $2p$ 的能量 (H_0 的本征值 $-E_I/4$), 但经过 $W_{mv} + W_D$ 所引起的整体平移的修正.

算符 $\xi_{2p} \boldsymbol{L} \cdot \boldsymbol{S}$ 中的常数 [参看第十二章的 (C–13) 式].

对于弱磁场 ($W_Z \ll W_{SO}$), 将 W_Z 作为 W_f 的微扰来处理, 也可以求得各能级的斜率. 这时应将在能级 $2p_{3/2}$ 和 $2p_{1/2}$ 中表示 W_Z 的 4×4 矩阵和 2×2 矩阵对角化. 类似于第十二章 §E–2 中的计算表明, 这两个子矩阵分别正比于在同样的子空间中表示 $\omega_0 J_z$ 的矩阵; 比例系数叫做 "朗德因子" (参看补充材料 D$_X$, §3), 它们的值分别为 [1]:

[1274]

$$g(2p_{3/2}) = \frac{4}{3} \tag{11}$$

$$g(2p_{1/2}) = \frac{2}{3} \tag{12}$$

可见在弱磁场中, 每一个精细结构能级都分裂为 $2J + 1$ 个等间隔的塞曼次能级; 本征态就是 "耦合基" (8) 中的态, 它们属于本征值:

$$E(J, m_J) = E(2p_J) + m_J g(2p_J) \hbar \omega_0 \tag{13}$$

---

[1] 利用补充材料 D$_X$ 的公式 (43), 可以直接计算这些朗德因子.

其中 $E(2p_J)$ 由 (9) 和 (10) 式给出.

对于强磁场 $(W_Z \gg W_{SO})$, 可以反过来, 将 $W_{SO} = \xi_{2p} \boldsymbol{L} \cdot \boldsymbol{S}$ 作为 W_Z 的微扰来处理, 后者在 (7) 式的基中是对角的. 如同在第十二章 §E–3–b 中那样, 不难证明, 求修正值 (计算到 W_{SO} 的第一级) 时, 只涉及 $\xi_{2p} \boldsymbol{L} \cdot \boldsymbol{S}$ 的对角元. 这样, 我们求得在强磁场中的本征态就是非耦合基 (7) 中的态, 对应的本征值为:

$$E(m_L, m_S) = \widetilde{E}(2p) + (m_L + 2m_S)\hbar\omega_0 + m_L m_S \hbar^2 \xi_{2p} \tag{14}$$

这个公式给出了图 12–15 中的渐近线.

磁场 B_0 增大时, 我们便连续地从 (8) 式的基过渡到 (7) 式的基; 磁场逐渐地使轨道角动量和自旋脱离耦合. 这种情况和第十二章 §E 中讨论过的类似, 在那里, 角动量 $\boldsymbol{S}$ 和 $\boldsymbol{I}$ 是互相耦合还是脱离耦合, 决定于超精细项和塞曼项的相对重要性.

4. 共振线的塞曼效应

a. 问题的梗概

采用与补充材料 D_{VII} 的 §2–c 中相同的方法 (特别地, 参看该文末尾的附注) 可以证明, 在一个塞曼次能级 $2p$ 和一个塞曼次能级 $1s$ 之间的光学跃迁, 只当电偶极算符 $q\boldsymbol{R}$ 在此两态之间的矩阵元不为零时[①], 才是可能的. 此外, 放射出的光的偏振态是 σ^+, σ^- 还是 π, 那要看是算符 $q(X+iY), q(X-iY)$ 还

[1275]

是 qZ 在上述两个塞曼次能级之间具有非零矩阵元. 于是, 我们只需利用前面已经确定的 H 的本征态和本征值, 便可求得氢共振线的各塞曼分量的频率和它们的偏振态.

附注:

算符 $q(X+iY), q(X-iY)$ 和 qZ 只作用于波函数的轨道部分, 并使 m_L 分别改变 $+1, -1$ 和 0 (参看补充材料 D_{VII}, §2–c), m_S 则不受影响; 由于 $m_J = m_L + m_S$ 是一个好量子数 (不论磁场 B_0 的大小如何), $\Delta m_J = +1$ 的跃迁的偏振为 σ^+, $\Delta m_J = -1$ 跃迁的偏振为 σ^-, $\Delta m_J = 0$ 的跃迁的偏振为 π.

b. 弱磁场中的塞曼分量

图 12–16 表示在弱磁场情况下从能级 $1s_{1/2}, 2p_{1/2}$ 和 $2p_{3/2}$ 产生的各塞曼次能级的位置, 这些结果得自 (6), (13), (11) 及 (12) 式. 垂直方向的箭头表示共振线的各塞曼分量; 偏振为 σ^+, σ^- 或 π, 决定于 $\Delta m_J = +1, -1$ 或 0.

图 12–17 表示各分量在频率轴上的位置, 以零磁场时的谱线位置为参考. 这里的结果和补充材料 D_{VII} 中的结果很不相同 (参看图 7–11), 在那里, 沿着

---

① 电偶极算符是个奇算符, 它在两个偶态 $1s$ 和 $2s$ 之间没有矩阵元, 因此, 在这里我们不考虑态 $2s$.

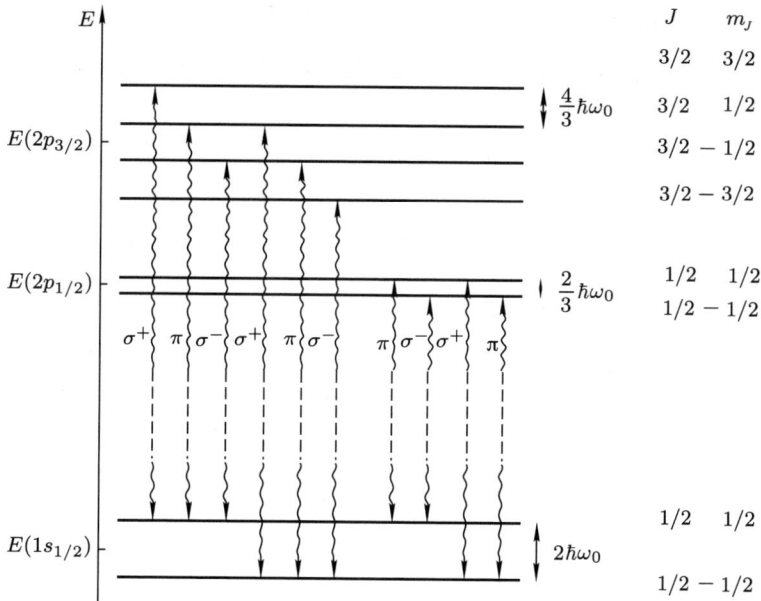

图 12–16 弱磁场中, 从精细结构能级 $1s_{1/2}, 2p_{1/2}, 2p_{3/2}$ (它们在零磁场中的能量已标在纵轴上) 产生的各塞曼次能级的位置. 在图的右侧注明了相邻的塞曼次能级之间的能量间隔 (为清楚起见, 这些间隔和能级 $2p_{1/2}$ 与 $2p_{3/2}$ 之间的精细结构间隔相比, 已放大了一些), 还注明了与每一个次能级相联系的量子数 J 和 m_J 的值. 箭头表示共振线的塞曼分量, 它们各有确定的偏振: σ^+, σ^- 或 π.

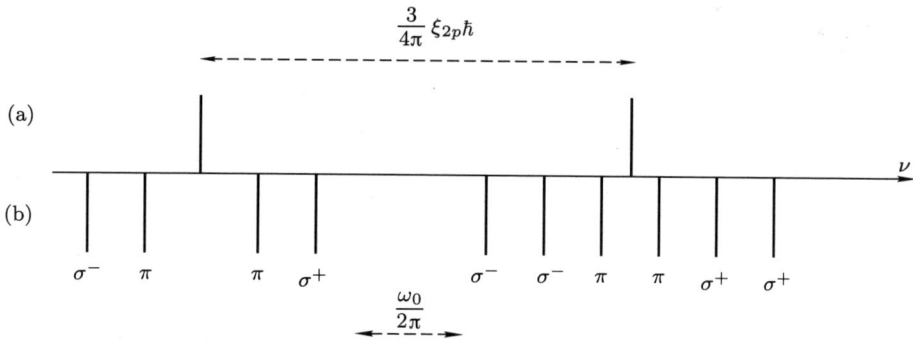

图 12–17 氢共振线的各塞曼分量的频率.
a. 零磁场时, 观察到两条谱线, 由精细结构间隔 $3\xi_{2p}\hbar/4\pi$ 所分开 (ξ_{2p} 是能级 $2p$ 的自旋 – 轨道耦合常数), 两线分别对应于跃迁 $2p_{3/2} \leftrightarrow 1s_{1/2}$ (右边的一条) 和跃迁 $2p_{1/2} \leftrightarrow 1s_{1/2}$ (左边的一条).
b. 在弱磁场 B_0 中, 每一条谱线都分解为一系列塞曼分量, 它们的偏振已注明在图中. $\omega_0/2\pi$ 是磁场 B_0 中的拉莫尔频率.

垂直于 $\boldsymbol{B}_0$ 的方向观察, 我们得到三个等间隔的分量, 偏振为 σ^+, π, σ^-, 频率间隔为 $\omega_0/2\pi$.

E

m_L　m_S

1　$\dfrac{1}{2}$　　$2\hbar\omega_0 + \dfrac{\hbar^2}{2}\xi_{2p}$

0　$\dfrac{1}{2}$　　$\hbar\omega_0$

$\widetilde{E}(2p)$　$\left\{\begin{array}{l} -1 \quad \dfrac{1}{2} \\ 1 \quad -\dfrac{1}{2} \end{array}\right.$　$0 - \dfrac{\hbar^2}{2}\xi_{2p}$

0　$-\dfrac{1}{2}$　　$-\hbar\omega_0$

-1　$-\dfrac{1}{2}$　　$-2\hbar\omega_0 + \dfrac{\hbar^2}{2}\xi_{2p}$

σ^-　σ^-　　π　π　　σ^+　σ^+

0　$\dfrac{1}{2}$　　$\hbar\omega_0$

$E(1s_{1/2})$

0　$-\dfrac{1}{2}$　　$-\hbar\omega_0$

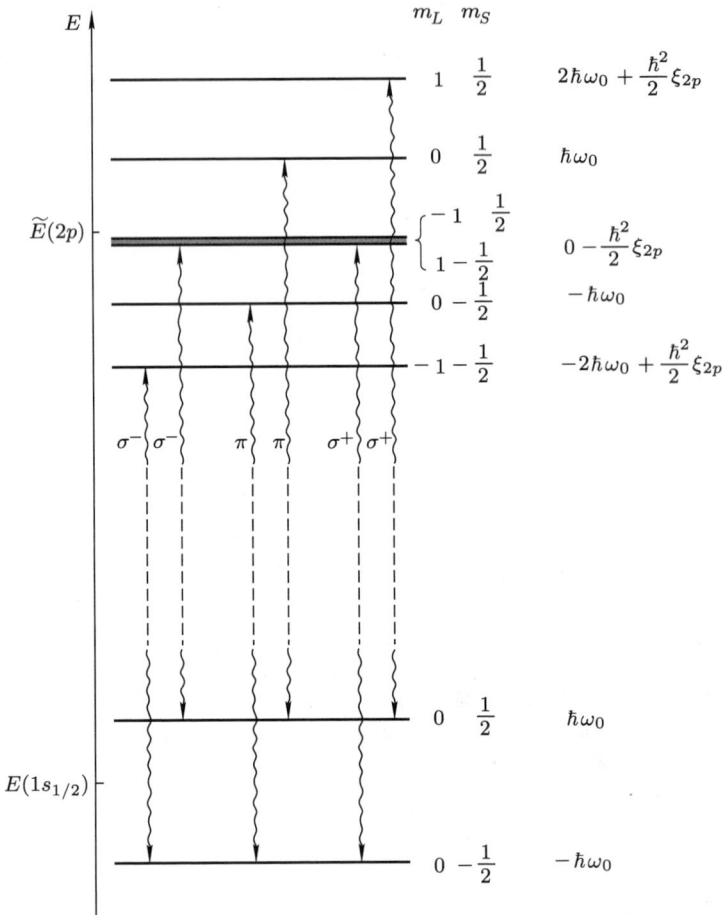

图 12-18　在强磁场中 (脱离耦合的精细结构), 从能级 $1s$ 和 $2p$ 产生的各塞曼次能级的位置. 在图的右侧, 标出了与每一个塞曼次能级相联系的量子数 m_L 与 m_S 的值, 以及对应的以 $E(1s_{1/2})$ 或 $\widetilde{E}(2p)$ 为参考值的能量, 垂直的箭头表示共振线的各塞曼分量.

c. 强磁场中的塞曼分量

图 12-18 表示在强磁场中从能级 $1s$ 和 $2p$ 产生的各塞曼次能级 [见 (6) 及 (14) 式]. 计算到 W_{SO} 的第一级, 态 $|m_L = -1, m_S = 1/2\rangle$ 和 $m_L = 1, m_S = -1/2\rangle$ 之间的简并并未消除. 垂直箭头表示共振线的塞曼分量. 偏振为 σ^+, σ^- 或 π, 决定于 $\Delta m_L = +1, -1$ 或 0 (注意, 在电偶极跃迁中, 量子数 m_S 不受影响).

　　　　对应的光谱示于图 12-19. 两个 π 跃迁具有相同的频率 (参看图 12-18); 但两个 σ^+ 跃迁的频率之间和两个 σ^- 跃迁的频率之间却存在着微小的间隔 $\hbar\xi_{2p}/2\pi$. 双线 σ^+ 和 π 线之间 (或 π 线和双线 σ^- 之间) 的平均间隔等于 $\omega_0/2\pi$.

图 12–19 的谱更容易使我们回想起补充材料 D_{VII} 的图 7–11 中的谱. σ^+ 线和 σ^- 线. 由于电子自旋的存在而分裂为双线. 这在物理上是不难理解的. 在强磁场中, L 与 S 脱离耦合; $1s \leftrightarrow 2p$ 是电偶极跃迁, 故只有电子的轨道角动量 L 在光跃迁过程中受到影响. 类似于第十二章 §E–3–b 中的分析可以证明, 与自旋有关的磁相互作用可以用一个 "内场" 来描述, 它应被叠加到外场 B_0 上, 它的符号为正或负, 要依自旋向上或向下而定. 正是这个内场才使得 σ^+ 线和 σ^- 线一分为二 (π 线不受影响, 因为量子数 m_L 等于零).

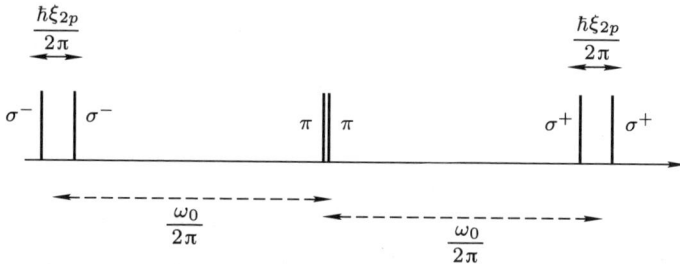

图 12–19　在强磁场中, 氢共振线的各塞曼分量的位置. 若不论 σ^+ 线和 σ^- 线的分裂, 这个谱便全同于补充材料 D_{VII} 中得到的谱, 在那里我们忽略了与电子自旋有关的效应.

参考文献和阅读建议:

Cagnac 和 Pebay-Peyroula (11.2), 第 XI 和 XVII 章 (特别是该章的 §5–A); White (11.5), 第 X 章; Kuhn (11.1), 第 III 章, §F; Sobel'man (11.12), 第 8 章, §29.

[1279]

补充材料 E_{XII}

氢原子的斯塔克效应

1. 能级 $n = 1$ 的斯塔克效应
    a. 能级 $1s$ 的偏移是 $\mathscr{E}$ 的二次项
    b. 态 $1s$ 的偏振
2. 能级 $n = 2$ 的斯塔克效应

我们来考虑处在平行于 Oz 轴的均匀静电场 $\mathscr{E}$ 中的一个氢原子. 除第七章讨论过的哈密顿算符之外, 现在还应该添加一个斯塔克哈密顿算符 W_S, 它描述原子的电偶极矩 $q\boldsymbol{R}$ 与电场 $\mathscr{E}$ 之间的相互作用能; W_S 可以写作:

$$W_S = -q\mathscr{E} \cdot \boldsymbol{R} = -q\mathscr{E}Z \tag{1}$$

即使电场是实验室中可能实现的最强电场, 我们仍然有 $W_S \ll H_0$; 但是, 如果 $\mathscr{E}$ 足够强, 则 W_S 可能接近甚至大于 W_f 和 W_{hf}. 为了简化讨论, 在本文中我们假设, $\mathscr{E}$ 充分大, 以致 W_S 的效应比 W_f 的和 W_{hf} 的效应重要得多. 因此, 下面将应用微扰理论直接计算 W_S 对第七章中求得的 H_0 的本征态的影响 (我们不在这里解决的下一阶段问题是计算 W_f 以及 W_{hf} 对算符 $H_0 + W_S$ 的本征态的影响).

由于 H_0 和 W_S 都不作用于自旋变量, 我们将略去量子数 m_S 和 m_I.

1. 能级 $n = 1$ 的斯塔克效应

a. 能级 $1s$ 的偏移是 $\mathscr{E}$ 的二次项

根据微扰理论, 考虑到第一级, 计算矩阵元:

$$-q\mathscr{E}\langle n = 1, l = 0, m_L = 0|Z|n = 1, l = 0, m_L = 0\rangle$$

便可得到电场的影响. 由于算符 Z 是奇的, 而基态能级具有确定的 (偶) 宇称, 故上列矩阵元等于零.

由此可见, 并不存在 $\mathscr{E}$ 的线性效应, 于是我们应过渡到微扰级数的下一项:

$$\varepsilon_2 = q^2\mathscr{E}^2 \sum_{\substack{n \neq 1 \\ l,m}} \frac{|\langle 1,0,0|Z|n,l,m\rangle|^2}{E_1 - E_n} \tag{2}$$

其中$E_n = -E_I/n^2$ 是 H_0 的本征值, 与本征态 $|n,l,m\rangle$ 相联系 (参看第七章　[1280]
§C). 上面的和一定不等于零, 这是因为存在着一些态 $|n,l,m\rangle$, 它们的宇称和
态 $|1,0,0\rangle$ 的相反. 由此可知, 考虑到 $\mathscr{E}$ 的最低级, 基态能级 $1s$ 的斯塔克偏移
是二次的. 因为 $E_1 - E_n$ 永远是负的, 所以基态能级降低了.

b. 态 $1s$ 的偏振

我们曾经提到, 由于宇称的缘故, 算符 $q\boldsymbol{R}$ 的分量在态 $|1,0,0\rangle$ (未微扰基
态) 中的平均值等于零.

存在着平行于 Oz 轴的电场 $\mathscr{E}$ 时, 基态不再是 $|1,0,0\rangle$, 而是 (根据第十一
章 §B–1–b 的结果):

$$|\psi_0\rangle = |1,0,0\rangle - q\mathscr{E} \sum_{\substack{n\neq 1 \\ l,m}} |n,l,m\rangle \frac{\langle n,l,m|Z|1,0,0\rangle}{E_1 - E_n} + \cdots \tag{3}$$

这就是说, 电偶极矩 $q\boldsymbol{R}$ 在微扰基态中的平均值, 计算到 $\mathscr{E}$ 的第一级, 是
$\langle \psi_0|q\boldsymbol{R}|\psi_0\rangle$. 利用 $|\psi_0\rangle$ 的表示式 (3), 我们得到:

$$\langle \psi_0|q\boldsymbol{R}|\psi_0\rangle = -q^2\mathscr{E} \sum_{\substack{n\neq 1 \\ l,m}}$$

$$\frac{\langle 1,0,0|\boldsymbol{R}|n,l,m\rangle\langle n,l,m|Z|1,0,0\rangle + \langle 1,0,0|Z|n,l,m\rangle\langle n,l,m|\boldsymbol{R}|1,0,0\rangle}{E_1 - E_n} \tag{4}$$

于是我们看到, 电场 $\mathscr{E}$ 引起了一个 "感生" 偶极矩, 它正比于 $\mathscr{E}$. 其实, 利
用球谐函数的正交关系式 ①, 不难证明, $\langle \psi_0|qX|\psi_0\rangle$ 和 $\langle \psi_0|qY|\psi_0\rangle$ 都等于零, 唯
一的非零平均值为:

$$\langle \psi_0|qZ|\psi_0\rangle = -2q^2\mathscr{E} \sum_{\substack{n\neq 1 \\ l,m}} \frac{|\langle n,l,m|Z|1,0,0\rangle|^2}{E_1 - E_n} \tag{5}$$

换句话说, 感生偶极矩平行于外加电场 $\mathscr{E}$, 这是不足为奇的, 因为我们知道
态$1s$是球对称的. 感生偶极矩和电场之间的比例系数 χ 叫做线性电极化率. 我
们看到, 利用量子力学可以计算这个极化率在态 $1s$ 中的值:

$$\chi_{1s} = -2q^2 \sum_{\substack{n\neq 1 \\ l,m}} \frac{|\langle n,l,m|Z|1,0,0\rangle|^2}{E_1 - E_n} \tag{6}$$

2. 能级$n = 2$的斯塔克效应

[1281]

为了求得 W_S 对能级 $n = 2$ 的影响 (到第一级), 我们应将 W_S 在四个基
态 $\{|2,0,0\rangle; |2,1,m\rangle, m = -1,0,+1\}$ 成的子空间中的限制算符对角化.

---

① 从这个关系可以推知, 只当 $l = 1, m = 0$ 时, $\langle 1,0,0|Z|n,l,m\rangle$ 才不等于零 (证法类
似于下面 §2 开头对 $\langle 2,1,m|Z|2,0,0\rangle$ 所作的分析). 因此, 在 (2), (3), (4), (5), (6) 诸式中的
求和实际上只遍及 n (还包括连续正能量谱中的态).

　　态 $|2,0,0\rangle$ 是偶的; 三个态 $|2,1,m\rangle$ 都是奇的. 因为 W_S 是奇的, 故矩阵元 $\langle 2,0,0|W_S|2,0,0\rangle$ 和九个矩阵元 $\langle 2,1,m'|W_S|2,1,m\rangle$ 都等于零(参看补充材料 F_{II}). 但是, 态 $|2,0,0\rangle$ 和态 $|2,1,m\rangle$ 的宇称相反, 矩阵元 $\langle 2,1,m|W_S|2,0,0\rangle$ 可能不等于零.

　　现在证明, 实际上只有矩阵元 $\langle 2,1,0|W_S|2,0,0\rangle$ 不等于零. 这是因为, W_S 正比于 $Z = R\cos\theta$, 从而正比于 $Y_1^0(\theta)$. 矩阵元 $\langle 2,1,m|W_S|2,0,0\rangle$ 所含有的对角变量的积分应具有下列形式:

$$\int Y_1^{m*}(\Omega)Y_1^0(\Omega)Y_0^0(\Omega)\mathrm{d}\Omega$$

Y_0^0 是一个常数, 这个积分于是正比于 Y_1^m 和 Y_1^0 的标量积, 所以, 只在 $m=0$ 时, 其值才不等于零. 此外, Y_1^0, $R_{20}(r)$ 和 $R_{21}(r)$ 都是实函数, 故 W_S 的对应矩阵元也是实的. 现令:

$$\langle 2,1,0|W_S|2,0,0\rangle = \gamma\mathscr{E} \tag{7}$$

而不问 γ 的具体数值如何 [要计算它的值也不困难, 因为波函数 $\varphi_{2,1,0}(\boldsymbol{r})$ 和 $\varphi_{2,0,0}(\boldsymbol{r})$ 是已知的].

　　于是可见, 在能级 $n=2$ 中表示 W_S 的矩阵应具有下列形式 (基矢的顺序为 $|2,1,1\rangle$, $|2,1,-1\rangle$, $|2,1,0\rangle$, $|2,0,0\rangle$):

$$\begin{array}{|c|c|c|c|} \hline 0 & 0 & 0 & 0 \\ \hline 0 & 0 & 0 & 0 \\ \hline 0 & 0 & 0 & \gamma\mathscr{E} \\ \hline 0 & 0 & \gamma\mathscr{E} & 0 \\ \hline \end{array} \tag{8}$$

　　由此我们立即求得到 $\mathscr{E}$ 的第一级的修正值和零级的本征态:

$$\begin{array}{ccc} \text{本征态} & & \text{本征值} \\ |2,1,1\rangle & \leftrightarrow & 0 \\ |2,1,-1\rangle & \leftrightarrow & 0 \\ \dfrac{1}{\sqrt{2}}(|2,1,0\rangle + |2,0,0\rangle) & \leftrightarrow & \gamma\mathscr{E} \\ \dfrac{1}{\sqrt{2}}(|2,1,0\rangle - |2,0,0\rangle) & \leftrightarrow & -\gamma\mathscr{E} \end{array} \tag{9}$$

[1282]　　现在我们看到, 能级 $n=2$ 的简并已部分地消除, 而且能量偏移是线性的而不是 $\mathscr{E}$ 的二次幂. 对于宇称相反而能量相等的两个能级 (这里是 $2s$ 和 $2p$) 来说, 线性斯塔克效应的出现具有典型的意义. 这种情况只存在于氢原子中 ($n \neq 1$ 的壳层有 l 重简并).

附注:

能级 $n = 2$ 中的诸态是不稳定的. 可是, 态 $2s$ 的寿命却比 $2p$ 的寿命长得多, 这是因为原子可以自发地放出一个莱曼 α 光子 (寿命约为 10^{-9} s) 而很容易地从态 $2p$ 跃迁到 $1s$, 可是从态 $2s$ 退激发, 却需要放出两个光子 (寿命约为 1 s). 由于这个原因, 我们说态 $2p$ 是不稳定的, 而态 $2s$ 是亚稳的.

斯塔克哈密顿算符 W_S 在态 $2s$ 和 $2p$ 之间具有非零矩阵元, 因此, 所有的电场 (静态的或振荡的) 都以不稳态 $2p$"沾染"了亚稳态 $2s$, 从而使态 $2s$ 的寿命比零电场时短得多. 这个现象叫做 "亚稳性猝灭" (还可参看补充材料 H_{IV}, 在该文中我们研究过寿命不等的两个态之间的耦合效应).

参考文献和阅读建议:

原子的斯塔克效应: Kuhn (11.1), 第 III 章, §A–6 和 G:Ruark 和 Urey (11.9), 第 V 章, §12 和 §13; Sobel'man (11.12), 第 8 章, §28.

在 (2) 和 (6) 式中, 对中间态的求和可以用 Dalgarno 和 Lewis 的方法准确算出, 参看 Borowitz (1.7), §14–5, Schiff (1.18), §33. 原始文献:(2.34), (2.35), (2.36).

亚稳态的 "猝灭", 参看: Lamb 和 Retherford (3.11). 附录 II; Sobel'man (11.12), 第 8 章, §28.5.

第十三章
依赖于时间的问题的近似解法

[1284]

第十三章提纲

§A. 问题的梗概

[1285]

我们来考虑哈密顿算符为 H_0 的一个物理体系; 将 H_0 的本征值和本征矢记作 E_n 和 $|\varphi_n\rangle$, 则有:

$$H_0|\varphi_n\rangle = E_n|\varphi_n\rangle \tag{A-1}$$

为简单起见, 假设 H_0 的谱是离散的, 没有简并的; 这里得到的公式很容易推广 (例如, 参看 §C-3). 再设 H_0 并不明显地依赖于时间, 所以它的本征态都是定态.

在时刻 $t = 0$, 将一个微扰施加于这个物理体系, 于是它的哈密顿算符变为:

$$H(t) = H_0 + W(t) \tag{A-2}$$

其中

$$W(t) = \lambda\widehat{W}(t) \tag{A-3}$$

这里 λ 是一个甚小于 1 的无量纲实参量, $\widehat{W}(t)$ 是一个观察算符 (可以明显地依赖于时间), 与 H_0 同数量级, 在 $t < 0$ 时, 它等于零.

设体系在初始时刻处于定态 $|\varphi_i\rangle$, 即 H_0 的本征态, 属于本征值 E_i. 从施加微扰的时刻 $t = 0$ 开始, 体系发生演变. 一般说来, 态 $|\varphi_i\rangle$ 不再是受微扰哈密顿算符的本征态. 在本章中我们试图计算在时刻 t 发现体系处在 H_0 的另一本征态 $|\varphi_f\rangle$ 的概率 $\mathscr{P}_{if}(t)$. 换句话说, 我们试图研究微扰 $W(t)$ 可能激发的在未微扰体系的定态之间的跃迁.

计算的原理很简单. 在两时刻 0 和 t 之间, 体系的演变遵从薛定谔方程:

$$i\hbar\frac{\mathrm{d}}{\mathrm{d}t}|\psi(t)\rangle = [H_0 + \lambda\widehat{W}(t)]|\psi(t)\rangle \tag{A-4}$$

这个一阶微分方程的对应于初始条件

$$|\psi(t=0)\rangle = |\varphi_i\rangle \tag{A-5}$$

的解 $|\psi(t)\rangle$ 是唯一的. 待求的概率 $\mathscr{P}_{if}(t)$ 可以写作:

$$\mathscr{P}_{if}(t) = |\langle\varphi_f|\psi(t)\rangle|^2 \tag{A-6}$$

由此可见, 全部问题就是求方程 (A-4) 的对应于初始条件 (A-5) 的解 $|\psi(t)\rangle$. 但是, 一般说来, 这样的问题是不能严格解出的, 所以, 我们要求助于近似方法. 下面, 我们将证明, 若 λ 充分小, 怎样才能求得对 λ 的幂次成有限展开形式的解 $|\psi(t)\rangle$. 像这样, 我们将明显地算出 $|\psi(t)\rangle$, 直到 λ 的第一级,

[1286]

以及对应的概率 (§B). 所得的普遍公式随后 (§C) 将被应用于研究一个重要的特例, 其中的微扰是时间的正弦型函数或常数 (原子和电磁波之间的相互作用, 也属于这种类型的问题, 这将在补充材料 $A_{XⅢ}$ 中详细讨论); 这样, 我们便可揭示共振现象. 我们将考虑两种情况: H_0 具有离散谱的情况, 以及初态 $|\varphi_i\rangle$ 与末态的连续统相耦合的情况; 在第二种情况下, 我们将建立名为 "费米黄金规则" 的重要公式.

附注:

第四章 §C–3 所讨论的问题可以看作是这一章所研究的普遍问题的一个特例. 提醒一下, 第四章所讨论的是一个双能级 (态 $|\varphi_1\rangle$ 和$|\varphi_2\rangle$)) 体系, 初态是 $|\varphi_1\rangle$, 从时刻 $t = 0$ 开始, 它受到恒定微扰 W 的作用. 概率 $\mathscr{P}_{12}(t)$ 的计算是可以严格进行的, 结果得到拉比公式.

在本章中, 我们涉及的问题更为普遍: 我们所考虑的体系具有任意多个 (有时, 如在 §C–3 中, 甚至是连续的无限多个) 能级而它所受的微扰 $W(t)$ 依赖于时间的方式可以是任意的. 由此可见, 一般说来, 我们只能得到近似解.

§B. 薛定谔方程的近似解

1. 表象 $\{|\varphi_n\rangle\}$ 中的薛定谔方程

概率 $\mathscr{P}_{if}(t)$ 明显地关系到 H_0 的本征态 $|\varphi_i\rangle$ 和 $|\varphi_f\rangle$, 这正好表明我们应该选择表象 $\{|\varphi_n\rangle\}$.

a. 确定态矢量分量的微分方程组

设 $c_n(t)$ 是右矢 $|\psi(t)\rangle$ 在基 $\{|\varphi_n\rangle\}$ 中的分量, 即有:

$$|\psi(t)\rangle = \sum_n c_n(t)|\varphi_n\rangle \tag{B-1}$$

其中

$$c_n(t) = \langle\varphi_n|\psi(t)\rangle \tag{B-2}$$

[1287] 并设 $\widehat{W}_{nk}(t)$ 是观察算符 $\widehat{W}(t)$ 在同一个基中的矩阵元:

$$\langle\varphi_n|\widehat{W}(t)|\varphi_k\rangle = \widehat{W}_{nk}(t) \tag{B-3}$$

注意, H_0 在基 $|\varphi_n\rangle$ 中是用一个对角矩阵来表示的, 即有

$$\langle\varphi_n|H_0|\varphi_k\rangle = E_n\delta_{nk} \tag{B-4}$$

现将薛定谔方程 (A-4) 的两端投影到 $\{|\varphi_n\rangle\}$ 上, 为此, 我们插入封闭性关系式:

$$\sum_k |\varphi_k\rangle\langle\varphi_k| = 1 \tag{B-5}$$

并利用 (B-2), (B-3) 和 (B-4) 式, 结果得到:

$$i\hbar\frac{\mathrm{d}}{\mathrm{d}t}c_n(t) = E_n c_n(t) + \sum_k \lambda\widehat{W}_{nk}(t)c_k(t) \tag{B-6}$$

对于 n 的不同值写出 (B-6) 中所有的方程式, 便得到一个联立线性微分方程组. 它对 t 是一阶的, 它在原则上可以确定 $|\psi(t)\rangle$ 的诸分量 $c_n(t)$. 这些方程式的互相关联仅仅来源于微扰 $\lambda\widehat{W}(t)$, 它通过其非对角矩阵元 $\lambda\widehat{W}_{nk}(t)$ 将 $c_n(t)$ 的演变和所有其他系数 $c_k(t)$ 的演变联系起来.

b. 函数变换

在 $\lambda\widehat{W}(t)$ 为零时, 方程组 (B-6) 不再是联立的, 它们的解非常简单, 这些解可以写作:

$$c_n(t) = b_n e^{-iE_n t/\hbar} \tag{B-7}$$

其中 b_n 是一个常数, 依赖于初始条件.

现设 $\lambda\widehat{W}(t)$ 不为零, 但据条件 $\lambda \ll 1$, 它始终保持甚小于 H_0; 我们可以预期, 方程组 (B-6) 的解 $c_n(t)$ 应与 (B-7) 式中的解充分接近. 换句话说, 如果进行函数变换:

$$c_n(t) = b_n(t)e^{-iE_n t/\hbar} \tag{B-8}$$

我们就可以想见, 这些 $b_n(t)$ 应是时间的缓变函数.

将 (B-8) 式代入方程组 (B-6); 我们得到:

$$i\hbar e^{-iE_n t/\hbar}\frac{\mathrm{d}}{\mathrm{d}t}b_n(t) + E_n b_n(t)e^{-iE_n t/\hbar}$$
$$= E_n b_n(t)e^{-iE_n t/\hbar} + \sum_k \lambda\widehat{W}_{nk}b_k(t)e^{-iE_k t/\hbar} \tag{B-9}$$

现用 $e^{+iE_n t/\hbar}$ 乘此式两端, 并引入能级 E_n 与 E_k 间的耦合相对应的玻尔角频率:

$$\omega_{nk} = \frac{E_n - E_k}{\hbar} \tag{B-10}$$

便得到

$$i\hbar\frac{\mathrm{d}}{\mathrm{d}t}b_n(t) = \lambda\sum_k e^{i\omega_{nk}t}\widehat{W}_{nk}(t)b_k(t) \tag{B-11}$$

[1288]

2. 微扰方程

方程组 (B–11) 和薛定谔方程 (A–4) 是严格等价的; 但在一般情况下, 我们不知道怎样求出它的准确解. 由于这个原因, 我们将利用 λ 甚小于 1 这个条件, 试探地确定 λ 的幂级数形式的解 (只要 λ 充分小, 我们可以指望幂级数将会迅速收敛:

$$b_n(t) = b_n^{(0)}(t) + \lambda b_n^{(1)}(t) + \lambda^2 b_n^{(2)}(t) + \cdots \tag{B–12}$$

将这个展开式代入 (B–11) 式, 再令该式两端 λ^r 项的系数相等, 便得到:

(i) 对于 $r = 0$

$$i\hbar\frac{\mathrm{d}}{\mathrm{d}t}b_n^{(0)}(t) = 0 \tag{B–13}$$

这是因为, λ 是作为一个因子出现在 (B–11) 式右端的, 该式不会含有任何与 λ 无关的 (即 $r = 0$) 的项. (B–13) 式表明, $b_n^{(0)}$ 并不依赖于 t; 于是我们再次发现, 若 λ 为零, $b_n(t)$ 就变为一个常数 [参看 (B–7) 式].

(ii) 对于 $r \neq 0$:

$$i\hbar\frac{\mathrm{d}}{\mathrm{d}t}b_n^{(r)}(t) = \sum_k e^{i\omega_{nk}t}\widehat{W}_{nk}(t)b_k^{(r-1)}(t) \tag{B–14}$$

现在我们看到, 零级的解决定于 (B–13) 式和初始条件, 利用递推关系 (B–14) 就可以得到 1 级的解, 再用这个关系就可以从 1 级的解得到 2 级的解, 如此继续下去, 就可以从 $r-1$ 级的解得到任意的 r 级的解.

3. 到 λ 的第一级的解

a. 体系在时刻 t 的态

在 $t < 0$ 时, 根据假设体系处在态 $|\varphi_i\rangle$, 因此, 在所有的系数 $b_n(t)$ 中, 只有一个 $b_i(t)$ 不等于零 (而且, 它与 t 无关, 因为这时 $\lambda\widehat{W}(t)$ 为零). 在时刻 $t = 0, \lambda\widehat{W}(t)$, 从零变为 $\lambda\widehat{W}(0)$, 可能经历一次跃变; 但因 $\lambda\widehat{W}(t)$ 保持有限, 故薛定谔方程的解在 $t = 0$ 时是连续的, 由此可知

[1289]

$$b_n(t = 0) = \delta_{ni} \tag{B–15}$$

不论 λ 之值如何, 此式都成立. 从而, 展开式 (B–12) 中的系数应该满足:

$$b_n^{(0)}(t = 0) = \delta_{ni} \tag{B–16}$$

$$b_n^{(r)}(t = 0) = 0 \quad 若 r \geqslant 1 \tag{B–17}$$

对于 t 的所有正值, 方程 (B–13) 立即给出:

$$b_n^{(0)}(t) = \delta_{ni} \tag{B–18}$$

此式完全确定了零级的解.

然后, 利用这个结果将 $r = 1$ 时的 (B–14) 式写成下列形式:

$$i\hbar \frac{d}{dt} b_n^{(1)}(t) = \sum_k e^{i\omega_{nk}t} \widehat{W}_{nk}(t)\delta_{ki}$$

$$= e^{i\omega_{ni}t} \widehat{W}_{ni}(t) \tag{B–19}$$

这个方程是不难积分的. 考虑到初始条件 (B–17), 我们得到:

$$b_n^{(1)}(t) = \frac{1}{i\hbar} \int_0^t e^{i\omega_{ni}t'} \widehat{W}_{ni}(t')dt' \tag{B–20}$$

若将 (B–18) 式和 (B–20) 式代入 (B–8) 式, 然后再代入 (B–1) 式, 我们就可得到体系在时刻 t 的态 $|\psi(t)\rangle$, 计算到 λ 的第一级.

b. 跃迁概率 $\mathscr{P}_{if}(t)$

根据 (A–6) 式和 $c_f(t)$ 的定义 (B–2), 跃迁概率 $\mathscr{P}_{if}(t)$ 等于 $|c_f(t)|^2$. 但因 $b_f(t)$ 和 $c_f(t)$ 具有相同的模 [参看 (B–8) 式], 故:

$$\mathscr{P}_{if}(t) = |b_f(t)|^2 \tag{B–21}$$

其中

$$b_f(t) = b_f^{(0)}(t) + \lambda b_f^{(1)}(t) + \cdots \tag{B–22}$$

可用前段已证明的公式来计算.

从现在起我们假设态 $|\varphi_i\rangle$ 和态 $|\varphi_f\rangle$ 是不相同的; 因此, 我们感兴趣的是在 H_0 的两个互异的定态之间由 $\lambda\widehat{W}(t)$ 所激发的跃迁, 于是 $b_f^{(0)}(t) = 0$, 从而得到

$$\mathscr{P}_{if}(t) = \lambda^2 |b_f^{(1)}(t)|^2 \tag{B–23}$$

利用 (B–20) 式, 并用 $W(t)$ 代替 $\lambda\widehat{W}(t)$ [参看 (A–3) 式], 我们最后得到: [1290]

$$\boxed{\mathscr{P}_{if}(t) = \frac{1}{\hbar^2} \left| \int_0^t e^{i\omega_{fi}t'} W_{fi}(t')dt' \right|^2} \tag{B–24}$$

我们来考察一个函数 $\widetilde{W}_{fi}(t')$, 在 $t' < 0$ 和 $t' > t$ 时, 它等于零, 若 $0 \leqslant t' \leqslant t$ (见图 13–1). 它等于 $W_{fi}(t')$. 函数 $\widetilde{W}_{fi}(t')$ 就是在时刻 $t = 0$ 和测量的时刻 t 之间体系所 "看到" 的微扰矩阵元, 通过这次测量, 我们试图确定体系是否处于态 $|\varphi_f\rangle$. 所得结果 (B–24) 式表明, $\mathscr{P}_{if}(t)$ 正比于被 "看到" 的微扰 $\widetilde{W}_{fi}(t')$ 的傅里叶变换的模平方; 其中我们是对这样的角频率取傅里叶变换的, 它等于所考察的跃迁的对应玻尔角频率.

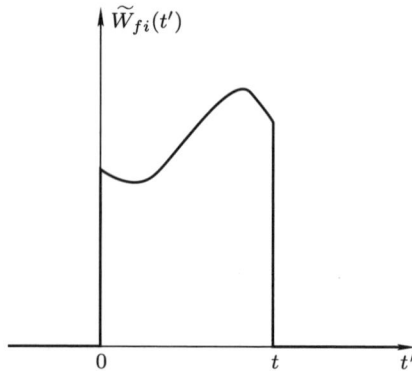

图 13-1　$\widetilde{W}_{fi}(t')$ 随 t' 变化的情况. 在区间 $0 \leqslant t' \leqslant t$ 内, $\widetilde{W}_{fi}(t')$ 与 $W_{fi}(t')$ 一致, 在此区间外, $\widetilde{W}_{fi}(t')$ 等于零. 计算到最低级的跃迁概率 $\mathscr{P}_{if}(t)$ 所涉及的是 $\widetilde{W}_{fi}(t')$ 的傅里叶变换.

　　此外还应注意, 若不论 t 的值如何, 矩阵元 $W_{fi}(t')$ 都等于零, 则计算到第一级的跃迁概率 $\mathscr{P}_{if}(t)$ 等于零.

　　附注:

　　　　我们并未讨论计算到 λ 的第一级的近似值成立的条件. 对比 (B-11) 式和 (B-19) 式便可看出, 这种近似可简单地归结为在 (B-11) 式的右端将系数 $b_k(t)$ 换成它们在 $t = 0$ 时的值 $b_k(0)$. 显然, 只要 t 保持充分小, 以致 $b_k(0)$ 和 $b_k(t)$ 相差很小, 那么, 这种近似就保持有效. 反之, 如果 t 值变大, 那么, 我们绝不能先验地断定直到 λ 的第二级, 第三级 $\cdots$ 的修正是可以忽略的.

[1291] # §C. 重要特例: 正弦型微扰或恒定微扰

1. 普遍公式的应用

　　现在假设 $W(t)$ 取下列两种形式之一

$$\widehat{W}(t) = \widehat{W} \sin \omega t \tag{C-1-a}$$

$$\widehat{W}(t) = \widehat{W} \cos \omega t \tag{C-1-b}$$

其中 $\widehat{W}$ 是一个与时间无关的观察算符, ω 是一个恒定角频率. 这样的情况在物理学中是常见的. 例如, 在补充材料 A_{XIII} 和 B_{XIII} 中. 我们将研究角频率为 ω 的电磁波对一个物理体系的微扰; 那时, $\mathscr{P}_{if}(t)$ 就表示 λ 射的单色辐射在初态 $|\varphi_i\rangle$ 和态 $|\varphi_f\rangle$ 之间所激发的跃迁概率.

如果 $\widehat{W}(t)$ 具有 (C–1–a) 式的特殊形式, 那么, 矩阵元 $\widehat{W}_{fi}(t)$ 可以写成下列形式:

$$\widehat{W}_{fi}(t) = \widehat{W}_{fi}\sin\omega t = \frac{\widehat{W}_{fi}}{2i}(\mathrm{e}^{\mathrm{i}\omega t} - \mathrm{e}^{-\mathrm{i}\omega t}) \tag{C–2}$$

其中 $\widehat{W}_{fi}$ 是一个与时间无关的复数. 现在我们来计算体系的态矢量, 到 λ 的第一级: 若将 (C–2) 式代入普遍公式 (B–20), 我们得到:

$$b_n^{(1)}(t) = -\frac{\widehat{W}_{ni}}{2\hbar}\int_0^t [\mathrm{e}^{\mathrm{i}(\omega_{ni}+\omega)t'} - \mathrm{e}^{\mathrm{i}(\omega_{ni}-\omega)t'}]\mathrm{d}t' \tag{C–3}$$

此式右端的积分是不难计算的, 结果为:

$$b_n^{(1)}(t) = \frac{\widehat{W}_{ni}}{2i\hbar}\left[\frac{1 - \mathrm{e}^{\mathrm{i}(\omega_{ni}+\omega)t}}{\omega_{ni}+\omega} - \frac{1 - \mathrm{e}^{\mathrm{i}(\omega_{ni}-\omega)t}}{\omega_{ni}-\omega}\right] \tag{C–4}$$

于是在我们所设的特殊情况下, 普遍公式 (B–24) 变为:

$$\mathscr{P}_{if}(t;\omega) = \lambda^2|b_f^{(1)}(t)|^2 = \frac{|W_{fi}|^2}{4\hbar^2}\left|\frac{1 - \mathrm{e}^{\mathrm{i}(\omega_{fi}+\omega)t}}{\omega_{fi}+\omega} - \frac{1 - \mathrm{e}^{\mathrm{i}(\omega_{fi}-\omega)t}}{\omega_{fi}-\omega}\right|^2 \tag{C–5–a}$$

(我们在 $\mathscr{P}_{if}$ 中增加了一个变量 ω, 因为这个概率依赖于微扰的频率).

如果我们所选择的 $\widetilde{W}(t)$ 具有 (C–1–b) 而不是 (C–1–a) 的特殊形式, 那么, 和前面类似的计算给出:

$$\mathscr{P}_{if}(t;\omega) = \frac{|W_{fi}|^2}{4\hbar^2}\left|\frac{1 - \mathrm{e}^{\mathrm{i}(\omega_{fi}+\omega)t}}{\omega_{fi}+\omega} + \frac{1 - \mathrm{e}^{\mathrm{i}(\omega_{fi}-\omega)t}}{\omega_{fi}-\omega}\right|^2 \tag{C–5–b}$$

若取 $\omega = 0$, 则 $\widehat{W}\cos\omega t$ 就变得与时间无关了. 于是, 在 (C–5–b) 式中, 令 $\omega = 0$, [1292] 我们就得到恒定微扰 W 所激发的跃迁概率 $\mathscr{P}_{if}(t)$:

$$\begin{aligned}\mathscr{P}_{if}(t) &= \frac{|W_{fi}|^2}{\hbar^2\omega_{fi}^2}|1 - \mathrm{e}^{\mathrm{i}\omega_{fi}t}|^2 \\ &= \frac{|W_{fi}|^2}{\hbar^2}F(t,\omega_{fi})\end{aligned} \tag{C–6}$$

其中

$$F(t,\omega_{fi}) = \left[\frac{\sin(\omega_{fi}t/2)}{\omega_{fi}/2}\right]^2 \tag{C–7}$$

为了研究方程 (C–5) 和 (C–6) 的物理意义, 我们先考虑 $|\varphi_i\rangle$ 和 $|\varphi_f\rangle$ 是两个离散能级的情况 (§2), 再考虑 $|\varphi_f\rangle$ 属于末态连续统的情况 (§3); 在前一情况下, $\mathscr{P}_{if}(t;\omega)$ [或 $\mathscr{P}_{if}(t)$] 确实代表可以测量的跃迁概率, 而在后一情况下, 得到的是一个概率密度 (可以实际测量的量是遍及末态集合的一个总和). 从物

理的观点看来, 上述两种情况的差别是非常鲜明的: 在补充材料 C_{XII} 和 D_{XIII} 中, 我们将会看到, 在第一种情况下, 在充分长的时间间隔内, 体系在态 $|\varphi_i\rangle$ 和 $|\varphi_f\rangle$ 之间振荡; 在第二种情况下, 体系将脱离态 $|\varphi_i\rangle$ 而不再逆转.

在 §2 中, 为了突出共振现象, 我们将选择正弦型微扰, 但所得结果很容易移植到恒定微扰的情况; 而为了开展 §3 中的讨论, 我们应深入研究的则是第二种情况.

2. 耦合两个分离态的正弦型微扰: 共振现象

a. 跃迁概率的共振特性

若将时间 t 固定, 则跃迁概率 $\mathscr{P}_{if}(t;\omega)$ 就成为一个变量 ω 的函数. 我们将会看到, 这个函数在

$$\omega \simeq \omega_{fi} \tag{C-8-a}$$

或

$$\omega \simeq -\omega_{fi} \tag{C-8-b}$$

时, 呈现极大值. 由此可见, 当微扰角频率附和于玻尔角频率 (它与态 $|\varphi_i\rangle$ 和 $|\varphi_f\rangle$ 之间的耦合相联系) 时, 就出现共振现象. 如果我们约定取 $\omega \geqslant 0$, 那么, 等式 (C-8) 给出的共振条件各对应于 $\omega_{fi} > 0$ 和 $\omega_{fi} < 0$; 在第一种情况下 (参看图 13-2-a), 为了从能量为 E_i 的低能级过渡到高能级 E_f, 体系以共振的方式吸收了一个能量子 $\hbar\omega$; 在第二种情况下 (参看图 13-2-b), 共振微扰将体系从高能级 E_i 激发到低能级 E_f (这种过渡伴随着一个能量子 $\hbar\omega$ 的受激发射). 在这一段, 我们始终假设 ω_{fi} 是正的 (即图 13-2-a 的情况); ω_{fi} 为负的情况可以类似地处理.

[1293]

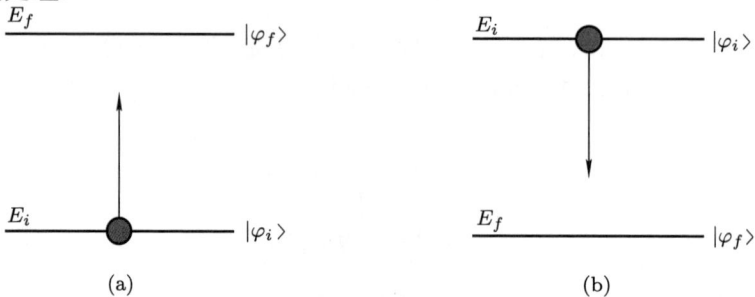

(a)　　　　　　　　　　　　　　　　(b)

图 13-2　与态 $|\varphi_i\rangle$ 和 $|\varphi_f\rangle$ 相联系的能量 E_i 和 E_f 的相对关系. 如果 $E_i < E_f$ (图 a), 则 $|\varphi_i\rangle \to |\varphi_f\rangle$ 的跃迁通过一个能量子 $\hbar\omega$ 的吸收而实现; 反之, 若 $E_i > E_f$ (图 b), 则 $|\varphi_i\rangle \to |\varphi_f\rangle$ 的跃迁通过一个能量子 $\hbar\omega$ 的受激发射而实现.

为了揭示跃迁概率的共振特性, 我们注意, $\mathscr{P}_{if}(t;\omega)$ 的表示式 (C-5-a) 和 (C-5-b) 都含有两项复数之和的模的平方; 两项中的第一项正比于:

$$A_+ = \frac{1 - e^{i(\omega_{fi}+\omega)t}}{\omega_{fi}+\omega} = -ie^{i(\omega_{fi}+\omega)t/2}\frac{\sin[(\omega_{fi}+\omega)t/2]}{(\omega_{fi}+\omega)/2} \tag{C-9-a}$$

第二项则正比于:

$$A_- = \frac{1 - e^{i(\omega_{fi}-\omega)t}}{\omega_{fi} - \omega} = -ie^{i(\omega_{fi}-\omega)t/2}\frac{\sin[(\omega_{fi}-\omega)t/2]}{(\omega_{fi}-\omega)/2} \quad \text{(C–9–b)}$$

A_- 这一项的分母在 $\omega = \omega_{fi}$ 时为零, 而 A_+ 这一项的分母则在 $\omega = -\omega_{fi}$ 时为零. 因此, 我们可以预期, 若 ω 接近 ω_{fi}, 则只有 A_- 这一项是重要的, 由于这个原因, 我们称它为 "共振项", 而称 A_+ 这一项为 "反共振项" (若 ω_{fi} 是负的, ω 又接近 $-\omega_{fi}$, 则 A_+ 显出共振特性).

现在考察这样的情况, 其中:

$$|\omega - \omega_{fi}| \ll |\omega_{fi}| \quad \text{(C–10)}$$

并略去反共振项 A_+ (这种近似的有效性将在下面的 §C 中讨论). 考虑到 (C–9–b) 式, 便有: [1294]

$$\mathscr{P}_{if}(t;\omega) = \frac{|W_{fi}|^2}{4\hbar^2}F(t,\omega-\omega_{fi}) \quad \text{(C–11)}$$

其中

$$F(t,\omega-\omega_{fi}) = \left\{\frac{\sin[(\omega_{fi}-\omega)t/2]}{(\omega_{fi}-\omega)/2}\right\}^2 \quad \text{(C–12)}$$

图 13–3 表示 $\mathscr{P}_{if}(t;\omega)$ 随 ω 变化的情况, t 的值固定. 这个图清楚地显示了跃迁概率的共振特性. 当 $\omega = \omega_{fi}$ 时, 跃迁概率呈现极大, 其值为 $|W_{fi}|^2t^2/4\hbar^2$; 若偏离 ω_{fi}, 概率的值逐渐减小, 然后, 在 $|\omega - \omega_{fi}| = 2\pi/t$ 时, 变为零. 当 $|\omega - \omega_{fi}|$ 继续增大时, 概率在 $|W_{fi}|^2/\hbar^2(\omega-\omega_{fi})^2$ 与零之间振荡 ("衍射曲线").

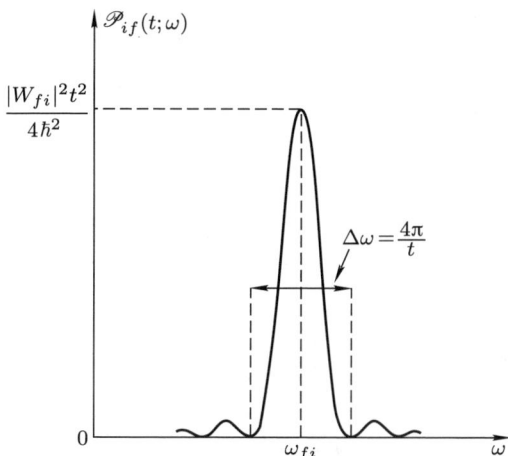

图 13–3 与角频率为 ω 的正弦型微扰相联系的跃迁概率 $\mathscr{P}_{if}(t;\omega)$ (计算到第一级) 随 ω 变化的情况, t 的值固定. 当 $\omega \simeq \omega_{fi}$ 时, 出现共振, 它的强度正比于 t^2, 宽度与 t 成反比.

b. 共振宽度与时间–能量不确定度关系式

　　共振宽度 $\Delta\omega$ 可近似地定义为在 $\omega = \omega_{fi}$ 附近函数 $\mathscr{P}_{if}(t;\omega)$ 的第一对零点之间的距离; 跃迁概率在这个区间内取得其最显著的值 $[\mathscr{P}_{if}(t)$ 的下一个极大, 出现在 $(\omega - \omega_{fi})t/2 = 3\pi/2$ 时, 其值为 $|W_{fi}|^2 t^2/9\pi^2\hbar^2$, 这就是说, 不到共振点的跃迁概率的 5%]. 因此, 我们有:

[1295]

$$\Delta\omega \simeq \frac{4\pi}{t} \tag{C–13}$$

时间 t 越大, 这个宽度越小.

　　关系式 (C–13) 有些类似于时间–能量不确定度关系式 (参看第三章, §D-2-e). 假设我们给体系施加一个角频率为 ω 的正弦型微扰, 并改变 ω 以便观察共振, 我试图这样来测量能量差 $E_f - E_i = \hbar\omega_{fi}$. 如果微扰作用了时间 t, 则差 $E_f - E_i$ 的不确定度 ΔE 的数量级, 据 (C–13) 式, 应为:

$$\Delta E = \hbar\Delta\omega \simeq \frac{\hbar}{t} \tag{C–14}$$

由此可见, 乘积 $t\Delta E$ 不能小于 $\hbar$, 这个结果使我们联想起时间–能量不确定度关系式, 虽然这里的 t 并不表示体系自由演变的特征时间间隔而是由外界所决定的.

c. 已应用的微扰处理的有效性

　　现在来考察我们用以求得 (C–11) 式的计算的有效条件. 我们先讨论共振近似, 其要点在于忽略了反共振项 A_+, 然后讨论在态矢量的微扰展开中的一级近似.

α. 关于共振近似的讨论

　　我们是根据假设 $\omega \simeq \omega_{fi}$, 才相对于 A_- 忽略了 A_+ 的. 现在我们来比较一下 A_+ 和 A_- 的模.

　　函数 $|A_-(\omega)|^2$ 的曲线已绘于图 13-3; 由于 $|A_+(\omega)|^2 = |A_-(-\omega)|^2$, 我们只要以纵轴 $\omega = 0$ 为对称轴作出与该图中的曲线对称的图形, 便得到了 $|A_+(\omega)|^2$ 的曲线. 如果宽度为 $\Delta\omega$ 的这两条曲线以其间距离甚大于 $\Delta\omega$ 的两点为中心, 那么显然, 在 $\omega = \omega_{fi}$ 的附近, A_+ 的模相对于 A_- 的模而言是可以忽略的. 由此可见, 如果满足条件 [①]:

$$2|\omega_{fi}| \gg \Delta\omega \tag{C–15}$$

考虑到 (C–13), 这也就是:

$$t \gg \frac{1}{|\omega_{fi}|} \simeq \frac{1}{\omega} \tag{C–16}$$

---

　　① 注意, 如果条件 (C–15) 得不到满足, 那么, 共振项和反共振项将互相干涉, 仅仅将 $|A_+|^2$ 和 $|A_-|^2$ 相加就不够了.

那么, 共振近似就是合理的.

这就是说, 如果正弦型微扰作用的时间 t 大于 $1/\omega$, 那么, (C–11) 式的结果就是有效的. 这个条件的物理意义也是明显的: 它表明在 $[0,t]$ 这段时间内, 微扰已经进行了多次振荡, 以致可以被体系感受为一种正弦型微扰. 反之, 如果 t 小于 $1/\omega$, 则微扰来不及振荡, 在 (C–1–a) 式的情况下, 它实际上相当于一种随时间线性地变化的微扰, 而在 (C–1–b) 式的情况下, 它相当于恒定微扰.

[1296]

附注:

对于恒定微扰, 条件 (C–16) 永远也不能满足, 因为 ω 等于零. 但是也不难使前面 §b 中的计算在这种情况下仍然成立. 实际上, 我们是在公式 (C–5–b) 中直接令 $\omega = 0$, 于是才在 (C–6) 式中得到适用于恒定微扰的跃迁概率 $\mathscr{P}_{if}(t)$ 的. 我们注意, 现在 A_+ 和 A_- 两项是相等的, 这清楚地表明, 如果 (C–16) 式不能满足, 反共振项便是不可忽略的.

概率 $\mathscr{P}_{if}(t)$ (时间 t 固定) 随能量差 $\hbar\omega_{fi}$ 变化的情况绘于图 13–4. 在 $\omega_{fi} = 0$ 时, 这个概率达到极大值, 这与前面 §b 中的结果正好对应: 如果微扰角频率为零, 则在 $\omega_{fi} = 0$ (简并能级) 时, 这个微扰呈现共振特性. 更普遍地说, §b 中关于共振特性的那些想法都可以移植到这种情况.

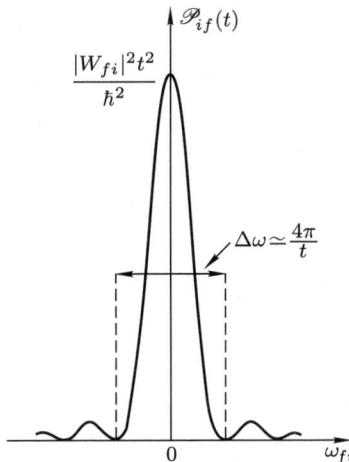

图 13–4　与恒定微扰相联系的跃迁概率 $\mathscr{P}_{if}(t)$ 随 $\omega_{fi} = (E_f - E_i)/\hbar$ 变化的情况 (t 值固定). 在点 $\omega_{fi} = 0$ (能量守恒) 的附近出现共振, 它的宽度和图 13–3 中的共振曲线的相等, 但它的强度则是前图中的 4 倍 (因此, 对恒定微扰来说, 彼此相等的共振项和反共振项之间的干涉是相长的).

β. 一级近似的限度

在前面 (参看 §B–3–b 末尾的附注), 我们曾经指出, 在 t 的值很大时, 一级近似可能不再有效. 实际上, 这就是我们从 (C–11) 式看到的. 在共振点, 该式

可以写作:

$$\mathscr{P}_{if}(t;\omega = \omega_{fi}) = \frac{|W_{fi}|^2}{4\hbar^2}t^2 \tag{C-17}$$

[1297] 　　在 $t \to \infty$ 时, 此函数为无穷大, 这是荒谬的, 因为概率在任何情况下都不会大于 1.

　　在实际情况下, 为使一级近似在共振点得以成立, 写成 (C-17) 式的概率应该甚小于 1, 也就是说, 应有[①]:

$$t \ll \frac{\hbar}{|W_{fi}|} \tag{C-18}$$

　　若要严格证明这个不等式为什么与一级近似的有效性相关, 我们就应该从 (B-14) 式出发去计算更高阶的修正, 并考察它们在什么条件下才是可以忽略的. 我们可以看到, 虽然不等式 (C-18) 是必要的, 但严格地说, 它却是不充分的; 例如, 在第二级或更高级的项中, 除 $\widehat{W}_{fi}$ 以外, 还会出现 $\widehat{W}$ 的矩阵元 $\widehat{W}_{kn}$, 我们须给这些矩阵元规定一些条件, 才能使对应的修正量很小.

　　在 t 不满足条件 (C-18) 时, 计算跃迁概率的问题将在补充材料 C_{XIII} 中讨论, 在该文中我们将应用另一种类型的近似 (久期近似).

3. 与连续谱中的态的耦合

　　如果能量 E_f 属于 H_0 的本征值谱中的连续部分, 也就是说, 末态是以连续指标为标志的, 那么, 测量体系在时刻 t 处于确定态 $|\varphi_f\rangle$ 的概率, 便是没有意义的了. 实际上, 在这种情况下, 第三章的假定表明, 前面 (近似地) 计算的量 $|\langle \varphi_f|\psi(t)\rangle|^2$ 是一个概率密度. 这时, 关于一次确定的测量的物理预言将包括这个概率密度遍及末态的某一集合 (这又依赖于要进行的测量) 的积分. 现在我们来研究前面几段的结果在这种情况下将变成什么形式.

a. 遍及一个末态连续统的积分; 态密度

α. 一个具体例子

　　为了更好地理解怎样遍及这些末态取积分, 我们先分析一个具体例子.

　　现在考察一个质量为 m 的无自旋粒子在势场 $W(\boldsymbol{r})$ 中的散射问题 (参看
[1298] 第八章). 我们可以将粒子在时刻 t 的态 $|\psi(t)\rangle$ 按具有确定动量 $\boldsymbol{p}$ 和能量

$$E = \frac{\boldsymbol{p}^2}{2m} \tag{C-19}$$

---

　　① 为了使上面已建立的理论有意义, 则条件 (C-16) 和 (C-18) 显然应该是相容的, 也就是说:

$$\frac{1}{|\omega_{fi}|} \ll \frac{\hbar}{|W_{fi}|}$$

这个不等式仅仅表示能量差 $|E_f - E_i| = \hbar|\omega_{fi}|$ 甚大于 $W(t)$ 在态 $|\varphi_i\rangle$ 与 $|\varphi_f\rangle$ 之间的矩阵元.

的诸态 $|\boldsymbol{p}\rangle$ 展开, 对应的波函数则为平面波:

$$\langle \boldsymbol{r}|\boldsymbol{p}\rangle = \left(\frac{1}{2\pi\hbar}\right)^{3/2} \mathrm{e}^{\mathrm{i}\boldsymbol{p}\cdot\boldsymbol{r}/\hbar} \tag{C-20}$$

与一次动量的测量相联系的概率密度为 $|\langle \boldsymbol{p}|\psi(t)\rangle|^2$ [设 $|\psi(t)\rangle$ 已归一化].

当粒子以动量 $\boldsymbol{p}_f$ 遭到散射时, 实验中所用的探测器 (例如参看图 8–2) 即输出一个讯号; 当然, 探测器的角孔径总是有限大的, 它的能量选择性也是不理想的, 也就是说, 只要粒子的动量 $\boldsymbol{p}$ 的方向在围绕 $\boldsymbol{p}_f$ 的立体角 $\delta\Omega_f$ 内, 而其能量在以 $E_f = \boldsymbol{p}_f^2/2m$ 为中心的区间 δE_f 内时, 探测器就有讯号输出. 若用 D_f 表示 $\boldsymbol{p}$ 空间中由这些条件所确定的区域, 则从探测器得到一个讯号的概率为:

$$\delta\mathscr{P}(\boldsymbol{p}_f, t) = \int_{\boldsymbol{p}\in D_f} \mathrm{d}^3 p |\langle \boldsymbol{p}|\psi(t)\rangle|^2 \tag{C-21}$$

为了利用前面几段的结果, 我们需要进行变数变换, 经过变换将出现一个对能量的积分, 变换并不困难, 因为我们可以写出:

$$\mathrm{d}^3 p = p^2 \mathrm{d}p \mathrm{d}\Omega \tag{C-22}$$

再将变量 p 换为能量 E, 它通过 (C–19) 式与 p 相关; 这样便得到:

$$\mathrm{d}^3 p = \rho(E)\mathrm{d}E\mathrm{d}\Omega \tag{C-23}$$

其中函数 $\rho(E)$ 叫做末态密度, 根据 (C–19), (C–22) 及 (C–23) 式, 可以将它写作:

$$\rho(E) = p^2 \frac{\mathrm{d}p}{\mathrm{d}E} = p^2 \frac{m}{p} = m\sqrt{2mE} \tag{C-24}$$

于是公式 (C–21) 变为:

$$\delta\mathscr{P}(\boldsymbol{p}_f, t) = \iint_{\left\{\begin{array}{l} \Omega \in \delta\Omega_f \\ E \in \delta E_f \end{array}\right.} \mathrm{d}\Omega\mathrm{d}E\rho(E)|\langle \boldsymbol{p}|\psi(t)\rangle|^2 \tag{C-25}$$

β. 普遍情况

假设在一个确定的问题中, H_0 的某些本征态以指标的一个连续集合为标志, 以 α 表示这个集合, 即可将正交归一关系式写作:

$$\langle \alpha|\alpha'\rangle = \delta(\alpha - \alpha') \tag{C-26}$$

体系在时刻 t 由归一化的右矢 $|\psi(t)\rangle$ 描述, 我们要计算在一次测量中发现体系处在末态的某一给定集合中的概率 $\delta\mathscr{P}(\alpha_f, t)$. 这个态的集合的特征可以用参

[1299]

变量 α 的一个值域 D_f 来表示, 它的中心在 α_f, 再假设它们的能量构成一个连续统. 于是量子力学的假定给出:

$$\delta\mathscr{P}(\alpha_f, t) = \int_{\alpha \in D_f} \mathrm{d}\alpha |\langle \alpha | \psi(t) \rangle|^2 \tag{C-27}$$

如同在前面 §a 的例子中那样, 进行变数变换, 以便导致末态能量密度: 不用参变量 α 来描述这些态, 而改用能量 E 和另一些参变量的集合 β (在 H_0 不能单独构成一个 E.C.O.C. 时, 这些参变量是必需的). 这样我们便可通过 $\mathrm{d}E$ 和 $\mathrm{d}\beta$ 来表示 $\mathrm{d}\alpha$:

$$\mathrm{d}\alpha = \rho(\beta, E)\mathrm{d}\beta\mathrm{d}E \tag{C-28}$$

于是出现了末态密度 $\rho(\beta, E)$[①]. 将 D_f 所限定的区间记作 $\delta\beta_f$ (参变量 β 的值域) 和 δE_f (E 的值域) 则有:

$$\delta\mathscr{P}(\alpha_f, t) = \int_{\substack{\beta \in \delta\beta_f \\ E \in \delta E_f}} \mathrm{d}\beta\mathrm{d}E\rho(\beta, E)|\langle \beta, E | \psi(t) \rangle|^2 \tag{C-29}$$

其中符号 $|\alpha\rangle$ 已换成 $|\beta, E\rangle$, 以便表明概率密度 $|\langle \alpha | \psi(t) \rangle|^2$ 对 E 和 β 的依赖性.

b. 费米的黄金规则

在 (C-29) 式中, $|\psi(t)\rangle$ 是体系在时刻 t 的已归一化的态矢量. 如同在本章 §A 中那样, 设体系最初处于 H_0 的一个本征态 $|\varphi_i\rangle$ [这就是说, $|\varphi_i\rangle$ 属于 H_0 的离散谱, 因为, 体系的初态应该像 $|\psi(t)\rangle$ 那样, 是可以归一化的]. 现将 (C-29) 式中的符号 $\delta\mathscr{P}(\alpha_f, t)$ 换为 $\delta\mathscr{P}(\varphi_i, \alpha_f, t)$, 以便标明体系从态 $|\varphi_i\rangle$ 开始演变.

在体系的末态属于 H_0 的连续谱时, §B 中的那些计算以及它们在正弦型微扰或恒定微扰情况下的应用 (§C-1 和 §C-2) 仍然有效. 现在假设 W 是恒定的, 那么, 我们就可以利用公式 (C-6) 来计算 (到 W 的第一级) 概率密度 $|\langle \beta, E | \psi(t) \rangle|^2$. 这样, 我们得到:

$$|\langle \beta, E | \psi(t) \rangle|^2 = \frac{1}{\hbar^2}|\langle \beta, E | W | \varphi_i \rangle|^2 F\left(t, \frac{E - E_i}{\hbar}\right) \tag{C-30}$$

[1300]　其中 E 和 E_i 分别为态 $|\beta, E\rangle$ 和态 $|\varphi_i\rangle$ 的能量, F 是 (C-7) 式所定义的函数, 最后, 对于 $\delta\mathscr{P}(\varphi_i, \alpha_f, t)$, 我们得到:

$$\delta\mathscr{P}(\varphi_i, \alpha_f, t) = \frac{1}{\hbar^2}\int_{\substack{\beta \in \delta\beta_f \\ E \in \delta E_f}} \mathrm{d}\beta\mathrm{d}E\rho(\beta, E)|\langle \beta, E | W | \varphi_i \rangle|^2 F\left(t, \frac{E - E_i}{\hbar}\right) \tag{C-31}$$

在 $E = E_i$ 附近, 函数 $F\left(t, \dfrac{E - E_i}{\hbar}\right)$ 变化很快 (参看图 13-4). 若 t 充分大, 这

---

① 在普遍情况下, 态密度 ρ 同时依赖于 E 和 β; 但是, 常有这样的情况 (参看前面 §a 中的例子), 即 ρ 只依赖于 E.

个函数, 除常因子以外, 可以归一化为 $\delta(E - E_i)$, 根据附录 II 中的公式 (11) 和 (20), 我们有:

$$\operatorname*{Lim}_{t \to \infty} F\left(t, \frac{E - E_i}{\hbar}\right) = \pi t \delta\left(\frac{E - E_i}{2\hbar}\right) = 2\pi\hbar t \delta(E - E_i) \tag{C--32}$$

另一方面, 函数 $\rho(\beta, E)|\langle\beta, E|W|\varphi_i\rangle|^2$ 随 E 的变化一般是非常慢的. 现在假设 t 充分大, 以致这个函数在以 $E = E_i$ 为中心、宽度为 $4\pi\hbar/t$ 的能量区间上的 变化可以忽略[1], 那么, 在 (C--31) 式中, 我们就可以将函数 $F\left(t, \frac{E - E_i}{\hbar}\right)$ 用它 的极限形式 (C--32) 来代替, 这样, 对 E 的积分可以立即算出. 此外, 如果 $\delta\beta_f$ 非常小, 那么, 对 β 的积分就是不必要的, 于是, 最终得到:

$$\begin{cases} \text{— 若能量 } E_i \text{ 属于区域 } \delta E_f: \\ \delta\mathscr{P}(\varphi_i, \alpha_f, t) = \delta\beta_f \dfrac{2\pi}{\hbar} t |\langle\beta_f, E_f = E_i|W|\varphi_i\rangle|^2 \rho(\beta_f, E_f = E_i) & \text{(C--33-a)} \\ \text{— 若能量 } E_i \text{ 不属于这个区域}: \\ \delta\mathscr{P}(\varphi_i, \alpha_f, t) = 0 & \text{(C--33-b)} \end{cases}$$

在 §C-2-c-α 的附注中我们已经见到, 恒定微扰只能在能量相等的两态之间引起跃迁, 体系处在初态时和处在末态时一定具有同样的能量 (除因子 $2\pi\hbar/t$ 以外). 因此之故, 若区域 δE_f 不包含能量 E_i, 则跃迁概率为零.

概率 (C--33-a) 正比于时间而增大. 因此, 定义为:

$$\delta\mathscr{W}(\varphi_i, \alpha_f) = \frac{\mathrm{d}}{\mathrm{d}t}\delta\mathscr{P}(\varphi_i, \alpha_f, t) \tag{C--34}$$

的单位时间内的跃迁概率 $\delta\mathscr{W}(\varphi_i, \alpha_f)$ 与时间无关. 引入单位时间内和变量 β_f 的单位间隔内的跃迁概率密度:

$$w(\varphi_i, \alpha_f) = \frac{\delta\mathscr{W}(\varphi_i, \alpha_f)}{\delta\beta_f} \tag{C--35}$$

这个函数等于:　　　　　　　　　　　　　　　　　　　　　　　　　　　　　　[1301]

$$w(\varphi_i, \alpha_f) = \frac{2\pi}{\hbar} |\langle\beta_f, E_f = E_i|W|\varphi_i\rangle|^2 \rho(\beta_f, E_f = E_i) \tag{C--36}$$

这个重要结果以费米的黄金规则而为人们所周知.

---

[1] $\rho(\beta, E)|\langle\beta, E|W|\varphi_i\rangle|^2$ 应该变化得充分缓慢, 这样我们才能找到满足所述条件的 t 值, 同时, 这些值又应保持充分小, 以致将 W 作为微扰处理仍然有效. 此外, 我们还假设 $\delta E_f \gg 4\pi\hbar/t$.

附注:

(i) 设 W 是 (C-1-a) 式或 (C-1-b) 式的正弦型微扰, 它耦合着态 $|\varphi_i\rangle$ 和能量靠近 $E_i + \hbar\omega$ 的态的连续统 $|\beta_f, E_f\rangle$, 从 (C-11) 式开始, 我们可以进行与上面相同的推导, 结果得到:

$$w(\varphi_i, \alpha_f) = \frac{\pi}{2\hbar}|\langle\beta_f, E_f = E_i + \hbar\omega|W|\varphi_i\rangle|^2 \rho(\beta_f, E_f = E_i + \hbar\omega) \tag{C-37}$$

(ii) 我们再回到一个粒子受势场散射的问题, 在 $\{|\boldsymbol{r}\rangle\}$ 表象中, 势 W 的矩阵元由下式给出:

$$\langle\boldsymbol{r}|W|\boldsymbol{r}'\rangle = W(\boldsymbol{r})\delta(\boldsymbol{r} - \boldsymbol{r}') \tag{C-38}$$

现在假设体系的初态是一个具有确定动量的态:

$$|\psi(t = 0)\rangle = |\boldsymbol{p}_i\rangle \tag{C-39}$$

我们要计算动量为 $\boldsymbol{p}_i$ 的入射粒子经散射后处于动量为 $\boldsymbol{p}$ 的态的概率, $\boldsymbol{p}$ 在给定值 $\boldsymbol{p}_f$ 的附近 (这里 $|\boldsymbol{p}_f| = |\boldsymbol{p}_i|$). 公式 (C-36) 给出单位时间内在围绕 $\boldsymbol{p} = \boldsymbol{p}_f$ 的单位立体角内的散射概率 $w(\boldsymbol{p}_i, \boldsymbol{p}_f)$:

$$w(\boldsymbol{p}_i, \boldsymbol{p}_f) = \frac{2\pi}{\hbar}|\langle\boldsymbol{p}_f|W|\boldsymbol{p}_i\rangle|^2 \rho(E_f = E_i) \tag{C-40}$$

考虑到 (C-20), (C-38) 式及 $\rho(E)$ 的表示式 (C-24), 上式变为:

$$w(\boldsymbol{p}_i, \boldsymbol{p}_f) = \frac{2\pi}{\hbar}m\sqrt{2mE_i}\left(\frac{1}{2\pi\hbar}\right)^6 \left|\int \mathrm{d}^3r \mathrm{e}^{\mathrm{i}(\boldsymbol{p}_i - \boldsymbol{p}_f)\cdot\boldsymbol{r}/\hbar}W(\boldsymbol{r})\right|^2 \tag{C-41}$$

可以看出, 此式的右端含有 $W(\boldsymbol{r})$ 对于 $\boldsymbol{p} = \boldsymbol{p}_i - \boldsymbol{p}_f$ 进行的傅里叶变换.

注意, 上面所取的初态 $|\boldsymbol{p}_i\rangle$ 是不可归一化的, 它不能表示一个粒子的物理状态. 然而, 尽管 $|\boldsymbol{p}_i\rangle$ 的模为无穷大, (C-41) 式右端却保持为有限值; 因此, 直观地分析一下, 我们就可以指望从这个公式求得一个正确的物理结果. 实际上, 根据 (C-20) 式, 与态 $|\boldsymbol{p}_i\rangle$ 相联系的概率流为:

$$J_i = \left(\frac{1}{2\pi\hbar}\right)^3 \frac{\hbar k_i}{m} = \left(\frac{1}{2\pi\hbar}\right)^3 \sqrt{\frac{2E_i}{m}} \tag{C-42}$$

[1302]　　　将概率除以这个概率流, 我们就得到:

$$\frac{w(\boldsymbol{p}_i, \boldsymbol{p}_f)}{J_i} = \frac{m^2}{4\pi^2\hbar^4} \left|\int \mathrm{d}^3r \mathrm{e}^{\mathrm{i}(\boldsymbol{p}_i - \boldsymbol{p}_f)\cdot\boldsymbol{r}/\hbar}W(\boldsymbol{r})\right|^2 \tag{C-43}$$

这个结果和玻恩近似下的散射的有效截面的表示式一致 (参看第八章的 §B-4).

上面的推导虽然不严格, 但却向我们表明, 玻恩近似下的散射有效截面也可以根据费米的黄金规则通过依赖于时间的途径而求出.

参考文献和阅读建议:

演变算符的微扰展开: Messiah (1.17), 第 XVII 章, §1 和 §2.

哈密顿算符的突发修正或浸渐修正: Messiah (1.17), 第 XVII 章, §II; Schiff (1.18), 第 8 章, §35.

微扰级数的图形表示 (Feynman 图): Ziman (2.26), 第 3 章; Mandl (2.9), 第 12–14 章; Bjorkèn 和 Drell (2.10), 第 16 章和第 17 章.

第十三章补充材料

阅读指南

A$_{XIII}$: 原子与电磁波的相互作用

A$_{XIII}$: 通过原子和正弦型电磁波的相互作用这样一个极其重要的例子来说明第十三章 §C-2 中的一般原理. 文中引入了一些基本概念, 诸如: 光谱跃迁的选择定则, 辐射的吸收和受激发射, 振子强度等. 鉴于这里引入的概念对原子物理颇为重要, 虽然本篇属于中等难度, 仍建议读者先行学习.

B$_{XIII}$: 在正弦型微扰的影响下双能级体系的线性和非线性响应

B$_{XIII}$: 借助于一个简单模型来研究在电磁波和原子体系的相互作用中出现的一些非线性效应 (饱和效应, 多光子跃迁等). 比前一材料 A$_{XIII}$ 更难 (属研究生教材), 可留待以后学习.

C$_{XIII}$: 在共振微扰影响下体系在两个离散能级之间的振荡

C$_{XIII}$: 研究具有离散能级的体系在共振微扰作用下在长时间间隔中的行为. 本文充实了第十三章 §C-2 中只在短时间间隔中才能成立的那些结果并使之更为详尽. 本文比较容易.

D$_{XIII}$: 与末态连续统共振耦合的离散态的衰变

D$_{XIII}$: 研究与末态连续统以共振方式耦合的一个离散态在长时间间隔中的行为; 充实了第十三章 §C-3 中针对短时间间隔建立的结果 (费米的黄金规则) 并使之更为详尽; 证明了粒子出现在离散能级中的概率按指数律减小; 证实了在补充材料 K$_{III}$ 中唯象地引入的寿命的概念是合理的. 本文属研究生教材, 对很多方面的应用都甚重要.

E$_{XIII}$: 练习

E$_{XIII}$: 练习 10 可以作为补充材料 A$_{XIII}$ 的练习, 在其中循序渐近地研究了一个量子体系的外部自由度对体系可能吸收的电磁辐射的频率的影响 (Doppler 效应, 反冲能量, Mössbauer 效应).

还有一些练习 (特别是练习 8 和 9) 比其他补充材料中的练习困难一些, 但它们探讨的物理现象却很重要.

补充材料 A_{XIII}

[1304]

原子与电磁波的相互作用

1. 相互作用哈密顿算符. 选择定则

　　a. 与平面电磁波相联系的场和势

　　b. 弱强度极限下的相互作用哈密顿算符

　　c. 电偶极哈密顿算符

　　d. 磁偶极和电四极哈密顿算符

2. 非共振激发. 与弹性束缚电子模型作比较

　　a. 弹性束缚电子的经典模型

　　b. 感生偶极矩的量子力学的计算

　　c. 讨论. 振子强度

3. 共振激发. 吸收与受激发射

　　a. 与单色波相联系的跃迁概率

　　b. 宽线激发. 单位时间内的跃迁概率

　　　在第十三章 §C 中, 我们研究了微扰的特殊情况, 即正弦型微扰: $W(t) = W \sin \omega t$; 在那里, 我们揭示了共振现象, 此现象发生在 ω 接近所研究的体系的某一个玻尔角频率 $\omega_{fi} = (E_f - E_i)/\hbar$ 的时候.

　　　在这个理论的应用中, 一个特别重要的例子就是原子与单色电磁波的相互作用. 在本文中, 通过这个例子的研究, 我们可以说明第十三章中的一些普遍考虑并明确原子物理学中的一些基本概念, 诸如光谱跃迁的选择定则, 辐射的吸收和受激发射, 谐振子的力等等 $\cdots\cdots$.

　　　如同在第十三章那样, 我们只限于一级微扰的计算. 在原子与电磁波的相互作用中的一些高阶的效应 ("非线性" 效应) 将在补充材料 B_{XIII} 中讨论.

　　　在第一部分 (§1), 我们光分析原子与电磁波之间的相互作用哈密顿算符的结构. 根据这些分析, 我们可以将电偶极项, 磁偶极项, 电四极项分开, 并研究对应的选择定则. 然后 (§2), 我们计算非谐振入射波所激发的电偶极矩, 并将这里所得的结果与受弹性束缚的电子模型的结果进行比较. 最后 (§3), 我们研究辐射的吸收和受激发射, 这些都是原子受到共振激发时出现的过程.

1. 相互作用哈密顿算符. 选择定则

a. 与平面电磁波相联系的场和势

我们来考虑一个平面电磁波①,其波矢为 $\boldsymbol{k}$ (平行于 Oy 轴),角频率 $\omega = ck$; 波的电场平行于 Oz 轴,磁场平行于 Ox 轴 (图 13-5).

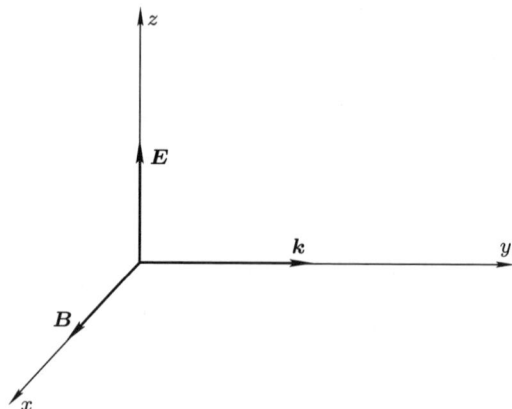

图 13-5　波矢为 $\boldsymbol{k}$ 的平面波的电场 $\boldsymbol{E}$ 和磁场 $\boldsymbol{B}$.

对于这样一种波,只要适当地选择规范 (参看附录 Ⅲ,§4–b–α),我们总可以将标势 $U(\boldsymbol{r},t)$ 取为零;从而矢势 $\boldsymbol{A}(\boldsymbol{r},t)$ 便可由下面的实函数表示:

$$\boldsymbol{A}(\boldsymbol{r},t) = \mathscr{A}_0\boldsymbol{e}_z\mathrm{e}^{\mathrm{i}(ky-\omega t)} + \mathscr{A}_0^*\boldsymbol{e}_z\mathrm{e}^{-\mathrm{i}(ky-\omega t)} \tag{1}$$

其中 $\mathscr{A}_0$ 是一个复常数, 它的幅角依赖于时间起点的选择. 由此式得到:

$$\boldsymbol{E}(\boldsymbol{r},t) = -\frac{\partial}{\partial t}\boldsymbol{A}(\boldsymbol{r},t) = \mathrm{i}\omega\mathscr{A}_0\boldsymbol{e}_z\mathrm{e}^{\mathrm{i}(ky-\omega t)} - \mathrm{i}\omega\mathscr{A}_0^*\boldsymbol{e}_z\mathrm{e}^{-\mathrm{i}(ky-\omega t)} \tag{2}$$

$$\boldsymbol{B}(\boldsymbol{r},t) = \nabla \times \boldsymbol{A}(\boldsymbol{r},t) = \mathrm{i}k\mathscr{A}_0\boldsymbol{e}_x\mathrm{e}^{\mathrm{i}(ky-\omega t)} - \mathrm{i}k\mathscr{A}_0^*\boldsymbol{e}_x\mathrm{e}^{-\mathrm{i}(ky-\omega t)} \tag{3}$$

我们这样选择时间的起点,使得常数 $\mathscr{A}_0$ 为纯虚数,并且令:

$$\mathrm{i}\omega\mathscr{A}_0 = \frac{\mathscr{E}}{2} \tag{4–a}$$

$$\mathrm{i}k\mathscr{A}_0 = \frac{\mathscr{B}}{2} \tag{4–b}$$

其中 $\mathscr{E}$ 和 $\mathscr{B}$ 是两个实数,而且:

$$\frac{\mathscr{E}}{\mathscr{B}} = \frac{\omega}{k} = c \tag{5}$$

---

① 为简单起见, 在这里我们只限于平面波的情况; 但本文所得的结果可以推广到任意电磁场.

这样便有:

$$E(r,t) = \mathscr{E} e_z \cos(ky - \omega t) \tag{6}$$

$$B(r,t) = \mathscr{B} e_x \cos(ky - \omega t) \tag{7}$$

由此可见, $\mathscr{E}$ 和 $\mathscr{B}$ 就是所设的平面波的电场振幅和磁场振幅.

最后, 我们来计算这个平面波的坡印亭矢量 G[①]:

$$G = \varepsilon_0 c^2 E \times B \tag{8}$$

将 (8) 式中的 E 和 B 用它们的表示式 (6) 和 (7) 来代替, 并对很多个周期取时间平均值, 再考虑到 (5) 式, 便得到:

$$\overline{G} = \varepsilon_0 c \frac{\mathscr{E}^2}{2} e_y \tag{9}$$

b. 弱强度极限下的相互作用哈密顿算符

上述平面波与原子中的电子相互作用, 电子的质量为 m, 电荷为 q, 到 O 点的距离为 r; 固定在 O 点的核所产生的中心势 $V(r)$ 将电子束缚于 O 点. 这个电子的量子力学哈密顿算符为:

$$H = \frac{1}{2m}[P - qA(R,t)]^2 + V(R) - \frac{q}{m}S \cdot B(R,t) \tag{10}$$

式中的最后一项表示电子的自旋磁矩与平面波的振荡磁场的相互作用; $A(R,t)$ 和 $B(R,t)$ 都是算符, 要得到它们, 只需将经典表示式 (1) 和 (3) 中的 x,y,z 换成观察算符 X,Y,Z.

在 (10) 式右端的平方项的展开式中, 原则上必须注意 P 通常不能和 R 的函数对易. 但在目前情况下, 这种担心是不必要的; 这是因为, A 平行于 Oz 轴 [参看公式 (1)], 在乘积项中只出现一个分量 P_z; 但 P_z 可以和 R 的分量 Y 对易, 而在 $A(R,t)$ 的表示式 (1) 中只出现这一个分量. 于是我们可以写出:

$$H = H_0 + W(t) \tag{11}$$

其中

[1307]

$$H_0 = \frac{P^2}{2m} + V(R) \tag{12}$$

是原子的哈密顿算符, 而

$$W(t) = -\frac{q}{m}P \cdot A(R,t) - \frac{q}{m}S \cdot B(R,t) + \frac{q^2}{2m}[A(R,t)]^2 \tag{13}$$

---

① 提醒一下, 穿过垂直于单位矢 n 的面元 dS 的能量流为 $G \cdot n\, dS$.

则是与入射平面波相互作用的哈密顿算符 [当 $\mathscr{A}_0$ 趋向零时, $W(t)$ 的矩阵元也趋向于零].

(13) 式右端的前面两项与 $\mathscr{A}_0$ 的关系是线性的, 第三项与 $\mathscr{A}_0$ 的关系则是二次的. 常用光源的强度是充分弱的, 以致相对于 $\mathscr{A}_0$ 项的效应而言, 我们可以忽略 $\mathscr{A}_0^2$ 项的效应. 于是我们可以写出:

$$W(t) \simeq W_I(t) + W_{II}(t) \tag{14}$$

其中

$$W_I(t) = -\frac{q}{m}\boldsymbol{P} \cdot \boldsymbol{A}(\boldsymbol{R}, t) \tag{15}$$

$$W_{II}(t) = -\frac{q}{m}\boldsymbol{S} \cdot \boldsymbol{B}(\boldsymbol{R}, t) \tag{16}$$

我们来计算 $W_I(t)$ 和 $W_{II}(t)$ 在电子的两个束缚态之间的矩阵元的相对数量级; $\boldsymbol{S}$ 的矩阵元属于数量级 $\hbar$, $\boldsymbol{B}$ 属于数量级 $k\mathscr{A}_0$[见公式 (3)], 所以:

$$\frac{W_{II}(t)}{W_I(t)} \simeq \frac{\dfrac{q}{m}\hbar k\mathscr{A}_0}{\dfrac{q}{m}p\mathscr{A}_0} = \frac{\hbar k}{p} \tag{17}$$

根据不确定度关系式, $\hbar/p$ 最多和原子线度 (以玻尔半径 $a_0 \simeq 0.5\text{Å}$ 为标志) 同数量级; k 等于 $2\pi/\lambda$, λ 是入射波的波长. 在适合于原子物理的谱中 (光谱或电磁波谱的领域)λ 甚大于 a_0, 于是有:

$$\frac{W_{II}(t)}{W_I(t)} \simeq \frac{a_0}{\lambda} \ll 1 \tag{18}$$

c. 电偶极哈密顿算符

α. 电偶极近似. 物理意义

利用 $\boldsymbol{A}(\boldsymbol{R}, t)$ 的表示式 (1), 可将 $W_I(t)$ 写成下列形式:

$$W_I(t) = -\frac{q}{m}P_z[\mathscr{A}_0 \mathrm{e}^{\mathrm{i}kY}\mathrm{e}^{-\mathrm{i}\omega t} + \mathscr{A}_0^* \mathrm{e}^{-\mathrm{i}kY}\mathrm{e}^{\mathrm{i}\omega t}] \tag{19}$$

[1308]　将指数函数 $\mathrm{e}^{\pm \mathrm{i}kY}$ 按 kY 的幂展开:

$$\mathrm{e}^{\pm \mathrm{i}kY} = 1 \pm \mathrm{i}kY - \frac{1}{2}k^2Y^2 + \cdots \tag{20}$$

由于 Y 属于原子线度的数量级, 故和上面相似, 我们有:

$$kY \simeq \frac{a_0}{\lambda} \ll 1 \tag{21}$$

由此可见, 只保留展开式 (20) 中的第一项, 就可以得到 W_I 的较好近似. 用 W_{DE} 表示将 (19) 式右端的 $e^{\pm ikY}$ 换成 1 以后所得的算符, 再注意到 (4-a) 式, 便有:

$$W_{DE}(t) = \frac{q\mathscr{E}}{m\omega}P_z \sin\omega t \tag{22}$$

$W_{DE}(t)$ 叫做 "电偶极哈密顿算符". 以条件 (18) 和 (21) 为基础的电偶极近似就是在 $W_I(t)$ 和 $W_{II}(t)$ 中略去后者并将 $W_I(t)$ 取作 $W_{DE}(t)$:

$$W(t) \simeq W_{DE}(t) \tag{23}$$

我们可以证明. 用 $W_{DE}(t)$ 代替 $W(t)$ 之后, 电子振荡的情况就好像它是处在一个正弦型均匀电场 $\mathscr{E}\boldsymbol{e}_z\cos\omega t$ 中那样, 电场振幅则等于在 O 点算出的入射平面波的电场振幅. 从物理上面, 这就是说, 受束缚电子的波函数是高度定域在 O 点附近的, 以致电子 "感受" 不出入射平面波的电场的空间变化. 现在, 我们来求 $\langle\boldsymbol{R}\rangle(t)$ 的演变规律. 埃伦费斯特定理 (参看第三章, §D–1–d) 给出:

$$\begin{cases} \dfrac{\mathrm{d}}{\mathrm{d}t}\langle\boldsymbol{R}\rangle = \dfrac{1}{i\hbar}\langle[\boldsymbol{R}, H_0 + W_{DE}]\rangle = \dfrac{\langle\boldsymbol{P}\rangle}{m} + \dfrac{q\mathscr{E}}{m\omega}\boldsymbol{e}_z\sin\omega t \\ \dfrac{\mathrm{d}}{\mathrm{d}t}\langle\boldsymbol{P}\rangle = \dfrac{1}{i\hbar}\langle[\boldsymbol{P}, H_0 + W_{DE}]\rangle = -\langle\nabla V(R)\rangle \end{cases} \tag{24}$$

从此两方程中消去 $\langle\boldsymbol{P}\rangle$, 经过简单计算, 便得到:

$$m\frac{\mathrm{d}^2}{\mathrm{d}t^2}\langle\boldsymbol{R}\rangle = -\langle\nabla V(R)\rangle + q\mathscr{E}\boldsymbol{e}_z\cos\omega t \tag{25}$$

这正是上面陈述的结果: 与电子相联系的波包的中心像质量为 m 电荷为 q 的一个粒子那样运动. 不仅受到原子键的中心力 [(25) 式右端第一项] 的作用, 还受到均匀电场的作用力 [(25) 式的最后一项].

附注:

对于一个电荷为 q、与均匀电场 $\boldsymbol{E} = \mathscr{E}\boldsymbol{e}_z\cos\omega t$ 相互作用的粒子来说, 电偶极相互作用哈密顿算符的表示式 (22) 似乎并不适用. 确切地说, 我们应该将相互作用哈密顿算符写成下列形式:

$$W'_{DE}(t) = -\boldsymbol{D}\cdot\boldsymbol{E} = -q\mathscr{E}Z\cos\omega t \tag{26}$$

其中 $\boldsymbol{D} = q\boldsymbol{R}$ 是与电子相联系的电偶极矩.

实际上, (22) 式和 (26) 式是等价的; 我们将证明, 经过规范变换 (这并不会影 [1309] 响量子力学的物理内容; 参看补充材料 H_{III}), 即可从一个式子过渡到另一个式子. 导出 (22) 式时所用的规范是:

$$\begin{cases} \boldsymbol{A}(\boldsymbol{r},t) = \dfrac{\mathscr{E}}{\omega}\boldsymbol{e}_z\sin(ky-\omega t) & \text{(27–a)} \\ U(\boldsymbol{r},t) = 0 & \text{(27–b)} \end{cases}$$

[写 (27-a) 式时, 已在 (1) 式中将 $\mathscr{A}_0$ 换为 $\mathscr{E}/2\mathrm{i}\omega$; 参看公式 (4-a)]. 现在我们来考虑与下列函数:

$$\chi(\boldsymbol{r},t) = z\frac{\mathscr{E}}{\omega}\sin\omega t \tag{28}$$

相联系的规范变换. 有了这个函数, 我们就可以引入一种新的规范 $\{\boldsymbol{A}',U'\}$, 它的定义是:

$$\begin{cases} \boldsymbol{A}' = \boldsymbol{A} + \nabla\chi = \boldsymbol{e}_z\dfrac{\mathscr{E}}{\omega}[\sin(ky-\omega t)+\sin\omega t] & (29\text{-}a) \\[2mm] U' = U - \dfrac{\partial\chi}{\partial t} = -z\mathscr{E}\cos\omega t & (29\text{-}b) \end{cases}$$

电偶极近似相当于处处将 ky 换为 0. 于是我们看到, 在这种近似下:

$$\boldsymbol{A}' \simeq \boldsymbol{e}_z\frac{\mathscr{E}}{\omega}[\sin(-\omega t)+\sin\omega t] = 0 \tag{30}$$

再进一步, 若像前面那样, 略去和自旋相关的磁相互作用项, 则体系的哈密顿算符应为:

$$\begin{aligned} H' &= \frac{1}{2m}(\boldsymbol{P}-q\boldsymbol{A}')^2 + V(R) + qU'(\boldsymbol{R},t) \\ &= \frac{\boldsymbol{P}^2}{2m} + V(R) + qU'(\boldsymbol{R},t) \\ &= H_0 + W'(t) \end{aligned} \tag{31}$$

其中 H_0 就是 (12) 式给出的原子的哈密顿算符, 而

$$W'(t) = qU'(\boldsymbol{R},t) = -qZ\mathscr{E}\cos\omega t = W'_{DE}(t) \tag{32}$$

就是电偶极相互作用哈密顿算符的常见形式 (26).

　　提醒一下, 从规范 (27) 过渡到规范 (29) 之后, 体系的态不再由同一个右矢所描述 (参看补充材料 H_{III}). 这就是说, 用 $W'_{DE}(t)$ 代替 $W_{DE}(t)$, 一定伴随着态矢量的变换; 当然, 与此同时, 物理内容保持不变.

　　在本文的后面, 我们继续使用规范 (27).

[1310]　　β. 电偶极哈密顿算符的矩阵元

　　后面, 我们需要 W_{DE} 在 H_0 的属于本征值 E_i 和 E_f 的本征态 $|\varphi_i\rangle$ 和 $|\varphi_f\rangle$ 之间的矩阵元的表示式. 根据 (22) 式, 可将这些矩阵元写作:

$$\langle\varphi_f|W_{DE}(t)|\varphi_i\rangle = \frac{q\mathscr{E}}{m\omega}\sin\omega t\langle\varphi_f|P_z|\varphi_i\rangle \tag{33}$$

　　在此式的右端, 不难将 P_z 的矩阵元换成 Z 的矩阵元. 实际上, 只要忽略原子的哈密顿算符中所有的磁效应项 [参看 H_0 的表示式 (12)], 便可以写出:

$$[Z,H_0] = \mathrm{i}\hbar\frac{\partial H_0}{\partial P_z} = \mathrm{i}\hbar\frac{P_z}{m} \tag{34}$$

此式给出:

$$\langle\varphi_f|[Z,H_0]|\varphi_i\rangle = \langle\varphi_f|ZH_0 - H_0Z|\varphi_i\rangle$$

$$= -(E_f - E_i)\langle\varphi_f|Z|\varphi_i\rangle = \frac{\mathrm{i}\hbar}{m}\langle\varphi_f|P_z|\varphi_i\rangle \tag{35}$$

引入玻尔角频率 $\omega_{fi} = (E_f - E_i)/\hbar$, 便可由上式导出:

$$\langle\varphi_f|P_z|\varphi_i\rangle = \mathrm{i}m\omega_{fi}\langle\varphi_f|Z|\varphi_i\rangle \tag{36}$$

从而得到:

$$\langle\varphi_f|W_{DE}(t)|\varphi_i\rangle = \mathrm{i}q\frac{\omega_{fi}}{\omega}\mathscr{E}\sin\omega t\langle\varphi_f|Z|\varphi_i\rangle \tag{37}$$

归根到底, $W_{DE}(t)$ 的矩阵元是和 Z 的矩阵元成正比的.

附注:

　　Z 的矩阵元之所以会出现在 (37) 式中, 那是因为我们已经假设电场 $\boldsymbol{E}(\boldsymbol{r},t)$ 平行于 Oz 轴. 在实际问题中, 我们可能不得不取这样的参考系 $Oxyz$, 它不是与光的偏振相关, 而是与态 $|\varphi_i\rangle$ 和 $|\varphi_f\rangle$ 的对称性相关; 例如, 假设原子处在均匀磁场 $\boldsymbol{B}_0$ 中, 那么, 最便于用来研究其定态 $|\varphi_n\rangle$ 的量子化轴显然是平行于 $\boldsymbol{B}_0$ 的. 电场 $\boldsymbol{E}(\boldsymbol{r},t)$ 的偏振对 Oz 轴的取向可能是任意的, 这时, 只需在 (37) 式中将 Z 的矩阵元换成 X,Y 和 Z 的某一线性组合的矩阵元.

γ. 电偶极跃迁的选择定则

　　如果 W_{DE} 在态 $|\varphi_i\rangle$ 与 $|\varphi_f\rangle$ 之间的矩阵元不等于零, 或者说如果 $\langle\varphi_f|Z|\varphi_i\rangle$ 不等于零, 那么, 我们就说 $|\varphi_i\rangle \to |\varphi_f\rangle$ 的跃迁是电偶极跃迁[①]; 因此, 为了研究入射波在态 $|\varphi_i\rangle$ 和 $|\varphi_f\rangle$ 之间激发的跃迁, 我们可以将 $W(t)$ 换为 $W_{DE}(t)$. 但是, 如果 $W_{DE}(t)$ 在 $|\varphi_i\rangle$ 和 $|\varphi_f\rangle$ 之间的矩阵元等于零, 那么, 我们就应在 $W(t)$ 的展开式中多取一些项, 从而, 对应的跃迁或是磁偶极跃迁, 或是电四极跃迁等等[②]. (参看下一段). 在 $W(t)$ 按 a_0/λ 的幂的展开式中; $W_{DE}(t)$ 比其后各项大得多, 因此, 电偶极跃迁是最为强烈的跃迁. 事实上, 原子发出的绝大部分光线都对应于电偶极跃迁.

[1311]

　　设与态 $|\varphi_i\rangle$ 及 $|\varphi_f\rangle$ 对应的波函数为:

$$\begin{cases} \varphi_{n_i,l_i,m_i}(\boldsymbol{r}) = R_{n_i,l_i}(r)\mathrm{Y}_{l_i}^{m_i}(\theta,\varphi) \\ \varphi_{n_f,l_f,m_f}(\boldsymbol{r}) = R_{n_f,l_f}(r)\mathrm{Y}_{l_f}^{m_f}(\theta,\varphi) \end{cases} \tag{38}$$

---

　　① 实际上, 只要三个数 $\langle\varphi_f|Z|\varphi_i\rangle$, $\langle\varphi_f|X|\varphi_i\rangle$ 或 $\langle\varphi_f|Y|\varphi_i\rangle$ 中有一个不等于零即可 (参看前面 §β 的附注).

　　② 可能有这种情况, 展开式中所有项的矩阵元都等于零, 这时我们说所有各级的跃迁都是被禁止的 (我们可以证明, 当 $|\varphi_i\rangle$ 与 $|\varphi_f\rangle$ 两者的角动量都等于零时, 就属于这种情况).

因为:

$$z = r\cos\theta = \sqrt{\frac{4\pi}{3}}\, r \mathrm{Y}_1^0(\theta) \tag{39}$$

故 Z 在 $|\varphi_i\rangle$ 与 $|\varphi_f\rangle$ 之间的矩阵元正比于角向积分:

$$\int \mathrm{d}\Omega\, \mathrm{Y}_{l_f}^{m_f*}(\theta,\varphi)\mathrm{Y}_1^0(\theta)\mathrm{Y}_{l_i}^{m_i}(\theta,\varphi) \tag{40}$$

根据补充材料 $\mathrm{C_X}$ 中的结果, 只当

$$l_f = l_i \pm 1 \tag{41}$$

和

$$m_f = m_i \tag{42}$$

时, 这个积分才不能等于零. 实际上, 只要另取一个电场偏振方向 (例如, 平行于 Ox 轴或 Oy 轴; 参看 §β 的附注), 就可以使

$$m_f = m_i \pm 1 \tag{43}$$

将 (41), (42) 及 (43) 式归纳一下, 最后便得到电偶极跃迁的选择定则:

$$\boxed{\begin{aligned} \Delta l &= l_f - l_i = \pm 1 \\ \Delta m &= m_f - m_i = -1, 0, +1 \end{aligned}} \quad \begin{aligned} &\text{(44-a)}\\ &\text{(44-b)} \end{aligned}$$

[1312]　　　**附注:**

　　　　(i) Z 是一个奇算符, 它只能联系宇称不同的两个态. 态 $|\varphi_i\rangle$ 与态 $|\varphi_f\rangle$ 的宇称就是 l_i 与 l_f 的宇称, 因此, $\Delta l = l_f - l_i$ 应该是奇的, 这与 (44-a) 一致.

　　　　(ii) 如果 L 与 S 之间存在着自旋–轨道耦合 $\xi(r)L \cdot S$ (参看第十二章, §B-1-b-β), 那么, 电子的定态将以量子数 l, s, J, m_J (这里 $J = L + S$) 为标志. 现在, 求出算符 R 在基 $\{|l, s, J, m_J\rangle\}$ 中的非零矩阵元, 即可得到电偶极跃迁的选择定则. 利用这些基矢量按右矢 $|l, m\rangle|s, m_s\rangle$ 展开的表示式 (参看补充材料 $\mathrm{A_X}$, §2), 便可由 (44-a) 和 (44-b) 式得到下列的选择定则:

$$\begin{cases} \Delta J = 0, \pm 1 & \text{(44-c)}\\ \Delta l = \pm 1 & \text{(44-d)}\\ \Delta m_J = 0, \pm 1 & \text{(44-e)} \end{cases}$$

注意 $\Delta J = 0$ 的跃迁并不是被禁止的 [除非 $J_i = J_f = 0$; 参看 397 页的脚注]; 这是因为 J 并不和能级的宇称相关.

　　　　最后指出, 选择定则 (44-c, d, e) 可以推广到多电子原子.

d. 磁偶极和电四极哈密顿算符

α. 相互作用哈密顿算符中的高阶项

我们可将 (14) 式中的相互作用哈密顿算符写成下列形式:

$$W(t) = W_I(t) + W_{II}(t) = W_{DE}(t) + [W_I(t) - W_{DE}(t)] + W_{II}(t) \qquad (45)$$

到此为止, 已研究过 $W_{DE}(t)$. 实际上, 我们在前面已经看到, $W_I(t) - W_{DE}(t)$ 和 $W_{II}(t)$ 对于 $W_{DE}(t)$ 之比属于 a_0/λ 的数量级.

为了计算 $W_I(t) - W_{DE}(t)$, 只需在 (19) 式中将 $\mathrm{e}^{\pm ikY}$ 换成 $\mathrm{e}^{\pm ikY} - 1 \simeq \pm ikY + \cdots$, 这样便有:

$$W_I(t) - W_{DE}(t) = -\frac{q}{m}[ik\mathscr{A}_0\mathrm{e}^{-\mathrm{i}\omega t} - ik\mathscr{A}_0^*\mathrm{e}^{\mathrm{i}\omega t}]P_z Y + \cdots \qquad (46)$$

考虑到 (4–b) 式, 又可将上式写作:

$$W_I(t) - W_{DE}(t) = -\frac{q}{m}\mathscr{B}\cos\omega t P_z Y + \cdots \qquad (47)$$

若将 $P_z Y$ 写成下列形式:

$$P_z Y = \frac{1}{2}(P_z Y - Z P_y) + \frac{1}{2}(P_z Y + Z P_y) = \frac{1}{2}L_x + \frac{1}{2}(P_z Y + Z P_y) \qquad (48)$$

最后得到:

$$W_I(t) - W_{DE}(t) = -\frac{q}{2m}L_x\mathscr{B}\cos\omega t - \frac{q}{2m}\mathscr{B}\cos\omega t[YP_z + ZP_y] + \cdots \qquad (49)$$

在 $W_{II}(t)$ 的表示式 [(16) 式和 (3) 式] 中, 将 $\mathrm{e}^{\pm ikY}$ 换为 1, 是完全合理的. [1313] 这样我们就得到对于 $W_I(t)$ 而言属于数量级 a_0/λ 的一项, 也就是说, 这一项 和 $W_I(t) - W_{DE}(t)$ 属于同一数量级:

$$W_{II}(t) = -\frac{q}{m}S_x\mathscr{B}\cos\omega t + \cdots \qquad (50)$$

将 (49) 式和 (50) 式代入 (45) 式, 重新归并各项, 便得到:

$$W(t) = W_{DE}(t) + W_{DM}(t) + W_{QE}(t) + \cdots \qquad (51)$$

其中

$$W_{DM} = -\frac{q}{2m}(L_x + 2S_x)\mathscr{B}\cos\omega t \qquad (52)$$

$$W_{QE} = -\frac{q}{2mc}(YP_z + ZP_y)\mathscr{E}\cos\omega t \qquad (53)$$

[在 (53) 式中, $\mathscr{B}$ 已换成 $\mathscr{E}/c$]; W_{DM} 和 W_{QE} (先验地看, 两者同数量级) 分别 为磁偶极哈密顿算符和电四极哈密顿算符.

β. 磁偶极跃迁

我们称 W_{DM} 所激发的跃迁为磁偶极跃迁; W_{DM} 表示电子的总磁矩和入射波的振荡磁场之间的相互作用.

研究为使 W_{DM} 在 $|\varphi_i\rangle$ 与 $|\varphi_f\rangle$ 之间具有非零矩阵元而要求这两个态满足的条件, 便可得到磁偶极跃迁的选择定则. 由于 L_x 和 S_x 都不改变量子数 l, 我们首先就得到 $\Delta l = 0$, 算符 L_x 使 L_z 的本征值改变 ± 1; 此外, 算符 S_x 使 S_z 的本征值 m_S 改变 ± 1, 所以 $\Delta m_S = \pm 1$. 还要注意, 入射波的磁场如果平行于 Oz 轴, 那么将有 $\Delta m_L = 0$ 和 $\Delta m_S = 0$. 将这些结果归纳起来, 便最后得到磁偶极跃迁的选择定则:

$$\begin{cases} \Delta l = 0 \\ \Delta m_L = \pm 1, 0 \\ \Delta m_S = \pm 1, 0 \end{cases} \tag{54}$$

附注:

存在着自旋–轨道耦合时, H_0 的本征态是以量子数 l 和 J 为标志的. 由于 L_x 和 S_x 不能与 $\boldsymbol{J}^2$ 对易, 故 W_{DM} 可以联系 l 值相同而 J 值不同的两个态. 利用角动量 l 和角动量 $1/2$ 相加的公式 (参看补充材料 A_X, §2), 很容易证明, (54) 式的选择定则将变为:

$$\begin{cases} \Delta l = 0 \\ \Delta J = \pm 1, 0 \\ \Delta m_J = \pm 1, 0 \end{cases} \tag{55}$$

[1314] 注意, 氢原子基态的超精细跃迁 $F = 0 \leftrightarrow F = 1$ (参看第十二章, §D) 就是一种磁偶极跃迁, 这是因为算符 $\boldsymbol{S}$ 的分量在能级 $F = 1$ 的态和态 $|F = 0, m_F = 0\rangle$ 之间具有非零矩阵元.

γ. 电四极跃迁

利用 (34) 式, 我们可以写出:

$$YP_z + ZP_y = YP_z + P_yZ = \frac{m}{i\hbar}\{Y[Z, H_0] + [Y, H_0]Z\}$$
$$= \frac{m}{i\hbar}(YZH_0 - H_0YZ) \tag{56}$$

如同 (36) 式的情况, 由上式可以导出:

$$\langle \varphi_f | W_{QE}(t) | \varphi_i \rangle = \frac{q}{2ic} \omega_{fi} \langle \varphi_f | YZ | \varphi_i \rangle \mathscr{E} \cos \omega t \tag{57}$$

由此可见, $W_{QE}(t)$ 的矩阵元正比于算符 YZ 的矩阵元, 而这个算符是原子的电四极矩算符的一个分量 (参看补充材料 E_X). 此外, 在 (57) 式中有这样一个量:

$$\frac{q\omega_{fi}}{c}\mathscr{E} = q\frac{\omega_{fi}}{\omega}\frac{\omega}{c}\mathscr{E} = q\frac{\omega_{fi}}{\omega}k\mathscr{E} \tag{58}$$

根据 (2) 式, 这个量与 $q\partial\mathscr{E}_z/\partial y$ 同数量级; 因此, 我们可以将 $W_{QE}(t)$ 解释为原子的电四极矩与平面波的电场梯度 ① 的相互作用.

为了得到电四极跃迁的选择定则, 只须注意, 在 $\{|\boldsymbol{r}\rangle\}$ 表象中, YZ 是 $r^2Y_2^1(\theta,\varphi)$ 和 $r^2Y_2^{-1}(\theta,\varphi)$ 的一个线性组合. 由此可见, 在矩阵元 $\langle\varphi_f|YZ|\varphi_i\rangle$ 中将出现下列角向积分

$$\int \mathrm{d}\Omega\, Y_{l_f}^{m_f*}(\theta,\varphi)\, Y_2^{\pm1}(\theta,\varphi)\, Y_{l_i}^{m_i}(\theta,\varphi) \tag{59}$$

根据补充材料 C$_X$ 中的结果, 只当 $\Delta l = 0, \pm 2$ 和 $\Delta m = \pm 1$ 时, 这个积分才不等于零. 若设入射波的偏振方向是任意的 (参看 §1–c–β 的附注), 那么, 后一个条件变为 $\Delta m = \pm 2, \pm 1, 0$; 最后, 可将电四极跃迁的选择定则写作:

$$\begin{cases} \Delta l = 0, \pm 2, \\ \Delta m = 0, \pm 1, \pm 2 \end{cases} \tag{60}$$

附注:　　　　　　　　　　　　　　　　　　　　　　　　　　　　[1315]

(i) W_{DM} 和 W_{QE} 都是偶算符, 只能联系宇称相同的态, 这与 (54) 式和 (60) 式是相容的. 在一种给定的跃迁中, W_{DM} 与 W_{QE} 绝不能和 W_{DE} 相比拟, 磁偶极跃迁和电四极跃迁的观察因此而比较容易.

微波领域或射频领域中的大部分跃迁, 特别是磁共振跃迁 (参看补充材料 F$_{IV}$) 都是磁偶极跃迁.

(ii) 在 $\Delta l = 0, \Delta m = 0, \pm 1$, 的跃迁中, 两个算符 W_{DM} 和 W_{QE} 同时具有非零矩阵元, 但是, 我们可以创造只激发磁偶极跃迁的实验条件: 不要把原子放在平面波的通途中, 而放在空腔或射频线圈内的这样一些点处, 那里的 $\boldsymbol{B}$ 很强而 $\boldsymbol{E}$ 的梯度可略.

(iii) 对 $\Delta l = 2$ 的跃迁来说, W_{DE} 不能和 W_{QE} 相比拟, 这时的跃迁是纯四极的. 作为四极跃迁的例子, 可以举出北极光光谱中的氧原子的绿线 (5577Å).

(iv) 若在 $\mathrm{e}^{\pm ikY}$ 的展开式中保留更多的项, 我们将得到电八极矩, 磁四极矩等等.

在本文的后面, 我们只研究电偶极跃迁. 在补充材料 B$_{XIII}$ 中, 我们再讨论磁偶极跃迁.

---

① 将势函数在 O 点的邻域中展成泰勒级数, 才求得 $W_{QE}(t)$, 因此, 通常都会出现电场梯度.

2. 非共振激发. 与弹性束缚电子模型作比较

在这一段中, 我们假设原来处于基态 $|\varphi_0\rangle$ 的原子受到非共振平面波的激发, 也就是说, ω 不同于任何一个对应于从 $|\varphi_0\rangle$ 开始的跃迁的玻尔角频率.

在这种激发的影响下, 原子中出现一个电偶极矩 $\langle\boldsymbol{D}\rangle(t)$, 它以角频率 ω 进行振荡 (受迫振动), 它在 $\mathscr{E}$ 很小时正比于 $\mathscr{E}$ (线性响应). 我们将应用微扰理论来计算这个感生偶极矩, 并将证明所得结果非常接近弹性束缚电子的经典模型给出的结果.

这个模型在介质的光学性质的研究中曾发挥过重要的作用, 这是因为, 我们可以用它来计算入射波在介质中感生的偏振. 这种偏振线性地依赖于电场 $\mathscr{E}$, 在麦克斯韦方程组中它表现为场源. 解这些方程式时, 我们将得到以不同于 c 的速度在介质中传播的平面波, 从而我们就可以计算介质的折射系数, 将它通过弹性束缚电子的一些特征量 (固有频率, 单位体积中的粒子数, 等等) 表示出来. 由此可见, 将这种模型 (将在 §a 中介绍) 的预言和量子力学的预言作一个对比, 是很有意义的.

[1316] a. 弹性束缚电子的经典模型

α. 运动方程

我们来考虑一个电子, 它所受的弹性恢复力指向 O 点, 正比于位移. 在对应于 (12) 式的经典哈密顿函数中, 我们有:

$$V(r) = \frac{1}{2} m\omega_0^2 r^2 \tag{61}$$

其中 ω_0 是电子的固有角频率.

如果我们对经典相互作用哈密顿函数采取类似于量子力学中据以得到 $W_{DE}(t)$ 的表示式 (22) 的近似方法 (电偶极近似), 那么, 类似于 §1-c-α 中的计算 [参看方程 (25)] 将给出一个运动方程;

$$\frac{\mathrm{d}^2}{\mathrm{d}t^2} z + \omega_0^2 z = \frac{q\mathscr{E}}{m} \cos\omega t \tag{62}$$

这正是在正弦型力作用下的谐振子的方程式.

β. 通解

(62) 式的通解为:

$$z = A\cos(\omega_0 t - \varphi) + \frac{q\mathscr{E}}{m(\omega_0^2 - \omega^2)} \cos\omega t \tag{63}$$

其中 A 和 φ 是决定初始条件的实常数. 式中的第一项 $A\cos(\omega_0 t - \varphi)$ 表示对应的齐次方程 (描述电子的固有运动) 的通解; 第二项是非齐次方程 (描述电子的受迫振动) 的特解.

直到现在, 我们还没有考虑到任何阻尼. 不涉及计算上的细节, 我们只是回顾一下弱阻力的效应如何: 经过一段时间 τ, 固有运动将因阻力而消失, 但受迫运动则几乎不受影响 (假设充分远离共振, 即 $|\omega - \omega_0| \gg 1/\tau$). 因此, 我们最终只需保留 (63) 式的第二项:

$$z = \frac{q\mathscr{E}\cos\omega t}{m(\omega_0^2 - \omega^2)} \tag{64}$$

附注:

在弱阻尼情况下, 远离共振时, 阻尼的准确机制是无关紧要的. 因此, 我们既不从经典力学的角度也不从量子力学的角度去讨论如何准确描述阻尼的问题, 我们只利用一个事实: 阻力的存在消除了电子的固有运动.

就共振激发而言, 情况就不一样了; 这时, 感生偶极矩将极其敏锐地依赖于阻尼的准确机制 (自发发射, 热弛豫等等). 由于这个原因, 我们不打算在 §3(共振激发的情况) 中计算 $\langle \boldsymbol{D} \rangle(t)$, 我们感兴趣的只是跃迁概率的计算.

在补充材料 B$_{\text{XIII}}$ 中, 我们再研究置于电磁波中同时又受到耗散过程影响的体系的一种特殊的模型 (导致自旋体系的布洛赫方程). 那时, 我们就可以计算感生偶极矩, 而不问激发频率如何.

[1317]

γ. 极化率

设体系的电偶极矩为 $\mathscr{D} = qz$, 据 (64) 式便有:

$$\mathscr{D} = qz = \frac{q^2}{m(\omega_0^2 - \omega^2)}\mathscr{E}\cos\omega t = \chi\mathscr{E}\cos\omega t \tag{65}$$

其中极化率 χ 的定义是:

$$\chi = \frac{q^2}{m(\omega_0^2 - \omega^2)} \tag{66}$$

b. 感生偶极矩的量子力学的计算

我们先计算 (到 $\mathscr{E}$ 的第一级) 原子在时刻 t 的态矢量 $|\psi(t)\rangle$. 我们取 (22) 式给出的电偶极哈密顿算符 W_{DE} 作为相互作用的哈密顿算符; 此外, 再假设:

$$|\psi(t=0)\rangle = |\varphi_0\rangle \tag{67}$$

现在可以应用第十三章 §C–1 的结果, 但须将 W_{ni} 换为 $\dfrac{q\mathscr{E}}{m\omega}\langle\varphi_n|P_z|\varphi_i\rangle$, 而将 $|\varphi_i\rangle$ 换为 $|\varphi_0\rangle$); 这样便得到 ①:

$$|\psi(t)\rangle = \mathrm{e}^{-\mathrm{i}E_0 t/\hbar}|\varphi_0\rangle + \sum_{n\neq 0}\lambda b_n^{(1)}(t)\mathrm{e}^{-\mathrm{i}E_n t/\hbar}|\varphi_n\rangle \tag{68}$$

---

① 由于 W_{DE} 是奇的, $\langle\varphi_0|W_{DE}(t)|\varphi_0\rangle$ 为零, 所以 $b_0^{(1)}(t) = 0$.

利用第十三章的公式 (C-4) 并用一个物理上无关紧要的总相位因子 $e^{iE_0t/\hbar}$ 去乘 $|\psi(t)\rangle$, 便可将 (68) 式写作:

$$|\psi(t)\rangle = |\varphi_0\rangle + \sum_{n \neq 0} \frac{q\mathscr{E}}{2im\hbar\omega} \langle\varphi_n|P_z|\varphi_0\rangle$$

$$\times \left\{ \frac{e^{-i\omega_{n0}t} - e^{i\omega t}}{\omega_{n0} + \omega} - \frac{e^{-i\omega_{n0}t} - e^{-i\omega t}}{\omega_{n0} - \omega} \right\} |\varphi_n\rangle \tag{69}$$

[1318]　　　　由此可以导出 $\langle\psi(t)|$ 以及 $\langle D_z\rangle(t) = \langle\psi(t)|qZ|\psi(t)\rangle$. 实际上, 在这个平均值的计算中, 我们只保留了 $\mathscr{E}$ 的线性项, 并略去了以角频率 $\pm\omega_{n0}$ 振荡 (计入弱阻尼时便会消失的固有运动) 的所有各项. 最后, 将 $\langle\varphi_n|P_z|\varphi_0\rangle$ 换为通过 $\langle\varphi_n|Z|\varphi_0\rangle$ 表出的公式 [参看 (36) 式] 之后, 我们得到:

$$\langle D_z\rangle(t) = \frac{2q^2}{\hbar}\mathscr{E}\cos\omega t \sum_n \frac{\omega_{n0}|\langle\varphi_n|Z|\varphi_0\rangle|^2}{\omega_{n0}^2 - \omega^2} \tag{70}$$

c. 讨论. 振子强度

α. 振子强度的概念

　　我们令:

$$f_{n0} = \frac{2m\omega_{n0}|\langle\varphi_n|Z|\varphi_0\rangle|^2}{\hbar} \tag{71}$$

f_{n0} 是一个无量纲的实数, 它标志 $|\varphi_0\rangle \leftrightarrow |\varphi_n\rangle$ 这种跃迁的特征, 可称之为这种跃迁的振子强度①. 若 $|\varphi_0\rangle$ 是基态, 则 f_{n0}, 如 ω_{n0} 一样, 是正的.

　　振子强度满足下列的加法规则 (托马斯–里克–库恩和定则):

$$\sum_n f_{n0} = 1 \tag{72}$$

　　利用 (36) 式, 我们可以写出:

$$f_{n0} = \frac{1}{i\hbar}\langle\varphi_0|Z|\varphi_n\rangle\langle\varphi_n|P_z|\varphi_0\rangle - \frac{1}{i\hbar}\langle\varphi_0|P_z|\varphi_n\rangle\langle\varphi_n|Z|\varphi_0\rangle \tag{73}$$

对 n 求和时, 可利用基 $\{|\varphi_n\rangle\}$ 中的封闭性关系式; 这样, 我们得到:

$$\sum_n f_{n0} = \frac{1}{i\hbar}\langle\varphi_0|(ZP_z - P_zZ)|\varphi_0\rangle = \langle\varphi_0|\varphi_0\rangle = 1 \tag{74}$$

β. 弹性束缚电子模型在量子力学中的合理性

　　将定义 (71) 代入 (70) 式, 并将所得式子乘以某一体积中的原子数 $\mathscr{N}$ (该体积的线度应小于辐射的波长 λ). 于是, 该体积中总的感生电偶极矩为:

---

① 算符 Z 之所以出现在 (71) 式中, 是因为入射波沿 Oz 轴方向线性偏振. 我们也可以给振子强度下一个普遍的, 与入射波的偏振无关的定义.

$$\mathcal{N}\langle D_z\rangle(t) = \sum_n \mathcal{N} f_{n0} \frac{q^2}{m(\omega_{n0}^2 - \omega^2)} \mathcal{E} \cos\omega t \tag{75}$$

比较 (75) 和 (65) 式可以看出, 这里的结果相当于有 $\mathcal{N}$ 个经典振子 [因为 [1319] 据 (72) 式有 $\sum_n \mathcal{N} f_{n0} = \mathcal{N}$], 它们的固有角频率并不都相等, 因为这些角频率 就是在原子从态 $|\varphi_0\rangle$ 开始的跃迁中出现的各个玻尔角频率. 根据 (75) 式, 角 频率为 ω_{n0} 的振子所占的比例为 f_{n0}.

最后, 就一个非共振波而言, 我们已经证实了弹性束缚电子的经典模型的 合理性. 量子力学则给出了各振子的频率以及具有某一给定频率的振子所占 的比例. 这个结果说明了振子强度的概念的重要性; 从这个结果反顾过去, 我 们可以理解弹性束缚电子模型在介质子光学性质的研究中所取得的成功.

3. 共振激发. 吸收与受激发射

a. 与单色波相联系的跃迁概率

我们考虑原来处于态 $|\varphi_i\rangle$ 的一个原子, 它受到角频率靠近某一玻尔角频 率 ω_{fi} 的电磁波的照射.

第十三章 §C-1 的结果 (正弦型激发) 可以直接用来计算跃迁概率 $\mathscr{P}_{if}(t; \omega)$. 利用 (37) 式 (这就是说, 我们采取电偶极近似), 便可得到:

$$\mathscr{P}_{if}(t;\omega) = \frac{q^2}{4\hbar^2}\left(\frac{\omega_{fi}}{\omega}\right)^2 |\langle\varphi_f|Z|\varphi_i\rangle|^2 \mathcal{E}^2 F(t,\omega-\omega_{fi}) \tag{76}$$

其中

$$F(t,\omega-\omega_{fi}) = \left\{\frac{\sin[(\omega_{fi}-\omega)t/2]}{(\omega_{fi}-\omega)/2}\right\}^2 \tag{77}$$

在第十三章中, 我们讨论过 $\mathscr{P}_{if}(t;\omega)$ 的共振特性. 在共振时, $\mathscr{P}_{if}(t;\omega)$ 正 比于 $\mathcal{E}^2$, 也就是正比于电磁能量的入射通量 [参看公式 (9)].

附注:

(i) 如果我们不使用导出矩阵元 (37) 所选取的规范 (27), 而使用导出哈密顿 算符 (32) 所选取的规范 (29), 那么在 (76) 式中的因子 $(\omega_{fi}/\omega)^2$ 就没有了. 出现不 同的结果不足为奇, 因为态 $|\varphi_f\rangle$ 和 $|\varphi_i\rangle$ 在这两种不同规范下的物理意义不同, 导 致对应的 $\mathscr{P}_{if}(t;\omega)$ 的物理意义也不同.

(ii) 然而, 当 $t \to \infty$ 时, 衍射函数 $F(t,\omega-\omega_{fi})$ 趋向于 $\delta(\omega-\omega_{fi})$, 因子 $(\omega_{fi}/\omega)^2$ 也趋近于一. 这使得在这两种规范下有相同的概率密度 $\mathscr{P}_{if}(t;\omega)$. 如果我们把入 射电磁波看作一个被限制在非常大但是有限的空间范围内的准单色波包, 而不是 一个延伸到无穷远处的平面波时, 这个结果是不难理解的. 此时当 $t \to \pm\infty$ 时, 原 子 "看到" 的 $\boldsymbol{E}$ 场趋于零, 这样与 (28) 式所定义的函数 χ 相联系的规范变换趋于 [1320] 保持不变. 所以此时在这两种规范下对应的 $|\varphi_f\rangle$ 和 $|\varphi_i\rangle$ 分别代表相同的物理态.

(iii) 显然, 也可以考虑两个有确定能量态的原子系统之间在有限的时间间隔内的跃迁概率. 对这一情况, 写在 (12) 式中的原子哈密顿算符 H_0 的本征态 $|\varphi_f\rangle$ 和 $|\varphi_i\rangle$ 只代表那些在规范 (29) 下对应确定的原子能量(动能加上势能) 的态, 在这个规范下 A 为 0 [见 (30) 式] 且 $p^2/2m$ 表示动能. 在规范 (27) 下, 与上述的 $|\varphi_f\rangle$ 和 $|\varphi_i\rangle$ 相同的物理态分别表示为 $\exp[-iq\chi(r,t)/\hbar]|\varphi_i\rangle$ 和 $\exp[-iq\chi(r,t)/\hbar]|\varphi_f\rangle$. 因此, 对有限的 t, 取规范 (29) 会使计算更简单. 因为在本章补充材料的剩下部分我们用 $\delta(\omega-\omega_{fi})$ 替代 $F(t,\omega-\omega_{fi})$ [见 (79) 式], 为了消除上文的困难, 我们将考虑 $t\to\infty$ 的极限.

b. 宽线激发. 单位时间内的跃迁概率

在实际情况下, 照射原子的辐射通常都是非单色的. 我们用 $\mathscr{I}(\omega)d\omega$ 表示每单位面积上角频率在区间 $[\omega,\omega+d\omega]$ 内的电磁能量的入射通量; $\mathscr{I}(\omega)$ 随 ω 变化的情况绘于图 13-6. 图中 Δ 是激发谱线的宽度. 若 Δ 为无穷大, 我们就说, 这是 "白光谱".

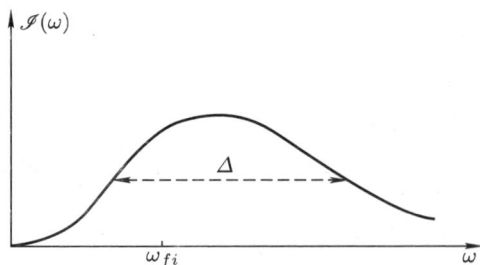

图 13-6　每单位面积上的电磁能量的入射通量的谱分布. Δ 是这种谱分布的宽度.

构成入射辐射的各种单色光一般是非相干的, 这就是说, 它们没有任何确定的相位关系. 因此, 将对应于每一种单色波的跃迁概率相加, 便可得到总跃迁概率 $\overline{\mathscr{P}}_{if}$. 这样, 我们就在 (76) 式中将 $\mathscr{E}^2$ 换为 $2\mathscr{I}(\omega)d\omega/\varepsilon_0 c$ [公式 (9)], 并对 ω 积分, 结果得到:

$$\overline{\mathscr{P}}_{if}(t) = \frac{q^2}{2\varepsilon_0 c\hbar^2}|\langle\varphi_f|Z|\varphi_i\rangle|^2$$
$$\times \int d\omega \left(\frac{\omega_{fi}}{\omega}\right)^2 \mathscr{I}(\omega)F(t,\omega-\omega_{fi}) \tag{78}$$

[1321]　　　　对于 (78) 式中的积分, 我们可以像第十三章 §C-3 中那样进行计算和自变量为 ω 但宽度甚大于 $4\pi/t$ 的一个函数相对, 函数 $F(t,\omega-\omega_{fi})$ [见图 13-3] 的行为类似于 $\delta(\omega-\omega_{fi})$; 假设 t 充分大, 以致 $4\pi/t\ll\Delta$ (激发谱线的宽度), 同时又充分小, 以致微扰处理仍然有效, 那么, 在 (78) 式中, 我们可以认为:

$$F(t,\omega-\omega_{fi}) \simeq 2\pi t\delta(\omega-\omega_{fi}) \tag{79}$$

这样便得到:

$$\overline{\mathscr{P}}_{if}(t) = \frac{\pi q^2}{\varepsilon_0 c \hbar^2}|\langle\varphi_f|Z|\varphi_i\rangle|^2 \mathscr{I}(\omega_{fi})t \tag{80}$$

我们可将 (80) 式写成下列形式:

$$\overline{\mathscr{P}}_{if}(t) = C_{if}\mathscr{I}(\omega_{fi})t \tag{81}$$

其中

$$C_{if} = \frac{4\pi^2}{\hbar}|\langle\varphi_f|Z|\varphi_i\rangle|^2\alpha \tag{82}$$

α 则是精细结构常数

$$\alpha = \frac{q^2}{4\pi\varepsilon_0}\frac{1}{\hbar c} = \frac{e^2}{\hbar c} \simeq \frac{1}{137} \tag{83}$$

这个结果表明, $\overline{\mathscr{P}}_{if}(t)$ 正比于时间而增大, 单位时间内的跃迁概率 $\mathscr{W}_{if}$ 于是为:

$$\mathscr{W}_{if} = C_{if}\mathscr{I}(\omega_{fi}) \tag{84}$$

$\mathscr{W}_{if}$ 正比于和共振频率 ω_{fi} 对应的入射强度, 正比于精细结构常数 α, 还正比于 Z 的矩阵元的模平方, 后者可以通过 (71) 式和 $|\varphi_f\rangle \leftrightarrow |\varphi_i\rangle$ 跃迁中的振子强度联系起来.

在本文所讨论的情况中, 辐射沿给定的方向传播, 而且具有确定的偏振态, 将系数 C_{if} 对所有的传播方向并对所有可能的偏振态求平均, 我们就可以引入和系数 C_{if} 类似的系数 B_{if}, 它们确定了处在各向均匀的辐射中的原子在单位时间内的跃迁概率. 系数 B_{if} (和 B_{fi}) 就是爱因斯坦引入的那些系数, 可以用来描述吸收 (和受激发射). 现在我们看到, 在量子力学中是怎样计算这些系数的.

附注:

还有爱因斯坦引入的第三个系数, A_{fi}, 它描述原子从较高能级 $|\varphi_f\rangle$ 落回到较低能级 $|\varphi_i\rangle$ 时, 一个光子的自发发射. 本文介绍的理论不能用来分析自发发射. 这是因为, 没有任何入射辐射时, 相互作用哈密顿算符等于零, H_0 (这也就是总的哈密顿算符) 的本征态都是定态.

前面的模型是不完善的, 因为它以不对等的方式来处理原子体系 (这是量子化的) 和电磁场 (这又被当作经典量看待). 如果将两种体系都量子化了, 那么我们就会发现, 即使没有任何入射光子, 原子和电磁场之间的耦合仍然产生可观察的效应 (对这些效应的简单解释见于补充材料 K_V). H_0 的本征态不再是定态, 这是因为 H_0 不再是总体系的哈密顿算符, 这样, 我们就可以具体计算单位时间内一个光子自发发射的概率. 因此, 在量子力学中也可以求得爱因斯坦系数 A_{fi}.

[1322]

参考文献和阅读建议:

例如, 可参看: Schiff (1.18), 第 11 章; Bethe 和 Jackiw (1.21), 第 II 卷, 第 10、11 章; Bohm (5.1), 第 18 章, §12–44.

关于弹性束缚电子模型: Berkeley 3 (7.1), 补充题目 9; Feynman I (6.3), 第 31 章和 Feynman II (7.2), 第 32 章.

关于爱因斯坦系数: 原始文献 (1.31) Cagnac 和 Pebay-Peyroula (11.2), 第 III 章和第 XIX 章, §4.

关于振子强度的精确定义: Sobel'man (11.12), 第 9 章, §31.

关于原子的多极辐射及其选择定则: Sobel'man (11.12), 第 9 章, §32.

补充材料 B_{XIII}

[1323]

在正弦型微扰的影响下双能级体系的线性和非线性响应

1. 对模型的描述
    a. 与射频场相互作用的自旋 1/2 的集合的布洛赫方程
    b. 可以解出的情况和不可严格解出的情况
    c. 原子体系的响应
2. 体系的布洛赫方程的近似解
    a. 微扰方程
    b. 解的傅里叶展开
    c. 解的一般结构
3. 讨论
    a. 零级的解: 抽运和弛豫之间的较量
    b. 第一级的解: 线性响应
    c. 第二级的解: 吸收和受激发射
    d. 第三级的解: 饱和效应和多光子跃迁
4. 本文的应用题

在前一篇补充材料中, 我们曾经用含时微扰理论去处理 (到第一级) 在原子体系和电磁波之间有相互作用时发生的一些效应. 感生偶极矩的出现, 吸收过程和受激发射过程等.

现在, 我们将着手研究一个简单的例子, 在这里没有太多的麻烦, 我们就可以将微扰计算推进到更高级. 这样, 我们将揭示一些有趣的 "非线性" 效应: 饱和效应, 非线性极化率, 多光子的吸收和受激发射等. 此外, 即将建立的模型还 (当然是唯象地) 纳入了原子体系和它处于其中的 "网格" 之间的耗散性耦合 (弛豫过程). 这将使我们得以充实前一篇材料中得到的关于 "线性响应" 的结果: 例如, 我们将计算不仅在远离共振时而且在共振时原子的感生偶极矩.

即将描述的某些效应现已成为很多研究工作的对象. 要显示这些效应需要极强的电磁场, 在光学中, 只是在最近 (出现激光器之后) 我们才知道怎样实现这样的场. 随着出现了新的研究分支: 量子电子学, 非线性光学等. 本文介绍的计算方法 (在简单模型的框架内) 都可应用于这些问题.

[1324] **1. 对模型的描述**

a. 与射频场相互作用的自旋 1/2 的集合的布洛赫方程

我们回顾一下在补充材料 F_{IV} 的 §4–a 中描述过的体系: 自旋 1/2 的一个集合, 处于平行于 Oz 轴的静磁场 $\boldsymbol{B}_0$ 中, 这些自旋与一个射频振荡场相互作用, 它们进行着 "抽运" 和 "弛豫" 的过程.

假设 $\mathscr{M}(t)$ 是空腔 (见图 4–23) 中的自旋集合的总磁化强度, 我们在补充材料 F_{IV} 中曾经证明:

$$\frac{\mathrm{d}}{\mathrm{d}t}\mathscr{M}(t) = n\boldsymbol{\mu}_0 - \frac{1}{T_R}\mathscr{M}(t) + \gamma\mathscr{M}(t) \times B(t) \tag{1}$$

右端第一项描述体系的制备或 "抽运", 也就是说, 单位时间内有 n 个自旋进入该空腔, 每一自旋具有平行于 Oz 轴的基元磁化强度 $\boldsymbol{\mu}_0$. 第二项来自弛豫过程, 它以一段平均时间 T_R 为特征, 一个自旋经过这段时间或脱离该空腔或因与器壁碰撞而改变取向. (1) 式中的最后一项对应于自旋围绕总磁场

$$\boldsymbol{B}(t) = B_0\boldsymbol{e}_z + \boldsymbol{B}_1(t) \tag{2}$$

的进动, $\boldsymbol{B}(t)$ 是平行于 Oz 轴的静磁场 $B_0\boldsymbol{e}_z$ 与角频率为 ω 的射频场 $\boldsymbol{B}_1(t)$ 之和.

附注:

(i) 下面将要研究的跃迁 (它关系到每一自旋 1/2 的两个态 $|+\rangle$ 和 $|-\rangle$) 属于磁偶极跃迁.

(ii) 也许我们要问, 出发点为什么是关于平均值的 (1) 式, 而不是薛定谔方程本身. 理由是: 本文所研究的是大量自旋的统计系综, 它 (由于和空腔的壁碰撞) 与一个 "热库" 相耦合, 而我们知道它的量子态不能用态矢量只能用密度算符 (补充材料 E_{III}) 来描述. 因此, 我们必须研究密度算符所满足的演变方程, 即所谓的主方程, 而我们很容易使自己信服该方程与 (1) 式完全等价 [参看补充材料 F_{IV}, §3 和 §4, 以及补充材料 E_{IV}, 在该文中我们证明了磁化强度的平均值完全确定了自旋 1/2 的集合的密度矩阵].

实际上, 密度算符所满足的主方程和第十三章 §C–1 中研究过的薛定谔方程具有和 (1) 式相同的结构: 线性微分方程, 其系数为常数或按正弦型规律依赖于时间. 因此, 本文所要介绍的近似方法可应用于这些方程中的任何一个.

b. 可以解出的情况和不可严格解出的情况

如果射频场 $\boldsymbol{B}_1(t)$ 是旋转的, 也就是说, 如果:

$$\boldsymbol{B}_1(t) = B_1(\boldsymbol{e}_x \cos \omega t + \boldsymbol{e}_y \sin \omega t) \tag{3}$$

那么, 方程 (1) 就可以严格解出 [过渡到随 $\boldsymbol{B}_1$ 旋转的参照系, 便可将 (1) 式变换为与时间无关的线性微分方程]. 在这种情况下, (1) 式的准确解已在补充材料 F$_{\text{Ⅳ}}$ 的 §4–b 中给出.

现在假设 $\boldsymbol{B}_1$ 沿 Ox 轴方向线性偏振:

$$\boldsymbol{B}_1(t) = B_1 \boldsymbol{e}_x \cos \omega t \tag{4}$$

在这种情况下, 我们不可能[①] 求得方程 (1) 的准确解析解 (相当于过渡到旋转参照系的那种变换并不存在). 但是我们将会看到, 可以求得按 B_1 的各次幂展开的这种形式的解.

附注:

即将介绍的关于自旋 $1/2$ 的计算也可应用到只考虑的两个能级而忽略所有其他能级的情况. 其实, 我们知道 (参看补充材料 C$_{\text{Ⅳ}}$), 对于所有的双能级体系, 我们都可以给它联系上一个假想的自旋 $1/2$. 由此可见, 这里所要探讨的问题实际上就是受正弦型微扰作用的任何双能级体系的问题.

c. 原子体系的响应

通过 $\mathscr{M}_x, \mathscr{M}_y, \mathscr{M}_z$ 而依赖于 B_1 的所有各项就是原子对电磁微扰的 "响应", 它们表示射频场在自旋体系中感生的磁偶极矩. 我们将会看到, 这样的偶极矩不一定正比于 B_1; 含有 B_1 的项表示线性响应, 其他 (含有 $B_1^2, B_1^3, \cdots$) 的项表示 "非线性响应", 此外, 我们还将看到, 感生偶极矩, 不但以角频率 ω 而且以它的各次倍频 $p\omega(p = 0, 2, 3, 4, \cdots)$ 进行振荡.

计算原子体系的响应, 意义何在, 是不难理解的. 这种计算实际上是电磁波在介质中传播的理论或原子振荡器 (微波量子放大器或激光器) 理论中的一个重要阶段.

假设有一个电磁场. 在这个场和原子体系之间存在着耦合, 由于原子的偶极矩, 介质发生极化 (图 13–7 中向右的箭头). 这个极化在麦克斯韦方程组中表现为场源, 因而对场的产生有所贡献 (图 13–7 中向左的箭头). 如果我们 "闭合环路", 也就是说, 令如

---

① 线性偏振的场来源于左旋和右旋圆分量的叠加. 单独取这两个分量中的每一个, 我们应该可以得到一个准确解. 但是, 将对应于 (3) 式的准确解和对应于反旋转场 [在 (1) 右端 $\gamma\mathscr{M} \times \boldsymbol{B}$ 项中, $\mathscr{M}$ 依赖于 B_1] 的准确解叠加起来, 不能得到对应于 (4) 式的解, 从这个意义上说, 方程 (1) 并非线性的.

此得到的场等于所由出发的场, 我们便得到波的传播方程式 (含有介质的折射系数) 或振荡器的方程式 (不存在任何外场时, 在介质中也会出现一个电磁场, 如果将它充分放大, 体系将是不稳定的, 从而可以自发地进行振荡). 在本文中, 我们只讨论第一阶段的计算 (原子的响应).

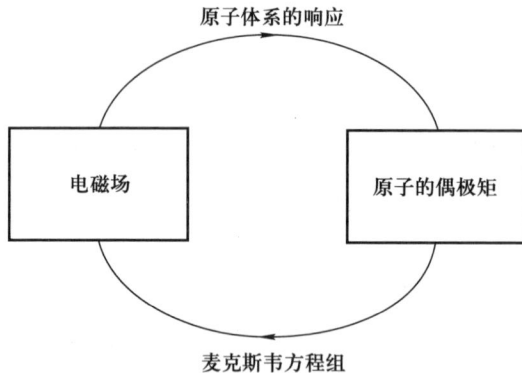

图 13-7　研究电磁波在介质中的传播 (或微波量子放大器、激光器等原子振荡器的功能) 所要进行的计算的原理示意图. 先计算给定的电磁场在介质中感生的偶极矩 (原子体系的响应); 对应的极化在麦克斯韦方程组中表现为场源, 因而对电磁场的产生有所贡献; 于是我们可以写出如此得到的场和所由出发的场之间的等式.

2. 体系的布洛赫方程的近似解

a. 微扰方程

如同在补充材料 F_{IV} 中那样, 我们令:

$$
\begin{cases}
\omega_0 = -\gamma B_0 & (5) \\
\omega_1 = -\gamma B_1 & (6)
\end{cases}
$$

[1327]　$\hbar\omega_0$ 表示在自旋的两个态 $|+\rangle$ 和 $|-\rangle$ 之间的能量差 (见图 13-8). 将 (4) 式代入 (2) 式, 再将 (2) 式代入 (1) 式, 经过简单计算便得到:

$$
\begin{cases}
\dfrac{\mathrm{d}}{\mathrm{d}t}\mathscr{M}_z = n\mu_0 - \dfrac{\mathscr{M}_z}{T_R} + \mathrm{i}\dfrac{\omega_1}{2}\cos\omega t(\mathscr{M}_- - \mathscr{M}_+) & \text{(7-a)} \\
\dfrac{\mathrm{d}}{\mathrm{d}t}\mathscr{M}_\pm = -\dfrac{\mathscr{M}_\pm}{T_R} \pm \mathrm{i}\omega_0\mathscr{M}_\pm \mp \mathrm{i}\omega_1\cos\omega t.\mathscr{M}_z & \text{(7-b)}
\end{cases}
$$

其中

$$
\mathscr{M}_\pm = \mathscr{M}_x \pm \mathrm{i}\mathscr{M}_y \tag{8}
$$

注意, 场源项 $n\mu_0$ 只出现在 $\mathscr{M}_z$ 的演变方程中, 这是因为 μ_0 实际上平行于 Oz 轴, 我们称这种抽运是纵向的[①]. 还应指出, 对磁化强度的纵向分量 ($\mathscr{M}_z$) 和横

[①] 在某些实验中, 抽运是 "横向" 的 (即 μ_0 垂直于 B_0); 关于这个问题可参看本文末尾的练习 1.

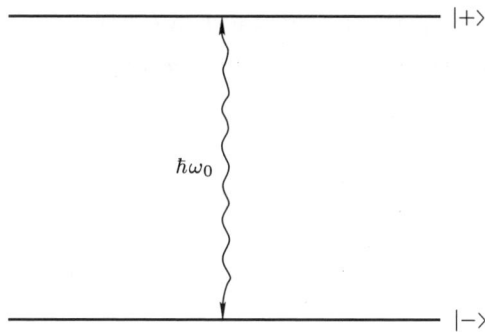

图 13–8　在静磁场 $\boldsymbol{B}_0$ 中的自旋 1/2 的能级; ω_0 是在磁场 $\boldsymbol{B}_0$ 中的拉莫尔角频率.

向分量 ($\mathscr{M}_\pm$) 而言, 弛豫时间可以是不相等的; 为简单起见, 我们在这里只取一个弛豫时间.

方程 (7–a) 和 (7–b) 叫做 "布洛赫方程". 是不可能严格解出的; 因此, 我们来求按 ω_1 的各次幂展开的这种形式的解:

$$
\begin{cases}
\mathscr{M}_z = {}^{(0)}\mathscr{M}_z + \omega_1\,{}^{(1)}\mathscr{M}_z + \omega_1^2\,{}^{(2)}\mathscr{M}_z + \cdots + \omega_1^n\,{}^{(n)}\mathscr{M}_z + \cdots & \text{(9–a)} \\
\mathscr{M}_\pm = {}^{(0)}\mathscr{M}_\pm + \omega_1\,{}^{(1)}\mathscr{M}_\pm + \omega_1^2\,{}^{(2)}\mathscr{M}_\pm + \cdots + \omega_1^n\,{}^{(n)}\mathscr{M}_\pm + \cdots & \text{(9–b)}
\end{cases}
$$

将 (9–a) 和 (9–b) 代入 (7–a) 和 (7–b), 并令 ω_1^n 项的系数相等, 便得到下列的微扰方程:

$n = 0$:

$$
\begin{cases}
\dfrac{\mathrm{d}}{\mathrm{d}t}\,{}^{(0)}\mathscr{M}_z = n\mu_0 - \dfrac{1}{T_R}\,{}^{(0)}\mathscr{M}_z & \text{(10–a)} \\[3mm]
\dfrac{\mathrm{d}}{\mathrm{d}t}\,{}^{(0)}\mathscr{M}_\pm = -\dfrac{1}{T_R}\,{}^{(0)}\mathscr{M}_\pm \pm \mathrm{i}\omega_0\,{}^{(0)}\mathscr{M}_\pm & \text{(10–b)}
\end{cases}
$$

$n \neq 0$

$$
\begin{cases}
\dfrac{\mathrm{d}}{\mathrm{d}t}\,{}^{(n)}\mathscr{M}_z = -\dfrac{1}{T_R}\,{}^{(n)}\mathscr{M}_z + \dfrac{\mathrm{i}}{2}\cos\omega t[\,{}^{(n-1)}\mathscr{M}_- - {}^{(n-1)}\mathscr{M}_+] & \text{(11–a)} \\[3mm]
\dfrac{\mathrm{d}}{\mathrm{d}t}\,{}^{(n)}\mathscr{M}_\pm = -\dfrac{1}{T_R}\,{}^{(n)}\mathscr{M}_\pm \pm \mathrm{i}\omega_0\,{}^{(n)}\mathscr{M}_\pm \mp \mathrm{i}\cos\omega t\,{}^{(n-1)}\mathscr{M}_z & \text{(11–b)}
\end{cases}
$$

[1328]

b. 解的傅里叶展开

在 (10) 式和 (11) 式右端, 仅有的依赖于时间的项是正弦型的, 故 (10) 式和 (11) 式的稳态解是周期性的, 周期为 $2\pi/\omega$; 我们可将这种解展为傅里叶级数:

$$
\begin{cases}
{}^{(n)}\mathscr{M}_z = \displaystyle\sum_{p=-\infty}^{+\infty} {}^{(n)}_{p}\mathscr{M}_z \mathrm{e}^{ip\omega t} & \text{(12–a)} \\[3mm]
{}^{(n)}\mathscr{M}_\pm = \displaystyle\sum_{p=-\infty}^{+\infty} {}^{(n)}_{p}\mathscr{M}_\pm \mathrm{e}^{ip\omega t} & \text{(12–b)}
\end{cases}
$$

其中 ${}_p^{(n)}\mathscr{M}_z$ 和 ${}_p^{(n)}\mathscr{M}_\pm$ 是第 n 级的解倍频为 $p\omega$ 的傅里叶分量.

我们取 ${}^{(n)}\mathscr{M}_z$ 为实数, 取 ${}^{(n)}\mathscr{M}_+$ 与 ${}^{(n)}\mathscr{M}_-$ 互为复共轭, 便可得到下列的实数性条件:

$$
\begin{cases}
{}_p^{(n)}\mathscr{M}_z = [{}_{-p}^{(n)}\mathscr{M}_z]^* & \text{(13-a)} \\[2mm]
{}_p^{(n)}\mathscr{M}_\pm = [{}_{-p}^{(n)}\mathscr{M}_\mp]^* & \text{(13-b)}
\end{cases}
$$

将 (12-a) 和 (12-b) 代入 (10) 式和 (11) 式, 并令每一指数函数 $e^{ip\omega t}$ 的系数等于零; 便有:

$n = 0$

$$
\begin{cases}
{}_0^{(0)}\mathscr{M}_z = n\mu_0 T_R & \\[2mm]
{}_p^{(0)}\mathscr{M}_z = 0 \quad \text{若 } p \neq 0 & \\[2mm]
{}_p^{(0)}\mathscr{M}_\pm = 0 \quad \text{对一切 } p \text{ 值}
\end{cases}
\tag{14}
$$

$n \neq 0$

$$
\begin{cases}
\left(ip\omega + \dfrac{1}{T_R}\right){}_p^{(n)}\mathscr{M}_z = \dfrac{i}{4}[{}_{p+1}^{(n-1)}\mathscr{M}_- + {}_{p-1}^{(n-1)}\mathscr{M}_- - {}_{p+1}^{(n-1)}\mathscr{M}_+ - {}_{p-1}^{(n-1)}\mathscr{M}_+] & \text{(15-a)} \\[4mm]
\left[i(p\omega \mp \omega_0) + \dfrac{1}{T_R}\right]{}_p^{(n)}\mathscr{M}_\pm = \mp\dfrac{i}{2}[{}_{p+1}^{(n-1)}\mathscr{M}_z + {}_{p-1}^{(n-1)}\mathscr{M}_z] & \text{(15-b)}
\end{cases}
$$

这些代数方程式可以立即解出, 结果得到:

$$
\begin{cases}
{}_p^{(n)}\mathscr{M}_z = \dfrac{i}{4\left(ip\omega + \dfrac{1}{T_R}\right)}[{}_{p+1}^{(n-1)}\mathscr{M}_- + {}_{p-1}^{(n-1)}\mathscr{M}_- - {}_{p+1}^{(n-1)}\mathscr{M}_+ - {}_{p-1}^{(n-1)}\mathscr{M}_+] & \text{(16-a)} \\[6mm]
{}_p^{(n)}\mathscr{M}_\pm = \mp\dfrac{i}{2\left[i(p\omega \mp \omega_0) + \dfrac{1}{T_R}\right]}[{}_{p+1}^{(n-1)}\mathscr{M}_z + {}_{p-1}^{(n-1)}\mathscr{M}_z] & \text{(16-b)}
\end{cases}
$$

[1329] 可见 (16) 式给出了第 n 级的解和第 $n-1$ 级的解之间的明显关系. 因为零级的解是已知的 [参看方程 (14)], 所以问题在原则上已完全解决.

c. 解的一般结构

我们可将解的展开式中的各项排成一个行列对查表, 横向标志是微扰的级别 n, 纵向标志是所考察的倍频项 $p\omega$ 的倍数 p. 在零级, 只有 ${}_0^{(0)}\mathscr{M}_z$ 不等于零; 据此, 利用 (16) 式, 便可逐步导出高级中各非零项 (图 13-9). 这样, 我们就得到一种 "树状结构", 用 (16) 式进行递推, 立即可以得到下述性质:

(i) 对于微扰的偶数级, 只有纵向磁化强度受到修正; 对于微扰的奇数级, 只有横向磁化强度受到修正.

(ii) 对于微扰的偶数级, 只出现偶次倍频分量; 对于微扰的奇数级, 只出现奇次倍频分量.

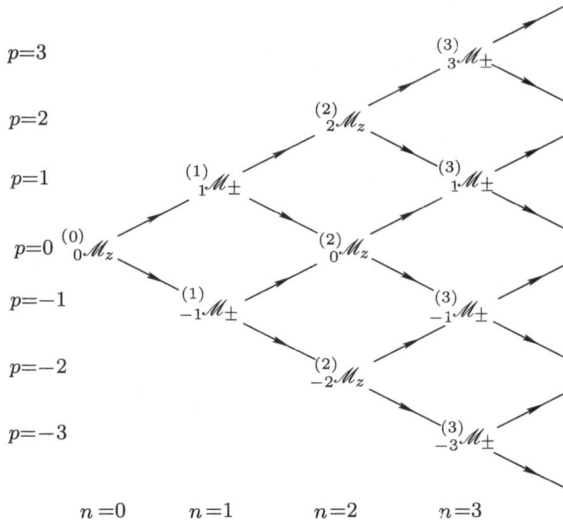

图 13–9　(表 I) 行列对查表, 它标示出 (非零的) 对 ω_1 的第 n 级微扰中磁化强度的倍频为 $p\omega$ 的傅里叶分量.

(iii) 对于 n 的每一个值, p 所取的值为 $n, n-2, \cdots, -n+2, -n$.

附注:

这种结构只对射频场 $\boldsymbol{B}_1(t)$ 的已经选定的 (垂直于 $\boldsymbol{B}_0$ 的) 偏振才是有效的. 针对射频场的其他偏振情况, 也可以构成类似的表.

[1330]

3. 讨论

现在我们来解释前面的计算 (直到第三级的) 结果.

a. 零级的解: 抽运与弛豫之间的较量

根据 (14) 式, 零级的唯一一个非零分量是:

$$\begin{smallmatrix}(0)\\0\end{smallmatrix}\mathscr{M}_z = n\mu_0 T_R \tag{17}$$

即不存在任何射频场时, 只有一个静态的 ($p=0$) 纵向磁化强度. 由于 $\mathscr{M}_z$ 正比于图 13–8 中的两个能级 $|+\rangle$ 与 $|-\rangle$ 之间的布居数之差 (参看补充材料 E_{IV}), 我们也可以说, 抽运过程使这两个能级的布居数不相等.

进入空腔的自旋数 n 越大 (抽运越有效), T_R 越长 (弛豫越慢), $\begin{smallmatrix}(0)\\0\end{smallmatrix}\mathscr{M}_z$ 就越大. 因此, 零级的解 (17) 描述抽运过程和弛豫过程互相较量而形成的动态平衡.

为了简化符号, 从现在起, 我们令:

$$\mathscr{M}_0 = \begin{smallmatrix}(0)\\0\end{smallmatrix}\mathscr{M}_z \tag{18–a}$$

$$\Gamma_R = \frac{1}{T_R} \qquad (18\text{--b})$$

b. 第一级的解: 线性响应

到第一级, 只有横向磁化强度 $\mathscr{M}_\perp$ 不等于零. 由于 $\mathscr{M}_+ = \mathscr{M}_-^*$, 故只需讨论 $\mathscr{M}_+$.

α. 横向磁化强度的运动

根据表 I, 若 $n = 1$, 则 $p = \pm 1$. 在 (16–b) 式中, 令 $n = 1, p = \pm 1$, 并注意到 (18) 式便有:

$$\begin{cases} {}^{(1)}_{1}\mathscr{M}_+ = \dfrac{\mathscr{M}_0}{2} \dfrac{1}{\omega_0 - \omega + \mathrm{i}\Gamma_R} & (19\text{--a}) \\[2mm] {}^{(1)}_{-1}\mathscr{M}_+ = \dfrac{\mathscr{M}_0}{2} \dfrac{1}{\omega_0 + \omega + \mathrm{i}\Gamma_R} & (19\text{--b}) \end{cases}$$

[1331]　将这些式子代入 (12–b), 然后代入 (9–b), 便求得 $\mathscr{M}_+$ (到 ω_1 的第一级):

$$\mathscr{M}_+ = \omega_1 \frac{\mathscr{M}_0}{2} \left[\frac{\mathrm{e}^{\mathrm{i}\omega t}}{\omega_0 - \omega + \mathrm{i}\Gamma_R} + \frac{\mathrm{e}^{-\mathrm{i}\omega t}}{\omega_0 + \omega + \mathrm{i}\Gamma_R} \right] \qquad (20)$$

$\mathscr{M}_+$ 的代表点在复平面上的运动和 $\mathscr{M}$ 在垂直于 $\boldsymbol{B}_0$ 的平面上的投影 $\mathscr{M}_\perp$ 的运动相同. 根据 (20) 式, 这个运动来源于两个角速度相同的圆运动的叠加, 其中之一是右旋的 ($\mathrm{e}^{\mathrm{i}\omega t}$ 的项), 另一个是左旋的 ($\mathrm{e}^{-\mathrm{i}\omega t}$ 的项). 因此, 合成结果一般是椭圆运动.

β. 两个共振点的存在

右旋圆运动在 $\omega_0 = \omega$ 时具有最大振幅, 左旋圆运动则在 $\omega_0 = -\omega$ 时具有最大振幅. 如果使磁场 $B_0 = -\omega_0/\gamma$ 发生变化, 那么 $\mathscr{M}_+$ 就具有两个共振值 (而对于旋转磁场来说, 只有一个共振值; 参看补充材料 $\mathrm{F_{IV}}$). 这个现象可解释如下: 线性射频场可以分解为右旋圆分量和左旋圆分量, 其中的每一个都激发一次共振; 由于旋转方向相反, 故出现这些共振时的静磁场 $\boldsymbol{B}_0$ 的方向也是相反的.

γ. 线性极化率

靠近一个共振时 (例如 $\omega_0 \simeq \omega$ 时), 我们可以略去 (20) 式中的非共振项, 这样便有:

$$\mathscr{M}_+ \underset{\omega \simeq \omega_0}{\simeq} \omega_1 \frac{\mathscr{M}_0}{2} \frac{\mathrm{e}^{\mathrm{i}\omega t}}{\omega_0 - \omega + \mathrm{i}\Gamma_R} \qquad (21)$$

由此可见, $\mathscr{M}_+$ 正比于旋转方向与共振对应的那个射频场分量, 现在是 $B_1\mathrm{e}^{\mathrm{i}\omega t}/2$.

$\mathscr{M}_+$ 与该分量之比叫做线性极化率 $\chi(\omega)$:

$$\chi(\omega) = -\gamma \mathscr{M}_0 \frac{1}{\omega_0 - \omega + \mathrm{i}\Gamma_R} \qquad (22)$$

$\chi(\omega)$ 是一个复极化率, 这表明在 $\mathscr{M}_+$ 与引起共振的射频场旋转分量之间存在着相移.

$\chi(\omega)$ 的模平方随 ω 变化的规律在宽度为:

$$\Delta\omega = 2\Gamma_R = \frac{2}{T_R} \tag{23}$$

的区域内靠近 $\omega_0 = \omega$ 之处呈现经典的共振形式 (图 13–10). 由此可见, 弛豫时间 T_R 越长, 共振曲线越尖锐. 从现在起, 我们假设两个共振点 $\omega_0 = \omega$ 和 $\omega_0 = -\omega$ 是完全分开的, 也就是说:

$$\omega/\Gamma_R = \omega T_R \gg 1 \tag{24}$$

[1332]

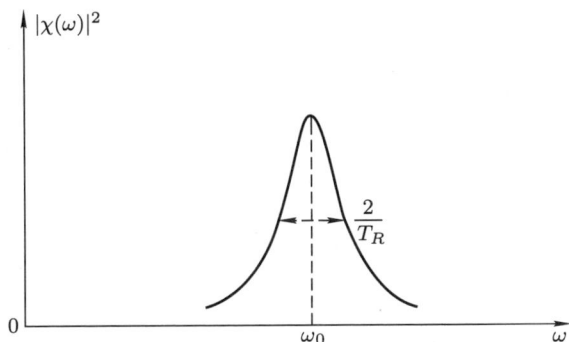

图 13–10　自旋体系的线性极化率的模平方 $|\chi(\omega)|^2$ 随 ω 变化的情况. 在 $\omega = \omega_0$ 处发生共振, 宽度为 $2/T_R$.

从共振区的一端跨越到另一端, 相位差从 0 变到 $\pm\pi$; 在共振点处, 相位差等于 $\pm\pi/2$; 正当 $\mathscr{M}_\perp$ 和旋转分量的相位差为 $\pi/2$ 时, 场施于 $\mathscr{M}$ 的力偶所作的功为极大. 这个功的符号依赖于 $\mathscr{M}_0$ 的符号, 也就是依赖于 μ_0 的符号; 这个符号随我们所制备的自旋态为 $|+\rangle$ 或为 $|-\rangle$ 而不同. 在一种情况下 (自旋进入较低能级), 功由场所提供, 于是有能量从场转移到自旋 (吸收); 在另一种情况下 (自旋进入较高能级), 功是负的, 于是有能量从自旋转移到场 (受激发射). 后一种情况在原子放大器和振荡器 (微波量子放大器和激光器) 中实现.

c. 第二级的解: 吸收和受激发射

到第二级, 根据表 I, 只有 $_0^{(2)}\mathscr{M}_z$ 和 $_{\pm 2}^{(2)}\mathscr{M}_z$ 不等于零. 我们首先分析 $_0^{(2)}\mathscr{M}_z$, 这就是 (第二级的) 两个能级 $|+\rangle$ 和 $|-\rangle$ 的静态布居数之差; 然后分析 $_{\pm 2}^{(2)}\mathscr{M}_z$, 即二倍频的产生.

α. 在体系的两个能级间布居数之差的变化

$_0^{(2)}\mathscr{M}_z$ 使已经得到的零级结果 $_0^{(0)}\mathscr{M}_0$ 受到修正. 根据 (16–a) 和 (13–b) 式,

有:

$$
\begin{aligned}
{}_{0}^{(2)}\mathscr{M}_z &= \frac{\mathrm{i}}{4\Gamma_R}\left[{}_{1}^{(1)}\mathscr{M}_- + {}_{-1}^{(1)}\mathscr{M}_- - {}_{1}^{(1)}\mathscr{M}_+ - {}_{-1}^{(1)}\mathscr{M}_+\right] \\
&= \frac{\mathrm{i}}{4\Gamma_R}\left[{}_{-1}^{(1)}\mathscr{M}_+^* + {}_{1}^{(1)}\mathscr{M}_+^* - {}_{1}^{(1)}\mathscr{M}_+ - {}_{-1}^{(1)}\mathscr{M}_+\right]
\end{aligned}
\tag{25}
$$

[1333]　　根据 (19–a) 和 (19–b) 式的第一级解, 此式又给出:

$$
{}_{0}^{(2)}\mathscr{M}_z = -\frac{\mathscr{M}_0}{4}\left[\frac{1}{(\omega-\omega_0)^2+\Gamma_R^2} + \frac{1}{(\omega+\omega_0)^2+\Gamma_R^2}\right]
\tag{26}
$$

在 (9–a) 式中, 到第二级为止, 将各静态项 ($p=0$ 项) 重新归并, 便有:

$$
\mathscr{M}_z(\text{静}) = \mathscr{M}_0\left\{1 - \frac{\omega_1^2}{4}\left[\frac{1}{(\omega-\omega_0)^2+\Gamma_R^2} + \frac{1}{(\omega+\omega_0)^2+\Gamma_R^2}\right] + \cdots\right\}
\tag{27}
$$

图 13–11 表示这个纵向静态磁化强度随 ω_0 变化的情况.

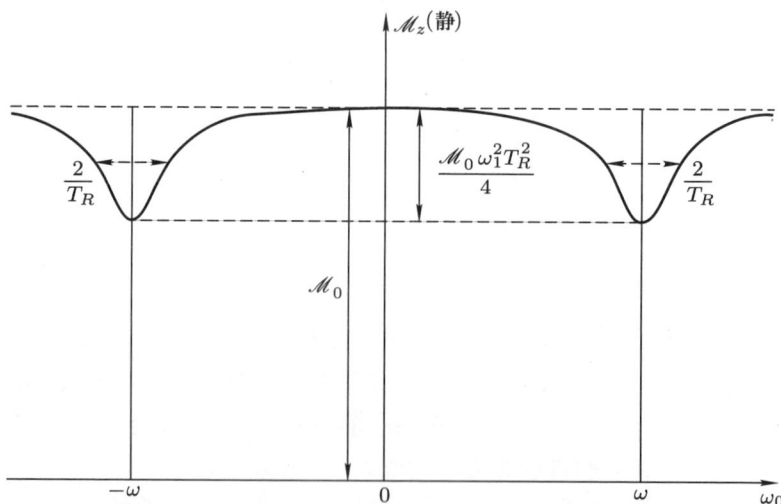

图 13–11　纵向静态磁化强度随 ω_0 变化的情况. 经过二级微扰的处理, 在 $\omega_0 = \omega$ 和 $\omega_0 = -\omega$ 处出现两次共振, 宽度都是 $2/T_R$, 只在共振的相对强度很弱时, 即在 $\omega_1 T_R \ll 1$ 时, 这里的计算才成立.

　　由此可见, 直到第二级, 布居数之差和它在没有射频场时的数值相比, 总是有所减小, 而减小的量正比于射频场的强度. 这是不难理解的: 在入射场的影响下, 被激发的跃迁或从 $|+\rangle$ 到 $|-\rangle$ (受激发射) 或从 $|-\rangle$ 到 $|+\rangle$ (吸收), 不论原始的布居数之差的符号如何, 为数较多的跃迁是从布居数较大的能级出发的, 因此, 布居数之差总是减小的.

[1334]

附注:

$\omega_1^2 |_0^{(2)}\mathscr{M}_z$ 的极大值为 $\mathscr{M}_0\omega_1^2/4\Gamma_R^2 = \mathscr{M}_0\omega_1^2 T_R^2/4$ (共振的幅度, 它在图 13-11 中表现凹陷的部分). 因此, 为使微扰展开有意义, 应使:

$$\omega_1 T_R \ll 1 \tag{28}$$

β. 二倍频的产生

根据 (16–a), (13–b), (19–a) 和 (19–b) 式, 有:

$$
\begin{aligned}
{}_2^{(2)}\mathscr{M}_z &= \frac{1}{4(2\omega - i\Gamma_R)}\left[{}_{-1}^{(1)}\mathscr{M}_+^* - {}_1^{(1)}\mathscr{M}_+\right] \\
&= \frac{\mathscr{M}_0}{8(2\omega - i\Gamma_R)}\left[\frac{1}{\omega_0 + \omega - i\Gamma_R} - \frac{1}{\omega_0 - \omega + i\Gamma_R}\right]
\end{aligned} \tag{29}
$$

${}_2^{(2)}\mathscr{M}_z$ 描述磁偶极子沿 Oz 轴以角频率 2ω 进行的振动, 因此, 体系可以辐射一个波, 角频率为 2ω, 而且 (就磁场而言) 沿 Oz 轴线性偏振.

现在我们看到, 一个原子体系一般都不是线性体系, 它可将激发频率二倍之, 三倍之 (下面即将见到), 等等. 在光学中, 当强度非常大时 ("非线性光学") 也有同类型的现象: 一束红色激光 (例如红宝石激光器所产生的) 投射到一种介质诸如石英晶体上, 就会产生一束紫外光 (二倍频).

附注:

比较一下 $|{}_0^{(2)}\mathscr{M}_z|$ 和 $|{}_2^{(2)}\mathscr{M}_z|$ 在 $\omega_0 = \omega$ 附近的值, 对以后是有用的. 根据 (29) 式, 在 $\omega \simeq \omega_0$ 时, 有:

$$|{}_2^{(2)}\mathscr{M}_z| \simeq \frac{\mathscr{M}_0}{16\omega_0\Gamma_R} \tag{30}$$

类似地, (26) 式表明:

$$|{}_0^{(2)}\mathscr{M}_z| \simeq \frac{\mathscr{M}_0}{4\Gamma_R^2} \tag{31}$$

因此, 根据 (24) 式, 在 $\omega \simeq \omega_0$ 时, 可知

$$\frac{|{}_2^{(2)}\mathscr{M}_z|}{|{}_0^{(2)}\mathscr{M}_z|} \simeq \frac{\Gamma_R}{4\omega_0} = \frac{1}{4\omega_0 T_R} \ll 1 \tag{32}$$

[1335]

d. 第三级的解: 饱和效应和多光子跃迁

到第三级, 表 I 表明, 只有 ${}_{\pm 1}^{(3)}\mathscr{M}_\pm$ 和 ${}_{\pm 3}^{(3)}\mathscr{M}_\pm$ 不等于零; 实际上, 我们只需讨论 ${}^{(3)}\mathscr{M}_+$.

在第一级的解中已经求得并在前面 §b 中分析过的 $\mathscr{M}_\perp$ 的右旋圆运动到第三级将受到 ${}_1^{(3)}\mathscr{M}_+$ 的修正. 我们将会看到, ${}_1^{(3)}\mathscr{M}_+$ 对应于体系的极化率的饱和效应.

${}_3^{(3)}\mathscr{M}_+$ 表示 $\mathscr{M}_\perp$ 的运动中角频率为 3ω 的一个新分量 (三倍频的产生). 此外, 我们可将 ${}_3^{(3)}\mathscr{M}_+$ 在 $\omega_0 = 3\omega$ 附近的共振特性的原因解释为三个射频光子的同时吸收, 这是一个总能量和总动量同时守恒的过程.

α. 体系的极化率的饱和

根据 (16–b) 式, 有:

$$
{}_1^{(3)}\mathscr{M}_+ = \frac{1}{2} \frac{1}{\omega_0 - \omega + \mathrm{i}\varGamma_R} \left[{}_2^{(2)}\mathscr{M}_z + {}_0^{(2)}\mathscr{M}_z \right] \tag{33}
$$

由于我们感兴趣的是在 §3–b 中讨论过的共振点在 $\omega_0 = \omega$ 处的右旋圆运动受到的修正, 所以我们只在 $\omega_0 = \omega$ 的邻域中进行分析. 于是根据前段的附注 [参看公式 (32)], 与 ${}_0^{(2)}\mathscr{M}_z$ 相比, 我们可以忽略 ${}_2^{(2)}\mathscr{M}_z$. 利用 ${}_0^{(2)}\mathscr{M}_z$ 的表示式 (26) (略去在 $\omega_0 = -\omega$ 时共振的项), 我们得到:

$$
{}_1^{(3)}\mathscr{M}_+ \simeq -\frac{\mathscr{M}_0}{8} \frac{1}{\omega_0 - \omega + \mathrm{i}\varGamma_R} \frac{1}{(\omega - \omega_0)^2 + \varGamma_R^2} \tag{34}
$$

若将 (34) 式和 (19–a) 式的结果归并一下, 便得到一个式子, 它给出 (包括 ω_1 的第三级) $\mathscr{M}_+$ 的频率为 $\omega/2\pi$ 的右旋圆运动:

$$
\mathscr{M}_+(\text{右旋}) = \omega_1 \frac{\mathscr{M}_0}{2} \frac{\mathrm{e}^{\mathrm{i}\omega t}}{\omega_0 - \omega + \mathrm{i}\varGamma_R} \left[1 - \frac{\omega_1^2}{4} \frac{1}{(\omega - \omega_0)^2 + \varGamma_R^2} \right] \tag{35}
$$

比较 (35) 式和 (21) 式可以看出, 体系的极化率从 (22) 式给出的值过渡到下式给出的值:

$$
\chi(\omega) = -\gamma \mathscr{M}_0 \frac{1}{\omega_0 - \omega + \mathrm{i}\varGamma_R} \left[1 - \frac{\omega_1^2}{4} \frac{1}{(\omega_0 - \omega)^2 + \varGamma_R^2} \right] \tag{36}
$$

由此可见, 它已被乘上一个小于 1 的因子, 射频场的强度越大, 越靠近共振点, 这个因子就越小; 我们说这时体系达到了 "饱和". (36) 式中含有 ω_1^2 的项叫做 "非线性极化率".

[1336]　　　这种饱和的物理意义是很清楚的. 一个弱电磁场在原子体系中感生一个和场成正比的偶极矩. 若增大场的振幅, 偶极矩不可能继续正比于场而增大. 实际上, 场所引起的吸收跃迁和受激发射跃迁将使有关的原子能级之间的布居数之差减小, 从而原子体系对场的响应越来越迟钝. 我们还可以证实, (36) 式括号中的项正表示布居数之差的减小 (到第二级)[参看公式 (27), 在该式中应该略去 $\omega_0 = -\omega$ 处的共振项].

附注:

　　饱和项在微波量子放大器或激光器的整个理论中都具有重要意义. 我们再回到图 13–7 中的示意图. 如果在计算的第一阶段 (向右的箭头), 我们只保留线性响应项, 那么, 感生偶极矩是正比于场的. 如果介质具有放大的功能 (并设电磁共振腔的损耗充分小), 那么, 偶极子对场的反作用 (向左的箭头) 倾向于使场增大一个与之成正比的量, 可以想见, 我们得到的是场的一个线性微分方程式, 它的解按指数律随时间增大.

　　正是饱和项阻止了这种无限的增长. 它们导致一个方程式, 它的解保持有界并趋向稳态激光器中的场. 从物理上看, 出现饱和项的原因在于原子体系不可能向场提供超过某一限度的能量, 这个限度就是和抽运过程最初引入的布居数之差对应的能量.

β. 三光子跃迁

　　根据 (16–b) 式和 (29) 式, 有:

$$
\begin{aligned}
{}^{(3)}_{3}\mathscr{M}_+ &= \frac{1}{2}\frac{1}{\omega_0 - 3\omega + i\Gamma_R}{}^{(2)}_{2}\mathscr{M}_z \\
&= \frac{\mathscr{M}_0}{16}\frac{1}{\omega_0 - 3\omega + i\Gamma_R}\frac{1}{2\omega - i\Gamma_R}\left[\frac{1}{\omega_0 + \omega - i\Gamma_R} - \frac{1}{\omega_0 - \omega + i\Gamma_R}\right]
\end{aligned} \quad (37)
$$

　　我们对 ${}^{(3)}_{3}\mathscr{M}_+$, 也可以像对 ${}^{(2)}_{2}\mathscr{M}_z$ 那样, 提出同样的说明, 即它表明原子体系产生了激发频率的倍频 (在这里是三倍频).

　　和前段中对 ${}^{(2)}_{2}\mathscr{M}_z$ 的讨论不同的一点是出现了一个以 $\omega_0 = 3\omega$ 为中心的共振 [与 (37) 式中的第一个共振分母相关].

　　对前段中讨论过的在 $\omega_0 = \omega$ 处的共振, 我们可以提供一个微粒观点的解释: 自旋吸收一个光子而从态 $|-\rangle$ 跃迁到态 $|+\rangle$ (或放出一个光子而跃迁, 这要由能级 $|+\rangle$ 和 $|-\rangle$ 的相对位置决定). 若光子能量 $\hbar\omega$ 等于原子跃迁的能量 $\hbar\omega_0$, 就出现共振. 对于在 $\omega_0 = 3\omega$ 处的共振, 我们也可以提出类似的微粒观点的解释. 由于 $\hbar\omega_0 = 3\hbar\omega$, 跃迁一定包含三个光子, 因为在跃迁过程中总能量应是守恒的.

　　现在我们要问: 到第二级, 为什么不曾出现 $\hbar\omega_0 = 2\hbar\omega$ 的共振 (双光子跃迁)? 这里的原因在于: 总角动量在跃迁过程也是守恒的. 如我们曾经说过的, 线性射频场实际上是旋转方向相反的两个场的叠加. 和这两个旋转场联系着不同类型的光子; 和右旋场相联系的是光子 σ^+, 它们传输相对于 Oz 轴为 $+\hbar$ 的角动量; 和左旋场相联系的是光子 σ^-, 它们传输角动量 $-\hbar$. 为了从能级 $|-\rangle$ 跃迁到能级 $|+\rangle$, 自旋应吸收相对于 Oz 轴为 $+\hbar$ 的角动量 (算符 S_z 的两个本征值之差). 吸收一个光子 σ^+, 就可以实现这个跃迁; 如果 $\omega_0 = \omega$, 那么, 总能量也同时守恒, 这就说明了在 $\omega_0 = \omega$ 时共振的出现. 如果吸收三个光子 (图

[1337]

13-12), 两个 σ^+ 光子, 一个 σ^- 光子, 体系也可以得到角动量 $+\hbar$. 如果 $\omega_0 = 3\omega$, 那么, 总能量和总动量同时守恒的条件也得到满足, 这就说明了 $\omega_0 = 3\omega$ 时的共振. 但是, 两个光子绝不会向原子提供 $+\hbar$ 的角动量; 如果这两个光子属于 σ^+ 偏振, 那么, 它们传输的动量为 $2\hbar$; 如果两者属于 σ^- 偏振, 那么, 它们传输的动量为 $-2\hbar$; 如果一个属于 σ^+ 偏振, 另一个属于 σ^- 偏振, 那么, 它们传输的动量为零.

这些论点很容易推广, 并可据以证明在 $\omega_0 = \omega, 3\omega, 5\omega, 7\omega, \cdots (2n+1)\omega, \cdots$ 时, 将发生共振, 同时有奇数个光子被吸收. 从 (16-b) 式还可看出, ${}^{(2n+1)}_{2n+1}\mathscr{M}_+$ 在 $\omega_0 = (2n+1)\omega$ 时出现共振; 对于偶数级, 绝无类似的现象, 这是因为, 根据表 I, 适用于这种情况的应是 (16-a) 式.

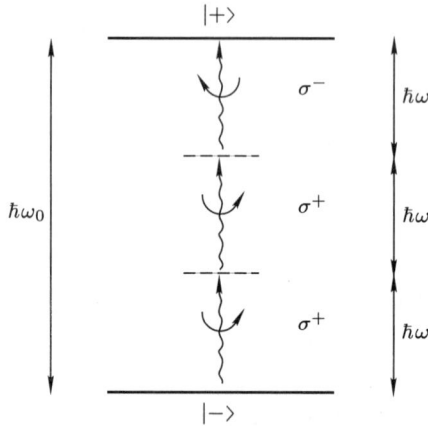

图 13-12　自旋吸收能量为 $\hbar\omega$ 的三个光子, 即可从能级 $|-\rangle$ 跃迁到能级 $|+\rangle$. 若 $\hbar\omega_0 = 3\hbar\omega$, 则总能量守恒, 如果两个光子属于 σ^+ 偏振 (每一个具有相对于 Oz 轴为 $+\hbar$ 的角动量), 一个光子属于 σ^- 偏振 (具有动量 $-\hbar$), 那么, 总角动量也是守恒的.

附注:

(i) 如果 B_1 是旋转场, 那么, 只有一种类型的光子, σ^+ 或 σ^-; 同样的分析表明, 对于 σ^+ 光子, 唯一的共振发生在 $\omega_0 = \omega$ 时, 对于 σ^- 光子, 则共振发生在 $\omega_0 = -\omega$ 时. 由此我们就可以理解, 对于一个旋转场的情况, 计算为什么特别简单, 而且可以得到一个准确解. 此外, 颇有教益的事是将本文的方法应用到旋转场的情况, 并且证明微扰级数可以求和以致给出补充材料 F_{IV} 中直接得到的结果.

(ii) 我们来考虑一个宇称不同的双能级体系, 设想将它置于一个振荡电场的作用之下. 相互作用哈密顿算符和本文所研究的具有相同的结构: 现在 S_x 只有非对角元; 类似地, 电偶极哈密顿算符是奇的, 故它不可能有对角元. 在第二种情况下, 计算和前面的很相似, 并导致类似的结论: 在

$\omega_0 = \omega, 3\omega, 5\omega, \cdots$ 时, 我们发现共振. 频谱的这种 "奇性" 特征可以解释如下: 电偶极光子具有负的宇称, 体系为了从一个能级跃迁到另一个宇称不同的能级, 应吸收奇数个这样的光子.

(iii) 仍然考虑自旋 1/2 的情况并设线性射频场既不平行于也不垂直于 B_0 (图 13–13). 于是 B_1 可以分解为两个分量, 一个平行于 B_0, 即 $B_{1//}$, 与此相联系的是光子 π (相对于 Oz 轴的角动量为 0); 另一个分量是 $B_{1\perp}$, 如我们在前面已经见到的, 与此相联系的是光子 σ^+ 和光子 σ^-. 在现在的情况下, 体系吸收两个光子, 一个 σ^+, 一个 π, 就可以使相对于 Oz 轴的动量增加一个量 $+\hbar$, 并从能级 $|-\rangle$ 跃迁到能级 $|+\rangle$. 应用本文的方法, 我们可以具体证明, 对于射频场的这种偏振情况, 将出现一个完整的 (偶的和奇的) 共振谱: $\omega_0 = \omega, 2\omega, 3\omega, 4\omega, \cdots$.

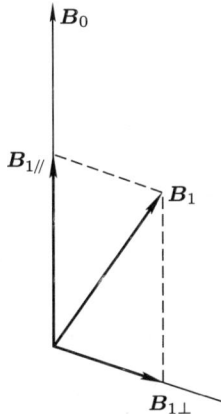

图 13–13 静磁场 B_0 和射频场 B_1, 现在 B_1 既不平行于也不垂直于 B_0; B_1 的平行于 B_0 的分量是 $B_{1//}$, 垂直于 B_0 的分量是 $B_{1\perp}$.

4. 本文的应用题

[1339]

练习 1

考虑方程 (1), 但在其中令 $\omega_1 = 0$ (没有射频场), 并取 $\boldsymbol{\mu}_0$ 平行于 Ox 轴 (横向抽运).

试求 $\mathcal{M}_x, \mathcal{M}_y$ 和 $\mathcal{M}_z$ 在稳态中的值. 试证: 若使静磁场在零值附近连续变化, 则 $\mathcal{M}_x$ 和 $\mathcal{M}_y$ 的变化都具有共振的特性 (Hanle 效应). 试从物理上解释这些共振 (受拉莫尔进动阻碍的抽运) 并证明这些共振可用来测量乘积 γT_R.

练习 2

考虑一个自旋的集合, 它处于其中的静磁场 B_0, 抽运过程和弛豫过程都和本文所述的相同; 此外, 这些自旋受到两个线性射频场的作用, 第一个的角频率为 ω, 振幅为 B_1, 平行于 Oz 轴; 第二个, 角频率为 ω', 振幅为 B_1', 平行于 Ox 轴.

利用本文所建立的普遍方法, 计算这个自旋集合的磁化强度 $\mathscr{M}$ 到 $\omega_1 = -\gamma B_1$ 和 $\omega_1' = -\gamma B_1'$ 的第二级 (含有 $\omega_1^2, \omega_1'^2, \omega_1\omega_1'$ 的项). 固定 $\omega_0 = -\gamma\beta_0$ 和 ω_1; 假设 $\omega_0 > \omega$, 并改变 ω'. 试证: 到微扰的这一级, 出现两次共振, 一次在 $\omega' = \omega_0 - \omega$ 时, 另一次在 $\omega' = \omega_0 + \omega$ 时.

从物理上解释这两次共振 (第一次对应于两个光子的吸收, 第二次对应于拉曼效应).

参考文献和阅读建议:

见参考书目第 15 节.

微波量子放大器和激光器的半经典理论: Lamb (15.4) 和 (15.2); Sargent 等 (15.5) 第 Ⅷ, Ⅸ 和 Ⅸ 章.

非线性光学: Baldwin (15.19), Bloembergen (15.21), Giordmaine (15.22).

主方程的迭代解法: Bloembergen (15.21), 第 2 章 §3, §4 和 §5, 和附录 Ⅲ.

射频范围的多光子过程, Hanle 效应: 15.2 中 Brossel 的演讲.

补充材料 C$_{\text{XIII}}$

[1340]

在共振微扰影响下体系在两个离散能级之间的振荡

1. 方法的原理: 久期近似

2. 方程组的解

3. 讨论

    在第十三章中, 用来计算共振微扰的影响的近似方法, 在时间较长时不能成立. 这是因为我们已经看到 [参看本章的条件 (C–18)], t 应该满足:

$$t \ll \frac{\hbar}{|W_{fi}|} \tag{1}$$

现在假设我们希望研究受共振微扰的一个体系在很长的时间间隔 [在此间隔中条件 (1) 不能实现] 中的行为. 计算到第一级的解是不够的, 因此, 我们也许要试算几个高级项, 才能得到 $\mathscr{P}_{if}(t;\omega)$ 的较好表达式:

$$\mathscr{P}_{if}(t;\omega) = |\lambda b_f^{(1)}(t) + \lambda^2 b_f^{(2)}(t) + \lambda^3 b_f^{(3)}(t) + \cdots|^2 \tag{2}$$

这种方法可能导致徒劳无益的冗长计算.

    在本文中我们将会看到, 改善近似方法使之更好地适应微扰的共振特性, 我们就能以更为精美和迅速的方式解决问题. 由共振条件 $\omega \simeq \omega_{fi}$ 可以推知, 被 $W(t)$ 有效地耦合起来的态只有两个离散态 $|\varphi_i\rangle$ 和 $|\varphi_f\rangle$: 由于体系在初始时刻处于态 $|\varphi_i\rangle[b_i(0) = 1]$, 在时刻 t 发现体系处于态 $|\varphi_f\rangle$ 的概率幅 $b_f(t)$ 可能很可观; 反之, 所有的系数 $b_n(t)(n \neq i, f)$ 则保持甚小于 1, 这是因为就这些系数来说, 共振条件得不到满足. 这一点说明是下面所用方法的基础.

1. 方法的原理: 久期近似

    在第十三章中, 我们曾在 (B–11) 式右端将所有的分量 $b_k(t)$ 换成它们在 $t = 0$ 时的值 $b_k(0)$. 在这里, 对 $k \neq i, f$ 的所有分量, 我们仍然这样处理, 但明显地保留 $b_i(t)$ 和 $b_f(t)$. 于是, 为了确定 $b_i(t)$ 和 $b_f(t)$, 我们不得不解一个方程

组 [微扰具有第十三章 (C–1–a) 式的形式]:

[1341]

$$i\hbar\frac{d}{dt}b_i(t) = \frac{1}{2i}\{[e^{i\omega t} - e^{-i\omega t}]W_{ii}b_i(t) + [e^{i(\omega-\omega_{fi})t} - e^{-i(\omega+\omega_{fi})t}]W_{if}b_f(t)\}$$

$$i\hbar\frac{d}{dt}b_f(t) = \frac{1}{2i}\{[e^{i(\omega+\omega_{fi})t} - e^{-i(\omega-\omega_{fi})t}]W_{fi}b_i(t) + [e^{i\omega t} - e^{-i\omega t}]W_{ff}b_f(t)\}\ (3)$$

在方程组的右端, $b_i(t)$ 和 $b_f(t)$ 的一些系数正比于 $e^{\pm i(\omega-\omega_{fi})t}$, 因此在 $\omega \simeq \omega_{fi}$ 时, 它们随时间缓慢地振荡; 但是, 另一些系数正比于 $e^{\pm i\omega t}$ 或 $e^{\pm i(\omega+\omega_{fi})t}$, 因此它们的振荡要迅速得多. 下面我们要采取久期近似, 其要点就是略去第二种类型的项. 于是, 继续有效的项, 即所谓 "久期项", 是这样一些项, 它们的系数在 $\omega = \omega_{fi}$ 时转化为常数; 经过对时间积分, 它们对 $b_i(t)$ 和 $b_f(t)$ 的变化将提供很大的贡献. 反之, 其他项的贡献则可以忽略, 这是因为它们的变化非常快 ($e^{i\Omega t}$ 的积分结果中含有一个因子 $1/\Omega$, 故 $e^{i\Omega t}$ 在极多周期中的平均值实际上为零).

附注:

为使前面的分析得以成立, 必要的前提是, 一个项 $e^{i\omega t}b_{i,f}(t)$ 随时间变化的主要原因在于指数函数, 而不在于分量 $b_{i,f}(t)$. 由于 ω 非常靠近 ω_{fi}, 这表明在数量级为 $1/|\omega_{fi}|$ 的时间间隔内 $b_{i,f}(t)$ 应该很少变化; 在已经提出的假设下, 即若 $W \ll H_0$, 这是可以满足的. 实际上, $b_i(t)$ 和 $b_f(t)$ (若 $W = 0$, 它们便是常数) 的变化的原因在于微扰 W 的出现, 并且在数量级为 $\hbar/|W_{if}|$ 的时间内变化显著 [这一点还可以通过后面得到的公式 (8) 直接验证]; 这是因为, 根据假设, $|W_{if}| \ll \hbar|\omega_{fi}|$, 这段时间甚大于 $1/|\omega_{fi}|$.

久期近似最终导致下列方程组:

$$\frac{d}{dt}b_i(t) = -\frac{1}{2\hbar}e^{i(\omega-\omega_{fi})t}W_{if}b_f(t) \tag{4–a}$$

$$\frac{d}{dt}b_f(t) = \frac{1}{2\hbar}e^{-i(\omega-\omega_{fi})t}W_{fi}b_i(t) \tag{4–b}$$

它的解非常接近方程组 (3) 的解, 到下一段, 我们将会看到, 这个解是很容易算出的.

2. 方程组的解

我们首先考察 $\omega = \omega_{fi}$ 的情况. 微分 (4–a) 式, 将 (4–b) 式代入所得结果, 便得到:

$$\frac{d^2}{dt^2}b_i(t) = -\frac{1}{4\hbar^2}|W_{fi}|^2 b_i(t) \tag{5}$$

[1342] 体系在 $t = 0$ 时处于态 $|\varphi_i\rangle$, 故初始条件为:

$$\begin{cases} b_i(0) = 1 & \text{(6-a)} \\ b_f(0) = 0 & \text{(6-b)} \end{cases}$$

根据 (4) 式, 这些条件给出:

$$\begin{cases} \dfrac{\mathrm{d}b_i}{\mathrm{d}t}(0) = 0 & \text{(7-a)} \\ \dfrac{\mathrm{d}b_f}{\mathrm{d}t}(0) = \dfrac{W_{fi}}{2\hbar} & \text{(7-b)} \end{cases}$$

方程 (5) 的满足条件 (6-a) 和 (7-a) 的解为:

$$b_i(t) = \cos\left(\frac{|W_{fi}|t}{2\hbar}\right) \tag{8-a}$$

现在便可利用 (4-a) 式来计算 $b_f(t)$:

$$b_f(t) = \mathrm{e}^{\mathrm{i}\alpha_{fi}} \sin\left(\frac{|W_{fi}|t}{2\hbar}\right) \tag{8-b}$$

其中 α_{fi} 是 W_{fi} 的幅角. 于是, 在这种情况下, 在时刻 t 发现体系处于态 $|\varphi_f\rangle$ 的概率 $\mathscr{P}_{if}(t; \omega = \omega_{fi})$ 为:

$$\mathscr{P}_{if}(t; \omega = \omega_{fi}) = \sin^2\left(\frac{|W_{fi}|t}{2\hbar}\right) \tag{9}$$

若 ω 不同于 ω_{fi} (但始终保持非常靠近共振值), 则微分方程组 (4) 仍然可以准确解出; 实际上, 所得结果完全类似于研究自旋 1/2 的磁共振的补充材料 F_{IV} [见方程 (15)] 中的结果. 利用和本文的类型相同的计算可以得到与 (27) 式 (拉比公式) 类似的结果, 在这里, 此结果应为:

$$\mathscr{P}_{if}(t; \omega) = \frac{|W_{if}|^2}{|W_{if}|^2 + \hbar^2(\omega - \omega_{fi})^2} \sin^2\left[\sqrt{\frac{|W_{if}|^2}{\hbar^2} + (\omega - \omega_{fi})^2}\,\frac{t}{2}\right] \tag{10}$$

[在 $\omega = \omega_{fi}$ 时, 此式便化为 (9) 式].

3. 讨论

对于在 (10) 式中所得结果的讨论和对于自旋 1/2 的磁共振的讨论 (见补充材料 F_{IV}, §2-c) 完全相同. 概率 $\mathscr{P}_{if}(t; \omega)$ 是时间的振荡型函数; 对于 t 的某些值, $\mathscr{P}_{if}(t; \omega) = 0$ 于是体系又回到了初态 $|\varphi_i\rangle$.

此外, 公式 (10) 还清楚地表明了共振现象的重要意义: 当 $\omega = \omega_{fi}$ 时,

[1343]　　不论是多么小的微扰都可以使体系完全从态 $|\varphi_i\rangle$ 过渡到态 $|\varphi_f\rangle$[①]. 反之, 如果微扰不是谐振型的, 那么, 概率 $\mathscr{P}_{if}(t;\omega)$ 始终保持小于 1.

　　　　最后, 有意义的是将本文的结果和第十三章所用的一级微扰理论所得的结果作一比较. 首先, 我们注意, 对 t 的所有值, (10) 式中的概率 $\mathscr{P}_{if}(t;\omega)$ 都在 0 和 1 之间, 也就是说, 这里所用的方法可以避免在第十三章中遇到的困难 (参看 §C–2–c–β). 若在 (9) 式中令 t 趋向于零, 我们将再次得到这一章的 (C–17) 式, 由此可见一级微扰理论在 t 充分小时才是有效的 (参看 §B–3–b 的附注); 这实际上相当于用抛物线去代替表示 $\mathscr{P}_{if}(t;\omega)$ 依赖于时间的正弦函数的平方.

---

　　① 以 $|W_{fi}|$ 为标志的微扰的强度, 在共振时只出现在体系从态 $|\varphi_i\rangle$ 过渡到态 $|\varphi_f\rangle$ 所需的时间内, $|W_{fi}|$ 越小, 这段时间越长.

补充材料 D$_{\text{XIII}}$

[1344]

与末态连续统共振耦合的离散态的衰变

1. 问题的梗概

2. 对所设模型的描述

  a. 关于未微扰哈密顿算符 H_0 的假设

  b. 关于耦合 W 的假设

  c. 一级微扰理论的结果

  d. 与薛定谔方程等价的积分微分方程

3. 短期近似. 与一级微扰理论的联系

4. 薛定谔方程的另一种近似解法

5. 讨论

  a. 离散态的寿命

  b. 离散态因与连续统的耦合而发生的偏移

  c. 离散态衰变后到达的末态按能量的分布

1. 问题的梗概

在第十三章的 §C–3 中我们曾经讲过, 恒定微扰在能量为 E_i 的离散的初态和末态连续统 (其中某些态的能量等于 E_i) 之间引起的耦合使得体系从初态过渡到这个末态连续统. 更确切地说, 在时刻 t 发现体系处在连续统的某一确定的态集合中的概率随时间成正比地增大; 因而, 发现体系在时刻 t 处于初态 $|\varphi_i\rangle$ 的概率 $\mathscr{P}_{ii}(t)$ 应该从数值 $\mathscr{P}_{ii}(0) = 1$ 开始随时间线性地减小. 显然, 这个结果只在短时间内才成立, 这是因为, 如果 $\mathscr{P}_{ii}(t)$ 的线性减小外推到长时间中, 将使 $\mathscr{P}_{ii}(t)$ 的值变为负的, 就概率而言这是荒谬的. 由此可见, 问题在于怎样确定体系在长时间中的行为.

研究正弦型微扰在两个离散态 $|\varphi_i\rangle$ 与 $|\varphi_f\rangle$ 之间引起的共振跃迁时, 我们曾遇到过相似的问题. 经过一级微扰处理, 我们发现 $\mathscr{P}_{ii}(t)$ 从初始值 $\mathscr{P}_{ii}(0) = 1$ 开始随 t^2 的减小而减小. 补充材料 C$_{\text{XIII}}$ 中所述的解法表明, 体系实际上在态 $|\varphi_i\rangle$ 和态 $|\varphi_f\rangle$ 之间振荡, 在第十三章 §C 中得到的随 t^2 而减小的规律不过是对应的正弦型规律的 "初始阶段".

对这里所提的问题, 我们似乎也可以预期一个类似的结果 (体系在离散态和连续统之间的振荡). 我们将会证明, 其实完全不是这样: 物理体系将脱离态 $|\varphi_i\rangle$ 而不复返; 我们将会看到 $\mathscr{P}_{ii}(t)$ 将随 $e^{-\Gamma t}$ 的指数律减小 (对此问题的微扰处理只能给出在短时间内随 $1 - \Gamma t$ 变化的行为). 可见末态集合的连续性使前一补充材料 C_{XIII} 中得到的可逆性消失殆尽; 这就是初态衰变的原因, 从而, 这个态具有有限的寿命 (即非稳定态; 参看补充材料 K_{III}).

本文所要考察的情况在物理学中是常见的, 例如, 一个体系, 最初处于一个离散态, 在一种内部耦合 (因而要由不含时间的哈密顿算符 W 来描述) 的影响下, 它可以分裂为两个不同的部分, 它们的能量 (就物质微粒而言是动能, 就光子而言是电磁能), 先验地说, 是任意的, 这样便使末态的集合具备连续的特性. 于是, 在一次 α 衰变中, 原来处于离散态的一个核将 (通过隧道效应) 转化为这样一个体系, 它含有一个 α 粒子和另一个核; 一个多电子原子 A, 原来处于已有若干个电子被激发的组态 (参看补充材料 A_{XIV} 和 B_{XIV}), 在电子间的静电相互作用的影响下, 它将转化为含有一个离子 A^+ 和一个自由电子的体系 (原子组态的能量当然应大于原子 A 的单电离极限), 这就是 "自电离" 的现象. 我们还可以举出原子的 (或核的) 激发能级自发地发射一个光子的现象, 这也就是原子和量子化电磁场之间的相互作用将离散的初态 (没有任何光子时的受激原子) 与末态的一个连续统 (有一个任意方向、任意偏振和任意能量的光子时处于较低能级的原子) 耦合起来的现象. 最后, 还可以提到光电效应, 在这种现象中, 正弦型微扰将一个原子 A 的离散态与末态的一个连续统 (离子 A^+ 和光电子 e^-) 耦合起来.

取自物理学各领域的非稳定态的这些例子足以说明本文所要探讨的问题的重要性.

2. 对所设模型的描述

a. 关于未微扰哈密顿算符 H_0 的假设

为了最大限度地简化下面的计算, 我们对未微扰哈密顿算符的谱提出下述假设, 这个谱包含:

(i) 一个离散态 $|\varphi_i\rangle$, 能量为 E_i (无简并):

$$H_0|\varphi_i\rangle = E_i|\varphi_i\rangle \tag{1}$$

(ii) 构成连续统的态 $|\alpha\rangle$ 的一个集合:

$$H_0|\alpha\rangle = E|\alpha\rangle \tag{2}$$

E 可以取连续地无穷多的数值, 这些值分布在实轴的某一区段上, 其中包含

E_i. 譬如说, 我们可以假设 E 在 0 与 $+\infty$ 之间变化:

$$E \geqslant 0 \tag{3}$$

　　每一个态 $|\alpha\rangle$ 由它的能量 E 和其他一些参量的集合 β 来标志 (如同在第十三章 §C–3–a–β 中那样), 于是还可将 $|\alpha\rangle$ 写作 $|\beta, E\rangle$ 的形式. 这样便有 [参看第十三章公式 (C–28)]: 　　　　　　　　　　　　　　　　　　　　　　[1346]

$$d\alpha = \rho(\beta, E)d\beta dE \tag{4}$$

其中 $\rho(\beta, E)$ 是末态密度.

　　算符 H_0 的本征态满足下列的正交归一关系式和封闭性关系式:

$$\begin{cases} \langle\varphi_i|\varphi_i\rangle = 1 & \text{(5–a)} \\ \langle\varphi_i|\alpha\rangle = 0 & \text{(5–b)} \\ \langle\alpha|\alpha'\rangle = \delta(\alpha - \alpha') & \text{(5–c)} \end{cases}$$

$$|\varphi_i\rangle\langle\varphi_i| + \int d\alpha|\alpha\rangle\langle\alpha| = 1 \tag{6}$$

b. 关于耦合 W 的假设

　　我们假设 W 不明显地依赖于时间, 而且没有对角矩阵元:

$$\langle\varphi_i|W|\varphi_i\rangle = \langle\alpha|W|\alpha\rangle = 0 \tag{7}$$

(如果这些对角元不为零, 我们总可以将它们添加到 H_0 的对角元上, 而这不过是改变了未微扰的能量). 同样地, 我们假设 W 不能耦合连续统中的两个态:

$$\langle\alpha|W|\alpha'\rangle = 0 \tag{8}$$

这就是说, W 的仅有的非零矩阵元是离散态 $|\varphi_i\rangle$ 和连续统内的态之间的矩阵元; 这些矩阵元 $\langle\alpha|W|\varphi_i\rangle$ 正是态 $|\varphi_i\rangle$ 衰变的原因.

　　前面这些假设并不是非常狭隘的. 特别是条件 (8), 它在 §1 末尾所列举的物理问题中, 几乎都得以满足. 上述模型的优点在于它可以使我们得到的衰变现象的物理规律而又不涉及过于复杂的计算. 即使另取一个较为复杂的模型, 主要的物理结论也未必会有所改变.

　　在阐述本文提出的薛定谔方程的新解法之前, 我们先列举第十三章的一级微扰理论应用于上述模型时的一些结果.

c. 一级微扰理论的结果

　　第十三章 §C–3 中的理论 [特别是从公式 (C–36) 开始] 可以用来计算在时刻 t 发现初态为 $|\varphi_i\rangle$ 的物理体系处在任意能量的末态的概率, 这个末态属于以数值 β_f 附近的区间 $\delta\beta_f$ 为标志的一个末态集合.

[1347] 　　现在, 我们的目的是求发现体系处在任意末态 $|\alpha\rangle$ 的概率, 这就是说, 我们既不指定 E, 也不指定 β. 于是我们应将第十三章中表示概率密度的公式 (C–36) 对 β 积分 [对能量的积分在 (C–36) 式中已经完成]; 现在我们引入下列常数:

$$\Gamma = \frac{2\pi}{\hbar} \int \mathrm{d}\beta |\langle \beta, E = E_i | W | \varphi_i \rangle|^2 \rho(\beta, E = E_i) \tag{9}$$

可见待求的概率等于 Γt; 此外, 在 §a 的假设的范围内, 它还表示体系在时刻 t 已经脱离态 $|\varphi_i\rangle$ 的概率. 若用 $\mathscr{P}_{ii}(t)$ 表示体系在时刻 t 仍然处于这个态的概率, 则有:

$$\mathscr{P}_{ii}(t) = 1 - \Gamma t \tag{10}$$

　　对以下各段中的讨论来说, 重要的是应明确 (10) 式成立的条件:

　　(i) 公式 (10) 得自一级微扰理论, 这种理论只在 $\mathscr{P}_{ii}(t)$ 和它的初始值 $\mathscr{P}_{ii}(0) = 1$ 所差甚小的时候才能成立; 于是应有:

$$t \ll \frac{1}{\Gamma} \tag{11}$$

　　(ii) 另一方面, (10) 式又只在时间 t 充分长的条件下才能成立.

　　为进一步明确第二个条件, 特别是为了看出它与 (11) 式是否并不抵触, 我们再从第十三章的 (C–31) 式出发 (β 和 E 的变化不再被限定在区间 $\delta\beta_f$ 和 δE_f 内). 和第十三章的做法不同, 现将 (C–31) 式中的概率密度先对 β 再对 E 积分; 这样便出现一个积分:

$$\frac{1}{\hbar^2} \int_0^\infty \mathrm{d}E \, F\left(t, \frac{E - E_i}{\hbar}\right) K(E) \tag{12}$$

其中 $K(E)$ 得自首先对 β 的积分, 它由下式给出:

$$K(E) = \int \mathrm{d}\beta |\langle \beta, E | W | \varphi_i \rangle|^2 \rho(\beta, E) \tag{13}$$

$F\left(t, \dfrac{E - E_i}{\hbar}\right)$ 是第十三章公式 (C–7) 所定义的衍射函数, 其中心在 $E = E_i$ 处, 宽度为 $4\pi\hbar/t$.

　　设 $\hbar\Delta$ 是 $K(E)$ 的宽度, 也就是说, $\hbar\Delta$ 是 E 的一个改变量的数量级, E 发生这样大的改变, $K(E)$ 才出现显著的变化 (参看图 13–14), 若 t 充分大, 以致

$$t \gg \frac{1}{\Delta} \tag{14}$$

[1348] 时, 相对于 $K(E)$ 而言, 函数 $F\left(t, \dfrac{E - E_i}{\hbar}\right)$ 的行为将一如 "δ 函数". 利用第十

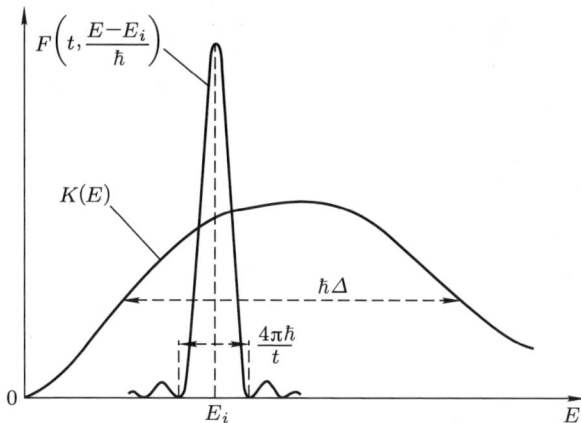

图 13-14　函数 $K(E)$ 和 $F\left(t, \dfrac{E-E_i}{\hbar}\right)$ 随 E 变化的情况; 两曲线的 "宽度" 约各为 $\hbar\Delta$ 和 $4\pi\hbar/t$. 对于充分大的 t, 相对于 $K(E)$ 而言, 函数 $F\left(t, \dfrac{E-E_i}{\hbar}\right)$ 的行为将一如 "δ 函数".

三章的公式 (C–32), 可将 (12) 式写成下列形式:

$$\frac{2\pi}{\hbar}t\int \mathrm{d}E\delta(E-E_i)K(E) = \frac{2\pi t}{\hbar}K(E=E_i) = \Gamma t \tag{15}$$

实际上, 比较 (9) 式和 (13) 式, 便很容易证实:

$$\frac{2\pi}{\hbar}K(E=E_i) = \Gamma \tag{16}$$

于是我们再次发现, 只当 t 充分大以致满足 (14) 式时, (10) 式中的线性减小规律才能成立.

条件 (11) 和 (14) 显然只在

$$\Delta \gg \Gamma \tag{17}$$

时才彼此相容. 这样, 我们就给 387 页的脚注中所述的条件提出了一个定量的形式. 我们假设在本文的下文中不等式 (17) 都得到满足.

d. 与薛定谔方程等价的积分微分方程

我们不难将第十三章的公式 (B–11) 转用到现在所研究的情况.

在基 $\{|\varphi_i\rangle, |\alpha\rangle\}$ 中, 体系在 t 时刻的态可以展开为:

$$|\psi(t)\rangle = b_i(t)\mathrm{e}^{-\mathrm{i}E_i t/\hbar}|\varphi_i\rangle + \int \mathrm{d}\alpha\, b(\alpha,t)\mathrm{e}^{-\mathrm{i}E t/\hbar}|\alpha\rangle \tag{18}$$

若将 (18) 式中的态矢量代入薛定谔方程, 并考虑到 §2–a 和 §2–b 中提出的假

[1349]

设, 经过与第十三章 §B–1 中完全相同的计算, 便可得到下列的演变方程:

$$\begin{cases} i\hbar\dfrac{d}{dt}b_i(t) = \displaystyle\int d\alpha e^{i(E_i-E)t/\hbar}\langle\varphi_i|W|\alpha\rangle b(\alpha,t) & (19) \\[3mm] i\hbar\dfrac{d}{dt}b(\alpha,t) = e^{i(E-E_i)t/\hbar}\langle\alpha|W|\varphi_i\rangle b_i(t) & (20) \end{cases}$$

现在的问题就是要从这些严格的方程出发去推测体系在长时间中的行为, 应予考虑的初始条件是:

$$\begin{cases} b_i(0) = 1 & (21\text{–a}) \\[2mm] b(\alpha,0) = 0 & (21\text{–b}) \end{cases}$$

由我们对 W 提出的简化假设可以推知, $\dfrac{d}{dt}b_i(t)$ 只依赖于 $b(\alpha,t)$, 而 $\dfrac{d}{dt}b(\alpha,t)$ 则只依赖于 $b_i(t)$. 于是, 我们可以将方程 (20) 积分, 并引用初始条件 (21–b), 将所得结果代入 (19) 式作为 $b(\alpha,t)$, 便得到反映 $b_i(t)$ 的演变规律的下列方程:

$$\frac{d}{dt}b_i(t) = -\frac{1}{\hbar^2}\int d\alpha \int_0^t dt' e^{i(E_i-E)(t-t')/\hbar}|\langle\alpha|W|\varphi_i\rangle|^2 b_i(t') \qquad (22)$$

利用 (4) 式, 并完成对 β 的积分, 再注意到 (13) 式, 便得到:

$$\frac{d}{dt}b_i(t) = -\frac{1}{\hbar^2}\int_0^\infty dE \int_0^t dt' K(E) e^{i(E_i-E)(t-t')/\hbar} b_i(t') \qquad (23)$$

这样, 我们便得到一个只含 b_i 的方程. 但应注意, 这个方程不再是微分方程, 而是一个积分微分方程; 这就是说, $\dfrac{d}{dt}b_i(t)$ 依赖于体系在时刻 0 到时刻 t 之间的 "全部历史".

[1350]　　　方程 (23) 严格等价于薛定谔方程. 它的准确解是不知道的. 在下面几段中, 我们将介绍这个方程的两种近似解法: 一种方法 (§3) 等价于第十三章中的一级微扰理论; 另一种方法 (§4) 可以使我们满意地研究体系在长时间中的行为.

3. 短期近似. 与一级微扰的联系

如果 t 不太大, 也就是说, 如果 $b_i(t)$ 和 $b_i(0) = 1$ 相差不大, 那么, 我们就可以将 (23) 式右端的 $b_i(t')$ 换成 $b_i(0) = 1$. 于是, 此式右端变为对 E 和对 t' 的二重积分:

$$-\frac{1}{\hbar^2}\int_0^\infty dE \int_0^t dt' K(E) e^{i(E_i-E)(t-t')/\hbar} \qquad (24)$$

它的计算并非难事. 但我们还是将它明显地算出, 因为通过计算将出现两个常数 [其中的一个就是在 (9) 式中定义过的 Γ], 在 §4 所讲的较复杂的方法中, 这两个常数具有重要意义.

在 (24) 式中, 我们先计算对 t' 的积分. 根据附录 II 中的公式 (47), 在 $t \to \infty$ 时, 这个积分的极限就是亥维赛的阶跃函数的傅里叶变换: 确切地说:

$$\mathop{\mathrm{Lim}}\limits_{t \to \infty} \int_0^t \mathrm{e}^{\mathrm{i}(E_i - E)t/\hbar} \mathrm{d}\tau = \hbar \left[\pi \delta(E_i - E) + \mathrm{i}\mathscr{P}\left(\frac{1}{E_i - E}\right) \right] \tag{25}$$

(这里已令 $t - t' = \tau$).

在计算 (24) 式时, 为了能够利用 (25) 式, 其实并无必要令 t 趋向无穷大. 为此, 只需 $\hbar/t$ 甚小于 $K(E)$ 的 "宽度" $\hbar\Delta$, 也就是说, 只需 t 甚大于 $1/\Delta$. 这样, 我们又发现了有效性条件 (14). 如果这个条件得到满足, 鉴于 (25) 式, 我们即可将 (24) 式写成下列形式:

$$-\frac{\pi}{\hbar} K(E = E_i) - \frac{\mathrm{i}}{\hbar} \mathscr{P} \int_0^\infty \frac{K(E)}{E_i - E} \mathrm{d}E \tag{26}$$

此式中的第一项, 根据 (16) 式, 正好等于 $-\Gamma/2$; 往后我们令:

$$\delta E = \mathscr{P} \int_0^\infty \frac{K(E)}{E_i - E} \mathrm{d}E \tag{27}$$

于是, 重积分 (24) 最终等于:

$$-\frac{\Gamma}{2} - \mathrm{i}\frac{\delta E}{\hbar} \tag{28}$$

用 $b_i(0) = 1$ 代替 (23) 式中的 $b_i(t')$ 之后, 该方程变为 [只需满足条件 (14)]:　　[1351]

$$\frac{\mathrm{d}}{\mathrm{d}t} b_i(t) = -\frac{\Gamma}{2} - \mathrm{i}\frac{\delta E}{\hbar} \tag{29}$$

注意到初始条件 (21-a), 方程 (29) 的解是非常简单的:

$$b_i(t) = 1 - \left(\frac{\Gamma}{2} + \mathrm{i}\frac{\delta E}{\hbar}\right) t \tag{30}$$

显然, 只当 $|b_i(t)|$ 与 1 相差甚小时, 也就是说, 只当

$$t \ll \frac{1}{\Gamma}, \frac{\hbar}{\delta E} \tag{31}$$

时, 上面的结果才能成立. 于是, 我们再次得到了一级微扰处理的另一个有效性条件 (11).

利用公式 (30), 我们就很容易算出体系在时刻 t 仍然处于态 $|\varphi_i\rangle$ 的概率 $\mathscr{P}_{ii}(t) = |b_i(t)|^2$. 只要略去 Γ^2 和 δE^2, 便有:

$$\mathscr{P}_{ii}(t) = 1 - \Gamma t \tag{32}$$

由此可见, 只要在 (23) 式中将 $b_i(t')$ 换成 $b_i(0)$, 便可由该式导出在第十三章中已得的全部结果. 在处理这个方程时, 我们还引入了一个参变量 δE, 它的物理意义到后面再讨论 [注意, 在第十三章的处理中并未出现 δE, 这是因为当时我们只着眼于概率 $|b_i(t)|^2$, 而不是着眼于概率幅 $b_i(t)$ 的计算].

4. 薛定谔方程的另一种近似解法

一种更好的近似就是在 (23) 式中不用 $b_i(0)$ 而用 $b_i(t)$ 去代替 $b_i(t')$. 为了看出这一点, 我们先计算严格的方程 (23) 右端的对 E 的积分. 这样, 将出现 E_i 的和 $t-t'$ 的一个函数:

$$g(E_i, t-t') = -\frac{1}{\hbar^2} \int_0^\infty \mathrm{d}E K(E) \mathrm{e}^{\mathrm{i}(E_i-E)(t-t')/\hbar} \tag{33}$$

由此很容易看出, 只当 $t-t'$ 非常小的时候, 这个函数才不等于零. 实际上, (33) 式是两个函数之积对 E 的积分, 其中函数 $K(E)$ 随 E 的变化很缓慢 (参看图 13–14). 而指数函数对变量 E 而言的周期则为 $2\pi\hbar/(t-t')$. 假设我们如此选取 t 和 t' 的值, 使得这个周期甚小于 $K(E)$ 的宽度 $\hbar\Delta$, 那么, 在 E 的变化过程中, 这两个函数的乘积将实现很多次振荡, 这个乘积对 E 的积分便可以忽略. 由此可见, 函数 $g(E_i, t-t')$ 的模在 $t-t' \simeq 0$ 时达到极大值, 而只要 $t-t' \gg 1/\Delta$,

[1352]

它就变得可以忽略. 从这个性质可以推知, 无论 t 的值如何, 在函数 $b_i(t')$ 的各数值中, 足以对 (23) 式右端有重大影响的, 仅仅是对应于非常靠近 t 的自变量 t' 的函数值 $(t-t' \lesssim 1/\Delta)$; 实际上, 对 E 的积分一旦完成, 便可将该式的右端写作:

$$\int_0^t g(E_i, t-t') b_i(t') \mathrm{d}t' \tag{34}$$

现在我们看到, 如果 $t-t' \gg 1/\Delta$, 那么, 函数 $g(E_i, t-t')$ 的存在便使 $b_i(t')$ 的贡献实际上等于零.

于是, 导数 $\dfrac{\mathrm{d}}{\mathrm{d}t} b_i(t)$ 对于 $b_i(t)$ 在 0 到 t 之间曾经取得的数值只有十分短暂的记忆; 也就是说, 这个导数实际上只依赖于 b_i 在 t 之前十分靠近 t 的诸时刻的值; 这一结论对任意的 t 都成立. 利用这个性质就可以将积分微分方程 (23) 变换为一个微分方程. 如果在大约为 $1/\Delta$ 的时间区间中, $b_i(t)$ 的变化很小, 那么, 在 (34) 式中用 $b_i(t)$ 去代替 $b_i(t')$, 所犯的误差也很小, 这样便得到 (34) 式的结果:

$$b_i(t) \int_0^t g(E_i, t-t') \mathrm{d}t' = -\left(\frac{\Gamma}{2} + \mathrm{i}\frac{\delta E}{\hbar}\right) b_i(t) \tag{35}$$

[写出 (35) 式的右端时, 利用了一个事实: 函数 $g(E_i, t-t')$ 对 t' 的积分根据 (33) 式, 不是别的, 正是前面 §3 中计算过的重积分 (24)]

但是, 根据 §3 的结果 (到后面将对此进行验证), 作为 $b_i(t)$ 的演变特征的时间尺度约为 $1/\Gamma$ 或 $\hbar/\delta E$. 于是 (35) 式的有效性条件是:

$$\Gamma, \frac{\delta E}{\hbar} \ll \Delta \tag{36}$$

我们已经假设这个条件是得到满足的 [参看 (17) 式].

现在, 作为较好的近似, 对于任意的 t, 均可将方程 (23) 写作:

$$\frac{\mathrm{d}}{\mathrm{d}t}b_i(t) = -\left(\frac{\Gamma}{2} + \mathrm{i}\frac{\delta E}{\hbar}\right)b_i(t) \tag{37}$$

它的解, 考虑到 (21–a) 式, 显然应为:

$$b_i(t) = \mathrm{e}^{-\Gamma t/2}\mathrm{e}^{-\mathrm{i}\delta Et/\hbar} \tag{38}$$

不难证实, 如果只到 Γ 和 δE 的一级项为止, 那么, (38) 式的有限展开就再次给出 (30) 式.

附注:

现在对 t 没有提出任何上限. 如我们在前面 §3 中已经看到的, (35) 式中的积分只在 $t \gg 1/\Delta$ 时才等于 $-(\Gamma/2 + \mathrm{i}\delta E/\hbar)$. 在很短的时间内, 这里介绍的理论所受的限制和微扰理论所受的相同. 但是, 这种理论的优越之处正是在于它对长的时间有效.

如果将表示 $b_i(t)$ 的 (38) 式代入方程 (20), 我们就得到一个很简单的方程, 由它可以确定与态 $|\alpha\rangle$ 相联系的概率幅 $b(\alpha, t)$:   [1353]

$$b(\alpha, t) = \frac{1}{\mathrm{i}\hbar}\langle\alpha|W|\varphi_i\rangle\int_0^t \mathrm{e}^{-\Gamma t'/2}\mathrm{e}^{\mathrm{i}(E-E_i-\delta E)t'/\hbar}\mathrm{d}t' \tag{39}$$

也就是说:

$$b(\alpha, t) = \frac{\langle\alpha|W|\varphi_i\rangle}{\hbar}\frac{1 - \mathrm{e}^{-\Gamma t/2}\mathrm{e}^{\mathrm{i}(E-E_i-\delta E)t/\hbar}}{\frac{1}{\hbar}(E - E_i - \delta E) + \mathrm{i}\frac{\Gamma}{2}} \tag{40}$$

方程 (38) 和 (40) 分别表示初态是怎样衰变的以及末态 $|\alpha\rangle$ 是怎样 "被填充" 的. 下面, 我们将详细探讨这两个方程的物理意义.

5. 讨论

a. 离散态的寿命

根据 (38) 式, 我们有:

$$\mathscr{P}_{ii}(t) = |b_i(t)|^2 = \mathrm{e}^{-\Gamma t} \tag{41}$$

由此可知, $\mathscr{P}_{ii}(t)$ 从 $\mathscr{P}_{ii}(0) = 1$ 开始不可逆转地减小, 并在 $t \to \infty$ 时趋向于零 (图 13–15). 我们说, 离散的初态具有有限的寿命 τ; 这个 τ 就是图 13–15 的指数函数的时间常数:

$$\tau = \frac{1}{\Gamma} \tag{42}$$

当体系受到耦合两个离散态的共振型微扰作用时, 它应在这两个态之间振荡   [1354]
(拉比公式), 上述的不可逆转的行为则和这种振荡截然相反.

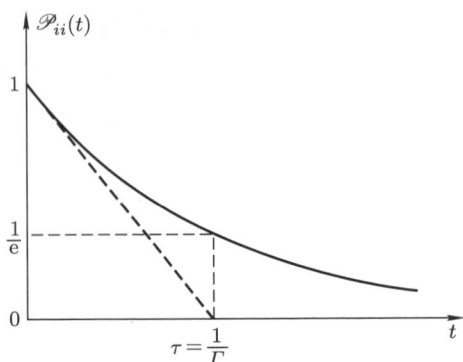

图 13–15　发现体系在时刻 t 处于离散态 $|\varphi_i\rangle$ 的概率随时间变化的情况. 我们得到 $e^{-t/\tau}$ 型的指数式递减曲线, 由费米的黄金规则可以得到曲线在起点处的切线 (图中的虚线).

b. 离散态因与连续统耦合而发生的偏移

如果从 $b_i(t)$ 过渡到 $c_i(t)$[参看第十三章公式 (B–8)], 则由 (38) 式得到:

$$c_i(t) = e^{-\Gamma t/2} e^{-i(E_i + \delta E)t/\hbar} \tag{43}$$

提醒一下, 如果没有耦合 W, 则应该有:

$$c_i(t) = e^{-iE_i t/\hbar} \tag{44}$$

由此可知, 除了按指数律 $e^{-\Gamma t/2}$ 的衰减之外, 与连续统的耦合导致离散态能量的偏移, 其值由 E_i 变为 $E_i + \delta E$. 这样, 在 §3 中引入的量 δE 就得到了解释.

现在我们更仔细地来分析一下 δE 的表示式 (27). 将 $K(E)$ 的定义 (13) 代入 (27) 式, 便有:

$$\delta E = \mathscr{P} \int_0^\infty \frac{\mathrm{d}E}{E_i - E} \int \mathrm{d}\beta \rho(\beta, E) |\langle \beta, E|W|\varphi_i\rangle|^2 \tag{45}$$

利用 (4) 式, 并用 $\langle\alpha|$ 代替 $\langle\beta, E|$, 又可将上式写作:

$$\delta E = \mathscr{P} \int \mathrm{d}\alpha \frac{|\langle\alpha|W|\varphi_i\rangle|^2}{E_i - E} \tag{46}$$

连续统中某一个特定态 $|\alpha\rangle$ (其能量 $E \neq E_i$) 对此积分的贡献为:

$$\frac{|\langle\alpha|W|\varphi_i\rangle|^2}{E_i - E} \tag{47}$$

可以看出这是定态微扰理论中我们熟悉的一个式子 [参看第十一章的公式 (B–14)]; (47) 式表示, 因为与态 $|\alpha\rangle$ 耦合所引起的态 $|\varphi_i\rangle$ 的能量偏移 (计算到 W 的第二级). δE 不过是与连续统中的诸态 $|\alpha\rangle$ 对应的那些能量偏移的总和. 我

们也许以为考虑到 $E = E_i$ 的态 $|\alpha\rangle$ 将会出现困难. 其实, 在 (46) 式有取主值的符号 $\mathscr{P}$, 这意味着在态 $|\varphi_i\rangle$ 紧上面的诸态 $|\alpha\rangle$ 的贡献正好抵消了在态 $|\varphi_i\rangle$ 紧下面的诸态的贡献.

归结一下:

(i) 态 $|\varphi_i\rangle$ 与能量相同的态 $|\alpha\rangle$ 之间的耦合是态 $|\varphi_i\rangle$ 具有有限寿命的原因 [实际上, 公式 (25) 中的函数 $\delta(E_i - E)$ 正好就隐含在 Γ 的表示式中].

(ii) 态 $|\varphi_i\rangle$ 与能量不同的态 $|\alpha\rangle$ 之间的耦合是态 $|\varphi_i\rangle$ 的能量发生偏移的　　[1355]
原因. 这个偏移可由定态微扰理论算出 (这一点不是事前就明显的).

附注:

在原子自发地发射一个光子的特殊情况下, δE 表示与末态连续统的耦合所引起的原子能级的偏移 (末态指原子处于另一个离散态, 并有一个光子). 就氢原子而言, 对应于态 $2s_{1/2}$ 和态 $2p_{1/2}$ 的偏移 δE 之差就是 "兰姆位移"[参看补充材料 K_V 的 §3–d–δ 和第十二章 §C–3–b 的附注 (iv)].

c. 离散态衰变后达到的末态按能量的分布

离散态一旦衰变之后, 既若 $t \gg 1/\Gamma$, 体系的末态便属于态 $|\alpha\rangle$ 的连续统, 研究可能的末态按能量的分布是很有意义的. 例如, 在原子自发地发射一个光子的特殊情况下, 这种分布就是原子从激发能级跌回到较低能级时发射的光子的能量分布 (光谱的自然宽度).

$t \gg 1/\Gamma$ 时, (40) 式中分子上的指数函数实际上等于零. 于是有:

$$|b(\alpha,t)|^2 \underset{t \gg \frac{1}{\Gamma}}{\sim} |\langle\alpha|W|\varphi_i\rangle|^2 \frac{1}{(E - E_i - \delta E)^2 + \hbar^2 \Gamma^2/4} \tag{48}$$

$|b(\alpha,t)|^2$ 实际上表示概率密度. 发现体系衰变后处于以 β_f 周围和 E_f 周围的区间 $\mathrm{d}\beta_f$ 和 $\mathrm{d}E_f$ 为标志的末态集合中的概率可立即由 (48) 式算出:

$$\mathrm{d}\mathscr{P}(\beta_f, E_f, t) = |\langle\beta_f, E_f|W|\varphi_i\rangle|^2 \rho(\beta_f, E_f) \frac{1}{(E_f - E_i - \delta E)^2 + \hbar^2 \Gamma^2/4} \mathrm{d}\beta_f \mathrm{d}E_f \tag{49}$$

现在来考察概率密度

$$\frac{\mathrm{d}\mathscr{P}(\beta_f, E_f, t)}{\mathrm{d}\beta_f \mathrm{d}E_f}$$

对 E_f 的依赖关系. 当 E_f 在长度约为 $\hbar\Gamma$ 的区间上变化时, $|\langle\beta_f, E_f|W|\varphi_i\rangle|^2$ $\rho(\beta_f, E_f)$ 实际上保持为常数, 因此, 概率密度随 E_f 的变化主要决定于下列函数:

$$\frac{1}{(E_f - E_i - \delta E)^2 + \hbar^2 \Gamma^2/4} \tag{50}$$

并具有如图 13–16 所示的形式. 当 $E_f = E_i + \delta E$ 时, 也就是说, 当末态能量等于初态 $|\varphi_i\rangle$ 的能量 (已计入偏移 δE) 时, 末态的能量分布达到极大值. 分布的　　[1356]

形式就是宽度为 $\hbar\Gamma$ 的洛伦兹曲线的形状; 我们称 $\hbar\Gamma$ 为能级 $|\varphi_i\rangle$ 的 "自然宽度". 于是, 体系达到的末态的能量出现弥散; $\hbar\Gamma$ 越大, 也就是说, 离散能级的寿命 $\tau = 1/\Gamma$ 越短, 弥散越宽. 更确切的表示, 即:

$$\Delta E_f = \hbar\Gamma = \frac{\hbar}{\tau} \tag{51}$$

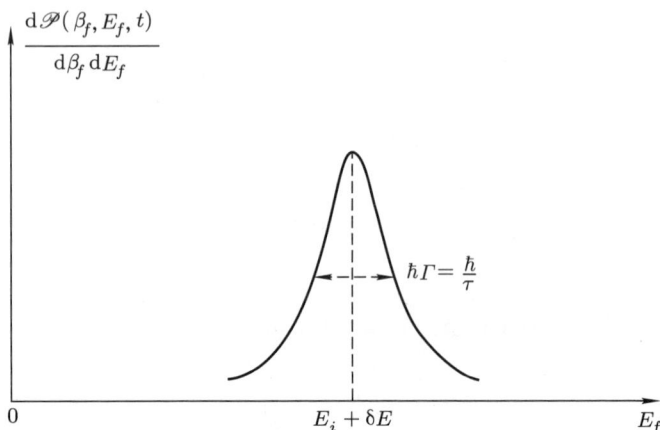

图 13–16　离散态衰变之后, 体系达到的末态按能量的分布情况. 我们得到的是一种洛伦兹分布, 其中心在 $E_i + \delta E$ (离散态能量, 已计入因与连续统耦合而引起的偏移 δE) 处, 离散态的寿命 τ 越短, 其宽度越大 (时间–能量不确定度关系).

　　在这里, 我们还应注意 (51) 式与时间–能量不确定度关系之间的相似; 存在着耦合 W 时, 我们只能在一段有限长的时间 (大约等于态 $|\varphi_i\rangle$ 的寿命 τ) 内观察到这个态 $|\varphi_i\rangle$; 如果我们试图以体系末态能量的测量来确定这个态的能量, 那么, 所得结果的不确定度 ΔE 不会比 $\hbar/\tau$ 小很多.

参考文献和阅读建议:
　　原始论文: Weisskopf et Wigner (2.33).

补充材料 E_XIII

练习

[1357]

1. 考虑一个一维的谐振子, 质量为 m, 角频率为 ω_0, 电荷为 q. 用 $|\varphi_n\rangle$ 和 $E_n = (n + 1/2)\hbar\omega_0$ 表示振子的哈密顿算符 H_0 的本征态和本征值.

$t < 0$ 时, 振子处在基态 $|\varphi_0\rangle$. 在 $t = 0$ 时, 它受到一个持续时间为 τ 的电场的 "矩形脉冲" 的作用; 对应的微扰可以写作:

$$W(t) = \begin{cases} -q\mathscr{E}X & \text{若 } 0 \leqslant t \leqslant \tau \\ 0 & \text{若 } t < 0 \text{ 或 } t > \tau \end{cases}$$

其中 $\mathscr{E}$ 是电场的振幅, X 是位置观察算符. 用 $\mathscr{P}_{0n}$ 表示发现振子在脉冲结束后处于态 $|\varphi_n\rangle$ 的概率.

a. 试用依赖于时间的一级微扰理论来计算 $\mathscr{P}_{01}$. 若 ω_0 固定不变, 问 $\mathscr{P}_{01}$ 如何随 τ 变化?

b. 试证: 为了求得 $\mathscr{P}_{02}$, 依赖于时间的微扰计算至少要进行到二级, 并以第二级微扰算出 $\mathscr{P}_{02}$.

c. 试导出 $\mathscr{P}_{01}$ 和 $\mathscr{P}_{02}$ 的准确表示式, 其中应显含在补充材料 F_V 中使用过的平移算符. 将这些表示式按 $\mathscr{E}$ 的幂作有限展开, 再次求出以上各题的结果.

2. 考虑两个自旋 $1/2$, S_1 和 S_2, 它们通过形如 $a(t)S_1 \cdot S_2$ 的相互作用而耦合; 这里 $a(t)$ 是时间的函数, 在 $|t|$ 趋向无穷大时它趋向于零; 在 $t = 0$ 的周围宽度约为 τ 的区间中, 此函数才具有显著值 (数量级为 a_0).

a. 在 $t = -\infty$ 时, 体系处于态 $|+, -\rangle$ (S_{1z} 和 S_{2z} 的本征态, 对应于本征值 $+\hbar/2$ 和 $-\hbar/2$). 不取近似, 试计算体系在 $t = +\infty$ 时的态. 试证: 发现体系在 $t = +\infty$ 时处于态 $|-, +\rangle$ 的概率 $\mathscr{P}(+- \rightarrow -+)$ 只依赖于积分 $\int_{-\infty}^{+\infty} a(t)\mathrm{d}t$.

b. 试用依赖于时间的一级微扰理论计算 $\mathscr{P}(+- \rightarrow -+)$. 试将所得结果与上题的结果作一比较, 据此讨论这种近似的有效性条件.

c. 现设两个自旋还与平行于 Oz 轴的静磁场 $\boldsymbol{B}_0$ 相互作用; 对应的塞曼哈密顿算符可以写作:

$$H_0 = -B_0(\gamma_1 S_{1z} + \gamma_2 S_{2z})$$

其中 γ_1 和 γ_2 是两个自旋的旋磁比, 设两者不相等.

[1358]　　假设 $a(t) = a_0 \mathrm{e}^{-t^2/\tau^2}$. 试用依赖于时间的一级微扰理论计算 $\mathscr{P}(+- \to -+)$. 若 a_0 和 τ 是固定的, 试讨论 $\mathscr{P}(+- \to -+)$ 随 $\boldsymbol{B}_0$ 的变化情况.

3. 在不等间隔的能级之间的双光子跃迁

考虑一个原子能级, 其角动量 $J = 1$, 它处在静电场和静磁场的作用下, 两个场都平行于 Oz 轴. 可以证明, 这时存在着三个间隔不等的能级, 与它们对应的 J_z 的本征态为 $|\varphi_M\rangle (M = -1, 0, +1)$, 能量为 E_M. 我们令 $E_1 - E_0 = \hbar\omega_0, E_0 - E_{-1} = \hbar\omega_0' (\omega_0 \neq \omega_0')$.

原子还受到角频率为 ω 的 xOy 平面上的旋转射频场的作用, 对应的微扰可以写作:

$$W(t) = \frac{\omega_1}{2}(J_+ \mathrm{e}^{-\mathrm{i}\omega t} + J_- \mathrm{e}^{\mathrm{i}\omega t})$$

其中 ω_1 是一个常数, 与旋转场的振幅成正比.

a. 我们令 (符号完全和第十三章中的相同):

$$|\psi(t)\rangle = \sum_{M=-1}^{+1} b_M(t) \mathrm{e}^{-\mathrm{i}E_M t/\hbar} |\varphi_M\rangle$$

试导出 $b_M(t)$ 所满足的微分方程组.

b. 设 $t = 0$ 时体系处于态 $|\varphi_{-1}\rangle$. 试证: 为了求得 $b_1(t)$, 须将依赖于时间的微扰计算进行到第二级; 试以二级微扰算出 $b_1(t)$.

c. 将 t 固定, 试问发现体系在时刻 t 处于态 $|\varphi_1\rangle$ 的概率 $\mathscr{P}_{-1,+1}(t) = |b_1(t)|^2$ 如何随 ω 变化? 试证: 不但在 $\omega = \omega_0$ 时和 $\omega = \omega_0'$ 时出现共振, 而且在 $\omega = (\omega_0 + \omega_0')/2$ 时, 也有共振. 试对此共振现象作出微粒论的解释.

4. 再次考虑补充材料 H_{XI} 中的练习 5, 现在沿用那里的符号, 但假设磁场 $\boldsymbol{B}_0$ 以 ω 为角频率进行振荡, 可将它写作 $\boldsymbol{B}_0(t) = \boldsymbol{B}_0 \cos\omega t$. 再假设 $b = 2a, \omega$ 不等于体系的任何玻尔角频率 (非共振激发).

现引入极化率张量 χ, 其分量为 $\chi_{ij}(\omega)$, 它由下式来定义:

$$\langle M_i\rangle(t) = \sum_j \mathrm{Re}\left[\chi_{ij}(\omega) B_{0j} \mathrm{e}^{\mathrm{i}\omega t}\right]$$

其中 $i, j = x, y, z$. 试利用与补充材料 A$_{XIII}$ 中类似的方法计算 $\chi_{ij}(\omega)$. 令 $\omega = 0$.
再求补充材料 H$_{XI}$ 练习 5 的结果.

5. 俄勒 – 汤斯效应

[1359]

设体系有三个能级 $|\varphi_1\rangle, |\varphi_2\rangle, |\varphi_3\rangle$, 能量为 E_1, E_2, E_3; 假设 $E_3 > E_2 > E_1$
而且 $E_3 - E_2 \ll E_2 - E_1$.

这上体系与角频率为 ω 的振荡磁场相互作用. 假设态 $|\varphi_2\rangle$ 和态 $|\varphi_3\rangle$ 的
宇称相同, 但和态 $|\varphi_1\rangle$ 的宇称相反, 因此, 表示与振荡磁场相互作用的哈密顿
算符 $W(t)$ 不可能将 $|\varphi_2\rangle$ 及 $|\varphi_3\rangle$ 与 $|\varphi_1\rangle$ 联系起来. 在三个态按 $|\varphi_1\rangle, |\varphi_2\rangle, |\varphi_3\rangle$
的顺序构成的基中, 设表示 $W(t)$ 的矩阵为:

$$
\begin{bmatrix}
0 & 0 & 0 \\
0 & 0 & \omega_1 \sin \omega t \\
0 & \omega_1 \sin \omega t & 0
\end{bmatrix} \hbar
$$

其中 ω_1 是一个常数, 正比于振荡磁场的振幅.

a. 我们令 (符号完全和第十三章中的相同)

$$
|\psi(t)\rangle = \sum_{i=1}^{3} b_i(t) \mathrm{e}^{-\mathrm{i}E_i t/\hbar} |\varphi_i\rangle
$$

试导出 $b_i(t)$ 所满足的微分方程组.

b. 假设 ω 非常接近 $\omega_{32} = (E_3 - E_2)/\hbar$. 采用类似于补充材料 C$_{XIII}$ 中建立
的近似法, 试积分上题的方程组, 初始条件为:

$$
b_1(0) = b_2(0) = \frac{1}{\sqrt{2}} \quad b_3(0) = 0
$$

(在微分方程的右端, 含有 $\mathrm{e}^{\pm\mathrm{i}(\omega-\omega_{32})t}$ 的系数变化非常快, 这些项可以忽略; 只
保留系数为常数的项或系数中因含有 $\mathrm{e}^{\pm\mathrm{i}(\omega-\omega_{32})t}$ 而变化很慢的项).

c. 在三个态按 $|\varphi_1\rangle, |\varphi_2\rangle, |\varphi_3\rangle$ 顺序构成的基中, 体系的电偶极矩在 Oz 轴
上的分量 D_z 可以用下列矩阵来表示:

$$
\begin{bmatrix}
0 & d & 0 \\
d & 0 & 0 \\
0 & 0 & 0
\end{bmatrix}
$$

其中 d 是一个实常数 (D_z 是一个算符, 它只能联系宇称不同的态).

试利用题 b 中求得的矢量 $|\psi(t)\rangle$ 来计算 $\langle D_z \rangle(t) = \langle \psi(t)|D_z|\psi(t)\rangle$

试证: $\langle D_z\rangle(t)$ 随时间演变的规律可以表示为正弦项的叠加; 试求各项的频率 ν_k 和相对强度 π_k.

[1360] 当原子受到平行于 Oz 轴的振荡电场作用时, 正是这些频率可以为原子所吸收. 假设将 ω 的值固定为 ω_{32}, 令 ω_1 从零开始增大, 试描述这个吸收谱所受到的修正. 试证: 频率为 $\omega_{32}/2\pi$ 的振荡磁场的存在, 使频率为 $\omega_{21}/2\pi$ 的电偶极吸收线分裂为双线, 其中两成分的间隔正比于振荡磁场的振幅 (俄勒 – 汤斯双线).

若将 ω_1 固定而改变 $\omega - \omega_{32}$, 将发生什么现象?

6. 处于束缚态的粒子引起的散射. 形状因子

考虑一个粒子 (a), 它处于束缚态 $|\varphi_0\rangle$, 描述这个态的波函数是定域在 O 点附近的 $\varphi_0(\boldsymbol{r}_a)$. 向粒子 (a) 投射一束粒子 (b), 后者的质量为 m, 动量为 $\hbar\boldsymbol{k}_i$; 能量为 $E_i = \hbar^2\boldsymbol{k}_i^2/2m$, 波函数为 $\dfrac{1}{(2\pi)^{3/2}}e^{i\boldsymbol{k}_i\cdot\boldsymbol{r}_b}$. 粒子束中的每一个粒子 (b) 都与粒子 (a) 相互作用, 对应的势能 W 只依赖于两粒子的相对位置 $\boldsymbol{r}_b - \boldsymbol{r}_a$.

a. 设粒子 (b) 从态 $|\boldsymbol{k}_i\rangle$ 过渡到态 $|\boldsymbol{k}_f\rangle$, 而粒子 (a) 仍处在同一个态 $|\varphi_0\rangle$, 试求 $W(\boldsymbol{R}_b - \boldsymbol{R}_a)$ 在这两种情况之间的矩阵元:

$$\langle a:\varphi_0; b:\boldsymbol{k}_f|W(\boldsymbol{R}_b - \boldsymbol{R}_a)|a:\varphi_0; b:\boldsymbol{k}_i\rangle$$

令

$$W(\boldsymbol{r}_b - \boldsymbol{r}_a) = \frac{1}{(2\pi)^{3/2}}\int \overline{W}(\boldsymbol{k})e^{i\boldsymbol{k}\cdot(\boldsymbol{r}_b - \boldsymbol{r}_a)}\mathrm{d}^3k$$

上面的矩阵元表示式应含势 $W(\boldsymbol{r}_b - \boldsymbol{r}_a)$ 的傅里叶变换 $\overline{W}(\boldsymbol{k})$.

b. 现在考察在相互作用 W 的影响下发生的散射过程, 粒子 (b) 被散射到某一方向上, 而粒子 (a) 在散射过程结束时仍处在同一量子态 $|\varphi_0\rangle$ (弹性散射).

利用类似于第十三章中的方法 [参看 §C–3–b 的附注 (ii)], 试在玻恩近似下计算粒子 (b) 遭到处于态 $|\varphi_0\rangle$ 的粒子 (a) 的弹性散射的有效截面.

试证: 这个散射截面等于势场 $W(\boldsymbol{r})$ 产生的散射的有效截面 (在玻恩近似下) 乘以标志态 $|\varphi_0\rangle$ 的特征的一个因子, 即所谓 "形状因子".

试证: 如果知道了 $W(\boldsymbol{r})$ 的傅里叶变换 $\overline{W}(\boldsymbol{k})$, 那么, 研究有效截面随散射角变化的规律, 就可以从实验上得到与态 $|\varphi_0\rangle$ 相联系的概率密度 $|\varphi_0(\boldsymbol{r}_a)|^2$.

7. 光电效应的简单模型　　　　　　　　　　　　　　　　　　　　[1361]

考察一个一维问题, 质量为 m 的一个粒子, 处在形如 $V(x) = -\alpha\delta(x)$ 的势场中, 此处 α 是一个正的实常数.

提醒一下 (参看补充材料 K_I 的练习 2 和 3), 在这样的势场中只有能量 $E_0 = -m\alpha^2/2\hbar^2$ 为负值的一个束缚态, 与此对应的归一化波函数为 $\varphi_0(x) = \sqrt{m\alpha/\hbar^2}\,\mathrm{e}^{-\frac{m\alpha}{\hbar^2}|x|}$. 对于能量 $E = \hbar^2 k^2/2m$ 的每一个正值, 却存在着两个定态波函数, 分别对应于来自左方和来自右方的一个入射粒子. 例如, 第一个本征函数为:

$$\chi_k(x) = \begin{cases} \dfrac{1}{\sqrt{2\pi}}\left[\mathrm{e}^{\mathrm{i}kx} - \dfrac{1}{1 + \mathrm{i}\hbar^2 k/m\alpha}\mathrm{e}^{-\mathrm{i}kx}\right] & \text{若 } x < 0 \\[3mm] \dfrac{1}{\sqrt{2\pi}}\dfrac{\mathrm{i}\hbar^2 k/m\alpha}{1 + \mathrm{i}\hbar^2 k/m\alpha}\mathrm{e}^{\mathrm{i}kx} & \text{若 } x > 0 \end{cases}$$

a. 试证: 诸函数 $\chi_k(x)$ 满足广义的正交归一关系式:

$$\langle \chi_k | \chi_{k'} \rangle = \delta(k - k')$$

利用下列关系 [参看附录 II 的公式 (47)]:

$$\int_{-\infty}^{0} \mathrm{e}^{\mathrm{i}qx}\mathrm{d}x = \int_{0}^{\infty} \mathrm{e}^{-\mathrm{i}qx}\mathrm{d}x = \operatorname*{Lim}_{\varepsilon \to 0}\frac{1}{\varepsilon + \mathrm{i}q}$$

$$= \pi\delta(q) - \mathrm{i}\mathscr{P}\left(\frac{1}{q}\right)$$

试计算对于正的能量 E 的态密度 $\rho(E)$.

b. 试计算位置观察算符 X 在束缚态 $|\varphi_0\rangle$ 和正能态 $|\chi_k\rangle$ (其波函数已在上面给出) 之间的矩阵元 $\langle \chi_k | X | \varphi_0 \rangle$.

c. 设粒子带有电荷 q, 它与角频率为 ω 的振荡电场相互作用, 对应的微扰可以写作:

$$W(t) = -q\mathscr{E}X\sin\omega t$$

其中 $\mathscr{E}$ 为一常数.

在初始时刻, 粒子处于束缚态 $|\varphi_0\rangle$, 假设 $\hbar\omega > -E_0$. 利用第十三章 §C 的结果 [特别是参看公式 (C-37)], 试计算粒子过渡到任意正能态的单位时间中的跃迁概率 w (光电效应或光电离效应). w 怎样随 ω 和 $\mathscr{E}$ 变化?

[1362] **8. 在与稀有气体原子碰撞中原子能级的消取向**

设有一个原子 A, 固定在直角坐标系 $Oxyz$ 的原点 O 处 (见图 13–17); 它位于角动量 $J = 1$ 的能级上, 与此对应着三个正交右矢 $|M\rangle (M = -1, 0, +1)$, 它们是算符 J_z 的本征态, 属于本征值 $M\hbar$.

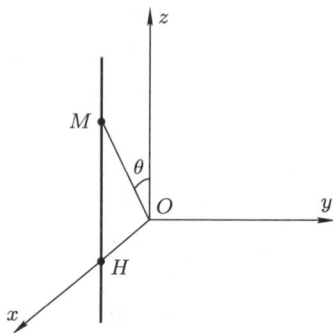

图 13–17

另一个原子 B 处于角动量为零的能级上, 它在 xOz 平面上作匀速直线运动; 即在平行于 Oz 轴并与此轴的距离为 b 的直线上以速度 v 运动 (b 就是 "碰撞参数"). 将原子 B 通过 Ox 轴上的 H 点 ($OH = b$) 的时刻取作时间的原点; 在时刻 t, 它通过 M 点, 因而 $HM = vt$. 我们将 Oz 与 OM 的夹角记作 θ.

在上述模型中, 两个原子的外部自由度是按经典理论处理的; 利用这个模型, 通过原子 A 的内部自由度 (这是按量子理论处理的), 就可以简单地计算与原子 B (例如, 这是一个稀有气体的基态原子) 碰撞的效应. 实际上, 我们可以证明, 由于范德瓦尔斯力 (参看补充材料 C_{XI}) 作用于两原子之间, 原子 A 受到了微扰, 这一微扰 W 作用于原子的内部自由度, 并可将它写作:

$$W = \frac{C}{r^6} J_u^2$$

其中 C 是一个常数, r 是两原子间的距离, J_u 是原子 A 的角动量 $\boldsymbol{J}$ 在两原子联线 OM 上的分量.

a. 试通过 $C, b, v, t, J_z, J_\pm = J_x \pm iJ_y$ 来表示 W. 我们再引入一个无量纲参变量 $\tau = vt/b$.

b. 假设没有外界磁场, 于是原子 A 的三个态 $|+1\rangle, |0\rangle, |-1\rangle$ 具有相同的能量.

碰撞以前, 也就是在 $t = -\infty$ 时, 原子 A 处于能级 $|-1\rangle$. 利用依赖于时间的一级微扰理论, 试计算碰撞后 (即在 $t = +\infty$ 时) 发现原子 A 处在能级 $|+1\rangle$ 的概率 $\mathscr{P}_{-1,+1}$. 试讨论 $\mathscr{P}_{-1,+1}$ 怎样随 b 和 v 变化. 再计算 $\mathscr{P}_{-1,0}$.

[1363] c. 现在假设有一个平行于 Oz 轴的静磁场 $\boldsymbol{B}_0$, 于是三个态 $|M\rangle$ 具有附加

的能量 $M\hbar\omega_0$ (塞曼效应), 这里 ω_0 是磁场 $\boldsymbol{B}_0$ 中的拉莫尔角频率.

α. 对于常见的磁场 $(B_0 \sim 10^2 \text{ Gs})$, 我们有 $\omega_0 \simeq 10^9 \text{ rad·s}^{-1}$; 此外, b 约为 5Å, 而 v 约为 $5 \times 10^2 \text{ m·s}^{-1}$. 试证: 在这些条件下, 前面题 b 中的结果仍然有效.

β. 不涉及计算上的细节, 试说明 B_0 的值非常大时应有什么现象. 设 b 和 v 仍具有题 α 中给出的数值, 试问: 从 ω_0 的什么值开始, 题 b 中的结果不再有效?

d. 将原子 A 置于原子 B 的气体中, 设此气体处于温度为 T 的热力学平衡态, 而且每单位体积中的原子数 n 充分小, 以致我们可以只考虑二元碰撞, 不涉及计算上的细节, 试说明应如何计算原子 A 的消取向概率 $\mathscr{P}_{-1,+1}$ 和 $\mathscr{P}_{-1,0}$.

注意: 已知: $\displaystyle\int_{-\infty}^{+\infty} \frac{\mathrm{d}\tau}{(1+\tau^2)^4} = \frac{5\pi}{16}$.

9. 在随机微扰影响下单位时间内的跃迁概率. 弛豫的简单模型

设体系在初刻 0 处于 H_0 的本征态 $|\varphi_i\rangle$, 用 $\mathscr{P}_{if}(t)$ 表示发现体系在微扰 $W(t)$ 的影响下在时刻 t 跃迁到 H_0 的另一本征态 $|\varphi_f\rangle$ 的概率. 定义单位时间内的跃迁概率为 $w_{if}(t) = \dfrac{\mathrm{d}}{\mathrm{d}t}\mathscr{P}_{if}(t)$.

a. 试证: 在微扰理论的第一级计算中, 我们有:

$$w_{if}(t) = \frac{1}{\hbar^2}\int_0^t \mathrm{e}^{\mathrm{i}\omega_{fi}\tau} W_{fi}(t)W_{fi}^*(t-\tau)\mathrm{d}\tau + \text{c.c.} \tag{1}$$

其中 $\hbar\omega_{fi} = E_f - E_i$ (符号与第十三章中的完全相同).

b. 现在我们来考察数目 $\mathscr{N}$ 极大的 $\mathscr{N}$ 个体系 (k), 彼此全同且无相互作用 $(k = 1, 2, \cdots, \mathscr{N})$. 每一个体系都有不同的微观环境因而各自 "看到" 一种不同的微扰 $W^{(k)}(t)$, 只能确定一些统计平均值, 诸如:

$$\overline{W_{fi}(t)} = \underset{\mathscr{N}\to\infty}{\text{Lim}} \frac{1}{\mathscr{N}}\sum_{k=1}^{\mathscr{N}} W_{fi}^{(k)}(t)$$

$$\overline{W_{fi}(t)W_{fi}^*(t-\tau)} = \underset{\mathscr{N}\to\infty}{\text{Lim}} \frac{1}{\mathscr{N}}\sum_{k=1}^{\mathscr{N}} W_{fi}^{(k)}(t)W_{fi}^{(k)*}(t-\tau) \tag{2}$$

因此, 我们说这里遇到的是一种 "随机的" 微扰.   [1364]

如果上面的平均值不依赖于时间 t, 我们就说这种随机微扰是稳定的. 现在我们如此重新定义未微扰哈密顿算符 H_0, 使得所有的 $\overline{W}_{fi}$ 都等于零, 并且

令:

$$g_{fi}(\tau) = \overline{W_{fi}(t)W_{fi}^*(t-\tau)} \tag{3}$$

$g_{fi}(\tau)$ 叫做微扰的 "相关函数"(针对一对能级 $|\varphi_i\rangle$ 和 $|\varphi_f\rangle$); $g_{fi}(\tau)$ 一般在 $\tau \gg \tau_c$ 时等于零, 这里 τ_c 是一段特征时间, 叫做微扰的 "相关时间". 从物理上说, 微扰具有一定的 "记忆", 这种记忆对过去只能返顾到大约 τ_c 这样长的时间.

α. 设在时刻 0, $\mathscr{N}$ 个体系都处在态 $|\varphi_i\rangle$ 并受到稳定的随机微扰的作用, 这种微扰的相关函数为 $g_{fi}(\tau)$, 相关时间为 τ_c (在计算中可将 $\mathscr{N}$ 视为无穷大).

试计算单位时间内跃迁到态 $|\varphi_f\rangle$ 的体系所占的比例 $\pi_{if}(t)$. 试证: 从 t 的某一值 t_1 (待求) 开始, $\pi_{if}(t)$ 不再依赖于 t.

β. 设 τ_c 固定不变, 试问 π_{if} 如何随 ω_{fi} 变化? 试将结果应用于 $g_{fi}(\tau) = |v_{fi}|^2 e^{-\tau/\tau_c}$ 的情况, 其中 v_{fi} 是一个常数.

γ. 上述理论只在 $t \ll t_2$ 时才是严格成立的 [公式 (1) 实质上来自微扰理论]. 问 t_2 的数量级如何? 若 $t_2 \gg t_1$, 在什么条件下才能引入一个与 t 无关的单位时间内的跃迁概率 [取上一问题中给出的 $g_{fi}(\tau)$]? 是否可将上述理论推广到超过 $t = t_2$ 的情况?

c. 应用于一个简单体系

设我们所研究的 $\mathscr{N}$ 个体系是 $\mathscr{N}$ 个自旋为 1/2 的粒子, 旋磁比为 γ, 处在静磁场 $\boldsymbol{B}_0$ 中 (令 $\omega_0 = -\gamma B_0$). 将这些粒子封闭在半径为 R 的球形容器中. 每一个粒子都不停地被器壁弹回到另一处器壁. 同一个粒子与器壁碰撞两次之间的平均时间叫做 "飞行时间" τ_v. 在这段时间中, 粒子只 "看到" 磁场 $\boldsymbol{B}_0$. 在与器壁碰撞时, 在一段平均时间 $\tau_a (\tau_a \ll \tau_v)$ 中, 每个粒子都被吸附在器壁表面上, 除 $\boldsymbol{B}_0$ 外, 粒子还 "看到" 一个恒定的微观磁场 $\boldsymbol{b}$ 这是器壁中的顺磁性杂质所产生的. 从一次碰撞到另一次碰撞, $\boldsymbol{b}$ 的方向的改变是随机的, 我们将 $\boldsymbol{b}$ 的平均振幅记作 b_0.

α. 诸自旋所看到的微扰的相关时间如何? 我们将微观场 $\boldsymbol{b}$ 的分量的相关函数取作:

$$\overline{b_x(t)b_x(t-\tau)} = \frac{1}{3}b_0^2 \frac{\tau_a}{\tau_v} e^{-\tau/\tau_a} \tag{4}$$

对于 Oy 及 Oz 轴的分量也有类似的式子, 所有的交叉乘积项 $\overline{b_x(t)b_y(t-\tau)\cdots}$, 都等于零. 试从物理上证明上列公式是合理的.

[1365]　　β. 设 $\mathscr{N}$ 个自旋的宏观磁化强度在磁场 $\boldsymbol{B}_0$ 所确定的 Oz 轴上的分量为 $\mathscr{M}_z$. 试证: 在与器壁相碰撞的影响下, $\mathscr{M}_z$ 以 T_1 为时间常数而 "弛豫":

$$\frac{\mathrm{d}\mathscr{M}_z}{\mathrm{d}t} = -\frac{\mathscr{M}_z}{T_1}$$

(T_1 叫做纵向弛豫时间). 试计算 T_1, 将它通过 $\gamma, B_0, \tau_a, \tau_v$ 及 b_0 来表示.

γ. 试证: 研究 T_1 随 B_0 变化的规律, 就可以从实验上得到平均吸附时间 τ_a.

δ. 设有半径 R 不同但质料相同的很多个容器, 怎样根据 T_1 的测量从实验上确定器壁表面上的微观场的平均振幅 b_0?

10. 构成一个束缚态的多粒子体系对辐射的吸收, 多普勒效应. 反冲能量. 穆斯堡尔效应

在补充材料 A$_{\text{XIII}}$ 中, 我们主要研究受固定中心 O 点吸引的带电粒子对辐射的吸收 (氢原子模型, 其中核的重量为无穷大). 在这个练习中, 我们要研究一种较实际的情况, 即多粒子体系对入射辐射的吸收, 这些粒子具有有限质量, 有相互作用, 并构成一个束缚态. 因此, 我们要研究的是质心系的自由度对吸收现象的影响.

I. 自由氢原子对辐射的吸收. 多普勒效应. 反冲能量

设 $\boldsymbol{R}_1$ 和 $\boldsymbol{P}_1, \boldsymbol{R}_2$ 和 $\boldsymbol{P}_2$ 是粒子 (1) 和 (2) 的位置及动量观察算符; m_1, m_2 为质量; q_1, q_2 是异性电荷 (氢原子). 设 $\boldsymbol{R}$ 和 $\boldsymbol{P}, \boldsymbol{R}_G$ 和 $\boldsymbol{P}_G$ 是相对粒子与质心的位置及动量观察算符 (参看第七章, §B), $M = m_1 + m_2$ 是总质量, $m = m_1 m_2 / (m_1 + m_2)$ 是约化质量. 体系的哈密顿算符 H_0 可以写作:

$$H_0 = H_e + H_i \tag{1}$$

其中

$$H_e = \frac{1}{2M} \boldsymbol{P}_G^2 \tag{2}$$

是已设为自由的原子的平移动能 (“外部” 自由度), 而其中的 H_i (只依赖于 $\boldsymbol{R}$ 和 $\boldsymbol{P}$) 则描述原子的内部能量 (“内部” 自由度). 我们用 $|\boldsymbol{K}\rangle$ 表示 H_e 的本征态, 属于本征值 $\hbar^2 \boldsymbol{K}^2 / 2M$, 而我们要关注的只是 H_i 的两个本征态 $|\chi_a\rangle$ 和 $|\chi_b\rangle$, 对应的能量为 E_a 和 $E_b (E_b > E_a)$; 再令:

[1366]

$$E_b - E_a = \hbar \omega_0 \tag{3}$$

a. 为使原子从态 $|\boldsymbol{K}; \chi_a\rangle$ (对于态 $|\chi_a\rangle$ 的原子具有总动量 $\hbar\boldsymbol{K}$) 过渡到态 $|\boldsymbol{K}'; \chi_b\rangle$, 应对原子提供什么能量?

b. 在上述原子与一个平面电磁波相互作用, 波矢为 $\boldsymbol{k}$, 角频率为 $\omega = ck$, 沿垂直于 $\boldsymbol{k}$ 的单位矢 $\boldsymbol{e}$ 的方向偏振; 对应的矢势 $\boldsymbol{A}(\boldsymbol{r},t)$ 可以写作:

$$\boldsymbol{A}(\boldsymbol{r},t) = \mathscr{A}_0 \boldsymbol{e} e^{i(\boldsymbol{k}\cdot\boldsymbol{r}-\omega t)} + \text{c.c.} \tag{4}$$

其中 $\mathscr{A}_0$ 是一个常数. 在这个平面波和双粒子体系的相互作用哈密顿算符中占优势的项为 (参看补充材料 A_{XIII}, §1–b):

$$W(t) = -\sum_{i=1}^{2} \frac{q_i}{m_i} \boldsymbol{P}_i \cdot \boldsymbol{A}(\boldsymbol{R}_i, t) \tag{5}$$

试用 $\boldsymbol{R}, \boldsymbol{P}, \boldsymbol{R}_G, \boldsymbol{P}_G, m, M$ 及 q (令 $q_1 = -q_2 = q$) 来表示 $W(t)$, 并证明在电偶极近似中 (这相当于和 1 相比可以略去 $\boldsymbol{k} \cdot \boldsymbol{R}$ 但不是略去 $\boldsymbol{k} \cdot \boldsymbol{R}_G$), 有:

$$W(t) = W \mathrm{e}^{-\mathrm{i}\omega t} + W^\dagger \mathrm{e}^{\mathrm{i}\omega t} \tag{6}$$

其中

$$W = -\frac{q\mathscr{A}_0}{m} \boldsymbol{e} \cdot \boldsymbol{P} \mathrm{e}^{\mathrm{i}\boldsymbol{k} \cdot \boldsymbol{R}_G} \tag{7}$$

c. 试证: W 在态 $|\boldsymbol{K}; \chi_a\rangle$ 和态 $|\boldsymbol{K}'; \chi_b\rangle$ 之间的矩阵元只当 $\boldsymbol{K}, \boldsymbol{k}, \boldsymbol{K}'$ 之间存在着某种关系时才不等于零; 试求出这个关系, 并根据原子吸收一个入射光子时的总动量守恒来解释这个关系.

d. 由此证明: 若处于态 $|\boldsymbol{K}; \chi_a\rangle$ 的原子受到平面波 (4) 的照射, 当与入射波相联系的光子能量 $\hbar\omega$ 和对应于 $|\chi_a\rangle \to |\chi_b\rangle$ 的原子跃迁的能量 $\hbar\omega_0$ 相差一个量 δ 时, 将发生共振, 试用 $\hbar, \omega_0, \boldsymbol{K}, \boldsymbol{k}, M, c$ 表示 δ (由于 δ 是一个修正量, 可在其表示式中用 ω_0 代替 ω). 再证明: δ 是两项之和, 一项是 δ_1, 依赖于 $\boldsymbol{K}$ 以及 $\boldsymbol{K}$ 与 $\boldsymbol{k}$ 之间的角度 (多普勒效应); 一项是 δ_2, 与 $\boldsymbol{K}$ 无关. 试从物理上解释 δ_1 和 δ_2 (应证明 δ_2 是最初不动的原子吸收了一个共振光子后的反冲动能).

试证: 当 $\hbar\omega_0$ 约为 10 eV 时 (即在原子物理的范畴中), δ_1 与 δ_2 相比可以忽略; 我们取 M 为质子的质量 ($Mc^2 \simeq 10^9$ eV), 取对应于 $T = 300°$ K 时的热运动速度的 $|\boldsymbol{K}|$ 值; 如果 $\hbar\omega_0$ 约为 10^5 eV(即在核物理的范畴中), 是否可以得到同样的结论?

[1367]　　II. 晶体中在平衡位置周围振动的核对辐射的无反冲吸收·穆斯堡尔效应

现在所研究的体系是一个质量为 M 的核, 它以 Ω 为角频率围绕它在晶格中的平衡位置振动 (爱因斯坦模型; 参看补充材料 A_V, §2). 我们仍用 $\boldsymbol{R}_G$ 和 $\boldsymbol{P}_G$ 表示这个核的质心的位置和动量. 表示核的振动能的哈密顿算符为:

$$H_e = \frac{1}{2M} \boldsymbol{P}_G^2 + \frac{1}{2} M \Omega^2 (X_G^2 + Y_G^2 + Z_G^2) \tag{8}$$

这也是各向同性三维谐振子的动能. 用 $|\psi_{n_x, n_y, n_z}\rangle$ 表示 H_e 的本征态, 属于本征值 $(n_x + n_y + n_z + 3/2)\hbar\Omega$. 除了外部自由度, 核还具有一些内部自由度, 与它们相联系的观察算符都可以与 $\boldsymbol{R}_G$ 和 $\boldsymbol{P}_G$ 对易. 设 H_i 是表示核的内能的哈密顿算符. 和上面相同, 我们所关注的只是 H_i 的两个本征态, $|\chi_a\rangle$ 和 $|\chi_b\rangle$, 对

应的能量为 E_a 和 E_b, 仍令 $\hbar\omega_0 = E_b - E_a$; 设 $\hbar\omega_0$ 落在 γ 射线的范畴中, 当然, 我们有:

$$\omega_0 \gg \Omega \tag{9}$$

e. 为使这个核从态 $|\psi_{0,0,0}; \chi_a\rangle$ (核处在三个量子数 $n_x = 0, n_y = 0, n_z = 0$ 所定义的振动态和内部态 $|\chi_a\rangle$) 过渡到态 $|\psi_{n,0,0}; \chi_b\rangle$. 应向核提供什么能量?

f. 上述的核受到 (4) 式所定义的那种类型的电磁波照射, 波矢 $\boldsymbol{k}$ 平行于 Ox 轴. 我们可以证明, 在电偶极近似中, 核与这个平面波的相互作用哈密顿算符 (与 γ 辐射的吸收相关) 仍可写作 (6) 式的形式, 不过其中的

$$W = \mathscr{A}_0 S_i(k) \mathrm{e}^{\mathrm{i}k X_G} \tag{10}$$

$S_i(k)$ 是作用于内部自由度的一个算符, 因而可以和 $\boldsymbol{R}_G$ 与 $\boldsymbol{P}_G$ 对易. 我们令 $s(k) = \langle \chi_b | S_i(k) | \chi_a \rangle$.

设核最初处于态 $|\psi_{0,0,0}; \chi_a\rangle$. 试证: 由于入射平面波的照射, 每当 $\hbar\omega$ 等于题 e 中算出的能量之一时, 就出现一次共振, 对应的共振强度正比于 $|s(k)|^2 |\langle \psi_{n,0,0} | \mathrm{e}^{\mathrm{i}k X_G} | \psi_{0,0,0} \rangle|^2$, 其中 k 的值是待求的. 再证明: 由于条件 (9), 我们可在上面给出的共振强度的表示式中用 $k_0 = \omega_0/c$ 代替 k.

g. 现令

$$\pi_n(k_0) = |\langle \varphi_n | \mathrm{e}^{\mathrm{i}k_0 X_G} | \varphi_0 \rangle|^2 \tag{11}$$

其中诸态 $|\varphi_n\rangle$ 是一个一维谐振子的本征态, 该振子的位置算符为 X_G, 质量为 M, 角频率为 Ω.

α. 试通过 $\hbar, M, \Omega, k_0, n$ 来表示 $\pi_n(k_0)$ (还可看补充材料 M_V 的练习 7). 令 $\xi = \dfrac{\hbar^2 k_0^2}{2M} / \hbar\Omega$. 建议: 建立 $\langle \varphi_n | \mathrm{e}^{\mathrm{i}k_0 X_G} | \varphi_0 \rangle$ 和 $\langle \varphi_{n-1} | \mathrm{e}^{\mathrm{i}k_0 X_G} | \varphi_0 \rangle$ 之间的递推关系式, 用谐振子的基态波函数直接计算 $\pi_0(k_0)$, 再用它来表示所有的 $\pi_n(k_0)$. 试证: $\pi_n(k_0)$ 可以由泊松定律给出. [1368]

β. 验证: $\displaystyle\sum_{n=0}^{\infty} \pi_n(k_0) = 1$

γ. 试证: $\displaystyle\sum_{n=0}^{\infty} n\hbar\Omega \pi_n(k_0) = \hbar^2\omega_0^2/2Mc^2$

h. 假设 $\hbar\Omega \gg \hbar^2\omega_0^2/2Mc^2$, 这就是说, 核的振动能甚大于反冲能 (结晶键极强), 试证: 核的吸收谱实质上只有角频率为 ω_0 的一条谱线. 这条谱线叫做无反冲吸收线. 试述这个名称的合理性. 在这种情况下, 多普勒效应为什么消失了?

i. 与上面相反, 假设 $\hbar\Omega \ll \hbar^2\omega_0^2/2Mc^2$ (结晶键极弱). 试证: 核的吸收谱包含为数很多的等间隔谱线, 它们的重心 (得自对每条谱线的横坐标加权, 权

重为各谱线的相对强度) 与最初静止的自由核的吸收线的位置相符. 这个谱的宽度 (谱线在其重心周围的弥散) 的数量级如何? 随即证明: 在 $\Omega \to 0$ 的极限情况下, 我们又可得到第一部分的结果.

练习 3:

参考文献: (15.2) 中 Brossel 的演讲.

练习 5:

参考文献: Townes 和 Schawlow (12.10), 第 10 章, §9.

练习 6:

参考文献: Wilson (16.34).

练习 9:

参考文献: Abragam (14.1), 第 VIII 章; Slichter (14.2), 第 5 章.

练习 10.

参考文献: De Benedetti (16.23), Valentin (16.1), 附录 XV.

第十四章
全同粒子体系

[1369]

[1370]

第十四章提纲

§A. 问题的梗概

1. 全同粒子: 定义
2. 经典力学中的全同粒子
3. 量子力学中的全同粒子: 应用普遍假定时遇到的困难
    a. 第一个简单例子的定性讨论
    b. 困难的起因: 交换简并

§B. 置换算符

1. 两个粒子的体系
    a. 置换算符 P_{21} 的定义
    b. P_{21} 的性质
    c. 对称右矢和反对称右矢. 对称化算符和反对称化算符
    d. 通过置换算符来变换观察算符
2. 多粒子体系
    a. 置换算符的定义
    b. 性质
    c. 完全对称或完全反对称右矢. 对称化算符和反对称化算符
    d. 通过置换算符来变换观察算符

§C. 对称化假定

1. 假定的陈述
2. 交换简并的消除
3. 物理右矢的构成
    a. 构成的法则
    b. 在含有两个全同粒子的体系中的应用
    c. 推广到任意多个粒子的体系
    d. 物理态空间中的基的构成
4. 其他假定的应用
    a. 有关测量的假定
    b. 有关随时间演变的假定

§D. 讨论

1. 玻色子和费米子的差异. 泡利不相容原理
    a. 独立全同粒子系的基态
    b. 量子统计
2. 粒子的全同性在物理预言的计算中的影响
    a. 直接过程和交换过程之间的干涉
    b. 可以忽略对称化假定的一些情况

在第三章中我们曾经陈述过非相对论量子力学中的几则假定, 在第九章中我们又明确叙述过与自旋自由度有关的那些假定. 在这一章中 (§A) 我们将会见到, 对于包含多个全同粒子的体系, 这些假定实际上是不充分的, 这是因为在此情况下应用这些假定将会得到含混不清的预言. 为了消除这些混乱, 我们必须引入仅仅涉及对全同粒子系的量子描述的新假定. 我们将在 §C 中陈述这个假定, 在 §D 中讨论它的物理意义. 在此之前 (§B), 我们先定义和讨论置换算符, 这个算符将使推理和计算大为简化. [1371]

§A. 问题的梗概

1. 全同粒子: 定义

如果两个粒子的一切固有性质 (质量、自旋、电荷等等) 完全一样, 我们就说这两个粒子是全同的; 任何实验都不能使一个粒子比另一个粒子显得更特殊. 据此, 宇宙中的所有电子都是全同的, 所有的质子是全同的, 所有的氢原子也是全同的; 反之, 电子和正电子却不是全同的, 这是因为它们虽有相同的质量和自旋, 但它们的电荷是不一样的.

从这个定义我们得到一个重要的结论: 若一个体系含有两个全同粒子, 假如我们将两个粒子对换一下, 那么, 体系的性质和演变规律都没有任何变化.

附注:

必须注意, 上面的定义和体系处在什么实验条件下并无关系; 在一个特定的实验中, 即使我们并不测量粒子的电荷, 也绝不能把电子和正电子当作全同粒子看待.

2. 经典力学中的全同粒子

[1372]

在经典力学中, 一个体系含有全同粒子并不会引起什么特别的问题, 这不过是可以按一般情况处理的特殊情况. 这一点和下述事实有关: 每一个粒子都沿着一条确定的轨道运动, 于是我们就可以将这个粒子和其他粒子区别开来并在体系的演变过程中"跟踪"这个粒子.

为了具体地说明这一点, 我们来考虑两个全同粒子的体系. 在初始时刻 t_0, 体系的物理状态决定于两个粒子的位置和速度的数据; 我们将这些初始数据记作 $\{r_0, v_0\}$ 和 $\{r'_0, v'_0\}$. 为了描述这个物理状态并研究它的演变, 我们给这两个粒子编号: $r_1(t)$ 和 $v_1(t)$ 表示粒子 (1) 在 t 时刻的位置和速度; $r_2(t)$ 和 $v_2(t)$ 则标志粒子 (2). 和两个粒子性质互异时的情况相反这种编号并没有什么物理根据. 由此可以, 我们可以主观地用两个"数学态"来描述上面给出的初态, 实际上, 我们可以令:

$$r_1(t_0) = r_0 \quad r_2(t_0) = r_0'$$
$$v_1(t_0) = v_0 \quad v_2(t_0) = v_0' \tag{A-1}$$

或反过来, 令:

$$r_1(t_0) = r_0' \quad r_2(t_0) = r_0$$
$$v_1(t_0) = v_0' \quad v_2(t_0) = v_0 \tag{A-2}$$

现在来考察体系的演变. 假设由初始条件 (A-1) 所确定的运动方程的解可以写作:

$$r_1(t) = r(t) \quad r_2(t) = r'(t) \tag{A-3}$$

这里的 $r(t)$ 和 $r'(t)$ 是两个矢量函数. 两个粒子的全同性意味着, 如果对换两个粒子, 那么在体系中不会发生任何变化; 因此, 拉格朗日函数 $\mathscr{L}(r_1, v_1; r_2, v_2)$ 或哈密顿函数 $\mathscr{H}(r_1, p_1; r_2, p_2)$ 对于指标 1 和 2 的对换是不变的. 由此可见, 对应于初态 (A-2) 的运动方程的解一定是:

$$r_1(t) = r'(t) \quad r_2(t) = r(t) \tag{A-4}$$

这里的函数 $r(t)$ 与 $r'(t)$ 和 (A-3) 式的相同.

于是, 对于所考察的物理状态的两种可能的数学描述是完全等价的, 这是因为它们导致相同的物理预言: 于时刻 t_0, 从态 $\{r_0, v_0\}$ 出发的粒子在时刻 t 到达点 $r(t)$ 处速度为 $v(t) = dr/dt$, 而从态 $\{r_0', v_0'\}$ 出发的粒子到达 $r'(t)$ 处速度为 $v'(t) = dr'/dt$ (图14-1). 在这些条件下, 我们只需选择初始时刻的两种可能的"数学态"中的任何一种而舍去另一种; 这就是说, 我们这样来处理这个体系, 似乎这两个粒子的性质并不相同. 我们在 t_0 时刻任意编上的号码 (1) 和 (2) 随后就变为可据以区分这两个粒子的固有性质了; 这是因为我们可以沿着轨道逐点逐点地跟踪每一个粒子 (图 14-1 中的箭头), 在每一时刻我们都可以知道号码为 (1) 的粒子在哪里, 号码为 (2) 的粒子在哪里.

[1373]

$$\{r_0, v_0\} \longleftarrow\!\!\!\longrightarrow \{r(t), v(t)\}$$
$$\{r_0', v_0'\} \longleftarrow\!\!\!\longrightarrow \{r'(t), v'(t)\}$$

图 14-1　在初刻和 t 时刻, 每一个粒子的位置和速度

3. 量子力学中的全同粒子: 应用普遍假设时遇到的困难

a. 第一个简单例子的定性讨论

一到量子力学,情况就显得根本上不一样了,因为这时粒子不再具有确定的轨道. 即使在初始时刻 t_0, 与两个全同粒子相联系的波包在空间是完全分开的, 在此后的演变中它们也会互相交叠; 我们将会"失去粒子的踪迹", 这是因为, 如果在两个粒子出现的概率都不为零的空间区域中去探测一个粒子, 那么, 我们将没有任何方法可以确知被探测到的粒子是号码为 (1) 的那一个还是号码为 (2) 的那一个. 除了一些特殊情况 (例如两个波包永不重叠) 以外, 当我们测量两个粒子的位置时, 它们的号码将是含混不清的; 实际上, 如我们将会看到的那样, 存在着很多不同的"道路", 体系可以沿这些道路从它的初态到达测量中所观察到的态.

为了通过一个例子具体地说明这一点, 我们设想两个全同粒子在它们的质心坐标系内的碰撞 (图 14–2). 碰撞以前有两个完全分开的波包, 它们相向而行 (图 14–2–a), 我们可以这样约定, 例如, 将左边的粒子编号为 (1), 将右边的粒子编号为 (2). 在碰撞中 (图 14–2–b), 两个波包互相重叠. 碰撞以后, 两粒子出现的概率不为零的空间区域①具有球壳的形状, 其半径随时间增大 (图 14–2–c). 我们设想, 在与波包 (1) 的初始速度成 θ 角的方向上有一个探测器它探测到一个粒子; 于是我们断定 (由于碰撞中的动量守恒) 另一个粒子正沿相反的方向离去. 但是, 我们不可能知道, 在 D 处被探测到的粒子是原来编号为 (1) 的还是原来编号为 (2) 的粒子; 于是, 体系从图 14–2–a 中的初态过渡到测量中发现的末态, 可以遵循两种不同的"道路". 这两种道路概略地绘于图 14–3–a 和图 14–3–b; 没有什么根据可以确定粒子实际遵循的究竟是哪一种道路. [1374]

这样一来, 在应用第三章的那些假定时, 在量子力学中就出现了一个基本的困难. 为了计算一个测量结果出现的概率, 我们应该知道与这个结果相关联的末态的态矢量. 现在, 我们可以写出两个态矢量来, 它们分别对应于图 14–3–a 和图 14–3–b 的两种情况. 这两个右矢是不相同的 (却可以是正交的). [1375] 但是它们只与同一个物理状态相联系, 这是因为我们不可能设想出一种更完善的测量来区分它们. 在这些情况下, 为了计算概率, 我们应该选择图 14–3–a 中的道路还是图 14–3–b 中的道路呢? 我们也许还可以设想同时考虑体系所遵循的两种可能的道路; 若是这样, 我们应该将对应于两种道路的概率相加还是应该将两者的概率幅相加 (这时又应带什么符号)? 我们很容易看出 (下面将

---

① 两个粒子的波函数依赖于六个变量 (即两粒子的坐标 r 和 r' 的分量), 我们很难在三维空间中将它们表示出来. 图 14–2 是非常概略的; 阴影区域是波函数具有显著值的那些点 r 和 r' 所在的区域.

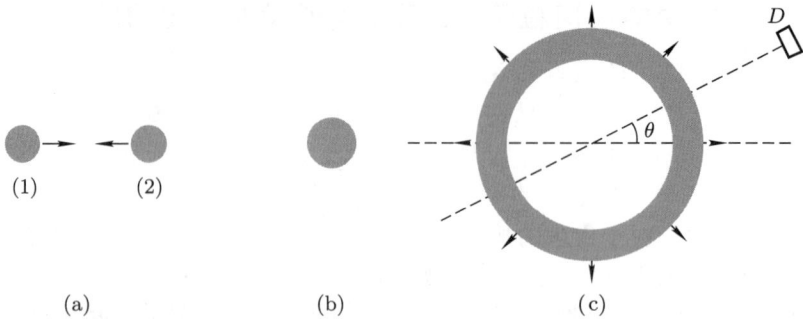

图 14-2　在体系的质心系内两个全同粒子的碰撞; 两粒子的波函数的概略表示.

碰撞以前 (图 a), 相向而行的两个波包是完全分开的, 因此, 我们可以给它们编号. 碰撞时 (图 b), 两个波包互相重叠. 碰撞以后 (图 c), 在半径随时间增大的球壳形区域中, 两粒子出现的概率不为零. 由于两个粒子的全同性, 当一个粒子在 D 处被探测到时, 我们不可能知道碰撞之前和这个粒子相联系的是波包 (1) 还是波包 (2).

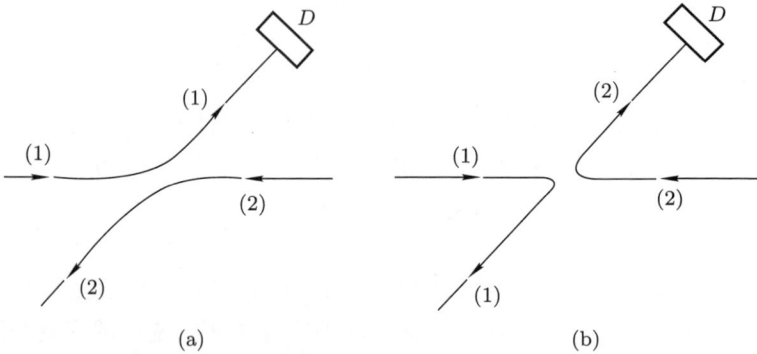

图 14-3　此图概略地表示体系从初态过渡到测量中发现的状态可能经过的两种"道路"; 由于两粒子的全同性, 没有任何方法可以确定体系实际遵循的"道路".

要证明), 不同的可能性将导致不同的物理预言.

一旦陈述了对称性假设之后, 我们就将在 §D 中给出上述问题的答案. 在此以前, 我们再考察另一个例子, 它将使我们深刻理解两个粒子的全同性带来的困难.

b. 困难的起因: 交换简并

在前面的例子中, 我们所考察的两个波包最初完全是分开的, 因此, 我们可以给它们之中的每一个任意编上号码 (1) 或 (2). 但是, 如果我们希望确定与位置测量中某一给定结果相联系的数学右矢, 这时就会出现含混之处. 其实, 为了选择一个数学右矢去描述初始的物理状态, 我们也会遇到同样的困难. 这种类型的困难是与 "交换简并" 这一概念相关的, 我们将在这一段里引入这个概念. 为了简化分析, 我们先讨论一个与前面不同的例子, 将问题限制在有限多维空间. 然后, 我们推广交换简并的概念, 并证明它适用于含有全同粒子的所有量子体系.

α. 两个自旋 1/2 的体系的交换简并

假设体系含有两个自旋为 1/2 的全同粒子, 我们只讨论它们的自旋自由度. 如在 §A-2 中那样, 我们要区别体系的物理状态和对状态的数学描述 (即态空间中的右矢).

似乎很自然地, 我们可以这样设想, 如果对于每一个自旋都进行完全的测量, 我们就可以确知总体系的物理状态. 下面, 我们假设一个自旋为 Oz 方向的分量为 $+\hbar/2$, 另一个为 $-\hbar/2$ (对这两个自旋来说, 此假设相当于 §A-2 中的数据 $\{r_0, v_0\}$ 和 $\{r_0', v_0'\}$).

为了从数学上描述这个体系, 我们给粒子编号: S_1 和 S_2 表示两个自旋观察算符, 在态空间中, 由 S_{1z} (本征值为 $\varepsilon_1\hbar/2$) 和 S_{2z} (本征值为 $\varepsilon_2\hbar/2$) 的共同本征右矢组成的正交归一基为 $\{|\varepsilon_1, \varepsilon_2\rangle\}$ (ε_1 和 ε_2 可以取 + 和 -).

如同在经典力学中那样, 可能有两个不同的"数学态"和同一个物理态相联系; 在这里也一样, 我们可以主观地用下列两个正交右矢中的任何一个来描述所要考察的物理态:

$$|\varepsilon_1 = +, \varepsilon_2 = -\rangle \tag{A-5-a}$$

$$|\varepsilon_1 = -, \varepsilon_2 = +\rangle \tag{A-5-b}$$

这两个右矢张成一个二维子空间, 其中的归一化矢量具有下列形式:

$$\alpha|+, -\rangle + \beta|-, +\rangle \tag{A-6}$$

并附以下列条件

$$|\alpha|^2 + |\beta|^2 = 1 \tag{A-7}$$

[1376]

按照叠加原理, 所有的数学右矢 (A-6) 都可以表示同一个物理态如 (A-5-a) 或 (A-5-b) (一个自旋向上, 另一个自旋向下). 于是我们说, 这里存在着一种交换简并.

交换简并引起了基本的困难, 这是因为将第三章的假定应用于不同的右矢 (A-6) 就会导致依赖于所选择的右矢的物理预言. 例如, 我们来求发现两个自旋沿 Ox 轴的分量都等于 $+\hbar/2$ 的概率. 与这个测量结果联系着自旋态空间中的唯一的一个右矢, 根据第四章的公式 (A-20), 可将这个右矢写作:

$$\frac{1}{\sqrt{2}}[|\varepsilon_1 = +\rangle + |\varepsilon_1 = -\rangle] \otimes \frac{1}{\sqrt{2}}[|\varepsilon_2 = +\rangle + |\varepsilon_2 = -\rangle]$$

$$= \frac{1}{2}[|+, +\rangle + |-, +\rangle + |+, -\rangle + |-, -\rangle] \tag{A-8}$$

因此, 对于 (A–6) 式中的矢量, 待求的概率为:

$$\left|\frac{1}{2}(\alpha+\beta)\right|^2 \tag{A-9}$$

这个概率确实依赖于系数 α 和 β. 由此可见, 我们不能企图使用右矢集合 (A–6) 或随意选自其中的一个右矢来描述所要考察的物理态. 我们必须消除交换简并; 这就是说, 必须毫不含糊地指明, 究竟应该使用 (A–6) 式中的哪一个右矢.

附注:

在上面的例子里, 交换简并只出现在初态, 这是因为我们已将末态中的两个自旋分量取为相同的数值. 在一般情况下 (例如, 若测量结果对应于 S_x 的两个互异本征值), 交换简并应同时出现在初态和末态).

β. 推广

研究含有 N 个 $(N>1)$ 全同粒子的任何体系, 都会遇到交换简并所带来的困难.

例如, 我们来考察含有三个粒子的体系. 孤立地考察三个粒子中的每一个, 各自都联系着一个态空间和在此空间中起作用的观察算符. 于是我们便可将这些粒子编上号码: $\mathscr{E}(1), \mathscr{E}(2), \mathscr{E}(3)$ 则表示三个单粒子态空间, 对应的诸观察算符也可以记上同样的下标. 三粒子体系的态空间是下列张量积:

[1377]

$$\mathscr{E}=\mathscr{E}(1)\otimes\mathscr{E}(2)\otimes\mathscr{E}(3) \tag{A-10}$$

现在我们来考虑最初定义在空间 $\mathscr{E}(1)$ 中的观察算符 $B(1)$. 假设 $B(1)$ 自身就构成空间 $\mathscr{E}(1)$ 中的一个 E.C.O.C. [或设 $B(1)$ 是构成一个 E.C.O.C. 的一组算符]. 三个粒子是全同的, 这意味着观察算符 $B(2), B(3)$ 都存在, 而且它们分别在空间 $\mathscr{E}(2)$ 和 $\mathscr{E}(3)$ 中构成一个 E.C.O.C.. $B(1), B(2)$ 和 $B(3)$ 具有相同的谱 $\{b_n; n=1,2,\cdots\}$. 利用这三个观察算符在空间 $\mathscr{E}(1), \mathscr{E}(2)$ 及 $\mathscr{E}(3)$ 中确定的基, 通过张量积, 我们就可以构成空间 $\mathscr{E}$ 中的一个正交归一基, 可将它记作:

$$\{|1:b_i;2:b_j;3:b_k\rangle; i,j,k=1,2,\cdots\} \tag{A-11}$$

诸右矢 $|1:b_i;2:b_j;3:b_k\rangle$ 都是 $B(1), B(2)$ 和 $B(3)$ 在空间 $\mathscr{E}$ 中的延伸算符的共同本征矢, 属于各对应的本征值 b_i, b_j 和 b_k.

三个粒子的全同性使我们不能测量到 $B(1)$ 或 $B(2)$ 或 $B(3)$, 这是因为编号并没有任何物理根据; 但是我们可以针对三个粒子中的每一个去测量物理量 B. 姑且假定从这样的测量得到的结果是三个互异本征值 b_n, b_p 和 b_q. 现在就会出现交换简并了, 这是因为, 要表示体系在测量之后的态, 我们可以主观地使用由空间 $\mathscr{E}$ 中的下列六个基矢量:

$$|1:b_n;2:b_p;3:b_q\rangle, |1:b_q;2:b_n;3:b_p\rangle, |1:b_p;2:b_q;3:b_n\rangle$$

$$|1:b_n;2:b_q;3:b_p\rangle, |1:b_p;2:b_n;3:b_q\rangle, |1:b_q;2:b_p;3:b_n\rangle \qquad \text{(A–12)}$$

所张成的子空间中的任何一个右矢. 由此可见, 针对每一个粒子的完全测量并不能在体系的态空间中确定一个唯一的右矢.

附注:

如果在测量所得的本征值中有两个是相等的, 那么, 由交换简并引起的不确定性就不是很重要的了; 在三个测量结果相等的特殊情况下, 这种不确定性甚至便消失了.

§B. 置换算符

我们暂不陈述可以消除交换简并引起的不确定性的补充假定, 而先来研究一些算符, 它们被定义在所要考察的体系的总态空间中, 而它们的作用不过是对换该体系中的诸粒子. 应用这些置换算符将会大大简化下面 §C 和 §D 中的计算及证明.

1. 两个粒子的体系 [1378]

a. 置换算符 P_{21} 的定义

我们来考虑一个体系, 它含有两个粒子, 自旋都是 S. 现在没有必要假设这两个粒子是全同的, 我们只需假设它们各自的态空间是同构的. 此外, 为了避免粒子的全同性引起的困难干扰这一段的讨论, 我们不妨假设这两个粒子实际上并非全同的; 于是, 给它们编上号码 (1) 和 (2) 就可以标志粒子的性质; 例如 (1) 表示质子, (2) 表示电子.

在粒子 (1) 的态空间 $\mathscr{E}(1)$ 中, 我们选定一个基 $\{|u_i\rangle\}$, 由于两个粒子具有相同的自旋, 故空间 $\mathscr{E}(2)$ 和空间 $\mathscr{E}(1)$ 是同构的, 我们可以在 $\mathscr{E}(2)$ 中采用同一个基. 通过张量积, 我们就可以构成体系的态空间 $\mathscr{E}$ 中的基:

$$\{|1:u_i;2:u_j\rangle\} \qquad \text{(B–1)}$$

在张量积中, 矢量的顺序是无关紧要的, 故有:

$$|2:u_j;1:u_i\rangle \equiv |1:u_i;2:u_j\rangle \qquad \text{(B–2)}$$

但须注意:

$$|1:u_j;2:u_i\rangle \neq |1:u_i;2:u_j\rangle \quad (\text{若 } i \neq j) \tag{B-3}$$

我们将置换算符 P_{21} 定义为这样一个线性算符, 它对基矢量的作用由下式规定:

$$P_{21}|1:u_i;2:u_j\rangle = |2:u_i;1:u_j\rangle = |1:u_j;2:u_i\rangle \tag{B-4}$$

它对空间 $\mathscr{E}$ 中任意右矢的作用, 很容易通过该右矢在基 (B-1) 中的展开式求得[①].

附注:

我们如果选择位置观察算符 $\boldsymbol{R}$ 和自旋分量 S_z 的共同本征矢来构成基, 那么 (B-4) 式应写作:

$$P_{21}|1:\boldsymbol{r},\varepsilon;2:\boldsymbol{r}',\varepsilon'\rangle = |1:\boldsymbol{r}',\varepsilon';2:\boldsymbol{r},\varepsilon\rangle \tag{B-5}$$

态空间 $\mathscr{E}$ 中的任意右矢 $|\psi\rangle$ 可以通过 $(2s+1)^2$ 个六元函数的集合来表示:

$$|\psi\rangle = \sum_{\varepsilon,\varepsilon'}\int \mathrm{d}^3r\mathrm{d}^3r'\psi_{\varepsilon,\varepsilon'}(\boldsymbol{r},\boldsymbol{r}')|1:\boldsymbol{r},\varepsilon;2:\boldsymbol{r}',\varepsilon'\rangle \tag{B-6}$$

其中

$$\psi_{\varepsilon,\varepsilon'}(\boldsymbol{r},\boldsymbol{r}') = \langle 1:\boldsymbol{r},\varepsilon;2:\boldsymbol{r}',\varepsilon'|\psi\rangle \tag{B-7}$$

[1379] 于是我们有:

$$P_{21}|\psi\rangle = \sum_{\varepsilon,\varepsilon'}\int \mathrm{d}^3r\mathrm{d}^3r'\psi_{\varepsilon,\varepsilon'}(\boldsymbol{r},\boldsymbol{r}')|1:\boldsymbol{r}',\varepsilon';2:\boldsymbol{r},\varepsilon\rangle \tag{B-8}$$

将傀变量的名称交换一下:

$$\varepsilon \longleftrightarrow \varepsilon'$$
$$\boldsymbol{r} \longleftrightarrow \boldsymbol{r}' \tag{B-9}$$

便可将 (B-8) 式变换为:

$$P_{21}|\psi\rangle = \sum_{\varepsilon,\varepsilon'}\int \mathrm{d}^3r\mathrm{d}^3r'\psi_{\varepsilon',\varepsilon}(\boldsymbol{r}',\boldsymbol{r})|1:\boldsymbol{r},\varepsilon;2:\boldsymbol{r}',\varepsilon'\rangle \tag{B-10}$$

因此, 表示右矢 $|\psi'\rangle = P_{21}|\psi\rangle$ 的下列诸函数:

$$\psi'_{\varepsilon,\varepsilon'}(\boldsymbol{r},\boldsymbol{r}') = \langle 1:\boldsymbol{r},\varepsilon;2:\boldsymbol{r}',\varepsilon'|P_{21}|\psi\rangle \tag{B-11}$$

可以得自表示右矢 $|\psi\rangle$ 的诸函数 (B-7), 但需将其中的 $(\boldsymbol{r},\varepsilon)$ 换为 $(\boldsymbol{r}',\varepsilon')$:

$$\psi'_{\varepsilon,\varepsilon'}(\boldsymbol{r},\boldsymbol{r}') = \psi_{\varepsilon',\varepsilon}(\boldsymbol{r}',\boldsymbol{r}) \tag{B-12}$$

----

① 很容易证明, 按上述方式定义的置换算符 P_{21} 与我们选择的基 $\{|u_i\rangle\}$ 无关.

b. P_{21} 的性质

从定义 (B-4) 我们可以立即导出:

$$(P_{21})^2 = 1 \qquad (B-13)$$

这就是说, 算符 P_{21} 是它自身的逆算符.

很容易证明, P_{21} 是厄米算符.

$$P_{21}^\dagger = P_{21} \qquad (B-14)$$

实际上, 算符 P_{21} 在基 $\{|1:u_i; 2:u_j\rangle\}$ 中的矩阵元可以写作:

$$\langle 1:u_{i'}; 2:u_{j'}|P_{21}|1:u_i; 2:u_j\rangle = \langle 1:u_{i'}; 2:u_{j'}|1:u_j; 2:u_i\rangle$$
$$= \delta_{i'j}\delta_{j'i} \qquad (B-15)$$

按定义, 算符 $P_{21}^\dagger$ 的矩阵元为:

$$\langle 1:u_{i'}; 2:u_{j'}|P_{21}^\dagger|1:u_i; 2:u_j\rangle = (\langle 1:u_i; 2:u_j|P_{21}|1:u_{i'}; 2:u_{j'}\rangle)^*$$
$$= (\langle 1:u_i; 2:u_j|1:u_{j'}; 2:u_{i'}\rangle)^*$$
$$= \delta_{ij'}\delta_{ji'} \qquad (B-16)$$

于是, $P_{21}^\dagger$ 的每一个矩阵元都等于 P_{21} 的对应矩阵元, 这就证明了 (B-14) 式.

从 (B-13) 式和 (B-14) 式可以推知 P_{21} 又是一个幺正算符:

$$P_{21}^\dagger P_{21} = P_{21}P_{21}^\dagger = 1 \qquad (B-17)$$

[1380]

c. 对称右矢和反对称右矢. 对称化算符和反对称化算符

从(B-14) 式看来, 算符 P_{21} 的本征值一定是实数. 按照 (B-13) 式, 它们的平方等于 1, 因此, 这些本征值就是 +1 和 -1. 算符 P_{21} 的本征矢, 属于本征值 +1 的叫做对称右矢; 属于本征值 -1 的, 叫做反对称右矢, 即

$$P_{21}|\psi_S\rangle = |\psi_S\rangle \quad \Longrightarrow |\psi_S\rangle \text{ 对称}$$
$$P_{21}|\psi_A\rangle = -|\psi_A\rangle \quad \Longrightarrow |\psi_A\rangle \text{ 反对称} \qquad (B-18)$$

我们来考虑下列两个算符:

$$S = \frac{1}{2}(1 + P_{21}) \qquad (B\text{-}19\text{-a})$$

$$A = \frac{1}{2}(1 - P_{21}) \qquad (B\text{-}19\text{-b})$$

这两个算符都是投影算符. 实际上, 从 (B-13) 式可以推知:

$$S^2 = S \qquad (B\text{-}20\text{-a})$$

$$A^2 = A \tag{B-20-b}$$

此外用 (B-14) 式可以证明:

$$S^\dagger = S \tag{B-21-a}$$

$$A^\dagger = A \tag{B-21-b}$$

S 和 A 都是正交子空间上的投影算符, 这是因为, 根据 (B-13) 式, 有:

$$SA = AS = 0 \tag{B-22}$$

这些子空间互为补空间, 这是因为定义 (B-19) 给出:

$$S + A = 1 \tag{B-23}$$

若 $|\psi\rangle$ 是态空间 $\mathscr{E}$ 中的一个任意右矢, 则 $S|\psi\rangle$ 是一个对称右矢, 而 $A|\psi\rangle$ 是一个反对称右矢; 实际上, 再利用 (B-13) 式, 我们不难看出:

$$P_{21}S|\psi\rangle = S|\psi\rangle$$
$$P_{21}A|\psi\rangle = -A|\psi\rangle \tag{B-24}$$

由于这个原因, S 和 A 分别叫做对称化算符和反对称化算符.

附注:

将 S 作用于 $P_{21}|\psi\rangle$ 或作用于 $|\psi\rangle$ 本身, 都得到同一个对称右矢:

$$SP_{21}|\psi\rangle = S|\psi\rangle \tag{B-25}$$

对于反对称化算符, 类似地有:

$$AP_{21}|\psi\rangle = -A|\psi\rangle \tag{B-26}$$

[1381]　　d. 通过置换算符来变换观察算符

我们来考察一个观察算符 $B(1)$, 它原来是定义在空间 $\mathscr{E}(1)$ 中的, 然后被延伸到空间 $\mathscr{E}$ 中. 我们总可以用 $B(1)$ 的本征矢来构成空间 $\mathscr{E}(1)$ 中的基 $\{|u_i\rangle\}$ (对应的本征值记作 b_i). 现在来考察算符 $P_{21}B(1)P_{21}^\dagger$ 对空间 $\mathscr{E}$ 中的任意基右矢的作用:

$$\begin{aligned}
P_{21}B(1)P_{21}^\dagger|1:u_i; 2:u_j\rangle &= P_{21}B(1)|1:u_j; 2:u_i\rangle \\
&= b_j P_{21}|1:u_j; 2:u_i\rangle \\
&= b_j|1:u_i; 2:u_j\rangle \tag{B-27}
\end{aligned}$$

将观察算符 $B(2)$ 直接作用于所选择的基右矢, 应该得到同样的结果; 因而有:

$$P_{21}B(1)P_{21}^{\dagger} = B(2) \tag{B-28}$$

通过同样的推理, 可以证明:

$$P_{21}B(2)P_{21}^{\dagger} = B(1) \tag{B-29}$$

在空间 $\mathscr{E}$ 中还存在这样一些观察算符, 诸如 $B(1) + C(2)$ 或 $B(1)C(2)$, 它们都同时涉及两个指标. 显然, 我们有:

$$P_{21}[B(1) + C(2)]P_{21}^{\dagger} = B(2) + C(1) \tag{B-30}$$

利用 (B-17) 式, 我们还可以求得:

$$\begin{aligned} P_{21}B(1)C(2)P_{21}^{\dagger} &= P_{21}B(1)P_{21}^{\dagger}P_{21}C(2)P_{21}^{\dagger} \\ &= B(2)C(1) \end{aligned} \tag{B-31}$$

这些结果可以推广到空间 $\mathscr{E}$ 中所有可以表示为 $B(1)$ 和 $C(2)$ 的函数的观察算符, 将这类算符简记作 $\mathscr{O}(1,2)$, 便有:

$$P_{21}\mathscr{O}(1,2)P_{21}^{\dagger} = \mathscr{O}(2,1) \tag{B-32}$$

这里的 $\mathscr{O}(2,1)$ 是将算符 $\mathscr{O}(1,2)$ 中各处的指标 1 和 2 都交换之后所得的观察算符.

如果一个观察算符 $\mathscr{O}_S(1,2)$ 满足:

$$\mathscr{O}_S(2,1) = \mathscr{O}_S(1,2) \tag{B-33}$$

我们便说它是对称的. 根据 (B-32) 式, 所有对称的观察算符都满足:

$$P_{21}\mathscr{O}_S(1,2) = \mathscr{O}_S(1,2)P_{21} \tag{B-34}$$

这就是说:

$$[\mathscr{O}_S(1,2), P_{21}] = 0 \tag{B-35}$$

故对称的观察算符与置换算符对易.

2. 多粒子体系

[1382]

假设体系含有 N 个自旋相同的粒子 (暂时假设它们的性质各不相同), 则在此体系的态空间中, 我们可以定义 $N!$ 个置换算符 (其中的一个就是恒等算符). 如果 N 超过 2, 这些算符的性质就比 P_{21} 的更为复杂. 为了说明 N 大于 2 时出现的一些变动之处, 我们将简要地讨论 $N = 3$ 的情况.

a. 置换算符的定义

现在我们考虑含有三个粒子的体系,这些粒子不必是全同的,但具有相同的自旋. 如同在 §B-1-a 中那样, 我们通过张量积来构成体系的态空间中的基:

$$\{|1:u_i;2:u_j;3:u_k\rangle\} \tag{B-36}$$

在这种情况下, 存在着六个置换算符, 可将它们记作:

$$P_{123}, P_{312}, P_{231}, P_{132}, P_{213}, P_{321} \tag{B-37}$$

我们定义, 算符 P_{npq} (这里的 n, p, q 是数码 $1, 2, 3$ 的任意一种排列) 是一个线性算符, 它对基矢量的作用遵从下列公式:

$$P_{npq}|1:u_i;2:u_j;3:u_k\rangle = |n:u_i;p:u_j;q:u_k\rangle \tag{B-38}$$

例如:

$$
\begin{aligned}
P_{231}|1:u_i;2:u_j;3:u_k\rangle &= |2:u_i;3:u_j;1:u_k\rangle \\
&= |1:u_k;2:u_i;3:u_j\rangle
\end{aligned} \tag{B-39}
$$

由此可见, P_{123} 就是恒等算符. P_{npq} 对态空间中任意右矢的作用很容易得自该右矢在基 (B-36) 中的展开式.

对于含有自旋相同的 N 个粒子的体系, 我们可按同样的方式定义 $N!$ 个置换算符.

b. 性质

α. 置换算符的集合构成一个群

我们以 (B-37) 式中的算符为例, 便很容易证明这一点:

(i) P_{123} 是一个恒等算符

(ii) 两个置换算符的乘积仍是一个置换算符. 可举一个例子来证明:

$$P_{312}P_{132} = P_{321} \tag{B-40}$$

为证明此式, 我们将其左端作用于任意一个基右矢上:

$$
\begin{aligned}
P_{312}P_{132}|1:u_i;2:u_j;3:u_k\rangle &= P_{312}|1:u_i;3:u_j;2:u_k\rangle \\
&= P_{312}|1:u_i;2:u_k;3:u_j\rangle \\
&= |3:u_i;1:u_k;2:u_j\rangle \\
&= |1:u_k;2:u_j;3:u_i\rangle
\end{aligned} \tag{B-41}
$$

[1383]　　算符 P_{321} 的作用也导致相同的结果:

$$P_{321}|1:u_i;2:u_j;3:u_k\rangle = |3:u_i;2:u_j;1:u_k\rangle$$

$$= |1:u_k;2:u_j;3:u_i\rangle \tag{B-42}$$

(iii) 每一个置换算符都有逆, 逆算符本身也是置换算符. 仿照 (ii) 中的推理, 我们不难证明:

$$P_{123}^{-1} = P_{123}; \quad P_{312}^{-1} = P_{231}; \quad P_{231}^{-1} = P_{312}$$

$$P_{132}^{-1} = P_{132}; \quad P_{213}^{-1} = P_{213}; \quad P_{321}^{-1} = P_{321} \tag{B-43}$$

我们注意, 置换算符彼此并不对易.

例如:

$$P_{132}P_{312} = P_{213} \tag{B-44}$$

与 (B-40) 式比较, 此式表明 P_{132} 和 P_{312} 的对易子并不为零.

β. 位调算符. 置换算符的宇称

仅仅对调两个粒子而不涉及其他粒子的置换算符叫做位调算符. 例如, 在 (B-37) 式的诸算符中, 最后三个就是位调算符①. 位调算符都是厄米算符, 而且其中的每一个都与它自身的逆算符一致, 因此, 它们也是幺正算符 [这些性质的证明和建立 (B-14)、(B-13) 及 (B-17) 式的证明相同].

每一个置换算符都可以分解为位调算符的乘积. 例如, (B-37) 式中的第二个算符可以写作:

$$P_{312} = P_{132}P_{213} = P_{321}P_{132} = P_{213}P_{321} = P_{132}P_{213}(P_{132})^2 = \cdots \tag{B-45}$$

这种分解并不是唯一的; 但是, 我们可以证明, 对于一个给定的置换算符而言, 将它分解为若干个位调算符的乘积时, 其中位调算符的个数的宇称是不变的; 我们称此宇称为所考虑的那个置换算符的宇称. 于是, (B-37) 式中的前三个算符具有偶宇称, 后三个算符具有奇宇称. 对于任意的粒子数 N, 偶性置换算符和奇性置换算符总有同样多个.

γ. 置换算符是幺正的

置换算符, 既然是若干个幺正的位调算符的乘积, 因而也是幺正的. 但是置换算符未必是厄米的, 这是因为, 一般说来, 位调算符彼此并不对易.

最后还要注意, 一个给定的置换算符的伴随算符具有和前者相同的宇称, 这是因为伴随算符等于同样的那几个位调算符经顺序颠倒之后的乘积.

c. 完全对称或完全反对称右矢. 对称化算符和反对称化算符 [1384]

只要 $N > 2$, 诸置换算符便是不可对易的, 因此, 我们不可能用这些算符的共同本征矢来构成一个基. 但是, 我们将会看到, 存在着某一些右矢, 它们同时是所有置换算符的本征矢.

---

① 若 $N = 2$, 位调当然就是唯一可能的一种置换.

我们用 P_α 表示任意一个置换算符, 它属于自旋相同的 N 粒子体系; 这里的 α 表示前 N 个整数的任意一种排列. 对于任意一个置换算符 P_α, 如果右矢 $|\psi_S\rangle$ 满足:

$$P_\alpha|\psi_S\rangle = |\psi_S\rangle \qquad\qquad (B\text{--}46)$$

我们就称此右矢是完全对称的. 类似地, 我们定义①满足

$$P_\alpha|\psi_A\rangle = \varepsilon_\alpha|\psi_A\rangle \qquad\qquad (B\text{--}47)$$

的右矢 $|\psi_A\rangle$ 是完全反对称的; 式中的

$$\varepsilon_\alpha = +1 \quad \text{若 } P_\alpha \text{ 是偶性置换算符}$$
$$\varepsilon_\alpha = -1, \quad \text{若 } P_\alpha \text{ 是奇性置换算符} \qquad\qquad (B\text{--}48)$$

完全对称右矢的集合构成态空间 $\mathscr{E}$ 中的一个子空间 $\mathscr{E}_S$, 完全反对称右矢的集合构成子空间 $\mathscr{E}_A$.

现在我们来考察下列两个算符:

$$S = \frac{1}{N!}\sum_\alpha P_\alpha \qquad\qquad (B\text{--}49)$$

$$A = \frac{1}{N!}\sum_\alpha \varepsilon_\alpha P_\alpha \qquad\qquad (B\text{--}50)$$

式中求和运算遍及前 N 个整数的 $N!$ 种排列, ε_α 的定义见 (B–48) 式. 我们将要证明 S 和 A 分别为空间 $\mathscr{E}_S$ 和 $\mathscr{E}_A$ 上的投影算符. 由于这个原因, 我们称它们为对称化算符和反对称化算符.

S 和 A 都是厄米算符:

$$S^\dagger = S \qquad\qquad (B\text{--}51)$$

$$A^\dagger = A \qquad\qquad (B\text{--}52)$$

实际上, 我们在前面 (§B–2–b–γ) 已经看到, 一个给定的置换算符的伴随算符 $P_\alpha^\dagger$ 是宇称相同的另一个置换算符 (而且它和 P_α^{-1} 一致); 于是, 取 S 和 A 的定义式右端的伴随式, 仅仅相当于改变和中诸项的顺序 (因为 P_α^{-1} 的集合仍然是置换算符的群).

[1385]　　　此外, 设 P_{α_0} 是任意一个置换算符, 则有:

$$P_{\alpha_0}S = SP_{\alpha_0} = S \qquad\qquad (B\text{--}53\text{--a})$$

---

① 根据 §B–2–b–β 中所述的性质, 我们也可以只用位调算符来下这个定义: 任意一个位调算符的作用都使完全对称的右矢保持不变而使一个完全反对称右矢多一个负号.

$$P_{\alpha_0} A = A P_{\alpha_0} = \varepsilon_{\alpha_0} A \tag{B-53-b}$$

这是因为 $P_{\alpha_0} P_\alpha$ 仍然是一个置换算符:

$$P_{\alpha_0} P_\alpha = P_\beta \tag{B-54}$$

与此同时, 还有:

$$\varepsilon_\beta = \varepsilon_{\alpha_0} \varepsilon_\alpha \tag{B-55}$$

对于固定的 P_{α_0}, 如果顺次取遍群中的所有置换算符作为 P_α, 我们就不难看出, 那些 P_β 将按另一种顺序取遍全体置换算符中的每一个. 因而便有:

$$P_{\alpha_0} S = \frac{1}{N!} \sum_\alpha P_{\alpha_0} P_\alpha = \frac{1}{N!} \sum_\beta P_\beta = S \tag{B-56-a}$$

$$P_{\alpha_0} A = \frac{1}{N!} \sum_\alpha \varepsilon_\alpha P_{\alpha_0} P_\alpha = \frac{1}{N!} \varepsilon_{\alpha_0} \sum_\beta \varepsilon_\beta P_\beta = \varepsilon_{\alpha_0} A \tag{B-56-b}$$

如果用 P_{α_0} 去右乘 S 或 A, 也可同样证明类似的等式.

从 (B-53) 式, 我们可以导出:

$$S^2 = S$$
$$A^2 = A \tag{B-57}$$

还可以导出:

$$AS = SA = 0 \tag{B-58}$$

实际上:

$$S^2 = \frac{1}{N!} \sum_\alpha P_\alpha S = \frac{1}{N!} \sum_\alpha S = S$$
$$A^2 = \frac{1}{N!} \sum_\alpha \varepsilon_\alpha P_\alpha A = \frac{1}{N!} \sum_\alpha \varepsilon_\alpha^2 A = A \tag{B-59}$$

这是因为每个累加号下都有 $N!$ 项; 此外, 有

$$AS = \frac{1}{N!} \sum_\alpha \varepsilon_\alpha P_\alpha S = \frac{1}{N!} S \sum_\alpha \varepsilon_\alpha = 0 \tag{B-60}$$

这是因为在全体 ε_α 中, 有一半的数值都等于 $+1$, 另一半的数值都等于 -1 (参看 §B-2-b-β).

由此可见, S 和 A 都是投影算符. 将它们作用于态空间中的任意一个右矢 $|\psi\rangle$ 上, 结果是一个完全对称的右矢或是一个完全反对称的右矢, 所以它们分别为空间 $\mathscr{E}_S$ 和空间 $\mathscr{E}_A$ 上的投影算符; 实际上, 根据 (B-53) 式 , 有:

$$P_{\alpha_0} S |\psi\rangle = S |\psi\rangle \tag{B-61-a}$$

$$P_{\alpha_0} A |\psi\rangle = \varepsilon_{\alpha_0} A |\psi\rangle \tag{B-61-b}$$

[1386]　　　　附注:

(i) 设 P_α 是一个任意的置换算符, 将 S 作用于 $P_\alpha|\psi\rangle$ 所得的完全对称右矢和得自 $|\psi\rangle$ 的结果相同; 实际上, 公式 (B–53) 表明:

$$S P_\alpha |\psi\rangle = S |\psi\rangle \tag{B-62}$$

至于那些对应的完全反对称右矢, 它们最多差一个符号:

$$A P_\alpha |\psi\rangle = \varepsilon_\alpha A |\psi\rangle \tag{B-63}$$

(ii) 在 $N > 2$ 的情况下, 对称化算符和反对称化算符并不是互补子空间上的投影算符. 例如, 在 $N = 3$ 时, 我们不难得到下列关系 [利用下述事实: (B–37) 式中的前三个是偶性的置换算符, 其他都是奇性的]:

$$S + A = \frac{1}{3}(P_{123} + P_{231} + P_{312}) \neq 1 \tag{B-64}$$

换句话说, 态空间并不是完全对称右矢的子空间 $\mathscr{E}_S$ 与完全反对称右矢的子空间 $\mathscr{E}_A$ 的直和.

d. 通过置换算符来变换观察算符

我们曾经指出 (§B–2–b–β), 对于含有 N 个粒子的体系, 一个任意的置换算符可以被分解为类似于在 §B–1 中所讲的 P_{21} 那样的位调算符的乘积. 对于这些位调算符, 我们仍然可以采用 §B–1–d 中的分析方法, 从而推知用一个任意的置换算符 P_α 去左乘、用 $P_\alpha^\dagger$ 去右乘体系的各观察算符时所实现的变换.

特别地, 对于指标 $1, 2, \cdots, N$ 的对换保持完全对称的观察算符 $\mathscr{O}_S(1, 2, \cdots, N)$ 可以和所有的位调算符对易, 因而可以和所有的置换算符对易, 即有:

$$[\mathscr{O}_S(1, 2, \cdots, N), P_\alpha] = 0 \tag{B-65}$$

§C. 对称化假定

1. 假定的陈述

在体系含有多个全同粒子时, 只有其态空间中的某些右矢才能描述其物理状态, 根据全同粒子的性质, 这些物理右矢, 对于粒子的对换而言, 或是完全对称的, 或是完全反对称的. 我们称一类粒子为玻色子, 它们的物理右矢是对称的; 而称另一类粒子为费米子, 它们的物理右矢是反对称的.

　　由此可见, 这个对称化假定限制了全同粒子系的态空间; 和性质互异的粒　　[1387]
子系相反, 这个态空间不再是组成体系的各个粒子的态空间的张量积 $\mathscr{E}$, 而仅
仅是 $\mathscr{E}$ 的一个子空间, 或是 $\mathscr{E}_S$ 或是 $\mathscr{E}_A$, 这要看粒子是玻色子或费米子而定.

　　按照这个假定所述的观点, 自然界的粒子可以分为两类. 现在已知的所
有粒子都服从下述的经验规律[①]: 自旋为半整数的粒子 (电子、正电子、质子、
中子、μ 子等等) 都是费米子, 自旋为整数的粒子 (光子、介子等等) 都是玻
色子.

附注:

　　对所谓的"基本"粒子来说, 这个规律一经证实, 那么, 对于由这些粒子组成的
其他粒子来说, 它也就得到了证实. 我们来考虑含有多个全同的复合粒子的一个
体系, 将其中的两个粒子对换一下, 相当于同时对换组成第一粒子的全体粒子和
组成第二粒子的对应粒子 (必是和前者全同的). 如果我们所考察的那些复合粒
子只由基本的玻色子构成, 或者, 每一个粒子都含有偶数个费米子, 那么, 经过上
述对换, 描述体系状态的右矢应该保持不变 (符号无变化或符号变化偶数次); 这
属于玻色子的情况. 反之, 含有奇数个费米子的复合粒子, 它自身也是费米子 (在
上述对换中, 符号变化奇数次). 但在前一种情况下, 复合粒子的自旋一定是整数,
在后一种情况下则是半整数 (参看第十章 §C–3–c); 由此可见, 这些粒子都遵从刚
才讲过的规律. 例如, 我们知道原子核由中子和质子构成. 它们都是费米子 (自旋
1/2); 因而, 质量数 A (核子的总数) 为偶数的原子核都是玻色子, 质量数为奇数的
原子核都是费米子; 于是, 氦的同位素 ^{3}He 的核是一个费米子, 同位素 ^{4}He 的核是
一个玻色子.

2. 交换简并的消除

　　我们首先考察前面引入的新假定是如何消除交换简并以及相应的困难
的.

　　§A 中的讨论可以归结如下: 假设右矢 $|u\rangle$ 可以从数学上描述含有 N 个
全同粒子的体系的一个完全确定的状态; 那么, 不论 P_α 是哪一个置换算符,
$P_\alpha|u\rangle$ 和 $|u\rangle$ 一样, 也可以描述那个物理状态; 在 $|u\rangle$ 以及用置换算符对它进
行变换所得的全体 $P_\alpha|u\rangle$ 所张成的子空间 $\mathscr{E}_u$ 中的所有右矢都可以描述那个
物理状态. 子空间 $\mathscr{E}_u$ 的维数可以从 1 到 $N!$, 这要由所选定的右矢 $|u\rangle$ 来确定.
如果维数大于 1, 那么就有若干个数学右矢对应于同一个物理状态, 这样便出
现了交换简并.

　　[①] 在量子场论中得到证明的"自旋统计理论"使人们认为这个规律是非常普遍的假
设的一个后果. 但是这些假设可能并不都正确, 因而, 发现自旋为半整数的玻色子或自
旋为整数的费米子仍然是可能的事. 甚至不能排除这种可能: 对某些粒子来说, 物理右
矢所呈现的对称性要比这里所考虑的复杂得多.

上面引入的新假定严格限制了可以描述一个物理状态的数学右矢的种类: 对于玻色子, 这些右矢必须属于 $\mathscr{E}_S$; 对于费米子, 它们必须属于空间 $\mathscr{E}_A$. 我们可以这样说, 如果证明了空间 $\mathscr{E}_u$ 只含有 $\mathscr{E}_S$ 中的一个右矢或 $\mathscr{E}_A$ 中的一个右矢, 那么, 交换简并带来的困难也就消除了.

为此, 我们利用 (B-53) 式中证明过的等式 $S = SP_\alpha$ 或 $A = \varepsilon_\alpha AP_\alpha$, 据此便有:

$$S|u\rangle = SP_\alpha|u\rangle \tag{C-1-a}$$

$$A|u\rangle = \varepsilon_\alpha AP_\alpha|u\rangle \tag{C-1-b}$$

这些关系式表明, 张成空间 $\mathscr{E}_u$ 的诸右矢, 从而空间 $\mathscr{E}_u$ 中的全部右矢, 在 $\mathscr{E}_S$ 上或 $\mathscr{E}_A$ 上的投影都是共线的. 于是对称化假定毫不含糊地 (除常因子以外) 向我们指明应该与所考察的物理状态相联系的 $\mathscr{E}_u$ 中的那个右矢: 对于玻色子, 那个右矢就是 $S|u\rangle$, 对于费米子, 就是 $A|u\rangle$; 下面, 我们将称它们为物理右矢.

附注:

可能出现这种情况: 空间 $\mathscr{E}_u$ 中的全体右矢在 $\mathscr{E}_A$ (或 $\mathscr{E}_S$) 上的投影都等于零. 在这种情况下, 对应的物理状态就被排斥在对称化假定之外了. 后面 (§3-b 和 §3-c), 我们将会看到涉及费米子的时候出现这种情况的例子.

3. 物理右矢的构成

a. 构成的法则

对于含有 N 个全同粒子的体系的一个给定的物理状态, 从前段的讨论出发, 立即可以得到下述法则, 我们可据以构成对应于该状态的唯一右矢 (物理右矢):

(i) 我们任意给诸粒子编号, 并构成与所考察的物理状态及粒子已有的号码相对应的右矢 $|u\rangle$.

(ii) 按全同粒子是玻色子还是费米子, 将算符 S 或 A 作用于右矢 $|u\rangle$.

(iii) 将所得右矢归一化.

下面通过几个简单例子来说明这个法则.

b. 在含有两个全同粒子的体系中的应用

我们考虑含有两个全同粒子的体系; 假设已知一个粒子处在由归一化右矢 $|\varphi\rangle$ 所描述的单粒子态, 另一个粒子处在由归一化右矢 $|\chi\rangle$ 所描述的单粒子态.

我们首先考虑两个右矢 $|\varphi\rangle$ 和 $|\chi\rangle$ 不相同的情况. 上述法则的应用是按下列步骤进行的:

(i) 例如, 我们将处在态 $|\varphi\rangle$ 的粒子编为第 1 号, 将处在态 $|\chi\rangle$ 的粒子编为 [1389]
第 2 号, 这样便有:

$$|u\rangle = |1:\varphi; 2:\chi\rangle \tag{C-2}$$

(ii) 如果两粒子是玻色子, 我们就将 $|u\rangle$ 对称化:

$$S|u\rangle = \frac{1}{2}[|1:\varphi; 2:\chi\rangle + |1:\chi; 2:\varphi\rangle] \tag{C-3-a}$$

如果两粒子是费米子, 我们就将 $|u\rangle$ 反对称化:

$$A|u\rangle = \frac{1}{2}[|1:\varphi; 2:\chi\rangle - |1:\chi; 2:\varphi\rangle] \tag{C-3-b}$$

(iii) 一般说来, 右矢 (C-3-a) 和 (C-3-b) 是尚未归一化的. 如果我们假设
$|\varphi\rangle$ 和 $|\chi\rangle$ 是正交的, 那么, 归一化因子是很容易算出的: 为将 $S|u\rangle$ 或 $A|u\rangle$ 归
一化, 我们只需将公式 (C-3) 中的因子 $1/2$ 换成 $1/\sqrt{2}$. 于是, 在此情况下, 可
将归一化的物理右矢写作:

$$|\varphi; \chi\rangle = \frac{1}{\sqrt{2}}[|1:\varphi; 2:\chi\rangle + \varepsilon|1:\chi; 2:\varphi\rangle] \tag{C-4}$$

其中 $\varepsilon = +1$ (对于玻色子) 或 -1 (对于费米子).

现在假设两个单粒子态是相同的:

$$|\varphi\rangle = |\chi\rangle \tag{C-5}$$

那么 (C-2) 式就变成了:

$$|u\rangle = |1:\varphi; 2:\varphi\rangle \tag{C-6}$$

这个右矢 $|u\rangle$ 本来就是对称的. 如果两粒子都是玻色子, 那么 (C-6) 就是与体
系的态相联系的物理右矢, 在这个态中两个玻色子处在相同的单粒子态 $|\varphi\rangle$.
反之, 如果两粒子都是费米子, 那么, 可以验证:

$$A|u\rangle = \frac{1}{2}[|1:\varphi; 2:\varphi\rangle - |1:\varphi; 2:\varphi\rangle] = 0 \tag{C-7}$$

因而, 在空间 $\mathscr{E}_A$ 中没有任何右矢可以描述两个费米子的单粒子态都是 $|\varphi\rangle$ 的那
种物理状态; 也就是说, 这样的物理状态是为对称化假设所不容的. 于是, 就这
一特殊情况而言, 我们建立了名为 "泡利不相容原理" 的重要结果: 两个全同费米
子不可能处于相同的单粒子态. 这个结果具有十分重要的物理后果, 这一点我
们将在 §D-1 中讨论.

c. 推广到任意多个粒子的体系

上述概念可以推广到任意多个 (N 个) 粒子数的情况. 为使概念确切起见, 我们首先讨论 $N = 3$ 的情况.

[1390] 我们来考察体系的一个物理状态, 它由三个归一化的单粒子态 $|\varphi\rangle, |\chi\rangle$ 及 $|\omega\rangle$ 所确定. §a 的法则所指的态 $|u\rangle$ 可以写成下列形式:

$$|u\rangle = |1 : \varphi; 2 : \chi; 3 : \omega\rangle \tag{C-8}$$

我们顺次按玻色子和费米子两种情况来讨论.

α. 玻色子的情况

将算符 S 作用于 $|u\rangle$, 便有:

$$S|u\rangle = \frac{1}{3!} \sum_\alpha P_\alpha |u\rangle$$
$$= \frac{1}{6}[|1 : \varphi; 2 : \chi; 3 : \omega\rangle + |1 : \omega; 2 : \varphi; 3 : \chi\rangle + |1 : \chi; 2 : \omega; 3 : \varphi\rangle$$
$$+ |1 : \varphi; 2 : \omega; 3 : \chi\rangle + |1 : \chi; 2 : \varphi; 3 : \omega\rangle + |1 : \omega; 2 : \chi; 3 : \varphi\rangle] \tag{C-9}$$

然后, 只需将此右矢 (C-9) 归一化.

首先假设三个右矢 $|\varphi\rangle, |\chi\rangle$ 及 $|\omega\rangle$ 是正交的, 于是, (C-9) 式右端的六个右矢也是正交的; 因此, 为将 (C-9) 式的右矢归一化, 我们只需将因子 $1/6$ 换成 $1/\sqrt{6}$.

如果两个态 $|\varphi\rangle$ 和 $|\chi\rangle$ 是一致的, 但仍然正交于 $|\omega\rangle$, 那么, 在 (C-9) 式的右端就会出现三个不同的右矢. 不难证明, 归一化的物理右矢可以写作:

$$|\varphi; \varphi; \omega\rangle = \frac{1}{\sqrt{3}}[|1 : \varphi; 2 : \varphi; 3 : \omega\rangle$$
$$+ |1 : \varphi; 2 : \omega; 3 : \varphi\rangle + |1 : \omega; 2 : \varphi; 3 : \varphi\rangle] \tag{C-10}$$

最后, 如果三个态 $|\varphi\rangle, |\chi\rangle, |\omega\rangle$ 相同的, 那么, 右矢

$$|u\rangle = |1 : \varphi; 2 : \varphi; 3 : \varphi\rangle \tag{C-11}$$

本来就是对称的和归一化的.

β. 费米子的情况

将算符 A 作用于 $|u\rangle$, 便有:

$$A|u\rangle = \frac{1}{3!} \sum_\alpha \varepsilon_\alpha P_\alpha |1 : \varphi; 2 : \chi; 3 : \omega\rangle \tag{C-12}$$

确定 (C-12) 式右端各项符号的规则和确定三阶行列式的展开式中各项符号
的规则相同, 因此, 比较方便的办法是将 $A|u\rangle$ 写成斯莱特行列式的形式:

$$A|u\rangle = \frac{1}{3!} \begin{vmatrix} |1:\varphi\rangle & |1:\chi\rangle & |1:\omega\rangle \\ |2:\varphi\rangle & |2:\chi\rangle & |2:\omega\rangle \\ |3:\varphi\rangle & |3:\chi\rangle & |3:\omega\rangle \end{vmatrix} \qquad (C-13)$$

如果在单粒子态 $|\varphi\rangle, |\chi\rangle$ 及 $|\omega\rangle$ 中, 有两个是相同的, 那么, 由于行列式 [1391]
(C-13) 中有两列相同, $A|u\rangle$ 便等于零. 这样, 我们就再次得到了在前面的 §C-
3-b 中讲过的泡利不相容原理: 同一个量子态不可能同时被多个全同费米子
所占据.

最后我们注意, 如果三个态 $|\varphi\rangle, |\chi\rangle, |\omega\rangle$ 是正交的, 那么, (C-12) 式右端的
六个右矢也是正交的. 因此, 要将右矢 $A|u\rangle$ 归一化, 我们只需将 (C-12) 式或
(C-13) 式中的因子 $1/3!$ 换成 $1/\sqrt{3!}$.

如果所考察的体系含有三个以上的全同粒子, 那么, 情况实际上与刚才讲
过的完全相似. 可以证明, 对于 N 个玻色子, 我们总可以根据任意的单粒子态
$|\varphi\rangle, |\chi\rangle, \cdots$ 去构成物理状态 $S|u\rangle$. 反之, 对于费米子, 我们可将物理右矢 $A|u\rangle$
写成 N 阶斯莱特行列式的形式, 这样就排除了两个单粒子态相同的情况 (因
为这时右矢 $A|u\rangle$ 等于零). 以上所述表明 (在 §D 中, 我们还要详细讨论这一
点), 对于费米子系和玻色子系来说, 新假定的后果是大不相同的.

d. 物理态空间中的基的构成

现在我们考虑 N 个全同粒子的体系. 利用单粒子态空间中的基 $\{|u_i\rangle\}$, 我
们可以构成张量积空间 $\mathscr{E}$ 中的一个基:

$$\{|1:u_i; 2:u_j; \cdots; N:u_p\rangle\}$$

但是, 该体系的物理态空间不是 $\mathscr{E}$, 而是子空间 $\mathscr{E}_S$ 或子空间 $\mathscr{E}_A$, 因此, 出现了
一个问题, 怎样确定这个物理态空间中的基.

将算符 S (或 A) 作用于基

$$\{|1:u_i; 2:u_j; \cdots; N:u_p\rangle\}$$

中的诸右矢, 我们便得到张成空间 $\mathscr{E}_S$ (或 $\mathscr{E}_A$) 的一个矢量集合. 实际上, 例如,
假设 $|\varphi\rangle$ 是空间 $\mathscr{E}_S$ 中的一个任意右矢 (右矢 $|\varphi\rangle$ 属于空间 $\mathscr{E}_A$ 的情况可按同样
的方式处理), 既然 $|\varphi\rangle$ 属于空间 $\mathscr{E}$, 便可被展开为下列形式:

$$|\varphi\rangle = \sum_{i,j,\cdots,p} a_{i,j,\cdots,p} |1:u_i; 2:u_j; \cdots N:u_p\rangle \qquad (C-14)$$

根据假设, 右矢 $|\varphi\rangle$ 属于空间 $\mathscr{E}_S$, 故我们有 $S|\varphi\rangle = |\varphi\rangle$, 于是, 我们只需将算符 S 作用 (C–14) 式的两端, 就可以证明: $|\varphi\rangle$ 可以表示为诸右矢 $S|1:u_i;2:u_j;\cdots;N:u_p\rangle$ 的线性组合.

但是, 必须注意, 诸右矢 $S|1:u_i;2:u_j;\cdots;N:u_p\rangle$ 并不是独立的. 实际上在原来的 (对称化以前的) 任意一个基右矢 $|1:u_i;2:u_j;\cdots;N:u_p\rangle$ 中, 我们先进行诸粒子的对换, 再将算符 S 或 A 作用于所得的新右矢, 那么, 根据 (B–62) 式和 (B–63) 式, 结果将是空间 $\mathscr{E}_S$ 中的同一右矢或空间 $\mathscr{E}_A$ 中的同一右矢 (有时相差一个符号).

[1392] 这样一来我们就必须引入占有数的概念, 它的定义如下: 对于右矢 $|1:u_i;2:u_j;\cdots;N:u_p\rangle$ 而言, 单粒子态 $|u_k\rangle$ 的占有数 n_k 等于 $|u_k\rangle$ 这个态在序列 $\{|u_i\rangle,|u_j\rangle\cdots|u_p\rangle)\}$ 中出现的次数, 也就是说, 等于处在 $|u_k\rangle$ 这个态的粒子数 (显然应有 $\sum_k n_k = N$). 在形如 $|1:u_i;2:u_j;\cdots;N:u_p\rangle$ 的两个互异右矢中, 如果所有各态的占有数是分别相等的, 那么, 通过一个置换算符的作用, 我们就可以从一个右矢得到另一个右矢; 因而, 将对称化算符 S (或反对称化算符 A) 作用于这两个右矢, 结果是同一个物理右矢, 我们可将它记作 $|n_1,n_2,\cdots,n_k,\cdots\rangle$:

$$|n_1,n_2,\cdots,n_k,\cdots\rangle = cS\underbrace{|1:u_1;2:u_1;\cdots n_1:u_1}_{\text{有 }n_1\text{ 个粒子处在态 }|u_1\rangle};\underbrace{n_1+1:u_2;\cdots;n_1+n_2:u_2;}_{\text{有 }n_2\text{ 个粒子处在态 }|u_2\rangle}\cdots\rangle \quad (C–15)$$

对于费米子, 我们当然应将 (C–15) 中的 S 换成 A (c 是使得态矢量归一化的因子[①]). 我们不在这里详细探讨诸如 $|n_1,n_2,\cdots,n_k,\cdots\rangle$ 这样的态, 而只给出这种态的一些重要性质:

(i) 右矢 $|n_1,n_2,\cdots,n_k,\cdots\rangle$ 和右矢 $|n_1',n_2',\cdots,n_k',\cdots\rangle$ 的标量积只在各态的占有数分别相等时 (对所有的 $k,n_k=n_k'$) 才不等于零.

实际上, 利用 (C–15) 式以及算符 S 和 A 的定义 (B–49) 和 (B–50) 式, 就可以得到该两右矢在正交归一基 $\{|1:u_i;2:u_j;\cdots;N:u_p\rangle)\}$ 中的展开式. 于是不难看出, 如果占有数并不完全相等, 该两右矢在同一基矢量上就不可能同时具有非零分量.

(ii) 如果所研究的粒子是玻色子, 那么, 各占有数 n_k 可以具有任意值的诸右矢 $|n_1,n_2,\cdots,n_k,\cdots\rangle$ (当然仍有 $\sum_k n_k = N$) 构成物理态空间中的一个正交归一基.

我们来证明, 对于玻色子而言, 由 (C–15) 定义的诸右矢 $|n_1,n_2,\cdots,n_k,\cdots\rangle$ 永远不等于零. 为此, 将 S 换成它的定义 (B–49) 式, 于是, 在 (C–15) 式右端便出现互相正交

①简单计算给出: 对于玻色子, $c=\sqrt{N!/n_1!n_2!\cdots}$; 对于费米子 $c=\sqrt{N!}$.

的右矢 $|1:u_i;2:u_j;\cdots;N:u_p\rangle$, 它们都带有正的系数, 因此, 右矢 $|n_1,n_2,\cdots n_k,\cdots\rangle$ 不能为零.

诸右矢 $|n_1,n_2,\cdots n_k,\cdots\rangle$ 构成空间 $\mathscr{E}_S$ 中的一个基, 这是因为张成空间 $\mathscr{E}_S$ 的这些右矢都不等于零, 而且相互正交.

(iii) 如果所考察的粒子是费米子, 这时各占有数的值或为 1 或为 0 (但仍有 $\sum_k n_k = N$), 我们取诸右矢 $|n_1,n_2,\cdots,n_k,\cdots\rangle$ 的集合, 便得到物理态空间 $\mathscr{E}_A$ 中的一个基.

在算符 A 的定义 (B–50) 式中, 奇性置换算符前带有负号, 因此, 上面的证明不 [1393] 适用于费米子. 此外, 我们在前面的 §C 中已经看到, 两个全同费米子不可能占有同一个单粒子态; 如果占有数中有任何一个的值大于 1, 那么, 由 (C–15) 式所定义的矢量便等于零. 反之, 如果各占有数的值为 1 或 0, 则该矢量就绝不会等于零; 实际上, 两个粒子永远不能处在同一个单粒子态, 从而右矢 $|1:u_i;2:u_j;\cdots;N:u_p\rangle$ 和右矢 $P_\alpha|1:u_i;2:u_j;\cdots;N:u_p\rangle$ 就永远是互异的而且是正交的. 于是, 在这种情况下, (C–15) 式确定了一个非零的物理右矢. 证明的剩余部分与玻色子情况中的相同.

4. 其他假定的应用

现在还要说明的是, 在 §C–1 所引入的对称化假定的范畴内, 怎样应用第三章中的那些普遍假设, 并且要证实我们将不会遇到任何矛盾. 说得更精确一些, 我们将说明, 怎样利用只属于子空间 $\mathscr{E}_S$ 或 $\mathscr{E}_A$ 的右矢去描述测量过程, 并且要证实与体系的态相联系的右矢 $|\psi(t)\rangle$ 在随时间演变的过程中不会越出这个子空间; 也就是说, 在子空间 $\mathscr{E}_S$ 内或 $\mathscr{E}_A$ 内, 整个量子理论体系都是适用的.

a. 有关测量的假定
α. 发现体系处在给定的物理状态的概率
现在我们来考察对全同粒子体系进行的测量. 根据对称化假定, 描述体系在测量前的量子态的右矢 $|\psi(t)\rangle$, 视体系由玻色子或费米子所组成, 属于子空间 $\mathscr{E}_S$ 或 $\mathscr{E}_A$. 为了应用第三章中有关测量的那些假定, 我们应该用对应于体系在测量后的物理状态的右矢 $|u\rangle$ 去和 $|\psi(t)\rangle$ 构成标量积; 右矢 $|u\rangle$ 可按 §C–3–a 中的法则构成, 于是, 概率幅 $\langle u|\psi(t)\rangle$ 可以通过同属于子空间 $\mathscr{E}_S$ 或 $\mathscr{E}_A$ 的两个矢量来表示. 我们将在 §D–2 中讨论这类计算的一些例子.

如果所要考察的测量是一个"完全的"测量 (例如, 我们可以确定全体粒子的位置和自旋分量 S_z), 那么, 物理右矢 $|u\rangle$ 是唯一的 (只有常因子的差异); 反之, 如果测量是"不完全的" (例如, 只测量自旋, 或只对一个粒子进行测量), 那么, 我们将得到若干个正交的物理右矢, 这样, 我们就应当求出各对应概率的总和.

β. 物理的观察算符; 空间 $\mathscr{E}_S$ 和 $\mathscr{E}_A$ 的不变性

在某些情况下, 只要通过 $\boldsymbol{R}_1, \boldsymbol{P}_1, \boldsymbol{S}_1, \boldsymbol{R}_2, \boldsymbol{P}_2, \boldsymbol{S}_2$ 等等明显地表示出所考察的观察算符, 我们就可以详细说明对全同粒子系进行的测量.

下面列举一些观察算符的例子, 我们可以就三粒子体系来考察对这些可观察量的测量:

— 质心的位置 $\boldsymbol{R}_G$, 总动量 $\boldsymbol{P}$ 和总角动量 $\boldsymbol{L}$:

[1394]

$$\boldsymbol{R}_G = \frac{1}{3}(\boldsymbol{R}_1 + \boldsymbol{R}_2 + \boldsymbol{R}_3) \tag{C–16}$$

$$\boldsymbol{P} = \boldsymbol{P}_1 + \boldsymbol{P}_2 + \boldsymbol{P}_3 \tag{C–17}$$

$$\boldsymbol{L} = \boldsymbol{L}_1 + \boldsymbol{L}_2 + \boldsymbol{L}_3 \tag{C–18}$$

— 静电排斥能量:

$$W = \frac{q^2}{4\pi\varepsilon_0}\left(\frac{1}{|\boldsymbol{R}_1 - \boldsymbol{R}_2|} + \frac{1}{|\boldsymbol{R}_2 - \boldsymbol{R}_3|} + \frac{1}{|\boldsymbol{R}_3 - \boldsymbol{R}_1|}\right) \tag{C–19}$$

— 总自旋

$$\boldsymbol{S} = \boldsymbol{S}_1 + \boldsymbol{S}_2 + \boldsymbol{S}_3 \tag{C–20}$$

等等.

显然, 在以上各式中, 与所要考察的物理量相联系的观察算符对诸粒子而言都具有对称性. 这个重要的性质直接来源于粒子的全同性; 例如, 在 (C–16) 式中, $\boldsymbol{R}_1, \boldsymbol{R}_2$ 及 $\boldsymbol{R}_3$ 的系数都一样, 这是因为三个粒子具有相同的质量; 而三粒子的电荷相等则是 (C–19) 式具有对称形式的原因. 一般说来, 对换 N 个全同粒子不会使任何物理性质受到修正, 因此, 实际可测的一切可观察量对于这 N 个粒子而言都具有对称性[①]. 对应的观察算符 G, 我们将称之为物理的观察算符, 从数学上看, 对于 N 个全同粒子的一切对换而言, 它应该是不变的; 因此, 它应该和 N 粒子体系的所有置换算符 P_α 对易 (参看 §B–2–d):

$$[G, P_\alpha] = 0 \quad \text{对所有的 } P_\alpha \tag{C–21}$$

例如, 对于两个全同粒子的体系, 观察算符 $\boldsymbol{R}_1 - \boldsymbol{R}_2$ (两粒子的位置矢量之差) 在置换算符 P_{21} 的作用下, 并不是不变的 ($\boldsymbol{R}_1 - \boldsymbol{R}_2$ 将改变符号), 故这不是一个物理的观察算符; 实际上, 我们须能将粒子 (1) 和粒子 (2) 区分开来, 才能对 $\boldsymbol{R}_1 - \boldsymbol{R}_2$ 进行测量. 反之, 我们可以测量两粒子间的距离, 即 $\sqrt{(\boldsymbol{R}_1 - \boldsymbol{R}_2)^2}$, 这个量是对称的.

从关系式 (C–21) 可以推知, 在物理的观察算符 G 的作用下, 子空间 $\mathscr{E}_S$ 和 $\mathscr{E}_A$ 都是不变的. 实际上, 我们可以证明, 如果 $|\psi\rangle$ 属于子空间 $\mathscr{E}_A$, 那么, $G|\psi\rangle$

---

① 注意: 这不仅对玻色子而言是正确的, 对费米子而言也是正确的.

也属于 $\mathscr{E}_A$ (同样的证明当然也适用于 $\mathscr{E}_S$). 右矢 $|\psi\rangle$ 属于子空间 $\mathscr{E}_A$, 这就意味着:

$$P_\alpha|\psi\rangle = \varepsilon_\alpha|\psi\rangle \qquad (\text{C-22})$$

我们再来计算 $P_\alpha G|\psi\rangle$, 根据 (C-21) 式和 (C-22) 式, 有:

$$P_\alpha G|\psi\rangle = G P_\alpha|\psi\rangle = \varepsilon_\alpha G|\psi\rangle \qquad (\text{C-23})$$

由于置换算符 P_α 是任意的, 故 (C-23) 式表明 $G|\psi\rangle$ 是完全反对称右矢, 从而属于子空间 $\mathscr{E}_A$.

[1395]

由此可见, 通常可以施行于一个观察算符的各种运算, 特别是求本征值和本征矢的运算, 在子空间 $\mathscr{E}_S$ 或 $\mathscr{E}_A$ 内, 完全可以施行于算符 G, 不过我们只保留算符 G 的那些属于物理子空间的本征右矢, 以及对应的本征值.

附注:

(i) 如果局限于子空间 $\mathscr{E}_S$ (或 $\mathscr{E}_A$), 那么, 算符 G 的存在于总空间 $\mathscr{E}$ 的全体本征值就不一定都存在了. 因而, 对称化假定对一个对称的观察算符 G 的本征值谱的影响就是 (可能) 取消某些本征值; 另一方面, 该假定不会给本征值谱添加任何新的本征值, 这是因为, 在算符 G 的作用下, 子空间 $\mathscr{E}_S$ (或 $\mathscr{E}_A$) 具有整体不变性, 因而算符 G 在子空间 $\mathscr{E}_S$ (或 $\mathscr{E}_A$) 中的全体本征矢也是算符 G 在空间 $\mathscr{E}$ 中的本征矢, 并属于同样的本征值.

(ii) 现在我们考虑在数学上怎样通过 $\boldsymbol{R}_1, \boldsymbol{P}_1, \boldsymbol{S}_1$ 等观察算符来表示与前面 §α 中举出的各类测量对应的观察算符, 这个问题实际上并不简单. 我们以三个全同粒子的体系为例, 设法通过 $\boldsymbol{R}_1, \boldsymbol{R}_2$ 和 $\boldsymbol{R}_3$ 来表示与三个位置的同时测量对应的观察算符. 要解决这个问题, 我们可以考虑若干个物理的观察算符, 它们是这样选出的, 即我们应能从这些可观测量的测量结果毫不含糊地得到各粒子的位置 (当然, 我们不能给每一个位置联系上一个已编号的粒子); 例如, 我们可以选这样的集合:

$$X_1 + X_2 + X_3, X_1 X_2 + X_2 X_3 + X_3 X_1, X_1 X_2 X_3$$

(以及关于坐标 Y 和 Z 的诸对应观察算符). 但是这里的讨论是从纯形式的观点出发的; 不要在一切情况下都试图写出观察算符的表示式, 还是按照 §α 中所用的方法去做比较简单, 在那里我们只限于使用测量的物理本征右矢.

b. 有关随时间演变的假定

一个全同粒子系的哈密顿算符一定是物理的观察算符. 例如, 在氦原子中, 假设核是不动的[①], 那么, 描述两个电子绕核运动的哈密顿算符可以写作:

$$H(1,2) = \frac{\boldsymbol{P}_1^2}{2m_e} + \frac{\boldsymbol{P}_2^2}{2m_e} - \frac{2e^2}{R_1} - \frac{2e^2}{R_2} + \frac{e^2}{|\boldsymbol{R}_1 - \boldsymbol{R}_2|} \qquad (\text{C-24})$$

[①] 在这里, 我们只考虑这个哈密顿算符中最重要的那些项. 关于氦原子的更详细的讨论, 参看补充材料 B_{XIV}.

式中头两项表示体系的动能, 由于两个质量相等, 这两项是对称的. 下面两项来源于核的吸引力 (核电荷是质子电荷的两倍); 两个电子显然都受这个吸引力的作用, 而且作用的规律相同. 最后一项描述电子间的相互作用, 这一项也是对称的, 因为两电子中的一个并不比另一个更特殊. 不难理解, 这种分析可以推广到任何全同粒子系. 因此, 所有的置换算符都可以和体系的哈密顿算符对易

$$[H, P_\alpha] = 0 \qquad\qquad (C\text{--}25)$$

在这些条件下, 如果描述体系在给定时刻 t_0 的态的右矢 $|\psi(t_0)\rangle$ 是一个物理右矢, 那么, 利用 $|\psi(t_0)\rangle$ 去解薛定谔方程所得到的右矢 $|\psi(t)\rangle$ 也是物理右矢. 实际上, 根据方程, 我们有:

$$|\psi(t + \mathrm{d}t)\rangle = \left(1 + \frac{\mathrm{d}t}{\mathrm{i}\hbar} H\right) |\psi(t)\rangle \qquad\qquad (C\text{--}26)$$

将算符 P_α 作用此式, 并利用 (C–25) 式, 便有:

$$P_\alpha |\psi(t + \mathrm{d}t)\rangle = \left(1 + \frac{\mathrm{d}t}{\mathrm{i}\hbar} H\right) P_\alpha |\psi(t)\rangle \qquad\qquad (C\text{--}27)$$

如果 $|\psi(t)\rangle$ 是算符 P_α 的本征矢, 那么, $|\psi(t + \mathrm{d}t)\rangle$ 也是它的本征矢, 并属于同一本征值. 根据假设, 右矢 $|\psi(t_0)\rangle$ 是完全对称的或完全反对称的, 因此, 这个性质将一直保持不变.

由此可见, 对称化假定与物理体系随时间演变的假定也是相容的, 这就是说, 薛定谔方程不会使右矢 $|\psi(t)\rangle$ 越出空间 $\mathscr{E}_S$ 或空间 $\mathscr{E}_A$.

§D. 讨论

在最后这一节里, 我们要考察对称化假定在全同粒子系的物理性质方面产生的后果; 我们首先指出, 在全同费米子体系和全同玻色子体系之间, 由泡利的不相容原理所引入的基本差异; 然后, 我们讨论在与各种物理过程相关的概率计算中, 对称化假定的意义.

1. 玻色子与费米子的差异. 泡利不相容原理

在对称化假定的陈述中, 玻色子和费米子之间的差异似乎是无关紧要的; 实际上, 在物理右矢的对称性中, 符号上的简单差别却具有十分重要的后果. 就全同玻色子体系而言 (§C–3), 对称化假定并没有限制诸粒子可能占据的单粒子态; 但是, 按这个假定, 费米子却必须遵从泡利不相容原理: 两个全同费米子不能处于同一个量子态.

[1396]

　　不相容原理最初是为了解释多电子原子的性质而提出的 (参看下面的 §D–1–a 和补充材料 A$_{XIV}$). 现在, 这已经不是仅仅适用电子的一个原理了, 作为对称性假定的一个推论, 它适用于所有的全同费米子系. 它所带来的影响 (往往是惊人的) 已经一再为实验所证实, 我们将列举这方面的一些例子.

[1397]

a. 独立全同粒子系的基态

　　全同粒子 (玻色子或费米子) 体系的哈密顿算符对这些粒子的对换而言是对称的 (§C–4). 我们来考虑这样一个体系, 其中的诸粒子是彼此独立的, 也就是说 (至少在一级近似下) 诸粒子间没有相互作用. 于是, 对应的哈密顿算符就是单粒子算符的下列形式之和:

$$H(1, 2, \cdots, N) = h(1) + h(2) + \cdots + h(N) \tag{D–1}$$

其中 $h(1)$ 仅仅是与编号为 (1) 的粒子相关的诸观察算符的函数; 粒子的全同性 [哈密顿算符 $H(1, 2, \cdots, N)$ 的对称性] 注定了在 (D–1) 式的 N 项中这种函数是相同的. 为了求出总哈密顿算符 $H(1, 2, \cdots, N)$ 的本征矢和本征值, 我们只须针对诸粒子中的一个在态空间 $\mathscr{E}(j)$ 中去计算单粒子哈密顿算符 $h(j)$ 的本征矢和本征值:

$$h(j)|\varphi_n\rangle = e_n|\varphi_n\rangle; \; |\varphi_n\rangle \in \mathscr{E}(j) \tag{D–2}$$

为简单起见, 我们假定 $h(j)$ 的谱是分离的而且没有简并.

　　如果所讨论的体系是全同玻色子系, 那么, 将 N 个任意的单粒子态 $|\varphi_n\rangle$ 的张量积对称化, 我们就可以得到哈密顿算符 $H(1, 2, \cdots, N)$ 的物理本征矢:

$$|\Phi_{n_1, n_2, \cdots, n_N}^{(S)}\rangle = c \sum_\alpha P_\alpha |1 : \varphi_{n_1}; 2 : \varphi_{n_2}; \cdots; N : \varphi_{n_N}\rangle \tag{D–3}$$

与此对应的能量等于 N 个单粒子能量的总和:

$$E_{n_1, n_2, \cdots, n_N} = e_{n_1} + e_{n_2} + \cdots + e_{n_N} \tag{D–4}$$

[不难验证, (D–3) 式右端的每一个右矢都是 H 的本征矢, 属于 (D–4) 式中的本征值, 全体右矢的和也是这样]. 特别地, 若 e_1 是 $h(j)$ 的诸本征值中最小的一个, $|\varphi_1\rangle$ 是与此相联系的本征态, 那么, 当 N 个全同玻色子都处在这个态 $|\varphi_1\rangle$ 时, 我们就得到了体系的基态; 于是这个基态的能量为:

$$E_{1, 1, \cdots, 1} = N e_1 \tag{D–5}$$

与此对应的态矢量是:

$$|\varphi_{1, 1, \cdots, 1}^{(S)}\rangle = |1 : \varphi_1; 2 : \varphi_1; \cdots; N : \varphi_1\rangle \tag{D–6}$$

[1398]
下面假设所要考虑的全同粒子是费米子, 现在 N 个粒子就不再可能都处在单粒子态 $|\varphi_1\rangle$ 了. 为了求得体系的基态, 应该考虑到泡利不相容原理. 如果单粒子能量 e_n 是顺序递增的:

$$e_1 < e_2 < \cdots < e_{n-1} < e_n < e_{n+1} < \cdots, \tag{D-7}$$

那么, N 个全同费米子体系的基态能量为:

$$E_{1,2,\cdots,N} = e_1 + e_2 + \cdots + e_N \tag{D-8}$$

描述这个态的归一化物理右矢为:

$$|\Phi_{1,2,\cdots,N}^{(A)}\rangle = \frac{1}{\sqrt{N!}} \begin{vmatrix} |1:\varphi_1\rangle & |1:\varphi_2\rangle & \cdots & |1:\varphi_N\rangle \\ |2:\varphi_1\rangle & |2:\varphi_2\rangle & \cdots & |2:\varphi_N\rangle \\ \vdots & & & \\ |N:\varphi_1\rangle & |N:\varphi_2\rangle & \cdots & |N:\varphi_N\rangle \end{vmatrix} \tag{D-9}$$

在基态中, 最大的单粒子能量 e_N 叫做体系的费米能.

在物理学中, 凡涉及多电子体系的领域, 诸如原子与分子物理 (参看补充材料 A_{XIV} 和 B_{XIV}) 以及固体物理 (参看补充材料 C_{XIV}), 或凡是涉及多质子和多中子体系的领域, 例如核物理[①], 泡利不相容原理都具有头等重要的意义.

附注:

在大多数情况下, 单粒子能量 e_n 实际上都是简并的. 每一个这样的能量在诸如 (D-8) 的和式中都应该出现多次, 次数等于各自的简并度.

b. 量子统计

统计力学的任务是研究由极大量粒子所构成的体系 (在多数情况下, 粒子间的相互作用足够小, 以致在一级近似下, 可将它们略去). 由于体系的微观状态是不能确知的, 我们便满足于使用宏观性质 (压强、温度、密度等等) 来进行整体的描述. 一个给定的宏观状态实际上对应着微观状态的一个集合, 因此, 我们可以借助于概率: 一个宏观状态的统计权重正比于实现此状态的那些各不相同的微观状态的数目, 而在热力学平衡下, 体系总是处于最概然的宏观状态 (要考虑到可能施加于体系的各种约束). 由此可见, 为了研究体系的宏观性质, 首要的任务是确定多少个微观状态具有某种特性, 特别是, 具有一个给定的能量值.

[1399]
在经典统计力学中 (M–B 统计即麦克斯韦–玻尔兹曼统计), 处理一个 N 粒子体系时, 即使其中的粒子实际上是全同的, 我们仍然把它们当作性质不同

---

① 表示一个核的态的右矢对于质子集合和对于中子集合应该是分别反对称的.

的粒子看待. 一个微观状态是由 N 个粒子中每一个粒子的单粒子态参数来确定的; 我们认为: 在两个微观状态中, 若 N 个单粒子态分别相同, 但号码的顺序不同, 那么, 这两个微观状态便是不相同的.

在量子统计力学中, 我们必须考虑到对称化假定. 为了表征一个全同粒子系的微观状态只需列举出实现该状态的 N 个单粒子态, 那些单粒子态的顺序则是无关紧要的, 因为我们还应该将它们的张量积对称化或反对称化. 由此可见, 计算微观状态的个数并不会得到与经典统计力学相同的结果. 此外, 泡利原理从根本上区分了全同玻色子系和全同费米子系; 在费米子的情况下, 占据一个给定的单粒子态的粒子数不能超过一, 但在玻色子情况下, 这样的粒子数可以是任意的 (参看 §C-3). 由此便产生了不同的统计性质: 玻色子遵从 B–E 统计 (玻色–爱因斯坦统计), 费米子遵从 F–D 统计 (费米–狄拉克统计); "玻色子" 和 "费米子" 的名称便是由此而来的.

全同费米子系和全同玻色子系的物理性质是大不相同的. 这些差异, 譬如, 在低温下就表现出来了: 这时, 粒子倾向于聚集到能量最低的那些单粒子态上去, 就全同玻色子而言, 这是可能的 (这个现象叫做玻色凝聚); 但是全同费米子却要受到泡利原理的限制. 氦的同位素 $^4\mathrm{He}$ 有一种令人注目的性质 (超流动性), 其原因就是玻色凝聚; 但是, 作为费米子的同位素 $^3\mathrm{He}$ (参看 §C-1 的附注) 却没有这种表现.

2. 粒子的全同性在物理预言的计算中的影响

在量子力学中, 关于一个体系的性质的所有预言都是通过概率幅 (两个态矢量的标量积) 或一个算符的矩阵元来表示的. 由此可以想见, 态矢量的对称化或反对称化可能会带来全同粒子系所特有的干涉效应. 下面, 我们首先详细说明这种效应, 然后再考察在某些情况 (体系中的粒子虽是全同的, 但在行为上, 它们却似乎是不同的粒子) 下, 这种效应又是如何消失的. 为简单起见, 我们只讨论含两个全同粒子的体系.

a. 直接过程和交换过程之间的干涉

α. 关于在全同粒子系中进行的测量的预言; 直接项与交换项

我们来考虑两个全同粒子的体系, 已知其中的一个处于单粒子态 $|\varphi\rangle$, 另一个处于单粒子态 $|\chi\rangle$. 我们假设态 $|\varphi\rangle$ 和态 $|\chi\rangle$ 是正交的, 因此, 体系的态可以用下面的归一化物理右矢来描述 [参看公式 (C–4)]:

[1400]

$$|\varphi; \chi\rangle = \frac{1}{\sqrt{2}}[1 + \varepsilon P_{21}]|1 : \varphi; 2 : \chi\rangle \tag{D–10}$$

其中

$$\varepsilon = +1 \quad \text{对于玻色子}$$

$$\varepsilon = -1 \quad \text{对于费米子} \tag{D-11}$$

假设当体系处于这个态时, 我们想针对每一个粒子去测量同一个物理量 B, 与此相联系的观察算符是 $B(1)$ 和 $B(2)$. 为简单起见, 我们假设 B 的本征值谱是离散的而且没有简并:

$$B|u_i\rangle = b_i|u_i\rangle \tag{D-12}$$

现在要问, 在这种测量中得到指定数据 (对一个粒子是 b_n, 对另一个粒子是 $b_{n'}$) 的概率是多大? 我们先假设 b_n 和 $b_{n'}$ 不相等, 因此, 对应的本征矢 $|u_n\rangle$ 和 $|u_{n'}\rangle$ 是正交的. 在这些条件下, 上述测量结果所确定的归一化物理右矢可以写作:

$$|u_n; u_{n'}\rangle = \frac{1}{\sqrt{2}}[1 + \varepsilon P_{21}]|1 : u_n; 2 : u_{n'}\rangle \tag{D-13}$$

由此便可得到与该测量结果相联系的概率幅:

$$\langle u_n; u_{n'}|\varphi; \chi\rangle = \frac{1}{2}\langle 1 : u_n; 2 : u_{n'}|(1 + \varepsilon P_{21}^\dagger)(1 + \varepsilon P_{21})|1 : \varphi; 2 : \chi\rangle \tag{D-14}$$

利用算符 P_{21} 的性质 (B–13) 和 (B–14), 我们可以写出:

$$\frac{1}{2}(1 + \varepsilon P_{21}^\dagger)(1 + \varepsilon P_{21}) = 1 + \varepsilon P_{21} \tag{D-15}$$

于是 (D–14) 式变为:

$$\langle u_n; u_{n'}|\varphi; \chi\rangle = \langle 1 : u_n; 2 : u_{n'}|(1 + \varepsilon P_{21})|1 : \varphi; 2 : \chi\rangle \tag{D-16}$$

将算符 $1 + \varepsilon P_{21}$ 作用于左矢上, 我们得到:

$$\begin{aligned}
\langle u_n; u_{n'}|\varphi; \chi\rangle &= \langle 1 : u_n; 2 : u_{n'}|1 : \varphi; 2 : \chi\rangle \\
&\quad + \varepsilon\langle 1 : u_{n'}; 2 : u_n|1 : \varphi; 2 : \chi\rangle \\
&= \langle 1 : u_n|1 : \varphi\rangle\langle 2 : u_{n'}|2 : \chi\rangle \\
&\quad + \varepsilon\langle 1 : u_{n'}|1 : \varphi\rangle\langle 2 : u_n|2 : \chi\rangle \\
&= \langle u_n|\varphi\rangle\langle u_{n'}|\chi\rangle + \varepsilon\langle u_{n'}|\varphi\rangle\langle u_n|\chi\rangle \tag{D-17}
\end{aligned}$$

[1401] 　这样一来, 粒子的编号就消失了, 概率幅可以直接通过诸标量积的函数 $\langle u_n|\varphi\rangle \cdots \langle u_n|\chi\rangle$ 来表示. 此外, 概率幅变成了两项之和 (对于玻色子) 或两

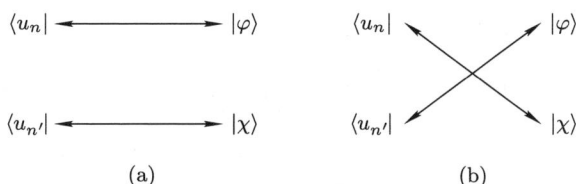

$$\langle u_n| \longleftrightarrow |\varphi\rangle \qquad\qquad \langle u_n| \qquad |\varphi\rangle$$
$$\langle u_{n'}| \longleftrightarrow |\chi\rangle \qquad\qquad \langle u_{n'}| \qquad |\chi\rangle$$
(a)   (b)

图 14-4　对于两全同粒子的体系, 与测量相关的直接项与交换项的示意图. 测量以前, 我们知道一个粒子处于态 $|\varphi\rangle$, 另一个粒子处于态 $|\chi\rangle$; 与所得测量结果相应的情况是, 一个粒子处于态 $|u_n\rangle$, 另一个粒子处于态 $|u_{n'}\rangle$. 与这样的测量相联系的概率幅有两部分, 它们的示意图绘于图 a 和 b. 这两部分概率幅, 在玻色子情况下, 以 + 号相干涉; 在费米子情况下, 以 − 号相干涉.

项之差 (对于费米子), 我们可以将图 14-4-a 和 14-4-b 中的示意图分别与这两项联系起来.

(D-17) 式中的结果的解释如下: 我们可以通过两种不同的"途径" (概略地绘于图 14-4-a 和图 14-4-b), 给对应于初态的两个右矢 $|\varphi\rangle$ 和 $|\chi\rangle$ 联系上对应于末态的两个左矢 $\langle u_n|$ 和 $\langle u_{n'}|$; 这两种途径中的每一种都对应着一个概率幅, 即 $\langle u_n|\varphi\rangle\langle u_{n'}|\chi\rangle$ 或 $\langle u_{n'}|\varphi\rangle\langle u_n|\chi\rangle$, 而且这两部分概率幅, 在玻色子情况下, 以 + 号相干涉; 在费米子情况下, 以 − 号相干涉. 现在我们就得到了在前面 §A-3-a 中所提问题的答案: 待求的概率 $\mathscr{P}(b_n; b_{n'})$ 应等于 (D-17) 式的模的平方:

$$\mathscr{P}(b_n; b_{n'}) = |\langle u_n|\varphi\rangle\langle u_{n'}|\chi\rangle + \varepsilon\langle u_{n'}|\varphi\rangle\langle u_n|\chi\rangle|^2 \tag{D-18}$$

通常, 我们将 (D-17) 式右端的两项中对应于图 14-4-a 那种途径的项叫做直接项, 而将另一项叫做交换项.

附注:

我们讨论一下, 如果这两个粒子并非全同的, 而是性质互异的, 结果会怎样. 现在, 作为体系的初态, 我们取张量积右矢:

$$|\psi\rangle = |1 : \varphi; 2 : \chi\rangle \tag{D-19}$$

我们再设想一种测量仪器, 尽管粒子 (1) 和 (2) 并非全同的, 但它却不能区别; 如果仪器给出的结果是 b_n 和 $b_{n'}$, 我们将无法得知 b_n 究竟是与粒子 (1) 相关, 还是与粒子 (2) 相关 (例如, 体系含有一个 μ^- 子和一个电子 e^-, 而仪器只对粒子的电荷有影响, 对于质量, 它不能提供任何讯息). 于是, 两个本征态 $|1 : u_n; 2 : u_{n'}\rangle$ 和 $|1 : u_{n'}; 2 : u_n\rangle$ (在此情况下, 两者表示不同的物理状态) 对应着同一个测量结果; 由于两者是正交的, 我们应将对

[1402]

应的概率相加, 这样便得到:

$$
\begin{aligned}
\mathscr{P}'(b_n; b_{n'}) &= |\langle 1: u_n; 2: u_{n'} | 1: \varphi; 2: \chi\rangle|^2 \\
&\quad + |\langle 1: u_{n'}; 2: u_n | 1: \varphi; 2: \chi\rangle|^2 \\
&= |\langle u_n | \varphi\rangle|^2 |\langle u_{n'} | \chi\rangle|^2 + |\langle u_{n'} | \varphi\rangle|^2 |\langle u_n | \chi\rangle|^2
\end{aligned}
\tag{D-20}
$$

比较 (D–18) 式和 (D–20) 式, 便可清楚地看到, 量子力学的物理预言, 视粒子为全同的或非全同的, 而存在着重大的差别.

下面我们再考虑两个态 $|u_n\rangle$ 和 $|u_{n'}\rangle$ 相同的情况. 如果两个粒子是费米子, 那么, 对应的物理状态将为泡利原理所排除, 因而, 概率 $\mathscr{P}(b_n; b_n)$ 等于零. 反之, 如果两个粒子是玻色子, 便有:

$$
|u_n; u_n\rangle = |1: u_n; 2: u_n\rangle
\tag{D-21}
$$

从而

$$
\begin{aligned}
\langle u_n; u_n | \varphi; \chi\rangle &= \frac{1}{\sqrt{2}} \langle 1: u_n; 2: u_n | (1 + P_{21}) | 1: \varphi; 2: \chi\rangle \\
&= \sqrt{2} \langle u_n | \varphi\rangle \langle u_n | \chi\rangle
\end{aligned}
\tag{D-22}
$$

由此得到:

$$
\mathscr{P}(b_n; b_n) = 2|\langle u_n | \varphi\rangle \langle u_n | \chi\rangle|^2
\tag{D-23}
$$

附注:

　(i) 前面曾经讨论过两者并非全同粒子的情况, 现将这种情况下可能得到的结果和上面的结果比较一下. 这时, 我们应以 $|1: \varphi; 2: \chi\rangle$ 代替 $|\varphi; \chi\rangle$, 用 $|1: u_n; 2: u_n\rangle$ 代替 $|u_n; u_n\rangle$ 然后便可得到概率幅

$$
\langle u_n | \varphi\rangle \langle u_n | \chi\rangle
\tag{D-24}
$$

从而

$$
\mathscr{P}'(b_n; b_n) = |\langle u_n | \varphi\rangle \langle u_n | \chi\rangle|^2
\tag{D-25}
$$

　(ii) 对于含有 N 个全同粒子的体系, 一般说来, 有 $N!$ 个不同的交换项, 它们在概率幅中彼此相加 (或相减). 例如, 我们来分析含有三个全同粒子的体系, 三个粒子各自处于态 $|\varphi\rangle$、$|\chi\rangle$ 和 $|\omega\rangle$, 我们感兴趣的是在一次测量中得到的结果为 $b_n, b_{n'}$ 及 $b_{n''}$ 的概率. 现将各种可能的 "途径" 绘于图 14–5 中. 这些途径共有六种 (如果三个本征值 $b_n, b_{n'}, b_{n''}$ 互不相同, 那么, 这些途径也是互不相同的). 通过某些途径构成的概率幅带有 + 号, 通过另一些途径构成的概率幅则带有符号 ε (对玻色子为 + 号, 对费米子为 – 号).

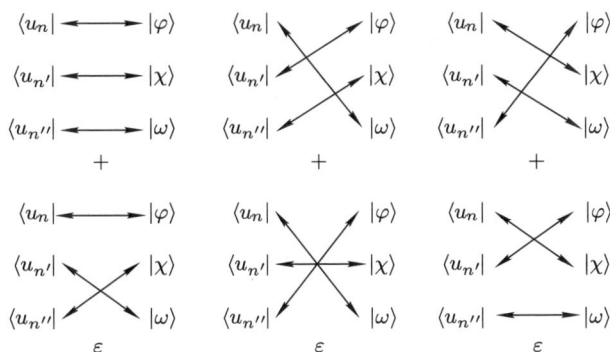

图 14-5 对于三个全同粒子的体系, 与一次测量相联系的六个概率幅的示意图. 测量以前, 我们知道一个粒子的态是 $|\varphi\rangle$, 另一个粒子的态是 $|\chi\rangle$, 还有一个粒子的态是 $|\omega\rangle$; 所得结果对应于这样的情况: 一个粒子处于态 $|u_n\rangle$, 一个处于态 $|u_{n'}\rangle$, 还有一个处于态 $|u_{n''}\rangle$. 这六个概率幅各自以每图下面注明的符号参与干涉 (对于玻色子, $\varepsilon = +1$, 对于费米子, $\varepsilon = -1$).

β. 例: 两个全同粒子的弹性碰撞

为了详细说明交换项的物理意义, 我们来考察一个具体的例子 (在 §A-3-a 中已经提到过), 即在质心系中来观察的两个全同粒子的弹性碰撞①. 和前面 §α 中的做法不同, 现在, 我们必须考虑在体系处于态 $|\psi_i\rangle$ 的初始时刻和进行测量的时刻 t 之间体系的演变. 但是, 我们将会看到, 这种演变不会使问题在根本上有所改变, 因而, 交换项仍以前面的方式出现.

在体系的初态中 (图 14-6-a), 两个粒子以相反的动量相向而行. 我们取动量的方向做 Oz 轴, 并以 p 表示动量的大小. 于是一个粒子的动量为 pe_z, 另一个粒子的动量为 $-pe_z$ (这里的 e_z 是 Oz 轴上的单位矢). 我们将表示这个初态的物理右矢写成下列形式: [1404]

$$|\psi_i\rangle = \frac{1}{\sqrt{2}}(1 + \varepsilon P_{21})|1 : pe_z; 2 : -pe_z\rangle \qquad (\text{D–26})$$

$|\psi_i\rangle$ 描述碰撞以前体系在时刻 t_0 的态.

支配体系随时间演变的薛定谔方程是线性的, 因此, 存在着一个线性算符 $U(t, t')$, 它是哈密顿算符 H 的函数, 使得 t 时刻的态矢量可以被表示为:

$$|\psi(t)\rangle = U(t, t_0)|\psi_i\rangle \qquad (\text{D–27})$$

(参看补充材料 F_{III}). 特别地, 碰撞以后, 体系在 t_1 时刻的态可以用下列物理右

---

① 对于这个问题, 我们将作简单的处理, 目的只在于说明直接项与交换项之间的关系. 特别是, 我们忽略了两个粒子的自旋. 但是, 若相互作用与自旋无关, 或两粒子最初都处于同一自旋态, 这一段中的计算仍然有效.

矢来表示

$$|\psi(t_1)\rangle = U(t_1, t_0)|\psi_i\rangle \tag{D–28}$$

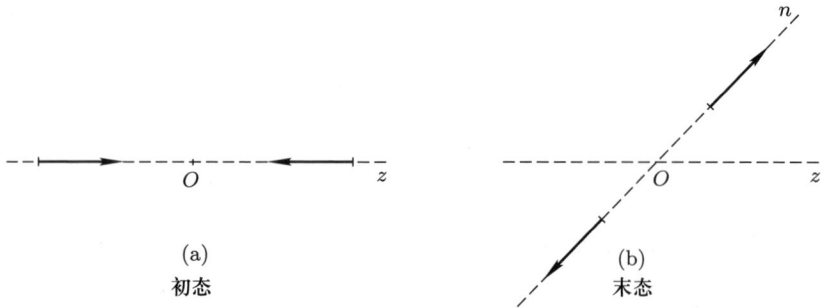

(a)　　　　　　　　　　　　　　　　　(b)
初态　　　　　　　　　　　　　　　　末态

图 14-6　在质心系中, 两个全同粒子的碰撞: 初态中两粒子的动量 (图 a) 及测量时发现的末态中的动量 (图 b). 为简单起见, 略去两个粒子的自旋.

我们注意, 由于哈密顿算符 H 是对称的, 故演变算符 U 可以和置换算符对易:

$$[U(t, t'), P_{21}] = 0 \tag{D–29}$$

[1405]　现在我们来计算在 §A–3–a 中提到的测量结果的概率幅, 在那里我们要探测在单位矢为 $\boldsymbol{n}$ 的轴线 On 上的两个相反方向上的粒子 (图14–6–b). 我们将对应于这个末态的物理右矢记作:

$$|\psi_f\rangle = \frac{1}{\sqrt{2}}(1 + \varepsilon P_{21})|1 : p\boldsymbol{n}; 2 : -p\boldsymbol{n}\rangle \tag{D–30}$$

于是所求的概率幅可以写作:

$$
\begin{aligned}
\langle\psi_f|\psi(t_1)\rangle &= \langle\psi_f|U(t_1, t_0)|\psi_i\rangle \\
&= \frac{1}{2}\langle 1 : p\boldsymbol{n}; 2 : -p\boldsymbol{n}|(1 + \varepsilon P_{21}^{\dagger})U(t_1, t_0)(1 + \varepsilon P_{21})| \\
&\quad 1 : p\boldsymbol{e}_z; 2 : -p\boldsymbol{e}_z\rangle
\end{aligned}
\tag{D–31}
$$

根据关系式 (D–29) 和算符 P_{21} 的性质, 我们最后得到:

$$
\begin{aligned}
\langle\psi_f|U(t_1, t_0)|\psi_i\rangle &= \langle 1 : p\boldsymbol{n}; 2 : -p\boldsymbol{n}|(1 + \varepsilon P_{21}^{\dagger})U(t_1, t_0)|1 : p\boldsymbol{e}_z; 2 : -p\boldsymbol{e}_z\rangle \\
&= \langle 1 : p\boldsymbol{n}; 2 : -p\boldsymbol{n}|U(t_1, t_0)|1 : p\boldsymbol{e}_z; 2 : -p\boldsymbol{e}_z\rangle \\
&\quad + \varepsilon\langle 1 : -p\boldsymbol{n}; 2 : p\boldsymbol{n}|U(t_1, t_0)|1 : p\boldsymbol{e}_z; 2 : -p\boldsymbol{e}_z\rangle
\end{aligned}
\tag{D–32}
$$

直接项, 譬如说, 对应于图 14–7–a 所描绘的过程, 那么交换项就对应于图 14–7–b 所描绘的过程. 在这个例子中, 我们仍然应该将相应于此两过程的概率幅相加或相减, 这样一来, 如果取 (D–32) 式的模平方, 就会出现一个干涉项. 我们还须注意, 如果将 n 换成 $-n$, 这个表示式不过多了一个乘数 ε, 从而, 对应的概率在这种变换中是不变的.

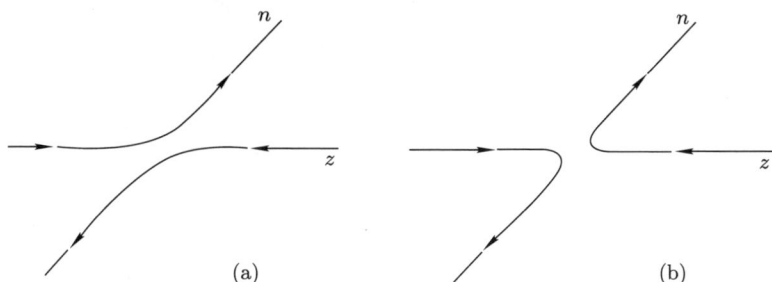

图 14–7　在质心系中, 两个全同粒子的碰撞: 对应于直接项和交换项的物理过程的示意图. 与这两种过程相联系的散射振幅以 ＋ 号 (对于玻色子) 或以 － 号 (对于费米子) 互相干涉.

[1406]

b. 可以忽略对称化假定的一些情况

如果处处都必须应用对称化假定, 那么, 在体系中的粒子数受到限制时, 我们将无法研究此体系的性质, 这是因为我们必须考虑到宇宙中与该体系中的粒子全同的所有粒子. 在这一段里, 我们将会看到情况并不如此. 在某些特殊情况下, 全同粒子在行为上类似于性质不同的粒子, 因此, 为了得到正确的物理预言, 并没有必要引用对称化假定. 注意到前面 §D–2–a 中的结果, 我们会很自然地想到, 每当由对称化假定引入的交换项等于零时, 就会出现这种情况. 下面将举出这种情况的两个例子.

α. 处于空间的两个不同的区域中的全同粒子

我们考虑两个全同粒子, 一个处于单粒子态 $|\varphi\rangle$, 另一个处于单粒子态 $|\chi\rangle$. 为了简化符号, 我们不考虑自旋. 假设表示右矢 $|\varphi\rangle$ 和 $|\chi\rangle$ 的波函数的定义域在空间是完全分开的:

$$\begin{cases} \varphi(\boldsymbol{r}) = \langle \boldsymbol{r}|\varphi\rangle = 0 & \text{若 } \boldsymbol{r} \notin D \\ \chi(\boldsymbol{r}) = \langle \boldsymbol{r}|\chi\rangle = 0 & \text{若 } \boldsymbol{r} \notin \varDelta \end{cases} \tag{D-33}$$

这里的域 D 和域 $\varDelta$ 是分开的. 现在我们遇到的情况类似于经典力学中的情况 (§A–2): 只要域 D 和域 $\varDelta$ 并不相重叠, 我们就可以 "跟踪" 每一个粒子; 于是可以预见, 对称化假定的应用并无必要.

在这种情况下, 我们可以设想去测量只和两粒子之一相关的一个可观测量: 为此, 我们只需这样安测量仪器, 使它不能记录域 D 或域 $\varDelta$ 中发生的事件; 如果被排除的区域是 D, 那么, 测量就只涉及位于域 $\varDelta$ 中的那个粒子; 反之, 则结果也相反.

现在设想使用两套不同的仪器对两个粒子同时进行测量, 一套仪器对发生在域 Δ 中的现象没有响应, 另一套则对域 D 中的没有响应. 这时, 得到一个给定结果的概率应当怎样计算呢? 假设与两套仪器的测量结果相联系的单粒子态分别为 $|u\rangle$ 和 $|v\rangle$. 既然两粒子是全同的, 在原则上我们应该引用对称化假定. 于是, 在与测量结果相联系的概率幅中, 直接项就是 $\langle u|\varphi\rangle\langle v|\chi\rangle$, 交换项就是 $\langle u|\chi\rangle\langle v|\varphi\rangle$. 但是测量仪器在空间的安排就意味着:

$$u(\boldsymbol{r}) = \langle\boldsymbol{r}|u\rangle = 0 \quad \text{若 } \boldsymbol{r} \in \Delta$$
$$v(\boldsymbol{r}) = \langle\boldsymbol{r}|v\rangle = 0 \quad \text{若 } \boldsymbol{r} \in D \tag{D-34}$$

根据 (D-33) 和 (D-34) 式, 波函数 $u(\boldsymbol{r})$ 和 $\chi(\boldsymbol{r})$ 的定义域是彼此分开的, 对于 $v(\boldsymbol{r})$ 和 $\varphi(\boldsymbol{r})$, 情况相似, 结果

$$\langle u|\chi\rangle = \langle v|\varphi\rangle = 0 \tag{D-35}$$

[1407]　由此可见, 交换项等于零. 因此, 在我们所考察的情况下, 没有必要引用对称化假定. 实际上, 我们还可以将两者看作是性质互异的粒子, 并给区域 D 中的粒子编上号码 1, 给区域 Δ 中的编上号码 2; 像下面这样分析就可以得到所求的结果: 测量以前, 体系的态由右矢 $|1:\varphi; 2:\chi\rangle$ 来描述, 与我们给定的测量结果相联系的右矢为 $|1:u; 2:v\rangle$, 两者的标量积就给出了概率幅 $\langle u|\varphi\rangle\langle v|\chi\rangle$.

上面的分析表明, 全同粒子的存在并不妨碍我们孤立地研究含有少数粒子的受约束的体系.

附注:

在已选定的初态中, 两粒子位于空间的两个不同的区域中, 而且, 我们是通过两个单粒子态来定义体系的态的. 试问: 在体系演变之后, 我们是否还有可能只研究一个粒子, 而忽视另一个粒子? 为了能够进行这样的研究, 这两个粒子必须仍然限于空间的两个不同的区域中, 而且两者间不能有相互作用. 实际上, 不论粒子是全同的或是非全同的, 相互作用总是在两者间引入了相关性, 于是, 我们将不再可能用单粒子态矢量去描述两粒子中的每一个.

β. 可以按自旋取向来鉴别的粒子

现在我们来考察两个自旋为 1/2 的全同粒子 (譬如电子) 之间的弹性碰撞, 假设依赖于自旋的相互作用可以忽略, 于是两粒子的自旋态在碰撞过程中保持不变. 如果这两个自旋态最初是正交的, 那么, 根据自旋态我们就可以在任何时刻区分这两个粒子, 这正如同根据互异粒子的某种固有性质便可区分诸粒子一样; 这样一来, 对称化假定也就失去了它的效用.

[1408]　具体地说, 在这种情况下, 我们再进行 §D-2-a-β 中的计算. 例如, 初始时

刻的物理右矢将是 (参看图 14–8–a):

$$|\psi_i\rangle = \frac{1}{\sqrt{2}}(1 - P_{21})|1 : p\boldsymbol{e}_z, +; 2 : -p\boldsymbol{e}_z, -\rangle \qquad (D\text{–}36)$$

(记在每一个动量后面的 + 号或 − 号表示自旋在某一确定轴上的分量); 我们所考察的末态 (参看 14–8–b) 将由下列右矢来描述:

$$|\psi_f\rangle = \frac{1}{\sqrt{2}}(1 - P_{21})|1 : p\boldsymbol{n}, +; 2 : -p\boldsymbol{n}, -\rangle \qquad (D\text{–}37)$$

在这些条件下, 只有 D–32 式中的第一项不等于零, 第二项实际可以写作:

$$\langle 1 : -p\boldsymbol{n}, -; 2 : p\boldsymbol{n}, +|U(t_1, t_0)|1 : p\boldsymbol{e}_z, +; 2 : -p\boldsymbol{e}_z, -\rangle \qquad (D\text{–}38)$$

这是一个 (据假设) 与自旋无关的算符在两右矢之间的矩阵元, 而在此两右矢所描述的态中, 自旋是正交的; 于是其结果为零. 因此, 如果我们将这两个粒子直接当作非全同粒子处理, 这就是说, 如果不对初态和末态的右矢进行反对称化手续, 而且给自旋态 |+⟩ 编上号码 1, 给自旋态 |−⟩ 编上号码 2, 那么, 我们仍然应该得到同样的结果. 当然, 如果演变算符 U, 或直接地说, 体系的哈密顿算符 H, 依赖于自旋, 那么, 上述方法就不再适用了.

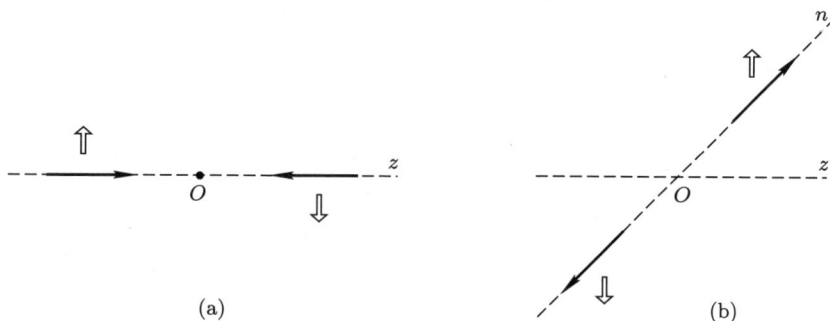

图 14–8　在质心系中, 自旋为 1/2 的两个全同粒子的碰撞: 初态中两粒子的动量与自旋 (图 a), 以及测量后发现的末态中的动量与自旋 (图 b). 如果两粒子间的相互作用与自旋无关, 则在碰撞过程中自旋的取向不会改变; 如果碰撞前两粒子的自旋态不相同 (即图中所示的情况), 那么, 我们就可以确定体系到达给定的末态所遵循的一种"途径", 譬如, 结局为图 b 中的末态而且概率幅不为零的唯一的散射过程, 就是图 14–7–a 所示的那种类型.

参考文献和阅读建议:

　　在 Feynman III (1.2), §3.4 和第 4 章中, 着重说明了直接项与交换项之间的干涉的重要意义.

　　量子统计: Reif (8.4), Kittel (8.2).

置换群: Messiah (1.17), 附录 D, §IV; Wigner (2.23), 第 13 章; Bacry (10.31), §41 和 §42.

对称化假定对分子光谱的影响: Herzberg (12.4), 第 I 卷, 第 III 章, §2f.

普及性文章: Gamow (1.27).

第十四章 补充材料 阅读指南 [1409]

A_{XIV}: 多电子原子. 电子组态	A_{XIV}: 在中心场近似下对多电子原子的简单研究. 讨论泡利不相容原理的后果, 并引入组态的概念. 本文只限于定性的研究.
B_{XIV}: 氦原子的能级: 组态, 谱项, 多重态	B_{XIV}: 就氦原子的情况, 研究电子间静电斥力的影响, 引入谱项和多重态的概念. 本文可留待以后学习.
C_{XIV}: 电子气的物理性质. 在固体中的应用	C_{XIV}: 研究封闭在"箱"中的自由电子气的基态. 引入费米能量的概念及周期边界条件, 进而研究固体中的电子并定性讨论了导电性与费米能级位置之间的关系. 本文属于中等难度, 侧重于讨论, 可视为补充材料 F_{XI} 的续篇.
D_{XIV}: 练习	

[1410] # 补充材料 A_{XIV}

多电子原子. 电子组态

1. 中心场近似
　　a. 电子间的相互作用引起的困难
　　b. 方法的原理
　　c. 原子的能级
2. 各种元素的电子组态

　　在第七章中我们曾经详细研究过氢原子的能级. 那样的研究是相当简单的, 这是因为氢原子只有一个电子, 泡利原理不起作用; 此外, 由于采用质心坐标系, 问题又归结为计算在中心势作用下的一个粒子 (相对粒子) 的能级.

　　在本文中, 我们要研究多电子原子, 对这类原子来说, 以前的简化是行不通的. 实际上, 如果在质心系中来考察, 要解决的将是并非独立的多粒子问题, 下面将会看到, 这是一个复杂的问题, 我们将满足于采用中心场近似求出它的近似解 (只简单说明这种方法的一般概念而不涉及计算的细节). 此外, 如我们将要证明的, 泡利原理将发挥十分重要的作用.

1. 中心场近似

　　我们来考察含有 Z 个电子的原子. 原子核的质量甚大于 (数千倍于) 全体电子的质量, 因此, 原子的质心实际上与核重合, 下面假设核固定在坐标原点①. 如果不考虑相对论修正, 特别是, 如果不考虑依赖于自旋的项, 则可将描述电子运动的哈密顿算符写作:

$$H = \sum_{i=1}^{Z} \frac{P_i^2}{2m_e} - \sum_{i=1}^{Z} \frac{Ze^2}{R_i} + \sum_{i<j} \frac{e^2}{|R_i - R_j|} \tag{1}$$

这里已经给电子任意编上了从 1 到 Z 的号码, 而且已令:

$$e^2 = \frac{q^2}{4\pi\varepsilon_0} \tag{2}$$

----

① 这里所作的近似相当于忽略核的有限质量效应.

[1411]

其中 q 是电子电荷. (1) 式中的第一项表示 Z 个电子体系的总动能, 第二项来自带正电 $-Zq$ 的核施于每个电子的吸引力, 最后一项描述电子间的相互排斥 [注意, 式中的求和遍及 Z 个电子的 $Z(Z-1)/2$ 种不同的配对方式].

　　 (1) 式中的哈密顿算符过于复杂, 即使对于像氦 ($Z = 2$) 这样最简单的情况. 我们也不可能严格解出它的本征值方程.

a. 电子间的相互作用引起的困难

　　 如果 H 中没有相互作用项 $\sum_{i<j} \dfrac{e^2}{|R_i - R_j|}$, 那么诸电子就是独立的. 这时我们就很容易确定原子的能量: 将 Z 个电子分别单独处在库仑势场 $-Ze^2/r$ 中的能量相加即可, 于是, 在第七章中建立的理论将直接给出结果. 至于原子的本征态, 将诸电子的定态的张量积反对称化, 即可得到.

　　 由此可见, 正是相互作用项阻碍了将问题严格求解. 我们也许想到应用微扰理论来处理这一项, 但是, 对这一项的相对重要性作一粗略的估算就会发现这样做并不能得到好的近似. 实际上, 可以认为, 两电子间的距离 $|R_i - R_j|$ 平均说来和电子到核的距离 R_i 同数量级, (1) 式的第三项与其第二项之比 ρ 显然为:

$$\rho \simeq \frac{\frac{1}{2}Z(Z-1)}{Z^2} \tag{3}$$

ρ 的值从 1/4 (对于 $Z = 2$) 变到 1/2 (对于甚大于 1 的 Z); 由此可见, 对相互作用项的微扰处理充其量对于氦 ($Z = 2$) 还可以给出比较满意的结果, 但要将这种方法应用于其他原子 (对于 $Z = 3, \rho$ 的值已达 1/3) 则是不适当的, 因此, 我们应当设想一种更为精确的近似方法.

b. 方法的原理

　　 为了理解中心场的概念, 我们采用半经典的术语来进行分析. 试着眼于某一特定的电子 (i), 对于这个电子来说, 其它 $(Z-1)$ 个电子的存在表现于它们的电荷分布部分地补偿了核的静电吸引. 在这种近似框架内. 可以认为, 电子 (i) 在其中运动的势场只依赖于电子的位置 r_i 并且包含了其他电子的排斥力的平均效应. 因此, 我们取一个势 $V_c(r_i)$, 它只依赖于 r_i 的模, 人们称它为待研究的原子的"中心势". 当然, 这种设想只可能是一种近似, 这是因为, 电子 (i) 的运动实际上也影响到其他 $(Z-1)$ 个电子的运动, 以致要忽略电子间的相互关联是不可能的; 此外, 当电子 (i) 在电子 (j) 的近邻运动时, 后者所施的排斥力占优势, 从而这种情况下的力不再是中心力. 但是, 在量子力学中, 电子的退定域性表现为它们的电荷分布在较广阔的空间区域内, 故平均势的概念仍然颇为有效.

[1412]

出于上面的考虑, 我们可将 (1) 式中的哈密顿算符写成下列形式:

$$H = \sum_{i=1}^{Z} \left[\frac{\boldsymbol{P}_i^2}{2m_e} + V_c(R_i) \right] + W \tag{4}$$

其中

$$W = -\sum_{i=1}^{Z} \frac{Ze^2}{R_i} + \sum_{i<j} \frac{e^2}{|\boldsymbol{R}_i - \boldsymbol{R}_j|} - \sum_{i=1}^{Z} V_c(R_i) \tag{5}$$

如果中心势 $V_c(r_i)$ 选择得合适, 那么, 哈密顿算符 H 中的 W 就将成为一个很小的修正项. 中心场近似就是不考虑这个修正项, 也就是取

$$H_0 = \sum_{i=1}^{Z} \left[\frac{\boldsymbol{P}_i^2}{2m_e} + V_c(R_i) \right] \tag{6}$$

作为近似哈密顿算符. 然后, 将 W 作为 H_0 的微扰来处理 (参看补充材料 B_{XIV}, §2). 因此, H_0 的对角化将导致一个独立粒子系的问题, 为了求得 H_0 的本征态, 只需确定单电子哈密顿算符

$$\frac{\boldsymbol{P}^2}{2m_e} + V_c(R) \tag{7}$$

的本征态.

当然, (4) 式和 (5) 式中的定义并没有确定 $V_c(r)$, 这是因为不论 $V_c(r)$ 如何, H 总是等于 $H = H_0 + W$. 但是为使 W 可以作为 H_0 的微扰而得到有效的处理, 我们就应该合理地选择 $V_c(r)$. 在这里我们不讨论这种最佳的存在问题和如何确定它的问题, 这在实际上是一个很复杂的问题: 一个特定电子位于其中的势场 $V_c(r)$ 依赖于其他 $(Z-1)$ 个电子的空间分布, 而这种分布反过来又依赖于 $V_c(r)$, 这是因为那 $(Z-1)$ 个电子的波函数也都是根据 $V_c(r)$ 计算出来的. 由此可见, 我们应该找到一种协调的解 (通常叫做"自洽的"解), 在这种解中, 根据 $V_c(r)$ 确定的波函数所给出的电荷分布仍然构成同一个势 $V_c(r)$.

c. 原子的能级

精确地确定 $V_c(r)$ 虽然需要进行冗长的计算, 我们却不难预见这个势在短距离处和长距离处的行为. 实际上, 我们可以预期: 对于小的 r 值, 所要考察的电子 (i) 处在其他电子所产生的电荷分布的内部, 以致它只会"看到"核的吸引势; 反之, 对于大的 r 值, 也就是说电子 (i) 处在当作一个整体来看待的 $(Z-1)$ 个电子所产生的"电子云"的外部, 这时的情况相当于在坐标原点处有一个点电荷, 其值等于核电荷与 "电子云"电荷之和 $[(Z-1)$ 个电子形成了对

核电场的屏蔽]. 因此 (参看图 14-9):

$$V_c(r) \simeq -\frac{e^2}{r} \quad \text{对于大的 } r \text{ 值}$$

$$V_c(r) \simeq -\frac{Ze^2}{r} \quad \text{对于小的 } r \text{ 值} \tag{8}$$

对于 r 的各中间值, 视所考察的是什么原子, $V_c(r)$ 的变化具有不同程度的复杂性.

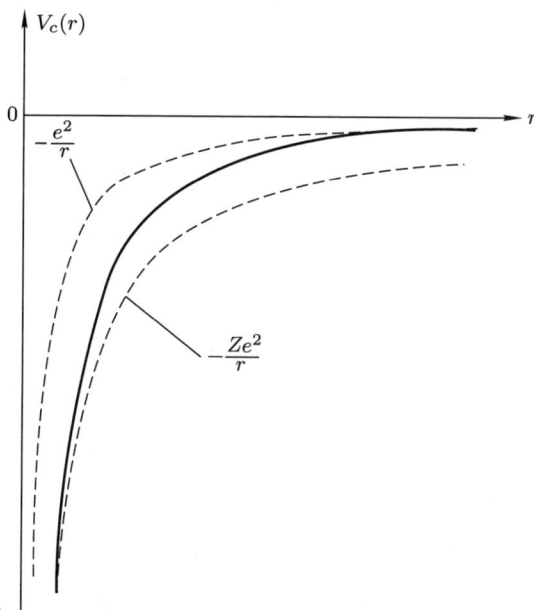

图 14-9 中心势 $V_c(r)$ 随 r 变化的情况. 虚线曲线表示这个势在近距离处的行为 $(-Ze^2/r)$ 和远距离处的行为 $(-e^2/r)$.

这些想法, 虽是定性的, 却可以形成单电子哈密顿算符 (7) 的谱的概念. 由于 $V_c(r)$ 并不简单地正比于 $1/r$, 在氢原子情况下出现的偶然简并 (第七章 §C-4-b) 将不再出现. 哈密顿算符 (7) 的本征值依赖于量子数 n 和 l [但不依赖于 m, 因为 $V_c(r)$ 是中心势]; l 当然是算符 $\boldsymbol{L}^2$ 的本征值的标志, 而 n, 按定义 (与氢原子的情况相同) 应是角量子数 l 和径量子数 k 的和, 后者来源于和 l 对应的径向方程的解; 因此, n 与 l 都是整数, 并满足

$$0 \leqslant l \leqslant n-1 \tag{9}$$

显然, 对于 l 的一个给定值, 能量 $E_{n,l}$ 随着 n 增大:

$$E_{n,l} > E_{n',l} \quad \text{若 } n > n' \tag{10}$$

[1414] 对于固定的 n, 本征态的"穿透性"越强, 也就是说, 电子在核的近邻中出现的概率越大 [据 (8) 式, 屏蔽效应越弱], 对应的能量就越低; 因此, 与 n 的同一数值相联系的能量 $E_{n,l}$ 是按角动量的递增顺序来分类的:

$$E_{n,0} < E_{n,1} < \cdots < E_{n,n-1} \tag{11}$$

虽然诸能量的绝对值明显地随 Z 而变, 但是, 诸对应能级的排列顺序对所有的原子而言却凑巧近似地相同. 图 14–10 表示这种排列顺序以及每一能级的简并度 $2(2l + 1)$ (因子 2 来源于电子的自旋): 不同的能级在该图中是以光谱学符号 (参看第七章 §C–4–b) 来标记的; 在同一括号内的那些能级彼此非常接近, 甚至在某些原子中实际上是重合的 (我们强调指出, 图 14–10 并不是真实的能量图, 这只是一个示意图, 用来标示诸本征值 $E_{n,l}$ 的相对位置, 即便是粗略的能量标尺也未采用).

我们应该注意如此绘出的能谱图和氢原子的能谱图 (见图7–4) 之间的重大差异: 前面曾经指出, 在这里能量依赖于轨道量子数 l, 此外, 诸能级的顺序是不同的; 例如, 图 14–10 表明, $4s$ 壳层的能量略低于 $3d$ 壳层的能量, 这一点, 正如我们前面已经见到的, 可以用 $4s$ 波函数具有较强的 "穿透性" 来解释. 对于 $n = 4$ 和 $n = 5$ 的诸壳层, 以及其他诸壳层, 都有类似的逆序现象, 这足以说明电子间的排斥力具有重要影响.

2. 各种元素的电子组态

在中心场近似的框架内, 原子的总哈密顿算符 H_0 的本征态就是斯莱特行列式, 这是由与刚才说过的诸能级 $E_{n,l}$ 相联系的单电子态构成的. 因此, 现在的情况正是我们在第十四章 §D–1–a 考虑过的: 若 Z 个电子都占据了与泡利原理相容的最低的单粒子态, 则原子便处于基态; 具有一个给定能量 $E_{n,l}$ 的电子的最多个数等于该能量的简并度 $2(2l + 1)$. 与同一能量 $E_{n,l}$ 相联系的诸单粒子态的集合叫做一个壳层, 被占据的诸壳层连同占据每一壳层的电子数所列成的表则叫做原子的电子组态; 下面将通过几个例子来列举所使用的符号. 在涉及原子的化学性质的场合, 组态概念同样十分重要: 关于诸电子的波函数和对应能量的知识可以用来解释该原子可能参与构成的化学键的数目、稳定性和取向 (参看补充材料 E_{VII}).

[1415] 为了确定一个给定原子处于基态时的电子组态, 只需按图 14–10 的顺序逐次"填充"各个壳层 (当然要从 $1s$ 能级开始), 直到将 Z 个电子都安置完毕. 下面我们就迅速地沿着门捷列夫周期表做下去.

[1416] 在氢原子的基态中, 唯一的电子占据着能级 $1s$. 下一个元素 (氦, $Z = 2$) 的电子组态是:

E

$$\left\{\begin{array}{ccc}\dfrac{5f}{(14)} & \dfrac{6d}{(10)} & \dfrac{7s}{(2)}\end{array}\right\}$$

$$\left\{\begin{array}{ccc}\dfrac{4f}{(14)} & \dfrac{5d}{(10)} & \begin{array}{c}\dfrac{6p}{(6)}\\[4pt]\dfrac{6s}{(2)}\end{array}\end{array}\right\}$$

$$\left\{\begin{array}{cc}\dfrac{4d}{(10)} & \begin{array}{c}\dfrac{5p}{(6)}\\[4pt]\dfrac{5s}{(2)}\end{array}\end{array}\right\}$$

等等

$$\left\{\begin{array}{cc}\dfrac{3d}{(10)} & \begin{array}{c}\dfrac{4p}{(6)}\\[4pt]\dfrac{4s}{(2)}\end{array}\end{array}\right\}$$

Sc, Ti, V, Cr, Mn, Fe, Co, Ni, Cu, Zn
K, Ca

$$\dfrac{3p}{(6)}$$

Al, Si, P, S, Cl, A

$$\dfrac{3s}{(2)}$$

Na, Mg

$$\dfrac{2p}{(6)}$$

B, C, N, O, F, Ne

$$\dfrac{2s}{(2)}$$

Li, Be

$$\dfrac{1s}{(2)}$$

H, He

$n=1 \quad n=2 \quad n=3 \quad n=4 \quad n=5 \quad n=6 \quad n=7$

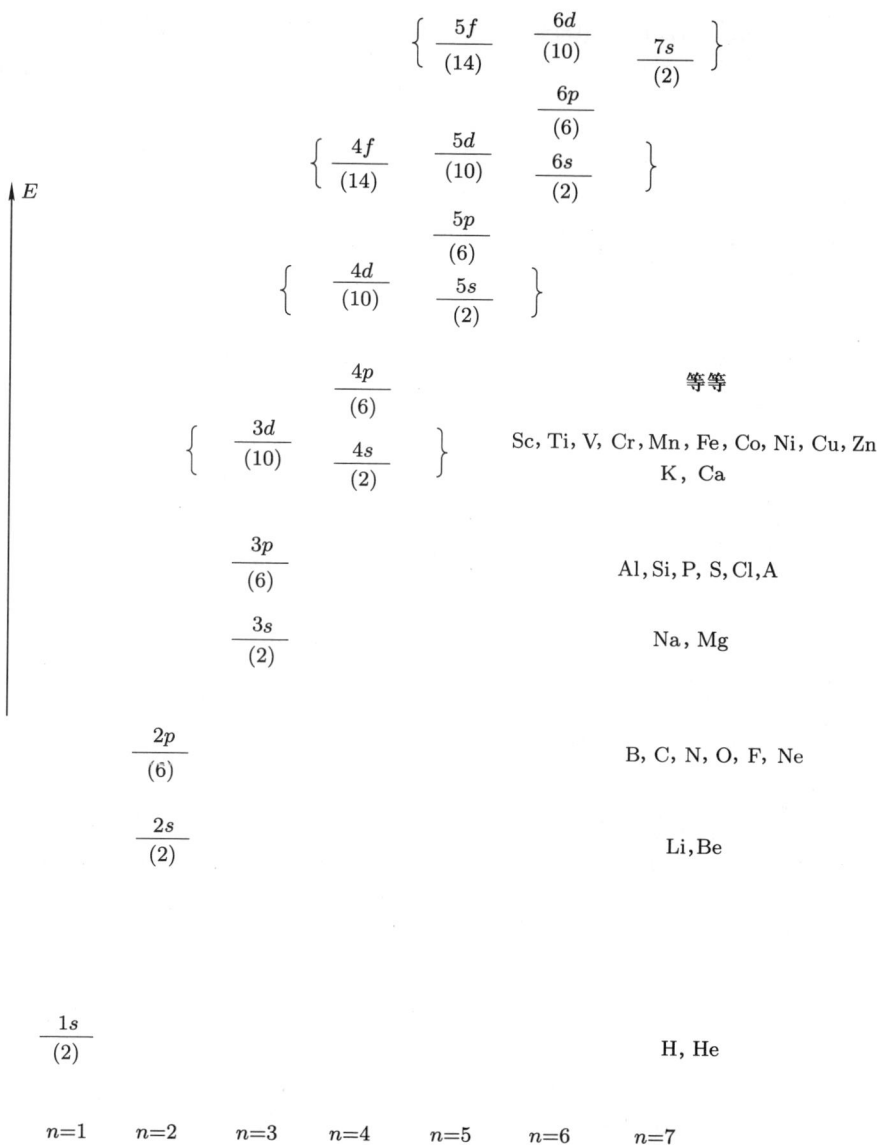

图 14–10 在图 14–9 那种类型的中心势场中能级 (电子壳层) 的排列顺序的示意图. 对于 n 的每一个值, 能量随 l 增大. 每一能级的简并表示在括号里面. 同一括号内的诸能级彼此非常接近, 它们的相对配置, 对于不同的原子, 是可能改变的.

在图的右侧, 列出了一些原子的化学符号, 与它们在同一行上的电子壳层是在基态组态中被占据的最后一个壳层.

$$\text{He} : 1s^2 \tag{12}$$

这表明两个电子占据着 $1s$ 壳层的两个正交态 (空间波函数相同, 自旋态正交).

下一个是锂 ($Z = 3$), 它的电子组态是:

$$\text{Li} : 1s^2, 2s \tag{13}$$

这是因为壳层 $1s$ 只能容纳两个电子, 第三个电子应该占据紧邻的较高能级, 这就是说, 按图 14-10, 应该占据 $2s$ 壳层. 这个壳层还可以容纳第二个电子, 这样就得到铍 ($Z = 4$) 的电子组态:

$$\text{Be} : 1s^2, 2s^2 \tag{14}$$

若 $Z > 4$, 首先是 $2p$ 壳层 (见图 14-10) 渐次被填充, 然后是以下诸壳层: 随着电子数 Z 的增大, 就将涉及更高的壳层 (在图 14-10 的右侧, 正对着某些壳层列出了一些原子的符号, 在这些原子中该壳层是被填充的最后一个壳层). 这样, 我们便得到了所有原子的基态能级的组态, 它可以解释门捷列夫的分类法. 但须注意, 对于非常靠近的能级 (图 14-10 中集中在括号内的那些能级), 填充的方式可能是不规则的. 例如, 图 14-10 表明 $4s$ 壳层的能量低于 $3d$ 壳层的能量, 但是, 铬 ($Z = 24$) 却有 5 个 $3d$ 电子, 而 $4s$ 壳层则是未填满的. 类似的不规则性还出现在铜 ($Z = 29$), 铌 ($Z = 41$) 等等原子中.

附注:

(i) 前面所分析的电子组态描述在中心场近似下各种原子的基态能级的特征. 如果有一个电子跃迁到这样一个单粒子能级, 其能量高于在基态中已被占据的最后壳层的能量, 我们便得到哈密顿算符 H_0 的各最低激发能级. 例如, 在补充材料 B_{XIV} 中我们将会看到氦原子的第一激发组态是:

$$1s, 2s \tag{15}$$

(ii) 如果一种电子组态以填满的壳层而告终, 那么, 与它相联系的非零斯莱特行列式只有一个, 这是因为, 有多少个电子就有多少个正交的单粒子态. 于是, 稀有气体的基态 ($\cdots, ns^2, np^6$) 是非简并的, 和碱土族元素的基态 ($\cdots, ns^2$) 相同. 反之, 如果外层电子数小于被填充的最后能级的简并度, 则原子的基态能级便是简并的: 对于碱金属 ($\cdots, ns$) 简并度等于 2; 对于碳 ($1s^2, 2s^2, 2p^2$), 简并度为 $C_6^2 = 15$, 这是因为我们可以在构成 $2p$ 壳层的六个正交态中任意选择两个单粒子态.

[1417]　　　　(iii) 可以证明, 对于一个填满的壳层, 总角动量等于零, 总轨道角动量及总自旋 (占据该壳层的诸电子的轨道角动量之和及自旋之和) 也都等于零. 因此, 一个原子的角动量[①]仅仅来源于它的外层电子. 于是, 一个基态

---

① 这里所说的角动量是原子中的电子云的角动量, 原子核也具有角动量, 严格说来, 应将它与前者相加.

氦原子的总角动量为零, 一个碱金属原子的总角动量等于 1/2 (它只有轨道角动量为零自旋为 1/2 的一个电子).

参考文献和阅读建议:

Pauling 和 Wilson (1.9), 第 IX 章; Levine (12.3), 第 11 章, §1、§2 和 §3; Kuhn (11.1), 第 IV 章 §A 和 §B; Schiff (1.18), §47; Slater (1.6), 第 6 章; Landao 和 Lifshitz (1.19), §68、§69 和 §70. 还可参看第十一章的参考文献 (哈特里和哈特里–福克方法).

核物理中的壳层模型: Valentin (16.1), 第 VI 章; Preston (16.4), 第 7 章; De-shalit 和 Feshbach (16.6), 第 IV 章和第 V 章. 还可参看下列论文: Mayer (16.20), Peierls (16.21) 和 Baranger (16.22).

[1418]

补充材料 B_{XIV}

氦原子的能级: 组态, 谱项, 多重态

1. 中心场近似. 组态

   a. 静电哈密顿算符

   b. 基本组态和前几个激发组态

   c. 组态的简并

2. 电子间静电斥力的影响: 交换能, 谱项

   a. 在空间 $\mathscr{E}(n,l;n',l')$ 中选择一个与 W 的对称性相适应的基

      α. 总轨道角动量 L 和总自旋 S

      β. 对称化假定所施加的限制

   b. 谱项. 光谱学符号

   c. 讨论

      α. 出自 $1s, 2s$ 组态的谱项的能量

      β. 交换积分

      γ. 两谱项间的能量偏差的物理原因

      δ. 对对称化假定所起作用的分析

      ε. 依赖于自旋的有效哈密顿算符

3. 精细结构能级; 多重态

在前一篇补充材料里. 我们曾在中心场近似的框架内研究过多电子原子, 在这种近似中, 电子是独立的, 这使我们可以引入组态的概念. 下面, 在较精确地计入电子间静电斥力的前提下, 我们来估算应附加给这种近似方法的修正. 为简化分析起见, 我们只限于讨论最简单的多电子原子, 即氦原子. 我们将证明, 在电子间静电斥力的影响下. 这个原子的组态 (§1) 将分裂为若干谱项 (§2); 若计入原子的哈密顿算符中较小项 (磁相互作用项), 那些谱项将导致精细结构多重态 (§3). 从这些讨论中引申出的一些概念可以推广到更为复杂的原子.

1. 中心场近似. 组态

a. 静电哈密顿算符

如同在前一篇材料中那样, 首先, 我们只考虑静电力, 并将氦原子的哈密

顿算符 [第十四章的 (C–24) 式] 写成下列形式:

$$H = H_0 + W \tag{1}$$

其中

$$H_0 = \frac{\boldsymbol{P}_1^2}{2m_e} + \frac{\boldsymbol{P}_2^2}{2m_e} + V_c(R_1) + V_c(R_2) \tag{2}$$

[1419]

而

$$W = -\frac{2e^2}{R_1} - \frac{2e^2}{R_2} + \frac{e^2}{|\boldsymbol{R}_1 - \boldsymbol{R}_2|} - V_c(R_1) - V_c(R_2) \tag{3}$$

我们应这样选择中心势 $V_c(r)$ 使得 W 表示甚小于 H_0 的一个修正项.

若略去 W, 我们便可认为诸电子是独立的 (虽然我们已部分地计入了由势 V_c 所引起的电子间的平均静电斥力), 于是, H_0 的诸能级便确定了这一节里将要研究的各种电子组态. 到 §2, 我们再应用定态微扰理论来研究 W 的影响.

b. 基本组态和前几个激发组态

根据补充材料 A_{XIV}(§2) 中的讨论, 氦原子的组态决定于和 (处在中心势场中的) 两个电子相关的量子数 n, l 及 n', l'; 我们可将对应的能量 E_c 写作:

$$E_c = E_{n,l} + E_{n',l'} \tag{4}$$

于是 (见图 14–11), 若两个电子都在 $1s$ 壳层, 这就是基本组态, 记作 $1s^2$; 若一个电子在 $1s$ 壳层, 另一个电子在 $2s$ 壳层, 这就是第一激发组态 $1s, 2s$; 同理, 第二激发组态是 $1s, 2p$ 组态.

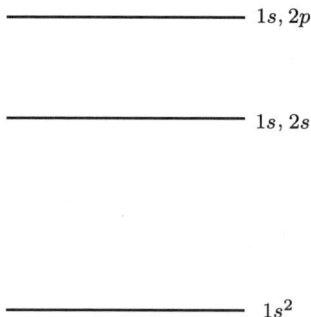

$$\underline{\hspace{5cm}} \quad 1s, 2p$$

$$\underline{\hspace{5cm}} \quad 1s, 2s$$

$$\underline{\hspace{5cm}} \quad 1s^2$$

图 14–11 氦原子的基本组态和前几个激发组态 (未按能量标尺作图).

氦原子的激发组态的形式为 $1s, n'l'$. 实际上还有一种 $nl, n'l'(n, n' > 1)$ 型的"双重激发"组态. 但是, 对于氦原子来说, 这种态的能量已经高于原子的电离能 E_I (即 $n' \to \infty$ 时, $1s, n'l'$ 组态的能量极限), 以致对应态中的大多数都是极不稳定的, 它们倾向于迅速离解为一个离子和一个电子; 我们称这种情况为"自电离态". 但是也有一些属于双重激发组态的能级并不是自电离的, 它们在发射光子后可以退激发. 一些对应的光谱线已在实验上观察到.

[1420]　　c. 组态的简并

因为 V_c 是中心势而且与自旋无关, 所以一种组态的能量并不依赖于和两个电子相关的磁量子数 m 与 $m'(-l \leqslant m \leqslant l; -l' \leqslant m' \leqslant l')$ 及自旋量子数 ε 与 $\varepsilon'(\varepsilon = \pm, \varepsilon' = \pm)$. 由此可见, 大多数组态都是简并的, 下面我们就来计算这种简并.

一种组态中的一个态, 决定于和每个电子相关的四个量子数 (n, l, m, ε) 及 $(n', l', m', \varepsilon')$. 电子是全同粒子, 因此必须引用对称化假定. 根据第十四章 §C–3–b 的结果, 与这个态相联系的物理右矢具有下列形式

$$|n, l, m, \varepsilon; n', l', m', \varepsilon'\rangle = \frac{1}{\sqrt{2}}(1 - P_{21})|1 : n, l, m, \varepsilon; 2 : n', l', m', \varepsilon'\rangle \tag{5}$$

两个电子处在同一单粒子态 $(n = n', l = l', m = m', \varepsilon = \varepsilon')$ 的情况应为泡利原理所排除. 根据第十四章 §C–3–b 的讨论, 假设 (5) 式中的 n, l, n', l' 取固定值, 而且诸右矢都不为零 (即不为泡利原理所排除), 那么这些物理右矢的集合便构成空间 $\mathscr{E}(n, l; n', l')$ 中的一个正交归一基, 这里的 $\mathscr{E}$ 是态空间 $\mathscr{E}_A$ 中与 $nl, n'l'$ 组态相联系的子空间.

为了计算一种组态 $nl, n'l'$ 的简并度, 我们区分两种情况:

(i) 两个电子不在同一壳层 (不具备条件 $n = n'$ 和 $l = l'$).

这时两个电子的单粒子态绝不可能重合, $m, m', \varepsilon, \varepsilon'$ 可以独立地取任意值; 因此, 组态的简并度等于:

$$2(2l + 1) \times 2(2l' + 1) = 4(2l + 1)(2l' + 1) \tag{6}$$

组态 $1s, 2s$ 和组态 $1s, 2p$ 便属于这种情况, 两者的简并度分别为 4 和 12.

(ii) 两个电子在同一壳层 $(n = n', l = l')$.

在这种情况中, 我们应排除 $m = m'$ 且 $\varepsilon = \varepsilon'$ 的那些态. 互不相同的单粒子态的数目是 $2(2l + 1)$, 因此, nl^2 组态的简并度等于由这些单粒子态可能构成的对数 (参看第十四章 §C–3–b), 即

$$C_{2(2l+1)}^2 = (2l + 1)(4l + 1) \tag{7}$$

可见, 属于这种情况的 $1s^2$ 组态是非简并的. 将对应于这种组态的斯莱特行列式展开是很有意义的; 在 (5) 式中, 若令 $n = n' = 1, l = l' = m = m' = 0, \varepsilon = +, \varepsilon' = -$, 并将空间部分写作一个因子, 便得到:

[1421]

$$|1s^2\rangle = |1:1,0,0;2:1,0,0\rangle \otimes \frac{1}{\sqrt{2}}(|1:+;2:-\rangle - |1:-;2:+\rangle) \tag{8}$$

在 (8) 式的自旋部分, 我们看到单态 $|S=0, M_S=0\rangle$ 的表示式, 这里 S 和 M_S 是和总自旋 $\boldsymbol{S} = \boldsymbol{S}_1 + \boldsymbol{S}_2$ 相关的量子数 (参看第十章 §B-4). 由此可见, 虽然哈密顿算符 H_0 与自旋无关, 但是, 由对称化假定引入的限制却导致基态能级的总自旋具有零值, 即 $S=0$.

2. 电子间静电斥力的影响; 交换能, 谱项

现在我们应用定态微扰理论来研究 W 的影响. 为此, 我们应将 W 在与 $nl, n'l'$ 组态相联系的子空间 $\mathscr{E}(n,l;n',l')$ 内的限制算符对角化. 对应矩阵的本征值便给出该组态的能量 E_c 的修正值 (到 W 的第一级), 与此相联系的本征态则是零级本征态.

为了计算在空间 $\mathscr{E}(n,l;n',l')$ 内表示 W 的矩阵, 我们可以先验地取任意一个基, 特别地, 可以取 (5) 式中的右矢作为基. 实际上, 应用与 W 的对称性相适应的基将更为方便. 往后将会看到, 其实一开始, 我们就可以选择 W 的限制算符在其中呈对角形的一种基.

a. 在空间 $\mathscr{E}(n,l;n',l')$ 中选择一个与 W 的对称性相适应的基

α. 总轨道角动量 $\boldsymbol{L}$ 和总自旋 $\boldsymbol{S}$

W 与每个电子的轨道角动量 $\boldsymbol{L}_1$ 及 $\boldsymbol{L}_2$ 是不可对易的; 但是, 前已证明 (参看第十章 §A-2), 若 $\boldsymbol{L}$ 表示总轨道角动量:

$$\boldsymbol{L} = \boldsymbol{L}_1 + \boldsymbol{L}_2 \tag{9}$$

便有

$$[W, \boldsymbol{L}] = \left[\frac{e^2}{R_{12}}, \boldsymbol{L}\right] = \boldsymbol{0} \tag{10}$$

可见 $\boldsymbol{L}$ 是一个运动常量[①]. 此外, 由于 W 在自旋态空间中不起作用, 总自旋 $\boldsymbol{S}$ 也是这样:

$$[W, \boldsymbol{S}] = \boldsymbol{0} \tag{11}$$

于是, 我们来考虑四个算符 $\boldsymbol{L}^2, \boldsymbol{S}^2, L_z, S_z$ 的集合. 它们彼此对易并与 W 对易; 下面将证明, 它们在 $\mathscr{E}_A$ 的子空间 $\mathscr{E}(n,l;n',l')$ 中构成一个 E.C.O.C. 这将使我们在 §b 中可以直接去求 W 在该子空间中的限制算符的本征值.

为此, 我们回到空间 $\mathscr{E}$, 即已任意编号的两个电子的态空间 $\mathscr{E}(1)$ 和 $\mathscr{E}(2)$

[1422]

----

① 这个结果与下述事实有关: 在同时施行于两个电子的旋转中, 它们的距离 R_{12} 保持不变; 但若单独旋转两个电子中的一个, 它们的距离将会变化, 因此之故, W 既不可与 $\boldsymbol{L}_1$ 对易也不可与 $\boldsymbol{L}_2$ 对易.

的张量积. 将空间 $\mathscr{E}$ 中的子空间 $\mathscr{E}_{n,l}(1) \otimes \mathscr{E}_{n',l'}(2)^{①}$中的诸右矢反对称化, 就可以得到空间 $\mathscr{E}_A$ 中的与 $nl, n'l'$ 组态相联系的子空间 $\mathscr{E}(n,l;n',l')$. 若在前一子空间中, 选择 $|1:n,l,m,\varepsilon\rangle \otimes |2:n',l',m',\varepsilon'\rangle$ 作为基, 则经过反对称化, 就得到由诸物理右矢 (5) 构成的基.

但据第十章的结果, 我们知道, 在子空间 $\mathscr{E}_{n,l}(1) \otimes \mathscr{E}_{n',l'}(2)$ 中, 还可以选择另一个基, 它由算符 $\boldsymbol{L}^2, L_z, \boldsymbol{S}^2, S_z$ 的共同本征矢构成, 并完全决定于对应的本征值, 下面将这个基记作:

$$\{|1:n,l;2:n',l';L,M_L\rangle \otimes |S,M_S\rangle\} \tag{12}$$

其中

$$\begin{cases} L = l+l', l+l'-1, \cdots, |l-l'| \\ S = 1, 0 \end{cases} \tag{13}$$

由于 $\boldsymbol{L}^2, L_z, \boldsymbol{S}^2, S_z$ 都是对称算符 (它们与 P_{21} 对易), 故 (12) 式中的矢量在反对称化之后仍然是算符 $\boldsymbol{L}^2, L_z, \boldsymbol{S}^2, S_z$ 的本征矢, 属于并未改变的本征值 (某些矢量在 $\mathscr{E}_A$ 上的投影当然可能为零, 这时, 对应的物理状态是为泡利原理所不容的; 参看下面的 §β). 将 (12) 式反对称化以后得到的诸非零右矢是正交的, 这是因为它们对应于已提出的四个观察算符中的至少一个算符的互异本征值. 由于它们张成空间 $\mathscr{E}(n,l;n',l')$, 故它们构成该子空间中的一个正交归一基, 我们将它记作:

$$\{|n,l;n',l';L,M_L;S,M_S\rangle\} \tag{14}$$

其中,

$$|n,l;n',l';L,M_L;S,M_S\rangle = c(1-P_{21})\{|1:n,l;2:n',l';L,M_L\rangle \otimes |S,M_S\rangle\} \tag{15}$$

式中 c 是归一化常数. 由此可知, $\boldsymbol{L}^2, L_z, \boldsymbol{S}^2, S_z$ 在空间 $\mathscr{E}(n,l;n',l')$ 构成一个 E.C.O.C.

现在, 我们在自旋态空间中引入置换算符 $P_{21}^{(S)}$:

$$P_{21}^{(S)}|1:\varepsilon;2:\varepsilon'\rangle = |1:\varepsilon';2:\varepsilon\rangle \tag{16}$$

在第十章 §B–4 [参看附注 (ii)] 中, 已经证明:

$$P_{21}^{(S)}|S,M_S\rangle = (-1)^{S+1}|S,M_S\rangle \tag{17}$$

[1423]　此外, 若 $P_{21}^{(0)}$ 是轨道变量态空间中的置换算符, 则有

---

① 我们也可以从子空间 $\mathscr{E}_{n',l'}(1) \otimes \mathscr{E}_{n,l}(2)$ 开始 [参看第十四章 §B–2–c 的附注 (i)].

$$P_{21} = P_{21}^{(0)} \otimes P_{21}^{(S)} \tag{18}$$

利用 (17) 式和 (18) 式, 我们即可将 (15) 式最终写成下列形式:

$$|n, l; n', l'; L, M_L; S, M_S\rangle$$
$$= c\{[1 - (-1)^{S+1} P_{21}^{(0)}]|1 : n, l; 2 : n', l'; L, M_L\rangle\} \otimes |S, M_S\rangle \tag{19}$$

β. 对称化假定所施加的限制

我们在前面已经看到, 空间 $\mathscr{E}(n, l; n', l')$ 维数并不总是等于 $4(2l+1)(2l'+1)$, 也就是说, 并不总等于空间 $\mathscr{E}_{n,l}(1) \otimes \mathscr{E}_{n',l'}(2)$ 的维数. 因此, 空间 $\mathscr{E}_{n,l}(1) \otimes \mathscr{E}_{n',l'}(2)$ 中的某些矢量在空间 $\mathscr{E}(n, l; n', l')$ 中的投影可能等于零. 研究一下对称化假定所施加的这一限制对 (14) 式中的基产生的影响, 是很有意义的.

首先, 我们假设两个电子并未占据同一壳层. 于是, 不难看出, (19) 式的轨道部分是两个正交右矢的和或差, 因此, 绝不为零[1]. 矢量 $|S, M_S\rangle$ 的情况与此相同, 由此可以推知, L 和 S 的所有可能值 [参看 (13) 式] 都是容许的, 例如, 对于 $1s, 2s$ 组态, 可以取 $S = 0, L = 0$ 和 $S = 1, L = 0$; 对于 $1s, 2p$ 组态, 可以取 $S = 0, L = 1$ 和 $S = 1, L = 1$, 等等.

现在假设两个电子占据着同一壳层, 即有 $n = n'$ 和 $l = l'$, 而且 (19) 式中的某些右矢可能等于零. 实际上, 我们可将右矢 $|1 : n, l; 2 : n', l'; L, M_L\rangle$ 写成下列形式:

$$|1 : n, l; 2 : n', l'; L, M_L\rangle$$
$$= \sum_m \sum_{m'} \langle l, l'; m, m' | L, M_L\rangle |1 : n, l, m; 2 : n', l', m'\rangle \tag{20}$$

根据补充材料 B$_X$ 中的 (25) 式:

$$\langle l, l; m, m' | L, M_L\rangle = (-1)^L \langle l, l; m', m | L, M_L\rangle \tag{21}$$

利用 (20) 式, 便得到:

$$P_{21}^{(0)}|1 : n, l; 2 : n, l; L, M_L\rangle = (-1)^L|1 : n, l; 2 : n, l; L, M_L\rangle \tag{22}$$

将此结果代入 (19) 式, 我们得到[2]:

$$|n, l; n, l; L, M_L; S, M_S\rangle$$
$$= \begin{cases} 0 & \text{若 } L + S \text{ 是奇数} \\ |1 : n, l; 2 : n, l; L, M_L\rangle \otimes |S, M_S\rangle & \text{若 } L + S \text{ 是偶数} \end{cases} \tag{23}$$

---

[1] 于是归一化常数 c 等于 $1/\sqrt{2}$.

[2] 于是归一化常数 c 等于 $1/2$.

由此可见, L 和 S 不可能是任意的: $L+S$ 应为偶数. 特别地, 对于 $1s^2$ 组态, 必有 $L=0$, 从而排除了 $S=1$. 这样, 我们又得到了前面已经得到的结果.

[1424]

最后, 我们注意, 对称化假定在物理右矢 (19) 的轨道部分对称性和自旋部分对称性之间建立了紧密的联系. 由于总右矢应是反对称的, 而且视 S 的值如何, 自旋部分或是对称的 ($S=1$), 或是反对称的 ($S=0$). 所以, 若 $S=1$, 轨道部分应是反对称的, 若 $S=0$, 则应是对称的. 下面我们将会看到这个结果的重要意义.

b. 谱项. 光谱学符号

W 与四个观察算符 $\boldsymbol{L}^2, L_z, \boldsymbol{S}^2, S_z$ 对易, 这四个算符在空间 $\mathscr{E}(n,l;n',l')$ 内构成一个 E.C.O.C.; 由此推知. W 在空间 $\mathscr{E}(n,l;n',l')$ 内的限制算符在基 $\{|n,l;n',l';L,M_L;S,M_S\rangle\}$ 内本来就是对角的, 而且此算符的本征值为:

$$\delta(L,S) = \langle n,l;n',l';L,M_L;S,M_S|W|n,l;n',l';L,M_L;S,M_S\rangle \tag{24}$$

这个能量既不依赖于 M_L, 也不依赖于 M_S; 实际上由 (10) 式和 (11) 式可以看出, W 不但与 L_z 及 S_z 对易, 而且与 $L_\pm$ 及 $S_\pm$ 对易, 由此可见, W 在轨道态空间中和自旋态空间中都是一个标量算符 (参看补充材料 B_{VI} 的 §5-b 和 §6-c).

于是, 在每一种组态 $nl, n'l'$ 内, 我们得到这样一些能级 $E_c(n,l;n',l') + \delta(L,S)$, 它们是以 L 和 S 的值为标志的, 其中每一个能级的简并度 $(2L+1)(2S+1)$. 这些能级叫做谱项, 它们的记法如下: 采用光谱学的符号 (第七章 §C–4–b), 给 L 的一个值联系上一个字母, 先写下对应的大写字母, 再于其左上角添加数值为 $2S+1$ 的数码. 例如, $1s^2$ 组态只有一个谱项, 记作 ^1S (在前面我们已经看到, ^3S 项是泡利原理所不容的); $1s,2s$ 组态构成两项: ^1S (非简并的) 和 ^3S (三重简并); $1s,2p$ 组态构成两项: ^1P (三重简并) 和 ^3P (九重简并); 对于更复杂的组态, 例如 $2p^2$ 组态, 我们得到 (参看前面的 §2–a–β) 谱项 $^1S, ^1D$ 和 ^3P ($L+S$ 应为偶数), 等等.

可见在静电斥力的影响下, 每一种组态的简并都得以部分的消除 (非简并的 $1s^2$ 组态只是平移). 我们将通过 $1s,2s$ 组态这一简例来仔细地研究简并的消除, 并试图弄清楚: 出自这一组态的两项 ^1S 和 ^3S (两者的差别在于总自旋的值) 为什么具有不同的能量, 而最初的哈密顿算符却是纯静电性的.

c. 讨论

α. 出自 $1s, 2s$ 组态的谱项的能量

在 $1s, 2s$ 态中, $l=l'=L=0$ 故由 (20) 式很容易得到:

$$|1:n=1,l=0;2:n'=2,l'=0;L=M_L=0\rangle =$$
$$|1:n=1,l=m=0;2:n'=2,l'=m'=0\rangle \tag{25}$$

我们可将这个矢量更简单地记作 $|1:1s;2:2s\rangle$. 如果将出自 $1s,2s$ 组态的两 [1425] 个谱项 ^3S 和 ^1S 所对应的态记作 $|^3S,M_S\rangle$ 和 $|^1S,0\rangle$, 那么, 将 (25) 式代入 (19) 式, 便得到:

$$\begin{cases} |^3S,M_S\rangle = \dfrac{1}{\sqrt{2}}[(1-P_{21}^{(0)})|1:1s;2:2s\rangle] \otimes |S=1,M_S\rangle & \text{(26–a)} \\[2mm] |^1S,0\rangle = \dfrac{1}{\sqrt{2}}[(1+P_{21}^{(0)})|1:1s;2:2s\rangle] \otimes |S=0,M_S=0\rangle & \text{(26–b)} \end{cases}$$

由于 W 对自旋变量没有作用, (24) 式给出的本征值便可写作:

$$\delta(^3S) = \frac{1}{2}\langle 1:1s;2:2s|(1-P_{21}^{(0)})W(1-P_{21}^{(0)})|1:1s;2:2s\rangle \qquad \text{(27–a)}$$

$$\delta(^1S) = \frac{1}{2}\langle 1:1s;2:2s|(1+P_{21}^{(0)})W(1+P_{21}^{(0)})|1:1s;2:2s\rangle \qquad \text{(27–b)}$$

(这里应用了 $P_{21}^{(0)}$ 的厄米性). 此外, $P_{21}^{(0)}$ 与 W 对易, 而且 $P_{21}^{(0)}$ 的平方是恒等算符; 于是:

$$(1\pm P_{21}^{(0)})W(1\pm P_{21}^{(0)}) = (1\pm P_{21}^{(0)})^2 W = 2(1\pm P_{21}^{(0)})W \qquad \text{(28)}$$

最后得到:

$$\begin{cases} \delta(^3S) = K - J & \text{(29–a)} \\[1mm] \delta(^1S) = K + J & \text{(29–b)} \end{cases}$$

其中

$$K = \langle 1:1s;2:2s|W|1:1s;2:2s\rangle \qquad \text{(30)}$$

$$J = \langle 1:1s;2:2s|P_{21}^{(0)}W|1:1s;2:2s\rangle$$

$$= \langle 1:2s;2:1s|W|1:1s;2:2s\rangle \qquad \text{(31)}$$

由此可见, K 表示两个谱项的能量的总平移, 因而对两者的分离并无贡献. 但 J 是更有意义的部分, 因为它引入了 ^3S 项与 ^1S 项之间的能量差 (参看图 14–12); 下面再对此进行略微详细的研究. [1426]

β. 交换积分

将 W 的表示式 (3) 代入 (31) 式, 便出现下列形式的项:

$$\langle 1:2s;2:1s|V_c(R_1)|1:1s;2:2s\rangle = \langle 1:2s|V_c(R_1)|1:1s\rangle\langle 2:1s|2:2s\rangle \qquad \text{(32)}$$

但是, 两个正交态 $|2:1s\rangle$ 和 $|2:2s\rangle$ 的标量积为零, 因此, (32) 式等于零. 同样的分析表明, 来自算符 $V_c(R_2),-2e^2/R_1,-2e^2/R_2$ 的诸项都等于零; 实际上, 这

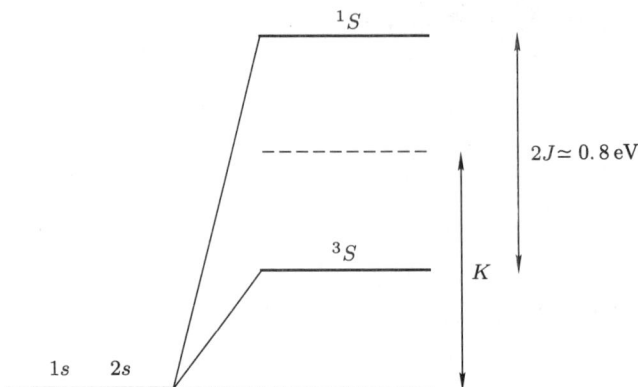

图 14–12　出自氦原子的 $1s, 2s$ 组态的谱项 ^1S 和 ^3S 的相对位置. K 表示该组态的总平移; 简并的消除正比于交换积分 J.

些算符中的每一个都只在单电子态空间中起作用, 而双电子态在 (31) 式的右矢中和左矢中是不相同的. 最后, 只剩下:

$$J = \left\langle 1 : 2s; 2 : 1s \left| \frac{e^2}{|\boldsymbol{R}_1 - \boldsymbol{R}_2|} \right| 1 : 1s; 2 : 2s \right\rangle \tag{33}$$

由此可见, J 只涉及电子间的静电斥力.

假设 $\varphi_{n,l,m}(\boldsymbol{r})$ 是与态 $|n, l, m\rangle$ (一个电子在中心势场 V_c 中的定态) 相联系的波函数:

$$\varphi_{n,l,m}(\boldsymbol{r}) = \langle \boldsymbol{r}|n, l, m\rangle \tag{34}$$

在表象 $\{|\boldsymbol{r}\rangle\}$ 中, 根据 (33) 式, J 的计算给出:

$$J = \int \mathrm{d}^3 r_1 \int \mathrm{d}^3 r_2 \varphi_{2,0,0}^*(\boldsymbol{r}_1)\varphi_{1,0,0}^*(\boldsymbol{r}_2)\frac{e^2}{|\boldsymbol{r}_1 - \boldsymbol{r}_2|}\varphi_{1,0,0}(\boldsymbol{r}_1)\varphi_{2,0,0}(\boldsymbol{r}_2) \tag{35}$$

这个积分叫做"交换积分"; 在这里我们不具体计算它, 但可指出其值为正.

γ. 两谱项间的能量偏差的物理原因

从 (26) 式和 (27) 式可以看出, 谱项 ^3S 和 ^1S 之间的能量差产生的原因在于此两谱项的轨道部分的对称性不相同; 我们曾在 §2–a 的末尾强调指出, 一个三重项 ($S = 1$) 对于两个电子的对换而言应具有反对称的轨道部分, 因此之故, 在 (26–a) 与 (27–a) 式中的 $P_{21}^{(0)}$ 前面出现一个负号, 而一个单态项 ($S = 0$) 则应具有对称的轨道部分 [在 (26–b) 和 (27–b) 式中出现正号].

这就说明了图 14–12 中画出的 ^3S 项与 ^1S 项之间的相对位置. 对于单态项, 轨道波函数对于两电子的对换是对称的, 于是, 两个电子出现在空间同一地点的概率并不为零; 由于这个缘故, 给出能量 e^2/r_{12} (它在两电子靠近时增大) 的静电斥力使得单态的能量显著增大. 反之, 对于三重态, 轨道波函数对于两电子的对换是反对称的, 于是, 两个电子出现在空间同一地点的概率等于零, 在这种情况下, 静电斥力的平均值更小. 由此可见, 单态与三重态之间的能量差异来源于下述事实: 两个电子的轨道变量之间的关系, 由于对称化假定的影响, 随着总自旋数值的不同而不同.

δ. 对称化假定所起作用的分析   [1427]

讨论进行到这一阶段, 人们也许以为组态简并得以消除的原因就是对称化假定. 我们将要说明①, 其实并不如此; 这个假定只固定了一种组态中因电子间静电斥力而形成的那些谱项的总自旋值.

为了看出这一点, 我们权且假设并无必要应用对称化假定. 例如, 我们设想将两个电子换为两个假想的粒子, 它们的质量、电荷、自旋都与电子的相同, 但还具有另一种固有性质, 我们可以据此来区分这两个粒子 [但并未改变问题的哈密顿算符 H, 它仍由 (1) 式给出]. 由于 H 不依赖于自旋, 而且不必应用对称化假定, 我们可将自旋完全忽略不计, 并可在计算的末尾给得到的所有简并度都乘以 4. 从轨道部分的观点看来. 算符 H_0 的对应于 $1s, 2s$ 组态的能级是二重简并的, 这是因为有两个正交态 $|1 : 1s; 2 : 2s\rangle$ 和 $|1 : 2s; 2 : 1s\rangle$ 与该能级对应 (两个粒子具有不同的性质, 因此, 这是两个不同的物理状态). 为了研究 W 的影响, 我们应将 W 在这两个右矢所张的二维空间中对角化. 对应的矩阵可以写作:

$$\begin{pmatrix} K & J \\ J & K \end{pmatrix} \tag{36}$$

其中 J 和 K 由 (30) 和 (31) 式给出 (对于两粒子的对换, W 是不变的, 因此, (36) 式的两个对角元相等]. 矩阵 (36) 可以立即对角化. 我们求得本征值 $K + J$ 和 $K - J$, 它们分别对应于两右矢 $|1 : 1s; 2 : 2s\rangle$ 和 $|1 : 2s; 2 : 1s\rangle$ 的对称的线性组合和反对称的线性组合. 这些轨道本征态对于两粒子的对换具有完全确定的对称性, 这一事实与泡利原理毫无关系, 其原因仅仅在于 W 与 $P_{21}^{(0)}$ 对易 (因此, 我们可以求得 W 与 $P_{21}^{(0)}$ 的共同本征态).

若两个粒子并非全同的, 则我们最后将再次得到和前面相同的能级位置和轨道对称性. 但是, 能级的简并则显然不相同: 能量为 $K - J$ 的较低能级可以具有任意的总自旋 $S = 0$ 或 $S = 1$, 较高能级也可如此.

如果回到实际的氦原子, 我们就可十分明显地看到泡利原理的作用. 原始能级 $1s, 2s$ 裂成能量为 $K + J$ 和 $K - J$ 的两个能级, 其原因不在泡利原理, 这是因为对于性质不同的两个粒子, 这种分裂也同样会出现. 与此相似, 本征矢的轨道部分的对称特征或反对称特征与静电相互作用对两个电子的置换不变性有关. 泡利原理的作用仅仅表现在禁止较低能级具有总自旋 $S = 0$, 禁止

———————————
① 还可参看第十四章 §C–4–a–β 的附注 (i).

较高能级具有总自旋 $S = 1$; 这是因为对应的态具有总的对称特征, 而这是费米子所不能接受的.

ε. 依赖于自旋的有效哈密顿算符

将 W 换成下列算符:

$$\widetilde{W} = \alpha + \beta \boldsymbol{S}_1 \cdot \boldsymbol{S}_2 \tag{37}$$

其中 $\boldsymbol{S}_1, \boldsymbol{S}_2$ 表示两电子的自旋. 我们还可以取:

$$\widetilde{W} = \alpha - \frac{3\beta\hbar^2}{4} + \frac{\beta}{2}\boldsymbol{S}^2 \tag{38}$$

这样一来, $\widetilde{W}$ 的本征态就是三重态 (属于本征值 $\alpha + \beta\hbar^2/4$) 和单态 (属于本征值 $\alpha - 3\beta\hbar^2/4$). 可见, 如果令:

$$\begin{cases} \alpha = K - \dfrac{J}{2} \\ \beta = -\dfrac{2J}{\hbar^2} \end{cases} \tag{39}$$

则将 $\widetilde{W}$ 对角化后, 我们将得到和前面已得结果相同的本征值和本征态[1]. 于是我们可以认为, 情况好像导致谱项出现的微扰就是 $\widetilde{W}$ (即"有效"哈密顿算符), 它的形式使我们回想起两个自旋间的磁相互作用. 但是, 我们不应该以为电子间的耦合能量 (出现两个谱项的原因) 来源于磁性: 和电子磁矩相等的两个磁矩, 其间距离约 1Å 时, 它们的相互作用能比 J 小得多. 但是, 由于 $\widetilde{W}$ 的形式简单, 人们宁肯经常使用这个有效哈密顿算符而不用 W.

研究铁磁性时也会出现类似的情况. 在铁磁体中, 所有的电子自旋都倾向于使自己的取向平行于同一方向. 实际上, 自旋态完全是对称的, 从而泡利原理便要求轨道态完全是反对称的; 和氦原子情况下的理由相同, 电子间的排斥静电能这时达到极小值. 研究这些现象时, 人们常常应用 (37) 式那种类型的有效哈密顿算符, 但须注意, 作为耦合的原因, 物理上的相互作用在这种情况下仍然是静电性的而不是磁性的.

附注:

(i) 对于 $1s, 2p$ 组态可按同样方式进行讨论. 这时 $L = 1$, 从而 $M_L = +1, 0$ 或 -1. 和 $1s, 2s$ 态相似, 被两个电子占据的壳层是不相同的, 因此, 两个谱项 ^3P 和 ^1P 同时存在, 前者是九重简并的, 后者是三重简并的. 我们可以如同在前面那样证明, ^3P 项的能量低于 ^1P 项的能量, 两能量之差正比于一个交换积分, 其形式与 (35) 式中的相似.

(ii) 我们已将 W 作为 H_0 的微扰来处理; 为使这种方法不致引起矛盾, 则与

---

[1] 当然, 只需保留 $\widetilde{W}$ 的属于空间 $\mathscr{E}_A$ 的那些本征矢.

W 相联系的能量偏移 [例如 (35) 式中的交换积分] 应该小于各组态间的能量差. 但情况并非如此. 例如, 就 $1s, 2s$ 组态和 $1s, 2p$ 组态而言, 在组态 $1s, 2s$ 中, 能量偏移 $\Delta E(^1S - {}^3S)$ 的数量积为 0.8 eV, 但能级间的最小间隔则为 $\Delta E[(1s, 2p)^3 P - (1s, 2s)^1 S] \simeq 0.35$ eV. 我们也许因此而以为将 W 作为 H_0 的微扰来处理是不恰当的.

但是, 前面提出的方法是正确的. 这是因为, 对于所有 $1s, n'l'$ 型的组态而言, 都应取 $L = l'$. 因此, 根据 (10) 式可以和 $\boldsymbol{L}$ 对易的 W 在 $1s, 2s$ 组态中的态和 $1s, 2p$ 组态中的态之间的矩阵元为零 (后一种组态是与 L 的不同值对应的). W 只能将 $1s, n'l'$ 组态与能量决然更高的组态耦合起来, 后一种组态的类型是 $1s, n''l''$, 但 $l'' = l'$ (只是 n 的值不同), 或是 $nl, n''l''$, 但 n 和 n'' 都不等于 1 (角动量 l 和 l'' 可能组合为 l').

3. 精细结构能级; 多重态

直到现在, 我们都只在哈密顿算符中计入了纯静电性的相互作用, 而忽略了所有相对论性的和磁性的效应. 在实际体系中, 这些效应都存在. 我们曾在氢原子情况下对此有所讨论 (参看第十二章 §B–1), 在氢原子中, 这些效应来源于电子质量随速度的变化, $\boldsymbol{L} \cdot \boldsymbol{S}$ 型的自旋–轨道耦合以及达尔文项. 就氦原子而言, 由于同时存在着两个电子而使情况变得更为复杂: 例如, 在哈密顿算符中有一个自旋–自旋磁耦合项 (参看补充材料 B$_{XI}$), 它在两个电子的自旋态空间中和轨道态空间中同时起作用[①]. 但是, 与相对论性及磁性耦合相联系的能量差甚小于两个互异谱项间的能量差, 因此, 问题得到很大的简化. 这样一来, 我们就可以将对应的哈密顿算符 (精细结构哈密顿算符) 当作微扰来处理.

对氦原子能级的精细结构的详细研究超出了本文的范围, 下面我们只满足于讨论问题的对称性并说明怎样区分不同的能级. 我们将利用下述事实: 对电子的所有轨道变量和自旋变量同时施行同一旋转, 精细结构哈密顿算符 H_{SF} 保持不变. 由此推知 [参看补充材料 B$_{VI}$, §6], 若 $\boldsymbol{J}$ 表示诸电子的总角动量:

$$\boldsymbol{J} = \boldsymbol{L} + \boldsymbol{S} \tag{40}$$

则有:

$$[H_{SF}, \boldsymbol{J}] = \boldsymbol{0} \tag{41}$$

但是, 如果只对轨道变量或只对自旋变量施行旋转, 那么, 精细结构哈密顿算   [1430] 符就会发生变化, 即:

$$[H_{SF}, \boldsymbol{L}] = -[H_{SF}, \boldsymbol{S}] \neq \boldsymbol{0} \tag{42}$$

[①] 关于精细结构哈密顿算符的具体表示式, 譬如, 可参看 Sobel'man (11.12), §19–6.

例如, 对于算符 $\sum_i \xi(r_i)\boldsymbol{L}_i \cdot \boldsymbol{S}_i$, 或对于偶极 – 偶极磁相互作用哈密顿算符 (参看补充材料 B_{XI}), 我们都很容易验证这些性质.

与一个谱项相联系的态空间由 (19) 式中的态矢量 $|n, l; n', l'; L, M_L; S, M_S\rangle$ 张成, 其中 L 和 S 都是固定的, 其中还附有:

$$\begin{cases} -L \leqslant M_L \leqslant +L \\ -S \leqslant M_S \leqslant +S \end{cases} \tag{43}$$

在这个子空间中, 可以证明 $\boldsymbol{J}^2$ 和 J_z 构成一个 E.C.O.C., 根据 (41) 式, 它又与 H_{SF} 对易; 因此, $\boldsymbol{J}^2$ 的 [属于本征值 $J(J+1)\hbar^2$ 的] 和 J_z 的 (属于本征值 $M_J\hbar$ 的) 共同本征矢一定是 H_{SF} 的本征矢, 对应的本征值依赖于 J 但不依赖于 M_J (最后这一性质来源于 H_{SF} 与 J_+ 及 J_- 的可对易性). 根据角动量耦合的普遍理论, J 的可能值为:

$$J = L + S, L + S - 1, L + S - 2, \cdots, |L - S| \tag{44}$$

由此可见, H_{SF} 的影响表现为简并的部分消除; 就每一个 "项" 而言, (44) 式给出 J 的多少个不同值, 便出现多少个不同的能级; 这些能级中的每一个都是 $(2J+1)$ 重简并的, 我们按惯例称它为一个 "多重态". 表示一个多重态的惯用光谱学符号是这样构成的: 在该多重态所由产生的谱项符号的右下角添一个指标, 其值等于 J. 例如, 氦原子的基态能级只给出一个多重态 $^1S_0$. 同样地, $1s, 2s$ 组态的 ^1S 项和 ^3S 项分别只形成一个多重态 $^1S_0$ 和 $^3S_1$. 但是, 来源于 $1s, 2p$ 组态的 ^3P 项则形成三个多重态: $^3P_2, ^3P_1, ^3P_0$ (见图 14–13), 以下类推. 必须指出: 从基本观点看来, 对于 $1s, 2p$ 组态的 ^3P 能级的精细结构, 无论测量或理论计算都具有重大意义, 因为由此可以得到 "精细结构常数" $\alpha = e^2/\hbar c$ 的极其精确的数据.

附注:

(i) 对于很多种原子, 精细结构哈密顿算符实际上由下式给出:

$$H_{SF} \simeq \sum_{i=1}^{N} \xi(R_i)\boldsymbol{L}_i \cdot \boldsymbol{S}_i \tag{45}$$

其中 $\boldsymbol{R}_i, \boldsymbol{L}_i$ 和 $\boldsymbol{S}_i$ 表示 N 个电子中每一个的位置, 角动量和自旋. 根据维格纳 – 埃克特定理 (参看补充材料 D_X), 可以证明, 多重态 J 的能量正比于 $J(J+1) - L(L+1) - S(S+1)$; 这个结果有时叫做 "朗德间距定则".

对于氦, 来源于 $1s, 2p$ 组态的能级 $^3P_1$ 和 $^3P_2$ 之间的间距, 比上述定则所预计的小得多, 其原因在于两电子自旋间的偶极 – 偶极磁耦合的重要影响.

(ii) 在本文中我们忽略了与核自旋有关的 "超精细效应" (参看第十二章 §B–2).

这种效应实际上只存在于同位素 ^{3}He 中, 它的核自旋 $I = 1/2$ (同位素 ^{4}He 的核自旋等于零). 在 ^{3}He 的情况下, 电子角动量 J 的每一个多重态都分裂为总角动量 $F = J \pm 1/2$ 的两个超精细能级, 简并度为 $2F + 1$ (当然 $J = 0$ 的情况除外).

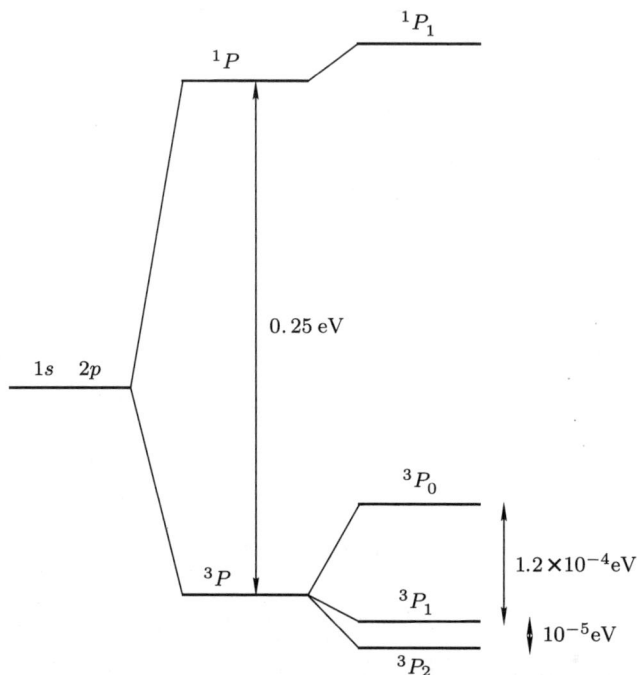

图 14–13   氦原子的 $1s, 2p$ 组态中的谱项及多重态的相对位置 (为使图形清楚起见, 三个多重态 $^3P_0, ^3P_1, ^3P_2$ 之间的间隔已相当夸大了).

参考文献和阅读建议:

Kuhn (11.1), 第 III–B 章; Slater (11.8), 第 18 章; Bethe 和 Salpeter (11.10).

多重态理论和泡利原理: Landau 和 Lifshitz (1.19), §64 和 §65; Slater (1.6) 第 7 章和 (11.8) 第 13 章; Kuhn (11.1), 第 V 章 §A; Sobel'man (11.12) 第 2 章, §5.3.

[1432]

补充材料 C_{XIV}

电子气的物理性质. 在固体中的应用

---

    1. 封闭在 "箱" 中的自由电子

        a. 电子气的基态; 费米能级 E_F

        b. 能量接近 E_F 的电子的重要意义

        c. 周期边界条件

    2. 固体中的电子

        a. 容许能带

        b. 费米能级的位置和导电性

    在补充材料 A_{XIV} 和 B_{XIV} 中, 在考虑到对称化假定的同时, 我们研究过中心势场中的少数独立电子的能级 (多电子原子的壳层模型). 现在我们来考察极大量电子构成的体系, 并将证明, 泡利的不相容原理对这种体系的行为具有十分惊人的影响.

    为了简化讨论, 我们不考虑电子间的相互作用: 此外, 在开始阶段 (§1), 我们假设势场的作用在于将诸电子维持在一个给定的容积内, 这个势场只存在于该容积边界的紧邻区域中, 除此以外, 没有任何外场 (封闭在 "箱" 中的自由电子气). 我们将引入费米能级 E_F 这一重要概念, 这个能级只依赖于单位体积中的电子数; 我们还将证明, 电子气的物理性质 (比热、磁极化率等) 实质上决定于能量接近于 E_F 的那些电子.

    自由电子模型很好地说明了某些金属的主要性质. 但是, 一般说来, 固体中的电子处在晶体内的离子所产生的周期势场中. 我们知道, 每一电子的能级组成一些容许能带, 它们之间隔着禁止能带 (参看补充材料 F_{XI} 和 O_{III}). 在 §2 中, 我们将定性地证明, 固体的电子导电性实质上决定于电子体系的费米能级相对于容许能带的位置: 固体是绝缘体还是导体, 须视这个位置而定.

[1433]

1. 封闭在 "箱" 中的自由电子

a. 电子气的基态; 费米能级 E_F

    我们来考察 N 个电子的体系, 略去电子间的相互作用, 并设它们不受任何外势的作用, 但这 N 个电子是封闭在一个箱内的, 为简单起见, 我们将这个箱取作边长为 L 的立方体.

如果电子不能越过箱子的诸壁,那是因为,这些壁构成了实际上是无限高的势垒. 由于电子的势能在箱内为零, 我们便回到了三维无限深方势阱的问题 (参看补充材料 G_{II} 和 H_I). 这种势阱中的一个粒子的定态由下列波函数来描述:

$$\varphi_{n_x,n_y,n_z}(\boldsymbol{r}) = \left(\frac{2}{L}\right)^{3/2} \sin\left(n_x\frac{\pi x}{L}\right) \sin\left(n_y\frac{\pi y}{L}\right) \sin\left(n_z\frac{\pi z}{L}\right) \tag{1-a}$$

$$n_x, n_y, n_z = 1, 2, 3, \cdots, \tag{1-b}$$

[(1-a) 式的定义域是 $0 \leqslant x, y, z \leqslant L$, 在此区间外, 波函数为零]. 与 φ_{n_x,n_y,n_z} 相联系的能量为:

$$E_{n_x,n_y,n_z} = \frac{\pi^2\hbar^2}{2m_eL^2}(n_x^2 + n_y^2 + n_z^2) \tag{2}$$

当然, 还应该考虑到电子的自旋: (1) 式中的每一个波函数描述不同的两个定态的空间部分, 两者的区别在于自旋的取向; 这两个态对应于同一能量, 因为问题的哈密顿算符是与自旋无关的.

这些定态的集合构成一个离散的基, 在其中我们可以构成封闭在箱内的一个电子的任意态 (这就是说, 它的波函数在箱壁上等于零). 应该注意的是, 若增大箱的尺寸, 我们便可任意减小两个相继的单粒子能量之间的间隔, 这是因为这个间隔与 L^2 成反比; 如果 L 充分大, 实际上我们将不可能区分离散谱 (2) 和包含能量的所有正值的连续谱.

要得到 N 个独立电子的体系的基态应将与泡利原理所容许的最低能量相联系的 N 个单粒子态的张量积反对称化. 如果 N 很小, 我们便很容易填充 (2) 式中的前几个单粒子能级, 求得体系的基态与其简并度, 以及与此对应的经过反对称化的右矢. 但是, 如果 N 比 1 大得多 (在宏观的固体中, N 的数量级为 10^{23}), 这种方法实际上不可行, 于是, 我们应从整体上进行分析.

首先, 我们来计算能量小于给定值 E 的单粒子定态的数目 $n(E)$. 为此, 将能量可能值的表示式 (2) 写成下列形式:

$$E_{n_x,n_y,n_z} = \frac{\hbar^2}{2m_e}\boldsymbol{k}_{n_x,n_y,n_z}^2 \tag{3}$$

其中

$$(\boldsymbol{k}_{n_x,n_y,n_z})_x = n_x\frac{\pi}{L}$$

$$(\boldsymbol{k}_{n_x,n_y,n_z})_y = n_y\frac{\pi}{L}$$

$$(\boldsymbol{k}_{n_x,n_y,n_z})_z = n_z\frac{\pi}{L} \tag{4}$$

[1434]

根据 (1) 式, 与每一个函数 $\varphi_{n_x,n_y,n_z}(\boldsymbol{r})$ 对应着一个矢量 $\boldsymbol{k}_{n_x,n_y,n_z}$; 反之, 与这些矢量中的每一个, 都对应着一个而且只对应着函数 φ_{n_x,n_y,n_z}. 因此, 将模小

于 $\sqrt{2m_e E/\hbar^2}$ 的矢量 $\boldsymbol{k}_{n_x,n_y,n_z}$ 的数目乘以 2, 便得到态的数目 $n(E)$ (因子 2 当然来源于电子自旋的存在). 诸矢量 $\boldsymbol{k}_{n_x,n_y,n_z}$ 的端点将 $\boldsymbol{k}$ 空间划分为边长为 π/L 的很多基元立方体 (参看图 14–14, 在此图中为简单起见, 我们取二维空间来代替三维空间). 每一个端点为相邻的八个立方体所公有, 而每一个立方体又有八个顶点, 因此, 如果基元立方体充分小 (即若 L 充分大), 我们便可以认为在 $\boldsymbol{k}$ 空间中每一个体积元 $(\pi/L)^3$ 便有一个矢量 $\boldsymbol{k}_{n_x,n_y,n_z}$.

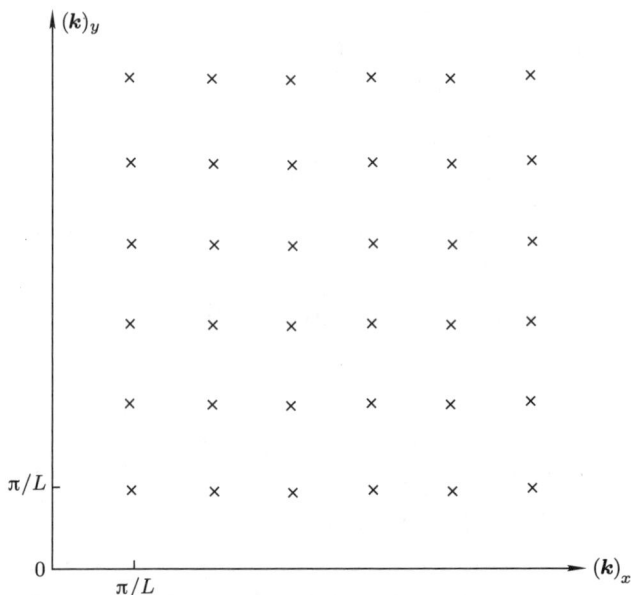

图 14–14　矢量 $\boldsymbol{k}_{n_x,n_y,n_z}$ 的端点, 它们表征二维无限深方势阱的定态波函数

我们所选定的能量值 E 在 $\boldsymbol{k}$ 空间中确定了一个球, 其中心在原点, 半径为 $\sqrt{2m_e E/\hbar^2}$. 和问题有关的, 只是这个球的体积的八分之一, 这是因为 $\boldsymbol{k}$ 的分量都是正数 [参看 (1–b) 和 (4) 式]; 如果用与每一定态相联系的基元体积 $(\pi/L)^3$ 来分割这个区域并计入来源于自旋的因子 2, 我们便得到:

$$n(E) = 2\,\frac{1}{8}\,\frac{4}{3}\pi\left(\frac{2m_e}{\hbar^2}E\right)^{3/2}\frac{1}{(\pi/L)^3} = \frac{L^3}{3\pi^2}\left(\frac{2m_e}{\hbar^2}E\right)^{3/2} \tag{5}$$

[1435]　　　用这个结果可以直接计算在体系的基态中一个电子的最大单粒子能量, 即电子气的费米能量 E_F. 这个能量 E_F 实际上是这样的, 它应使得:

$$n(E_F) = N \tag{6}$$

由此便可得到:

$$E_F = \frac{\hbar^2}{2m_e}\left(3\pi^2\frac{N}{L^3}\right)^{2/3} \tag{7}$$

我们注意, 正如可以预期的那样, 费米能量只依赖于单位体积中的电子数 N/L^3. 在绝对零度时, 能量低于 E_F 的所有单粒子态都已被占据, 而能量高于 E_F 的所有态则是空的; 在下面的 §1–b 中, 我们将会看到在绝对零度以上发生的情况.

从 (5) 式我们还可以导出态密度 $\rho(E)$, 按定义, $\rho(E)\mathrm{d}E$ 是能量在 E 和 $E+\mathrm{d}E$ 之间的态的数目. 下面我们将会看到, 这个态密度是一个很重要的概念, 它可以简单地得自 $n(E)$ 对 E 的导数:

$$\rho(E) = \frac{\mathrm{d}n(E)}{\mathrm{d}E} = \frac{L^3}{2\pi^2}\left(\frac{2m_e}{\hbar^2}\right)^{3/2} E^{1/2} \tag{8}$$

可见 $\rho(E)$ 随 $\sqrt{E}$ 变化. 在绝对零度时, 能量为给定值 E (当然小于 E_F) 到 $E+\mathrm{d}E$ 的电子数为 $\rho(E)\mathrm{d}E$. 利用 (7) 式给出的费米能量 E_F 的值, 可将 $\rho(E)$ 写成下列形式:

$$\rho(E) = \frac{3}{2}N\frac{E^{1/2}}{E_F^{3/2}} \tag{9}$$

附注:

由 (5) 式可以看出, 箱的尺寸只通过与 $\boldsymbol{k}$ 空间中的每一定态相联系的基元体积 $(\pi/L)^3$ 而出现在公式中的. 如果代替边长为 L 的立方箱, 我们所设想的是边长为 L_1, L_2, L_3 的平行六面形箱, 那么, 得到的基元体积应为 $\pi^3/L_1L_2L_3$, 于是在态密度中只出现箱的体积 $L_1L_2L_3$. 可以证明, 只要箱的体积足够大, 不论其具体形状如何, 上述结果都能成立.

b. 能量接近 E_F 的电子的重要意义

根据前一段所得的结果, 我们就可以理解电子气的物理性质. 下面将举出这方面的两个简单例子, 即体系的比热和磁极化率; 但我们只限于半定量的分析, 这样更便于简单地突出泡利不相容原理的极其重要的后果.

α. 比热

[1436]

在绝对零度时, 电子气处于基态, 这就是说, 能量低于 E_F 的所有单粒子能级都已被占据, 而所有其他能级则都是空的. 考虑到 (8) 式中态密度 $\rho(E)$ 的形式, 我们可将这时的情况概略地绘如图 14–15–a: 能量在 E 到 $E+\mathrm{d}E$ 之间的电子数 $\nu(E)\mathrm{d}E$, 在 $E < E_F$ 时为 $\rho(E)\mathrm{d}E$; 在 $E > E_F$ 时为零. 如果温度 T 并不严格地等于零但仍保持很低, 情况又如何呢?

如果电子服从经典力学, 则从绝对零度到温度 T, 每一个电子所得能量的数量级为 kT (这里的 k 是玻尔兹曼常量). 于是, 每单位体积的电子气的总能量近似地为:

$$U_{cl}(T) \simeq \frac{N}{L^3}kT \tag{10}$$

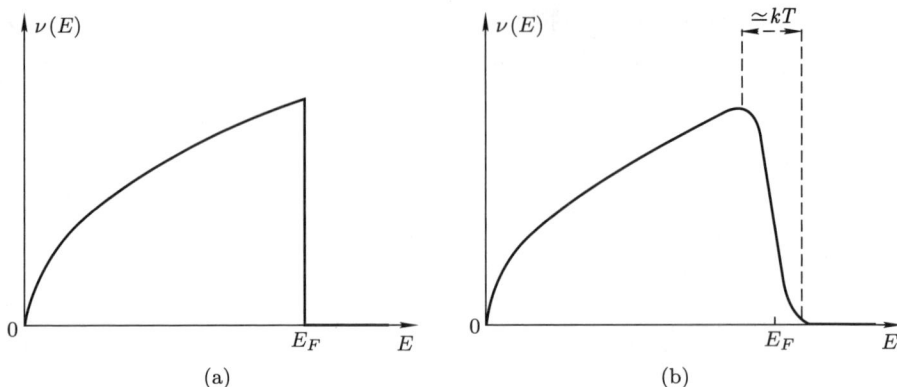

图 14–15　$\nu(E)$ 随 E 变化的情况 [$\nu(E)\mathrm{d}E$ 是能量在 E 到 $E+\mathrm{d}E$ 之间的电子数]: 在绝对零度时, 能量低于费米能级 E_F 的所有能级都已被占据 (图 a): 在稍高一点的温度 T 时, 在空能级与被占据能级之间的跃迁发生在几个 kT 的能量间隔内 (图 b).

果真按此式来计算定容比热 $\partial U_{cl}/\partial T$, 结果与温度无关.

实际的物理现象完全不是这样的, 因为泡利原理阻止大多数电子获得能量. 就初始能量 E 甚小于 E_F 的(更准确地说是 $E_F - E \gg kT$ 的) 一个电子而言, 在其能量增大一个 kT 时它可能进入的那些态都是已被占据的, 因而对该电子来说, 这些态是被禁止的; 只有初始能量 E 接近于 E_F 的 (即 $E_F - E \simeq kT$ 的) 那些电子才可能 "被加热", 如图 14–15–b 所示. 这类电子的数目近似地为:

$$\Delta N \simeq \rho(E_F)kT = \frac{3}{2}N\frac{kT}{E_F} \tag{11}$$

[1437]　[根据公式 (9)], 其中的每一个电子的能量约增加一个 kT, 因此, 单位体积中的总能量可以写作:

$$U(T) \simeq \frac{N}{L^3}\frac{kT}{E_F}kT \tag{12}$$

此式取代了经典表示式 (10); 由此可见, 定容比热正比于绝对温度 T:

$$c_V = \frac{\partial U}{\partial T} \simeq \frac{Nk}{L^3}\frac{kT}{E_F} \tag{13}$$

就金属而言 (自由电子模型对它是适用的), E_F 的典型值约为几个 eV; 在常温下, kT 的值约为 0.03 eV, 由此可以看出, 泡利原理所引入的因子 kT/E_F 的数量级, 即使在常温下, 也不过 1/100.

附注:

(i) 为了定量地计算电子气的比热, 我们应当知道, 当体系处在温度为 T 的热力学平衡时, 一个能量为 E 的单粒子态被占据的概率 $f(E,T)$; 能量在 E 到

$E + dE$ 之间的电子数 $\nu(E)dE$ 应为:

$$\nu(E)dE = f(E,T)\rho(E)dE \tag{14}$$

在统计力学中证明过, 对于费米子, 函数 $f(E,T)$ 为:

$$f(E,T) = \frac{1}{e^{(E-\mu)/kT} + 1} \tag{15}$$

其中 μ 为化学势, 又叫做体系的费米能级; 这就是费米–狄拉克分布律. 决定费米能级的条件是总电子数等于 N:

$$\int_0^{+\infty} \frac{\rho(E)dE}{e^{(E-\mu)/kT} + 1} = N \tag{16}$$

μ 依赖于温度, 但是可以证明, 它的变化在 T 值很小时非常缓慢. 函数 $f(E,T)$ 的曲线绘在图 14–16. 在绝对零度, 函数 $f(E,0)$ 的值在 $E < \mu$ 时为 1, 在 $E > \mu$ 时为零 ("阶梯" 函数); 在非零温度下, $f(E,T)$ 具有圆滑的 "台阶" 形式 (它的变化, 只要 $kT \ll \mu$, 出现在大约几个 kT 的能量间隔上).

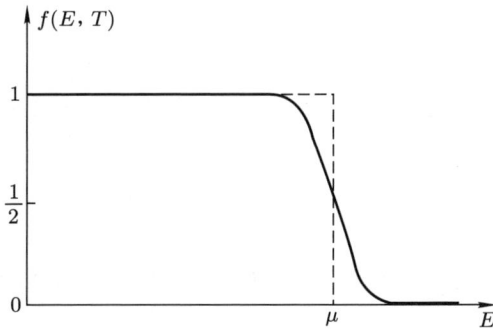

图 14–16　绝对零度时 (虚线) 和低温下 (实线) 的费米 – 狄拉克分布函数的曲线.

对于绝对零度时的电子气, 费米能级 μ 与费米能量 E_F 完全一致. 用 $f(E,T)$ 乘态密度 $\rho(E)$ 便得到图 14–15 中的曲线.

对于自由电子气, 不难看出, 绝对零度时的费米能级 μ 与 §1–a 中算出的费米能量 E_F 完全一致. 实际上, 根据 (14) 式和 $T = 0$ 时函数 $f(E,T)$ 的形式 (图 14–16), μ 如同 E_F 一样, 表示最高的单粒子能量.

反之, 就一个具有离散能谱 $(E_1, E_2, \cdots, E_i, \cdots)$ 的体系而言, 由公式 (16) 导出的费米能级 μ 并不等于绝对零度时基态中的最高单粒子能量 E_m. 实际上在这种情况下, 态密度是由中心在 $E_1, E_2, \cdots, E_i, \cdots$ 的一系列 "δ 函数" 构成的; 从而, 在绝对零度时, μ 可以在 E_m 和 E_{m+1} 之间取任意值, 这是因为, 按 (14) 式, 所有这些可能性都导致 $\nu(E)$ 的同一数值. 于是, 我们约定将绝对零度时的 μ 定义为 T 趋向于零时函数 $\mu(T)$ 的极限. 由于在非零温度下, 能级 E_m 腾空了一些而能级 E_{m+1} 被填充了一些, 故

[1438]

我们求得的 $\mu(T)$ 的极限是在 E_m 和 E_{m+1} 之间的一个数值 (若 E_m 和 E_{m+1} 这两个能级的简并度相同, 则结果为两者中间的值).

如果体系具有一系列被禁止能带隔开的容许能带 (固体中的电子, 参看补充材料 F_{XI}), 那么类似地可以发现, 若绝对零度时的最高单粒子能量与一个容许能带的高限一致, 则费米能级 μ 将落在一个禁止能带内. 但是, 如果 E_F 落在容许能带的中央, 那么, 费米能级 μ 将等于 E_F.

(ii) 上面的结果可以说明在极低温度下金属比热的行为. 其实, 在常温下, 比热主要决定于离子点阵的振动 (参看补充材料 L_V), 电子气的振动实际上可以忽略不计. 但是, T 很小时, 点阵的比热随 T^3 趋向于零; 于是在低温下 (1 K 附近), 电子气的比热变为主要的, 在这种温度下的金属中, 可以实际观察到随 T 线性减小的现象.

β. 磁极化率

现在设想自由电子气处在平行于 Oz 轴的均匀磁场 $\boldsymbol{B}$ 中, 这时, 一个单粒子定态的能量依赖于对应的自旋态, 这是因为哈密顿算符含有一个自旋顺磁项 (参看第九章 §A–2):

$$W = -2\frac{\mu_{\mathrm{B}}}{\hbar}BS_z \tag{17}$$

其中 μ_{B} 是玻尔磁子:

$$\mu_{\mathrm{B}} = \frac{q\hbar}{2m_e} \tag{18}$$

而 $\boldsymbol{S}$ 是电子的自旋算符. 为简单起见, 在下面的分析中我们将 (17) 式看作哈密顿算符中唯一的一个附加项 (在补充材料 E_{VI} 中已详细研究过空间波函数的行为). 在这些条件下, 各定态仍然和没有磁场时的相同, 对应的能量, 视自旋态的不同, 增加或减少一个 $\mu_{\mathrm{B}}B$. 因此, 分别对应于自旋态 $|+\rangle$ 和 $|-\rangle$ 的态密度 $\rho_+(E)$ 和 $\rho_-(E)$ 可以非常简单地得自 §1–a 中算出的态密度 $\rho(E)$.

[1439]

$$\rho_\pm(E) = \frac{1}{2}\rho(E \pm \mu_{\mathrm{B}}B) \tag{19}$$

于是, 我们得到图 14–17 所示的情况.

由于磁能 $|\mu_{\mathrm{B}}|B$ 甚小于 E_F, 故自旋反平行于磁场的电子数和自旋平行于 $\boldsymbol{B}$ 的电子数之差, 在绝对零度时, 实际上为:

$$N_- - N_+ \simeq \frac{1}{2}\rho(E_F)2|\mu_{\mathrm{B}}|B \tag{20}$$

于是, 单位体积中的磁矩 M 为:

$$M = |\mu_{\mathrm{B}}|\frac{1}{L^3}(N_- - N_+) \tag{21}$$

这个磁矩正比于外加磁场, 因此, 单位体积中的磁极化率为:

$$\chi = \frac{M}{B} = \mu_{\mathrm{B}}^2\frac{1}{L^3}\rho(E_F) \tag{22}$$

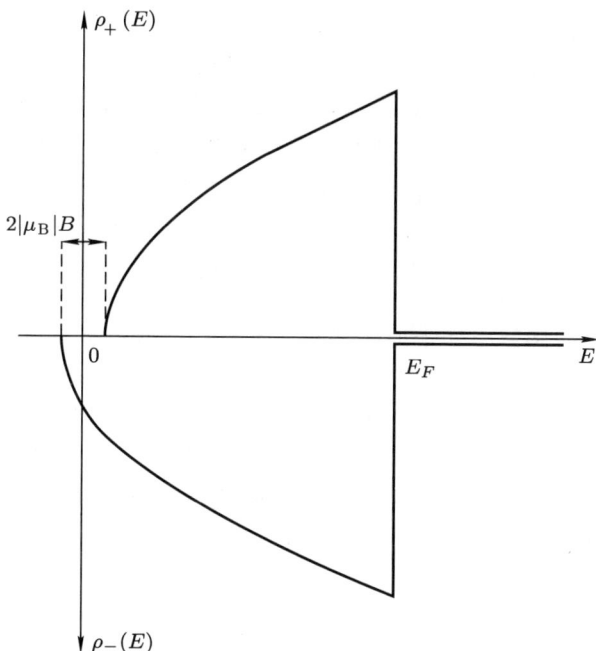

图 14–17　分别对应于自旋态 |+⟩ 和 |−⟩ 的态密度 $\rho_+(E)$ 和 $\rho_-(E)$ (μ_B 是负的). 在绝对零度时, 只有能量低于 E_F 的那些态被占据.

考虑到 $\rho(E)$ 的表示式 (9), 上式又可写作:　　　　　　　　　　　[1440]

$$\chi = \frac{3}{2}\frac{N}{L^3}\frac{\mu_B^2}{E_F} \tag{23}$$

附注:

(i) 我们已经分析过绝对零度的情况, 但 (23) 式在低温下仍然成立, 这是因为被占据态的数目 (图 14–15–b) 的修正对自旋的两种取向来说实际上是相同的. 于是我们得到一个与温度无关的磁极化率. 这正是我们在金属中所观察到的.

(ii) 如同在前一段中那样, 我们看到, 磁场存在时, 体系的行为主要决定于能量接近 E_F 的电子. 这仍然是泡利原理显出的一种表现: 在我们施加一个磁场时, 自旋态为 |+⟩ 的电子倾向于过渡到从能量上看更为有利的自旋态 |−⟩, 但是, 大多数电子都为不相容原理所阻止. 因为邻近的所有自旋态 |−⟩ 已经被占据.

c. 周期边界条件

α. 一般概念

公式 (1-a) 给出的波函数 φ_{n_x,n_y,n_z} 的结构完全不同于通常描述自由电子定态的平面波 $e^{i\boldsymbol{k}\cdot\boldsymbol{r}}$ 的结构. 这种差异仅仅来源于箱壁所要求的边界条件, 这是因为在箱内平面波与 φ_{n_x,n_y,n_z} 满足同样的方程:

$$-\frac{\hbar^2}{2m_e}\Delta\varphi(\boldsymbol{r}) = E\varphi(\boldsymbol{r}) \tag{24}$$

运用 (1-a) 式中的函数不如平面波那样方便, 因此, 我们常常设法运用平面波. 为此, 我们给方程 (24) 的解人为地规定一些新的不排除平面波的边界条件. 当然, 这些条件和箱壁实际形成的边界条件并不相同. 于是物理问题就有所改变. 但在这一段里我们将证明, 这样仍然可以得到原始体系的物理性质的要点; 为此, 新的边界条件必须能够导致 $\boldsymbol{k}$ 的可能值的这样一个离散集合, 使得:

(i) 与 $\boldsymbol{k}$ 的这些值对应的平面波的集合构成一个基, 箱内的任何函数都可以在这个基中展开.

(ii) 与 $\boldsymbol{k}$ 值的这个集合相联系的态密度 $\rho'(E)$ 全同于在 §1-a 中根据真实的定态算出的态密度 $\rho(E)$.

[1441]　　　　新的边界条件不同于实际的边界条件, 这一点当然使得平面波不能正确描述箱壁附近的情况 (表面效应). 但是, 我们知道, 鉴于条件 (ii), 平面波也可以极其简单地说明体积效应, 根据 §1-b 中的讨论, 这种效应只依赖于态密度 $\rho(E)$. 此外, 鉴于条件 (i), 将平面波叠加起来就可以正确说明远离箱壁的任何波包的运动, 这是因为, 在箱壁的两次碰撞之间, 波包是自由传播的.

β. 玻恩 – 冯卡门条件

下面我们规定单粒子波函数在箱壁上不再等于零而是以 L 为周期的周期函数:

$$\varphi(x+L,y,z) = \varphi(x,y,z) \tag{25}$$

以及对于 y 和 z 的类似关系式. 形如 $e^{i\boldsymbol{k}\cdot\boldsymbol{r}}$ 的波函数满足上列关系式的条件是, 矢量 $\boldsymbol{k}$ 的诸分量应满足:

$$\begin{cases} k_x = n'_x\dfrac{2\pi}{L} \\[2mm] k_y = n'_y\dfrac{2\pi}{L} \\[2mm] k_z = n'_z\dfrac{2\pi}{L} \end{cases} \tag{26}$$

现在, 其中的 n'_x, n'_y 和 n'_z 都是正、负整数或零. 于是, 我们引入一个新的波函数集合:

$$\varphi_{n'_x,n'_y,n'_z}(\boldsymbol{r}) = \frac{1}{L^{3/2}}e^{i\frac{2\pi}{L}(n'_x x+n'_y y+n'_z z)} \tag{27}$$

它们在箱内是归一化的; 根据 (24) 式, 对应的能量可以写作:

$$E_{n'_x, n'_y, n'_z} = \frac{\hbar^2}{2m_e} \frac{4\pi^2}{L^2} (n'^2_x + n'^2_y + n'^2_z) \tag{28}$$

定义在箱内的任何一个波函数都可以被延拓为 x, y, z 的一个周期函数, 周期为 L. 这种函数总可以被展开为傅里叶级数 (参看附录 I, §1-b), 因此, 对于定义域在箱内的波函数来说, 集合 $\{\varphi'_{n'_x, n'_y, n'_z}(\boldsymbol{r})\}$ 构成一个基. 分量由 (26) 式给出的每一个矢量 $\boldsymbol{k}_{n'_x, n'_y, n'_z}$ 都对应着由 (28) 式给出的能量 $E_{n'_x, n'_y, n'_z}$ 的一个完全确定值. 但须注意, 现在矢量 $\boldsymbol{k}_{n'_x, n'_y, n'_z}$ 的分量可以是正的、负的或零, 而且空间中被这些矢量的端点划分出来的基元立方体的边长等于前面 §1-a 中求得的边长的两倍.

为了证明边界条件 (25) 导致和 §1-a 中相同的物理结果 (就体积效应而言), 现在只需算出能量小于 E 的定态的数目 $n'(E)$ 并再次求出 (5) 式中的值 [费米能量 E_F 和态密度 $\rho(E)$ 可以直接导自 $n(E)$]. 函数 $n'(E)$ 可以按 §1-a 中的原理来计算, 并同时考虑到矢量 $\boldsymbol{k}_{n'_x, n'_y, n'_z}$ 的新的特性. 现在 $\boldsymbol{k}$ 的分量可以具有任意的符号, 因此, 不应再用 8 去除半径为 $\sqrt{2m_eE}/\hbar^2$ 的球的体积, 但这一修正已为下述事实所补偿: 与 (27) 式中的每一个态相联系的基元体积 $(2\pi/L)^3$ 是对应于 §1-a 的边界条件的基元体积的 8 倍. 因此, $n'(E)$ 和 $n(E)$ 的表示式 (5) 完全一致.

由此可见, 周期边界条件 (25) 可以满足前段的 (i) 及 (ii). 一般地, 我们称这些条件为玻恩 – 冯卡门条件 ("B. V. K. 条件").

[1442]

附注:

我们来考察真正自由的 (未关闭在箱内的) 一个电子. 动量 $\boldsymbol{P}$ 的三分量的本征函数 (从而哈密顿算符 $H = \boldsymbol{P}^2/2m_e$ 的本征函数) 构成一个 "连续基":

$$\left\{ \left(\frac{1}{2\pi\hbar} \right)^{3/2} e^{i\boldsymbol{p}\cdot\boldsymbol{r}/\hbar} \right\} \tag{29}$$

我们曾多次指明, 这样的态 [对它们来说, (29) 式在整个空间都成立] 并不是物理态, 只是计算工具, 可用来研究由波包描述的物理态.

通常, 我们宁可运用离散基 (27) 而不用连续基 (29). 为此, 我们认为电子被封闭在一个假想的箱中, 其边长 L 甚大于问题中涉及的所有线度, 并提出 B. V. K. 条件. 只要 L 充分大便永远被局限在箱内的所有波包, 既可以在连续基 (29) 中展开, 也可以在离散基 (27) 中展开. 因此, (27) 式中的态, 如同 (29) 式中的态一样, 也可以被看作是运算的工具; 但它却具有可在箱内归一化的便利. 当然, 在计算的末尾, 我们应能证实: 只要 L 充分大, 求得的各物理量 (跃迁概率, 有效截面等) 都与 L 无关.

　　显然, 就一个真正自由的电子而言, L 没有什么物理意义, 可取任意值, 但其值应充分大, 以使 (27) 式中的态构成一个基, 在其中, 我们可以展开问题所涉及的波包 [§1-c-α 中的条件 (i)]. 反之, 在本文所要探讨的物理问题中, L^3 是 N 个电子实际被限制在其中的一个体积, 因而是一个取定值.

2. 固体中的电子

a. 容许能带

[1443]

　　封闭在箱中的自由电子气模型可以成功地应用于金属中的传导电子. 我们可以认为, 这些电子在金属内部自由地运动着, 到达金属表面附近时, 由于离子点阵的静电吸引, 它们不能逸出. 但是, 这种模型不能使我们理解, 为什么有些固体是电的良导体, 而另外一些又是绝缘体. 一个突出的实验事实是: 所有晶体的电学性质都起源于构成它们的原子中的电子, 但是, 在优良绝缘体和纯金属之间, 固有的导电性却可以有 10^{30} 倍的变化. 我们将会定性地看到, 泡利原理以及因离子所产生的势的周期性而出现的能带 (参看补充材料 O_{III} 和 F_{XI}) 怎样说明了上述问题.

　　在补充材料 F_{XI} 中我们已经阐明, 在一级近似下, 若将固体中的电子看作是独立的, 则它们的可能的单粒子能量可以分组而形成一些容许能带; 这些能带为一些禁止能带所隔开. 如果假设每一个电子都处在规则分布的正离子长链的作用下, 则在紧束缚近似的范畴内, 我们已发现一系列能带, 每一能带含有 $2N$ 个能级, 这里 N 是离子数 (因子 2 来源于自旋).

　　对于实际晶体, 其中的正离子占据着三维点阵的格点, 情况当然要复杂得多. 为从理论上了解固体的性质, 就须对能带结构进行详细的研究, 而这种研究是以晶格的空间性质为基础的. 本文当然不能涉及固体物理中的这些专门问题, 我们只满足于对现象的定性讨论.

b. 费米能级的位置和导电性

　　知道了能带结构和每一能带中的状态数, 若顺次 "填充" 各容许能带中的单粒子态 (当然要从最低能量开始), 我们便得到固体中的电子体系的基态. 电子体系只有在绝对零度时才会真正处于基态; 但是, 如我们在 §1-b-α 中已经指出的. 这个基态的特性可以使我们半定量地了解非零温度下 (一般地说, 直到常温下) 体系的行为. 如同热学性质和磁学性质那样 (参看 §1-b), 体系的电学性质也主要决定于单粒子能量非常接近最高值 E_F 的那些电子. 如果使固体经受电场的作用, 那么, 初始能量甚小于 E_F 的一个电子将不可能因受到加速而获得能量, 这是因为它将如此迁移进去的那些态已经被占据了. 因此, 重要的是, 应知道 E_F 相对于容许能带的位置.

　　首先假设 (见图 14–18–a) E_F 位于一个容许能带的中央, 这时费米能级 μ

与 E_F 重合 [参看 §1-b-α 的附注 (i)]. 在这种情况下, 能量接近 E_F 的那些电子很容易被加速, 这是因为能量稍高一点的那些态是空的, 可以接受电子. 由此可见, 若固体的费米能级位于一个容许能带的中央, 则它是导体, 而且由此可以理解, 能量最高的那些电子的行为和自由粒子的近似相同.

与上述情况相反, 我们来考察这样一种固体, 它的基态由完全被占据了的容许能带所构成 (图 14-18-b). 这时, E_F 位于一个容许能带的高限, 而费米能级 μ 则位于邻近的禁止能带中 [参看 §1-b-α 的附注 (i)]. 在这种情况下, 任何电子都不能被加速, 因为比这些电子的能量稍高一点的能态不能接受电子. 由此可见, 若固体的费米能级位于禁止能带中, 则它是绝缘体. 我们可以看出, 间隔 ΔE 越大, 固体的绝缘性能越好 (ΔE 是最后一个被占据的能带和第一个空的容许能带之间的间隔); 以后, 我们还要回到这一点来.

[1444]

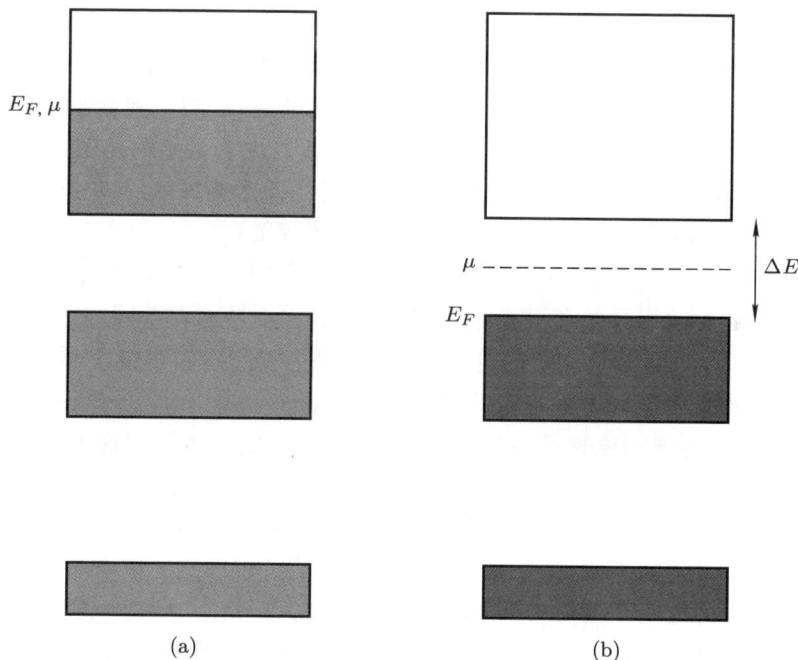

图 14-18　绝对零度时被电子占据了的单粒子能级 (阴影部分) 的示意图; E_F 是最高的单粒子能量.

在导体中 (图 a), E_F (这时它与费米能级 μ 重合) 位于一个容许能带内, 我们称此能带为 "导带"; 能量接近 E_F 的那些电子很容易被加速, 因为能量稍高的那些态可以接受电子.

在绝缘体中 (图 b), E_F 与一个容许能带即所谓 "价带" 的高限重合 (于是, 费米能级 μ 位于邻近的禁止能带中); 电子只有越过禁止能带才能被激发, 这样所需的能量至少应等于此能带的宽度 ΔE.

　　较深的容许能带叫做"价带",它们已完全为电子所占据,因此,从电学的和热学的观点看来,它们是迟钝的.这些能带通常都比较窄,在"紧束缚"模型的范畴内(参看补充材料 F_{XI}, §2),它们起源于能量最低的原子能级,几乎不受晶体中其他原子的影响.反之,较高的能带则比较宽;部分被填充的能带叫做"导带".

[1445]

　　一种固体要能成为优良的绝缘体,不但其中的最后一个被占据的能带在基态时已被填满,而且在它与紧邻的容许能带之间存在着足够宽的禁止能带.其实,如前面(§1-b-α)已经指出的,在非零温度下,能量低于 E_F 的某些态可能腾空了,从而使能量较高的某些态被填充(图 14-15-b);如果所考察的固体在温度 T 时仍然保持为绝缘体,那么,阻止电子如此被激发的禁止能带的宽度 ΔE 就应该大于 kT.但是,如果 ΔE 小于或接近 kT,那么,一定数量的电子就会脱离最后一个价带而占据紧邻的较高能带中的态(这个能带在绝对零度时应是全空的).这样一来,晶体中便有一些传导电子,不过数量有限;这就是半导体(这样的材料叫做本征半导体;参看后面的附注).例如金刚石,ΔE 约为 5 eV,在常温下仍然保持为绝缘体,但是硅与锗,虽然与金刚石非常相似,却是半导体:它们的禁带宽度 ΔE 小于 1 eV.上面的说明虽然纯是定性的.却可以使我们理解:半导体的导电性是随温度的升高而迅速加强的;若进行精确的分析,我们可以得到具体形式为 $e^{-\Delta E/2kT}$ 的依赖关系.

　　半导体的性质还揭示了一种似乎自相矛盾的现象;仿佛是这样的:除了在温度 T 时越过禁止能带 ΔE 的电子以外,晶体中还存在着同等数量的带正电的粒子.它们也参与电流的输运,但是,譬如,它们对霍尔效应[①]的贡献的符号和我们可期待电子所具有的符号相反.这个现象在能带理论中已得到满意的解,并且是泡利原理的一种突出的显示.为了定性地了解这个现象,我们应该想到,在绝对零度附近已被填满的最后一个价带是不能传导电流的(泡利原理禁止其中的电子被加速).当某些电子由于热激发而进入导带时,价带中原来被它们占据的态便腾空了;在几乎填满的能带中的这些空态叫做"空穴".它们就像电荷与电子电荷相反的粒子那样行动;若对体系施加一个电场,停留在价带中的电子,仍然不越出这个能带,但可占据一些空态,于是,这些电子就填补了对应的空穴,同时又"尾随其后"留下了同等数量的另一些空穴.由此可见,这些空穴沿着与电子相反的方向迁移,这就是说,它们仿佛带有正电荷.这种十分粗糙的分析还可以精确化,我们可以切实证明,在任何情况下,空穴都等价于正的载荷子.

　　① 提醒一下霍尔效应的内容:设载有电流的一块样品处在磁场中,其方向垂直于电流,则运动中的载荷子将受到拉普拉斯力的作用,这样一来,在稳态中就会出现一个(垂直于电流又垂直于磁场的)横向电场.

附注:

上面我们只说到具有理想几何结构的化学纯晶体. 但实际的固体是带有缺陷和杂质的. 这些因素往往具有重要的影响. 在半导体中尤其如此. 例如, 我们来考察四价的硅或锗的晶体, 其中已有某些原子被五价的磷、砷或锑的杂质原子所代替 (这种代替, 通常不会在晶体中引起重大变化). 这种类型的杂质的一个原子比邻近的硅或锗原子多了一个外层电子, 我们称这种杂质为电子的施主. 额外电子的结合能 ΔE_d 在晶体中比在自由原子中要小得多 (约为百分之几 eV), 其主要原因是晶体的介电常量很大, 它导致库仑力的削弱 (参看补充材料 A$_{VII}$, §1–a–δ); 结果使得施主原子中的过剩电子比占据价带的 "常态" 电子更容易进入导带 (见图 14–19–a). 因此, 晶体可以在比纯硅或纯锗所需的温度低得多的温度下成为导体; 这种起源于杂质的导电性叫做非本征的. 与此类似, 一种三价杂质 (如硼、铝或镓) 在硅或锗中表现为电子的受主, 它们很容易俘获价带中的电子 (图 14–19–b), 这样便留下了一个可以传导电流的空穴. 在纯的 (本征) 半导体中传导电子的数目总是等于价带中的空穴的数目; 但是在非本征半导体中, 须看施主原子与受主原子的相对比例, 或许传导电子多于空穴 (这叫 n 型半导体, 因为其中的载荷子绝大多数是负的), 或许空穴多于传导电子 (这叫 p 型半导体, 其中绝大多数载荷子是正的). 这些性质是很多应用技术 (晶体管、整流器、光电元件等) 的基础; 因此, 人们常常有意地给半导体掺入杂质以便改善它们的性质, 这就是所谓的 "掺杂".

[1446]

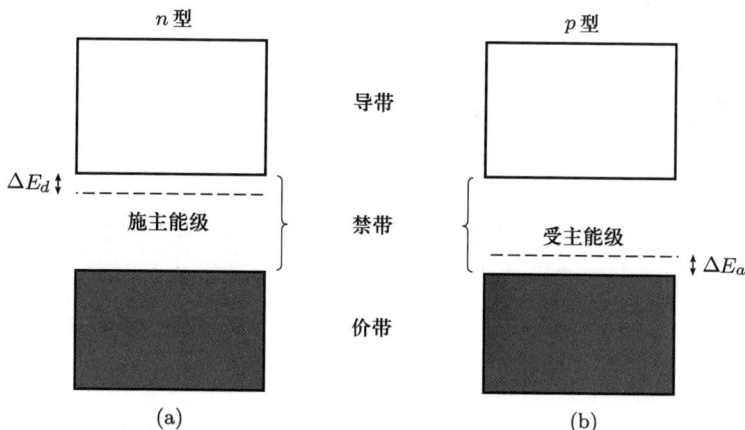

图 14–19　非本征半导体. 施主原子 (图 a) 中过剩的电子很容易进入导带, 这是因为它们的基态与导带间的能量间隔 ΔE_d 比禁带宽度要小得多. 受主原子 (图 b) 很容易俘获价带中的电子, 这是因为电子只要得到比它进入导带所需能量小得多的激发能 ΔE_a, 就可以被俘获; 这个过程在价带中产生了可以传导电流的空穴.

参考文献和阅读建议:

见参考书目第 8 节, 特别是 Kittel (8.2) 和 Reif (8.4).

固体物理部分, 参看 Feynman III (1.2) 第 14 章及参考书目第 13 节.

[1447] # 补充材料 D_{XIV}

练习

1. 设 h_0 是一个粒子的哈密顿算符, 它只作用于轨道变量并且有三个等间隔的能级, 能量为 $0, \hbar\omega_0, 2\hbar\omega_0$ (这里 ω_0 是一个正的实常数); 在轨道态空间 $\mathscr{E}_r$ 中, 这些能量是非简并的 (在总的态空间中, 每一个能级的简并度等于 $2s+1$, s 是粒子的自旋). 从轨道变量的观点看来, 我们所关注的只是子空间 $\mathscr{E}_r$, 它由 h_0 的三个对应的本征态所张成.

a. 考虑三个独立电子构成的体系, 它的哈密顿算符可以写作

$$H = h_0(1) + h_0(2) + h_0(3)$$

试求 H 的能级和它们的简并度.

b. 考虑三个自旋为零的玻色子构成的体系, 试解同样的问题.

2. 考虑处在中心势场 $V(r)$ 中的一个体系, 它含有自旋 $s=1$ 的两个全同玻色子. 试问有哪些谱项 (参看补充材料 B_{XIV}, §2–b) 对应于 $1s^2$ 组态, $1s2p$ 组态及 $2p^2$ 组态?

3. 设一个电子的态空间由 $|\varphi_{p_x}\rangle$ 和 $|\varphi_{p_y}\rangle$ 所张成, 这个矢量代表两个原子轨道 p_x 和 p_y, 对应的波函数为 $\varphi_{p_x}(\boldsymbol{r})$ 和 $\varphi_{p_y}(\boldsymbol{r})$ (参看补充材料 E_{VII}, §2–b):

$$\varphi_{p_x}(\boldsymbol{r}) = xf(r) = \sin\theta\cos\varphi\, rf(r)$$
$$\varphi_{p_y}(\boldsymbol{r}) = yf(r) = \sin\theta\sin\varphi\, rf(r)$$

a. 试通过 $|\varphi_{p_x}\rangle$ 和 $|\varphi_{p_y}\rangle$ 写出态 $|\varphi_{p_\alpha}\rangle$ 它代表这样的轨道 p_α, 其指向在 xOy 平面上与 Ox 轴相交成角度 α.

b. 考虑两个电子, 它们的自旋态都是 $|+\rangle$, 即算符 S_z 的属于本征值 $+\hbar/2$ 的本征态.

设此双电子体系中, 一个电子处于态 $|\varphi_{p_x}\rangle$, 另一个电子处于态 $|\varphi_{p_y}\rangle$, 试写出此体系的归一化态矢量 $|\psi\rangle$.

c. 试解同样的问题; 现在, 一个电子处于态 $|\varphi_{p_\alpha}\rangle$, 另一个处于态 $|\varphi_{p_\beta}\rangle$, α 和 β 是两个任意角度. 试证, 所得的态矢量 $|\psi\rangle$ 相同.

d. 设体系处于题 b 中的态 $|\psi\rangle$. 试计算发现一个电子在 (r,θ,φ) 处, 另一个电子在 (r',θ',φ') 处的概率 $\mathscr{P}(r,\theta,\varphi;r',\theta',\varphi')$. 试证电子密度 $\rho(r,\theta,\varphi)$[即发现任一电子在 (r,θ,φ) 处的概率密度] 具有对 Oz 轴的旋转对称性. 试求 $\varphi-\varphi'=\varphi_0$ (给定值) 的概率密度. 讨论此概率密度随 φ_0 的变化.

4. 全同粒子间的碰撞 [1448]

采用第十四章 §D–2–a–β 中的符号.

a. 考虑质量均为 m 的两个粒子 (1) 和 (2), 暂设两者无自旋而且是可区分的. 两粒子间的相互作用势 $V(r)$ 只依赖于两者间的距离 r. 在初始时刻 t_0, 体系处于态 $|1:pe_z;2:-pe_z\rangle$. 设体系的演变算符为 $U(t,t_0)$; 在时刻 t_1, 发现体系处于态 $|1:pn;2:-pn\rangle$ 的概率幅为:

$$F(\boldsymbol{n})=\langle 1:p\boldsymbol{n};2:-p\boldsymbol{n}|U(t_1,t_0)|1:pe_z;2:-pe_z\rangle$$

用 θ 和 φ 表示单位矢 $\boldsymbol{n}$ 在直角坐标系 $Oxyz$ 中的极角. 试证 $F(\boldsymbol{n})$ 与 φ 无关. 试通过 $F(\boldsymbol{n})$ 来计算发现两粒子中的任何一个 (未指明是哪一个) 具有动量 $p\boldsymbol{n}$, 另一个具有动量 $-p\boldsymbol{n}$ 的概率; 若将 θ 换成 $\pi-\theta$, 此概率变成什么形式?

b. 仍取同一个问题 [相互作用势仍为 $V(r)$, 与自旋无关], 但现在两粒子是全同的, 一个粒子的初态是 $|pe_z,m_s\rangle$, 另一个的初态是 $|-pe_z,m'_s\rangle$ (量子数 m_s 和 m'_s 是自旋在 Oz 轴上的分量的本征值 $m_s\hbar$ 和 $m'_s\hbar$ 的标志), 设 $m_s\neq m'_s$. 试用 $F(\boldsymbol{n})$ 来表示发现在时刻 t_1 一个粒子的动量为 $p\boldsymbol{n}$ 自旋为 m_s, 另一个的动量为 $-p\boldsymbol{n}$ 自旋为 m'_s 的概率. 若对两自旋未进行任何测量, 问发现一个粒子的动量为 $p\boldsymbol{n}$, 另一个的动量为 $-p\boldsymbol{n}$ 的概率如何? 若将 θ 换成 $\pi-\theta$, 这些概率变成什么形式?

c. 仍取上一问题, 但现在 $m_s=m'_s$. 须看粒子为玻色子或费米子, 区分两种可能性, 试专门考察 $\theta=\pi/2$ 这个方向. 试证, 在本题情况下, θ 方向和 $\pi-\theta$ 方向上的散射概率仍然相同.

5. 两个非极化的全同粒子间的碰撞

设自旋为 S 的两个全同粒子发生碰撞. 两粒子的初始自旋态是不知道的, 这就是说, 两粒子中的每一个处在 $2s+1$ 种可能的正交自旋态的概率都相同. 采用上题的符号, 试证: 在 $\boldsymbol{n}$ 的方向上观察到散射的概率为:

$$|F(\boldsymbol{n})|^2+|F(-\boldsymbol{n})|^2+\frac{\varepsilon}{2s+1}[F^*(\boldsymbol{n})F(-\boldsymbol{n})+\text{c.c.}]$$

对于玻色子, $\varepsilon=+1$, 对于费米子, $\varepsilon=-1$.

6. 两个全同粒子的相对角动量的可能值

我们考虑两个全同粒子构成的体系, 相互作用势只依赖于两粒子间的距离, 因此, 可将体系的哈密顿算符写作:

$$H = \frac{\boldsymbol{P}_1^2}{2m} + \frac{\boldsymbol{P}_2^2}{2m} + V(|\boldsymbol{R}_1 - \boldsymbol{R}_2|)$$

如同在第七章 §B 中那样, 令:

$$\boldsymbol{R}_G = \frac{1}{2}(\boldsymbol{R}_1 + \boldsymbol{R}_2) \quad \boldsymbol{P}_G = \boldsymbol{P}_1 + \boldsymbol{P}_2$$

$$\boldsymbol{R} = \boldsymbol{R}_1 - \boldsymbol{R}_2 \quad \boldsymbol{P} = \frac{1}{2}(\boldsymbol{P}_1 - \boldsymbol{P}_2)$$

于是 H 变为:

$$H = H_G + H_r$$

其中

$$H_G = \frac{\boldsymbol{P}_G^2}{4m}$$

$$H_r = \frac{\boldsymbol{P}^2}{m} + V(R)$$

a. 首先假设两粒子是自旋为全零的全同玻色子 (例如 π 介子).

α. 我们以观察算符 $\boldsymbol{R}_G$ 和 $\boldsymbol{R}$ 的共同本征矢集合 $\{|\boldsymbol{r}_G, \boldsymbol{r}\rangle\}$ 作为该体系的态空间 $\mathscr{E}$ 中的基. 若 P_{21} 为两个粒子的置换算符, 试证:

$$P_{21}|\boldsymbol{r}_G, \boldsymbol{r}\rangle = |\boldsymbol{r}_G, -\boldsymbol{r}\rangle$$

β. 现在过渡到算符 $\boldsymbol{P}_G, H_r, \boldsymbol{L}^2$ 和 L_z 的共同本征矢构成的基 $\{|\boldsymbol{p}_G; E_n, l, m\rangle\}$ ($\boldsymbol{L} = \boldsymbol{R} \times \boldsymbol{P}$ 是两粒子的相对角动量). 试证, 这些新的基矢量可由下列公式给出:

$$|\boldsymbol{p}_G; E_n, l, m\rangle = \frac{1}{(2\pi\hbar)^{3/2}} \int \mathrm{d}^3 r_G \mathrm{e}^{\mathrm{i}\boldsymbol{p}_G \cdot \boldsymbol{r}_G / \hbar} \int \mathrm{d}^3 r R_{n,l}(r) Y_l^m(\theta, \varphi) |\boldsymbol{r}_G, \boldsymbol{r}\rangle$$

再由此导出:

$$P_{21}|\boldsymbol{p}_G; E_n, l, m\rangle = (-1)^l |\boldsymbol{p}_G; E_n, l, m\rangle$$

γ. 试求对称化假定所容许的 l 的可能值.

b. 现在假设题中的两粒子是自旋为 1/2 的全同费米子 (电子或质子).

α. 首先在体系的态空间中取算符 $\boldsymbol{R}_G, \boldsymbol{R}, \boldsymbol{S}^2$ 和 S_z 的共同本征态构成的基 $\{|\boldsymbol{r}_G, \boldsymbol{r}; S, M\rangle\}$, 这里 $\boldsymbol{S} = \boldsymbol{S}_1 + \boldsymbol{S}_2$ 是体系的总自旋 (自旋态空间中的右矢 $|S, M\rangle$ 已在第十章 §B 中确定). 试证:

$$P_{21}|\boldsymbol{r}_G, \boldsymbol{r}; S, M\rangle = (-1)^{s+1}|\boldsymbol{r}_G, -\boldsymbol{r}; S, M\rangle$$

β. 再考虑 $\boldsymbol{P}_G, H_r, \boldsymbol{L}^2, L_z, \boldsymbol{S}^2$ 和 S_z 的共同本征态构成的基 $\{|\boldsymbol{p}_G; E_n, l, m; S, M\rangle\}$.

如同在题 a – β 中那样, 试证:

$$P_{21}|\boldsymbol{p}_G; E_n, l, m; S, M\rangle = (-1)^{S+1}(-1)^l|\boldsymbol{p}_G; E_n, l, m; S, M\rangle$$

γ. 试由此导出, 对 S 的每一个值 (三重态和单态), 对称化假定所容许的 l 的值.

c. (较难)

提示: 相互作用势为 $V(r)$ 的两个可区分的粒子在质心系中的总的有效散射截面为:

$$\sigma = \frac{4\pi}{k^2} \sum_{l=0}^{\infty} (2l+1)\sin^2 \delta_l$$

其中 δ_l 是与 $V(r)$ 相联系的相移 [参看第八章公式 (C–58)].

α. 如果 (两粒子具有同样的质量) 测量仪器对两个粒子同样敏感, 这个有效截面将变为什么形式?

β. 试证: 在上面题 a 所述的情况下, σ 的表示式变为:

$$\sigma = \frac{8\pi}{k^2} \sum_{l\ \text{偶数}} (2l+1)\sin^2 \delta_l$$

γ. 对于两个自旋为 1/2 的非极化的全同费米子 (上面题 b 的情况) 试证:

$$\sigma = \frac{2\pi}{k^2} \left\{ \sum_{l\ \text{偶}} (2l+1)\sin^2 \delta_l + 3\sum_{l\ \text{奇}} (2l+1)\sin^2 \delta_l \right\}$$

7. 在两个全同粒子的体系中发现粒子的概率密度

设 $|\varphi\rangle$ 和 $|\chi\rangle$ 是一个电子的轨道态空间 $\mathscr{E}_{\boldsymbol{r}}$ 中的两个正交归一态, $|+\rangle$ 和 $|-\rangle$ 是其自旋分量 S_z 在自旋态空间 $\mathscr{E}_s$ 中的两个本征矢.

a. 我们考虑一个双电子体系, 一个电子处于态 $|\varphi, +\rangle$, 另一个处于态 $|\chi, -\rangle$. [1451] 设 $\rho_{\text{II}}(\boldsymbol{r}, \boldsymbol{r}')\mathrm{d}^3r\mathrm{d}^3r'$ 是发现一个电子在以点 $\boldsymbol{r}$ 为中心的体积元 d^3r 中, 另一个电子在以 $\boldsymbol{r}'$ 为中心的体积元 d^3r' 中的概率 [二体密度]; 仿此, 设 $\rho_{\text{I}}(\boldsymbol{r})\mathrm{d}^3r$ 是发现两电子之一在以点 $\boldsymbol{r}$ 为中心的体积元 d^3r 中的概率 [单体密度]. 试证下列关系:

$$\rho_{\text{II}}(\boldsymbol{r}, \boldsymbol{r}') = |\varphi(\boldsymbol{r})|^2|\chi(\boldsymbol{r}')|^2 + |\varphi(\boldsymbol{r}')|^2|\chi(\boldsymbol{r})|^2$$
$$\rho_{\text{I}}(\boldsymbol{r}) = |\varphi(\boldsymbol{r})|^2 + |\chi(\boldsymbol{r})|^2$$

试证: 即使 $|\varphi\rangle$ 和 $|\chi\rangle$ 在空间 $\mathscr{E}_{\boldsymbol{r}}$ 中并不正交, 上列关系式仍然成立.

试计算 $\rho_{\text{I}}(\boldsymbol{r})$ 和 $\rho_{\text{II}}(\boldsymbol{r},\boldsymbol{r}')$ 在全空间中的积分, 结果是否等于 1, 为什么?

将上面的结果和下述情况中应得的结果进行比较. 设体系中的两个粒子是可以区分的 (两粒子的自旋均为 1/2), 一个粒子处于态 $|\varphi,+\rangle$, 另一个处于态 $|\chi,-\rangle$, 并设测量它们的位置的仪器不能区分两个粒子.

b. 现设一个电子处于态 $|\varphi,+\rangle$, 另一个电子处于态 $|\chi,+\rangle$, 试证这时应有:

$$\rho_{\text{II}}(\boldsymbol{r},\boldsymbol{r}') = |\varphi(\boldsymbol{r})\chi(\boldsymbol{r}') - \varphi(\boldsymbol{r}')\chi(\boldsymbol{r})|^2$$

$$\rho_{\text{I}}(\boldsymbol{r}) = |\varphi(\boldsymbol{r})|^2 + |\chi(\boldsymbol{r})|^2$$

试计算 $\rho_{\text{I}}(\boldsymbol{r})$ 和 $\rho_{\text{II}}(\boldsymbol{r},\boldsymbol{r}')$ 在全空间中的积分.

若 $|\varphi\rangle$ 和 $|\chi\rangle$ 在空间 $\mathscr{E}_{\boldsymbol{r}}$ 中不再是正交的, 问 ρ_{I} 和 ρ_{II} 应变成什么形式?

c. 对于两个全同玻色子, 两者或处在同一自旋态, 或处在两个正交的自旋态, 试解同样的问题.

8. 这个练习的目的在于证明下述论点: 一旦将 N 个全同玻色子 (或费米子) 的体系的态矢量适当地对称化 (或反对称化) 以后, 在计算任何测量结果出现的概率时, 就没有必要再次将与测量相联系的右矢对称化 (或反对称化); 更精确地说, 只要态矢量属于空间 $\mathscr{E}_S$ (或空间 $\mathscr{E}_A$), 在计算物理预言时, 可以假设体系中的粒子是用没有鉴别本领的不完善的测量仪器来研究的可以区分的粒子.

设 $|\psi\rangle$ 是 N 个不同玻色子的体系的态矢量 (将要证明的所有结果对于费米子仍然成立), 则有

$$S|\psi\rangle = |\psi\rangle \tag{1}$$

I.

a. 设 $|\chi\rangle$ 是与一次测量相联系的归一化物理右矢, 在这次测量中, 我们发现 N 个玻色子处在互异的正交归一单粒子态 $|u_\alpha\rangle, |u_\beta\rangle, \cdots, |u_\nu\rangle$ 中, 试证:

$$|\chi\rangle = \sqrt{N!}\,S|1:u_\alpha;2:u_\beta;\cdots;N:u_\nu\rangle \tag{2}$$

[1452] b. 试证: 由于 $|\psi\rangle$ 的对称性, 有

$$|\langle 1:u_\alpha;2:u_\beta;\cdots;N:u_\nu|\psi\rangle|^2 = |\langle i:u_\alpha;j:u_\beta;\cdots;l:u_\nu|\psi\rangle|^2$$

$i,j,\cdots,l$ 是数字 $1,2,\cdots,N$ 的任意一种排列.

c. 由此证明发现体系处在态 $|\chi\rangle$ 的概率为:

$$\begin{aligned}
|\langle\chi|\psi\rangle|^2 &= N!|\langle 1:u_\alpha;2:u_\beta;\cdots;N:u_\nu|\psi\rangle|^2 \\
&= \sum_{\{i,j,\cdots,l\}} |\langle i:u_\alpha;j:u_\beta;\cdots;l:u_\nu|\psi\rangle|^2
\end{aligned} \tag{3}$$

求和遍及数字 $1, 2, \cdots, N$ 的所有排列.

d. 现在假设粒子是可区分的, 体系的态用右矢 $|\psi\rangle$ 来描述, 试求在这些粒子中发现任意一个处于态 $|u_\alpha\rangle$, 另一个处于态 $|u_\beta\rangle$, $\cdots$, 最后一个处于态 $|u_\nu\rangle$ 的概率.

与题 c 的结果进行比较, 便可由此得出结论: 对于全同粒子, 我们只需将对称化假定应用于体系的态矢量 $|\psi\rangle$.

e. 在构成 $|\chi\rangle$ 的单粒子态中, 如果有几个是完全相同的, 试问怎样修正上面的证明 (为简单起见, 只考虑 $N = 3$ 的情况).

II. (较难)

现在我们考虑一般的情况, 即所考察的实验结果不一定由单粒子态来决定的情况, 因为测量可能不再是完全的. 根据第十四章的假定, 为了计算对应的概率, 我们应按下述步骤进行:

—— 首先, 将粒子当作是可以区分的, 并给它们编上号码, 于是它们的态空间为 $\mathscr{E}$; 与所考察的测量结果相联系的应是空间 $\mathscr{E}$ 中的子空间 $\mathscr{E}_m$, 这是因为测量仪器没有区分粒子的本领.

—— 用 $|\psi_m\rangle$ 表示空间 $\mathscr{E}_m$ 中的一个任意右矢, 我们构成右矢 $S|\psi_m\rangle$ 的集合, 这些右矢张成矢量空间 $\mathscr{E}_m^S$ ($\mathscr{E}_m^S$ 是 $\mathscr{E}_m$ 在 $\mathscr{E}_S$ 中的投影); 若 $\mathscr{E}_m^S$ 的维数大于 1, 则测量就是不完全的.

—— 于是所求概率便等于描述 N 个全同粒子的态的右矢 $|\psi\rangle$ 在空间 $\mathscr{E}_m^S$ 中的正投影的模平方.

a. 设 P_α 是关于 N 个粒子的任意一个置换算符, 试证, 根据 $\mathscr{E}_m$ 的结构, 应有:

$$P_\alpha |\psi_m\rangle \in \mathscr{E}_m$$

由此证明在算符 S 的作用下 $\mathscr{E}_m$ 具有整体不变性而且 $\mathscr{E}_m^S$ 不过是 $\mathscr{E}_S$ 和 $\mathscr{E}_m$ 的交集.

b. 我们在空间 $\mathscr{E}_m$ 中构成一个正交归一基:　　　　　　　　　　　　[1453]

$$\{|\varphi_m^1\rangle, |\varphi_m^2\rangle, \cdots, |\varphi_m^k\rangle, |\varphi_m^{k+1}\rangle, \cdots, |\varphi_m^p\rangle\}$$

其中的前 k 个矢量构成空间 $\mathscr{E}_m^S$ 中的一个基. 试证: 右矢 $S|\varphi_m^n\rangle (k+1 \leqslant n \leqslant p)$ 应为这个基中的前 k 个矢量的线性组合; 用左矢 $\langle\varphi_m^1|, \langle\varphi_m^2|, \cdots, \langle\varphi_m^k|$ 与它们构成标量积, 再据已得结果证明: 这些右矢 $S|\varphi_m^n\rangle (n \geqslant k+1)$ 必为零.

c. 根据上面的结果证明: $|\psi\rangle$ 的对称性导致:

$$\sum_{n=1}^{p} |\langle\varphi_m^n|\psi\rangle|^2 = \sum_{n=1}^{k} |\langle\varphi_m^n|\psi\rangle|^2$$

也就是说:

$$\langle \psi | P_m^S | \psi \rangle = \langle \psi | P_m | \psi \rangle$$

其中 P_m^S 和 P_m 分别表示空间 $\mathscr{E}_m^S$ 和 $\mathscr{E}_m$ 的投影算符.

结论: 测量结果的概率可以根据右矢 $|\psi\rangle$ (它属于 $\mathscr{E}_S$) 在本征子空间 $\mathscr{E}_m$ 中的投影来计算, 此空间中的右矢并不都属于 $\mathscr{E}_S$, 但所有粒子在此空间中都是等价的.

9. 绝对零度时自由电子气的单粒子密度和双粒子密度

I.

a. 我们考虑自旋为 S 的 N 个粒子 $1, 2, \cdots, i, \cdots, N$ 构成的体系. 首先假设这些粒子并非全同的. 在粒子 (i) 的态空间 $\mathscr{E}(i)$ 中, 右矢 $|i : \boldsymbol{r}_0, m\rangle$ 表示这样一个态: 粒子 (i) 定域在点 $\boldsymbol{r}_0$ 处且自旋态为 $|m\rangle$ ($m\hbar$ 是算符 S_z 的本征值).

考虑下列算符:

$$F_m(\boldsymbol{r}_0) = \sum_{i=1}^{N} \left\{ |i : \boldsymbol{r}_0, m\rangle \langle i : \boldsymbol{r}_0, m| \otimes \prod_{j \neq i} I(j) \right\}$$

其中 $I(j)$ 是空间 $\mathscr{E}(j)$ 中的恒等算符.

设 $|\psi\rangle$ 是 N 个粒子的体系的态. 试证: $\langle \psi | F_m(\boldsymbol{r}_0) | \psi \rangle \mathrm{d}\tau$ 表示发现任一粒子处在以点 $\boldsymbol{r}_0$ 为中心的体积元 $\mathrm{d}\tau$ 内同时自旋分量为 $m\hbar$ 的概率.

b. 再考虑下列算符

$$G_{mm'}(\boldsymbol{r}_0, \boldsymbol{r}_0') = \sum_{i=1}^{N} \sum_{j \neq i} \left\{ |i : \boldsymbol{r}_0, m; j : \boldsymbol{r}_0', m'\rangle \langle i : \boldsymbol{r}_0, m; j : \boldsymbol{r}_0', m'| \otimes \prod_{k \neq i, j} I(k) \right\}$$

$\langle \psi | G_{mm'}(\boldsymbol{r}_0, \boldsymbol{r}_0') | \psi \rangle \mathrm{d}\tau \mathrm{d}\tau'$ 的物理意义如何? (其中的 $\mathrm{d}\tau$ 和 $\mathrm{d}\tau'$ 为体积元)

[1454] 将平均值 $\langle \psi | F_m(\boldsymbol{r}_0) | \psi \rangle$ 和 $\langle \psi | G_{mm'}(\boldsymbol{r}_0, \boldsymbol{r}_0') | \psi \rangle$ 分别记作 $\rho_m^{\mathrm{I}}(\boldsymbol{r}_0)$ 和 $\rho_{mm'}^{\mathrm{II}}(\boldsymbol{r}_0, \boldsymbol{r}_0')$, 并将它们分别叫做 N 粒子体系的单粒子密度和双粒子密度.

如果 $|\psi\rangle$ 是体系的态矢量, 并经过适当地对称化或反对称化 (参看前一练习), 那么, 上面的诸表示式对全同粒子仍然成立.

II.

考虑 N 个全同粒子的体系, 正交归一的诸单粒子态为 $|u_1\rangle, |u_2\rangle, \cdots, |u_N\rangle$. 体系的归一化态矢量为:

$$|\psi\rangle = \sqrt{N!} T |1 : u_1; 2 : u_2; \cdots; N : u_N\rangle$$

其中 T 对于玻色子是对称化算符, 对于费米子是反对称化算符. 下面, 我们想要计算两个算符在 $|\psi\rangle$ 态中的平均值, 一个是下列类型

$$F = \sum_{i=1}^{N} \left\{ f(i) \otimes \prod_{j \neq i} I(j) \right\}$$

的单粒子对称算符; 另一个是下列类型

$$G = \sum_{i=1}^{N} \sum_{j \neq i} \left\{ g(i,j) \otimes \sum_{k \neq i,j} I(k) \right\}$$

的双粒子对称算符.

a. 试证

$$\langle \psi | F | \psi \rangle = \langle 1 : u_1; 2 : u_2; \cdots; N : u_N | \left[\sum_{\alpha} \varepsilon_{\alpha} P_{\alpha} \right]$$

$$F | 1 : u_1; 2 : u_2; \cdots; N : u_N \rangle$$

其中 ε_{α} 对于玻色子为 $+1$, 对于费米子为 $+1$ 或 -1, 须视置换算符 P_{α} 为偶算符或奇算符而定.

试证同一公式对于算符 G 也能成立.

b. 由上面的结果导出下列关系式:

$$\langle \psi | F | \psi \rangle = \sum_{i=1}^{N} \langle i : u_i | f(i) | i : u_i \rangle$$

$$\langle \psi | G | \psi \rangle = \sum_{i=1}^{N} \sum_{j \neq i} \{ \langle i : u_i; j : u_j | g(i,j) | i : u_i; j : u_j \rangle$$

$$+ \varepsilon \langle i : u_j; j : u_i | g(i,j) | i : u_i; j : u_j \rangle \}$$

对于玻色子, $\varepsilon = +1$, 对于费米子, $\varepsilon = -1$.

III.

[1455]

现在我们打算将第 II 部分的结果应用到第一部分引入的算符 $F_m(\boldsymbol{r}_0)$ 和 $G_{mm'}(\boldsymbol{r}_0, \boldsymbol{r}_0')$, 所研究的物理体系是绝对零度时封闭在边长为 L 的立方箱中的 N 个自由电子的气体 (补充材料 C$_{XIV}$, §1). 应用周期边界条件, 我们得到形如 $|\varphi_k\rangle |\pm\rangle$ 的单粒子态, 与 $|\varphi_k\rangle$ 相联系的波函数是平面波 $\frac{1}{L^{3/2}} \mathrm{e}^{\mathrm{i} \boldsymbol{k} \cdot \boldsymbol{r}}$, $\boldsymbol{k}$ 的诸分量满足补充材料 C$_{XIV}$ 的关系式 (26). 我们将称 $E_F = \hbar^2 k_F^2 / 2m$ 为体系的费米能量, 而称 $\lambda_F = 2\pi / k_F$ 为费米波长.

a. 试证两个单粒子密度 $\rho_+^{\mathrm{I}}(\boldsymbol{r}_0)$ 和 $\rho_-^{\mathrm{I}}(\boldsymbol{r}_0)$ 都等于下式:

$$\rho_+^{\mathrm{I}}(\boldsymbol{r}_0) = \rho_-^{\mathrm{I}}(\boldsymbol{r}_0) = \sum_{\boldsymbol{k}} |\varphi_k(\boldsymbol{r}_0)|^2$$

式中对 $\boldsymbol{k}$ 的求和遍及模小于 k_F 并满足周期边界条件的所有矢量 $\boldsymbol{k}$. 利用补充材料 $\mathrm{C}_{\mathrm{XIV}}$ 的 §1, 证明: $\rho_+^{\mathrm{I}}(\boldsymbol{r}_0) = \rho_-^{\mathrm{I}}(\boldsymbol{r}_0) = k_F^3/6\pi^2 = N/2L^3$. 我们能否简单地预见这个结果?

b. 试证两个双粒子密度 $\rho_{+-}^{\mathrm{II}}(\boldsymbol{r}_0, \boldsymbol{r}_0')$ 和 $\rho_{-+}^{\mathrm{II}}(\boldsymbol{r}_0, \boldsymbol{r}_0')$ 都等于下式:

$$\sum_{\boldsymbol{k}} \sum_{\boldsymbol{k}'} |\varphi_{\boldsymbol{k}}(\boldsymbol{r}_0)\varphi_{\boldsymbol{k}'}(\boldsymbol{r}_0')|^2 = N^2/4L^6$$

对 $\boldsymbol{k}$ 和 $\boldsymbol{k}'$ 的求和仍遵从上面的规定. 试述物理意义.

c. 最后我们着眼于两个双粒子密度 $\rho_{++}^{\mathrm{II}}(\boldsymbol{r}_0, \boldsymbol{r}_0')$ 和 $\rho_{--}^{\mathrm{II}}(\boldsymbol{r}_0, \boldsymbol{r}_0')$, 试证两者都等于下式:

$$\sum_{\boldsymbol{k}} \sum_{\boldsymbol{k}' \neq \boldsymbol{k}} \{|\varphi_{\boldsymbol{k}}(\boldsymbol{r}_0)\varphi_{\boldsymbol{k}'}(\boldsymbol{r}_0')|^2 - \varphi_{\boldsymbol{k}}^*(\boldsymbol{r}_0')\varphi_{\boldsymbol{k}'}^*(\boldsymbol{r}_0)\varphi_{\boldsymbol{k}}(\boldsymbol{r}_0)\varphi_{\boldsymbol{k}'}(\boldsymbol{r}_0')\}$$

试证: $\boldsymbol{k}' \neq \boldsymbol{k}$ 的限制可以取消, 并从而证明这两个双粒子密度都等于:

$$\frac{N^2}{4L^6} - \left| \sum_{\boldsymbol{k}} \varphi_{\boldsymbol{k}}^*(\boldsymbol{r}_0)\varphi_{\boldsymbol{k}}(\boldsymbol{r}_0') \right|^2 = \frac{N^2}{4L^6}[1 - C^2(k_F d)]$$

其中 $d = |\boldsymbol{r}_0 - \boldsymbol{r}_0'|$, 函数 $C(x)$ 由下式定义:

$$C(x) = \frac{3}{x^3}[\sin x - x\cos x]$$

(我们可以将 $\displaystyle\sum_{\boldsymbol{k}}$ 换成对 $\boldsymbol{k}$ 的积分).

双粒子密度 $\rho_{++}^{\mathrm{II}}(\boldsymbol{r}_0, \boldsymbol{r}_0')$ 和 $\rho_{--}^{\mathrm{II}}(\boldsymbol{r}_0, \boldsymbol{r}_0')$ 怎样随 $\boldsymbol{r}_0$ 和 $\boldsymbol{r}_0'$ 之间的距离 d 变化? 试证: 实际上不可能发现自旋相同的两个电子之间的距离小于 λ_F.

附　录

[1458] # 附录 I
傅里叶级数和傅里叶变换

这个附录提供一些在量子力学中有用的定义、公式和性质, 在这里不准备涉及推导中的细节, 也不对数学定理进行严格的证明.

1. 傅里叶级数

a. 周期函数

对于单元函数 $f(x)$, 若存在一个非零实数 L, 使得对一切 x 都有:

$$\boxed{f(x + L) = f(x)} \tag{1}$$

则称 $f(x)$ 为一周期函数, 称 L 为此函数的周期.

如果周期函数的周期为 L, 那么, 所有的数 nL (n 为正或负整数) 也是它的周期. 我们将此函数的基本周期 L_0 定义为它的最小正周期 (物理中常用的 "周期" 一词实际上是指一个函数的基本周期).

附注:

设 $f(x)$ 定义在实轴上的有限区间 $[a, b]$ 上, 我们可以由此函数构成另一个函数 $f_p(x)$, 它在 $[a, b]$ 上等于 $f(x)$ 而且是以 $(b - a)$ 为周期的周期函

数; 若 $f(x)$ 连续而且:

$$f(b) = f(a) \tag{2}$$

则 $f_p(x)$ 也连续.

我们知道三角函数是周期性的. 特别地, 下列两函数: [1459]

$$\cos 2\pi\frac{x}{L} \quad \text{和} \quad \sin 2\pi\frac{x}{L} \tag{3}$$

就是以 L 为基本周期的.

周期函数的另一个特别重要的例子是由周期性指数函数构成的. 为使一指数函数 $\mathrm{e}^{\alpha x}$ 具有周期 L, 根据定义 (1), 必须而且只需:

$$\mathrm{e}^{\alpha L} = 1 \tag{4}$$

这就是说:

$$\alpha L = 2in\pi \tag{5}$$

其中 n 为一整数. 由此可见, 以 L 为基本周期的指数函数有两个

$$\mathrm{e}^{\pm 2i\pi\frac{x}{L}} \tag{6}$$

它们与同一周期的三角函数 (3) 之间有下列关系:

$$\mathrm{e}^{\pm 2i\pi\frac{x}{L}} = \cos 2\pi\frac{x}{L} \pm i\sin 2\pi\frac{x}{L} \tag{7}$$

指数函数 $\mathrm{e}^{2in\pi\frac{x}{L}}$ 也可以以 L 为周期, 但它的基本周期是 L/n.

b. 将周期函数展成傅里叶级数

设 $f(x)$ 是基本周期为 L 的周期函数. 若此函数满足某些数学条件 (在物理学中实际上都得以满足), 我们即可将它展成虚指数函数或三角函数的级数.

α. 虚指数函数的级数

我们可将 $f(x)$ 写成下列形式:

$$f(x) = \sum_{n=-\infty}^{+\infty} c_n \mathrm{e}^{ik_n x} \tag{8}$$

其中

$$k_n = n\frac{2\pi}{L} \tag{9}$$

傅里叶级数 (8) 的系数 c_n 由下列公式给出:

$$c_n = \frac{1}{L}\int_{x_0}^{x_0+L} \mathrm{d}x\, \mathrm{e}^{-ik_n x} f(x) \tag{10}$$

其中 x_0 为任意实数.

[1460]　　为了证明 (10) 式, 我们以 $\mathrm{e}^{-\mathrm{i}k_px}$ 乘 (8) 式, 并在 x_0 到 x_0+L 之间积分:

$$\int_{x_0}^{x_0+L} \mathrm{d}x\mathrm{e}^{-\mathrm{i}k_px}f(x) = \sum_{n=-\infty}^{+\infty} c_n \int_{x_0}^{x_0+L} \mathrm{d}x\mathrm{e}^{\mathrm{i}(k_n-k_p)x} \tag{11}$$

右端的积分在 $n \neq p$ 时为零, 在 $n = p$ 时为 L, 这样便得到公式 (10). 不难证明, 所求得的 c_n 和已选定的 x_0 无关.

　　我们称 $|c_n|$ 的集合为 $f(x)$ 的傅里叶谱. 注意, 当而且仅当

$$c_{-n} = c_n^* \tag{12}$$

时, $f(x)$ 才是实函数.

β. 余弦级数和正弦级数

　　在级数 (8) 中, 将对应于 n 的相反值的项归并起来, 便得到:

$$f(x) = c_0 + \sum_{n=1}^{\infty}(c_n\mathrm{e}^{\mathrm{i}k_nx} + c_{-n}\mathrm{e}^{-\mathrm{i}k_nx}) \tag{13}$$

或据 (7) 式, 则:

$$f(x) = a_0 + \sum_{n=1}^{\infty}(a_n\cos k_nx + b_n\sin k_nx) \tag{14}$$

其中

$$\left.\begin{array}{l} a_0 = c_0 \\ a_n = c_n + c_{-n} \\ b_n = \mathrm{i}(c_n - c_{-n}) \end{array}\right\} n > 0 \tag{15}$$

因此, 从 (10) 式可以导出计算系数 a_n 和 b_n 的公式:

$$a_0 = \frac{1}{L}\int_{x_0}^{x_0+L} \mathrm{d}xf(x)$$

$$a_n = \frac{2}{L}\int_{x_0}^{x_0+L} \mathrm{d}xf(x)\cos k_nx$$

$$b_n = \frac{2}{L}\int_{x_0}^{x_0+L} \mathrm{d}xf(x)\sin k_nx \tag{16}$$

　　若 $f(x)$ 具有确定的宇称, 则展开式 (14) 将特别方便, 这是因为

$$\begin{array}{l} b_n = 0 \quad \text{若 } f(x) \text{ 是偶的} \\ a_n = 0 \quad \text{若 } f(x) \text{ 是奇的} \end{array} \tag{17}$$

此外, 若 $f(x)$ 是实函数, 则系数 a_n 和 b_n 也是实的.

c. 贝塞尔–帕塞瓦 (BESSEL-PARSEVAL) 关系式 [1461]

根据傅里叶展开式 (8), 不难证明:

$$\boxed{\frac{1}{L}\int_{x_0}^{x_0+L}\mathrm{d}x|f(x)|^2 = \sum_{n=-\infty}^{+\infty}|c_n|^2} \tag{18}$$

实际上, 根据 (8) 式, 有:

$$\frac{1}{L}\int_{x_0}^{x_0+L}\mathrm{d}x|f(x)|^2 = \sum_{n,p}c_p^*c_n\frac{1}{L}\int_{x_0}^{x_0+L}\mathrm{d}x\mathrm{e}^{\mathrm{i}(k_n-k_p)x} \tag{19}$$

如同在 (11) 式中那样, 右端的积分等于 $L\delta_{np}$, 这便证明了 (18) 式.

利用展开式 (14), 还可将贝塞尔–帕塞瓦关系式 (18) 写成下列形式:

$$\frac{1}{L}\int_{x_0}^{x_0+L}\mathrm{d}x|f(x)|^2 = |a_0|^2 + \frac{1}{2}\sum_{n=1}^{\infty}[|a_n|^2 + |b_n|^2] \tag{20}$$

设有周期都是 L 的两个函数 $f(x)$ 和 $g(x)$, 它们的傅里叶系数分别为 c_n 和 d_n, 则可将 (18) 式推广为下列形式:

$$\frac{1}{L}\int_{x_0}^{x_0+L}\mathrm{d}xg^*(x)f(x) = \sum_{n=-\infty}^{+\infty}d_n^*c_n \tag{21}$$

2. 傅里叶变换

a. 定义

α. 作为傅里叶级数的极限的傅里叶积分

现在我们来考虑一个函数 $f(x)$, 不一定是周期性的, 再定义 $f_L(x)$ 为周期等于 L 的周期函数, 它在区间 $[-L/2, L/2]$ 上同于 $f(x)$, 我们可将 $f_L(x)$ 展为傅里叶级数:

$$f_L(x) = \sum_{n=-\infty}^{+\infty}c_n\mathrm{e}^{\mathrm{i}k_n x} \tag{22}$$

其中 k_n 由公式 (9) 定义, 此外:

$$c_n = \frac{1}{L}\int_{x_0}^{x_0+L}\mathrm{d}x\mathrm{e}^{-\mathrm{i}k_n x}f_L(x) = \frac{1}{L}\int_{-\frac{L}{2}}^{+\frac{L}{2}}\mathrm{d}x\mathrm{e}^{-\mathrm{i}k_n x}f(x) \tag{23}$$

若 L 趋向无穷大, $f_L(x)$ 便与 $f(x)$ 重合. 因此, 我们将在下面的表示式中令 L 趋向无穷大.

k_n 的定义式 (9) 给出: [1462]

$$k_{n+1} - k_n = \frac{2\pi}{L} \tag{24}$$

将 (23) 式中的 $1/L$ 换成 $(k_{n+1} - k_n)$ 的函数, 并将 c_n 的这个值代入级数 (22):

$$f_L(x) = \sum_{n=-\infty}^{+\infty} \frac{k_{n+1} - k_n}{2\pi} e^{ik_n x} \int_{-\frac{L}{2}}^{+\frac{L}{2}} d\xi e^{-ik_n \xi} f(\xi) \tag{25}$$

当 $L \to \infty$ 时, $k_{n+1} - k_n$ 趋向于零 [参看 (24) 式], 于是遍及 n 的求和变为一个定积分; $f_L(x)$ 则趋向于 $f(x)$;(25) 式中的积分则变成连续变量 k 的一个函数. 我们若令

$$\widetilde{f}(k) = \frac{1}{\sqrt{2\pi}} \int_{-\infty}^{+\infty} dx e^{-ikx} f(x) \tag{26}$$

则在 L 为无穷大的极限情况下, 可将 (25) 式写作:

$$f(x) = \frac{1}{\sqrt{2\pi}} \int_{-\infty}^{+\infty} dk e^{ikx} \widetilde{f}(k) \tag{27}$$

我们称 $f(x)$ 和 $\widetilde{f}(k)$ 互为傅里叶变换.

β. 量子力学中的傅里叶变换

在量子力学中, 我们通常使用略微不同的惯例: 设 $\psi(x)$ 是一个 (一维的) 波函数, 则其傅里叶变换 $\overline{\psi}(p)$ 的定义为:

$$\boxed{\overline{\psi}(p) = \frac{1}{\sqrt{2\pi\hbar}} \int_{-\infty}^{+\infty} dx e^{-ipx/\hbar} \psi(x)} \tag{28}$$

而相反的公式则为:

$$\boxed{\psi(x) = \frac{1}{\sqrt{2\pi\hbar}} \int_{-\infty}^{+\infty} dp e^{ipx/\hbar} \overline{\psi}(p)} \tag{29}$$

若要从公式 (26) 和 (27) 过渡到公式 (28) 和 (29), 只需令:

$$p = \hbar k \tag{30}$$

(若 x 为长度, 则 p 具有动量的量纲), 和:

$$\overline{\psi}(p) = \frac{1}{\sqrt{\hbar}} \widetilde{\psi}(k) = \frac{1}{\sqrt{\hbar}} \widetilde{\psi}\left(\frac{p}{\hbar}\right) \tag{31}$$

[1463]　　　　在这个附录里, 如同在量子力学里常见的那样, 我们不用普通的定义 (26), 而用傅里叶变换的定义 (28). 若要回到原来的形式, 只需在后面的所有公式中, 用 1 代替 $\hbar$, 用 k 代替 p.

b. 简单性质

我们用缩写符号将公式 (28) 和 (29) 记作下列形式:

$$\overline{\psi}(p) = \mathscr{F}[\psi(x)] \tag{32-a}$$

$$\psi(x) = \overline{\mathscr{F}}[\overline{\psi}(p)] \tag{32-b}$$

我们很容易证明下面的性质:

(i)
$$\overline{\psi}(p) = \mathscr{F}[\psi(x)] \Rightarrow \overline{\psi}(p - p_0) = \mathscr{F}[\mathrm{e}^{\mathrm{i}p_0 x/\hbar}\psi(x)]$$

$$\mathrm{e}^{-\mathrm{i}p x_0/\hbar}\overline{\psi}(p) = \mathscr{F}[\psi(x - x_0)] \tag{33}$$

这个结果直接来自定义 (28) 式

(ii)
$$\overline{\psi}(p) = \mathscr{F}[\psi(x)] \Rightarrow \mathscr{F}[\psi(cx)] = \frac{1}{|c|}\overline{\psi}\left(\frac{p}{c}\right) \tag{34}$$

为了看出这一点, 只需进行积分变量的变换:

$$u = cx \tag{35}$$

作为特例有:

$$\mathscr{F}[\psi(-x)] = \overline{\psi}(-p) \tag{36}$$

由此可见, 若函数 $\psi(x)$ 具有确定的宇称, 则其傅里叶变换也具有同样的宇称.

(iii)
$$\text{实的 } \psi(x) \leftrightarrow [\overline{\psi}(p)]^* = \overline{\psi}(-p) \tag{37-a}$$

$$\text{纯虚的 } \psi(x) \leftrightarrow [\overline{\psi}(p)]^* = -\overline{\psi}(-p) \tag{37-b}$$

若交换函数 ψ 和 $\overline{\psi}$, 同样的关系式仍然成立.

(iv) 用 $f^{(n)}$ 表示函数 f 的第 n 阶导数, 根据 (28) 和 (29) 式, 在积分号下求各阶导数, 便得到:

$$\mathscr{F}[\psi^{(n)}(x)] = \left(\frac{\mathrm{i}p}{\hbar}\right)^n \overline{\psi}(p) \tag{38-a}$$

$$\overline{\psi}^{(n)}(p) = \mathscr{F}\left[\left(-\frac{\mathrm{i}x}{\hbar}\right)^n \psi(x)\right] \tag{38-b}$$

(v) 两个函数 $\psi_1(x)$ 和 $\psi_2(x)$ 的卷积定义为下式给出的函数 $\psi(x)$:

$$\psi(x) = \int_{-\infty}^{+\infty} \mathrm{d}y\, \psi_1(y)\psi_2(x - y) \tag{39}$$

此函数的傅里叶变换正比于 $\psi_1(x)$ 和 $\psi_2(x)$ 的傅里叶变换的普通乘积: [1464]

$$\overline{\psi}(p) = \sqrt{2\pi\hbar}\,\overline{\psi}_1(p)\overline{\psi}_2(p) \tag{40}$$

实际上, 对 (39) 式进行傅里叶变换:

$$\overline{\psi}(p) = \frac{1}{\sqrt{2\pi\hbar}} \int_{-\infty}^{+\infty} \mathrm{d}x e^{-ipx/\hbar} \int_{-\infty}^{+\infty} \mathrm{d}y \psi_1(y)\psi_2(x-y) \tag{41}$$

作积分变量的变换:

$$\{x,y\} \Rightarrow \{u = x-y, y\} \tag{42}$$

若乘以并除以 $e^{ipy/\hbar}$, 则有

$$\overline{\psi}(p) = \frac{1}{\sqrt{2\pi\hbar}} \int_{-\infty}^{+\infty} \mathrm{d}y e^{-ipy/\hbar} \psi_1(y) \int_{-\infty}^{+\infty} \mathrm{d}u e^{-ipu/\hbar} \psi_2(u) \tag{43}$$

这便证明了公式 (40).

(vi) 若 $\psi(x)$ 具有宽度为 Δx 的高峰形状, 则 $\overline{\psi}(p)$ 的宽度 Δp 满足:

$$\Delta x \cdot \Delta p \gtrsim \hbar \tag{44}$$

(参看第一章的 §C-2, 在那里分析过这个不等式).

c. 帕塞瓦 – 普朗克尔公式

傅里叶变换保持模方不变:

$$\boxed{\int_{-\infty}^{+\infty} \mathrm{d}x|\psi(x)|^2 = \int_{-\infty}^{+\infty} \mathrm{d}p|\overline{\psi}(p)|^2} \tag{45}$$

为证明此式, 只需按如下方式应用 (28) 及 (29) 式:

$$\begin{aligned}
\int_{-\infty}^{+\infty} \mathrm{d}x|\psi(x)|^2 &= \int_{-\infty}^{+\infty} \mathrm{d}x\psi^*(x)\frac{1}{\sqrt{2\pi\hbar}}\int_{-\infty}^{+\infty} \mathrm{d}p e^{ipx/\hbar}\overline{\psi}(p) \\
&= \int_{-\infty}^{+\infty} \mathrm{d}p\overline{\psi}(p)\frac{1}{\sqrt{2\pi\hbar}}\int_{-\infty}^{+\infty} \mathrm{d}x e^{ipx/\hbar}\psi^*(x) \\
&= \int_{-\infty}^{+\infty} \mathrm{d}p\overline{\psi}^*(p)\overline{\psi}(p)
\end{aligned} \tag{46}$$

如在 §1-c 中那样, 帕塞瓦 – 普朗克尔公式也可以推广为:

$$\boxed{\int_{-\infty}^{+\infty} \mathrm{d}x\varphi^*(x)\psi(x) = \int_{-\infty}^{+\infty} \mathrm{d}p\overline{\varphi}^*(p)\overline{\psi}(p)} \tag{47}$$

[1465]   d. 例

我们只限于给出傅里叶变换的三个例子, 它们都是不难计算的.

(i) 矩形函数

$$\left.\begin{aligned}
\psi(x) &= \frac{1}{a} \ \text{若} \ -\frac{a}{2} < x < \frac{a}{2} \\
&= 0 \ \text{若} \ |x| > \frac{a}{2}
\end{aligned}\right\} \Leftrightarrow \overline{\psi}(p) = \frac{1}{\sqrt{2\pi\hbar}}\frac{\sin(pa/2\hbar)}{pa/2\hbar} \tag{48}$$

(ii) 递减指数函数

$$\psi(x) = \mathrm{e}^{-|x|/a} \Leftrightarrow \overline{\psi}(p) = \sqrt{\frac{2}{\pi\hbar}}\frac{1/a}{(p^2/\hbar^2)+(1/a^2)} \tag{49}$$

(iii) 高斯函数

$$\psi(x) = \mathrm{e}^{-x^2/a^2} \Leftrightarrow \overline{\psi}(p) = \frac{a}{\sqrt{2\hbar}}\mathrm{e}^{-p^2a^2/4\hbar^2} \tag{50}$$

(注意一个重要事实: 高斯函数的形式在其傅里叶变换中保持不变).

附注:

在上面的每一个例子中, 我们都可以分别给 $\psi(x)$ 和 $\overline{\psi}(p)$ 定义宽度 Δx 和 Δp, 并具体验证不等式 (44).

e. 三维空间中的傅里叶变换

对于依赖于三个空间变量 x, y, z 的波函数 $\psi(\boldsymbol{r})$, 公式 (28) 和 (29) 可换为:

$$\overline{\psi}(\boldsymbol{p}) = \frac{1}{(2\pi\hbar)^{3/2}}\int \mathrm{d}^3r \mathrm{e}^{-\mathrm{i}\boldsymbol{p}\cdot\boldsymbol{r}/\hbar}\psi(\boldsymbol{r}) \tag{51-a}$$

$$\psi(\boldsymbol{r}) = \frac{1}{(2\pi\hbar)^{3/2}}\int \mathrm{d}^3p \mathrm{e}^{\mathrm{i}\boldsymbol{p}\cdot\boldsymbol{r}/\hbar}\overline{\psi}(\boldsymbol{p}) \tag{51-b}$$

前面列举的各项性质 (§2–b 和 §2–c) 很容易推广到三维情况.

如果 ψ 只依赖于矢径 $\boldsymbol{r}$ 的模 r, 那么, $\overline{\psi}$ 只依赖于动量 $\boldsymbol{p}$ 的模 p, 并可用下列公式来计算:

$$\overline{\psi}(p) = \frac{1}{\sqrt{2\pi\hbar}}\frac{2}{p}\int_0^\infty r\mathrm{d}r \sin\frac{pr}{\hbar}\psi(r) \tag{52}$$

首先, 我们根据 (51–a) 式来计算 $\overline{\psi}(\boldsymbol{p}')$, 这里的 $\boldsymbol{p}'$ 是矢量 $\boldsymbol{p}$ 经过一次任意旋转 $\mathscr{R}$ [1466] 得到的结果:

$$\boldsymbol{p}' = \mathscr{R}\boldsymbol{p} \tag{53}$$

$$\overline{\psi}(\boldsymbol{p}') = \frac{1}{(2\pi\hbar)^{3/2}}\int \mathrm{d}^3r \mathrm{e}^{-\mathrm{i}\boldsymbol{p}'\cdot\boldsymbol{r}/\hbar}\psi(r) \tag{54}$$

在这个积分中, 用 $\boldsymbol{r}'$ 去代替哑变量 $\boldsymbol{r}$, 然后令:

$$\boldsymbol{r}' = \mathscr{R}\boldsymbol{r} \tag{55}$$

在旋转中体积元保持不变, 因此有:

$$\mathrm{d}^3r' = \mathrm{d}^3r \tag{56}$$

此外, 因为 $\boldsymbol{r}'$ 的模仍然等于 r, 所以函数 ψ 没有改变; 最后还有:

$$\boldsymbol{p}' \cdot \boldsymbol{r}' = \boldsymbol{p} \cdot \boldsymbol{r} \tag{57}$$

这是因为标量积对旋转保持不变. 于是便导出:

$$\overline{\psi}(\boldsymbol{p}') = \overline{\psi}(\boldsymbol{p}) \tag{58}$$

这就是说, $\overline{\psi}$ 只依赖于 $\boldsymbol{p}$ 的模而不依赖于它的方向.

因此, 为了计算 $\overline{\psi}(p)$, 我们可将 $\boldsymbol{p}$ 取在 Oz 轴上, 即有:

$$\begin{aligned}
\overline{\psi}(p) &= \frac{1}{(2\pi\hbar)^{3/2}} \int \mathrm{d}^3 r \mathrm{e}^{-\mathrm{i}pz/\hbar} \psi(r) \\
&= \frac{1}{(2\pi\hbar)^{3/2}} \int_0^\infty r^2 \mathrm{d}r \psi(r) \int_0^{2\pi} \mathrm{d}\varphi \int_0^\pi \mathrm{d}\theta \sin\theta \mathrm{e}^{-\frac{\mathrm{i}pr\cos\theta}{\hbar}} \\
&= \frac{1}{(2\pi\hbar)^{3/2}} \int_0^\infty r^2 \mathrm{d}r \psi(r) 2\pi \frac{2\hbar}{pr} \sin\frac{pr}{\hbar} \\
&= \frac{1}{\sqrt{2\pi\hbar}} \frac{2}{p} \int_0^\infty r \mathrm{d}r \psi(r) \sin\frac{pr}{\hbar}
\end{aligned} \tag{59}$$

这样便得到公式 (52).

参考文献和阅读建议:

例如可参看: Arfken (10.4) 第 14 和 15 章, 或者 Butkov (10.8) 第 4 和 7 章; Bass (10.1) 第 I 卷, 第 XVIII 到第 XX 章; 参考书目的第 10 节, 特别是 "傅里叶变换; 广义函数" 这一部分.

附录 Ⅱ

狄拉克的 δ "函数"

[1468]

δ"函数" 其实是一种分布. 下面我们将从物理观点来考虑它, 并将它作为普通函数来处理; 这种方法在数学上虽不严格, 但对它在量子力学中的应用来说, 是可令人满意的.

1. 引言; 主要性质

a. δ "函数" 的引入

我们来考虑函数 $\delta^{(\varepsilon)}(x)$, 它由下式给出 (参看图 1):

$$
\begin{aligned}
\delta^{(\varepsilon)}(x) &= \frac{1}{\varepsilon} \ \text{若} \ -\frac{\varepsilon}{2} < x < \frac{\varepsilon}{2} \\
&= 0 \ \text{若} \ |x| > \frac{\varepsilon}{2}
\end{aligned}
\tag{1}
$$

其中 ε 是个正数, 再来计算积分:　　　　　　　　　　　　　[1469]

$$
\int_{-\infty}^{+\infty} \mathrm{d}x \delta^{(\varepsilon)}(x) f(x)
\tag{2}
$$

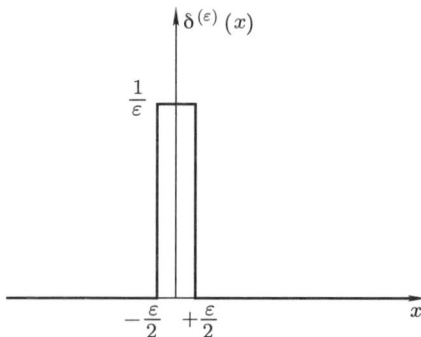

图 1　函数 $\delta^{(\varepsilon)}(x)$: 宽度为 ε, 高度为 $1/\varepsilon$, 中心在 $x = 0$ 处的矩形

其中 $f(x)$ 是在 $x = 0$ 处有定义的一个任意函数. 若 ε 充分小, 则 $f(x)$ 在实际的积分区间 $[-\varepsilon/2, \varepsilon/2]$ 上的变化可以忽略, $f(x)$ 实际上仍等于 $f(0)$, 所以:

$$\int_{-\infty}^{+\infty} \mathrm{d}x \delta^{(\varepsilon)}(x) f(x) \simeq f(0) \int_{-\infty}^{+\infty} \mathrm{d}x \delta^{(\varepsilon)}(x) = f(0) \tag{3}$$

ε 越小, 近似程度越高. 因此, 我们过渡到极限 $\varepsilon = 0$ 并以下式来定义 δ "函数":

$$\int_{-\infty}^{+\infty} \mathrm{d}x \delta(x) f(x) = f(0) \tag{4}$$

对于在原点有定义的一切函数 $f(x)$, 此式都成立. 一般地, $\delta(x - x_0)$ 的定义为:

$$\boxed{\int_{-\infty}^{+\infty} \mathrm{d}x \delta(x - x_0) f(x) = f(x_0)} \tag{5}$$

附注:

　　(i) 其实, (5) 式中的积分符号在数学上是不合理的, 我们应严格地将 δ 定义为一种广义函数, 而不是定义为一个函数. 从物理的观点看来, 这个区别并不重要, 在物理学中, 只要 ε 对给定问题所涉及的一切长度而言都可以忽略[1], 这就是说, 只要我们可能必须考虑的一切函数 $f(x)$ 在宽度为 ε 的区间上没有明显的变化, 我们就不可能区别 $\delta^{(\varepsilon)}(x)$ 和 $\delta(x)$. 在这里每当遇到数学上的困难时, 我们只需设想 $\delta(x)$ 其实就是 $\delta^{(\varepsilon)}(x)$ [或一个类似的函数, 但更为平滑, 例如 (7), (8), (9), (10), (11) 诸式给出的函数之一] 而 ε 非常小但不严格为零.

---

　　[1] 目前的物理测量的精确度无论如何也不容许我们接触到其尺度在 fm 以下的现象 (1 fm$=10^{-15}$ m).

(ii) 对任意的积分限 a 和 b, 我们有:

$$\int_a^b \mathrm{d}x \delta(x) f(x) = f(0) \text{ 若 } 0 \in [a, b]$$
$$= 0 \text{ 若 } 0 \notin [a, b] \tag{6}$$

b. 趋向于 δ 的函数   [1470]

不难证明, 除 (1) 式定义的 $\delta^{(\varepsilon)}(x)$ 以外, 下列诸函数都趋向于 δ, 这就是说, 当参变量 ε 通过正值趋向于零时, 它们都满足 (5) 式.

(i) $\dfrac{1}{2\varepsilon} \mathrm{e}^{-|x|/\varepsilon}$ (7)

(ii) $\dfrac{1}{\pi} \dfrac{\varepsilon}{x^2 + \varepsilon^2}$ (8)

(iii) $\dfrac{1}{\varepsilon\sqrt{\pi}} \mathrm{e}^{-x^2/\varepsilon^2}$ (9)

(iv) $\dfrac{1}{\pi} \dfrac{\sin(x/\varepsilon)}{x}$ (10)

(v) $\dfrac{\varepsilon}{\pi} \dfrac{\sin^2(x/\varepsilon)}{x^2}$ (11)

我们还要提出在量子力学中 (特别是在碰撞理论中) 经常使用的一个恒等式:

$$\lim_{\varepsilon \to 0_+} \frac{1}{x \pm \mathrm{i}\varepsilon} = \mathscr{P}\frac{1}{x} \mp \mathrm{i}\pi\delta(x) \tag{12}$$

其中 $\mathscr{P}$ 表示柯西主值, 其定义为:

$$\mathscr{P} \int_{-A}^{+B} \frac{\mathrm{d}x}{x} f(x) = \lim_{\eta \to 0_+} \left[\int_{-A}^{-\eta} + \int_{+\eta}^{+B} \right] \frac{\mathrm{d}x}{x} f(x); \quad A, B > 0 \tag{13}$$

[$f(x)$ 是在 $x = 0$ 处平滑的函数][1]

为了证明恒等式 (12), 我们将 $1/(x \pm \mathrm{i}\varepsilon)$ 的实部和虚部分开:

$$\frac{1}{x \pm \mathrm{i}\varepsilon} = \frac{x \mp \mathrm{i}\varepsilon}{x^2 + \varepsilon^2} \tag{14}$$

虚部正比于 (8) 式中的函数

$$\lim_{\varepsilon \to 0_+} \mp \mathrm{i}\frac{\varepsilon}{x^2 + \varepsilon^2} = \mp \mathrm{i}\pi\delta(x) \tag{15}$$

---

[1] 实际上, 人们常常应用下列两个等式之一:

$$\mathscr{P} \int_{-A}^{+B} \frac{\mathrm{d}x}{x} f(x) = \int_{-B}^{+B} \mathrm{d}x \frac{f_-(x)}{x} + \int_{-A}^{-B} \frac{\mathrm{d}x}{x} f(x)$$
$$= \int_{-A}^{+B} \mathrm{d}x \frac{f(x) - f(0)}{x} + f(0)\mathrm{Log}\frac{B}{A}$$

其中 $f_-(x) = [f(x) - f(-x)]/2$ 是函数 f 的奇部. 这些公式的优越性在于明显地消除了原点处的发散性.

至于实部, 我们给它乘上一个在原点平滑的函数 $f(x)$ 并对 x 积分:

$$\mathop{\text{Lim}}_{\varepsilon\to 0_+}\int_{-\infty}^{+\infty}\frac{x\mathrm{d}x}{x^2+\varepsilon^2}f(x)=\mathop{\text{Lim}}_{\varepsilon\to 0_+}\mathop{\text{Lim}}_{\eta\to 0_+}\left[\int_{-\infty}^{-\eta}+\int_{-\eta}^{+\eta}+\int_{+\eta}^{+\infty}\right]\frac{x\mathrm{d}x}{x^2+\varepsilon^2}f(x) \tag{16}$$

[1471]　第二个积分等于零:

$$\mathop{\text{Lim}}_{\eta\to 0_+}\int_{-\eta}^{+\eta}\frac{x\mathrm{d}x}{x^2+\varepsilon^2}f(x)=f(0)\mathop{\text{Lim}}_{\eta\to 0_+}\frac{1}{2}[\text{Log}(x^2+\varepsilon^2)]_{-\eta}^{+\eta}=0 \tag{17}$$

在 (16) 式中, 交换取极限的顺序, 在余下的两个积分中, 令 $\varepsilon\to 0$ 取极限并无困难, 结果有:

$$\mathop{\text{Lim}}_{\varepsilon\to 0_+}\int_{-\infty}^{+\infty}\frac{x\mathrm{d}x}{x^2+\varepsilon^2}f(x)=\mathop{\text{Lim}}_{\eta\to 0_+}\left[\int_{-\infty}^{-\eta}+\int_{+\eta}^{+\infty}\right]\frac{\mathrm{d}x}{x}f(x) \tag{18}$$

于是, 恒等式 (12) 证毕.

c. δ 的性质

下面将要列举的性质, 可以根据定义 (5) 来证明: 给下列一个等式的两端乘以函数 $f(x)$, 然后积分, 最后发现结果是相等的.

(i)　$\delta(-x)=\delta(x)$ $\qquad\qquad\qquad\qquad\qquad\qquad\qquad\qquad\qquad$ (19)

(ii)　$\delta(cx)=\dfrac{1}{|c|}\delta(x)$ $\qquad\qquad\qquad\qquad\qquad\qquad\qquad\qquad$ (20)

更为普遍的形式为:

$$\delta[g(x)]=\sum_j\frac{1}{|g'(x_j)|}\delta(x-x_j) \tag{21}$$

其中 $g'(x)$ 是 $g(x)$ 的导数, x_j 是函数 $g(x)$ 的一阶零点:

$$g(x_j)=0$$
$$g'(x_j)\neq 0 \tag{22}$$

求和遍及函数 $g(x)$ 的所有一阶零点; 如果 $g(x)$ 有高阶零点 [就是说 $g'(x)$ 为零的那些零点], 表示式 $\delta[g(x)]$ 无意义.

(iii)　$x\delta(x-x_0)=x_0\delta(x-x_0)$ $\qquad\qquad\qquad\qquad\qquad\qquad$ (23)

作为其特例有:

$$x\delta(x)=0 \tag{24}$$

逆命题也能成立: 我们可以证明, 方程:

$$xu(x)=0 \tag{25}$$

的通解为:

$$u(x)=c\delta(x) \tag{26}$$

其中 c 是任意常数.

更一般地, 有:

$$g(x)\delta(x - x_0) = g(x_0)\delta(x - x_0) \tag{27}$$

(iv) $\displaystyle\int_{-\infty}^{+\infty} \mathrm{d}x\delta(x - y)\delta(x - z) = \delta(y - z)$ (28)

[1472]

根据图 1 所示的 $\delta^{(\varepsilon)}(x)$ 这种类型的函数就可以理解 (28) 式. 考虑积分:

$$F^{(\varepsilon)}(y, z) = \int_{-\infty}^{+\infty} \mathrm{d}x\delta^{(\varepsilon)}(x - y)\delta^{(\varepsilon)}(x - z) \tag{29}$$

只要 $|y - z| \geqslant \varepsilon$, 就是说, 只要两个矩形不重合 (图 2), 这个积分就等于零. 在 $y = z$ 时得到的积分极大值等于 $1/\varepsilon$. 在这个极大值和零之间, 函数 $F^{(\varepsilon)}(y, z)$ 随 $y - z$ 的变化是线性的 (图 3). 于是, 我们立即可以看出当 $\varepsilon \to 0$ 时, 函数 $F^{(\varepsilon)}(y, z)$ 趋向于 $\delta(y - z)$.

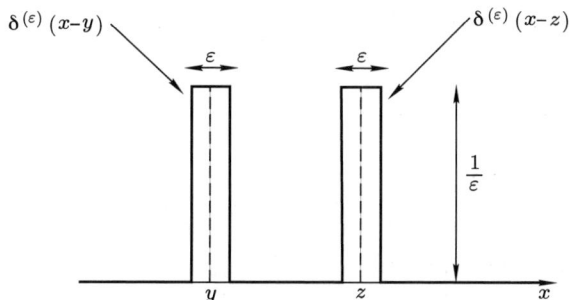

图 2　函数 $\delta^{(\varepsilon)}(x - y)$ 和 $\delta^{(\varepsilon)}(x - z)$ 是两个矩形, 宽度为 ε, 高度为 $1/\varepsilon$, 中心各在 $x = y$ 处和 $x = z$ 处.

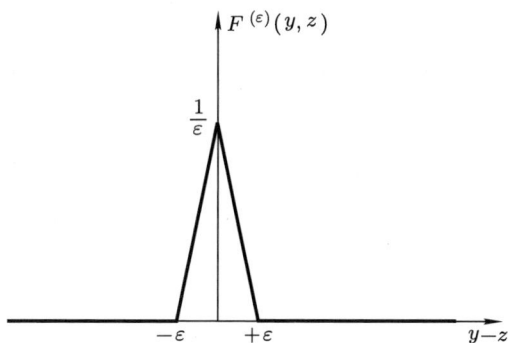

图 3　图 2 中的两个矩形函数的标量积 $F^{(\varepsilon)}(y, z)$ 随 $y - z$ 变化的情况: 当这两个矩形不重合 ($|y - z| \geqslant \varepsilon$) 时, 这个标量积为零, 当两者重合时, 此标量积为极大值. 当 $\varepsilon \to 0$ 时, $F^{(\varepsilon)}(y, z)$ 趋向于 $\delta(y - z)$.

附注:

间距规则的 δ 函数之和:

$$\sum_{q=-\infty}^{+\infty} \delta(x - qL) \tag{30}$$

[1473]　　可以看作是周期为 L 的一个周期 "函数". 将附录 I 中的 (8)、(9) 和 (10) 式应用于这个和, 我们即可将它写成下列形式:

$$\sum_{q=-\infty}^{+\infty} \delta(x - qL) = \frac{1}{L} \sum_{n=-\infty}^{+\infty} e^{2i\pi \frac{nx}{L}} \tag{31}$$

2. δ "函数" 和傅里叶变换

a. δ 的傅里叶变换式

用附录 I 的定义 (28) 和公式 (5) 可以立即算出 $\delta(x - x_0)$ 的傅里叶变换式 $\overline{\delta}_{x_0}(p)$:

$$\overline{\delta}_{x_0}(p) = \frac{1}{\sqrt{2\pi\hbar}} \int_{-\infty}^{+\infty} \mathrm{d}x e^{-ipx/\hbar} \delta(x - x_0) = \frac{1}{\sqrt{2\pi\hbar}} e^{-ipx_0/\hbar} \tag{32}$$

特别地, $\delta(x)$ 的傅里叶变换式是一个常数:

$$\overline{\delta}_0(p) = \frac{1}{\sqrt{2\pi\hbar}} \tag{33}$$

从而, 逆傅里叶变换 [附录 I 的公式 (29)] 给出:

$$\boxed{\delta(x - x_0) = \frac{1}{2\pi\hbar} \int_{-\infty}^{+\infty} \mathrm{d}p e^{ip(x-x_0)/\hbar} = \frac{1}{2\pi} \int_{-\infty}^{+\infty} \mathrm{d}k e^{ik(x-x_0)}} \tag{34}$$

这个结果还可以得自 (1) 式所定义的函数 $\delta^{(\varepsilon)}(x)$ 或 §1-b 中给出的每一个函数. 例如, 根据附录 I 中的公式 (48) 可以写出:

$$\delta^{(\varepsilon)}(x) = \frac{1}{2\pi\hbar} \int_{-\infty}^{+\infty} \mathrm{d}p e^{ipx/\hbar} \frac{\sin(p\varepsilon/2\hbar)}{p\varepsilon/2\hbar} \tag{35}$$

若令 $\varepsilon \to 0$, 我们仍得到 (34) 式.

b. 应用

δ 函数的表示式 (34) 常常是非常方便的. 例如, 我们将说明怎样用它非常简单地再次导出逆傅里叶变换和帕塞瓦–普朗克尔关系 [附录 I 的 (29) 式和 (45) 式].

根据:

$$\overline{\psi}(p) = \frac{1}{\sqrt{2\pi\hbar}} \int_{-\infty}^{+\infty} \mathrm{d}x e^{-\mathrm{i}px/\hbar} \psi(x) \tag{36}$$

我们来计算:

$$\frac{1}{\sqrt{2\pi\hbar}} \int_{-\infty}^{+\infty} \mathrm{d}p e^{\mathrm{i}px/\hbar} \overline{\psi}(p) = \frac{1}{2\pi\hbar} \int_{-\infty}^{+\infty} \mathrm{d}\xi \psi(\xi) \int_{-\infty}^{+\infty} \mathrm{d}p e^{\mathrm{i}p(x-\xi)/\hbar} \tag{37}$$

[1474]

可以看出, 第二个积分就是 $\delta(x-\xi)$, 所以:

$$\frac{1}{\sqrt{2\pi\hbar}} \int_{-\infty}^{+\infty} \mathrm{d}p e^{\mathrm{i}px/\hbar} \overline{\psi}(p) = \int_{-\infty}^{+\infty} \mathrm{d}\xi \psi(\xi) \delta(x-\xi) = \psi(x) \tag{38}$$

这就是傅里叶变换的逆变换公式.

再考虑:

$$|\overline{\psi}(p)|^2 = \frac{1}{2\pi\hbar} \int_{-\infty}^{+\infty} \mathrm{d}x e^{\mathrm{i}px/\hbar} \psi^*(x) \int_{-\infty}^{+\infty} \mathrm{d}x' e^{-\mathrm{i}px'/\hbar} \psi(x') \tag{39}$$

若将此式对 p 积分, 则有:

$$\int_{-\infty}^{+\infty} \mathrm{d}p |\overline{\psi}(p)|^2 = \frac{1}{2\pi\hbar} \int_{-\infty}^{+\infty} \mathrm{d}x \psi^*(x) \int_{-\infty}^{+\infty} \mathrm{d}x' \psi(x') \int_{-\infty}^{+\infty} \mathrm{d}p e^{\mathrm{i}p(x-x')/\hbar} \tag{40}$$

根据 (34) 式, 也可写作:

$$\int_{-\infty}^{+\infty} \mathrm{d}p |\overline{\psi}(p)|^2 = \int_{-\infty}^{+\infty} \mathrm{d}x \psi^*(x) \int_{-\infty}^{+\infty} \mathrm{d}x' \psi(x') \delta(x-x') = \int_{-\infty}^{+\infty} \mathrm{d}x |\psi(x)|^2 \tag{41}$$

这正是帕塞瓦–普朗克尔公式.

用类似的方法, 我们还可以得到一个卷积的傅里叶变换式 [参看附录 I 的 (39) 和 (40) 式].

3. δ "函数" 的原函数和导数

a. δ 是 "阶跃函数" 的导数

我们来计算 (1) 式所定义的函数 $\delta^{(\varepsilon)}(x)$ 的原函数:

$$\theta^{(\varepsilon)}(x) = \int_{-\infty}^{x} \delta^{(\varepsilon)}(x') \mathrm{d}x' \tag{42}$$

很容易验证: 若 $x \leqslant -\dfrac{\varepsilon}{2}, \theta^{(\varepsilon)}(x)$ 的值为零, 若 $x \geqslant \dfrac{\varepsilon}{2}$, 其值为 1, 若 $-\dfrac{\varepsilon}{2} \leqslant x \leqslant \dfrac{\varepsilon}{2}$, 其值为 $\dfrac{1}{\varepsilon}\left(x+\dfrac{\varepsilon}{2}\right)$.

$\theta^{(\varepsilon)}(x)$ 随 x 变化的情况见图 4. 当 $\varepsilon \to 0$ 时, $\theta^{(\varepsilon)}(x)$ 趋向于亥维赛的 "阶跃函数" $\theta(x)$, 按定义, 其值为:

$$
\begin{aligned}
\theta(x) = 1 \quad &若 \quad x > 0 \\
\theta(x) = 0 \quad &若 \quad x < 0
\end{aligned}
\tag{43}
$$

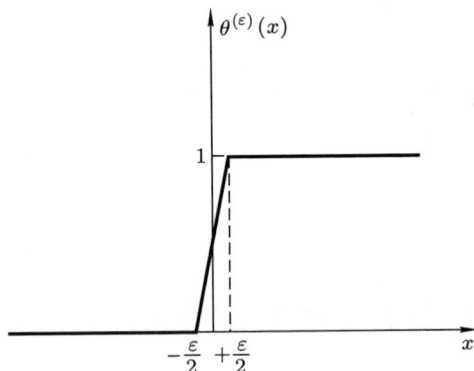

图 4　图 1 所示的函数 $\delta^{(\varepsilon)}(x)$ 的原函数 $\theta^{(\varepsilon)}(x)$. 当 $\varepsilon \to 0$ 时, $\theta^{(\varepsilon)}(x)$ 趋向于亥维赛的阶跃函数 $\theta(x)$.

[1475]　　　　$\delta^{(\varepsilon)}(x)$ 是 $\theta^{(\varepsilon)}(x)$ 的导数. 令 $\varepsilon \to 0$ 取极限, 便可推知 $\delta(x)$ 是 $\theta(x)$ 的导数:

$$
\frac{\mathrm{d}}{\mathrm{d}x}\theta(x) = \delta(x)
\tag{44}
$$

现在考虑一个函数 $g(x)$, 它在 $x = 0$ 处有一个跃度 (或间断)σ_0:

$$
\operatorname*{Lim}_{x \to 0_+} g(x) - \operatorname*{Lim}_{x \to 0_-} g(x) = \sigma_0
\tag{45}
$$

我们可将这样的函数写成下列形式: $g(x) = g_1(x)\theta(x) + g_2(x)\theta(-x)$, 这里 $g_1(x)$ 和 $g_2(x)$ 都是连续的函数, 并满足 $g_1(0) - g_2(0) = \sigma_0$; 如果求这个式子的导数并注意到 (44) 式, 便得到:

$$
\begin{aligned}
g'(x) &= g_1'(x)\theta(x) + g_2'(x)\theta(-x) + g_1(x)\delta(x) - g_2(x)\delta(-x) \\
&= g_1'(x)\theta(x) + g_2'(x)\theta(-x) + \sigma_0\delta(x)
\end{aligned}
\tag{46}
$$

这里应用了 δ 的性质 (19) 和 (27) 式. 由此可见, 对于一个不连续的函数, 应给它的普通导数 [(46) 式中的前两项] 加上一个与 δ 函数成比例的项①, 比例系数是该函数在间断点处的跃度.

————————

①当然, 若函数的间断点在 $x = x_0$ 处, 则附加项的形式为 $[g_1(x_0) - g_2(x_0)]\delta(x - x_0)$.

附注:

根据公式 (12), 不难算出阶跃函数 $\theta(k)$ 的傅里叶变换式, 结果为:

$$\int_{-\infty}^{+\infty} \theta(k)\mathrm{e}^{\mathrm{i}kx}\mathrm{d}k = \lim_{\varepsilon \to 0_+} \int_0^\infty \mathrm{d}k\mathrm{e}^{\mathrm{i}k(x+\mathrm{i}\varepsilon)} = \lim_{\varepsilon \to 0_+} \frac{\mathrm{i}}{x+\mathrm{i}\varepsilon} = \mathrm{i}\mathscr{P}\frac{1}{x} + \pi\delta(x) \quad (47)$$

b. δ 的导数

[1476]

类似于分部积分的公式, 我们通过下式[①] 来定义 δ 函数的导数:

$$\int_{-\infty}^{+\infty} \mathrm{d}x\delta'(x)f(x) = -\int_{-\infty}^{+\infty} \mathrm{d}x\delta(x)f'(x) = -f'(0) \quad (48)$$

由这个定义立即可以导出下列关系式:

$$\delta'(-x) = -\delta'(x) \quad (49)$$

和

$$x\delta'(x) = -\delta(x) \quad (50)$$

反过来, 我们又可证明, 方程

$$xu(x) = \delta(x) \quad (51)$$

的通解可以写作:

$$u(x) = -\delta'(x) + c\delta(x) \quad (52)$$

其中第二项来源于右端为零的方程 [参看公式 (25) 和 (26)].

利用公式 (34), 可将 $\delta'(x)$ 写成下列形式:

$$\delta'(x) = \frac{1}{2\pi\hbar} \int_{-\infty}^{+\infty} \mathrm{d}p \left(\frac{\mathrm{i}p}{\hbar}\right) \mathrm{e}^{\mathrm{i}px/\hbar} = \frac{\mathrm{i}}{2\pi} \int_{-\infty}^{+\infty} k\mathrm{d}k\mathrm{e}^{\mathrm{i}kx} \quad (53)$$

我们可按同样方式来定义 n 阶导数 $\delta^{(n)}(x)$:

$$\int_{-\infty}^{+\infty} \mathrm{d}x\delta^{(n)}(x)f(x) = (-1)^n f^{(n)}(0) \quad (54)$$

从而可将 (49) 式和 (50) 式推广为下列形式:

$$\delta^{(n)}(-x) = (-1)^n \delta^{(n)}(x) \quad (55)$$

和

$$x\delta^{(n)}(x) = -n\delta^{(n-1)}(x) \quad (56)$$

---

① $\delta'(x)$ 可以看作是 §1-b 中给出的任何一种函数的导数在 $\varepsilon \to 0$ 时的极限.

4. 三维空间中的 δ "函数"

三维空间中的 δ 函数, 我们将它简单地记作 $\delta(\boldsymbol{r})$, 由类似于 (4) 式的关系式来定义:

$$\int \mathrm{d}^3 r \delta(\boldsymbol{r}) f(\boldsymbol{r}) = f(\mathbf{0}) \tag{57}$$

[1477] 更普遍的形式为:

$$\int \mathrm{d}^3 r \delta(\boldsymbol{r} - \boldsymbol{r}_0) f(\boldsymbol{r}) = f(\boldsymbol{r}_0) \tag{58}$$

我们可将 $\delta(\boldsymbol{r} - \boldsymbol{r}_0)$ 分解为三个一维函数的乘积:

$$\delta(\boldsymbol{r} - \boldsymbol{r}_0) = \delta(x - x_0)\delta(y - y_0)\delta(z - z_0) \tag{59}$$

或利用极坐标将它写作:

$$\begin{aligned}
\delta(\boldsymbol{r} - \boldsymbol{r}_0) &= \frac{1}{r^2 \sin\theta}\delta(r - r_0)\delta(\theta - \theta_0)\delta(\varphi - \varphi_0) \\
&= \frac{1}{r^2}\delta(r - r_0)\delta(\cos\theta - \cos\theta_0)\delta(\varphi - \varphi_0)
\end{aligned} \tag{60}$$

前面列举的 $\delta(x)$ 的性质很容易推广到 $\delta(\boldsymbol{r})$. 此外, 我们再提出一个重要的关系式:

$$\Delta\left(\frac{1}{r}\right) = -4\pi\delta(\boldsymbol{r}) \tag{61}$$

其中 Δ 是拉普拉斯算符.

公式 (61) 是不难理解的, 为此, 我们注意在静电学中, 放在原点处的一个点电荷 q 可以用体密度 $\rho(\boldsymbol{r})$

$$\rho(\boldsymbol{r}) = q\delta(\boldsymbol{r}) \tag{62}$$

来描述. 实际上我们知道, 这个电荷产生的静电势的表示式为:

$$U(\boldsymbol{r}) = \frac{q}{4\pi\varepsilon_0}\frac{1}{r} \tag{63}$$

(61) 式不过是这种特殊情况下的泊松方程:

$$\Delta U(\boldsymbol{r}) = -\frac{1}{\varepsilon_0}\rho(\boldsymbol{r}) \tag{64}$$

为了严格地证明 (61) 式, 必须借助于广义函数的数学理论, 下面我们只满足于一种初步的 "证明".

首先我们指出, $\Delta\left(\dfrac{1}{r}\right)$ 处处为零, 可能的例外是原点, 因为在这里出现奇异性, 即:

$$\left(\frac{\mathrm{d}^2}{\mathrm{d}r^2} + \frac{2}{r}\frac{\mathrm{d}}{\mathrm{d}r}\right)\frac{1}{r} = 0 \quad 若 r \neq 0 \tag{65}$$

考虑一个函数 $g_\varepsilon(\boldsymbol{r})$，当 $\boldsymbol{r}$ 位于以 O 为中心以 ε 为半径的球 S_ε 以外时，其值为 $1/r$，在这个球内，它取这样的数值 (数量级同 $1/\varepsilon$) 使得 $g_\varepsilon(\boldsymbol{r})$ 充分平滑 (连续、可导等)；此外，再考虑 $\boldsymbol{r}$ 的一个任意函数 $f(\boldsymbol{r})$，它在空间处处平滑．现在来计算当 $\varepsilon \to 0$ 时积分 [1478]

$$I(\varepsilon) = \int \mathrm{d}^3 r f(\boldsymbol{r}) \Delta g_\varepsilon(\boldsymbol{r}) \tag{66}$$

的极限．根据 (65) 式，对这个积分的贡献只能来自球 S_ε，因而

$$I(\varepsilon) = \int_{r \leqslant \varepsilon} \mathrm{d}^3 r f(\boldsymbol{r}) \Delta g_\varepsilon(\boldsymbol{r}) \tag{67}$$

我们取 ε 充分小，以使 $f(\boldsymbol{r})$ 在 S_ε 内的变化可以忽略，则有：

$$I(\varepsilon) \simeq f(\boldsymbol{0}) \int_{r \leqslant \varepsilon} \mathrm{d}^3 r \Delta g_\varepsilon(\boldsymbol{r}) \tag{68}$$

再将这个积分变换为球 S_ε 的表面 $\mathscr{S}_\varepsilon$ 上的积分：

$$I(\varepsilon) \simeq f(\boldsymbol{0}) \int_{\mathscr{S}_\varepsilon} \nabla g_\varepsilon(\boldsymbol{r}) \cdot \mathrm{d}\boldsymbol{n} \tag{69}$$

但因 $g_\varepsilon(\boldsymbol{r})$ 在球面 $\mathscr{S}_\varepsilon$ 上是连续的，故不难得到：

$$[\nabla g_\varepsilon(\boldsymbol{r})]_{r=\varepsilon} = \left[-\frac{1}{r^2} \right]_{r=\varepsilon} \boldsymbol{e}_r = -\frac{1}{\varepsilon^2} \boldsymbol{e}_r \tag{70}$$

(其中 $\boldsymbol{e}_r$ 是单位矢 $\boldsymbol{r}/r$)，此式给出：

$$\begin{aligned} I(\varepsilon) &\simeq f(\boldsymbol{0}) \times 4\pi\varepsilon^2 \times \left[-\frac{1}{\varepsilon^2} \right] \\ &\simeq -4\pi f(\boldsymbol{0}) \end{aligned} \tag{71}$$

也就是说：

$$\lim_{\varepsilon \to 0} \int \mathrm{d}^3 r \Delta g_\varepsilon(\boldsymbol{r}) f(\boldsymbol{r}) = -4\pi f(\boldsymbol{0}) \tag{72}$$

根据定义 (57)，这正是公式 (61)．

作为例子，我们利用 (61) 式来证明在碰撞理论中很有用的一个公式 (参看第八章)：

$$(\Delta + k^2) \frac{\mathrm{e}^{\pm \mathrm{i}kr}}{r} = -4\pi\delta(\boldsymbol{r}) \tag{73}$$

为此只需将 $\mathrm{e}^{\pm \mathrm{i}kr}/r$ 看作一个乘积，于是便有：

$$\Delta \left[\frac{\mathrm{e}^{\pm \mathrm{i}kr}}{r} \right] = \frac{1}{r} \Delta(\mathrm{e}^{\pm \mathrm{i}kr}) + \mathrm{e}^{\pm \mathrm{i}kr} \Delta \left(\frac{1}{r} \right) + 2\nabla \left(\frac{1}{r} \right) \cdot \nabla(\mathrm{e}^{\pm \mathrm{i}kr}) \tag{74}$$

但是

[1479]

$$\begin{aligned} \nabla(\mathrm{e}^{\pm \mathrm{i}kr}) &= \pm \mathrm{i}k\mathrm{e}^{\pm \mathrm{i}kr} \frac{\boldsymbol{r}}{r} \\ \Delta(\mathrm{e}^{\pm \mathrm{i}kr}) &= -k^2 \mathrm{e}^{\pm \mathrm{i}kr} \pm \frac{2\mathrm{i}k}{r} \mathrm{e}^{\pm \mathrm{i}kr} \end{aligned} \tag{75}$$

最后, 根据公式 (27), 便得到:

$$(\Delta + k^2)\frac{\mathrm{e}^{\pm \mathrm{i}kr}}{r} = \left[-\frac{k^2}{r} \pm \frac{2\mathrm{i}k}{r^2} - 4\pi\delta(\boldsymbol{r}) - \frac{2}{r^2} \times (\pm \mathrm{i}k) + \frac{k^2}{r} \right] \mathrm{e}^{\pm \mathrm{i}kr}$$

$$= -4\pi \mathrm{e}^{\pm \mathrm{i}kr}\delta(\boldsymbol{r})$$

$$= -4\pi\delta(\boldsymbol{r}) \tag{76}$$

公式 (61) 还可以推广: 将拉普拉斯算符应用于函数 $\mathrm{Y}_l^m(\theta,\varphi)/r^{l+1}$, 便会出现 $\delta(\boldsymbol{r})$ 的 l 阶导数. 例如, 我们来考虑函数 $\cos\theta/r^2$. 如所周知, 放在 Oz 轴上的矩为 $\boldsymbol{D}$ 的一个电偶极子在远处某点产生的静电势为 $\dfrac{D}{4\pi\varepsilon_0}\dfrac{\cos\theta}{r^2}$. 用 q 表示构成电偶极子的每一个电荷的绝对值, 用 a 表示两电荷间的距离, 则电偶极矩的模 D 等于乘积 qa, 而对应的电荷密度便可以写作:

$$\rho(\boldsymbol{r}) = q\delta\left(\boldsymbol{r} - \frac{a}{2}\boldsymbol{e}_z\right) - q\delta\left(\boldsymbol{r} + \frac{a}{2}\boldsymbol{e}_z\right) \tag{77}$$

(其中 $\boldsymbol{e}_z$ 是 Oz 轴上的单位矢). 若令 a 趋向于零, 同时保持 $D = qa$ 为有限值, 则这个电荷密度变为:

$$\rho(\boldsymbol{r}) \xrightarrow[a \to 0]{} D\frac{\partial}{\partial z}\delta(\boldsymbol{r}) \tag{78}$$

于是在 $a \to 0$ 的极限情况下, 泊松方程 (64) 给出:

$$\Delta\left(\frac{\cos\theta}{r^2}\right) = -4\pi\frac{\partial}{\partial z}\delta(\boldsymbol{r}) \tag{79}$$

当然, 我们也可以像前面对 (61) 式所做的那样来证明这个公式, 或在广义函数论的范畴内来证明它. 类似的推导也可应用于 $\mathrm{Y}_l^m(\theta,\varphi)/r^{l+1}$, 这个函数给出位于原点的电多极矩 $\mathcal{Q}_l^m$ 产生的势 (补充材料 E_X).

参考文献和阅读建议:

参看 Dirac (1.13) §15, 以及, 例如 Butkov (10.8) 第 6 章或 Bass (10.1), 第 I 卷, §21.7 和 §21.8; 参考书目第 10 节, 特别是 "傅里叶变换; 广义函数" 部分.

附录 Ⅲ

[1482]

经典力学中的拉格朗日函数和哈密顿函数

1. 回顾牛顿定律
   a. 质点动力学
   b. 质点组
   c. 基本定理
2. 拉格朗日函数和拉格朗日方程
3. 哈密顿函数和正则方程
   a. 坐标的共轭动量
   b. 哈密顿–雅可比正则方程组
4. 哈密顿理论体系的应用举例
   a. 中心场内的粒子
   b. 电磁场中的带电粒子
   　α. 电磁场的描述. 规范
   　β. 运动方程和拉格朗日函数
   　γ. 动量. 哈密顿函数
5. 最小作用量原理
   a. 体系的运动的几何表示
   b. 最小作用量原理的陈述
   c. 作为最小作用量原理的后果的拉格朗日方程

现在, 我们复习一下经典力学中的拉格朗日函数和哈密顿函数的定义及主要性质. 这篇附录当然不是分析力学教材, 其目的仅仅在于指出量子化规则 (参看第三章) 能够应用于一个物理体系的经典根据. 我们所特别关注的主要是质点组.

1. 回顾牛顿定律

a. 质点动力学

非相对论经典力学的基础是一个假设, 即至少存在一个几何参照系, 叫做伽利略系或惯性系, 在其中下述定律成立:

动力学基本定律: 质点在每一时刻的加速度 γ 正比于它所受诸力的合力 $\boldsymbol{F}$:

$$\boldsymbol{F} = m\gamma \tag{1}$$

常数 m 表征粒子的一种固有性质, 叫做它的惯性质量.

[1483] 不难证明, 如果存在一个伽利略参照系, 则相对于它作均匀平移的所有参照系也都是伽利略参照系. 这样, 我们便得到伽利略相对性原理: 绝对参照系是不存在的; 任何实验都不能使一个惯性系比其他惯性系更优越.

b. 质点组

如果我们涉及的体系含有 n 个质点, 那么, 可将基本定律应用于它们当中的每一个①:

$$m_i \ddot{\boldsymbol{r}}_i = \boldsymbol{F}_i; \quad i = 1, 2, \cdots, n \tag{2}$$

作用于这些粒子的力可以分为两类: 内力, 它们表示体系内诸粒子间的相互作用; 外力, 它们来源于体系的外部. 我们假定内力服从作用与反作用相等的原理, 也就是说, 粒子 (i) 施于粒子 (j) 的力和粒子 (j) 施于粒子 (i) 的力大小相等, 方向相反. 这个原理已为引力 (牛顿定律) 和静电力所证实, 但没有为磁力所证实 (这种力具有相对论性的起因).

如果所有的力都导自一个势, 则运动方程组 (2) 便可写作:

$$m_i \ddot{\boldsymbol{r}}_i = -\nabla_i V \tag{3}$$

其中 ∇_i 表示对于坐标 $\boldsymbol{r}_i$ 的梯度, 势能 V 具有下列形式:

$$V = \sum_{i=1}^{n} V_i(\boldsymbol{r}_i) + \sum_{i<j} V_{ij}(\boldsymbol{r}_i - \boldsymbol{r}_j) \tag{4}$$

(式中第一项来自外力, 第二项来自内力). 在直角坐标系中, 体系的运动是由 $3n$ 个微分方程来描述的:

$$\left.\begin{array}{l} m_i \ddot{x}_i = -\dfrac{\partial V}{\partial x_i} \\[2mm] m_i \ddot{y}_i = -\dfrac{\partial V}{\partial y_i} \\[2mm] m_i \ddot{z}_i = -\dfrac{\partial V}{\partial z_i} \end{array}\right\} i = 1, 2, \cdots, n \tag{5}$$

[1484] c. 基本定理

我们首先回忆几个定义. 一个体系的质心或重心是这样的点 G, 它的坐标为:

---

① 在力学中, 通常用一种简单的符号来表示对时间的导数; 我们定义: $\dot{u} = \dfrac{\mathrm{d}u}{\mathrm{d}t}, \ddot{u} = \dfrac{\mathrm{d}^2 u}{\mathrm{d}t^2}$, 等等.

$$r_G = \frac{\sum\limits_{i=1}^{n} m_i r_i}{\sum\limits_{i=1}^{n} m_i} \tag{6}$$

体系的总动能为:

$$T = \sum_{i=1}^{n} \frac{1}{2} m_i \dot{r}_i^2 \tag{7}$$

其中 $\dot{r}_i$ 是粒子 (i) 的速度. 相对于原点的角动量是一个矢量:

$$\mathscr{L} = \sum_{i=1}^{n} r_i \times m_i \dot{r}_i \tag{8}$$

不难证明下面的定理:

(i) 体系的质心像一个质点那样运动, 该质点的质量等于体系的总质量, 它所受的力等于作用于体系的所有力的合力:

$$\left[\sum_{i=1}^{n} m_i \right] \ddot{r}_G = \sum_{i=1}^{n} F_i \tag{9}$$

(ii) 对一个固定点所取的角动量对时间的导数等于对该点的力矩:

$$\dot{\mathscr{L}} = \sum_{i=1}^{n} r_i \times F_i \tag{10}$$

(iii) 在两个时刻 t_1 和 t_2 之间动能的变化等于所有的力在此两时刻之间的运动中所作的功:

$$T(t_2) - T(t_1) = \int_{t_1}^{t_2} \sum_{i=1}^{n} F_i \cdot \dot{r}_i \mathrm{d}t \tag{11}$$

如果内力服从作用与反作用相等的原理, 而且它们的方向沿着相互作用的粒子间的连接线, 那么, 它们对合力的贡献 [(9) 式] 和对相对于原点的矩的贡献 [(10) 式] 都等于零. 再进一步, 若所考察的体系是孤立的 (即它不受任何外力的作用), 则总角动量 $\mathscr{L}$ 为一常量, 于是质心作匀速直线运动, 这就意味着总动量:

$$\sum_{i=1}^{n} m_i \dot{r}_i \tag{12}$$ [1485]

也是一个运动常量.

2. 拉格朗日函数和拉格朗日方程

我们来考虑含有 n 个粒子的体系, 其中的力都导自一个势能 [参看 (4) 式], 下面将此势能简单地记作 $V(\boldsymbol{r}_i)$. 这个体系的拉格朗日函数是 $6n$ 个变量 $\{x_i, y_i, z_i; \dot{x}_i, \dot{y}_i, \dot{z}_i; i = 1, 2, \cdots, n\}$ 的函数, 它由下式给出:

$$
\begin{aligned}
\mathscr{L}(\boldsymbol{r}_i, \dot{\boldsymbol{r}}_i) &= T - V \\
&= \frac{1}{2} \sum_{i=1}^{n} m_i \dot{\boldsymbol{r}}_i^2 - V(\boldsymbol{r}_i)
\end{aligned}
\tag{13}
$$

我们立即可以证实, 写成 (5) 式的运动方程组全同于拉格朗日方程组:

$$
\begin{aligned}
\frac{\mathrm{d}}{\mathrm{d}t} \frac{\partial \mathscr{L}}{\partial \dot{x}_i} - \frac{\partial \mathscr{L}}{\partial x_i} &= 0 \\
\frac{\mathrm{d}}{\mathrm{d}t} \frac{\partial \mathscr{L}}{\partial \dot{y}_i} - \frac{\partial \mathscr{L}}{\partial y_i} &= 0 \\
\frac{\mathrm{d}}{\mathrm{d}t} \frac{\partial \mathscr{L}}{\partial \dot{z}_i} - \frac{\partial \mathscr{L}}{\partial z_i} &= 0
\end{aligned}
\tag{14}
$$

拉格朗日方程组的一个有趣的特性是不论使用哪一种类型的坐标 (直角的或其他的) 它们都保持同一形式. 此外, 这个方程组还可以应用于比粒子集合更普遍的体系. 很多物理体系 (例如含有一个或多个固体的体系) 在某一给定的时刻可以由 N 个独立参数 $q_i(i = 1, 2, \cdots, N)$ 的集合来描述, 这些参数叫做广义坐标, 知道了 q_i 就可以算出体系中任意点在空间的位置; 从而体系的运动便由 N 个时间函数 $q_i(t)$ 来描述. 对时间的导数 $\dot{q}_i(t)$ 叫做广义速度, 在某一给定时刻 t_0, 体系的态便决定于全体 $q_i(t_0)$ 和 $\dot{q}_i(t_0)$. 若作用于体系的力导自一个势能 $V(q_1, q_2, \cdots, q_N)$, 则拉格朗日函数 $\mathscr{L}(q_1, q_2, \cdots q_N; \dot{q}_1, \dot{q}_2, \cdots, \dot{q}_N)$ 仍然等于总动能 T 和势能 V 之差. 可以证明, 不论选用什么坐标 q_i, 运动方程都可以写作:

$$
\boxed{\frac{\mathrm{d}}{\mathrm{d}t} \frac{\partial \mathscr{L}}{\partial \dot{q}_i} - \frac{\partial \mathscr{L}}{\partial q_i} = 0}
\tag{15}
$$

[1486]　其中 $\dfrac{\mathrm{d}}{\mathrm{d}t}$ 表示对时间的全导数:

$$
\frac{\mathrm{d}}{\mathrm{d}t} = \frac{\partial}{\partial t} + \sum_{i=1}^{N} \dot{q}_i \frac{\partial}{\partial q_i} + \sum_{i=1}^{N} \ddot{q}_i \frac{\partial}{\partial \dot{q}_i}
\tag{16}
$$

其实, 为了定义一个拉格朗日函数并运用拉格朗日方程组, 不一定要假设力导自势能 (在 §4-b 我们将看到一个例子). 在普遍情况下, 拉格朗日函数是坐标

q_i 和速度 $\dot{q}_i$ 的函数, 可能还明显地依赖于时间 [1], 于是可将它写作:

$$\mathscr{L}(q_i, \dot{q}_i; t) \tag{17}$$

由于种种原因, 拉格朗日方程组在经典力学中是很重要的. 首先, 如刚才已经指出的, 不论采用什么坐标, 这个方程组都具有同一形式; 其次, 只要体系更为复杂一些, 这个方程组就比牛顿方程组更方便; 最后, 这个方程组具有相当大的理论意义, 因为它是哈密顿理论体系的基础 (参看后面的 §3), 而且它们可以从变分原理导出 (§5). 就量子力学来说, 前两点是次要的, 因为量子力学几乎是专门研究粒子体系的, 而且体系的量子化规则是在直角坐标系中陈述的 (参看第三章 §B–5); 而最后一点则是基本的, 因为正是哈密顿体系构成了物理体系的量子化的出发点.

3. 哈密顿函数和正则方程

对于由 N 个广义坐标所描述的物理体系, 拉格朗日方程组 (15) 包含 N 个联立的二阶微分方程, 共有 N 个未知函数, 即各 $q_i(t)$. 我们将会看到, 这个方程组可以代之以 $2N$ 个一阶方程, 共有 $2N$ 个未知函数.

a. 坐标的共轭动量

我们将广义坐标 q_i 的共轭动量 p_i 定义为:

$$\boxed{p_i = \frac{\partial \mathscr{L}}{\partial \dot{q}_i}} \tag{18}$$

p_i 又叫做广义动量. 在粒子体系所受的力导自一个势能的情况下, 位置变量 $\boldsymbol{r}_i(x_i, y_i, z_i)$ 的共轭动量其实就是机械动量 [见公式 (13)]:

$$\boldsymbol{p}_i = m_i \dot{\boldsymbol{r}}_i \tag{19}$$

但是, 在 §4–b–γ 中, 我们将会看到, 存在着磁场时, 情况并不如此.

今后, 我们不再用 N 个坐标 $q_i(t)$ 和 N 个速度 $\dot{q}_i(t)$, 而用 $2N$ 个变量: [1487]

$$\{q_i(t), p_i(t); i = 1, 2, \cdots, N\} \tag{20}$$

来描述体系在给定时刻 t 的态. 这等于假设根据 $2N$ 个参变量 $q_i(t)$ 和 $p_i(t)$ 我们就可以唯一地确定各 $\dot{q}_i(t)$.

---

[1] 借助于 (15) 式, 两个函数 $\mathscr{L}(q_i, \dot{q}_i; t)$ 和 $\mathscr{L}'(q_i, \dot{q}_i; t)$ 可能导致同样的运动方程, 在这个意义下, 拉格朗日函数不是唯一的. 特别地, 用 $F(q_i; t)$ 表示 q_i 和时间的一个函数, 当 $\mathscr{L}$ 与 $\mathscr{L}'$ 之差等于 F 对时间的全导数

$$\mathscr{L}' - \mathscr{L} = \frac{\mathrm{d}}{\mathrm{d}t} F(q_i, t) \equiv \frac{\partial F}{\partial t} + \sum_i \dot{q}_i \frac{\partial F}{\partial q_i}$$

时, 便属于这种情况.

b. 哈密顿 – 雅可比正则方程组

　　体系的哈密顿函数或哈密顿量的定义是:

$$\mathscr{H} = \sum_{i=1}^{N} p_i \dot{q}_i - \mathscr{L} \tag{21}$$

按照 (20) 式中的约定, 我们消去各 $\dot{q}_i$, 而将哈密顿量看作是坐标及它们的共轭动量的函数, 如同 $\mathscr{L}$ 那样, $\mathscr{H}$ 也可能明显地依赖于时间:

$$\mathscr{H}(q_i, p_i; t) \tag{22}$$

　　函数 $\mathscr{H}$ 的全微分是:

$$\mathrm{d}\mathscr{H} = \sum_i \frac{\partial \mathscr{H}}{\partial q_i}\mathrm{d}q_i + \sum_i \frac{\partial \mathscr{H}}{\partial p_i}\mathrm{d}p_i + \frac{\partial \mathscr{H}}{\partial t}\mathrm{d}t \tag{23}$$

考虑到定义 (21) 及 (18), 此式等于:

$$\begin{aligned}
\mathrm{d}\mathscr{H} &= \sum_i [p_i\mathrm{d}\dot{q}_i + \dot{q}_i\mathrm{d}p_i] - \sum_i \frac{\partial \mathscr{L}}{\partial q_i}\mathrm{d}q_i - \sum_i \frac{\partial \mathscr{L}}{\partial \dot{q}_i}\mathrm{d}\dot{q}_i - \frac{\partial \mathscr{L}}{\partial t}\mathrm{d}t \\
&= \sum_i \dot{q}_i\mathrm{d}p_i - \sum_i \frac{\partial \mathscr{L}}{\partial q_i}\mathrm{d}q_i - \frac{\partial \mathscr{L}}{\partial t}\mathrm{d}t
\end{aligned} \tag{24}$$

　　令 (23) 式和 (24) 式相等, 可以看到, 从变量 $\{q_i, \dot{q}_i\}$ 过渡到变量 $\{q_i, p_i\}$ 将导致:

$$\frac{\partial \mathscr{H}}{\partial q_i} = -\frac{\partial \mathscr{L}}{\partial q_i} \tag{25-a}$$

$$\frac{\partial \mathscr{H}}{\partial p_i} = \dot{q}_i \tag{25-b}$$

$$\frac{\partial \mathscr{H}}{\partial t} = -\frac{\partial \mathscr{L}}{\partial t} \tag{25-c}$$

另一方面, 利用 (18) 式和 (25-a) 式, 我们可将拉格朗日方程组 (15) 写成下列形式:

$$\frac{\mathrm{d}}{\mathrm{d}t}p_i = -\frac{\partial \mathscr{H}}{\partial q_i} \tag{26}$$

[1488]　　将 (25-b) 式和 (26) 式结合起来, 便得到运动方程:

$$\boxed{\begin{aligned}
\frac{\mathrm{d}q_i}{\mathrm{d}t} &= \frac{\partial \mathscr{H}}{\partial p_i} \\
\frac{\mathrm{d}p_i}{\mathrm{d}t} &= -\frac{\partial \mathscr{H}}{\partial q_i}
\end{aligned}} \tag{27}$$

这叫做哈密顿–雅可比正则方程组. 如同前面已提到的, (27) 式是 $2N$ 个一阶微分方程的方程组, 共有 $2N$ 个未知函数, 即全体 $q_i(t)$ 和 $p_i(t)$.

对于势能为 $V(\boldsymbol{r}_i)$ 的 n 个粒子的体系, 根据 (13) 式, 我们有:

$$\mathscr{H} = \sum_{i=1}^{n} \boldsymbol{p}_i \cdot \dot{\boldsymbol{r}}_i - \mathscr{L}$$
$$= \sum_{i=1}^{n} \boldsymbol{p}_i \cdot \dot{\boldsymbol{r}}_i - \frac{1}{2} \sum_{i=1}^{n} m_i \dot{\boldsymbol{r}}_i^2 + V(\boldsymbol{r}_i) \tag{28}$$

为将哈密顿量表示为变量 $\boldsymbol{r}_i$ 和 $\boldsymbol{p}_i$ 的函数, 我们利用 (19) 式, 最后得到:

$$\mathscr{H}(\boldsymbol{r}_i, \boldsymbol{p}_i) = \sum_{i=1}^{n} \frac{\boldsymbol{p}_i^2}{2m_i} + V(\boldsymbol{r}_i) \tag{29}$$

注意, 哈密顿量总是等于体系的总能量. 正则方程组:

$$\frac{\mathrm{d}\boldsymbol{r}_i}{\mathrm{d}t} = \frac{\boldsymbol{p}_i}{m_i}$$
$$\frac{\mathrm{d}\boldsymbol{p}_i}{\mathrm{d}t} = -\nabla_i V \tag{30}$$

等价于牛顿方程组 (3).

4. 哈密顿理论体系的应用举例

a. 中心场内的粒子

我们考虑一个体系, 其中只有一个粒子, 质量为 m, 其势能 $V(r)$ 只依赖于它到坐标原点的距离. 在极坐标 (r, θ, φ) 中, 粒子速度在本地坐标轴 (图 1) 上的分量为:

$$v_r = \dot{r}$$
$$v_\theta = r\dot{\theta}$$
$$v_\varphi = r \sin\theta \dot{\varphi} \tag{31}$$

于是可将拉格朗日函数 (13) 写作: [1489]

$$\mathscr{L}(r, \theta, \varphi; \dot{r}, \dot{\theta}, \dot{\varphi}) = \frac{1}{2}m[\dot{r}^2 + r^2\dot{\theta}^2 + r^2 \sin^2\theta\dot{\varphi}^2] - V(r) \tag{32}$$

再计算三个变量 r, θ, φ 的共轭动量:

$$p_r = \frac{\partial \mathscr{L}}{\partial \dot{r}} = m\dot{r} \tag{33-a}$$

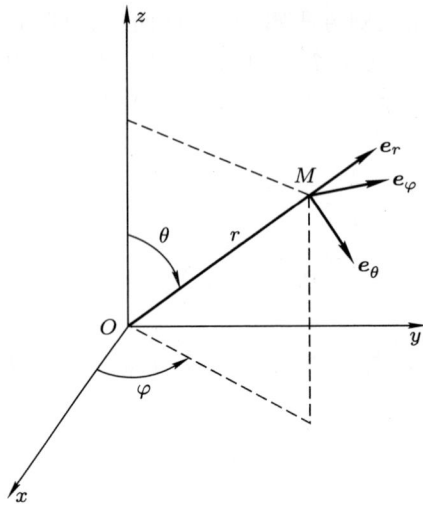

图 1 与 M 点相联系的本地坐标轴上的单位矢 e_r, e_θ, e_φ, 该点是用球坐标 r, θ, φ 来标记的

$$p_\theta = \frac{\partial \mathscr{L}}{\partial \dot{\theta}} = mr^2 \dot{\theta} \qquad (33\text{--}b)$$

$$p_\varphi = \frac{\partial \mathscr{L}}{\partial \dot{\varphi}} = mr^2 \sin^2 \theta \dot{\varphi} \qquad (33\text{--}c)$$

为了求得粒子的哈密顿量, 只需利用普遍定义 (21), 这相当于给 $V(r)$ 加上动能项, 不过应将动能表示为 r, θ, φ 和 p_r, p_θ, p_φ 的函数; 不难求出:

$$\mathscr{H}(r, \theta, \varphi; p_r, p_\theta, p_\varphi) = \frac{p_r^2}{2m} + \frac{1}{2mr^2}\left(p_\theta^2 + \frac{p_\varphi^2}{\sin^2 \theta}\right) + V(r) \qquad (34)$$

于是这个问题的正则方程组 [公式 (27)] 可以写作:

$$\frac{\mathrm{d}r}{\mathrm{d}t} = \frac{\partial \mathscr{H}}{\partial p_r} = \frac{p_r}{m} \qquad (35\text{--}a)$$

$$\frac{\mathrm{d}\theta}{\mathrm{d}t} = \frac{\partial \mathscr{H}}{\partial p_\theta} = \frac{p_\theta}{mr^2} \qquad (35\text{--}b)$$

$$\frac{\mathrm{d}\varphi}{\mathrm{d}t} = \frac{\partial \mathscr{H}}{\partial p_\varphi} = \frac{p_\varphi}{mr^2 \sin^2 \theta} \qquad (35\text{--}c)$$

$$\frac{\mathrm{d}p_r}{\mathrm{d}t} = -\frac{\partial \mathscr{H}}{\partial r} = \frac{1}{mr^3}\left(p_\theta^2 + \frac{p_\varphi^2}{\sin^2 \theta}\right) - \frac{\partial V}{\partial r} \qquad (35\text{--}d)$$

$$\frac{\mathrm{d}p_\theta}{\mathrm{d}t} = -\frac{\partial \mathscr{H}}{\partial \theta} = \frac{p_\varphi^2 \cos \theta}{mr^2 \sin^3 \theta} \qquad (35\text{--}e)$$

[1490]

$$\frac{\mathrm{d}p_\varphi}{\mathrm{d}t} = -\frac{\partial \mathscr{H}}{\partial \varphi} = 0 \tag{35-f}$$

前三个方程其实就是 (33) 式, 后三个才真正是运动方程.

下面再看粒子对于原点的角动量:

$$\mathscr{L} = \boldsymbol{r} \times m\boldsymbol{v} \tag{36}$$

利用 (31) 式, 很容易算出它的本地分量:

$$
\begin{aligned}
\mathscr{L}_r &= 0 \\
\mathscr{L}_\theta &= -mrv_\varphi = -mr^2\sin\theta\,\dot\varphi = -\frac{p_\varphi}{\sin\theta} \\
\mathscr{L}_\varphi &= mrv_\theta = mr^2\dot\theta = p_\theta
\end{aligned} \tag{37}
$$

由此又得到:

$$\mathscr{L}^2 = p_\theta^2 + \frac{p_\varphi^2}{\sin^2\theta} \tag{38}$$

根据角动量定理 [公式 (10)], 我们知道, 这里的 $\mathscr{L}$ 是与时间无关的一个恒矢量, 这是因为导自势函数 $V(r)$ 的力是中心力, 也就是说, 它在每一时刻都与 $\boldsymbol{r}$ 共线①.

比较 (34) 式和 (38) 式可以看出, 哈密顿量 $\mathscr{H}$ 只会通过 $\mathscr{L}^2$ 而依赖于角变量和它们的共轭动量:

$$\mathscr{H}(r,\theta,\varphi;p_r,p_\theta,p_\varphi) = \frac{p_r^2}{2m} + \frac{1}{2mr^2}\mathscr{L}^2(\theta,p_\theta,p_\varphi) + V(r) \tag{39}$$

现在假设粒子的初始角动量为 $\mathscr{L}_0$, 因为角动量保持不变, 所以哈密顿量 (39) 及运动方程 (35-d) 和质量为 m 的粒子在有效势场

$$V_{\text{eff}}(r) = V(r) + \frac{\mathscr{L}_0^2}{2mr^2} \tag{40}$$

中作一维运动时的哈密顿量及运动方程相同.

[1491]

b. 电磁场中的带电粒子

现在我们来考虑在电磁场作用下的一个质量为 m、电荷为 q 的粒子, 电磁场由电场矢量 $\boldsymbol{E}(\boldsymbol{r},t)$ 和磁场矢量 $\boldsymbol{B}(\boldsymbol{r},t)$ 来描述.

α. 电磁场的描述. 规范

$\boldsymbol{E}(\boldsymbol{r},t)$ 和 $\boldsymbol{B}(\boldsymbol{r},t)$ 满足麦克斯韦方程组:

$$\nabla \cdot \boldsymbol{E} = \frac{\rho}{\varepsilon_0} \tag{41-a}$$

---

① 如果计算 $\mathscr{L}$ 在固定坐标轴 Ox, Oy, Oz 上的分量对时间的导数, 那么, 从 (35-e) 和 (35-f) 式也可以证实这一点.

$$\nabla \times \boldsymbol{E} = -\frac{\partial \boldsymbol{B}}{\partial t} \tag{41–b}$$

$$\nabla \cdot \boldsymbol{B} = 0 \tag{41–c}$$

$$\nabla \times \boldsymbol{B} = \mu_0 \boldsymbol{j} + \varepsilon_0 \mu_0 \frac{\partial \boldsymbol{E}}{\partial t} \tag{41–d}$$

其中 $\rho(\boldsymbol{r}, t)$ 和 $\boldsymbol{j}(\boldsymbol{r}, t)$ 是产生电磁场的体积电荷密度和电流密度. 我们可以用一个标势 $U(\boldsymbol{r}, t)$ 和一个矢势 $\boldsymbol{A}(\boldsymbol{r}, t)$ 来描述电场 $\boldsymbol{E}$ 和磁场 $\boldsymbol{B}$. 实际上, 方程 (41–c) 告诉我们存在着这样一个矢量场 $\boldsymbol{A}(\boldsymbol{r}, t)$, 它满足:

$$\boldsymbol{B} = \nabla \times \boldsymbol{A}(\boldsymbol{r}, t) \tag{42}$$

于是可将 (41–b) 式写作:

$$\nabla \times \left[\boldsymbol{E} + \frac{\partial \boldsymbol{A}}{\partial t} \right] = \boldsymbol{0} \tag{43}$$

因而, 存在着这样一个标量函数 $U(\boldsymbol{r}, t)$ 它满足:

$$\boldsymbol{E} + \frac{\partial \boldsymbol{A}}{\partial t} = -\nabla U(\boldsymbol{r}, t) \tag{44}$$

$\boldsymbol{A}(\boldsymbol{r}, t)$ 和 $U(\boldsymbol{r}, t)$ 这两个势就是我们所说的描述电磁场的一种规范. 由场和磁场可以由规范 $\{\boldsymbol{A}, U\}$ 按下列公式算出:

$$\boldsymbol{B}(\boldsymbol{r}, t) = \nabla \times \boldsymbol{A}(\boldsymbol{r}, t) \tag{45–a}$$

$$\boldsymbol{E}(\boldsymbol{r}, t) = -\nabla U(\boldsymbol{r}, t) - \frac{\partial}{\partial t} \boldsymbol{A}(\boldsymbol{r}, t) \tag{45–b}$$

一个给定的电磁场, 或者说一对场 $\boldsymbol{E}(\boldsymbol{r}, t)$ 和 $\boldsymbol{B}(\boldsymbol{r}, t)$, 可以由无穷多种规范来描述, 因此可以说这些规范是等价的. 如果知道了给出场 $\boldsymbol{E}$ 和 $\boldsymbol{B}$ 的一种规范 $\{\boldsymbol{A}, U\}$, 那么, 所有等价的规范 $\{\boldsymbol{A}', U'\}$ 都可以导自下列的规范变换公式:

$$\boldsymbol{A}'(\boldsymbol{r}, t) = \boldsymbol{A}(\boldsymbol{r}, t) + \nabla \chi(\boldsymbol{r}, t) \tag{46–a}$$

$$U'(\boldsymbol{r}, t) = U(\boldsymbol{r}, t) - \frac{\partial}{\partial t} \chi(\boldsymbol{r}, t) \tag{46–b}$$

其中 $\chi(\boldsymbol{r}, t)$ 是一个任意的标量函数.

[1492]　　　首先, 根据 (46) 式, 不难证实:

$$\begin{cases} \nabla \times \boldsymbol{A}'(\boldsymbol{r}, t) = \nabla \times \boldsymbol{A}(\boldsymbol{r}, t) \\ -\nabla U'(\boldsymbol{r}, t) - \frac{\partial}{\partial t} \boldsymbol{A}'(\boldsymbol{r}, t) = -\nabla U(\boldsymbol{r}, t) - \frac{\partial}{\partial t} \boldsymbol{A}(\boldsymbol{r}, t) \end{cases} \tag{47}$$

由此可见, 满足 (46) 式的所有规范 $\{\boldsymbol{A}', U'\}$ 给出的电场及磁场和规范 $\{\boldsymbol{A}, U\}$ 给出的相同.

反之, 如果两种规范 $\{A, U\}$ 和 $\{A', U'\}$ 是等价的, 那么, 一定存在一个函数 $\chi(r, t)$, 它使这两种规范通过 (46) 式联系起来. 这是因为, 根据假设:

$$B(r, t) = \nabla \times A(r, t) = \nabla \times A'(r, t) \tag{48}$$

于是有:

$$\nabla \times (A' - A) = 0 \tag{49}$$

这就是说, $A' - A$ 是一个标量函数的梯度:

$$A' - A = \nabla \chi(r, t) \tag{50}$$

暂时, $\chi(r, t)$ 只确定到相差一个 t 的任意函数 $f(t)$. 此外, 由两种规范的等价性可以推知:

$$E(r, t) = -\nabla U(r, t) - \frac{\partial}{\partial t} A(r, t) = -\nabla U'(r, t) - \frac{\partial}{\partial t} A'(r, t) \tag{51}$$

这就是说:

$$\nabla(U' - U) + \frac{\partial}{\partial t}(A' - A) = 0 \tag{52}$$

根据 (50) 式, 必有:

$$\nabla(U' - U) = -\nabla \frac{\partial}{\partial t} \chi(r, t) \tag{53}$$

因而, 函数 $U' - U$ 和函数 $-\dfrac{\partial}{\partial t} \chi(r, t)$ 只能相差一个 t 的函数, 于是, 我们就选择 $f(t)$ 以使两函数相等:

$$U' - U = -\frac{\partial}{\partial t} \chi(r, t) \tag{54}$$

这样便最后确定了函数 $\chi(r, t)$ (只差一个相加常数). 由此可见, 两种等价的规范一定满足 (46) 式那样的关系.

β. 运动方程和拉格朗日函数

在电磁场中, 带电粒子受到洛伦兹力

$$F = q[E + v \times B] \tag{55}$$

的作用 (v 是所考察的时刻粒子的速度). 牛顿定律给出的运动方程具有下列 [1493] 形式:

$$m\ddot{r} = q[E(r, t) + \dot{r} \times B(r, t)] \tag{56}$$

由于 (45) 式, 上式在 Ox 轴上的投影为:

$$\begin{aligned} m\ddot{x} &= q[E_x + \dot{y}B_z - \dot{z}B_y] \\ &= q\left[-\frac{\partial U}{\partial x} - \frac{\partial A_x}{\partial t} + \dot{y}\left(\frac{\partial A_y}{\partial x} - \frac{\partial A_x}{\partial y}\right) - \dot{z}\left(\frac{\partial A_x}{\partial z} - \frac{\partial A_z}{\partial x}\right)\right] \end{aligned} \tag{57}$$

不难证明, 这些方程可以按照公式 (15). 从拉格朗日函数

$$\mathscr{L}(r, \dot{r}, t) = \frac{1}{2}m\dot{r}^2 + q\dot{r} \cdot A(r, t) - qU(r, t) \tag{58}$$

导出. 由此可见, 虽然洛伦兹力并非导自势能, 所考察的问题仍然具有拉格朗日函数.

我们来检验一下: 利用 (58) 式中的拉格朗日函数, 可以由拉格朗日方程 (15) 得到运动方程 (56). 为此, 我们首先计算:

$$\frac{\partial \mathscr{L}}{\partial \dot{x}} = m\dot{x} + qA_x(\boldsymbol{r}, t)$$
$$\frac{\partial \mathscr{L}}{\partial x} = q\dot{\boldsymbol{r}} \cdot \frac{\partial}{\partial x}\boldsymbol{A}(\boldsymbol{r}, t) - q\frac{\partial}{\partial x}U(\boldsymbol{r}, t) \tag{59}$$

于是, 对应于坐标 x 的拉格朗日方程可以写作:

$$\frac{\mathrm{d}}{\mathrm{d}t}[m\dot{x} + qA_x(\boldsymbol{r}, t)] - q\dot{\boldsymbol{r}} \cdot \frac{\partial}{\partial x}\boldsymbol{A}(\boldsymbol{r}, t) + q\frac{\partial}{\partial x}U(\boldsymbol{r}, t) = 0 \tag{60}$$

现在只需将此方程详细写出 [考虑到公式 (16)] 便可再次得到 (57) 式:

$$m\ddot{x} + q\left[\frac{\partial A_x}{\partial t} + \dot{x}\frac{\partial A_x}{\partial x} + \dot{y}\frac{\partial A_x}{\partial y} + \dot{z}\frac{\partial A_x}{\partial z}\right] - q\left[\dot{x}\frac{\partial A_x}{\partial x} + \dot{y}\frac{\partial A_y}{\partial x} + \dot{z}\frac{\partial A_z}{\partial x}\right] + q\frac{\partial U}{\partial x} = 0 \tag{61}$$

这也就是:

$$m\ddot{x} = q\left[-\frac{\partial U}{\partial x} - \frac{\partial A_x}{\partial t} + \dot{y}\left(\frac{\partial A_y}{\partial x} - \frac{\partial A_x}{\partial y}\right) - \dot{z}\left(\frac{\partial A_x}{\partial z} - \frac{\partial A_z}{\partial x}\right)\right] \tag{62}$$

γ. 动量. 哈密顿函数

我们可以利用 (58) 式中的拉格朗日函数来计算粒子的直角坐标 x, y, z 的共轭动量; 例如:

$$p_x = \frac{\partial \mathscr{L}}{\partial \dot{x}} = m\dot{x} + qA_x(\boldsymbol{r}, t) \tag{63}$$

[1494] 粒子的动量, 按定义, 它是分量为 (p_x, p_y, p_z) 的一个矢量, 现在不同于 (19) 式, 它不再与机械动量 $m\dot{\boldsymbol{r}}$ 一致:

$$\boldsymbol{p} = m\dot{\boldsymbol{r}} + q\boldsymbol{A}(\boldsymbol{r}, t) \tag{64}$$

最后, 我们即可写出哈密顿函数:

$$\mathscr{H}(\boldsymbol{r}, \boldsymbol{p}; t) = \boldsymbol{p} \cdot \dot{\boldsymbol{r}} - \mathscr{L}$$
$$= \boldsymbol{p} \cdot \frac{1}{m}(\boldsymbol{p} - q\boldsymbol{A}) - \frac{1}{2m}(\boldsymbol{p} - q\boldsymbol{A})^2 - \frac{q}{m}(\boldsymbol{p} - q\boldsymbol{A}) \cdot \boldsymbol{A} + qU \tag{65}$$

这也就是:

$$\mathscr{H}(\boldsymbol{r}, \boldsymbol{p}; t) = \frac{1}{2m}[\boldsymbol{p} - q\boldsymbol{A}(\boldsymbol{r}, t)]^2 + qU(\boldsymbol{r}, t) \tag{66}$$

附注:

由此可见, 在哈密顿理论体系中, 我们应用势 $\boldsymbol{A}$ 和 U, 而不直接应用场 $\boldsymbol{E}$ 和 $\boldsymbol{B}$; 因此, 对粒子运动的描述依赖于所选用的规范. 但是我们知道, 因为洛伦兹力是用场来表示的, 所以, 关于粒子的物理行为的预言, 对于两种等价的规范而言, 应该是相同的; 我们说哈密顿理论体系的物理结果具有规范不变性, 关于规范不变性的概念已在补充材料 H_Ⅲ 中详细分析过.

5. 最小作用量原理

经典力学可以建立在变分原理, 即最小作用量原理的基础上. 作用量的概念, 除了具有理论上的重要意义之外, 还是量子力学的拉格朗日理论体系的出发点 (参看补充材料 J_Ⅲ). 因此, 我们在下面扼要地讲一下最小作用量原理, 并说明怎样由它导出拉格朗日方程.

a. 体系的运动的几何表示

首先, 我们考虑被限制在 Ox 轴上运动的一个粒子. 我们可以在 (x, t) 平面作一条曲线来表示它的运动, 这条曲线则决定于运动的时间规律 $x(t)$.

在一般情况下, 假设所研究的物质体系由 N 个广义坐标 q_i 来描述 (若体系含有 n 个粒子, 它们在三维空间中运动, 则 $N = 3n$). 比较方便的办法是将这些 q_i 解释为 N 维欧几里得空间 R_N 中的一个点 Q 的坐标; 这样, 在体系的各位置和 R_N 的各点之间便存在着一一对应的关系. 与体系的每一个运动都联系着 R_N 中的点 Q 的一个运动; 后一种运动可以用 N 维空间中的一个矢量函数 $Q(t)$ 来描述, 它的分量就是诸 $q_i(t)$. 和一维运动中的单个粒子的简单情况相似, 我们可以用 $Q(t)$ 的图形来表示 Q 点的, 亦即体系的运动, 这种图形就是 $(N + 1)$ 维的空–时中的一条曲线 (时间轴已添加到 R_N 的 N 维上). 这条曲线就可以用来描述我们所研究的运动的特征.

b. 最小作用量原理的陈述

[1495]

我们可以任意取各 $q_i(t)$, 这对应于 Q 点的, 亦即体系的, 一种任意的运动, 但它们的实际演变则决定于初始条件和运动方程式. 假设我们已知在实际运动过程中, 在时刻 t_1, Q 位于 Q_1 处, 在此后的时刻 t_2, Q 在 Q_2 处, 如图 2 所示:

$$Q(t_1) = Q_1$$
$$Q(t_2) = Q_2 \tag{67}$$

先验地说, 满足条件 (67) 的可能的运动有无穷多种, 它们由点 (Q_1, t_1) 和点 (Q_2, t_2) 之间的所有曲线①或空–时途径来表示 (参看图 2).

我们来考虑这样一条空–时途径 Γ, 它由满足 (67) 式的矢量函数 $Q(t)$ 描述. 如果:

$$\mathscr{L}(q_1, q_2, \cdots, q_N; \dot{q}_1, \dot{q}_2, \cdots, \dot{q}_N; t) \equiv \mathscr{L}(Q, \dot{Q}; t) \tag{68}$$

---

① 当然, 应该排除那些 "可能回头" 的曲线, 也就是对同一时刻 t, 可能给出 Q 点的两个不同位置的曲线.

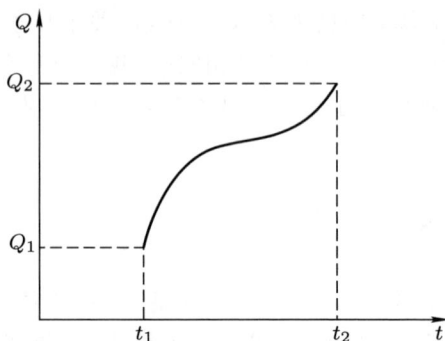

图 2　与物质体系的一种给定的运动相联系的空–时途径; 横坐标为时间 t, "纵坐标" 为 Q (它代表全体广义坐标 q_i).

是所研究的体系的拉格朗日函数, 那么, 对应于途径 Γ 的作用量 S_Γ 就定义为:

$$S_\Gamma = \int_{t_1}^{t_2} \mathrm{d}t \, \mathscr{L}[Q_\Gamma(t), \dot{Q}_\Gamma(t); t] \tag{69}$$

[被积函数只依赖于 t, 为得到这个函数, 可在 (68) 式的拉格朗日函数中, 将 q_i 和 $\dot{q}_i$ 换成 $Q_\Gamma(t)$ 的和 $\dot{Q}_\Gamma(t)$ 的依赖于时间的坐标表示式].

　　最小作用量原理可以陈述如下: 在连接 (Q_1, t_1) 和 (Q_2, t_2) 的所有空–时途径中, 实际上得以遵循的 (即描述体系的实际运动的) 是其作用量最小的一条途径. 换句话说, 从实际上得以遵循的途径过渡到无限邻近的另一途径, 作用量没有第一级的变化. 我们还可注意这和其他一些变分原理, 诸如光学中的费马原理, 的相似性.

[1496]　c. 作为最小作用量原理的后果的拉格朗日方程

　　最后, 我们说明怎样从最小作用量原理导出拉格朗日方程.

　　假设所研究的体系的实际运动由 N 个时间函数 $q_i(t)$ 来描述, 也就是说, 由 (Q_1, t_1) 和 (Q_2, t_2) 之间的空–时途径 Γ 来描述. 现在考虑无限邻近的一条途径 Γ' (图 3), 与此对应的广义坐标为:

$$q_i'(t) = q_i(t) + \delta q_i(t) \tag{70}$$

其中 $\delta q_i(t)$ 是无限小量, 并满足条件 (67), 也就是说:

$$\delta q_i(t_1) = \delta q_i(t_2) = 0 \tag{71}$$

微分 (70) 式, 便得到对应于 Γ' 的广义速度 $\dot{q}_i'(t)$:

$$\dot{q}_i'(t) = \dot{q}_i(t) + \frac{\mathrm{d}}{\mathrm{d}t} \delta q_i(t) \tag{72}$$

因此, 速度的增量 $\delta \dot{q}_i(t)$ 就是:

$$\delta \dot{q}_i(t) = \frac{\mathrm{d}}{\mathrm{d}t} \delta q_i(t) \tag{73}$$

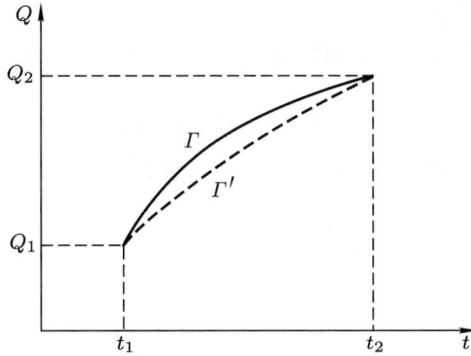

图 3　通过点 (Q_1, t_1) 和点 (Q_2, t_2) 的两条空–时途径; 实线是与体系的实际运动相联系的途径, 虚线是无限邻近的另一条途径.

根据 (73) 式可以计算从途径 Γ 过渡到途径 Γ' 时, 作用量的变化:

$$
\begin{aligned}
\delta S &= \int_{t_1}^{t_2} \mathrm{d}t \delta \mathscr{L} \\
&= \int_{t_1}^{t_2} \mathrm{d}t \left[\sum_i \frac{\partial \mathscr{L}}{\partial q_i} \delta q_i + \sum_i \frac{\partial \mathscr{L}}{\partial \dot{q}_i} \delta \dot{q}_i \right] \\
&= \int_{t_1}^{t_2} \mathrm{d}t \left[\sum_i \frac{\partial \mathscr{L}}{\partial q_i} \delta q_i + \sum_i \frac{\partial \mathscr{L}}{\partial \dot{q}_i} \frac{\mathrm{d}}{\mathrm{d}t} \delta q_i \right]
\end{aligned} \tag{74}
$$

用分部积分法计算第二项, 便得到:　　　　　　　　　　　　　　　　　　[1497]

$$
\begin{aligned}
\delta S &= \left[\sum_i \frac{\partial \mathscr{L}}{\partial \dot{q}_i} \delta q_i \right]_{t_1}^{t_2} + \int_{t_1}^{t_2} \mathrm{d}t \sum_i \delta q_i \left[\frac{\partial \mathscr{L}}{\partial q_i} - \frac{\mathrm{d}}{\mathrm{d}t} \frac{\partial \mathscr{L}}{\partial \dot{q}_i} \right] \\
&= \int_{t_1}^{t_2} \mathrm{d}t \sum_i \delta q_i \left[\frac{\partial \mathscr{L}}{\partial q_i} - \frac{\mathrm{d}}{\mathrm{d}t} \frac{\partial \mathscr{L}}{\partial \dot{q}_i} \right]
\end{aligned} \tag{75}
$$

因为根据条件 (71), 已经积出的部分等于零.

如果在体系的实际运动过程中得以遵循的空–时途径是 Γ, 那么, 根据最小作用量原理, 作用量的增量 δS 等于零. 果真如此, 那么, 必须而且只需:

$$
\frac{\mathrm{d}}{\mathrm{d}t} \frac{\partial \mathscr{L}}{\partial \dot{q}_i} - \frac{\partial \mathscr{L}}{\partial q_i} = 0; \quad i = 1, 2, \cdots, N \tag{76}
$$

显然, 这个条件是充分的; 它又是必要的, 那是因为: 假设有这样一段时间间隔, 在其中, 当指标 i 取某一给定值 k 时, (76) 式竟然不等于零, 那么, 我们就可任意选择各 $\delta q_i(t)$, 使得它们对应的 δS 不等于零 (例如, 只需这样选择以使乘积 $\delta q_k \left[\frac{\partial \mathscr{L}}{\partial q_k} - \frac{\mathrm{d}}{\mathrm{d}t} \frac{\partial \mathscr{L}}{\partial \dot{q}_k} \right]$ 恒为正或为零). 由此可见, 最小作用量原理等价于拉格朗日方程.

参考文献和阅读建议:

见参考书目第 (6) 节, 特别是 Marion (6.4), Goldstein (6.6), Landau 和 Lifshitz (6.7).

关于变分原理在物理学中的应用的简单介绍, 见 Feynman Ⅱ (7.2), 第 19 章.

应用经典场的拉格朗日理论体系, 见 Bogoliubov 和 Chirkov (2.15), 第 Ⅰ 章.

参考文献目录

1. 量子力学: 一般参考

导论性著作

量子物理

(1.1)　E. H. WICHMANN, *Berkeley Physics Course, Vol. 4: Quantum Physics*, McGraw-Hill, New York (1971).

中译本:《量子物理学》, 伯克利物理学教程第四卷, 复旦大学物理系译, 科学出版社 (1978 年).

(1.2)　R. P. FEYNMAN, R. B. LEIGHTON and M. SANDS, *The Feynman Lectures on Physics, Vol. III: Quantum Mechanics*, Addison–Wesley, Reading, Mass. (1965).

(1.3)　R. EISBERG and R. RESNICK, *Quantum Physics of Atoms, Molecules, Solids, Nuclei and Particules*, Wiley, New York (1974).

(1.4)　M. ALONSO and E. J. FINN, *Fundamental University Physics, Vol.III: Quantum and Statistical Physics*, Addison–Wesley, Reading, Mass. (1968). 中译本:《大学物理学基础》第三卷: 量子物理学与统计物理学, 梁宝洪译, 人民教育出版社 (1981 年).

(1.5)　U. FANO and L. FANO, *Basic Physics of Atoms and Molecule*, Wiley, New York (1959).

(1.6)　J. G. SLATER, *Quantum Theory of Matter*, McGraw–Hill, New York (1968).

量子力学

(1.7)　S. BOROWITZ, *Fundamentals of Quantum Mechanics*, Benjamin, New York (1967).

(1.8)　S. I. TOMONAGA, *Quantum Mechanics, Vol. I: Old Quantum Theory*, North Holland, Amsterdam (1962).

(1.9)　L. PAULING and E. B. WILSON JR., *Introduction to Quantum Mechanics*, McGraw-Hill, New York (1935).

(1.10)　Y. AYANT et E. BELORIZKY, *Cours de Mécanique Quantique*, Dunod, Paris (1969).

(1.11)　P. T. MATTHEWS, *Introduction to Quantum Mechanics*, McGraw-Hill, New York (1963).

(1.12)　J. AVERY, *The Quantum Theory of Atoms, Molecules and Photons*, McGraw-Hill, London (1972).

较深著作

(1.13)　P. A. M. DIRAC, *The Principles of Quantum Mechanics*, Oxford University Press (1958).
中译本:《量子力学原理》, 陈咸亨译、喀兴林校, 科学出版社 (1979年).

(1.14)　R. H. DICKE and J. P. WITTKE, *Introduction to Quantum Mechanics*, Addison-Wesley, Reading, Mass. (1966).

(1.15)　D. I. BLOKHINTSEV, *Quantum Mechanics*, D. Reidel, Dordrecht (1964). 中译本:《量子力学原理》, 吴伯泽译, 人民教育出版社 (1981年).

(1.16)　E. MERZBACHER, *Quantum Mechanics*, Wiley, New York (1970).

[1500]　(1.17)　A. MESSIAH, *Mécanique Quantique*, Vols 1 et 2, Dunod, Paris (1964). 英译本: *Quantum Mechanics*, North Holland, Amsterdam (1961).

(1.18)　L. I. SCHIFF, *Quantum Mechanics*, McGraw-Hill, New York (1968).

(1.19)　L. D. LANDAU and E. M. LIFSHITZ, *Quantum Mechanics, Nonrelativistic Theory*, Pergamon Press, Oxford (1965). 中译本:《量子力学》(非相对论理论), 严肃译、喀兴林校, 高等教育出版社 (2008年).

(1.20)、A. S. DAVYDOV, *Quantum Mechanics*, Translated, edited and with additions by D. Ter HAAR, Pergamon Press, Oxford (1965).

(1.21)　H. A. BETHE and R. W. JACKIW, *Intermediate Quantum Mechanics*, Benjamin, New York (1968).

(1.22)　H. A. KRAMERS, *Quantum Mechanics*, North Holland, Amsterdam (1958).

量子力学习题

(1.23)　*Selected Problems in Quantum Mechanics*, Collected and edited by D. Ter HAAR, Infosearch, London (1964). 中译本:《量子力学习题集》, 王正清, 刘弘度译, 人民教育出版社 (1965年).

(1.24)　S. FLÜGGE, *Practical Quantum Mechanics*, I and II, Springer-Verlag, Berlin (1971). 中译本:《实用量子力学》, 上、下册, 宋孝同、高琴、梁仙翠译, 人民教育出版社 (1981).

论文

(1.25)   E. SCHRÖDINGER, "What is Matter?", *Scientific American*, 189, 52 (Sept. 1953).

(1.26)   G. GAMOW, "The Principle of Uncertainty", *Scientific American*, 198, 51 (Jan. 1958).

(1.27)   G. GAMOW, "The Exclusion Principle", *Scientific American*, 201, 74 (July 1959).

(1.28)   M. BORN and W. BIEM, "Dualism in Quantum Theory", *Physics Today*, 21, p. 51 (Aug. 1968).

(1.29)   W. E. LAMB JR., "An Operational Interpretation of Nonrelativistic Quantum Mechanics", *Physics Today*, 22, 23 (April 1969).

(1.30)   M. O. SCULLY and M. SARGENT Ⅲ, "The Concept of the Photon", *Physics Today*, 25, 38 (March 1972).

(1.31)   A. EINSTEIN, "Zur Quantentheorie der Strahlung", *Physik. Z.*, 18, 121 (1917).

(1.32)   A. GOLDBERG, H. M. SCHEY and J. L. SCHWARTZ, "Computer-Generated Motion Pictures of One-Dimensional Quantum-Mechanical Transmission and Reflection Phenomena", *Am. J. Phys.*, 35, 177 (1967).

(1.33)   R. P. FEYNMAN, F. L. VERNON JR. and R. W. HELLWARTH, "Geometrical Representation of the Schrödinger Equation for Solving Maser Problems", *J. Appl. Phys.*, 28, 49 (1957).

(1.34)   A. A. VUYLSTEKE, "Maser States in Ammonia-Inversion", *Am. J. Phys.*, 27, 554 (1959).

2. 量子力学: 较专门的参考书

碰撞

(2.1)   T. Y. WU and T. OHMURA, *Quantum Theory of Scattering*, Prentice Hall, Englewood Cliffs (1962).

(2.2)   R. G. NEWTON, *Scattering Theory of Waves and Particles*, McGraw-Hill, New York (1966).

(2.3)   P. ROMAN, *Advanced Quantum Theory*, Addison-Wesley, Reading, Mass. (1965).

(2.4)   M. L. GOLDBERGER and K. M. WATSON, *Collision Theory*, Wiley, New York (1964).

(2.5)   N. F. MOTT and H. S. W. MASSEY, *The Theory of Atomic Collisions*, Oxford University Press (1965).

[1501]　　**相对论量子力学**

　　(2.6)　J. D. BJORKEN and S. D. DRELL, *Relativistic Quantum Mechanics*, McGraw-Hill, New York (1964). 中译本:《相对论量子力学》, 纪哲锐等译, 科学出版社 (1984年).

　　(2.7)　J. J. SAKURAI, *Advanced Quantum Mechanics*, Addison-Wesley, Reading, Mass. (1967).

　　(2.8)　V. B. BERESTETSKII, E. M. LIFSHITZ and L. P. PITAEVSKII, *Relativistic Quantum Theory*, Pergamon Press, Oxford (1971).

场论. 量子电动力学

　　(2.9)　F. MANDL, *Introduction to Quantum Field Theory*, Wiley Interscience, New York (1959).

　　(2.10)　J. D. BJORKEN and S. D. DRELL, *Relativistic Quantum Fields*, McGraw-Hill, New York (1965). 中译本:《相对论量子场论》, 汪克林等译, 科学出版社 (1984年).

　　(2.11)　E. A. POWER, *Introductory Quantum Electrodynamics*, Longmans, London (1964).

　　(2.12)　R. P. FEYNMAN, *Quantum Electrodynamics*, Benjamin, New York (1961).

　　(2.13)　W. HEITLER, *The Quantum Theory of Radiation*, Clarendon Press, Oxford (1954).

　　(2.14)　A. I. AKHIEZER and V. B. BERESTETSKII, *Quantum Electrodynamics*, Wiley Interscience, New York (1965).

　　(2.15)　N. N. BOGOLIUBOV and D. V. SHIRKOV. *Introduction to the Theory of Quantized Fields*, Interscience Publishers, New York (1959) ;*Introduction à la Théorie des Champs*, Dunod, Paris (1960).

　　(2.16)　S. S. SCHWEBER, *An Introduction to Relativistic Quantum Field Theory*, Harper and Row, New York (1961).

　　(2.17)　M. M. STERNHEIM, "Resource Letter TQE-1: Tests of Quantum Electrodynamics", *Am. J. Phys.*, 40, 1363 (1972).

对称性. 群论

　　(2.18)　P. H. E. MEIJER and E. BAUER, *Group Theory*, North Holland, Amsterdam (1962).

　　(2.19)　M. E. ROSE, *Elementary Theory of Angular Momentum*, Wiley, New York (1957).

(2.20) M. E. ROSE, *Multipole Fields*, Wiley, New York (1955).

(2.21) A. R. EDMONDS, *Angular Momentum in Quantum Mechanics*, Princeton University Press (1957).

(2.22) M. TINKHAM, *Group Theory and Quantum Mechanics*, McGraw-Hill, New York (1964).

(2.23) E. P. WIGNER, *Group Theory and its Application to the Quantum Mechanics of Atomic Spectra*, Academic Press, New York (1959).

(2.24) D. PARK, "Resource Letter SP-I on Symmetry in Physics", *Am. J. Phys.*, 36, 577 (1968).

其他

(2.25) R. P. FEYNMAN and A. R. HIBBS, *Quantum Mechanics and Path Integrals*, McGraw-Hill, New York (1965).

(2.26) J. M. ZIMAN, *Elements of Advanced Quantum Theory*, Cambridge University Press (1969).

(2.27) F. A. KAEMPFFER, *Concepts in Quantum Mechanics*, Academic Press, New York (1965).

论文

(2.28) P. MORRISON, "The Overthrow of Parity", *Scientific American*, 196, 45 (April 1957).

(2.29) G. FEINBERG and M. GOLDHABER, "The Conservation Laws of Physics", *Scientific American*, 209, 36 (Oct. 1963).

(2.30) E. P. WIGNER, "Violations of Symmetry in Physics", *Scientific American*, 213, 28 (Dec. 1965).

(2.31) U. FANO, "Description of States in Quantum Mechanics by Density Matrix and Operator Techniques", *Rev. Mod. Phys.*, 29, 74 (1957).

(2.32) D. Ter HAAR, "Theory and Applications of the Density Matrix", *Rept. Progr. Phys.*, 24. 304 (1961).

(2.33) V. F. WEISSKOPF and E. WIGNER, "Berechnung der Natürlichen Linienbreite auf Grund der Diracschen Lichttheorie", *Z. Physik*, 63, 54 (1930).

(2.34) A. DALGARNO and J. T. LEWIS, "The Exact Calculation of Long-Range Forces between Atoms by Perturbation Theory", *Proc. Roy. Soc.*, A233, 70 (1955).

(2.35) A. DALGARNO and A. L. STEWART, "On the Perturbation Theory of Small Disturbances", *Proc. Roy. Soc.*, A238, 269 (1957).

[1502]

(2.36)　C. SCHWARTZ, "Calculations in Schrödinger Perturbation Theory", *Annals of Physics* (New York) , 6, 156 (1959).

(2.37)　J. O. HIRSCHFELDER, W. BYERS BROWN and S. T. EPSTEIN, "Recent Developments in Perturbation Theory", in *Advances in Quantum Chemistry*, P. O. LOWDIN ed., Vol. I, Academic Press, New York (1964).

(2.38)　R. P. FEYNMAN, "Space Time Approach to Nonrelativistic Quantum Mechanics", *Rev. Mod. Phys.*, 20, 367 (1948).

(2.39)　L. VAN HOVE, "Correlations in Space and Time and Born Approximation Scattering in Systems of Interacting Particles", *Phys. Rev.*, 95, 249 (1954).

3. 量子力学: 基础实验

弱光的干涉效应:

(3.1)　G. I. TAYLOR, "Interference Fringes with Feeble Light", *Proc. Camb. Phil. Soc.*, 15, 114 (1909).

(3.2)　G. T. REYNOLDS, K. SPARTALIAN and D. B. SCARL, "Interference Effects Produced by Single Photons", *Nuovo Cimento*, 61 **B**, 355 (1969).

爱因斯坦光电效应定律的实验验证; h 的测量:

(3.3)　A. L. HUGHES, "On the Emission Velocities of Photoelectrons", *Phil. Trans. Roy. Soc.*, 212, 205 (1912).

(3.4)　R. A. MILLIKAN, "A Direct Photoelectric Determination of Planck's h", *Phys. Rev.* 7, 355 (1916).

弗兰克–赫兹实验:

(3.5)　J. FRANCK und G. HERTZ, "Über ZusammenstöBe Zwischen Elecktronen und den Molekülen des Quecksilberdampfes und die Ionisierungsspannung desselben", *Verhandlungen der Deutschen Physikalischen Gesellschaft*, 16, 457 (1914).
"Über Kinetik von Elektronen und Ionen in Gasen", *Physikalische Zeitschrift*, 17, 409 (1916).

磁矩与角动量之间的比例关系

(3.6)　A. EINSTEIN und J. W. DE HAAS, "Experimenteller Nachweis der Ampereschen Molekularströme", *Verhandlungen der Deutschen Physikalischen Gesellschaft*, 17, 152 (1915).

(3.7) E. BECK, "Zum Experimentellen Nachweis der Ampereschen Molekular-
ströme", *Annalen der Physik* (Leipzig), 60, 109 (1919).

施特恩–格拉赫实验:

(3.8) W. GERLACH und O. STERN, "Der Experimentelle Nachweis der Richtungs-
quantelung im Magnetfeld", *Zeitschrift für Physik*, 9, 349 (1922).

康普顿效应:

(3.9) A. H. COMPTON, "A Quantum Theory of the Scattering of X-Rays by Light
Elements", *Phys. Rev.*, 21, 483 (1923).
"Wavelength Measurements of Scattered X-Rays", *Phys. Rev.*, 21, 715 (1923).

电子衍射:

(3.10) C. DAVISSON and L. H. GERMER, "Diffraction of Electrons by a Crystal of
Nickel", *Phys. Rev.*, 30, 705 (1927).

兰姆移位:

(3.11) W. E. LAMB JR. and R. C. RETHERFORD, "Fine Structure of the Hydrogen
Atom",
I–*Phys. Rev.*, 79, 549 (1950).
II–*Phys. Rev.*, 81, 222 (1951).

氢原子基态的超精细结构:

(3.12) S. B. CRAMPTON, D. KLEPPNER and N. F. RAMSEY, "Hyperfine Separa-
tion of Ground State Atomic Hydrogen", *Phys. Rev. Letters*, 11, 338 (1963).

几个基础实验见:

(3.13) O. R. FRISCH, "Molecular Beams", *Scientific American*, 212, 58 (May 1965).

4. 量子力学:历史

(4.1) L. DE BROGLIE, "Recherches sur la Théorie des Quanta", *Annales de Physique*,
3, 22, Paris (1925).

(4.2) N. BOHR, "The Solvay Meetings and the Development of Quantum Mechan-
ics", *Essays* 1958—1962 *on Atomic Physics and Human Knowledge*, Vintage,

[1503]

New York (1966).

(4.3)　　W. HEISENBERG, *Physics and Beyond: Encounters and Conversations*, Harper and Row, New York (1971).

　　　　La Partie et le Tout, Albin Michel, Paris (1972).

(4.4)　　*Niels Bohr, His life and work as seen by his friends and colleagues*, S. ROZENTAL, ed., North Holland, Amsterdam (1967).

(4.5)　　A. EINSTEIN, M. and H. BORN, *Correspondance* 1916—1955, Editions du Seuil, Paris (1972). 又见 *La Recherche*, 3, 137 (Feb. 1972).

(4.6)　　*Theoretical Physics in the Twentieth Century*, M. FIERZ and V. F. WEISSKOPF eds., Wiley Interscience, New York (1960).

(4.7)　　*Sources of Quantum Mechanics*, B. L. VAN DER WAERDEN ed., North Holland, Amsterdam (1967) ;Dover, New York (1968).

(4.8)　　M. JAMMER, *The Conceptual Development of Quantum Mechanics*, McGraw-Hill, New York (1966). 这本书追溯了量子力学的历史发展. 书中的许多脚注提供了大量的参考文献. 见 (5.12).

[1504]　　**论文**

(4.9)　　K. K. DARROW, "The Quantum Theory", *Scientific American*, 186, 47 (March 1952).

(4.10)　　M. J. KLEIN, "Thermodynamics and Quanta in Planck's work", *Physics Today*, 19, 23 (Nov. 1966).

(4.11)　　H. A. MEDICUS, "Fifty Years of Matter Waves", *Physics Today*, 27, 38 (Feb. 1974).

　　　　(5.11) 中包含大量关于原始著作的参考文献.

5. 量子力学: 关于其基础的讨论

一般问题

(5.1)　　D. BOHM, *Quantum Theory*, Constable, London (1954).

(5.2)　　J. M. JAUCH, *Foundations of Quantum Mechanics*, Addison-Wesley, Reading, Mass. (1968).

(5.3)　　B. D'ESPAGNAT, *Conceptual Foundations of Quantum Mechanics*, Benjamin, New York (1971).

(5.4)　Proceedings of the International School of Physics "Enrico Fermi" (Varenna), Course IL; *Foundations of Quantum Mechanics*, B. D'ESPAGNAT ed., Academic Press, New York (1971).

(5.5)　B. S. DEWITT, "Quantum Mechanics and Reality", *Physics Today*, 23, 30, (Sept. 1970).

(5.6)　"Quantum Mechanics debate", *Physics Today*, 24, 36 (April 1971).

另见 (1.28).

各种解释

(5.7)　N. BOHR, "Discussion with Einstein on Epistemological Problems in Atomic Physics", in *A. Einstein: Philosopher-Scientist*, P. A. SCHILPP ed., Harper and Row, New York (1959).

(5.8)　M. BORN. *Natural Philosophy of Cause and Chance*, Oxford University Press, London (1951) ;Clarendon Press, Oxford (1949).

(5.9)　L. DE BROGLIE, *Une Tentative d'Interprétation Causale et Non Linéaire de la Mécanique Ondulatoire: la Théorie de la Double Solution*, Gauthier-Villars. Paris (1956) ;*Etude Critique des Bases de l'Interprétation Actuelle de la Mécanique Ondulatoire*, Gauthier-Villars, Paris (1963).

(5.10)　*The Many-Worlds Interpretation of Quantum Mechanics*, B. S. DEWITT and N. GRAHAM eds., Princeton University Press (1973).

(5.11)　B. S. DEWITT and R. N. GRAHAM, "Resource Letter IQM-l on the Interpretation of Quantum Mechanics", *Am. J. Phys.* 39, 724 (1971). 这篇文章中有一套相当完整的、分类并加注释的参考文献.

(5.12)　M. JAMMER, *The Philosophy of Quantum Mechanics*, Wiley-interscience, New York (1974). 此书对量子力学的不同解释作了一般评述, 并给出大量参考文献.

测量理论

(5.13)　K. GOTTFRIED, *Quantum Mechanics*. Vol. I, Benjamin, New York (1966).

(5.14)　D. I. BLOKHINTSEV, *Principes Essentiels de la Mécanique Quantique*, Dunod, Paris (1968).

(5.15)　A. SHIMONY, "Role of the Observer in Quantum Theory" *Am. J. Phys.*, 31, 755 (1963).

另见 (5.12) , chap. 11.

[1505]　**隐变量和"佯谬"**

(5.16)　A. EINSTEIN, B. PODOLSKY and N. ROSEN, "Can Quantum-Mechanical Description of Physical Reality Be Considered Complete?", *Phys. Rev.* 47, 777 (1935).

N. BOHR, "Can Quantum Mechanical Description of Physical Reality Be Considered Complete?", *Phys. Rev.* 48. 696 (1935).

(5.17)　*Paradigms and Paradoxes, the Philosophical Challenge of the Quantum Domain,* R. G. COLODNY ed., University of Pittsburg Press (1972).

(5.18)　J. S. BELL, "On the Problem of Hidden Variables in Quantum Mechanics", *Rev. Mod. Phys.* 38, 447 (1966).

又见参考文献 (4.8) 、(5.11) 和 (5.12) 的第七章.

6. 经典力学

引论性著作

(6.1)　M. ALONSO and E. J. FINN, *Fundamental University Physics, Vol. I: Mechanics,* Addison-Wesley, Reading, Mass. (1967). 中译本:《大学物理学基础》第一卷力学与热力学, 梁宝洪译, 高等教育出版社 (1983年).

(6.2)　C. KITTEL, W. D. KNIGHT and M. A. RUDERMAN, *Berkeley Physics Course, Vol. I: Mechanics,* McGraw-Hill, New York (1962). 中译本:《力学》, 伯克利物理学教程第一卷, 陈秉乾等译, 科学出版社 (1979年).

(6.3)　R. P. FEYNMAN, R. B. LEIGHTON and M. SANDS, *The Feynman Lectures on Physics, Vol. I: Mechanics, Padiation, und IIeat,* Addison-Wesley, Reading, Mass. (1966). 中译本:《费恩曼物理学讲义》第一卷, 郑永令等译, 上海科技出版社 (2013年).

(6.4)　J. B. MARION, *Classical Dynamics of Particles and Systems,* Academic Press, New York (1965).

较深著作

(6.5)　A. SOMMERFELD, *Lectures on Theoretical Physics, Vol. I: Mechanics,* Academic Press, New York (1964).

(6.6)　H. GOLDSTEIN, *Classical Mechanics,* Addison-Wesley, Reading, Mass. (1959). 中译本:《经典力学》, 汤家镛等译, 科学出版社 (1981年).

(6.7)　L. D. LANDAU and E. M. LIFSHITZ, *Mechanics,* Pergamon Press, Oxford (1960). 中译本:《力学》, 李俊峰、鞠国兴译校, 高等教育出版社 (2010).

7. 电磁学和光学

引论性著作

(7.1) E. M. PURCELL, *Berkeley Physics Course, Vol. 2: Electricity and Magnetism*, McGraw-Hill, New York (1965). 中译本:《电磁学》, 伯克利物理学教程第二卷.

F. S. CRAWFORD JR., *Berkeley Physics Course, Vol. 3: Waves*, McGraw-Hill, New York (1968). 中译本:《波动学》, 伯克利物理学教程第三卷, 卢鹤绂等译, 科学出版社 (1981年).

(7.2) R. P. FEYNMAN, R. B. LEIGHTON and M. SANDS, *The Feynman Lectures on Physics, Vol. II: Electromagnetism and Matter*, Addison-Wesley, Reading, Mass. (1966). 中译本:《费恩曼物理学讲义》第二卷, 李洪芳等译, 上海科技出版社 (2013年).

(7.3) M. ALONSO and E. J. FINN, *Fundamental University Physics, Vol. II: Fields and Waves*, Addison-Wesley, Reading, Mass. (1967). 中译本:《大学物理学基础》第二卷场与波, 梁宝洪译, 高等教育出版社 (1986年).

(7.4) E. HECHT and A. ZAJAC, *Optics*, Addison-Wesley, Reading, Mass. (1974). 中译本:《光学》, 上、下册, 詹达三等译, 人民教育出版社 (1980年).

较深著作

[1506]

(7.5) J. D. JACKSON, *Classical Electrodynamics*, 2^d ed. Wiley, New York (1975). 中译本:《经典电动力学》, 上、下册, 朱培豫译, 人民教育出版社 (1978年).

(7.6) W. K. H. PANOFSKY and M. PHILLIPS, *Classical Electricity and Magnetism*, Addison-Wesley, Reading, Mass. (1964).

(7.7) J. A. STRATTON, *Electromagnetic Theory*, McGraw-Hill, New York (1941).

(7.8) M. BORN and E. WOLF, *Principles of Optics*, Pergamon Press, London (1964). 中译本:《光学原理》, 杨葭荪译, 电子工业出版社 (2011年).

(7.9) A. SOMMERFELD, *Lectures on Theoretical Physics, Vol. IV: Optics*, Academic Press, New York (1964).

(7.10) G. BRUHAT, *Optique*, 5e édition revue et complétée par A. KASTLER, Masson, Paris (1954).

(7.11) L. LANDAU and E. LIFSHITZ, *The Classical Theory of Fields*, Addison-Wesley, Reading, Mass. (1951) ;Pergamon Press, London (1951). 中译本:《场论》, 鲁欣, 任朗等译, 高等教育出版社 (2012年).

(7.12) L. D. LANDAU and E. M. LIFSHITZ, *Electrodynamics of Continuous Media*,

Pergamon Press, Oxford (1960). 中译本:《连续介质电动力学》, 周奇译, 人民教育出版社 (1963年, 新译本即将出版).

(7.13)　L. BRILLOUIN, *Wave Propagation and Group Velocity.* Academic Press, New York (1960).

8. 热力学. 统计力学

引论性著作

(8.1)　F. REIF, *Berkeley Physics Course, Vol. 5: Statistical Physics,* McGraw-Hill, New York (1967). 中译本:《统计物理学》, 伯克利物理学教程第五卷, 周世勋等译, 科学出版社 (1979年).

(8.2)　C. KITTEL, *Thermal Physics,* Wiley, New York (1969). 中译本:《热物理学》, 张福初等译, 人民教育出版社 (1981年).

(8.3)　G. BRUHAT, *Thermodynamique,* 5ᵉ édition remaniée par A. KASTLER, Masson, Paris (1962). 又见参考文献 (1.4) 第二部分及 (6.3).

较深著作

(8.4)　F. REIF, *Fundamentals of Statistical and Thermal Physics,* McGraw-Hill, New York (1965).

(8.5)　R. CASTAING, *Thermodynamique Statistique,* Masson, Paris (1970).

(8.6)　P. M. MORSE, *Thermal Physics,* Benjamin, New York (1964).

(8.7)　R. KUBO, *Statistical Mechanics,* North Holland, Amsterdam and Wiley, New York (1965).

(8.8)　L. D. LANDAU and E. M. LIFSHITZ, *Course of Theoretical Physics, Vol.* 5: *Statistical Physics,* Pergamon Press, London (1963). 中译本:《统计物理学》, 束仁贵等译, 高等教育出版社 (2011年).

(8.9)　H. B. CALLEN, *Thermodynamics,* Wiley, New York (1961).

(8.10)　A. B. PIPPARD, *The Elements of Classical Thermodynamics,* Cambridge University Press (1957).

(8.11)　R. C. TOLMAN, *The Principles of Statistical Mechanics,* Oxford University Press (1950).

9. 相对论

引论性著作

(9.1) J. H. SMITH, *Introduction to Special Relativity,* Benjamin, New York (1965). 又见参考文献 (6.2) 和 (6.3).

较深著作

(9.2) J. L. SYNGE, *Relativity: The Special Theory,* North Holland, Amsterdam (1965). [1507]

(9.3) R. D. SARD, *Relativistic Mechanics,* Benjamin, New York (1970).

(9.4) J. AHARONI, *The Special Theory of Relativity,* Oxford University Press, London (1959).

(9.5) C. MøLLER, *The Theory of Relativity,* Oxford University Press, London (1972).

(9.6) P. G. BERGMANN, *Introduction to the Theory of Relativity,* Prentice Hall, Englewood Cliffs (1960). 中译本:《相对论导论》, 周奇等译, 人民教育出版社 (1961年).

(9.7) C. W. MISNER, K. S. THORNE and J. A. WHEELER, *Gravitation,* Freeman, San Francisco (1973). 见电磁学的参考文献, 特别是 (7.5) 和 (7.11).

(9.8) A. EINSTEIN, *Quatre Conférences sur la Théorie de la Relativité,* Gauthier-Villars, Paris (1971).

(9.9) A. EINSTEIN, *La Théorie de la Relativité Restreinte et Générale. La Relativité et le Probléme de l'Espace,* Gauthier-Villars, Paris (1971).

(9.10) A. EINSTEIN, *The Meaning of Relativity,* Methuen, London (1950).

(9.11) A. EINSTEIN, *Relativity, the Special and General Theory, a Popular Exposition,* Methuen, London (1920) ;H. Holt, New York (1967).

(9.12) G. HOLTON, Resource Letter SRT-1 on Special Relativity Theory, *Am. J. Phys.* 30, 462 (1962). 这篇文章中有一个相当完整的参考文献目录.

10. 数学方法

初等的一般著作

(10.1) J. BASS, *Cours de Mathématiques,* Vols. I, II et III, Masson, Paris (1961).

(10.2)　A. ANGOT, *Compléments de Mathématiques*, Revue d'Optique, Paris (1961).

(10.3)　T. A. BAK and J. LICHTENBERG. *Mathematics for Scientists*, Benjamin, New York (1966).

(10.4)　G. ARFKEN, *Mathematical Methods for Physicists*, Academic Press, New York (1966).

(10.5)　J. D. JACKSON, *Mathematics for Quantum Mechanics*, Benjamin, New York (1962).

高等的一般著作

(10.6)　J. MATHEWS and R. L. WALKER, *Mathematical Methods of Physics*, Benjamin, New York (1970).

(10.7)　L. SCHWARTZ, *Méthodes mathématiques pour les sciences Physiques*, Hermann, Paris (1965). *Mathematics for the Physical Sciences*, Hermann, Paris (1968).

(10.8)　E. BUTKOV, *Mathematical Physics*, Addison-Wesley, Reading, Mass. (1968).

(10.9)　H. CARTAN, *Théorie élémentaire des fonctions analytiques d'une ou plusieurs variables complexes*, Hermann, Paris (1961). *Elementary Theory of Analytic Functions of One or Several Complex Variables*, Addison-Wesley, Reading, Mass. (1966).

(10.10)　J. VON NEUMANN, *Mathematical Foundations of Quantum Mechanics*, Princeton University Press (1955).

(10.11)　R. COURANT and D. HILBERT, *Methods of Mathematical Physics*, Vols. I and II, Wiley, Interscience, New York (1966).

[1508]　(10.12)　E. T. WHITTAKER and G. N. WATSON, *A Course of Modern Analysis*, Cambridge University Press (1965).

(10.13)　P. M. MORSE and H. FESHBACH, *Methods of Theoretical Physics*, McGraw-Hill, New York (1953).

线性代数. 希尔伯特空间

(10.14)　A. C. AITKEN, *Determinants and Matrices*, Oliver and Boyd, Edinburgh (1956).

(10.15)　R. K. EISENSCHITZ, *Matrix Algebra for Physicists*, Plenum Press, New York (1966).

(10.16)　M. C. PEASE III, *Methods of Matrix Algebra*, Academic Press, New York (1965).

(10.17)　J. L. SOULE, *Linear Operators in Hilbert Space*, Gordon and Breach, New York (1967).

(10.18)　　W. SCHMEIDLER, *Linear Operators in Hilbert Space*, Academic Press, New York (1965).

(10.19)　　N. I. AKHIEZER and I. M. GLAZMAN, *Theory of Linear Operators in Hilbert Space,* Ungar, New York (1961).

傅里叶变换. 广义函数

(10.20)　　R. STUART, *Introduction to Fourier Analysis,* Chapman and Hall, London (1969).

(10.21)　　M. J. LIGHTHILL, *Introduction to Fourier Analysis and Generalized Functions,* Cambridge University Press (1964).

(10.22)　　L. SCHWARTZ, *Théorie des Distributions,* Hermann, Paris (1967).

(10.23)　　I. M. GEL'FAND and G. E. SHILOV, *Generalized Functions,* Academic Press, New York (1964).

(10.24)　　F. OBERHETTINGER, *Tabellen zur Fourier Transformation,* Springer-Verlag, Berlin (1957).

概率和统计

(10.25)　　J. BASS, *Éléments de Calcul des Probabilités,* Masson, Paris (1974). *Elements of Probability Theory,* Academic Press, New York (1966).

(10.26)　　P. G. HOEL, S. C. PORT and C. J. STONE, *Introduction to Probability Theory,* Houghton-Mifflin, Boston (1971).

(10.27)　　H. G. TUCKER, *An Introduction to Probability and Mathematical Statistics,* Academic Press, New York (1965).

(10.28)　　J. LAMPERTI, *Probability,* Benjamin, New York (1966).

(10.29)　　W. FELLER, *An Introduction to Probability Theory and its Applications,* Wiley, New York (1968).

(10.30)　　L. BREIMAN, *Probability,* Addison-Wesley, Reading, Mass.　(1968).

群论

物理学上的应用

(10.31)　　H. BACRY, *Lectures on Group Theory,* Gordon and Breach, New York (1967).

(10.32)　　M. HAMERMESH, *Group Theory and its Application to Physical Problems*, Addison-Wesley, Reading, Mass.　(1962).

又见 (2.18) 、(2.22) 、(2.23) 或 (16.13) ; (16.13) 中给出连续群在物理学中的应用的简单介绍.

偏重数学的

(10.33) G. PAPY, *Groupes*, Presses Universitaires de Bruxelles, Bruxelles (1961) ; *Groups,* Macmillan, New York (1964).

(10.34) A. G. KUROSH, *The Theory of Groups,* Chelsea, New York (1960).

(10.35) L. S. PONTRYAGIN, *Topological Groups,* Gordon and Breach, New York (1966).

[1509] **特殊函数和数表**

(10.36) A. GRAY and G. B. MATHEWS, *A Treatise on Bessel Functions and their Applications to Physics,* Dover, New York (1966).

(10.37) E. D. RAINVILLE, *Special Functions,* Macmillan, New York (1965).

(10.38) W. MAGNUS, F. OBERHETTINGER and R. P. SONI, *Formulas and Theorems for the Special Functions of Mathematical Physics*, Springer-Verlag, Berlin (1966).

(10.39) BATEMAN MANUSCRIPT PROJECT, *Higher Transcendental Functions,* Vols. I, II and III, A. ERDELYI ed., McGraw-Hill, New York (1953).

(10.40) M. ABRAMOWITZ and I. A. STEGUN, *Handbook of Mathematical Functions,* Dover, New York (1965).

(10.41) L. J. COMRIE, *Chambers's Shorter Six-Figure Mathematical Tables,* Chambers, London (1966).

(10.42) E. JAHNKE and F. EMDE, *Tables of Functions,* Dover, New York (1945).

(10.43) V. S. AIZENSHTADT, V. I. KRYLOV and A. S. METEL'SKII, *Tables of Laguerre Polynomials and Functions,* Pergamon Press, Oxford (1966).

(10.44) H. B. DWIGHT, *Tables of Integrals and Other Mathematical Data,* Macmillan, New York (1965).

(10.45) D. BIERENS DE HAAN, *Nouvelles Tables d'Intégrales Définies,* Hafner, New York (1957).

(10.46) F. OBERHETTINGER and L. BADII, *Tables of Laplace Transforms,* Springer-Verlag, Berlin (1973).

(10.47) BATEMAN MANUSCRIPT PROJECT, *Tables of Integral Transforms*, Vols. I and II, A. ERDELYI ed., McGraw-Hill, New York (1954).

(10.48) M. ROTENBERG, R. BIVINS, N. METROPOLIS and J. K. WOOTEN JR., *The 3-j and 6-j symbols,* M. I. T. Technology Press (1959); Crosby Lockwood and Sons, London.

11. 原子物理

引论性著作

(11.1)   H. G. KUHN, *Atomic Spectra,* Longman, London (1969).

(11.2)   B. CAGNAC and J. C. PEBAY-PEYROULA, *Physique Atomique*, Vols 1 et 2. Dunod, Paris (1971). Traduction en anglais: *Modern Atomic Physics,* Vol 1: *Fundamental Principles*, and 2: *Quantum Theory and its Application,* Macmillan, London (1975). 中译本:《近代原子物理学》,上下册,张悌慈等译,科学出版社 (1980年).

(11.3)   A. G. MITCHELL and M. W. ZEMANSKY, *Resonance Radiation and Excited Atoms,* Cambridge University Press, London (1961).

(11.4)   M. BORN, *Atomic Physics,* Blackie and Son, London (1951).

(11.5)   H. E. WHITE, *Introduction to Atomic Spectra*, McGraw-Hill, New York (1934).

(11.6)   V. N. KONDRATIEV, *La Structure des Atomes et des Molécules*, Masson, Paris (1964). 又见 (1.3) 和 (12.1).

较深著作

(11.7)   G. W. SERIES, *The Spectrum of Atomic Hydrogen,* Oxford University Press, London (1957).

(11.8)   J. C. SLATER, *Quantum Theory of Atomic Structure,* Vols. I and II, McGraw-Hill, New York (1960).

(11.9)   A. E. RUARK and H. C. UREY, *Atoms, Molecules and Quanta*, Vols. I and II, Dover, New York (1964).   [1510]

(11.10) *Handbuch der Physik, Vols. XXXV and XXXVI, Atoms*, s. FLÜGGE ed., Springer-Verlag Berlin (1956 and 1957).

(11.11) N. F. RAMSEY, *Molecular Beams*, Oxford University Press, London (1956).

(11.12) I. I. SOBEL'MAN, *Introduction to the Theory of Atomic Spectra*, Pergamon Press, Oxford (1972).

(11.13) E. U. CONDON and G. H. SHORTLEY, *The Theory of Atomic Spectra*, Cambridge University Press (1953).

论文

(11.14) J. C. ZORN, "Resource Letter MB-1 on Experiments with Molecular Beams", *Am. J. Phys.* 32, 721 (1964).

另见: (3.13).

(11.15)　V. F. WEISSKOPF, "How Light Interacts with Matter", *Scientific American*, 219, 60 (Sept. 1968).

(11.16)　H. R. CRANE, "The *g* Factor of the Electron", *Scientific American,* 218, 72 (Jan. 1968).

(11.17)　M. S. ROBERTS, "Hydrogen in Galaxies", *Scientific American*, 208, 94 (June 1963).

(11.18)　S. A. WERNER, R. COLELLA, A. W. OVERHAUSER and C. F. EAGEN, "Observation of the Phase Shift of a Neutron due to Precession in a Magnetic Field", *Phys. Rev. Letters*, 35, 1053 (1975).

奇异原子

(11.19)　H. C. CORBEN and S. DE BENEDETTI, "The Ultimate Atom", *Scientific American*, 191, 88 (Dec. 1954).

(11.20)　V. W. HUGHES, "The Muonium Atom", *Scientific American,* 214, 93, (April 1966). "Muonium", *Physics Today,* 20, 29 (Dec. 1967).

(11.21)　S. DE BENEDETTI, "Mesonic Atoms", *Scientific American*, 195, 93 (Oct. 1956).

(11.22)　C. E. WIEGAND, "Exotic Atoms", *Scientific American*, 227, 102.　(Nov. 1972).

(11.23)　V. W. HUGHES, "Quantum Electrodynamics: experiment", in *Atomic Physics,* B. Bederson, V. W. Cohen and F. M. Pichanick eds., Plenum Press, New York (1969).

(11.24)　R. DE VOE, P. M. MC INTYRE, A. MAGNON, D, Y. STOWELL, R. A. SWANSON and V. L. TELEGDI, "Measurement of the muonium Hfs Splitting and of the muon moment by double resonance, and new value of α", *Phys. Rev. Letters,* 25, 1779 (1970).

(11.25)　K. F. CANTER, A. P. MILLS JR. and S. BERKO, "Observations of Positronium Lyman-Radiation", *Phys. Rev. Letters,* 34, 177 (1975). "Fine-Structure Measurement in the First Excited State of Positronium", *Phys. Rev. Letters,* 34, 1541 (1975).

12. 分子物理

引论性著作

(12.1)   M. KARPLUS and R. N. PORTER, *Atoms and Molecules,* Benjamin, New York (1970).

(12.2)   L. PAULING, *The Nature of the Chemical Bond*, Cornell University Press (1948). 见 (1.3) , 第十二章; (1.5) 和 (11.6).

较深著作

(12.3)   I. N. LEVINE, *Quantum Chemistry,* Allyn and Bacon, Boston (1970).

(12.4)   G. HERZBERG, *Molecular Spectra and Molecular Structure*, Vol. I: *Spectra of Diatomic Molecules,* and Vol. Ⅱ: *Infrared and Raman Spectra of Polyatomic Molecules,* D. Van Nostrand Company, Princeton (1963 and 1964).

(12.5)   H. EYRING, J. WALTER and G. E. KIMBALL, *Quantum Chemistry*, Wiley, New York (1963). 中译本:《量子化学》, 石宝林译, 科学出版社 (1981年).

(12.6)   C. A. COULSON, *Valence,* Oxford at the Clarendon Press (1952).

(12.7)   J. C. SLATER, *Quantum Theory of Molecules and Solids,* Vol. 1: *Electronic Structure of Molecules*, McGraw-Hill, New York (1963).

(12.8)   *Handbuch der Physik, Vol. XXXVⅡ, 1 and 2, Molecules,* S. FLÜGGE, ed., Springer Verlag, Berlin (1961).

(12.9)   D. LANGBEIN, *Theory of Van der Waals Attraction,* Springer Tracts in Modern Physics, Vol. 72. Springer Verlag, Berlin (1974).

(12.10)   C. H. TOWNES and A. L. SCHAWLOW, *Microwave Spectroscopy*, McGraw-Hill, New York (1955).

(12.11)   P. ENCRENAZ, *Les Molécules interstellaires*, Delachaux et Niestlé, Neuchâtel (1974).

又见 (11.9) , (11.11)和 (11.14).

论文

(12.12)　B. V. DERJAGUIN, "The Force Between Molecules", *Scientific American*, 203, 47 (July 1960).

(12.13)　A. C. WAHL, "Chemistry by Computer", *Scientific American*, 222, 54 (April 1970).

(12.14)　B. E. TURNER, "Interstellar Molecules", *Scientific American*, 228, 51 (March 1973).

(12.15)　P. M. SOLOMON, "Interstellar Molecules", *Physics Today,* 26, 32 (March 1973).

又见 (16.25).

13. 固体物理

引论性著作

(13.1)　C. KITTEL, *Elementary Solid State Physics*, Wiley, New York (1962).

(13.2)　C. KITTEL, *Introduction to Solid State Physics*, 3^e ed., Wiley, New York (1966). 中译本:《固体物理导论》,第五版,杨顺华等译,科学出版社 (1979年).

(13.3)　J. M. ZIMAN, *Principles of the Theory of Solids*, Cambridge University Press, London (1972).

(13.4)　F. SEITZ, *Modern Theory of Solids*, McGraw-Hill, New York (1940).

较深著作

一般著作

(13.5)　C. KITTEL, *Quantum Theory of Solids*, Wiley, New York (1963).

(13.6)　R. E. PEIERLS, *Quantum Theory of Solids*, Oxford University Press. London (1964).

(13.7)　N. F. MOTT and H. JONES, *The Theory of the Properties of Metals and Alloys*, Clarendon Press, Oxford (1936) ;Dover, New York (1958).

专门著作

(13.8)　M. BORN and K. HUANG, *Dynamical Theory of Crystal Lattices,* Oxford University Press, London (1954).

(13.9)　J. M. ZIMAN, *Electrons and Phonons*, Oxford University Press, London (1960).

(13.10) H. JONES, *The Theory of Brillouin Zones and Electronic States in Crystals*, North Holland, Amsterdam (1962).

(13.11) J. CALLAWAY, *Energy Band Theory*, Academic Press, New York (1964).

(13.12) R. A. SMITH, *Wave Mechanics of Crystalline Solids*, Chapman and Hall, London (1967).

(13.13) D. PINES and P. NOZIERES, *The Theory of Quantum Liquids*, Benjamin, New York (1966).

(13.14) D. A. WRIGHT, *Semi-Conductors*, Associated Book Publishers, London (1966).

(13.15) R. A. SMITH, *Semi-Conductors*, Cambridge University Press, London (1964).

论文

(13.16) R. L. SPROULL, "The Conduction of Heat in Solids", *Scientific American*, 207. 92 (Dec. 1962).

(13.17) A. R. MACKINTOSH, "The Fermi Surface of Metals", *Scientific American*, 209, 110 (July 1963).

(13.18) D. N. LANGENBERG, D. J. SCALAPINO and B. N. TAYLOR, "The Josephson Effects", *Scientific American* 214, 30 (May 1966).

(13.19) G. L. POLLACK, "Solid Noble Gases", *Scientific American*, 215, 64 (Oct. 1966).

(13.20) B. BERTMAN and R. A. GUYER, "Solid Helium", *Scientific American*, 217, 85 (Aug. 1967).

(13.21) N. MOTT, "The Solid State", *Scientific American*, 217, 80 (Sept. 1967).

(13.22) M. Ya. AZBEL', M. I. KAGANOV and I. M. LIFSHITZ, "Conduction Electrons in Metals", *Scientific American*, 228, 88 (Jan. 1973).

(13.23) W. A. HARRISON, "Electrons in Metals", *Physics Today*, 22, 23 (Oct. 1969).

14. 磁共振

(14.1) A. ABRAGAM, *The Principles of Nuclear Magnetism*, Clarendon Press, Oxford (1961).

(14.2) C. P. SLICHTER, *Principles of Magnetic Resonance*, Harper and Row, New York (1963).

(14.3) G. E. PAKE, *Paramagnetic Resonance*, Benjamin, New York (1962).
又见Ramsey (11. 11)，第V, VI和VII章.

论文

(14.4)　G. E. PAKE, "Fundamentals of Nuclear Magnetic Resonance Absorption, I and II, *Am. J. Phys.,* 18, 438 and 473 (1950).

(14.5)　E. M. PURCELL, "Nuclear Magnetism", *Am. J. Phys.,* 22, 1 (1954).

(14.6)　G. E. PAKE, "Magnetic Resonance", *Scientific American,* 199, 58 (Aug. 1958).

(14.7)　K. WÜTHRICH and R. C. SHULMAN, "Magnetic Resonance in Biology", *Physics Today,* 23, 43 (April 1970).

(14.8)　F. BLOCH, "Nuclear Induction", *Phys. Rev.* 70, 460 (1946).

　　　　在下列文章中能找到许多其他参考文献, 特别是原始文章:

(14.9)　R. E. NORBERG, "Resource Letter NMR-EPR-1 on Nuclear Magnetic Resonance and Electron Paramagnetic Resonance", *Am. J. Phys.,* 33, 71 (1965).

[1513]　## 15. 量子光学. 微波激射器和激光器

光学抽运. 微波激射器和激光器

(15.1)　R. A. BERNHEIM, *Optical Pumping: An Introduction,* Benjamin, New York (1965).

　　　　此书中包含许多参考文献, 而且转载了几篇重要原始论文.

(15.2)　*Quantum Optics and Electronics, Les Houches Lectures 1964,* C. DE WITT, A. BLANDIN and C. COHEN-TANNOUDJI eds., Gordon and Breach, New York (1965).

(15.3)　*Quantum Optics, Proceedings of the Scottish Universities Summer School 1969,* S. M. KAY and A. MAITLAND eds., Academic Press, London (1970).

　　　　这两本暑期学校的书中包含几个有关光抽运和量子电子学的课题.

(15.4)　W. E. LAMB JR., *Quantum Mechanical Amplifiers,* in *Lectures in Theoretical Physics,* Vol. II, W. BRITTIN and D. DOWNS eds., Interscience Publishers. New York (1960).

(15.5)　M. SARGENT III, M. O. SCULLY and W. E. LAMB JR., *Laser Physics,* Addison-Wesley, New York (1974). 中译本:《激光物理学》, 杨顺华等译, 科学出版社 (1982年).

(15.6)　A. E. SIEGMAN, *An Introduction to Lasers and Masers,* McGraw-Hill, New York (1971).

(15.7)　L. ALLEN, *Essentials of Lasers,* Pergamon Press, Oxford (1969). 这本书中转载了几篇关于激光器的原始论文.

(15.8) 　　L. ALLEN and J. H. EBERLY, *Optical Resonance and Two-Level Atoms*, Wiley Interscience, New York (1975).

(15.9) 　　A. YARIV, *Quantum Electronics*, Wiley, New York (1967).

(15.10) 　H. M. NUSSENZVEIG, *Introduction to Quantum Optics*, Gordon and Breach, London (1973).

论文

下面两篇文章中给出了大量的分类的参考文献.

(15.11) 　H. W. MOOS, "Resource Letter MOP-1 on Masers (Microwave through Optical) and on Optical Pumping", *Am. J. Phys.*, 32, 589 (1964).

(15.12) 　P. CARRUTHERS, "Resource Letter QSL-1 on Quantum and Statistical Aspects of Light", *Am. J. Phys.*, 31, 321 (1963).

(15.13) 　*Laser Theory,* F. S. BARNES ed., I. E. E. E. Press, New York (1972). 此书中包含几篇关于激光器的重要论文.

(15.14) 　H. LYONS, "Atomic Clocks", *Scientific American*, 196, 71 (Feb. 1957).

(15.15) 　J. P. GORDON, "The Maser", *Scientific American*, 199, 42 (Dec. 1958).

(15.16) 　A. L. BLOOM. "Optical Pumping", *Scientific American*, 203, 72 (Oct. 1960).

(15.17) 　A. L. SCHAWLOW, "Optical Masers", *Scientific American*, 204, 52 (June 1961).

　　　　　"Advances in Optical Masers", *Scientific American*, 209, 34 (July 1963). "Laser Light", *Scientific American*, 219, 120 (Sept. 1968).

(15.18) 　M. S. FELD and V. S. LETOKHOV, "Laser Spectroscopy", *Scientific American,* 229, 69 (Dec. 1973).

非线性光学

(15.19) 　G. C. BALDWIN, *An Introduction to Non-Linear Optics,* Plenum Press, New York (1969).

(15.20) 　F. ZERNIKE and J. E. MIDWINTER, *Applied Non-Linear Optics,* Wiley Interscience, New York (1973).

(15.21) 　N. BLOEMBERGEN, *Non-Linear Optics*, Benjamin, New York (1965).　　　　[1514]
　　　　　又见 (15.2) 和 (15.3) 中本书作者的讲演.

论文

(15.22) 　J. A. GIORDMAINE, "The Interaction of Light with Light", *Scientific American,* 210, 38 (Apr. 1964).

"Non-Linear Optics", *Physics Today*, 22, 39 (Jan. 1969).

16. 核物理和粒子物理

核物理引论

(16.1)　L. VALENTIN, *Physique Subatomique: Noyaux et Particules*, Hermann, Paris (1975).

(16.2)　D. HALLIDAY, *Introductory Nuclear Physics*, Wiley, New York (1960).

(16.3)　R. D. EVANS, *The Atomic Nucleus*, McGraw-Hill, New York (1955).

(16.4)　M. A. PRESTON, *Physics of the Nucleus*, Addison-Wesley, Reading, Mass. (1962).

(16.5)　E. SEGRE, *Nuclei and Particles*, Benjamin, New York (1965).

较深的核物理著作

(16.6)　A. DESHALIT and H. FESHBACH, *Theoretical Nuclear Physics, Vol. 1: Nuclear Structure*, Wiley, New York (1974).

(16.7)　J. M. BLATT and V. F. WEISSKOPF, *Theoretical Nuclear Physics*, Wiley, New York (1963).

(16.8)　E. FEENBERG, *Shell Theory of the Nucleus,* Princeton University Press (1955).

(16.9)　A. BOHR and B. R. MOTTELSON, *Nuclear Structure*, Benjamin, New York (1969).

粒子物理引论

(16.10)　D. H. FRISCH and A. M. THORNDIKE, *Elementary Particles*, Van Nostrand, Princeton (1964).

(16.11)　C. E. SWARTZ, *The Fundamental Particles*, Addison-Wesley, Reading, Mass. (1965).

(16.12)　R. P. FEYNMAN, *Theory of Fundamental Processes*, Benjamin, New York (1962).

(16.13)　R. OMNES, *Introduction à l'Etude des Particules Elémentaires*, Ediscience, Paris (1970).

(16.14)　K. NISHIJIMA, *Fundamental Particles*, Benjamin, New York (1964).

较深的粒子物理著作

(16.15) B. DIU, *Qu'est-ce qu'une Particule Elémentaire?* Masson, Paris (1965).

(16.16) J. J. SAKURAI, *Invariance Principles and Elementary Particles*, Princeton University Press (1964).

(16.17) G. KÄLLEN, *Elementary Particle Physics*, Addison-Wesley, Reading, Mass. (1964).

(16.18) A. D. MARTIN and T. D. SPEARMAN, *Elementary Particle Theory*, North Holland, Amsterdam (1970).

(16.19) A. O. WEISSENBERG, *Muons*, North Holland, Amsterdam (1967).

论文

(16.20) M. G. MAYER, "The Structure of the Nucleus", *Scientific American*, 184, 22 (March 1951).

(16.21) R. E. PEIERLS, "The Atomic Nucleus", *Scientific American*, 200, 75 (Jan. 1959).

(16.22) E. U. BARANGER, "The present status of the nuclear shell model", *Physics Today*, 26, 34 (June 1973).

(16.23) S. DE BENEDETTI, "Mesonic Atoms", *Scientific American*, 195, 93 (Oct. 1956). [1515]

(16.24) S. DE BENEDETTI, "The Mössbauer Effect", *Scientific American*, 202, 72 (April 1960).

(16.25) R. H. HERBER, "Mössbauer Spectroscopy", *Scientific American*, 225, 86 (Oct. 1971).

(16.26) S. PENMAN, "The Muon", *Scientific American*, 205, 46 (July. 1961).

(16.27) R. E. MARSHAK, "The Nuclear Force", *Scientific American*, 202, 98 (March 1960).

(16.28) M. GELL-MANN and E. P. ROSENBAUM, "Elementary Particles", *Scientific American,* 197, 72 (July 1957).

(16.29) G. F. CHEW, M. GELL-MANN and A. H. ROSENFELD, "Strongly Interacting Particles", *Scientific American,* 210, 74 (Feb. 1964).

(16.30) V. F. WEISSKOPF, "The Three Spectroscopies", *Scientific American*, 218, 15 (May 1968).

(16.31) U. AMALDI, "Proton Interactions at High Energies", *Scientific American*, 229, 36 (Nov. 1973).

(16.32) S. WEINBERG, "Unified Theories of Elementary-Particle Interaction", *Scientific American*, 231, 50 (July 1974).

(16.33)　S. D. DRELL, "Electron-Positron Annihilation and the New Particles", *Scientific American*, 232, 50 (June 1975).

(16.34)　R. WILSON, "Form Factors of Elementary Particles", *Physics Today*, 22, 47 (Jan. 1969).

(16.35)　E. S. ABERS and B. W. LEE, "Gauge Theories", *Physics Reports* (Amsterdam) 9C, 1, (1973).

英文索引

索引页码为本书页边方括号中的页码, 对应英文版的页码.
页码后加 (e) 的, 表示该索引在练习中

郑重声明

高等教育出版社依法对本书享有专有出版权。任何未经许可的复制、销售行为均违反《中华人民共和国著作权法》，其行为人将承担相应的民事责任和行政责任；构成犯罪的，将被依法追究刑事责任。为了维护市场秩序，保护读者的合法权益，避免读者误用盗版书造成不良后果，我社将配合行政执法部门和司法机关对违法犯罪的单位和个人进行严厉打击。社会各界人士如发现上述侵权行为，希望及时举报，本社将奖励举报有功人员。

反盗版举报电话　（010）58581897　58582371　58581879

反盗版举报传真　（010）82086060

反盗版举报邮箱　dd@hep.com.cn

通信地址　北京市西城区德外大街 4 号　高等教育出版社法务部

邮政编码　100120

诺贝尔物理学奖获得者著作选译

1991年诺贝尔物理学奖得主
P. G. DE GENNES 著作选译 第一辑
德热纳
SUPERCONDUCTIVITY
OF METALS AND ALLOYS
金属与合金的超导电性
P. G. 德热纳 著 邵惠民 译

1991年诺贝尔物理学奖得主
P. G. DE GENNES 著作选译 第二辑
德热纳
THE PHYSICS OF
LIQUID CRYSTALS
液晶物理学（第二版）
P. G. 德热纳 J. 普罗斯特 著

1991年诺贝尔物理学奖得主
P. G. DE GENNES 著作选译 第三辑
德热纳
SCALING CONCEPTS
IN POLYMER PHYSICS
高分子物理学中的标度概念
P. G. 德热纳 著 吴大诚 刘杰 朑 等译

ISBN: 978-7-04-036886-4   ISBN: 978-7-04-038291-4

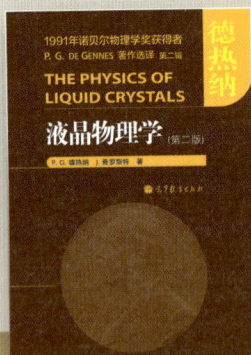

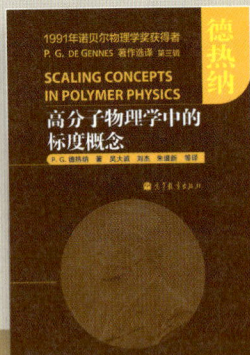

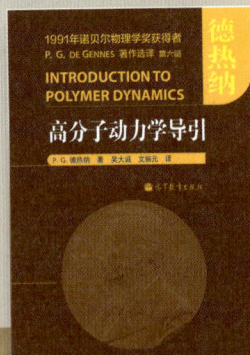

1991年诺贝尔物理学奖得主
P. G. DE GENNES 著作选译 第四辑
德热纳
CAPILLARITY AND
WETTING PHENOMENA
DROPS, BUBBLES, PEARLS, WAVES
毛细和润湿现象
——液滴、气泡、液珠和表面波
P. G. 德热纳 F. 布罗沙尔-维亚尔 D. 凯雷 著

1991年诺贝尔物理学奖得主
P. G. DE GENNES 著作选译 第五辑
德热纳
SOFT INTERFACES
THE 1994 DIRAC MEMORIAL LECTURE
软界面
——1994年狄拉克纪念讲演录
P. G. 德热纳 著 吴大诚 陈瑶 译

1991年诺贝尔物理学奖得主
P. G. DE GENNES 著作选译 第六辑
德热纳
INTRODUCTION TO
POLYMER DYNAMICS
高分子动力学导引
P. G. 德热纳 著 吴大诚 宣瑞元 译

ISBN: 978-7-04-038693-6   ISBN: 978-7-04-038562-5

1997年诺贝尔物理学奖得主
C. COHEN-TANNOUDJI 著作选译 第一辑
科恩-塔诺季
MÉCANIQUE QUANTIQUE
TOME I
量子力学（第一卷）
C. Cohen-Tannoudji B.Diu F.Laloë 著 刘家谟 陈星奎 译

1997年诺贝尔物理学奖得主
C. COHEN-TANNOUDJI 著作选译 第二辑
科恩-塔诺季
MÉCANIQUE QUANTIQUE
TOME II
量子力学（第二卷）
C. Cohen-Tannoudji B.Diu F.Laloë 著 陈星奎 刘家谟 译

1983年诺贝尔物理学奖得主
S. CHANDRASEKHAR 著作选译
钱德拉塞卡
THE MATHEMATICAL THEORY
OF BLACK HOLES
黑洞的数学理论
S. 钱德拉塞卡 著

ISBN: 978-7-04-039670-6   ISBN: 978-7-04-043991-5

有ISBN号的截至本书出版时已出版